Didaktik der beruflichen Fachrichtung Elektrotechnik

Perspektiven auf Berufsbildung, Arbeit und Technik

Herausgegeben von Axel Grimm, Volkmar Herkner und Reiner Schlausch

Band 7

PETER LANG

Axel Grimm / Maik Jepsen / Carsten Wehmeyer (Hrsg.)

Didaktik der beruflichen Fachrichtung Elektrotechnik

Band 1: A. Willi Petersen – Kommentierte Schriften aus seiner Lehr- und Forschungstätigkeit

PETER LANG

Bibliografische Information der Deutschen Nationalbibliothek
Die Deutsche Nationalbibliothek verzeichnet diese Publikation in der Deutschen Nationalbibliografie; detaillierte bibliografische Daten sind im Internet über http://dnb.d-nb.de abrufbar.

ISSN 2698-8348
ISBN 978-3-631-87796-8 (Print)
E-ISBN 978-3-631-87797-5 (E-PDF)
E-ISBN 978-3-631-87798-2 (EPUB)
DOI 10.3726/b19851

Peter Lang – Berlin · Bern · Bruxelles · New York ·
Oxford · Warszawa · Wien

Diese Publikation wurde begutachtet.

www.peterlang.com

Inhaltsverzeichnis

A. Willi Petersen

† 6. August 2018

Vorwort

Carsten Wehmeyer, Maik Jepsen und Axel Grimm die Herausgeber dieser gesammelten Werke von A. Willi Petersen haben als Mitarbeiter und Kollegen Willi Petersen in seinem wissenschaftlichen Wirken begleiten und an ihm teilhaben dürfen. Willi Petersen, der nach Stationen in Kassel und Bremen dann seit 1997 in Flensburg die Professur der beruflichen Fachrichtung Elektrotechnik innehatte, kann als der Fachrichtungsvertreter der beruflichen Fachrichtung Elektrotechnik eingeschätzt werden, der sich intensiv um eine Theoriebildung zu einer Didaktik der beruflichen Fachrichtung Elektrotechnik eingesetzt hat. Seine Veröffentlichungen bieten den Fundus, aus dem eine geschlossene Theorie hätte hervorgehen können. In seinen letzten Lebensjahren kündigte er eine solche Ausarbeitung mehrmals an – sie sei im Prozess. Leider konnten nach seinem Ableben im Jahr 2018 diese Dateien nicht weiter- bzw. zu einem Ende geführt werden. So verbleibt uns an dieser Stelle nur die Möglichkeit der Nachveröffentlichung wegweisender Beiträge von ihm sowie deren berufsdidaktische Kommentierung. Carsten Wehmeyer, Maik Jepsen und Axel Grimm danken Inge Westermann dafür, dass sie die Beiträge ihres verstorbenen Gatten freigegeben hat, damit dieses Buch möglich gemacht werden konnte. Bei Ilona Sönnichsen bedanken wir uns für die Überarbeitung vieler Abbildungen.

Carsten Wehmeyer hat bei Willi Petersen in Kassel im Studiengang Berufspädagogik studiert und in Flensburg in der Berufs- und Fachdidaktik der beruflichen Fachrichtungen Elektro- und Informationstechnik promoviert. Lehr- und Forschungsschwerpunkte waren die empirische Berufsbildungs- und Qualifikationsforschung, die Geschäfts- und Arbeitsprozessorientierung in der Elektro- und IT-Ausbildung und Lernfeldumsetzung, die berufs- und arbeitsorientierte Curriculum- und Kompetenzentwicklung sowie die Gestaltung berufsfeldbezogener Aus- und Weiterbildung im europäischen Kontext einschließlich didaktischer und curricularer Fragen. Im Zuge zahlreicher regionaler, nationaler, länderübergreifender und europäischer Projekte wurden die aktuellen Fragen der berufs- und fachrichtungsbezogenen Qualifikations- und Curriculumforschung nach den Maßstäben von Willi Petersen gründlich theoretisch und empirisch untersucht und neue Konzepte und Modelle entwickelt. Kernergebnis ist das GAHPA-GAHFA-Modell, das ganz im Sinne der Vorstellungen von Willi Petersen die Interdependenz der Berufs- und Arbeitswelt auf der einen und der Qualifikations- und Ausbildungswelt auf der anderen Seite erfasst und arbeits- und lernprozessorientiert abbildet. Im Zentrum stand hier immer der Prozessbegriff, den Willi Petersen als deutlich weittragender und dynamischer betrachtet hat als den statischen Begriff der Lernsituation, um ein Beispiel zu nennen. Gemeinsam haben wir eine interdisziplinäre Zusammenarbeit mit anderen Hochschulen, Schulen, Partnern aus Industrie und Handwerk sowie europäischen Institutionen der Berufsbildung gepflegt. Spannende Zeiten, die unvergessen bleiben!

Maik Jepsen erfuhr seinen ersten Kontakt mit Willi Petersen als biat-Studierender im Jahre 2003 in der beruflichen Fachrichtung Elektrotechnik/Informatik. Der klassische Werdegang über eine Berufsausbildung und anschließendem Studium der Elektrotechnik/Nachrichtentechnik führte dazu, dass die für Willi Petersen so wichtige „Einschlägigkeit" eines zukünftigen Berufsschullehrers gesichert war. In den Lehrveranstaltungen konnten aktuelle Beispiele aus der beruflichen Arbeit eingebracht werden, die Willi Petersen dankbar aufnahm und so das Paradigma der Arbeitsorientierung in der Berufsbildung veranschaulichte. Man hatte verstanden, um was es Petersen ging, und konnte dies vor dem Hintergrund der eigenen Biografie einordnen. Die Analyse beruflicher Curricula – ein Arbeitsschwerpunkt von Willi Petersen – eröffnete den Lehramtsstudierenden eine übergreifende Perspektive über die anzustrebende Tätigkeit als Lehrkraft hinaus. Die vielen neuen Aspekte motivierten schließlich Maik Jepsen, die Examensarbeit bei Willi Petersen zu verfassen.

Die räumliche Nähe in Flensburg sorgte dafür, dass der Kontakt zum biat aufrechterhalten wurde. Während eines biat-Grillens an der KFZ-Halle am Munketoft führten Gespräche mit Willi Petersen dazu, Aufgaben an der Universität zu übernehmen – ein Tätigkeitsbereich, der ursprünglich nicht im Blick war. Schließlich erfolgte eine Abordnung: zunächst als pädagogische Lehrkraft und später als wissenschaftlicher Mitarbeiter. Das bestehende Interesse an internationaler Arbeit konnte Maik Jepsen im biat fortführen. Von Petersens internationaler Vernetzung konnte Maik Jepsen profitieren. Unvergessen bleiben gemeinsame Reisen nach China, die nicht nur den eigenen Horizont der Berufsbildung weiteten, sondern auch eine persönliche Bindung zu Petersen vertiefte: Man war gemeinsam mit dem Fahrrad durch den dichten Verkehr in Peking geradelt – ein unvergessenes Erlebnis. Obgleich eine Promotionsabsicht von Beginn an feststand, gestaltete sich das Vorhaben als herausfordernd. Viele Jahre waren nötig, um sich thematisch einzuordnen, abzugrenzen und von Petersen zu emanzipieren. Petersen unterstütze jedoch weiter, gab die nötige Zeit und lieferte unentwegt Informationen. Nach seinem Tod übernahm Axel Grimm dankenswerter Weise die weitere Betreuung. Leider konnte Willi

Petersen die Fertigstellung der Dissertationsschrift nicht mehr erleben, die in ihrer Grundfrage auf seinen Ansätzen basiert.

Axel Grimm hat zum ersten Mal bewusst erst im Jahre 2010 bei seiner Bewerbung auf die Juniorprofessur „Berufliche Fachrichtungen Elektrotechnik und Informationstechnik" mit Willi Petersen einen persönlichen Kontakt gehabt. An sich ist er wissenschaftstheoretisch „anders" an der TU Berlin – erst als Lehramtsstudierender und später als wissenschaftlicher Mitarbeiter – sozialisiert worden. Als Schüler von Friedhelm Schütte waren eher die theoretischen Bezüge aus der allgemeinen Didaktik und der Fachdidaktik leitend und weniger die berufsdidaktischen Ausführungen einer „norddeutschen Schule". Willi Petersen war ihm als Herausgeber von und Autor in *lernen & lehren* bekannt, der erste Kontakt bei dem Bewerbungsverfahren in Flensburg war sehr freundlich und glücklicherweise wenig „prüfend". Trotzdem bleibt die damals kritische Mahnung in Erinnerung, dass im Falle eines Rufes die sechs Jahre dann nicht auf dem Segelboot auf der Flensburger Förde verbracht werden dürfen. Willi Petersen setzte sich nach der Ruferteilung intensiv bei der Berliner Senatsbehörde dafür ein, dass es Axel Grimm ermöglicht werden sollte, an die Universität Flensburg abgeordnet zu werden. Obwohl dies dienstrechtlich nicht gelang, konnte er im Oktober 2011 Axel Grimm als seinen Juniorprofessor im Berufsbildungsinstitut Arbeit und Technik begrüßen. Zusammen mit Maik Jepsen als wissenschaftlicher/pädagogischer Mitarbeiter begann somit eine vertrauensvolle Zusammenarbeit im Fachgebiet. Die ersten Jahre wurden dringend benötigt, um den spezifischen Ansatz „Technik – Arbeit – Berufsbildung" zu durchdringen und in die Besonderheiten des Studienprogramms am biat vorzustoßen. Willi Petersen war ein offener und geduldiger Mentor in dieser Zeit. Stets konnte er seine Sichtweisen durchaus überzeugend einbringen, ohne dabei aber einnehmend zu sein. Nach drei Jahren wollte Willi Petersen gerne über seine reguläre Dienstzeit hinaus verlängern; gleichzeitig hatte Axel Grimm aber einen Ruf nach Kassel erhalten. Ohne ihm Steine in den Weg zu legen, willigte er einer vorzeitigen Berufung auf seine Nachfolge ein. Dadurch konnte ein halbes Jahr später ein nahtloser Übergang bei der Professur „Berufliche Fachrichtungen Elektrotechnik und Informationstechnik und deren Didaktiken" von Willi Petersen auf Axel Grimm vorgenommen werden. Nun könnte man annehmen, dass es Willi Petersen schwerfiel, den „Stuhl zu räumen". Nach außen kann zu mindestens konstatiert werden, dass dies dann nicht zum Tragen gekommen ist. Einen kollegialeren Übergang – und dies unter Beibehaltung der hohen Anwesenheitszeiten von Willi Petersen im biat – hätte Axel Grimm sich nicht wünschen können. Beratend – aber nicht aufdringlich – wurde das Fachgebiet zunächst gemeinsam und schnell immer mehr im Alleingang durch Axel Grimm geführt. Stets konnte er auf die Hilfe von Willi Petersen vertrauen. So wurde Axel Grimm auch sein Nachfolger als Herausgeber von *lernen & lehren*. Durch die sehr guten Kontakte von Willi Petersen zum Bundesinstitut für Berufsbildung (BIBB) wurde Axel Grimm in den wissenschaftlichen Beirat zur Voruntersuchung der IT-Berufe (2015/2016) berufen.

Gemeinsam wurden Carsten Wehmeyer, Maik Jepsen und Axel Grimm durch die Arbeit am biat mit und für Willi Petersen geprägt. Wir verdanken ihm jeweils viel und möchten uns mit dieser Buchveröffentlichung (p. m.) einerseits bedanken und andererseits eine Möglichkeit bieten, sein Werk in Ausschnitten kritisch betrachten zu können. Der Leserin und dem Leser werden auffallen, wie intensiv sich Willi Petersen mit einem berufsdidaktischen Ansatz für die berufliche Fachrichtung Elektrotechnik auseinandergesetzt hat und welche Schlüsse er daraus für eine Lehrkräftebildung gezogen hat. Willi Petersen war (auch) Berufswissenschaftler und verdeutlicht und grenzt ab, was er darunter versteht und welche Bedeutung diese Forschung hat. Wir können aufzeigen, dass Willi Petersen in seinem berufsdidaktischen Denken und Wirken der Zeit oft ein Schritt voraus war. Eine späte Würdigung dafür ist daher auch Grund dieser Veröffentlichung. Sein viel zu früher plötzlicher Tod hat uns alle sehr bewegt. Der Disziplin fehlt ein Vor- und Querdenker; uns fehlt ein geschätzter Kollege, Mentor und Freund.

Flensburg und Osterode im Dezember 2021

Axel Grimm, Maik Jepsen und Carsten Wehmeyer

A. Willi Petersen – Berufsbiographische Stationen

Das nun folgende einleitende, im Ausschnitt wiedergegebene Zitat aus der Zeitschrift für Berufs- und Wirtschaftspädagogik anlässlich der Bekanntmachung der drei neu berufenen Professuren am biat in Flensburg verdeutlicht bereits im Überblick den beruflichen Werdegang von A. Willi Petersen:

„Prof. Dr. A. Willi Petersen, Berufliche Fachrichtung Elektrotechnik:
Willi Petersen wurde zum Sommersemester 1997 auf eine C4-Professur am Berufsbildungsinstitut Arbeit und Technik (biat) der Bildungswissenschaftlichen Hochschule Flensburg, Universität, berufen. Nach der Ausbildung als Elektroinstallateur und mehrjähriger Berufspraxis in Handwerk und Industrie studierte Willi Petersen Elektrotechnik und Nachrichtentechnik sowie Berufspädagogik und Mathematik an der Universität Gesamthochschule Kassel. Im Anschluss an das erste und zweite Staatsexamen 1979 übernahm er eine Lehrtätigkeit im Berufsfeld Elektrotechnik und in der Mathematik an berufsbildenden Schulen. Als Pädagogischer und Wissenschaftlicher Mitarbeiter an der Universität Gesamthochschule Kassel war Willi Petersen ab 1986 in der Lehre und Forschung tätig und leitete im Bereich ‚Neue Technologien und Berufsbildung' verschiedene Schul- und Industrieprojekte. Seiner Promotion 1990 zu dem Thema ‚Betriebliche Fortbildung im Kontext neuer Technologien' schlossen sich Forschungs- und Lehrtätigkeiten u. a. in den Bereichen ‚CIM und berufliche Bildung', ‚Evaluation der Neuordnung der Elektroberufe' sowie zur ‚Ausbildungsordnungs- und Rahmenlehrplangestaltung' an der Universität Bremen an. 1995 wurde Willi Petersen als Hochschuldozent an die Universität Gesamthochschule Kassel berufen. Hier übernahm er am Fachbereich Elektrotechnik die Forschung und Lehre für das Fachgebiet Berufs- und Fachdidaktik, führte verschiedene berufswissenschaftliche Forschungsprojekte durch und leitete die Wissenschaftliche Begleitung zu Modellversuchen mit curricularen und didaktischen Fragen zur schulischen und betrieblichen Berufsausbildung im Berufsfeld Elektrotechnik und Metalltechnik. Willi Petersen ist Verfasser von zahlreichen Büchern, Studien und wissenschaftlichen Publikationen. Für den im Wintersemester 1997/98 an der Universität Flensburg neu begonnenen Studiengang ‚Lehramt an beruflichen Schulen/Diplom-Berufspädagogik' ist A. Willi Petersen für die Berufliche Fachrichtung Elektrotechnik zuständig. Zur Ausgestaltung des Studienganges kommt hierbei der weiteren wissenschaftlichen Etablierung der Beruflichen Fachrichtung durch eine auf das Berufsfeld Elektrotechnik bezogene Forschung und Lehre eine besondere Bedeutung zu. Die Analyse, Evaluation und Gestaltung von Arbeit, Technik und Berufsbildung im Berufsfeld steht insofern teils neu und integrativ unter berufswissenschaftlichen wie didaktischen Aspekten im Mittelpunkt, wobei sowohl die Bereiche der schulischen wie der betrieblichen Aus- und Weiterbildung zum Gegenstand der Forschung und Lehre gehören. Im Kontext internationaler Fragestellungen beinhaltet dieser insbesondere

auch die Auseinandersetzung mit den Berufsentwicklungen oder den Ausbildungssystemen." (Zeitschrift für Berufs- und Wirtschaftspädagogik, 94. Band, Heft 2 (1998), S. 282–283; Bekanntmachung anlässlich der Berufung)

A. Willi Petersen wurde am 29. März 1949 in Hofgeismar geboren. Nach seiner Schulzeit erlernte er den Ausbildungsberuf „Elektroinstallateur". Danach sammelte er elektrotechnische Berufserfahrungen im Handwerk und in der Industrie. An der Kasseler Gesamthochschule (GhK) studierte er von 1971 bis 1974 Elektro- und Nachrichtentechnik mit dem Abschluss zum Diplom-Ingenieur. Anschließend studierte er ebenfalls in Kassel den berufspädagogischen Lehramtsstudiengang mit der Fachrichtung Elektrotechnik und dem Unterrichtsfach Mathematik. Im Jahr 1977 reichte er beim wissenschaftlichen Prüfungsamt der GhK seine erste Staatsexamensarbeit mit dem Thema „Energie – Der Versuch einer fachdidaktischen Aufbereitung des Themas im Berufsfeld Elektrotechnik unter Berücksichtigung von energiewirtschaftlichen und energiepolitischen Gegebenheiten" erfolgreich ein, so dass er noch im gleichen Jahr nach der Ersten Staatsprüfung das Referendariat an der Oskar-von-Miller-Schule Kassel beginnen konnte. Dieses beendete er 1979 mit dem Zweiten Staatsexamen; der Titel der zweiten Staatsexamensarbeit lautete: „Das didaktisch-methodische Prinzip der Praxisorientierung im berufsbezogenen Unterricht – Aufgezeigt an Unterrichtsbeispielen des Berufsfeldes Elektrotechnik zum Thema Widerstandsschaltungen. Dargestellt unter dem besonderen Aspekt des Problems der Theorie-Praxis-Verschränkung".

Zunächst als Studienrat und später als Oberstudienrat unterrichtete Willi Petersen bis 1986 an den Beruflichen Schulen Witzenhausen. Das Interesse am wissenschaftlichen Arbeiten brachte ihn dann zurück an die Gesamthochschule Kassel. Dort promovierte er im Wintersemester 1990/91 im Fachbereich Berufspädagogik, Polytechnik, Arbeitswissenschaften bei Helmut Nölker, Horst Hentze und Hans Martin zum Thema „Betriebliche Fortbildung im Kontext neuer Produktionstechnologien". Von 1991 bis 1995 arbeitete er am Institut Technik und Bildung (ITB) der Universität Bremen. Das Projekt zur Evaluation und Revision der Rahmenlehrpläne des Landes Hessen in den Berufsfeldern der Metall- und Elektrotechnik wurde von ihm durchgeführt. Die beiden von ihm verfassten Projektberichte[1] sind wegweisend für die berufsdidaktische Auseinandersetzung einer neuen Arbeitsorientierung in den gewerblich-technischen Wissenschaften. So wurde durch ihn bereits im Jahr 1994 ein

1 Einer ist hier in Teilen veröffentlicht: 1994 – Evaluation und Revision der Rahmenlehrpläne des Landes Hessen Berufsfelder Metall- und Elektrotechnik

entsprechendes Lernfeld-Konzept vorgestellt und dies zwei Jahre bevor die KMK die Handreichungen für die Erarbeitung von Rahmenlehrplänen für den berufsbezogenen Unterricht in der Berufsschule veröffentlichte und darin eine verbindliche Lernfeldstruktur vorgab. 1995 übernahm Petersen eine Dozentur an der inzwischen umbenannten Gesamthochschule Kassel-Universität. Im Fachbereich Elektrotechnik leitete er für zwei Jahre das Fachgebiet Berufs- und Fachdidaktik. In dieser Zeit verantwortete er u. a. den Modellversuch „Arbeitsorientierte Berufsbildung – Gestaltung und Erprobung von Lernprozessen in neuen kooperativen Ausbildungs- und Organisationsformen für die Berufsbildung in Berufsschule und Ausbildungsbetrieb (ARBI). Damit gehörte er zu den Pionieren einer Neuausrichtung in der Berufsbildung. Etwa zeitgleich wurde in Schleswig-Holstein über die Einführung einer Berufsschullehrkräfteausbildung beraten, die an der Bildungswissenschaftlichen Hochschule Flensburg angesiedelt werden sollte. Im März 1996 wurden drei C4-Professuren für das Lehramt an berufsbildenden Schulen in den Bereichen Berufspädagogik, berufliche Fachrichtung Metalltechnik und berufliche Fachrichtung Elektrotechnik in der „Zeit" ausgeschrieben. Willi Petersen erhielt den Ruf für die berufliche Fachrichtung Elektrotechnik und trat zum 1. April 1997 seinen Dienst in Flensburg an.

Zum Zeitpunkt der Berufung gab es für den Studiengang „Lehramt an Beruflichen Schulen/Gewerblich-Technische Fachrichtungen" weder Personal noch irgendwelche Büro-, Lehrveranstaltungs- und Laborräume bzw. eine entsprechende Ausstattung. Vor allem fehlte aber ein Studienkonzept mit Studien- und Prüfungsordnung. Mit den zukünftigen neuen Kollegen Georg Spöttl und Gerald Heidegger wurde die gemeinsame große Herausforderung zugleich als Chance für die eigene Mitgestaltung erkannt und umgesetzt. Nach der bis heute geltenden Institutsphilosophie, die auf der Interdependenz von Berufsbildung, Arbeit und Technik fußt und dort ihre wissenschaftstheoretische Grundlage verankert, konnte ein Name für das neue Institut gefunden werden, der Programm und Philosophie vereinte: „Berufsbildungsinstitut Arbeit und Technik" kurz „biat". Willi Petersen lehrte und forschte über 20 Jahre am biat. Viele nationale, europäische und internationale Projekte führte Petersen in dieser Zeit durch. Sein besonderes Augenmerk galt schnell auch der Informationstechnik und den IT-Berufen. Mit der bundesweiten Evaluation der IT-Berufe für das BIBB und der Ausweitung auf europäischer Ebene für das CEDEFOP konnte er ein neues berufswissenschaftliches Forschungsfeld erschließen. Die technische Begeisterung von Petersen zeigte sich in vielen „eigenen" Projekten: so pflegte er eigene Webseiten mit studienrelevanten Inhalten, war für die Einführung von moodle an der Universität Flensburg mitverantwortlich, baute lange bevor dies üblich war, ein erstes WLAN für das Institut auf, schaffte für die Einbindung von Elektromobilität in die Gebäudesystemtechnik zwei Elektrofahrzeuge an, experimentierte mit einer nachgeführten Photovoltaikanlage u. v. m.

A. Willi Petersen war Mitglied in der „Arbeitsgemeinschaft der Hochschulinstitute für gewerblich-technische Berufsbildung“ (HGTB). Dort übernahm er 1998 die Sprecherfunktion. Weiterhin war er Mitglied in der Bundesarbeitsgemeinschaft Elektrotechnik. Dort wird er ab dem Heft 49 im Jahr 1998 als Bezugsperson für die Geschäftsstelle der BAG Elektrotechnik bis zu deren Zusammenführung mit der BAG Metalltechnik geführt. Vom Heft 91/2008 bis zum Heft 128/2017 war Petersen Mitherausgeber der Fachzeitschrift *lernen & lehren* der Bundesarbeitsgemeinschaft Elektrotechnik, Informationstechnik, Metalltechnik und Fahrzeugtechnik. Willi Petersen vereinte und grenzte sich ab, so war er beispielsweise nicht in der Nachfolgeorganisation der HGTB – der Arbeitsgemeinschaft gewerblich-technische Wissenschaften (gtw) – organisiert.

Im Jahr 2007 wurde Petersen von der rumänischen Danubius University, einer Privat-Universität in Galati, der Titel des „Doctor Honoris Causa“ (Dr. h. c.) verliehen. Forschungsreisen u. a. nach China (2015 und 2016) und Australien (2015) vernetzten ihn bezüglich einer internationalen Berufsbildungszusammenarbeit. Zum 1. Dezember 2015 berief ihn die „Beijing Academy of Educational Sciences“ für drei Jahre zum „specially-appointed professor“.

Prof. Dr. Dr. h. c. A. Willi Petersen verstarb völlig unerwartet am 6. August 2018 in Kassel.

weitere hinzugezogene Quellen:

Matthias Becker, Axel Grimm, Volkmar Herkner, Reiner Schlausch (Hrsg.): Flensburger Perspektiven zur Lehre und Forschung für die Berufsbildung – 20 Jahre biat. 2018, Berlin.

Volkmar Herkner: A. Willi Petersen. In: Lipsmeier, A.; Münk, D. (HG.): Biographisches Handbuch der Berufs- und Wirtschaftspädagogik sowie des beruflichen Schul-, Aus, Weiterbildungs- und Verbandswesens. Ergänzungsband. 2022, Stuttgart.

A. Willi Petersen – Gesamtbibliografie

1990
Überlegungen zu den "Grundlagen der Robotertechnologie" im Rahmen der beruflichen Erstausbildung – Skizzen zu einem technikdidaktischen Konzept. In: LEHRL, W./MERKEL, W. (Hrsg. und Red.): Tagung des Arbeitskreises Automatisierungstechnik an der Claude-Dornier-Schule in Friedrichshafen am 4.10. bis 6.10.1989. Tagungsband. Bremen, Friedrichshafen: Universität Bremen, April 1990, S. 29–80.

1991
Betriebliche Fortbildung im Kontext neuer Produktionstechnologien. Probleme und Lösungen. Ehningen bei Böblingen: expert verlag. (Reihe Beruf + Bildung, Band 30)

CIM Qualifizierung in Europa. In: Didacticum, (1991) 12, S. 14–15.

Zusammen mit Manfred Schön: CIM-Qualifizierung in der beruflichen Aus- und Weiterbildung. Didaktische Überlegungen zu einem modularen Ausstattungskonzept am Beispiel des FESTO/IBM-Systems. In: Institut Technik und Bildung (Hrsg.): CIM Qualifizierung in Europa. Europäische Konferenz 19. September 1991 Universität Bremen. Bremen: Universität Bremen ITB, 1991 (Tagungsband), S. 127–141.

1992
Grundlagen der Robotertechnologie und betriebliche Fortbildung. In: Zeitschrift für Berufs- und Wirtschaftspädagogik. Stuttgart: Steiner, 88 (1992) 1, S. 18–39.

Grundlagen und Modelle der CIM-Qualifizierung. In: Tilch, Herbert (Bearb.): Deutsch-Chinesisches Symposium über Berufsbildung. Qualifizierung als Schlüssel für eine integrierte technische, ökonomische und soziale Entwicklung. Bremen: Institut Technik und Bildung, November 1992 (Tagungsdokumentation zur Veranstaltung der Universität Bremen mit der Tongji Universität Shanghai in China im Oktober 1992 in Shanghai), S. 97–124.

Struktur und Konzept eines Grundlagenkurses zur Robotertechnologie in der betrieblichen Fortbildung. Didaktisch-methodische Aspekte und Ergebnisse zum Kurs "GRT in einem TAG" zur Anlagenführerqualifizierung in der VW AG. In: Zeitschrift für Berufs- und Wirtschaftspädagogik 88 (1992) 3, S. 219–236.

1993
Evaluation und Revision der Rahmenlehrpläne des Landes Hessen – Berufsfelder Metall- und Elektrotechnik. Zwischenbericht. Bremen: Universität Bremen, ITB, Oktober 1993.

1994
Didaktik der Elektrotechnik. Ein Neuansatz zur Rahmenlehrplangestaltung für den berufsbezogenen Unterricht. In: Martin Kipp, Gerd Neumann & Günter Spreth (Hrsg.): Kasseler berufspädagogische Impulse. Festschrift für Helmut Nölker. Frankfurt a. M.: Gesellschaft zur Förderung arbeitsorientierter Forschung und Bildung, S. 251–278.

Evaluation und Revision der hessischen Rahmenlehrpläne Berufsfelder Metall- und Elektrotechnik. Abschlussbericht 1994: Universität Bremen, Institut Technik und Bildung. Bremen.

1995
Zusammen mit E. Drescher, W. Müller, F. Rauner und D. Schmidt (Hrsg.): Neuordnung oder Weiterentwicklung. „Evaluation der industriellen Elektroberufe". Abschlußbericht: Institut Technik und Bildung, Universität Bremen (ITB). Bremen: Universität Bremen, ITB, 1995.

Zusammen mit Felix Rauner: Education and Training for the Human Centred Factory. Bremen: Universität Bremen, ITB.

Zusammen mit Manfred Schön: Vocational and Continuing Training in CIM – An Analysis of the FESTO/IBM Modular Training System. In: Rauner, Felix (Ed.): Qualification for Computer-Integrated Manufacturing, Berlin, Springer, S. 143–158.

1996
Arbeitsorientierte Berufsbildung – Gestaltung und Erprobung von Lernprozessen in neuen kooperativen Ausbildungs- und Organisationsformen für die Berufsausbildung in Berufsschule und Ausbildungsbetrieb. In: bbt Berufsbildungstage Nordhessen 20.-23. November 1996 – Rückblick, Bilanz, Perspektiven. Dokumentation, Kassel 1996

Berufs- und fachdidaktische Aspekte einer arbeitsorientierten Erstausbildung im Berufsfeld ‘Elektrotechnik’. In: Jörg-Peter Pahl (Hrsg.): Perspektiven gewerblich technischer Erstausbildung Ansichten – Bedingungen – Probleme. Seelze-Velber: Kallmeyer’sche Verlagsbuchhandlung, S. 199–223.

Die Gestaltung einer arbeitsorientierten Fachbildung im Berufsfeld Elektrotechnik aus curricularer Sicht. In: A. Lipsmeier und F. Rauner (Hrsg.): Beiträge zur Fachdidaktik Elektrotechnik. Stuttgart: Holland & Josenhans (Beiträge zur Pädagogik für Schule und Betrieb, Band 16), S. 277–306

Berufs- und Fachdidaktik Elektrotechnik im Studium von Berufspädagogen. In: A. Lipsmeier & F. Rauner (Hrsg.): Beiträge zur Fachdidaktik Elektrotechnik. Stuttgart: Holland & Josenhans (Beiträge zur Pädagogik für Schule und Betrieb, Band 16). S. 103–141

Zusammen mit J. Pfeiffer und J. Zick: Automatisierungstechnik als Lehr- und Lerngegenstand in der Berufsausbildung. Modellversuch, 1. Zwischenbericht. Kassel, Erfurt, Jena-Göschwitz.

Zusammen mit F. Rauner: Evaluation und Weiterentwicklung der Rahmenlehrpläne des Landes Hessen Berufsfelder Metall- und Elektrotechnik. Gutachten im Auftrag des Hessischen Kultusministeriums Universität Bremen, Institut Technik und Bildung: Universität Bremen – Institut Technik & Bildung. Bremen.

1998

Moderne Formen der Gestaltung beruflicher Curricula. In „Fachtagung Elektrotechnik – Standpunkte-Konzepte-Perspektiven“ anlässlich der Hochschultage Berufliche Bildung, 1996, herausgegebener Sammelband von Bernd Lübben und Wolfgang Möller (Koordination), Herausgeber „Der Vorstand der Arbeitsgemeinschaft Berufliche Bildung e. V.“ im Kieser-Verlag (1998), S. 167–201.

1999

Die Verflüchtigung der Arbeit in der Entwicklung gewerblich-technischer Berufsbildungspläne. In: F. Rauner und F. Stuber (Hrsg.): Berufsbildung für die Facharbeit in der Elektro- und Informationstechnik. Bremen, S. 103–128

Zusammen mit G. Spöttl: Der berufsfeldwissenschaftliche Ansatz für die Ausbildung von Lehrern für berufliche Schulen an der Universität Flensburg. berufsbildung 53 (1999), 58, S. 8–11

2000

Arbeitsprozesswissen, Arbeitsaufgaben und Curriculum. In: Pahl, J.-P.; Rauner, F.; Spöttl, G. (Hrsg.): Berufliches Arbeitsprozesswissen. Ein Forschungsgegenstand der Berufsfeldwissenschaften. Baden-Baden, S. 377–405

Leitideen für die Entwicklung und Gestaltung arbeitsorientierter und lernfeldbasierter Rahmenlehrpläne. In: Bader, R.; Sloane, P. (Hrsg.): Lernen in Lernfeldern – Theoretische Analysen und Gestaltungsansätze zum Lernfeldkonzept. Beiträge aus den Modellversuchsverbünden NELE & SELUBA. Markt Schwaben, S. 217–237.

Zusammen mit B. Lübben (Hrsg.): Berufswandel und reformbedarf im Berufsfeld Elektrotechnik. Gestaltungspotentiale, Chancen und Herausforderungen. WBV, Bielefeld.

Berufswandel und reformbedarf im Berufsfeld Elektrotechnik – Neue Berufsstrukturen und Ausbildungsvorgaben. In: Lübben, B.; Petersen, A. W. (Hrsg.): Berufswandel und Reformbedarf im Berufsfeld Elektrotechnik. Gestaltungspotentiale, Chancen und Herausforderungen. WBV, Bielefeld, S. 7–20.

Zusammen mit C. Wehmeyer: Die neuen IT-Berufe auf dem Prüfstand. BWP 29 (2000), 6, S. 13–19

Zusammen mit C. Wehmeyer: Akzeptanz und Umsetzung der neuen IT-Berufe – Ansatz und Ergebnisse der bundesweiten BiBB-IT-Studie. In: Lübben, B.; Petersen, A. W. (Hrsg.): Berufswandel und reformbedarf im Berufsfeld Elektrotechnik. Gestaltungspotentiale, Chancen und Herausforderungen. WBV, Bielefeld, S. 208–220.

Zusammen mit F. Rauner: Memorandum: Neuordnung der Berufe in einem Berufsfeld Elektrotechnik/Informatik. In: lernen & lehren, 15. Jahrgang 2000, Heft 60, S. 43–45.

2001

Evaluation der neuen IT-Berufe. Forschungskonzepte und Ergebnisse der bundesweiten BIBB-IT-Studie. In: Petersen, A. W./Rauner, F./Stuber, F. (Hrsg.): IT-gestützte Facharbeit. Gestaltungsorientierte Berufsbildung. Baden-Baden 2001, S. 283–310

Zusammen mit F. Rauner und F. Stuber (Hrsg.): IT-gestützte Facharbeit – gestaltungsorientierte Berufsbildung. Ergebnisse der 12. HGTB-Konferenz: HGTB-Fachtagung. 1. Aufl. Baden-Baden: Nomos-Verl.-Ges. (Bildung und Arbeitswelt, Bd. 4).

Zusammen mit C. Wehmeyer: Evaluation der neuen IT-Berufe – Zusammenfassung der Evaluationsergebnisse aus Befragungen und betrieblichen Fallstudien zur bundesweiten IT-Ausbildung. biat Universität Flensburg. Flensburg.

Zusammen mit F. Eicker (Hrsg.): „Mensch-Maschine-Interaktion“: Arbeiten und Lernen in rechnergestützten Arbeitssystemen in Industrie, Handwerk und Dienstleistung; Beiträge und Ergebnisse der 11. HGBT-Fachtagung, Baden-Baden

Zusammen mit F. Böhle, H. Bauer, C. Munz, S. Pfeiffer und F. Eicker: Kompetenzen für erfahrungsgeleitete Arbeit: neue Inhalte und Methoden beruflicher Bildung bei der Arbeit mit komplexen technischen Systemen. In: Eicker, Friedhelm (Hg.), Petersen, A. Willi (Hg.): „Mensch-Maschine-Interaktion“: Arbeiten und Lernen in rechnergestützten Arbeitssystemen in Industrie, Handwerk und Dienstleistung; Beiträge und Ergebnisse der 11. HGTB-Fachtagung, 2001, S. 275–287

Zusammen Fischer, M., Heidegger, G., Spöttl, G. (Hrsg.): Gestalten statt Anpassen in Arbeit, Technik und Beruf. Festschrift zum 60. Geburtstag von Felix Rauner. Bielefeld 2001

Zusammen mit R. Bremer: Berufsbildung im Berufsfeld Elektrotechnik-Informatik. In: Fischer, M./Heidegger, G./Petersen, W./Spöttl, G. (Hrsg.): Gestalten statt Anpassen in Arbeit, Technik und Beruf. Bielefeld 2001, S. 296–311

Zusammen mit K. Behnemann u. a.: Modellversuch SEDIKO: Lernfeld- und Lernraumgestaltung zur Förderung der Service- und Dienstleistungskompetenzen in den neuen IT-Berufen, Abschlussbericht. Flensburg

2002
Neue Lernfeld- und Unterrichtsgestaltung in den IT-Berufen. In: lernen & lehren, 17. Jahrgang, Heft 68, S. 161–166.

Evaluation der neuen IT-Berufe – Ergebnisse einer bundesweiten Studie. In: G. Cramer / K. Kiepe (Hrsg.): Jahrbuch Ausbildungspraxis 2002 – Erfolgreiches Ausbildungsmanagement. Köln, S. 15–24.

Curriculumforschung im Kontext der industriellen und handwerklichen Elektroberufe. In: Peter Gerds, Martin Fischer & Ludger Deitmer (Hrsg.): Was leistet die Berufsbildungsforschung für die Entwicklung neuer Lernkonzepte? Bielefeld: W. Bertelsmann Verlag (Berufsbildung, Arbeit und Innovation, Band 13), S. 140–184.

Zusammen mit K. Jenewein (Hrsg.): Gebäudesystemtechnik und Beruf. WBV, Bielefeld.

Zusammen mit C. Wehmeyer: Aus- und Weiterbildung zum intelligenten Gebäude – Modulkonzept im Rahmen eines regionalen Qualifizierungsnetzwerkes. In: Jenewein, K.; Petersen, A. W. (Hrsg.): Gebäudesystemtechnik und Beruf. WBV, Bielefeld. S. 41–66

2003

Betriebliche Geschäfts- und Arbeitsprozesse als Grundlage und neue didaktische Orientierung der Berufsbildung. Online verfügbar unter http://www.biat.uni-flensburg.de/elektroberufe-online/, zuletzt aktualisiert am 11.06.2018.

Zusammen mit C. Wehmeyer: Evaluation der neuen IT-Berufe. Aufgedeckt: IT-Arbeitsprozesse und Ausbildung in der Betriebspraxis. Eine bundesweite Studie im Auftrag des Bundesinstituts für Berufsbildung BiBB. Teilprojekt 2. Betriebliche Fallstudien: Berufsbildungsinstitut Arbeit und Technik, Universität Flensburg (biat). Flensburg.

Zusammen mit K. Jenewein: Editorial zum Schwerpunktheft Neuordnung der Elektroberufe. In: lernen & lehren, 18. Jahrgang, Heft 71, S. 99–101.

2004

Zusammen mit C. Wehmeyer: Case Studies on ICT Practitioner Work in ICT Business and Work Processes – Results and Skill Needs of European companies of the ICT sector and ICT user sectors. Flensburg: August 2004 (Leonardo da Vinci II project EUQuaSIT, Part of the Final Report).

Zusammen mit C. Wehmeyer: EUQuaSIT European Qualification Strategies in Information and Communications Technology (ICT) Recommendations on European ICT Qualifications. (Final Project Report 2004): Berufsbildungsinstitut Arbeit und Technik, Universität Flensburg (biat). Flensburg.

2005

Berufe und Berufsfelder aus nationaler und internationaler Sicht. In: F. Rauner (Hrsg.): Handbuch Berufsbildungsforschung. Bielefeld, S. 68–76.

Elektro- und IT-Fachkräfte in und für Europa – Neue Rahmenwerke als Grundlage aktueller europäischer Zielsetzungen. In: lernen & lehren Elektrotechnik-Informationstechnik-Metalltechnik-Fahrzeugtechnik, 20. Jahrgang (Sonderheft 1), S. 16–28.

Geschäfts- und Arbeitsprozesse als Grundlage beruflicher Ausbildungs- und Lernprozesse. In: lernen & lehren Elektrotechnik-Informationstechnik-Metalltechnik-Fahrzeugtechnik, 20. Jahrgang (Heft 80), S. 163–174.

Zusammen mit P. Revill, T. Ward und C. Wehmeyer: ICT and e-business skills and training in Europe: Towards a comprehensive European e-skills reference framework. Final synthesis report. Luxembourg: Office for Official Publications of the European Communities (Cedefop panorama series, Bd. 93).

2006

Berufe und Berufsfelder: Systematisierungen aus internationaler und nationaler Sicht. In: F. Rauner (Hrsg.): Handbuch Berufsbildungsforschung. 2. Auflage, Bielefeld, S. 68–76.

2008

Zusammen mit Ch. Bauer, E. Büßen, L. Elsborg, M. Jensen, S. Jung et al.: IMWatT „Internationalisierte Mechatronik für Windkraft-Technologie". Bedarfsanalysen und Qualifizierungsangebote für eine prospektive wirtschaftliche Entwicklung im Sektor erneuerbarer Energie in der Region Sønderjylland / Schleswig". Abschlussbericht 2008.

Occupation and Occupational Areas. In: Rauner, F. / Maclean, R. (Eds.): Handbook of Technical and Vocational Education and Training. Dordrecht, pp. 121–129

2009

Zusammen mit M. Becker: Editorial – Themenschwerpunkt Messen und Diagnose als Gegenstand beruflicher Arbeits- und Lernprozesse. In: lernen & lehren, 24. Jahrgang, Heft 95, S. 99–100.

Zusammen mit E. Büßen und C. Wehmeyer: Messtechnische Analyse und Reparatur von Elektro-Hausgeräten am Beispiel eines Geschirrspülers. In: lernen & lehren, 24. Jahrgang, Heft 95, S. 123–130.

2010

Berufliche Fachrichtung Informationstechnik. In: Jörg-Peter Pahl & Volkmar Herkner (Hrsg.): Handbuch berufliche Fachrichtungen. 2., unveränd. Aufl. Bielefeld: W. Bertelsmann Verlag, S. 430–446.

Zusammen mit T. Vollmer: Editorial Schwerpunktthema Berufs- und Fachdidaktik – Beispiele aus Elektro- und Metalltechnik. In: lernen & lehren, 24. Jahrgang, Heft 99, S. 100–101.

2011

Qualifikationen und Kompetenzen von Fachkräften – Europäische Arbeitsmarktprobleme im Kontext transnationaler Bewertungen und Anerkennungen von Berufsqualifikationen. In: bwp@ (Spezial 5 FT 08 0.1), S. 1–25. Online verfügbar unter http://www.bwpat.de/ht2011/ft08/petersen_ft08-ht2011.pdf, zuletzt geprüft am 26.12.2015.

2013

Zusammen mit M. Becker, A. Grimm und R. Schlausch (Hrsg.): Kompetenzorientierung und Strukturen gewerblich-technischer Berufsbildung. Berufsbildungsbiografien, Fachkräftemangel, Lehrerbildung. Münster: LIT-Verlag (Bildung und Arbeitswelt, Bd. 26).

Ansatz und Beitrag der Didaktik zur Qualität der Berufsausbildung. In: lernen & lehren Elektrotechnik-Informationstechnik-Metalltechnik-Fahrzeugtechnik, 28. Jahrgang (Heft 109), S. 4–12.

Zusammen mit R. Schlausch: Editorial Schwerpunktthema Qualität und Didaktik der Berufsbildung. In: lernen & lehren, 28. Jahrgang, Heft 109, S. 2–3.

Ansatz und Beitrag der Didaktik zur Qualität der Berufsausbildung. In: lernen & lehren, 28. Jahrgang, Heft 109, S. 4–12.

Zusammen mit F. Rasch: Untersuchungen zur Qualität der Berufsausbildung für die Service-Facharbeit in Informations- und Telekommunikationsberufen (IT-Berufe). In: lernen & lehren, 28. Jahrgang, Heft 109, S. 28–34.

2014

Struktur- und Profilwandel der Elektro- und IT-Ausbildungsberufe als systemischer Gegenstand der Berufs- und Berufsbildungsforschung. In: Eckart Severing & Reinhold Weiß (Hrsg.): Weiterentwicklung von Berufen. Herausforderungen für die Berufsbildungsforschung. 1. Aufl: W. Bertelsmann Verlag (Berichte zur beruflichen Bildung), S. 79–97.

Zusammen mit G. Spöttl: Editorial Schwerpunktthema Digitales Lernen. In lernen & lehren, 29. Jahrgang, Heft 114, S. 46–47.

Einsatz von Lernplattformen zur Förderung berufsbezogener Team- und Selbstlernkompetenzen. In: lernen & lehren, 29. Jahrgang, Heft 114, S. 74–78.

2015

Berufsgruppen und Berufsfelder als Konstrukte beruflicher Systematisierungen zum Beschäftigungs- und Bildungssystem. In: lernen & lehren Elektrotechnik-Informationstechnik-Metalltechnik-Fahrzeugtechnik, 30. Jahrgang (Heft 120), S. 136–142.

Zusammen mit M. Jepsen: Berufliche Universität oder Berufshochschule eine Utopie?! – Mit Fachschulabschluss direkt zum Masterstudium als der letztlich zu erprobende bessere Weg?! In: Ulrich Schwenger, R. Geffert, T. Vollmer & Uli Neuenstock (Hrsg.): Arbeitsprozesse, Lernwege und berufliche Neuordnung, Bd. 8 (bwp@ Spezial, Bd. 8), S. 1–10. Online verfügbar unter https://www.bwpat.de/spezial8/petersen_jepsen_bag-elektro-metall-2015.pdf.

Zusammen mit M. Jepsen: Development and definition of National Occupational Standards (NOS) as the curriculum basis for Vocational Education and Training (VET). In: Erica Smith, Philipp Gonon & Annette Foley (Hrsg.): Architectures for apprenticeship. Achieving economic and social goals. Melbourne, Victoria: Australian Scholarly Publishing, S. 82–86.

Zusammen mit M. Jepsen: „German approach and experience of development of occupational standards". Report. biat Europa Universität Flensburg; ILO- International Labour Organization. Online verfügbar unter http://www.ilo.org/wcmsp5/groups/public/---europe/---ro-geneva/---sro-moscow/documents/publication/wcms_397644.pdf.

Zusammen mit M. Jepsen: Development and Definition of National Occupational Standards (NOS) as the Curriculum Basis for Vocational Education and Training (VET). 6th Annual INAP Conference. Federation University Australia. Ballarat, Australien, 01.09.2015.

Zusammen mit G. Spöttl: Editorial Schwerpunktthema Berufsgruppenspezifische Ausbildungskonzepte. In: lernen & lehren, 30. Jahrgang, Heft 120, S. 134–135.

2016

Zusammen mit M. Becker: Reagiert die Berufsbildung angemessen auf die Entwicklungen bei der Elektromobilität? In: lernen & lehren, 31. Jahrgang, Heft 122, S. 46–47.

Zusammen mit M. Becker und E. Büßen: Elektromobilität im Studium der Berufsschullehrkräfte. In: lernen & lehren, 31. Jahrgang, Heft 122, S. 48–55.

2018

Berufe, Berufsgruppen und Berufsfelder: Systematisierungen aus internationaler und nationaler Sicht. In: Felix Rauner & Philipp Grollmann (Hrsg.): Handbuch Berufsbildungsforschung. 3. Auflage. Bielefeld: W. Bertelsmann Verlag, S. 96–106.

Vom Papier zum Institut: Gründungsphase des Berufsbildungsinstituts Arbeit und Technik (biat). In: Matthias Becker, Axel Grimm, Volkmar Herkner & Reiner Schlausch (Hrsg.): Flensburger Perspektiven zur Lehre und Forschung für die Berufsbildung. 20 Jahre biat. Berlin: Peter Lang, S. 67–88

Berufs(feld)wissenschaftlicher Ansatz für die beruflichen Fachrichtungen zum Studiengang „Lehramt an beruflichen Schulen/Diplom-Berufspädagogik". In: Matthias Becker, Axel Grimm, Volkmar Herkner & Reiner Schlausch (Hrsg.): Flensburger Perspektiven zur Lehre und Forschung für die Berufsbildung. 20 Jahre biat. Berlin: Peter Lang, S. 177–198

Berufswissenschaften als Ansatz und Inhalt beruflicher Fachrichtungen. In: Matthias Becker, Axel Grimm, Volkmar Herkner & Reiner Schlausch (Hrsg.): Flensburger Perspektiven zur Lehre und Forschung für die Berufsbildung. 20 Jahre biat. Berlin: Peter Lang, S. 255–292

A. Willi Petersen – Gedanklicher Vater des Lernfeldkonzeptes?

Durch die Kultusministerkonferenz (KMK) wurden im Jahr 1996 die „Handreichungen für die Erarbeitung von Rahmenlehrplänen der KMK für den berufsbezogenen Unterricht in der Berufsschule und ihre Abstimmung mit Ausbildungsordnungen des Bundes für anerkannte Ausbildungsberufe" veröffentlicht. Damit wurde eine berufsdidaktische Kehrtwende von einer in den beruflichen Curricula seit den 1970er Jahren verfestigten Wissenschaftsorientierung weitergeführt und vollzogen. Seit 1996 müssen alle berufsschulischen Rahmenlehrpläne, die (neu-)geordnet werden, nach den Vorgaben dieser Handreichung, die es inzwischen in überarbeiteten und neu veröffentlichten Versionen gibt, umgesetzt werden.

Schulische Rahmenlehrpläne für den berufsbezogenen Unterricht in der dualen Ausbildung werden seitdem an dem Ziel „Handlungskompetenz" ausgerichtet und mithilfe von „Lernfeldern" strukturiert. Die „Geschäfts- und Arbeitsprozessorientierung" bildet ein weiteres strukturgebendes Charakteristikum der Vorgaben.

Willi Petersen hat verantwortlich das Projekt „Evaluation und Revision der Rahmenlehrpläne des Landes Hessen – Berufsfelder Metall- und Elektrotechnik" in seiner Zeit als Mitarbeiter am ITB in Bremen durchgeführt. Drei Veröffentlichungen existieren zu diesem Projekt:

1. 1993: Evaluation und Revision der Rahmenlehrpläne des Landes Hessen – Berufsfelder Metall- und Elektrotechnik. Zwischenbericht. Bremen: Universität Bremen, ITB, Oktober 1993.
2. 1994: Evaluation und Revision der hessischen Rahmenlehrpläne Berufsfelder Metall- und Elektrotechnik. Abschlussbericht. Universität Bremen, Institut Technik und Bildung. Bremen.
3. 1996: Zusammen mit Felix Rauner: Evaluation und Weiterentwicklung der Rahmenlehrpläne des Landes Hessen Berufsfelder Metall- und Elektrotechnik. Gutachten im Auftrag des Hessischen Kultusministeriums Universität Bremen, Institut Technik und Bildung: Universität Bremen – Institut Technik & Bildung. Bremen.

Interessanterweise ist Willi Petersen für die beiden Projektberichte alleiniger Autor und bei dem Gutachten wird er gemeinsam mit Felix Rauner angegeben. Die Berichte und das Gutachten sind deswegen von so großer Bedeutung, da in ihnen der Begriff „Lernfeld“ als strukturierendes Element der Unterrichts- und Rahmenplangestaltung eingeführt wird:

> *„Ausgangspunkt für eine neue didaktisch-methodische Makrostruktur der Rahmenpläne ist ein auf der Grundlage des vorgestellten Neuansatzes entwickeltes Lernfeld-Modell. Das heißt, mit den Ansatzprinzipien der „Arbeitsorientierung“ und der „Inhaltsintegration“ werden „Lernfelder“ begründet, die nach diesem Modell das strukturierende Element der Unterrichts- und Rahmenplangestaltung sein sollen. Unter curricularen Abstimmungsaspekten beziehen sich die Lernfelder damit auf die Ausbildungsberufsbilder, so dass sich übergreifend auch die Frage stellt, ob eine Lernfeldstruktur ebenso zu einer Weiterentwicklung der betrieblichen Ausbildungsrahmenpläne beitragen kann.“ (Abschlussbericht, S. 140)*

Diese Lernfelder sollen didaktisch-methodische „Unterrichts- und Rahmenplaneinheiten“ darstellen, die sich am Technik-, Arbeits-, Gesellschafts- und Subjektbezug der berufsbezogenen Unterrichtsinhalte orientieren. Unter didaktisch-methodischen Aspekten soll nach Petersen das Lernfeld-Modell entsprechend dem Ansatz Grundsätze und Erkenntnisse des handlungsorientierten Unterrichts aufnehmen. Die Themen der Lernfelder sollen sich dabei weitgehend an realen und damit inhaltsintegrativen Praxisaufgaben orientieren und nach dem Ansatzprinzip der Aufgabenorientierung neben den Ziel- und Inhaltsvorgaben eine berufsbezogene Aufgabenstellung beinhalten. Jedes Lernfeld soll unter Berücksichtigung verschiedener Ziel- und Kompetenzbereiche zur Vermittlung und Förderung einer umfassenden beruflichen Handlungsfähigkeit beitragen. Weiterhin soll zu jedem Lernfeld eine Aufgabenstellung mit Lernaufgaben unter einem übergeordneten Struktur- und Inhaltsaspekt gebildet werden, wobei die Aufgaben eine gestaltungs- und handlungsorientierte Be- und Erarbeitung der Lernfeldinhalte möglichst „provozieren“ sollen (vgl. Beitrag 1 in diesem Buch).

Bereits im Zwischenbericht von 1993 beschreibt er sein neues Strukturmodell:

- *Unter dem Aspekt von arbeits- und technikbezogenen Inhalts- und Handlungszusammenhängen und im Sinne einer ganzheitlich-analytischen Vorgehensweise sollen die klassischen didaktischen Prinzipien wie z. B. vom “Leichten zum Schweren” oder vom “Einfachen zum Komplexen” – konkret beispielsweise vom “Bauteil zur Anlage” – in ihrer Dominanz für die Gesamtstruktur der Ausbildung durchbrochen werden. So sind u. a. auch grundlegende Inhalte und Zusammenhänge “komplexerer” Anlagen- und Arbeitssysteme in die Grundbildung aufzunehmen, die dann in der Fachbildung teils nach den*

Prinzipien eines Spiralcurriculums berufs- und fachrichtungsspezifisch zu vertiefen sind.

- *Die didaktisch "horizontal und vertikal" reduzierten ingenieurwissenschaftlichen Grundlageninhalte stellen neben den anderen Inhaltsbezügen nur eine Inhaltsdimension für die Grund- wie aber ebenso für Fachbildungsinhalte dar. Die Fachsystematik dieser Inhalte wird insofern auch nur zum Teil in einer grundbildenden Inhaltsstruktur berücksichtigt.*
- *Eine motivations- und lernförderliche "Verschränkung" von beruflichen Theorie- und Praxisinhalten ist durchgängig bereits in der Grundbildung zu berücksichtigen. Dabei ist an erste berufliche Einsichten, Erfahrungen und Erkenntnisse der Auszubildenden anzuknüpfen. Auch sind mit den Betrieben abgestimmte und überschaubare grundbildende Unterrichts- oder Projektvorhaben anzustreben und gemeinsam zu bearbeiten. Des Weiteren sind ebenso allgemeine und insbesondere technische Vorerfahrungen und -kenntnisse bei der Unterrichtsgestaltung zu berücksichtigen.*
- *Zur Konstituierung einer beruflichen Handlungskompetenz hat neben der Fachkompetenz heute die Vermittlung einer Methoden-, Sozial- und Lernkompetenz eine grundlegende und insbesondere auch berufs- und berufsfeldübergreifende Bedeutung. Von daher gelten berufliche Lerninhalte im Bereich methodischer, sozialer und mitgestaltender Kompetenzen als grundlegende berufliche Fähigkeiten und Verhaltensanforderungen. Sie sind insofern geradezu auch als typische Grundbildungsinhalte zu betrachten, die besonders bei der methodischen Unterrichtsgestaltung zu berücksichtigen sind. So sind entsprechende methodische Konzepte, wie insbesondere das Konzept "Handlungsorientierung", von Beginn der Ausbildung an und damit bereits in die Gestaltung der Grundbildung einzubeziehen (Zwischenbericht, S. 81).*

Im Unterkapitel 4.4 „Aufgabenorientierte Lernfelder als eine didaktisch-methodische Strukturvorgabe in den Rahmenplänen" konkretisiert Petersen seine Vorstellungen einer Curriculumrevision. Dafür erarbeitet er einen didaktisch-methodischen Ansatz zur Rahmenplangestaltung, der sich am Konzept des handlungsorientierten Unterrichts orientiert.

Konstituierende Merkmale zu diesem Konzept lassen sich wie folgt zusammenfassen:

- *Handeln hat einerseits Bedeutung für die Einübung von Fertigkeiten. Andererseits ist Handeln, wenn es nicht auf formale Verhaltensaspekte reduziert wird, sondern als Einheit von instrumentellem und sozialem Handeln begriffen wird, Grundlage für die intellektuelle und soziale Entwicklung der Persönlichkeit.*

- *Mit dem Konzept handlungsorientierten Lernens werden Denken und Handeln durch die Gestaltung von integrativem Lernen zusammengeführt und die Trennung von Theorie und Praxis weitgehend aufgehoben. Die Einheit von abstrakter Deduktion und sinnlicher Erfahrung ist Voraussetzung für ein „begreifendes Erkennen" (Holzkamp).*
- *Zum Handeln sind Bezüge zur „wirklichen Wirklichkeit" (v. Hentig) und den realen beruflichen Handlungen herzustellen. Der Sinn und Zweck des eigenen Tuns muss bewusstwerden. Inhalte und Strukturen sind aus der Praxis herauszuarbeiten und reflektiert auf diese zu beziehen. Im Handlungsprozess ist die subjektive Erfahrung zur historischen Gewordenheit und der Gestaltbarkeit von Praxis anzulegen und kommunikativ zu erschließen.*
- *Experimente, Modelle und andere Medien sind Abstraktionen von Technik und Arbeit. Im Unterschied zum Experimentalunterricht ist im handlungsorientierten Unterricht das Verhältnis dieser Abstraktionen zur realen Technik und Arbeit transparent, erfahrbar und bewusst zu machen.*
- *Ein wesentliches Merkmal zum handlungsorientierten Unterricht ist das Mitplanen und Mitgestalten, welches den Schülern ein sinnvermittelndes Lernen ermöglicht. Handlungslernen berücksichtigt somit auch Interessen der Schüler und eröffnet dadurch Lernchancen, durch die vor allem Eigeninitiative, Kreativität und Eigenverantwortung erlaubt und gefördert werden.*
- *Im handlungsorientierten Unterricht ist nicht ein Gegenstand oder Thema das zentrale strukturierende Moment, sondern die unter Beteiligung der Schüler festgelegten Aufgabenstellungen, die zu einem „Handlungsprodukt" führen. Zu einer Aufgabe sollen Handlungsmöglichkeiten für den Schüler zusammengestellt und erreichbare Ziele und Lerninhalte festgestellt werden. Reflektierte Ziel- und Inhaltsverschiebungen wie -veränderungen sind im Sinne einer auch offenen Lernprozessgestaltung möglich. Handlungsresultate sind gemeinsam zu überprüfen und zu beurteilen und gegebenenfalls einer Revision zugänglich zu machen. (vgl. insbes. Rauner 1987)* (ebd., S. 83 f.)

Petersen gestaltet auf der Grundlage seines Ansatzes ein Konzept mit „aufgabenorientierten Lernfeldern", die die Inhaltstrennung durch einzelne Lerngebiete bzw. die „Fächertrennung" aufheben sollen. Methodisch sollen diese Lernfelder durch Lernaufgaben im Unterricht umgesetzt werden. Die Konkretisierung der Lernfelder in Lernaufgaben gilt als „zentrale Voraussetzung und Unterstützung für eine handlungsorientierte Umsetzung der vorgegebenen Ziele und Inhalte" (ebd., S. 85).

In dem mit Felix Rauner veröffentlichten Gutachten zur „Evaluation und Weiterentwicklung der Rahmenlehrpläne des Landes Hessen – Berufsfelder

Metall- und Elektrotechnik“, das ja nahezu zeitgleich mit den ersten Handreichungen von 1996 veröffentlicht wurde, wird an der Empfehlung zur Einführung von Lernfeldern festgehalten.

Lernfelder sind danach wie folgt didaktisch-methodisch auszuarbeiten:

- *Lernfeld mit Lerninhalten*
- *Aufgabenstellung*
- *Arbeits- und Lernaufgaben*
- *Didaktisch-methodische Hinweise.*

Als Grundlage für den Prozess der Ausarbeitung und Gestaltung der Lernfelder lassen sich unter inhaltlichen wie methodischen Aspekten folgende konstituierende Merkmale angeben und zusammenfassen:

- *ein Lernfeld (LF) ist eine didaktisch-methodisch begründete Lern- bzw. Unterrichtseinheit, mit der die Themenfelder der Rahmenpläne didaktisch-methodisch umgesetzt werden;*
- *Lernfelder können zeitlich flexibel gestaltet werden, z. B. 20–40 Unterrichtsstunden, und sollen inhaltlich für die Schüler und Lehrer überschaubar bleiben;*
- *Lernfelder heben eine rigide “Fächer- und Inhaltstrennung” auf und beinhalten eine mehrdimensionale Ziel- und Inhaltsintegration;*
- *die Lernfelder zeichnen sich didaktisch durch den „Technikbezug, Arbeitsbezug, Gesellschaftsbezug und Subjektbezug“ der Inhalte aus und sind auf die Vermittlung von Zusammenhangswissen gerichtet;*
- *die berufsbezogenen Arbeits- und Lernaufgaben der Lernfelder stellen einen handlungsmotivierenden Lern- und Arbeitsbereich in den Unterrichtsmittelpunkt, eröffnen Freiräume zum selbständigen Lernen und unterstützen die Eigeninitiative der Lernenden;*
- *jedes Lernfeld definiert sich aus und in den auf die Berufsarbeit und die Arbeitsprozesse ganzheitlich bezogenen „Gesamtinhalten“ und nimmt – mehr oder weniger – exemplarisch die Inhalte der Themenfelder didaktisch differenziert und strukturiert auf;*
- *jedes Lernfeld ist in der Struktur der Themenfelder und der gesamten Ausbildung didaktisch direkt oder indirekt mit mehreren Lernfeldern verknüpft, die inhaltlichen Verknüpfungen sind im Unterricht bewusst zu machen und selbst ein Inhaltsgegenstand der Lernfelder;*
- *jedes Lernfeld soll unter Berücksichtigung der unterschiedlichen Ziel- und Kompetenzbereiche zur Vermittlung und Förderung der beruflichen Handlungs- und Gestaltungsfähigkeit beitragen;*

- *zu jedem Lernfeld soll eine Aufgabenstellung mit differenzierten Lernaufgaben unter dem übergeordneten Struktur- und Inhaltsaspekt der Themenfelder gebildet werden, die Aufgaben sollen eine gestaltungs- und handlungsorientierte Be- und Erarbeitung der Lernfeldinhalte fördern und möglichst „provozieren";*
- *mit den Lernfeldern werden zunächst die Themenfeldinhalte der Rahmenpläne im Sinne eines Kerncurriculums aufgenommen und umgesetzt, mit „erweiterten" Lernfeldern im Sinne der Gestaltung von Wahlpflicht-Lernfeldern und/oder der inneren Differenzierung kann darüber hinaus die Offenheit und Flexibilität in der Unterrichtsgestaltung erhöht werden;*
- *Lernfelder können projektorientiert gestaltet und als Projekt bearbeitet werden, anzustreben ist eine verstärkte und enge Theorie-Praxis-Verknüpfung sowie eine Abstimmung und Zusammenarbeit mit Betrieben (Gutachten, S. 166 ff.).*

Für die Zielsetzung einer Um- und Neuorientierung des berufsschulischen Unterrichts wird weiterhin empfohlen, dass statt der Inhalte wie z. B. „Steuerungs- und Digitaltechnik", „Elektronik", „Messtechnik" oder „Wechselstromtechnik" die Lernfelder sich auch von der Bezeichnung her an zusammenhängenden Inhalten, die arbeitsorientiert sein sollen, orientieren. So wird das Lernfeld „Elektroinstallation" vorgeschlagen, bei dem sich die Inhalte und Lernaufgaben z. B. an den Anforderungen und Arbeiten einer Wohnungsinstallation orientieren kann (vgl. ebd., S. 169).

Wie Lernfelder erschlossen werden können, wird durch ein vierschrittiges Vorgehen dargelegt:

Die Erschließung der Lernfelder erfordert vier Schritte:

1. *Die im neuen Rahmenplan ausgewiesenen Themenfelder sind in ihrer Wechselbeziehung zwischen den drei Dimensionen (Gegenstand, Werkzeuge und Methoden sowie Anforderungen) zu untersuchen, explizit inhaltlich zu erschließen und wechselseitig aufeinander zu beziehen. Erst dann ergeben sich die Gestaltungsspielräume für die Technik und die Organisation der Arbeit sowie die Maßstäbe und Kriterien für die Analyse und Bewertung von Arbeit und Technik.*
2. *In einem zweiten Schritt bietet sich in den Berufsfeldern Metall- und Elektrotechnik an, Gegenstände, Methoden und Werkzeuge der Facharbeit, nach einem differenzierten Technikverständnis aufzuschlüsseln. Je besser und umfassender dies gelingt, um so differenzierter und vielfältiger kann dem Bildungsauftrag entsprochen werden. Neben dem zu erschließenden Wissen über Arbeit und Technik im Sinne von Zusammenhangswissen kommt dem*

Prozess der Erschließung der Lernfelder – und nicht nur dem Ergebnis! – eine zentrale pädagogische Bedeutung zu, vor allem dann, wenn daran die Schüler im Sinne des forschenden Lernens beteiligt werden. Hier liegt die Chance für die Vermittlung einer zentralen Schlüsselkompetenz. Zwei didaktische Fragen erleichtern es Lehrern und Schülern, sich die Lernfelder für den und im Unterricht zu erschließen:
- *Warum sind diese Arbeit und diese Technik so und nicht anders?*
- *Geht es auch anders?*

Wenn es gelungen ist die Themenfelder des Lehrplans in diesen zwei Schritten inhaltlich-systematisch zu erschließen, dann kommt es

3. *darauf an, die Lerninhalte im Lichte der den Themenfeldern zugeordneten und übergeordneten Lehr- und Bildungszielen bei der Planung und Gestaltung von Unterrichtsvorhaben exemplarisch für die jeweilige Situation auszuwählen und zu berücksichtigen und*
4. *Aufgabenstellungen in Form lern- und handlungsmotivierender Lernaufgaben zu entwickeln, die sich weitgehend an realen und damit konkreten beruflichen Praxis- und/oder Projektaufgaben orientieren. (ebd., S. 170 f.)*

Lernfelder sollen arbeitsbezogen formuliert sein und die Themenfelder mit den wechselseitig aufeinander verwiesenen Arbeits- und Lerndimensionen auf Zusammenhangswissen zielen. Nach einer weiteren Konkretisierung der Lernaufgaben sprechen sich Felix Rauner und Willi Petersen für einen Modellversuch aus, der unter dem Namen „Partizipative Entwicklung und Erprobung von berufsbezogenen Lernfeldern und Lernaufgaben im Kontext einer schulnahen und arbeitsorientierten Rahmenplanentwicklung“ empfohlen wird.

Die von Willi Petersen – drei Jahre vor der Einführung durch die KMK – ausgearbeiteten Empfehlungen für ein Lernfeldkonzept, werfen die Frage auf, ob die KMK-Handreichungen auf die Projektergebnisse rekurrieren und Willi Petersen damit als *ein* Vater des Lernfeldkonzeptes eingeschätzt werden kann. Im Folgenden wird durch eine Literaturanalyse die Entstehungsgeschichte des KMK-Lernfeldkonzeptes analysiert, um die aufgeworfene Frage zu beantworten.

Die bildungspolitische Einführung des Lernfeldkonzeptes führte innerhalb der Berufs- und Wirtschaftspädagogik zu einem eher verhaltenen wissenschaftlichen Diskurs. Eine wissenschaftliche Aufarbeitung der Entstehungsgeschichte der KMK-Handreichungen hat bisher noch nicht stattgefunden. Daher lassen sich nur wenige Belege finden, die auf den konzeptionellen Rahmen eingehen. Im Beiheft 15 zur „Lernfeldorientierung in Theorie und Praxis“ der Zeitschrift für Berufs- und Wirtschaftspädagogik wird nur an sehr wenigen Stellen auf die

Entstehung Bezug genommen. So bemängelt Rolf Dubs zwar, dass die Handreichungen ohne vorgängige Konsultationen der Wissenschaft erlassen wurden und als politischer „Hilfeschrei" gegen die ungenügende Veränderung von Lehrplänen eingeschätzt werden kann (ebd., S. 15), geht aber nicht auf die Entstehungsgeschichte ein und der damit verbundenen Frage, ob Wissenschaftler/-innen an der Ausarbeitung beteiligt waren. Antonius Lipsmeier arbeitet in seinem Beitrag „Systematisierungsprinzipien für berufliche Curricula" die Lehrplangeschichte auf und stellt für das Lernfeldkonzept fest:

> *„Quasi wie aus heiterem Himmel, ohne eine vorgängig öffentliche bildungspolitische Diskussion und ohne wissenschaftliche Beratung von außen, legte die KMK mit ihren ‚Handreichungen' vom 09.05.96 (Stand: 05.02.99) ein neues curriculares Konzept für die Lehrpläne an Berufsschulen vor, das Lernfeld-Konzept" (ebd., S. 61).*

In dem Beitrag „Lernfeldorientierung in der aktuellen Modellversuchsforschung und ihre historischen Wurzeln in curricularen Ansätzen der gewerblich-technischen Berufsausbildung" wird von Martin Fischer und Peter Gerds festgestellt:

> *„Der Unterausschuss Berufliche Bildung der Kultusministerkonferenz (KMK) hat vorgedacht und den Begriff ‚Lernfeld' als Kategorie der Bildungsplanung kreiert, um eine Aktualisierung und Verschlankung der beruflichen Ordnungsmittel einschließlich ihrer Entwicklungs- und Implementationsverfahren anzustoßen" (ebd., S. 87)*

Sie stellen weiterhin in ihrer historischen Analyse fest, dass die Positionierung der Berufsschulcurricula zwischen den Polen „Fachsystematik" und „Berufspragmatik" als zentrale Fragestellung auszumachen ist. Wie die Ausarbeitung des Lernfeldkonzeptes durch die KMK vorgenommen wurde, darauf geht der Beitrag nicht ein.

Mit den Autoren Gernot G. Herrmann und Klaus Illerhaus konnten zwei Vertreter der Kultusministerkonferenz für das Beiheft 15 mit einbezogen werden. Ihr Beitrag „Zur Entwicklung der Lernfeldstruktur der Rahmenlehrpläne der Kultusministerkonferenz für den Unterricht in der Berufsschule" zeichnet die ordnungspolitische Entwicklung seit der Verabschiedung des Berufsbildungsgesetzes 1969 nach. Das gemeinsame Ergebnisprotokoll von 1972/74, die Handreichung für die Erarbeitung von Rahmenlehrplänen (seit Beginn der 1980er Jahre) und die seit der gegen Ende der 1980er Jahre beschlossenen Neuordnung der Metall- und Elektroberufe festgelegte Handlungsorientierung werden als Wegmarken beschrieben.

> *„Im Januar 1993 wurde im zuständigen Fachausschuss der Kultusministerkonferenz angeregt, die bislang gültigen Vorgaben für die Erarbeitung von Rahmenlehrplänen zu überarbeiten. Im Folgenden wurde nach umfangreichen Beratungen unter Mitarbeit*

von Landesinstituten für Curriculumentwicklung und Wissenschaftlern das Konzept ‚Strukturierung von Rahmenlehrplänen nach Lernfeldern' vorgelegt. Das Konzept hat zum Ziel, durch die Ausrichtung der Lehrpläne am Geschäfts- und Arbeitsprozess die Handlungskompetenz der ausgebildeten Fachkräfte nachhaltig zu verbessern" (ebd., S. 102).

Im Beitrag „Gestaltungsorientierte Berufsbildung und integrierte Berufsbildungspläne" von Felix Rauner wird auf die Evaluationsstudie von Willi Petersen verwiesen und wesentliche Ergebnisse dargestellt. Auf Petersens Empfehlung zur Einführung von Lernfeldern wird allerdings nicht eingegangen; es wird „nur" auf die Empfehlung einer Entwicklung eines integrierten Lehr- und Ausbildungsrahmenplankonzeptes verwiesen. Anzumerken ist weiterhin hier, dass zwar die Quelle „Petersen/Rauner (1996)" im Zusammenhang mit einer Veröffentlichung zum Evaluationsprojekt genannt wird, diese aber im Literaturverzeichnis nicht enthalten ist. Ebenfalls wird nicht auf die bereits weit vorgedachten Empfehlungen aus dem Gutachten von 1996 eingegangen.

Das ZBW Beiheft 15 endet mit Stellungnahmen der Berufsverbände, des BIBB und einer Sicht aus den Ausbildungsbetrieben. Auch hier ist in den Beiträgen zu erkennen, dass die Entstehung des Lernfeldkonzeptes im Unklaren liegt. Einbezogen waren die Beiträgerinnen und Beiträger an dem Verfahren offensichtlich nicht. Aus dem Bundesinstitut für Berufsbildung (BIBB) wird durch Bernd Schwiedrzik und Dagmar Winzler festgestellt:

„Darüber hinaus wird man das Lernfeld-Konzept der KMK, auch ohne seine Entstehungsgeschichte zu kennen, als logische Konsequenz der Bildungspolitik aus den langjährigen Diskussionen über Sinn und Realisierungschancen eines fächerübergreifenden Unterrichts und aus den praktischen Versuchen mit ihm ansehen können, dem freilich weitere Konsequenzen, vor allem in der Lehrerbildung und bei der Unterrichtsorganisation, werden folgen müssen" (ebd., S. 219 f.).

Als Zwischenresümee der wissenschaftlichen Befassung mit dem Lernfeldkonzept in der Zeitschrift für Berufs- und Wirtschaftspädagogik kann festgehalten werden, dass eine wissenschaftliche Aufarbeitung der konkreten Entstehung nicht stattgefunden hat. Das Lernfeldkonzept wird als gegeben angesehen, die berufspädagogischen Entwicklungen, die dahin führten, beschrieben und berufsschulische und berufspädagogische Auswirkungen analysiert und eingeschätzt. Für die reflektierende Fragestellung dieser Besprechung muss festgehalten werden, dass zwar Wissenschaftler/-innen beteiligt gewesen sein sollen; es aber offensichtlich nicht möglich war in der ZBW einen oder eine dieser verantwortlichen Wissenschaftler/-innen in diese Veröffentlichung mit einzubeziehen. Der von A. Willi Petersen veröffentlichte Projektbericht wird nicht zitiert; lediglich Felix Rauner bezieht sich als einziger Autor des Beiheftes auf das Projekt „Evaluation und Revision der Rahmenlehrplane des Landes Hessen – Berufsfelder Metall- und Elektrotechnik".

Als weitere Belegstelle soll die Ausgabe Nr. 4 von „bwp@ – Berufs- und Wirtschaftspädagogik-online" zum Thema „Lernfeldansatz zwischen Feiertagsdidaktik und Alltagstauglichkeit" (Mai 2003) auf Hinweise zur konkreten Entstehung des Lernfeldkonzeptes untersucht werden.

Im Beitrag „Prozess, System und Systematik als Schlüsselkategorien lernfeldorientierter Curriculumentwicklung" führt Tade Tramm an:

> *Das Lernfeldkonzept wird allgemein als eine administrativ verordnete Curriculumreform begriffen. Die beteiligten Beamten „outen" sich in der Regel freudig als Mitbegründer dieser Initiative und lassen meist keinen Zweifel daran, dass sie von pragmatisch-bildungspolitischen Motiven und nicht etwa von theoriegestützten Erwägungen geleitet worden sind (…). In dieser Weise erscheint das Lernfeldkonzept vielen als eine mehr oder weniger spontane ‚Kopfgeburt' der KMK" (ebd., S. 2).*

Weiterhin stellt er fest, dass „es keine vorgängige Lernfeldtheorie gegeben hat und dass auch das Inaugurationspapier, die ‚Handreichungen für die Erarbeitung von Rahmenlehrplänen der Kultusministerkonferenz (KMK) für den berufsbezogenen Unterricht in der Berufsschule und ihre Abstimmung mit Ausbildungsordnungen des Bundes für anerkannte Ausbildungsberufe'von 1996, kein theoretisches Konzept- oder Diskussionspapier war, sondern genau das, was es zu sein auch beansprucht: Eine praktische Handreichung für Curriculumkonstrukteure" (ebd.).

> *„Wenn wir festgestellt haben, dass es keine vorgängige Lernfeldtheorie gegeben hat, so muss im gleichen Atemzug betont werden, dass diese Initiative der KMK natürlich nicht im luftleeren Raum entstanden ist, sondern theoretische und normative Entwicklungen aufgreift und widerspiegelt, die die berufs- und wirtschaftspädagogische Forschung und Diskussion seit Anfang der 1980er Jahre geprägt haben. Ohne Zweifel steht der Lernfeldansatz in der Traditionslinie der jüngeren berufs- und wirtschaftspädagogischen Reformbewegung, die hier durch die Stichworte „Handlungsorientierung", „Schlüsselqualifikationen" bzw. „Kompetenzorientierung", „situiertes Lernen" bzw. „komplexe Lehr-Lern-Arrangements" nur umrisshaft angedeutet werden soll. In diesem Sinne ist das Lernfeldkonzept der KMK als curriculare Grundlage eines handlungs- und problemorientierten beruflichen Lernens in komplexen Lehr-Lern-Arrangements zu verstehen. Es definiert ein solches Lernen in normativer Diktion als Regelfall berufsschulischen Unterrichts und fordert von den Lehrplanautoren entsprechend konzipierte Curricula und von den Lehrern einen entsprechend ausgerichteten Unterricht." (ebd.)*

In den weiteren elf wissenschaftsorientierten Beiträgen und den zehn Praxisbeiträgen sind keine Verweise auf die konkrete Entstehung zu finden. Eine

Durchsicht der Literaturverweise zeigt auf, dass die drei maßgeblichen Veröffentlichungen zum Projekt „Evaluation und Revision der Rahmenlehrpläne des Landes Hessen – Berufsfelder Metall- und Elektrotechnik“ nicht Gegenstand der Quellenarbeit waren.

In der gewerblich-technischen Berufsbildung stellt die Fachzeitschrift *lernen & lehren* der Bundesarbeitsgemeinschaften für Berufsbildung in den Fachrichtungen Elektrotechnik, Informationstechnik, Metalltechnik und Fahrzeugtechnik eine sowohl theoretisch wie auch praktisch reflektierte Wissenslandschaft dar. In denjenigen Ausgaben, die sich mit dem Lernfeldkonzept befasst haben, sind ebenfalls nur sehr wenige Hinweise auf dessen Entstehung zu finden.

Einzig im Heft 58 aus dem Jahr 2000, das unter dem Titel „Lernfelder in technisch-gewerblichen Ausbildungsberufen“ erschien, geht Gernot G. Herrmann – zuständig für die Berufliche Ausbildung bei der KMK – auf den Entstehungsprozess der „Handreichungen“ ein:

> *„Die Kultusministerkonferenz setzte Anfang der 90er-Jahre eine Arbeitsgruppe mit dem Ziel ein, einen Vorschlag zu entwickeln, Rahmenlehrpläne so zu gestalten, dass das Ziel der Handlungsorientierung auch in der Struktur deutlich erkennbar wird. Damit reagierte sie auf die Weiterentwicklung insbesondere der Berufs- und Arbeitspädagogik sowie der Arbeitswissenschaften wie auch auf die Vielfach gestellte Forderung nach stärkerer Praxisorientierung der Lehrpläne für die Berufsschule.*
>
> *Die Arbeitsgruppe, an der neben Vertretern und Vertreterinnen aus den Kultusministerien der Länder auch die Landesinstitute für Curriculumentwicklung sowie Wirtschafts- und Berufspädagogen beteiligt waren, legte Ende 1995 ein Konzept vor, Rahmenlehrpläne der Kultusministerkonferenz nach Lernfeldern zu strukturieren. Nachdem dieses Konzept im Konsens mit den zuständigen Bundesministerien und den Sozialparteien beraten wurde und von dieser Stelle keine Einwendungen vorgetragen wurden, wurde es Mitte 1996 für die nach diesem Zeitpunkt beginnenden Neuordnungsverfahren in Kraft gesetzt.“* (ebd., S. 4)

Weder in den Theoriebeiträgen noch in den Praxisbeiträgen von *lernen & lehren* können Fundstellen den Entstehungsprozess näher bestimmen.

Jörg-Peter Pahl hat im Jahr 2001 einen Sammelband mit dem Titel „Arbeitsorientierte Lernfelder – Didaktisch-methodische Konzepte für Berufsschulen im Rahmen der elektrotechnischen Erstausbildung“ herausgegeben. Dort ist kein Beitrag von Willi Petersen enthalten und in keinem der 16 Einzelbeiträge wird auf das Projekt „Evaluation und Revision der Rahmenlehrpläne des Landes Hessen – Berufsfelder Metall- und Elektrotechnik“ eingegangen. Einzig der Beitrag von Michael Schopf von der „Behörde für Schule, Jugend und Berufsbildung, Amt für Berufliche Bildung und Weiterbildung, Hamburg“ geht in seinem Beitrag „Intention der Lernfeldkonzeption und Prinzipien zur Gestaltung und Umsetzung der Lernfelder“ auf den konkreten Entstehungsprozess des Lernfeldkonzeptes durch die KMK ein. Schopf berichtet vom Prozess, als wenn er daran beteiligt gewesen wäre – ohne dies explizit so zu benennen:

> *„In Veröffentlichungen der Berufs- und Wirtschaftspädagogen, auf Fachtagungen zu Modellversuchen, in Konzepten der Landesinstitute zum Projektunterricht und in Curricula für die Arbeit in Lernbüros – um nur ein paar Beispiele zu nennen – überall taucht die Forderung nach einem handlungsorientierten Unterricht auf. (…) Ergänzt, teilweise überlagert wurde die Forderung nach Handlungsorientierung von der Diskussion um die Schlüsselqualifikationen, wobei jeder der beiden Lernorte für sich die jeweils beste Eignung reklamierte. Und auch ein Rahmenlehrplanausschuss der KMK hatte Mitte der neunziger Jahre schon ein recht fortschrittliches Muster (mit sogenannten Handlungsfeldern) entwickelt. Es handelte sich dabei um den allerdings nicht zum Abschluss gebrachten Beruf ‚Kaufleute für Warenwirtschaft‘.*
>
> *Eine Reaktion der KMK war überfällig. Der Unterausschuss für Berufliche Bildung der KMK (UABBi) setzte eine Arbeitsgruppe ein; sie bestand aus UABBi-Mitgliedern sowie aus Curriculum-Experten der Landesministerien und der Landesinstitute. Diese erhielt den Auftrag, die ‚Handreichungen für die Erarbeitung von Rahmenlehrplänen der Kultusministerkonferenz für den berufsbezogenen Unterricht in der Berufsschule und ihre Abstimmung mit den Ausbildungsordnungen des Bundes für anerkannte Ausbildungsberufe‘ – so der imposante Titel – zu überarbeiten. Diese ‚Handreichung‘ ist der Leitfaden für alle Ausschüsse, die Rahmenlehrpläne für neue oder aktualisierte Berufe nach dem Berufsbildungsgesetz (BBiG) erarbeiten. Nach Sichtung unterschiedlicher Verfahren zur Erstellung von Landeslehrplänen und nach Aufarbeitung des leider noch viel unterschiedlicheren Standes der Curriculumforschung wurde deutlich, dass nicht einfach ein ‚Muster‘ übernommen werden konnte. Zu unterschiedlich waren z. B. Zielsetzungen, Konkretisierungsgrade und Terminologien. Viele Vorstellungen aus der Berufs- und Wirtschaftspädagogik waren schon deshalb nicht verwendbar, weil sie die derzeitigen Rechtsnormen, insbesondere die Regelungen des BBiG ignorierten. So formulierte der Ausschuss selbst das neue Paradigma Lernfeldkonzept und den Begriff der Handlungskompetenz als zentrale Zielkategorie.“* (ebd., S. 72 f.)

Geht man bei Michael Schopf von einem Beteiligten und somit Experten des Verfahrens aus, so ist der Verweis darauf, dass die Wissenschaft nicht am Verfahren beteiligt war, von Bedeutung.

Peter Gerds und Arnulf Zöller veröffentlichten im Jahr 2001 den Herausgeberband „Der Lernfeldansatz der Kultusministerkonferenz“. Im Einführungsbeitrag „Lernfelder als strukturierendes Prinzip für die Gestaltung beruflicher Bildungsprozesse“ schreibt Felix Rauner:

> *„Der Unterausschuss Berufliche Bildung (UABBi) der KMK hat mit seiner Lernfeldinitiative ein berufspädagogisches Projekt initiiert, das rasch eine beachtliche Breitenwirkung*

entfaltet hat und einen tiefen Einschnitt in die Curriculumentwicklung im Bereich der beruflichen Bildung markiert. Mit einiger Überraschung wird gelegentlich darauf hingewiesen, dass es die Berufsbildungsabteilungen der Kultusministerien sowie vor allem der UABBi und nicht die universitäre Berufspädagogik waren, die diesem Thema zu seiner Aktualität und zu seiner konkreten inhaltlichen Ausgestaltung verholfen haben. Nun lässt sich zwar zeigen, dass auch dieses Thema in der wissenschaftlichen Diskussion bis in die Anfänge der berufspädagogischen Diskussion zurückverfolgt werden kann – wahrscheinlich gilt dies für nahezu alle je „neuen" berufspädagogischen Themen –, es ist aber richtig, dass dieses Thema nicht von der universitären Berufspädagogik auf die aktuelle Tagesordnung gesetzt wurde. Ein deutlicher Anhaltspunkt dafür ist, dass das Thema „Lernfeld" etwa in dem von Arnold und Lipsmeier herausgegebenen „Handbuch der Berufsbildung" (Arnold/Lipsmeier 1996) im Schlagwortverzeichnis nicht aufzufinden ist. Ungewöhnlich ist dieses Ereignis jedoch nicht, da es eher die Regel ist, dass in den handlungsleitenden Wissenschaften die neuen Problem- und Fragestellungen sowie häufig auch die Problemlösungen zuerst von der jeweiligen gesellschaftlichen Praxis hervorgebracht werden. Die Wissenschaften sind es dann allerdings, die sich diese Problem- und Fragestellungen rasch zu Eigen machen und mit ihrer wissenschaftlichen Methodik und fachwissenschaftlichen Kompetenz ein systematisches Problemverständnis und damit auch neues Wissen und neue Lösungswege entwickeln. Die große Zahl der Beiträge, die in der Folge der KMK-Lernfeldinitiative in den letzten zwei Jahren veröffentlicht wurde (vgl. dazu v. a. das ZBW-Beiheft 2000 zum Lernfeldthema), bestätigte diese These auch für diese berufspädagogische Innovation."

Die hier getätigten Aussagen von Rauner sind nur schwer einzuordnen; feststeht, dass er selbst im Jahr 1996 ein Gutachten zusammen mit A. Willi Petersen veröffentlicht hat, in dem eine theoriegeleitete Lernfeldumsetzung empfohlen wird. Weder das Gutachten noch die beiden Berichte zum Forschungsprojekt werden für diesen Beitrag als Quelle hinzugezogen.

Der Beitrag „Intentionen der KMK bei der Einführung von Lernfeldern" von Helmut Gravert und Werner Hüster verspricht einen tiefergehenden Einblick in die Entstehungsgeschichte, da beide in das Verfahren involviert waren:

„Am 25./26. März 1993 beschließt der Unterausschuss für Berufliche Bildung der KMK die Überarbeitung der Vorgaben für die Erarbeitung von Rahmenlehrplänen durch eine Arbeitsgruppe, nachdem die Länder zum Umfang und zur Zielrichtung des Überarbeitungsbedarfes durchaus unterschiedliche Vorstellungen geäußert haben. Vielleicht gerade deswegen beteiligen sich 15 der 16 Länder an der Arbeit.

Bemerkenswert ist, dass im Verlaufe der 6 Sitzungen der Arbeitsgruppe die Zahl der Lernplaner gegenüber der Zahl der UABBi-Mitglieder deutlich zunimmt. Bis auf die beiden Vorsitzländer Bremen und Hessen, deren Vertreter aus dem UABBi kommen, ist schließlich nur noch ein weiteres Land mit einem UABBi-Mitglied vertreten, sodass man wohl sagen darf, dass die Arbeit schwerpunktmäßig von den führenden Lernplanern der Länder und deren Intentionen getragen wird. Das hat das Ergebnis der

Arbeitsgruppe deutlich beeinflusst, wenngleich es die anschließende·Diskussion im Unterausschuss nicht gerade erleichtert hat.

Von Bedeutung ist sicher auch, dass bis auf eine Ausnahme die Mitglieder der Arbeitsgruppe an der Entwicklung des Curricularen Rahmens in den 1970er Jahren nicht beteiligt waren. Auch im Unterausschuss für Berufliche Bildung war inzwischen die „zweite Generation" nachgerückt.

Die Arbeitsgruppe kann bereits im Mai 1994 ihre Arbeit abschließen. Das Ergebnis findet jedoch nicht die Zustimmung der Länder Bayern und Baden-Württemberg, die im Wesentlichen mit der neuen Struktur der Rahmenlehrpläne nach Handlungslernfeldern einen Verlust der Fachlichkeit in den Plänen befürchten.

Erst als ausdrücklich vereinbart wird, dass in Handlungslernfeldern auch sachlogisch strukturierte Einheiten aufgenommen werden können, können die Beratungen im Juni 1995 abgeschlossen werden. Äußeres Zeichen der Einvernehmlichkeit wird die Änderung des Begriffes Handlungslernfeld in Lernfeld (der Berufsschule).

Jetzt erst wird die Bundesseite informiert. Dabei betonen die Länder die neuen Möglichkeiten der Lernfeldstruktur in Richtung einer besseren Zusammenarbeit der beiden Lernorte. Erneut – wie schon 20 Jahre zuvor – zielen die Intentionen der Länder in Richtung eines nach gleichen Strukturen gemeinsam zu erarbeitenden Planes für beide Lernorte. Die Idee des „integrierten Bildungsplanes" wird dem Bund im Koordinierungsausschuss vorgestellt.

Dabei wird neben einem eng aufeinander bezogenen curricularen Konzept gleichzeitig eine deutlicher aufeinander·bezogene Organisation der Planerstellung und -verbreitung nahegelegt.

So sollen die auf betrieblicher und schulischer Seite zu bildenden Fachgremien am Anfang eine einheitliche Struktur der Pläne nach Lernfeldern gemeinsam festlegen. Diese Lernfelder erhalten dann jeweils lernortspezifische Zielformulierungen und eine Ausfüllung der Zielformulierungen durch Inhaltsangaben, welche wiederum aufeinander abgestimmt werden. Am Schluss erfolgt dann durch eine gemeinsame Veröffentlichung die Information beider Lernorte auch über die Vorgaben des jeweils anderen Lernortes, um so die Kooperation der Lernorte zu fördern.

Der Bund reagiert auf diese Vorschläge mit Zurückhaltung, weitere Beratungen über den „integrierten Bildungsplan" werden vertagt.

Noch in die andauernden länderinternen Beratungen über die endgültige Form der Handreichungen hinein werden ab November 1996 Rahmenlehrpläne nach dem neuen Konzept der Lernfeldstruktur erarbeitet. Bis zum März 1998 entstanden so 32 Pläne. Die· Erfahrungen mit dieser Arbeit wurden fortlaufend in die Beratungen zu einer endgültigen Fassung der neuen Handreichungen eingegeben, die schließlich am 5. Februar 1999 verabschiedet werden konnte."

Zwei Details zur Entstehungsgeschichte sind neu: Erstens hatte Hessen – die als Land das Projekt zur Evaluierung in Auftrag gegeben hatten – den Vorsitz im Unterausschuss Berufliche Bildung zur relevanten Zeit und zweitens sollte das Lernfeldkonzept nicht von vornherein Lernfeldkonzept, sondern Handlungslernfeld heißen.

In den weiteren Beiträgen gibt es weder Erkenntnisse zur Entstehungsgeschichte des Lernfeldkonzeptes, noch gibt es Verweise auf das Projekt zur Evaluierung der Rahmenlehrpläne. Einzig im letzten Beitrag von Rolf Katzenmeyer wird als eine Arbeitsgrundlage die Auseinandersetzung mit dem „ITB-Gutachten zur Evaluation und Weiterentwicklung der Rahmenlehrpläne des Landes Hessen" angegeben.

Sehr aktuell nimmt Thomas Vollmer in der Sonderausgabe 40 Jahre BAG ElektroMetall von *lernen & lehren* in seinem Beitrag „40 Jahre BAG – 40 Jahre Berufsbildung; Ausgewählte Schlaglichter auf eine Zeit der Kritik, der Ideen und der Reformen" den hier intendierten Argumentationsstrang selbst auf und schreibt:

> *„Allerdings wurde diese Reform nicht von allen Bundesländern übernommen. So blieb es bspw. in Hessen weiterhin bei einer dreiteiligen Struktur mit den Lerngebieten Technologie, Technische Mathematik und Technisches Zeichnen. Dementsprechend kritisch fiel das Ergebnis der Anfang der neunziger Jahre von Willi Petersen – mehrere Jahre lang Mitherausgeber von lernen & lehren – durchgeführten Evaluation der elektro- und metalltechnischen Rahmenlehrpläne in Hessen aus (Petersen 1994). Zentraler Kritikpunkt war, dass ein didaktischer Zusammenhang zwischen den übergeordneten Zielen der Berufsausbildung in den Rahmenlehrplänen und den vorgegebenen Lehrplanstrukturen und -inhalten nicht gegeben war. Die weiter bestehende Orientierung an der Fachwissenschaft habe einen Lernprozess der linearen Abfolge von einzelnen fachsystematischen Technikgebieten und Fachkenntnissen zur Konsequenz, wodurch sich weder eine berufliche Handlungskompetenz noch eine umfassende Gestaltungskompetenz zu erreichen sei (ebd., S. 43).*
>
> *Ausgehend von dieser Kritik wurden von ihm Lernfelder (!) mit Berufs- und Lernaufgaben für die Gestaltung künftiger Rahmenlehrpläne vorgeschlagen, die auf handlungs- und gestaltungsorientierte Lehr-/Lern-Situationen ausgerichtet sind (Petersen 1994, S. 130 ff.). Statt der bis dahin üblichen fachsystematischen Addition von Theoriebestandteilen wurden mit den vorgeschlagenen Lernfeldern zusammenhängende Technikaspekte und Aufgabenstellung der Facharbeit sowie die damit verbundenen Subjekt- und Gesellschaftsbezüge in das didaktische Zentrum des beruflichen Unterrichts gerückt (Abb. 7). Mit diesem Ansatz wurden die oben dargestellten Entwicklungslinien einer Arbeits- und Gestaltungsorientierung zu einer modernen Berufsbildungskonzeption verknüpft."*

Weiter konstatiert Vollmer:

> *„Die vorstehenden Überlegungen zur Entwicklung einer Lernfeldkonzeption und die Ergebnisse der Modellversuche zum auftragsorientierten Lernen fanden ihren Niederschlag in den Rahmenlehrplänen der ab 1997 neugeordneten gewerblich-technischen Berufe.“*

Petersen selbst schreibt in einer seiner letzten Veröffentlichungen aus dem Jahr 2018 zur Reichweite der drei Veröffentlichungen zum Projekt „Evaluation und Revision der Rahmenlehrpläne des Landes Hessen – Berufsfelder Metall- und Elektrotechnik“:

> *„Diese Empfehlungen zur arbeitsorientierten Weiterentwicklung der 1987er Rahmenlehrpläne fanden direkt bei diesen keine Berücksichtigung. Sie waren allerdings die wissenschaftliche Grundlage für die von der KMK mit Stand 09.05.1996 neu erarbeiteten ‚Handreichungen für die Erarbeitung von Rahmenlehrplänen der Kultusministerkonferenz (KMK) für den berufsbezogenen Unterricht in der Berufsschule und ihre Abstimmung mit Ausbildungsordnungen des Bundes für anerkannte Ausbildungsberufe.‘ Seither wird allen Rahmenlehrplänen insbesondere die Entwicklung von Lernfeldern vorgegeben, zu denen es in der Handreichung explizit heißt: ‚Lernfelder sind durch Zielformulierung, Inhalte und Zeitrichtwerte beschriebene thematische Einheiten, die an beruflichen Aufgabenstellungen und Handlungsabläufen orientiert sind. Aus der Gesamtheit aller Lernfelder ergibt sich der Beitrag der Berufsschule zur Berufsqualifikation‘ (KMK 1996, S. 33).“* (vgl. Beitrag 13 in diesem Buch)

Auf der Grundlage dieser Literaturschau kann festgestellt werden, dass der Entstehungsprozess des KMK-Lernfeldkonzeptes berufs- und wirtschaftspädagogisch nicht abschließend aufgearbeitet wurde. Es gibt Hinweise darauf, dass die Wissenschaft am Prozess beteiligt war; allerdings hat sich – mit Ausnahme von Petersen selbst – keine Fachvertreterin und kein Fachvertreter mit den „Lorbeeren“ geschmückt bzw. dazu eine wissenschaftliche Veröffentlichung publiziert. Das ist umso erstaunlicher, da bspw. Felix Rauner zum Thema Lernfeldkonzept durchaus veröffentlichte; den klaren Bezug zur wissenschaftlichen Untersuchung „Evaluation und Revision der Rahmenlehrpläne des Landes Hessen – Berufsfelder Metall- und Elektrotechnik“ stellte er aber nicht her.

Auf der Grundlage dieser Ausführungen und dem Literaturnachweis des Beitrages 2 in diesem Buch zum Abschlussbericht des Projektes „Evaluation und Revision der Rahmenlehrpläne des Landes Hessen – Berufsfelder Metall- und Elektrotechnik“ verbleibt es bei der These, dass die Ausarbeitungen von A. Willi Petersen, mit dem bereits sehr elaborierten Vorschlag für ein Lernfeldkonzept zur Überwindung der berufsschulischen Curriculums- und Umsetzungsprobleme, *einen* Baustein oder *eine* Vorlage für die KMK-Arbeitsgruppe dargestellt hat. In der Vertiefung sind es die Parallelen zur Handlungsorientierung, Arbeitsorientierung, Offenheit der Zielbeschreibungen und der Lernfeldarchitektur, die Willi Petersen seinen Anteil am Lernfeldkonzept zu schreiben können. Letztlich ist es aber ein für die Berufs- und Wirtschaftspädagogik aufzuarbeitendes Desiderat, die Entstehungsgeschichte aufzuklären.

A. Willi Petersen – Berufsdidaktiker Elektrotechnik

Didaktische Überlegungen zum Lernen und Lehren in der Berufsbildung konkretisieren sich auf der Mikroebene des Lehrkräftehandelns – der Planung, Durchführung und Reflektion von berufsbildendem Unterricht – mit (berufs-)fachlichen Zielen und Inhalten. Inhaltsleerer – rein methodisch geleiteter – beruflicher Unterricht ist kaum denkbar bzw. zielführend. Die wissenschaftliche Auseinandersetzung mit dem Lehren und Lernen wird als Didaktik bezeichnet; eine „Fachdidaktik" konkretisiert allgemeindidaktische Erkenntnisse durch Inhaltsbezüge. Somit sind das Bezugswissen bzw. die Bezugsinhalte Gegenstandsbereiche einer (fach-)didaktischen Auseinandersetzung hinsichtlich einer Transformation für das Lernen und Lehren.

Mit der Begrifflichkeit des „Faches" hadert die Berufsbildung nicht erst seit der Einführung von Lerngebieten und Lernfeldern durch die KMK und der damit einhergehenden gewollten Ablösung und Überwindung von Unterrichtsfächern. Da mit einer Wortwahl Assoziationen und Traditionen angesprochen werden, ist deren Klarheit und Gebrauch von Bedeutung. Am Beispiel der Fachdidaktik Elektrotechnik wird dies durch A. Willi Petersen bereits in seinen frühen Veröffentlichungen thematisiert. Er positioniert sich dabei als „Berufsdidaktiker", verwendet aber auch relativ schnell die, aus heutiger Sicht, als unproblematisch einzuschätzende Formulierung einer Didaktik der beruflichen Fachrichtung Elektrotechnik.

Da die Didaktik als Berufswissenschaft der Lehrkräfte eine hohe Bedeutung hat und die gelebte Praxis in der Lehrkräftebildung als heterogen bezeichnet werden darf, ist die Auseinandersetzung mit der Berufs- und/oder Fachdidaktik Elektrotechnik in ihrer Genese auch zum „Spielball" ordnungspolitischer Vorgaben geworden. Der ursprüngliche Arbeits- und Berufsbezug innerhalb der Didaktik der beruflichen Fachrichtung Elektrotechnik wurde in den 1960er Jahren zugunsten einer Wissenschaftsorientierung aufgegeben und letztlich wieder recht radikal durch das 1996 eingeführte Lernfeldkonzept reaktiviert.

Bereits in dem Beitrag „Berufs- und Fachdidaktik Elektrotechnik im Studium von Berufspädagogen" aus dem Jahr 1996 spricht Petersen an, dass aus seiner Sicht die an Hochschulen verwendete Begrifflichkeit einer Fachdidaktik Elektrotechnik nicht tragfähig erscheint, da er das damit vielfach assoziierte „Fach"-Verständnis als problematisch einschätzt. Mit einem Fach wird nach seiner Ansicht eben nicht die Berufsbildung für die berufsförmig organisierte

Facharbeit angesprochen, sondern eher auf ein schulisches Unterrichtsfach rekurriert. Er bringt den Doppelbegriff Berufs- und Fachdidaktik Elektrotechnik ein, um vorhandene wie mögliche Missverständnisse und inhaltliche Verkürzungen zur Didaktik der schulischen und betrieblichen Aus- und Weiterbildung zu vermeiden und um die „Berufsbezogenheit" der Didaktik bereits begrifflich zu betonen.

Er positioniert sich damit in einem von den Fachvertretungen bereits lange geführten Diskurs über die Aufgabe und Ausrichtung einer Didaktik der beruflichen Fachrichtung Elektrotechnik. Der „Fach"-Begriff wurde in der fachdidaktischen Genese unterschiedlich konnotiert und regt dadurch zu normativen Setzungen an. So führt Schütte dazu aus:

> *„Berufliches Lernen und Lehren steht seit rund 150 Jahren in der Tradition der Fachbildung. Mit der Auflösung der doppelt qualifizierenden Provinzialgewerbeschule 1879 in Preußen startet das Nachdenken über technisch-berufsfachliche Lehr- und Lernprozesse. Fachbildung zielte demnach auf eine industrielle Branche, auf ein noch handwerkliches Gewerk bzw. Metier (Bau-, Maschinen-, Textiltechnik etc.). Der Terminus ‚Fach' rekurrierte insofern sowohl auf die Situation des Arbeitsvollzuges (Berufspraxis) als auch auf die kognitive Bewältigung (Fachwissen) aktueller und – vor allem – künftiger Arbeitsanforderungen im Rahmen kapitalistisch organisierter Lohnarbeit. Die ‚Fachleute' der ersten Stunde waren folglich Kenner eines speziellen Metiers – mithin eines Faches (Baufachmann, Maschinisten, Werkmeister usf.). Wissenschaftssystematisch erlebte die Fachbildung und deren Methodik (Didaktik) zwei Korrekturen, die erste im Zusammenhang mit der Etablierung der modernen Berufsschule in der Zwischenkriegszeit, die zweite im Rahmen der Wissenschaftsorientierung der Berufs(aus)bildung in den 1960er-Jahren. Verdrängte nach 1919 die Berufserziehung im öffentlichen Bewusstsein den Begriff der Fachbildung, wurde seit den 1970er Jahren die klassische Fachbildung auf ‚Fachwissenschaft' i. S. einschlägiger ingenieurwissenschaftlicher Bezugsdisziplinen verengt. Damit wurde der Wandel von der frühen Fachmethodik über die Berufsschuldidaktik (Frankfurter Methodik) hin zur modernen ‚Fachdidaktik' vollzogen. Während damit einerseits der Anschluss an die Verwissenschaftlichung der allgemeinen Pädagogik sichergestellt wurde, verblasste damit andererseits die doppelte Konnotation von Fachbildung im Wissenschaftsdiskurs der Berufs- und Wirtschaftspädagogik."*
> (Schütte 2010)

In der Reihenfolge der beiden „Teildidaktiken" besteht zwischen Petersen und Schütte noch Uneinigkeit. Während Petersen in seinen Veröffentlichungen und bspw. im mit Klaus Jenewein gemeinsam verantworteten *lernen & lehren*-Schwerpunktheft die „Berufs- und Fachdidaktik" thematisiert und problematisiert, wird im gleichen *lernen & lehren*-Schwerpunktheft im ersten Beitrag von Friedhelm Schütte konsequent von „Fach- und Berufsdidaktik" geschrieben. Ob damit bereits eine Positionierung hinsichtlich einer Relevanz angesprochen sein soll, wird in den Beiträgen selbst nicht thematisiert, kann aber auf Grund der wissenschaftstheoretischen Ausführungen durchaus angenommen werden.

Aber nicht nur die Begrifflichkeit einer Didaktik der beruflichen Fachrichtung unterliegt einem theoretischen Diskurs, noch im Jahr 1998 stellen Gronwald und Martin heraus:

„Bis vor kurzem hat keiner die Aufgaben einer gewerblich-technischen Fachdidaktik definieren wollen, geschweige denn ihre wissenschaftliche Struktur, ihre Ziele und ihre Inhalte benennen können. Erst in den letzten Jahren ist die Diskussion darum in Gang gekommen. Petersen geht dabei noch am weitesten, wenn er schreibt ‚Diese (Berufs- und Fachdidaktik) ist … als ein berufsfeldbezogenes Teilgebiet der Berufsbildungsforschung zu begreifen, in dem die grundlegenden Fragen zur Analyse und Gestaltung und dem Wechselverhältnis der Arbeit, Technik und Berufsbildung im Berufsfeld Elektrotechnik zum Gegenstand werden'. Damit wird die Fachdidaktik zunächst nicht als eigenständige Wissenschaft gesehen, sondern mehr als spezifisch fachlicher Problemkatalog des übergreifenden Wissenschaftsgebietes, der Berufsbildungsforschung.

Dagegen steht eine Auffassung von beruflicher Fachdidaktik als Mittler zwischen der Berufsfeldwissenschaft und der Allgemeinen Didaktik. Sie umfaßt dabei im weiteren Sinne technikspezifische Intentionen, Lernziele, Inhalte, in Wechselwirkung stehend zu technikspezifischer Unterrichtsmethodik und technikspezifischen Medien. Der methodische Aspekt wird als zentrales Element angesehen und der Fachdidaktik eine zwar eigenständige Rolle zugewiesen, die aber im Grunde nur die einer Methodensammlung für den Unterricht ist.

Aber Fachdidaktik sollte mehr leisten als die Lösung der methodisch akzentuierten Probleme: Sie sollte die Brücke herstellen zwischen den Entwicklungen

- der Gewerblich-Technischen Wissenschaft als Inhalts- und Gegenstandsbereich der Arbeitsgegenstände und -mittel in der betrieblichen Arbeit und

- der Berufspädagogik als Gegenstandsbereich der konkreten Ausbildung in Berufsschule und Betrieb.

Durch die Fachdidaktik sollte es möglich werden, zunächst allgemeine Erkenntnisse unterschiedlich beteiligter Wissenschafts- und Praxisbereiche für die Bildung und Ausbildung an den Lernorten nach den spezifischen Kriterien in einer eigenen Wissenschaftsstruktur zu bewerten und zu ordnen, um sie weiter entwickeln zu können und der gewerblich-technischen (Berufs-) Ausbildung nutzbar zu machen durch Anwendung eigenständiger, wissenschaftlicher und praxisbezogener Einsichten. Die Fachdidaktik ist dadurch eng verbunden mit der gewerblich-technischen Wissenschaft enger noch als mit der Berufspädagogik.

Aber dieser wissenschaftliche Bezug fehlt zur Zeit in der Fachdidaktik der gewerblich-technischen Wissenschaft Elektrotechnik.“ (Gronwald/Martin 1998)

Das hier beschriebene Problem hat auch strukturelle Gründe, da die Didaktik der beruflichen Fachrichtung Elektrotechnik an den Hochschulen in unterschiedlicher Art und Weise verortet ist. Bereits Anfang der 1970er-Jahre führte der Deutsche Bildungsrat aus:

> „*Fachdidaktik ist im Fach verwurzelt. Sie verbindet das Fach mit der Schulpraxis.*“ (Deutscher Bildungsrat 1970, S. 225).

Der Fachdidaktik oblag die Aufgabe herauszufinden, welche Erkenntnisse, Denkweisen und Methoden der Fachwissenschaft Lernziele des Unterrichts werden sollen. Für eine Didaktik der beruflichen Fachrichtung Elektrotechnik sind aber im Gegensatz zu allgemeinbildenden Unterrichtsfächern zwei disziplinäre Bezüge hinsichtlich der Inhalte und Ziele von Bedeutung:

1. das ingenieurwissenschaftliche Wissen des Studienfaches Elektrotechnik und
2. das berufswissenschaftliche Wissen der elektrotechnischen Facharbeit.

Ausgehend vom Anwendungsbezug, der sich bezogen auf das schulpraktische Handeln von Lehrkräften neben der Berufsschule auch auf wissenschaftspropädeutische Bildungsgänge (Berufliches Gymnasium) bezieht, sollte daher von einer Berufs- und Fachdidaktik Elektrotechnik gesprochen werden, die die elektrotechnische Fachwissenschaft und Berufswissenschaft gleichermaßen mit einbezieht. Dies wurde in den von A. Willi Petersen mitverantworteten „Ländergemeinsame inhaltlichen Anforderungen für die Fachwissenschaften und Fachdidaktiken in der Lehrerbildung“ für die berufliche Fachrichtung Elektrotechnik mit dem Punkt „berufs- und fachdidaktische Konzepte und ihre Begründungszusammenhänge“ so auch verankert.

Problematisch ist im bundesdeutschen Vergleich der Studienstandorte die Umsetzung einer Berufs- und Fachdidaktik Elektrotechnik, da berufswissenschaftliche Studienanteile an den allermeisten Studienstandorten fehlen oder nur durch berufsdidaktische Transformationen in die Studienprogramme eingebracht werden. Zudem ist die wissenschaftliche Verortung der Didaktik an Hochschulen immer noch so angelegt, wie es bereits von Petersen 1996 systematisiert wurde. Demnach existieren die zwei Varianten

„*a) Integration der Fachdidaktik in die ihr zugeordnete Fachwissenschaft. In diesem Fall muß der Zusammenhang der Fachdidaktik und ihre Verbindung mit der Erziehungswissenschaft institutionell sichergestellt sein (etwa durch ein didaktisches Zentrum in der Universität).*

b) *Integration der Fachdidaktik in die Erziehungswissenschaft. In diesem Fall muß die enge Verbindung von Fachdidaktik und Fachwissenschaft in geeigneter Weise institutionalisiert werden.*" (Petersen 1996, S. 125)

Die jeweilige Verortung an den Hochschulen hat durchaus Bedeutung hinsichtlich der wissenschaftstheoretischen Ausrichtung einer didaktischen Professur und der strukturellen sowie materiellen Ausstattung. Für die Etablierung einer Berufs- und Fachdidaktik Elektrotechnik kommt erschwerend hinzu, dass deutschlandweit im Grunde keine einzige tatsächlich eigenständige Professur mehr existiert und der Trend auch weiterhin zu Bereichs- oder Technikdidaktiken geht, bei der eine Professur die verschiedenen Didaktiken für mehrere berufliche Fachrichtungen abdecken muss. Auch dies hat zur Folge, dass mit Petersen einer der letzten Fachrichtungsvertreter einer Didaktik der beruflichen Fachrichtung Elektrotechnik, der nur für eine berufliche Fachrichtung berufen wurde, von uns gegangen ist und dadurch für eine weitergehende Theoriebildung fehlt.

A. Willi Petersen war mit seinen Veröffentlichungen maßgeblich an einer Theoriebildung für eine Didaktik der beruflichen Fachrichtung Elektrotechnik beteiligt. Seine Beiträge – in den wenigen Grundlagenwerken zur Didaktik der beruflichen Fachrichtung Elektrotechnik – verdeutlichen seine wissenschaftstheoretische Überzeugung als „Berufsdidaktiker". Früh brachte er seine Expertise in den Diskurs ein und gestaltete dadurch die Disziplin maßgeblich mit.

Literatur

Gronwald, D.; Martin, W. (1998): Fachdidaktik im Spannungsfeld Berufspädagogik und Fachwissenschaft. In.: Lübben, B.; Möller, W. (Koordination): Fachtagung Elektrotechnik – Standpunkte – Konzepte – Perspektiven. Anlässlich der Hochschultage Berufliche Bildung 1996. Neusäß, S. 59–70

Petersen, A. W. (1996): Berufs- und Fachdidaktik Elektrotechnik im Studium von Berufspädagogen. In: Lipsmeier, A.; Rauner, F.: Beiträge zur Fachdidaktik Elektrotechnik. Stuttgart, S. 103–141

Schütte, F. (2010): Fach- und Berufsdidaktik im Feld der Metall- und Elektrotechnik. In: lernen & lehren, Heft 99 (25. Jahrgang), S. 102–106

A. Willi Petersen – Berufswissenschaftler

Mit Berufswissenschaften wird ein sehr heterogenes wissenschaftliches Forschungsfeld angesprochen. Der Begriff selbst und insbesondere die Zuweisung „berufswissenschaftlich“ erfreuen sich einer breiten Verwendung. Dieter Grottker beschreibt im Jahr 1998 in seinem Beitrag „Berufsfelder – Wissenschaftsfelder – Spannungsfelder. Probleme der Gegenstands- und Methodenbestimmung von Berufsfeldwissenschaft und Berufspädagogik“ im von Jörg-Peter Pahl und Felix Rauner veröffentlichten Sammelband „Betrifft: Berufsfeldwissenschaften“ die Lage so:

> *„Eine Enzyklopädie gegenwärtigen Wissens über Beruf und Bildung ist ebenso unmöglich wie ein Kanon aufeinanderfolgender Wissenschaften. Die Wissenschaftslandschaft im Bereich der Berufsbildung ist ein Chaos akademischen Tuns, gekennzeichnet durch Planlosigkeit, durch Zersplitterung der Ressourcen, Aufreibung der Kräfte, Kampf um Pfründe. In dieser Situation scheint es weltfremd zu sein, nach anerkannten und akzeptierten Gegenstandskonzepten zu fragen.“*

Im Lexikon Berufsbildung von Jörg-Peter Pahl werden die Nachschlagekategorien „Berufswissenschaft – Akademische Wissenschaft“, „Berufswissenschaftliche Forschung“ und dann „Berufswissenschaft – Wissenschaft über Berufe“ in dieser, nicht sich selbst erschließenden Reihenfolge und Betitelung aufgeführt. So erscheint auch zunächst der erst genannte Beitrag für ein Lexikon Berufsbildung als eher irreführend, wenn die Berufswissenschaft als „normale“ Wissenschaft bezeichnet wird, „die in der Regel als Beruf an einer wissenschaftlichen Institution betrieben wird“. Zu „Berufswissenschaftliche Forschung“ wird dann von Peter Storz systematisiert:

> *„Folgende Teilgebiete – auf ihre unterschiedliche inhaltliche Ausformung sei verwiesen – sind zu erkennen: „Berufsforschung“ oder auch „Berufsfeldforschung“ zu Berufen im jeweiligen Einzugsbereich einer beruflichen Fachrichtung: historische Wurzeln der Berufe, Triebkräfte deren Entwicklung, Veränderungen in Profil und Inhalt der Berufe mit zunehmender Betonung der Handlungskompetenz, Bündelung der Berufe zu Berufsfeldern. Forschungen zum Berufsfeld beachten deren Entwicklungsdynamik (Neuordnung der Berufe), veränderte Schnittstellen zwischen den Berufsfeldern (z. B. zwischen Berufen der Labor- und Prozesstechnik sowie Umwelttechnik) sowie übergreifende Berufsprofile (z. B. Mechatroniker, dessen Profil neben der Schnittstelle Mechatronik auch Chemotronik umfasst).*
>
> – *„Berufsbezogene Arbeitsforschung“ zur Erkundung von Anforderungen an Facharbeit: Diese Arbeitsforschung erfolgt forschungsmethodisch differenziert in*

Makroebene: Organisation und Arbeitsteilung in Arbeitssystemen entlang von Prozessketten (Prozessverständnis) sowie Mikroebene: konkrete Facharbeit als zu kommunizierende Arbeitsaufgaben/Arbeitszusammenhänge in verschiedenen betrieblichen Kontexten.

- *„Berufsdidaktische Forschung" zur Erforschung der „Aneignung von Beruf" als vielschichtiger Lehr- und Lernprozess: Die Kategorie „Aneignung" erweist sich als zielführend, da sie Lern- und Arbeitsprozess gleichermaßen umfasst und ein enges Wechselspiel zwischen Arbeiten und Lernen beim Erwerb von Beruf zum Ausdruck bringt. Indem berufsdidaktische Forschung den Prozess der Aneignung von Beruf zum Gegenstand hat, untersucht sie auch lernbedeutsame Zusammenhänge zwischen Arbeiten und Lernen, was mit dem Begriff einer „didaktisch-induzierten Arbeitsanalyse" beschrieben ist."*

Pahl selbst definiert im dritten Beitrag „Berufswissenschaft – Wissenschaft über Berufe":

> *Unter umfassender Perspektive kann Berufswissenschaft als Aufgabenfeld und Ort des Strebens nach sowie Gewinnens und Bewahrens von Erkenntnissen über Berufe und damit als „Theorie der Berufe", d. h. der Lehre Forschung und Wissenschaft über die Berufe, eingeordnet werden. Dabei werden die Thematiken und Phänomene, die im Zusammenhang mit Berufen auftreten, umfassend betrachtet und erforscht, wie insbesondere die Berufs- und Tätigkeitsinhalte, das notwendige Berufswissen sowie die erforderliche Qualifikation und die Kompetenz der Berufstätigen im Beschäftigungssystem. Ein kleinerer Teil der Berufe basiert fachlich-inhaltlich auf schon etablierten eigenständigen Wissenschaftsdisziplinen oder Berufstheorien. So kann z. B. für den akademischen Beruf der Pfarrerin bzw. des Pfarrers die Theologie als Wissenschaft und für den nichtakademischen Beruf „Industriemechaniker/-in" eine Berufstheorie in einem praxisorientiertem spezifischen Wissen über die spezifische Arbeit und Technik gesehen werden."*

Felix Rauner gibt in seinem Werk „Grundlagen beruflicher Bildung – Mitgestalten der Arbeitswelt" an:

> *„Die Berufswissenschaften befassen sich mit den Inhalten und Formen der Facharbeit in etablierten und zu entwickelnden Berufen und Berufsfeldern, mit den berufs- und berufsfeldspezifischen Lernprozessen für die Arbeitswelt sowie mit dem impliziten und expliziten Lernen im Arbeitsprozess. Bei der Analyse, Gestaltung und Evaluation von Berufsbildungsprozessen sowie von lernförderlichen Arbeitsprozessen muss der Zusammenhang hergestellt werden zwischen den Arbeitsprozessen beruflicher Arbeitswirklichkeit, den Lern- und Bildungsprozessen sowie den beruflichen Ordnungsmitteln.*
>
> *Die verbreitete Vorstellung, wonach in einem ersten Schritt die beruflichen Ordnungsmittel aus der Analyse der Arbeitswirklichkeit abgeleitet werden können und daraus im Sinne eines linearen Zusammenhanges die Inhalte und Formen der Berufsbildungsprozesse resultieren, verflüchtigt sich und weicht in der berufswissenschaftlichen Forschung einer differenzierten nicht deterministischen Erforschung von Wechselbeziehungen zwischen den drei Polen des Zusammenhanges von Technik – Arbeit – Bildung."*

Abschließend stellt Pahl in „Berufe, Berufswissenschaft und Berufsbildungswissenschaft" fest:

> *„Die Berufswissenschaft sollte bei ihren Arbeits- und Forschungsaufgaben davon ausgehen, dass das Beschäftigungssystem mit den in diesem wirkenden Berufen insgesamt nur wenig beeinflusst von der wirtschafts- und berufspädagogischen Debatte agiert. Es folgt für den nicht-akademischen Bereich weitgehend eigenständig personalpolitischen Eigeninteressen sowie eher wirtschaftspolitischen oder teilweise sogar neoliberalen ökonomischen Vorstellungen, Auffassungen und Absichten.*
> *Die Berufswissenschaft muss die Berufe und die Berufswelt deshalb weitgehend unabhängig von berufspädagogischen Wunschvorstellungen und Visionen wahrnehmen und bearbeiten."*

Diese wissenschaftstheoretischen Einblicke ließen sich sicherlich noch umfangreich weiterführen; im Ergebnis würde es aber dabeibleiben, dass Abgrenzungsprobleme insbesondere zwischen den Begriffen „Berufswissenschaft" und „Berufsbildungswissenschaft" existieren, mit denen sich Willi Petersen in seinem Wirken intensiv auseinandergesetzt hat und die er standhaft vertrat. Die im wissenschaftlichen Diskurs auftretenden unterschiedlichen Beziehungen bzw. Verhältnisse der beiden Begriffe, wie sie beispielsweise von Pahl 2017 in „Berufe, Berufswissenschaft und Berufsbildungswissenschaft" umfangreich beschrieben wurden:

Konstrukt 1: Berufs- und Berufsbildungswissenschaft sind identisch.
Konstrukt 2: Berufs- und Berufsbildungswissenschaft sind wohl unterschiedlich beziehungsweise disjunkt. Sie haben keine Gemeinsamkeiten.
Konstrukt 3: Berufswissenschaft ist eine Teildisziplin der Berufsbildungswissenschaft.
Konstrukt 4: Berufsbildungswissenschaft ist eine Teildisziplin der Berufswissenschaft.
Konstrukt 5: Berufswissenschaft und Berufsbildungswissenschaft haben gemeinsame und unterschiedliche Arbeits- und Forschungsbereiche

fanden dabei wenig Anklang; Berufswissenschaft im Sinne von Petersen bezieht sich auf die Berufsarbeit in der Facharbeit. Die Berufswissenschaft hat die Dimensionen Technik und Arbeit zu erschließen. Dafür wurden drei Arbeitsdimensionen gestaltet:

- Funktion und Technik der Gegenstände der Facharbeit,
- Mittel, Verfahren, Organisation der Facharbeit und
- Betriebliche, gesellschaftliche, individuelle Anforderungen an die Technik und Facharbeit.

Somit kann A. Willi Petersen als ein Anhänger des zweiten Konstrukts nach Pahl eingeschätzt werden; Bildungsaspekte werden im Kontext der Berufswissenschaften zunächst nicht betrachtet. Den Zusammenhang von Berufswissenschaften und Berufsbildungswissenschaften verdeutlichte Petersen über die Interdependenzthese von Beschäftigungs- und Bildungssystem:

> *„Mit der zentralen Orientierung an der Arbeit ist in der curricularen und didaktischen Konsequenz aber weder eine einfache Anpassung der Berufe noch der Ziele und Inhalte der Berufsausbildung an die gegenwärtige Arbeit intendiert. Ebenso wenig sind diese einfach aus den Wissenschaften ableitbar. „Arbeitsorientierung“ in der Berufsausbildung bedeutet vielmehr, von dem Wechselwirkungszusammenhang zwischen der Arbeitswelt und der Berufsbildung auszugehen und deren wechselseitige Gestaltbarkeit im Ansatz der Berufs- und Ausbildungsentwicklung curricular und didaktisch zu berücksichtigen. Die Analysen müssen daher zwangsläufig auch auf eine prospektive Arbeits- und Ausbildungsgestaltung zielen, durch die die Mitgestaltung und Partizipation an den Entwicklungen im Beschäftigungs- und Berufsbildungssystem auch erst eine reale Perspektive erhält.“* (vgl. Beitrag: „Berufs- und fachdidaktische Aspekte einer arbeitsorientierten Erstausbildung im Berufsfeld ‚Elektrotechnik‘“)

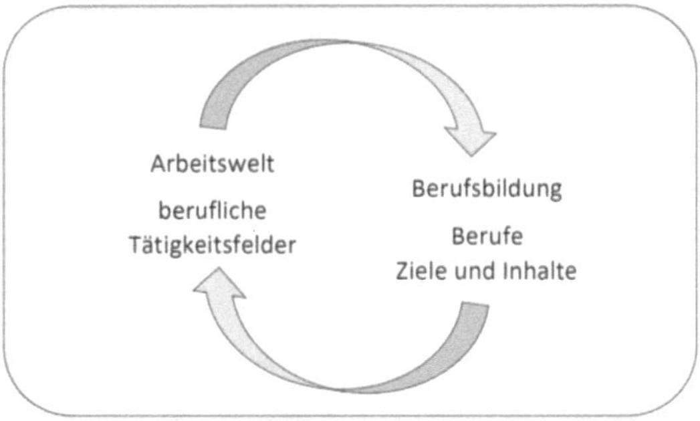

Abbildung 1: Wechselwirkungszusammenhang von Arbeitswelt und Berufsbildung

Die in der Abbildung 1 verdeutlichte Interdependenzthese – oft auch dargestellt als Abhängigkeitsverhältnis der Erwerbsberufe und der Ausbildungsberufe – stand in Lehre und Forschung im Mittelpunkt seines berufswissenschaftlichen Erkenntnisinteresses.

Dabei geht er davon aus, dass nicht nur für akademische Berufe (Berufs-) Wissenschaften bspw. durch die Ingenieurwissenschaften existieren: Zu jeder Berufsarbeit wird eine bestimmte Berufswissenschaft benötigt, auch für nichtakademische Berufe die eher als unwissenschaftlich gelten, da sie praktische

Berufe sind. Für alle Erwerbsberufe stellen somit Berufswissenschaften die Basis der Berufsarbeit dar. Unter Berufswissenschaften versteht Petersen das Berufswissen, die Berufstheorie, das Berufskönnen und die Berufserfahrung eines oder mehrerer Erwerbsberufe:

> *„Für die nichtakademischen Berufe gibt es zur Berufsarbeit je erforderliche und genutzte Wissenschaften, die sich für einen Beruf oder eine Berufsgruppe als originäre Berufswissenschaften wissenschaftlich bestimmen und curricular beschreiben lassen."* (vgl. Beitrag: Berufswissenschaften als Ansatz und Inhalt beruflicher Fachrichtungen)

Das wissenschaftliche Erkenntnis- und Forschungsdefizit im Bereich der nichtakademischen Berufe ist nach Petersen immens. Die Bedeutung der Berufswissenschaft lässt sich kurz begründen: Sie ist die „richtige" Bezugswissenschaft für das Studium von Lehrkräften der Beruflichen Fachrichtungen. Dass die wissenschaftsorientierte Ausbildung angelehnt an fachwissenschaftliche Bezüge aus der korrespondierenden Ingenieurwissenschaft nicht die stimmige Wissensbasis für die Berufsausbildung und die Ausbildung von Lehrkräften in den beruflichen Fachrichtungen darstellt, wird nicht erst seit der Etablierung des Lernfeldkonzeptes diskutiert:

> *„Gäbe es z. B. eine Berufsfeldwissenschaft bzw. eine Berufswissenschaft Elektro- und Metalltechnik, so würde auch die an einer solchen ‚beruflichen Wissenschaft' curricular und didaktisch orientierte Rahmenplan- und Unterrichtsgestaltung und damit die Wissenschaftsorientierung zugleich eine neue berufsdidaktische Bedeutung und Qualität erhalten."* (Petersen/Rauner 1995, S. 88)

Angesprochen wird somit die fehlende Basis einer Berufswissenschaft sowohl auf der Ebene der Curriculumentwicklung für Ausbildungsberufe als auch als Studieninhalte von Lehrkräften an berufsbildenden Schulen. Somit setzt Petersen in seinen Veröffentlichungen Berufswissenschaften, gewerblich-technische Wissenschaften und berufliche Fachrichtungen gleich; trennt allerdings sehr bewusst didaktische und pädagogische Erwägungen von den Berufswissenschaften ab. Für Petersen stellen die gewerblich-technischen Wissenschaften eine eigenständige Berufswissenschaft für die Lehrkräfteausbildung dar, die die an den meisten Studienstandorten vorhandene Nähe zur Ingenieurwissenschaft ablösen sollte. Rauner stellt dazu im Jahre 1993 fest:

> *„Die Frage nach den Fächern, die von Berufsschullehrern zu studieren sind, um die Lehrbefähigung für den fachkundlichen, berufsbezogenen Unterricht zu erlangen, ist so alt wie die Gewerbelehrerausbildung selbst. Die Ausbildung von Ingenieuren und Gewerbelehrern konnte sich bis in die 80er Jahre des vorigen Jahrhunderts auf eine gemeinsame „Gewerbe-Lehre" stützen, der es weniger um das mathematisch-naturwissenschaftliche Wissen als vielmehr um das historisch gewachsene Wissen der*

> *Gewerbe ging. Erst mit dem Prozeß der Verwissenschaftlichung der Gewerbelehre hin zu den ingenieurwissenschaftlichen Disziplinen in der ersten Hälfte dieses Jahrhunderts, vollzog sich die Abspaltung des nicht-professionellen – berufsbezogenen – Wissens. Der Gegenstand der einschlägigen universitären Lehre und Forschung ist das Wissen der Profession der akademisch ausgebildeten Ingenieure und Ingenieurwissenschaftler und nicht der beruflich qualifizierten Facharbeiter, Meister und Techniker. Das berufsbezogene Wissen hat komplementär zur Professionalisierung der Ingenieurausbildung an Hochschulen und Universitäten in der gesellschaftlichen Wahrnehmung an Bedeutung abgenommen. Der besonderen Qualität des berufsbezogenen Wissens wird kaum wissenschaftliches Interesse entgegengebracht.“* (Rauner 1993, S. 10)

Wissenschaftlich fehlten vor der Jahrtausendwende ebenfalls Strukturierungs- und Analyseansätze, um die Berufsarbeit im berufswissenschaftlichen Sinne analysieren zu können. Petersen erarbeitete unter Bezugnahme auf Ropohl (1975), Nölker (1980) und Engeström (1987) ein berufsdidaktisch neues Strukturmodell mit drei Arbeits- und Lern-Dimensionen erarbeitet.

> *„Mit diesem Modell sollten curricular vor allem die beruflichen Arbeitsinhalte in ihrer Technik übergreifenden Ganzheitlichkeit für die neuen arbeitsorientierten Rahmenlehrpläne bestimmbar werden.“* (vgl. Beitrag: Berufswissenschaften als Ansatz und Inhalt beruflicher Fachrichtungen)

Petersen war in der im April 1990 neugegründeten „Arbeitsgemeinschaft der Hochschulinstitute für gewerblich-technische Berufsbildung“ (HGTB) organisiert. Die dort erarbeiteten Empfehlungen für ein gewerblich-technisches Fachrichtungsstudium sind stimmig mit den berufswissenschaftlichen Vorstellungen von Petersen. Hier wurden „Gewerblich-Technische Wissenschaften“ als arbeitsaufgabenorientierte Berufswissenschaften verstanden. Mit der Entwicklung hin zu einer bildungs- und arbeitsprozessorientierten Berufswissenschaft gegen Ende der 1990er Jahre waren Grundsatzdebatten innerhalb der HGTB verbunden, die zu deren Auflösung im Jahr 2000 führte. Der Nachfolgeorganisation „Gewerblich-Technische Wissenschaft“ (GTW) trat Petersen nie bei.

A. Willi Petersen – Europäischer und internationaler Berufs(bildungs)forscher

Noch lange bevor die ehemalige Bildungswissenschaftliche Hochschule Flensburg/Universität (BU) zur jetzigen Europa-Universität Flensburg wurde, betitelte im Jahr 1997 eine regionale Zeitung den Studienbeginn am Berufsbildungsinstituts Arbeit und Technik (biat) unter der Überschrift „Studienbeginn an neuem BU-Institut – Innovation mit Blick auf Europa".

Weiter heißt es:

> *„Derzeit wird in verschiedenen Forschungsprojekten zum Beispiel untersucht, wie eine einheitliche Berufsausbildung in Europa die Schaffung eines internationalen Arbeitsmarktes erleichtern kann."*

Der „Blick auf Europa" und darüber hinaus war auch ein zentrales Forschungs- und Entwicklungsanliegen von Willi Petersen. Sowohl EU-Projekte und die damit verbundene Beratung der EU-Kommission sowie des Europäisches Zentrums für die Förderung der Berufsbildung (Cedefop) als auch weltweite Entwicklungsprojekte in Kooperation mit der damaligen GTZ (heute GIZ) prägten sein internationales Portfolio. Es ist zunächst ganz allgemein hervorzuheben, dass es der wissenschaftsbasierten Neugierde Willi Petersens entsprungen ist, dass sich sein Blick immer wieder auf europäische und internationale Entwicklungen der beruflichen Bildung gerichtet hat. Mit den tiefgreifenden Veränderungen und Entwicklungen der Berufe und Arbeit und einem neuen und eigenständigen IT-Berufs- und Arbeitsfeld in einer globalisierten Welt boten sich die (neuen) IT-Berufs- und Qualifikationsprofile für internationale und europäische Vergleichsstudien an. Damit sollten über die gelegentlichen bzw. punktuellen Blicke über den deutschen „Tellerrand" hinaus unter seiner Leitung größere berufswissenschaftliche und curricular-didaktische Forschungsprojekte und -aufträge der EU-Kommission und des Cedefop folgen.

Mit Beginn der europäischen Projektanträge Anfang der 2000er-Jahre ist deutlich geworden, dass in allen methodischen Dimensionen mit den Untersuchungen ein Forschungsdesiderat für das Feld der IT-Facharbeit und -ausbildung betreten wurde. Die quantitativen und qualitativen nationalen Forschungsergebnisse zu den neuen IT-Berufen hatten bereits deutlich gezeigt, dass es in der Interdependenz der IT-Arbeit auf der einen und der IT-Qualifikation auf der anderen Seite größere Unsicherheiten mit Blick auf die Abgrenzungen der Kompetenzzuordnungen sowohl in vertikaler als auch horizontaler Hinsicht gab. Die Betriebe und Berufsschulen hatten schwer damit zu kämpfen, die berufsbezogenen Ziele und Inhalte curricular-didaktisch zu erfassen und zu verorten, und zwar insbesondere mit Blick auf die Abgrenzung zu akademisch geprägten IT-Arbeitsprozessen. Der in den europäischen Unternehmen der IT-Branche gleich welcher Größe anzutreffenden Dynamik der technologischen, arbeitsorganisatorischen und geschäftsprozessorientierten Veränderungen stand und steht eine Vielzahl unterschiedlicher Qualifizierungsstrategien in den einzelnen Ländern gegenüber. Diese curricular-didaktische Offenheit der Wege hat sicherlich dafür gesorgt, dass sich vor den didaktischen Augen Willi Petersens ein wahres „Forschungsparadies" aufgetan hat, dass es europäisch wie international zu untersuchen galt, um die regionalen und nationalen Forschungsergebnisse besser zu verstehen. Ein Ausblick, der sich in jeder Hinsicht bewahrheiten sollte, aber in seinem berufsoffenen Verständnis auch mit einer unglaublichen Detailarbeit der systematischen Erfassung und didaktischen Einordnung europäischer IT-Berufs- und Ausbildungsprofile verbunden war.

Eine besondere Spannung im Zuge der Forschung ergab sich aus dem enormen Fachkräftebedarf im IT-Bereich, der seiner Zeit gesellschaftlich breit und angeführt vom neuen Branchenverband Bitkom (gegründet 1999) in einer Art Dauerschleife diskutiert wurde. Um europäisch das gesamte Feld der Informations- und Telekommunikationstechnik zu erfassen, hat die Forschungsgruppe nach intensiver Auseinandersetzung des Sektors entschieden, europäisch die Abkürzung ICT zu nutzen. Wie die raschen Entwicklungen des Internets und folglich der immens wichtigen Internetanbindung mit Glasfaser und VoIP zeigten, eine wichtige und richtige Entscheidung, um nicht nur auf das Feld der Informationstechnik eingeengt zu sein.

Im Sinne der europäischen bzw. internationalen Auseinandersetzung, Transparenz und Zusammenarbeit sollten mit den europäischen Projektaktivitäten am biat im ICT-Bereich sowohl inhaltlich wie auch geografisch erweiterte Beiträge zur Verbesserung der berufsbezogenen Daten- und Wissensbasis im Bereich, der wie erwähnt viel diskutierten ICT-Arbeitsmarktstrategien und den zukunftsfähigen ICT-Qualifizierungsangeboten, geleistet werden. Die auf den internationalen Vergleich zielenden Forschungsergebnisse, denen die systematischen Analysen der je nationalen beruflichen Aus- und Weiterbildungsstrukturen und -anforderungen im ICT-Umfeld unter Einbeziehung der neuen Medien als Grundlage dienten, sollten nach den Vorstellungen von Willi Petersen insbesondere in der Perspektive ausgewertet werden, inwieweit der Transfer der jeweils nationalen Strategien gemeinsame europäische Aus- und Weiterbildungsinnovationen im ICT-Bereich curricular-didaktisch befördern kann. Ziel war letztendlich einen innovativen und (berufs-)wissenschaftlich fundierten

Beitrag zur gemeinschaftlichen Aufstellung des europäischen Berufsbildungs- und Arbeitsmarktes durch strukturierte Rahmenwerke im ICT-Bereich zu leisten, der im globalen Wettbewerb mit anderen Regionen der Welt wie USA, Japan, China etc. konkurrenzfähig ist. Das Projekt EUQuaSIT und die vertiefenden Cedefop-Studien zielten daher neben der notwendigen Ausdehnung der empirischen Forschungsgrundlage auf eine noch intensivere und prozessbezogene Analyse des Zusammenhangs der ICT-Arbeits- bzw. Beschäftigungsstrukturen und der Berufs- und Qualifizierungsprofile in den Partnerländern, um auch entsprechende empirische Untersuchungsmethoden im Hinblick auf die europäische Vergleichbarkeit der Ergebnisse zu etablieren.

Das in vielen Ländern Europas bestehende Missverhältnis von hoher (Jugend-) Arbeitslosigkeit und dem Mangel an qualifizierten ICT- und Multimediafachkräften war ein deutlicher Indikator für die unzureichende Integration und Nutzung von Informations- und Kommunikationstechnik und des Internets in der Berufsbildung. Zur nachhaltigen Förderung des Potenzials von ICT im Rahmen der beschäftigungs- und strukturpolitischen Maßnahmen wie der erforderlichen Berufsbildungsmaßnahmen bedurfte es der möglichst europaweiten systematischen Analyse von ICT-Berufsprofilen und deren Akzeptanz auf allen Ebenen. Hierbei ging es aber nicht lediglich um die Integration von ICT in „irgendwie" alle Berufsbildungsbereiche, sondern um statistisch und empirisch abgesicherte Erkenntnisse zu den inhaltlichen Arbeits- und Technikanforderungen der einschlägigen Berufs- und Qualifizierungsprofile bzw. Ausbildungsabschlüsse im ICT- und Multimediabereich. Insbesondere auch mit Blick auf lebenslanges Lernen und die berufliche Weiterbildung und Zertifizierung im ICT-Bereich wurde durch die biat-Forschungen eine höhere Transparenz und die Erarbeitung von internationalen Vergleichsmaterialien erreicht. So gesehen konnte die EU-Kommission dadurch über bestehende und neue Beschäftigungsmöglichkeiten im ICT-Arbeitsumfeld international vergleichend sowie qualitativ und quantitativ umfassend informiert werden.

Willi Petersen war ein „Meister" in der Nutzung von systemischen Synergien bzw. der gezielten Weiterführung und Übertragung von wissenschaftlichen Erkenntnissen auf neue Forschungsfelder. Dies ließ sich geografisch betrachtet am Beispiel des ICT-Bereichs noch vermeintlich einfach bewerkstelligen, denn hier hat es um die Jahrtausendwende weltweit enorme Entwicklungen gegeben, die alle Volkswirtschaften und Gesellschaften durchdrungen haben. So richtete sich der Blick immer auch gen USA im Westen sowie China und Japan im Osten. Mit Start des EuQuaSIT-Projektes ergab sich die Möglichkeit der Teilnahme an einem europäisch-japanischen ICT-Workshop in Gifu/Japan, auf dem Willi Petersen erste Ergebnisse der europäischen ICT-Berufs- und

Qualifikationsforschungen vorstellen und in einen internationalen Kontext einordnen konnte. In dem Antrag für den Workshop wurde auf die internationalen technologischen Entwicklungen und deren Auswirkungen – immer in der Interdependenz – auf das Beschäftigungs- und Ausbildungssystem sowohl mühsam quantitativ mit den schwierig zu bekommenden und auszuwertenden Zahlen als auch qualitativ mit Blick auf die dynamischen Veränderungsprozesse der ICT-Berufs- und Qualifikationsprofile eingegangen. EuoGifu, so der Titel des internationalen Workshops, war für Willi Petersen eine wichtige Reise mit Blick auf das Bewusstsein für die sich zu der Zeit unfassbar dynamisch abspielenden Prozesse der ICT-Arbeitswelt.

Das tiefgehende berufswissenschaftliche Verständnis Willi Petersens ist auch gegenüber international agierenden Einrichtungen wie der GIZ (damals GTZ) nicht verborgen geblieben. So kam es im Jahr 2002 zu der ersten Zusammenarbeit im Zuge der Tätigkeit am biat der Universität Flensburg. Und es sollte gleich ein „hochbrisantes" Engagement in Afghanistan werden, dessen Aufbau ohne qualifizierte Fachkräfte nicht denk- und machbar sein konnte. Im Kern ging es um ein Vorhaben von hoher entwicklungspolitischer Relevanz zur strategischen Strukturbildung in den Bereichen Wirtschaftsförderung und berufliche Bildung. Das Gesamtziel des Vorhabens lautete: „Öffentliche und private afghanische Institutionen für Wirtschaftsförderung und Berufsbildung verbessern die Beschäftigungs- und Einkommenschancen benachteiligter Bevölkerungsgruppen." Im Rahmen eines ersten Kurzeinsatzes von zwei Wochen vor Ort ging es um die Evaluierung der derzeit bestehenden Berufsbildungsstrukturen und die Erarbeitung von Vorschlägen zur Verbesserung. Dazu gab es Gespräche auf allen Regierungsebenen, mit UN-Organisationen, sowie weiterer Anbieter non-formaler wie auch formaler Berufsbildung, ferner Besuche bestehender non-formaler wie auch formaler Berufsbildungseinrichtungen, zur Ermittlung von Zielvorstellungen der beteiligten Fachministerien über ein System beruflicher Bildung in Afghanistan in der Zukunft. Eine weitere Kooperation zwischen dem Projekt und der Universität Flensburg, in Person von Willi Petersen wurde angestrebt, aber leider nicht umgesetzt.

Eines der für Willi Petersen sicherlich spannendsten internationalen Aufträge war die kurzzeitige Beratung der GTZ für den Aufbau einer Berufsschullehrerausbildung in Saudi-Arabien (Technical Training College, kurz TTC). Hintergrund war die grundlegende Entscheidung der saudischen Führung eine eigenständige, trag- und zukunftsfähige berufliche Bildung aufzubauen, um für die Zeit nach dem reinen Ölbusiness vorbereitet zu sein, in welcher Bildung und Qualifikation einen völlig neuen Stellenwert für die Fach- und Arbeitskräfte dieser Länder haben werden. Im Fokus der Beratung stand zunächst die

Implementierung eines passenden Qualitätsmanagementsystems im Rahmen einer Expertengruppe für die Akkreditierung eines Lehramt-Studiengangs für zukünftige Lehrkräfte an Colleges sowie auch technische Trainer/-innen im Allgemeinen. Für die anstehende Akkreditierung musste ein Credit Transfer and Accumulation System gefunden und beschlossen werden sowie alle Dokumente dafür vorbereitet werden. Hier war Willi Petersen voll in seinem Element, hat er doch zahlreiche Akkreditierungsprozesse durchlaufen und begutachtet. In diesem Zusammenhang waren weitergehende Fragen und Konzepte über die Kompetenzziele und inhaltliche Ausgestaltung der Modulhandbücher bis hin zu den Prüfungen zu beantworten. Ganz im Sinne des biat der Universität Flensburg ging es für den dreijährigen Bildungsgang um eine gute Balance berufsfachlicher und technischer sowie didaktischer und pädagogischer Kompetenzen des zukünftigen Lehr- und Ausbildungspersonals mit einem Bachelor-Abschluss. Nach Angaben der GIZ hatte sich das TTC im Jahre 2016 in Saudi-Arabien einen hervorragenden Ruf erarbeitet und zählte bereits 1.300 Studierende und 932 Absolventen. Diese haben mit ihren Kompetenzen offensichtlich entscheidend dazu beigetragen, dass die dortige Berufsbildung im internationalen Vergleich im Jahr 2021 sehr gut dasteht, wozu folglich auch Willi Petersen seinen Beitrag geleistet hat:

> „Technical and vocational training in the Kingdom of Saudi Arabia has achieved an advanced global rank according to the results of the Global Knowledge Index issued by the United Nations Development Program and the Mohammed bin Rashid Al Maktom Knowledge Foundation. It ranked (9th) globally for the current year 2021, after it was ranked 12th in 2020, 86th in 2019, and 117th in 2018." (Quelle: https://www.tvtc.gov.sa/news/en/news-details-55-en.html)

Abschließend soll auf die Aktivitäten Willi Petersens in China eingegangen werden. Diese sind vielfältig und umfassen die Beratung der GIZ und den Aufbau einer Forschungskooperation für berufliche Bildung und die Lehramts-Qualifizierung für berufsbildende Schulen bzw. Colleges. Begonnen haben sämtliche Aktivitäten mit der Betreuung einer Wissenschaftlichen Mitarbeiterin aus China, die am biat promoviert hat. Daraus haben sich weitere Kontakte nach China entwickelt.

Im Zuge eines GIZ-Projektes war Willi Petersen im Jahre 2012 didaktisch beratend aktiv. Hier hat es Synergien mit dem Fachschulbildungsgang der Eckener Schule Flensburg und entsprechenden Verknüpfungen mit einem Forschungsfeld des biat gegeben. In der Beratung anlässlich eines Besuches einer chinesischen Delegation in Deutschland ging es um die Erarbeitung und Weiterentwicklung eines curricular-didaktischen Ausbildungskonzeptes für berufliche Bildungsgänge in China. Hierfür wurde nach deutschen Maßstäben der Arbeitsorientierung ein beispielhaftes Lernfeld erarbeitet, vorgestellt und diskutiert. Auf dieser Grundlage wurden Wege der didaktisch-methodischen Umsetzung erörtert.

Auf hochschuldidaktischer Ebene hat Willi Petersen maßgeblich eine Kooperation der Europa-Universität Flensburg mit der Beijing Academy of Educational Sciences initiiert. Hintergrund war ein vom chinesischen Staatsrat neu ins Leben gerufenes Berufsbildungsprojekt „Co-Operation, Innovation, Bridging und Development". Im Mittelpunkt standen die hochaktuellen Projektziele und Umsetzungsprogramme, nach denen das Berufsbildungssystem in China auf allen Ebenen (Wissenschaft, Schulaufsicht, Lehrkräfteaus- und -fortbildung, Schul- und Seminarleitung, Unterrichtsentwicklung etc.) grundlegend modernisiert und in Richtung höhere Berufsabschlussqualifikationen ausgeweitet sowie an die internationalen Anforderungen angepasst werden soll. Gemeinsam mit verschiedenen Kolleginnen und Kollegen hat Willi Petersen an zahlreichen Workshops zu verschiedenen Themen teilgenommen und Vorträge gehalten. Die „Krönung" seines Einsatzes erfuhr Willi Petersen am 1. Dezember 2015 als er zum „specially-appointed professor of Beijing Academy of Educational Sciences" ernannt wurde.

A. Willi Petersen – Projektarbeiter

Für Willi Petersen stellte die Durchführung von Projekten die wichtige Brücke zwischen Forschung und Lehre dar. Seine Forschungsprojekte sind Entwicklungs- und Praxisprojekte, bei denen die Lernorte der Beruflichen Bildung einbezogen waren. Er war in einer ersten Forschungsphase getrieben von der – aus seiner Sicht die Qualität der beruflichen Bildung verbessernden – Leitidee der Arbeitsorientierung und deren Verankerung in den berufsschulischen Curricula. Später befasste er sich stärker mit Berufen und Berufsordnungen. Dabei interessierte ihn nicht nur die deutsche Sichtweise, sondern er forschte auch im europäischen Raum und darüber hinaus.

Die nachfolgend aufgelisteten Projekte wurden von und mit A. Willi Petersen durchgeführt. Interessanterweise beruht seine Dissertation bereits auf einem solchen Industrie-Projekt:

Kooperationsprojekt zwischen der VW AG Wolfsburg und der Gesamthochschule Kassel/Universität zur Anlagenführer-Fortbildung „Grundlagen der Robotertechnologie"

Laufzeit: unbekannt (vermutlich 1987–1990)

Projektbeschreibung:

Auf der Grundlage dieses Kooperationsprojektes ist die von A. Willi Petersen im Jahr 1991 verfasste Dissertation zum Thema „Betriebliche Fortbildung im Kontext neuer Produktionstechnologien" verfasst worden.

In dem Projekt werden Ziele, Aufgaben und Probleme zur betrieblichen Fortbildung im Kontext des industriellen Wandels mit neuen Produktionstechnologien untersucht und konstruktiv bearbeitet. Die Untersuchung zeigt zunächst interdependente Veränderungsprozesse in sozio-technischen Produktionssystemen industrieller Großbetriebe auf. Hierbei stehen technologische und arbeitsorganisatorische Innovationen sowie qualifikatorische Veränderungen mit beschäftigungs- und bildungspolitischen Wirkungszusammenhängen im Hinblick auf die zunehmende Bedeutung und soziale Verantwortung der betrieblichen Fortbildung im Vordergrund. Aus berufspädagogischer Sicht werden diese Zusammenhänge exemplarisch anhand der Entwicklung und Verbreitung der Robotertechnologie in Verbindung mit betrieblichen Qualifizierungsprozessen unter besonderer Berücksichtigung un- und angelernter Produktionsarbeiter untersucht und als ein fortbildungsdidaktisches

Kernproblem problematisiert. Konkretisiert wird der Problemzusammenhang mit neuen pädagogisch-didaktischen Herausforderungen an einer Ziel- und Aufgabenstellung zur curricularen Entwicklung und didaktisch-methodischen Gestaltung eines Fortbildungskurses „Grundlagen der Robotertechnologie" für·Anlagenführer in der Volkswagen AG, die in einem von Willi Petersen geleiteten Kooperationsprojekt mit der Gesamthochschule – Universität Kassel bearbeitet wurde.

Vier Veröffentlichungen existieren zu diesem Projekt:

1990: Überlegungen zu den "Grundlagen der Robotertechnologie" im Rahmen der beruflichen Erstausbildung – Skizzen zu einem technikdidaktischen Konzept. In: LEHRL, W./MERKEL, W. (Hrsg. und Red.): Tagung des Arbeitskreises Automatisierungstechnik an der Claude-Dornier-Schule in Friedrichshafen am 4.10. bis 6.10.1989. Tagungsband. Bremen, Friedrichshafen: Universität Bremen, April 1990, S. 29–80.

1991: Betriebliche Fortbildung im Kontext neuer Produktionstechnologien. Probleme und Lösungen. Ehningen bei Böblingen: expert verlag. (Reihe Beruf + Bildung, Band 30)

1992: Grundlagen der Robotertechnologie und betriebliche Fortbildung. In: Zeitschrift für Berufs- und Wirtschaftspädagogik. Stuttgart: Steiner, 88 (1992) 1, S. 18–39.

1992: Struktur und Konzept eines Grundlagenkurses zur Robotertechnologie in der betrieblichen Fortbildung. Didaktisch-methodische Aspekte und Ergebnisse zum Kurs "GRT in einem TAG" zur Anlagenführerqualifizierung in der VW AG. In: Zeitschrift für Berufs- und Wirtschaftspädagogik 88 (1992) 3, S. 219–236.

Evaluation und Revision der Rahmenlehrpläne des Landes Hessen – Berufsfelder Metall- und Elektrotechnik

Laufzeit: Unbekannt (vermutlich 1992–1994)

Finanzierung: Bundesland Hessen

Projektbeschreibung:

Rahmenlehrpläne für die Berufsschulen haben ebenso wie die Ausbildungsrahmenpläne für die Betriebe innerhalb der dualen Berufsausbildung eine hohe berufsbildungspolitische und ausbildungsdidaktische Bedeutung und Funktion. In Verbindung mit dem Bildungsauftrag der Berufsschulen kommt ihnen als curriculare Unterrichtsvorgabe im Wirkungsfeld der verschiedenen schulischen Rahmenbedingungen und Einflussfaktoren für die Praxis und Qualität der schulischen Berufsausbildung im „Dualen System" ein besonderer Stellenwert zu.

Die Studie evaluiert die geltenden Rahmenlehrpläne für die Berufsausbildung in den Berufsfeldern Metall- und Elektrotechnik des Landes Hessen. Diese Rahmenlehrpläne wurden im Anschluss der ab 1987 neu in Kraft getretenen Verordnungen über die Berufsausbildung in den industriellen und handwerklichen Metall- und Elektroberufen sowie auf der Basis der mit diesen Verordnungen abgestimmten KMK-Rahmenlehrpläne erstellt. Mit der vom Hessischen Kultusministerium in Auftrag gegebenen Evaluation der Rahmenlehrpläne sollte unter Berücksichtigung vorliegender Erfahrungen in den Berufsschulen vor allem untersucht werden, ob die hessischen Rahmenlehrpläne den mit der Neuordnung der Metall- und Elektroberufe insgesamt verbundenen hohen und neuen Anforderungen und Erwartungen gerecht werden und wie und in welcher Form sie überarbeitet und weiterentwickelt werden können.

Mit der Lehrplanevaluation wurden vom Hessischen Kultusministerium zum einen die bestehenden Koordinierungsgruppen für die Berufsfelder Metall- und Elektrotechnik betraut. Diese hatten die entsprechenden KMK-Rahmenlehrpläne auch in die geltenden hessischen Rahmenlehrpläne curricular und didaktisch umgesetzt. Zur Unterstützung der Koordinierungsgruppen wurde zum anderen eine wissenschaftliche Begleitung beauftragt und an der Evaluation der Rahmenlehrpläne beteiligt. Diese Begleitung erfolgte unter der Leitung von Prof. Dr. Felix Rauner und der hauptverantwortlichen Mitarbeit von Dr. Willi Petersen am Institut Technik und Bildung der Universität Bremen.

Drei Veröffentlichungen existieren zu diesem Projekt:

1993: Evaluation und Revision der Rahmenlehrpläne des Landes Hessen – Berufsfelder Metall- und Elektrotechnik. Zwischenbericht. Bremen: Universität Bremen, ITB, Oktober 1993.

1994: Evaluation und Revision der hessischen Rahmenlehrpläne Berufsfelder Metall- und Elektrotechnik. Abschlussbericht. Universität Bremen, Institut Technik und Bildung. Bremen.

1996: Zusammen mit Felix Rauner: Evaluation und Weiterentwicklung der Rahmenlehrpläne des Landes Hessen Berufsfelder Metall- und Elektrotechnik. Gutachten im Auftrag des Hessischen Kultusministeriums Universität Bremen, Institut Technik und Bildung: Universität Bremen – Institut Technik & Bildung. Bremen.

Neuordnung oder Weiterentwicklung – „Evaluation der Industriellen Elektroberufe“

Laufzeit: unbekannt (vermutlich 1991–1996)

Finanzierung: Bundesinstitut für Berufsbildung

Projektbeschreibung:

Das Evaluierungsprojekt setzt sich aus insgesamt vier Teilaufträgen zusammen, von denen die Forschergruppe am ITB die Aufträge 2 bis 4 übernommen hat. Diese bestehen in einer Dokumentenanalyse der einschlägigen Pläne und Verordnungen, ergänzt durch Experteninterviews (Teil 2), Fallstudien in Betrieben und Schulen zur Praxis der Neuordnung (Teil 3) sowie Interviews zur Berufswahl und Analysen der Materialien zur Berufsberatung (Teil 4). Diese Teile wurden schwerpunktmäßig von einzelnen Mitgliedern des Forscherteams bearbeitet. Durch die wechselseitige Unterstützung der Arbeit sowie in gemeinsamen Diskussionen konnten bereits im Verlauf der Untersuchung die aus unterschiedlichen Perspektiven und mit einer Methodentriangulation gewonnenen Teilergebnisse ergänzt und aufeinander bezogen werden.

Ziele und Erkenntnisinteressen zum Teilauftrag 2:

Im Teilauftrag 2 wurden die Ausbildungsordnung vom 15.1.1987, der zugehörige Rahmenlehrplan der KMK vom 7.1.1987 sowie die KMK-Rahmenvereinbarung über die Berufsschule vom 14./15.3.1991, Lehrpläne ausgewählter Länder analysiert.

Durch die Analyse sollte festgestellt werden,

- wie sich die industriellen Elektroberufe mit ihren Fachrichtungen untereinander, zu den Handwerksberufen, zum/zur Prozessleitelektroniker/-in und zum/zur Wärmestellengehilfen/-in abgrenzen;
- ob Ausbildungsrahmenplan, Prüfungsanforderungen und KMK-Rahmenlehrplan den Intentionen des Berufsbildungsgesetzes, der Empfehlung des Bundesausschusses für Berufsbildung betreff Kriterien und Verfahren für die Anerkennung und Aufhebung von Ausbildungsberufen (Beschluss vom 25.10.1974), den „Gemeinsamen Zielen zur Weiterentwicklung der industriellen Elektroberufe“ sowie dem § 3 Abs. 4 der Verordnung über die Berufsausbildung in den industriellen Elektroberufen entsprechen;
- ob die Intentionen der Neuordnung und die Vorgaben des KMK-Rahmenlehrplanes bei der Umsetzung in die Pläne der Länder sowie der

entsprechenden Stundentafeln und schulorganisatorischen Regelungen (z. B. Blockunterricht, Ausstattungsrichtlinien) berücksichtigt werden;
- ob sich mit den in den Ausbildungsvorschriften formulierten Prüfungsanforderungen praxisgerechte Prüfungsaufgaben erstellen lassen.

Im Mittelpunkt des Erkenntnisinteresses standen dabei

- die Handlungsorientierung in der Ausbildung an beiden Lernorten sowie die Vermittlung von Handlungskompetenz;
- das vereinbarte Ausbildungseingangsniveau „Hauptschulabschlussklasse";
- die Qualifizierung im Arbeits- und Umweltschutz, rationelle Energie- und Materialverwendung;
- die Ausgestaltung der „allgemeinbildenden" Fächer einschließlich Fremdsprachen (Quantität und Berufsbezug).

Ziele und Erkenntnisinteressen zum Teilauftrag 3:

Hier wurden Fallstudien in 12 ausgewählten Betrieben unterschiedlicher Branchen sowie in 6 Berufsschulen durchgeführt.

Durch diese Untersuchung wurden

- die Umsetzung der neuen Ausbildungsvorschriften für die industriellen Elektroberufe in die Praxis an den unterschiedlichen Lernorten analysiert;
- vorgefundene Lösungen für auftretende Probleme bei der ausbildungsorganisatorischen und berufspädagogischen Realisierung beschrieben;
- Voraussetzungen, Probleme und Hindernisse für die Umsetzung der Neuordnung sowie ihre (vor allem nicht intendierten und vorhersehbaren) Effekte auf den unterschiedlichen Ebenen des betrieblichen und schulischen Handelns herausgearbeitet.

Insbesondere wurde untersucht,

- ob die durch die neuen Vorschriften vorgegebene Berufsschneidung (Breite und Tiefe der Ausbildungsinhalte in den Berufen und Fachrichtungen) sowie die Strukturierung der Ausbildung nach Grundbildung, gemeinsame Fachbildung und spezifische Fachbildung von der Ausbildungspraxis akzeptiert wird;
- wie die in den Vorschriften formulierten fachlichen Ausbildungsinhalte (z. B. „Neue Technologien") umgesetzt werden;
- mit welchen Konzepten Auszubildende zur Ausübung einer qualifizierten beruflichen Tätigkeit im Sinne des § 1 Abs. 2 des Berufsbildungsgesetzes befähigt werden, die insbesondere selbständiges Planen, Durchführen und Kontrollieren einschließt;

- nach welchen Strategien Betriebe Jugendliche für die Ausbildung auswählen und welche Rolle dabei das Hauptschulabschlussklassenniveau spielt;
- welche Probleme Hauptschüler in der Ausbildung haben und wie diese gelöst werden;
- wie sich die neuen Prüfungsanforderungen insbesondere hinsichtlich·des Niveaus im praktischen und schriftlichen Bereich und hinsichtlich der Aufgabengestaltung bewährt haben;
- welche Auswirkungen die Arbeitsorganisation und der Technikeinsatz in der Facharbeit auf die Ausbildung hat.

Ziele und Erkenntnisinteressen zum Teilauftrag 4:

Im Teilauftrag 4 wurden Informationsmaterialien der Berufsberatung für diese Ausbildung (z. B. GABI, Blätter zur Berufskunde, berufskundliche Filme, BIZ-Materialien) sowie die entsprechenden Unterrichtsmaterialien für die Schulklassen (z. B. Arbeitslehre) und die Beratungslehrer analysiert. Durch die Analyse sollte festgestellt werden, nach welchen Kriterien die Beratung der Ausbildungsplatzbewerber erfolgt.

In vier ausgewählten Arbeitsbezirken (Ost- und Westdeutschland sowie Großstadt-/ Landregion) wurden Berufsberater, Beratungslehrer und Lehrer befragt.

Im Mittelpunkt des Erkenntnisinteresses standen dabei

- welches Bild die Elektroberufe hinsichtlich des Ausbildungsniveaus in der Öffentlichkeit bieten;
- nach welchen Kriterien – nach Meinung der Befragten – die Ausbildungsbetriebe für Elektroberufe Ausbildungsplatzbewerber auswählen;
- ob Berufsberater, Lehrer und Jugendliche reelle Chancen für eine Ausbildung von Hauptschülern sehen;
- inwieweit Ausbildungsbetriebe oder außerbetriebliche Einrichtungen bekannt sind, die auch Absolventen der letzten Hauptschulklasse Ausbildungsplätze anbieten.

Veröffentlichung zum Projekt:

1995: Ewald Drescher, Wolfgang Müller, Willi Petersen, Felix Rauner, Dorothea Schmidt (1995): Neuordnung oder Weiterentwicklung – „Evaluation der Industriellen Elektroberufe“. Abschlussbericht.

Automatisierungstechnik als Lehr- und Lerngegenstand in der Berufsausbildung (AUBA)

Laufzeit: 01.08.1995 – 31.12.1998

Partner:	Andreas-Gordon-Schule, Erfurt
	Staatliches Berufsbildendes Schulzentrum, Jena-Göschwitz
Finanzierung:	Bundesministerium für Bildung, Wissenschaft, Forschung und Technologie (BMBF), Thüringer Kultusministerium

Projektbeschreibung:

Der Modellversuch „Automatisierungstechnik als Lehr- und Lerngegenstand in der Berufsausbildung“ – Kurzbezeichnung „AUBA“ – ist ein Projekt der Bund-Länder-Kommission (BLK) zur Innovation in der schulischen Berufsausbildung im „Dualen System“. Gemeinsam gefördert und unterstützt wird dieses Projekt vom Bundesminister für Bildung, Wissenschaft, Forschung und Technologie (BMBF) und vom Land Thüringen. Die Wissenschaftliche Begleitung zum Modellversuch erfolgte am Versuchsanfang durch das Fachgebiet Berufs- und Fachdidaktik am Fachbereich Elektrotechnik der Universität Gesamthochschule Kassel (GhK). Sie wurde übernommen durch das Berufsbildungsinstitut Arbeit und Technik (biat) an der Universität Flensburg.

Ausgangspunkt und Hintergrund des Modellversuchs sind die Veränderungen und Wandlungsprozesse in der Automatisierung. Sie vollziehen sich heute branchenübergreifend in den verschiedenen Bereichen der Produktions-, Prozess- und auch Gebäude- und Büroautomatisierung und verändern insbesondere die Arbeits- und Berufsinhalte im Berufsfeld Metall- und Elektrotechnik. Im Wirkungszusammenhang dieser Veränderungen ist die Berufsausbildung herausgefordert, die unterschiedlichen Bereiche der Automatisierung hinsichtlich spezifischer und gemeinsamer Berufsinhalte curricular zu analysieren und neue Ausbildungs- und Unterrichtskonzepte für die verschiedenen Metall- und Elektroberufe berufs- und berufsfeldübergreifend didaktisch zu erarbeiten, zu erproben und zu evaluieren.

Der Modellversuch AUBA nimmt diese Aufgaben auf und zielt im Einzelnen auf die Erarbeitung von neuen Grund- und Fachbildungsinhalten zur Automatisierung. Unter Beachtung der Berufsbilder und im Abgleich mit den curricularen Rahmenvorgaben für die Metall- und Elektroberufe sollen dabei die neuen technologischen und arbeitsorganisatorischen Inhalte der Automatisierung in Industrie und Handwerk berücksichtigt werden. Besonders der Hybridcharakter und der Wandel von der Mechanik zur Elektronik in der Automatisierung bedingt eine berufs- und arbeitsbezogene und zugleich berufs- und berufsfeldübergreifende Differenzierung und Zusammenarbeit. Dies schließt eine übergreifende Abstimmung und Kooperation in der metall- und elektrotechnischen Ausbildung ein. Insofern sind am Modellversuch auch zwei berufsbildende Schulen, eine zum Berufsfeld Elektrotechnik in Erfurt und eine zum Berufsfeld Metalltechnik in Jena-Göschwitz, beteiligt und in die Entwicklungen einbezogen.

Des Weiteren soll im Modellversuch ein aufgaben- und handlungsorientierter Unterricht zur Automatisierung mit einem beruflich abgestimmten Konzept von Lernaufgaben verschiedener und didaktisch gestufter Komplexität und Inhaltsintegration entwickelt und erprobt werden. In den Unterrichts- und Projektvorhaben sollen die verschiedenen Bereiche der Herstellung, Planung und Montage sowie der Wartung und Instandhaltung von Automatisierungsanlagen berufsbezogen wie berufsübergreifend Berücksichtigung finden. Hierzu ist eine offene und migrationsfähige Medien- und Fachraumausstattung zu entwickeln, die eine realitätsnahe und experimentelle Theorie-Praxis-Verknüpfung zur Automatisierung erlauben und unterschiedliche Optionen zur Arbeits- und Technikgestaltung beinhalten soll.

Projektbericht verfügbar unter:

https://www.uni-flensburg.de/fileadmin/content/institute/biat/dokumente/projekte/auba/auba-abschlussbericht-1998.pdf

Arbeitsorientierte Berufsbildung (ARBI), Gestaltung und Erprobung von Lernprozessen in neuen kooperativen Ausbildungs- und Organisationsformen für die Berufsausbildung in Berufsschule und Ausbildungsbetrieb

Laufzeit:	01.12.1995 – 31.03.1999
Projektkoordination:	Heinz-Paul Beek (StD)
Partner:	Herwig-Blankertz-Schule, Hofgeismar / Wolfhagen Oskar-von-Miller-Schule, Kassel Volkswagen AG, Werk Kassel
Finanzierung:	Bundesministerium für Bildung, Wissenschaft, Forschung und Technologie (BMBF) Hessisches Kultusministerium

Projektbeschreibung:

In den Industriebetrieben haben sich aufgrund des Arbeits- und Technologiewandels die Strukturen und Anforderungen in der Berufsarbeit verändert. Vor allem in den unmittelbaren Produktionsbereichen haben in den letzten Jahren neue ganzheitlichere Formen der Arbeitsorganisation, berufsübergreifende Gruppen- und Teamarbeit sowie Konzepte „schlanker" Produktion zu veränderten Arbeitsinhalten und neuen Qualifikationsanforderungen geführt. Neu und berufsübergreifend herausgefordert sind hierdurch heute insbesondere die Berufe des Industriemechanikers und Industrieelektronikers in der Fachrichtung Produktionstechnik. Diese Berufe wurden im Sinne neuer „Produktionsberufe" auch erst aufgrund der Arbeitsveränderungen für die direkten Produktionsbereiche der Industrie mit und seit der Neuordnung der Metall- und Elektroberufe von 1987 geschaffen.

Wie heute in allen Metall- und Elektroberufen ist die Zielsetzung und Grundlage für die Ausbildung in diesen neuen Berufen an einem neuen Leitbild zur selbständigen Facharbeit orientiert. Entsprechend ist in der beruflichen Erstausbildung eine umfassende berufliche Handlungs- und Gestaltungskompetenz zu vermitteln. Die konkrete Ausbildung in den Betrieben und Berufsschulen wurde bisher jedoch nur unzureichend verändert und „angepasst". So sind gerade auch für die neuen „Produktionsberufe" insbesondere die Inhalte und Inhaltsstrukturen der curricularen Rahmenvorgaben wie auch die methodischen Ausbildungs- und Organisationsformen in den Schulen und Betrieben ausbildungsdidaktisch noch weithin traditionell geprägt und vielfach den alten Berufsbildern verhaftet. Ebenso sind lernortübergreifend Kooperationsprobleme festzustellen, die die notwendige Zusammenarbeit von Schule und Betrieb betreffen und z. B. ein gemeinsames Ausbilden und berufsübergreifendes Lernen in den Berufen Industriemechaniker/-in und Industrieelektroniker/-in erschweren. Diese Probleme sind heute auch generell von Bedeutung und treffen das „Duale System" aktuell im Kern.

Untersuchungen zur betrieblichen Ausbildung zeigen, dass insbesondere die Ausbildung in der Industrie – bedingt durch die lange Zeit vorherrschende Taylorisierung und der wenig Lernchancen bietenden Produktionsarbeit – heute noch fast überwiegend im „Schonraum" der Lehrwerkstätten und deutlich nach Lehrgängen und nach Berufen getrennt organisiert ist. Aktuell sind hier auch Veränderungen aufgrund der Defizite und Widersprüche in den geltenden Ausbildungsrahmenplänen nicht zwingend. Eine an den Inhalten der neuen Produktionsarbeit orientierte und damit arbeitsprozessbezogene und produktionsnahe Ausbildung wurde und wird dadurch in der industriellen Ausbildung bisher eher verhindert. Sie ist allenfalls in einigen neueren

Ansätzen des „arbeitsplatzverbundenen“ Lernens erkennbar. Die in den neuen „Produktionsberufen“ geforderte berufliche und berufsübergreifende Handlungs- und Gestaltungskompetenz ist daher in den Industriebetrieben mit der traditionell systematischen Lehrwerkstatt-Ausbildung nur bedingt zu erreichen. Vergleichbares gilt weithin für die Ausbildung in den Berufsschulen. Diese orientiert sich auf der Ebene der Inhalte und Unterrichtsfächer curricular und didaktisch-methodisch noch vorwiegend an Konzepten, die ihre Begründungen einseitig in den Systematiken und der Spezifik der metall- und elektrotechnischen Fach- und Technikinhalte finden. Die Dominanz der Technikinhalte und Fachstrukturen führt in den Berufsschulen von daher ebenso zur Vernachlässigung arbeitsprozessbezogener und handlungsrelevanter Berufsinhalte und Unterrichtsmethoden. Curriculare und ausbildungsdidaktische Abstimmungsprobleme auf der Ebene der Rahmenvorgaben wie konkret bei den Beteiligten in den Schulen und Betrieben kennzeichnen darüber hinaus die Situation der betrieblichen und schulischen Berufsausbildung. Neben und mit den generell notwendigen inhaltlichen und methodischen Ausbildungsveränderungen stellen sich insofern auch die alten Fragen und Probleme der dualen Organisation beruflicher Lernprozesse an den Lernorten im „Dualen System“ im Prinzip neu.

Projektbericht verfügbar unter:

https://www.uni-flensburg.de/fileadmin/content/institute/biat/dokumente/projekte/arbi/arbi-abschlussbericht-1999.pdf

Intelligentes Gebäude

Laufzeit:	01.01.1998 – 31.12.2000
Projektkoordination:	Bezirksregierung Detmold, Geschäftsstelle für Modellversuche und EU-Projekte in der Berufsbildung
Partner:	August-Griese-Berufskolleg Löhne
	Carl-Severing-Berufskolleg Bielefeld
	Felix-Fechenbach-Berufskolleg Detmold
	Handwerkskammer Ostwestfalen-Lippe zu Bielefeld
	Berufskolleg Lübbecke
	Leo-Sympher-Berufskolleg Minden

	Wilhelm-Normann-Berufskolleg Herford
	Firma Phoenix Contact
	EMR Minden
Finanzierung:	Europäischer Sozialfond der Gemeinschaftsinitiative ADAPT des Bundesministeriums für Arbeit und Sozialordnung

Projektbeschreibung:

Das EU-ADAPT-Projekt „Intelligentes Gebäude" hat aufgrund des globalen wie regionalen Strukturwandels und auch vor dem Hintergrund und mit Orientierung an der AGENDA 21 die Zielsetzung aufgenommen, für die Bereiche der Planung, Erstellung und Nutzung von Gebäuden Aus- und Weiterbildungsmaßnahmen in der Form von Qualifizierungsmodulen zu entwickeln. Diese sollen im Zusammenhang einer „intelligenten" Gebäudegestaltung zu einer beruflichen Kompetenzsteigerung, einer Verbesserung des Umweltbewusstseins und -handelns sowie zur Unterstützung des Strukturwandels und der Sicherung der Arbeitsmarktchancen beitragen.

Auf der Grundlage der Projektzielsetzungen wurde ein Modulkonzept zur Entwicklung von Qualifizierungsmodulen zur beruflichen Aus- und Weiterbildung erarbeitet und erläutert. Das Modulkonzept basiert auf den grundlegenden Überlegungen zur Verwirklichung eines regionalen Qualifizierungsnetzwerkes, das in einer übergeordneten Kooperation der Projektträger sowie den beteiligten Schulungsstandorten und Betrieben der Region in der Struktur von drei unterschiedlichen Modultypen umgesetzt und angeboten wird. Im Hinblick auf Maßnahmen zur Sicherung der Qualität des Bildungsangebotes ist diesbezüglich zu untersuchen, inwieweit es gelungen ist, die formulierten Projektziele und die damit verbundenen komplexen Problem- und Aufgabenstellungen bei der Entwicklung der system-, struktur- und funktionsbezogenen Qualifizierungsmodule adäquat zu berücksichtigen. Hierbei ist ein wichtiges Kriterium auch die Umsetzung und Umsetzbarkeit der didaktischen Hilfen und Rahmenvorgaben. Weitere entscheidende Kriterien für die Beurteilung sind die Struktur, die Themen und die Qualität der entwickelten Qualifizierungsmodule sowie deren Innovationsgehalt.

Im Sinne einer formativen Projektevaluation ist auf der Grundlage der Entwicklungen und Schulungen im Laufe des Projektes die Frage gestellt, ob und wie die Projektziele erreicht werden und wie die Qualität des Aus- und

Weiterbildungsangebots überprüft und gesichert werden kann. Vergleichbar ist diese Frage im Sinne einer summativen Evaluation nach Projektabschluss zu stellen, so dass geeignete Verfahren und Maßnahmen zur Bewertung der Projektfortschritte und -ergebnisse zu entwickeln und anzuwenden sind. Hierzu wird nachfolgend ein Ansatz mit einem vierstufigen Untersuchungskonzept vorgestellt, der die Basis für die Evaluation im Projekt bildet.

Lernfeld- und Lernraumgestaltung zur Förderung der Service- und Dienstleistungskompetenz in den neuen IT – Berufen (Sediko)

Laufzeit:	01.10.1998 – 30.09.2001
Projektkoordination:	Dr. Rolf Möhlenbrock
Partner:	Schulzentrum des Sekundarbereichs II Utbremen
	Friedrich-Ebert-Schule Wiesbaden
	Bethmannschule Frankfurt/Main
	Schulze-Delitzsch-Schule Wiesbaden
	Meinert-Johannsen-Schule Elmshorn
	Ludwig-Erhard-Schule Kiel
	Gewerbeschule I Lübeck
	Andreas-Gordon-Schule Erfurt
Finanzierung:	Neue Lernkonzepte in der dualen Berufsausbildung – Ein Programm der Bund-Länderkommission für Bildungsplanung und Forschungsförderung
	Staatsinstitut für Schulpädagogik und Bildungsforschung (ISB), München

Projektbeschreibung:

Ausgangslage

Die neuen Informations- und Telekommunikationstechnik (IT)-Berufe orientieren sich an einem Marktmodell, wonach Produkte und Dienstleistungen im IT-Bereich von Betrieben unterschiedlicher Größe und Struktur angeboten werden. Die Ausbildung in diesen Berufen hat entsprechend der Vielfalt der Aufgaben und IT-Anwendungen umfassende Produkt-, Service- und

Dienstleistungskompetenzen zu vermitteln, die von der qualifizierten Kundenberatung, dem Verkauf und der Angebotserstellung über die Systeminstallation, die kundenspezifische Hard- und Softwareentwicklung und -anpassung, die Einführung, Betreuung und Wartung der vorwiegend vernetzten IT-Systeme bis hin zur Schulung der Anwender reichen. Diesen umfassenden beruflichen Handlungs- und Gestaltungskompetenzen im neuen IT-Service- und Dienstleistungsbereich wurden die alten DV- und Elektrotechnik-Berufe nicht mehr gerecht. Entsprechend gilt dies für die Ordnungsmittel und Rahmenvorgaben sowie für die Unterrichts-, Ausbildungs- und Prüfungskonzepte. Denn mit dem bisher eher fachsystematischen und lehrgangsorientierten Unterricht sind die ganzheitlichen und an den betrieblichen Service- und Dienstleistungsprozessen orientierten Kompetenzen kaum zu erreichen.

Zielsetzungen

Den neuen und breiten Kompetenzanforderungen soll in den Schulen auf der Grundlage der Rahmenpläne durch eine neue Gestaltung von Lernfeldern und Lernräumen entsprochen werden. Ein Ziel und didaktisch-methodischer Anspruch ist, die Kernqualifikationen in den IT-Berufen integrativ und berufsübergreifend zu vermitteln. Die neuen Lernfeld- und damit Lernkonzepte sollen hierbei insbesondere eine integrative Vermittlung von technischen und kaufmännisch-wirtschaftlichen Inhalten optimal unterstützen. Die neue Lernfeldgestaltung soll des Weiteren die Förderung der berufsspezifischen und arbeitsprozessbezogenen Service- und Dienstleistungskompetenzen in den Mittelpunkt der Lernkonzepte stellen, denen als berufliche Handlungskompetenzen in den IT-Berufen eine besondere Bedeutung zukommt. Neben dem Effekt zur Verbesserung der Attraktivität der Berufsausbildung sind hierzu Inhalte erforderlich, die im Unterricht vor allem die Geschäfts- und Arbeitsprozesse im IT-Bereich zum Gegenstand haben. Dies gilt auch im Hinblick auf die Vermittlung und Förderung von kaufmännischen und technischen Kenntnissen und Fähigkeiten, die im Ansatz auf eine selbständige unternehmerische Tätigkeit im Erwerbsleben zielen und zugleich einen Beitrag zur Regionalentwicklung leisten sollen. In den neuen Lernkonzepten sind im Einzelnen neue Formen selbstständigen und selbstorganisierten Lernens, unterrichtliche Differenzierungsmaßnahmen und der Einsatz multimedialer Lernsysteme ebenso zu berücksichtigen wie z. B. die besondere Förderung der Kommunikationskompetenz (z. B. hinsichtlich Fremdsprachen, Zusammenarbeit, Beratung, Schulung usw.). Unter inhaltlichen wie methodischen Aspekten ist mit der neuen Lernfeldgestaltung eine Aufgaben- und Rollenveränderung im

Lehrerberuf verbunden, die gezielte Fortbildungs- und Fördermaßnahmen für eine zukunftsbezogene Qualifizierung des Lehrpersonals erfordern. Des Weiteren sollen auch Erkenntnisse zu den Interdependenzen der Kompetenzvermittlung und den Prüfungsverfahren gewonnen werden. Im Vorhaben sollen insgesamt so auch Maßnahmen für eine verbesserte duale Abstimmung der neuen Unterrichts- und Ausbildungskonzepte sowie der Prüfungen in der Ausbildung der neuen IT-Berufe eingeleitet und erprobt werden.

Gemeinsame Fragestellungen

- Welche Gestaltung arbeitsprozessorientierter Curricula ist geeignet, berufliche Handlungsfähigkeiten, Service- und Dienstleistungskompetenzen zu fördern?
- Welche Lernkonzepte sind geeignet, berufliche Handlungsfähigkeiten, Service- und Dienstleistungskompetenzen zu fördern?
- Welche Formen und Verfahren der Zusammenarbeit zwischen Berufsschulen und Betrieben sind zu entwickeln?
- Welche Maßnahmen verbessern die Abstimmung zwischen schulischen Lernkonzepten und Prüfungsverfahren?
- Welche multimedialen Lernsysteme und Lernraumausstattungen unterstützen das berufliche Lernen, und wie verändern sich dadurch Lernkonzepte?
- Wie finden unterrichtliche Differenzierungs- und Förderungsmaßnahmen ihren Niederschlag in Lernkonzepten?
- Wie sind Lernfeldprojekte zu gestalten, zu organisieren und zu bewerten, die die Integration der Lernfelder berücksichtigen?
- Welche Arbeits- und Lernmethoden sowie Lernmaterialien und Informationsquellen fördern das selbstständige und -organisierte Lernen und Arbeiten?

Lösungsansatz

Angesichts der angestrebten Innovationen in der schulischen Berufsbildung sowie der Vielfalt und der Komplexität der zu untersuchenden Fragen sollen diese in einem länderübergreifenden Verbundprojekt an verschiedenen Berufsschulen und Schulstandorten zum Gegenstand des Vorhabens werden. Im Verbundprojekt, welches die Ausbildung in den IT-Berufen in Bremen, Hessen, Schleswig-Holstein und Thüringen berücksichtigt, wird daher insgesamt ein Lösungsansatz verfolgt, der die Bearbeitung der Vielfalt der Fragen und Ziele des Vorhabens im Sinne einer komplementären Aufgabenteilung vorsieht. Das heißt, will das Vorhaben SEDIKO durch die Entwicklung und Erprobung neuer Konzepte grundlegend und unter verschiedenen Aspekten zu einer effizienteren Gestaltung der beruflichen Lernprozesse beitragen und die Sicherung der curricularen wie didaktisch-methodischen Innovationsfähigkeit beruflicher Schulen unterstützen, so soll dies insgesamt durch einzelne und aufeinander abgestimmte länderspezifische Beiträge erfolgen. Bei diesen Beiträgen sollen sich somit die vorhandenen Voraussetzungen und Kompetenzen der einzelnen Projektpartner aufgaben- und zielorientiert ergänzen und es werden zugleich die in der Regel vorhandenen und teils sehr unterschiedlichen Bedingungen der gegenwärtigen Unterrichtspraxis berücksichtigt. Dies gilt vergleichbar für die zu verbessernde Zusammenarbeit zwischen den Schulen und Betrieben. Bei den gemeinsam zu untersuchenden Fragen wird im Verbundprojekt von einer engen Zusammenarbeit und einem permanenten Austausch der Entwicklungs- und Erprobungsergebnisse von Projektbeginn an ausgegangen. Der Ergebnistransfer in die Breite der Unterrichtspraxis wird dadurch erleichtert und ist selbst Projektgegenstand. Entsprechendes gilt prinzipiell für die besonders ausgewiesenen länderspezifischen Beiträge, wobei hier für die Abstimmung wie das Zusammenführen und die Übertragung der Ergebnisse zu den je zu untersuchenden Einzelaspekten und -fragen auch andere und größere Zeiträume gelten können. Inhaltlich und organisatorisch wird dies durch die integrierte Wissenschaftliche Begleitung wie auch durch gemeinsame Maßnahmen der Lehrerfortbildung unterstützt.

Arbeitsschwerpunkte an den Modellversuchsschulen

Bremen:	Projektgestaltung, Gruppenarbeit, Projektevaluation, Arbeits- und Lernmethoden, Schulorganisation
Hessen:	Geschäftsprozess, Selbständigkeit, Methoden- und Sozialformen, Lernortkooperation, Schulkooperation
Schleswig-Holstein:	Lernfeldgestaltung, Kernqualifikationen, Differenzierung, Sprachkompetenz, Lehrerbildung
Thüringen:	Lernraumgestaltung und Lernsysteme, Prüfungsverfahren, arbeitsorientierte Rahmenpläne

Projektbericht verfügbar unter:

https://www.uni-flensburg.de/fileadmin/content/institute/biat/dokumente/projekte/sediko/sediko-abschlussbericht.pdf

Evaluation der IT-Berufe

Laufzeit: 01.04.1999 – 31.12.2001

Finanzierung: Bundesinstitut für Berufsbildung (BiBB), Bonn

Projektbeschreibung:

Die Studie zur „Evaluation der neuen IT-Berufe“ basiert auf einer bundesweit angelegten Befragung von fast 600 Betrieben und über 1.000 Auszubildenden sowie ergänzenden betrieblichen Fallstudien in Betrieben der IT-Branche und anderen Branchen. Im Mittelpunkt der Studie standen zentrale Fragen zur Akzeptanz und Umsetzung der neuen IT-Berufe, zu denen die ausgewerteten Befragungs- und Untersuchungsergebnisse einschließlich gegebener Empfehlungen nachfolgend kurz zusammengefasst sind.

Ist die Berufsstruktur insgesamt stimmig und wird sie von der Praxis angenommen?
Ergebnis: In der Gesamtstruktur aller Berufe im IT-Arbeitsumfeld haben die vier neuen dualen IT-Berufe schnell eine hohe Akzeptanz in den Betrieben und bei den Jugendlichen gefunden. Dies gilt insbesondere in der Abgrenzung zu den akademischen IT-Berufen und auch innerhalb der alten dualen Berufe im IT-Arbeitsumfeld. Von den etwa 190.000 insgesamt vorhandenen Studien- und Ausbildungsplätzen im IT-Bereich waren bereits im Jahr 2000 fast 40.000 Ausbildungsplätze allein mit den neuen IT-Berufen besetzt.

Zeigen sich Veränderungen im Nachfrageverhalten der Betriebe gegenüber von ihnen bisher nachgefragten Ausbildungsberufen und den neuen IT-Berufen?
Ergebnis: Seit der Einführung der neuen IT-Berufe haben im Nachfrageverhalten der Betriebe Veränderungen vor allem gegenüber den von ihnen bisher nachgefragten Ausbildungsberufen Datenverarbeitungskaufleute und Kommunikationselektroniker/-in stattgefunden. Neben den Umorientierungen bei der Berufs- und Ausbildungswahl hat sich mit den neuen IT-Berufen in den Betrieben ebenso eine ganz neue Nachfrage besonders zum Beruf Fachinformatiker/-in entwickelt.

Ist im Einzelnen insbesondere die Abgrenzung zwischen den beiden kaufmännischen Berufen sowie innerhalb des Berufes Fachinformatiker/-in zwischen den beiden Fachrichtungen sachgerecht?
Ergebnis: Die berufliche Stimmigkeit der einzelnen IT-Berufe ist in der Gesamtstruktur der IT-Berufe nur bedingt gegeben. Der Beruf IT-System-Elektroniker/-in findet in den Betrieben mit seinem Profil eine hohe Akzeptanz. Dagegen werden die beiden Fachrichtungen Systemintegration und Anwendungsentwicklung des Berufs Fachinformatiker/-in nur bedingt akzeptiert. Die Abgrenzung zwischen den Berufen IT-System-Kaufmann/-frau und Informatikkaufmann/-frau wird von der Hälfte der Betriebe als nicht sachgerecht bewertet. Der Beruf Fachinformatiker/-in in der Fachrichtung Systemintegration hat in der Praxis eine hohe inhaltliche Überschneidung mit dem Beruf IT-System-Elektroniker/-in. Empfehlung: Zur heutigen Gesamtstruktur aller alten und neuen dualen Berufe im IT-Arbeitsumfeld wird die Empfehlung zur Weiterentwicklung von den bisher neun IT-Berufen hin zu einer neuen Struktur von insgesamt nur vier Berufen gegeben. Diese berücksichtigt auch die anstehenden Neuordnungsverfahren zu den Elektroberufen. Die Empfehlung ist im Zusammenhang der Untersuchungen und durchgeführten betrieblichen Fallstudien bereits in vielen Betrieben auf hohe Zustimmung und Akzeptanz gestoßen.

Werden die Berufe von den für sie vorgesehenen Betriebsstrukturen (IT-Anbieter / IT-Anwender) nachgefragt und sind ggf. Verschiebungen bei der Nachfrage innerhalb der IT-Berufe festzustellen?
Ergebnis: Die vier neuen IT-Berufe werden nicht nur in den für sie vorgesehenen Betriebsstrukturen (IT-Anbieter / IT-Anwender) nachgefragt. In der Praxis kommt dem Marktmodell der Berufe nur eine untergeordnete Bedeutung zu. Die Verschiebungen bei der Nachfrage innerhalb der IT-Berufe werden mehr durch die branchenübergreifenden Arbeitsbereiche und weniger die Betriebsbranche bestimmt.

Sind die Berufsqualifikationen auf dem sachgerechten und für die Betriebe adäquaten Niveau formuliert, ist die Ausbildung insbesondere auch für kleine und mittlere Unternehmen (KMU) attraktiv und leistbar?
Ergebnis: Die Ausbildungsinhalte sind aus der Sicht der meisten Betriebe auf einem sachgerechten und adäquaten Qualifikationsniveau formuliert. Allerdings bestehen besondere Umsetzungsprobleme in fast 60 % der Betriebe hinsichtlich der vollständigen Abdeckung sowie der „richtigen" Differenzierung der Ausbildungsinhalte. Diese Probleme bestehen unabhängig von der Größe und Branche der Betriebe und sind damit besonders auch die der kleineren und mittleren Unternehmen. Für die Auszubildenden ist das Niveau und der Umfang der Ausbildungsinhalte in der Tendenz eher zu niedrig bzw. zu gering.

Ist die formale Aufteilung in gemeinsame Inhalte, berufsspezifische Inhalte und Einsatzgebiete bzw. Fachbereiche für die Praxis verständlich und umsetzbar?
Ergebnis: Die formale Aufteilung und Differenzierung in gemeinsame Inhalte, berufsspezifische Inhalte und Einsatzgebiete bzw. Fachbereiche ist in der Praxis kaum verständlich und stellt für fast alle Betriebe ein großes Problem bei der Umsetzung dar. Als theoretisches Konstrukt sind die Inhaltsstrukturen insbesondere für die neue und an den Arbeits- und Geschäftsprozessen orientierte Ausbildungspraxis hinderlich und aus der Sicht der Betriebe abzuändern.

Wie stellt sich die Ausbildung in einem Betrieb mit zwei unterschiedlichen IT-Berufen dar? (Synergieeffekte oder Abgrenzungsprobleme? Organisation der Ausbildung)
Ergebnis: Die Ausbildung in mehreren IT-Berufen hat durch das neue Qualifikationskonzept nur sehr begrenzt Synergieeffekte. Die teils gegebenen Vorteile in der Ausbildungsorganisation führen aber nicht selten zu beruflichen Abgrenzungsproblemen.

Sind die Einsatzgebiete bzw. Fachbereiche notwendig und inhaltlich sowie strukturell sachgerecht beschrieben?
Ergebnis: Die Angabe von Einsatzgebieten bzw. Fachbereichen wird von den Betrieben nicht zwingend als notwendig betrachtet. Sie „stört" aber nicht und wegen der Offenheit und hohen Allgemeingültigkeit und der vielfach gegebenen Übereinstimmung der Angaben mit der Betriebs- und Ausbildungspraxis werden sie im Prinzip auch akzeptiert. Dies gilt ebenso für die übergreifenden Inhalte und Strukturen der Prozess- und Aufgabenbeschreibungen, die bei Bedarf flexibel den realen Aufgaben der Betriebs- und Arbeitsprozesse angepasst werden.

Ist die Art der sachlichen und zeitlichen Gliederung umsetzbar und wird sie von der Praxis angenommen?
Ergebnis: Im Gegensatz zum Niveau und den Inhalten der Ausbildungsvorgaben wird deren sachliche und zeitliche Gliederung in der Ausbildungspraxis nur bedingt und noch am ehesten von den Großbetrieben angenommen. Die zu detaillierte (Zer-)Gliederung und zeitliche Verteilung der Ausbildungsinhalte unterstützt nicht die mit den neuen IT-Berufen selbst angestrebte und in der Praxis bereits umgesetzte neue und an den Geschäfts- und Arbeitsprozessen orientierte Ausbildung. Umsetzungsprobleme haben insbesondere Klein- und Mittelbetriebe. Sie bestehen z. B. generell bei der Ausbildung in den Einsatzgebieten, die in den Betrieben nicht nur am Ausbildungsende und im Prüfungszusammenhang stattfindet. Empfehlung: Auf die zu detaillierte sachliche und zeitliche (Zer-)Gliederung der Berufsbildinhalte in den

Ausbildungsrahmenplänen ist zu verzichten. Statt der engen inhaltlich-zeitlichen Vorgaben wird eine neue mit den Berufsbildinhalten abgestimmte Struktur von Handlungsfeldern vorgeschlagen, die einer didaktisch-methodisch begründeten groben sachlich-zeitlichen Gliederung folgt. Da die bisher formal und stark analytisch getrennten Ausbildungsinhalte auch Umsetzungsprobleme bereiten, sollen die Inhalte der Arbeits- und Handlungsstrukturen der beruflichen Tätigkeiten erhalten bleiben und in den einzelnen Handlungsfeldern integriert berücksichtigt werden.

Welche Probleme ergeben sich bei der Prüfung und der Durchführung der betrieblichen Projektarbeit?

Ergebnis: Das neue Prüfungskonzept einschließlich dem neuen Prüfungselement der betrieblichen Projektarbeit findet in den Betrieben Zustimmung und wird mehrheitlich als sach- und prüfungsgerecht bewertet. Probleme bestehen bei der Durchführung und Umsetzung in der Praxis. Sie zeigen sich bei allen Prüfungselementen besonders hinsichtlich einer objektiven und vergleichbaren Leistungsbewertung und einer zu geringen Übereinstimmung der Ausbildungs- und Prüfungsinhalte. Empfehlung: In der Zwischenprüfung werden die drei berufsbezogenen Teilaufgaben zu einer „Ganzheitlichen Aufgabe" integriert, vergleichbar der Aufgabe in der Abschlussprüfung. Im Sinne einer Teilabschlussprüfung soll die Bewertung der Zwischenprüfung mit einem Anteil von 15 % in die Abschlussnote eingehen. Neben ersten realen Prüfungserfahrungen der Auszubildenden zur „beruflichen" Handlungskompetenz wird damit die Abschlussprüfung als finale Prüfung in ihrem Stellenwert etwas zurückgenommen. In der Abschlussprüfung werden die „Ganzheitlichen Aufgaben I und II" ebenso zu einer an den beruflichen Arbeits- und Geschäftsprozessen orientierten Aufgabe integriert. Die analytische Trennung in gemeinsame und berufsspezifische Prüfungsinhalte wird aufgehoben und berufliche Kern- und Fachqualifikationen werden integriert zum Prüfungsgegenstand. Durch den Aufbau eines bundesweiten Pools von „Ganzheitlichen Aufgaben", der einerseits durch die in den Ländern und Regionen erstellten Aufgaben „gespeist" wird und aus dem sich andererseits wiederum die regionalen Prüfungsausschüsse „bedienen" bzw. Prüfungsaufgaben auswählen können, wird verfahrensbedingt der Zentralismus in der IT-Prüfung moderat zurückgenommen. Zur „Betrieblichen Projektarbeit" wird wegen der Bewertungsproblematik die Möglichkeit der Hinzuziehung eines externen „Gutachters", beispielsweise aus dem Betrieb, in dem die Projektarbeit erstellt wurde, empfohlen.

Projektbericht verfügbar unter:

https://www.uni-flensburg.de/fileadmin/content/institute/biat/dokumente/projekte/bibb-it-studie/biat-abschlussbericht-it-t1-vorabdruck-2001.pdf

European Qualification Strategies in Information and Communications Technology (EUQuaSIT)

Laufzeit:	01.01.2001 – 31.05.2004
Partner:	The National Institute of Technical and Vocational Education Weilova Czech Republic
	Bundesinstitut für Berufsbildung Hermann-Ehlers-Str. 10, 53043 Bonn, Germany
	Kenteq International Olympia 6–8, 1200 AB Hilversum, Netherlands
	Tecnoforma, S.A. Praça Nuno Rodrigues dos Santos, 14 B, 1600-171 Lisboa, Portugal
	Central Systems s.r.l. 15 TIMISANA Street, Constantza – 8700, Romania
	Danubius University Portului str. 57–59, 6200 Galati, Romania
Finanzierung:	EU Programm Leonardo da Vinci

Projektbeschreibung:

Ausgangspunkt des europäischen Berufsbildungsprojektes EUQuaSIT ist die dynamische Entwicklung im Bereich der Informations- und Telekommunikationstechnik. Der steigenden Nachfrage in den Bereichen Internet, Mobilkommunikation, Computer-Netzwerken und Multimedia-Anwendungen sowie der Softwareproduktion und -vermarktung steht hierbei ein entsprechend großer Bedarf an qualifizierten Fachkräften im IT-Bereich gegenüber.

Im Hinblick auf gezielte Aus- und Weiterbildungsinitiativen wird eine verbesserte Informationsbasis europäischer Beschäftigungs- und Qualifizierungsstrategien im IT-Bereich benötigt. Im Rahmen von EUQuaSIT steht daher ein internationaler Vergleich von Strukturen und Profilen der beruflichen IT-Qualifizierung in verschiedenen Ländern im Mittelpunkt. Mit einbezogen werden auch Programme und Maßnahmen für benachteiligte Gruppen.

Im Projekt wird eine Erhebung zum betrieblichen Qualifizierungs- und Fachkräftebedarf und den IT-Aufgaben- und Arbeitsbereichen in den beteiligten Ländern durchgeführt. Es werden zu den aktuellen und zukünftigen Arbeits- und

Qualifikationsanforderungen der Unternehmen und den geforderten Berufs- und Qualifikationsprofilen im IT-Bereich umfassende Erkenntnisse erwartet.

Zielsetzung ist letztlich die Förderung gezielter IT-Aus- und Weiterbildungsinitiativen durch die politisch und wirtschaftlich Verantwortlichen im Sinne einer europäischen Qualifizierungsoffensive. Das Projekt EUQuaSIT richtet sich an Arbeitgeberverbände und Gewerkschaften sowie Handels- und Handwerkskammern, Verbände usw. Die Ergebnisse werden für Unternehmen und deren Mitarbeiter, Aus- und Weiterbildungsinstitutionen sowie Hochschulen von Interesse sein.

Projektbericht verfügbar unter:

https://www.uni-flensburg.de/fileadmin/content/institute/biat/dokumente/projekte/euquasit/euquasit-final-report-2004.pdf

Modellversuch „Netzbasierte Lehr- und Lernkonzepte“ (NEBAL)

Laufzeit:	01.08.2001 – 31.07.2004
Partner:	Berufsbildende Schule Wirtschaft Koblenz Berufsbildende Schule Gewerbe und Technik Trier Berufsbildende Schule I Gewerbe und Technik Mainz Berufsbildende Schule Technik I Ludwigshafen Technische Universität Kaiserslautern Institut für schulische Fortbildung und schulpsychologische Beratung, Speyer Andreas-Gordon-Schule Erfurt Thüringer Institut für Lehrerfortbildung, Lehrplanentwicklung und Medien, Bad Berka Studienseminar für das Lehramt für Berufsbildende Schulen, Ilmenau
Finanzierung:	Verbundprojekt der Länder Rheinland-Pfalz und Thüringen im Rahmen des BLK-Programms „Innovative Fortbildung der Lehrerinnen und Lehrer an beruflichen Schulen“

Projektbeschreibung:

NEBAL – Entwicklung und Erprobung eines Systems der Vernetzung von Phasen der Lehrerbildung insbesondere unter Nutzung der Möglichkeiten der Informations- und Kommunikationstechniken an berufsbildenden Schulen

In Zukunft wird die wirtschaftliche und soziale Leistungsfähigkeit der Gesellschaft in steigendem Maße dadurch bestimmt, wie die Bürger/-innen sowie die wirtschaftlichen und sozialen Kräfte das Potential der neuen Technologien nutzen, ihre optimale Eingliederung in die Wirtschaft sicherstellen und die Entwicklung der Wissensgesellschaft fördern können. Der beruflichen Bildung kommt dabei eine besondere Bedeutung zu, ist sie doch der Bereich, der zuerst mit dem raschen technischen und gesellschaftlichen Wandel konfrontiert wurde und wird. Bei zunehmender Globalisierung aller Politik-, Wirtschafts- und Lebensbereiche und bei zunehmendem auch internationalem Wettbewerb ist die Qualität der Bildung speziell der beruflichen Bildung für die Zukunftsfähigkeit unserer Gesellschaft von wesentlicher Bedeutung.

Die Anforderungen der Wirtschaft erfordern ein eigenständiges und eigenverantwortliches Team von Lehrerinnen und Lehrern, das neben der Fachkompetenz vor allem Selbst- und Sozialkompetenz besitzt und diese auch vermitteln kann. Schulen müssen sich zu lernenden Organisationen entwickeln.

Das erfordert eine Intensivierung der Fortbildungsaktivitäten, die sich nicht nur an institutionell gebundene Formen orientieren kann, denn diese bereiten vielen Fortbildungsteilnehmern Probleme, die sich u. a. wie folgt beschreiben lassen:

- Fortbildungsteilnehmer haben wegen der schulischen Einbindung Schwierigkeiten bei Teilnahme an punktuell und zeitlich fest terminierten Veranstaltungen.
- Die Heterogenität der Teilnehmer in Bezug auf Vorwissen, Fertigkeiten und Lernfähigkeit schränkt die Effizienz herkömmlicher Fortbildungsveranstaltungen ein.
- Printmedien weisen häufig einen Timelag auf und entsprechen nicht mehr der geforderten Aktualität. An Fortbildungsveranstaltungen wird vielfach die fehlende Aktualität bemängelt.
- Klassische Fortbildungsstrukturen berücksichtigen kaum erwachsenengerechte Arbeitsformen und -methoden.
- Klassische Fortbildungsstrukturen ohne eine permanente berufsbegleitende Fortbildung sind nicht mehr ausreichend.
- Klassische Inhalte und Strukturen fördern nicht die Einbeziehung von Absolventen des Vorbereitungsdienstes in Fortbildungsmaßnahmen.

Mit dem Vorhaben ist beabsichtigt, innerhalb der Fortbildung die teilnehmerorientierten Lehr- und Lernprozesse weiterzuentwickeln und zu optimieren, um möglichst effektive Lernergebnisse zu erzielen, die die Lehrkräfte für ihre persönliche, berufliche und gesellschaftspolitische Entwicklung nutzen können. Dabei werden im einzelnen folgende Lösungsansätze angestrebt:

- Schaffung einer Projektplattform im Internet, die Informationen in Form von Text-, Grafik-, Audio- und Videodateien sowie Sammlung von aktuellen Links zu relevanten Informationsquellen bereitstellt.
- Ergänzung der zentralen Fortbildungsveranstaltungen durch dezentrale und individuelle (am heimischen PC oder in der Schule) Maßnahmen.
- Anbieten von Informationen und Hilfen für selbst gesteuertes und selbst organisiertes Lernen, die durch Beiträge aller Beteiligten erweiterbar sein sollen.
- Fortbildung auf der Informations- und Handhabungsebene der Systeme durch netzbasierte Angebote mit Präsenzveranstaltungen und Hotline-Lösungen.
- Motivation der Lehrkräfte zur Entwicklung und unterrichtlichen Umsetzung aktivierender Lernarrangements für junge Erwachsene unter Nutzung multimedia- und netzgestützter Lehr- und Lernsysteme.

Projektbericht verfügbar unter:

https://www.uni-flensburg.de/fileadmin/content/institute/biat/dokumente/projekte/nebal/nebal-abschlussbericht-2004.pdf

Notebook-University

Laufzeit:	01.08.2002 – 31.12.2003
Finanzierung:	Förderprogramm „Neue Medien in der Bildung" des Bundesministeriums für Bildung und Forschung

Mit der Umsetzung der Idee der „Notebook-University" soll der Ansatz und das Ziel verfolgt werden, durch die verstärkte mobile und ubiquitäre Nutzung von Notebooks und deren konzeptionelle Integration in die bestehenden Konzepte die Qualität der Gesamtkonzeption des Studiums auf der Basis einer neuen Lehr-Lern-Kultur zu erhöhen.

ICT Practitioner Skills and Curricula

Laufzeit: 01.01.2003 – 31.12.2004

Partner: European Centre for the Development of Vocational Training (Cedefop) Bundesinstitut für Berufsbildung (BiBB)

Projektbeschreibung:

In recent years the spread and dynamic of information and communications technologies (ICT) in all European countries have been steadily increasing. Today the high importance of ICT for the EU economy and all areas including business, services, domestic and leisure is obvious. ICT developments have changed the society to an „information society" and new possibilities as well as challenges in all areas of work and life have been arisen, in particular in ICT work areas itself.

ICT practitioners as the skilled and highly skilled ICT staff are necessary to manage business and work processes in both, in the core ICT sector and in all (ICT-) user industries. To understand, produce and use the new Information and Communications Technology, like computers, networks, internet, new hard- and software applications, e-commerce, fixed and mobile telecommunications, consumer electronic devices, digital cameras and television etc., all people must increasingly possess and master a wide range of ICT competences and skills. The main source and fundament of all ICT practitioners are the various provisions of higher education (HE) and vocational education and training (VET) as well as tailored offers for continuing vocational education and training (CVT) and lifelong learning (LLL) respectively.

In regard to the needs of ICT practitioners the situation of the supply and demand in the European countries varies. Depending on the state of development of the „ICT economy" and of the national systems of higher education (HE) and VET the situation differs both in qualitative and quantitative aspects. However, the recent „new economy" problems world wide have been leading to the fact, that the discussion with regard to the outstanding demand and the problems of the ICT labour market has become more reasonable. The situation of the ICT practitioners needs has to be regarded particularly under qualitative aspects, namely that the supply of ICT practitioner qualifications altogether still does not sufficiently meet the ICT skill requirements. Therefore, to improve the current situation and to narrow the ICT qualification mismatch there is a need of more and better qualified ICT practitioners in all European countries.

Concerning the situation of demand and supply of ICT practitioners on higher education or degree levels the Career Space Industry Consortium of major European ICT companies, describes the operational background and the wide range of needs referring to ICT skills at these levels (CSC 2001). Career Space presented and published a study on curriculum guidelines too, which were compiled in cooperation with different organisations, the education sector and a number of universities and technological training institutes across Europe. The curriculum work with recommendations on core Generic ICT skills profiles and the design ICT courses offers information and suggestions to the universities about the needs of the ICT sector and the ways in which the ICT qualification mismatch might be reduced (cf. CSC 2001; CSC / Cedefop 2001a/b).

In addition to the Career Space results the subject of the present study is specifically concerned with the "ICT practitioner skills and training solutions at sub-degree vocational level in Europe". The study was launched in October 2002 with the objective of analysing the specific industry's needs of ICT skills and practitioners at sub-degree levels in the ICT and user sectors and especially including SMEs. Corresponding to the needs of ICT skills and skill profiles there should be further developed guidelines for ICT curricula at sub-degree levels and recommendations for the design of vocational training courses. In the general perspective of the ICT skill needs and situation in Europe curriculum guidelines and recommendations should be also carried out in comparison and complementary to the ICT skills and profiles at degree levels developed by the Career Space Consortium's working party.

The results of the analyses and investigations to find out the current ICT industry needs at sub-degree skill levels is mainly based on two empirical studies. Firstly, the European Leonardo da Vinci II project entitled "European Qualification Strategies in Information and Communications Technology (EUQuaSIT)", that includes company questionings and case studies in companies. The project has been carried out in cooperation with partners in five European countries. Secondly, a national study carried out by biat in order to evaluate new vocational ICT training profiles in Germany that covered investigations, case studies and expert interviews on ICT business and work structures, contents and requirements. By using additional results of secondary analyses the overall research method and approach of the investigation based on the interaction of the demand and supply of ICT practitioners.

ICT employment and demand of the ICT and user industries and the supply of ICT practitioners at different skill levels

To support the ICT development and the competitiveness of enterprises and therefore the European economy as a whole a well-balanced relationship between the demand and supply of ICT practitioners is important for the ICT sector and all ICT user sectors which today more or less includes all sectors. An adequate supply of ICT practitioners at different qualification levels is therefore a very important precondition for the potential of enterprises, companies and organisations across all sectors. Findings on the situation of the demand and supply of ICT practitioners are insofar relevant under quantitative and qualitative aspects and in detail for all questions of the shortage, gap and mismatch as well as the existing and needed study and training solutions in Europe and the European countries respectively.

Projektbericht verfügbar unter:

https://www.uni-flensburg.de/fileadmin/content/institute/biat/dokumente/projekte/cedefop/cedefop-ict-petersen-wehmeyer-final-2003.pdf

Entwicklung von Team- und Selbstlernkompetenzen in arbeitsorientierten Lernphasen mit neuen Medien und Lernraumkonzepten in der Berufsausbildung (TUSKO)

Laufzeit:	01.01.2005 – 30.06.2008
Partner:	Schulzentrum des Sekundarbereichs II Utbremen, Senator für Bildung und Wissenschaft Bremen
	Andreas-Gordon-Schule Staatliche Berufsbildende Schule 4, Erfurt, Thüringer Kultusministerium
Finanzierung:	BLK-Programm SKOLA – Selbst gesteuertes und kooperatives Lernen in der beruflichen Erstausbildung

Projektbeschreibung:

Der Modellversuch „Team- und Selbstlernkompetenzen in arbeitsorientierten Lernphasen mit neuen Medien- und Lernraumkonzepten in der Berufsausbildung“ (TUSKO) ist ein Verbundprojekt mit länderspezifischen Modellversuchs-Schwerpunkten und einer integrierten wissenschaftlichen Begleitung. Er ist zugleich ein Programmprojekt im Rahmen des BLK-Programms „Selbstgesteuertes und kooperatives Lernen in der beruflichen Erstausbildung“ (SKOLA).

Mit dem Ziel der Entwicklung und Förderung von Team- und Selbstlernkompetenzen sollen unter Einbeziehung der Ebenen der Schul- und

Unterrichtsorganisation Lernkonzepte mit arbeitsorientierten Lernphasen entwickelt werden, die eine neue Lerngestaltung und -umgebung begründen und selbstgesteuertes und kooperatives Lernen verbessern und stärker im Unterricht und in den Lernprozessen verankern.

Die Lernphasen in kooperativen Lernprozessen sollen zugleich eine arbeits- und prozessorientierte Lernfeldumsetzung in unterschiedlichen Ausbildungsberufen und beruflichen Bildungsgängen unterstützen und zu einer umfassenden Berufskompetenz führen, die heute durch stärkere Individualisierung der Lernwege auch die Fähigkeit zum lebenslangen Lernen einschließen muss. Dabei gehört zur Verbesserung von Lernumgebungen insbesondere die Klärung der Fragen zur Raumorganisation und Raumgestaltung, so dass Ergebnisse ebenso zu neuen Konzepten der Gestaltung und (Innen-) Ausstattung von „Schul- und Lernräumen“ angestrebt werden.

Ergänzend dazu soll die Entwicklung von Konzepten zum e-Learning in der beruflichen Erstausbildung unterstützt und erprobt werden, mit dem in den arbeitsorientierten Lernphasen neben der Fachkompetenz das selbstgesteuerte Lernen auf spezifische Weise medial ermöglicht und angeregt und somit gezielt gefördert werden soll. Die gemeinsame Entwicklung der e-gestützten Lernphasen und multimedialen Lehr-Lernarrangements – vor allem auch von Lernenden und Lehrenden – setzt eine entsprechend umfassende Umorientierung und Kompetenzerweiterung bei allen Beteiligten und in der Schulorganisation voraus.

Unter Berücksichtigung der neuen Konzepte und Unterrichtsgestaltung leistet das Projekt im Weiteren einen Beitrag, indem die Veränderungen und Konzepte zu einer neuen Lehr-Lernkultur begleitend durch Maßnahmen der Lehreraus- und -fortbildung unterstützt werden. Die Entwicklung, Erprobung und Evaluation dieser Maßnahmen wird im Ergebnis selbst die unterrichtsbezogenen Konzepte zur didaktischen Förderung der Team- und Selbstlernkompetenzen und des eLearning unter den Aspekten der Selbstwirksamkeit des Lernens wie auch der eigenen Abstimmung von Schul-, Team- und Unterrichtsentwicklung zum Inhalt haben. Ein aufzubauendes curriculares Informations- und Wissensmanagement – zugänglich für Lehrer/innen wie für Auszubildende – wird die Planung und Gestaltung von Unterricht und Lernen durch neue Rahmenbedingungen unterstützten.

Die Umsetzbarkeit und Wirksamkeit der entwickelten Konzepte zur Förderung von Team- und Selbstlernkompetenzen mit neuen e-Medien und Lernraumkonzepten wird auf den verschiedenen Ebenen der Berufsausbildung wissenschaftlich begleitet und durch empirische Untersuchungen formativ evaluiert. Die vergleichenden Untersuchungen sollen dabei an den beteiligten

Schulen der Länder dazu dienen, die Ansätze und Konzepte dem jeweiligen Erkenntnisstand anzupassen und zugleich zu länderübergreifenden Austauschprozessen zu gelangen, die eine wichtige Voraussetzungen für Transfer und Verstetigung einer neuen Lehr-Lernkultur liefern.

Projektbericht verfügbar unter:

https://www.uni-flensburg.de/fileadmin/content/institute/biat/dokumente/projekte/tusko/abschlussbericht-tusko.pdf

Internationalisierte Mechatronik für Windkraft-Technologie (IMWatT)

Laufzeit:	01.08.2006 – 30.09.2008
Partner:	Wirtschaftsakademie Schleswig-Holstein WAK
	Berufliche Schule des Kreises Nordfriesland in Husum BSH
	Erhvervs Uddannelses Center Syd, Sønderborg Danmark (EUC Syd)
Finanzierung:	Programm INTERREG III A Sønderjylland – Schleswig

Projektbeschreibung:

IMWatT – Bedarfsanalysen und Qualifizierungsangebote für eine prospektive wirtschaftliche Entwicklung im Sektor erneuerbarer Energie in der Region Sønderjylland/Schleswig. Ein Projekt im Programm INTERREG III A Sønderjylland – Schleswig

Dänemark und Deutschland sind weltweit Vorreiter bei der wachsenden Nutzung der Windenergie und der Entwicklung von Windenergieanlagen (WEA). Die Herstellung von WEA sowie deren Service und Wartung haben auch eine große wirtschaftliche Bedeutung für die Region Sønderjylland/Schleswig und erfordern einen hohen Fachkräftebedarf. Die Verfügbarkeit von entsprechend gut qualifizierten Mechatronik-Fachkräften (D) bzw. Automatikteknikern (DK) bildet dabei eine zentrale Voraussetzung für eine weitere positive Entwicklung, wobei zudem eine derzeit fehlende grenzübergreifende Abstimmung von Qualifizierungsinhalten die regionale Mobilität von Fachkräften erschwert.

Das EU-Projekt IMWatT „Internationalisierte Mechatronik für Windkraft-Technologie“ hat vor allem diesen Fachkräftebedarf im Windenergiesektor zum

Gegenstand und zielt im Schwerpunkt auf dementsprechende „Bedarfsanalysen und Qualifizierungsangebote für eine prospektive wirtschaftliche Entwicklung im Sektor erneuerbarer Energie in der Region Sønderjylland/Schleswig“. Die dazu vorgesehene Qualifikations- und Curriculumforschung soll auch dem Fachkräftebedarf auf dem internationalisierten Arbeitsmarkt Rechnung tragen und durch Empfehlungen zu einer prospektiven Weiterentwicklung der bestehenden Curricula die Erstausbildung wie die Fortbildung von Mechatronikerinnen/Mechatronikern (D) sowie Automatikteknikern (DK) entscheidend verbessern. Durch exemplarische Umsetzungen im Rahmen der je regionalen Aus- und Fortbildungsangebote sollen dabei die curricular neu zu entwickelnden Lern- und Handlungsfelder auch als neue arbeitsprozessorientierte Rahmenvorgabe international pilotartig erprobt werden.

Projektbericht verfügbar unter:

https://www.uni-flensburg.de/fileadmin/content/institute/biat/dokumente/projekte/imwatt/imwatt-bericht-final-17-12-2008-1-.pdf

European Remote Radio Laboratory Project (ERRL)

Laufzeit:	01.11.2006 – 31.12.2008
Partner:	Atýlým University (TR)
	Groupe ESIEE Paris (FR)
	EVTEK University of Sciences (FI)
	National Technical University of Athens (EL)
	Balikesir University (TR)
	The Norwegian University of Science and Technology (NO)
	Transilvania University of Brasov (RO)
Finanzierung:	EU Programm Leonardo da Vinci

Projektbeschreibung:

ERRL ist als Pilotprojekt des europäischen Leonardo da Vinci Programms (LdV) ausgerichtet auf die Verbesserung der praktischen Ausbildung im Bereich der Kommunikationstechnologie insbesondere der Hochfrequenztechnik. Schwerpunkt ist die Entwicklung einer internetbasierten Lernplattform, mit der die Ausbildung der Schüler/-innen und Studierenden aber auch von Technikern und Ingenieuren durch praktische Experimente ergänzt wird.

Damit wird auch kostspieliges High-Tech Equipment für breite Bereiche der Ausbildung zugänglich.

Zielgruppen

- Studenten der Elektrotechnik, Kommunikationstechnologie oder verwandter Fakultäten von Universitäten, Fachhochschulen oder vergleichbaren Institutionen.
- Ingenieure oder Techniker, insbesondere Absolventen der oben genannten Studienrichtungen, die diese Technologien in den einschlägigen Unternehmen anwenden und eine entsprechende Fortbildung benötigen.
- Auszubildende oder Schüler einer Berufsausbildung im Berufsfeld Elektrotechnik mit den Schwerpunkten Kommunikationstechnologie und Hochfrequenztechnik.

Projektziele

- Bereitstellung eines internetbasierten Zugriffs auf kostenintensive High-Tech Ausrüstung, die nur wenigen Institutionen zur Ausbildung in der Hochfrequenztechnik zur Verfügung steht.
- Unterstützung vergleichbarer Ausbildungsbedingungen im Bereich der Kommunikationstechnologie bei den beteiligten Projektpartnern. Einrichtung eines internationalen Netzwerks zum Austausch von technischem Material und Erfahrungen.
- Qualitative Verbesserung der Ausbildung im angesprochenen Bereich durch Erweiterung der Adressatengruppe für die Nutzung der High-Tech-Ausrüstung und entsprechender Experimente.
- Ermöglichung eines höheren Anteils von praktischer und experimenteller Ausbildung durch permanenten Laborzugriff weltweit und rund um die Uhr.
- Ermutigung Beruflicher Schulen und anderer Lehr-Institutionen mit beschränkten finanziellen Ressourcen, ihre Investitionen zu nutzen, internetbasiertes Lernen einzuführen, um auch die Selbstlernkompetenz der Schüler zu entwickeln.
- Unterstützung von Fernlernprogrammen in der Kommunikationstechnik und Bereitstellung einer Umgebung mit der die Lehrenden Erfahrungen mit der Fernlehre insbesondere mit internetbasierten Experimenten sammeln können.
- Erschließung des Laborzugriffs auch für weitere Teile des Ausbildungssystems und damit auch für benachteiligte Personengruppen.

Angestrebte Ergebnisse

- Experimentiermodule realer Hochfrequenzlabore eingebettet in Kurse mit ständig aktuellen Inhalten, die den veränderten Anforderungen der Telekommunikationsindustrie standhalten.
- Auf die in der Bedarfsanalyse ermittelten Zielgruppen zugeschnittenes Kursangebot unter Berücksichtigung des europäischen Qualifikationsrahmens (EQF).
- Internetbasierte Softwarewerkzeuge als Benutzerschnittstelle zu den Experimentier- und Versuchsmodulen (EPSS – Electronic Performance Support System).
- Lehrmaterial für den Gebrauch von Hochfrequenzmessausrüstungen wie z. B. Oszilloskope, Signalgeneratoren, spectrum analyser, network analyser usw.
- Ein Software- und Infrastrukturentwurf, der es leichter und kostengünstiger macht, ein Laboratorium im Internet zugänglich zu machen.
- Eine Projektwebsite, die die Kooperation und Diskussion über Ausbildungsfragen im Bereich der Hochfrequenztechnik unter den Partnern auf europäischer Ebene erleichtert.
- Aktuelle Untersuchungsergebnisse an den Partnerstandorten zu Zielgruppen kombiniert mit einer Bedarfsanalyse.

Wirkungen

- Auf die Partnerländer abgestimmtes technisches Lehrmaterial als Folge der intensiven Zusammenarbeit und des Austauschs zwischen den Partnern.
- Verbreitung von hochwertigem Lehrmaterial unter den Zielgruppen der beteiligten Länder.
- Finanzielle Einsparungen bei Beruflichen Schulen und Hochschulen durch Vermeidung von Investitionen in kostenintensive Laborausrüstungen.
- Durch die Zusammenarbeit wird langfristig eine Verstärkung der Vergleichbarkeit von Ausbildungswegen verbunden mit geringeren Investitionen erwartet.
- Die Projektergebnisse werden ständig entsprechend der Rückmeldung der Zielgruppen in Schulen und Industrie aktualisiert. Dieses Vorgehen unterstützt den Abstimmungsprozess zwischen Schulen und Industrie und hilft den Schulen, ihre Lehrpläne gemäß den Anforderungen zu aktualisieren.

Identifizierung von Problemfeldern bei der Anerkennung von Berufsqualifikationen und Vergleich der Systeme der beruflichen Erstausbildung in Deutschland und Dänemark vor dem Hintergrund der Verbesserung der Mobilität von Fachkräften und Auszubildenden auf dem Arbeitsmarkt

Laufzeit:	01.01.2020 – 31.12.2010
Partner:	EUC Syd – Erhvervs Uddannelses Center Syd, Sønderborg Danmark
Finanzierung:	Bundesinstitut für Berufsbildung (BiBB), Bonn

Projektbeschreibung:

Anlass für die Studie waren Probleme bei der gegenseitigen Anerkennung von Berufsqualifikationen und Berufsabschlüssen, die vor allem auf dem deutsch-dänischen Arbeitsmarkt auch die Mobilität der Arbeitskräfte in der Grenzregion beeinträchtigten. Die Untersuchung dieser Probleme zeigt, dass es einer deutlichen Differenzierung zwischen der Bewertung von Berufsqualifikationen für betriebliche Zwecke und der formalen „Anerkennung" von Berufsqualifikationen für reglementierte Berufe bedarf. Bezogen auf diese Differenzierung zeigen die Ergebnisse der Studie, dass es im Prinzip keine Probleme bei der Bewertung von Berufsausbildungen und Qualifikationen für betriebliche Zwecke gibt und zumindest die betriebliche „Anerkennungspraxis" eigentlich bereits als ein Beleg für eine hohe Vergleichbarkeit und Gleichwertigkeit der Ausbildung in Deutschland und Dänemark gewertet werden kann. Dagegen zeigen die Ergebnisse größere Problembereiche bei der Anerkennung von Berufsqualifikationen für reglementierte Berufe auf, die bei Unklarheiten in den Vorschriften und dem Regelungsdickicht zum Reglement von „beruflichen" Tätigkeiten beginnen und in den Verfahren bei einem Labyrinth und einer Vielfalt von zuständigen „Stellen" noch nicht enden. Dementsprechend ist hier das klare Untersuchungsergebnis zur Vergleichbarkeit und der „Gleichwertigkeit" der Berufsausbildung in Deutschland und Dänemark auch nur sehr bedingt ein Beitrag speziell dieser Probleme. Die gegebenen Empfehlungen zielen insofern im Schwerpunkt daher fast ausschließlich auf Verbesserungen zu den Vorschriften und die „Anerkennungspraxis" bei den reglementierten Berufen und Tätigkeiten.

Projektbericht verfügbar unter:

https://www.uni-flensburg.de/fileadmin/content/institute/biat/dokumente/projekte/de-dk/de-dk-studie-biat-flensburg-11-2010.pdf

A. Willi Petersen – Lehrkräftebildner

In einem Schreibgespräch, das anlässlich des 40-jährigen Bestehens der Bundesarbeitsgemeinschaft Elektrotechnik, Informationstechnik, Fahrzeugtechnik und Metalltechnik zwischen Thomas Vollmer und Axel Grimm geführt wurde[2], gibt ersterer an:

> *„Mitglied der BAG Elektrotechnik muss ich 1983 oder 1984 geworden sein, als ich nach Ausbildung, Berufsarbeit Fachoberschule, Ingenieurstudium und Zivildienst im zweiten oder dritten Semester des Lehramtsstudiums an der damaligen Gesamthochschule Kassel (heute Universität Kassel) war. Genau weiß ich es nicht mehr, aber mein ältestes Heft der BAG-Zeitschrift lehren & lernen, wie sie damals noch hieß, stammt aus dem Jahr 1984. In dieser Zeit hatte ich bereits mein Schulpraktikum an der Beruflichen Schule Witzenhausen absolviert und Willi Petersen kenngelernt, der für mich dort der betreuende Kontaktlehrer war. Mit ihm habe ich oft und intensiv über Alternativen zum damals üblichen fachsystematischen Unterricht diskutiert." (vgl. Jubiläumsausgabe lernen & lehren)*

Prof. Dr. Thomas Vollmer (Universität Hamburg) erinnert sich hier an seine erste Zeit als Praktikant an einer berufsbildenden Schule und dem offensichtlich prägenden Einfluss von Willi Petersen, der mit ihm bereits über (berufs-)didaktische Alternativen zum „normalen" Unterricht diskutierte. Dieses Interesse die Berufsschullehrkräfteausbildung (um-)zu-gestalten ist durchgängig durch seine Veröffentlichungen und Initiativen in Forschung und Lehre zu erkennen.

Im Rahmen der Lehrkräftebildung an der Europa-Universität Flensburg wählte Willi Petersen bereits lange vor dem allgemeinen Digitalisierungsschub und OER-Ressourcen insbesondere digitale Formate, um den Studierenden Hintergrundinformationen zukommen zu lassen. Die Webauftritte „http://elektroberufe-online (vgl. Beitrag 16/17) sowie „http://e-berufe.de" sind hierbei hervorzuheben. Petersen fertigte selbst die Webseiten mit Hilfe von Microsoft Frontpage an. Erste Entwürfe stammen aus dem Jahr 1998. Die Domänen registrierte er als Privatperson, da sich die rechtlichen Rahmenbedingungen an der Universität noch nicht abbilden ließen. Die Seiten wurden auf dem Server des Berufsbildungsinstituts Arbeit und Technik gehostet, der sich in den Laborräumen an der Universität Flensburg befand. Unter „e-berufe.de" waren die Seiten in den 2000er Jahren aus dem Internet erreichbar, später als biat-Subdomäne

2 Veröffentlicht in der Sonderausgabe 40 Jahre BAG ElektroMetall.

http://www.biat.uni-flensburg.de/teim-berufe/. Über das Akronym „It's TEIM" gelang der Einstieg in die Informationsplattform, die sich den Berufen der **T**elekommunikation, **E**lektrotechnik, **I**nformatik und **M**edien in ihrer Herausbildung und Genese widmet (vgl. Abb. 1).

Abbildung 1: Startseite der Webpräsenz „e-berufe.de"

Für Willi Petersen markiert diese Gruppe von Berufen das Berufsfeld Elektrotechnik/Informatik. Er gibt an, dass die geschichtliche Aufarbeitung der Berufsbildung in diesem Berufsfeld noch nicht umfassend beschrieben wurde und ein Forschungsdesiderat markiert. Mit der Webpräsenz beabsichtigt Willi Petersen „die gegenwärtige didaktische Ausbildungswirklichkeit in den Elektro- und IT-Berufen im Lichte des geschichtlichen Wandels in Schule und Betrieb [zu] erhellen. Gleichzeitig sollen sie zum weiteren Studium anregen und eine Reflexion ermöglichen, welche die vergangenen wie zukünftigen curricularen und didaktischen Gestaltungsmöglichkeiten zur Berufsbildung in den Elektro- und IT-Berufen einschließt" (Petersen 2014).

Die Webpräsenz gliedert sich in zwei Bereiche. Die „Herausbildung und Genese der Berufe und Ausbildung im Berufsfeld Elektrotechnik/Informatik" stellt die geschichtlichen Entwicklungen von den ersten Anfängen der elektrotechnischen Berufsbildung in den 1840er und 1850er Jahren bis zur Gegenwart dar. Hierzu identifiziert Petersen – auf Basis vorliegender Erkenntnisse zur Berufsbildungsgeschichte – in seinem Ansatz sechs zentrale, sich wechselseitig bedingende Bereiche, die nur im Zusammenhang mit der Entwicklung der Ausbildung in den Elektro- und IT-Berufen begriffen werden (siehe Abb. 2).

Abbildung 2: Ansatz: Didaktische Bedingungsfaktoren und Wirkungszusammenhänge

In Abschnitten von jeweils 20 Jahren werden Bedingungsfaktoren Technik, Arbeit, Ausbildung, Berufe, Berufsschule und Lehrerbildung gemeinsam auf einer Seite chronologisch unter Zunahme von Abbildungen und Videosequenzen illustriert. Exemplarisch zeigt Abbildung 3 die Aspekte für die 1920er und 1930er Jahre auf.

Petersen nutzt hierbei die Vorteile von Webseiten, um gezielt interessierende Elemente auszuwählen. Zudem verlinkt er weitere Dokumente z. B. Gesetzestexte, Verordnungen und Belege, wodurch die Übersichtlichkeit der Webseiten erhalten bleibt und gleichzeitig vertiefende Informationen zugänglich werden.

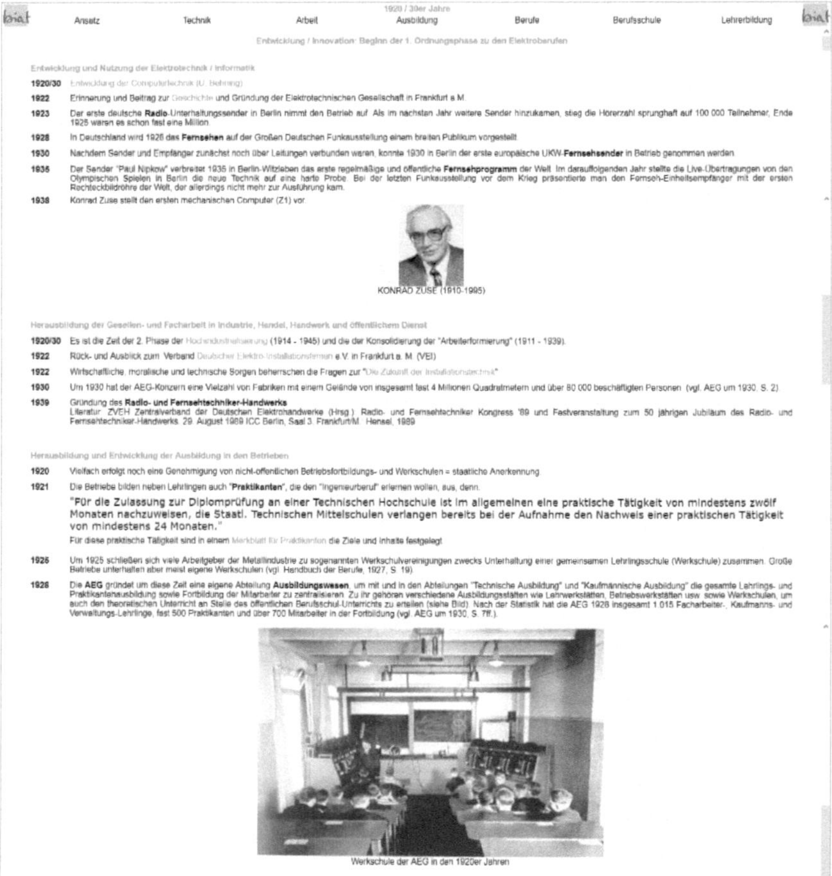

biat 1920 / 30er Jahre biat

Ansetz | Technik | Arbeit | Ausbildung | Berufe | Berufsschule | Lehrerbildung

Entwicklung / Innovation: Beginn der 1. Ordnungsphase zu den Elektroberufen

Entwicklung und Nutzung der Elektrotechnik / Informatik

1920/30 Entwicklung der Computertechnik (U. Behring)

1922 Erinnerung und Beitrag zur Geschichte und Gründung der Elektrotechnischen Gesellschaft in Frankfurt a M.

1923 Der erste deutsche **Radio**-Unterhaltungssender in Berlin nimmt den Betrieb auf. Als im nächsten Jahr weitere Sender hinzukamen, stieg die Hörerzahl sprunghaft auf 100 000 Teilnehmer, Ende 1925 waren es schon fast eine Million.

1928 In Deutschland wird 1928 das **Fernsehen** auf der Großen Deutschen Funkausstellung einem breiten Publikum vorgestellt.

1930 Nachdem Sender und Empfänger zunächst noch über Leitungen verbunden waren, konnte 1930 in Berlin der erste europäische UKW-**Fernsehsender** in Betrieb genommen werden.

1935 Der Sender "Paul Nipkow" verbreitet 1935 in Berlin-Witzleben das erste regelmäßige und öffentliche **Fernsehprogramm** der Welt. Im darauffolgenden Jahr stellte die Live-Übertragungen von den Olympischen Spielen in Berlin die neue Technik auf eine harte Probe. Bei der letzten Funkausstellung vor dem Krieg präsentierte man den Fernseh-Einheitsempfänger mit der ersten Rechteckbildröhre der Welt, der allerdings nicht mehr zur Ausführung kam.

1938 Konrad Zuse stellt den ersten mechanischen Computer (Z1) vor.

KONRAD ZUSE (1910-1995)

Herausbildung der Gesellen- und Facharbeit in Industrie, Handel, Handwerk und öffentlichem Dienst

1920/30 Es ist die Zeit der 2. Phase der Hochindustrialisierung (1914 - 1945) und die der Konsolidierung der "Arbeiterformierung" (1911 - 1939).

1922 Rück- und Ausblick zum Verband Deutscher Elektro-Installationsfirmen e.V. in Frankfurt a. M. (VEI)

1922 Wirtschaftliche, moralische und technische Sorgen beherrschen die Fragen zur "Die Zukunft der [illegible]"

1930 Um 1930 hat der AEG-Konzern eine Vielzahl von Fabriken mit einem Gelände von insgesamt fast 4 Millionen Quadratmetern und über 80 000 beschäftigten Personen (vgl. AEG um 1930, S. 2)

1939 Gründung des **Radio- und Fernsehtechniker-Handwerks**
Literatur: ZVEH Zentralverband der Deutschen Elektrohandwerke (Hrsg.): Radio- und Fernsehtechniker Kongress '89 und Festveranstaltung zum 50 jährigen Jubiläum des Radio- und Fernsehtechniker-Handwerks. 29. August 1989 ICC Berlin, Saal 3. Frankfurt/M.: Hensel, 1989

Herausbildung und Entwicklung der Ausbildung in den Betrieben

1920 Vielfach erfolgt noch eine Genehmigung von nicht-offentlichen Betriebsfortbildungs- und Werkschulen = staatliche Anerkennung.

1921 Die Betriebe bilden neben Lehrlingen auch "**Praktikanten**", die den "Ingenieurberuf" erlernen wollen, aus, denn.

"Für die Zulassung zur Diplomprüfung an einer Technischen Hochschule ist im allgemeinen eine praktische Tätigkeit von mindestens zwölf Monaten nachzuweisen, die Staatl. Technischen Mittelschulen verlangen bereits bei der Aufnahme den Nachweis einer praktischen Tätigkeit von mindestens 24 Monaten."

Für diese praktische Tätigkeit sind in einem Merkblatt für Praktikanten die Ziele und Inhalte festgelegt.

1925 Um 1925 schließen sich viele Arbeitgeber der Metallindustrie zu sogenannten Werkschulvereinigungen zwecks Unterhaltung einer gemeinsamen Lehrlingsschule (Werkschule) zusammen. Große Betriebe unterhalten aber meist eigene Werkschulen (vgl. Handbuch der Berufe, 1927, S. 19).

1928 Die **AEG** gründet um diese Zeit eine eigene Abteilung **Ausbildungswesen**, um mit und in den Abteilungen "Technische Ausbildung" und "Kaufmännische Ausbildung" die gesamte Lehrlings- und Praktikantenausbildung sowie Fortbildung der Mitarbeiter zu zentralisieren. Zu ihr gehören verschiedene Ausbildungsstätten wie Lehrwerkstätten, Betriebswerkstätten usw. sowie Werkschulen, um auch den theoretischen Unterricht an Stelle des öffentlichen Berufsschul-Unterrichts zu erteilen (siehe Bild). Nach der Statistik hat die AEG 1928 insgesamt 1.015 Facharbeiter-, Kaufmanns- und Verwaltungs-Lehrlinge, fast 500 Praktikanten und über 700 Mitarbeiter in der Fortbildung (vgl. AEG um 1930, S. 7ff.).

Werkschule der AEG in den 1920er Jahren

Abbildung 3: Aspekte zur Herausbildung der Elektroberufe in den 1920er und 1930er Jahren

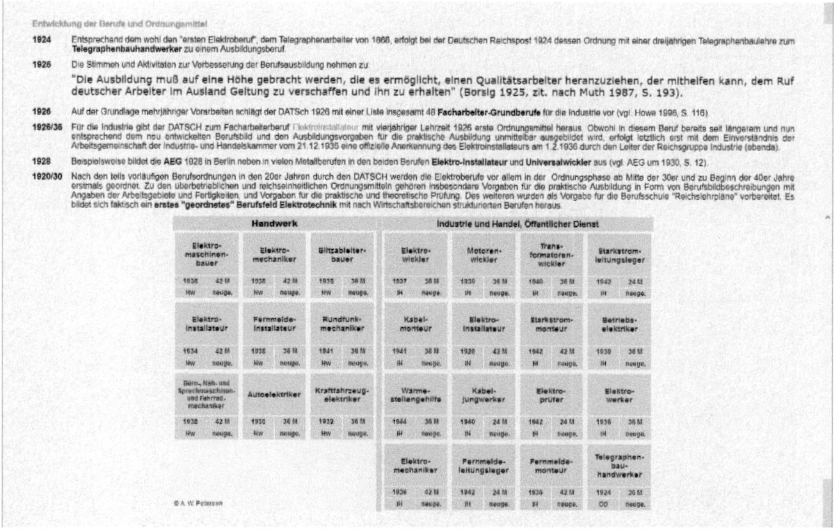

Entwicklung der Berufe und Ordnungsmittel

1924 Entsprechend dem wohl den "ersten Elektroberuf", dem Telegraphenarbeiter von 1868, erfolgt bei der Deutschen Reichspost 1924 dessen Ordnung mit einer dreijährigen Telegraphenbaulehre zum **Telegraphenbauhandwerker** zu einem Ausbildungsberuf.

1925 Die Stimmen und Aktivitäten zur Verbesserung der Berufsausbildung nehmen zu:

"Die Ausbildung muß auf eine Höhe gebracht werden, die es ermöglicht, einen Qualitätsarbeiter heranzuziehen, der mithelfen kann, dem Ruf deutscher Arbeiter im Ausland Geltung zu verschaffen und ihn zu erhalten" (Borsig 1925, zit. nach Muth 1987, S. 193).

1926 Auf der Grundlage mehrjähriger Vorarbeiten schlägt der DATSch 1926 mit einer Liste insgesamt 48 **Facharbeiter-Grundberufe** für die Industrie vor (vgl. Howe 1996, S. 116).

1926/36 Für die Industrie gibt der DATSCH zum Facharbeiterberuf Elektroinstallateur mit vierjähriger Lehrzeit 1926 erste Ordnungsmittel heraus. Obwohl in diesem Beruf bereits seit längerem und nun entsprechend dem neu entwickelten Berufsbild und den Ausbildungsvorgaben für die praktische Ausbildung unmittelbar ausgebildet wird, erfolgt letztlich erst mit dem Einverständnis der Arbeitsgemeinschaft der Industrie- und Handelskammer vom 21.12.1935 eine offizielle Anerkennung des Elektroinstallateurs am 1.2.1936 durch den Leiter der Reichsgruppe Industrie (ebenda).

1928 Beispielsweise bildet die **AEG** 1928 in Berlin neben in vielen Metallberufen in den beiden Berufen **Elektro-Installateur** und **Universalwickler** aus (vgl. AEG um 1930, S. 12).

1920/30 Nach den teils vorläufigen Berufsordnungen in den 20er Jahren durch den DATSCH werden die Elektroberufe vor allem in der Ordnungsphase ab Mitte der 30er und zu Beginn der 40er Jahre erstmals geordnet. Zu den überbetrieblichen und reichseinheitlichen Ordnungsmitteln gehören insbesondere Vorgaben für die praktische Ausbildung in Form von Berufsbildbeschreibungen mit Angaben der Arbeitsgebiete und Fertigkeiten, und Vorgaben für die praktische und theoretische Prüfung. Des weiteren wurden als Vorgabe für die Berufsschule "Reichslehrpläne" vorbereitet. Es bildet sich faktisch ein **erstes "geordnetes" Berufsfeld Elektrotechnik** mit nach Wirtschaftsbereichen strukturierten Berufen heraus.

Handwerk			Industrie und Handel, Öffentlicher Dienst			
Elektromaschinenbauer 1938 42 M Hw neuge.	Elektromechaniker 1938 42 M Hw neuge.	Blitzableiterbauer 1935 36 M Hw neuge.	Elektrowickler 1937 38 M IH neuge.	Motorenwickler 1939 36 M IH neuge.	Transformatorenwickler 1940 36 M IH neuge.	Starkstromleitungsleger 1942 24 M IH neuge.
Elektroinstallateur 1934 42 M Hw neuge.	Fernmeldeinstallateur 1938 36 M Hw neuge.	Rundfunkmechaniker 1941 36 M Hw neuge.	Kabelmonteur 1941 36 M IH neuge.	Elektroinstallateur 1926 42 M IH neuge.	Starkstrommonteur 1942 42 M IH neuge.	Betriebselektriker 1939 36 M IH neuge.
Büro-, Näh- und Sprechmaschinen- und Fahrradmechaniker 1938 42 M Hw neuge.	Autoelektriker 1936 36 M Hw neuge.	Kraftfahrzeugelektriker 1939 36 M Hw neuge.	Wärmestellengehilfe 1944 36 M IH neuge.	Kabeljungwerker 1940 24 M IH neuge.	Elektroprüfer 1942 24 M IH neuge.	Elektrowerker 1936 36 M IH neuge.
			Elektromechaniker 1939 42 M IH neuge.	Fernmeldeleitungsleger 1942 24 M IH neuge.	Fernmeldemonteur 1936 42 M IH neuge.	Telegraphenbauhandwerker 1924 36 M OD neuge.

© A. W. Petersen

Abbildung 3: (fortgeführt)

Herausbildung der Berufsschule und Entwicklung der schulischen Ausbildung

1920 Auch begriffliche Wende von der "Gewerblichen Fortbildungsschule" zur **Berufsschule**: Zunehmende Umwandlung und -benennung der "Gewerblichen Fortbildungsschule" in Berufsschule: z.B. Gewerblich-technische Berufsschule, Gewerblich-hauswirtschaftliche Berufsschule, Kaufmännische Berufsschule oder Bauberufsschule. Der "Beruf" wird zum didaktischen Zentrum des Berufsschulunterrichts.

1928 Begründung der "**Frankfurter Methodik**" durch Geißler, Botsch, Wissing am "Staatlichen Berufspädagogischen Institut" (BPI) in Frankfurt.

1928 Aufbau von Experimenten im Fachkundeunterricht und die Unterrichtsmethodik in der "**Kleinen Berufsschule**"

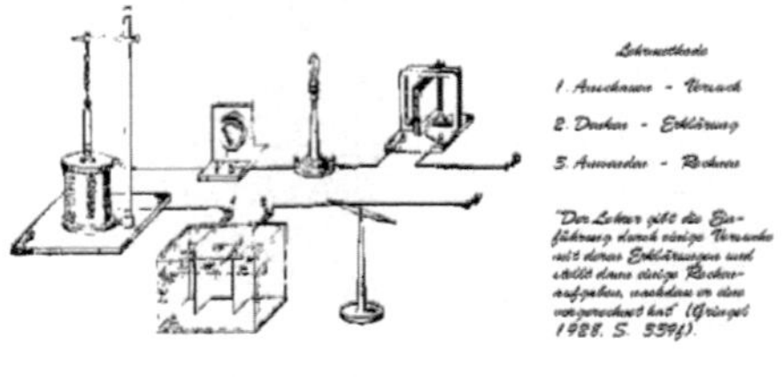

1930 Messgeräte um 1920/30

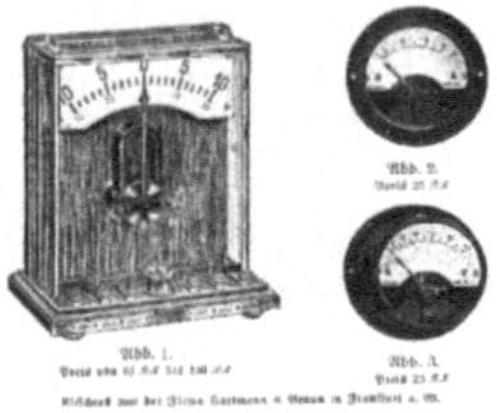

1937 Am 22. August 1937 wurde in der Umschau der berufspädagogischen Zeitschrift "Die Deutsche Berufserziehung" (Ausgabe A), folgendes berichtet:

Jüdische Lehrlinge in der Berufsschule

Die Stadt Herford i.W. hat eine Änderung der Satzung über die Berufsschulpflicht vorgenommen, nach welcher in Zukunft jüdische Schüler nicht mehr in der Berufsschule unterrichtet werden. In der Begründung heißt es: Es kann deutschen Jungen und Mädchen, die in der Berufsschule zu fast 100 Prozent der Hitler-Jugend bzw. den BDM. angehören, nicht zugemutet werden, daß sie mit Juden in einer Klassengemeinschaft vereinigt am Unterricht teilnehmen. Ebenfalls kann den Lehrkräften an den Schulen nicht zugemutet werden, in ihrem Unterrichtsstoff und in der Art der Darstellung Rücksicht auf ein oder zwei Juden in der Klassen nehmen.

Die Erziehung der Jugend im nationalsozialistischen Geist bedingt es, daß nicht nur in der sogenannten Staatsbürgerkunde, das nationalsozialistische Gedankengut an die Jugend herangetragen wird, sondern der gesamte Unterricht muß davon durchdrungen sein.

Quelle: Deutsche Berufserziehung, A 52 (1937), S. 300

Die Mitteilung erschien mehr als ein Jahr vor der sogenannten „Reichskristallnacht" vom 9. zum 10. November 1938, die eine Verschärfung der antisemitischen Maßnahmen einleitete. Auffällig ist, dass die Begründung, mit der die Stadt Herford im Sommer 1937 die jüdische Lehrlinge vom Berufsschulbesuch ausschloss, nahezu wortgleich mit jener ist, die am 15. November 1938 Juden im gesamten Deutschen Reich den Besuch deutscher Schulen untersagte.

1938 Verabschiedung der allgemeinen **Berufsschulpflicht** per Reichsgesetz von 1938.

Entwicklung der Ausbildung der Berufsschullehrer

1920 Gründung der **Ausbildungsstätte für Gewerbelehrer** in Frankfurt

1925 Mit der "Wende von der Fortbildungsschule zur Berufsschule" und eines unterrichtsdidaktisch mehr und mehr an den Berufsinhalten orientierten Berufsschulunterrichts stellte sich für die neuen Elektrofachklassen zunehmend das Problem der Ausbildung der Berufsschul- bzw. Gewerbelehrer. Wurden die schulischen Ausbildungsinhalte noch "Hand in Hand" mit den Handwerksmeistern bestimmt, so verschärfte sich für die Schulen die "Schwierigkeit, tüchtige Fachleute, die zugleich ausgezeichnete Pädagogen sein mussten, zu finden" (Gössler 1925, S. 21). Erste Forderungen zu dieser Zeit nach einer wissenschaftlichen Ausbildung der Lehrer erfüllten sich nach der Zeit der seminaristischen Institutskonzepte einheitlich erst in den 60er Jahren.

1925 Umbenennung und Erweiterung des "Staatlichen Seminarkurses" in Berlin (siehe 1913) in "**Staatliches Berufspädagogisches Institut" (BPI)**.
Dauer: 2 Jahre

1928 Überführung der Ausbildungsstätte für Gewerbelehrer in Frankfurt in ein "Staatliches Berufspädagogisches Institut" (BPI):
Dauer: 6 Semester

1930 In den 30er Jahren verstärkte Diskussion um **Akademisierung der Gewerbelehrerausbildung**:
- Abitur als akademische Hürde für traditionelle Teilnehmergruppe
- Befürchtung einer akademischen Praxisferne der Lehrer; Berufsschule als "Buchschule"
- Kostenbelastung durch notwendige Angleichung der Lehrergehälter an die der Gymnasiallehrer.

Ansatz | 1840/50 | 1860/70 | 1880/90 | 1900/10 | 1920/30 | 1940/50 | 1960/70 | 1980/90 | 2000/10 | Bildungssystem | Berufe

Abbildung 3: (fortgeführt)

Der zweite Webbereich widmet sich speziell den Ordnungsphasen des Berufsfeldes Elektrotechnik/Informationstechnik und arbeitet die Entwicklung der darin zugeordneten Ausbildungsberufe historisch auf. Ausgehend von einer Übersichtsdarstellung des gesamten Berufsfeldes lassen sich spezifische Zeiträume detaillierter betrachten. Petersen definiert fünf Zeitbereiche, in denen es für die Ausbildungsberufe im Berufsfeld Neuordnungen bzw. Änderungen gab (vgl. Abb. 4). Die „Vor-Ordnungsphase“ zwischen 1850 und 1930 wird durch verschiedene Einzelberufe charakterisiert wie z. B. Starkstrominstallateur, Zählerbauer und Akkumulatorenbauer. Die Ausbildung zum Telegraphenbauhandwerker im öffentlichen Dienst im Jahre 1924 sowie die Ausbildung zum Elektroinstallateur in der Industrie im Jahre 1926 identifiziert Petersen als erste neu geordnete Ausbildungsgänge des Berufsfeldes.

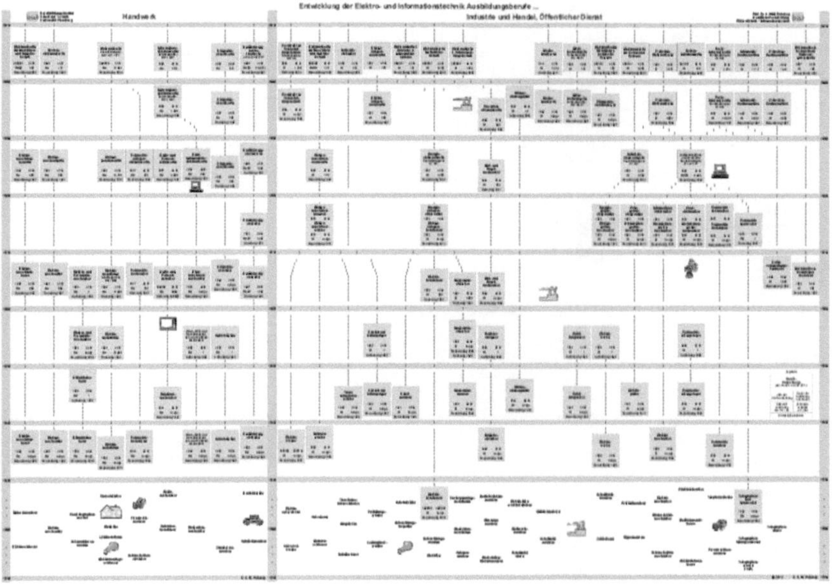

Abbildung 4: Entwicklung der Ausbildungsberufe des Berufsfeldes Elektrotechnik / Informationstechnik im Handwerk, in Industrie und Handel und Öffentlichem Dienst in der Gesamtübersicht

Die gestrichelten Linien zeigen jeweils Entwicklungspfade von Ausbildungen – als rosa Block dargestellt – auf. Die Gesamtübersicht ist in der Webdarstellung nur eingeschränkt sichtbar. Einen Mehrwert bildet die Darstellung als gedrucktes Poster, das zum Download bis zur Größe DIN A1 zur Verfügung steht. In verschiedenen Lehrveranstaltungen nahm Petersen Bezug auf diese Abbildung.

Die Webseite bietet hingegen Auswahlmöglichkeiten, um gezielte Entwicklungspfade für bestimmte Gruppen z. B. IT-Berufe zu extrahieren. Die 1997 neu geordneten kaufmännischen IT-Berufe gehen beispielsweise auf den

Datenverarbeitungskaufmann aus dem Jahre 1969 zurück (siehe Abb. 5). Neben dem Erlassjahr werden die Kammerzugehörigkeit (IHK), die Ausbildungsdauer (30 Monate) sowie die durchschnittlichen Neuabschlüsse (1500) pro Jahr angegeben (siehe Abb. 5).

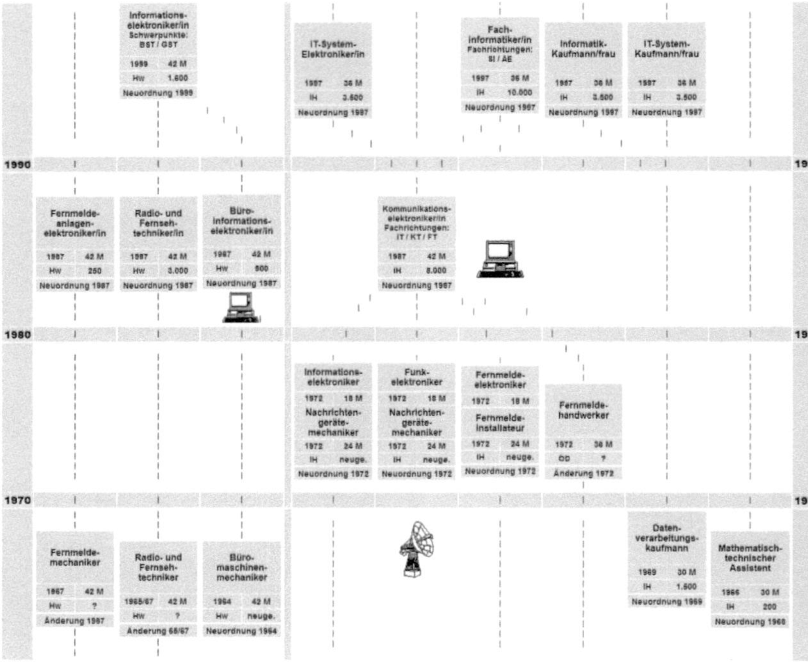

Abbildung 5: Entwicklungspfade der IT-Berufe im Handwerk, in Industrie, Handel und Öffentlichem Dienst

Die Webpräsenz beinhaltet weitere Informationen. Für ausgewählte Berufe lassen sich über eine Verlinkung die jeweiligen Ordnungsmittel als vollständige Dokumente sowie als differenzierte HTML-Seiten abrufen.

Zusätzlich hat Petersen für einige Ausbildungen die Ordnungsmittel analysiert und in der Prozessdarstellung nach dem GAHFA-Modell strukturiert (siehe Abb. 6).

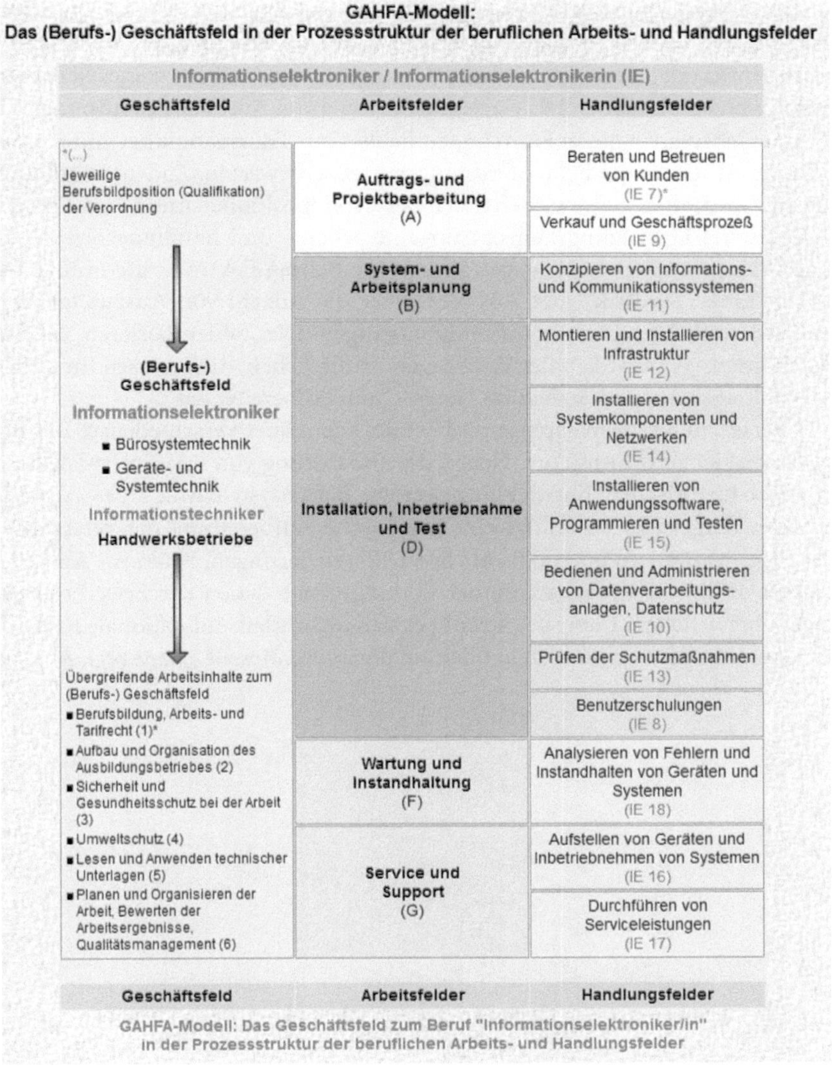

Abbildung 6: Das Geschäftsfeld zum Beruf „Informationselektroniker/in" in der Prozessstruktur der beruflichen Arbeits- und Handlungsfelder

Auf dieser Basis erfolgt eine weitere Differenzierung bis zu den Arbeitsaufgaben. Die von Petersen gewählte graphische Aufbereitung in eine geschäftsprozessorientierte Struktur ist in den Ordnungsmitteln in ihrer vorgezeichneten Abfolge nicht erkennbar. Die Gegenüberstellung von Ausbildungsordnung und Rahmenlehrplan in dieser Form trägt erheblich zur Transparenz bei und ermöglicht die Abstimmung beider Ordnungsmittel zu bewerten. Zudem beinhalten die am Geschäftsprozess aufbereiteten Berufsbildpositionen und Lernfelder ein didaktisches Umsetzungskonzept für eine arbeits- und handlungsorientierte Ausbildungs- und Unterrichtsgestaltung (vgl. Beitrag elektroberufe-online.de).

Der Link „Statistik“ gibt Auskunft über die Anzahl von Auszubildenden in den jeweils betrachteten Ausbildungsgängen. Die Zahlen basieren auf den Beschäftigungsstatistiken der Bundeagentur für Arbeit, die Petersen für einige Ausbildungsberufe zusätzlich im Längsschnitt aufbereitet hat.

Petersen nutzt die Webpräsenz ebenfalls dazu, über verschiedenste Berufssystematiken zu informieren. Neben der Darstellung von KMK-Berufsfeldern in ihrer historischen Entwicklung werden Berufssystematiken des Arbeitsmarktes dargestellt. Es erfolgt eine graphische Aufbereitung der verschiedenen Aggregationsstufen und fachlichen Differenzierungen. Petersens Anliegen besteht darin, die Systematiken der Bildungsgänge denen der Erwerbsberufe gegenüberzustellen. Dabei beschränkt er sich nicht allein auf nationale Klassifikationen, sondern erweitert den Blick auf die internationale Ebene (vgl. Abb. 7).

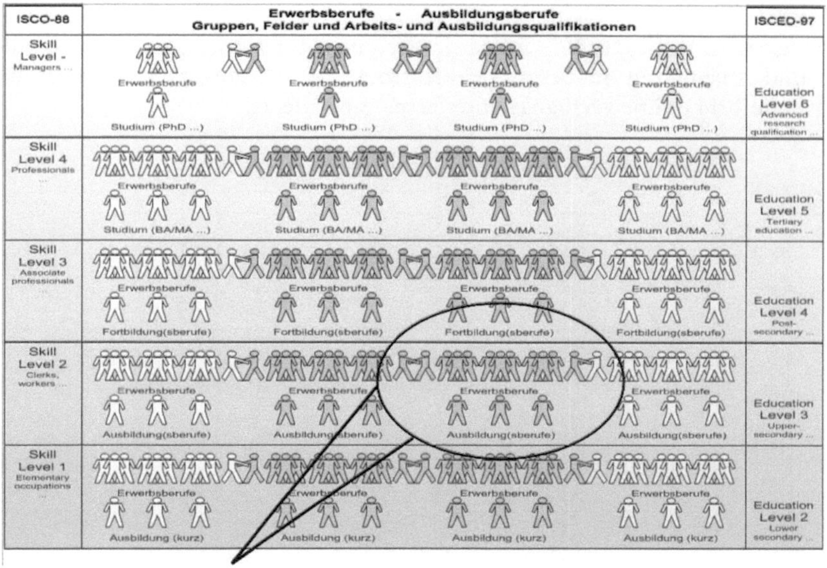

Abbildung 7: Internationale Berufs- und Bildungsklassifizierung

Erwerbsberufe werden auf Basis der International Standard Classification of Occupations (ISCO-88) verschiedenen Anforderungsniveaus (Skill Level) zugeordnet. Horizontal verdeutlichen einzelne Gruppen die verschieden beruflichen Arbeitsbereiche. Mit der farblichen Gestaltung stellt Petersen den Zusammenhang zum Geschäftsprozessmodell her. Dem gegenüber stehen Ausbildungen, die sich in der International Standard Classification of Education (ISCED 1997) verorten lassen. Die Graphik verdeutlicht, einerseits die Vielfalt von Ausbildungen differenziert nach Berufsfachlichkeit und Qualifikationsniveau sowie andererseits den Anspruch, mit wenigen Bildungsgängen, die Vielzahl von Erwerbsberufen zu begegnen.

Insgesamt bietet die Webpräsenz e-berufe.de Studierenden eine gelungene Übersicht der Ausbildungsberufe, die im Rahmen ihrer studierten beruflichen Fachrichtung relevant sind. Vergleichbare Angebote in dieser Darstellung sind bisher nicht bekannt. Gleichzeitig ermöglicht das Informationssystem unmittelbar auf die relevanten Ordnungsmittel zu zugreifen. Die Webseite bildet daher nicht nur im Studium, sondern auch danach im Rahmen der Arbeit an Berufsschulen einen praktischen Mehrwert.

Belege:

Petersen, A. Willi (2014): *e-berufe.de.* Herausbildung und Genese der Berufe und Ausbildung im Berufsfeld Elektrotechnik / Informationstechnik. Bis Ende 2014 online verfügbar unter http://e-berufe.de.

Beitrag 1 aus dem Jahr *1992*: Grundlagen der Robotertechnologie und betriebliche Fortbildung Didaktische Analysen und Überlegungen zur Curriculumentwicklung eines Fortbildungskurses

Zeitschrift für Berufs- und Wirtschaftspädagogik. Stuttgart: Steiner, 88 (1992) 1, S. 18–39

Der Beitrag „Grundlagen der Robotertechnologie und betriebliche Fortbildung – Didaktische Analysen und Überlegungen zur Curriculumentwicklung eines Fortbildungskurses“ aus dem Jahr 1992 basiert auf der Dissertationsschrift von Willi Petersen, die im Jahr 1991 unter dem Titel „Betriebliche Fortbildung im Kontext neuer Produktionstechnologien – Probleme und Lösungen“ im expert-Verlag veröffentlicht wurde. Dort heißt es:

> *„Aufgaben und Probleme der betrieblichen Fortbildung werden im Kontext neuer Produktionstechnologien untersucht. Technologische und arbeitsorganisatorische Innovationen mit neuen Qualifikationsforderungen sowie arbeitspolitische Chancen und Risiken stehen hierbei unter curricularen und didaktisch-methodischen Aspekten im Vordergrund. Exemplarisch werden diese vielfältigen Wirkungszusammenhänge an der Aufgabe und den Problemen der Entwicklung eines Fortbildungskurses zur Robotertechnologie für die Volkswagen AG aufgearbeitet.*
>
> *Im Mittelpunkt des Buches steht ein aus der Sicht der Berufspädagogik begründetes praxisnahes Curriculumentwicklungskonzept mit einem didaktisch-methodischen Ansatz für die Gestaltung von Fortbildungskursen zu neuen Produktionstechnologien. Vorgestellt wird damit ein Lösungsversuch zu neuen technikdidaktischen Herausforderungen. Bei ihm ist insbesondere auch ein fortbildungsdidaktisches Kernproblem berücksichtigt: die Qualifizierung der großen und oft benachteiligten Gruppen der Ungelernten und Angelernten in der Industrie.*
>
> *Das Buch trägt zum Abbau des weithin bekannten und beklagten Forschungsdefizits in der beruflichen Fort- und Weiterbildung bei. Durch die exemplarische Umsetzung*

theoretischer Überlegungen wie durch die konkrete Entwicklung, Durchführung und Erprobung eines Fortbildungskurses gibt es ebenso Anregungen für die Planer und Ausbilder in der Fortbildungspraxis.“

Die Erkenntnisse aus seiner Dissertation werden von Petersen in zwei Beiträgen – von denen hier der erste wiedergegeben wird – in der Zeitschrift für Berufs- und Wirtschaftspädagogik veröffentlicht. Hier stehen Fragen zur Fortbildungspraxis, die sich exemplarisch auf curriculare und didaktische Fragen zur Robotertechnologie beziehen im Vordergrund. Im zweiten Beitrag stehen die didaktisch-methodische Makro- und Mikrostrukturierung des entwickelten Fortbildungskurses im Vordergrund. Sie erfolgt durch Orientierung an fünf didaktisch-methodisch begründeten Struktur- und Inhaltsebenen, die den didaktischen Ansatz zum praxisnahen Curriculumentwicklungskonzept ergänzen.

Der Themenkomplex wurde durch ein Projekt mit der Volkswagen AG zu Petersens Forschungsvorhaben. Im Ziel ging es darum, „fortbildungsdidaktische Lösungs- und Umsetzungsmöglichkeiten exemplarisch anhand der Entwicklung eines Fortbildungskurses zur Robotertechnologie aufzuzeigen“. Die Robotertechnologie als Gegenstand der betrieblichen Fortbildung steht – trotz Innovationsgehaltes und Zeitgeists – nicht im Mittelpunkt der Analysen; wird aber dennoch betrachtet, da der Inhaltsbezug didaktisch als relevant eingeschätzt wird.

Somit widmet sich das zweite Kapitel zunächst dem Thema „Industrieroboter – Entwicklung, Einsatz und Qualifizierung“. Ausgehend von der quantifizierbaren Zunahme an Industrierobotern (IR) in der deutschen und internationalen Produktion leitet Petersen den wachsenden Bedarf an spezifisch qualifizierten Mitarbeiterinnen und Mitarbeitern ab. Bisher sind es überwiegend die Roboter-Hersteller, die die spezifische Qualifizierung anbieten. Ausgehend von einem arbeitspolitischen Paradigmenwechsel wird vermutet, dass in den industriellen Produktionsbereichen mit überwiegend un- und angelernten Mitarbeitern der Bedarf an qualifizierten Fachkräften zunehmen wird. allgemein weiter zu. Petersens These lautet daher: „einfache“ Produktionsarbeiter wie der gelernte oder un- und angelernte Schweißer, Lackierer, Maschinenbediener usw. werden zukünftig die in der Produktion eingesetzten Roboter begrenzt programmieren, warten und Instand halten müssen.

Die Fortbildungen der Industrieroboter-Hersteller gehen didaktisch nicht auf die Heterogenität der Kursteilnehmer/-innen ein und dies geschieht zu Lasten der Un- und Angelernten. „Die unbefriedigenden Qualifizierungsergebnisse führen daher insgesamt zu Problemen der kostenmäßigen Effektivität des IR-Einsatzes, der Produktqualität sowie zu Stress und Überforderung der Arbeiter."

Der Kurs „Grundlagen der Robotertechnologie" (GRT) in der betrieblichen Fortbildung der VW AG greift die analysierten Defizite auf und soll durch die Entwicklung und Erstellung von Teilnehmer- und Trainerunterlagen sowie Lehr- und Lernmaterialien eine adäquate Antwort auf die Defizite liefern. Als Zielsetzungen werden die didaktisch-methodische Ausrichtung des Kurses an den Voraussetzungen der „schwächsten" Teilnehmer/-innen angegeben (z. B. durch einen hohen „Praxisanteil") und die Vorbereitung durch den Kurs auf eine erfolgreiche Teilnahme der Zielgruppe an verschiedenen IR-Herstellerkursen bzw. betrieblichen Aufbau- oder Vertiefungskursen mit unterschiedlichen IR-Typen.

Als „Fortbildungsdidaktisches Kernproblem" analysiert Petersen die von Ausbilderinnen und Ausbildern und Trainer/-innen stärker als bisher benötigten curricularen und pädagogisch-didaktischen Planungs- und Handlungskompetenzen, da sie die eher geringen Lernvoraussetzungen der Zielgruppe mit den hohen Qualifikationsanforderungen durch neue Technologien und Arbeitsorganisationsformen zusammenbringen müssen und bisher eher Erfahrungen mit technikspezifischen Fortbildungen für Facharbeiter/-innen sammeln konnten.

Im dritten Kapitel wird das Curriculumentwicklungskonzept und der didaktisch-methodische Ansatz zum betrieblichen Fortbildungskurs vorgestellt. Dazu erfolgt zunächst eine didaktische Analyse unter Anwendung von Leitfragen, um darauf aufbauend die Analysekriterien des Konzeptes darzulegen. Die Struktur des Curriculumentwicklungskonzeptes umfasst die Schritte Vorentscheidungen zur Curriculumentwicklung, Vorgehensweise/Analysen zur Curriculumentwicklung und Kriterien/Verfahren der Curriculumentwicklung.

Der didaktisch-methodische Ansatz des von Petersen entworfenen Curriculumentwicklungskonzeptes baut auf den Strukturelementen Tätigkeitsbezug (T), Adressatenorientierung (A) und Grundbildungskonzept (G) auf. Es basiert auf allgemein- und technikdidaktischen Bewertungen und Analyseerkenntnissen zur betrieblichen Fortbildungssituation und entstand aus der Wechselwirkung zwischen der Aufarbeitung der Aufgaben- und Problemstellung, den Grundfragen zur Auswahl und Vermittlung der Grundlagen der Robotertechnologie sowie aus Teilergebnissen der Curriculumentwicklung.

Das vierte Kapitel begründet die Entscheidungen zum Kurscurriculum. Petersen differenziert die Ziele in allgemeine Fortbildungsintentionen und die Entwicklung von fachlicher Kompetenz. Bei den allgemeinen

Fortbildungsintentionen finden sich bspw. die Entwicklung von Teamfähigkeit und die Förderung der Bereitschaft zur Kooperation sowie die Erweiterung der Kommunikationsfähigkeit. Bezüglich der fachlichen Kompetenz sollen die Lernenden der Fortbildung bspw. ihr subjektives Erfahrungswissen zur IR-Technologie, strukturieren, objektivieren und erweitern können und allgemeine und wesentliche Merkmale von Handhabungssystemen beschreiben können sowie die Bedeutung sowie den Sinn und Zweck der IR-Technologie in seinen wesentlichen technologischen Zusammenhängen sowie seiner Teilsysteme und Elemente verstehen.

Grundlagen der Robotertechnologie und betriebliche Fortbildung

Didaktische Analysen und Überlegungen zur Curriculumentwicklung eines Fortbildungskurses

1 Vorbemerkung

In diesem ersten Aufsatz zum Thema „Grundlagen der Robotertechnologie und betriebliche Fortbildung“ werden zunächst zum Umfeld des Themas didaktisch relevante Entwicklungs- und Problemaspekte analysiert. Daran anknüpfend wird das Thema im Hinblick auf eine Entwicklungsaufgabe für einen betrieblichen Fortbildungskurs „Grundlagen der Robotertechnologie“ (GRT) weiter entfaltet und konkretisiert. Diese fortbildungsdidaktische Aufgaben- und Problemstellung wurde im Rahmen eines Kooperationsprojektes zwischen der Volkswagen AG Wolfsburg und der Gesamthochschule-Universität Kassel[3] bearbeitet. Im Zentrum des Beitrags stehen daher Fragen zur Fortbildungspraxis, die sich exemplarisch auf curriculare und didaktische Fragen zur Robotertechnologie beziehen. Zugleich wird mit dem Aufsatz aber auch zu einer bisher sehr vernachlässigten Thematik ein allgemeiner berufspädagogischer Beitrag versucht, da unter Forschungsaspekten die betriebliche Fort- und Weiterbildung noch weithin als eine „terra incognita“ gilt (vgl. u. a. IBW 11/89, S. 150). Bei den Fragen zur Entwicklung des Fortbildungskurses „GRT“ werden im Einzelnen besonders solche berücksichtigt, die die Fortbildung von un- und angelernten Produktionsarbeitern betreffen. Sie werden angesichts des raschen Wandels industrieller Arbeits- und Qualifikationsstrukturen als ein aktuelles fortbildungsdidaktisches Kernproblem herausgearbeitet und verallgemeinert und als eine neue berufspädagogische Herausforderung in der Fortbildung begriffen. Der erste Aufsatz schließt mit den didaktischen Entscheidungen zu Leitlernzielen und Inhaltsbereichen zum Fortbildungskurs „GRT“. Sie werden auf der Basis einer praxisnahen Curriculumentwicklung begründet, zu der

---

3 Kooperationspartner in der Gesamthochschule-Universität Kassel war Prof. Dr.-Ing. Horst Hentze, FB Maschinenbau, FG Technikdidaktik. Das Projekt wurde geleitet von Dipl.-Ing. Willi Petersen, OStR – Päd./Wiss. Mitarbeiter –, FB Maschinenbau, FG Technikdidaktik.

curriculumtheoretische Konzeptüberlegungen und ein didaktischer Ansatz vorgestellt werden.

Im folgenden zweiten Aufsatz steht die didaktisch-methodische Makro- und Mikrostrukturierung des entwickelten Fortbildungskurses im Vordergrund. Sie erfolgt durch Orientierung an fünf didaktisch-methodisch begründeten Struktur- und Inhaltsebenen, welche den didaktischen Ansatz zum praxisnahen Curriculumentwicklungskonzept ergänzen. Weiterhin werden einige empirische Ergebnisse zur praktischen Umsetzung des Kurses „GRT“ in der betrieblichen Fortbildung dokumentiert. Sie wurden bei der Evaluierung von Pilotkursen in verschiedenen Werken der Volkswagen AG gewonnen.

2 Die Robotertechnologie als Gegenstand betrieblicher Fortbildung

Im Kontext des technologischen und arbeitsorganisatorischen Wandels ist derzeit festzustellen, dass die Bedeutung der beruflichen Aus- und Weiterbildung zunimmt. Hierbei ist berufspädagogisch interessant, dass sich hinsichtlich der Qualifizierungs- und Bildungsziele in vielen Diskussionen zwischen Berufspädagogen, Qualifikationsforschern und der Wirtschaft ein weitgehender Konsens abzeichnet (vgl. u. a. Lipsmeier 1988, S. 88). Neben den Zieldiskussionen treten daher heute verstärkt solche in den Vordergrund, die sich auf die zur Zielerreichung notwendigen curricularen und didaktischen Planungs- und Umsetzungskonzepte beziehen. Zu diesen Konzepten sind jedoch trotz erheblicher Anstrengungen in den letzten Jahren noch für viele Bereiche der Berufsbildungspraxis große Defizite zu konstatieren. Dies trifft insbesondere auch auf den Bereich der betrieblichen Fortbildung zu. Dieser Bereich ist durch seine Aufgaben sehr direkt und unmittelbar mit den Wandlungsprozessen industrieller Produktion verknüpft und konfrontiert. Er ist zudem auch besonders gefordert, weil zu den neuen didaktischen Fragen und Problemen, wie etwa bei der Umsetzung der Neuordnungen zu den industriellen Metall- und Elektroberufen, in der Fortbildung noch zusätzlich zu berücksichtigen ist, dass sich die in diesem Bereich tätigen Ausbilder bereits sehr früh und teils im Vorfeld antizipativ mit den Entwicklungen und neuen Herausforderungen pädagogisch-didaktisch auseinandersetzen müssen.

Rückt man deshalb im Folgenden die Robotertechnologie als Gegenstand betrieblicher Fortbildung in den Mittelpunkt der Analysen und Betrachtungen, so sollen damit nicht nur neue Herausforderungen und Probleme in der Fortbildung exemplarisch verdeutlicht werden. Mit dem Beitrag wird vielmehr auch das Ziel verfolgt, fortbildungsdidaktische Lösungs- und Umsetzungsmöglichkeiten exemplarisch anhand der Entwicklung eines Fortbildungskurses zur Robotertechnologie aufzuzeigen. Dabei sollen aus berufspädagogischer Sicht insbesondere Aufgaben- und Problemstellungen zur Fortbildung Un- und Angelernter berücksichtigt werden, denen sich die betriebliche Fortbildung heute verstärkt stellen muss und zu denen Konzepte wie z. B. zur traditionellen technikorientierten Anpassungsfortbildung nicht mehr ausreichen. Damit ist u. a. verbunden, dass bei den curricularen Überlegungen pädagogische Aspekte und technikdidaktische Fragen stärker zu berücksichtigen sind, wobei hiermit Nölker's Technikdidaktik nicht nur als eine Unterrichtstechnologie begriffen wird die lediglich „zu einem Verfahren der Verkleinerung von Fachwissenschaften und zur Methode ihrer Abbildung in den Köpfen der Lernenden" schrumpft (Nölker 1980, S. 28). Dies heißt z. B., dass neben den fachlichen und unterrichtstechnologischen Aspekten ebenso bildungs- und sozialpolitische Zielsetzungen und Perspektiven bei Fortbildungsplanungen zu problematisieren und zu beachten sind.

2.1 Industrieroboter – Entwicklung, Einsatz und Qualifizierung

Die Entwicklung der Industrieroboter (IR) hat vor allem in den letzten zwei Jahrzehnten in enger Verbindung mit den neuen Entwicklungen in der Mikroelektronik, der Computer- und Steuerungstechnik usw. stattgefunden und weltweit zu einem wachsenden IR-Einsatz – insbesondere in der Automobilindustrie – geführt. Unmittelbar verknüpft war und ist hiermit ein steigender Bedarf an IR-spezifisch qualifizierten Mitarbeitern in den direkten Produktionsbereichen. Zu diesem Zusammenhang ist daher zunächst von Interesse, wie und mit welchen Qualifizierungs- und Bildungsmaßnahmen in den verschiedenen Bildungsbereichen auf diesen steigenden Qualifizierungsbedarf vorwiegend reagiert wurde.

Dieser Zusammenhang kann durch einzelne „Entwicklungsphasen" wie folgt charakterisiert und strukturiert werden:

- Entwicklung der Industrieroboter und deren Einführung als technologische Innovation in die Produktion – Herstellerkurse mit Training-on-the-Job Einheiten als Anpassungsqualifizierung,
- Verbreitung der IR-Technologie und Zunahme der Anwendungen in verschiedenen Produktionsbereichen – Herstellerkurse mit zunehmenden quantitativen und qualitativen Problemen bei der Anpassungsqualifizierung,

- Weitere Verbreitung der IR-Technologie – Herstellerkurse, Übernahme der Technologie in betriebliche Fort- und Weiterbildungsmaßnahmen sowie in Kurse verschiedener freier Bildungsträger,
- Übernahme der IR-Technologie in die berufliche Erstausbildung.

Beschränkt man sich aufgrund des Themas auf die ersten drei „Phasen", so lassen sich diese anhand einiger didaktisch relevanter Untersuchungsergebnisse wie folgt skizzieren:

IR-Entwicklung und -Einsatz
Die IR-Herstellung und der IR-Einsatz für den industriellen Bereich der Werkstückhandhabung begann Ende der 1950er und Anfang der 1960er Jahre in den USA. Bereits Ende der 1970er Jahre wurden in der Bundesrepublik Deutschland (BRD) Industrieroboter in größerem Umfang in der Automobilindustrie zur Werkzeughandhabung (Punktschweißen) eingesetzt.

Anfang der 1980er Jahre verdoppelte sich in der BRD ca. alle zwei Jahre die Anzahl der eingesetzten IR. 1986 waren in der BRD insgesamt ca. 12.600 IR im Einsatz, wobei der größte Anteil hiervon zur Werkzeughandhabung wie dem Punktschweißen, dem Bahnschweißen, dem Beschichten usw. eingesetzt war (Quelle IPA, vgl. Walze 1987, S. 89). Berücksichtigt man bei solchen Einsatzzahlen das Verhältnis zur Anzahl der Produktionsarbeiter, so kamen nach einer internationalen Vergleichsstudie, 1986 auf je 10.000 Arbeiter z. B. in Japan 78 IR, in Schweden 39 IR, in Frankreich und der BRD je 14 IR, in den USA 12 IR, in Italien 10 IR und in Großbritannien 6 IR (Quelle IPA, vgl. Steffens 1987, S. 84). Aufgrund einer Schätzung soll in der BRD nach der Jahrtausendwende ein Höchstbestand von etwa 59.000 IR erreicht sein (vgl. BMFT-Journal Nr. 3/ Juni 1989, S. 4).

IR-spezifische Qualifizierung
Parallel zum wachsenden IR-Einsatz nimmt auch der Bedarf an IR-spezifisch qualifizierten Mitarbeitern zu. Dieser Qualifizierungsbedarf wird in der Anfangssituation im Wesentlichen durch Schulungen von vorwiegend sehr qualifizierten Facharbeitern bei den IR-Herstellern gedeckt. Denn die durch den IR-Einsatz erweiterten und neu entstandenen Tätigkeiten wie Programmierung, „Nachprogrammierung, Einrichtung, Wartung und Störungsbehebung wurden nicht den Produktionsarbeitern an den Anlagen zugewiesen, sondern entsprechend der (zu jener Zeit – W.P.) herrschenden betrieblichen Arbeitsteilung den Beschäftigten der Instandhaltung, insbesondere den Vorrichtungsschlossern und Elektrikern übertragen" (Wobbe-Ohlenburg 1982, S. 132). Nicht nur in der Anfangs- sondern auch in der Folgezeit mit weiterwachsendem

IR-Einsatz und weltweit zunehmender Anzahl der IR-Hersteller mit ihren meist firmen- und anwendungsspezifischen IR-Typen und -Ausführungen, sind es überwiegend die IR-Hersteller, die die IR-spezifische Qualifizierung der Arbeiter übernehmen. In Fallanalysen zur „Rolle der betrieblichen Ausbildung im Zusammenhang mit der vermehrten Einführung Neuer Technologien …" kommen z. B. Bell/Brüning zu folgendem Ergebnis: „Festgehalten werden kann, daß die betriebliche Ausbildung sowie die innerbetriebliche Weiterbildung an neuen Technologien, insbesondere der Industrieroboter-Technologie, kaum vorhanden ist. Im Großen und Ganzen überlassen die Betriebe die konkrete Qualifizierung an Industrierobotern den Industrieroboterherstellern" (Bell/Brüning 1987, S. 30).

Im Zusammenhang mit der weiteren Einführung neuer automatisierter und flexibler Anlagensysteme, in die Industrieroboter mehr und mehr integriert werden, sowie den damit einhergehenden arbeitsorganisatorischen Veränderungen mit Ausweitung der Arbeitsinhalte („arbeitspolitischer Paradigmenwechsel", Kern/Schumann 1984) nimmt in den industriellen Produktionsbereichen mit überwiegend un- und angelernten Mitarbeitern der Bedarf an qualifizierten Fachkräften allgemein weiter zu. Einem sich abzeichnenden Facharbeitermangel steht eine zunehmende Anzahl durch Rationalisierungsmaßnahmen „freigesetzter" un- und angelernter Produktionsarbeiter gegenüber. Arbeits-, personal- und sozialpolitische Probleme führen daher dazu, dass neben dem Instandhalter und Facharbeiter zunehmend auch der „einfache" Produktionsarbeiter wie der gelernte oder un- und angelernte Schweißer, Lackierer, Maschinenbediener usw. die in der Produktion eingesetzten Roboter begrenzt programmieren, warten und instandhalten soll.

In dieser Situation stößt, die fast ausschließlich durch die IR- Hersteller vorgenommene IR-spezifische Qualifizierung, verstärkt auf Kritik, da sich durch die notwendige und erweiterte Berücksichtigung von Un- und Angelernten oder Lernungewohnten in den Qualifizierungsmaßnahmen auch die Teilnehmervoraussetzungen und Kursbedingungen verschlechtern und vorhandene didaktisch-methodische Mängel der Herstellerkurse offensichtlicher werden. So geben z. B. nach einer Befragungsstudie zu IR-Herstellerkursen die Kursteilnehmer „als Kritikpunkte … entweder generelle 'Defizite' an, bemängeln die zeitliche Dauer, die mangelnde pädagogische Kompetenz der Trainer, die Lernunterlagen sowie die ausschließliche Konzentration auf das Gerät des Herstellers und das damit einhergehende Fehlen von Technikïberblick und prinzipiellem Grundlagenwissen" (Bell/Brüning 1987, S. 33). Die unbefriedigenden Qualifizierungsergebnisse führen daher insgesamt zu Problemen der kostenmäßigen Effektivität des IR-Einsatzes, der Produktqualität sowie zu

Stress und Überforderung der Arbeiter. Grundsätzliche Qualifizierungsfragen zur IR-Technologie und insbesondere Fragen zur Qualifizierung von Lernungewohnten weisen somit auf die Notwendigkeit der Entwicklung adäquater didaktisch-methodischer Konzepte hin.

Vor dem Hintergrund zunehmender Qualifizierungsprobleme sind es nun zum einen Institute und Hochschuleinrichtungen, die sich in Forschungsprojekten diesen Problemen zuwenden. So wurde u. a. in einem Projekt mit der „Zielsetzung … für lernungewohnte Schweißer einen Kurs zum Bedienen und Programmieren von Industrierobotern zum Lichtbogenschweißen zu entwickeln, der dieser Zielgruppe und ihrer Arbeitsaufgabe angemessen ist…" (Bell/Brüning 1988, S. 9), nachgewiesen, dass „auch und vor allem für die Schulung Un- und Angelernter und lernungewohnter Arbeitnehmer" (ebenda, S. 219) erfolgreiche Qualifizierungskonzepte[4] möglich sind. Dabei hat sich zudem, wie auch in eigenen Untersuchungsarbeiten, gezeigt, dass z. B. angelernte und langjährig tätige Schweißer oder Lackierer bei grundsätzlicher Lernbereitschaft, bedingt durch ihre verfahrenstechnologischen Erfahrungen u. U. besser für die Übernahme spezifischer Tätigkeiten an Robotern zum Schweißen, Lackieren usw. geeignet sein können als gelernte Facharbeiter oder Instandhalter aus der Metall- oder Elektrotechnik (vgl. auch u. a. Bachl 1986, S. 144; Bell/Brüning 1987, S. 21). Von daher sind es zum anderen heute insbesondere auch die Fort- und Weiterbildungsabteilungen in den Großbetrieben[5] selbst, die sich parallel zum wachsenden IR-Einsatz und Qualifizierungsbedarf intensiver und verstärkt um ein verbessertes Angebot eigener Fortbildungskurse zur Robotertechnologie bemühen.

2.2 Problemstellung – „Grundlagen der Robotertechnologie" (GRT) in der betrieblichen Fortbildung der VW AG

Wie teils allgemein mit den „Entwicklungsphasen" zum Zusammenhang von IR-Einsatz und IR-spezifischer Qualifizierung skizziert, so ist auch in der

4 Dieses Konzept orientiert sich u. a. an der Handlungsstrukturtheorie von Hacker, der Theorie der etappenweisen Ausbildung geistiger Handlungen von Galperin usw., wobei z. B. zur Umsetzung didaktischer Grundprinzipien ein „4-Etappen-Modell des Lernens" entwickelt wurde (vgl. Bell/Brüning 1988).

5 Die bildungspolitische Bedeutung der betrieblichen Fort- und Weiterbildung wird deutlich, wenn man berücksichtigt, dass nach Ermittlungen des BMBW von den insgesamt angebotenen Weiterbildungsmaßnahmen ca. 50 % von den Betrieben durchgeführt werden (vgl. Böning 1988, S. 26).

VW AG, die als eine der führenden Automobilhersteller in Verbindung mit neuen Produktionstechnologien und neuen Produktionskonzepten mehr und mehr IR zur Werkstück und Werkzeughandhabung in verschiedenen flexiblen Anlagen- oder Montagesystemen einsetzt, mittlerweile ein erheblicher Bedarf an Mitarbeitern mit IR-spezifischen Qualifikationen vorhanden. Den Anlagenführern – Anlagenführer ist eine betriebsinterne Bezeichnung bei VW für Mitarbeiter, die bei grober Beschreibung ihrer Tätigkeit aufgrund neuer Arbeitsorganisationskonzepte in einem Team die jeweilige „Gesamtanlage" in der Produktion, überwachen, einrichten, bedienen, warten und mit instandhalten sollen – müssen daher zunehmend im Rahmen von Fortbildungsmaßnahmen auch IR-spezifische Qualifikationen vermittelt werden.

In der Abteilung „Planung und Systeme betriebliche Fortbildung" der VW AG in Wolfsburg kam es deshalb zu der im Grunde längst überfälligen Entscheidung, einen einheitlichen betrieblichen Grundlagenkurs zur „Robotertechnik"[6] in die für verschiedene Anlagen vorgesehenen Qualifizierungsmaßnahmen für Anlagenführer aufzunehmen. Insgesamt lassen sich für diese Entscheidung im Wesentlichen folgende Gründe angeben:

- Zunahme des IR-Einsatzes in verschiedenen Produktionsanlagen;
- Veränderung der Arbeitsorganisationskonzepte in neuen Anlagen (tendenzielle Aufhebung der rigiden Arbeitsteilung in Bedienen, Einrichten, Überwachen, Warten und Instandhalten);
- Zunahme des Bedarfs an Anlagenführern mit IR-spezifischen Grundqualifikationen;
- Zielsetzung der betrieblichen Bildungsarbeit: „Nutzung von Möglichkeiten in der innerbetrieblichen Fortbildung, Anlagenführer aus Produktionsarbeitern zu rekrutieren und qualifiziert auszubilden." (vgl. VW Unternehmensbericht 1985, Abs. 72 u. 98);

6 Für diesen Kurs wie auch in diesem Beitrag wurde bewusst nicht der Begriff Robotertechnik, sondern Robotertechnologie benutzt, wobei sich hier insgesamt, da der Begriff, das Verständnis und das Bewusstsein von und über Technik und Technologie ebenso wie diese selbst im Wandel sind (vgl. u. a. Rauner 1986, S. 82 ff.; Scheel 1987, S. 17 ff.), an folgendem Technologieverständnis orientiert wird: „‚Technik' deutet den eingeschränkten Sinn des gegenständlichen Machens an, ‚Technologie' bezeichnet hingegen die systematische Erfassung der anwendbaren technischen Möglichkeiten und die Reflexion von Wirkungszusammenhängen. Technik bezeichnet demnach eine konkrete, zweckrationale Handlungsweise; Technologie bezieht sich auf ein reflexives, wissenschaftsorientiertes Aussagesystem" (Nölker 1980, S. 26).

- Ausweitung und Entwicklung von modulartig aufgebauten Qualifizierungskonzepten für Anlagenführer mit anlagenübergreifenden Grundkursen und anlagenspezifischen Aufbau-, Vertiefungs- und Herstellerkursen sowie Training-on-the-Job-Unterweisungseinheiten;
- Abbau der Überforderungen lernungewohnter Teilnehmer an Hersteller- oder betrieblichen Anwendungskursen durch bessere Vorbereitung mit Hilfe eines IR-Grundkurses, d. h. Schaffung besserer Voraussetzungen für Teilnehmer an IR-Aufbaukursen;
- Nutzung der meist langjährigen verfahrensbezogenen Erfahrungen auch von un- und angelernten Produktionsarbeitern, insbesondere beim Einsatz von IR zur Werkzeughandhabung (z. B. Schweißen, Lackieren);
- didaktisch-methodische Mängel der Herstellerkurse;
- Reduzierung der Kosten, die mit Herstellerschulungen größerer Teilnehmergruppen verbunden sind.

Vor diesem Hintergrund mit weiteren Entscheidungen zu einzelnen curricularen Vorgaben ergab sich folgende Aufgabenstellung:

Entwicklung eines einheitlichen Fortbildungskurses „Grundlagen der Robotertechnologie“ (GRT) für verschiedene Anlagenführer-Qualifizierungsprogramme einschließlich der Entwicklung und Erstellung von Teilnehmer- und Trainerunterlagen sowie Lehr- und Lernmaterialien.

Zielsetzung war zum einen die didaktisch-methodische Ausrichtung des Kurses an den Voraussetzungen der „schwächsten“ Teilnehmer (z. B. durch hohen „Praxisanteil“), wobei die Zielgruppe insgesamt un- und angelernte Mitarbeiter, Mitarbeiter ohne technische Berufsausbildung und Mitarbeiter mit Metall- oder Elektroberuf aus verschiedenen Produktionsbereichen umfasste. Zum anderen sollte mit dem Grundkurs die Zielsetzung einer erfolgreichen Teilnahme der Zielgruppe an verschiedenen IR-Herstellerkursen bzw. betrieblichen Aufbau- oder Vertiefungskursen mit unterschiedlichen IR-Typen erreicht werden.

Als Rahmendaten für die Kurs- und Konzeptentwicklung wurden hinsichtlich der Teilnehmerzahl ca. 18, der Kursdauer ca. 1 bis 2 Wochen, sowie der Einsatz von 6 kleineren Lehrrobotern (teachrobots) festgelegt.

Allgemein lässt sich diese Aufgabenstellung in den Gesamtzusammenhang neuer Herausforderungen betrieblicher Bildungsarbeit einordnen. Sie ist eingebettet in verschiedene Qualifizierungsprogramme zu einer Fortbildungsstrategie, mit der auf den betrieblichen Struktur- und Technologiewandel in den Produktionsbereichen reagiert wird. Dabei wird u. a. durch Vereinbarungen mit der Arbeitnehmervertretung versucht, nicht nur den „Jungfacharbeiter“

in neue Tätigkeitsbereiche mit neuen Technologien einzusetzen, sondern auch den langjährig an taylorisierten Arbeitsplätzen tätigen Produktionsarbeiter (Requalifizierung der Produktionsarbeiter). Die Aufgabenstellung ist damit auch im Zusammenhang mit den industriesoziologischen, beschäftigungs- und bildungspolitischen Veränderungen und Diskussionen zu betrachten und im Prinzip bei Ansätzen und „möglichen Strategien" zu einer künftigen Berufsbildung zu berücksichtigen (vgl. u. a. Kern/Schumann 1984; Buck 1985, insbes. S. 103 ff.).

Auch im engeren Sinn sind die mit dieser Aufgabenstellung verbundenen curricularen sowie pädagogisch-didaktischen Problem- und Fragestellungen weitreichend und komplex. Sie kennzeichnen in ihrer Struktur eine Umbruchsituation in der betrieblichen Fortbildung, die sich im Hinblick auf die Fortbildungsarbeit für den Produktionsbereich u. a. auf das folgende Problem konzentrieren lässt: das fortbildungsdidaktische Kernproblem.

Durch Fortbildungsprogramme, in denen insbesondere eine verstärkte Berücksichtigung und Förderung un- und angelernter Produktionsarbeiter vorgesehen ist, ergeben sich im Kontext neuer Produktionstechnologien besonders hohe Anforderungen in der betrieblichen Fortbildungsarbeit. Sie gehen weit über die der bisherigen Fortbildungsarbeit hinaus, da hier ergänzend zu den „normalen" Anforderungen bei der sogenannten Aufstiegs- oder Anpassungsfortbildung mit überwiegend technikspezifischer Fortbildung für Facharbeiter, Instandhalter, Meister, Techniker usw.[7] insbesondere die Ausbilder und Trainer mit Bedingungen, Voraussetzungen und Erwartungen konfrontiert sind, die von ihnen stärker als bisher curriculare und pädagogisch-didaktische Planungs- und Handlungskompetenz verlangen. Besonders deutlich wird dies in der Gegenüberstellung von den i. d. R. geringen Lernvoraussetzungen der Zielgruppe und den hohen Qualifikationsanforderungen durch neue Technologien und Arbeitsorganisationsformen, hier als fortbildungsdidaktisches Kernproblem bezeichnet (siehe Abb. 1).

7 Nach Untersuchungen des BIBB zur betrieblichen Weiterbildung entfallen 38 % der Schulungsteilnehmer auf technische Angestellte, 13 % auf Facharbeiter und nur 4 % auf Un- und Angelernte (Quelle BIBB; vgl. BMBW 1987, S. 4). D. h., die Mitarbeitergruppe der Un- und Angelernten ist bisher eine stark vernachlässigte Randgruppe in der betrieblichen Fort- und Weiterbildung.

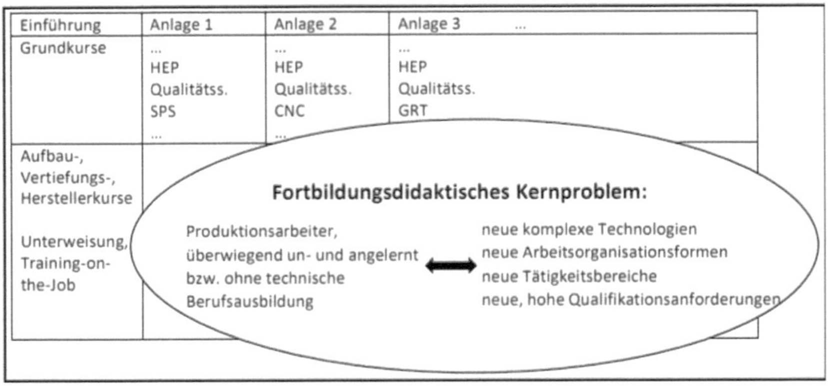

Abbildung 1: Das fortbildungsdidaktische Kernproblem

Das Kernproblem ist zudem auch vor allem darin zu sehen, dass zum einen ausbildungsdidaktische Problem- und Fragestellungen durch neue Qualifikations- und Bildungsziele vorhanden sind, die mit denen in der beruflichen Erstausbildung im Zuge der Neuordnungen der industriellen Metall- und Elektroberufe weitgehend vergleichbar sind. Zum anderen sind weitere zusätzliche curriculare Probleme vorhanden, da sich z. B. neue Arbeitsinhalte wie die zur „Robotertätigkeit" einer traditionellen Zuordnung zu einzelnen Berufen oder auch zu Berufsfeldern widersetzen und in der Tendenz die Arbeitsorganisation industrieller Produktionsarbeit immer weniger mit einer Vorstellung berufsförmig organisierter Arbeit übereinstimmt (vgl. u. a. auch Buck 1985).[8] Im Rahmen der beruflichen Erstausbildung werden diese Fragen und Probleme teilweise im Zusammenhang mit den sogenannten „Hybrid- oder Doppelqualifikationen" diskutiert (vgl. u. a. Krischok 1984).

Weitere, das Kernproblem und die betriebliche Fortbildungsarbeit im Unterschied zur beruflichen Erstausbildung kennzeichnende Bedingungen und Voraussetzungen sind z. B.:

---

8 Angesichts der technologischen und arbeitsorganisatorischen Veränderungen scheint eine neu zu begründende berufliche, evtl. auch „arbeitliche" (vgl. Lipsmeier 1988, S. 79) Bildung notwendig, die z. B. nicht wie bisher von der „Metalltechnik" oder der „Elektrotechnik" ausgeht, sondern die die Technologien und die Arbeit mit ihren organisatorischen Verknüpfungen und Strukturen in industriellen Produktions- und Verfahrensprozessen ganzheitlich in den Blick nimmt.

- sehr inhomogene Voraussetzungen der Teilnehmer:
  - Un- und Angelernte, Mitarbeiter ohne und mit produktionsnahem Ausbildungsberuf,
  - große Altersunterschiede,
  - unterschiedliche betriebliche Arbeitserfahrungen aus verschiedenen Produktionsbereichen,
  - verschiedenartige Einstellungen und Erwartungen an Fortbildungen,
- lernungewohnte Erwachsene;
- keine zeitlichen und sachlichen Vorgaben zu den Zielen, Inhalten und der Gliederung der Fortbildung durch staatliche Ordnungsmittel; keine Ausbildungsrahmenpläne wie zur Erstausbildung;
- Vorgaben durch betriebliche Interessen und Betriebsvereinbarungen, die Einfluss auf die Gestaltung und den Ablauf von Fortbildungskonzepten nehmen;
- i. d. R. keine Kooperation mit Berufsschulen, Hochschulen oder anderen Betrieben.

Ist damit einerseits evident, dass die neuen curricularen und pädagogisch-didaktischen Aufgaben- und Problemstellungen insbesondere für die Ausbilder bzw. Trainer in der betrieblichen Fortbildung eine große Herausforderung darstellen, so erhöht sich andererseits die Problemlage noch durch diese teilweise selbst. Dies vor allem deshalb, weil die Ausbilder, von einigen Ausnahmen durch Neueinstellungen von ausgebildeten Berufspädagogen in den letzten Jahren abgesehen, nach einer neueren Fallanalyse überwiegend Meister, Techniker und Ingenieure ohne pädagogisch-didaktische Zusatzausbildung sind (vgl. Pätzold/Dress 1987). Die im Zusammenhang mit dem fortbildungsdidaktischen Kernproblem skizzierten Herausforderungen müssen daher im Grunde zur Überforderung der Ausbilder und damit zu weiteren Problemen führen, da „Fachwissen und 'natürliche pädagogische Begabung'" als „Elemente der berufspädagogischen Kompetenz"[9] betrieblicher Ausbilder, die zudem oft durch entsprechende eigene Fortbildung vernachlässigt und nicht

9 Diese Qualifikationselemente werden von betrieblichen Ausbildern in einer Studie zum „Ausbildungspersonal im Metallbereich" selbst benannt, wenn sie auf ihre pädagogische Kompetenz angesprochen werden (vgl. Pätzold/Dress 1987, S. 39 f.). Im Unterschied zwischen betrieblichen Ausbildern in der Erstausbildung und denen in der Fortbildung hat die Fachkompetenz für die in der Fortbildung noch eine größere Bedeutung, wie z. B. der überwiegende Einsatz von Ingenieuren zeigt.

professionalisiert werden[10], insgesamt als unzureichend gelten dürften. In dieser Situation kommt für die Ausbilder häufig noch die nicht rechtzeitige Planung und Abstimmung von technologischen Innovationen und Qualifizierungsmaßnahmen erschwerend hinzu, so dass Fortbildungskurse bzw. -konzepte meist noch unter hohem Zeitdruck und ohne hinreichende Berücksichtigung neuer fachlicher und pädagogisch-didaktischer Erkenntnisse und Zielsetzungen geplant und durchgeführt werden müssen.

Zusammenfassend werden daher mit der Aufgabenstellung zur Entwicklung des Fortbildungskurses „Grundlagen der Robotertechnologie" exemplarisch wie auch allgemein Problem- und Fragestellungen in einer Umbruchsituation betrieblicher Fortbildungsarbeit deutlich, zu denen im Prinzip grundsätzlich nach neuen Konzepten und Problemlösungen zu suchen ist. Sind Ansätze hierzu in vielen Richtungen betriebsinterner und -externer Bereiche, institutionell sowie personell, denkbar (vgl. u. a. Briam 1987, S. 20 ff.), so ist ein Ansatz, der auch Ausgangspunkt und Inhalt dieses Beitrags ist, die verstärkte und kooperative Bearbeitung fortbildungsdidaktischer Aufgaben- und Problemstellungen in Kooperationsprojekten zwischen Betrieben und Hochschulen.

3 Curriculumentwicklungskonzept und didaktisch-methodischer Ansatz zum betrieblichen Fortbildungskurs „GRT in einem TAG"

Die Aufgabenstellung der VW AG mit ihren Zielsetzungen und Rahmendaten zum Kurs „Grundlagen der Robotertechnologie" (GRT) wurde im Rahmen des Kooperationsprojektes als eine umfassende und ganzheitliche Problemstellung zur Makro- und Mikro-Didaktik betrieblicher Fortbildung betrachtet. Die interessante Herausforderung war hierbei zum einen die besondere Berücksichtigung des fortbildungsdidaktischen Kernproblems und zum anderen die „Einheit" von Planung, Entwicklung und Gestaltung sowie praktischer Umsetzung des Fortbildungskurses.

Zur Bearbeitung der Aufgabenstellung im Kooperationsprojekt wurden zunächst einzelne Teilbereiche festgelegt, womit die Problemstellung gleichzeitig grob strukturiert wurde.

---

10 „Viele Ausbilder kritisieren … die Haltung der Unternehmen, die sich hinsichtlich der notwendigen Weiterbildung und der zeitaufwendigen Vorbereitung des Unterrichts und der Unterweisungen nach wie vor fast gänzlich auf das existentielle Interesse der Ausbilder verließen und so zu unbezahlten privaten Anstrengungen in der Freizeit zwängen" (ebenda, S. 40).

Aufgabenbereiche zur Problemstellung:

- Curriculumentwicklung zum Fortbildungskurs GRT (Entwicklung eines didaktisch-methodischen Ansatzes)
- Entwicklung und Erstellung des Kurskonzeptes/Trainerleitfaden (Einbindung und Einweisung der Ausbilder[11], Lehrmittel)
- Entwicklung und Erstellung von Kursmaterialien (Kursmedien, Lernmittel, Teilnehmerunterlagen)
- Curriculumevaluation und -revision (Kurserprobung in Form von Pilotkursen)

Bei der Bearbeitung dieser Aufgabenbereiche wurde insgesamt von folgender zentralen Frage ausgegangen:

Mit welchen didaktischen Orientierungen können Grundlagen zur Robotertechnologie – eine komplexe Technologie, die unterschiedliche Bereiche und Gebiete der Metall- und Elektrotechnik in sich vereint, und die in komplexen Anlagensystemen integriert ist – ausgewählt und bestimmt werden, und mit welchen didaktisch-methodischen Möglichkeiten können diese Grundlagen Produktionsarbeitern, die überwiegend un- und angelernt bzw. ohne technische Berufsausbildung sind, so vermittelt werden, dass sie zum Verstehen, zum Mitgestalten und zur Bewältigung von Arbeitssituationen mit Industrierobotern qualifiziert vorbereitet werden?

Im Einzelnen sind mit dieser zentralen Frage im Hinblick auf die verschiedenen Aufgabenbereiche u. a. folgende Fragen verbunden:

- Welche Struktur und Merkmale muss ein Curriculumentwicklungskonzept aufweisen, mit dem ein betriebliches Fortbildungscurriculum praxisnah entwickelt werden kann?
- Was sind überhaupt „Grundlagen“ zur Robotertechnologie und welche Ziele und Inhalte sind für einen Grundlagenkurs zur Robotertechnologie für Anlagenführer notwendig und sinnvoll?
- Welche Voraussetzungen und Bedingungen sind speziell bei den zu berücksichtigenden Kursteilnehmern bei der Curriculumentwicklung zu beachten?

11 Hierzu soll in diesem Beitrag nur angemerkt werden, dass aus den vorgesehenen „Einbindungen“ mehr Informations- und Trainerfortbildungsseminare wurden und die überwiegend positive Aufnahme des entwickelten Fortbildungskurses sowie direkte Aussagen der Trainer innerhalb des zum Abschluss des Kooperationsprojektes durchgeführten Einweisungsseminars zum Kurskonzept darauf hinweisen, dass insgesamt ein hoher pädagogisch-didaktischer Fortbildungsbedarf der Trainer vorhanden ist.

- Welche didaktisch-methodischen Grundsätze, Prinzipien, wissenschaftlichen Theorien etc. sind für eine erfolgreiche Makro- und Mikrostrukturierung des Kurskonzeptes zu berücksichtigen?
- Welche mediendidaktischen Kriterien und Besonderheiten sind bei der Erstellung von Lehr- und Lernmitteln (Teilnehmerunterlagen, Trainerunterlagen, teach-robot, Modelle usw.) für den Kurs GRT zu berücksichtigen?
- Wie können Ausbilder/Trainer in die Entwicklung des Curriculums und in die didaktisch-methodischen Entscheidungen zum Kurskonzept einbezogen und eingewiesen werden?
- Wie detailliert, konkret und offen sollten Angaben und Vorgaben zur Kursdurchführung gemacht werden, welche sind erforderlich und sinnvoll?
- Welche Methoden und Verfahren muss ein Evaluierungsinstrumentarium berücksichtigen, welches geeignet ist, relativ kurzfristig Erkenntnisse und Anhaltspunkte für eine Curriculumrevision zu liefern?

Zu diesen teils sehr weitreichenden curricularen und didaktisch- methodischen Fragestellungen ist anzumerken, dass bei deren Bearbeitung und „Lösungsfindung“ die „Gefahr“ einer zunächst unvollständigen theoretischen Absicherung und Problemlösung gesehen wird.

3.1 Das Curriculumentwicklungskonzept

Die Entwicklung eines Curriculums zur Aus- oder Fortbildung bedarf aus theoretischer Sicht einer wissenschafts-, realitäts- oder wertorientierten Theorie und Konzeption, mit der darüber reflektiert werden kann, welche Ziele und Inhalte mit welchen Methoden und Medien im weitesten Sinne von Bildung, und hier im Rahmen der Fortbildung, zu lehren sind. Praktisch ist jedoch festzustellen, dass bislang eine handhabbare Curriculumtheorie weder allgemein noch für den Fortbildungsbereich existiert.[12]

12 Das Curriculum-Modell von Saul Benjamin Robinson (vgl. Robinson 1973), der als Mentor der Curriculum-Forschung in der BRD gilt, war Ende der 1960er Jahre im wesentlichen Auslöser zu einer Vielzahl unterschiedlicher theoretischer wie praxisnaher Ansätze zu geschlossenen und offenen Curriculum-Modellen für verschiedene Bildungsbereiche. In wissenschaftstheoretischen Auseinandersetzungen und Diskussionen standen besonders bildungspolitische Positionen, die Anwendbarkeit der Konzepte wegen der zu berücksichtigenden Informationsfülle sowie geschlossene Curriculum-Modelle im Mittelpunkt der Kritik und Auseinandersetzungen.

Für den betrieblichen Fonbildungsbereich wurde daher ein praxisnahes Konzept zur Entwicklung offener Curricula[13] erstellt, welches sich im Wesentlichen an Grundideen des Strukturkonzeptes zur Curriculumentwicklung von Robinsohn orientiert (vgl. Robinson 1973, insbes. S. 44 ff.) und den Ansatz einer Didaktik der Technologie von Nölker (Nölker 1980) berücksichtigt. Wesentliche Merkmale und Prinzipien des Konzeptes zur Fortbildungskursentwicklung sind:

- offenes statt geschlossenes Curriculum;
- Beteiligung der Betroffenen an der Planung, Gestaltung und Umsetzung des Curriculums;
- handlungsorientierte Konzeption mit möglichst pragmatischen Strategien und Handlungsstrukturen;
- Sicherung der Arbeitnehmerinteressen (Arbeitsplatzsicherung, Verdienstmöglichkeiten, Persönlichkeitsentfaltung usw.), Unternehmensinteressen (Einsatz neuer Produktionstechnologien zur Steigerung der Produktivität/Rentabilität und Erhöhung der Wettbewerbsfähigkeit usw.) und Wissenschaftsinteressen (Erkenntnisanspruch und -gewinnung, Forschung und Lehre);
- prozessorientierte, formative Evaluation unter Einbeziehung empirischer Untersuchungen und Methoden;
- systematische Einbeziehung von Evaluationsergebnissen und Revisionsmöglichkeiten in Entscheidungsprozesse;
- zeitlich begrenzte Verknüpfung von forschungs- und praxisnahen Entwicklungsaufgaben sowie dauerhafte Weiterführung curricularer Entscheidungs- und Entwicklungsaufgaben als „Praxisaufgabe".

Das zugrundeliegende Paradigma des Curriculumentwicklungskonzeptes orientiert sich, vermittelt durch diese Merkmale und Prinzipien, auch an Konzepten zur Handlungs- und Aktionsforschung. Berücksichtigung findet hier auch, dass der betriebliche Fortbildungsbereich im Prinzip immer auch zugleich als ein sich wandelndes Praxis- und Forschungsfeld zu betrachten ist. Außerdem wird hier auf einen weiten Curriculum-Begriff Bezug genommen, der alle Elemente für einen Unterricht und damit alle Aufgaben- und Entscheidungsbereiche zu einer Kursentwicklung und -durchführung umfasst.

---

13 Geschlossene Curriculumkonzepte, die als „teacher proof" gelten und bei denen Lehrern oder Ausbildern und den Adressaten weitgehend keine Möglichkeit gegeben ist, Einfluss auf Ziele und Inhalte des Curriculums zu nehmen, werden, insbesondere für den Fort- und Weiterbildungsbereich, als ungeeignet bezeichnet.

Das Konzept zur Curriculumentwicklung kann und soll nun in diesem Beitrag ebenso wenig wie der eigentliche Curriculumentwicklungsprozess mit seinen umfangreichen Analyseergebnissen zum Kurs „GRT' insgesamt beschrieben und begründet werden (siehe hierzu Petersen 1991, S. 158 ff. und S. 240 ff.). Um jedoch die wesentliche Struktur und Vorgehensweise zur Curriculumentwicklung zu verdeutlichen, mit der auch die in den folgenden Kapiteln sowie im folgenden zweiten Aufsatz dargestellten Entscheidungen und Ergebnisse zum Fortbildungscurriculum „GRT" getroffen und ermittelt wurden, soll hier eine Übersicht zur Konzeptstruktur mit den wichtigsten Bereichen des Analyseprozesses gegeben werden. Der zum Curriculumentwicklungskonzept erstellte didaktisch-methodische Ansatz mit drei Strukturelementen als curriculare Korrelate, soll wegen seiner übergeordneten Bedeutung im folgenden Kapitel separat dargestellt und hypothesenhaft begründet werden. Neben den curricularen Vorentscheidungen mit den Zielsetzungen sowie den Rahmendaten, die sich im Einzelnen aus der Aufgabenstellung ergeben, gehört der Ansatz mit didaktischen Grundorientierungen und Prinzipien, die alle Analysen sowie alle weiteren curricularen und didaktisch-methodischen Entscheidungen zum Fortbildungskonzept beeinflussen[14], mit zu den wichtigsten Vorentscheidungen für die Curriculumentwicklung. Er wird zudem als mitentscheidende Grundlage für mögliche „Lösungen" zum fortbildungsdidaktischen Kernproblem angesehen.

Struktur des Curriculumentwicklungskonzeptes:

A Vorentscheidungen zur Curriculumentwicklung
B Vorgehensweise / Analysen zur Curriculumentwicklung
C Kriterien/Verfahren (Lösungsstrategie und Bearbeitungshinweise)

Analysebereiche (zu B):

1. Sozialdaten und Analyse der Voraussetzungen der Adressaten
   - Erhebung von Sozialdaten (anthropogene und soziokulturelle Voraussetzungen; Primär und Sekundäranalyse)
   - Grobanalyse der Adressatenvoraussetzungen (Schlussfolgerungen zu dem erwarteten Lernverhalten sowie den Kenntnissen, Fertigkeiten und Fähigkeiten)

---

14 Zum „allgemeinen und ungelösten" Deduktionsproblem wird somit durch den Ansatz auch versucht, die curricularen Entscheidungen in der Kette Situationen – Tätigkeiten – Qualifikationen – Ziele – Inhalte – Methoden/Medien nicht im Sinne einer normativ-deduktiven Didaktik zu treffen.

2. Analyse der Arbeitssituationen und der Tätigkeitsbereiche; Anlagensysteme mit Industrierobotereinsatz
   - Tätigkeitsbeschreibungen für Anlagenführer der VW AG
   - Vorliegende Forschungsergebnisse und Untersuchungen über Tätigkeiten in Anlagen und Arbeitssystemen mit IR-Einsatz (Sekundäranalyse)
   - Eigene Tätigkeitsanalysen und Erhebungen zu IR-spezifischen Tätigkeiten kleineren Umfangs in ausgewählten Anlagen der VW AG (VW-Werke Emden, Kassel und Wolfsburg)
3. Analyse der Qualifikationsanforderungen; Anlagensysteme mit Industrierobotereinsatz (Sekundär- und Primäranalysen)
   - Qualifikationsveränderungen industrieller Produktionsarbeit
   - Qualifikationsprofil für Anlagenführer
   - IR-spezifische Qualifikationselemente
   - IR-spezifische Grundqualifikationen für Anlagenführer
4. Fachwissenschaftliche IR-Sachanalyse
   - IR-Literatur (Metall- und Elektrotechnik; Bücher, Zeitschriften, Aufsätze)
   - Handbücher und Bedienungsanleitungen der IR-Hersteller
5. Analyse von Industrieroboterkursen
   - Analyse von hersteller- und anwendungsspezifischen IR-Kursen (Allgemein; Herstellerkurse für die VW AG)
   - Analyse vorhandener IR-Grundkurse.

3.2 Der didaktisch-methodische Ansatz „T A G"

Der didaktisch-methodische Ansatz zum Curriculumentwicklungskonzept, bestehend aus den Strukturelementen Tätigkeitsbezug (T), Adressatenorientierung (A) und Grundbildungskonzept (G), basiert auf allgemein- und technikdidaktischen Bewertungen und Analyseerkenntnissen zur betrieblichen Fortbildungssituation und entstand aus der Wechselwirkung zwischen der Aufarbeitung der Aufgaben- und Problemstellung, den Grundfragen zur Auswahl und Vermittlung der Grundlagen der Robotertechnologie sowie ersten Teilergebnissen der Curriculumentwicklung. Die Strukturelemente, die als Vorentscheidungen für die gesamte Curriculumentwicklung konstituierend sind, stellen im weitestgehenden Sinn auch Hypothesen zu einem „Lösungsansatz" zum fortbildungsdidaktischen Kernproblem dar. Didaktische Orientierungen und Kriterien, wie sie in den von Nölker/Schoenfeldt zusammengestellten und begründeten „Grundsätzen für die Entwicklung von Lehrgängen und Lehrtexten" enthalten sind, gaben hierzu wesentliche Anregungen (vgl. Nölker/Schoenfeldt 1977).

Hypothese: T Tätigkeitsbezug

Vermittlung der Grundlagen der Robotertechnologie durch den vorrangigen Bezug auf Tätigkeiten

Durch den vorrangigen Bezug auf Tätigkeiten soll Abstand von einer vielfach üblichen fachwissenschaftlich-technisch orientierten Kursstruktur genommen werden. Die ganzheitliche Tätigkeit, wie sie sich in gegenwärtigen und zukünftigen automatisierten Anlagensystemen mit IR – Einsatz darstellt, wird hiermit zur Bezugsgröße für die Auswahl der Grundlagen der Robotertechnologie bei der Kursentwicklung. Tätigkeitsanalysen haben diese Aspekte zu berücksichtigen und sind insgesamt unter den didaktischen Gesichtspunkten des Ansatzes TAG durchzuführen. Der Frage, welche Bedingungen und Voraussetzungen diese Tätigkeiten charakterisieren, wird perspektivisch durch den Einbezug des technologischen und arbeitsorganisatorischen Wandels nachgegangen.

Damit wird bewusst eine Strukturierung der Kurskonzeption verneint, die

- nur die fachwissenschaftliche Technik der Industrieroboter
  oder
- nur einzelne Berufsstrukturen

zum Ausgangspunkt ihrer Überlegungen macht.

Der Bezug zu Tätigkeiten wird somit zum Referenzsystem curricularer und didaktisch-methodischer Entscheidungen zum Kurskonzept. Grundsätze und Prinzipien, auf die ebenfalls dieses Strukturelement des didaktisch-methodischen Ansatzes TAG Bezug nimmt, sind z. B.:

- Verschränkung von Theorie und Praxis,
- Ausgangspunkt sollen praktisch-technische (Fachkompetenz) und praktisch arbeitsorganisatorische (Methoden- und Sozialkompetenz) Aufgaben und Probleme der Tätigkeit sein,
- Prinzip der Orientierung an den Tätigkeitsmerkmalen zur Produktionsvorbereitung, -begleitung, -unterstützung und -überwachung (technisch-funktionale und dispositiv-administrative Tätigkeit),
- Verknüpfung von gegenständlichen Aspekten mit Methoden- und Verfahrensaspekten (instrumentelle und kritische Rationalität),
- induktive Erkenntnismethoden, die von praktischen Aufgaben und Problemen zur Theorie leiten, werden deduktiven vorgezogen,
- Ganzheitlich-analytische in Verbindung mitsynthetisch-elementhaften Lehrmethoden sind zu favorisieren,
- usw.

Hypothese: A Adressatenorientierung

Konsequente didaktisch-methodische Orientierung an den Voraussetzungen und Interessen der Adressaten

Die Produktionsarbeiter, die überwiegend un- und angelernt bzw. ohne technische Berufsausbildung sind und als lernungewohnte Erwachsene gelten, bilden mit ihren Voraussetzungen, Wünschen und Interessen die vorrangige Orientierung für die curricularen sowie methodischen und mediendidaktischen Entscheidungen. Diese Orientierung ist insofern bedeutsam, da in der Konsequenz für den eigentlichen Lernprozess hier ein wesentlicher „Schlüssel" zur Lösung des fortbildungsdidaktischen Kernproblems zu sehen ist. Erfolgt keine didaktisch-methodische Berücksichtigung der Adressaten, die sich „spürbar" von der bei Konzepten normaler Anpassungsqualifizierung abhebt, so vergrößert sich u. U. die Möglichkeit der gegenseitigen „Mißerfolgszuschiebung"; der Ausbilder bzw. die Teilnehmer „sind unfähig".

Bei der didaktisch-methodischen Orientierung sind u. a. folgende Aspekte, Grundsätze und Prinzipien zu berücksichtigen:

- kognitive und sensumotorische Lernpotentiale erschließen,
- Verstehensbarrieren lokalisieren und adäquate didaktisch-methodische Zugänge entwickeln,
- Anknüpfen an die individuellen beruflichen Erfahrungen,
- Einfügen neuer Inhalte in eine bekannte Struktur,
- lernpsychologische Strukturen, theoretische Fachsystematik und betriebliche Praxis sind lehrorientiert didaktisch-methodisch zu integrieren,
- Berücksichtigung individueller Interessen und Wünsche,
- möglichst weitgehende und unmittelbare praktische Verwertbarkeit theoretischer Lernergebnisse,
- Zielsetzungen klar und vor dem Lernvorgang formulieren,
- Lernschritte überschaubar und möglichst handlungsorientiert gestalten,
- Methodenwechsel angemessen berücksichtigen, so dass unterschiedliche Sinnerfahrungen und Lernebenen ermöglicht werden,
- Lernkontrollen konstruktiv einsetzen,
- Positives Lernklima und freundliche Atmosphäre durch sozialintegrativen Lehrstil und partnerschaftliches Verhalten (prinzipielle Gleichrangigkeit aller Beteiligten) schaffen,
- Erwachsene nicht in die Rolle des „Schülers" mit den meist ungünstigen Erinnerungen (Unmündigkeit, Unwissenheit, Abhängigkeit, Benotung) zurückversetzen,
- usw.

Hypothese: G Grundbildungskonzept

Neue Herausforderungen in der betrieblichen Fortbildung erfordern die Aufnahme von Grundbildungsaufgaben

Mit dem Strukturwandel sind in der betrieblichen Fortbildung neben den Aufgaben der normalen „Anpassungs- oder Aufstiegsqualifizierung" Aufgaben, die teilweise mit denen in der Erstausbildung vergleichbar sind, zu übernehmen. So ist besonders den un- und angelernten Produktionsarbeitern zunächst eine zukunftsorientierte Grundbildung zu vermitteln, bevor maschinen- oder anlagenspezifische Vertiefungskurse folgen können. In diesem Sinne ist auch das Kurskonzept GRT zu verstehen und zu strukturieren, indem nicht nur ein hersteller-, typen- oder anwendungsspezifischer IR zu berücksichtigen ist.

Mit dem Anspruch und den Zielsetzungen des Kurses GRT, Kursteilnehmer zum Verstehen, Mitgestalten und Bewältigen von Arbeitssituationen mit Robotern qualifiziert vorzubereiten, ist gleichzeitig ein Bildungsanspruch einzulösen. Neben der reinen Bedienung und Handhabung der Robotertechnik muss diese verstehbar, begreifbar und einer persönlichen Bewertung im Kontext anderer Produktionstechnologien und gesellschaftlicher Wirkungen zugänglich werden (allgemeines Orientierungs- und Aufklärungswissen). Die potentielle Offenheit und Veränderbarkeit von Robotertechnologie – Arbeitsorganisation – Qualifikation (Wechselwirkungs-, Gestaltungs- und Mitbestimmungszusammenhang) verbietet hier ein zu enges und starres Qualifizierungskonzept.

Das Kurskonzept als Grundbildungskonzept in der betrieblichen Fortbildung muss demnach allgemeine Grundbildungsfragen und Fragen nach den spezifisch zu vermittelnden Grundlagen und Voraussetzungen für den erfolgreichen Besuch aufbauender Kurse beantworten. Mit den bereits vorgestellten Strukturelementen des entwickelten didaktisch-methodischen Ansatzes, Tätigkeitsbezug und Adressatenorientierung, sind diese Fragen pädagogisch und didaktisch motiviert zu beantworten. D. h., auch allgemeine Bildungsziele, die sich zum einen an einem der Aufklärung verpflichteten Bildungsverständnisses und an einer „Drei-Ebenen-Theorie" der Technik mit unterschiedlichen Bedeutungsaspekten und „Stufen der Rationalität" (vgl. Nölker 1980, S. 26 ff.) orientieren, sind bei der Grundbildungskonzeption zu berücksichtigen.

Zum anderen gehen in das didaktische Strukturelement „Grundbildungskonzept" auch Aspekte des in der VW AG formulierten „ganzheitlichen Bildungsverständnisses" ein, welches der gesamten betrieblichen Bildungsarbeit zugrunde liegt. Dieses Bildungsverständnis betont u. a. folgende Aspekte: „

- Die Anerkennung der Persönlichkeit des Bildungsteilnehmers und seiner Einbindung in außerberufliche Interessen und Beanspruchungen ist Voraussetzung dafür, daß er seine berufliche Aufgabe akzeptiert und darin die Chance der Selbstverwirklichung findet.
- Das betriebliche Bildungswesen ist Bestandteil eines Gesamtsystems von weiteren Bildungseinrichtungen. Die Zusammenarbeit mit anderen Bildungseinrichtungen zum Zwecke der gemeinsamen oder wechselseitigen Nutzung von Ressourcen ist notwendig und sinnvoll (z. B. Abendschulen, Einrichtungen der Erwachsenenbildung, Hochschulen usw.).
- Der Entwicklung von fachlichen, personalen und sozialen Kompetenzen wird jeweils eine gleichrangige Bedeutung beigemessen. Die prognostischen Voraussagen im Hinblick auf künftige Berufsanforderungen legen es nahe, in alle Bildungsaktivitäten die Befähigung zur Weiterbildung einzubeziehen. Der Vermittlung von zukunftsträchtigen Schlüsselqualifikationen wird dabei ein zentraler Stellenwert beigemessen“ (VW Unternehmensbericht 1985, Abs. 72 u. 98; vgl. LACHER u. a. 1987, S. 18 ff.)

4 Entscheidungen zum Kurscurriculum „GRT in einem TAG“

Das grundsätzliche Problem im Transformations- und Entscheidungsprozess, aus Tätigkeitsanalysen und Qualifikationselementen Ziele, Inhalte, Methoden und Medien für ein Curriculum abzuleiten, ist allgemein bekannt und führt dazu, dass Ergebnisse der Entscheidungen den Charakter normativer Aussagen annehmen oder zumindest als solche empfunden werden können. Gründe dafür liegen u. a. in der mangelnden Transparenz der Entscheidungsgrundlagen und intersubjektiven Überprüfbarkeit der Ergebnisse sowie im Fehlen theoretisch abgesicherter rationaler Handlungsanweisungen, wie z. B. die analysierten Elemente der Qualifikationsanforderungen (vgl. u. a. Rösch 1987, S. 6 f.) oder auch allgemeine pädagogische Zielsetzungen und Bildungsperspektiven in Lernprozessen zu erreichen sind.

Trotz dieser Probleme und theoretischen Defizite sind jedoch in der Bildungspraxis, wie z. B. in den folgenden Kapiteln für den Fortbildungskurs „GRT“, Entscheidungen zu treffen und zu begründen. Mit den bisherigen Ausführungen wurde dazu versucht, die curricularen und didaktisch-methodischen Entscheidungsgrundlagen transparent zu machen und in einen Begründungszusammenhang zu stellen. Im Entscheidungsprozess zu den im Folgenden dargestellten Zielen und Inhalten wurden im Einzelnen berücksichtigt:

- die Vorentscheidungen (Zielsetzungen, Rahmendaten, TAG usw.) und Aspekte der Verfahren/Prozedur des Curriculum-Entwicklungskonzeptes,
- der didaktisch-methodische Ansatz TAG,
  - Erkenntnisse der Entwicklungs- und Lernpsychologie sowie aus der Erwachsenenbildung,
  - didaktisch-methodische Grundsätze und Prinzipien für die Unterrichtskonzeption,
  - bildungspolitische und pädagogische Zielsetzungen und Perspektiven,
- die Ergebnisse der Analysen, insbesondere der Adressaten- und Tätigkeitsanalyse,
- fachwissenschaftliche Inhalte, Methoden und Strukturen.

4.1 Fortbildungs-Leitlernziele „GRT in einem TAG“

Durch die Zielsetzungen der Grundbildungskonzeption, hier als Fortbildungsleitlernziele bezeichnet, soll der Fortbildungskurs „GRT in einem TAG“

I. bezüglich der allgemeinen Fortbildungs-Intentionen
dazu beitragen, dass die Adressaten

- ihre Teamfähigkeit und ihre Bereitschaft zur Kooperation gegenseitig fördern,
- ihre Kommunikationsfähigkeit erweitern als lernungewohnte Erwachsene sich ihrer Lernfähigkeit bewusstwerden und über die Bedeutung von Fortbildung informiert sind,
- ihre Lernmotivation steigern und Bildungsangebote wahrnehmen,
- Lernängste und -barrieren abbauen,
- das selbständige Lernen lernen,
- Fortbildungsziele kennen und erweitern und eigene Lernstrategien entwickeln,
- planendes und vorausschauendes Denken und Handeln lernen,
- ihr Abstraktionsvermögen steigern,
- die Bedeutung sowie den Sinn und Zweck der IR-Technologie in gesellschaftlichen und betrieblichen Zusammenhängen verstehen, und ihre, die IR-Technologie betreffende Beurteilungs-, Mitgestaltungs- und Entscheidungsfähigkeit steigern

und

II. bezüglich der fachlichen Kompetenz
sollen die Adressaten

- ihr subjektives Erfahrungswissen zur IR-Technologie, strukturieren, objektivieren und erweitern,
- allgemeine und wesentliche Merkmale von Handhabungssystemen beschreiben,
- die Bedeutung sowie den Sinn und Zweck der IR-Technologie in seinen wesentlichen technologischen Zusammenhängen sowie seiner Teilsysteme und Elemente verstehen,
- über Unfallgefahren, Sicherheitseinrichtungen und -vorschriften Kenntnisse haben, damit die Bedeutung zu sicherheitsgerechtem Verhalten deutlich wird,
- elementare Kenntnisse über den technologischen Gesamtaufbau sowie über einzelne Teilsysteme und Elemente von IR und die Funktion verschiedener, aber typischer IR besitzen,
- Kenntnisse über wichtige, die einzelnen Teilsysteme und Elemente des IR betreffenden Fachbegriffe erhalten und fachgerecht anwenden können,
- zu einigen wesentlichen IR-Teilsystemen und -Elementen physikalische, mathematische Gesetzmäßigkeiten und technische Prinzipien verstehen,
- IR-Handbücher verstehen und nutzen lernen,
- Fähigkeiten erwerben, mit Arbeitskollegen über den IR fachgerecht zu kommunizieren,
- ihre Handlungsfähigkeit bei IR-spezifischen Tätigkeiten durch Kenntnisse über und erste Erfahrungen mit einfachen Bedien- und Programmierfunktionen vorbereiten und verbessern,
- über IR-spezifische Wartungs-, Reinigungs- und vorbeugende Instandhaltungsarbeiten sowie zu IR-typischen Störungssituationen Grundkenntnisse haben.

4.2 Inhaltsaspekte „GRT in einem TAG“

Entsprechend den Fortbildungs-Leitlernzielen zum Grundkurs GRT wurden zunächst grobe Inhaltsaspekte zur Robotertechnologie ausgewählt, mit denen in Relation zu den Bewältigungsleistungen und Qualifikationen die Intentionen und Ansprüche realisiert werden können. Folgende Inhaltsbereiche, in denen jeweils die Robotertechnologie im Mittelpunkt steht, wurden berücksichtigt:

- historische Entwicklung;
- Bedeutung, Sinn und Zweck;
- Aufgaben, Einsatz;
- Element von FFS, CAM und CIM;

- Technologie und Teilsysteme, Peripherie;
- Rationalisierung und Humanisierung;
- Arbeitsorganisation, Tätigkeitsstrukturen;
- Qualifikationsanforderungen, Fortbildungskonzepte.

Im Zusammenhang mit der Wochen-, Grob- und Feinstrukturierung des Fortbildungskurses wurden diese Inhaltsbereiche in Abstimmung mit den weiteren Entscheidungen zu den Grob- und Feinlernziele weiter differenziert. Nähere Ausführungen sind hierzu im folgenden zweiten Aufsatz enthalten.

5 Zusammenfassung

Zur Analyse und Darstellung des Zusammenhangs von IR-Entwicklung, IR-Einsatz und IR-spezifischer Qualifizierung wurde anhand einzelner „Entwicklungsphasen“ versucht, den „Weg“ der Robotertechnologie bis zum Gegenstand betrieblicher Fortbildung unter Berücksichtigung didaktischer Fragestellungen nachzuzeichnen. Dabei wurden vor dem Hintergrund des technologischen und arbeitsorganisatorischen Wandels in industriellen Produktionsbereichen neue fortbildungsdidaktische Herausforderungen deutlich. Insbesondere die Notwendigkeit einer verstärkten Förderung und Berücksichtigung un- und angelernter Produktionsarbeiter in der betrieblichen Fortbildung wurde hierbei als ein fortbildungsdidaktisches Kernproblem herausgearbeitet.

Aufgezeigt und exemplarisch konkretisiert wurden die Problemstellungen an einer Aufgabe zur Entwicklung eines Fortbildungskurses „Grundlagen der Robotertechnologie“ der VW AG. Zu dieser betrieblichen Fortbildungsaufgabe wurde ein Curriculumentwicklungskonzept mit einem didaktisch-methodischen Ansatz vorgestellt, auf dessen Basis die Ziel- und Inhaltsentscheidungen zum Fortbildungskurs getroffen wurden. Die weiteren Kursentscheidungen, wie die zur Wochen-, Grob- und Feinstruktur sowie zur Methoden- und Medienkonzeption, sollen im folgenden zweiten Aufsatz vorgestellt werden, in dem auch die den Ansatz „TAG“ ergänzenden fünf didaktischen Strukturebenen skizziert sind.

Literatur

Bachl, W. (1986): Qualifizierung an Industrierobotern. Berlin; Heidelberg.

Bell, H./Brüning, R. (1987): Neue Technologien – Neue Produktionskonzepte – Neue Bildungsoffensive. Öffentliche Diskussion und betriebliche Realität. Forschungsbericht Humanisierung des Arbeitslebens. Projekt: Qualifizierung (QIR). Stuttgart (unveröffentl.)

Bell, H./Brüning, R. (1988): Qualifizierung an Industrierobotern – Forschungsbericht (Projektleiter: Volker Komdörfer). Esslingen: DEUGRO, (Stuttgarter Beiträge zur Berufs- und Wirtschaftspädagogik; Band 7)

BMBW Bundesminister für Bildung und Wissenschaft: 1983–1987: Bildungspolitik in der 10. Legislaturperiode. In: IBW Informationen Bildung Wissenschaft. Bonn: Universitäts-Buchdruckerei, (1987) 1, S. 1–12.

Böning, E. (BMBW): Qualifizierungsoffensive fortsetzen. Berufliche Weiterbildung muß forciert werden. In: IBW Informationen Bildung Wissenschaft. Bonn: Universitäts Buchdruckerei, (1988) 2, S. 26.

Briam, K.-H. (1987): Förderung von Humanressourcen durch Industrie und Wissenschaft. In: Meyer-Dohm, P./Schütze, H. G. (Hrsg.): Technischer Wandel und Qualifizierung: Die neue Synthese. Frankfurt am Main; New York, S. 16–29.

Buck, B. (1985): Berufe und neue Technologien. Über den Bedeutungsverlust berufsförmig organisierter Arbeit und Konsequenzen für die Berufsbildung. In: Soziale Welt. Göttingen: 36(1985) l. S. 83–105.

Kem, H./Schumann, M. (1984): Das Ende der Arbeitsteilung? Rationalisierung in der Industriellen Produktion. München, (3. Aufl. 1986).

Krischok, D. (1984): „Hybridqualifikationen". In: Berufsbildung in Wissenschaft und Praxis. Berlin: BIBB, 13 (1984) 5, S. 182–184.

Lacher, M./Neumann, D./Rubelt, J./Schuler, M. (1987): Die Fort- und Weiterbildung von Montagearbeiter/-innen. Voraussetzungen und Perspektiven am Beispiel der Volkswagen AG – Zwischenbericht – Projekt Fort- und Weiterbildung. Recklinghausen: Forschungsinstitut für Arbeiterbildung e.V., 1987. (Beiträge zur Arbeiterbildung; Band 2)

Lipsmeier, A. (1988): Berufsschule 2000. In: TH Darmstadt, der Präsident (Hrsg.): Neue Technologien in der Berufsbildung. Modellversuche in beruflichen Schulen. Tagungsband der überregionalen Fachtagung des Hessischen Kultusministers und des Bundesministers für Bildung und Wissenschaft zu Modellversuchen in beruflichen Schulen. Darmstadt: 1988. (Schriftenreihe Wissenschaft und Technik TH Darmstadt; Band 44), S. 77–101.

Nölker, H. (1980): Technik und Bildung – Überlegungen zur Problematik und Begründung einer allgemeinen Didaktik der Technologie. In: Bonz, B./Lipsmeier, A. (Hrsg.): Allgemeine Technikdidaktik – Bedingungen und Ansätze des Technikunterrichts. Stuttgart: Holland & Josenhans, (beiträge zur pädagogik; Band 8), S. 18–31.

Nölker, H./Schoenfeldt, E. (1977): Grundsätze für die Entwicklung von Lehrgängen und Lehrtexten. Didaktische Hinweise für pädagogisch Tätige in

Schule – Betrieb – Erwachsenenbildung. Im Auftrag des Bundesinstituts für Berufsbildung Berlin. Berlin: BIBB.

Pätzold, G./Dress, G. (1987): Bedingungsrahmen, Handlungsregulatoren und Funktionen betrieblicher Ausbildertätigkeit – Wahrnehmungsformen und handlungsleitende berufspädagogische Orientierungen betrieblicher Ausbilder. In: BMBW Bundesminister für Bildung und Wissenschaft (Hrsg.): Ausbildungspersonal im Metallbereich. Tätigkeitsstrukturen, Arbeitssituationen und Berufsbewußtsein -Kurzfassung-. Bad Honnef: Bock. (Schriftenreihe Studien zu Bildung und Wissenschaft; Band 52)

Petersen, W. (1991): Betriebliche Fortbildung im Kontext neuer Produktionstechnologien. Probleme und Lösungen. Ehningen bei Böblingen. (Reihe Beruf + Bildung, Band 30)

Rauner, F. (1986): Elektrotechnik Grundbildung. Überlegungen zur Techniklehre im Schwerpunkt Elektrotechnik der Kollegschule. Landesinstitut für Schule und Weiterbildung (Hrsg.): Curriculumentwicklung in Nordrhein-Westfalen. Soest.

Robinson, Saul B. (1973): Bildungsreform als Revision des Curriculum und ein Strukturkonzept für Curriculumentwicklung. Neuwied am Rhein. (4. unveränderte Aufl.)

Rösch, G. (1987): Qualifikation und Handeln. Ein Beitrag zur Bestimmung von Qualifikationselementen aus beobachtbarem Arbeitshandeln. Frankfurt am Main.

Scheel, A. (1987): Veränderungen im Konstruktionsbereich durch CAD- -Technologie. Curriculare Perspektiven zur Reform der Berufsausbildung Technischer Zeichner. Bad Salzdetfurth.

Steffens, H. (1987): Der stumme Dialog. Technik und Gesellschaft heute. Handreichungen für Lehrer und Kursleiter. Stuttgart.

Walze, H. (1987): Deutsche Roboterforschung holt auf. Bericht vom MHI-Forum '87. In: Elektronik, (1987) 19, S. 88–96.

Wobbe-Ohlenburg, W. (1982): Automobilarbeit und Roboterproduktion. Eine Fallstudie zum Einsatz von Industriearbeitern im Volkswagenwerk. Berlin: Die Arbeitswelt.

Beitrag 2 aus dem Jahr *1994*: Evaluation und Revision der Rahmenlehrpläne des Landes Hessen Berufsfelder Metall- und Elektrotechnik

Universität Bremen, Institut Arbeit und Technik, Abschlussbericht August 1994

Mit dem Abschlussbericht vom August 1994 zum Projekt „Evaluation und Revision der Rahmenlehrpläne des Landes Hessen – Berufsfelder Metall- und Elektrotechnik“ wurde von A. Willi Petersen für die Universität Bremen, Institut Technik und Bildung (ITB), ein 204 Seiten umfassendes Werk vorgelegt, das hier im Folgenden nur in Auszügen wiederveröffentlicht werden soll. Dies geschieht deswegen, da in dem Projektbericht sehr relevante berufsdidaktische Einordnungen und Ausblicke vorgenommen wurden, die – so die These – hohe Relevanz für die weiteren ordnungspolitischen Entwicklungen in der beruflichen Bildung hatten.

Um die hier wiedergegebenen Auszüge in den Gesamtzusammenhang bringen zu können, wird nun eine kurze Zusammenfassung in den Abschlussbericht geleistet. Vor dem Abschlussbericht ist im Oktober 1993 ein Zwischenbericht von A. Willi Petersen veröffentlicht worden. Obwohl die Leitung des Projektes bei Felix Rauner vom ITB angegeben wird, ist der Projektbericht einzig unter dem Namen A. Willi Petersen veröffentlicht worden mit dem Verweis, dass die hauptverantwortliche Mitarbeit bei Dr. Willi Petersen lag.

Das Bundesland Hessen wollte durch das Projekt die geltenden Rahmenlehrpläne für die Berufsausbildung in den Berufsfeldern Metall- und Elektrotechnik evaluieren lassen. Die 1987 neu in Kraft getretenen Verordnungen sollten unter Berücksichtigung vorliegender Erfahrungen aus den Berufsschulen daraufhin untersucht werden, ob die hohen und neuen Anforderungen und Erwartungen tragen und wie und in welcher Form sie überarbeitet und weiterentwickelt werden können.

Der Abschlussbericht ist in drei Kapiteln aufgeteilt. Im ersten Kapitel, das etwa 1/3 des Projektberichtes ausmacht, werden die Ausgangssituation, die Problemstellung und die Ziele der Evaluation vorgestellt sowie deren Einordnung in die Ordnungsmittelarbeit dargestellt und die Ergebnisse der Evaluation präsentiert.

Methodisch wird aufbauend auf einer Problemanalyse, die sich aus einer Literaturauswertung und aus Praxisgesprächen speist, eine „Zusammenfassung kritischer Anmerkungen, Hinweise und Fragen“ (Abschlussbericht, S. 17) erarbeitet, die „daher “nur” ein Praxisausschnitt und Meinungsbild“ (Abschlussbericht, S. 24) darstellt. Weiterhin wird nicht eindeutig beschrieben, wie die Evaluation methodisch durchgeführt wurde. Aus heutiger Sicht würde hier vermutlich eine kategoriengeleitete Inhaltsanalyse als Methodik hinzugezogen werden, um den wissenschaftlichen Gang zu fundieren. Als Ergebnis der Evaluation wurde festgehalten, dass die Ausbildungsordnungen bzw. Ausbildungsrahmenpläne und die KMK-Rahmenlehrpläne nach didaktisch unterschiedlich ausgerichteten und zu bewertenden Ansätzen entwickelt wurden. „Die Ausbildungsrahmenpläne stellen eher eine Ziel- und Inhaltsanpassung an die beruflichen Tätigkeitsinhalte und neuen Arbeitsanforderungen dar, während die KMK-Rahmenlehrpläne vorwiegend Ausbildungsinhalte beinhalten, die sich an den veränderten Technikinhalten und den teils “alten” fachsystematischen Strukturen der jeweils korrespondierenden Fach- bzw. Ingenieurwissenschaft orientieren“ (Abschlussbericht, S. 65). Durch die unterschiedlichen curricularen Entwicklungsansätze konnten sachlich-inhaltliche und zeitliche Struktur- und Abstimmungsprobleme aufgezeigt werden. Es wurden Ziel- und Inhaltsdefizite analysiert und daraus die Empfehlung zu einer curricularen Weiterentwicklung gegeben. Es wurde geschlussfolgert, dass „eine neue und abgestimmte Berufsausbildung, die auf eine umfassende und zwischen den Lernorten inhaltlich abgestimmte Vermittlung einer beruflichen Handlungs-, Gestaltungs- und Lernkompetenz zielt, andere Inhaltsstrukturen“ (Abschlussbericht, S. 67) aufweisen sollte, als die die in den 1987er Ausbildungsplänen didaktisch-methodisch vorgegeben sind. Mit der Forderung nach einem neuen didaktisch-methodischen Ansatz zur Ausbildungs- und Lehrplangestaltung endet das erste Kapitel.

Diesem neuen Ansatz widmet sich, auch im historischen Begründungszusammenhang, das zweite Kapitel, das etwa die Hälfte des Projektberichtes ausmacht. Unter anderem mit dem Begriff der „beruflichen Handlungskompetenz“ werden die „neuen“ Berufsbildungsziele begründet und analysiert. Darauf aufbauend wird die Frage nach einer zieladäquaten Gestaltung der didaktisch-methodischen Makrostrukturen sowie der berufsbezogenen Unterrichtsinhalte gestellt. Nach einer breiten Darlegung von Ansätzen, die Orientierungen geben sollen, werden historische Entwicklungen nachgezeichnet und kritisch betrachtet, um darauf aufbauend zu begründen, dass Rahmenlehrpläne für den berufsbezogenen Unterricht zukünftig vier Bezugsebenen – den Technikbezug, den Arbeitsbezug, den Gesellschaftsbezug und den Subjektbezug – zu berücksichtigen haben. Im Kapitel 2.2.2 werden dann Lernfelder als ein strukturierendes Element der Unterrichts- und Rahmenplangestaltung von Petersen vorgestellt:

> *„Ausgangspunkt für eine neue didaktisch-methodische Makrostruktur der Rahmenpläne ist ein auf der Grundlage des vorgestellten Neuansatzes entwickeltes Lernfeld-Modell. Das heißt, mit den Ansatzprinzipien der „Arbeitsorientierung" und der „Inhaltsintegration" werden „Lernfelder" begründet, die nach diesem Modell das strukturierende Element der Unterrichts- und Rahmenplangestaltung sein sollen." (Abschlussbericht, S. 140)*

Lehrgänge oder Lerngebiete und die Struktur von Unterrichtsfächern sollen durch eine neue Lernfeldstruktur werden, die ein integratives Lernen, Denken und Handeln in berufsbezogenen Zusammenhängen eröffnen und fördern. Das Lernfeld-Modell soll Grundsätze und Erkenntnisse des handlungsorientierten Unterrichts aufnehmen und neben den Ziel- und Inhaltsvorgaben auch berufsbezogene Aufgabenstellungen festschreiben. Petersen entwickelt in seinen Empfehlungen bereits Lernfeldtypen, die der berufsfeldbreiten Grundbildung, der berufsspezifischen Fachbildung und der fachrichtungsspezifischen Fachbildung dienen. Weiterhin wird die Empfehlung zur Entwicklung von „didaktisch-methodischen Handreichungen" gegeben. Diese sollen entsprechend dem Lernfeld-Modell exemplarisch ausgearbeitete Lernfelder enthalten und konkrete didaktisch-methodische Anregungen für die Unterrichtsplanung und -durchführung geben. An Beispielen wird dies bereits im Abschlussbericht geleistet.

Das dritte Kapitel gibt sehr kurz Empfehlungen für einen Schul- und Modellversuch, der unter dem Titel „Partizipative Entwicklung von berufsbezogenen Lernfeldern und Lernaufgaben und deren Erprobung im Kontext einer schulnahen Rahmenplanentwicklung" das bisher nur theoretisch-exemplarische Konstrukt der Lernfelder in die Schulpraxis bringen könnte.

Evaluation und Revision der Rahmenlehrpläne des Landes Hessen

Berufsfelder Metall- und Elektrotechnik

(...)

Rahmenlehrpläne für die Berufsschulen haben ebenso wie die Ausbildungsrahmenpläne für die Betriebe innerhalb der dualen Berufsausbildung eine hohe berufsbildungspolitische und ausbildungsdidaktische Bedeutung und Funktion. In Verbindung mit dem Bildungsauftrag der Berufsschulen kommt ihnen als curriculare Unterrichtsvorgabe im Wirkungsfeld der verschiedenen schulischen Rahmenbedingungen und Einflussfaktoren für die Praxis und Qualität der schulischen Berufsausbildung im „Dualen System" ein besonderer Stellenwert zu.

Die vorliegende Studie evaluiert die geltenden Rahmenlehrpläne für die Berufsausbildung in den Berufsfeldern Metall- und Elektrotechnik des Landes Hessen. Diese Rahmenlehrpläne wurden im Anschluss der ab 1987 neu in Kraft getretenen Verordnungen über die Berufsausbildung in den industriellen und handwerklichen Metall- und Elektroberufen sowie auf der Basis der mit diesen Verordnungen abgestimmten KMK-Rahmenlehrpläne erstellt. Mit der vom Hessischen Kultusministerium in Auftrag gegebenen Evaluation der Rahmenlehrpläne sollte unter Berücksichtigung vorliegender Erfahrungen in den Berufsschulen vor allem untersucht werden, ob die hessischen Rahmenlehrpläne den mit der Neuordnung der Metall- und Elektroberufe insgesamt verbundenen hohen und neuen Anforderungen und Erwartungen gerecht werden und wie und in welcher Form sie überarbeitet und weiterentwickelt werden können.

Mit der Lehrplanevaluation wurden vom Hessischen Kultusministerium zum einen die bestehenden Koordinierungsgruppen für die Berufsfelder Metall- und Elektrotechnik betraut. Diese hatten die entsprechenden KMK-Rahmenlehrpläne auch in die geltenden hessischen Rahmenlehrpläne curricular und didaktisch umgesetzt. Zur Unterstützung der Koordinierungsgruppen wurde zum anderen eine wissenschaftliche Begleitung beauftragt und an der Evaluation der Rahmenlehrpläne beteiligt. Diese Begleitung erfolgte unter der Leitung von Prof. Dr. Felix Rauner und der hauptverantwortlichen Mitarbeit von Dr. Willi Petersen am Institut Technik und Bildung der Universität Bremen.

(...)

Begründung und Ansatz einer neuen Rahmenplangestaltung als Beitrag zur Weiterentwicklung der hessischen Rahmenlehrpläne für die Metall- und Elektroberufe

Zur Entwicklung und Begründung eines neuen Ansatzes zur Rahmenplangestaltung wurde bereits im Zwischenbericht der Evaluation der hessischen Rahmenlehrpläne ein Ansatzvorschlag als Diskussionsgrundlage ausgearbeitet (vgl. Petersen 1993, S. 67 ff.). Aufgrund der Bedingungs- und Wirkungszusammenhänge der Rahmenlehrpläne im Berufsbildungssystem wurde bei diesem Ansatz zum einen didaktisch Bezug genommen auf das „Berufskonzept“ und die ausbildungsdidaktische Organisation der Berufsausbildung im „Dualen System“. Des Weiteren wurden als konkrete curriculare Ausgangsgrundlage die nach der Neuordnung geltenden Ausbildungsberufsbilder der Metall- und Elektroberufe mit den entsprechenden Ausbildungsordnungen bzw. Ausbildungsrahmenplänen und den KMK-Rahmenlehrplänen berücksichtigt. Zum anderen wurde mit dem Ansatzvorschlag vor dem Hintergrund und unter Berücksichtigung der Analyse- und Evaluationsergebnisse der Versuch unternommen, unter Vermeidung der evaluierten didaktischen und curricularen Defizite einen Beitrag zur Weiterentwicklung und innovativen Gestaltung von Rahmenplänen für den berufsbezogenen Unterricht zu leisten. Die mit dem Ansatz neu zu entwickelnden hessischen Rahmenpläne sollten so insgesamt den neuen Anforderungen an die Berufsausbildung besser gerecht werden und die verschiedenen Ausbildungs- sowie Schul- und Unterrichtsfunktionen im Rahmen der dualen Berufsausbildung optimaler als bisher erfüllen können.

Die im Zwischenbericht der Evaluation vorgestellten neuen Ansatzüberlegungen werden hier im Abschlussbericht aufgenommen und fortgeführt. Das heißt, in den folgenden Kapiteln werden vor dem Hintergrund der Analysen diese Ansatzüberlegungen in ihrem wesentlichen Gehalt noch einmal dargestellt und begründet. Zunächst werden jedoch im didaktischen Zusammenhang der Analysen diese durch weitere und insbesondere durch einige historische Untersuchungsergebnisse zu den Entwicklungen in der Lehrplangestaltung ergänzt. In Verbindung und auf der Grundlage weiterer Forschungsergebnisse sowie neuer Ideen und Erkenntnisse zur Gestaltung curricularer Berufsausbildungsvorgaben werden danach weitergehende Ansatzüberlegungen zur Rahmenplangestaltung vorgestellt und begründet. Sie reflektieren und berücksichtigen u. a. auch Diskussionsergebnisse der hessischen Koordinierungsgruppen zum Zwischenbericht. Im Ergebnis wird so mit dem Abschlussbericht ein umfassendes Konzept und neuer Ansatz als Beitrag zur Weiterentwicklung der hessischen Rahmenpläne für die Metall- und Elektroberufe ausgearbeitet und exemplarisch konkretisiert.

Ziel- und Ansatzanalysen zur Berufsausbildung und Rahmenplangestaltung

Wie die Untersuchungs- und Evaluationsergebnisse zu den Ausbildungsrahmenplänen und den KMK-Rahmenlehrplänen für die Metall- und Elektroberufe gezeigt haben, unterscheiden sich die betrieblichen und schulischen Pläne aufgrund der verschiedenen Entwicklungsansätze zum Teil erheblich. Mit der „Dualität“ der Berufsausbildung lassen sich die curricularen Unterschiede allenfalls durch Rückgriff auf die einfache „Lernort-Formel“ der „Praxis- und Arbeitsorientierung“ einerseits und der „Theorie- und Wissenschaftsorientierung“ andererseits erklären – heute aber nicht mehr begründen. Die Unterschiede bestehen zum Teil auf der Ebene der Ausbildungsziele, vor allem jedoch auf und unterhalb der Ebene der didaktisch-methodischen Makrostrukturen und der Ausbildungsinhalte. Curriculare und ausbildungsdidaktische Abstimmungsprobleme sind die Folge, die statt der Ausbildungsorientierung am „gemeinsamen Bildungsauftrag“ nicht nur zu einer Verfestigung des Nebeneinanders der „eigenständigen Lernorte“ führen. Vielmehr verhindern bzw. erschweren sie insbesondere handlungsorientierte und integrative Ausbildungs- und Lernkonzepte, die u. a. eine enge Verschränkung von Theorie und Praxis zur Voraussetzung haben und auf die Vermittlung einer vollständigen oder auch ganzheitlichen beruflichen Handlungskompetenz zielen. Zur dualen Berufsausbildung stellen sich so auch vor dem Hintergrund der neuen Ausbildungsziele zunehmend die Fragen einer Neubestimmung und -begründung der lernortbezogenen Aufgaben, Didaktikansätze und Ausbildungsvorgaben.

Didaktische Ansatzunterschiede und curriculare Unstimmigkeiten bestehen aber nicht nur zwischen den betrieblichen Ausbildungsrahmenplänen und den schulischen KMK-Rahmenlehrplänen. Sie bestehen vor allem auch zwischen den Länder-Lehrplänen, obwohl die KMK-Rahmenlehrpläne für diese Pläne die gemeinsame curriculare und didaktische Ausgangsbasis darstellen. Bezogen auf die zwischen den Länder-Lehrplänen festzustellenden Unterschiede ist von Bedeutung, dass die Unterschiede wiederum vor allem auf der Ebene der didaktisch-methodischen Makrostrukturen und der Ebene der berufsbezogenen Unterrichtsinhalte bestehen. Das heißt, die jeweiligen länderspezifischen Ansätze unterscheiden sich insbesondere in ihren didaktischen Prinzipien und Kriterien zur inhaltlichen Umsetzung der allgemeinen und übergeordneten Berufsausbildungsziele in eine diesen Zielen adäquate didaktisch-methodische

Lehrplanstruktur. Entsprechend unterschiedlich ist bundesweit die Durchführung des Berufsschulunterrichts. Weniger groß sind dagegen die Unterschiede bei den zu den übergeordneten Zielen bestimmten einzelnen fachlichen Inhalts- und Gegenstandsbereichen zum berufsbezogenen Unterricht, wenngleich auch hier hinsichtlich der inhaltlichen Schwerpunktsetzungen und des didaktischen Differenzierungsgrades sowie der zeitlichen Richtvorgaben teilweise erhebliche Unstimmigkeiten und Unterschiede festzustellen sind. Im Zusammenhang der Evaluationsergebnisse zu den hessischen Rahmenlehrplanen zeigen so auch die unterschiedlichen „Lösungen" der Ausbildungsrahmenpläne und der KMK-Rahmenlehrpläne sowie die verschiedenen „Lehrplanlösungen" der Länder, dass insbesondere die neuen Berufsausbildungsziele eine neue didaktisch-methodische Herausforderung zur Gestaltung von Ausbildungsvorgaben für die duale Berufsausbildung darstellen.

Wird so auch der Versuch unternommen, aufgrund der unterschiedlichen und bisher teils unsicheren und unzureichenden berufspädagogischen und didaktischen Antworten im Sinne einer Weiterentwicklung einen Neuansatz zur Rahmenplangestaltung zu begründen, so kann und soll es dabei im Wesentlichen nicht darum gehen, den vorhandenen Ansätzen, die sich im Prinzip auf die didaktische Umsetzung der KMK-Rahmenlehrpläne beziehen, einen weiteren Ansatz hinzuzufügen. Vielmehr soll und muss in der Reflexion und unter Berücksichtigung der Evaluationsergebnisse sowie auf der Grundlage der folgenden Analyse- und Untersuchungsergebnisse zugleich indirekt auch eine Weiter- bzw. Neuentwicklung des KMK-Lehrplanansatzes versucht werden. Denn wie sich an dem in Anlehnung an die bekannte „Curriculum-Acht" dargestellten Entwicklungs- und Umsetzungsprozess der Rahmenlehrpläne in Abb. 1 zeigt, ist aufgrund der evaluierten Lehrplandefizite ein Neuansatz zur Rahmenplangestaltung auch nur zu begründen, wenn er sich zugleich auf die „Entwicklungsstationen" (1) bis (4) der KMK-Rahmenlehrpläne bezieht. Das heißt, ist zum einen in die Analysen die gegenwärtige Ziel- und Anforderungssituation der Berufsausbildung umfassend einzubeziehen und bewusst zu machen, so sind für einen Neuansatz zur Lehrplangestaltung zum anderen auch die konkreten didaktisch-methodischen Ansatzfragen zu den weiteren „Entwicklungsstationen", wie z. B. die zur Abstimmungsproblematik mit den Ausbildungsrahmenplänen (ARP), in den Analysen zu berücksichtigen und zu reflektieren.

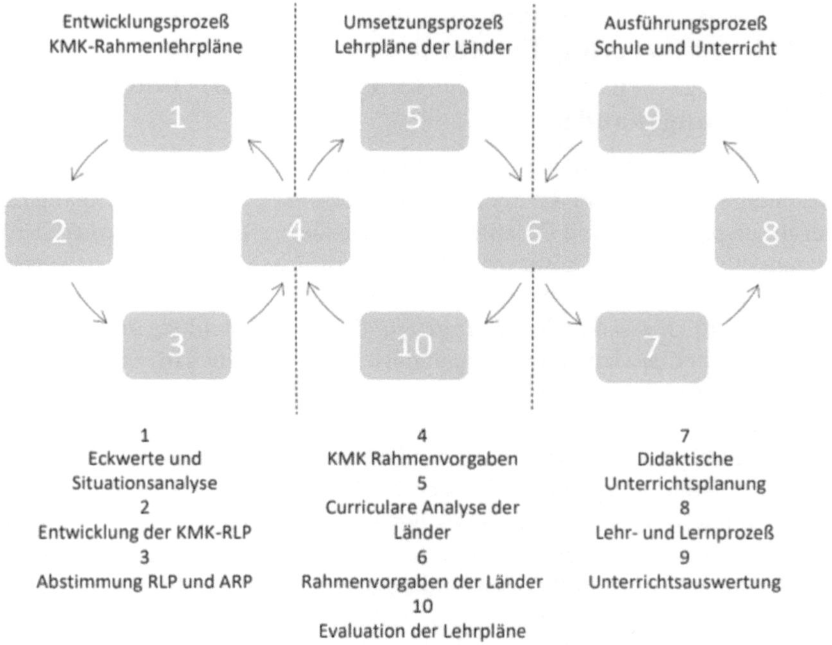

Abbildung 1: Entwicklungs- und Umsetzungsprozess der Rahmenlehrpläne

Die folgenden Ziel- und Ansatzanalysen zur Berufsausbildung und Rahmenplangestaltung beziehen sich von daher dem Prinzip nach auch unter den verschiedenen curricularen und didaktisch-methodischen Aspekten auf den Gesamtprozess der Rahmenplanentwicklung und -umsetzung, wie er in der Abb. 1 mit den wesentlichen „Entwicklungsstationen" – die auch auf den Entwicklungsprozess als einen „geschlossenen" Prozess „permanenter" Curriculumevaluation und -revision hinweisen – dargestellt ist. Sie orientieren sich im Einzelnen teils an diesen „Stationen", wobei in diese grundlegenden Ziel- und Ansatzanalysen insbesondere einige historische Analysen einbezogen sind, um den Neuansatz auch vor dem Hintergrund der Entwicklungen in der Lehrplangestaltung zu begründen.

Neue Berufsbildungs- und Ausbildungsziele als Grundlage und Herausforderung für eine neue Gestaltung von Ausbildungsvorgaben – Anmerkungen zum Ziel- und Anforderungswandel

Bei curricularen und didaktisch-methodischen Fragen zur Gestaltung von Ausbildungsvorgaben ist die Berufsbildungsforschung im Zusammenhang mit der Berufspädagogik und Didaktik herausgefordert, sich im Sinne einer „Situationsanalyse" mit den unterschiedlichen beruflichen und gesellschaftlichen Anforderungen und den darauf bezogenen Ausbildungszielen und -inhalten wissenschaftlich auseinanderzusetzen. Für die Berufsausbildung in den Metall- und Elektroberufen hat diese Auseinandersetzung besonders intensiv vor allem vor bzw. im Zusammenhang der 87er Neuordnung dieser Berufe stattgefunden. Sie liegt somit fast 10 Jahre zurück, so das auch die Entwicklungsergebnisse zu den Ausbildungsvorgaben nach der Neuordnung einem Diskussions- und Erkenntnisstand entsprechen, der sich im Kontext des Arbeits- und Gesellschaftswandels „zwangsläufig" aufgrund weiterer Untersuchungen und Diskussionen zur Berufsbildung verändert hat. Diese Veränderungen wurden im Wesentlichen bereits im Rahmen der summativen und formativen Evaluation der Ausbildungsvorgaben deutlich, da versucht wurde, u. a. neben den Ausbildungszielen auf der Grundlage der Neuordnung auch den gegenwärtigen Diskussions- und Erkenntnisstand zur Berufsausbildung in die Bewertungsgrundlage und den Referenzrahmen der Evaluation einzubeziehen.

Zur Frage, welche Ziele und Anforderungen heute unter Berücksichtigung der Entwicklungen und Veränderungen für die Berufsausbildung in den Metall- und Elektroberufen von Bedeutung sind, wurden so auch bereits implizit mit der Evaluation Ergebnisse vorgestellt und berücksichtigt, die zugleich als wesentliche Ausgangsgrundlage für eine Neugestaltung der Ausbildungsvorgaben gelten können. Insofern stellen auch bereits diese Ergebnisse eine zentrale Grundlage zum weiter unten zusammengefassten Gesamtkomplex der „neuen" Ziele und Anforderungen der Berufsausbildung dar. Im Sinne einer breiter angelegten „Situationsanalyse", die teils auch allgemeiner auf den hervorzuhebenden Ziel- und Anforderungswandel in der Berufsbildung Bezug nimmt, sollen jedoch zuvor im Folgenden einige grundlegende Aspekte der Auseinandersetzung mit den „neuen" Zielen und Anforderungen der Berufsbildung aufgenommen werden.

Wie ein übergreifender Blick in die europäische und internationale Arbeits- und (Berufs-)Bildungswelt zeigt und an der höchst unterschiedlich gestalteten Arbeits- und Bildungspraxis unmittelbar zu erkennen ist, kann diese

Auseinandersetzung nicht als ein rein objektiver Klärungsprozess verstanden werden. Die Klärung wie auch die Ergebnisse zu den Zielen und Anforderungen der Berufsbildung müssen vielmehr als kulturhistorisch bedingt und gesellschafts-, bildungs- und wirtschaftspolitisch geprägt begriffen werden. Ebenso ist bei einem Blick über die Ländergrenzen zu erkennen, dass selbst bei vergleichbaren Gesellschaftsformen und Technikanwendungen unterschiedliche Arbeitskonzepte und Arbeitsanforderungen mit ebenso verschiedenen „Berufs"-Bildungskonzepten und -strukturen möglich sind. So ist auch zur Frage nach den Zielen und Anforderungen der Berufsbildung grundsätzlich davon auszugehen, dass zwischen der Arbeits-, Technik- und Bildungsgestaltung kein deterministischer Zusammenhang besteht und die Frage auch als prinzipiell offen zu betrachten ist. Dies gilt umso mehr im Kontext historisch-gesellschaftlicher Entwicklungen, und wenn die Ziele und Anforderungen, ausgehend von den je bestehenden „Situationen und Systemverhältnissen", auch auf die Gestaltung der Zukunft bezogen werden.

Ist einerseits grundsätzlich von einer engen Wechselbeziehung zwischen den Anforderungen an die Berufsbildung und den curricularen Vorgaben für die berufliche Aus- und Weiterbildung auszugehen, so können insofern andererseits weder die Anforderungen noch die Ziele und Inhalte der Berufsbildung als einfach aus den „Lebens- und Arbeitssituationen" oder gar aus den Wissenschaften ableitbare und als rein objektiv bestimm- und bewertbare Größen begriffen werden. Insbesondere ist so z. B. auch die „Beruflichkeit" oder das Berufskonzept, als der Kern der „beruflichen" Bildung, wie auch die duale Organisation der Berufsausbildung nicht zwingend aus den Arbeitssituationen im Beschäftigungssystem abzuleiten. Dabei gilt im Einzelnen heute zweifellos, das z. B. vielfältige naturwissenschaftliche Gesetzmäßigkeiten, einzelne Techniklösungen oder auch bestimmte Arbeitsgegenstände und Tätigkeiten als weitgehend allgemeingültig bestimmbare Inhalte und Gegenstände der Arbeit und Berufsbildung anzusehen sind. Insgesamt können jedoch die Anforderungen wie auch die darauf bezogenen Ziele und Inhalte der Berufsbildung nur vor dem je gesellschaftlichen und kulturhistorischen Hintergrund betrachtet und bestimmt werden. In historischer Perspektive sind sie zudem als sich verändernde und veränderbare und damit zugleich auch als zukunftsoffen zu begreifen.

Die Entwicklung von Vorgaben zur Berufsbildung, ob auf der Ebene der Systementscheidungen oder der Festlegung von Berufsbildern oder wie hier auf der curricularen Ebene der Lehrpläne bzw. Rahmenpläne, hat diesen Hintergrund unter Ansatzaspekten inhaltlich und methodisch insofern zu berücksichtigen, da im Rahmen der Situationsanalyse zunächst didaktisch zu klären ist, auf welche berufsbildungspolitische und curriculare Ansatzgrundlage sich die Rahmenplanentwicklung insgesamt bezieht bzw. beziehen soll und von welchen übergeordneten Anforderungen und Zielen auszugehen ist. Hierzu stellt das Berufsbildungssystem der Bundesrepublik Deutschland zum einen durch die „Systementscheidungen“ sowie die bildungs- und wirtschaftspolitischen Bedingungen und Eckwerte einen Rahmen dar, innerhalb dessen berufliche Anforderungen und Ziele vorgegeben und zu ermitteln bzw. curricular zu bestimmen sind. Zum anderen wurde bereits deutlich, dass sich die Anforderungen und Ziele nicht nur im Sinne der curricularen „Situations-Anpassung“ und nicht ausschließlich empirisch erheben lassen, so das u. a. Leitideen und Gestaltungsperspektiven zu den gegebenen „Arbeits- und Lebenssituationen“ notwendig und in der Berufsbildung zu berücksichtigen sind.

Gesellschafts- und systembedingt ist heute zur Berufsbildung davon auszugehen, und dies gilt übergreifend für die berufliche Aus- und Weiterbildung, dass diese unter curricularen Ansatzaspekten und im Hinblick auf die zu berücksichtigenden übergeordneten Anforderungen und Ziele heute nicht nur eng auf die Berufsarbeit bezogen ist. Sie ist eingebettet in ein Geflecht vielfaltiger und teils disparater Interessen, Anforderungen und Erwartungen. Die Berufsbildungsziele sind so auch allgemein auf einen komplexen Anforderungs- und Wirkungszusammenhang bezogen, zu dem die Analyse zeigt, dass sich die Anforderungen wie die Ziele für eine didaktische Grobstrukturierung nach drei Kategorien differenzieren und strukturieren lassen. Auf der Zielebene hat die Berufsbildung danach gesellschaftliche Anforderungen und Erwartungen, betriebliche Anforderungen und Erwartungen sowie individuelle Anforderungen und Erwartungen zu erfüllen. Diese Ziel- und Anforderungskategorien sind wechselseitig aufeinander bezogen und können heute einerseits, bei weiterer und entsprechender didaktischer Ausdifferenzierung, als ein integratives Moment allgemeiner und beruflicher Bildung begriffen werden. Besonders in der historischen Perspektive zeigt sich andererseits jedoch, dass die verschiedenen Ziel- und Anforderungskategorien in ihrer jeweiligen curricularen Bedeutung wie in ihrem didaktischen Stellenwert berufsbildungspolitisch wie auch berufspädagogisch und ausbildungsdidaktisch je unterschiedlich bewertet wurden und werden. Im Hinblick auf die didaktische Gestaltung und curriculare Bestimmung von Vorgaben zur Berufsbildung ist so auch trotz sich zunehmend überschneidender und auch gemeinsamer Zielvorstellungen zur Berufsbildung faktisch bis heute festzustellen, dass aufgrund der unterschiedlichen Interessen und Erwartungen bei der Bewertung und Berücksichtigung der verschiedenen Ziel- und Anforderungskategorien prinzipiell Interessen- und Zielkonflikte vorbestimmt und zu lösen sind.

Die unterschiedliche Berücksichtigung der verschiedenen Anforderungsaspekte in den Zielausrichtungen der Berufsbildung ist aber auch teils durch die „Systementscheidungen“ bedingt und erklärbar. Unterschiede lassen sich so zum einen insbesondere zwischen den Berufsbildungszielen der beruflichen Erstausbildung und der beruflichen Weiterbildung feststellen. Vor allem aufgrund der Funktionen und Aufgaben sowie der vorwiegend privaten bzw. betrieblichen Träger der beruflichen Weiterbildung zeigt sich relativ eindeutig, dass sich die Weiterbildungsziele und -inhalte fast ausschließlich und unmittelbar an den Arbeitsanforderungen und betrieblichen Zielsetzungen ausrichten.

In der dual organisierten beruflichen Erstausbildung sind zum anderen wiederum teils deutliche Unterschiede zwischen den betrieblichen und schulischen Ausbildungszielen zu erkennen. Insbesondere deshalb, weil die öffentlichen Berufsschulen im Gegensatz zu den Betrieben auch einen gesetzlichen Bildungsauftrag zu erfüllen haben, dessen Ziele über die unmittelbaren betrieblichen Berufsanforderungen hinausweisen.

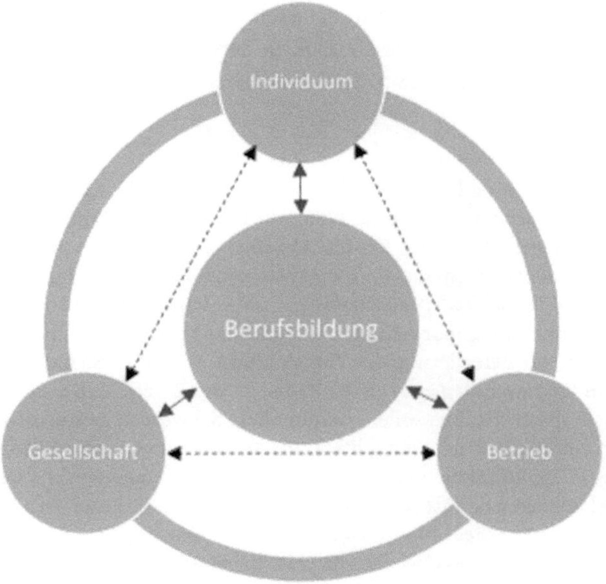

Abbildung 2: Ziel- und Anforderungskategorien zur Berufsbildung

So enthalten die – bezeichnender Weise – vom Bundesminister für Wirtschaft erlassenen Rechtsverordnungen zur Berufsausbildung entsprechend der vorgegebenen „Zielsetzung der Berufsausbildung" auch „nur" diejenigen Fertigkeiten und Kenntnisse, das s durch deren Vermittlung, die sich „an den Anforderungen des Berufes orientiert", der Auszubildende „zur Ausübung einer qualifizierten beruflichen Tätigkeit befähigt wird" (vgl. BMWi z. B. … Metallberufe 1987, § 3 Abs. 4).

Vor dem Hintergrund der drei Anforderungskategorien stand und steht die Berufsbildung historisch betrachtet auch seit je her in der „Gefahr", nicht mit dem Ansatz der „Ganzheitlichkeit" bzw. Integration von allgemeiner und beruflicher Bildung begriffen zu werden, sondern ausschließlich in der Abhängigkeit von den unmittelbaren Wirtschafts- und betrieblichen Arbeitsanforderungen. So waren selbst in den frühen aufklärerischen Konzepten allgemeiner „Arbeitserziehung" die Prinzipien des Utilarismus und der Industriosität vorherrschend.[15] Funktionalisierung der „Berufsbildung" u. a. im Zusammenhang der Verkürzungen der Berufsbildungsinhalte auf ein „Abbild" tayloristischer Arbeitsinhalte oder auch von Berufsbildern, die nur als eine „Trainings-Schablone" für die Anpassung der Arbeitnehmer an die Arbeitsprozesse zu bezeichnen sind, sind so auch Momente, die der Durchsetzung neuer Berufsbildungsideen, wie sie z. B. in den Zielsetzungen zur beruflichen Autonomie, Emanzipation und Selbständigkeit oder zu einer umfassenden

15 Nach den Zielen dieser Konzepte sollte vor allem der „große namenlose Haufen" der künftigen Lohnarbeiter (Villaume 1785) nur nach seinem Stande und den Arbeitsanforderungen gemäß erzogen werden. Mit einer „gehorsamen Arbeitshaltung" sollte der einzelne Mensch nicht nur für die Arbeit, sondern auch für das damalige Gesellschaftssystem „brauchbar" gemacht werden: „Man lehre dem Kind nur so viel, als ihm für seinen Stand brauchbar ist. Alles was darüber geht, ist von Übel", so heißt es in einer Schrift „zur Beförderung der Volksbildung" von 1800. So hatten insbesondere auch die Industrieschulen etwa zu der Zeit u. a. „den Zweck, daß die Kinder nur über das, was sie später machen sollen, nachdenken. Sie werden gewohnt an das was ihr Geschäft sein soll. So muß ein Buchfedermacher Metall usw. beurteilen können, aber sich nicht in Spekulationen über das Gesamtwerk … einlassen." Es kam darauf an nicht „viel denken und räsonieren zu können, sondern viel und gern tun, und zwar das gern tun, wozu diese Menschenklasse geschaffen ist." (vgl. Georg/Kunze 1981, S. 25 ff.) Ähnlich heißt es etwa hundert Jahre später bei Kerschensteiner: „Der Wert unserer Schulerziehung, soweit sie die großen Volksmassen genießen, beruht im Wesentlichen weniger auf der Ausbildung des Gedankenkreises als vielmehr in der konsequenten Erziehung zu fleißiger, gewissenhafter, gründlicher, sauberer Arbeit, in der stetigen Gewöhnung zu unbedingtem Gehorsam und treuer Pflichterfüllung und in der autoritativen unablässigen Anleitung zum Ausüben der Dienstgefälligkeit" (Kerschensteiner 1901, S. 35).

beruflichen Handlungs- und Gestaltungskompetenz zum Ausdruck kommen, in der Berufsbildungspraxis teils bis heute entgegenstehen. Zunehmend zeigt sich jedoch in den letzten Jahren aufgrund des Gesellschafts- und Arbeitswandels, dass die Berufsbildung durch zentrale Veränderungen gekennzeichnet ist und sich in den Diskussions- und Klärungsprozessen zu einer ganzheitlichen Bestimmung der Zielsetzungen und Anforderungen der Berufsbildung ein entscheidender Wandel, ja ein Paradigmenwechsel vollzogen hat.

Das heißt, durch die Veränderungen ist in den Berufsbildungsdiskussionen der letzten Jahre nicht zu übersehen, dass sich insbesondere die noch in den 1970er Jahren teils äußerst kontrovers geführten berufsbildungspolitischen und berufspädagogischen Auseinandersetzungen um die Zielsetzungen und Aufgaben der Berufsbildung im Kern beruhigt und fast verflüchtigt haben. Statt der polarisiert geführten Diskussionen, die jeweils gekennzeichnet waren durch die Vernachlässigung bzw. Betonung der mehr berufspädagogisch motivierten gesellschaftlichen und individuellen Ansprüche in der Berufsbildung einerseits und der dominanten Ausrichtung der Berufsbildung an den unmittelbaren betrieblichen Interessen und Qualifikationsanforderungen andererseits, ist heute allenthalben eher eine breite Übereinstimmung zu den Zielen und Aufgaben der Berufsbildung auszumachen.

Als wesentliche Ursache für die Veränderungen und den unverkennbaren Diskussionswandel kann insbesondere der Arbeits- und Technologiewandel seit Anfang und Mitte der 80er Jahre gelten. Vor allem die Verbreitung neuer Produktions- und ganzheitlicher Arbeitskonzepte, eingeführt aufgrund neuer Entwicklungen im Bereich der Produktions-, Informations- und Kommunikationstechnologien wie ebenso aufgrund des verschärften Produktivitäts- und Qualitätswettbewerbs, hat so mit neuen ganzheitlicheren Arbeitsanforderungen auch ein Umdenken im Bereich der Berufsbildungsfragen bewirkt. Um den Kern der Wandlungsprozesse, die hier in der Komplexität nicht nachgezeichnet werden können, zu charakterisieren, lässt sich die neue Situation in ihrer allgemeinen Berufsbildungsbedeutung wie auch in ihrer Bedeutung für die Berufsausbildung in den Metall- und Elektroberufen durch die drei folgenden Aussagen treffend kennzeichnen.

So kommt z. B. Lipsmeier aufgrund von Ergebnisanalysen zum Arbeitswandel zu der Einschätzung, dass heute eine „ganzheitliche Bildung“ für den Arbeitnehmer, der z. B. „auch zu dispositiven Leistungen fähig ist und über 'professionelle Autonomie' verfügt, … nicht nur von 'linken' Berufspädagogen wie Lempert, sondern auch von den Qualifikationsforschern und auch von der Wirtschaft angesichts der technologischen Entwicklung gefordert wird“ (Lipsmeier 1988, S. 80 u. 88). Im Tenor gleich kommt ebenso Rauner zur neuen

Anforderungssituation der Berufsbildung zu dem Schluss, dass heute „das Konzept einer auf Partizipation und (Mit)Gestaltung von Arbeit und Technik angelegten Bildung weniger Ausdruck einer progressiven Pädagogik (ist), sondern schon eher ein Reflex auf sich verändernde Produktionsverhältnisse" (Rauner 1990, S. 55). Des Weiteren kommen auch Brater und andere aufgrund des „Umschlagens der Anforderungen in der Arbeitswelt" zu der relativ weitreichenden Aussage und Einschätzung, dass sich die „alten pädagogischen Gegensätze von Berufsausbildung und persönlichkeitsbildender Allgemeinbildung heute faktisch aufgehoben haben". In den neuen Arbeitsanforderungen sehen sie nicht nur eine Stutzung und Bestätigung ihres subjektorientierten Berufsbildungsansatzes, sondern dadurch, dass heute zunehmend selbständiges Handeln und die Autonomie der Persönlichkeit in den Betrieben gefordert wird, stellen sie sogar pointiert fest, „daß erst die moderne Berufsausbildung wirklich tätig einlösen muß, was in der neuhumanistischen Bildungsphilosophie stets nur Programm geblieben ist" (vgl. Brater u. a. 1988, insbes. S. 25 ff.).

Mit diesen exemplarischen Aussagen, die durch vielfältige weitere Studien und Aussagen bestätigt und ergänzt werden können, wird die veränderte und heutige Anforderungssituation der Berufsbildung mit „alten wie neuen" Zielsetzungen unmittelbar deutlich. Besonders vor dem Hintergrund der prinzipiell durch unterschiedliche Interessen bestimmten Ziel- und Anforderungskategorien (siehe Abb. 2) zeigt sich, dass heute eine weitgehende Annäherung in den berufsbildungspolitischen wie berufspädagogischen Auseinandersetzungen, um die in der Berufsbildung zu berücksichtigenden Ziele und Anforderungen stattgefunden hat. Diese Annäherung zeigt sich nicht nur auf der Ebene der berufspädagogischen Diskussionen, sondern heute teils konkret auf den verschiedenen Praxisebenen der beruflichen Aus- und Weiterbildung. Da sich die Veränderungen bereits Anfang und Mitte der 80er Jahre abzeichneten, zeigt sie sich im Ansatz auch schon auf der Zielebene der „neuen" Ausbildungsordnungen und Rahmenlehrpläne von 1987. So gelten z. B. insbesondere die Neuordnungen der industriellen Metall- und Elektroberufe geradezu als ein neues „Beispiel sozialer Partnerschaft", zu der die Tarifparteien weithin betonten, dass die „Entwicklung der neuen Ausbildungsordnungen ohne Arbeitskampf" und zur „Erreichung der Ziele ein beiderseitig befriedigender Kompromiß auch ohne die Daumenschrauben des Streiks möglich war" (vgl. Institut der deutschen Wirtschaft 1987, S. 25 f.).

Dennoch zeigt sich im Spannungsverhältnis von Theorie und Praxis wie auch insbesondere anhand der Evaluationsergebnisse dieser Studie, dass trotz der Annäherung und größeren Gemeinsamkeiten in der Berufsausbildung heute noch je nach Erkenntnisinteresse, berufsbildungspolitischem Standort oder didaktischem Ansatz unterschiedliche Schwerpunktsetzungen und

Zielausrichtungen in der Berufsbildung bestehen. So sind gerade bei den konkreten Ziel- und Inhaltsentscheidungen in den geltenden Ausbildungsvorgaben heute nach wie vor entweder gesellschaftliche oder betriebliche oder individuelle Interessen mehr oder weniger ausgeprägt berücksichtigt oder vernachlässigt. Ebenso wird die Berufsbildung heute noch vielfach fast ausschließlich in der Funktion und im Sinne einer Dienstleistung betrachtet, die sich – wie durch das Berufsbildungsgesetz von 1969 vorgegeben – nur den jeweiligen technischen, wirtschaftlichen und gesellschaftlichen Entwicklungen anzupassen hat. Im Hinblick auf die notwendige und oft geforderte „Flexibilität und Offenheit" der Berufsausbildung wird diese so vielfach noch nicht erreicht und des Weiteren verhindert, dass die Berufsbildung auch als ein relativ eigenständiger Faktor im Wirkungszusammenhang der gesellschaftlichen und betrieblichen Anforderungen und Wandlungsprozesse begriffen wird.

Die „neuen" Zielsetzungen und Anforderungen der Berufsausbildung – Eine Übersicht

Versucht man vor dem Hintergrund der neuen Situation und der hervorgehobenen Wandlungsprozesse zur Berufsbildung im Folgenden unter Berücksichtigung der unterschiedlichen Ziel- und Anforderungskategorien eine Übersicht zum Gesamtkomplex der „neuen" Berufsausbildungsziele zu geben, so soll damit insbesondere auch die eingangs gestellte Frage wiederaufgenommen werden. Das heißt, mit der folgenden Übersicht wird vor allem eine zusammengefasste Antwort auf die Frage versucht, „welche Ziele und Anforderungen heute unter Berücksichtigung der Entwicklungen und Veränderungen für die Berufsausbildung in den Metall- und Elektroberufen von Bedeutung sind und zugleich als wesentliche Ausgangsgrundlage für eine Neugestaltung der Ausbildungsvorgaben gelten können".

Da dieser Versuch grundsätzlich mit dem Problem behaftet ist, die hierzu analysierte und diskutierte Vielfalt der übergeordneten Ziele und Anforderungen zu strukturieren und für eine Übersicht zu selektieren, sollen hier entsprechend der Situationsanalyse sowie auch unter Bezug auf die Evaluationsergebnisse im Wesentlichen zwei „Quellen" Berücksichtigung finden. Zum einen sollen diejenigen Zielsetzungen und Anforderungen in die Übersicht aufgenommen werden, die in den geltenden gesetzlichen Rahmenvorgaben und Vereinbarungen für die Berufsausbildung in den Metall- und Elektroberufen, d. h. konkret in den 1987er Ausbildungsordnungen bzw. Ausbildungsrahmenplänen (ARP) und KMK-Rahmenlehrplänen, enthalten und nach den Analyse- und Evaluationsergebnissen heute noch von zentraler Bedeutung sind. Sie werden mit neuen Zielsetzungen zum Bildungsauftrag der Berufsschulen auf der Grundlage neuer KMK-Beschlüsse und des neuen Hessischen Schulgesetzes ergänzt. Darüber hinaus werden zum anderen die Ziele zur Berufsausbildung in die Übersicht aufgenommen, die in der Situationsanalyse und in den neueren berufspädagogischen und didaktischen Diskussionen sowie auch in Modellversuchen nach der Neuordnung zum Ausdruck kommen und heute in die Ausbildungsvorgaben für die Metall- und Elektroberufe aufzunehmen sind. Insgesamt ergibt sich so ein Komplex „neuer" Zielsetzungen und Anforderungen zur Berufsbildung, der anhand der stichwortartig in Abb. 2-5 zusammengestellten Übersicht im Folgenden auch als eine wesentliche Ansatz- und Zielgrundlage für die neu zu gestaltenden Rahmenpläne zu erläutern ist. Mit der in den Ausbildungsordnungen von 1987 für die Metall- und Elektroberufe aufgenommenen „Zielsetzung der Berufsausbildung" wird gefordert, „daß der Auszubildende … zur Ausübung einer qualifizierten beruflichen Tätigkeit befähigt wird, die insbesondere selbständiges Planen, Durchführen und Kontrollieren einschließt" (BMWi z. B. Elektroberufe, § 3 Abs. 4). Diese Zielsetzung, die im Prinzip nicht neu ist und „Zielgrößen mit langer berufspädagogischer Tradition" (Lipsmeier 1992) beinhaltet, hat bisher entscheidende Veränderungen in der Ausbildungspraxis bewirkt. Ihre weitreichende und konsequente Ausbildungsbedeutung ist vor allem damit zu erklären, dass die Zielsetzung heute als eine rechtsverbindliche Ausbildungsvorgabe zu betrachten ist. Im Sinne der Anpassung der Ausbildung an die veränderten betrieblichen Anforderungen wurde und wird mit diesem Ausbildungsziel insbesondere dem Arbeitswandel Rechnung getragen, der sich besonders durch die Verbreitung neuer Arbeitsformen von einer Facharbeit nach Anweisung hin zu einer Arbeit, die den mehr selbständig handelnden Facharbeiter erfordert, vollzogen hat.

- Vermittlung einer Berufsfähigkeit zur Ausübung von Tätigkeiten, die selbständiges Planen, Durchführen und Kontrollieren der Arbeit einschließt (ARP)
- Vermittlung einer Berufsfähigkeit, die Fachkompetenz mit allgemeinen Fähigkeiten humaner und sozialer Art verbindet (KMK)
- Vermittlung einer Berufsfähigkeit, die die Befähigung zur Mitgestaltung der Arbeitswelt und Gesellschaft in sozialer und ökologischer Verantwortung einschließt (KMK)
- Vermittlung einer beruflichen Handlungskompetenz, mit
  - Fachkompetenz
  - Methodenkompetenz
  - Sozialkompetenz
  - Gestaltungskompetenz
  - Lernkompetenz (Entwicklung der Lernfähigkeit)
- Vermittlung von Schlüsselqualifikationen, z. B.
  - Kommunikationsfähigkeit
  - Kooperationsfähigkeit
  - Kreativität
  - Abstraktionsfähigkeit usw.

Abbildung 3: Der Komplex „neuer" Berufsbildungsziele – Eine Übersicht

Hat dieses Ziel der Berufsausbildung nach wie vor eine hohe Ausbildungsbedeutung, so ist die heute zu fordernde Befähigung zur „Selbständigkeit" mit dem Ziel der Ausbildungsordnungen jedoch beschränkt auf die „Ausübung der beruflichen Tätigkeiten", d. h. auf die durch das Berufsbild eingegrenzten Berufstätigkeiten. In den Ausbildungsordnungen für die Handwerksberufe wird diese Beschränkung noch deutlicher, da das Ausbildungsziel „nur" auf das „selbständige Planen, Durchführen und Kontrollieren" am „Arbeitsplatz" bezogen ist. Auch unter neuen betrieblichen Anforderungsaspekten wird selbständiges Handeln heute aber zunehmend teils auch als arbeitsplatz-, abteilungs-, berufs- und berufsfeldübergreifende Handlungs- und Gestaltungskompetenz notwendig. In der Verbindung einer engen Berufsbildfestlegung und einer engen Zielauslegung werden so Fähigkeiten in der Berufsausbildung vernachlässigt, die z. B. auf ein Denken und Handeln in Zusammenhängen, eine breite Beteiligungs- und betriebliche Mitgestaltungsfähigkeit oder auch auf die berufsübergreifende Zusammenarbeit im Team zielen. Im Sinne allgemeiner und beruflicher Bildung bleiben mit der verordneten „Zielsetzung der Berufsausbildung" unmittelbar und direkt des Weiteren aber auch gesellschaftliche und individuelle Anforderungen unberücksichtigt. Das Ausbildungsziel als übergreifende Zielsetzung der betrieblichen Berufsausbildung bedarf so aus heutiger

Sicht zur Vermittlung einer auch persönlichkeitsbildenden und umfassenden qualifizierten Berufsfähigkeit der Ergänzung. Diese „Ergänzung", bezogen auf die Berücksichtigung gesellschaftlicher und individueller Anforderungen, wird u. a. vielfach als eine Aufgabe der Berufsschule verstanden.

In den „neuen" Zielsetzungen der Berufsschule, die sich im Rahmen der dualen Berufsausbildung als eigenständiger Lernort und gleichberechtigter Partner versteht, sind entsprechend der Situationsanalyse die verschiedenen Ziel- und Anforderungskategorien der Berufsbildung heute bereits unter neuen Anforderungsaspekten berücksichtigt. Sie sind in dem nach den Schulgesetzen der Länder mit der Berufsausbildung in den Berufsschulen zu erfüllenden „neuen" Bildungsauftrag aufgenommen. Dieser orientiert sich zum einen grundsätzlich an den allgemeinen Zielsetzungen des staatlichen Bildungs- und Erziehungsauftrags, die insbesondere mit dem Recht auf Bildung und freie Persönlichkeitsentfaltung und Berufswahl im Zusammenhang stehen. Zum anderen erfährt der Bildungsauftrag in seinen Zielsetzungen jeweils eine Konkretisierung für die Berufsschule auf der KMK-Ebene im Sinne der „Länderabstimmung" wie auch direkt in den Schulgesetzen der Länder. In der entsprechenden neuen „KMK-Rahmenvereinbarung über die Berufsschule" sind heute folgende Aufgaben und Ziele für die Berufsschule festlegt:

„Die Berufsschule vermittelt eine berufliche Grund- und Fachbildung und erweitert die vorher erworbene allgemeine Bildung. Damit will sie zur Erfüllung der Aufgaben im Beruf sowie zur Mitgestaltung der Arbeitswelt und Gesellschaft in sozialer und ökologischer Verantwortung befähigen … Die Berufsschule hat zum Ziel,

- eine Berufsfähigkeit zu vermitteln, die Fachkompetenz mit allgemeinen Fähigkeiten humaner und sozialer Art verbindet;
- ganzberufliche Flexibilität zur Bewältigung der sich wandelnden Anforderungen in Arbeitswelt und Gesellschaft auch im Hinblick auf das Zusammenwachsen Europas zu entwickeln;
- die Bereitschaft zur beruflichen Fort- und Weiterbildung zu wecken;
- die Fähigkeit und Bereitschaft zu fordern, bei der individuellen Lebensgestaltung und im öffentlichen Leben verantwortungsbewußt zu handeln" (KMK-Rahmenvereinbarung über die Berufsschule vom 14./15. März 1991).

Fast gleichlautend heißt es heute im neuen Hessischen Schulgesetz:

> „Die Berufsschule vermittelt fachliche Kenntnisse und Fähigkeiten und erweitert die allgemeine Bildung. Sie trägt zur Erfüllung der Aufgaben im Beruf und zur Mitgestaltung der Arbeitswelt und Gesellschaft in wirtschaftlicher, technischer, sozialer und ökologischer Verantwortung bei" (HSchG 1992, § 39 Abs. 1).

Mit diesen Aufgaben und Zielen der Berufsschule wird nicht nur der Gesellschafts- und Arbeitswandel und die neue Anforderungssituation neu und umfassend berücksichtigt, sie stellen zugleich auch eine Weiterentwicklung der Zielvorgaben der 1987er KMK-Rahmenlehrpläne wie auch der geltenden hessischen Rahmenlehrpläne dar. Ebenso wird unmittelbar deren „Abstimmung" wie aber auch der Unterschied zur „Zielsetzung der Berufsausbildung" in den Ausbildungsordnungen deutlich, die der „Erweiterung und Ergänzung" bedarf. Bei einem Neuansatz zur Gestaltung der Rahmenvorgaben für die Ausbildung in den Metall- und Elektroberufen sind sie so auch als curriculare und didaktische Zielgrundlage aufzunehmen und entsprechend weiter ausdifferenziert bei den Zielvorgaben und konkreten Ausbildungszielen zu berücksichtigen.

Für die Übersicht sind hierzu aber noch diejenigen Ziele und Anforderungen der Berufsausbildung von Bedeutung, die neben den „alten und neuen" und bereits „rechtsverbindlichen" Zielvorgaben in den Analysen und neueren Untersuchungen und Diskussionen zum Ausdruck kommen. Durch diese „weiteren" Berufsbildungsziele werden die Ausbildungsziele der „alten" Rahmenvorgaben teils ausbildungsdidaktisch interpretiert und inhaltlich konkretisiert oder auch curricular ausgeweitet. Versucht man hier vor dem Hintergrund der Situationsanalyse bedeutsame Untersuchungs- und Diskussionsergebnisse zu diesen Zielen und Anforderungen der Berufsausbildung zusammenzufassen, so ist zunächst vor allem die mit einem neuen Verständnis und in Anlehnung an den Kompetenzbegriff[16] weithin neu geforderte „berufliche Handlungskompetenz" zu nennen. Als eine zunächst umfassende, integrierte oder auch „ganzheitliche" Handlungskompetenz verstanden, wird diese als Ausbildungsziel wieder überwiegend analytisch in eine Fach-, Methoden- und Sozialkompetenz differenziert. Sie kann je nach Modell zugleich oder auch als „Erweiterung" die Gestaltungskompetenz und/oder die Lernkompetenz sowie die Humankompetenz umfassen. Handlungskompetenz kann je nach Differenzierung und je nach Interpretation und Theorieansatz aber selbst auch als eine „Teilkompetenz" der Gestaltungskompetenz betrachtet werden. Denn die „Mitgestaltung der Arbeitswelt und Gesellschaft" setzt als Kompetenz die Fähigkeit zum beruflichen Handeln, also die „berufliche Handlungskompetenz" voraus. Handlungskompetenz kann zudem eingeschränkt und für sich betrachtet z. B. auch nur berufliches Handeln nach Anweisung bedeuten.

---

16 Im Gegensatz zu dem Qualifikationsbegriff, der eher aus der Sicht der Arbeit und Tätigkeiten Ausbildungsanforderungen bezeichnet, verweist der Kompetenzbegriff stärker auf die Subjektbezogenheit der erworbenen bzw. in der Ausbildung zu erwerbenden Fähigkeiten, Kenntnisse und Fertigkeiten.

In die Übersicht der „neuen" Berufsbildungsziele sollen hier des Weiteren die in den letzten Jahren vieldiskutierten „Schlüsselqualifikationen" aufgenommen werden, mit denen die neuen Anforderungen vielfältig als abstrakte und „inhaltsleere" Fähigkeitsanforderungen beschrieben werden. Das „Konzept" der Schlüsselqualifikationen – eine Auflistung weist im Einzelnen mittlerweile über 280 Qualifikationselemente aus – hat, obwohl es berufspädagogisch teils umstritten ist, durch die breite Rezeption eine hohe Praxisbedeutung erhalten. Als Einzelqualifikation sind hier z.B. Kommunikations- und Kooperationsfähigkeit, Kreativität, Abstraktionsfähigkeit usw. zu nennen.

Betrachtet man den Gesamtkomplex der neuen Zielsetzungen und Anforderungen der Berufsausbildung (siehe die Übersicht in Abb. 2-5), so muss durch die neue Zielkomplexität und neue Zielqualität heute ein hoher Anspruch an die Berufsausbildung konstatiert werden.[17] Im Kontext des arbeitspolitischen Paradigmen Wechsels (Kern/Schumann) kennzeichnen sie einen berufsbildungspolitischen Paradigmenwechsel, der auf den verschiedenen Ebenen der Berufsbildungspraxis bisher nur in Ansätzen vollzogen ist und zu dem sich heute über die Neuordnung hinausgehende vielfältige neue Fragen nach den Bedingungen, Ansätzen und Aktivitäten hinsichtlich einer zieladäquaten und inhaltlichen Neugestaltung dieser Praxis stellen. Zum Gesamtkomplex der neuen Ziele ist so sicher auch die triviale Feststellung richtig, dass mit der Formulierung und Vorgabe der Ziele der hohe Ausbildungsanspruch nicht zugleich in der Berufsbildungspraxis inhaltlich umgesetzt und erreicht ist. Vielmehr müssen die Ziele der Berufsbildung als eine „permanente" und große Herausforderung begriffen werden, zu der – kritisch angemerkt – heute weniger die teils „ausgereizten und überreizten" Zieldiskussionen zu führen sind, in denen zunehmend auch eine gewisse „Ziel-Sättigung" und ein erkennbarer „Stillstand" in den Erkenntnissen und neuen Zielformulierungen festzustellen ist, sondern es sind, wie die Probleme und offenen Fragen zeigen, verstärkt die didaktischen und konkret berufsbezogenen Inhaltsfragen in den Blick zu nehmen.

Sind hiermit allgemein zu den heute in der Berufsausbildung zu berücksichtigenden Zielen und Anforderungen die Fragen nach den didaktischen und berufsbezogenen Implikationen der Ziele auf den verschiedenen Ebenen der

---

17 Angesichts der Komplexität und der großen Herausforderung der Ziele bedarf insbesondere auch das je „Erreichbare" in der Berufsausbildung heute der besonderen didaktischen Reflektion. So muss angesichts der teils wenig differenzierten Zieldiskussion auch im Sinne der pädagogischen Verantwortung die Frage der „Erreichbarkeit" und „Angemessenheit" der Ziele im Wirkungsfeld der Bedingungen pädagogisch und didaktisch reflektiert und geklärt werden.

Berufsbildungspraxis angesprochen, so ist damit vor allem auch auf die gestellten Fragen nach einem curricularen und didaktisch-methodischen Neuansatz zur Weiterentwicklung der Rahmenlehrpläne verwiesen. Denn auf der Ebene der Rahmenplanvorgaben werden hinsichtlich der didaktischen Implikationen und berufsbezogenen Inhaltsfragen wichtige und weitreichende Vorentscheidungen für die Zielumsetzung auf der Praxisebene des berufsbezogenen Unterrichts getroffen. Das heißt, auf der Grundlage und mit der Herausforderung der neuen Berufsausbildungsziele stellt sich insbesondere die Frage nach einer zieladäquaten Gestaltung der didaktisch-methodischen Makrostrukturen sowie der berufsbezogenen Unterrichtsinhalte der neuen Rahmenpläne. Dazu ist im Hinblick auf die curriculare und ausbildungsdidaktische Abstimmung in der dualen Berufsausbildung u. a. die Frage zu klären, welche Ziele und Inhalte der Ausbildung an welchen Lernorten vorrangig zu berücksichtigen sind. Denn besonders auffällig an den „neuen" Ausbildungszielen ist, dass sie zum einen nicht nur berufsübergreifend für alle Metall- und Elektroberufe gelten und berufsbezogen zu konkretisieren sind, sondern sie sich zum anderen aufgrund des Anforderungswandels auch nicht einfach mit einem überkommenen Lernortverständnis dual aufteilen und der betrieblichen oder der schulischen Ausbildung zuordnen lassen. Geht man, wie bereits von der „Schulseite" in den KMK-Vereinbarungen und Schulgesetzen formuliert, von einem gemeinsamen Bildungsauftrag in der Berufsausbildung aus, so stellt sich des Weiteren die auch sehr weitgehende Frage, ob die neue Anforderungssituation, nach der in der Berufsausbildung gesellschaftliche, betriebliche und individuelle Anforderungen und Ziele zu berücksichtigen sind, nicht als eine Herausforderung für die Gestaltung eines „gemeinsamen Curriculums" für die Berufsausbildung zu betrachten ist.

(…)

Entwicklung eines Neuansatzes zur Rahmenplangestaltung

Im Sinne der Situationsanalyse haben die vorausgegangenen Ziel- und Ansatzanalysen deutlich gemacht, dass die Berufsausbildung und Lehrplangestaltung eine sehr wechselhafte Geschichte hat. Vor dem Problemhintergrund der Rahmenplangestaltung ist heute zu einer neuen Rahmenplanentwicklung vor allem von einem Komplex neuer Ziele und Anforderungen auszugehen. Auf der Grundlage und in der Reflektion der Evaluations- und Analyseergebnisse sind so auch im Hinblick auf die Weiterentwicklung der hessischen Rahmenlehrpläne zwei Fragenkomplexe in den Mittelpunkt einer neuen zieladäquaten Rahmenplangestaltung zu rücken. Der eine hat sich auf die originären schulischen

Curriculumfragen zur Gestaltung der Rahmenpläne für die Berufsschule zu beziehen. Hierbei sind insbesondere die Fragen zur Gestaltung des berufsbezogenen Unterrichts von Bedeutung, da zwischen den Rahmenplanvorgaben und der Praxis der Unterrichtsgestaltung ein enger didaktisch-methodischer Wirkungszusammenhang hinsichtlich der Ziele und Inhaltsstrukturen besteht. Mit dem anderen Fragenkomplex, der in den folgenden Kapiteln zunächst mehr im Hintergrund steht, sind die curricularen und ausbildungsdidaktischen Abstimmungsfragen in der dualen Berufsausbildung aufzunehmen. Unter Berücksichtigung der neuen Ziele und Anforderungen der Ausbildung ist dabei insgesamt auszugehen von den „gemeinsamen Ausbildungsberufsbildern“ und dem „gemeinsamen Bildungsauftrag“.

Im Folgenden werden zu den curricularen Ansatzfragen einer neuen Rahmenplangestaltung für die Metall- und Elektroberufe zunächst die didaktisch-methodischen Inhalts- und Strukturfragen aufgenommen. In die ersten grundlegenden Ansatzüberlegungen soll dabei die Schul- und Unterrichtsebene mit den konkreten Aufgaben der Gestaltung der Lehr- und Lernprozesse „so weit wie möglich“ einbezogen werden. Dies legen nicht nur die aufgezeigten bisherigen Probleme der Lehrplanumsetzung in Schule und Unterricht nahe. Auch nach dem Hessischen Schulgesetz, in dem es im § 4 „Rahmenpläne“ heißt: „Der Unterricht wird auf der Grundlage von Rahmenplänen erteilt“, ist im Einzelnen festgelegt, dass die Rahmenpläne neben den Zielen und Inhalten ebenso didaktische Grundsätze enthalten müssen. Die Unterrichtsvorgaben sind insgesamt so zu bestimmen, „daß die Lehrerin oder der Lehrer in die Lage versetzt wird, die vorgegebenen Ziele in eigener pädagogischer Verantwortung zu erreichen und Interessen der Schülerinnen und Schüler einzubeziehen“ (HSchG 1992, § 4 Abs. 1). Ein curricularer Ansatz zur Rahmenplangestaltung ist von daher bis zu einem gewissen Grad immer auch als ein **didaktisch-methodischer Unterrichtsansatz** zu betrachten. Rahmenpläne als eine curriculare Rahmenvorgabe müssen so u. a. neben der Funktion als „Ordnungsmittel“ (z. B. Vergleichbarkeit des Ausbildungsanspruchs) auch eine unterstützende didaktische Funktion zur Umsetzung und Erreichung der vorgegebenen Ausbildungsziele im Unterricht haben und zugleich einen curricularen Gestaltungsspielraum für die Schule, die Berufsschullehrer/-innen und die Schüler lassen.

Ausbildungsvorgabe und didaktische Unterstützung einerseits und didaktisch-methodische Offenheit andererseits sind Eckpunkte, die das curriculare Spannungsfeld der Rahmenplangestaltung zum berufsbezogenen Unterricht u. a. kennzeichnen. An Bedeutung gewinnt hierzu nicht nur die Frage, wie und in welcher Form eine frühzeitige und „stärkere“ Beteiligung aller

„Betroffenen“ am Gesamtprozess der Curriculumentwicklung erfolgen kann. Darüber hinaus ist in die Ansatzüberlegungen ebenso einzubeziehen, dass gerade auch vor dem Hintergrund des beschleunigten Arbeits- und Gesellschaftswandels Ansatzprinzipien einer „offenen“ Curriculumentwicklung für die Gestaltung beruflicher Curricula zunehmend wichtiger werden. Diese sind allerdings ebenso zur Entwicklung der Rahmenvorgaben für die Ausbildungsberufsbilder und die betrieblichen Ausbildungsrahmenpläne von Bedeutung.

Werden im Folgenden die Ansatzüberlegungen und -prinzipien zur Rahmenplangestaltung zunächst „lehrplan- und unterrichtsorientiert“ vorgenommen und bestimmt, so ist dies der Versuch, aufgrund der engen Verknüpfung der curricularen und didaktisch-methodischen Ansatzfragen auch einen Perspektivwechsel gegenüber der „alten Entwicklungslogik“ in der Curriculumentwicklung vorzunehmen. So sollen nicht wie bisher auf der Grundlage eines curricularen Ansatzes zur Rahmenplangestaltung Unterrichtsvorgaben entwickelt werden, zu denen dann die Frage zu stellen ist, wie diese im berufsbezogenen Unterricht zieladäquat umgesetzt werden können. Es wird eher die umgekehrte Perspektive eingenommen und verstärkt die Frage berücksichtigt, wie kann ausgehend von einem didaktisch-methodischen Ansatz zum berufsbezogenen Unterricht dieser zugleich für die Rahmenplangestaltung wirksam werden. Die grundsätzlichere Frage hierzu ist, wie müssen Rahmenpläne für die Berufsschule in Abstimmung mit den Ausbildungsrahmenplänen für die Betriebe gestaltet werden, so dass diese bereits aufgrund ihrer curricularen Vorgaben eine den neuen Zielen und Anforderungen der Berufsausbildung entsprechende didaktisch-methodische Unterrichtsgestaltung begünstigen und fördern.

Ansatzprinzipien und eine Neubegründung der Inhaltsbezüge zum berufsbezogenen Unterricht

Die Rahmenpläne für die Metall- und Elektroberufe sind in ihrem Kern als curriculare Rahmenvorgabe für den berufsbezogenen Unterricht innerhalb der dualen Berufsausbildung zu betrachten. Zentraler Ausgangspunkt für die entsprechenden didaktisch-methodischen Ansatzüberlegungen zur Rahmenplangestaltung muss von daher auch der Berufsbezug des Unterrichts sein. Mit dem Ansatz sind so zum einen in curricularer Abstimmung mit den inhaltlichen Rahmenvorgaben der Ausbildungsberufsbilder die konkreten didaktisch-methodischen Strukturen und Vorgaben der berufsbezogenen Unterrichtsziele und -inhalte in den Rahmenplänen zu klären. Da der berufsbezogene Unterricht heute im Fächerkanon des „beruflichen und allgemeinen Lernbereichs“[18] der Berufsschule seinen didaktischen Ort hat, sind in die Ansatzüberlegungen zum anderen im Sinne der Integration von allgemeiner und beruflicher Bildung die didaktisch-methodischen Vorgaben und Möglichkeiten der Unterrichts- und Inhaltsverknüpfung einzubeziehen. Denn mit dem berufsbezogenen Unterricht sollte keine strikte inhaltliche Abgrenzung zu den allgemeinbildenden Fächern im „allgemeinen Lernbereich“ und damit eine rigide Trennung von allgemeiner und beruflicher Bildung herbeigeführt werden. Insofern ist der berufsbezogene Unterricht auch in einen didaktischen und inhaltlichen Wirkungszusammenhang mit den „allgemeinbildenden“ Fächern zu stellen.

Zum Ansatz der Unterrichts- und Rahmenplangestaltung ist auszugehen von den Zielsetzungen und Anforderungen der gewerblich-technischen Berufsausbildung, die bereits mit den vorgestellten Berufsbildungskriterien:

- **gesellschaftliche Anforderungen und Erwartungen,**
- **betriebliche Anforderungen und Erwartungen** sowie
- **individuelle Anforderungen und Erwartungen**

herausgearbeitet und in der Übersicht in Abb. 3 zusammengefasst wurden. Der in dieser Übersicht zusammengefasste Komplex „neuer Ziele und Anforderungen der Berufsausbildung“ stellt die zentrale didaktisch-methodische Ansatzherausforderung und zugleich eine curriculare Basis und Orientierung für die im Weiteren zu begründenden Ansatzgrundlagen und -prinzipien dar. Wie besonders die Analysen zur Lehrplanentwicklung gezeigt haben, hat die Frage nach den im berufsbezogenen Unterricht zu berücksichtigenden Inhaltsdimensionen bzw. festzulegenden didaktisch-methodischen Inhaltsstrukturen eine hervorgehobene Bedeutung. Sie ist zum heutigen „berufsbezogenen Unterricht“, der inhaltlich in der Tradition der Gewerbekunde, der Berufskunde, der Berufs- und Bürgerkunde, der Werkkunde usw. steht, zuletzt fach- und technikdidaktisch vorwiegend in Orientierung an den Fach- bzw. Ingenieurwissenschaften im Sinne der „Abbild-Didaktik“ und „Fächerstrukturen“ beantwortet worden. So ist auch aufgrund der Lehrplanvorgaben der „berufsbezogene Unterricht“ heute eher als „Technik-Unterricht“ zu bezeichnen, zu dem die evaluierten inhaltlichen und didaktischen Defizite zeigen, dass unter Berücksichtigung der

18 Diese Lernbereichsaufteilung sieht das neue Hessische Schulgesetz für den Unterricht in „berufsqualifizierenden Bildungsgängen“ vor (vgl. HSchG 1992, § 5 Abs. 4). Mit dieser Vorgabe für die Berufsschule ist didaktisch bereits eine Trennung zwischen dem „allgemeinen und beruflichen Lernen“ vorbestimmt, die z. B. Ansätze zur Integration allgemeiner und beruflicher Bildung teils erschwert.

neuen Ziele und Anforderungen vor allem die didaktisch-methodische Frage nach den Inhaltsstrukturen neu beantworten ist.

Ist zu einer didaktischen Neubestimmung dieser Inhaltsstrukturen unter dem Inhaltsaspekt zunächst die Frage nach den Inhaltsdimensionen des berufsbezogenen Unterrichts zu stellen, so muss diese ebenso unter dem Methodenaspekt aufgenommen werden, da mit einem didaktischen Neuansatz auch die methodische Frage zur Ordnung und Anordnung der Ausbildungsinhalte neu zu klären ist. Diese Frage muss sich unter beiden Aspekten auf die Gesamtinhalte einer Ausbildung wie auf einzelne Ausbildungsabschnitte oder Unterrichtseinheiten beziehen und ist im Weiteren berufsfeld- und berufsspezifisch zu konkretisieren.

Nimmt man unter dem Inhaltsaspekt zuerst die Frage nach den im berufsbezogenen Unterricht zu berücksichtigenden Inhaltsdimensionen auf, so soll der „Berufsbezug" der Unterrichtsinhalte bzw. die inhaltliche Unterrichtsorientierung an der „gewerblich-technischen Berufsarbeit" im Sinne einer berufsbildungsdidaktischen Arbeitsorientierung als ein erstes zentrales Ansatzprinzip zur Geltung kommen. Diese berufsbezogene Inhaltsorientierung des Unterrichts verweist auf die beruflichen Arbeitsinhalte, die im Wesentlichen mit den Berufstätigkeiten bestimmt und für die Berufsausbildung in der Form von Fertigkeiten und Kenntnissen in den Ausbildungsberufsbildern festgelegt sind. Mit dieser an den Berufsbildern orientierten Ausgangs- und Inhaltsgrundlage erhält der berufsbezogene Unterricht eine ausbildungsdidaktisch betonte Arbeits- und Tätigkeitsorientierung, die gegenüber einer dominanten Technikorientierung und Fachsystematik der berufsbezogenen Unterrichtsinhalte einen curricularen Perspektivwechsel beinhaltet[19], der u. a. auch die Möglichkeit zur Begründung eines gemeinsamen Curriculums eröffnet. Bezogen auf die beruflichen Tätigkeitsinhalte und Rahmeninhaltsvorgaben der Berufsbilder kann diese Ausgangsgrundlage unter curricularen Abstimmungsaspekten

---

19 Als Hintergrund ist hier im Weiteren von Bedeutung, dass die Berufstätigkeiten und Arbeitsinhalte bisher zum einen weitgehend nur als „gefächerte" Abstraktionen und reduziert auf die technischen Gegenstände in den Rahmenlehrplänen enthalten und erkennbar sind. Sie sind zudem zum anderen bei Berufsschullehrern, dies zeigen auch Befragungsergebnisse in der bereits erwähnten neuen BIBB-Studie zu den neugeordneten industriellen Elektroberufen, zum Teil weder in der „theoretischen" Form der Berufsbilder und Tätigkeitsbeschreibungen noch in ihren konkreten betrieblichen Praxisausformungen bekannt. „Intime" Kenntnisse der neuen und sich wandelnden Berufspraxis fehlen teils selbst dann, wenn eine Berufsausbildung Grundlage des berufspädagogischen Studiums ist.

auch als ein „Inhaltskern" der gemeinsamen Inhaltsorientierung für den in der dualen Berufsausbildung von Berufsschule und Ausbildungsbetrieb gemeinsam zu erfüllenden Bildungsauftrag betrachtet werden.

Die zu bestimmenden schulischen Ausbildungsinhalte zur gewerblich-technischen Berufsarbeit sollen und können somit in ihrer Struktur in erster Linie z. B. auch kein „autonomes" schulisches Technik-Curriculum begründen, da der unauflösbare Zusammenhang der beruflichen „Arbeit und Technik" – als eine betriebliche wie gesellschaftliche Praxis – unter verschiedenen Perspektiven und Theorie-Praxis-Aspekten Ausgangspunkt und Basis der ausbildungsdidaktischen Überlegungen zum berufsbezogenen Unterricht ist. Die schulischen Ausbildungsinhalte wie auch deren Struktur sind aber ebenso wenig im Sinne eines einfachen „Parallel-" oder „Gleichlauf-Curriculums" zu bestimmen, denn eine einfache Theorie-Praxis-Trennung ist weder mit der Berufs- und Arbeitsorientierung des berufsbezogenen Unterrichts zu begründen noch angesichts der neuen Ziel- und Inhaltsbereiche ausbildungsdidaktisch sinnvoll und möglich. Vielmehr sind für den berufsbezogenen Unterricht die Wissens- und Inhaltsstrukturen aus den komplexen Strukturen und Inhalten der betrieblichen Arbeitsbereiche didaktisch-methodisch so herauszuarbeiten, dass in Verbindung mit den betrieblichen Ausbildungsinhalten eine abgestimmte Ausbildungsgrundlage entsteht, die insgesamt die Voraussetzung für die Vermittlung einer umfassenden beruflichen Handlungskompetenz und die Erfüllung des schulischen Bildungsauftrags beinhaltet.

Aufgrund des arbeitsorientierten Ansatzes ist im einzelnen berufsbildungsdidaktisch von Bedeutung, dass damit im Rahmen der gewerblich-technischen Berufsausbildung die Ziele und Inhalte des berufsbezogenen Unterrichts nicht nur auf die gegenständlichen Technik- oder die Technologieaspekte der Arbeit zu beschränken sind. „Arbeitsorientierung", die in der Inhaltsdimension und dem Arbeitsbezug der Unterrichtsinhalte zum Ausdruck kommen muss, ist aber ebenso nicht als eine unreflektierte Anpassung der berufsbezogenen Unterrichtsinhalte an die Arbeitsinhalte zu verstehen. Die berufliche Arbeit muss vielmehr als individuelle, betriebliche und gesellschaftliche Arbeit begriffen und mit dem Ziel „Befähigung zur Mitgestaltung der Arbeitswelt" auch zum Gegenstand der Bewertung und Kritik werden. Damit ist ein auf die Arbeitswelt und die Berufstätigkeiten bezogener Unterricht weder nur „Technikunterricht" noch unreflektierte „Arbeitserziehung". Ebenso wenig ist der berufsbezogene Unterricht einseitig auf funktionale Kenntnisse zur Arbeit oder auf die Vermittlung isolierter kognitiver Wissenselemente einzuengen, sondern er muss Möglichkeiten zu einem integrativen und sinnvermittelnden Lernen sowie einem begreifenden Erkennen und Verstehen der Berufsarbeit und Arbeitswelt eröffnen. Berufliches Handeln als Einheit von instrumentellem, sozialem und kommunikativem Handeln muss somit didaktisch-methodisch auch eine unmittelbare Entsprechung auf der Inhaltsebene der Rahmenpläne zum berufsbezogenen Unterricht finden.

Ist mit der „Arbeitsorientierung" der berufsbezogenen Unterrichtsinhalte die Berufsarbeit und nicht wie vielfach in Ansätzen zur Technikdidaktik oder Techniklehre die Technik bzw. Technologie ins Zentrum der didaktischen Überlegungen gerückt (siehe Abb. 4[20]), so hat unter Berücksichtigung des Perspektivwechsels der Technikbezug der Inhalte natürlich auch in diesem Ansatz eine zentrale Bedeutung. Diese Bedeutung erhalten die Technikinhalte jedoch nicht durch die Technik an sich, sondern erst in der Perspektive der gewerblich-technischen Facharbeit bzw. der Gebrauchswerte der technischen Gegenstände.

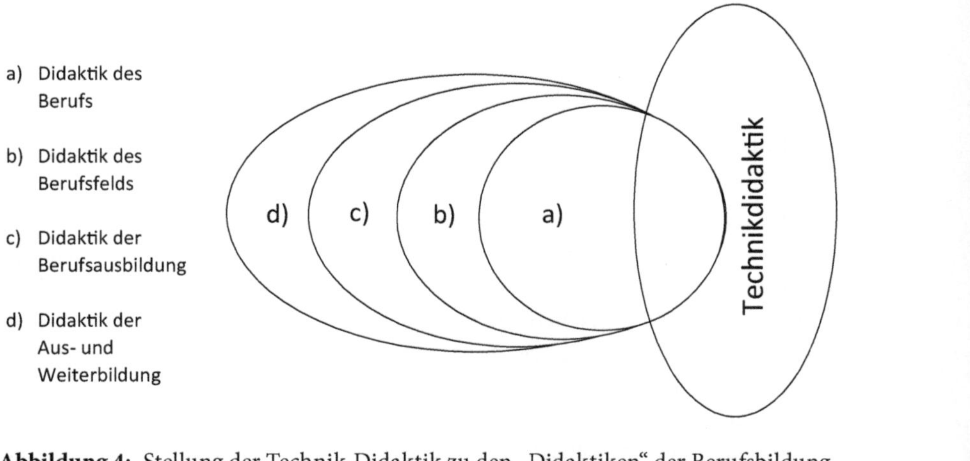

Abbildung 4: Stellung der Technik-Didaktik zu den „Didaktiken" der Berufsbildung

Damit ist nicht nur die bisherige inhaltliche Dominanz der Technikinhalte und deren Fachsystematik didaktisch-methodisch zurückgenommen, sondern aufgrund ihrer betonten Wirkungszusammenhänge zur Arbeit sind

20 In Anlehnung an Grüner 1981, S. 475 f. und Pahl/Ruppel 1993, S. 58.

die Technik- und besonders die naturwissenschaftlich-technischen Inhalte des berufsbezogenen Unterrichts teils neu zu gewichten und zu bestimmen. Von daher ist auch die Inhaltsdimension „Arbeitsbezug“ in erster Linie nicht im Sinne einer „Inhaltsaddition und -erweiterung“ zu verstehen, sondern als Ansatz, die Berufsinhalte integrativ und gegenüber den einseitig technikorientierten Ansätzen „ganzheitlicher“ in der Struktur der Ausbildungsinhalte zu berücksichtigen.

So sind auch des Weiteren, da Arbeit und Technik immer zugleich in einem gesellschaftlichen wie individuellen bzw. personalen Wirkungszusammenhang stehen, der Gesellschaftsbezug und der Subjektbezug als zentrale Inhaltsdimensionen in diese Struktur aufzunehmen. Diese beiden Inhaltsdimensionen korrespondieren berufsbildungsdidaktisch besonders mit der Begründung der gesellschaftlichen und individuellen Ziele und Anforderungen der Berufsausbildung, die ihre Bedeutung heute jedoch nicht mehr nur aufgrund des Bildungsauftrags der Berufsschule haben.

Die Inhaltsstruktur zum berufsbezogenen Unterrichtsinhalte konstituiert sich unter dem Inhaltsaspekt somit entsprechend dem didaktischen Ansatz durch vier zentrale Bezugs- bzw. Inhaltsdimensionen:

- Arbeitsbezug
- Technikbezug
- Gesellschaftsbezug
- Subjektbezug.

Mit diesen Inhaltsbezügen stehen Inhalte der beruflichen Arbeit und Technik sowie auch Inhalte, die sich aus dem beruflichen wie allgemeinen Gesellschaftszusammenhang und den Ansprüchen auf individuelle Bildung ergeben, in einem engen didaktischen Wirkungszusammenhang. Diesen gilt es ebenso unter dem Methodenaspekt zur Inhaltsstruktur zu berücksichtigen, so dass die einzelnen Inhaltsdimensionen auf keinen Fall als isolierte Inhalts- und Lerngebiete oder gar Unterrichtsfächer misszuverstehen sind. Die berufsbezogenen Unterrichtsinhalte lassen sich entsprechend der Inhaltsstruktur zwar teils analytisch getrennt bestimmen, wie dies bereits die Inhaltsmomente, die im Sinne einer ersten inhaltlichen Konkretisierung zu den vier Inhaltsbezügen bestimmt wurden, in Abb. 5 zeigen. Unter methodischen Aspekten ist mit dem Ansatz und dem zweiten zentralen Ansatzprinzip zum berufsbezogenen Unterricht, dem der Inhaltsverknüpfung, jedoch eine integrative Inhaltsvermittlung festgelegt und zu begründen. Didaktisch-methodisch wird damit u. a. auf die Integration allgemeiner und beruflicher Bildung oder von Umwelt- und Berufsbildung Bezug genommen.

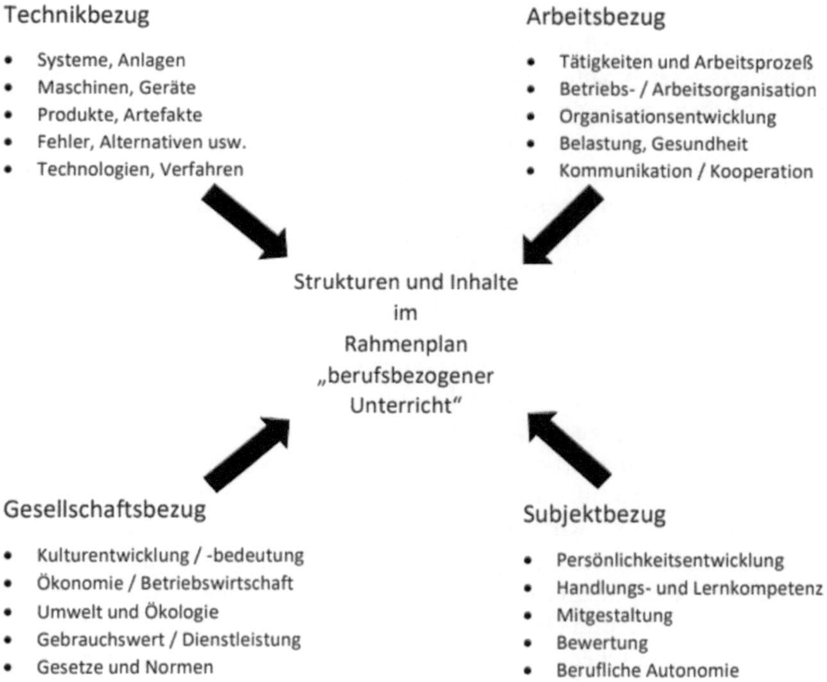

Abbildung 5: Inhaltsbezüge und -momente zum berufsbezogenen Unterricht

So ist zur weiteren Ansatzbegründung von Bedeutung, dass sich die berufsbezogenen Unterrichtsinhalte wie deren methodische Struktur an den integrierten Aufgabeninhalten, den Mitteln und Verfahren sowie den Organisationsstrukturen der gewerblich-technischen Facharbeit orientieren sollen. Damit ist keine einfache Anpassung der Unterrichtsinhalte und Lernprozesse an die Arbeitsvorgänge und -prozesse gemeint. Arbeit und Technik soll in diesem Sinne vielmehr als unauflösbarer und gestaltbarer Zusammenhang begriffen und entsprechend in der Berufsausbildung behandelt werden. Zur didaktisch-methodischen Inhaltsstruktur ist insofern von Bedeutung, dass eine fachlich-berufliche, also auf die gewerblich-technische Berufspraxis bezogene, Theorie und „Sachlogik" zum Tragen kommt, wobei die Lernorganisation insgesamt einer integrativen und auf die Auszubildenden bezogene handlungsorientierte Lernstruktur folgen soll. Die Vermittlung eines arbeits- und technikbezogenen Strukturverständnisses zur Förderung des beruflichen

Zusammenhangswissens ist hier ebenso wie die Vermittlung einer umfassenden Handlungskompetenz ein zentrales, didaktisch-methodisches Ziel. Der Subjektbezug der Inhalte verweist dazu ebenso auf die integrative Förderung von fachlichen, methodischen und sozialen Kompetenzen als auch auf die Zielsetzungen zur Persönlichkeitsentwicklung. Handlungs- und Gestaltungskompetenz kann und soll dazu in integrativ und ganzheitlich angelegten Unterrichtskonzepten gefördert werden, wie sie u. a. in Ansätzen zum handlungsorientierten Unterricht ausgearbeitet sind.

Ökonomische und ökologische Inhalte, die sich auf die betrieblich-beruflichen wie auf die privaten und gesellschaftlichen Bereiche beziehen, sowie die sich verändernden gesellschaftlichen, betrieblichen und individuellen Zielsetzungen und Interessen werden durch ihre Wechselwirkungen zum Sinn- und Zweckzusammenhang von Arbeit und Technik ebenso zum Gegenstand eines integrativ angelegten berufsbezogenen Unterrichts. Dazu ist vor allem zum Zusammenhang Arbeit, Technik und Gesellschaft bewusst zu machen, dass Arbeit und Technik nur in ihrer historischen Gewordenheit als Ausdruck gesellschaftlicher und wirtschaftlicher Prozesse und Zielsetzungen begriffen werden kann. Eine Reduzierung der Arbeit und Technik z. B. auf ihre (abstrakten) natur- und ingenieurwissenschaftlichen Dimensionen würde so auch den Weg zum Begreifen und (Mit-)Gestalten der Technik und Arbeitswelt in wirtschaftlicher, technischer, sozialer und ökologischer Verantwortung verstellen, so wie es heute der in den Schulgesetzen der Länder formulierte Bildungsauftrag fordert.

Auf einer ersten Ansatzebene sind mit zwei zentralen Ansatzprinzipien zum berufsbezogenen Unterricht didaktisch-methodische Grundsätze und Kriterien festgelegt und begründet, die zu der Strukturfrage nach den im berufsbezogenen Unterricht zu berücksichtigenden Inhaltsdimensionen unter dem Inhalts- und Methodenaspekt Antworten und neue didaktische Orientierungen geben. Die den Inhaltsdimensionen zugeordneten Inhaltsmomente machen dazu deutlich (siehe Abb. 5), durch welche Ziel- und Inhaltsbereiche die im Weiteren zu konkretisierenden Inhalts- und Strukturvorgaben präformiert und damit zu bestimmen sind. Das heißt, ist mit der vorgestellten Ansatzgrundlage die gesamte Ausbildung wie auch im Prinzip jede einzelne Unterrichtsstunde durch die vier integrativ zu berücksichtigenden Inhaltsbezüge in ihren wesentlichen Inhaltsstrukturen didaktisch-methodisch bereits bestimmt ist, so sind im Folgenden auf einer zweiten Ansatzebene die Inhalts- und Strukturvorgaben für die Unterrichts- und Rahmenplangestaltung weiter zu konkretisieren.

Lernfelder als ein strukturierendes Element der Unterrichts- und Rahmenplangestaltung

Entsprechend den Rahmenbedingungen zur Berufsausbildung werden auf der curricularen Makroebene die Ausbildungs- und Inhaltsstrukturen durch verschiedene und sich teils auch überlagernde Inhalts- und Strukturvorgaben vorbestimmt. So sind neben der Struktur der Ausbildung in „Betrieb und Schule“, die sich aus der dualen Organisation der Berufsausbildung ergibt und die auf die Notwendigkeit der curricularen Abstimmung verweist, insbesondere die Berufsfeld- und Berufsstrukturen zu berücksichtigen. Die einzelnen Berufe – nach Handwerks- und Industrieberufen strukturiert und differenziert – sind in ihren Inhaltsstrukturen vor allem durch die Ausbildungsberufsbilder in den Verordnungen bestimmt. So werden nicht nur die inhaltlichen Abgrenzungen wie Überschneidungen zwischen den Berufen festgelegt, sondern wie die neuen Berufsbilder der Metall- und Elektroberufe zeigen, z. B. auch eine neue Struktur beruflicher Fachrichtungen. Die Strukturen und Inhalte der Rahmenpläne sind so auch bereits auf der curricularen Makroebene aufgrund und unter „abgestimmter“ Berücksichtigung dieser verschiedenen Strukturvorgaben ebenso weitgehend vorbestimmt.

Des Weiteren ist die Makrostruktur der Ausbildungsinhalte didaktisch-methodisch insbesondere durch die Stufung bzw. Gliederung der Ausbildung in die Grund- und Fachbildung bzw. Grund- und Fachstufe vorgegeben. So heißt es im Berufsbildungsgesetz:

> „Die Berufsausbildung hat eine breit angelegte berufliche Grundbildung und die für die Ausübung einer qualifizierten beruflichen Tätigkeit notwendigen fachlichen Fertigkeiten und Kenntnisse in einem geordneten Ausbildungsgang zu vermitteln.“ (BBiG § 1 Abs. 2).

Entsprechend heißt es z. B. im Hessischen Schulgesetz:

> „Die Berufsschule gliedert sich in die Grundstufe und in die darauf aufbauende Fachstufe. Die Grundstufe ist das erste Jahr der Berufsschule. … Der Unterricht wird in der Regel in Fachklassen eines Ausbildungsberufs oder für Berufe mit überwiegend gleichen Ausbildungsinhalten erteilt. …“ (HSchG 1992, § 29 Abs. 3).

Wie hierzu die Ausbildungsstrukturen der neugeordneten Metall- und Elektroberufe konkret zeigen, ist die Struktur der Grund- und Fachbildung in den Berufsfeldern und zu den einzelnen Berufen heute unter inhaltlichen und zeitlichen Aspekten sehr unterschiedlich festgelegt. So ist die Struktur der Fachbildung heute u. a. auch durch die Vorgabe der Fachrichtungen in den Berufsbildern weiter ausdifferenziert. Dabei bestehen Unterschiede zwischen den Berufen der Berufsfelder Metall- und Elektrotechnik und innerhalb dieser

Felder des Weiteren zwischen denen der Handwerks- und Industrieberufe. So ist das erste Ausbildungsjahr als „berufsfeldbreite“ Grundbildung z. B. für alle industriellen und handwerklichen Elektroberufe identisch. Bei den Metallberufen ist dagegen die Grundbildung zu den Industrie- und Handwerksberufen inhaltlich verschieden angelegt, wobei sie für die Berufe des Metallhandwerks auch nicht vollständig für alle Berufe gleich ist, sondern sich zu etwa 20 % der Grundbildungszeit inhaltlich noch nach drei Berufsgruppen differenziert.[21] Derartige Strukturunterschiede sind nach der „berufsfeld- bzw. berufsgruppenbreiten“ Grundbildung ebenso in den Strukturen zur Fachbildung gegeben. Bei den industriellen Elektroberufen ist die Besonderheit, dass das erste Ausbildungshalbjahr der Fachbildung wie die Grundbildung „berufsfeldbreit“ angelegt ist und somit im Prinzip die „berufsfeldbreite“ Grundbildung auf die Dauer von 1 1/2 Jahren erweitert ist. Das allgemeine Strukturprinzip[22] ist jedoch, dass nach der Grundbildung i. d. R. die Stufe der „berufsspezifischen“ Fachbildung folgt, an die sich überwiegend wiederum eine den Ausbildungsberuf differenzierende „fachrichtungsspezifische“ Fachbildung anschließt.

Betrachtet man die „gesetzlichen“ Strukturvorgaben zur Berufsausbildung in den Metall- und Elektroberufen im Zusammenhang, so prägen vor allem die Berufsbilder der Verordnungen mit ihrer curricularen Struktur, in denen die Strukturen der Grund- und Fachbildung bereits angelegt sind, die Ausbildung auf der Makroebene der didaktisch-methodischen Inhaltsstrukturen

---

21 Mit diesen Unterschieden der Ausbildungsberufsbilder werden unterschiedliche Vorstellungen zur Grundbildung deutlich, zu denen sich die Frage stellt, ob und wie diese Unterschiede ausbildungsdidaktisch gerechtfertigt und begründet sind oder ob sich hier nur die Interessen der einzelnen „Gewerbe und Gewerke“ durchgesetzt haben.

22 In diesem Strukturprinzip sind die im Berufsbildungsgesetz enthaltenen ausbildungsdidaktischen Ansatzprinzipien der „Stufenausbildung“ erkennbar:

„(2) In einer ersten Stufe beruflicher Grundbildung sollen als breite Grundlage für die weiterführende berufliche Fachbildung und als Vorbereitung auf eine vielseitige berufliche Tätigkeit Grundfertigkeiten und Grundkenntnisse vermittelt sowie Verhaltensweisen geweckt werden, die einem möglichst großen Bereich von Tätigkeiten gemeinsam sind.

(3) In einer darauf aufbauenden Stufe allgemeiner beruflichen Fachbildung soll die Berufsausbildung für möglichst mehrere Fachrichtungen gemeinsam fortgeführt werden. Dabei ist besonders das fachliche Verständnis zu vertiefen und die Fähigkeit des Auszubildenden zu fördern, sich schnell in neue Aufgaben und Tätigkeiten einzuarbeiten.

(4) In weiteren Stufen der besonderen beruflichen Fachbildung sollen die zur Ausübung einer qualifizierten Berufstätigkeit erforderlichen praktischen und theoretischen Kenntnisse und Fertigkeiten vermittelt werden“ (BBiG § 26).

ganz entscheidend. Dies trifft einerseits unmittelbar für den betrieblichen Teil der Berufsausbildung zu, da sich die Ausbildungsrahmenpläne in ihrer curricularen wie didaktischen Struktur direkt auf die Berufsbilder beziehen. Andererseits trifft dies für den schulischen Teil der Ausbildung nur mittelbar und bedingt zu, da die Struktur- und Inhaltsvorgaben der Berufsbilder zwar unter ausbildungsdidaktischen Abstimmungsaspekten in den Ausbildungsvorgaben der Berufsschule prinzipiell Berücksichtigung finden, diese jedoch lernort- und aufgabenbedingt auch durch eigene und in Abhängigkeit vom Ansatz zum berufsbezogenen Unterricht „schulische" Inhalte und Strukturen didaktisch-methodisch bestimmt sind. Die Inhaltsstrukturen zum berufsbezogenen Unterricht in den Rahmenplänen stellen so im Prinzip auch immer eine „Verwebung" der Strukturvorgaben der Berufsbilder mit „berufsschuleigenen" Inhalts- und Strukturentscheidungen dar. Insofern sind die Rahmenpläne auch zumindest auf der Makroebene der Ausbildungsstrukturen mit den Ausbildungsrahmenplänen abgestimmt. So gilt es ja auch zu berücksichtigen:

> „Die Erfüllung des Bildungsauftrages setzt eine enge Zusammenarbeit und Abstimmung beider Partner in inhaltlichen und organisatorischen Fragen voraus" (HSchG 1992, § 39 Abs. 2).

Wie die Evaluations- und Analyseergebnisse aber relativ eindeutig gezeigt haben, kann auf der Ebene der Inhaltsstrukturen der betrieblichen und schulischen Rahmenpläne nicht von einer didaktisch-methodischen Abstimmung gesprochen werden, so dass diese Voraussetzung auch auf der Ebene Pläne bisher im Prinzip kaum vorhanden ist. Zu unterschiedlich sind die Ansätze und Inhaltsstrukturen, mit denen auf der Grundlage der Berufsbilder bisher versucht wurde, die neuen Ausbildungsanforderungen in den Rahmenvorgaben der Pläne zu berücksichtigen. So ist für die Betriebe eine am Berufsbild und an „zerteilten" Berufstätigkeiten orientierte Makrostruktur der Pläne mit „Fertigkeiten und Kenntnissen" bestimmt, da in diesen Plänen die einzelnen „Teilgegenstände" eines Berufsbildes – etwa zwanzig – direkt aufgenommen und dort „lediglich" hinsichtlich der „Fertigkeiten und Kenntnisse" inhaltlich weiter konkretisiert sind. Dagegen lassen sich die „berufsschuleigenen Inhaltsstrukturen" auf der Makroebene überwiegend durch die Strukturen der technikbezogenen und fachsystematisch angelegten Lerngebiete oder Lehrgänge sowie durch die Fächerstruktur des berufsbezogenen Unterrichts kennzeichnen. Damit ist weder eine ausbildungsdidaktische Abstimmung auf der curricularen Makroebene noch eine zieladäquate Gestaltung der didaktisch-methodischen Inhaltsstrukturen mit den Plänen erreicht.

Ausgangspunkt für eine neue didaktisch-methodische Makrostruktur der Rahmenpläne ist ein auf der Grundlage des vorgestellten Neuansatzes entwickeltes Lernfeld-Modell. Das heißt, mit den Ansatzprinzipien der „Arbeitsorientierung“ und der „Inhaltsintegration“ werden „Lernfelder“ begründet, die nach diesem Modell das strukturierende Element der Unterrichts- und Rahmenplangestaltung sein sollen. Unter curricularen Abstimmungsaspekten beziehen sich die Lernfelder damit auf die Ausbildungsberufsbilder, so dass sich übergreifend auch die Frage stellt, ob eine Lernfeldstruktur ebenso zu einer Weiterentwicklung der betrieblichen Ausbildungsrahmenpläne beitragen kann. Dass die einzelnen „Teilgegenstände“ eines Berufsbildes dabei nicht einfach als Lernfelder zu bestimmen sind, ergibt sich bereits aus den folgenden Ausführungen zur Unterrichts- und Rahmenplangestaltung.

Entsprechend und auf der Basis des didaktischen Ansatzes sollen Lernfelder als eine didaktisch-methodische „Unterrichts- und Rahmenplaneinheiten“ inhaltlich integrativ gestaltet werden und sich konsequent am Technik-, Arbeits-, Gesellschafts- und Subjektbezug der berufsbezogenen Unterrichtsinhalte orientieren (siehe Abb. 6). Dies bedeutet, dass z. B. Lehrgänge oder Lerngebiete durch eine neue Lernfeldstruktur ersetzt und vor allem die bisherige Struktur von Unterrichtsfächern ganz aufgegeben wird. Lernfelder sollen somit im Gegensatz zur „Fachsystematik“ und „Fächertrennung“ insbesondere ein integratives Lernen, Denken und Handeln in berufsbezogenen Zusammenhängen eröffnen und fördern. Insofern gehen die Lernfelder z. B. auch über die KMK-Lerngebiete hinaus; eine Modell-Gemeinsamkeit beschränkt sich hier auf das Aufgeben der alten Fächer Fachkunde, Fachrechnen, Fachzeichnen.

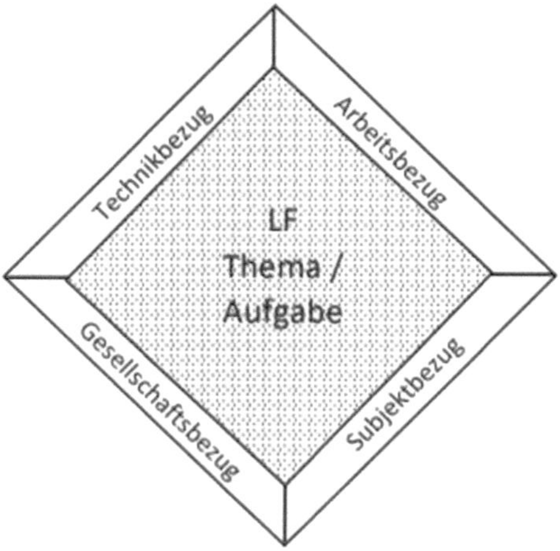

Abbildung 6: Lernfeld zur Unterrichts- und Rahmenplangestaltung

Unter didaktisch-methodischen Aspekten nimmt das Lernfeld-Modell entsprechend dem Ansatz Grundsätze und Erkenntnisse des handlungsorientierten Unterrichts auf. Damit ist des Weiteren insbesondere für die Lernfeldgestaltung von Bedeutung:

- Handeln hat einerseits Bedeutung für die Einübung von Fertigkeiten. Andererseits ist Handeln, wenn es nicht auf formale Verhaltensaspekte reduziert wird, sondern als Einheit von instrumentellem und sozialem Handeln begriffen wird, Grundlage für die intellektuelle und soziale Entwicklung der Persönlichkeit.
- Mit dem Konzept handlungsorientierten Lernens werden Denken und Handeln durch die Gestaltung von integrativem Lernen zusammengeführt und die Trennung von Theorie und Praxis weitgehend aufgehoben. Die Einheit von abstrakter Deduktion und sinnlicher Erfahrung ist Voraussetzung für ein „begreifendes Erkennen"(Holzkamp).
- Zum Handeln sind Bezüge zur „wirklichen Wirklichkeit" (v. Hentig) und den realen beruflichen Handlungen herzustellen. Der Sinn und Zweck des eigenen Tuns müssen bewusstwerden. Inhalte und Strukturen sind aus der Praxis herauszuarbeiten und reflektiert auf diese zu beziehen. Im Handlungsprozess ist die subjektive Erfahrung zur historischen Gewordenheit und der Gestaltbarkeit von Praxis anzulegen und kommunikativ zu erschließen.
- Experimente, Modelle und andere Medien sind Abstraktionen von Technik und Arbeit. Im Unterschied zum Experimentalunterricht ist im handlungsorientierten Unterricht das Verhältnis dieser Abstraktionen zur realen Technik und Arbeit transparent, erfahrbar und bewusst zu machen.
- Ein wesentliches Merkmal zum handlungsorientierten Unterricht ist das Mitplanen und Mitgestalten, welches den Schülern ein sinnvermittelndes Lernen ermöglicht. Handlungslernen berücksichtigt somit auch Interessen der Schüler und eröffnet dadurch Lernchancen, durch die vor allem Eigeninitiative, Kreativität und Eigenverantwortung erlaubt und gefördert werden.
- Im handlungsorientierten Unterricht ist nicht ein Gegenstand oder Thema das zentrale strukturierende Moment, sondern die unter Beteiligung der Schüler festgelegten Aufgabenstellungen, die zu einem „Handlungsprodukt" führen. Zu einer Aufgabe sollen Handlungsmöglichkeiten für den Schüler zusammengestellt und erreichbare Ziele und Lerninhalte festgestellt werden. Reflektierte Ziel- und Inhaltsverschiebungen wie -veränderungen sind im Sinne einer auch offenen Lernprozessgestaltung möglich. Handlungsresultate

sind gemeinsam zu überprüfen und zu beurteilen und gegebenenfalls einer Revision zugänglich zu machen. (Vgl. insbes. Rauner 1987)

Auch auf der Grundlage dieser Merkmale und Prinzipien sollen die Themen der Lernfelder weitgehend an realen und damit inhaltsintegrativen Praxisaufgaben orientiert sein. Das heißt, mit dem Ansatzprinzip der Aufgabenorientierung sollen die Lernfelder neben den Ziel- und Inhaltsvorgaben eine berufsbezogene Aufgabenstellung beinhalten, die durch einzelne lern- und handlungsmotivierende „Lernaufgaben" zu differenzieren ist. Vermieden werden sollen damit u. a. „feinzerhackte" und einseitig an der Lernzieltaxonomie orientierte Ziel- und Inhaltsvorgaben. Lernaufgaben können zudem als eine methodische Unterstützung für die didaktische und inhaltliche Umsetzung der neuen Berufsbildungsziele gelten. Eine einfache didaktische Gleichsetzung von Arbeits- und Lernaufgaben verbietet sich hier allerdings schon allein deshalb, da z. B. Arbeit und Technik auch im Sinne der Bewertung und Gestaltung zum Gegenstand des berufsbezogenen Unterrichts werden muss.

Konkretisiert und erweitert man die didaktisch-methodischen Grundsätze der Lernfeldgestaltung, so lassen sie sich wie folgt als konstituierende Merkmale des Lernfeld-Modells zusammenfassen und beschreiben:

- ein Lernfeld (LF) ist eine didaktisch-methodisch begründete Lern- bzw. Unterrichtseinheit auf der Ebene der Makrostruktur der Rahmenpläne;
- Lernfelder können zeitlich flexibel gestaltet werden, z. B. 20–30 Unterrichtsstunden und sollen für die Schüler und Lehrer inhaltlich überschaubar bleiben;
- Lernfelder heben eine rigide „Fächer- und Inhaltstrennung" auf, eröffnen Freiräume zum selbständigen Lernen und unterstützen die Eigeninitiative der Lernenden;
- die Lernfeldinhalte zeichnen sich durch den „Technikbezug, Arbeitsbezug, Gesellschaftsbezug und Subjektbezug" und damit durch eine mehrdimensionale Ziel- und Inhaltsintegration aus;
- die berufsbezogenen Themen und Aufgaben der Lernfelder nehmen einen zusammenhängenden und handlungsmotivierenden Lern- und Arbeitsbereich auf;
- jedes Lernfeld definiert sich aus und in dem „Ganzen" der Ausbildung und nimmt exemplarisch diese „Ganzheit" didaktisch differenziert und strukturiert auf;
- jedes Lernfeld hat in der Struktur der „Ganzheit" direkt oder indirekt mehrere inhaltliche Verbindungen zu anderen Lernfeldern, die bewusst zu machen und selbst ein Inhaltsgegenstand der Lernfelder sind;

- jedes Lernfeld soll unter Berücksichtigung verschiedener Ziel- und Kompetenzbereiche zur Vermittlung und Förderung einer umfassenden beruflichen Handlungsfähigkeit beitragen;
- zu jedem Lernfeld soll eine Aufgabenstellung mit Lernaufgaben unter einem übergeordneten Struktur- und Inhaltsaspekt gebildet werden, wobei die Aufgaben eine gestaltungs- und handlungsorientierte Be- und Erarbeitung der Lernfeldinhalte möglichst „provozieren" sollen;
- die Lernfelder werden einem Kerncurriculum und einem erweiterten Curriculum zugeordnet, um eine gewisse Offenheit und Flexibilität in der Unterrichtsgestaltung zu eröffnen (Gestaltung von „Pflicht- und Wahlpflicht-Lernfeldern");
- einzelne Lernfelder können unter Berücksichtigung übergeordneter Inhaltsschwerpunkte und didaktisch-methodischer Grundsätze gestaltet und einem begründeten Strukturschwerpunkt zugeordnet werden;
- Lernfelder können inhaltlich zu einer projektorientierten Lerneinheit zusammengefasst werden; in einer Projekteinheit ist gezielt und verstärkt eine Theorie-Praxis-Verknüpfung, insbesondere in der Zusammenarbeit mit Betrieben, anzustreben.

Auf der Grundlage dieser Lernfeldvorgaben ist das Lernfeld-Modell bezogen auf die berufsfeld- und berufsspezifischen Ausbildungsstrukturen und -inhalte zu konkretisieren. Hierzu sind zunächst die übergreifenden Strukturen der Grund- und Fachbildung in der Berufsausbildung aufzunehmen, so dass entsprechend dieser Struktur folgende „Lernfeldtypen" zu unterscheiden und im Einzelnen auszuarbeiten sind:

- Lernfelder zur berufsfeldbreiten Grundbildung (BF-LF)
- Lernfelder zur berufsspezifischen Fachbildung (B-LF)
- Lernfelder zur fachrichtungsspezifischen Fachbildung (F-LF).

Exemplarisch und bezogen auf die Lernfelder der „berufsfeldbreiten Grundbildung" wäre hier z. B. von ca. 11 bis 13 „berufsfeldbreiten Lernfeldern" (BF-LF) auszugehen. Grundlage hierfür ist die Zeitvorgabe für die Grundbildung von 320 Stunden und der Zeitrichtwert für die Lernfelder von ca. 20 bis 30 Unterrichtsstunden. Berücksichtigt man unter curricularen Aspekten die Begründung eines Kerncurriculums, so wären die Lernfelder der Grundbildung als Pflicht- und Wahlpflicht-Lernfelder auszuarbeiten. Dies würde u. a. bedeuten, dass bereits in der Grundbildung Gestaltungsspielräume gegeben und aus der Sicht der Schule, Region oder der Klasse inhaltliche Schwerpunktsetzungen möglich sind. Für die Lernfelder der Fachbildung gelten diese Überlegungen und Aspekte entsprechend, wobei diese Lernfelder inhaltlich und zeitlich auch zunehmend umfangreicher und komplexer zu gestalten sind.

Zur didaktisch-methodischen Konkretisierung und Ausgestaltung der verschiedenen „Lernfeldtypen" müssen die einzelnen Themen und Aufgabenstellungen sowie die Inhalte der „vier Inhaltsdimensionen" berufsfeld- und berufsspezifisch bestimmt werden. Dies bedeutet insbesondere, dass auf der Grundlage der Ausbildungsberufsbilder zugleich eine konkrete fachdidaktische bzw. besser berufsfeld- und berufsdidaktische Auseinandersetzung mit den Inhalts- und Strukturvorgaben zum berufsbezogenen Unterricht erfolgen muss. Sie kann und soll hier nur so weit geführt werden, und zwar exemplarisch an Lernfeldern zum Berufsfeld Elektrotechnik, um daran anschließend noch offene Fragen zur Rahmenplangestaltung zu diskutieren und zu klären.

Grundlegende fachdidaktische und curriculare Fragen am Beispiel von Lernfeldern zum Berufsfeld Elektrotechnik

Im Berufsfeld Elektrotechnik ist im ersten Ausbildungsjahr für alle industriellen und handwerklichen Elektroberufe eine berufsfeldbreite Grundbildung zu vermitteln. Nimmt man zu dieser berufsfeldbreiten Grundbildung hier exemplarisch die curricularen und berufsfeld- und berufsdidaktischen Fragen zur Gestaltung der Lernfelder auf, so soll damit zum einen der Ansatz und das Lernfeld-Modell didaktisch-methodisch weiter konkretisiert und im Hinblick auf die Weiterentwicklung der hessischen Rahmenlehrpläne diskutiert werden. Zum anderen sollen dabei gleichzeitig noch offene und zu klärende Fragen der Rahmenplangestaltung verdeutlicht werden.

Auf der Grundlage der neuen Ansatzprinzipien und des Lernfeld-Modells muss vor allem gegenüber den bisherigen fachsystematischen Inhaltsstrukturen der Grundbildung eine deutliche Um- und Neuorientierung bei den didaktisch-methodischen Inhaltsstrukturen der zu gestaltenden Grundbildungs-Lernfelder vorgenommen werden. Diese Umorientierung beginnt bereits bei der Frage, welche Themen- bzw. Aufgabenstellungen für die Lernfelder der Grundbildung festgelegt und jeweils ins didaktische Zentrum der Lernfelder gerückt werden sollen. Die Neuorientierung wird so auch bereits deutlich, wenn man z. B. den im Folgenden noch einmal dargestellten KMK-Lerngebieten zur berufsfeldbreiten Grund- und Fachbildung für die industriellen Elektroberufe den anhand der Abb. 7 dargestellten Diskussionsvorschlag für die Lernfelder der Grundbildung gegenüberstellt.

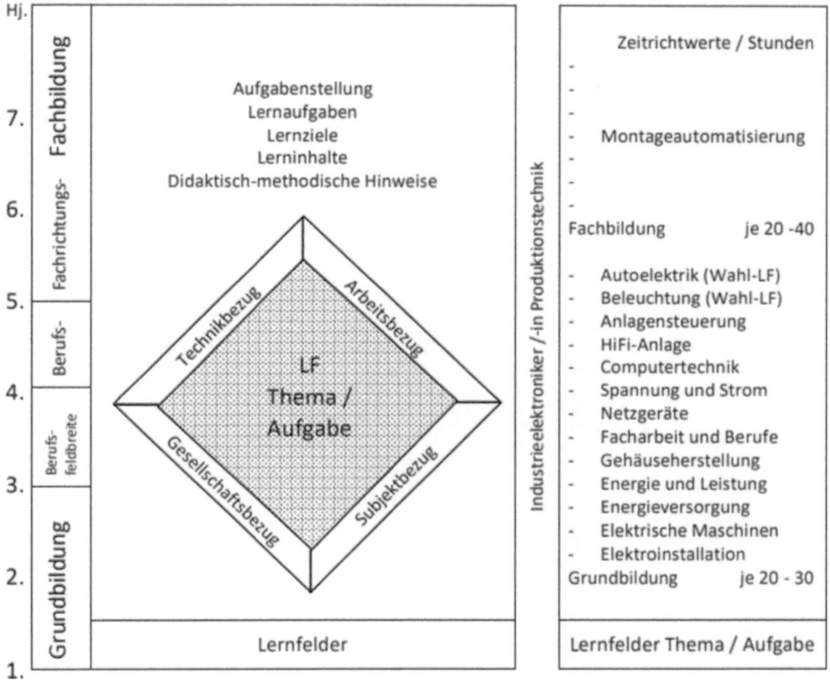

Abbildung 7: Lehrplanansatz und Inhaltsstruktur: Lernfeld-Modell

Abbildung 8: Lernfeld zur Grundbildung: Elektroinstallation

KMK-Lerngebiete (1987):

- Berufsfeldbreite Grundbildung:
  1.1 Einführung in die Elektrotechnik (90)
  1.2 Einführung in die Steuerungs- und Digitaltechnik (40)
  1.3 Einführung in die Elektronik (50)
  1.4 Einführung in die Schutzmaßnahmen (30)
  1.5 Einführung in die Messtechnik (50)
  1.6 Einführung in das Technische Zeichnen (30)
  1.7 Einführung in die Werkstoffe, Werkstoffbearbeitung und Leitungsarten (30)
- Berufsfeldbreite Fachbildung:
  2.1 Kondensator und Spule (30)
  2.2 Wechselstromkreis (50)

2.3 Gleichrichtung und Spannungsstabilisierung (20)
2.4 Digitale Schaltungstechnik (40 bzw. 80)

Mit dem ausgearbeiteten Vorschlag für die Lernfelder der Grundbildung wurde zugleich versucht, die neuen Ansatzprinzipien und Gestaltungsgrundsätze der Lernfelder für eine fachdidaktische Neuorientierung der berufsfeldbreiten Grundbildung zu berücksichtigen. Dies zeigt sich auf der Ebene der Lernfeld-Themen bzw. Aufgabenstellungen, die grundsätzlich ganzheitlicher an Handlungssituationen der berufsfeldbreiten „Elektrofacharbeit" ausgerichtet und u. a. nach den Prinzipien der „Inhaltsintegration" und „Handlungsorientierung" gestaltet sind. Hinsichtlich der „vier Inhaltsbezügen" weisen sie durchaus unterschiedliche didaktische Inhaltsschwerpunkte auf. Wie an den zur Grundbildung im Einzelnen exemplarisch ausgearbeiteten Lernfeldbeispielen deutlich wird, zeigt sich die Um- und Neuorientierung des berufsbezogenen Unterrichts aber auf der Ebene der konkreten Inhaltsvorgaben noch unmittelbarer (siehe Abb. 8, Abb. 9, Abb. 10, Abb. 11).

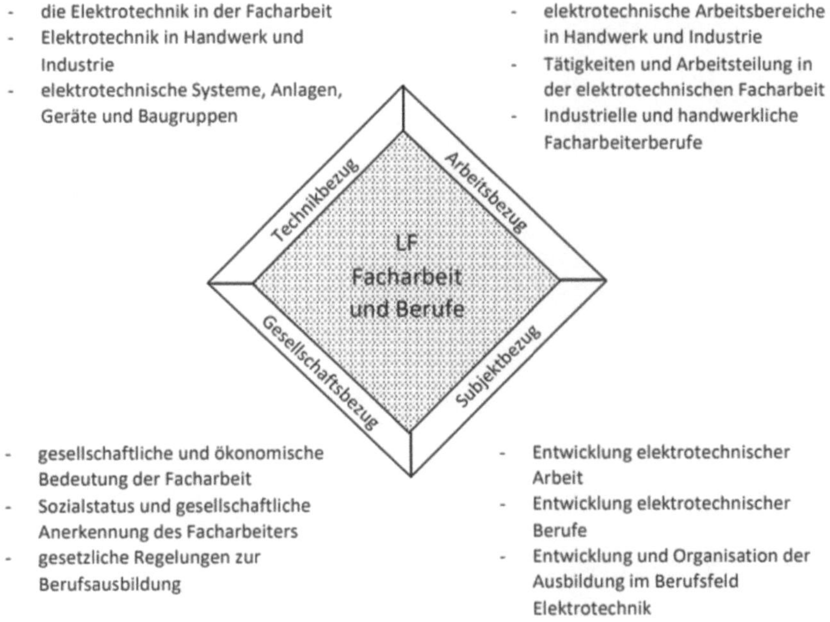

Abbildung 9: Lernfeld zur Grundbildung: Facharbeit und Berufe

Mit den Lernfeldern „Elektroinstallation“, „Facharbeit und Berufe“ und „Gehäuseherstellung“ wurden Lernfelder mit besonders unterschiedlichen Themen- und Aufgabenstellungen exemplarisch ausgewählt. Mit dem Beispiel des ausgearbeiteten Lernfeldes „Gehäuseherstellung“ wurde insbesondere versucht, die Aufgabenorientierung und die Lernaufgaben der Lernfelder in ihrer „Exemplarität“ beispielhaft zu veranschaulichen. So könnten auch die Lernaufgaben zum Lernfeld „Elektroinstallation“ z. B. auf eine Wohnungsinstallation, auf die Installation einer Küche, Garage oder Werkstatt oder auch nur auf die Erweiterung einer bestehenden und überschaubaren „Zimmerinstallation“ bezogen werden. Mit dem Lernfeld „Facharbeit und Berufe“ wären z. B. Lernaufgaben zur Erkundung der handwerklichen und industriellen Arbeitswelt des Berufsfeldes verbunden.

Lernfeld

- Arten und Eigenschaften von Werkstoffen zur Gehäuseherstellung
- Verfahren der Werkstoffbearbeitung
- Anwendung von Schutzmaßnahmen, Gehäuseisolierung
- Konstruktions- und Zusammenbauzeichnung, Stücklisten
- Normungen und Bemaßungen

- handwerkliche und industrielle Produktion
- Arbeitsorganisation und -planung
- Produktionskontrolle
- Material- und Arbeitskostenberechnung

- Rohstoffe und Rohstoffverbrauch
- Umweltverträglichkeit von Werkstoffen
- Entsorgung und Recycling von Elektrogeräten

- Bewertungen und Alternativen zur Arbeitsgestaltung in der Metalltechnik
- subjektive und wirtschaftliche Kriterien zur Produktgestaltung (Design und Ästhetik)

Aufgabenstellung

Herstellung eines Gehäuses für ein elektrotechnisches Gerät, Produkt, Werkzeug usw.

Lernaufgaben

a) Bestimmung relevanter metall- und produktionstechnischer Inhalte und Kenntnisse in der elektrotechnischen Berufsarbeit am Beispiel eines relativ einfach herzustellenden Gehäuses.
b) Klärung unterschiedlicher Gebrauchswertanforderungen an ein Gehäuse aus der Sicht des Anwenders (Kunden).
c) Erstellung eines Pflichtenheftes für das Gehäuse und den Herstellungsprozeß unter Berücksichtigung gesellschaftlicher und gesellschaftlicher Rahmenbedingungen.
d) Analyse und Festlegung der technischen, konstruktiven und gestalterischen Anforderungen, Möglichkeiten und Lösungen für das Gehäuse und den Herstellungsprozeß.
e) Erstellung fachgerechter Zeichnungsunterlagen für das Gehäuse.
f) Berechnung und Kalkulation der Herstellungskosten.
g) Organisatorische und inhaltliche Festlegung und Planung des Herstellungsprozesses und Erstellung von Herstellerunterlagen.

Abbildung 10: Lernfeld zur Grundbildung: Gehäuseherstellung

Lernziele
Zur Herstellung eines Gehäuses für ein elektrotechnisches Gerat, Produkt, Werkzeug usw. sollen unter Berücksichtigung der didaktischen Lernfeldorientierungen exemplarische metall- und produktionstechnische Inhalte und Kenntnisse erarbeitet werden. Durch diese Inhalte soll den Schülern ein grundlegender Einblick in die gesellschaftlichen und betrieblichen Rahmenbedingungen sowie in die Organisation und die Arbeiten zum Entwicklungs-, Konstruktions- und Produktionsprozeß für ein metalltechnisches Produkt vermittelt werden. Arten und Eigenschaften, Normung und Anwendung von metalltechnischen Werkstoffen, prinzipielle Verfahren der Werkstoffbearbeitung sowie das Lesen und Erstellen einfacher fachgerechter Zeichnungen bilden den Schwerpunkt des Unterrichts. Der Unterricht soll insbesondere dazu beitragen, das Schüler befähigt werden sich mit Kollegen der Metalltechnik fachgerecht zu verständigen und sich möglichst selbständig weitere metall- und produktionstechnische Inhalte und Kenntnisse zu erarbeiten.
Lerninhalte
Herstellung eines Gehäuses für ein elektrotechnisches Gerät, Produkt, Werkzeug usw.
Didaktisch-methodische Hinweise
Die metall- und produktionstechnischen Grundlagenkenntnisse zum Lernfeld "Gehäuseherstellung" sollen vorwiegend induktiv erarbeitet werden. Die Bedeutung und ein Überblick zu diesen Kenntnissen kann mit Schülern im Zusammenhang der Konkretisierung der Aufgabenstellung bestimmt werden. Die Aufgabenstellung kann in Projektform oder durch Gruppenarbeit bearbeitet werden, wozu die Lernaufgaben eine Struktur vorgeben. Bei der Bearbeitung der Lernaufgaben im Gruppenunterricht müssen nicht alle Aufgaben von allen Gruppen bearbeitet werden. Da die Ergebnisse zu den Lernaufgaben durch die Schüler vorzutragen und zu dokumentieren sind, kommt es z.B. zu einem Kenntnisaustausch, der auch für das Aufzeigen und Verstehen der inhaltlichen Zusammenhänge von großer Bedeutung ist.

Abbildung 11: Lernfeld zur Grundbildung: Gehäuseherstellung

Besonders die Erstellung der didaktisch „sinnvollen" Aufgabenstellung eines Lernfeldes sowie die der Lernaufgaben als entsprechende einzelne Teilaufgaben, die in ihrer Gesamtheit einen handlungsorientierten Unterricht „provozieren" sollen, muss als eine neue und große fachdidaktische Herausforderung betrachtet werden. Die für jedes Lernfeld vorgesehene gesamte „Aufbaustruktur", die hier als ein Vorschlag für die Rahmenplangestaltung ausgearbeitet ist, wird ebenso am Lernfeldbeispiel „Gehäuseherstellung" exemplarisch deutlich:

- Lernfeld
- Aufgabenstellung
- Lernaufgaben
- Leitziele, Lernziele
- Lerninhalte
- Didaktisch-methodische Hinweise.

Die berufs- bzw. fachrichtungsspezifischen Lernfelder für die Fachbildung sind nach dem Lernfeld-Modell prinzipiell wie die der Grundbildung zu gestalten. Exemplarisch ist ein Lernfeld „Montageautomatisierung" zur Fachbildung für den Ausbildungsberuf Industrieelektroniker/-in der Fachrichtung Produktionstechnik ausgearbeitet (siehe Abb. 2-24). Dieses Lernfeld könnte z. B. in das 4. oder 5. Ausbildungshalbjahr eingeordnet werden.

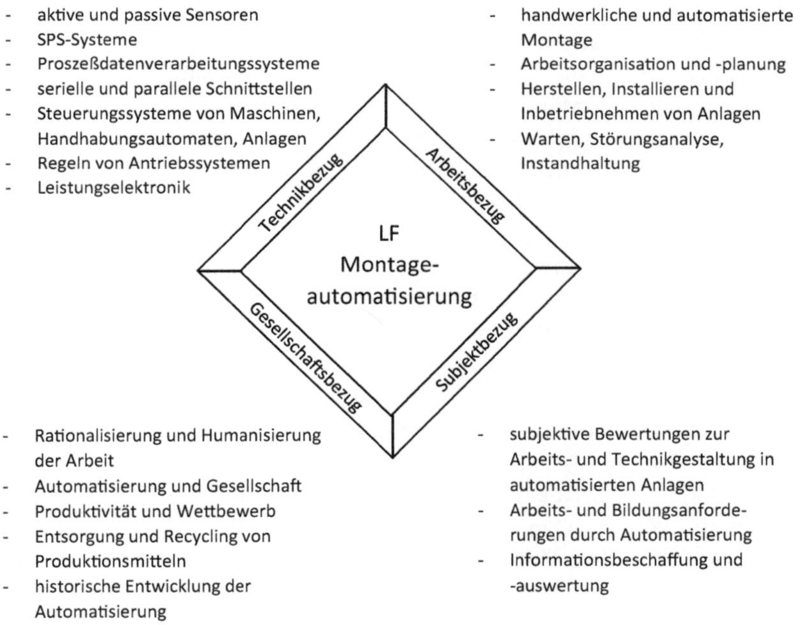

Abbildung 12: Lernfeld zur Fachbildung: Montageautomatisierung

Mit den Lernfeldausarbeitungen zum Berufsfeld Elektrotechnik ist zum einen exemplarisch und skizzenhaft dargestellt, wie die neuen Ansatzprinzipien und Gestaltungsgrundsätze der Lernfelder für eine neue Unterrichts- und Rahmenplangestaltung berufsfeld- und berufsdidaktisch zur Anwendung kommen können. Entsprechend dem Vorschlag und den Beispielen zur Rahmenplangestaltung ist deren Anwendung ebenso für das Berufsfeld Metalltechnik möglich, so dass im Sinne der Lernfelder mit einer handlungsorientierten Unterrichtsgestaltung auch die neuen Ziele und Anforderungen der Berufsausbildung in den Metall- und Elektroberufen prinzipiell besser und effizienter zu erreichen sind. Zum anderen ist implizit mit der Ausarbeitung der Lernfeldbeispiele und der auch auf der Grundlage des Zwischenberichts geführten Ansatzdiskussionen deutlich geworden, dass Fragen offengeblieben und zur didaktischen Um- und Neuorientierung „zwangsläufig" noch einige grundlegende curriculare und fachdidaktische Probleme und Fragen zu klären sind. Dies gilt sowohl in der Perspektive einer unterrichtspraktischen Umsetzung als auch im Hinblick auf die konkrete Weiterentwicklung der hessischen Rahmenpläne.

Unter fachdidaktischen Aspekten ist an den Lernfeldbeispielen insbesondere deutlich geworden, dass auf der Basis des Neuansatzes und Lernfeld-Modells ein neues Verständnis zur Grundbildung bzw. zur berufsfeldbreiten Grundbildung notwendig und zu begründen ist. Für die gewerblich-technische Berufsausbildung muss der Inhaltsbereich grundlegender und grundbildender Ausbildungsinhalte zum Teil völlig neu geklärt werden, um auf dieser Grundlage die Themen- bzw. Aufgabenstruktur sowie die Lerninhalte der Lernfelder der Grundbildung bestimmen zu können. Da die Grund- und Fachbildungsinhalte didaktisch aufeinander bezogen und verknüpft sind, sind mit einem neuen Grundbildungsverständnis zwangsläufig zum Teil auch die Fragen zu den Fachbildungsinhalten neu gestellt.

Zur Rahmenplangestaltung hat sich unter curricularen Aspekten des Weiteren an den exemplarischen Ausarbeitungen der Lernfelder und aufgrund der Diskussionen gezeigt, dass z. B. zum didaktisch begründeten Vorschlag der Grundbildungs-Lernfelder prinzipiell auch andere Lernfeldthemen und -aufgaben als „Lösungen" möglich sind. Das heißt, ist grundsätzlich aufgrund der mehr an beruflichen Handlungssituationen und nicht an abstrakten Theorieinhalten orientierten Themen und Lernaufgaben die Möglichkeit wie Notwendigkeit gegeben, diese aus der im Prinzip „unendlichen Situationsvielfalt" der Berufstätigkeiten exemplarisch zu bestimmen, so bedarf diese exemplarische Auswahl dennoch einer ausbildungsdidaktisch reflektierten curricularen Grundlage. Von daher ist im Weiteren vor allem die „neue" Exemplarität von Ausbildungsinhalten in den Rahmenplänen unter curricularen Aspekten zu diskutieren. Denn heißt Exemplarität der vorgegebenen Inhalte und Aufgaben im Hinblick auf den Unterricht auch inhaltliche Flexibilität und Offenheit in der Unterrichtsgestaltung, die vor dem Hintergrund der neuen Ziele und Anforderungen der Berufsausbildung curricular und didaktisch-pädagogisch notwendig ist, so ist sie im Hinblick auf die Rahmenplangestaltung zumindest unter zwei Aspekten zu problematisieren.

Zum einen nimmt ein Rahmenplan, der konkrete und eher exemplarische Themen und Aufgaben beinhaltet, die Themenauswahl „vorweg" und schränkt damit im Prinzip eine flexible und offene sowie kreative und innovative Unterrichtsgestaltung ein. Dies gilt durch die „Planvorgabe“ zum Teil selbst dann, wenn auf die Exemplarität der Rahmenplaninhalte explizit verwiesen wird. Ein Vorteil ist jedoch die „Unterrichtsnähe“ der Pläne, die einen „guten“ Unterricht provozieren und vorgeben kann. Zum anderen haben Rahmenpläne aber gerade auch die Aufgabe und den Zweck, einen didaktisch begründeten und erkennbaren Rahmen für die Ausbildung vorzugeben, der als eine gemeinsame curriculare Referenzgrundlage und als ein rechtliches Ordnungsmittel für die Ausbildungsgestaltung seine Bedeutung hat. Ein curricularer Rahmen, der in seiner „Abstraktheit“ auch schwierig durch exemplarische Inhalte zu bestimmen ist, sollte aber insoweit wiederum offen sein, dass er eine flexible und exemplarische Umsetzung der Ziel- und Inhaltsvorgaben zulässt. Rahmenpläne müssen daher in dieser Perspektive einerseits einen von konkreten Berufssituationen abstrahierenden und dennoch einen relativ konkret-bestimmten curricularen Inhaltsrahmen vorgeben und sie können bzw. sollten andererseits sicher nur bedingt exemplarische Inhalte enthalten. Hiermit ist zugleich das Spannungsfeld einer eher konkreten „unterrichtsnahen“ und einer eher abstrakten „unterrichtsfernen“ Gestaltung der Rahmenpläne gekennzeichnet.

Auf der Grundlage des vorgestellten Neuansatzes zur Unterrichts- und Rahmenplangestaltung sollen im Folgenden zunächst die noch offenen Fragen zu den didaktisch-methodischen Strukturen der Grund- und Fachbildungsinhalte aufgenommen werden. Da besonders den letzteren Fragen eine unmittelbare Bedeutung für die curriculare Rahmenplangestaltung zukommt, sollen diese im Zusammenhang eines abschließenden Konzeptvorschlags für die konkrete Weiterentwicklung der hessischen Rahmenlehrpläne diskutiert und geklärt werden.

Inhaltsstrukturen der berufsbezogenen Grund- und Fachbildungsinhalte – Ein neues Grundbildungsverständnis

Zum Neuansatz der Unterrichts- und Rahmenplangestaltung sind bereits implizit anhand der Lernfeldbeispiele auch unter konkreten berufsfeld- und berufsdidaktischen Fragestellungen zentrale Um- und Neuorientierungen zum berufsbezogenen Unterricht zum Ausdruck gekommen. Die Ansatzprinzipien der „Arbeitsorientierung“ und „Inhaltsintegration“ haben bezogen auf die vier Inhaltsbezüge deutlich gemacht, dass mit diesen vor allem auch ein neues Grund- und demzufolge Fachbildungsverständnis für den berufsbezogenen Unterricht verbunden und zu begründen ist. So stellt insbesondere das „Wegbrechen“ der Dominanz der Fachsystematik und technikorientierten Fachinhalte im berufsbezogenen Unterricht bei gleichzeitigem „Verlust“ der rigiden Fächerstruktur den Kern einer Umorientierung zur Inhaltssystematik dar. Lernen in eher arbeitsorientierten Handlungszusammenhängen erfordert insofern eine fachdidaktische Neuorientierung und die Auseinandersetzung mit der Frage, welche Inhalte in welcher neuen Struktur eine umfassende berufliche Handlungskompetenz bewirken können. Die dabei insgesamt notwendigen inhaltlichen wie didaktischen Veränderungen müssen als eine große – wenn nicht die größte – didaktisch-methodische Herausforderung zur Unterrichts- und Rahmenplangestaltung begriffen werden. Vor allem deshalb, da mit der Orientierung des berufsbezogenen Unterrichts an den Natur- und Ingenieurwissenschaften auch seit vielen Jahren besonders die beruflichen Grundbildungsinhalte relativ eindeutig und fast ausschließlich mit den Grundlageninhalten der Fachwissenschaften vorgegeben sind. Diese Orientierung hat sich u. a. seit der „Frankfurter Methodik" über die in den 1960er und 1970er Jahren verstärkt geführten Diskussionen zur „Wissenschaftspropädeutik" in der Ausbildung zunehmend in den Fachdidaktiken[23] verfestigt und wurde zudem durch die an der Ingenieurausbildung orientierte Ausbildung der Berufsschullehrer gestützt. Ging z. B. die „Frankfurter Methodik" zunächst nur für das erste Ausbildungsjahr (Unterbau) vorwiegend von den naturwissenschaftlichen Grundlagen und einer dreigeteilten Fächerstruktur aus, da „die für den einzelnen Beruf wichtigen Naturgesetze in ihrer beruflichen Erscheinungsform vorher isoliert bekannt und erkannt sein" müssen (Wissing u. a. 1960, S. 12), und war die übrige Ausbildung noch „ganzheitlich" an der Facharbeit bzw. später an der „Werkkunde" orientiert, so ist heute die Unterrichtsorientierung an den Fach- und Technikwissenschaften für die gesamte Ausbildung dominant.

Die Einbeziehung der „Wissenschaftsorientierung" in die Berufsausbildung galt und gilt gegenüber der „Berufspragmatik" als didaktischer Fortschritt. Damit einher geht ein Verständnis, dass die Arbeits- und Lebenswelt in den Wissenschaften aufgehoben ist und sich insofern gegenwärtige und zukünftige Arbeits- und Berufssituationen in den Theorien der Fachwissenschaften

23 Speziell die Fragen zu den Gegenstandsbereichen einer beruflichen Grundbildung wurden bisher allerdings nicht nur unter „rein" fachdidaktischen Aspekten beantwortet. Die Berufsgrundbildung wurde inhaltlich vielmehr auch hinsichtlich ihrer berufsbildungsdidaktischen Aufgaben und Funktionen und nach berufsbildungspolitischen Vorstellungen gestaltet. Dabei sind berufsbildungsdidaktische Unterschiede besonders in den 1970er Jahren im Kontext der „Reformkonzepte zum Berufsgrundbildungsjahr" aufgetreten und deutlich geworden. Betriebliche wie schulische Konzepte zur beruflichen Grundbildung sind so auch historisch betrachtet durch verschiedene ausbildungsdidaktische Organisationsformen wie bildungsrechtliche Ausprägungen gekennzeichnet.

abbilden. Theorien der Fachwissenschaften berücksichtigen die Berufswirklichkeit und Facharbeit aber immer nur eingeschränkt. So beinhalten sie für die Facharbeit zwar Wissenselemente zum „Objektivierenden Arbeitshandeln", vernachlässigen in hohem Maße aber insbesondere Kenntnisse und Inhalte zum „Subjektivierenden Arbeitshandeln", die gerade heute z. B. in hochautomatisierten Systemen als eine wichtige Voraussetzung für ein auch „erfahrungsgeleitetes Arbeiten" gelten (vgl. Böhle/Rose 1992, insbes. S. 57 ff.). Das Dilemma für eine umfassende Berufstheorie in der Berufsausbildung ist, dass es eine auf die Arbeitswelt der Facharbeit bezogene gewerblich-technische Berufswissenschaft nicht gibt.

So sind z. B. auch die Grundlageninhalte der einzelnen Fach- und Technikwissenschaften ausbildungsdidaktisch nicht einfach mit den Inhalten einer beruflichen Grundbildung gleichzusetzen. Desgleichen gilt für die Inhaltsstrukturen, da die Systematik der Fachwissenschaftsinhalte heute fachdidaktisch weitgehend mit einer didaktisch-methodischen „Lernsystematik" gleichgesetzt werden.[24] Diese prinzipielle Gleichsetzung ist bis heute vor allem deshalb weithin akzeptiert, da die Inhalte „logisch" aufeinander aufbauen, im relativ festgefügten Kanon der Wissenschaften überschaubar und bekannt sind und sie sich vor dem Hintergrund der breiten „Lehr"erfahrung auch relativ leicht im Unterricht umsetzen lassen. Eine am Arbeits- und Subjektbezug orientierte Inhaltsstruktur des berufsbezogenen Unterrichts mit „fachunsystematischem" Handlungslernen bedeutet so auch eine didaktische Neuorientierung und ein Verlassen „altbewährter" Unterrichtspraxis. „Bricht" (bzw. nimmt man dem Lehrplan, dem Unterricht, den Lehrern) daher die alte Fach- und Inhaltsstruktur weg, entsteht folglich zwangsläufig zunächst ein fachdidaktisches „Vakuum" bzw. eine inhaltliche „Orientierungslosigkeit" zur Unterrichts- und Rahmenplangestaltung.

Muss somit die didaktische Um- und Neuorientierung zum berufsbezogenen Unterricht auch als eine große „fachdidaktische" Herausforderung begriffen werden, so sollen dazu die bisher vorgestellten didaktisch-methodischen Ansatzprinzipien im Hinblick auf die inhaltlichen Strukturfragen der Grund- und Fachbildung fachdidaktisch weiter konkretisiert werden. Hierbei werden

24 Innerhalb „moderner" Unterrichtskonzepte kommen heute durchaus handlungsorientierte Lernansätze, allerdings vorwiegend auf ihre „Methodik" reduziert, zur Anwendung. So kann ja z. B. auch ein Physikunterricht „handlungsorientiert" gestaltet werden. Ein am Konzept Handlungslernen orientierter berufsbezogener Unterricht muss sich von diesem aber auf der Inhaltsebene deutlich unterscheiden.

im Folgenden vor allem Aussagen zu einem neuen Grundbildungsverständnis in den Mittelpunkt gestellt, da mit diesem unmittelbar auch Fragen und Aussagen zur Fachbildung verknüpft sind.

Berufliche Grundbildung wird im Rahmen der Strukturvorgaben zur Berufsausbildung, wie oben bereits dargestellt, entweder nur als „eine breit angelegte berufliche Grundbildung" beschrieben oder „als breite Grundlage für die weiterführende berufliche Fachbildung und als Vorbereitung auf eine vielseitige berufliche Tätigkeit" verstanden (BBiG § 1 Abs. 2 und § 26 Abs. 2). Allgemein ist in Verbindung mit den Strukturen der neuen Metall- und Elektroberufe insofern heute auch die berufliche Grundbildung überwiegend als eine berufsfeldbreite Grundbildung zu betrachten und entsprechend zu gestalten.

Nimmt man dieses allgemeine Grundbildungsverständnis unter berufsbildungsdidaktischen Aspekten für den berufsbezogenen Unterricht auf, so lassen sich auf der Grundlage der neuen Ansatzprinzipien die wesentlichen didaktisch-methodischen Kriterien zur Auswahl und Strukturierung von Grundbildungsinhalten zunächst wie folgt skizzieren und begründen:

- Eine berufsfeldbreite Grundbildung wird als Einführung in die industrielle und handwerkliche Facharbeit des Berufsfeldes verstanden, in der grundlegende Berufsbildungsinhalte wie Zusammenhänge der berufsfeldbreiten Tätigkeiten zu vermitteln sind. Ausgangsbasis für die Inhalte und Strukturen der Grundbildung sind die Gegenstände, die Mittel, Verfahren und die Organisation sowie die Anforderungen der beruflichen Fach- bzw. Gesellenarbeit des Berufsfeldes. Der Vermittlungsbeginn und der Aufbau einer umfassenden beruflichen Handlungsfähigkeit soll sich somit in der Grundbildung am Spektrum und an grundlegenden Berufsinhalten der „berufsfeldbreiten" Facharbeitertätigkeiten orientieren.
- Unter dem Aspekt arbeitsorientierter Inhalts- und Handlungszusammenhänge und im Sinne einer ganzheitlich-analytischen Vorgehensweise sowie holistischen Betrachtungsperspektive sollen die klassischen didaktischen Prinzipien wie z. B. vom „Leichten zum Schweren" oder vom „Einfachen zum Komplexen" – konkret beispielsweise vom „Bauteil zur Anlage" – in ihrer Dominanz für die Gesamtstruktur der Ausbildung durchbrochen werden. Ausgangspunkt sind die primären und sekundären Arbeits- und Prozessbereiche mit den in der Regel „komplexen" Anlagen- und Arbeitssystemen, zu denen die grundlegenden Inhalte und Zusammenhänge in die Grundbildung aufzunehmen sind, die dann in der Fachbildung, teils nach den Prinzipien eines Spiralcurriculums (vgl. u. a. Nölker/Schoenfeldt 1977,

S. 59 ff.), berufs- und fachrichtungsspezifisch wiederaufzunehmen und zu vertiefen sind.

- Die grundlegenden Inhalte der Grundbildung sollen ausgehend von den Arbeitsinhalten in der Kunden- und Anwenderperspektive bestimmt werden. Die didaktisch reduzierten fach- und ingenieurwissenschaftlichen Grundlageninhalte stellen somit nur eine Inhaltsdimension für die Grundbildungsinhalte dar. Diese Grundlageninhalte können und sollen auch zum Gegenstand der nachfolgenden Fachbildung werden, in der die Inhalte vorwiegend in der Hersteller- und/oder Dienstleistungsperspektive sowie der Fachmann- und Beratungsperspektive zu bestimmen sind. Die Fachsystematik der Fachwissenschaftsinhalte prägt insofern nur zum Teil die Inhaltsstrukturen der Grund- und Fachbildung.
- Eine lernförderliche und handlungsmotivierende „Verschränkung" von beruflichen Theorie- und Praxisinhalten ist durchgängig in der Grund- und Fachbildung zu berücksichtigen. In der Grundbildung ist dabei an Vorerfahrungen sowie erste berufliche Einsichten und Erkenntnisse der Auszubildenden anzuknüpfen. Um die schulische und betriebliche Ausbildung ausbildungsdidaktisch stärker aufeinander zu beziehen und zu verschränken, sind mit den Betrieben abgestimmte und überschaubare grundbildende Unterrichts- oder Projektvorhaben anzustreben und gemeinsam zu bearbeiten.
- Zur Konstituierung einer beruflichen Handlungskompetenz hat neben der Fachkompetenz heute die Vermittlung einer Methoden-, Sozial-, Gestaltungs- und Lernkompetenz eine grundlegende und insbesondere berufs- und berufsfeldübergreifende Bedeutung. Von daher gelten methodische, soziale und mitgestaltende Kompetenzen als grundlegende berufliche Fähigkeiten und Verhaltensanforderungen, die insofern geradezu als typische Grundbildungsinhalte zu betrachten und bei der Unterrichtsgestaltung durch entsprechende methodische Konzepte, wie u. a. das Konzept „Handlungsorientierung" und „Lernaufgaben", bereits vom Anbeginn der Ausbildung an zu berücksichtigen sind.

Mit diesem neuen Grundbildungsverständnis sind weitreichende Konsequenzen für die Unterrichts- und Rahmenplangestaltung unter berufsfeld- und berufsdidaktischen Aspekten verbunden. So sind die Inhaltsstrukturen zur Grund- und demzufolge auch Fachbildung teils völlig neu zu bestimmen. Für die „alte" Grund- wie ebenso Fachbildung sind so z. B. natur- und technikwissenschaftliche Inhalte, die bisher der Grundbildung zugerechnet wurden, erst in der Fachbildung zu behandeln; desgleichen gilt entsprechend umgekehrt.

Des Weiteren werden „alte“ Grundbildungsinhalte durch den ganzheitlichen Berufs- und Inhaltsbezug und der damit verbundenen fachdidaktischen Neuorientierung neu gewichtet, in ihrer Bedeutung eingeschränkt oder erweitert. Dadurch, dass der Lehrplan zum Teil „vom Kopf auf die Füße“ gestellt wird, findet Grundbildung nach dem bisherigen Verständnis zum Teil auch erst in der Fachbildung statt. Der Idee von einer die gesamte „Ausbildung begleitenden Grundbildung“ kommt hier besonders bei den Entscheidungen zu den technischen Grundlageninhalten eine besondere Bedeutung zu. Des Weiteren kann und soll das neue Grundbildungsverständnis zu einer Verbesserung der ausbildungsdidaktischen Abstimmung zwischen der schulischen und betrieblichen Ausbildung beitragen, wobei insbesondere die Ausbildungsrahmenpläne zu den Handwerksberufen, in denen u. a. Prinzipien eines Spiralcurriculums zu erkennen sind, hierzu eher einen Ansatz bieten. Insgesamt ist eine bessere curriculare Abstimmung aber vor allem deshalb möglich, da der unauflösbare Zusammenhang von beruflicher Arbeit und Technik vom Beginn der Ausbildung an im berufsbezogenen Unterricht Berücksichtigung finden soll.

(…)

Literatur

Aebli, H.; Ruthemann, U. (1987): Angewandte Metakognition. Schüler vom Nutzen der Problemlösungsstrategien überzeugen. In: Zeitschrift für Entwicklungspsychologie und Pädagogische Psychologie. Göttingen: 19 (1987) 1, S. 46–64.

Bannwitz, A.; Rauner, F. (1993): Wissenschaft und Beruf. Berufliche Fachrichtungen im Studium von Berufspädagogen des gewerblich-technischen Bereichs. Bremen: Donat.

Baron, W.; Meyer, N. (1987): Projektorientiertes Lernen als Ansatz zur Vermittlung von Handlungskompetenzen in der beruflichen Bildung. In: Berufsbildung in Wissenschaft und Praxis. Berlin: BIBB, 16 (1987) 5, S. 144–149.

Barth, H. (1975): Der Aufbau der Reichslehrpläne (1940). In: Grüner, G. (Hrsg.): Curriculumproblematik der Berufsschule. Zur Entwicklungsgeschichte der Lehrpläne gewerblicher Berufsschulen. Stuttgart: Holland & Josenhans, (beiträge zur pädagogik; Band 6), S. 100–HO.

Benner, H.; Püttmann, F. (1992): 20 Jahre gemeinsames Ergebnisprotokoll. Eine kritische Darstellung des Verfahrens zur Abstimmung von Ausbildungsordnungen und Rahmenlehrplänen für die Berufsausbildung in anerkannten Ausbildungsberufen aus Bundesund Ländersicht. Bonn: November 1992. (Herausgegeben vom Bundesminister für Bildung und Wissenschaft)

BIBB Bundesinstitut für Berufsbildung: Sind beide Partner gut gerüstet? Berufsschule und Betrieb auf dem Prüfstand für die Zukunft. Berlin/Bonn: BIBB, Pressemitteilung 16/92, 10.06.92.

BBiG Berufsbildungsgesetz vom 14. August 1969 (BGBl. I S. 1112), zuletzt geändert durch das Berufsbildungsförderungsgesetz vom 23. Dezember 1981 (BGBl. I S. 1692).

Blättner, F. (1975): Die berufsschuleigene Arbeitsweise (1947). In: GRÜNER, Gustav (Hrsg.): Curriculumproblematik der Berufsschule. Zur Entwicklungsgeschichte der Lehrpläne gewerblicher Berufsschulen. Stuttgart: Holland & Josenhans, (beiträge zur pädagogik; Band 6), S. 114–121.

BMWi Der Bundesminister für Wirtschaft (Hrsg.): Verordnung über die Berufsausbildung in den industriellen Metallberufen vom 15. Januar 1987; verkündet im Bundesgesetzblatt, Teil I, S. 274 ff., Bonn: 15. Januar 1987. In: Sonderdruck des IFA-Institut für berufliche Aus- und Fortbildung – Herausgeber des Informationsdienstes "Technische Innovation und berufliche Bildung". Bonn: TIBB-Redaktion, TIBB-INFO METALL, o. J.

BMWi Der Bundesminister für Wirtschaft: Verordnung über die Berufsausbildung in den industriellen Elektroberufen und zum Kommunikationselektroniker/zur Kommunikationselektroniker in im Bereich der Bundespost vom 15. Januar 1987; verkündet im Bundesgesetzblatt, Teil I, S. 199 ff., Bonn: 22. Januar 1987. In: Sonderdruck des IFA-Institut für berufliche Aus- und Fortbildung – Herausgeber des Informationsdienstes "Technische Innovation und berufliche Bildung". Bonn: TIBB-Redaktion, TIBB-INFO ELEKTRO, o. J.

Böhle, F.; Rose, H. (1992): Technik und Erfahrung. Arbeit in hochautomatisierten Systemen. Frankfurt/M.; New York: Campus. (Veröffentlichung aus dem Institut für Sozialwissenschaftliche Forschung e.V., ISF München)

Bundesarbeitsgemeinschaft für Berufspädagogen der Fachrichtung Elektrotechnik (Hrsg.): Reader zur Fachtagung: Elektrotechnik – veränderte Technik – veränderte Qualifikation – veränderte Berufsbildung; und Workshop: Die Gestaltung von Facharbeit als Bildungsziel für die Praxis beruflicher Bildung. Hochschultage Berufliche Bildung '86. Bremen: Milde, 1986.

Bonz, B.; Lipsmeier, A. (1980): Allgemeine Technikdidaktik – Bedingungen und Ansätze des Technikunterrichts. Stuttgart: Holland & Josenhans. (beiträge zur Pädagogik; Band 8)

Borch, H. (1989): Orientierung an der Industrie. Die Neuordnung der handwerklichen Elektroberufe. In: lernen & lehren Elektrotechnik/Metalltechnik. Schwerpunkt: Neuordnung im Handwerk. Bremerhaven: Wirtschaftsverlag, 4 (1989) 16, S. 39–42.

Botsch, R. (1975): Bildungsziel und Bildungsplan der Fachkunde (1933). In: Grüner, G. (Hrsg.): Curriculumproblematik der Berufsschule. Zur Entwicklungsgeschichte der Lehrpläne gewerblicher Berufsschulen. Stuttgart: Holland & Josenhans, (beiträge zur Pädagogik; Band 6), S. 92–98.

BPZ Berufspädagogische Zeitschrift: Unser Thema: Frankfurter Methodik – Unser Gespräch geht weiter. Braunschweig: Westermann, 3 (1954) Heft 5.

Brater, M. (1984): Künstlerische Übungen in der Berufsausbildung. In: PROJEKTGRUPPE HANDLUNGSLERNEN (Hrsg.): Handlungslernen. Wetzlar: Jungarbeiterinitiative an der Wemer-von-Siemens-Schule, (Berufliche Bildung, Band 4), S. 62ff.

Brater, M.; Büchele, U.; Fucke, E.; Herz, G. (1988): Berufsbildung und Persönlichkeitsentwicklung. Stuttgart: Freies Geistesleben.

Bundesarbeitsgemeinschaft für Berufspädagogen der Fachrichtung Elektrotechnik (Hrsg.): Reader zur Fachtagung: Elektrotechnik – veränderte Technik – veränderte Qualifikation – veränderte Berufsbildung; und Workshop: Die Gestaltung von Facharbeit als Bildungsziel für die Praxis beruflicher Bildung. Hochschultage Berufliche Bildung '86. Bremen: Milde, 1986.

Butsch, W. (1988): Systematische Förderung selbständigen Arbeitens durch Leittexte in der Berufsbildung. In: Brückers, Walter/Meyer, Norbert (Hrsg.): Nach der Neuordnung: Die Zukunft der Ausbildung in den Elektroberufen. Köln: Vgs Verlagsgesellschaft, S. 119–131.

Dehnbostel, P.; Hecker, O.; Höpke, I.; Walter-Lezius, H.-J.; Weilnböck-Buck, I.; Wolf, B. (1992) unter Mitarbeit von Arndt, H.: Neue Technologien und berufliche Bildung – Modellhafte Entwicklungen und theoretische Erkenntnisse. Berlin: BIBB. (Berichte zur beruflichen Bildung; Heft 151)

Der Hessische Kultusminister (Hrsg.): Rahmenlehrpläne für die beruflichen Schulen des Landes Hessen, Berufsschule Berufsfeld Metalltechnik. (Grundstufe und Fachstufe; Industrielle und Handwerkliche Metallberufe) Frankfurt a.M.: Moritz Diesterweg, ab 1988.

Der Hessische Kultusminister (Hrsg.): Rahmenlehrpläne für die beruflichen Schulen des Landes Hessen, Berufsschule Berufsfeld Elektrotechnik. (Grundstufe und Fachstufe; Industrielle und Handwerkliche Elektroberufe) Frankfurt a.M.: Moritz Diesterweg, ab 1988.

Dewey, J./Kilpatrick, W. H. (1935): Der Projekt-Plan: Grundlegung und Praxis. Stuttgart.

Dewey, J. (1974): Psychologische Grundfragen der Erziehung. Der Mensch und sein Verhalten. Erfahrung und Erziehung. München; Basel. (Hrsg, von W. Correl)

DIHT Deutscher Industrie- und Handelstag/Gesamtverband der metallindustriellen Arbeitgeberverbände (Gesamtmetall)/ZVEI Zentralverband der Elektrotechnik- und Elektronikindustrie (Hrsg.): Die neuen Metall- und Elektroberufe. Köln: Deutscher Instituts-Verlag, 1986. (Beiträge zur Gesellschafts- und Bildungspolitik; Nr. 121)

Eicker, F. (1984): Zur Diskussion über das Handlungslemen in der Berufsbildung. In: Zeitschrift für Berufs- und Wirtschaftspädagogik. Stuttgart: Steiner, 80 (1984) 8, S. 694–704.

Faber, G. (1988): Systemdidaktik – Bausteine zur Vermittlung neuer Technologien. In: TH Darmstadt, der Präsident (Hrsg.): Neue Technologien in der Berufsbildung. Modellversuche in beruflichen Schulen. Tagungsband der überregionalen Fachtagung des Hessischen Kultusministers und des Bundesministers für Bildung und Wissenschaft zu Modellversuchen in beruflichen Schulen. Darmstadt. (Schriftenreihe Wissenschaft und Technik TH Darmstadt; Band 44), S. 42–57.

Fix, W. (1984): Aspekte, Möglichkeiten und Grenzen der Projektmethode in der betrieblichen Ausbildung. In: Luckmann, H.; Schurt, D.; Sommer, K.-H. (Hrsg.): Technologieentwicklung und Ausbildung. Esslingen: DEUGRO, S. 129–148.

Gagel, G. (1975): Der Lehrplan der Fachkunde (1929). In: Grüner, G. (Hrsg.): Curriculumproblematik der Berufsschule. Zur Entwicklungsgeschichte der Lehrpläne gewerblicher Berufsschulen. Stuttgart: Holland & Josenhans, 1975 (beiträge zur Pädagogik; Band 6), S. 76–85.

Gärtner, D. (1989): Zukunft der technischen Dienstleistungen. Die Neuordnung der handwerklichen Metallberufe. In: lernen & lehren Elektrotechnik/Metalltechnik. Schwerpunkt: Neuordnung im Handwerk. Bremerhaven: Wirtschaftsverlag, 4 (1989) 16, S. 31–38.

Georg, W.; Kunze, A. (1981): Sozialgeschichte der Berufserziehung. Eine Einführung. München: Juventa.

Gerds, P.; Rauner, F.; Weisenbach, K. (1984): Lernen durch Handeln in der beruflichen Bildung. In: PROJEKTGRUPPE HANDLUNGSLERNEN (Hrsg.): Handlungslernen in der beruflichen Bildung. Wetzlar: Jungarbeiterinitiative an der Werner-von-Siemens-Schule, (Berufliche Bildung, Band 4), S. 10–58.

Gronwald, D./Martin, W. (1982): Lehrorientierte Einführung in die Elektrotechnik. Wiesbaden: Vieweg.

Gronwald, D.; Rauner, F. (1980): Berufliche Bildung im Berufsfeld Elektrotechnik – eine Probleminventur; Neuordnung der Elektroberufe. Hochschultage Berufliche Bildung ’80 Bremen. Bremen: Universität Bremen, September 1980.

Grüner, G. (1976): Die didaktische Reduktion als Kernstück der Didaktik. In: Die Deutsche Schule, (1967) 7/8, S. 41–430.

Grüner, G. (1975): Die Fachdidaktiken der Fächer des beruflichen Schulwesens. In: Die berufsbildende Schule. Wolfenbüttel: Heckners, 27 (1975) 5, S. 275–278.

Grüner, G. (1978): Praxisferne … . In: Die berufsbildende Schule. Wolfenbüttel: Heckners, 30 (1978) 5, S. 275–276.

Grüner, G. (1981): Gewerbekunde – Fachkunde – Technologie – Fachtheorie – Berufstheorie. In: Bonz, B.; Lipsmeier, A. (Hrsg.): Beiträge zur Fachdidaktik Maschinenbau. Stuttgart: Holland & Josenhans, 1981 (beiträge zur pädagogik; Band 9), S. 70–84.

Grüner, G. (1981): Didaktik des Ausbildungsberufes? In: Zeitschrift für Berufs- und Wirtschaftspädagogik. Stuttgart: Steiner, 77 (1981) 7, S. 473–479.

Haumann, E.: Berufskunde und Staatsbürgerkunde (1922). In: Grüner, G. (Hrsg.): Curriculumproblematik der Berufsschule. Zur Entwicklungsgeschichte der Lehrpläne gewerblicher Berufsschulen. Stuttgart: Holland & Josenhans, 1975 (beiträge zur pädagogik; Band 6), S. 69–76.

Hauptmeier, G.; Kell, A.; Lipsmeier, A. (1975): Zur Auswahlproblematik von Lehrinhalten und zur didaktischen Reduktion. In: Die Deutsche Berufs- und Fachschule. Stuttgart: Steiner, 71 (1975) 12, S. 897–922.

Heidegger, G.; Gerds, P.; Weisenbach, K. (1988): Gestaltung von Arbeit und Technik – ein Ziel beruflicher Bildung. Frankfurt/M.: Campus. (Campus Forschung, Band 596; Schwerpunktreihe Theorie und Praxis beruflicher Bildung, Band 13)

Heidegger, G.; Drescher, E.; Gerds, P.; Rauner, F. (1990): Gestaltungsorientierter Unterricht. Konzept zur Orientierung der Berufsschule an der Leitidee der sozialen Gestaltung von Arbeit und Technik. Bremen: Universität Bremen. (Veröffentlichungsreihe des Instituts Technik & Bildung – Berichte, Diskussionspapiere, Ergebnisse)

Heidegger, G.; Jackobs, J.; Martin, W.; Mizdalski, R.; Rauner, F. (1991): Berufsbilder 2000. Soziale Gestaltung von Arbeit, Technik und Bildung. Opladen: Westdeutscher Verlag. (Mensch und Technik. Sozialverträgliche Technikgestaltung; Band 18. Herausgeber: Der Minister für Arbeit, Gesundheit und Soziales des Landes Nordrhein-Westfalen)

Hoppe, M. (1990): Handlungslernen als Antwort auf neue Anforderungen der Berufsbildung. In: Ackermann, K.-F.; Bannwitz, A. (Hrsg.): Wandel der Facharbeit und Konsequenzen für die Gestaltung von Arbeits- und Bildungsprozessen in der rechnergestützten Facharbeit. Esslingen: DEUGRO,

(Stuttgarter Beiträge zur Berufs- und Wirtschaftspädagogik; Band 13), S. 348–365.

HSchG Hessisches Schulgesetz. Gesetz- und Verordnungsblatt für das Land Hessen. Teil I, S. 233ff. Wiesbaden, 17. Juni 1992.

Kell, A. (1992): Verbindung von beruflichem und allgemeinem Lernen. In: Pütz, H. (Hrsg.): Innovationen in der beruflichen Bildung. Hermann Schmidt zum 60. Geburtstag. Berlin; Bonn: BIBB, S. 151–163.

Kerschensteiner, G. (1975): Die Verknüpfung des berufsfachlichen mit dem staatsbürgerlichen Unterricht. (Auszüge aus Vorträgen in Mainz 1902 und in München 1906) In: Grüner, G. (Hrsg.): Curriculumproblematik der Berufsschule. Zur Entwicklungsgeschichte der Lehrpläne gewerblicher Berufsschulen. Stuttgart: Holland & Josenhans, 1975 (beiträge zur pädagogik; Band 6), S. 47–51.

Klafki, W. (1976): Curriculum – Didaktik. In: Wulf, Christoph (Hrsg.): Wörterbuch der Erziehung. München: Piper & Co., 1976 (2. Aufl.), S. 117–128.

KM NW Der Kultusminister des Landes Nordrhein-Westfalen (Hrsg.): Lehrpläne für gewerblich-technische Berufsschule, Elektrotechnische Berufe. Ratingen bei Düsseldorf: Henn, 1965. (Die Schule in Nordrhein-Westfalen. Eine Schriftenreihe des Kultusministers; Heft 16 Lehrpläne für gewerblich-technische Berufsschulen, Teil b Elektrotechnische Berufe)

KMK Beschluß der Kultusministerkonferenz vom 7. Januar 1987: Rahmenlehrpläne über die Berufsausbildung industriellen Elektroberufen. In: Sonderdruck des IFA-Institut für berufliche Aus- und Fortbildung – Herausgeber des Informationsdienstes "Technische Innovation und berufliche Bildung". Bonn: TIBB-Redaktion, TIBB-- INFO RLPE, o. J.

KMK Beschluß der Kultusministerkonferenz vom 7. Januar 1987: Rahmenlehrpläne über die Berufsausbildung industriellen Metallberufen. In: Sonderdruck des IFA-Institut für berufliche Aus- und Fortbildung – Herausgeber des Informationsdienstes "Technische Innovation und berufliche Bildung". Bonn: TIBB-Redaktion, TIBB—INFO RLPM, o. J.

Kron, F. W. (1993): Grundwissen Didaktik. München; Basel: E. Reinhardt. (UTB für Wissenschaft: Große Reihe)

Lempert, W. (1980): Die kognitivistische Konzeption der moralischen Entwicklung. Ein Ansatz zur Analyse der Sozialisation durch Arbeit? In: Heid, H.; Lempert, W.; Zabeck, J. (Hrsg.): Ansätze berufs- und wirtschaftspädagogischer Theoriebildung: Vorträge einer Arbeitstagung der Deutschen Gesellschaft für Erziehungswissenschaft, Kommission Berufs- und Wirtschaftspädagogik, am 16. und 17. November 1979 in Berlin. Wiesbaden: Steiner, 1980 (Zeitschrift für Berufs- und Wirtschaftspädagogik: Beiheft 1), S. 87–98.

Lennartz, D. (1990): Thesen zu Schlüsselqualifikationen und Qualifizierungskonzepten. In: Laur-Ernst, Ute (Hrsg.): Neue Fabrikstrukturen – veränderte Qualifikationen: Ergebnisse eines Workshops zum Forschungsprojekt: "Förderung von Systemdenken und Zusammenhangsverständnis – Lernen und Arbeiten in komplexen Fertigungsprozessen". Berlin: BIBB (Tagungen und Expertengespräche zur beruflichen Bildung, Heft 8; Hrsg.: Bundesinstitut für Berufsbildung, Der Generalsekretär), S. 103–108.

lernen & lehren Elektrotechnik/Metalltechnik. Heft 16 Schwerpunkt: Neuordnung im Handwerk. Bremerhaven: Wirtschaftsverlag, 4 (1989) 16.

Lipsmeier, A. (1981): Technisches Zeichnen. In: Bonz, B.; Lipsmeier, A. (Hrsg.): Beiträge zur Fachdidaktik Maschinenbau. Stuttgart: Holland & Josenhans, (beiträge zur pädagogik; Band 9), S. 107–122.

Lipsmeier, A. (1988): Berufsschule 2000. In: TH DARMSTADT, der Präsident (Hrsg.): Neue Technologien in der Berufsbildung. Modellversuche in beruflichen Schulen. Tagungsband der überregionalen Fachtagung des Hessischen Kultusministers und des Bundesministers für Bildung und Wissenschaft zu Modellversuchen in beruflichen Schulen. Darmstadt, (Schriftenreihe Wissenschaft und Technik TH Darmstadt; Band 44), S. 77–101.

Lipsmeier, A. (1989): Ganzheitlichkeit als berufspädagogische Kategorie. Pädagogische und betriebliche Illusionen und Realitäten In: Zeitschrift für Berufs- und Wirtschaftspädagogik. Stuttgart: Steiner, 85 2, S. 137–151.

Lipsmeier, A. (1991): Die Berufsschullehrerausbildung im Kontext der Reformierbarkeit von Hochschulen und Berufsschulen. Karlsruhe. (Referat an der Gesamthochschule Kassel im Oktober 1991)

Lisop, I.; Greiner, W.-D.; Stratmann, K. (1990): Gründerjahre der Berufsschule. 2. Berufspädagogischer Kongreß (4.-6. Oktober 1989 in Frankfurt/Main). Berlin: BIBB 1990.

Loser, F.; Terhart, E. (1979): Unterricht und Legitimation. Wer begründet was, wann, wie im Unterricht? In: Gerdsmeier, G.; Thränhardt, D.: Schule. Eine berufsvorbereitende Einführung in das Lehrerstudium. Weinheim; Basel: Beltz, S. 205–227.

Martin, W.; Rauner, F. (1983): Mikroelektronik und berufliche Qualifikation. Wetzlar: Jungarbeiterinitiative an der Werner-von-Siemens-Schule. (Berufliche Bildung, Band 3)

Martin, W.; Rauner, F. (1986): Mikroelektronik in der Berufsausbildung. Wetzlar: Jungarbeiterinitiative an der Werner-von-Siemens-Schule. (Berufliche Bildung, Band 6)

Matthlesen, K. (1988): Schlüsselqualifikationen in der neuen pädagogischen Diskussion. Göttingen. (Diplomarbeit)

Mertens, D. (1974): Schlüsselqualifikationen. Thesen zur Schulung für eine moderne Gesellschaft. In: Mitteilungen aus der Arbeitsmarkt- und Berufsforschung, S. 36–43.

Nölker, H. (1973): Didaktik der Technik. Grundprobleme, Widerstände, Chancen. In: Die Deutsche Berufs- und Fachschule. Stuttgart: Steiner, 69 (1973) 5, S. 323–345.

Nölker, H. (1980): Technik und Bildung – Überlegungen zur Problematik und Begründung einer allgemeinen Didaktik der Technologie. In: Bonz, Bernhard/Lipsmeier, Antonius (Hrsg.): Allgemeine Technikdidaktik – Bedingungen und Ansätze des Technikunterrichts. Stuttgart: Holland & Josenhans, 1980 (beiträge zur pädagogik; Band 8), S. 18–31.

Pahl, J.-P.; Ruppel, A. (1993): Bausteine beruflichen Lernens im Bereich Technik. Unterrichtsplanung und technikdidaktische Elemente. Alsbach: Leuchtturm.

Pfeuffer, H. (1972): Untersuchungen über den Wandel von Berufsinhalten und die Notwendigkeit neuer Ausbildungsformen, dargestellt am Beispiel der elektrotechnischen Ausbildungsberufe. Aachen: Dissertation an der RWTH Aachen.

Petersen, W. (1991): Betriebliche Fortbildung im Kontext neuer Produktionstechnologien. Probleme und Lösungen. Ehningen bei Böblingen: expert verlag. (Reihe Beruf + Bildung, Band 30)

Petersen, W. (1993): Evaluation und Revision der Rahmenlehrpläne des Landes Hessen – Berufsfelder Metall- und Elektrotechnik. Zwischenbericht. Bremen: Universität Bremen, ITB, Oktober 1993.

Pukas, D. (1989): Die "Frankfurter Methodik" – Ein Meilenstein der Berufsschulgeschichte und Berufsschuldidaktik. Zum Gedenken an Prof. Dr. Jürgen Wissing 1897–1988. In: Zeitschrift für Berufs- und Wirtschaftspädagogik. Stuttgart: Steiner, 85 (1989) 3, S. 230–243.

Rauner, F. (1986): Elektrotechnik Grundbildung. Überlegungen zur Techniklehre im Schwerpunkt Elektrotechnik der Kollegschule. Landesinstitut für Schule und Weiterbildung (Hrsg.): Curriculumentwicklung in Nordrhein-Westfalen. Soest: Soester Verlagskontor.

Rauner, F.: Handlungsorientierter Unterricht. In: Behnke, A.; Siebald, U. (Red.): Modellversuch MCA Hessen. Berufsspezifische Anwendungen der Mikrocomputertechnik im Berufsfeld Elektrotechnik. Kassel: 1987, S. 110–130.

Rauner, F.; Martin, W. (1988): Berufe 2000. Ein Forschungsprojekt zur Gestaltungsorientierung der Berufsbildung in der Zukunft. In: Heidegger, G.; Gerds, P.; Weisenbach, K. (Hrsg.): Gestaltung von Arbeit und Technik – ein Ziel beruflicher Bildung. Frankfurt/M.: Campus 1988 (CampusForschung, Band 596; Schwerpunktreihe Theorie und Praxis beruflicher Bildung, Band 13), S. 227–261.

Rauner, F. (1990): Anmerkungen zu einer prospektiven Berufsbildung für die "neue" Fabrik. In: Laur-Ernst, U. (Hrsg.): Neue Fabrikstrukturen – veränderte Qualifikationen: Ergebnisse eines Workshops zum Forschungsprojekt: "Förderung von Systemdenken und Zusammenhangsverständnis – Lernen und Arbeiten in komplexen Fertigungsprozessen". Berlin: BIBB, 1990 (Tagungen und Expertengespräche zur beruflichen Bildung, Heft 8; Hrsg.: Bundesinstitut für Berufsbildung, Der Generalsekretär), S. 51–60.

Rauner, F. (1991): Soziale Gestaltung von Arbeit und Technik – Perspektiven einer Leitidee für die berufliche Bildung. In: Heidegger, G. u. a.: Berufsbilder 2000. Soziale Gestaltung von Arbeit, Technik und Bildung. Opladen: Westdeutscher Verlag, 1991, (Mensch und Technik. Sozial verträgliche Technikgestaltung; Band 18. Herausgeber: Der Minister für Arbeit, Gesundheit und Soziales des Landes Nordrhein-Westfalen), S. 41–92.

Reetz, L.; Reitmann, T. (1990): Schlüsselqualifikationen – Dokumentation des Symposiums in Hamburg: "Schlüsselqualifikationen – Fachwissen in der Krise?". Hamburg.

Robinsohn, S. B. (1973): Bildungsreform als Revision des Curriculum und ein Strukturkonzept für Curriculumentwicklung. Neuwied am Rhein; Berlin: Luchterhand, (4. unveränderte Aufl.).

Ropohl, G. (1975): Systemtechnik – Grundlagen und Anwendung. München; Wien: Hanser.

Rötter, H.; Rauner, F. (1982): Beiträge der Fachtagung Elektrotechnik. Hochschultage Berufliche Bildung '82 Hannover. Hannover. (Manuskriptdruck)

Schelten, A. (1983): Aktuelle Problemstellungen einer Fachdidaktik Elektrotechnik. In: Zeitschrift für Berufs- und Wirtschaftspädagogik. Stuttgart: Steiner, 79 (1983) 5, S. 654–664.

Schmale, W. (1967): Die Frankfurter Methodik. Eine informative Gesamtschau. In: Die Deutsche Berufs- und Fachschule. Stuttgart: Steiner, 63 (1967) 3, S. 204–214.

Schmayl, W. (1992): Richtungen der Technikdidaktik. Kennzeichnungen, Analyse, Einschätzung. In: tu (Zeitschrift für Technik im Unterricht) 65, 3. Quartal 1992, S. 5–15.

Seitz, H. (1990): Ganzheitliches Lehren und Lernen – Einige Thesen. In: Zeitschrift für Berufs- und Wirtschaftspädagogik. Stuttgart: Steiner, 86 (1990) 8, S. 724–736.

Spranger, E. (1975): Die drei Kreise: Berufs-, Bürger- und Lebenskunde (1922). In: Grüner, G. (Hrsg.): Curriculumproblematik der Berufsschule. Zur Entwicklungsgeschichte der Lehrpläne gewerblicher Berufsschulen. Stuttgart: Holland & Josenhans, (beiträge zur pädagogik; Band 6), S. 65–68.

Stratmann, K.; Schlösser, M. (1990): Das Duale System der Berufsbildung. Eine historische Analyse seiner Reformdebatten. Gutachten für die Enquete-Kommission "Zukünftige Bildungspolitik-Bildung 2000" des Deutschen Bundestages. Frankfurt/M.: Gesellschaft zur Förderung arbeitsorientierter Forschung und Bildung.

Unger, A.-M. (1984): Berufsausbildung im Bereich der Elektrotechnik. Eine Untersuchung zu den Anforderungen des Beschäftigungssystems in Berlin (West) am Beispiel des energieproduzierenden Bereichs. Köln: Pahl-Rugenstein.

Wagenschein, M. (1965): Vielwisserei Vernunft haben nicht lehrt. Zur Klärung des Unterrichtsprinzips des exemplarischen Lehrens. In: Roth, Heinrich, Alfred (Hrsg.): Grundlegende Aufsätze aus der Zeitschrift "Die Deutsche Schule". Hannover: Schroedel, 1965 (Reihe A Auswahl, Heft 6; 3. Aufl.) S. 6–26.

Wiemann, G.; Hensel (1953): "Frankfurter Methodik" im Berufsschulunterricht. In: Berufspädagogische Zeitschrift BPZ. Braunschweig: Westermann, 2 (1953) 9, S. 142–145.

Wissing, J. (1954): Ist die "Frankfurter Methodik" fertig? In: Berufspädagogische Zeitschrift BPZ. Braunschweig: Westermann, 3 (1954) 5, S. 84–91.

Wissing, J.; Bürgener, W. (1952): Methodik des werkkundlichen Unterrichts für Maschinenbauer. Heft 20aL der "Frankfurter Methodik". Weinheim.

Wissing, J.; Lowitsch, J.; Bürgener, W. (1960): Methodik des werkkundlichen Unterrichts für Maschinenbauer. Teil 1 Weinheim, (2. Aufl. Neuauflage).

Wulf, C. (1976): Evaluation. In: WULF, Christoph (Hrsg.): Wörterbuch der Erziehung. München: Piper & Co., (2. Aufl.), S. 204–208.

Beitrag 3 aus dem Jahr *1996*: Berufs- und Fachdidaktik Elektrotechnik im Studium von Berufspädagogen

In: Beiträge zur Fachdidaktik Elektrotechnik, Herausgegeben von Antonius Lipsmeier und Felix Rauner, Holland + Josenhans Verlag, S. 103–141

Der Beitrag „Berufs- und Fachdidaktik Elektrotechnik im Studium von Berufspädagogen", der im Jahr 1996 im Sammelband „Beiträge zur Fachdidaktik Elektrotechnik" (herausgegeben von Antonius Lipsmeier und Felix Rauner) erschienen ist, diskutiert die Ausbildungsgrundsätze eines wissenschaftlichen Studiums für Lehrkräfte im beruflichen Schulwesen im Bereich der Elektrotechnik. Ausgehend von der KMK Maßgabe, dass sich „Fachrichtungen des beruflichen Schulwesens" „grundsätzlich an Berufsfeldern" orientieren sollen, wird begründet, dass sich aus der traditionell benannten Fachdidaktik Elektrotechnik besser eine Berufs- und Fachdidaktik Elektrotechnik entwickeln sollte. Dies wird u. a. damit unterlegt, dass die Didaktik der beruflichen Fachrichtung Elektrotechnik sich umfassend und lernortübergreifend an den Zielsetzungen und Inhalten der elektrotechnischen Aus- und Weiterbildung zu orientieren hat.

Im zweiten Kapitel werden ausgehend von den historischen Entwicklungen Gegenstandsbereiche einer Didaktik und Ausbildung in den Elektroberufen hergeleitet. Hierbei werden sowohl technische Veränderungen, Veränderungen in der Berufsarbeit und der beruflichen Bildung vorgestellt. Besonders interessant ist die hier vorgenommene Berufsgenese und die damit zusammenhängenden berufsdidaktischen Einordnungen von einer „gewerblichen Fortbildungsschuldidaktik" hin zu berufsschulischen Betrachtungen. Die Systematik der Inhaltsbereiche, die in den Anfängen noch an der Arbeit orientiert war, veränderte sich dann im Laufe der sog. Verwissenschaftlichung hin zu einer fachsystematischen Inhaltsstruktur. Petersen zeigt auf, wie die historischen Entwicklungen die Herausbildung einer Didaktik der elektrotechnischen Berufsbildung beeinflusst haben und untermauert dies u. a. mit den Arbeiten an den Berufspädagogischen Instituten bspw. anhand der dort entwickelten „Frankfurter Methodik des berufskundlichen Unterrichts".

Das Studium der Didaktik der beruflichen Fachrichtung Elektrotechnik wird im Kapitel 3 kritisch betrachtet und analysiert. Die unter historischen Entwicklungen vorgenommene „Bestandaufnahme" aus der Mitte der 1990er Jahre, trägt vermutlich noch bis heute und offenbart die Heterogenität der Studiengangmodelle für das berufsbildende Lehramt. Insbesondere die beiden „Verortungen" der Didaktik, entweder in der Fachwissenschaft oder der Erziehungswissenschaft/Berufspädagogik, eröffnen bis heute Diskurse über Bezugsdisziplinen bzw. -wissenschaften. Petersen diskutiert treffend, warum eine eigene Orientierung und Formulierung wie „die Berufsdidaktiken sind im Beruf bzw. Berufsfeld verwurzelt" sich nicht durchsetzen konnten. Weiterhin wird der Problembereich geweitet, um „das" weitere Kernproblem der berufspädagogischen Studiengänge aufzuzeigen: Es gibt „an den Universitäten im Prinzip keine eigenständigen beruflichen Wissenschaften als Berufswissenschaften". Das Studium der Ingenieurwissenschaften ist nur bedingt als fach- und berufswissenschaftliches Studium für berufspädagogische Lehramtsstudiengänge geeignet.

Im vierten Kapitel werden Gegenstandsbereiche und Inhalte der Forschung und Lehre zur Berufs- und Fachdidaktik Elektrotechnik zusammengestellt. Im Mittelpunkt des Erkenntnisinteresses schätzt Petersen die Analyse und Gestaltung beruflicher Lehr- und Lernprozesse ein. Als Berufsbildungswissenschaft werden Wissenschaftsbeziehungen zur Berufspädagogik, Erziehungswissenschaft, Allgemeinen Didaktik, Soziologie usw. sowie zur Berufs- und Ingenieur- bzw. Fachwissenschaft Elektrotechnik, Arbeitswissenschaft, Naturwissenschaft usw. abgeleitet. Eine Berufs- und Fachdidaktik Elektrotechnik hat unter deren Berücksichtigung spezifische Annahmen, Theorien und Konzepte zum beruflichen Lehren und Lernen zu entwickeln und zu begründen. Insbesondere legt Petersen Wert auf die Berücksichtigung eines doppelten Praxisbezuges bei den didaktischen Untersuchungs- und Erkenntnisinteressen. Dieser setzt sich aus den Fragen zur berufsbildenden Praxis einerseits und der Arbeits- und Berufspraxis andererseits zusammen. Differenzierungen entwirft Petersen in Bezug auf Bildungsgänge und Lernorte und konstatiert, dass „im Einzelnen eine Fülle interdisziplinärer und praxisbezogener Ansprüche und Aufgaben" für eine Berufs- und Fachdidaktik Elektrotechnik existieren.

Der Beitrag endet mit einer Konzeptskizze mit Lehr- und Forschungsbereichen einer Berufs- und Fachdidaktik Elektrotechnik. Hier verdeutlicht

Petersen die Nähe von Forschung und Lehre, da die angeführten Bereiche bspw. „Entwicklung der Berufsarbeit im Berufsfeld Elektrotechnik und die Herausbildung der Elektroberufe“ oder „Wandel und Inhalte der berufsförmig organisierten Arbeit im Berufsfeld Elektrotechnik“ curricular so in einen Lehramtsstudiengang der beruflichen Fachrichtung Elektrotechnik aufgenommen werden könnten und ebenfalls als Ansätze für Forschungsvorhaben genutzt werden können.

Berufs- und Fachdidaktik Elektrotechnik im Studium von Berufspädagogen

1 Einleitende Vorbemerkung

In den wissenschaftlichen Studiengängen für „Lehrkräfte im beruflichen Schulwesen“ ist nach der geltenden KMK-Rahmenvereinbarung vom 5.10.1990 die jeweilige berufliche Fachrichtung „einschließlich der Didaktik“ im Umfang von mindestens 70–80 SWS zu studieren. Ebenso gilt: „Die Fachrichtungen des beruflichen Schulwesens orientieren sich grundsätzlich an Berufsfeldern“ (KMK 1995, S. 3). Zum Berufsfeld Elektrotechnik ist danach die berufliche Fachrichtung Elektrotechnik als eine „Berufsfeld- bzw. Berufswissenschaft“ zu begründen, zu der die Didaktik als ein Forschungs- und Lehrgebiet der „Berufsfeld- bzw. Berufsdidaktik“ begriffen werden kann. Dies legen auch die zum Lehramtsstudium vereinbarten „Grundsätze für die Ausbildung und Prüfung“ nahe, denn die „Studiengänge für Lehrkräfte im beruflichen Schulwesen sind an wissenschaftlichen Hochschulen so anzulegen, daß sie den raschen Entwicklungen in den verschiedenen Berufsfeldern Rechnung tragen und zukunftsorientierte Handlungskompetenz vermitteln“ (ebenda, S. 2).

Mit diesen Ausbildungsgrundsätzen sind relativ deutlich die Anforderungen an eine wissenschaftliche Ausbildung formuliert. Sie beziehen sich zum einen auf die Forschung und Lehre zu den beruflichen Entwicklungen im Berufsfeld. Zum anderen wird auf die Handlungskompetenz der Lehrtätigkeit im Berufsfeld Bezug genommen, zu der die Didaktik, die mit Grüner als die „ureigenste Berufswissenschaft der Lehrer beruflicher Schulen“ gelten kann, zum Gegenstand der Forschung und Lehre wird.

Was für die Studiengänge der Lehrkräfte des „beruflichen Schulwesens“ gilt, muss im Grundsatz ebenso für diejenigen Studienangebote gelten, die die Ausbildung von Berufspädagogen für entsprechende Lehr- und Ausbildungstätigkeiten an den sogenannten „außer- oder nichtschulischen“ Lernorten zum Inhalt haben. Denn die geforderte wissenschaftliche Professionalisierung der Lehr- und Ausbildungstätigkeit muss studiengangs- und lernortübergreifend und für jegliche Bereiche der beruflichen Aus- und Weiterbildung gelten.

Im Beitrag soll den Fragen im Hinblick auf die Didaktik der beruflichen Fachrichtung Elektrotechnik studiengangs- und lernortübergreifend nachgegangen werden. Hierzu wurde bereits mit dem Beitragstitel signalisiert, dass die weitverbreitete Verwendung des Begriffs „Fachdidaktik“ und das damit vielfach assoziierte „Fach“-Verständnis für problematisch gehalten wird. So verweist das „Fach“ in seiner vielfältigen Bedeutung zunächst nicht unmittelbar auf die Berufsbildung für die berufsförmig organisierte Arbeit im Berufsfeld, sondern zuerst schulisch auf ein Unterrichtsfach, zu der die entsprechende Fachdidaktik nach dem Strukturplan des Deutschen Bildungsrates von 1970 in der Fachwissenschaft verwurzelt ist. Auch zeigen die Diskussionen zur Fachdidaktik, dass die Berufsbezogenheit des Unterrichts oder dass was die Inhalte didaktisch aufgrund der „berufswissenschaftlichen“ Orientierung kennzeichnen sollte, häufig nicht nur begrifflich zu kurz kommt. Zudem ist mit dem didaktischen Prinzip der Fachwissenschaftsorientierung ein grundsätzliches inhaltliches Dilemma verbunden, da der beruflichen Didaktik weitgehend die Wissenschaft der beruflichen Fachrichtung fehlt bzw. diese an den Hochschulen nicht hinreichend als eine auf das Berufsfeld bezogene „Berufswissenschaft“ etabliert ist.

Unabhängig davon ist die Didaktik der beruflichen Fachrichtung Elektrotechnik als Forschungs- und Lehrgebiet, welches z. B. auch Fragen zur betrieblichen Ausbildung oder zum Lernen am Arbeitsplatz zum Gegenstand hat, umfassend und lernortübergreifend an den Zielsetzungen und Inhalten der elektrotechnischen Aus- und Weiterbildung zu orientieren. Insgesamt ist insofern ein „fach- oder

Unterrichtsdidaktisches“ Verständnis, wie z. B. zur Fachdidaktik für das allgemeinbildende Unterrichtsfach Deutsch oder Physik, inhaltlich und begrifflich unmittelbar einsichtig unzureichend. Aber auch mit der oft implizit oder explizit vorgenommenen Einschränkung der Fachdidaktik auf das berufliche Schulwesen werden aufgrund der inhaltlichen Überschneidungen oder gar Gleichsetzungen von Fachdidaktik und Technikdidaktik oder Fachdidaktik und Berufsschuldidaktik vielfach nur Teilbereiche zum umfassenden didaktischen Gegenstand des Berufsfeldes Elektrotechnik erfasst und betont. Dies gilt ebenso für ältere und neuere Erweiterungen oder begriffliche Zusätze wie z. B. „Berufliche Fachdidaktik“ (vgl. u. a. Elbers 1974; Kuhlmeier/Uhe 1992) oder „Fachdidaktik der Beruflichen Fachrichtung“ (vgl. u. a. Bader/Kreutzer 1994).

Um vorhandene wie mögliche Missverständnisse und inhaltliche Verkürzungen zur Didaktik der schulischen und betrieblichen Aus- und Weiterbildung zu vermeiden und um die „Berufsbezogenheit“ der Didaktik bereits begrifflich zu betonen, wird hier für das Forschungs- und Lehrgebiet der Didaktik zur beruflichen Fachrichtung bzw. zum Berufsfeld Elektrotechnik eine inhaltliche Differenzierung und der Doppelbegriff Berufs- und Fachdidaktik vorgeschlagen. Diese ist, teils losgelöst von den Varianten der Studiengänge, zugleich als ein berufsfeldbezogenes Teilgebiet der Berufsbildungsforschung zu begreifen, in dem die grundlegenden Fragen zur Analyse und Gestaltung und dem Wechselverhältnis der Arbeit, Technik und Berufsbildung im Berufsfeld Elektrotechnik zum Gegenstand werden.

Zu den komplexen Gegenstandsbereichen und Inhalten der Berufs- und Fachdidaktik soll im Beitrag ein Konzept für das Studium von Berufspädagogen der beruflichen Fachrichtung Elektrotechnik vorgestellt werden. Grundlage sind die wissenschaftlichen Wirkungszusammenhänge und Aufgaben dieses „berufsfelddidaktischen" Forschungs- und Lehrgebiets, zu denen konkrete didaktische Ansätze und Konzepte z. B. in den Einzelbeiträgen dieses Buches aus unterschiedlichen Perspektiven zur elektrotechnischen Aus- und Weiterbildung dargestellt sind. Die Entwicklungen und Inhalte des Forschungs- und Lehrgebiets sind historisch betrachtet eng mit der Geschichte der elektrotechnischen Aus- und Weiterbildung sowie der Berufsschul- bzw. Gewerbelehrerausbildung verknüpft. Um diese Zusammenhänge und Wurzeln zu verdeutlichen, sollen zunächst zentrale Entwicklungsaspekte und Bedingungsfaktoren zur Herausbildung der Didaktik der elektrotechnischen Berufsbildung aufgezeigt werden. Diese historischen Betrachtungen sind zugleich Gegenstand des Forschungs- und Lehrgebiets und werden von daher etwas umfassender dargestellt. Des Weiteren sollen vor dem Hintergrund der bundesweiten Akademisierung der Berufsschullehrerausbildung Veränderungen skizziert werden, die ab den 1960er Jahren das Studium wie auch die wissenschaftlichen Voraussetzungen und Begründungen der Didaktik der beruflichen Fachrichtung Elektrotechnik wesentlich beeinflusst haben.

2 Historische Aspekte und Bedingungsfaktoren zur Herausbildung der Didaktik der elektrotechnischen Berufsbildung

Die elektrotechnische Berufsbildung ist Teil der umfassenden betrieblichen wie schulischen Berufsbildungsgeschichte. Sie hat ebenso ihre eigene Geschichte, in deren Mittelpunkt die historischen Entwicklungen der Ausbildung in den Elektroberufen stehen. Sechs zentrale und sich wechselseitig bedingende Bereiche lassen sich zu den verschiedenen Entwicklungen angeben (siehe Abb. 1).

Abbildung 1: Entwicklungsbereiche und Bedingungsfaktoren zur Didaktik und Ausbildung in den Elektroberufen

Sie können sozial- und ideengeschichtlich nur im Zusammenhang und in der Wechselwirkung mit den Entwicklungen der gesamten Berufsbildung begriffen werden. Um die besonderen Entwicklungen in der elektrotechnischen Berufsbildung mit ihren didaktischen und curricularen Eigenheiten zu erfassen, kann bisher nur auf wenige wichtige Arbeiten wie z. B. zur Entstehung der Elektrotechnik-Facharbeit oder der Genese und Konstituierung der Elektroberufe Bezug genommen werden (vgl. insbes. Rauner 1986; Hegelheimer 1986; Lipsmeier 1992a; Wessel 1993; Haake u. a. 1994; Schmidt 1995). So ist bis heute zu einem wichtigen Bereich der Berufsbildungsgeschichte festzustellen, dass eigene und spezifische historische Untersuchungen noch weitgehend ausstehen und die Geschichte der elektrotechnischen Berufsbildung im Wesentlichen noch nicht geschrieben und ein Forschungsdesiderat ist.

Um die Entwicklungsphasen in der historischen Dimension der Didaktik der beruflichen Fachrichtung Elektrotechnik zu verdeutlichen, sollen im Rahmen dieses Beitrags zentrale Entwicklungsaspekte und Bedingungsfaktoren zur Herausbildung der Didaktik der elektrotechnischen Berufsbildung erfasst und dargestellt werden. Unter Verweis wie unter Berücksichtigung vorliegender historischer Erkenntnisse zur Berufsbildungsgeschichte sollen die Erkenntnisinteressen dabei vorrangig auf die in der Abb. 1 dargestellten Entwicklungs- und Ideenbereiche zur Didaktik und Ausbildung in den Elektroberufen gerichtet werden. Insbesondere sollen solche Entwicklungsaspekte und Bedingungsfaktoren deutlich werden, die die gegenwärtige didaktische Ausbildungswirklichkeit in der elektrotechnischen Berufsbildung im Lichte des geschichtlichen Wandels in Schule und Betrieb erhellen und die zum Studium der Didaktik eine Reflexion ermöglichen, welche die vergangenen wie zukünftigen didaktischen Gestaltungsmöglichkeiten zur elektrotechnischen Berufsbildung einschließt.

Zu den Entwicklungen ist von den ersten Anfängen in der elektrotechnischen Berufsbildung über die didaktische Gestaltung des Lehrens und Lernen nach der Jahrhundertwende mit einem weiten Verständnis von „Berufs“bildung bis zur Gegenwart von einer etwa 150-jährigen Geschichte elektrotechnischer Berufsbildung auszugehen. Das heißt, lässt man die Zeit der Autodidakten, also die Forschungs- und Bildungsgeschichte der mit der Elektrizität vor den 1840/50er Jahren befassten Forscher, Tüftler, Erfinder, Künstler usw., unberücksichtigt, so beginnt die Geschichte mit ersten kaum institutionalisierten, wenig geordneten und weitgehend unsystematischen und vermischten Forschungs-, Arbeits-, Lehr- und Lernprozessen im Bereich der privatwirtschaftlich erstellten und staatlich genutzten elektrischen Telegrafie. Nachdem sich die elektrische Telegrafie mit der Erfindung und Entwicklung des Telefons in den 1860/70er Jahren weiterentwickelt hatte und neben dieser „Schwachstromtechnik“ in der „eigentlichen“ Geburtsstunde der Elektrotechnik in den 1870/80er Jahren die „Starkstromtechnik“ mit der elektrischen Beleuchtungs- und Antriebstechnik entstand, führte die Geschichte in den Folgejahren zu zunehmend institutionalisierten und mehr geordneten und systematischen Lehr- und Lernprozessen. Eine Ausbildung in „geordneten“ Elektroberufen der Industrie und des Handwerks beginnt aber im Prinzip erst nach der Jahrhundertwende, wobei noch um 1930 „ein erhebliches berufsbegriffliches Durcheinander“ bestand, da „zunächst auch die Sondergebiete der Elektrotechnik noch mehr zusammenhingen und jeder ein vielseitiger ‘Elektriker’ sein wollte … Vor allem die Bezeichnungen ‘Elektromonteur’ und ‘Elektroinstallateur’ wurden in der verschiedensten Bedeutung gebraucht und verwechselt. Auch die nur als Sammelbegriff mögliche Bezeichnung ‘Elektriker’ ist im mannigfachsten Sinne angewandt“ (HdB 1930, S. 533). Aufgrund der Entwicklungen ist außerdem festzustellen, dass das neue Lernen in und mit der Elektrotechnik lange Zeit innerhalb der bestehenden alten Handwerksberufe und im Sinne der Weiterbildung sowie zunächst weitgehend im Rahmen der Arbeit stattfand. Gössler hält noch um 1925 fest: „Noch immer ist das Elektroinstallationsgewerbe der Rettungsanker für gescheiterte Existenzen aus anderen Berufen“ (Gössler 1925, S. 33). Erst im Zusammenhang mit der Herausbildung der Berufsschule in den 1920er Jahren stellten sich so die Fragen zur Ausbildung in den neuen Elektroberufen auch deutlicher als berufliche und auf die Lernorte Betrieb und Schule bezogene duale Ausbildungsfragen. Neben den didaktischen und curricularen Fragen nach der Gestaltung und den Inhalten der Berufsbilder, Prüfungen und der betrieblichen Ausbildung mussten nun ebenso die der Gestaltung des Berufsschulunterrichts und der Lehrpläne geklärt und bearbeitet werden. Auch stellte sich mit der „Wende von der Fortbildungsschule zur Berufsschule“ und eines mehr und mehr berufsbezogenen Unterrichts das Problem der Ausbildung der Berufsschul- bzw. Gewerbelehrer für die neuen Elektrofachklassen. Denn wurden die schulischen Ausbildungsinhalte unterrichtsdidaktisch unmittelbarer an den Berufsinhalten orientiert und u. a. „Hand in Hand“ mit den Handwerksmeistern bestimmt, so bestand für die Schulen die „Schwierigkeit, tüchtige Fachleute, die zugleich ausgezeichnete Pädagogen sein mussten, zu finden“ (Gössler 1925, S. 21). Frühe Forderungen nach einer wissenschaftlichen Ausbildung der Lehrer erfüllten sich nach vorwiegend seminaristischen Konzepten einheitlich erst in den 1960er Jahren. Nach dem sich die „Elektrikerberufe“ gerade als „geordnete“ Elektroberufe der Industrie und des Handwerks herausgebildet hatten, wurde die Ausbildung durch die Wirren der Kriegsjahre beeinflusst und beeinträchtigt. Von einigen Ausnahmen abgesehen erfolgte eine grundlegende Neuordnung der Elektroberufe dann Anfang der 1970er Jahre auf der Grundlage des neuen Berufsbildungsgesetzes von 1969.

Aufgrund dieses Überblicks lassen sich entlang der Entwicklungen unter didaktisch relevanten Aspekten folgende Phasen unterscheiden:

- Forschendes Arbeiten und Lernen der Erfinder und Pioniere der Elektrotechnik
- Die Elektrotechnik als arbeitsteiliger Gegenstand der „Weiterbildung“
- Schulische Ausbildung von staatlichen Telegraphenbeamten
- Etablierung der Elektrotechnik an den Hochschulen als Ingenieurwissenschaft
- Kurse und Ausbildung zur Elektrotechnik an verschiedenen Lehranstalten
- Erste Gesellen- und Meisterprüfungen in den Elektroberufen
- Berufsbilder geordneter Elektroberufe der Industrie und des Handwerks
- Duale Ausbildung in Betrieb und Schule in den Elektroberufen.

Zu diesen Entwicklungen bildeten die in der jeweiligen Zeit gesellschaftlich vorherrschenden und je vorhandenen betrieblichen und schulischen „Strukturen, Modelle und Muster" der „Berufs- und Allgemeinbildung" die übergreifenden didaktischen Rahmenbedingungen. Zu diesen gehörten in der Anfangszeit der Elektrotechnik insbesondere die Formen und Inhalte der handwerklichen Lehrlingsausbildung und die Vorgaben der Gewerbeordnung von 1845 bzw. 1849 und 1869 und auch die Sonntags- und Fortbildungsschulen, die sich ja nicht plötzlich aufgrund der neuen „elektrotechnischen" Inhalts- und Arbeitsbereiche änderten.

Forschendes Arbeiten und Lernen der Erfinder und Pioniere der Elektrotechnik

Für die Anfangszeit war das forschende Arbeiten und Lernen der „Erfinder" und Pioniere der Elektrotechnik kennzeichnend, von denen bekannt ist, dass sie zumeist wiss- und lernbegierige Theoretiker und Praktiker wie „leidenschaftliche Bastler" zugleich waren. Sie erarbeiteten sich als Autodidakten, Praktiker und Forscher und sozusagen im „wissenschaftlichen" Selbststudium das je neue und notwendige Wissen zur Nachrichten- und Elektrotechnik weitgehend selbst. Die bekannten Kenntnisse der Physik und Chemie sowie der Poly- und Werkstofftechnik waren eine Grundlage. Sie wurden vor allem durch Experimente und die praktische Wissensumsetzung erweitert. So entstanden vielfältige neue Kenntnisse und Erfahrungen in den mit Unternehmergeist vielfach eigens neu gegründeten Werkstätten und Betrieben in Verbindung mit ersten gewinn- wie verlustbringenden Auftragsprojekten. Zu den beruflichen Voraussetzungen der Pioniere ist didaktisch interessant, dass sie sich z. B. als Physiker, Naturwissenschaftler, Mechaniker, Schlosser, Feinmechaniker, Uhrmacher, Staatsbeamte, Modelltischler, Textilkaufleute oder auch als Maler, wie z. B. Samuel Morse, nicht eindeutig einem Berufsstand der damaligen Zeit zuordnen lassen (vgl. Nejedlo/Hurrle 1991, S. 21 ff.; Wessel 1993, S. 202 ff.). Wie vielfältige Beispiele zeigen, waren sie auch sehr reisefreudig und gingen wie die Handwerksgesellen vielfach auf „Wanderschaft", um durch die Arbeit und das „Stehlen mit den Augen" in anderen innovativen Werkstätten zu neuen Kenntnissen und Anregungen zu kommen (vgl. ebenda; Schmidt 1995, S. 5 ff.).

Die Elektrotechnik als arbeitsteiliger Gegenstand der „Weiterbildung"

Die Erfinder und Pioniere der Elektrotechnik, die aus heutiger Sicht vielfach ein ganzes Bündel von Metall- und Elektroberufen auf der Ebene des Ingenieurs,

Technikers, Meisters und Facharbeiters in sich vereinten, können als die ersten Lehrmeister in der Elektrotechnik gelten. Sie gaben ihr Wissen gemäß dem vorherrschenden Lehrprinzip durch „Beschäftigung und Anweisung“ insbesondere an Mitarbeiter der alten Metallberufe weiter, wobei sich dies entsprechend den Entwicklungen zunehmend auf einzelne Arbeitsbereiche und Arbeiten bezog. Denn die Entwicklungen zeigen, dass sich in den rasch expandierenden neuen Werkstatt- und Kleinbetrieben zu den einzelnen Arbeiten der Entwicklung, Herstellung, Installation usw. ebenso rasch verschiedene Mischformen der Arbeitsteilung sowie „berufliche“ Spezialisierungen durchsetzten. Hatte z. B. Siemens noch lange Zeit gemeinsam mit seinen Mechanikern und Schlossern „konstruiert“, so begann die überall feststellbare Trennung von Kopf- und Handarbeit verstärkt mit der zunehmenden Massenproduktion und der ersten Aufstellung von Maschinen im „Amerikanischen Saal“ und als sich mit der Einrichtung separater „Zeichen-Zimmer“ die Zeit der „Mechanicus-Konstruktionen“ um 1870 überlebt hatte (vgl. Kocka 1975, S. 282 f.).

Die technische Entwicklung wie die Arbeitsteilung führte entsprechend den verschiedenen Arbeitsbereichen zwar zu „beruflichen“ Ausdifferenzierungen und neuen Tätigkeitsbereichen, es entstanden jedoch noch keine neuen Elektroberufe. Zunächst kam es zu verschiedenen, vorwiegend betriebsbezogenen, „höheren Elektroberufen“, da die spezifische „elektrotechnische“ Arbeit in den verschiedenen Arbeits- und Anwendungsbereichen noch lange Zeit allein die Angelegenheit der neuen „Ingenieure, Techniker und Meister“ blieb (vgl. Rauner 1986, S. 27).

Schulische Ausbildung von staatlichen Telegraphenbeamten

Für die Anwendungsbereiche der elektrischen Telegrafie entstanden zuerst neue „höhere“ staatliche Berufe und erste Schulen. Hatte in Deutschland erstmals 1848 die von Siemens & Halske 1847 gegründete „Mechanische Werkstatt“ den Auftrag zum Bau eines elektrischen Staatstelegrafennetzes erhalten und wurden damit im gleichen Jahr gesellschafts- und machtpolitisch wirksam die Ergebnisse der Kaiserwahl von Frankfurt nach Berlin übermittelt, so sicherte sich der Staat auch aus militärischen Gründen das Fernmeldemonopol. In der Tradition der Staatsbeamten für die optische Telegraphie baute er eine eigenständige staatliche Telegraphenverwaltung auf, die u. a. 1876 mit der Postverwaltung zusammengelegt wurde (vgl. u. a. Nejedlo/Hurrle 1991, S. 26 f.). So mussten staatliche Beamte und Mitarbeiter für die Planung sowie die Verwaltung und Nutzung der staatlichen Telegraphennetze ausgebildet werden. Bereits 1859 erfolgte die Ausbildung von „Telegraphisten“,

„Telegraphensekretären" und höheren „Telegraphenbeamten" an der von der Preußischen Telegraphenverwaltung in Berlin gegründeten Telegraphenschule, die 1879/80 den Rang einer Technischen Hochschule erhielt. Zu den Inhalten dieser Ausbildung ist bekannt, dass am Anfang überwiegend naturwissenschaftliche, mathematische, elektrophysikalische und telegraphie-technische Inhalte auf dem Lehrplan standen, die dann um 1888 zugunsten von Inhalten zum Staats-, Verwaltungs- und Völkerrecht sowie zur Volks- und Finanzwirtschaft etwas zurückgenommen wurden (vgl. Rauner 1986, S. 17).

Etablierung der Elektrotechnik an den Hochschulen als Ingenieurwissenschaft

Auch die betrieblichen Interessen waren zunächst auf die Schaffung von schulischen Ausbildungsmöglichkeiten für die „höheren" Elektroberufe gerichtet. Nachdem sich in den 1870er Jahren die „Starkstromtechnik" stärker entwickelt hatte, machte um 1880 insbesondere W. Siemens seinen Einfluss auf die Etablierung der Elektrotechnik und entsprechender Studiengänge an den Hochschulen geltend. So wurde etwa ab den 1880er Jahren an den Technischen Hochschulen neben den bestehenden Technik- und Naturwissenschaften und der Elektrizitätslehre z. B. innerhalb der „technischen Physik" eine Lehre zur Elektrotechnik als Ingenieurwissenschaft aufgebaut. Rauner zeigt hierzu einige hochschulspezifische Besonderheiten auf, die im Hinblick auf das Hochschulstudium für Elektroingenieure ab den 1890er Jahren unter hochschuldidaktischen Aspekten im Wesentlichen zwei Entwicklungslinien und Ansätze erkennen lassen. Einerseits ist der Beginn der Forschung und Lehre vorwiegend durch sehr praxis- und anwendungsbezogene Inhalte zur Elektrotechnik gekennzeichnet, denen erst später die „Theoretische Elektrotechnik" folgt; so z. B. an der Technischen Hochschule Berlin-Charlottenburg und München. Andererseits war es eher umgekehrt, da zunächst die Elektrizitätslehre und Allgemeine Elektrotechnik im Vordergrund der Forschung und Lehre stand, der erst nach der Jahrhundertwende verstärkt anwendungsbezogene Inhalte zur Elektrotechnik folgten; so z. B. an der Technischen Hochschule Braunschweig (vgl. Rauner 1986, S. 109 ff.).

Kurse und Ausbildung zur Elektrotechnik an verschiedenen Lehranstalten

Vor allem in den Bereichen der Starkstromtechnik, wo sich ab den 1880er Jahren die Erzeugung und verstärkte Nutzung der elektrischen Energie zuerst für Beleuchtungs- und Antriebszwecke durchsetzte, stellte sich zunehmend ein spezifischer Qualifizierungsbedarf für den Bau der anfänglich dezentralen Elektrizitätswerke sowie für die Installation und Reparatur der neuen elektrischen Betriebsmittel und Geräte ein. Mit dem entscheidenden Durchbruch im Jahre 1891 – der Übertragung von elektrischer Energie mit dem Dreileiter-Wechselstrom-System – stieg nicht nur der Verbrauch elektrischer Energie erheblich an, vielmehr erhöhte sich auch der spezifische Arbeitskräftebedarf bis zur Jahrhundertwende ganz entscheidend. Erkennbar an der Stromabgabe für die Bereiche Licht, Kleinkraft (Handwerk), Großindustrie und Wärme war die Epoche der Blockstationen und Stadtzentralen bis etwa 1894 fast ausschließlich durch die Arbeiten und Aufgaben zur elektrischen Beleuchtung geprägt. In der folgenden Epoche der Überlandwerke bis zum Jahre 1914, der dann die große Epoche der Großkraftwerke und der Verbundwirtschaft folgte, kam dann zur Beleuchtung mit stetig wachsendem Anteil die Nutzung der Kleinkraft im Handwerk hinzu, die 1910 bereits einen Anteil von 63 % gegenüber 37 % für die Beleuchtung hatte (vgl. Wegenroth 1987, S. 63).

Der entsprechende Qualifizierungsbedarf bezog sich wegen der fehlenden Abgrenzungen und der noch nicht vollzogenen Arbeitsteilung zwischen Industrie, Elektrizitätswirtschaft und Handwerk auf sehr unterschiedliche Betriebe und Berufsgruppen. Von der Stadt Köln ist z. B. bekannt, dass die Direktion der Gas-, Elektrizitäts- und Wasserwerke es noch 1890 ablehnte, die Hausinstallation im Anschluss an die Anlage des Elektrizitätswerkes von Handwerkern durchführen zu lassen (vgl. Wessel 1993, S. 206). War ein Grund, die mangelnde Qualifizierung der Schlosser, Klempner, Gas- und Wasserinstallateure, so sollte das bodenständige Handwerk in seiner Entwicklung und Leistungsfähigkeit auf Anregung vom Gewerbeverein gefördert und für das lohnende neuzeitliche Gewerbe befähigt werden. Wurde 1905 eine private Elektromonteur- und Installateurschule in Köln eingerichtet, so folgten bald Spezial- und Meisterkurse im Umfang von bis zu 3 Monaten, die zum einen die Installations- und Schaltungslehre von Schwachstromanlagen und zum anderen als Schwerpunkt die Installation von Beleuchtungs- und Antriebsanlagen zum Inhalt hatten. Waren diese Kurse überwiegend eher von kurzer Dauer, so ist bemerkenswert, dass an der Lehranstalt des Physikalischen Vereins zu Frankfurt a. M. bereits 1889 eine Tagesschule für Elektrotechniker gegründet wurde, um „Personen mit fachlicher Ausbildung und technischer Allgemeinbildung in neun Monaten die Kenntnisse, die für die Führung eines Installationsbetriebes benötigt wurden," zu vermitteln (ebenda, S. 212).

Mit diesen Kursangeboten war noch keine Erstausbildung in den „Elektroberufen" beabsichtigt. Im Mittelpunkt stand zunächst der „höhere" Meister und Geschäftsinhaber als Installateur und der Geselle als Monteur. Denn

„zusammenfassend können wir feststellen, dass in diesem modernen Beruf zuerst den realen Anforderungen durch Ausbildung von Monteuren und Installateuren Rechnung getragen wurde. Erst nach Eingliederung des Gewerbes ins Handwerk wurde die Technik durch Lehrlingsausbildung fortgepflanzt" (Gössler 1925, S. 30).

Erste Gesellen- und Meisterprüfungen in den Elektroberufen

Eine Herausbildung von spezifischen Elektroberufen mit entsprechender Ausbildung in der Industrie und im entstehenden Handwerk beginnt im Prinzip erst nach der Jahrhundertwende. Dennoch wird für die Bereiche der elektrischen Telegrafie der „Telegraphenarbeiter", der wohl „erste Elektroberuf", bereits erstmals um 1868 erwähnt. Mit einer dreijährigen Telegraphenbaulehre wird er jedoch erst 1924 zu einem Ausbildungsberuf (vgl. Rauner 1986, S. 18). In der „Berufs"zählung von 1882 kommen ebenso bereits der Telegraphen-Diener, -Obmann, -Aufseher und Leitungsaufseher als Telegraphenberufe" vor (vgl. Haake u. a. 1994, Anhang A). Auch der „Telegraphenmechaniker" und der „Telegraphen-Hülfsmechaniker" wurde als „Beruf" bereits 1891 zum Gegenstand der „Allgemeinen Dienstanweisungen für Post und Telegraphie". Zur Ausbildung in diesen „Berufen" ist aber bekannt, dass im Sinne der beruflichen Weiterbildung z. B. noch 1909 eine Lehre als Feinmechaniker die Voraussetzung für eine aufbauende technische Unterweisung war, die u. a. Inhalte „zu der Bauart, Schaltung und Instandsetzung der Telegraphen und Fernsprechapparate jeder Art sowie zu der Bedienung des Morse- und Hughes-Apparates enthielt, um z. B. die Betriebsfähigkeit der einzelnen Teile beurteilen zu können" (vgl. Rauner 1986, S. 18 f.).

Neben diesen ersten Telegraphen-Berufen ist für den „Starkstrombereich" bekannt, dass in der „Berufs"zählung von 1895 erstmals der „Elektriker" und der „Installateur von elektrischen Anlagen" vorkommen (vgl. Haake u. a. 1994, Anhang A). Von einer Ausbildung in diesen neuen „Starkstrom-Berufen" kann aber noch nicht gesprochen werden. Zwar hatte die sich entwickelnde Elektroindustrie 1895 im Schwachstrombereich ca. 3000 und im Starkstrombereich bereits über 20.000 Beschäftigte (vgl. Hellige 1987, S. 76), doch wie die Industrie insgesamt bildete sie im Prinzip bis um die Jahrhundertwende selbst nicht aus (vgl. u. a. Wahle 1989, S. 269 ff.). So vertrat W. Siemens 1885 – und somit ca. 40 Jahre nach Gründung seines Betriebes – noch in einem Vortrag vor dem Verein zur Förderung des Gewerbefleißes folgende Meinung: „Ich halte es nicht für zweckmäßig, dass große Fabriken sich mit der eigentlichen Lehrlingsausbildung prinzipiell beschäftigen, ich halte dies für falsch und habe es daher in meiner Fabrik verboten. … Wohl aber gebe ich tüchtigen jungen Leuten … einen Zuschuss, damit sie bei einem tüchtigen Handwerksmeister in die Lehre gehen und demselben Lehrgeld zahlen können“ (Siemens Archiv Akten 14/Lr 492, zit. nach Behr 1981, S. 181). Obwohl insbesondere Schukert um 1890 die erste Lehrwerkstatt in der Elektroindustrie gründete, der dann z. B. in den Werken von Siemens ebenso Lehrecken und -werkstätten folgten (vgl. Behr 1981, S. 210 f.), überließ die Elektroindustrie somit weitgehend die Lehrlingsausbildung dem Handwerk und deckte ihren Bedarf an „gelernten“ Arbeitern lange Zeit überwiegend mit den Gesellen der alten Handwerksberufe. Ein Umdenken setzte aufgrund der „industrietypischen“ Arbeitsanforderungen sowie des zunehmenden Mangels an „gelernten“ Fach- und Spezialarbeitern ein und führte letztlich zu den betriebsübergreifenden Ordnungsarbeiten der Industrieausbildung, die vom 1908 gegründeten DATSch aufgenommen und in den 1920er Jahren zu geordneten Berufen führten. Gleichwohl heißt es noch 1913: „Neuerdings beziehen Großbetriebe – wir denken dabei an die Berliner Großfirmen der Elektrizitäts-Industrie – ihr Montagepersonal in der Hauptsache aus dem infolge der Aufsicht der Handwerkskammer gut vorgebildeten Material, das sich in Klein- und Mittelbetrieben befindet. Zur Zeit dienen also die kleinen Meister dazu, der Großindustrie ihr Montagepersonal auszubilden“ (Neumann/Nawratzki 1913; zit. nach Wessel 1993, S. 217).

Vor diesem auch ordnungspolitisch bedingten Hintergrund und im Zusammenhang mit den zunehmenden Forderungen nach einer „handwerksmäßigen“ Lehre wurden wie in Berlin und Hamburg erste Gesellenprüfungen für Elektroinstallateure kurz nach der Jahrhundertwende durchgeführt, obwohl das Elektrogewerbe noch nicht als Handwerk anerkannt war. Zu diesen trat bereits 1906 eine Prüfungsordnung in Kraft, die für die späteren „Normalprüfungsordnungen“ des V.E.I. (Verband der Elektro-Installationsfirmen) eine Vorbildfunktion hatte (vgl. Gössler 1925, S. 30 f.; Wessel 1993, S. 216). In Köln wurden entsprechende Gesellenprüfungsordnungen 1913 erlassen, wo sich die Zahlen der eingetragenen Elektro-Mechaniker-, Elektro-Installateur- und Elektro-Maschinenbauer-Lehrlinge z. B. 1911 auf 52, 1912 auf 71 und 1913 auf 63 beliefen (vgl. ebenda, S.19 f.). Davor wurden bereits 1907 erste Meisterprüfungen im Elektro-Installateur-Handwerk abgenommen, zu denen die Gewerbeförderungsanstalt und die Maschinenbauschule für die Kölner Handwerkskammer „ein in Vor- und Fachunterricht zerfallendes Ausbildungsprogramm“ entworfen hatten, „das neben den allgemeinen und kaufmännischen Fächern Physik, allgemeine Elektrotechnik, Maschinen- und Instrumentenkunde, Materiallehre und Installationslehre mit entsprechenden Übungen umfaßte“ (Klersch 1961, S. 19). Für diese Meisterprüfungen erhielten wiederum die Gesellenprüfungen eine größere Bedeutung, da mit der Änderung der Gewerbeordnung von 1908 und 1913 die Bestimmung galt, „daß von diesem Zeitpunkte an nur diejenigen Elektroinstallateure zur Meisterprüfung zugelassen wurden, welche die Gesellenprüfung bestanden hatten“ (Gössler 1925, S. 32). Die Meisterprüfungen selbst wurden „als Kampfmittel gegen das Pfuschertum begrüßt“ und zunehmend wichtiger für „die Befugnis zum Halten von Lehrlingen“ und als Voraussetzung für die Konzessionserteilung der Elektrizitätswerke (vgl. ebenda).

Berufsbilder geordneter Elektroberufe der Industrie und des Handwerks

Mit den ersten Gesellen- und Meisterprüfungen sowie den Entwicklungen und Differenzierungen der Arbeits- und Technikbereiche entwickelten sich entsprechende Berufsbilder und „geordnete“ Elektroberufe, die ab den 1920er und 1930er Jahren die Basis für die Lehrlingsausbildung der Industrie und des Handwerks bildeten. Nach dem Handbuch der Berufe von 1930, in dem zur „Berufsgliederung der Elektrikerberufe“ der „Versuch einer Klarstellung gemacht“ wurde, konnten zum „gegenwärtigen Stand“ folgende „Berufe“ und Anlernberufe beschrieben werden:

- Universalwickler (Ankerwickler)
  - Ankerwickler (angelernt)
- Elektromonteur
  - Werkstätten-Elektromonteur
  - Prüffeldmonteur (Starkstrom, Elektromaschinenbau)
  - Anlagenmonteur (Starkstrom)
  - Schalttafelmonteur (Starkstrom)
  - Schalttafelwärter (Starkstrom)
  - Stellwerksmonteur (Starkstrom)
  - Schwachstrom-Elektromonteur
  - Prüffeldmonteur (Schwachstrom, Apparatebau)
  - Autoelektriker, Autolichtmonteur
- Elektromechaniker
  - Elektrouhrenmacher
  - Telegraphenmechaniker
  - Telephonmechaniker
  - Fernmeldemechaniker
- Telegraphenbauhandwerker bei der Deutschen Reichspost
- Radiomechaniker
  - Radiomechaniker (Handwerk)

- Elektroinstallateur
  - Starkstrominstallateur
  - Telephoninstallateur
  - Antenneninstallateur
  - Installationshilfsarbeiter
- Kabelmonteur (vgl. HdB 1930 S. 529 ff.)

Von diesen „Elektrikerberufen" sind nur einige als „geordnete" Berufe der Industrie (In) und des Handwerks (Hw) sowie auch der Reichspost oder Reichsbahn bzw. des Öffentlichen Dienstes (ÖD) in Kraft getreten. Beispielsweise der Elektroinstallateur 1926 (In) und 1934 (Hw), der Elektrowerker (Monteur) 1939 (ÖD), der Elektromechaniker 1938 (HW) und 1939 (In) oder der Rundfunkmechaniker 1941 (Hw) (vgl. Fischer 1990, S. 10 ff.). Wie auch die weiteren Entwicklungen zeigen, muss die Genese der einzelnen Berufe als je komplexe Berufsgeschichte begriffen werden. Lipsmeier zeigt dies insbesondere am Beispiel des Elektromechanikers, zu dem u. a. ein beruflicher lnhaltswandel von einem „schwach- zu einem starkstromtechnischen" Beruf in den 1930er Jahren deutlich wird (vgl. Lipsmeier 1992a).

Duale Ausbildung in Betrieb und Schule in den Elektroberufen

Zur beruflichen Ausbildung in den ersten „Elektrikerberufen" leisteten die vorhandenen und sich wandelnden allgemeinen und gewerblichen Fortbildungsschulen bis zur Jahrhundertwende im Prinzip noch keinen berufsspezifischen Beitrag. Dies ist insbesondere daran erkennbar, dass sich die Einführung der obligatorischen Fortbildungsschule in den 1870er Jahren ja erst durchsetzen musste, der Unterricht vorwiegend von Volksschullehrern erteilt wurde und eine verstärkte Diskussion zur Begründung einer „gewerblichen Fortbildungsschuldidaktik" – z. B. durch Pache und Rücklin angeregt – erst in den 1890er Jahren begann (vgl. u. a. Jost 1992, S. 628 ff.). So kann von einem schulischen Beitrag zur Ausbildung in den sich entwickelnden Elektroberufen erst mit der deutlicheren Herausbildung des „Dualen Systems" und nach der „Wende von der Fortbildungsschule zur Berufsschule" um 1920 gesprochen werden. Wie aufgezeigt, fingen dagegen andere „Lehranstalten" bereits vor der Jahrhundertwende vereinzelt an spezifische Kurse und Ausbildungsmöglichkeiten zur Schwach- und Starkstromtechnik anzubieten.

Das heißt, musste sich generell die Einsicht zur Notwendigkeit der schulischen Gewerbekunde und späteren Berufs- und Werkkunde als theoretische „Ergänzung" oder „Untermauerung" der praktischen „Meisterlehre" aus vielfältigen Gründen und gegen mancherlei Widerstände erst durchsetzen, so wurde für die elektrotechnischen Berufsbereiche bereits sehr früh deutlich, dass eine ordnungs- und vorschriftsgemäße Ausführung der Arbeit ein hohes Maß an theoretischen Kenntnissen erforderte. Bemerkenswert ist von daher auch der hohe und breit angelegte „schwach- und starkstromtechnische" Theorieanteil sowie die Stofffülle der theoretischen Prüfung, die neben der praktischen Prüfung bereits um 1913 Gegenstand der Gesellenprüfung von Elektroinstallateuren war. Hatte sich für die Lehrlingsausbildung eine drei- bis vierjährige Lehrzeit mehr und mehr durchgesetzt, so wurden in der praktischen Gesellenprüfung „folgende Arbeitsproben verlangt:

- Herstellung einer Lüsterschaltung, einer Schlafzimmer- oder Treppenschaltung.
- Ausführung einer Motorschaltung (Gleichstrom-Nebenschlußmotor).
- Hintereinanderschaltung und Parallelschaltung von Glühlampen, Schaltung von Nernst- und Bogenlampen.
- Zerlegen eines Telefon-Mikrofon-Apparates und wiederzusammensetzen.
- Installierung einer Telefonanlage mit drei oder mehreren Apparaten und einer elektrischen Klingelanlage mit Nummern-Tableau-Verbindung.
- Aufzeichnen des Stromkreises einer Mikrofonstation.
- Aufzeichnen des Stromkreises einer Linienwähler-Telefonanlage mit drei oder mehreren Apparaten.

… Die theoretische Prüfung verlangte 1913:

- Rechnung in den vier Grundrechenarten mit gewöhnlichen und Dezimalbrüchen, Zins- und Gesellschaftsrechnen, Kenntnis des metrischen Maß- und Gewichtssystems.
- Umfangs- und Flächenberechnung eines Quadrats, Rechtecks, Trapezes und Kreises.
- Was versteht man unter einer Legierung?
- Welche Legierungen sind am gebräuchlichsten?
- Warum und wozu wird Rotguß und Messing verwendet?
- Kenntnis der Werkzeuge und Werkzeugmaschinen?
- Kenntnis der elektrischen Leitungsmaterialien und Apparate.
- Kenntnis der hauptsächlichsten Sicherheitsvorschriften für elektrische Starkstromanlagen:
  a) Niederspannung; b) Mittelspannung; c) Hochspannung.
- Erklären von Akkumulatoren und Transformatoren.
- Was ist ein Kurzschluß?

- Skizzieren einfacher Apparateteile.
- Lesen und Erklären von Zeichnungen.
- Welche Arten der Leitungsbefestigung sind zu wählen in trockenen, nassen und sehr eleganten Räumen, welche Druckknöpfe innen und außen?
- Welche galvanischen Elemente sind zur Zeit gebräuchlich und welche Art ist unter bestimmten Bedingungen am empfehlenswertesten?
- Wonach bemißt sich Größe und Zahl der Elemente einer gegebenen Anlage?
- Wie sucht man am richtigsten eine Leitungs- oder Funktionsstörung auf?
- Worauf beruht die Konstruktion eines Weckers, Telefons, Mikrofons und Tableaus?
- Richtige Schätzung des zu einer gegebenen Leitung erforderlichen Materials.
- Fähigkeit den örtlichen Verhältnissen in Bezug auf vorteilhafte und praktische Anlage Rechnung zu tragen“ (Neumann/Nawratzki 1913; zit. nach Wessel 1993, S. 208 f.).

Didaktisch von Bedeutung ist, dass sich bereits bis heute erhaltene Inhaltsbereiche herausgebildet haben und sich die Theorie unmittelbar auf die Arbeitsinhalte bezog, was zunächst gewiss auch für den sich entwickelnden Berufsschulunterricht galt. Erkennbar ist dies noch an den ersten Lehrbüchern für den Berufsschulunterricht, zu denen insbesondere das von dem Kölner Berufsschullehrer Blatzheim verfasste Buch: „Das Verlegen von Starkstromanlagen“ eine überregionale Bedeutung erhielt und 1941 bereits die vierte Auflage erreichte (vgl. Klersch 1961, S. 38).

Um den theoretischen Berufsanforderungen sowie den schlechten Ergebnissen der Gesellenprüfungen besser Rechnung zu tragen, wurde an den Schulen wie z. B. in Hamburg „die Einrichtung besonderer Fachklassen für Elektrotechnikerlehrlinge angestrebt …. Während die Meister noch 1908 überzeugt waren, dass es im Interesse des Handwerks durchaus notwendig sei, den Unterricht in den Abendstunden abzuhalten, erklärten sie sich nach 1910 … bereit, einen ganzen Tag für die theoretische Ausbildung zu opfern“ (Gössler 1925, S. 19). Hatte sich an den Fortbildungs- und späteren Berufsschulen zumindest in den großen Städten wie auch in Köln und Berlin der Theorieunterricht für die Elektroklassen berufsspezifisch ausgeweitet, so stellte sich die Frage nach den beruflichen Lehrplaninhalten und insbesondere das Problem, dass die Lehrer nicht genügend und entsprechend den Anforderungen der verschiedenen Elektroberufe ausgebildet waren. Gössler schreibt zu den „von Zeit zu Zeit“ auftretenden Klagen: „Als Fachgewerbeschullehrer unterrichten jetzt frühere Ingenieure, die nach langjähriger Erfahrung in der Praxis ihre pädagogische Tüchtigkeit im Unterricht im Nebenamt erwiesen und durch methodische

Kurse gesteigert haben, daneben Volksschullehrer, Pädagogen, welche durch besondere Vorbereitung, wie den Besuch der Kunstgewerbeschule und Ablegung der Zeichenlehrerprüfung für höhere Schulen, sowie durch praktische Arbeit, zu der sie beurlaubt wurden und anschliessender Gesellenprüfung für das elektrotechnische Gewerbe sich ein beachtenswertes Verständnis für die Praxis erworben haben“ (ebenda, S. 20). Zu der „Forderung nach Fachlehrern“ und der „Bekämpfung der Erteilung des Unterrichts durch nur in besonderen Kursen vorbereiteten ehemaligen Volksschullehrern“ ging Gössler 1925 des Weiteren mit dem Hinweis auf den Beginn der seminaristischen Gewerbelehrerausbildung in Charlottenburg optimistisch davon aus: „In Zukunft soll die Angelegenheit ihre Erledigung dadurch finden, dass an Gewerbeschulen Lehrer unterrichten werden, die nach bewiesener Allgemeinbildung, einer vorgeschriebenen Praxis und einer wissenschaftlichen Ausbildung auf einer Hochschule ihre Befähigung für den Beruf in einer Diplomprüfung nachgewiesen haben“ (ebenda, S. 21). Diese Zukunft lies, wie wir heute wissen noch lange auf sich warten.

Zu den schulischen Unterrichts- und Lehrplanfragen bildeten einerseits die Vorgaben wie die „Bestimmungen über die Errichtung und Lehrpläne gewerblicher Fortbildungsschulen“ des Preußischen Ministers für Handel und Gewerbe von 1911 eine curriculare und didaktische Grundlage. Sie bezogen sich nach dieser Bestimmung auf die „Lehrfächer“ Berufs- und Bürgerkunde, Rechnen, Buchführung, Zeichnen, Religion sowie auch den Werkstattunterricht. Andererseits mussten zum beruflichen Unterrichtsfach, welches sich allgemein von der Gewerbekunde über und neben der Berufs- und Werkkunde zur „Fachkunde“ wandelte, seit jener Zeit die curricularen und didaktischen Fragen unter Berücksichtigung der Berufsbilder der jeweiligen Elektroberufe und in „dualer“ Abstimmung mit der Ausbildung in der Industrie und im Handwerk geklärt werden.

Wie sich an den Entwicklungen aufzeigen lässt, wurden diese Fragen zum einen in enger Verbindung mit der Berufspraxis bearbeitet. So wurden wie z. B. in Köln oder Hamburg die Lehrpläne von den Lehrern „Hand in Hand“ mit den Vertretern der Handwerksmeister und der Schulausschüsse des V.E.I. ausgearbeitet und „auf Grund der Erfahrungen beim Unterricht und bei den Gesellenprüfungen mehrfach geändert“ (vgl. Kiersch 1961, S. 38; Gössler 1925, S. 20). Zum anderen ergaben sich im Zusammenhang mit der Berufsschullehrerausbildung und den Arbeiten an den entstandenen „Berufspädagogischen Instituten“ (BPI) neuartige Diskussions- und Entwicklungsmöglichkeiten, die nun auch zu neuen „berufsschuleigenen“ didaktischen bzw. methodischen Ansätzen führten. Ebenso entstanden besondere Lehrbücher und Lehrmittel für die

Berufsschule, die den Unterricht zur Elektrotechnik didaktisch prägten. Folgendes Beispiel vermittelt einen Einblick in die „Elektrotechnik in der kleinen Berufsschule“ von 1928/29. So war „es wünschenswert, folgendes Lehrziel in drei Jahren zu erreichen:

1. Wirkungen des elektrischen Stromes.
2. Ohmsches Gesetz bis zur Erläuterung der Formel: E = 2*J*l/q*k (Erklärung: ein Volt, ein Ampere und ein Ohm).
3. Stromverzweigung. Anwendung: Das Ortsnetz, Motore, Meßinstrumente.
4. Begriff: Pferdestärke, Watt und Kilowatt, Kilowatt-Stunde.
5. Elektromagnetismus: 1. Allgemeines, 2. der Elektromagnetismus als Ursache der lnduktion (Dynamomaschine), 3. als Ursache der Bewegung (Motor).
6. Erklärung des Wechselstromes und Grundgesetze.
7. Anwendung des Wechselstromes: a) Transformator – Telephon, b) der Drehstrommotor, erläutert am Grammschen Ring.“ (Gringel 1928/29, S. 338 f.).

Zur Lehrmethode wird ausgeführt: „Bei der Mannigfaltigkeit der Berufsgruppen ist es nicht möglich, die Fachkunde jedes Berufs ausführlich zu behandeln. Es können nur die wichtigsten Gebiete herausgegriffen und diese zum klaren Verständnis des Schülers gebracht werden. Der Lehrer muß sich ganz besonders bei diesem Stoff von dem Grundsatz leiten lassen: ‘Anschauung ist das Fundament aller Erkenntnis’. Die Unterrichtseinheiten sind deshalb am besten nach folgenden Gesichtspunkten zu gliedern:

1. Anschauen – Versuch,
2. Denken – Erklärung,
3. Anwenden – Rechnen.

Um das Verständnis für viele Arbeiten der Werkstatt zu wecken, ist es unbedingt nötig, daß eine Reihe von Grundversuchen dem Schüler vorgemacht werden. Nach Möglichkeit sollte ihm Gelegenheit gegeben werden, einzelne Versuche zu wiederholen. Wir müssen in der kleinen Berufsschule gerade auf die Selbsttätigkeit des Schülers großes Gewicht legen … Der Lehrer gibt die Einführung durch einige Versuche mit deren Erklärungen und stellt dann einige Rechenaufgaben, nachdem er eine vorgerechnet hat“ (ebenda, S. 339 f.).

Im Vergleich mit den Theorieinhalten der Gesellenprüfung von 1913 (siehe oben) sind an den Inhaltsstrukturen deutlich verschiedene didaktische Veränderungen zu erkennen, die m. E. die didaktischen Entwicklungen bis heute übergreifend kennzeichnen. So hat die an den Arbeitsinhalten orientierte (unsystematische) Inhaltszusammenstellung eine „systematische“ Struktur erhalten, die die Inhalte ausgehend von den elektrophysikalischen Wirkungen, Grundgrößen, Grundgesetzen über die Ursachen bis zu den Anwendungen gliedert. Da die „Fachkunde nicht für jeden Beruf ausführlich zu behandeln war" oder „um das Verständnis für viele Arbeiten zu wecken" wurde z. B. von den konkreten Theorieinhalten der Arbeit abstrahiert. Fragen zur „Auswahl von Materialien und Leitungen" oder „was unter bestimmten Bedingungen am empfehlendwertesten ist" oder „wie man am richtigsten eine Funktionsstörung aufsucht", standen so zunächst nicht mehr zwingend im Mittelpunkt des Unterrichts.

Eine didaktische Verbindung zu der hier nur angedeuteten und im Ansatz erkennbaren Unterrichtsdidaktik für die Elektroberufe ist herstellbar zur „Frankfurter Methodik des berufskundlichen Unterrichts", die Ende der 1920er und Anfang der 1930er Jahre von Botsch, Geissler und Wissing am BPI in Frankfurt entwickelt und die dann Ende der 1940er Jahre in „… des werkkundlichen Unterrichts" umbenannt wurde. Denn diese „Methodik", die die Berufs- bzw. Werkkunde des Berufsschulunterrichts in einen nach Fachkunde, Fachrechnen und Fachzeichnen „gefächerten Unterbau" und einen „integrierten Oberbau" gliederte, betonte ebenso für den Unterbau zunächst die Behandlung der in der Arbeit „auftretenden Naturgesetze", bevor im Oberbau die Anwendungen und die Facharbeit zum Gegenstand des Unterrichts wurden. Der Unterbau wurde von Wissing u. a. wie folgt didaktisch-methodisch begründet:

> „Die Probleme ihrer Arbeitskunde und ihrer Werkstoffkunde sind letztlich zurückführbar auf bestimmte, in immer neuen Kombinationen auftretende Naturgesetze…. Damit das Zusammenwirken mehrerer Naturgesetze in einem Arbeitsgang oder Berufserzeugnis verstanden werden kann, müssen die für den einzelnen Beruf wichtigen Naturgesetze in ihrer beruflichen Erscheinungsform vorher isoliert bekannt und erkannt sein" (Wissing u. a. 1960, S. 12).

Insbesondere die Methodik des Unterbaus war und ist didaktisch nicht unumstritten. Dennoch wird die Frankfurter Methodik vielfach als ein „Meilenstein der Berufsschulgeschichte und Berufsschuldidaktik" gewürdigt, weil der Ansatz erstmals didaktisch-methodisch umfassend angelegt war, er die Berufsschule auch unterrichtspragmatisch bis hin zur Entwicklung von berufsspezifischen „Arbeits- und Aufgabenblättern" bereicherte und berufsübergreifend in der Ausbildung von Metall-, Bau-, Holz-, Elektro- und den „schmückenden" Berufen Anwendung fand. Der Ansatz begründete zudem innerhalb der dualen Ausbildung ein erstes eigenständiges und „berufsschulautonomes Lehrplankonzept", welches u. a. auch als ein Gegenkonzept zu der Didaktik der Reichslehrpläne mit deren rigorosen Ankopplung des Berufsschulunterrichts an die Betriebsausbildung (Gleichlaufprinzip) verstanden wurde (vgl. u. a. Pukas 1989, S. 232).

Sind die einzelnen Entwicklungen in der Ausbildung der Elektroberufe unter didaktischen Aspekten insgesamt noch genauer zu untersuchen, so ist hier abschließend aufzuzeigen, welchen unmittelbaren Einfluss besonders die „Frankfurter Methodik“ auf die Unterrichts- und Lehrplangestaltung bis in die 1960er Jahre gehabt hat. Exemplarisch erkennbar wird dies am Lehrplan für die „Elektrotechnischen Berufe“ des Landes Nordrhein-Westfalen von 1965, der unter direktem Bezug auf Wissing erstellt wurde. Dieser wies folgende didaktische Strukturen zu den Unterrichtsfächern auf:

Unterstufe:	Fachkunde: mit der Struktur von naturkundlichen, elektrotechnischen und arbeits- und werkstoffkundlichen Inhalten, Fachrechnen, Fachzeichnen, Naturkundliche Übungen
Mittelstufe:	Fachkunde: mit der Struktur von naturkundlichen und elektrotechnischen Inhalten, Fachrechnen, Fachzeichnen, Naturkundliche Übungen
Oberstufe:	Werkkunde.

Die Unter- und Mittelstufe, die als „Berufsgrundbildung“ begriffen „sich im Regelfall auf die beiden ersten Schuljahre erstreckt“, ist weitgehend an der Didaktik und Fächerstruktur des Unterbaus der Frankfurter Methodik orientiert, denn „bei der Zusammenordnung der Unterrichtsstoffe ist in den Lehrfächern die sachliche Systematik berücksichtigt worden“ (KM NW 1965, S. XX). Vergleichbar trifft dies ebenso auf die Oberstufe zu, da dem integrierten Oberbau-Ansatz der Frankfurter Methodik entsprechend in dieser die einzelnen Fächer zur „Werkkunde“ zu einem „Ganzheitsunterricht“ zusammengefasst sind. So sind die Inhalte der Unter- und Mittelstufenfächer für fast alle Elektroberufe identisch, lediglich der „Radio- und Fernsehtechniker“ erhält ab der Mittelstufe andere Inhalte. Dagegen sind die vorgegebenen „ganzheitlichen Unterrichtseinheiten“ und Stoffgruppen zum Oberbau unmittelbar berufsspezifisch ausgerichtet. An folgenden Themenbeispielen für den Elektroinstallateur wird im Einzelnen die Didaktik der Inhaltsstrukturen deutlich:

Unterstufe:	Einführung in die Physik und Chemie; Aufbau der Materie; Leiter und Nichtleiter; Einfacher Stromkreis; Wirkungen der Stromwärme; Chemische Wirkungen usw.

Mittelstufe: Elektromagnetismus; Wesen des Wechselstroms; Arbeit und Leistung im Wechselstromkreis usw.

Oberstufe: Gleichstrommaschinen; Drehstrommaschinen; Messgeräte und Messverfahren; Schutzmaßnahmen; Leitungsverlegung nach VDE; Beleuchtungsanlagen; Antennenanlagen usw. (vgl. ebenda, S.12 ff.).

Besonders am letzten Lehrplanbeispiel zeigt sich zu den historischen Entwicklungsaspekten der Herausbildung der Didaktik der elektrotechnischen Berufsbildung, dass diese durch die je beruflich bedingten Strukturen und Inhaltsentscheidungen wie auch durch die berufsübergreifenden „methodischen“ Arbeiten an den Berufspädagogischen Instituten beeinflusst wurden. Das heißt, blieb die Didaktik insgesamt nie unbeeinflusst von der Konstituierung und dem Wandel der einzelnen Berufe und Berufsbilder der Elektroberufe sowie der didaktischen Praxis der betrieblichen Handwerks- und Industrieausbildung, so hat sich mit der Berufsschullehrerausbildung und im Rahmen der Entwicklungen der Berufsschuldidaktik einerseits eine relativ eigenständige schulische Didaktik herausgebildet. Andererseits lassen sich frühe Einflüsse der technikwissenschaftlichen Entwicklungen zur Elektrotechnik an den Hochschulen auf die Didaktik der Inhaltsstrukturen erkennen, die die didaktische Eigenständigkeit bereits als Abhängigkeit des Unterrichts von der „sachlichen Systematik“ verdeutlichen. Heute ist festzustellen, dass mit der Entstehung der elektrotechnischen Berufsbildung eigenständige wissenschaftliche Auseinandersetzungen mit den komplexen Inhalten der elektrotechnischen Berufsarbeit nicht begonnen wurden. Durchgesetzt hat sich eine Linie der Didaktik, nach der u. a. die Arbeitsvorgänge im Wesentlichen auf die Naturgesetze und technischen Gegenstände zurückführbar erschienen.

3 Die „Berufs- und Fachdidaktik“ im Studium von Berufspädagogen der beruflichen Fachrichtung Elektrotechnik

Die Hoffnung von Gössler in den 1920er Jahren, dass das Problem der Ausbildung von Berufsschul- bzw. Gewerbelehrern für die Elektroklassen bald seine Erledigung durch eine wissenschaftliche Ausbildung an den Hochschulen finden sollte, erfüllte sich erst in den 1960er Jahren. Denn erst in dieser Zeit wurde aufgrund vielfältiger Forderungen und Beweggründe sowie sichtbarer Defizite und Mängel die Ausbildung von den Berufspädagogischen Instituten an die

Hochschulen verlagert. Wie aktuelle Probleme und Diskussionen zur universitären Berufsschullehrerausbildung zeigen, kann aber bis heute der Prozess der Einrichtung und Etablierung entsprechender Studiengänge und Forschungs- und Lehrgebiete noch nicht als abgeschlossen betrachtet werden.

Seit den Anfängen hat sich zu den Studiengängen eine dreigliedrige Grundstruktur herausgebildet. Sie gliedert das Studium in das Studium der Berufspädagogik und Erziehungswissenschaft, das Studium der beruflichen Fachrichtung einschließlich der Didaktik und das Studium eines Zweitfaches bzw. einer beruflichen Vertiefung oder eines berufspädagogischen Schwerpunktes. Zu den einzelnen Studienbereichen mussten zum einen Forschungs- und Lehrgebiete eingerichtet und ausgestattet werden. Zum anderen mussten die Gegenstände und Inhalte dieser Studienbereiche selbst neu geklärt und wissenschaftlich bestimmt werden, wobei die Erfahrungen aus den Berufspädagogischen Instituten zuerst hilfreich waren.

Um den Fragen zum Studium der Didaktik der beruflichen Fachrichtung Elektrotechnik nachzugehen, sollen zunächst die Entwicklungen und die sie kennzeichnenden Probleme dargestellt werden. Sie wurden bereits bei der Einrichtung der Studiengänge deutlich, wie sich im Folgenden exemplarisch an der Auflösung der seminaristischen Ausbildungsgänge am Berufspädagogischen Institut in Frankfurt und deren Verlagerung an die Technische Hochschule Darmstadt aufzeigen lässt. Hier sollten auf der Grundlage der ab 1958 beginnenden Planungsphase neue wissenschaftliche Studiengänge als Studiengänge für „Technologische Pädagogik“ eingerichtet werden.

Aufgrund der Planungsarbeiten sollten die neuen Studiengänge an der TH-Darmstadt nach Kogon „von einem Koordinatenkreuz aus Erziehungswissenschaft und Didaktik“ getragen und nach vier Studienbereichen gegliedert werden. Im Quadranten bzw. Studienbereich für die „berufliche Fachrichtung“ waren Inhalte im Umfang von ca. 95 SWS vorgesehen, wobei bemerkenswert ist, dass hiervon 15–20 SWS für die „Fachpädagogik“ zur Verfügung stehen sollten (vgl. Rützel u. a. 1993, S. 18 f.). Ein Planungshintergrund hierfür war, dass die „Methodik“ am Berufspädagogischen Institut in Frankfurt eine zentrale Rolle hatte und z. B. die Arbeiten der „Frankfurter Methodik“ als positive Erfahrungen des Instituts in den neuen Studiengängen Berücksichtigung finden sollten. Die Studiengangkonzeption bis zu Beginn des Studiums im Wintersemester 1963/64 hatte sich dann jedoch insgesamt so verändert, dass auch die „tragende“ Bedeutung der Didaktik aufgegeben und dem statt „beruflichen“ nun „natur- und ingenieurwissenschaftlichen Fachgebiet“ für die „Technischen Fächer“ laut Stundenplan 100 SWS vorgegeben wurden (vgl. ebenda S. 24). So heißt es im Lehr- und Studienplanverzeichnis zum WS 1964/65: „Der natur- und ingenieurwissenschaftliche Teil der einzelnen Studienzweige lehnt sich in seinem Aufbau an die schon bestehenden Studienpläne der technischen Fachrichtungen an“ (zitiert nach ebenda, S. 23). Damit war die inhaltliche wie begriffliche „Unterordnung“ und „Beugung“ der ursprünglich geplanten Studiengangkonzeption klar. Auch die anfänglich geplante hohe Bedeutung der „Fachpädagogik“ für die „beruflichen Fachrichtung“ löste sich in Anteile der Erziehungswissenschaft bzw. Berufsschulpädagogik auf. Beeinflusst durch die zur Allgemeinen Didaktik begonnenen Diskussionen der Fachdidaktik kehrte sich diese Entwicklung wieder um, denn „im Jahre 1978 wurde die Organisation und Durchführung der fachdidaktischen Ausbildung vom Institut für Berufspädagogik (wieder) an die jeweiligen Fachbereiche der korrespondierenden Ingenieurstudiengänge abgegeben“ (ebenda S. 27). Zur weiteren Entwicklung wird heute festgestellt:

> „Ein gewaltiger Mangel, der zentral die Professionalisierung der Studierenden betrifft, liegt im Lehrangebot der Fachdidaktik vor .... Durch die Verlegung der Fachdidaktik in die verschiedenen Fachbereiche und ihre Ausgliederung aus der Berufspädagogik verloren die zuständigen DozentInnen ihren organisatorischen Zusammenhang, einige Stellen wurden umgewidmet und in den Lehrbetrieb für die Ingenieurstudiengänge überführt, vor allem in jener Zeit, als die Zahl der Lehramtsstudierenden zurückging. Diese Entwicklung führte dazu, daß heute die Fachdidaktik nahezu ausnahmslos über Lehraufträge abgedeckt wird, was eine unbefriedigende Lehre der Fachdidaktik zur Konsequenz hat und vor allem einen Mangel an personellen Kapazitäten für die wissenschaftliche Weiterentwicklung eines zentralen Faches in der Ausbildung von GewerbelehrerInnen“ (ebenda, S. 44 f.).

Ist diese Entwicklung nicht gänzlich zu verallgemeinern, so hat sich an der bundesweit „betrüblichen Situation“ von 1975, dass „die Fachdidaktiken der Fächer des beruflichen Schulwesens ... in einem sehr desolaten Zustand“ sind und von „ergiebiger Forschung ... keine Rede“ sein kann (Grüner 1975, S. 275), bis heute dennoch insgesamt nicht viel geändert (vgl. auch Lipsmeier 1992b, S. 371). So stellen auch Bader und Kreutzer in einer aktuellen Untersuchung zu den „Fachdidaktiken Beruflicher Fachrichtungen“ fest, dass die „fachdidaktischen Studienanteile in höchst unterschiedlichem Maße“ in den berufspädagogischen Studiengängen berücksichtigt werden und „es nur wenige abgesicherte Erkenntnisse über Art und Umfang der Fachdidaktik im Studium Beruflicher Fachrichtungen gibt“ (Bader/Kreutzer 1994, S. 51). Das heißt, seit der Einrichtung der Studiengänge sind bis heute bundesweit kaum Übereinstimmungen in den Fragen auszumachen, wie die Didaktik zur beruflichen Fachrichtung ihren Gegenstand definiert und ihre Aufgaben wahrnimmt, welchen zeitlichen

Umfang sie im Studium haben soll oder wo diese didaktische Lehre und Forschung ihren wissenschaftlichen „Ort“ hat.

Kennzeichnend hierfür ist die große Bandbreite zum Studienanteil der Didaktik, der gemessen am Gesamtumfang des Studiums von 160 SWS insgesamt einen eher geringen Stellenwert einnimmt. Bezogen auf die berufliche Fachrichtung Elektrotechnik zeigt sich bundesweit für die an 21 Hochschulen angebotenen Studiengänge, dass das Fachdidaktikstudium bei einer Bandbreite von fast 0 bis 12 SWS und einer Standardabweichung von 2,9 im Mittel 5,4 SWS umfasst. Im Vergleich wird damit der Mittelwert von 6,3 SWS für die Fachdidaktik aller berufspädagogischen Studiengänge deutlich unterschritten (ebenda, S. 55).

Für die Bestimmung und Begründung des didaktischen Studienanteils wie des Weiteren auch der Gegenstände und Aufgaben ist das wissenschaftliche Verständnis zur Didaktik der beruflichen Fachrichtung entscheidend. Dieses hat sich mit der Akademisierung der Berufsschullehrerausbildung von dem zur „Methodik“ an den Berufspädagogischen Instituten über das zur „Fachpädagogik“ zu einem heutigen Verständnis von „Fachdidaktik“ herausgebildet und entwickelt, welches nach wie vor klärungsbedürftig ist. So zeigen u. a. die vielfältigen Unterschiede zum Studium der Didaktik der beruflichen Fachrichtung wie zur Ausgestaltung des Forschungs- und Lehrgebiets, dass es im Rahmen der didaktischen Diskussionen der 1970er Jahre nicht gelungen ist, zu der beruflichen Didaktik ein eigenes Didaktikverständnis zu entwickeln. Aufgenommen wurden vielmehr die Diskussionen in der Allgemeinen Didaktik, die – vor allem von Klafki in den 1960er Jahren angeregt – zu der Gliederung „Allgemeine Didaktik – Besondere Didaktik bzw. Schulform-Didaktik – Fachdidaktik“ führte.

Hiernach musste die Fachdidaktik generell erst ihre besondere Stellung und neue Bedeutung im Wissenschaftssystem klären. Dies erfolgte einerseits im Verhältnis zu den Inhalten der Allgemeinen Didaktik und der Besonderen- bzw. Schulform-Didaktik und insbesondere andererseits in ihrer doppelten Inhaltsbeziehung zur Erziehungswissenschaft und der jeweiligen „Fachwissenschaft“, also jener wissenschaftlichen Disziplin, die nach Elbers inhaltlich mit einem schulischen Unterrichtsfach korrespondiert (Elbers 1974, S. 8). Das heißt, hatte die Allgemeine Didaktik, deren Forschungs- und Lehrgegenstand vorwiegend in den allgemeinen Frage- und Aufgabenstellungen zur Untersuchung, Planung und Evaluation von institutionalisierten Lehr- und Lernprozessen gesehen werden kann, als Teildisziplin innerhalb der Erziehungswissenschaft relativ eindeutig ihren Platz, so konnte dies für die Fachdidaktik nur bedingt gelten. Die Fachdidaktiken, die sich hinsichtlich der „fachlichen“ Lehr- und Lernprozesse sowohl mit den erziehungswissenschaftlichen bzw. pädagogischen Fragen als auch mit den konkreten Inhalten der Unterrichtsfächer bzw. den „Fachinhalten“ auseinandersetzen müssen, stehen somit im Prinzip immer schon interdisziplinär „zwischen“ den Wissenschaften. Neben der theoretischen Möglichkeit einer wissenschaftlichen Eigenständigkeit der Fachdidaktiken haben sich pragmatisch allgemein die zwei folgenden Modelle der wissenschaftlichen „Verortung“ der Fachdidaktik herausgebildet:

a) Integration der Fachdidaktik in die ihr zugeordnete Fachwissenschaft. In diesem Fall muss der Zusammenhang der Fachdidaktik und ihre Verbindung mit der Erziehungswissenschaft institutionell sichergestellt sein (etwa durch ein didaktisches Zentrum in der Universität).
b) Integration der Fachdidaktik in die Erziehungswissenschaft. In diesem Fall muss die enge Verbindung von Fachdidaktik und Fachwissenschaft in geeigneter Weise institutionalisiert werden.

Beide Modelle sind nun nicht eindeutig wissenschaftlich begründbar und auch mit Vor- und Nachteilen verbunden. Die gegenwärtige universitäre Praxis zeigt, dass nicht nur beide Modelle anzutreffen sind, sondern zum Teil eigenständige fachdidaktische Zentren eingerichtet wurden. Vor dem Hintergrund der Fachdidaktikdiskussionen in den 1970er Jahren ist heute festzustellen, dass das erste Modell im Sinne einer „Fach-zu-Fach-Zuordnung“ stärker verbreitet ist. Vor allem deshalb, weil der Deutsche Bildungsrat 1970 im Zusammenhang mit der postulierten Wissenschaftsorientierung, nach der die Bildungsinhalte insbesondere so vermittelt werden sollen, dass ihre Bedingtheit und Bestimmtheit durch die Wissenschaften deutlich werden, sich relativ eindeutig für das erste Organisationsmodell aussprach: „Die Fachdidaktiken sind im Fach verwurzelt“ (Deutscher Bildungsrat 1970, S. 225).

Von den Diskussionen der Fachdidaktik, in der diese vielfach als eine „Hilfs-, Über- oder Integrationswissenschaft“ zur jeweiligen Fachwissenschaft definiert und verstanden wurde (vgl. u. a. Stocker/Timmermann 1974, S. 13 ff.), und der sich durchsetzenden „Fach-zu-Fach-Zuordnung“ blieben die „Beruflichen Fachdidaktiken“ (Elbers 1974) nicht unbeeinflusst. Gleichstellungs- und Anerkennungsaspekte sprachen möglicherweise gegen eine eigene Orientierung und Formulierung wie: „Die Berufsdidaktiken sind im Beruf bzw. Berufsfeld verwurzelt“. Übernommen wurde nicht nur die didaktische Orientierung der Anbindung an die Fachwissenschaften und das entsprechende Organisationsmodell, sondern auch der Begriff „Fachdidaktik“. Dies war im Zusammenhang der Entwicklungen der „jungen“ berufspädagogischen Studiengänge und des Ausbaus der Berufsschule zu einem Beruflichen Schulwesen mit neuen

Vollzeitschulformen insofern naheliegend, da sich die alte Rolle des Berufsschullehrers auch zu der des Lehrers der Sekundarstufe II änderte. Heute zeigt die „Verortung" der Didaktik der beruflichen Fachrichtung im Wissenschaftssystem der Universitäten, dass diese bundesweit mit etwa 70 % der jeweiligen „Fach- bzw. Ingenieurwissenschaft", mit ca. 15 % der Erziehungswissenschaft bzw. Berufspädagogik, mit ca. 8 % beiden Wissenschaften und mit ca. 7 % einem „Zentralinstitut" zugeordnet ist (vgl. Bader/Kreutzer 1994, S. 56).

Entsprechend der Wissenschaftsorientierung im Fachdidaktikverständnis war und ist zum Verständnis der Didaktik der beruflichen Fachrichtung vor allem ihr Verhältnis zu den Bezugswissenschaften und ihr Forschungs- und Lehrgegenstand zu klären. Aufgrund der Entwicklungen und des „desolaten Zustandes" sind damit zugleich die beiden zusammenhängenden Kernbereiche der erkennbaren Probleme angesprochen. Zum einen stellt die berufliche Fachrichtung, die an den Universitäten im Prinzip nicht als berufliche Wissenschaft etabliert ist, ein Problembereich dar, da auf der Grundlage der Wissenschaftsorientierung der Didaktik für die Berufsinhalte die berufswissenschaftlichen Wurzeln fehlen. Zum anderen ist die mangelnde inhaltliche Reflexion über den eigenen didaktischen Gegenstand als ein Problembereich zu betrachten. So bleibt vielfach unberücksichtigt, dass die „Didaktik der beruflichen Fachrichtung" nicht nur im Sinne einer Fachdidaktik, die sich über die schulischen Unterrichtsfächer und ihre Anbindung an die Fachwissenschaften definiert, verstanden werden darf, sondern als eine Didaktik, die sich als angewandte Wissenschaft umfassend auf die verschiedenen Wissenschaftsbereiche der Berufsbildungs- sowie der Berufs- und Arbeitspraxis im Berufsfeld bezieht.

Zum ersten Problembereich gehen die Fragestellungen der Didaktik der beruflichen Fachrichtung über die der Didaktik weit hinaus. Denn die berufliche Fachrichtung selbst stellt ein, wenn nicht „das" Kernproblem der berufspädagogischen Studiengänge dar. Dieses Kernproblem besteht darin, dass es zu den von der KMK neu festgelegten 16 „Beruflichen Fachrichtungen", die sich grundsätzlich an den Berufsfeldern orientieren sollen (vgl. KMK 1995), bisher an den Universitäten im Prinzip keine eigenständigen beruflichen Wissenschaften als Berufswissenschaften gibt. Von den wenigen Ausnahmen und Ansätzen wie z. B. in Hamburg oder Dresden abgesehen, bedeutet dies hier, dass die berufliche Fachrichtung Elektrotechnik bundesweit in der sogenannten korrespondierenden Fach- bzw. Ingenieurwissenschaft Elektrotechnik studiert werden muss. Spricht Lipsmeier davon, dass sich die berufspädagogischen Studiengänge den jeweils vorfindlichen und anderen Zwecken dienenden Fachwissenschaften „beugen" mussten (vgl. Lipsmeier 1991, S. 3), so macht Rauner deutlich, dass durch das „Versäumnis", berufliche Fachwissenschaften in den

1960er Jahren an den Universitäten auszugestalten und zu etablieren, mit dem Fachrichtungsstudium der eigene „Studienzweck" im Wesentlichen verfehlt wird (vgl. Rauner 1993, S. 24). Ist der Studienzweck innerhalb der Ingenieurwissenschaft die Vorbereitung auf die Ingenieurarbeit, so muss das Studium in der beruflichen Fachrichtung auf die Inhalts- und Handlungsbereiche in der Lehrtätigkeit vorbereiten, die in ihrer beruflichen und fachlichen Breite heute insbesondere

- die schulische und betriebliche Aus- und Weiterbildung der Facharbeiter, Meister und Techniker in den Elektroberufen des Handwerks und der Industrie,
- den berufsbezogenen Unterricht im Berufsvorbereitungsjahr, im Berufsgrundbildungsjahr und in der Berufsfachschule sowie
- den Elektrotechnik-Unterricht in der Fachoberschule und im Beruflichen bzw. Technischen Gymnasium

umfasst. Angesichts der Situation, dass das Fachrichtungsstudium im Umfang von ca. 80 SWS beruflich und fachlich „bruchstückhaft" und mit teils „falschen" Inhalten aus einem 160 SWS umfassenden Ingenieurstudium zusammengestellt werden muss, ist das Studium in der beruflichen Fachrichtung äußerst unbefriedigend und unzureichend. So verwundert auch eine kritische Stellungnahme zur Ausbildung von Berufspädagogen nicht, in der es u. a. heißt, dass besonders „die Studentinnen und Studenten berufspädagogischer Studiengänge mit ihrem Studium unzufrieden sind: Sie beklagten u. a., daß die Grundlagenausbildung zu theoretisch und zu breit angelegt sei, daß Lehrerausbildungsgänge in fachwissenschaftliche Diplomstudiengänge integriert seien und das Studium insgesamt einen zu geringen Schulbezug habe. Eine Identifizierung mit dem zukünftigen Lehrerberuf sei den Studenten kaum möglich, weil sie völlig vereinzelt inmitten angehender Ingenieure und Betriebswirte ihr Studium zu absolvieren hätten" (BIBB Juni 1992, S. 2).

Zutreffend ist, dass es fachlich-inhaltliche Zusammenhänge und Überschneidungen zwischen der Ingenieurwissenschaft Elektrotechnik und der beruflichen Fachrichtung Elektrotechnik gibt. Sie verbleiben jedoch auf der technisch-gegenständlichen Ebene und decken nur Teilbereiche des beruflichen Fachrichtungsstudiums ab. Da nicht zu erwarten ist, dass die Wirkungszusammenhänge und Entwicklungen der Arbeit und Technik im Berufsfeld Elektrotechnik in der Ingenieurwissenschaft zum Gegenstand der Forschung werden, bleibt außerdem diese Forschung völlig unterentwickelt. Einige Teilbereiche werden heute z. B. in der Arbeitswissenschaft und der Industriesoziologie zum Forschungsgegenstand, weil auch die Fachvertreter der Forschung und

Lehre der beruflichen Fachrichtung fehlen. Insgesamt stellt sich mit Rauner die Frage, wer die beruflichen Fachrichtungen als Wissenschaften hätte entwickeln sollen und wo heute die Diskutanten für eine professionelle Diskussion sind (vgl. Rauner 1993, S. 12 f.). Hilfreich sind lediglich die bisher wenig verbreiteten Ansätze, die z. B. auf die Etablierung einer „lehrorientierten Fachwissenschaft“ oder einer „berufsorientierten Fachwissenschaft“ oder einer „Gewerblich-technischen Wissenschaft“ zielen (vgl. insbes. Gronwald/Martin 1981; Martin/Pangalos 1993., Bannwitz/Rauner 1993).

Zu diesem ersten Problembereich ist bundesweit kaum zu erkennen, dass sich die Forschung und Lehre in der beruflichen Fachrichtung Elektrotechnik kurz- und mittelfristig wesentlich verändert. Die Didaktik der beruflichen Fachrichtung war und ist daher seit der Einrichtung der Studiengänge herausgefordert ihre Gegenstände und Inhalte weitgehend unabhängig von der sogenannten korrespondierenden „Fach- bzw. Ingenieurwissenschaft“ Elektrotechnik zu klären. Entsprechend einer „Fachdidaktik“, die im Fach wurzelt ist, ist der bereits angesprochene zweite Problembereich mit der Frage verbunden, wie auf der Grundlage der Wissenschaftsorientierung die Gegenstände und Inhalte zu bestimmen sowie didaktische Konzepte und Ansätze zu begründen sind. Wie zur Wissenschaft der beruflichen Fachrichtung Elektrotechnik ist zum einen von den Inhalten und Strukturen des Berufsfeldes Elektrotechnik auszugehen, wobei diese nur in Teilbereichen von der „Fach- bzw. Ingenieurwissenschaft“ Elektrotechnik repräsentiert werden. Zum anderen sind die verschiedenen Berufsbildungsbereiche im Berufsfeld von Bedeutung, weshalb bereits einführend vorgeschlagen wurde, die Didaktik der beruflichen Fachrichtung mit dem Doppelbegriff Berufs- und Fachdidaktik zu bezeichnen.

Im Hinblick auf den schulischen Elektrotechnik-Unterricht z. B. an den Fachoberschulen und Beruflichen Gymnasien kann von einer „Fachdidaktik Elektrotechnik“ gesprochen werden, da hier fachdidaktisch und wissenschaftspropädeutisch die Fachwissenschaft Elektrotechnik unmittelbar von Bedeutung ist. Nicht oder nur unzureichend dagegen, wenn es z. B. um die Didaktik der beruflichen Aus- und Weiterbildung in den Schulen und Betrieben geht. Insofern sollte für diese Bereiche die zentrale Kategorie des Berufes und Berufsfeldes sowie die Komplexität des beruflichen Gegenstandes schon im Begriff zur „Didaktik der beruflichen Fachrichtung Elektrotechnik“ deutlich werden. Da eine „Fachdidaktik“, die ihre Berechtigung im Hinblick auf das berufsbezogene Unterrichtsfach hätte, aufgrund einer einfachen Fach-zu-Fach Zuordnung insgesamt zu kurz greift, sollte hierfür der Begriff „Berufsdidaktik Elektrotechnik“ Verwendung finden. Auch in Abgrenzung zur allgemeinen Fachdidaktik ist damit die Absicht verbunden, den didaktischen Forschungs- und

Lehrgegenstand nicht nur über die Fachwissenschaft, sondern vor allem in seinen komplexen Inhaltsbeziehungen zur Berufsbildung und Arbeit und Technik im Berufsfeld Elektrotechnik zu begründen.

Um zugleich neue Anregungen für das Studium der Didaktik der beruflichen Fachrichtung Elektrotechnik zu geben, wird zu den einzelnen berufs- und fachdidaktischen Gegenstands- und Inhaltsbereichen im Folgenden der Versuch unternommen, auf der Grundlage der bisherigen Ausführungen ein Konzept zur Berufs- und Fachdidaktik Elektrotechnik für die Forschung und Lehre zu skizzieren.

4 Gegenstandsbereiche und Inhalte der Forschung und Lehre zur Berufs- und Fachdidaktik Elektrotechnik

Bei dem Versuch, die Berufs- und Fachdidaktik Elektrotechnik am Berufsfeld zu orientieren und als eine interdisziplinäre und angewandte Wissenschaft zu begründen, steht als Gegenstand die Analyse und Gestaltung entsprechender beruflicher Lehr- und Lernprozesse im Mittelpunkt. Sie ist damit zugleich Teil der Berufsbildungsforschung, zu der Lempert ausführt, „auch wenn es … 'nur' um die Analyse berufsbezogener Lernprozesse geht, reichen die Fragestellungen, Begriffe und Annahmen etwa der Verhaltens- und Handlungstheorie, des historischen Materialismus und der Systemtheorie, je für sich genommen, ebenso wenig aus wie die Mittel etwa der Erziehungswissenschaft, der Psychologie, der Soziologie oder der Ökonomie allein" und er schlägt vor, „die Berufsbildungsforschung nicht nur interdisziplinär, sondern auch 'interparadigmatisch', d. h. theorie(typen)übergreifend …" zu betreiben (Lempert 1980, S. 1). Insofern ist die Berufs- und Fachdidaktik Elektrotechnik als Wissenschaft vom beruflichen Lehren und Lernen auf- und herausgefordert, einen theorieübergreifenden und relativ eigenständigen Ansatz zu entwickeln und zu begründen. Aufgrund des komplexen Gegenstandes sind dabei sehr verschiedene wissenschaftliche Disziplinen von Bedeutung, die sich mit ihren Aussagen ebenso auf die Gegenstandsinhalte beziehen, wenn auch auf anderen Ebenen oder mit allgemeineren wie spezifischeren Fragestellungen. Von daher bestehen zur Berufs- und Fachdidaktik Elektrotechnik gegenstandsbedingt vielfältige „innere" Wissenschaftsbeziehungen, die einerseits insbesondere zur Berufspädagogik, der Erziehungswissenschaft, der Allgemeinen Didaktik, der Soziologie usw. sowie andererseits zur Berufs- und Ingenieur- bzw. Fachwissenschaft Elektrotechnik, der Arbeitswissenschaft, den Naturwissenschaften usw. herzustellen sind.

Unter Berücksichtigung und in Verbindung dieser „inneren" Wissenschaftsbeziehungen hat die Berufs- und Fachdidaktik Elektrotechnik ihre spezifischen

Annahmen, Theorien und Konzepte zum beruflichen Lehren und Lernen zu entwickeln und zu begründen. Zu diesen sind im originär didaktischen Sinn die jeweiligen Bedingungen und Voraussetzungen, die Ziele und Inhalte sowie die Lehr- und Lernformen mit ihren Methoden und Medien zu analysieren, zu entwickeln und zu evaluieren. Die Berufs- und Fachdidaktik Elektrotechnik muss als spezifisch angewandte und handlungsleitende Wissenschaft des Weiteren ihren Gegenstand im Hinblick auf ihre besondere und doppelte Bedeutung und Beziehung zur Praxis klären. Das heißt, zum Gegenstand und der Frage nach dem besonderen Verhältnis der didaktischen Annahmen und Theorien zur Praxis ist aufgrund der beruflichen Lehr- und Lernprozesse insbesondere zu berücksichtigen, dass die didaktischen Untersuchungs- und Erkenntnisinteressen im Prinzip einen doppelten Praxisbezug aufweisen.

Dieser Praxisbezug besteht erstens zur gesellschaftlichen Praxis des vorwiegend institutionalisierten und organisierten beruflichen Lehrens und Lernens, also z. B. zum Feld der berufsschulischen Unterrichtspraxis oder der betrieblichen Aus- und Weiterbildungspraxis. Hierdurch sind die Untersuchungs- und Erkenntnisinteressen vor allem auf die pädagogisch-didaktischen Fragen zur Unterrichts- und Ausbildungsgestaltung gerichtet. Insgesamt muss hier die Breite der berufspädagogischen Tätigkeits- und Handlungsfelder zum Gegenstand der berufsdidaktischen Reflexion und Theoriebildung werden. Einzelne Forschungs- und Lehrgebiete können sich für die Schwerpunkte der berufspädagogischen Studiengänge wie z. B. „Schule“ oder „Internationale Berufspädagogik“ ergeben. Der Praxisbezug besteht zweitens zu den Inhalten und Gestaltungsfragen der Arbeits- und Berufspraxis, also insbesondere zum elektrotechnischen Praxis- und Tätigkeitsfeld der Facharbeiter, Meister und Techniker. Hierdurch werden vor allem die Ziel- und Inhaltsfragen zur Berufsbildung zum Gegenstand der Berufs- und Fachdidaktik Elektrotechnik. Der Unterschied zwischen Berufs- und Fachdidaktik besteht hier z. B. darin, dass die Berufsdidaktik nicht nur als eine an der Berufspädagogik orientierte handlungsleitende Unterrichtswissenschaft zur „fachdidaktischen“ Umsetzung der Inhalte der sogenannten korrespondierenden Fach- bzw. Ingenieurwissenschaft Elektrotechnik verstanden wird. In die Berufsdidaktik sind vielmehr ebenso die Fragen zu den Veränderungen und Anforderungen sowie der Gestaltung der beruflichen Arbeit im Berufsfeld Elektrotechnik einbezogen. In der Verschmelzung des doppelten Praxisbezugs gehört des Weiteren z. B. auch die didaktische Reflexion der Bedingungen und Möglichkeiten des Lernens in und mit der Arbeit bzw. des arbeitsplatzbezogenen Lernens zum Gegenstand der Berufs- und Fachdidaktik Elektrotechnik.

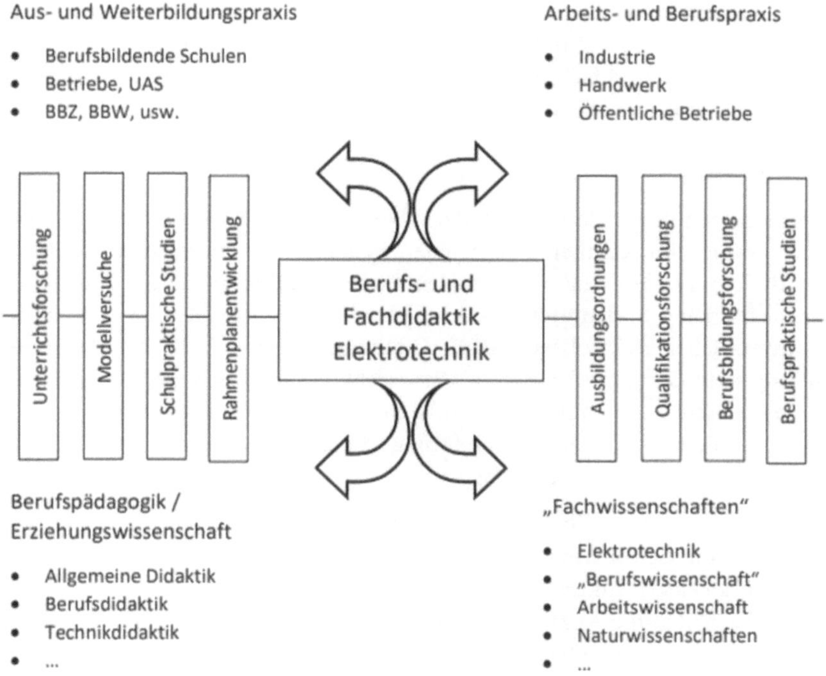

Abbildung 2: Wirkungszusammenhänge und Aufgaben der Berufs- und Fachdidaktik

Zur Berufs- und Fachdidaktik Elektrotechnik sind in diesem interdisziplinären und praxisbezogenen Wirkungszusammenhang die einzelnen Gegenstandsbereiche, Aufgaben und Inhalte zur berufs- und fachdidaktischen Forschung und Lehre zu benennen (siehe Abb. 2). Sie lassen sich aufgrund der „inneren" Wissenschaftsbeziehungen und „äußeren" Praxisbezüge unterschiedlich strukturieren und differenzieren. Ausgehend von den Praxisbezügen ergeben sie sich aus den beruflichen Lehr- und Lernprozessen in den verschiedenen Aus- und Weiterbildungsbereichen. Ebenso sind die unterschiedlichen Lernorte didaktisch von Bedeutung. Die einzelnen Gegenstandsbereiche zur Berufs- und Fachdidaktik lassen sich unter Berücksichtigung der Aus- und Weiterbildungspraxis im Berufsfeld Elektrotechnik von daher sowohl nach bereichs- wie auch lernortspezifischen Kriterien differenzieren.

Um zugleich die Berufsfeldfragen in ihrer Komplexität zu verdeutlichen, sind, ausgehend von den Berufsbildenden Schulen, wesentliche Differenzierungen zum berufs- und fachdidaktischen Gegenstand bzw. zu den Analyse- und Gestaltungsaufgaben wie folgt anzugeben:

Berufsschule

Die Berufsschule als klassische Teilzeit-Berufsschule versteht sich als selbständiger Lernort im Rahmen des „Dualen Systems". Sie übernimmt damit den schulischen Teil innerhalb der dualen Berufsausbildung für die Ausbildung der Facharbeiter in den industriellen Elektroberufen bzw. der Gesellen in den handwerklichen Elektroberufen. Im Mittelpunkt dieser schulischen Berufsausbildung steht der „berufsbezogene Unterricht", zu dem sich die berufsdidaktischen Untersuchungs- und Erkenntnisinteressen im Berufsfeld Elektrotechnik heute auf die Grund- und Fachbildung und die Berufsarbeit in den folgenden Elektroberufen beziehen müssen:

- Industrieberufe des Berufsfeldes Elektrotechnik
  - Elektromaschinenmonteur/-in
  - Energieelektroniker/-in
    - Fachrichtung Anlagentechnik
    - Fachrichtung Betriebstechnik
  - Industrieelektroniker/-in
    - Fachrichtung Produktionstechnik
    - Fachrichtung Gerätetechnik
  - Kommunikationselektroniker/-in
    - Fachrichtung Informationstechnik
    - Fachrichtung Telekommunikationstechnik
    - Fachrichtung Funktechnik
  - Prozeßleitelektroniker/-in
  - Wärmestellengehilfe/-gehilfin
- Handwerksberufe des Berufsfeldes Elektrotechnik
  - Büroinformationselektroniker/-in
  - Elektromaschinenbauer/-in
  - Elektromechaniker/-in
  - Elektroinstallateur/-in
  - Fernmeldeanlagenelektroniker/-in
  - Radio- und Fernsehtechniker/-in.

Fachschule für Technik

In der Fachschule für Technik (Technikerschule) findet in Teilzeit- oder Vollzeitform im Sinne der beruflichen Fortbildung die Ausbildung zu „Staatlich geprüften Techniker/-innen“ statt. Die berufs- und fachdidaktischen Untersuchungs- und Erkenntnisinteressen müssen sich hier im Fachbereich Technik und der Fachrichtung Elektrotechnik nach der neuen KMK Rahmenvereinbarung von 1992 auf die Ausbildung und die Berufsarbeit in folgenden Schwerpunkten beziehen:

- Energietechnik und Prozeßautomatisierung
- Informations- und Kommunikationstechnik
- Datentechnik
- Datenverarbeitungstechnik
- Elektronik
- Gebäudetechnik
- Prozesstechnik.

Berufliche Vollzeit-Bildungsgänge

Neben der Berufsschule und der Fachschule für Technik bieten die Berufsbildenden Schulen im gewerblich-technischen Bereich heute weitere sogenannte vollzeitschulische Berufsbildungsgänge in verschiedenen Schulformen an. In den Schulformen, in denen in der Ausbildung ein enger curricularer und didaktischer Zusammenhang zum „berufsbezogenen Unterricht“ der (Teilzeit-) Berufsschule besteht, sind zum einen die berufsdidaktischen Untersuchungs- und Erkenntnisinteressen auf den folgenden Unterricht auszurichten:

- berufsbezogener Unterricht zur Berufsarbeit im Berufsfeld Elektrotechnik im Berufsvorbereitungsjahr (BVJ)
- berufsbezogener Unterricht zur berufsfeldbreiten Grundbildung im Berufsfeld Elektrotechnik im Berufsgrundbildungsjahr (BGJ)
- berufsbezogener Unterricht zur berufsfeldbreiten Grundbildung im Berufsfeld Elektrotechnik in der Berufsfachschule (BFS).

Zum anderen sind die eher fachdidaktischen Untersuchungs- und Erkenntnisinteressen auf den Elektrotechnik-Unterricht in folgenden Schulformen auszurichten:

- Elektrotechnik-Unterricht in der Fachoberschule (FOS)
- Elektrotechnik-Unterricht in Form von Grund- und Leistungskursen im Beruflichen bzw. Technischen Gymnasium (BG)

Die hier an den Strukturen der Berufsbildenden Schulen ausgerichteten Differenzierungen zum Gegenstand der Berufs- und Fachdidaktik verdeutlichen den Forschungs- und Lehrkomplex im Hinblick auf das didaktische Studium der „Berufsschul- oder Gewerbelehrer“ bzw. der Diplom-Berufspädagogen mit dem Schwerpunkt Schule. Vor dem Hintergrund der aufgezeigten historischen Entwicklungslinien zur elektrotechnischen Berufsbildung haben sie sich gegenüber dem Gegenstand der früheren „Methodik“ erheblich verändert und ausgeweitet. Die im folgenden vorgenommenen Differenzierungen, die mehr an der „außerschulischen“ Aus- und Weiterbildungspraxis ausgerichtet sind, verdeutlichen des Weiteren einzelne Gegenstandsbereiche mit berufs- und fachdidaktischen Fragestellungen. Zwischen diesen und den oben genannten besteht nun keine klare Abgrenzung. Vielmehr müssen die Überschneidungen, Wechselwirkungen und notwendigen Abstimmungen z. B. zwischen der schulischen und betrieblichen Berufsausbildung oder der Aus- und Weiterbildung ebenso Gegenstand der jeweiligen didaktischen Untersuchungs- und Erkenntnisinteressen sein.

Betriebliche Aus- und Weiterbildung

Die Handwerks- und Industriebetriebe wie auch die Öffentlichen Betriebe verstehen sich als selbständige Lernorte im Rahmen des „Dualen Systems“. Sie übernehmen damit den betrieblichen Teil innerhalb der dualen Berufsausbildung für die Ausbildung der Facharbeiter in den industriellen Elektroberufen bzw. der Gesellen in den handwerklichen Elektroberufen. Im Mittelpunkt dieser betrieblichen Berufsausbildung steht die „praxisbezogene Ausbildung“ im Zusammenhang der Berufsarbeit, in Lehrwerkstätten, Ausbildungszentren usw., die zum Teil durch Ausbildungsabschnitte in überbetrieblichen Ausbildungsstätten ergänzt bzw. vervollständigt wird. Des Weiteren führen die Betriebe Maßnahmen zur beruflichen Fort- und Weiterbildung durch, die heute neben der Erstausbildung eine zunehmende Bedeutung erhält. Die berufsdidaktischen Untersuchungs- und Erkenntnisinteressen müssen sich daher zur betrieblichen Aus- und Weiterbildung und der Berufsarbeit in den Handwerks- und Industrieberufen des Berufsfeldes Elektrotechnik (siehe oben wie zur Berufsschule) insbesondere auf folgende Ausbildungsbereiche beziehen:

- betriebliche Erstausbildung in den Industriebetrieben, bei der Post, Bahn usw.
- betriebliche Erstausbildung in den Handwerksbetrieben
- ergänzende Erstausbildung in den überbetrieblichen Ausbildungsstätten (ÜAS)
- betriebliche Fort- und Weiterbildung der Facharbeiter, Meister und Techniker.

Aus- und Weiterbildung in Institutionen verschiedener Träger

Neben der Aus- und Weiterbildung in den Schulen und Betrieben findet diese mit teils besonderen Ausrichtungen oder Schwerpunkten heute ebenso in Instituten oder Einrichtungen verschiedener öffentlicher, privater oder betrieblicher Träger statt. Zur Aus- und Weiterbildung der Facharbeiter, Meister und Techniker in den Elektroberufen an diesen Einrichtungen wie aber auch z. B. der Ingenieur-Assistenten oder der Studierenden an den Berufs-Akademien müssen sich die berufs- und fachdidaktischen Untersuchungs- und Erkenntnisinteressen insofern des Weiteren auf sehr unterschiedliche Aus- und Weiterbildungsmaßnahmen beziehen. Diese werden u.a. angeboten von:

- Berufsbildungszentren (BBZ)
- Berufsbildungswerken (BBW)
- Berufsfortbildungswerken (BFW)
- Beruflichen Rehabilitationseinrichtungen
- Sozialpädagogischen Berufsbildungseinrichtungen
- Berufs-Akademien (BA)
- Einrichtungen der Handwerks- und Industrie- und Handelskammern, der Gewerkschaften usw.

Die hier an der Aus- und Weiterbildungspraxis ausgerichteten Differenzierungen des Gegenstandes der Berufs- und Fachdidaktik Elektrotechnik, die keinen Anspruch auf Vollständigkeit erheben, verdeutlichen die Komplexität und Breite der entsprechenden didaktischen Fragestellungen und einzelnen Gegenstandsbereiche vor allem in zwei Richtungen. Einerseits sind dies die Gegenstände und jeweiligen Fragen der curricularen Gestaltung der Ausbildungsordnungen, der Lehrpläne, der Weiterbildungsmaßnahmen usw. sowie die Fragen der didaktisch-methodischen Gestaltung der Unterrichts-, Ausbildungs- oder Weiterbildungseinheiten zur Vermittlung von Theorie- und Praxisinhalten wie ebenso die jeweiligen medien-didaktischen Fragen zur Gestaltung der Lehr- und Lernmittel. Zum anderen ist hervorzuheben, dass die

Entwicklung wie Gestaltung der Berufe und Berufsbilder in ihrer Wechselwirkung mit der Entwicklung und Gestaltung der Arbeit und Technik im Berufsfeld Elektrotechnik zum Gegenstand der Berufs- und Fachdidaktik gehören.

Zum aufgezeigten Gesamtkomplex der berufs- und fachdidaktischen Gegenstandsbereiche und Fragestellungen ergeben sich auf der Ansatzgrundlage zur Berufs- und Fachdidaktik Elektrotechnik (siehe Abb. 2) damit im Einzelnen eine Fülle interdisziplinärer und praxisbezogener Ansprüche und Aufgaben. Um sie einzulösen, bedarf es neben einer entsprechenden universitären Forschungs- und Lehrausstattung eines Konzeptes, mit dem sich sowohl Lehrveranstaltungen zum Studium der Berufs- und Fachdidaktik wie auch Forschungsprojekte planen und gestalten lassen. Mit der im folgenden vorgestellten Konzeptskizze ist daher der Versuch verbunden, unter Berücksichtigung dieser vielfältigen „Ansprüche und Aufgaben" einen Gesamtüberblick über die zentralen Inhaltsbereiche zum Lehr- und Forschungsgebiet der Berufs- und Fachdidaktik Elektrotechnik zu geben. Da von einer engen Verbindung von Forschung und Lehre auszugehen ist, sind die jeweiligen Inhaltsbereiche zum einen nicht getrennt ausgewiesen. Zum anderen sind Überschneidungen der Inhalte mit den Inhalten der beruflichen Fachrichtung Elektrotechnik möglich, weil Abgrenzungen zum Teil schwierig sind, wenn die berufliche Fachrichtung Elektrotechnik als wirklich „berufliche" begriffen wird (vgl. einige Inhaltsbereiche mit Bannwitz/Rauner 1993, S. 312 f.).

Lehr- und Forschungsbereiche zur Berufs- und Fachdidaktik Elektrotechnik

Einführung in das berufspädagogische Studium in der beruflichen Fachrichtung Elektrotechnik einschließlich der Didaktik

- Ziele und Studiengangkonzept, Studiengangstrukturen
- Berufspädagogische Handlungs- und Tätigkeitsfelder
- Veranstaltungen und Strukturen zur Berufs- und Fachdidaktik Elektrotechnik

Entwicklung der Berufsarbeit im Berufsfeld Elektrotechnik und die Herausbildung der Elektroberufe

- Historische Entwicklung der Formen und Inhalte der Arbeit und Technik (Elektrotechnik) in Industrie und Handwerk
- Entwicklung und Analyse der Berufsbilder im Berufsfeld Elektrotechnik

Berufsausbildung im Berufsfeld Elektrotechnik

- Historische Entwicklung der Formen und Inhalte der Aus- und Weiterbildung im Berufsfeld Elektrotechnik, besonders des „Dualen Systems“
- Analyse und Gestaltung beruflicher Bildungsprozesse im Berufsfeld Elektrotechnik
- Berufsbildungsgesetz, Ausbildungsordnungen, Rahmenlehrpläne
- Ansätze zur Berufs- und Fachdidaktik Elektrotechnik und zur Technikdidaktik
- Analyse der Inhalte und Inhaltsstrukturen der Berufs- und Fachwissenschaft Elektrotechnik
- Methodische Ansätze zur Berufsausbildung in Schule und Betrieb
- Mediendidaktische Ansätze, Raum- und Ausstattungskonzepte zur Berufsausbildung

Wandel und Inhalte der berufsförmig organisierten Arbeit im Berufsfeld Elektrotechnik

- Analyse, Evaluation und Gestaltung der Inhalte und Organisation der Arbeit im Berufsfeld Elektrotechnik in unterschiedlichen Bereichen und Branchen
- Analysen zum Wechselverhältnis von Arbeits- und Technikentwicklung sowie von Arbeits- und Qualifikationsanforderungen
- Qualifikationsforschung im Berufsfeld Elektrotechnik

Ausbildungsstrukturen und Schulformen im Beruflichen Schulwesen

- Entwicklung der Berufsschule und der Schulformen des Beruflichen Schulwesens
- Analyse und Gestaltung beruflicher Bildungsprozesse in verschiedenen Schulformen (BS, BVJ, BGJ, BFS, BA usw.)
- Analyse und Gestaltung von Fachunterricht zur Elektrotechnik in verschiedenen Schulformen (FOS; BG usw.)
- Ansätze zur Unterrichtsdidaktik in verschiedenen Schulformen

Rahmenplan- und Unterrichtsgestaltung

- Ansätze zur Berufsbildungsdidaktik und Curriculumentwicklung
- Analyse, Entwicklung und Evaluation von Rahmenlehrplänen zur Berufsausbildung im Berufsfeld Elektrotechnik und für verschiedene Schulformen
- Analyse, Entwicklung und Evaluation von Ausbildungsrahmenplänen zur Berufsausbildung in den Elektroberufen

- Analyse, Planung und Evaluation von Unterricht und Ausbildung, Unterrichts- und Berufsbildungsforschung
- Ansätze und Fragen zur didaktischen Reduktion

Didaktische Ansätze und Konzepte zur Grundbildung im Berufsfeld Elektrotechnik

- Ziele und Inhalte zum berufsbezogenen Unterricht und der betrieblichen Ausbildung in der Grundbildung
- Methoden und Medien in der Grundbildung
- Zielgruppen-, berufs- und lernortspezifische Differenzierungen und Ansätze

Didaktische Ansätze und Konzepte zur Fachbildung im Berufsfeld Elektrotechnik

- Ziele und Inhalte zum berufsbezogenen Unterricht und der betrieblichen Ausbildung in der Fachbildung
- Methoden und Medien in der Fachbildung
- Zielgruppen-, berufs- und lernortspezifische Differenzierungen und Ansätze

Didaktische Ansätze zur Fort- und Weiterbildung im Berufsfeld Elektrotechnik

- Ziele und Inhalte beruflicher Fort- und Weiterbildung (Facharbeiter, Meister, Techniker)
- Methoden und Medien in der beruflichen Fort- und Weiterbildung
- Zielgruppen-, fach- und lernortspezifische Differenzierungen und Ansätze

Besondere didaktische Ansätze zur Berufsbildung an verschiedenen Lernorten, wie

- Aus- und Weiterbildung in Betrieben, Berufsbildungszentren, überbetrieblichen Ausbildungsstätten, Berufs-Akademien usw.
- Aus- und Weiterbildung in Berufsbildungswerken, Rehabilitations-Einrichtungen, Sozialeinrichtungen usw.

Besondere Forschungs- und Lehrbereiche, wie

- Berufspraktische Studien
- Schulpraktische Studien
- didaktische Studien-, Unterrichts- und Ausbildungs-Projekte
- Forschungs- und Entwicklungsprojekte, Evaluationsstudien, Modellversuche usw.

Besondere Bereiche der Berufsbildung im Berufsfeld Elektrotechnik, wie

- Europäische Programme zur Berufsbildung (EUROTECNET, FORCE usw.)
- Berufsbildung in Entwicklungsländern
- Internationale und vergleichende Studien und Analysen zur Berufsbildung im Berufsfeld Elektrotechnik.

Zu dieser Konzeptskizze der Berufs- und Fachdidaktik Elektrotechnik ist unter Berücksichtigung hochschuldidaktischer Umsetzungsfragen abschließend noch ein Aspekt besonders hervorzuheben. So ist zum Lehr- und Forschungsgebiet darauf zu verweisen, dass die Lehre in der Didaktik auf eine enge Verbindung von Forschung und Lehre angewiesen ist. Dies gilt insbesondere zur Forschung in den beiden Praxisfeldern der Unterrichts- und Ausbildungspraxis sowie der Arbeits- und Berufspraxis. Angesichts der vielfältigen Implikationen und neuen Herausforderungen zur Berufsbildung, wie sie u. a. mit der Neuordnung der Elektroberufe deutlich geworden sind, ist nur so zu gewährleisten, dass die Lehre zur Berufs- und Fachdidaktik aktuell und innovativ bleibt. Direkt oder indirekt über die Ausbildung von Berufspädagogen hat sie zudem einen Beitrag zur Weiterentwicklung der beruflichen Aus- und Weiterbildung im Berufsfeld Elektrotechnik zu leisten. Die Berufs- und Fachdidaktik kann sich nicht nur auf Forschungsergebnisse anderer Disziplinen stützen. Sie muss sich mit ihren spezifischen Untersuchungs- und Erkenntnisinteressen an den berufsfeldbezogenen Forschungs- und Entwicklungsprojekten, Modellversuchen, Projekten der Qualifikationsforschung usw. verstärkt beteiligen bzw. diese selbst initiieren wie auch z. B. an der curricularen Entwicklung von Rahmenlehrplänen, Ausbildungsordnungen oder Weiterbildungsmaßnahmen aktiv mitwirken.

Literatur

Bader, Reinhard; Kreutzer, Andreas: Fachdidaktiken Beruflicher Fachrichtungen im Studium. Ergebnisse einer Analyse der Studien- und Prüfungsordnungen. In: Berufsbild. Schule, 46 (1994), S. 51–58

Bader, Reinhard; Schäfer, Bettina: Lehrer/Lehrerin an beruflichen Schulen. Entspannung des Lehrermangels deutet sich an. In: ibv Doku-Ausgabe 14/94 zu ibv Nr. 39 vom 28. September 1994, S. 40

Bannwitz, Alfred; Rauner, Felix (Hrsg.): Wissenschaft und Beruf. Berufliche Fachrichtungen im Studium von Berufspädagogen des gewerblich-technischen Bereichs. Bremen: Donat, 1993

Behr, Marhild von: Die Entstehung der industriellen Lehrwerkstatt. Materialien und Analysen zur beruflichen Bildung im 19. Jahrhundert (Forschungsberichte aus dem Institut für sozialwissenschaftliche Forschung e.V. München). Frankfurt/M.; New York: Campus, 1981

Bundesinstitut für Berufsbildung: Sind beide Partner gut gerüstet? Berufsschule und Betrieb auf dem Prüfstand für die Zukunft. Berlin/Bonn: 8188, Pressemitteilung 16/92, 10.06.92

Bunk, Gerhard P.: Diskussionspunkte zur Berufsschullehrerausbildung. In: Z. Berufs- und Wirtschaftspädag. 88 (1992), S. 335–338

Deutscher Bildungsrat, Empfehlungen der Bildungskommission: Strukturplan für das Bildungswesen (4. Aufl. 1972). Stuttgart: 1970

Elbers, Doris: Berufliche Fachdidaktiken als Voraussetzung für die wissenschaftliche Konstruktion beruflicher Curricula. In: ZfB Zeitschrift für Bildungsforschung, 3 (1974), S. 7–13

Fischer, Edith: Genealogie der Ausbildungsberufe. Zur Entwicklung der Ausbildungsberufe in Deutschland von 1926–1990 (Hrsg. Bundesinstitut für Berufsbildung. Der Generalsekretär). Berlin: 1990.

Gagel, G.: Der Lehrplan der Fachkunde (1929). In: Grüner, Gustav (Hrsg.): Curriculumproblematik der Berufsschule. Zur Entwicklungsgeschichte der Lehrpläne gewerblicher Berufsschulen (bzp Bd. 6). Stuttgart: Holland & Josenhans, 1975, S. 76–85

Gössler, Heinrich: Entwicklung des Elektroinstallationsgewerbes; seine Stellung und Bedeutung im heutigen Wirtschaftsleben. Hamburg: 1925. (Dissertation)

Gringel, K.: Die Elektrotechnik in der kleinen Berufsschule. In: Die kleine Berufsschule. Zeitschrift für praktische Unterrichtsgestaltung. Leipzig; Berlin: Teubner, 4 (1928–29), S. 338–343

Gronwald, Detlef; Martin, Wolf: Lehrorientierte Einführung in die Elektrotechnik. Wiesbaden: Vieweg, 1981

Grüner, Gustav: Die Fachdidaktiken der Fächer des beruflichen Schulwesens. In: Berufsbild. Schule, 27 (1975), S. 275–278

Grüner, Gustav: Bausteine zur Berufsschuldidaktik. Trier: Spee,1981

Haake, Jörg-Michael; Howe, Falk; Wolkenhauer, Jürgen: Entwicklung der Elektroberufe bis 1945. Bremen: Universität Bremen, 1994. (Seminararbeit von Studenten im WS 93/94 bei Rauner, Felix)

HdB Reichsanstalt für Arbeitsvermittlung und Arbeitslosenversicherung (Hrsg.): Handbuch der Berufe. Teil 1. Berufe mit Volks-, Mittel- oder höherer Schulbildung. Band 2. Berufsgruppe V/VI. Abgeschlossen am 15. April

1930 (Bearbeitet in der Hauptstelle der Reichsanstalt Berlin). Leipzig: Quelle & Meyer, 1930

Hegelheimer, Arnim: Entwicklung von Ausbildungsordnungen und Möglichkeiten ihrer Übertragbarkeit in Partnerländer. Dargestellt am Beispiel der Elektroberufe. Mannheim: DSE/ZGB, 1986

Hellige, Hans-Dieter: Elektrotechnische Basisinnovationen und langfristiger Kunjunkturverlauf. In: lehren & lemen Berufsfeld Elektrotechnik. Bremen: Universität Bremen Zentraldruckerei, 3 (1987) 9, S. 69–87

Jost, Wolfdietrich: "Die Deutsche Fortbildungsschule" und die Fortbildungsschulbewegung. In: Z. für Berufs- und Wirtschaftspädag. (1992), S. 623–644

Klersch, Joseph: Geschichte des Kölner Elektrohandwerks. Zum 50jährigen Jubiläum. Köln: 1961

KMK Sekretariat der Ständigen Konferenz der Kultusminister der Länder in der Bundesrepublik Deutschland (Hrsg.): Rahmenvereinbarung über die Ausbildung und Prüfung für ein Lehramt der Sekundarstufe 11 (berufliche Fächer) oder für die beruflichen Schulen. Beschluß der Kultusministerkonferenz vom 12.05.1995

KM NW Der Kultusminister des Landes Nordrhein-Westfalen (Hrsg.): Lehrpläne für gewerblich- technische Berufsschule, Elektrotechnische Berufe (Die Schule in Nordrhein-Westfalen. Eine Schriftenreihe des Kultusministers; Heft 16 Lehrpläne für gewerblich-technische Berufsschulen, Teil b Elektrotechnische Berufe). Ratingen bei Düsseldorf: Henn, 1965

Kocka, Jürgen: Von der Manufaktur zur Fabrik. Technik und Werkstattverhältnisse bei Siemens 1847–1873. In: Hausen, Karin; Rürup, Reinhard (Hrsg.): Moderne Technikgeschichte (Neue Wissenschaftliche Bibliothek; Band 81). Köln: Kiepenheuer & Witsch,1975. S. 267–290

Kuhlmeier, Werner; Uhe, Ernst: Aufgaben und Wirkungsfelder beruflicher Fachdidaktiken. In: Berufsbildung, 46 (1992), S. 128–131

Lempert, Wolfgang: Sinn und Chancen einer Verbindung unterschiedlicher sozialwissenschaftlicher Theorien in berufspädagogischer Absicht. Einführende Bemerkungen. In: Heid, Helmut; Lempert, Wolfgang; Zabeck, Jürgen (Hrsg.): Ansätze berufs- und wirtschaftspädagogischer Theoriebildung: Vorträge einer Arbeitstagung der Deutschen Gesellschaft für Erziehungswissenschaft, Kommission Berufs- und Wirtschaftspädagogik, am 16. und 17. November 1979 in Berlin (Zeitschrift für Berufs- und Wirtschaftspädagogik: Beiheft 1). Wiesbaden: Steiner,1980, S. 1–6

Lipsmeier, Antonius: Die Berufsschullehrerausbildung im Kontext der Reformierbarkeit von Hochschulen und Berufsschulen (Referat an der Gesamthochschule Kassel im Oktober 1991). Karlsruhe: 1991

Lipsmeier, Antonius: Zur Konstituierungsgeschichte elektrotechnischer Ausbildungsberufe unter besonderer Berücksichtigung des Elektromechanikers. In: Schanz, Heinrich (Hrsg.): Berufsbildung im Zeichen des Wandels von Technik, Wirtschaft und Gesellschaft. Stuttgaft: Holland & Josenhans,1992a, S. 68–79

Lipsmeier, Antonius: Berufsschullehrer-Studiengänge im Kontext von Bedarfsdeckung und Professionalisierung. In: Z. für Berufs- und Wirtschaftspädag. (1992b), S. 358–378

Martin, Wolf; Pangalos, Joseph: Gewerblich-technische Wissenschaften. In: Bannwitz, Alfred; Rauner, Felix (Hrsg.): Wissenschaft und Beruf. Berufliche Fachrichtungen im Studium von Berufspädagogen des gewerblich-technischen Bereichs. Bremen: Donat,1993, S. 75–85

Nejedlo, Raja; Hurrle, Gerd: Kommunikationstechnische lnfrastrukturen: Von der Telegrafie zum ISDN-Universalnetz (Reihe Weiterbildungshefte Arbeit, Technik, Gesellschaft, Heft 3, Hrsg.: DGB-Bildungswerk e.V., Düsseldorf). Münster: Druckwerkstatt Hafen GmbH, 1991

Petersen, Willi: Evaluation und Revision der Rahmenlehrpläne des Landes Hessen -Berufsfelder Metall- und Elektrotechnik. Abschlußbericht. Bremen: Universität Bremen, August 1994

Pukas, Dietrich: Die "Frankfurter Methodik" – Ein Meilenstein der Berufsschulgeschichte und Berufsschuldidaktik. Zum Gedenken an Prof. Dr. Jürgen Wissing 1897–1988. In: Z. Berufs- und Wirtschaftspädag. (1989), S. 230–243

Rauner, Felix: Elektrotechnik Grundbildung. Überlegungen zur Techniklehre im Schwerpunkt Elektrotechnik der Kollegschule. Landesinstitut für Schule und Weiterbildung (Hrsg.): Curriculumentwicklung in Nordrhein-Westfalen. Soest: Soester Verlagskontor, 1986

Rauner, Felix: Zur Begründung und Struktur Gewerblich-Technischer Fachrichtungen als universitäre Fächer. In: Bannwitz, Alfred; Rauner, Felix (Hrsg.): Wissenschaft und Beruf. Berufliche Fachrichtungen im Studium von Berufspädagogen des gewerblich-technischen Bereichs. Bremen: Donat, 1993, S. 10–37

Rützel, Josef; Schnapfel, Franz unter Mitarbeit von Faßhauer, Uwe: 30 Jahre Ausbildung von Gewerbelehrerlnnen an der Technischen Hochschule Darmstadt. Darmstadt: Institut für Berufspädagogik, Technische Hochschule Darmstadt, 1993

Schmidt, Dorothea: Zur Genese der Elektroberufe (Manuskript). Bremen: Universität Bremen, 1995

Stocker, Karl; Timmermann, Johannes: Fachdidaktik in Universität und Schule. Eine Wissenschaft im Spannungsfeld zwischen Theorie und Praxis. München: Strumberger, 1974

Wahle, Manfred: Fabrikinspektoren und Berufsbildungsreform im Kaiserreich. Eine berufspädagogisch-historische Untersuchung zur industriellen Lehrlingsfrage in der Zeit von 1876–1918. Wuppertal: Raabe, 1989

Wengenroth, Ulrich: Fortschritt für alle? Die Einführung des Elektromotors im Handwerk. In: lehren & lemen Berufsfeld Elektrotechnik: Bremen: Universität Bremen Zentraldruckerei, 3(1987) 9, S. 54–68

Wessel, Horst A.: Der Elektroinstallateur und Elektromonteur. Ein Berufsbild im Wandel seiner Ausbildung. In: Geschichte der Elektrotechnik. Band 12. Berlin; Offenbach: 1993, S. 201–247

Wissing, Jürgen; Lowitsch, Johann; Bürgener, Walter: Methodik des werkkundlichen Unterrichts für Maschinenbauer. Teil I (2. Aufl. Neuauflage). Weinheim: 1960b

Beitrag 4 aus dem Jahr *1996*: Berufs- und fachdidaktische Aspekte einer arbeitsorientierten Erstausbildung im Berufsfeld „Elektrotechnik“

In: Jörg-Peter Pahl (Hrsg.): Perspektiven gewerblich-technischer Erstausbildung, Ansichten – Bedingungen – Probleme, Kallmeyer’sche Verlagsbuchhandlung, 430 Seiten, S. 199–223

Der Beitrag „Berufs- und fachdidaktische Aspekte einer arbeitsorientierten Erstausbildung im Berufsfeld Elektrotechnik“ ist im von Jörg-Peter Pahl herausgegebenen Sammelband zu „Perspektiven gewerblich-technischer Erstausbildung“ im Jahr 1996 veröffentlicht worden.

Ausgehend von der Anzahl an Auszubildenden im Berufsbereich der Elektrotechnik wird auf deren Bedeutung und Besonderheiten in der Ausbildung sowohl für die Industrie als auch für das Handwerk verwiesen. Ausgangspunkt sind die Entwicklungen und Veränderungen, die sich im Wirkungszusammenhang des Arbeits-, Technik- und Ausbildungswandels zum damaligen Zeitpunkt ergeben haben.

Im zweiten Kapitel wird aufbauend auf einer Auseinandersetzung mit den Entwicklungsprozessen und der Konstituierungsgeschichte der Elektroberufe die 1987 Neuordnung thematisiert sowie deren ordnungspolitische Weiterentwicklung diskutiert. Die Geschichte der „beruflichen“ Erstausbildung in den Elektroberufen beginnt um und nach der Jahrhundertwende (1900). Neben der Metallindustrie entstand die Elektroindustrie und aus dem Schlosser- und Mechanikerhandwerk hatte sich das Elektrohandwerk als eigenständiges Handwerk herausgebildet. Noch um 1930 besteht waren die Berufsbezeichnungen weitestgehend ungeregelt. Im „Handbuch der Berufe“ von 1930 wurde eine Berufsordnung, die zu einer deutlichen Reduktion der Berufsbezeichnungen führte, zusammengestellt.

Nachdem im Jahre 1969 das Berufsbildungsgesetz erlassen wurde, kam es auf dessen Grundlage im Jahr 1972 zu einer Neuordnung der industriellen Elektroberufe. Es kam zur sogenannten Stufenausbildung: In der ersten Stufe griffen fünf zweijährige Ausbildungsberufe, deren Zielstellung die Arbeit nach Anweisungen war; auf der zweiten und auf die Berufe der ersten Stufe aufbauenden Stufe wurden sieben Elektroberufe geschaffen, die zur selbständigen Durchführung von Aufgaben qualifizierten.

Die 1987er Neuordnung konnte bis auf den Wärmestellengehilfen von 1944 alle Elektroberufe neuordnen. Vor allem die Aufhebung der Stufenausbildung und eine Orientierung an neuen Facharbeiter- bzw. Gesellenqualifikationen, wie z. B. die Befähigung in unterschiedlichen Betrieben und Branchen den erlernten Beruf auszuüben sowie – gegebenenfalls nach Aneignung fehlender Fertigkeiten – artverwandte Facharbeiter- oder Gesellentätigkeiten ausführen zu können, waren die Zielstellungen der Neuordnung. Weiterhin konnte die Zielstellung „die Arbeit nach Anweisungen" durchführen zu können, durch das übergeordnete Ziel der Befähigung zum „selbständigen Planen, Durchführen und Kontrollieren der Arbeit" abgelöst werden. 1987 wurden vier industrielle Elektroberufe mit insgesamt acht Fachrichtungen eingeführt. Dazu gab es sechs elektrotechnische Handwerksberufe.

Die von Petersen im Auftrag des Bundesinstituts für Berufsbildung durchgeführte „Evaluation der industriellen Elektroberufe" kam u. a. zum Ergebnis, dass die Ausdifferenzierung der Berufsbilder und Fachrichtungen nicht trennscharf wahrgenommen wird und es zu rigiden beruflichen Abgrenzungen kommt, die durch eine Weiterentwicklung mit dynamischen Berufsbildern überwunden werden soll. Vorgeschlagen wurde auf der Grundlage der Studie, dass es nur noch zwei Elektro-Grundberufen in Industrie und Handwerk geben soll, die von einem beruflich obligatorischen Kernbereich ausgehen und durch einen Wahlpflicht- und Wahlbereich für die Berufsbilder z. B. eine betriebs-, regional- und arbeitsspezifische Offenheit beinhalten.

Das dritte Kapitel thematisiert die Grund- und Fachbildung in den Ausbildungsvorgaben für die Elektroberufe. Für die Berufsausbildung ist eine grundlegende didaktische Orientierung vorgegeben, die in den Leitideen einer umfassenden beruflichen Handlungs- und Gestaltungskompetenz zum Ausdruck kommt. Nach Berufsbildungsgesetzes soll zur Ausübung einer qualifizierten beruflichen Tätigkeit befähigt werden, die insbesondere selbständiges Planen, Durchführen und Kontrollieren einschließt. Weiterhin soll die Berufsschule eine berufliche Grund- und Fachbildung vermitteln und die vorher erworbene allgemeine Bildung erweitern. Petersen folgert daraus, dass programmatisch mit diesen Zielsetzungen eine neue betriebliche Orientierung an einer ganzheitlichen Arbeitshandlung und ein schulischer Perspektivwechsel von der Anpassungs- zur Gestaltungsorientierung erreicht ist.

Petersen analysiert, dass die berufsfeldbreite Grundbildung und deren Abgrenzung zur Fachbildung im Wesentlichen über die Inhalte und Inhaltsstrukturen der Vorgaben zur Grundbildung bestimmt sind. Weiterhin stellt er fest, dass in den Ordnungsmitteln unterschiedliche betriebliche und schulische Vorstellungen zur berufsfeldbreiten Grundbildung deutlich werden, diese lassen sich zurückführen auf grundlegende curriculare Ansatzunterschiede, die didaktisch auch im „Anpassungsansatz" der betrieblichen und in der „Abbildungs-Didaktik" der schulischen Rahmenpläne ihre Ursachen haben. Ebenfalls wird festgestellt, dass die sachlich-inhaltliche und zeitliche Abstimmung der Ordnungsmittel in der dualen Berufsausbildung nicht gelungen ist. Sowohl für die betriebliche wie für die schulische Grundbildung ist nach Petersen über ein neues Grundbildungsverständnis nachzudenken.

In den 1987er Ordnungsmittel folgt auf die berufsfeldbreite Grundbildung die Fachbildung. Im Elektro-Handwerk ist diese einheitlich nach den einzelnen Berufen „beruflich" strukturiert. Bei den industriellen Elektroberufen gibt es eine dreifach gegliederte – „berufsfeldbreite", „berufliche" und „fachrichtungsspezifische" – Fachbildung. Petersen konstatiert, dass im Ergebnis der Rahmenplan nur eine Fülle von atomisierten Teil- und Einzelqualifikationen enthält. Ein Fachbildungsverständnis, das z. B. den neuen Inhalten in ganzheitlichen Arbeits- und Handlungszusammenhängen moderner Arbeits- und Produktionskonzepte entspricht, wird durch ihn nicht erkannt. Weiterhin wird bemängelt, dass die Vorgaben und die didaktisch-methodische Struktur der Fachbildungsinhalte nur wenige Voraussetzungen zur Umsetzung des Anspruchs der neuen beruflichen Zielsetzungen bzw. zur Förderung der heute weithin geforderten beruflichen Handlungs- und Mitgestaltungsfähigkeit enthalten. Für das Elektro-Handwerk werden die Vorgaben besser bewertet.

Das vierte Kapitel gestaltet einen Ausblick auf eine arbeitsorientierte Berufsbildung. „Arbeitsorientierung" in der Berufsausbildung bedeutet nach Petersen, von dem Wechselwirkungszusammenhang zwischen der Arbeitswelt und der Berufsbildung auszugehen und deren wechselseitige Gestaltbarkeit im Ansatz der Berufs- und Ausbildungsentwicklung curricular und didaktisch zu berücksichtigen. Arbeitsorientierte Ausbildungsinhalte im Berufsfeld „Elektrotechnik" müssen die Dominanz und Einseitigkeit des Fach- und Technikbezugs der gegenwärtigen Ausbildungsinhalte überwinden. Aufgrund der Inhaltskomplexität der Arbeit bedarf es eines Arbeitsmodells, das die zentralen Inhaltsdimensionen repräsentiert und mit dem sich die Arbeitsinhalte gegenwärtiger wie auch zukünftiger Berufsarbeit möglichst ganzheitlich erfassen lassen. Es wird ein Modell mit drei Arbeits- und Lerndimensionen zur Facharbeit eingeführt (siehe Abb. 4), das durch den vorgeschlagenen Analyseraum zur Arbeits- und Ausbildungsgestaltung (Abb. 5) didaktisch konkretisiert wird.

Als Hinderungsgrund für eine Umsetzung der Arbeitsorientierung erkennt Petersen die zergliederten technischen Teil- und Lerngebiete. Er schlägt die Einführung von Themen- und Lernfeldern vor. Weiterhin sollten zur Umsetzung und Vermittlung arbeitsorientierter Ausbildungsinhalte in der Ausbildungspraxis das Umfeld des Lernens in Form von Medien- und Fachraumausstattungen überdacht werden. Für die Vermittlung von Gestaltungskompetenz wird auch ein mediales Lernumfeld benötigt, das nicht nur den Nachvollzug, sondern auch eine gestalterische Kreativität und Weiterentwicklung zur Arbeit und Technik zulässt und fördert.

Berufs- und fachdidaktische Aspekte einer arbeitsorientierten Erstausbildung im Berufsfeld „Elektrotechnik“

1 Einleitung

Im Berufsfeld „Elektrotechnik“ wurden in den vergangenen Jahren jährlich etwa 40.000 neue Ausbildungsverträge abgeschlossen. 1993 haben z. B. in der Industrie ca. 15.000, bei der Post bzw. Telekom ca. 3.000 und im Handwerk ca. 21.000 Auszubildende ihre Ausbildung in einem Elektroberuf neu begonnen. In der Industrie und bei der Telekom war die Anzahl der Auszubildenden in den letzten Jahren stark rückläufig, wogegen die Anzahl der Auszubildenden in den Elektroberufen des Handwerks weitgehend konstant geblieben ist bzw. leicht zugenommen hat. Unter Berücksichtigung der quantitativen Schwankungen und bezogen auf die dreieinhalbjährige Ausbildung erhalten somit gegenwärtig mit etwas abnehmender Tendenz insgesamt ca. 120.000 Auszubildende eine berufliche Erstausbildung im Berufsfeld „Elektrotechnik“. Die gesellschaftliche Bedeutung der Ausbildung in diesem Berufsfeld wird u. a. daran deutlich, dass, gemessen an der jeweiligen Gesamtzahl der Auszubildenden in den gewerblichen Berufen, diese in den vergangenen Jahren bei den Auszubildenden der Industrie wie auch des Handwerks fast immer einem Anteil von um die 10 % entsprach.

Das berufsbildungspolitisch übergreifende Kennzeichen der Ausbildung in den Elektroberufen waren und sind das Berufskonzept und das „Duale System“ der Berufsausbildung. Als eine didaktisch-methodische Ausbildungsgrundlage gelten danach bundesweit staatlich anerkannte Ausbildungsberufe und eine duale Lernorganisation, nach der die Ausbildung zum einen am Lernort Betrieb und zum anderen am Lernort Berufsschule stattfindet. Zur Ausbildung in den Elektroberufen stellen sich insofern curricular und didaktisch betrachtet zum Teil sehr verschiedene berufs- und lernortspezifische Aufgaben, Fragen und Probleme, die zudem in der Ausbildung der Industrie und des Handwerks noch ihre Besonderheiten aufweisen.

In diesem Beitrag sollen aus der Perspektive der Berufs- und Fachdidaktik einige übergreifende Fragen und Probleme der Arbeits- und Ausbildungsgestaltung im Berufsfeld „Elektrotechnik“ aufgeworfen werden. Ausgangspunkt sind die Entwicklungen und Veränderungen in den Elektroberufen der Industrie und des Handwerks, deren Berufsbilder sich im Wirkungszusammenhang des Arbeits-, Technik- und Ausbildungswandels mehr oder weniger stark verändert haben. Zum Ausbildungswandel an den Lernorten Schule und Betrieb sollen insbesondere unter Berücksichtigung der aktuellen Rahmenvorgaben zur Ausbildung in den Elektroberufen neue Perspektiven und Leitideen einer arbeitsorientierten Berufsausbildung aufgezeigt werden.

2 Herausbildung, Neuordnung und Weiterentwicklung der Berufe und Berufsbilder im Berufsfeld „Elektrotechnik“

Vorbemerkungen

Die Berufsausbildung im Berufsfeld „Elektrotechnik“ findet heute auf der Grundlage des Berufsbildungsgesetzes in staatlich anerkannten Ausbildungsberufen statt. Ziel ist eine geordnete und einheitliche Berufsausbildung, für die die erlassenen Ausbildungsordnungen die Berufsbilder vorgeben und in denen mit der Vorgabe „beruflicher“ Fertigkeiten und Kenntnisse der Beruf bzw. die berufliche Tätigkeit inhaltlich konkretisiert ist.

Um ein Verständnis für die Inhaltliche Gestaltung der heute anerkannten Elektroberufe zu erhalten, ist eine Auseinandersetzung mit den Entwicklungsprozessen und der Konstituierungsgeschichte der Elektroberufe notwendig. Diese Geschichte ist z. B. gegenüber der Geschichte der Bau- und Metallberufe eine relativ junge. Sie muss als Teil der neueren sozialhistorischen Berufsbildungsgeschichte und als ein Prozess begriffen werden, der untrennbar mit dem Entstehen der Industriegesellschaft und insbesondere mit den wissenschaftlichen Forschungen sowie technischen Anwendungsentwicklungen in der Elektrotechnik verbunden ist. Da auch Ansätze einer möglichen Weiterentwicklung der Berufe und der Ausbildung im Berufsfeld „Elektrotechnik“ nur auf der historischen Grundlage des gesellschaftlichen Arbeits- und spezifischen Berufswandels begriffen und begründet werden können, wird die Berufsgeschichte im Folgenden nach den Phasen der Herausbildung, Neuordnung und Weiterentwicklung der Elektroberufe gegliedert und mit ihren wesentlichen Merkmalen skizziert.

Die Herausbildung erster geordneter Elektroberufe

Die ersten Wurzeln der Elektroberufe liegen entsprechend den elektrotechnischen Erfindungen und Entwicklungen in der neuen Arbeit mit der elektrischen Telegrafie und Fernmeldetechnik. Am Anfang stand jedoch die wissenschaftlich-technische Arbeit der Erfinder und Tüftler. Deren Berufe waren vor allem die der Mechaniker, Schlosser, Feinmechaniker, Uhrmacher, Modelltischler oder auch Maler, wie z. B. Samuel Morse. Die Entwicklung der

Elektroberufe begann insofern über die zumeist autodidaktische Forschung und berufliche Weiterbildung sowie das verknüpfte Arbeiten und Lernen in und mit der neuen Schwach- und später auch der Starkstromtechnik. Mit der zunehmenden Verbreitung entsprechender und organisierter Spezial- und „beruflicher" Aufbau- und Weiterbildungskurse erhielt dann die Ausbildung eine erste neue Grundlage. Lässt man die Forschungs- und Bildungsgeschichte zur Elektrizität vor den 1840/1850er Jahren unberücksichtigt, so ist zu diesen Entwicklungen seit Beginn der ersten staatlichen Nutzung der elektrischen Telegrafie von einer etwa 150jährigen Aus- und Weiterbildungsgeschichte im Berufsfeld „Elektrotechnik" auszugehen.

Die Geschichte der „beruflichen" Erstausbildung in den Elektroberufen ist dagegen wesentlich jünger, insbesondere, wenn nicht von ersten einzelnen „Betriebsberufen" oder den staatlichen Telegraphen- und Laufbahnberufen oder auch den betrieblich-beruflichen Teiltätigkeiten zur Elektrotechnik ausgegangen wird, sondern von überbetrieblichen „geordneten" Elektroberufen. Sie beginnt im Prinzip um und nach der Jahrhundertwende (1900) und erst, nachdem sich neben der Metallindustrie die Elektroindustrie und aus dem Schlosser- und Mechanikerhandwerk das Elektrohandwerk als eigenständiges Handwerk herausgebildet hat. Noch um 1930 besteht „ein erhebliches berufsbegriffliches Durcheinander", da „zunächst auch die Sondergebiete der Elektrotechnik noch mehr zusammenhingen und jeder ein vielseitiger 'Elektriker' sein wollte … Vor allem die Bezeichnungen 'Elektromonteur' und 'Elektroinstallateur' wurden in der verschiedensten Bedeutung gebraucht und verwechselt. Auch die nur als Sammelbegriffe mögliche Bezeichnung 'Elektriker' ist im mannigfachsten Sinne angewandt" (HdB 1930, S. 533).

Eine erste Ordnung der „Elektrikerberufe" der Industrie fällt zusammen mit dem Beginn der betriebsübergreifenden Ordnungsarbeiten zur Industrieausbildung des 1908 gegründeten DATSCH. Aufgrund der zunehmenden Erfordernisse und der Durchsetzung einer eigenständigen und „industrietypischen" Ausbildung wurden diese generell notwendig und führten in Absetzung zu den Berufen des Handwerks und mit Orientierung am neuen Typus des gelernten Industriearbeiters, dem Facharbeiter, zu den neuen Berufen der Industrie. Im Elektrohandwerk, welches sich als solches später aus dem Verband der Elektro-Installationsfirmen (V.E.I.) heraus entwickelte, ist der Ordnungsbeginn der „Elektriker-Berufe" in den zur Elektroinstallation um und nach der Jahrhundertwende durchgeführten ersten (regionalen) Gesellen- und Meisterprüfungen zu sehen.

Betrachtet man das Ergebnis der ersten Ordnungsbemühungen, so ist eine deutliche Reduktion der „Berufe" gegenüber deren Vielfalt und Spezialisierung nach der „Berufsgliederung der Elektrikerberufe" – mit der noch im Handbuch der Berufe von 1930 der „Versuch einer Klarstellung“ gemacht wurde – erkennbar. Nicht durchgesetzt haben sich als geordnete Berufe vor allem „Spezial- oder Anlernberufe“, wie z. B. der Antenneninstallateur oder Schalttafelwärter. Als erste Elektroberufe der Industrie (In) und des Handwerks (Hw) sowie auch der Reichspost oder Reichsbahn (ÖD) wurden in den 1930er und 1940er Jahren beispielsweise geordnet:

- Elektroinstallateur 1926 (In) und 1934 (Hw),
- Elektrowerker (Monteur) 1939 (ÖD),
- Elektromechaniker 1938 (Hw) und 1939 (In) und
- Rundfunkmechaniker 1941 (Hw) (vgl. Fischer 1990, S. 10 ff.).

Von Ausnahmen und einigen Modifikationen abgesehen, bildeten diese ersten „geordneten“ Elektroberufe die Ausbildungsgrundlage bis Anfang der 1970er Jahre. Zu den Veränderungen sind neben der kontinuierlichen Lehrlingszunahme in den Elektroberufen vor allem die quantitativen Verschiebungen zwischen den Berufen bemerkenswert. Am auffälligsten war die Zunahme der Rundfunk- und Fernsehtechniker und ein Rückgang der Elektromechaniker, die ihre Ursachen in den neuen Entwicklungen und in der Substituierung der Elektromechanik durch die Elektronik hatten.

Die erste Neuordnung der Elektroberufe

Als erste grundlegende Veränderung der in den 1930er und 1940er Jahren geordneten Elektroberufe gilt die mit der Verordnung vom 12.12.1972 durchgeführte Neuordnung der Elektroberufe der Industrie. Neue Ordnungsgrundlage war das 1969 erlassene Berufsbildungsgesetz, mit dem der Bildung und Anerkennung von Ausbildungsberufen übergreifend neue Ziele sowie bestimmte Verfahren und Konzepte gesetzlich vorgegeben wurden. Danach war und ist die Berufsausbildung – dem curricularen und didaktischen Ansatz entsprechend – auf eine Anpassung „an die technischen, wirtschaftlichen und gesellschaftlichen Erfordernisse und deren Entwicklung“ ausgerichtet (vgl. BBiG 1969). Auf der Grundlage dieses Anpassungsansatzes und der mit bestimmten Erkenntnisinteressen untersuchten und festgestellten neuen Erfordernisse wurden die Elektroberufe 1972 neugeordnet (vgl. u. a. Pfeuffer 1972). Ein zentrales und zugleich umstrittenes Ergebnis der Neuordnung war die nach dem Berufsbildungsgesetz mögliche Stufenausbildung. Mit ihr wurde eine Ausbildung in den Elektroberufen auf zwei Qualifikationsstufen verordnet. Auf einer ersten Stufe mit 2jähriger Ausbildungszeit wurden zum einen unterhalb des Qualifikationsniveaus der vorhergehenden Ausbildungsberufe die folgenden fünf Elektroberufe geschaffen:

- Elektromaschinenwickler,
- Elektroanlageninstallateur,
- Elektrogerätemechaniker,
- Nachrichtengerätemechaniker sowie
- Fernmeldeinstallateur.

Das übergeordnete Ziel der Ausbildung in diesen Berufen war die Arbeit „nach detaillierten Anweisungen". Auf der zweiten und auf die Berufe der ersten Stufe aufbauenden Stufe wurden zum anderen folgende sieben Elektroberufe geschaffen:

- Elektromaschinenmonteur,
- Energieanlagenelektroniker,
- Energiegeräteelektroniker,
- Feingeräteelektroniker,
- Informationselektroniker,
- Funkelektroniker sowie
- Fernmeldeelektroniker.

Im Unterschied zu den Berufen der ersten Stufe bestand das übergeordnete Ziel in diesen Elektroberufen in der „selbständigen Durchführung von Aufgaben nach Arbeitsunterlagen und allgemeinen Anweisungen".

Gegen diese Ausbildung in Stufen und die Schaffung von Facharbeitern „1. und 2. Klasse" in den Elektroberufen gab es bereits zu deren Einführung nicht nur aufgrund vorhandener und absehbar höherer Qualifikationsanforderungen gute Argumente und didaktische Kritik. Dafür sprachen aber vor allem aus der Sicht der Betriebe die neuen Möglichkeiten der Stufung, die darin gesehen wurden, die Ausbildung in den Elektroberufen und damit den Bedarf an mehr oder weniger qualifizierten Arbeitskräften flexibel an die jeweiligen quantitativen und qualitativen betrieblichen Erfordernisse anzupassen.

Dass die Stufenausbildung der Anpassung an die zuvor aufwendig untersuchten Erfordernisse insgesamt nicht gerecht wurde, zeigte sich jedoch relativ schnell. Stufenübergangs- und Anerkennungsprobleme und Schwierigkeiten bei der Durchführung der Ausbildung in Schule und Betrieb einerseits und der deutliche Arbeits- und Technikwandel mit neuen Arbeitsstrukturen, Produktionskonzepten und Technologien andererseits führten so bereits im September 1981 dazu, dass von den Tarifparteien „Gemeinsame Ziele zur Weiterentwicklung der industriellen Elektroberufe" vereinbart wurden.

Die Weiterentwicklung bzw. zweite Neuordnung der Elektroberufe

Der Prozess der Weiterentwicklung der Elektroberufe bezog sich am Anfang nur auf die Stufenausbildung in den Elektroberufen der Industrie. Auf der Grundlage eines „Positionspapiers zur Neuordnung der Elektrohandwerke" vom Mai 1984 kamen dann ebenso die Elektroberufe des Handwerks und später noch die Neuordnung des Mess- und Regelmechanikers hinzu. Im Ergebnis sind damit heute – mit Ausnahme des Wärmestellengehilfen aus dem Jahre 1944 – alle Elektroberufe neu geordnet.

Das Ziel der Weiterentwicklung der Elektroberufe bestand in der Aufhebung der Stufenausbildung und einer übergreifenden Orientierung an einer neuen Facharbeiter- bzw. Gesellenqualifikation. Nach den weitgehend vergleichbaren Zielsetzungen sollte der Ausgebildete befähigt sein,

- in unterschiedlichen Betrieben und Branchen den erlernten Beruf auszuüben sowie – gegebenenfalls nach Aneignung fehlender Fertigkeiten – artverwandte Facharbeiter- oder Gesellentätigkeiten ausführen zu können;
- sich auf neue Arbeitsstrukturen, Produktionsmethoden und Technologien flexibel einstellen zu können mit dem Ziel, die beruflichen Qualifikationen zu erhalten;
- an Maßnahmen der Weiterbildung teilnehmen zu können, um die berufliche Qualifikation und Beweglichkeit zu sichern (vgl. Borch/Deutsch 1986).

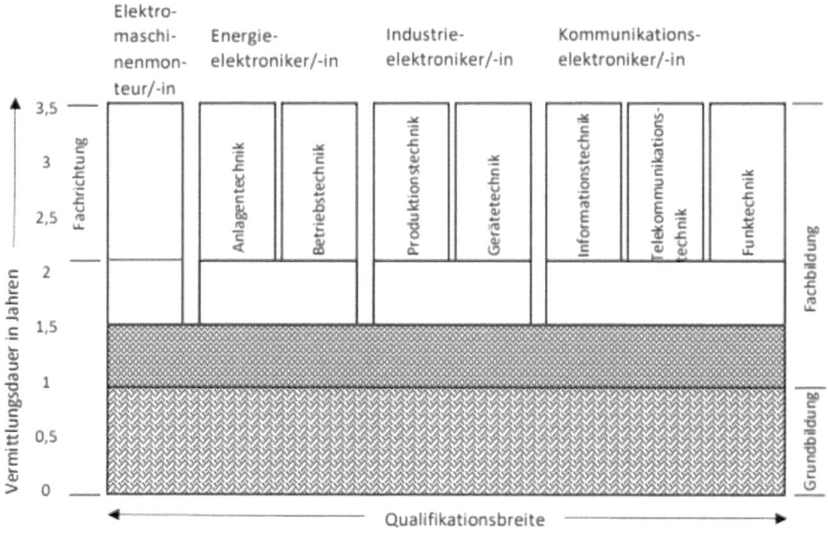

Abbildung 1: Die industriellen Elektroberufe (1987)

Die Arbeiten zur Weiterentwicklung der industriellen Elektroberufe hatten gegenüber denen zur Weiterentwicklung der Handwerksberufe einen zeitlichen Vorlauf. Dennoch kam es zur Klärung und Abstimmung inhaltlicher Gemeinsamkeiten, die sich zum einen auf das übergeordnete Leitbild zur Facharbeit und Gesellenarbeit bezog und zum anderen die berufliche Grundbildung in den Elektroberufen zum Gegenstand hatte. Im Ergebnis ist heute den Elektroberufen auf der Grundlage der 1987 erlassenen Verordnungen ein im Prinzip einheitliches Berufsausbildungsziel vorgegeben, nach dem nicht mehr „die Arbeit nach Anweisungen“, sondern das „selbständige Planen, Durchführen und Kontrollieren der Arbeit“ das übergeordnete Ziel der Berufsausbildung ist. Ebenso ist heute im Prinzip allen Berufen im Berufsfeld „Elektrotechnik“ eine einheitliche Grundbildung vorgegeben, die curricular und didaktisch als eine allen Elektroberufen gemeinsame „berufsfeldbreite Grundbildung“ ausgewiesen ist. Die Unterschiede in den neuen Berufsbildern der industriellen und handwerklichen Elektroberufe bestehen daher nach Neuordnung im Kern in der je berufsspezifischen Ausgestaltung der Fachbildung, wobei die Berufe der Industrie in ihrer neuen Struktur noch nach Fachrichtungen spezialisiert und differenziert sind.

Die industriellen Elektroberufe sind entsprechend den neuen Verordnungen von 1987 heute insgesamt nach vier Berufen und acht Fachrichtungen strukturiert (siehe Abb. 1). Als Ersatz für den Mess- und Regelmechaniker wurde mit der Verordnung von 1992 das Berufsbild

- Prozeßleitelektroniker/-in

geschaffen. Die Handwerksberufe im Berufsfeld „Elektrotechnik“ haben nach den neuen Verordnungen von 1987 folgende Bezeichnungen:

- Büroinformationselektroniker/-in,
- Elektromaschinenbauer/-in,
- Elektromechaniker/-in,
- Elektroinstallateur/-in,
- Fernmeldeanlagenelektroniker/-in sowie
- Radio- und Fernsehtechniker/-in.

Mit diesen bis heute geltenden Berufen im Berufsfeld „Elektrotechnik“ wurde versucht, die alten Berufsstrukturen und Berufsbilder dem Arbeits- und Technikwandel anzupassen. Ob und wie dies gelungen ist, kann gegenwärtig – fast zehn Jahre nach der Neuordnung – insoweit beantwortet werden, dass es aufgrund vorliegender Erfahrungen und durchgeführter Evaluationsstudien

Ergebnisse und Hinweise für ein grundlegendes Überdenken der Gestaltungsprinzipien für die Berufe gibt.

Im Rahmen der vom Bundesinstitut für Berufsbildung in Auftrag gegebenen aktuellen Studie zur „Evaluation der industriellen Elektroberufe" wird insbesondere auf die Problematik der Ausdifferenzierung der industriellen Elektroberufe nach Fachrichtungen hingewiesen. Nach den Untersuchungen und Betriebsbefragungen erschwert diese aufgrund der „funktionsorientierten Tätigkeitsdifferenzierung ... eine geschäftsprozessorientierte betriebliche Organisationsstruktur und Organisationsentwicklung" und ist auch „weder fachinhaltlich noch durch spezifische Bedarfe des Arbeitsmarktes zu rechtfertigen" (Drescher u. a. 1995, S. 414). Unter Berücksichtigung der konkreten Ordnungsmittel wie der Rahmenplaninhalte zeigen die Analyseergebnisse zudem, dass vor allem die Fachrichtungen wie aber auch zum Teil die Berufe – inhaltlich betrachtet – „nur eine konstruierte Trennschärfe" aufweisen. Das heißt, die zur Konstruktion der Berufe ursprünglich erhobenen Erfordernisse haben zu rigiden beruflichen Abgrenzungen geführt, die in der Tradition funktionsorientierter Anpassungsqualifizierung und hoher Arbeitsteilung stehen. Die Entwicklungen in der sich eher entgegengesetzt verändernden Arbeits- und Ausbildungspraxis werden damit erschwert und wenig gefördert. In den Schlussfolgerungen der Studie wird daher für eine mögliche neue Weiterentwicklung der Elektroberufe ein Konzept „Dynamischer Berufsbilder" vorgeschlagen, welches auf der Grundlage von nur zwei Elektro-Grundberufen in Industrie und Handwerk von einem beruflich obligatorischen Kernbereich ausgeht und durch einen Wahlpflicht- und Wahlbereich für die Berufsbilder z. B. eine betriebs-, regional- und arbeitsspezifische Offenheit beinhaltet (vgl. ebd, S. 415).

3 Die Grund- und Fachbildung in den Ausbildungsvorgaben für die Elektroberufe

Vorbemerkungen

Fertigkeiten und Kenntnisse, die mindestens Gegenstand der Ausbildung sein sollen, geben nach den Verordnungen über die Berufsausbildung die „Ausbildungsberufsbilder" der Berufe vor. In Verbindung mit dem Ziel sowie den Prüfungsanforderungen der Berufsausbildung ist damit das Bild des Berufes als grobe Kontur und curricularer Rahmen vorgegeben. Für die betriebliche Ausbildung wird der Rahmen durch die Ausbildungsrahmenpläne konkretisiert. In diesen Plänen sind mit einer „Anleitung zur sachlichen und zeitlichen

Gliederung" die Fertigkeiten und Kenntnisse des Berufsbildes inhaltlich weiter ausdifferenziert und nach beruflicher Grund- und Fachbildung zeitlich gegliedert. Durch die in Abstimmung mit diesen Rahmenvorgaben entwickelten Rahmenlehrpläne für die Berufsschulen sind die Berufsbilder ebenso konkretisiert, wobei für den Rahmen des Berufsbildes und den Berufstätigkeiten wohl eindeutig den Inhaltsvorgaben der Verordnung ein Vorrang zukommt.

Wie bei einem Bild sind auch bei einem Berufsbild inhaltliche Interpretationen möglich. Durch die Zielsetzungen ist jedoch eine der Berufsausbildung grundlegende didaktische Orientierung vorgegeben, die heute in den Leitideen einer umfassenden beruflichen Handlungs- und Gestaltungskompetenz zum Ausdruck kommt. So gilt einerseits, „daß der Auszubildende im Sinne des § 1, Abs. 2 des Berufsbildungsgesetzes zur Ausübung einer qualifizierten beruflichen Tätigkeit befähigt wird, die insbesondere selbständiges Planen, Durchführen und Kontrollieren einschließt" (BMWi 1987a, § 3, Abs. 4). Andererseits wurde vereinbart: „Die Berufsschule vermittelt eine berufliche Grund- und Fachbildung und erweitert die vorher erworbene allgemeine Bildung. Damit will sie zur Erfüllung der Aufgaben im Beruf sowie zur Mitgestaltung der Arbeitswelt und Gesellschaft in sozialer und ökologischer Verantwortung befähigen" (KMK-Rahmenvereinbarung über die Berufsschule vom 14./15. März 1991). Mit diesen Zielsetzungen ist programmatisch eine neue betriebliche Orientierung an einer ganzheitlichen Arbeitshandlung und ein schulischer Perspektivwechsel von der Anpassungs- zur Gestaltungsorientierung erreicht. Diese Neu- und Umorientierungen müssen sich allerdings auch auf den konkreten Ebenen der Rahmenvorgaben sowie der Ausbildungs- und Unterrichtskonzepte erfüllen.

Die curriculare Gestaltung der Grundbildung im Berufsfeld „Elektrotechnik"

In der Verordnung über die Berufsausbildung in den Elektroberufen heißt es: „Die Ausbildung im ersten Ausbildungsjahr vermittelt eine berufsfeldbreite Grundbildung" (BMWi 1987a, § 3, Abs. 1). Wie diese „berufsfeldbreite Grundbildung" sowie auch ihre Abgrenzung zur berufsfeldbreiten und beruflichen Fachbildung als eine Grundbildung für alle Elektroberufe curricular und didaktisch in den konkreten Rahmenvorgaben für die Betriebe und Schulen gestaltet ist, zeigt die folgende Gegenüberstellung der Grundbildungsinhalte und der sich unmittelbar anschließenden Fachbildungsinhalte.

Auszug aus den Ausbildungsrahmenplänen für die Betriebe:

- Berufsfeldbreite Grundbildung
  - Anfertigen von mechanischen Teilen
  - Herstellen von mechanischen Verbindungen
  - Zusammenbauen und Verdrahten von mechanischen, elektromechanischen und elektrischen Bauteilen zu Baugruppen
  - Zurichten, Verlegen und Anschließen von Leitungen
  - Messen von Gleich- und Wechselgrößen sowie Prüfen von Bauteilen und Baugruppen …
- Berufliche Fachbildung (z. B. Energieelektroniker/-in)
  - Zusammenbauen und Verdrahten von mechanischen, elektromechanischen und elektrischen Baugruppen und Geräten
  - Montieren und Installieren funktional abgegrenzter Anlagenteile
  - Prüfen, Messen und Einstellen von Baugruppen und Geräten
  - Inbetriebnehmen von Baugruppen, Geräten und funktional abgegrenzten Anlagenteilen
  - Zusammenbauen und Verdrahten sowie Montieren und Installieren von Baugruppen und Anlagenteilen der Energietechnik. (vgl. BMWi 1987a)

Auszug aus den KMK-Rahmenlehrplänen für die Berufsschulen:

- Berufsfeldbreite Grundbildung
  - Einführung in die Elektrotechnik
  - Einführung in die Steuerungs- und Digitaltechnik
  - Einführung in die Elektronik
  - Einführung in die Schutzmaßnahmen
  - Einführung in die Messtechnik
  - Einführung in das Technische Zeichnen
  - Einführung in die Werkstoffe, Werkstoffbearbeitung und Leitungsarten.
- Berufsfeldbreite Fachbildung für alle industriellen Elektroberufe
  - Kondensator und Spule
  - Wechselstromkreis
  - Gleichrichtung und Spannungsstabilisierung
  - Digitale Schaltungstechnik, (vgl. KMK 1987)

Die Grundbildung in den Berufsbildern für die Elektroberufe ist in diesen Vorgaben einerseits durch Fertigkeiten und Kenntnisse und andererseits durch Lerngebiete mit Lernzielen und Lerninhalten konkretisiert. Zu diesen inhaltlichen Vorgaben sowie deren Umsetzung und Vermittlung in Betrieb und Schule gibt das oben genannte Ziel der Berufsausbildung sowie der Bildungsauftrag der Berufsschule die didaktische Orientierung vor. Die Zielsetzungen haben eine übergreifende Funktion in der Ausbildung, da sie nicht explizit nach den Ausbildungsabschnitten der Grund- und Fachbildung differenziert sind. Die berufsfeldbreite Grundbildung und deren Abgrenzung zur Fachbildung ist so im Wesentlichen über die Inhalte und Inhaltsstrukturen der Vorgaben zur Grundbildung bestimmt.

In der Gegenüberstellung der Rahmenvorgaben werden unmittelbar an den Inhalten unterschiedliche betriebliche und schulische Vorstellungen zur berufsfeldbreiten Grundbildung deutlich. Sie lassen sich zurückführen auf grundlegende curriculare Ansatzunterschiede, die didaktisch auch im „Anpassungsansatz" der betrieblichen und in der „Abbildungs-Didaktik" der schulischen Rahmenpläne ihre Ursachen haben.

Der „Anpassungsansatz" ist dadurch charakterisiert, dass vorwiegend nur die unmittelbaren Anforderungen der vorfindbaren betrieblichen Arbeit und Technik den Referenzrahmen und die Grundlage für die in der Berufsausbildung zu vermittelnden Fertigkeiten und Kenntnisse bilden. Dagegen werden nach den Prinzipien der „Abbild-Didaktik" fast ausschließlich nur die Strukturen und Inhalte in der Systematik der Fach- bzw. Technikwissenschaft zum Gegenstand der Ausbildung. Aufgrund dieser unterschiedlichen Bezugspunkte, auf der einen Seite die Orientierung an Teiltätigkeiten der „Arbeit" und auf der anderen Seite an den Teilgebieten der „Technik" der sogenannten „korrespondierenden Fachwissenschaft", bleiben Arbeit und Technik curricular unvermittelt und getrennt, sie werden inhaltlich und ausbildungsdidaktisch nicht aufeinander bezogen. Insofern kommen die teils grundverschiedenen curricularen Ergebnisse zum gleichen „Bild" der berufsfeldbreiten Grundbildung zustande, durch die auch die curriculare „Abstimmung" didaktisch-methodisch nur als eine einfache und unzureichende lernortbezogene Inhaltsdifferenzierung, hier Grundfertigkeiten der „Arbeits-Praxis" dort Grundlagen der „Technik-Theorie", zu bezeichnen ist.

Aus der Gegenüberstellung der Rahmenvorgaben ist lediglich eine Übereinstimmung in der methodischen Grobstruktur von Grund- und Fachbildung zu erkennen. Ohne hier die veralteten und teils idealisierten Vorstellungen eines „Gleichlaufcurriculums" zu bemühen, ist dagegen auf der Ebene der konkreten Rahmenpläne die beabsichtigte „sachlich-inhaltliche und zeitliche Abstimmung" in der dualen Berufsausbildung nicht gelungen. Geht es entsprechend den Vorgaben in der betrieblichen Grundbildung z. B. bereits um das „Messen von Gleich- und Wechselgrößen sowie dem Prüfen von Bauteilen und Baugruppen", so werden in der Berufsschule erst in der Fachbildung die Elemente „Kondensator und Spule“ oder der „Wechselstromkreis“ zum Unterrichtsgegenstand. Zugleich ist wiederum z. B. in den Betrieben bereits das „Inbetriebnehmen von Baugruppen, Geräten und funktional abgegrenzten Anlagenteilen“ Ausbildungsinhalt. Derartige Abstimmungsprobleme sind weitgehend durchgängig bis in die Fachbildung in den curricularen Rahmenvorgaben vorhanden, wobei, wie sich zeigen lässt, diese für die handwerklichen Elektroberufe teils noch verstärkt gegeben sind. Denn bedingt dadurch, dass sich die Ausbildungsrahmenpläne für die Handwerksberufe relativ früh an verschiedenen Grundfertigkeiten und Aufgaben orientieren und der eher unsystematischen Struktur der handwerklichen Ausbildungspraxis folgen, ist eine sachlich-inhaltliche Abstimmung zwischen diesen Plänen für die Berufsschule noch weniger zu erkennen.

Neben den grundlegenden Unterschieden und Abstimmungsproblemen der Rahmenvorgaben für die berufsfeldbreite Grundbildung weisen diese jedoch auch Gemeinsamkeiten auf. Sie bestehen insbesondere in

- der gemeinsamen didaktischen Verödung der Werkstoff- und Metallbearbeitung in der Grundbildung,
- einer vergleichbaren Systematik und „Bauteile-Anlagen-Didaktik“ (siehe Abb. 2), nach der der Grundbildung lediglich systematisch zergliederte und traditionelle Grundfertigkeiten und Grundlagen zu einzelnen Bauteilen und Baugruppen – Geräte und Anlagen sind der Fachbildung Vorbehalten – zugeordnet werden und
- einer didaktisch mehrfachen inhaltlichen Abstraktion, da in der „berufsfeldbreiten“ Grundbildung von den konkreten „beruflichen“ Inhalten, den Inhalten der Arbeits- und Geschäftsprozesse und den konkreten betrieblich-organisatorischen Zusammenhängen abstrahiert wird.

Abbildung 2: „Alte“ Didaktikstruktur der Ausbildungsinhalte

Diese curricularen und didaktischen Gemeinsamkeiten lassen aber die in den Zielsetzungen enthaltene Neuorientierung an einer ganzheitlichen Arbeitshandlung sowie den beabsichtigten Perspektivwechsel in der Berufsausbildung so gut wie nicht erkennen. Die berufsfeldbreite Grundbildung ist mit der Vorgabe von Grundfertigkeiten und elektrotechnischen Grundlageninhalten im Prinzip traditionell bestimmt und strukturiert. Erkennbar gegenüber der vorhergehenden Ausbildung ist nur eine Rücknahme von Ausbildungsanteilen in der Metallbearbeitung und die Aufnahme von einigen Grundlageninhalten neuer Technikgebiete. Damit werden aber auf der Grundlage der Vorgaben noch keine neuen handlungsmotivierenden und die Selbständigkeit und die Gestaltungskompetenz fördernden Ausbildungseinheiten zum Gegenstand der berufsfeldbreiten Grundbildung. Sowohl für die betriebliche wie für die schulische Grundbildung ist daher die Notwendigkeit gegeben, grundlegend über ein neues Grundbildungsverständnis nachzudenken (vgl. Rauner 1986 und 1996). Diese schließt insbesondere die bisher kaum geführte Auseinandersetzung mit den inhaltlichen Unterschieden und Merkmalen einer „beruflichen“ und „berufsfeldbreiten“ Grundbildung ein.

Die curriculare Gestaltung der Fachbildung im Berufsfeld „Elektrotechnik“

Entsprechend den Berufsbildstrukturen folgt auf die berufsfeldbreite Grundbildung die Fachbildung. Für die Elektroberufe des Handwerks ist diese einheitlich nach den einzelnen Berufen „beruflich“ strukturiert. Die Fachbildung der industriellen Elektroberufe weist dagegen eine dreifach gegliederte „berufsfeldbreite“, „berufliche“ und „fachrichtungsspezifische“ Fachbildung auf. Eine berufsinhaltliche Differenzierung und Abgrenzung innerhalb der Berufsausbildung erfolgt hierdurch erst relativ spät gegen Ende der Ausbildung (siehe Abb. 1).

Das oben genannte Ziel der Berufsausbildung sowie der Bildungsauftrag der Berufsschule gelten für die gesamte Ausbildung, also gemeinsam für die Grund- und Fachbildung. Gegenüber der Grundbildung kommt diesen Zielsetzungen aber für die Fachbildung insofern eine besondere Bedeutung zu, da zentrale Elemente der beruflichen Handlungs- und Gestaltungskompetenz erst mit und in der Fachbildung zum Gegenstand der Ausbildung werden, ja diese unmittelbar und direkt zum Ziel hat. Die folgenden Inhalte und Inhaltsstrukturen der Vorgaben zur Fachbildung sind folglich unter besonderer Berücksichtigung der mit der Berufsausbildung heute verbundenen anspruchsvollen Zielsetzungen beruflicher Handlungs- und Gestaltungsfähigkeit zu betrachten.

Mit der Gegenüberstellung der Grundbildungsinhalte aus den Ausbildungsrahmenplänen und den KMK-Rahmenlehrplänen wurden bereits einige Inhalte der Fachbildung für die industriellen Elektroberufe dargestellt. Wie zur Grundbildung lassen sie ebenso bereits im Ansatz die curricularen Strukturen und Prinzipien und das der Fachbildung zugrundeliegende didaktisch-methodische Konzept erkennen.

In der didaktischen Logik und Struktur dieses Fachbildungs-Konzeptes folgt in den betrieblichen Ausbildungsrahmenplänen nach den Fertigkeiten „Zusammenbauen, Verdrahten, Messen und Prüfen, und Inbetriebnehmen“ z. B. für den Beruf des Industrieelektronikers in der Fachrichtung Produktionstechnik das „Einrichten, Überwachen, Wiederinbetriebnehmen und Instandhalten“. In der Logik und Struktur der Gegenstände folgen nach den „Baugruppen, Geräten und den funktional abgegrenzten Anlagenteilen“ die „Anlagen bzw. Produktionseinrichtungen“ (vgl. BMWi 1987a, § 6). Die Kombination „Instandhalten von Anlagen“ bildet danach das „Endziel“ bzw. in der Ausbildungsstruktur den Abschluss (siehe Abb. 2). Das didaktisch-methodische Konzept dieser Ausbildungsvorgaben variiert in den Elektroberufen nur in seinen konkreten gegenständlichen Anlageninhalten, und zwar je nach Beruf und/oder Fachrichtung und unter Beibehaltung der Didaktik der Fertigkeits- und Gegenstandsstrukturen. So werden z. B. aus den Anlagen für den Kommunikationselektroniker in der Fachrichtung Informationstechnik „Anlagen der Informations- und Datentechnik", in der Fachrichtung Telekommunikationstechnik „Anlagen der Telekommunikationstechnik" und in der Fachrichtung Funktechnik „Anlagen der Funktechnik".

Den möglichen ausbildungsorganisatorischen Vorteilen der streng systematisch gegliederten Vorgaben in den Ausbildungsrahmenplänen steht das Defizit gegenüber, dass in den Fachbildungsinhalten, die entsprechend der aufgezeigten Makrostruktur nur in den Fertigkeiten und Kenntnissen weiter ausdifferenziert sind, ein Fachbildungs- und Fachverständnis zum Ausdruck kommt, in dem das neue Leitbild der Facharbeit didaktisch so gut wie nicht zu erkennen ist. Lediglich in einer Art Vorbemerkung wird auf der Grundlage des Ausbildungsziels darauf hingewiesen, dass die „Fertigkeiten und Kenntnisse unter Einbeziehung selbständigen Planens, Durchführens und Kontrollierens zu vermitteln sind" (vgl. ebd., Anlage zu § 8). Unverkennbar aber ist der Widerspruch zwischen dem Ausbildungsziel und der in altbekannter Weise erfolgten Auflistung von einzelnen Fertigkeiten und Kenntnissen. So ist das Herstellen, Aufbauen, Montieren, Messen, Instandhalten usw. nicht handlungs- und arbeitsprozessbezogen formuliert, sondern wird traditionell arbeitsteilig in der Form zergliederter Teil- und Einzelqualifikationen vorgegeben. Damit ist nicht nur weitgehend offen, wie die neuen ganzheitlichen Handlungs- und Gestaltungsanforderungen der Arbeitspraxis didaktisch-methodisch umgesetzt werden. Vielmehr wird ihre Umsetzung aufgrund der Inhalts- und Strukturvorgaben, die nur in den Technikinhalten einige Anpassungen an die Technikveränderungen erkennen lassen, noch erheblich erschwert. Vorgaben, wie z. B. „nach Anweisungen ... prüfen und messen" oder „nach Anweisungen auswerten", stehen zudem direkt im Widerspruch zum Ausbildungsziel.

Wie bei der Grundbildung wird auch in der Fachbildung auf der konkreten Ebene der Fertigkeits- und Kenntnisvorgaben der Anspruch der neuen Zielsetzung der Berufsausbildung nicht eingelöst. Als eine Ursache kann zum einen die auf dem Anpassungsansatz beruhende verkürzte Analyse und Bestimmung von systematisch zergliederten und nur unmittelbar sicht- und operationalisierbaren fachlichen Fertigkeiten und Kenntnissen gelten. Im Ergebnis enthält der Rahmenplan mehr oder weniger „zwangsläufig" nur eine Fülle von atomisierten Teil- und Einzelqualifikationen. Ein Fachbildungsverständnis, welches z. B. den neuen Inhalten in ganzheitlichen Arbeits- und Handlungszusammenhängen moderner Arbeits- und Produktionskonzepte entspricht oder z. B. auch die zu vermittelnden Inhalte zum Arbeits- und Umweltschutz oder die zur rationellen Energieverwendung integriert, findet in die Inhalte der Ausbildungsrahmenpläne keinen Eingang. Zum anderen ist eine Ursache der Defizite in der „Bauteile-Anlagen-Didaktik" zu sehen, die einer am Ausbildungsziel der Handlungs- und Gestaltungskompetenz orientierten didaktischen Struktur nicht mehr entspricht. Die Inhaltsstrukturen folgen eher der auf die Ausführung von Teilfertigkeiten ausgerichteten Sach- und Lehrgangssystematik. Ebenso sind die alten didaktischen Prinzipien erkennbar, nach denen die Ausbildungsinhalte z. B. vom vermeintlich Leichten zum Schweren oder vom Einfachen zum Komplexen strukturiert und gegliedert sind. Die Inhaltssystematik folgt damit insgesamt einer linear-additiven Methodik, nach der sich aus der Summe der Einzelqualifikationen am Ende der Ausbildung „plötzlich" eine umfassende berufliche Handlungskompetenz ergeben soll. Ein Lernen und Handeln in Zusammenhängen wird im Prinzip von Anfang an verhindert oder allenfalls als ein finales additives Ergebnis möglich. Nicht unterstützt und gefördert werden ebenso neue integrative oder handlungs- und projektorientierte Ausbildungsmethoden, sie werden eher systematisch ver- und behindert. Die Vorgaben und die didaktisch-methodische Struktur der Fachbildungsinhalte enthalten insofern nur wenige Voraussetzungen zur Umsetzung des Anspruchs der neuen beruflichen Zielsetzungen bzw. zur Förderung der heute weithin geforderten beruflichen Handlungs- und Mitgestaltungsfähigkeit.

Im Unterschied zu den Vorgaben für die Industrieberufe weisen die Fachbildungsinhalte für die handwerklichen Elektroberufe Strukturen auf, die unter handlungsbezogenen Aspekten weniger defizitär sind. Eine Begründung findet sich zum Teil allerdings in der traditionsbedingten engen Verbindung von Arbeiten und Lernen in der Praxis des Handwerks. Erkennbar wird dieses an einigen Teilgegenständen des Ausbildungsberufsbildes, nach denen z. B. der „Umgang mit und das Beraten von Kunden", das „Planen des Arbeitsablaufs" oder das „Disponieren von Werkzeugen, Materialien und Ersatzteilen" oder auch die „Systemberatung", die z. B. Fragen der wirtschaftlichen Durchführbarkeit einschließt, zur Ausbildung gehören (vgl. BMWi 1987b, § 4). Gegenüber den Industrieberufen wird dabei z. B. außerdem die „Bauteile-Anlagen-Didaktik" zum Teil durchbrochen, wobei sich das weniger auf eine neue Didaktik, sondern auf die eher unsystematische Ausbildungspraxis im Handwerk zurückführen lässt. In einer neuen Didaktik für die betriebliche Ausbildung liegt insofern u. a. auch die Herausforderung, einen vermittelnden Ansatz zwischen der traditionell eher systematischen Lehrgangsausbildung der Industrie und der eher unsystematischen praxisverbundenen Handwerksausbildung zu begründen. Mit dem Ziel der Förderung der Selbständigkeit und Handlungsfähigkeit ist dazu insgesamt eine über das bisherige Fachbildungsverständnis hinausgehende neue Orientierung der Inhalte und Inhaltsstrukturen in den Elektroberufen notwendig.

Vergleichbares gilt für die Fachbildungsinhalte in den schulischen Rahmenlehrplänen. Denn betrachtet man diese parallel zu den Inhalten der betrieblichen Ausbildungsrahmenpläne, so ist bereits aus obiger Gegenüberstellung der berufsfeldbreiten Grund- und Fachbildungsinhalte zu erkennen, dass sich die aufgezeigten Defizite und Widersprüche der Grundbildung prinzipiell in der Didaktik der Fachbildung fortsetzen. Nach den dargestellten berufsfeldbreiten Fachbildungsinhalten haben z. B. konkret für den/die Industrieelektroniker/-in in der Fachrichtung Produktionstechnik die Lerngebiete in den KMK-Rahmenlehrplänen die folgende weitere Struktur:

- …
- Digitale Schaltungstechnik
- …
- Dreiphasenwechselstrom
- Schutzmaßnahmen
- Filterschaltungen
- Steuerungstechnik
- Leistungselektronik
- …
- Elektromotorische Antriebe
- Niederspannungsanlagen
- Verstärkerschaltungen
- Regelungstechnik
- Messen elektrischer und nichtelektrischer Größen
- Prozesstechnik (vgl. KMK 1987).

An diesen Lerngebieten der Fachbildung, die nach dem Anspruch als „thematische Einheiten unter fachlichen und didaktischen Gesichtspunkten“ gebildet wurden, ist unmittelbar auffällig, dass sich die Themen zwar traditionell fachlich und im Sinne der „Abbilddidaktik“ an einer Techniksystematik der Fach- bzw. Ingenieurwissenschaft „Elektrotechnik“ orientieren. Nicht erkennbar ist dagegen eine neue didaktische Themen- und Inhaltsstruktur, die sich am umfassenden Ziel der Handlungs- und Mitgestaltungsfähigkeit ausrichtet und damit die notwendige grundlegende didaktische Neuorientierung bereits bei den Lerngebietsthemen beinhaltet.

Auch im Einzelnen ist an der Gestaltung und inhaltlichen Ausdifferenzierung der Lerngebiete eine vorrangige und einseitige Orientierung an der Systematik der Technik- und Fachinhalte nicht zu übersehen. Auf dieser Fachbildungsgrundlage kann aber nur traditionell isoliertes „Fachwissen“ vermittelt werden, nicht jedoch „fachbildendes Berufswissen“, welches sich am Bildungsauftrag und den Handlungsanforderungen der Facharbeit orientiert. Statt der Berufs- und Arbeitswelt wird so eine Theorievermittlung in den Mittelpunkt des berufsbezogenen Unterrichts gerückt, die fast ausschließlich auf die natur- und technikwissenschaftlichen Theorieinhalte der Elektrotechnik bezogen ist. Nicht eine Theorie der Berufsinhalte ist Unterrichtsgegenstand, sondern eine von den beruflichen Arbeitszusammenhängen im Wesentlichen abgetrennte und zergliederte technische Fachtheorie, in der eine „Steuerungstechnik“, eine „Leistungselektronik“, eine „Verstärkertechnik“ oder eine „Regelungstechnik“ usw. vermittelt wird. Der berufsbezogene Unterricht, dem damit der eindeutige Bezug auf eine Berufs- bzw. Berufsfeldwissenschaft „Elektrotechnik“ fehlt, wird folglich auch vielfach als ein fachwissenschaftsorientierter Technikunterricht missverstanden. Nicht der kompetente und mit Handlungs- und Gestaltungskompetenzen ausgestattete Facharbeiter, sondern ein einseitig ausgebildeter Techniker ist das vorrangige Denk- und Gestaltungsmodell der Lerngebiete. Die Lerngebiete blenden nicht nur beruflich relevante Inhalte wie z. B. die Arbeitsmittel und -verfahren oder die Organisation und Planung der Arbeit aus, sondern sie stellen zudem lediglich eine Abstraktion der konkreten Technik der beruflichen Facharbeit dar. Im Verhältnis der Berufs- und Technikinhalte erhalten die Theorieinhalte der Technikdimension eine dominante und determinierende Funktion. Die Elektrotechnik wird aus den Arbeits- und Anwendungszusammenhängen herausgenommen und isoliert und abstrakt betrachtet. Sie erscheint als eine wissenschaftliche, unabhängige und quasi naturgesetzliche und wertneutrale Größe. So soll in der Fachbildung die Technik fast nur „beschrieben, erklärt, ermittelt, berechnet und gelöst“ werden. Eine bedenkliche Verbindung zu autoritären und rigiden Lehr- und Lernformen, gepaart mit rezeptivem Verhalten und einer Reproduktion von isoliertem Faktenwissen, ist hier im Hinblick auf die Umsetzung der Ausbildungsvorgaben mehr als wahrscheinlich.

Zwar wird mit dem Lerngebiets-Modell die überkommene Fächertrennung mit „Fachkunde, Fachrechnen und Fachzeichnen“ aufgehoben, dennoch wird mit den Lerngebietsinhalten der Aufbau einer handlungsleitenden Theorie für eine selbständige berufliche Facharbeit inhaltlich erschwert. Den Vorgaben der Inhalte und Inhaltsstrukturen der Fachbildung fehlen die grundlegenden Voraussetzungen, um handlungsorientierte und methodisch innovative Konzepte für die Vermittlung von beruflicher Handlungskompetenz zu unterstützen und zu provozieren. Mehr als fragwürdig ist auch der mit der Lerngebietsstruktur angelegte didaktisch-methodische Versuch, die Vermittlung von Handlungs- und Gestaltungskompetenz über einen Lernprozess der linearen Addition von einzelnen fachsystematischen Fachkenntnissen erreichen zu wollen. Dem Unterricht werden keine integrativen und berufs- und handlungsbezogenen Inhaltsstrukturen vorgegeben, die auf eine die Lernaktivitäten fördernde Gestaltung der Lernprozesse zielen und z. B. ein berufliches Denken und Handeln in ökonomisch-ökologischen und technologischen Zusammenhängen ermöglichen.

Wie bereits zur Grundbildung konstatiert wurde, wird auch mit den Lerngebieten der Fachbildung der Anspruch nicht eingelöst, die Rahmenlehrpläne mit den betrieblichen Ausbildungsrahmenplänen ausbildungsdidaktisch abzustimmen. Lediglich auf der Ebene der Ziele, der Berufsstrukturen und der curricularen Makrostrukturen ist eine Abstimmung zwischen den betrieblichen und schulischen Rahmenplänen erkennbar. Auf der konkreten Inhaltsebene ist diese jedoch curricular und didaktisch so gut wie nicht vorhanden. Die Rahmenvorgaben bleiben einer veralteten Theorie-Praxis-Vorstellung verhaftet, nach der sich die Rahmenlehrpläne an der elektrotechnischen Theorie und die Ausbildungsrahmenpläne an der Praxis der Arbeitstätigkeiten orientieren. Besonders und gerade in den Arbeitsbereichen der neuen Computer- bzw. Hard- und Software-Technologien wird es aber z. B. immer schwieriger, Theorie und Praxis zu trennen. Vor allem auch aus der Sicht der Lernsituation der Auszubildenden bedarf es insofern einer verbesserten curricularen und didaktischen Abstimmung der Rahmenvorgaben für die Elektroberufe. Gelingen kann dies allerdings nur in der engen Verbindung einer gemeinsamen Weiterentwicklung der je unterschiedlichen Rahmenplankonzepte. Implizit angesprochen ist hiermit die Idee von einem Gesamtcurriculum, in dem die Theorie und Praxis der elektrotechnischen Berufsarbeit im Mittelpunkt der Didaktik steht und welches lernortübergreifend von den gemeinsamen Zielsetzungen einer Handlungs- und Gestaltungskompetenz ausgeht. Zu leisten wäre damit zugleich ein Innovationsbeitrag zu einer verbesserten dualen Organisation und einer verstärkten Lernortkooperation in der Berufsausbildungspraxis.

4 Neue Perspektiven zur beruflichen Erstausbildung im Berufsfeld „Elektrotechnik" auf der Grundlage einer arbeitsorientierten Berufsbildung

Wechselwirkungszusammenhang von Arbeitswelt und Berufsbildung

Die Berufs- und Ausbildungsentwicklung befindet sich besonders im Berufsfeld „Elektrotechnik" in einem ständigen Wandel. Dieser ist nicht nur allein dadurch bedingt, dass die Elektrotechnik in den letzten 150 Jahren durch vielfältige Entwicklungs- und Innovationsschübe gekennzeichnet war und ist. Auch die Industrialisierung, die Entwicklungen hin zur Informationsgesellschaft, der Arbeitswandel in Industrie und Handwerk mit neuen Produktions- und Arbeitskonzepten oder auch die Entwicklungen in Europa bis hin zur Globalisierung der Märkte wirken im Allgemeinen wie im Besonderen auf den Wandel und die Entwicklungen in der Ausbildung im Berufsfeld Elektrotechnik ein. Im Kontext dieser Gesamtentwicklungen gilt gegenwärtig noch eine Berufsausbildung als relativ gesichert, die auf der Grundlage des Berufskonzeptes und im Rahmen des „Dualen Systems" durchgeführt wird. Ob und wie sich jedoch die Ausbildung in Zukunft gestaltet bzw. wie diese zu gestalten ist, ist u. a. auch von der Innovations- und Wettbewerbsfähigkeit der Berufe und der „Berufs"-Ausbildung gegenüber anderen Modellen und Ausbildungskonzepten abhängig.

Eine moderne und innovationsfähige Berufsausbildung im Berufsfeld „Elektrotechnik" bedarf im Prinzip aufgrund der permanenten Entwicklungen der ständigen Überprüfung und Weiterentwicklung der Berufe und Ausbildungskonzepte. Dem stehen im Ansatz, trotz der erfolgten Neuordnungen und Weiterentwicklungen der Berufe, relativ statische Berufsbilder und traditionelle Ausbildungskonzepte gegenüber. Mehr abgelenkt von den damit verbundenen Grundproblemen haben in den vergangenen Jahren Diskussionen und Konzepte, in denen zum einen durch eine falsch verstandene Wissenschaftsorientierung und zum anderen durch eine Überbetonung sogenannter extrafunktionaler Qualifikationen oder Schlüsselqualifikationen von den konkreten Inhalten der Arbeit und Technik abstrahiert wurde. Verflüchtigt haben sich damit in der Auseinandersetzung mit der Berufs- und Ausbildungsentwicklung zum Teil die objektiven und subjektiven Berufsinhalte, die jedoch den Kern der Berufe wie der Ausbildung darstellen. Berufe und deren berufliche Abgrenzungen gegeneinander lassen sich aber letztlich nur über die berufstypischen und berufseigenen Inhalte begreifen und nicht über die mehr oder weniger allen Berufen gemeinsamen Fähigkeiten oder über die vermeintlich wissenschaftlich korrespondierenden Inhalte. Die Bildung neuer bzw. der Erhalt alter zukunftsfähiger Berufe bestimmt sich insofern auch in erster Linie über die konkreten beruflichen Arbeits- und arbeitsbezogenen Berufsinhalte, die den Arbeitsprozessen organisatorisch und technologisch und damit z. B. auch teilweise unabhängig von einzelnen technischen Entwicklungen zugrunde liegen. In den Mittelpunkt der Berufsbildung rückt demzufolge die gegenwärtige und zukünftige berufliche Arbeit im betrieblichen und gesellschaftlichen

Lebenszusammenhang, die es mit ihren Organisations- und Inhaltsaspekten curricular und didaktisch zu analysieren und zu strukturieren gilt.

Mit der zentralen Orientierung an der Arbeit ist in der curricularen und didaktischen Konsequenz aber weder eine einfache Anpassung der Berufe noch der Ziele und Inhalte der Berufsausbildung an die gegenwärtige Arbeit intendiert. Ebenso wenig sind diese einfach aus den Wissenschaften ableitbar. „Arbeitsorientierung" in der Berufsausbildung bedeutet vielmehr, von dem Wechselwirkungszusammenhang zwischen der Arbeitswelt und der Berufsbildung auszugehen und deren wechselseitige Gestaltbarkeit im Ansatz der Berufs- und Ausbildungsentwicklung curricular und didaktisch zu berücksichtigen (siehe Abb. 3). Die Analysen müssen daher zwangsläufig auch auf eine prospektive Arbeits- und Ausbildungsgestaltung zielen, durch die die Mitgestaltung und Partizipation an den Entwicklungen im Beschäftigungs- und Berufsbildungssystem auch erst eine reale Perspektive erhält.

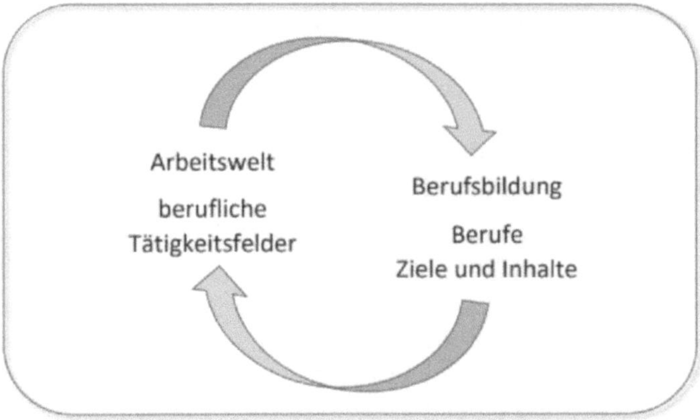

Abbildung 3: Wechselwirkungszusammenhang von Arbeitswelt und Berufsbildung

Konsequent auszugehen hat das Konzept der „Arbeitsorientierung" von den Fragen der Konstruktion „dynamischer Berufe". Unmittelbar und heute einzulösen ist das Konzept jedoch auch bereits in der Ausbildung der bestehenden Elektroberufe im Berufsfeld „Elektrotechnik". Auf den verschiedenen Ebenen der Ausbildungsgestaltung bedeutet dieses insgesamt eine deutliche curriculare und didaktische Um- und Neuorientierung, zu der sich die „Arbeitsorientierung" im Überblick und mit ihren wesentlichen Kernmerkmalen wie folgt skizzieren lässt:

auf der Ebene der Inhalte

- ganzheitliche und prospektive Orientierung an den Arbeitsinhalten – Strukturierung der Arbeits- und Ausbildungsinhalte nach drei Arbeits- und Lerndimensionen

auf der Ebene der Methoden

- Verknüpfung integrativer und ganzheitlich-analytisch angelegter Lernfelder mit Lernaufgaben – Umbau der Grund- und Fachbildung auf der Basis einer handlungs- und gruppenorientierten Lernkultur statt einer an der Fachsystematik orientierten Lehrkultur

auf der Ebene der Medien

- praxisnahe und migrationsfähige Lernmedien und Lernraumausstattungen – Eröffnung von Möglichkeiten experimenteller Arbeits-, Organisations- und Technikgestaltung

auf der Ebene der Lernortkooperation

- curriculare und didaktisch-methodische Abstimmung der Ausbildung in Berufsschule und Betrieb – Begründung eines Gesamtcurriculums und Entwicklung von Kooperationsmodellen.

Zur Analyse und curricularen Gestaltung arbeitsorientierter Ausbildungsinhalte im Berufsfeld „Elektrotechnik"

Die didaktisch neu zu begründenden Inhalte und Inhaltsstrukturen der Grund- und Fachbildung in den Elektroberufen müssen die Dominanz und Einseitigkeit des Fach- und Technikbezugs der gegenwärtigen Ausbildungsinhalte überwinden. Grundlage sind die Zielsetzungen der Berufsbildung zur Förderung und Vermittlung von Handlungs- und Gestaltungskompetenz. Die Inhalte sind – auch in der Rückbesinnung – konsequent am neuen Leitbild zur Facharbeit zu orientieren. Entsprechend ist die Arbeit mit ihren Inhalten curricular und didaktisch neu zu analysieren. Aufgrund der Inhaltskomplexität der Arbeit bedarf es dazu quasi eines Arbeitsmodells, welches die zentralen Inhaltsdimensionen repräsentiert und mit dem sich die Arbeitsinhalte gegenwärtiger wie zukünftiger Berufsarbeit möglichst ganzheitlich erfassen lassen. Im Ergebnis und nach der diskutierten Auseinandersetzung mit den Inhalten der Facharbeit (vgl. Petersen/Rauner 1995) lassen sich curricular drei zentrale Arbeitsdimensionen unterscheiden (siehe Abb. 4). Diese Arbeitsdimensionen sind zugleich als Lerndimensionen zu begreifen, da im Ansatz berücksichtigt ist, dass die Arbeit in gestaltungsorientierter Perspektive unmittelbar und umfassend mit ihren verschiedenen Inhaltsbezügen zum Gegenstand der Berufsausbildung wird.

Mit der ersten Arbeitsdimension werden die Inhalte der Berufs- bzw. Facharbeit erfasst und strukturiert, die sich auf den Gebrauchswert und die Funktion und Technik der Gegenstände der Berufsarbeit beziehen. Im Berufsfeld „Elektrotechnik“ nehmen diese Inhalte konkret Bezug auf die Technik der verschiedenen Anlagen, Geräte, Bauteile usw. (Technikbezug). In den geltenden curricularen Rahmenvorgaben zur Berufsausbildung hatten diese an der Technik orientierten Inhalte und Gegenstände bisher bereits eine dominante Bedeutung. Im Zusammenhang der anderen Inhaltsdimensionen wird diese Dominanz jedoch relativiert und auch inhaltlich neu ausgerichtet. So werden u. a. die elektrotechnischen Gegenstände weniger bzw. nicht nur in der Perspektive der Entwicklung, Konstruktion und Berechnung zum Unterrichtsinhalt, sondern deutlicher aus und in der Perspektive der Facharbeit. Diese ist insbesondere durch das Installieren, Montieren, Herstellen, Reparieren, Beraten von Kunden, die Störungssuche oder das Instandhalten und Warten gekennzeichnet. Hiermit verknüpft sind die Inhalte der zweiten Arbeitsdimension, mit denen die Mittel, Verfahren und Organisation der Berufsarbeit berücksichtigt werden und die in der Arbeit und Berufsbildung von ebenso zentraler Bedeutung sind. Denn mit diesen Inhalten wird u. a. auf die Vielfalt der Berufstätigkeiten, der Prozesse, Verfahren und Methoden der Arbeit, der Arbeitsmittel und -werkzeuge und auch auf die Planung und Organisation der Arbeit im Berufsfeld „Elektrotechnik“ Bezug genommen (Arbeitsbezug). Mit den Inhalten der dritten Arbeitsdimension werden die Anforderungen an die Technik und Berufsarbeit aufgenommen. In ihnen kommt die Technik und Arbeit als soziales Phänomen im Zusammenhang der verschiedenen betrieblichen, gesellschaftlichen und individuellen Ziele und Anforderungen zum Ausdruck (Gesellschafts- und Subjektbezug). Im Wirkungszusammenhang der drei Arbeits- und Lerndimensionen nehmen damit besonders die Anforderungen inhaltlich Bezug auf eine auch „wünschbare“ Gestaltung der Arbeit und Technik. Unter prospektiven Aspekten weisen sie zudem über die je gegebene und gegenwärtig vorhandene Arbeits- und Technikgestaltung hinaus.

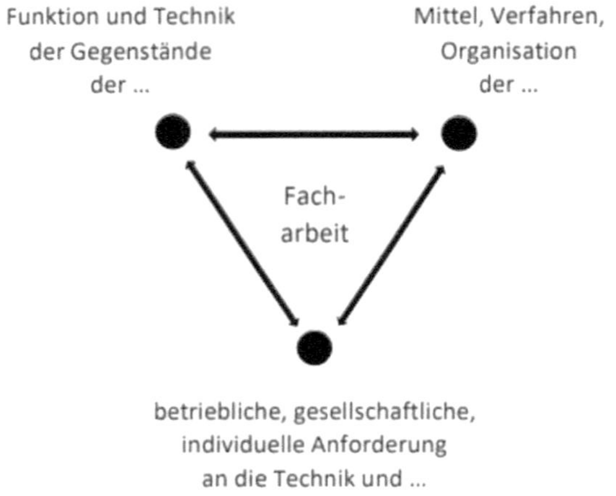

Abbildung 4: Strukturmodell der Arbeits- und Lerndimensionen zur Facharbeit

Die konkrete curriculare Bestimmung der Inhalte der drei Arbeits- und Lerndimensionen muss im Hinblick auf die Weiterentwicklung der Rahmenvorgaben für die Elektroberufe als eine neue Herausforderung begriffen werden. Da bisher keine entsprechende berufliche Fachrichtung „Elektrotechnik" als Wissenschaft etabliert ist, sind die Inhalte zum einen im Sinne der Wissenschaftsorientierung nur begrenzt aus der sogenannten korrespondierenden Fach- bzw. Ingenieurwissenschaft „Elektrotechnik" bestimmbar. Zum anderen sind sie nur bedingt mittels empirischer Untersuchungen zur Arbeit in der Industrie und im Handwerk zu erheben. Die bisher vorhandenen Instrumente und Konzepte der Qualifikationsforschung, vor allem eingesetzt in arbeitswissenschaftlichen Analysen und industriesoziologischen Studien, reichen zudem nicht aus, um über die generellen Ergebnisse zur Qualifikationsentwicklung hinaus die Inhalte der drei Arbeits- und Lerndimensionen konkret und prospektiv zu bestimmen.

Vorzuschlagen ist die Ausarbeitung eines Konzeptes zur Berufsbildungs- und Qualifikationsforschung, welches unmittelbar von den drei Arbeits- und Lerndimensionen zur Facharbeit ausgeht und diese didaktisch nach Gegenstands- und Wissensebenen inhaltlich weiter strukturiert und ausdifferenziert. Mit den Gegenstandsebenen wird das Strukturkonzept zur Analyse und Beurteilung von Technikinhalten in der Elektrofacharbeit von Martin (1986) aufgenommen. Die Wissensebenen nehmen Bezug auf die Begründungen zur Differenzierung der „grundlegenden“ und „fachbildenden“ Inhalte der Grund- und Fachbildung (vgl. Rauner 1996; Petersen 1996). Insgesamt entsteht hierdurch ein „Analyse- und Inhaltsraum“, der die zu analysierenden Arbeits- und Lerninhalte für eine Arbeitssituation oder einen Tätigkeitsbereich in der Summe relativ vollständig erfasst (siehe Abb. 5). Erste Erfahrungen und Ergebnisse z. B. zur Untersuchung und Analyse der Arbeitsinhalte in verschiedenen Automatisierungsbereichen zeigen, dass das Konzept in der Kombination von Fallstudien, Expertenbefragungen und wissenschaftlichen Sachanalysen generell geeignet ist, die Grund- und Fachbildungsinhalte für die Elektroberufe auf eine neue curriculare Grundlage zu stellen (vgl. Petersen u. a. 1996). Ergänzend zu der wohl am wenigsten problematischen Bestimmung der Inhalte zur Funktion und Technik der Gegenstände der Facharbeit sind dazu allerdings umfangreiche Analysen und neue Untersuchungen notwendig.

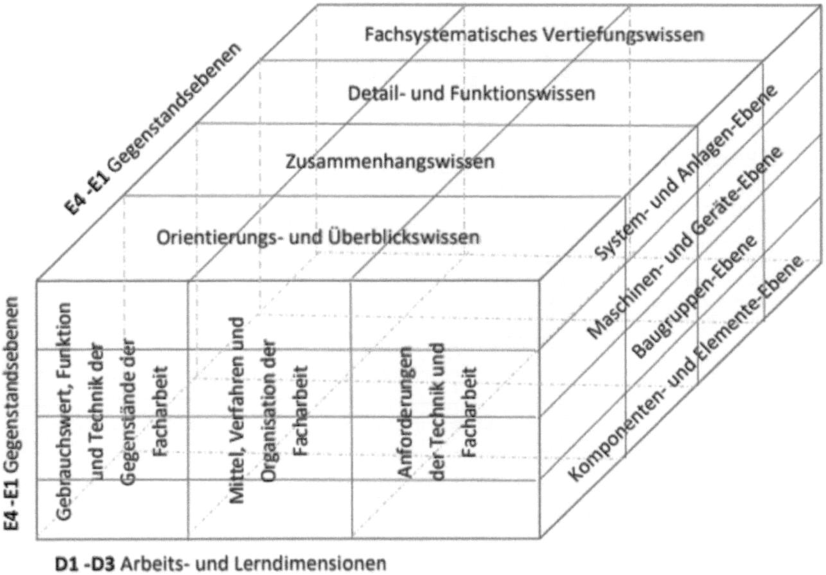

Abbildung 5: Analyseraum zur Arbeits- und Ausbildungsgestaltung

Um Missverständnisse zu vermeiden und da derartige Untersuchungen, zumindest zur Begründung und Gestaltung schulischer Rahmenlehrpläne, relativ neu sind, sei abschließend beispielhaft auf die im Einzelnen zu analysierenden Arbeitsbereiche hingewiesen. Zur Facharbeit in der Industrie lassen sich diese nach den verschiedenen Betriebs- und Produktionsbereichen, den Anlagentypen sowie den einzelnen Tätigkeitsbereichen wie Installieren, Montieren, Herstellen, Reparieren oder Instandhalten und Warten strukturieren. Vergleichbare Arbeitsbereiche wären zur Gesellenarbeit im Handwerk zu berücksichtigen, wobei auf der Konzeptgrundlage jeweils der „Analyseraum“ zur Arbeits- und Ausbildungsgestaltung die Struktur der zu analysierenden Arbeits- und der zu bestimmenden Lerninhalte vorgibt. Von übergreifender Bedeutung hierbei ist, welche der Arbeitsbereiche überhaupt und welche im „beruflichen“ Zusammenhang zum Gegenstand der Untersuchungen werden. Denn mit der Bestimmung der Arbeitsbereiche wird zugleich auch die inhaltliche Ausgestaltung des Berufsbildes vor- und mitbestimmt.

Exemplarisch wird dies an zwei möglichen Arbeitsszenarien zur Gebäudeautomatisierung, einem neuen Arbeitsfeld des Elektroinstallateurs im Handwerk, deutlich (siehe Abb. 6).

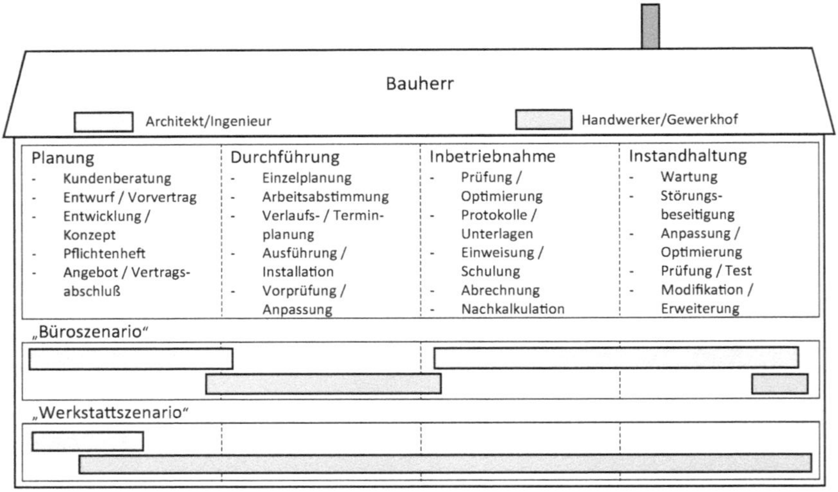

Abbildung 6: Arbeitsszenarien zur Gesellenarbeit im Handwerk

Je nach Leitbild zur Facharbeit werden nur bestimmte oder die zusammenhängenden Arbeitsbereiche zum Untersuchungs- und damit Ausbildungsgegenstand. De- oder Höherqualifizierung ist die Folge. Konkret: Werden z. B. die Bereiche der Planung, Kundenberatung und Programmierung zur neuen Gebäudesystemtechnik nicht zum Untersuchungs- und Ausbildungsgegenstand, so reduziert sich, auch zum Nachteil der Kunden, die Arbeit des

Elektroinstallateurs weitgehend nur auf das Installieren („Strippenziehen"). Im Sinne einer prospektiven Arbeits- und Ausbildungsgestaltung wäre dagegen über eine umfassende Analyse und vorausschauende Qualifizierung der Erhalt bzw. eine Aufwertung der Gesellenarbeit zu gewährleisten.

Methodik und Lernfelder einer arbeitsorientierten Grund- und Fachbildung im Berufsfeld „Elektrotechnik"

Im Gegensatz zur gegenwärtigen „Bauteile-Anlagen-Didaktik" in der Ausbildung der Elektroberufe sollen in einer neuen methodischen Makrostruktur einer arbeitsorientierten Grund- und Fachbildung bereits Inhalte auf der Ebene der Systeme und Anlagen zum Ausbildungsgegenstand der Grundbildung werden. Die bisherigen Inhaltsstrukturen werden damit zum Teil „vom Kopf auf die Füße" gestellt.

Abbildung 7: „Neue" Didaktikstruktur der Ausbildungsinhalte

Ausgehend von einem neuen Grund- und Fachbildungsverständnis (vgl. Rauner 1996 und Petersen 1996) stehen am Anfang der Ausbildung diejenigen Ausbildungsinhalte im Mittelpunkt, die sich „grundlegend“ und „grundbildend“ an der berufsfeldbreiten Arbeit im Berufsfeld „Elektrotechnik“ orientieren. Dies sind zunächst nicht mehr die bekannten Grundfertigkeiten der Metallbearbeitung oder die klassischen Grundlagen der Elektrotechnik. Als grundlegend gelten vielmehr solche Inhalte, mit denen ein Orientierungs- und Überblickswissen und ein Zusammenhangswissen zu vermitteln ist (siehe Abb. 7) und zwar entsprechend den drei Arbeits- und Lerndimensionen, im Hinblick auf die Gegenstände der Arbeit, die Mittel, Verfahren und Organisation der Arbeit und die Anforderungen der Technik und Arbeit. Von daher ist in der Grundbildung auch auszugehen von den verschiedenen Systemen und Anlagen im Berufsfeld „Elektrotechnik“, um grundlegend und berufsfeldbreit „zu wissen“, worum es im Beruf überhaupt geht und wie die Dinge im Berufsfeld Zusammenhängen.

Im offensichtlichen Widerspruch hierzu stehen die bekannten „Einführungen“ in zergliederte technische Teil- und Lerngebiete. In der neuen methodischen Makrostruktur sind folglich als Vorgabe für die Ausbildungspraxis des Weiteren neue Themen- und Lernfelder zu gestalten, die die Inhalte der verschiedenen Inhaltsbezüge berücksichtigen und zugleich einen hohen Grad an Inhaltsintegration aufweisen. Themenfelder der berufsfeldbreiten Grundbildung wären insbesondere:

- Arbeit und Technik im Berufsfeld „Elektrotechnik“,
- Energieverteilungsanlagen,
- Energieversorgungsanlagen,
- Produktions- und Prozessanlagen,
- Kommunikationsanlagen sowie
- Energienutzungsanlagen.

Diese Themenfelder sind curricular insoweit offen, dass eine flexible und variantenreiche Umsetzung in der Ausbildungspraxis möglich ist. Hierzu bieten sich zeitlich variable Lernfelder an, die nach den Kriterien der Handlungsorientierung gestaltet und mit Lernaufgaben, z. B. für die Bearbeitung in Gruppen, aufzubereiten sind.

Die bereits in der Grundbildung methodisch beabsichtigte und angestrebte aktive Lernkultur soll sich in der Fachbildung fortsetzen. Unter berufsspezifischen Inhaltsaspekten sind dazu die berufsfeldbreiten Themenfelder der Grundbildung einzuschränken und im Sinne eines Spiralcurriculums inhaltlich erneut aufzunehmen und zu vertiefen. Hierbei erhalten das berufliche

Detail- und Funktionswissen sowie das fachsystematische Vertiefungswissen eine zunehmende Bedeutung. Methodisch korrespondiert dieses Wissen bedingt mit der Baugruppen- und Elementenebene, wobei generell anzumerken ist, dass vorgenommene „Zuordnungen" der Wissens- und Gegenstandsebenen zu Grund- und zu Fachbildungsinhalten keine rigide Vorgabe darstellen. Sie geben nur zeitlich-inhaltliche Schwerpunktsetzungen in den didaktisch-methodischen Verödungen bzw. innerhalb der Makrostruktur an.

Medien und Fachraumausstattungen einer arbeitsorientierten Ausbildung im Berufsfeld „Elektrotechnik"

Zur Umsetzung und Vermittlung arbeitsorientierter Ausbildungsinhalte in der Ausbildungspraxis bedarf es vor allem aus zwei Gründen neuer Überlegungen zur Gestaltung von Medien und Fachraumausstattungen. Zum einen gehen die arbeitsorientierten Inhalte über die Technikinhalte der Gegenstände hinaus, so dass sich die Frage stellt, wie die Arbeit in ihren drei Arbeits- und Lerndimensionen medial umfassend und integriert in Ausbildungs- und Unterrichtseinheiten aufgenommen und dargestellt werden kann. Zum anderen sind in einer nicht mehr nur auf Anpassung ausgerichteten Berufsausbildung auch die arbeitsorientierten Medien nicht mehr nur an die gegenwärtige oder gar an die Arbeitswelt von „gestern" anzupassen. Vielmehr bedarf es, gerade wenn es um die Vermittlung von Gestaltungskompetenz geht, auch eines medialen Lernumfeldes, welches nicht nur den Nachvollzug, sondern auch eine gestalterische Kreativität und Weiterentwicklung zur Arbeit und Technik zulässt und fördert.

Medienanalysen und Fachraumausstattungen zeigen, dass sich neben den Medien zur Durchführung elektrophysikalischer Experimente die Medien zur Elektrotechnik weitgehend auf Gegenstände eben dieser Technik beschränken. Die technischen Gegenstände sind zum Teil reale Praxiskomponenten, sie werden in der Ausbildung als Medium jedoch vorwiegend in der Form von Modellen eingesetzt. Die Quantität und Qualität dieser Technikmedien weist in der Ausbildungspraxis eine große Bandbreite auf. Dennoch ist insgesamt auffällig, dass

- zu wenig reale Praxiskomponenten eingesetzt werden,
- Praxiskomponenten zum Einsatz kommen, die oft aus den konkreten Anwendungszusammenhängen herausgelöst und „abstrakt" zum Ausbildungsgegenstand werden,
- die Technikmodelle kaum modular gestaltet und damit für eine praxisnahe Arbeits- und Technikgestaltung unflexibel sind,

- sich die Medien in ihrer Gestaltung und Struktur der Fachsystematik angepasst bzw. untergeordnet haben,
- die Fachraumausstattungen eben „fachlich“ und fachsystematisch gegliedert und ausgestattet sind, so dass es einen Rechner-, elektrische Maschinen- oder SPS- Raum gibt,
- vielfach nur Lehrer- und weniger Schülerexperimente möglich sind sowie Medien oft einen Modernitätsrückstand haben.

Ein erster grundlegender Wandel der Anforderungen an die Medien- und Fachraumausstattungen wurde bereits mit der Verbreitung und Umsetzung handlungsorientierter Ausbildungs- und Unterrichtskonzepte eingeleitet. Verfolgt wurden insbesondere Konzepte zu einem „Integrierten Fachraum“, wodurch sich die Voraussetzungen und Bedingungen zur Durchführung handlungs- und projektorientierter Ausbildungseinheiten verbessert haben. In der Ergänzung und Kombination einer handlungs- und arbeitsorientierten Berufsbildung ist insofern eine mediendidaktische Weiterentwicklung anzustreben, die sowohl die Medienkonzepte der Handlungsorientierung berücksichtigt wie auch die Vermittlung der arbeitsorientierten Ausbildungsinhalte medial neu unterstützt und fördert. Die Medien hätten sich damit prospektiv an den drei Arbeits- und Lerndimensionen der Facharbeit zu orientieren und sollten sich in der konkreten Gestaltung auf die Struktur der verschiedenen Wissens- und Gegenstandsebenen beziehen.

In der Umsetzung erfordert dieses eine „offene und migrationsfähige“ Medienausstattung und damit „Lernräume“, die einen arbeitsorientierten und integrierten Labor- und Werkstattcharakter haben. Zukünftige Medienkonzepte müssten auf der Grundlage dieser übergeordneten Leitideen folgenden Kriterien genügen:

- Offenheit: Offene Arbeits- und Technikgestaltung durch Variabilität, Universalität und Flexibilität der Medien
- Migrationsfähigkeit: Entwicklungsalternativen zur Arbeit und Technik durch Integrationsfähigkeit, Anpassungsfähigkeit und Adaptierbarkeit der Medien
- Labor: Arbeits- und Technikexperimente durch Modularität und einen hohen Experimentalcharakter der Medien
- Werkstatt: Reale Arbeit und Technik durch Praxiskomponenten, betriebs- und produktionsnahe Organisations- und Lernstrukturen, „echte“ Werkzeuge und Arbeitsmittel.

Die Schaffung von „Lernräumen“, die diesen Kriterien einer „offenen und migrationsfähigen“ Medienausstattung genügen, setzt eine weitgehende Aufhebung des Theorie- und Praxislernens in „Klassenräumen“ einerseits und Laboren und Fachräumen andererseits voraus. Dadurch, dass die Arbeit und integriert mit ihr die Funktion der Elektrotechnik mit ihren Verfahrens- und informationstechnischen Verknüpfungen und Prozessen im Mittelpunkt der Mediengestaltung steht, sind hierfür, wie für eine arbeitsorientierte Berufsausbildung, neue Möglichkeiten gegeben.

Literatur

BBiG Berufsbildungsgesetz vom 14. August 1969 (BGBl. IS. 1112), zuletzt geändert durch Artikel 55 des Pflegeversicherungsgesetzes vom 26. Mai 1994 (BGBl. I S. 1014)

BMWi Der Bundesminister für Wirtschaft (Hrsg.): Verordnung über die Berufsausbildung in den industriellen Elektroberufen und zum Kommunikationselektroniker/zur Kommunikationselektronikerin im Bereich der Bundespost vom 15. Januar 1987; verkündet im Bundesgesetzblatt, Teil I, S. 199 ff. Bonn, 22. Januar 1987a

BMWi Der Bundesminister für Wirtschaft (Hrsg.): Verordnung über die Berufsausbildung zum Elektroinstallateur/zur Elektroinstallateurin (Elektroinstallateur-Ausbildungsverordnung EI-AusbV). Vom 11. Dezember 1987. Bonn, 11. Dezember 1987b

Borch, H./Deutsch, G.: Neuordnung der Elektroberufe. Berlin 1986

Drescher, E./Müller, W./Petersen, W./Rauner, F./Schmidt, D.: Evaluation der industriellen Elektroberufe. Neuordnung oder Weiterentwicklung. Abschlußbericht 1995. Bremen 1995

Fischer, E.: Genealogie der Ausbildungsberufe. Zur Entwicklung der Ausbildungsberufe in Deutschland von 1926–1990. Berlin 1992

HdB Reichsanstalt für Arbeitsvermittlung und Arbeitslosenversicherung (Hrsg.): Handbuch der Berufe. Teil I. Berufe mit Volks-, Mittel- oder höherer Schulbildung. Band 2. Berufsgruppe VA/I. Abgeschlossen am 15. April 1930 (Bearbeitet in der Hauptstelle der Reichsanstalt Berlin) Leipzig 1930

KMK-Rahmenvereinbarung über die Berufsschule vom 14 /15. März 1991. Bonn 1991

KMK-Sekretariat der Ständigen Konferenz der Kultusminister der Länder in der Bundesrepublik Deutschland (Hrsg.): Rahmenlehrpläne über die Berufsausbildung in den industriellen Elektroberufen. Beschluß der Kultusministerkonferenz vom 7. Januar 1987

Martin, W.: Mikrocomputer – Ein Gegenstand beruflicher Bildung. In: Martin, W./Rauner, F. (Hrsg.): Mikroelektronik in der Berufsbildungspraxis. Wetzlar 1986 (Berufliche Bildung: Band 6), S. 18–35

Petersen, W.: Die Gestaltung einer arbeitsorientierten Fachbildung im Berufsfeld Elektrotechnik aus curricularer Sicht. In: Lipsmeier, A./Rauner, F. (Hrsg.): Beiträge zur Fachdidaktik Elektrotechnik. Stuttgart 1996 (bzp beitrage zur pädagogik für Schule und Betrieb; Band 16), S. 277–306

Petersen, W./Pfeiffer, J./Zick, J.: Automatisierungstechnik als Lehr- und Lerngegenstand in der Berufsausbildung. Modellversuch, 1. Zwischenbericht. Kassel/Erfurt/Jena-Göschwitz 1996

Petersen, W./Rauner, F.: Evaluation und Weiterentwicklung der Rahmenlehrpläne des Landes Hessen der Berufsfelder Metall- und Elektrotechnik. Gutachten im Auftrag des Hessischen Kultusministeriums. Bremen 1995

Pfeuffer, H.: Untersuchungen über den Wandel von Berufsinhalten und die Notwendigkeit neuer Ausbildungsformen, dargestellt am Beispiel der elektrotechnischen Ausbildungsberufe. Aachen 1972 (Dissertation)

Rauner, F.: Elektrotechnik Grundbildung. Überlegungen zur Techniklehre im Schwerpunkt Elektrotechnik der Kollegschule. Landesinstitut für Schule und Weiterbildung (Hrsg.): Curriculumentwicklung in Nordrhein-Westfalen. Soest 1986

Rauner, F.: Elektrotechnik-Grundbildung. Zu einer arbeitsorientierten Gestaltung von Lehrplänen im Berufsfeld Elektrotechnik. In: Lipsmeier, A./Rauner, F. (Hrsg.): Beiträge zur Fachdidaktik Elektrotechnik. Stuttgart 1996 (bzp beiträge zur pädagogik für Schule und Betrieb; Band 16), S. 86–102

Beitrag 5 aus dem Jahr *1998*: Moderne Formen der Gestaltung beruflicher Curricula

in „Fachtagung Elektrotechnik – Standpunkte-Konzepte-Perspektiven“ anlässlich der Hochschultage Berufliche Bildung, 1996, herausgegebener Sammelband von Bernd Lübben und Wolfgang Möller (Koordination), Herausgeber „Der Vorstand der Arbeitsgemeinschaft Berufliche Bildung e. V.“ im Kieser-Verlag (1998), S. 167–201.

Anlässlich der Hochschultage Berufliche Bildung 1996 wurde der Sammelband „Fachtagung Elektrotechnik – Standpunkte-Konzepte-Perspektiven“ im Jahr 1998 herausgegeben, in dem A. Willi Petersen den Beitrag „Moderne Formen der Gestaltung beruflicher Curricula“ veröffentlichte.

Ausgehend von der These, dass die Ordnungsmittel der dualen Berufsausbildung in ihrer Reich- und Tragweite lange Zeit unterschätzt wurden, thematisiert Petersen deren Einfluss auf die Ausbildungsqualität. Die zu diesem Zeitpunkt geltenden Ordnungsmittel der 1987er Neuordnung der Elektroberufe, für die festgestellt wird, dass den Curricula für die schulische und betriebliche Ausbildung unterschiedliche Entwicklungsansätze und didaktisch-methodische Gestaltungsprinzipien zugrunde liegen. Vor allem die Inhalte und Inhaltsstrukturen der curricularen Rahmenvorgaben stehen vielfach im Widerspruch zu den didaktisch anspruchsvollen Ausbildungszielen und den neuen Herausforderungen in der Berufsarbeit. So stellt sich die Frage, wie und in welcher Form die curricularen Ausbildungsvorgaben überarbeitet und weiterentwickelt werden können. Mit der Arbeitsorientierung und einer methodischen Umsetzung mit Hilfe von Themen- bzw. Lernfeldern gestaltet Petersen eben diesen Rahmen, damit die Inhalte der Arbeit ganzheitlich und integriert und „grundsätzlich wieder stärker im Ausbildungsmittelpunkt“ stehen.

Im zweiten Kapitel wird die Genese der Ordnungsmittel dargestellt und im Besonderen auf den Wandel der Inhaltsstrukturen eingegangen, um dadurch für ein sozialgeschichtliches Verständnis der gegenwärtigen Gestaltung der Rahmenvorgaben für die Berufsausbildung beizutragen. Dabei geht Petersen davon aus, dass bestimmte didaktische und curriculare Inhalts- und Strukturentscheidungen sich nicht nur mit den gegenwärtigen Ausbildungszielen, Berufsanforderungen und/oder aktuellen Berufsbildungsdiskussion erklären lassen; vielmehr sind die Begründungen auch in den jeweiligen historischen Entwicklungen der Berufsausbildung zu finden. Eine Struktur nach Unterrichtsfächern bzw. der Fächertrennung sind für den berufsschulunterrocht konstituierend, ebenso die Integration und Verknüpfung von allgemeinen und berufsbezogenen Unterrichtsinhalten. Lehrpläne haben in ihren Entwicklungen unterschiedliche Funktionen übernommen: Ergänzungs- oder Differenz-Curriculum, Gleichlauf- oder Parallel-Curriculum, selbständiges oder autonomes Curriculum, abgestimmtes-Curriculum. Im Einzelnen kennzeichnen sie damit die wechselhaften Entwicklungen seit den Gründerjahren der Berufsschule. Diese Entwicklung wird im Folgenden in dem Beitrag nachgezeichnet und auf Meilensteine der Berufsschulgeschichte und Berufsschuldidaktik wie z. B. die Frankfurter Methodik intensiv eingegangen. Petersen findet heraus, dass sich die Curricula der Berufsschulen zwar in deren Gründerjahren von der reinen Berufspragmatik lösen konnten, seitdem aber eine Entwicklung vollzogen wurde, die einer Orientierung an den alten Strukturen der Lehrfächer der gewerblichen Fortbildungsschulen glich und weitgehend an der Fachsystematik der Technikwissenschaften orientiert war. Defizitär wird der Mangel an einer eigenständigen wissenschaftlichen Auseinandersetzung mit den Inhalten der elektrotechnischen Berufsarbeit eingeschätzt, auf deren Grundlage didaktische Entscheidungen gefällt werden könnten.

Die 1987er Neuordnung wird im dritten Kapitel vorgestellt. Als Treiber dieser Neuordnung wurde der Wandel in der Arbeit und Technik sowie ein neues Leitbild der Facharbeit festgestellt. Auffällig an den neuen Plänen war, dass im berufsbezogenen Unterricht keine einzelnen und isolierten Fächer mehr vorgeben wurden, sondern ein neues Modell von Lerngebieten vorgegeben war. Dadurch sollten in sich geschlossene thematische Einheiten, als neue Vorgabe eingesetzt werden. Diese haben sich allerdings nicht in allen Bundesländern durchsetzen können, so dass auf Länderebene z. T. weiterhin die Fächertrennung vorherrschte. Petersen analysiert, dass der mit den Lerngebieten verbundene Anspruch zwar in bestimmter Weise fachlich eingelöst wurde, nicht jedoch didaktisch, da die Entwicklung beruflicher Handlungskompetenz und der damit verbundene Bildungsauftrag und Unterrichtsanspruch curricular unberücksichtigt bleibt. Die 1987er Neuordnung hat es daher nicht geschafft, das Berufswissen in den Mittelpunkt berufsschulischen Lernens zu stellen. Methodisch wird bemängelt, dass Voraussetzungen fehlen, um handlungsorientierte und innovative Konzepte für die Vermittlung von beruflicher Handlungskompetenz zu unterstützen. Auch die 1987er Ordnungsmittel verbleiben weitestgehend beim Prinzip Theorie in der Berufsschule und Berufspraxis im Betrieb. Petersen resümiert, dass die Vorgaben und Konzepte zum berufsbezogenen Unterricht einer dringenden didaktischen Um- und Neuorientierung bedürfen.

Eine theoretische Grundlage für eine solche Weiterentwicklung wird im vierten Kapitel unter der Leitidee einer arbeitsorientierten Berufsbildung gestaltet. Als Zielsetzungen der dualen Berufsausbildung wird die Vermittlung von Fähigkeiten zur Erfüllung der jeweiligen Aufgaben im Beruf sowie zur Mitgestaltung der Arbeitswelt und Gesellschaft angeführt. Dazu muss die Facharbeit in den drei Dimensionen „Funktion und Technik der Gegenstände der Facharbeit“, „Mittel, Verfahren und Organisation der Facharbeit“ sowie „betriebliche, gesellschaftliche, individuelle Anforderungen an die Technik und Facharbeit“ analysiert werden. Auf dieser Basis können dann zu bestimmende Ausbildungsinhalte unter integrativen und didaktisch ganzheitlichen Aspekten nach thematischen Einheiten zusammengefasst und strukturiert werden. Petersen führt hierfür eine didaktisch-methodische Struktur in Form von Lernfeldern ein. Diese sollen eine curriculare Offenheit insoweit berücksichtigen, dass eine flexible und durch verschiedene Lern- und Arbeitsaufgaben methodisch ergänzte variantenreiche Umsetzung der Themen- und Lernfelder in der Unterrichts- und Ausbildungspraxis möglich wird. Der Beitrag konkretisiert diesen Ansatz und gibt am Ende eine Übersicht über mögliche Inhalts- und Lernzielbereiche für die Lernfeldgestaltung.

Moderne Formen der Gestaltung beruflicher Curricula

1 Einleitung

Mit diesem Beitrag sollen einige Forschungs- und Diskussionsergebnisse vorgestellt werden, wobei versucht wird, neue Fragen und Probleme der Entwicklung und Gestaltung von curricularen Rahmenvorgaben für die Berufsbildung aufzunehmen. Dabei soll das Augenmerk hier im Wesentlichen auf die Entwicklung und Weiterentwicklung der Rahmenlehrpläne für die Berufsschulen gerichtet werden. Die Ausbildungsrahmenpläne für die betriebliche Ausbildung bleiben dabei jedoch nicht ganz unberücksichtigt. Auszugehen ist von einer hohen berufsbildungspolitischen und ausbildungsdidaktischen Bedeutung und Funktion dieser Pläne, da sie insgesamt und im Wirkungsfeld der verschiedenen Rahmenbedingungen einen entscheidenden Einfluss auf die Ausbildungsqualität in der Berufsausbildung im „Dualen System" haben. Es wird vorausgeschickt, dass die Bedeutung und Funktion der Pläne für das „WAS und WIE" in der Ausbildung, also konkret für die Ausbildungsinhalte und deren Methodik sowie der dualen Abstimmung, in ihrer Reich- und Tragweite lange Zeit unterschätzt wurde.

Wie an den geltenden Ausbildungsvorgaben auf der Grundlage der Neuordnung der Metall- und Elektroberufe von 1987 zu erkennen ist, liegen den heutigen Curricula für die schulische und betriebliche Ausbildung unterschiedliche Entwicklungsansätze und didaktisch-methodische Gestaltungsprinzipien zugrunde. Diese Unterschiede lassen sich nicht nur mit den jeweiligen lernortspezifischen Ausbildungsaufgaben einer vorwiegenden Berufstheorie- bzw. Berufspraxisvermittlung begründen. Die verschiedenen Rahmenvorgaben sind vielmehr auch Ausdruck der je historisch gewachsenen Inhaltsstrukturen und der unterschiedlichen inhaltlichen Unterrichts- bzw. Ausbildungsorientierung. Curricular und didaktisch kann diese Orientierung heute für die Berufsschule mit der „Abbilddidaktik" und für den Betrieb mit dem „Anpassungsansatz" auf den Begriff gebracht werden.

Beiden curricularen Entwicklungsansätzen ist im Ergebnis und im Hinblick auf die heutigen Rahmenlehrpläne bzw. Ausbildungsrahmenplänen gemeinsam, dass die didaktisch-methodische Umsetzung der Pläne in der schulischen und betrieblichen Ausbildungspraxis zunehmend mit einer Reihe von Problemen verbunden ist. So bestätigen vorliegende Erfahrungen und

Evaluationsergebnisse (vgl. insbes. Petersen/Rauner 1995; Drescher u. a. 1995), dass vor allem die Inhalte und Inhaltsstrukturen der curricularen Rahmenvorgaben vielfach im Widerspruch zu den didaktisch anspruchsvollen Ausbildungszielen und den neuen Herausforderungen in der Berufsarbeit stehen. Verbleibt man bei den Inhalten und der Vorgehensweise in der Ausbildungspraxis weitgehend auf der Grundlage der Rahmenvorgaben, was wegen der Makrostruktur von Grund- und Fachbildung und notwendiger Abstimmungen zwischen den Ausbildungsjahrgängen teils erforderlich ist, so ist die heute geforderte und an einem neuen Leitbild zur Facharbeit orientierte umfassende berufliche Handlungs- und Gestaltungskompetenz nur ansatzweise zu erreichen. Daneben gibt es lernortübergreifend curriculare und ausbildungsdidaktische Abstimmungsprobleme, die eine kooperative und damit fördernde Gestaltung der Lernprozesse in der dualen Organisation der Berufsausbildung erschweren.

Aufgrund der feststellbaren Defizite und Widersprüche in den geltenden Rahmenvorgaben ist generell die Frage gestellt, wie und in welcher Form die curricularen Ausbildungsvorgaben überarbeitet und weiterentwickelt werden können. Postuliert ist damit eine grundlegende didaktische Um- und Neuorientierung, die sowohl die Basis für eine moderne Gestaltung beruflicher Curricula wie für eine innovative Unterrichts- und Ausbildungspraxis beinhaltet. Für die Weiterentwicklung und Neugestaltung der Rahmenlehrpläne wurden hierzu im Wesentlichen im Rahmen einer Studie entsprechende Leitideen und Grundlagen geschaffen (vgl. Petersen/Rauner 1995). Danach ist mit einem neuen Ansatz und Konzept der „Arbeitsorientierung“ vor allem bei der Bestimmung der Ausbildungsinhalte von drei zentralen Arbeits- und Lerndimensionen zur Facharbeit auszugehen. Curriculares und didaktisches Ziel ist dabei auch eine prospektive Unterrichts- und Ausbildungsgestaltung, so dass die Inhalte der Arbeit ganzheitlich und integriert und grundsätzlich wieder stärker im Ausbildungsmittelpunkt stehen. Methodisch in der Form von Themen- bzw. Lernfeldern sind entsprechend die Ausbildungsinhalte curricular zu bestimmen und vorzugeben, damit sich die zu gestaltenden Lernprozesse, auch im Sinne der Handlungsorientierung und z. B. ergänzt durch Lernaufgaben, insgesamt konkreter an den beruflichen Arbeits- und Geschäftsprozessen orientieren. Insbesondre soll dies bereits für die Lernfelder der Grundbildung gelten, da sich vor allem die Grundbildungsinhalte bisher durch eine hohe Abstraktion von den konkreten Arbeits- und Technikinhalten auszeichnen. Den Grund- und Fachbildungsinhalten ist somit eine neue curriculare und didaktisch-methodische Struktur zu hinterlegen, die im Sinne der Arbeitsorientierung zukünftig die Grundlage für eine moderne Gestaltung beruflicher Curricula sein soll. Mit der

Idee eines Gesamtcurriculums könnte dies übergreifend für die Gestaltung der schulischen, wie der betrieblichen Rahmenvorgaben gelten.

Entsprechend diesen einleitenden Ausführungen sollen im Folgenden zunächst zum Hintergrund der heutigen und mit der Neuordnung der Metall- und Elektroberufe von 1987 entstandenen Rahmenvorgaben einige historische Aspekte zum Wandel und den Entwicklungen in den curricularen Ansätzen und Konzepten dargestellt werden. Danach soll die Gestaltung der geltenden Rahmenlehrpläne analysiert und die angesprochenen Umsetzungsprobleme etwas konkreter aufgenommen werden, um damit auch die Notwendigkeit einer Weiterentwicklung und Neugestaltung der Rahmenpläne zu verdeutlichen. Auf der Basis der Leitideen und Konzeptüberlegungen zu einer „Arbeitsorientierten Berufsbildung“ sollen abschließend für diese Neugestaltung der Rahmenpläne wesentliche curriculare Entwicklungsaspekte aufgezeigt und beispielhaft erläutert werden. Daher ist den weiteren Ausführungen die folgende Struktur mit drei Themenbereichen hinterlegt:

- Entwicklungslinien und Beispiele zum didaktischen Wandel der Inhaltsstrukturen in den curricularen Rahmenvorgaben der Berufsausbildung
- Die Ausbildungsvorgaben für die Grund- und Fachbildung nach der Neuordnung der Metall- und Elektroberufe von 1987 – Probleme der Umsetzung
- Die Weiterentwicklung und eine moderne curriculare Gestaltung der Rahmenpläne auf der Grundlage und den Leitideen einer „Arbeitsorientierten Berufsbildung“.

2 Entwicklungslinien und Beispiele zum didaktischen Wandel der Inhaltsstrukturen in den curricularen Rahmenvorgaben der Berufsausbildung

Rahmenvorgaben für die Berufsbildung in Schule und Betrieb und die sie kennzeichnenden Ziele, Inhalte und Inhaltsstrukturen waren und sind zugleich immer auch ein Ergebnis der jeweiligen gesellschaftlichen Verhältnisse und der berufsbildungspolitischen Zielsetzungen. Insofern sind Fragen der Gestaltung und Weiterentwicklung von Rahmenplänen nicht nur allein durch Erkenntnisse der Curriculumentwicklung und Didaktik, hier insbesondere der *Berufsschuldidaktik* und der *Berufsbildungs- und Fachdidaktik*, bestimmt. Historisch ist festzustellen, dass die didaktische Ausbildungs- und damit auch Rahmenplangestaltung insgesamt stets an die sozial- und ideengeschichtlichen Entwicklungen in der Berufsausbildung rückgekoppelt war. Im Zusammenhang sozialgeschichtlicher Erkenntnisse zu den verschiedenen Entwicklungsphasen in der Berufsbildung zeigt sich so auch (vgl. insbes. Kocka 1977; Georg/Kunze 1981), dass die jeweilige Gestaltung der Rahmenpläne im Wesentlichen nicht als ein scheinbar „sachzwangartiges" Ergebnis der je „vorherrschenden" Didaktik oder der gesellschaftlichen Verhältnisse zu betrachten ist. Sie muss vielmehr jeweils auch in ihrer prinzipiellen Veränderbarkeit und insbesondere hinsichtlich der Weiterentwicklung von Rahmenvorgaben auch auf dem Hintergrund der je genutzten und versäumten wie vergangenen und vielleicht noch bestehenden Gestaltungsmöglichkeiten begriffen werden.

Wird im Folgenden versucht, wesentliche historische Entwicklungslinien und Beispiele zum Wandel der didaktischen Inhaltsstrukturen in den Rahmenvorgaben aufzuzeigen, so ist damit die Absicht verbunden, zu einem sozialgeschichtlichen Verständnis der gegenwärtigen Gestaltung der Rahmenvorgaben für die Berufsausbildung beizutragen. Denn bestimmte didaktische und curriculare Inhalts- und Strukturentscheidungen lassen sich nicht nur mit den gegenwärtigen Ausbildungszielen, Berufsanforderungen und/oder aktuellen Berufsbildungsdiskussion erklären. Ihre Begründungen sind vielmehr auch in den jeweiligen historischen Entwicklungen der Berufsausbildung zu finden. Insofern sind die heutigen Vorgaben in den Rahmenplänen historisch betrachtet immer nur spezifische „Weiterentwicklungen" der je vorausgegangenen Pläne, so dass eine Neugestaltung der Rahmenvorgaben sich der historischen Entwicklungen und der sich wandelnden Rahmenbedingungen und Zielsetzungen zur Berufsausbildung vergewissern und diese reflektieren muss.

Eingebettet in die Sozial- und Ideengeschichte der Berufsbildung sind die „neueren" curricularen und didaktisch-methodischen Ausbildungsentwicklungen eng verbunden mit der Geschichte des „Dualen Systems" der Berufsausbildung sowie der Berufsschule, die sich bekanntlich erst aufgrund der zunehmenden „Verberuflichung" der Fortbildungsschule um 1920 herausbildete. Im historischen Kontext dieser „neueren" Entwicklungen sind nachfolgend auch die Entwicklungslinien und Beispiele zum Wandel in der Gestaltung der Rahmenvorgaben für die Berufsausbildung zu sehen, da unmittelbar einsichtig ist, dass sich erst seit und mit der Herausbildung des „Dualen Systems" und der Berufsschule die curricularen und didaktischen Berufsbildungsfragen grundlegend verändert haben. Für die hier besonders interessierenden Entwicklungen in der schulischen Lehrplangestaltung hat dabei die Zeit um und nach den Gründerjahren der Berufsschule und der einhergehende und nachfolgende Wandel in der „Berufsschuldidaktik" eine besondere Bedeutung.

Historisch somit ausgehend von der Gewordenheit des „Dualen Systems" der Berufsausbildung fällt mit dessen Beginn zugleich die „erste" didaktische Auseinandersetzung mit den Inhalten und Strukturen zum berufsbezogenen

Unterricht der Berufsschulen zusammen. Ebenso waren und sind seitdem die dualen Lernorganisationsfragen der curricularen und ausbildungsdidaktischen Abstimmung zu klären, da – z. B. im Gegensatz zur ständischen Berufserziehung mit der „Allein- und Totalverantwortung" des Handwerksmeisters für die Lehrlingsausbildung – das berufliche Lernen an zwei Lernorten dies grundsätzlich erfordert.

Bezogen auf die Gründerjahre der Berufsschule, denen die Zeit der allgemeinen Sonntags- und Fortbildungsschulen und zuletzt der gewerblichen Fortbildungsschulen vorausging, lassen sich bei den „neuen" berufsschulischen Organisations- und Konzeptfragen zwei Diskussionslinien unterscheiden. Zum einen wurde, und wird teils bis heute, der Berufsschulunterricht in seiner Organisation in der Tradition der „Unterrichtsfächer" bzw. der „Fächertrennung" strukturiert und gestaltet. Zum anderen wurden aufgrund neuer und eigener „berufsschuldidaktischer" Überlegungen und Prinzipien verschiedene Konzepte der „Integration" bzw. der Verknüpfung von allgemeinen und/oder berufsbezogenen Unterrichtsinhalten diskutiert. Denn gerade in den Gründerjahren der Berufsschule ging man, wie z. B. insbesondere bei Spranger nachzulesen ist, prinzipiell davon aus, dass ja Schulen neuen Typs und „von ganz neuer innerer Struktur entstehen" sollten (Spranger 1922)[25].

25 So wird selbst 40 Jahre später in den Lehrplänen noch der Hinweis gegeben, dass „die Berufsschullehrerschaft von Anfang an der Überzeugung (war), dass für die Bildung und Erziehung der berufstätigen Jugend andere Zugangswege zu suchen sind, als sie von den allgemeinbildenden Schulen beschritten werden" (HM EVB 1962, S. 3).

Gesamtunterricht

Berufs- und Bürgerkunde	a. Rechnen b. Buchführung	Zeichnen (Erlass von 1907)
Fachkunde Geschäftskunde Bürgerkunde	Bürgerliches Rechen Berufliches Rechnen Haushaltsbuchführung gewerbliche Buchführung	Werkzeichnungen verstehen, anfertigen

Freiwillige Veranstaltungen	Werkunterricht („Kann“-Bestimmung)
Religiöse Unterweisungen Einrichtungen der Jugendpflege Freiwillige Kurse	Ergänzung der Berufskunde und des Zeichnens

Abbildung 1: Lehrfächer in der gewerblichen Fortbildungsschule um 1911

Als ein wesentlicher Ausgangspunkt für die damalige Zeit und als eine weitreichende Vorgabe auch für alle nachfolgenden berufsschuldidaktischen Diskussionen sind die „Bestimmungen über die Einrichtung und Lehrpläne gewerblicher Fortbildungsschulen“ des Preußischen Ministers für Handel und Gewerbe von 1911 zu betrachten. In diesen waren für die Fortbildungsschulen fünf „Lehrfächer“ (siehe Abb. 1) mit relativ konkreten curricularen und didaktisch-methodischen Vorgaben ausgewiesen. Entsprechend den Lehrfächern der gewerblichen Fortbildungsschulen war im Prinzip auch für die ersten Berufsschulen die Struktur der Unterrichtsfächer und -inhalte vorbestimmt. Sie wurden zwar, wie angedeutet, unter berufsschuldidaktischen Aspekten neu und teils sehr kontrovers diskutiert, doch wie die Entwicklungen zum Berufsschulunterricht fast bis heute zeigen, hat sich der didaktische Kern der Fächerstruktur in den curricularen Vorgaben zum berufsbezogenen Unterricht wie aber auch in den Prüfungsgebieten der Ausbildungsverordnungen weitgehend erhalten.

Die Entwicklungen zum Berufsschulunterricht seit etwa den 1920er Jahren können hier nicht in aller Breite nachgezeichnet werden. Nachfolgend soll daher zunächst nur anhand des „Begriffswandels“ zu den Fach- und den damit teils erkennbaren Inhaltsstrukturen des Unterrichts eine Übersicht skizziert werden: Sie erscheint geeignet, wesentliche Veränderungen und Unterschiede in den curricularen Entwicklungen und der Berufsschuldidaktik im Überblick anzudeuten. Dieser Überblick umfasst zum einen den Wandel der Bezeichnungen und Strukturen der Unterrichtsfächer und die Veränderungen in der didaktischen „Stufung“ der Ausbildung:

- Berufs- und Bürgerkunde, Rechnen und Buchführung, Zeichnen, Werkstattunterricht
- Gewerbeschulkunde, Staatsbürgerkunde, Geschäftskunde
- Berufskunde, Bürgerkunde und Lebenskunde
- Fachkunde bzw. Fachunterricht mit Stoffkunde Arbeitskunde und Betriebskunde, Zeichnen, Rechnen
- Berufskunde oder Werkkunde mit Fachkunde, Fachrechnen, Fachzeichnen
- Berufsfachkunde bzw. werkkundlicher Unterricht mit Fachkunde, Fachrechen, Fachzeichnen, naturkundliche Übungen
- berufsbezogener Unterricht mit Lehrgängen
- berufsbezogener Unterricht mit Technologie, Technische Mathematik, Technisches Zeichnen
- berufsbezogener Unterricht mit Lerngebieten
- berufsbezogener Unterricht mit Technologie, Technische Mathematik, Technisches Zeichnen bzw. Schaltungstechnik und Funktionsanalyse oder Arbeitsplanung
- Unterstufe, Mittelstufe und Oberstufe
- Unterbau und Oberbau
- Fachstufe I und Fachstufe II
- berufliche Grundbildung und Fachbildung
- berufsfeldbreite Grundbildung, berufliche und fachrichtungsspezifische Fachbildung

Zum anderen lassen sich im Überblick didaktische und curriculare Veränderungen an Begriffen verdeutlichen, mit denen die jeweilige Funktion bzw. das Selbstverständnis der Berufsschule im Verhältnis zur betrieblichen Ausbildung beschrieben wurde bzw. zum Ausdruck kommt. So wurde und wird dem Berufsschulunterricht im Hinblick auf die jeweilige inhaltliche Beziehung zur betrieblichen Ausbildung

- eine untergeordnete,
- eine nachgeordnete,
- eine ergänzende,
- eine „untermauernde“ oder „unterbauende“,

- eine begleitende oder auch
- eine selbständige und gleichberechtigte

Funktion zugewiesen. In weitgehender Entsprechung dieser ausbildungsdidaktischen „Funktionen“ wurde und wird der schulische Lehrplan bzw. Rahmenlehrplan oder Rahmenplan im Ansatz als

- Ergänzungs- oder Differenz-Curriculum
- Gleichlauf- oder Parallel-Curriculum
- Selbständiges- oder Autonomes-Curriculum
- Abgestimmtes-Curriculum

begriffen und entsprechend curricular gestaltet. Die mit diesem Begriffswandel nur angedeuteten didaktisch-methodischen und curricularen Veränderungen und Ansatzunterschiede sind in ihrer Gesamtheit komplex und kennzeichnen im Einzelnen die wechselhaften Entwicklungen seit den Gründerjahren der Berufsschule. Sie wurden konkret inhaltlich insbesondere stets beeinflusst durch die Berufsentwicklungen im Handwerk und der Industrie, da ja die Berufsbildinhalte auf der Grundlage der Ordnungsarbeiten und Ausbildungsordnungen für den jeweiligen „Berufsbezug“ des Unterrichts eine unverzichtbare Orientierung und Vorgabe darstellen.

Zu den curricularen Entwicklungen sollen hier die Veränderungen im Einzelnen anhand einiger historischer Beispiele und der Ideen zur Unterrichts- und Lehrplangestaltung konkretisiert werden. Das erste Beispiel nimmt die Ideen von Spranger auf, der zur *„materialen Spezialbildung“* der Berufskunde auch die Persönlichkeitsbildung und *„formale Berufsbildung“* stärker in das Blickfeld der Aufgaben der Berufsschule gerückt hat und gleichzeitig ein neues methodisches Organisationsprinzip für den Berufsschulunterricht begründen wollte. So sollten in einer zukunftsweisenden und bis heute relevanten Struktur der sich durchdringenden Inhaltskreise „Berufs-, Bürger- und Lebenskunde“ die „drei Hauptgesichtspunkte des Wirtschaftlich-Technischen, des Staatlich-Gesellschaftlichen und des Ethisch-Persönlichen“ Gegenstand der Berufsausbildung sein (siehe Abb. 2).

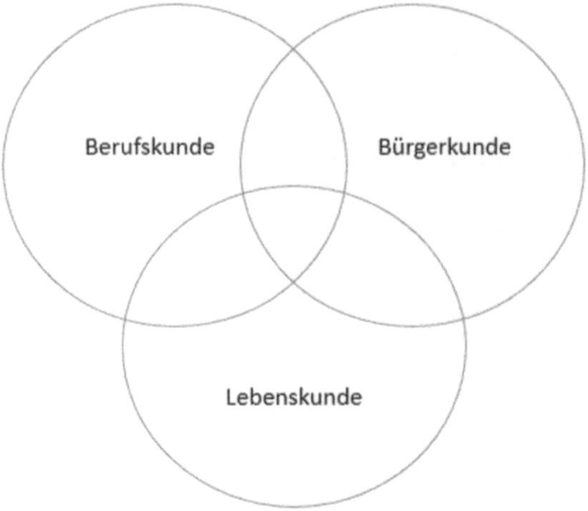

Abbildung 2: Durchdringung der Inhaltskreise im Berufsschulunterricht (Spranger 1922)

Die Berufsschule sollte sich damit nicht nur der berufskundlichen „Spezialbildung" zuwenden und „unter der Herrschaft ganz bestimmter, von der Kultur geforderter Teilleistungen" stehen. Denn „der Vorwurf banausischer Geistesart, der diesen Schulformen von Nichtkennern oft genug gemacht wird, wäre berechtigt, wenn sie sich tatsächlich auf eine solche 'Abrichtung' für bestimmte und begrenzte Berufsleistungen beschränken wollte" (Spranger 1922, S. 65). Neben der inhaltlichen Bedeutung der drei Inhaltskreise „Berufs-, Bürger- und Lebenskunde" hatten diese in ihrer „Verknüpfung" aber auch eine besondere methodische Ansatzqualität. Spranger nahm hierzu teils den „genialen Gedanken von *Kerschensteiner* auf, den natürlichen Berufsegoismus als Hebel für die weitere Bildung zu benutzen". So bestand nach seinen Überlegungen „gerade ein neues und fruchtbares Organisationsprinzip der Berufsschule darin, daß sie die auf rein theoretischen Gesichtspunkten beruhende *Fächertrennung* durchbricht und die Bildungsstoffe mehr nach 'biologischen' Rücksichten, nach ihrem organischen Zusammenhang in Leben und Bildung anordnet". Somit sollten die „Stoffe" der drei „Bildungskreise" auch nicht in Fächern, wie z. B. „Physik und Chemie, Zeichnen und Mathematik, Deutsch und Geschichte" oder gar in aufeinanderfolgenden Stufen „auseinandergerissen, sondern in eigenartigen Verschlingungen und Durchdringungen dargebotenen" werden (vgl. ebenda, S. 67).

Dass sich dieses neue Organisationsprinzip für den Berufsschulunterricht, gegenüber dem der „Fächertrennung“ letztlich nicht durchsetzen konnte, zeigt sich bereits am folgenden Beispiel. Aus der von Gagel dargestellten Fächer- und Stundenverteilung ist zum einen eine deutliche Nähe zu der Struktur der Lehrfächer von 1911 erkennbar (siehe Abb. 3 und 1).

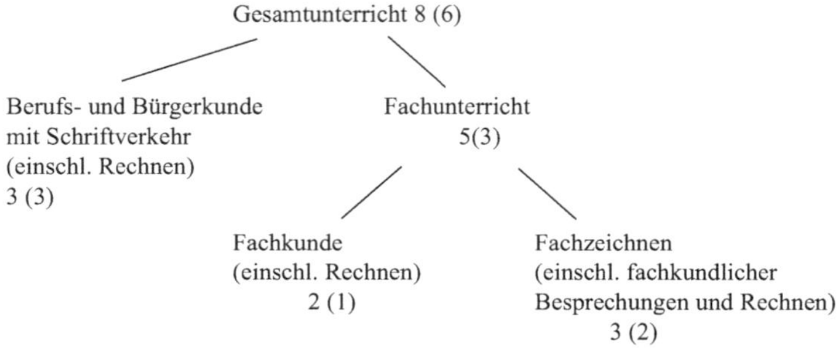

Abbildung 3: Fächer- und Stundenverteilung in der Berufsschule um 1928/29 (vgl. Gagel)

Zum anderen erhält der „Fachbegriff“ für die Bezeichnung der einzelnen Fächer erstmalig eine entscheidende Bedeutung. So war der Fachunterricht zunächst vor allem auf den neuen Typus des (Industrie-) „Facharbeiters“ bzw. den Unterricht für die Industrieberufe ausgerichtet. Insgesamt ist an der Fächerstruktur interessant, dass das spätere Fachrechnen hier noch als integraler Bestandteil der anderen Unterrichtsfächer betrachtet wurde (vgl. Gringel 1928/29, S. 281 ff.).

Welche curricularen Inhalte und Inhaltsstrukturen dem Unterricht der Fachkunde für „Elektroberufe“ zu dieser Zeit konkret vorgegeben waren, vermittelt ein Einblick in „Sachlogische Stoffgebiete“ der „Elektrotechnik in der kleinen Berufsschule“ von 1928/29 (siehe Abb. 4).

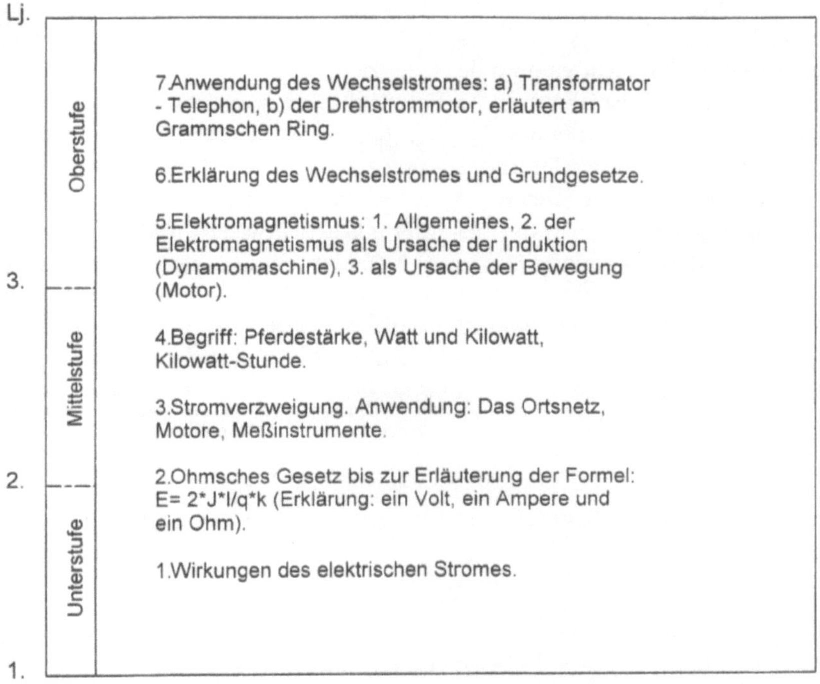

Abbildung 4: Stoffgebiete der Fachkunde für „Elektroberufe" um 1928/29 (vgl. Gringel)

Danach war es im Sinne des Lehrziels „wünschenswert" sieben Stoffgebiete in drei Jahren zu behandeln (vgl. Gringel 1928/29, S. 338 ff.). Diese Stoffgebiete waren noch nicht eindeutig der für die Metallberufe mittlerweile üblichen Stufung des Berufsschulunterrichts in Unter-, Mittel- und Oberstufe zugeordnet. Doch entsprechend der Sachlogik zeigen sie eine „systematische" Struktur, die die Inhalte ausgehend von den elektrophysikalischen Wirkungen, Grundgrößen, Grundgesetzen über die Ursachen bis zu den Anwendungen für den Unterricht gliedert. Da „bei der Mannigfaltigkeit der Berufsgruppen" auch die „Fachkunde nicht für jeden Beruf ausführlich zu behandeln war" oder auch „um das Verständnis für viele Arbeiten zu wecken" (vgl. ebenda) wurde damit allerdings bereits von den konkreten Inhalten der Arbeit abstrahiert. Fragen zur „Auswahl von Materialien und Leitungen" oder „wie man am richtigsten eine Funktionsstörung aufsucht", die u. a. noch Gegenstand des Unterrichts und der Fragen der theoretischen Gesellenprüfung von 1913 waren (vgl. Neumann/Nawratzki 1913; nach Wessel 1993, S. 208 f.), standen so zunächst nicht mehr zwingend im Mittelpunkt des Unterrichts.

Das folgende Beispiel nimmt die Entwicklungen und Veränderungen in der Lehrplangestaltung durch die „Frankfurter Methodik" auf. Diese „Methodik" wurde von Botsch, Geissler und Wissing zunächst als „Methodik des berufskundlichen Unterrichts" Ende der 1920er und Anfang der 1930er Jahre am Berufspädagogischen Institut (BPI) in Frankfurt entwickelt und dann im Prozess der Weiterentwicklung Ende der 1940er Jahre in „... des werkkundlichen Unterrichts" umbenannt. Nach dieser „Methodik" wurde die Berufs- bzw. Werkkunde des Berufsschulunterrichts in einen nach Fachkunde, Fachrechnen und Fachzeichnen „gefächerten Unterbau" und einen „integrierten Oberbau" gegliedert (siehe Abb. 5).

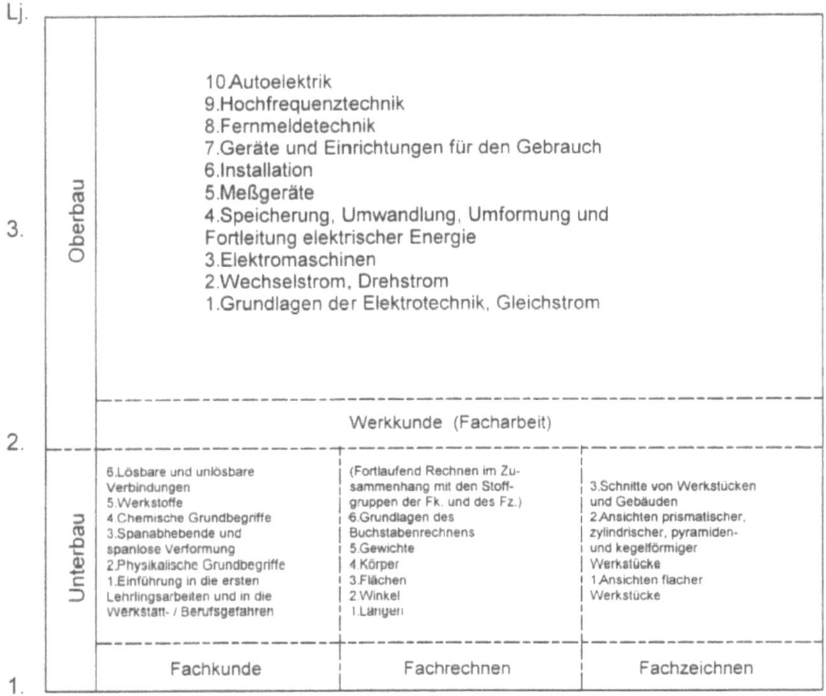

Abbildung 5: Strukturen und Inhalte der Werkkunde für „Elektrikerklassen" um 1935/50

Im Mittelpunkt des „Unterbaus" sollte im Wesentlichen und vorrangig die Behandlung der in der Arbeit „auftretenden Naturgesetze" stehen, bevor im „Oberbau" die Anwendungen und die Facharbeit zum Gegenstand des Unterrichts werden sollten. Der Unterbau wurde von Wissing u. a. wie folgt didaktisch begründet:

> „Die Probleme ihrer Arbeitskunde und ihrer Werkstoffkunde sind letztlich zurückführbar auf *bestimmte in immer neuen Kombinationen* auftretende Naturgesetze. … Damit das Zusammenwirken *mehrerer* Naturgesetze in *einem* Arbeitsgang oder Berufserzeugnis verstanden werden kann, müssen die für den einzelnen Beruf wichtigen Naturgesetze in ihrer beruflichen Erscheinungsform vorher isoliert, bekannt und erkannt sein" (Wissing u. a. 1960, S. 12).

Insbesondere die Struktur und Methodik des Unterbaus war und ist didaktisch nicht unumstritten. Dennoch ist in der Entwicklung die Frankfurter Methodik als ein „Meilenstein der Berufsschulgeschichte und Berufsschuldidaktik" zu würdigen, weil der Ansatz erstmals didaktisch-methodisch umfassend angelegt war, er die Berufsschule auch unterrichtspragmatisch bis hin zur Entwicklung von berufsspezifischen „Arbeits- und Aufgabenblättern" bereicherte und berufsübergreifend in der Ausbildung von Metall-, Bau-, Holz-, Elektro- und den „schmückenden" Berufen Anwendung fand. Der Ansatz begründete zudem innerhalb der dualen Ausbildung ein erstes eigenständiges und „berufsschulautonomes Curriculum", welches u. a. auch als ein Gegenkonzept zu der Didaktik und Methodik der Reichslehrpläne mit deren rigorosen Ankopplung des Berufsschulunterrichts an die Betriebsausbildung (Gleichlaufprinzip) verstanden wurde (vgl. u. a. Pukas 1989, S. 232).

Welchen unmittelbaren Einfluss das Konzept der „Frankfurter Methodik" auf die weiteren Entwicklungen in der Lehrplangestaltung bis in die 1960er Jahre hatte, lässt sich am folgenden Beispiel des Lehrplans für die „Elektrotechnischen Berufe" des Landes Nordrhein-Westfalen von 1965 erkennen (siehe Abb. 6). Nach diesem Plan, der unter direktem Bezug auf Wissing erstellt wurde, begriff man die Unter- und Mittelstufe im Sinne des Unterbaus als „Berufsgrundbildung", die „sich im Regelfall auf die beiden ersten Schuljahre erstreckte". Diese orientierte sich auch didaktisch weitgehend an dem Unterbau der Frankfurter Methodik, da – besonders an den „naturkundlichen" Inhalten und einer noch stärker zergliederten Fächer- und Inhaltsstruktur zu erkennen – „bei der Zusammenordnung der Unterrichtsstoffe in den Lehrfächern die sachliche Systematik berücksichtigt" wurde (KM NW 1965, S. XX). Didaktisch-methodisch trifft dies vergleichbar ebenso auf die Oberstufe zu, da entsprechend dem Ansatz des integrierten Oberbaus der Frankfurter Methodik in dieser die Fächer der „Werkkunde" zu einem – wie dort genannt – „Ganzheitsunterricht" zusammengefasst wurden.

Nach der Didaktik dieses Plans sind die „Berufsgrundbildungs-"Inhalte der Unter- und Mittelstufe (bzw. des Unterbaus) insofern für fast alle Elektroberufe identisch, lediglich der „Radio- und Fernsehtechniker" erhält ab der Mittelstufe andere Inhalte.

Die Vorgaben für die Stoffgruppen der Oberstufe (bzw. des Oberbaus) sind als „ganzheitliche Unterrichtseinheiten" dagegen unmittelbar berufsspezifisch ausgerichtet. An folgenden Themenbeispielen der Unter- und Mittelstufe wird die Didaktik der Inhaltsstrukturen der Berufsgrundbildung im Einzelnen deutlich:

Unterstufe:	Einführung in die Physik und Chemie; Aufbau der Materie; Leiter und Nichtleiter; Einfacher Stromkreis; Wirkungen der Stromwärme; chemische Wirkungen usw.
Mittelstufe:	Elektromagnetismus; Wesen des Wechselstroms; Arbeit und Leistung im Wechselstromkreis usw. (vgl. ebenda, S. 12 ff).

Für die Oberstufe wird die Didaktik zum Berufsschulunterricht an den eher ganzheitlichen Themenbereichen exemplarisch für den Elektroinstallateur deutlich (siehe Abb. 6).

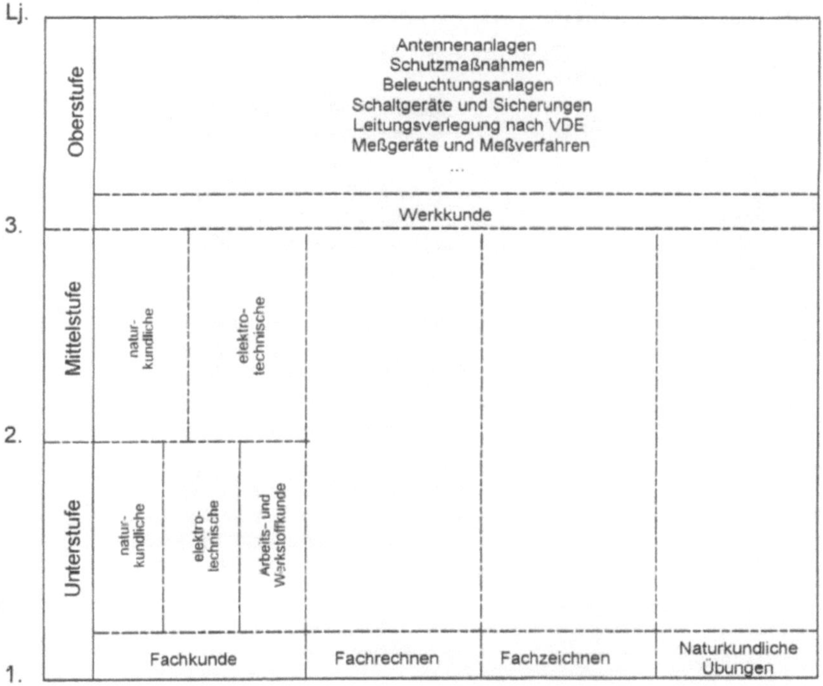

Abbildung 6: Inhaltsstrukturen zum Berufsschulunterricht für „Elektroinstallateure" um 1965

Ein Umbruch in der curricularen Gestaltung der Rahmenvorgaben für die Elektroberufe vollzog sich im Kontext der ersten umfassenden Neuordnung der industriellen Elektroberufe Anfang der 1970er Jahre. Am Beispiel des Rahmenlehrplans für die Berufsschulen in Hessen werden die wesentlichen didaktisch-methodischen Veränderungen deutlich (siehe Abb. 7). So wurde erstens die Ausbildung nicht mehr in der Stufung nach Unter-, Mittel- und Oberstufe, sondern nach Grund- und Fachbildung gegliedert. Zweitens wurde die im Prinzip seit den Fortbildungsschulen bestehende Fächerstruktur komplett aufgelöst und eine Systematik von einzelnen Lehrgängen eingeführt. Und drittens wurde die Vorgabe der Inhalte in der Form von Stoffgebieten abgelöst durch die ausschließliche Vorgabe von Lernzielen, die, stark beeinflusst durch die breit geführte Diskussion um die Lernziele und deren Operationalisierung und Taxonomie, in der Form von sogenannten Richt-, Grob- und Feinlernzielen strukturiert waren.

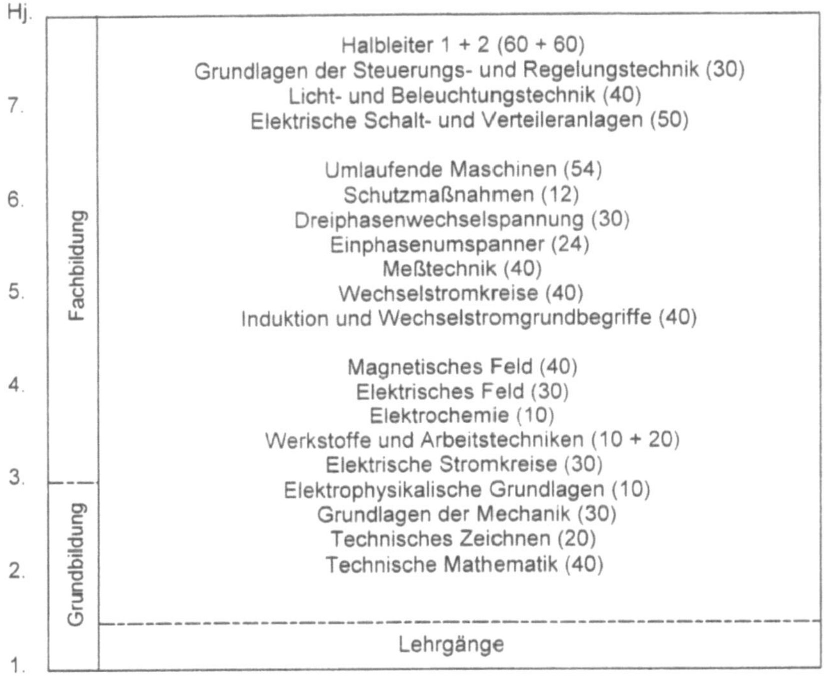

Abbildung 7: Lehrgänge der Berufsschule für den „Energieanlagenelektroniker" nach 1972

Wie am Beispiel der Vorgaben und Inhaltsstrukturen für den „Energieanlagenelektroniker" zu erkennen ist, zeigen diese neben den didaktisch-methodischen Veränderungen aber auch eine beachtliche Kontinuität. Diese besteht in der fachsystematischen Struktur und des didaktisch-methodischen Aufbaus der einzelnen Themen und Inhalte der Lehrgänge, der im Ansatz mit den Inhaltsstrukturen der ersten Vorgaben für den Berufsschulunterricht seit den 1930er Jahren vergleichbar ist. So sind z. B. insbesondere die Inhalte der Grundbildung nach wie vor weitgehend nur an den naturwissenschaftlichen Grundlagen orientiert.

Dass die neu eingeführten didaktisch-methodischen Veränderungen keinen tiefgreifenden Umbruch von langer Dauer bewirkten, zeigt sich am letzten Lehrplanbeispiel aus der Zeit um 1980. Denn an diesen Lehrplänen, hier wiederum exemplarisch der Pläne des Landes Hessen, ist zu erkennen, dass sich zum einen die Struktur themenbezogener Lehrgänge zum berufsbezogenen Unterricht nicht grundlegend durchsetzen konnte. Zwar wurden die alten Unterrichtsfächer Fachkunde, Fachrechnen und Fachzeichnen nicht direkt wieder eingeführt, doch lassen die „wieder auferstandenen" Fächer mit und in ihren neuen Bezeichnungen und ihren „fachbezogenen" Lehrgängen eindeutig das alte Fächerprinzip erkennen (siehe Abb. 8).

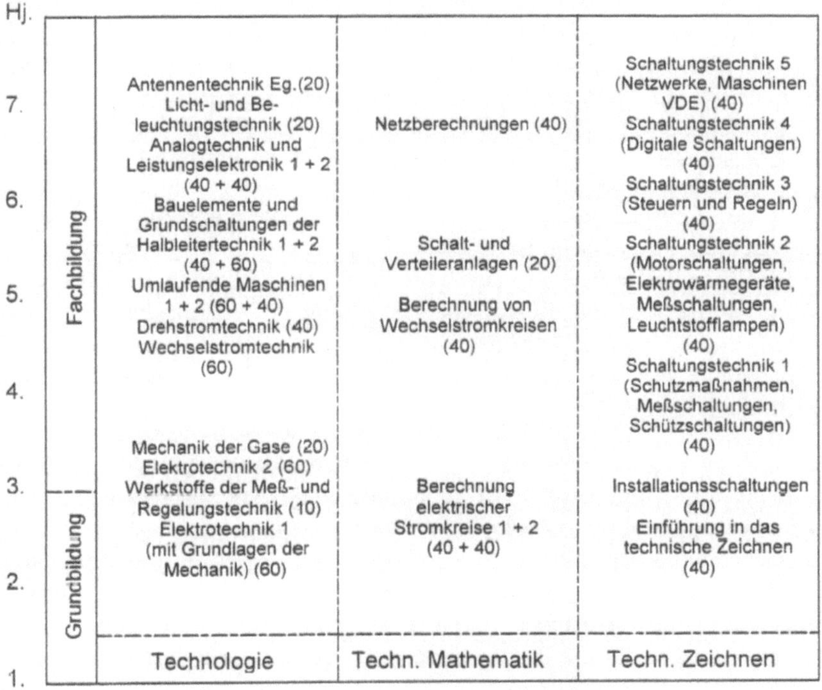

Abbildung 8: Inhaltsstrukturen zum Berufsschulunterricht für „Elektroinstallateure" um 1980

Aufgenommen und berücksichtigt wurden bei den neuen Fächern zwar die Diskussionen zum Wandel „Von der Fachkunde zur Technologie" und vom „Rechnen zur Mathematik" (vgl. u. a. Schilling 1975), jedoch ist konkret inhaltlich statt eines grundlegenden Unterrichtswandels fast nur eine Umbenennung der alten Fächer feststellbar. Letztlich erreicht wurde eine didaktisch nicht unproblematische dominante Technikorientierung und stärkere

Mathematisierung der Unterrichtsinhalte, die den berufsbezogenen Unterricht seither begrifflich und inhaltlich zunehmend auf einen „Technikunterricht" einengte. Zum anderen wurde auch die ausschließliche Vorgabe von Lernzielen in den Rahmenlehrplänen nicht beibehalten. Das heißt, neben den Lernzielen wurden dem berufsbezogenen Unterricht auch wieder Inhalte vorgegeben, allerdings nicht in der Auflistung isolierter „Lehrstoffe", sondern in Verbindung und mit Bezug auf die je vorgegebenen Lernziele.

Ohne hier eine tiefergehende Evaluation der historischen Entwicklungen zur Herausbildung der Didaktik und Curriculumentwicklung für den berufsbezogenen Unterricht der Berufsschulen zu versuchen, bleibt dennoch folgendes festzuhalten. Die für die gewerblichen Fortbildungsschulen von 1911 vorgegebenen Fächer- und Inhaltsstrukturen haben auch die didaktischen und curricularen Entwicklungen für die „neue" Berufsschule nachhaltig beeinflusst. Neue Impulse erhielten diese Entwicklungen ab den 1920er und 1930er Jahren allerdings durch die berufsübergreifenden „methodischen" Arbeiten an den Berufspädagogischen Instituten, an denen aufgrund des neuen Bedarfs an Berufsschullehrern ja vor allem auch deren Ausbildung neu zu begründen und zu gestalten war. Das heißt, neben der betrieblichen Ausbildung hat sich insbesondere im Kontext und mit der neuen Berufsschullehrerausbildung zur Didaktik und Lehrplangestaltung für die Berufsschule einerseits durchaus eine relativ eigenständige berufsschulische Didaktik herausgebildet. Andererseits lassen sich frühe Einflüsse der technikwissenschaftlichen Entwicklungen zur Elektrotechnik an den Hochschulen auf die didaktische Gestaltung der schulischen Inhaltsstrukturen erkennen, die die berufsschuldidaktische Eigenständigkeit bereits als Abhängigkeit des Unterrichts von den Technikwissenschaften und deren „sachlichen Systematik" verdeutlichen. An den Entwicklungen ist daher insgesamt festzustellen, dass sich die curricularen und lernorganisatorischen Vorgaben für die Berufsschule zwar in deren Gründerjahren von den eher unsystematischen betrieblichen Arbeits- und Ausbildungsprozessen gelöst und eine gewisse „Autonomie" erreicht haben sich diese seitdem aber zum einen im Wesentlichen an der alten Struktur der Lehrfächer der gewerblichen Fortbildungsschulen und zum anderen weitgehend an der Fachsystematik der Technikwissenschaften im Sinne eines „Abbildes" orientieren. Mit und seit der Entstehung der elektrotechnischen Berufsausbildung und dem Unterrichtsbeginn an den Berufsschulen ist somit eine wirklich eigenständige wissenschaftliche Auseinandersetzung mit den Inhalten der elektrotechnischen Berufsarbeit und den darauf bezogenen Fragen zur curricularen und didaktischen Gestaltung der berufsschulischen Lernprozesse kaum zu erkennen.

3 Die Ausbildungsvorgaben für die Grund- und Fachbildung nach der Neuordnung der Metall- und Elektroberufe von 1987 – Probleme der Umsetzung

Die heutigen Vorgaben zur Berufsausbildung gehen zurück auf die jüngeren Entwicklungen und Arbeiten im Zusammenhang der Neuordnung der Metall- und Elektroberufe von 1987. Zu dieser Neuordnung wird als weitgehend bekannt vorausgesetzt, dass aufgrund des Arbeits- und Technologiewandels 1987 nicht nur neue Berufe und Berufsbilder geschaffen und entwickelt wurden, sondern die Berufsausbildung generell neue Impulse erhielt und für diese mit Orientierung an einem neuen Leitbild zur Facharbeit berufsübergreifend neue Zielsetzungen formuliert wurden. Daher soll unmittelbar auf die Gestaltung der Rahmenvorgaben für die Berufsausbildung eingegangen und die Frage aufgenommen werden, wie die neuen Berufsbildungsziele curricular und didaktisch in den Rahmenlehrplänen umgesetzt wurden bzw. welche Probleme bei der Vorgabenumsetzung in der Ausbildungspraxis bestehen und erkennbar sind.

Bei den Ansatz- und Entwicklungsfragen zu den Rahmenlehrplänen für die Berufsschulen ist heute auszugehen von den sogenannten KMK-Rahmenlehrplänen. Sie repräsentieren im Prinzip eine *länderübergreifende* Didaktik der schulischen Lehrpläne, da sie vereinbarungsgemäß die Vorgabe und Grundlage für die Entwicklung der Rahmenlehrpläne der Länder sind. So übernehmen auch „die Länder den (KMK-)Rahmenlehrplan unmittelbar oder setzen ihn in einen eigenen Lehrplan um … (und) achten darauf, daß die erreichte fachliche und zeitliche Gliederung des Rahmenlehrplans erhalten bleibt“ (KMK 1987, Vorbemerkung). Hinsichtlich der durch das Berufsbildungssystem vorgegebenen dualen Lernorganisation ist hierzu nicht unbedeutend, dass die KMK-Rahmenlehrpläne auch diejenigen Pläne sind, die das direkte Ergebnis der curricularen Abstimmung mit den betrieblichen Ausbildungsrahmenplänen darstellen. Insofern sind wegen ihrer hohen Bedeutung hier im Wesentlichen die KMK-Rahmenlehrpläne zu betrachten.

An der didaktisch-methodischen Makrostruktur der 1987 entwickelten Pläne ist zunächst auffällig, besonders auch im Vergleich zu den oben betrachteten Entwicklungen der Rahmenlehrpläne vor der Neuordnung, dass sie dem berufsbezogenen Unterricht keine einzelnen und isolierten Fächer mehr vorgeben. Wie exemplarisch an den Vorgaben und Inhaltsstrukturen des Rahmenlehrplans für den/die Industrieelektroniker/-in in der Fachrichtung Produktionstechnik zu erkennen ist (siehe Abb. 9) weisen die

KMK-Rahmenlehrpläne in ihrer inhaltlichen Gliederung und Struktur ein neues Modell von *Lerngebieten* aus.

Abbildung 9: Inhaltsstrukturen zum Berufsschulunterricht für „Industrieelektroniker“ nach 1987

Didaktisch betrachtet ist dieses neue Lerngebietsmodell grundsätzlich positiv zu bewerten da mit diesem – ähnlich wie bereits Anfang der 1970er Jahre mit den Lehrgängen – der Versuch unternommen wurde, dem berufsbezogenen Unterricht, statt der drei klassischen Unterrichtsfächer in sich geschlossene thematische Einheiten vorzugeben. Methodisch wird dadurch im Ansatz berücksichtigt, dass die neuen und an einer umfassenden beruflichen Handlungskompetenz orientierten anspruchsvollen Ziele und Inhalte der Ausbildung im Wesentlichen nicht mehr über eine Addition von nach Unterrichtsfächern getrennten Berufsinhalten zu vermitteln und zu erreichen sind. Nicht nur zu vermuten ist, dass sich der Ansatz der Lerngebiete auf Erkenntnisse und

Erfahrungen aus handlungs- und projektorientierten wie auch aus integrativen oder ganzheitlichen Ausbildungs- und Unterrichtsansätzen stützt. Dass sich das neue KMK-Lerngebietsmodell jedoch nicht generell und letztlich in allen Länder-Lehrplänen durchgesetzt hat, sondern die vorgegebenen Inhalte der KMK-Lerngebiete im Wesentlichen wieder entsprechend den *alten* Fächern *Fachkunde, Fachrechnen, Fachzeichnen* didaktisch aufgetrennt wurden, zeigen z. B. die Rahmenlehrpläne von Hessen oder Baden-Württemberg (siehe z. B. Abb. 10).

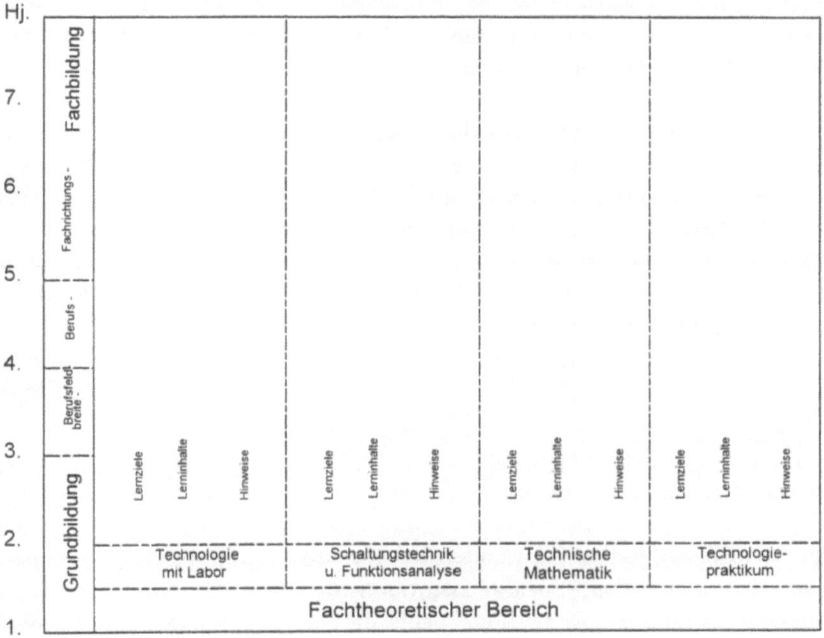

Abbildung 10: Berufsschulunterricht für die „Elektroberufe" um 1990 (Baden-Württemberg)

Als eine Ursache für diesen didaktischen „Rückfall" in die Fächer- und Inhaltstrennung ist hier ganz sicher auch die schulische Orientierung an den alten Prüfungsfächern in den neuen Ausbildungsordnungen zu nennen. So sind die – zwar teils neuen – Bezeichnungen der Prüfungsfächer *Technologie, Technische Mathematik* und *Schaltungs- und Funktionsanalyse* auch mit denen der schulischen Unterrichtsfächer im Prinzip identisch.

Zur didaktisch-methodischen Makrostruktur der KMK-Rahmenlehrpläne, die mit den Lerngebieten keine Unterrichtsfächer mehr vorgibt, ist nun aber des Weiteren auffällig, dass sich die einzelnen Themen der Lerngebiete inhaltlich doch sehr weitgehend wie vor der Neuordnung und mehr oder weniger im Sinne der *Abbilddidaktik* klassisch an der technischen Fachsystematik der Elektrotechnik orientieren (siehe Abb. 9). Die Inhaltsstruktur der Lerngebietsthemen für die Grund- und Fachbildung macht insofern bereits deutlich, dass der mit den Lerngebieten verbundene Anspruch, „thematische Einheiten unter fachlichen und didaktischen Gesichtspunkten zu bilden", zwar in bestimmter Weise *fachlich* eingelöst wurde, nicht jedoch didaktisch, wenn das umfassende eigene Lehrplanziel der beruflichen Handlungskompetenz und der damit verbundene Bildungsauftrag und Unterrichtsanspruch als Kriterium berücksichtigt wird.

Bestätigt wird die eher fachliche Gestaltung der Lerngebiete auch an den einzelnen Lerngebietsinhalten, die dem berufsbezogenen Unterricht didaktisch in der Struktur von Lernzielen und Lerninhalten konkret vorgegeben sind. An diesen inhaltlich näher ausdifferenzierten Vorgaben ist eine vorrangige und einseitige Orientierung an der Fachsystematik der Technik ebenso nicht zu übersehen. Entsprechend den Lerngebietsinhalten kann von daher zwar traditionell isoliertes *Fachwissen* vermittelt werden, weniger jedoch das erforderliche umfassendere *Berufswissen,* welches sich auf der Grundlage des Bildungsauftrags an den beruflichen Handlungsanforderungen und der Mitgestaltung der Arbeit zu orientieren hat. Zum Unterrichtsgegenstand wird so eine von den beruflichen Arbeitszusammenhängen im Wesentlichen abgetrennte technische *Fachtheorie,* in der auf der Grundlage der Lerngebiete isoliert eine *Messtechnik,* eine *Elektronik,* eine *Digitaltechnik* usw. zu vermitteln ist. Nicht der Berufsbezug mit den konkreten Arbeits- und Handlungszusammenhängen, sondern eine eher abstrakte Theorievermittlung rückt damit in den Mittelpunkt des *berufsbezogenen* Unterrichts, die im Einzelnen fast ausschließlich auf die natur- und technikwissenschaftlichen Theorieinhalte der Elektrotechnik bezogen ist. Mehr als naheliegend ist damit auch, dass der *berufsbezogene* Unterricht, dem hier der eindeutige Bezug auf eine (zugegeben kaum etablierte) Berufswissenschaft Elektrotechnik fehlt, vielfach als ein fachwissenschaftsorientierter *Technikunterricht* missverstanden wird. Zwar hat die Technik in der Facharbeit ohne Zweifel eine hohe Bedeutung, doch erhalten die Theorieinhalte in der Dimension der Technik im Verhältnis zu den Berufsinhalten, zu denen z. B. auch die Arbeitsmittel und -verfahren oder die Organisation und Planung der Arbeit gehören, eine zu dominante und stark determinierende Funktion. Die Technik wird zudem vielfach aus den konkreten Arbeits- und

Anwendungszusammenhängen herausgenommen und isoliert und abstrakt betrachtet. Sie erscheint damit häufig als eine wissenschaftliche, unabhängige und quasi naturgesetzliche und wertneutrale Größe. So soll entsprechend den Lernzielen der Lerngebiete die Technik fast nur beschrieben, erklärt, ermittelt, berechnet und gelöst werden. Eine bedenkliche Verbindung zu autoritären Lehr- und Lernformen gepaart mit rezeptivem Verhalten und einer Reproduktion von isoliertem Faktenwissen wird hier bei der Umsetzung der Lerngebiete in der Unterrichtspraxis mehr als wahrscheinlich. Im Hinblick auf die eigentlich zu vermittelnde berufliche Handlungskompetenz tragen somit die Lerngebiete auch nur unter der Voraussetzung, dass die Auszubildenden die einzelnen und je getrennt vermittelten Lerngebietsinhalte in einen fachlichen Zusammenhang bringen können, nur zu einer Fachkompetenz bei.

In der Summe und im Ergebnis repräsentieren die Lerngebiete und Inhalte der KMK-Rahmenlehrpläne insgesamt die bekannten und aus der Fachwissenschaft abgeleiteten alten Inhaltsstrukturen. Das heißt, aufgrund der Strukturen und Inhalte der einzelnen Lerngebiete sind in den neuen Vorgaben im Kern lediglich die fachdidaktisch reduzierten Strukturen und Fachinhalte der sogenannten korrespondierenden Fach- bzw. Ingenieurwissenschaft Elektrotechnik abgebildet. Im Vergleich zu den vorhergehenden Rahmenvorgaben enthalten die Lerngebiete damit zwar aufgrund des Technik- und Wissenschaftswandels auch zum Teil neue Fachinhalte, doch wurde eine notwendige und grundlegende didaktische Neuorientierung mit den Lerngebieten der KMK-Rahmenlehrpläne nicht erreicht.

Neben den inhaltlichen Defiziten der Lerngebiete und ihren Widersprüchen zum Bildungsauftrag sind diese ebenso unter methodischen Aspekten und hinsichtlich eines neuen Verständnisses von beruflicher Bildung festzustellen. Denn aufgrund der mit den Lerngebieten vorgegebenen Inhaltsstrukturen wird nicht nur der Aufbau einer handlungsleitenden Theorie für eine selbständige berufliche Facharbeit inhaltlich erschwert. Der Gestaltung der Lerngebiete fehlen vielmehr auch die methodischen Voraussetzungen, um handlungsorientierte und innovative Konzepte für die Vermittlung von beruflicher Handlungskompetenz zu unterstützen bzw. für den berufsbezogenen Unterricht zu *provozieren*. So sind der Aufbau und die Struktur der Lerngebiete didaktisch-methodisch in mehrfacher Hinsicht fragwürdig. Kritisiert wurde bereits die Vorgabe und der Versuch, die Vermittlung von Handlungs- und Gestaltungskompetenz über einen Lernprozess der *linearen Addition* von einzelnen fachsystematischen Themen und Kenntnissen erreichen zu wollen. Denn dadurch, dass dem Unterricht keine integrativen und berufs- und handlungsbezogenen Inhaltsstrukturen vorgegeben werden, fördern die Lerngebiete nicht die Gestaltung von Lernprozessen, in denen z. B. das berufliche Denken und Handeln in komplexen Arbeitszusammenhängen ermöglicht wird. Dies wird methodisch ebenso durch die Struktur und die Stufung der Lerngebiete verhindert, da mit der Grundbildung im Wesentlichen nur die klassischen Grundlagen der Technik und ein eher abstraktes Elemente- und Bauteilewissen vorgegeben werden. Entsprechend der Didaktik „Vom Einfachen zum Komplexen" werden Anlagen und Prozesse so auch erst in der Fachbildung zum Unterrichtsgegenstand, obwohl selbst zu Beginn der Fachbildung noch z. B. das Lerngebiet „Kondensator und Spule" vorgegeben ist. Wenn auch zum Teil leicht abgeändert ist diese „Bauteile-Anlagen-Didaktik" nicht nur eine Vorgabe für den berufsbezogenen Unterricht aufgrund der Inhaltsstrukturen in den KMK-Rahmenlehrplänen, sie wurde methodisch im Prinzip ebenso in die „fachliche Gliederung" der Grund- und Fachbildungsinhalte der Rahmenlehrpläne der Länder übernommen.

Mit Orientierung am Anspruch einer abgestimmten und kooperativen Berufsausbildung im „Dualen System" ist hier abschließend zur Gestaltung der KMK-Rahmenlehrpläne noch deren curriculare und ausbildungsdidaktische Abstimmung mit den betrieblichen Ausbildungsrahmenplänen zu betrachten. So ist unter Berücksichtigung der Aufgaben und Ziele der jeweiligen Lernorte zu den Rahmenvorgaben nach der Neuordnung festzustellen, dass dieser Anspruch besonders unter curricularen Abstimmungsaspekten im Wesentlichen nicht eingelöst wurde. Das heißt, zwar ist zwischen den schulischen und betrieblichen Rahmenplänen auf der Ebene der curricularen Makrostrukturen wie z. B. hinsichtlich der Berufsstrukturen, der Berufsbezeichnungen, der Ausbildungsdauer und der Grobstruktur von Grund- und Fachbildung eine Abstimmung erkennbar. Diese ist auch in den Zielen und Vorbemerkungen zur Berufsausbildung festzustellen, da es z. B. vergleichbar der Zielvorgabe der Ausbildungsrahmenpläne in den KMK-Rahmenlehrplänen heißt: „Die Lernziele und Lerninhalte sind so umzusetzen, dass sie zur Handlungsfähigkeit führen." Auf der konkreten Inhaltsebene der Rahmenvorgaben ist eine curriculare und didaktische Abstimmung jedoch so gut wie nicht vorhanden. Geht es nach den Ausbildungsrahmenplänen in der betrieblichen Grundbildung z. B. bereits um das Messen von *Gleich- und Wechselgrößen* oder um das *Prüfen von Baugruppen,* so werden nach den Rahmenlehrplänen die Lerngebiete *Kondensator und Spule* oder *Wechselstromkreis* erst in der Fachbildung zum Gegenstand des schulischen Unterrichts (siehe Abb. 11).

Industrieelektroniker/-in der Fachrichtung Produktionstechnik
I. Berufsfeldbreite Grundbildung

KMK - Rahmenlehrplan	Ausbildungsrahmenplan
1. Ausbildungsjahr (Schule)	**1. Ausbildungsjahr (Betrieb)**
Einführung in die Elektrotechnik (90 Std.) Einführung in die Steuerungs- und Digitaltechnik (40 Std.) Einführung in die Elektronik (50 Std.) Einführung in die Schutzmaßnahmen (30 Std.) Einführung in die Meßtechnik (50 Std.) Einführung in das Technische Zeichnen (30 Std.) Einführung in die Werkstoffe, Werkstoffbearbeitung, Leitungsarten (30 Std.)	1.Anfertigen von mechanischen Teilen (8 W.) 2.Herstellen von mechanischen Verbindungen (2 W.) 3.Zusammenbauen und Verdrahten von mechanischen, elektromechanischen und elektrischen Bauteilen zu Baugruppen (10 W.) 4.Zurichten, Verlegen und Anschließen von Leitungen (10 W.) 5.Messen von Gleich- und Wechselgrößen sowie Prüfen von Bauteilen und Baugruppen (10 W.) -Ausbildung zu 1, 3, und 4 unter Berücksichtigung betriebsbedingter Schwerpunkte sowie des individuellen Lernfortschritts (12 W.)

Abbildung 11: Curriculare Rahmenvorgaben der Grundbildung für Schule und Betrieb

Deutlich wird, ohne die veralteten Vorstellungen eines *Gleichlaufcurriculums* zu bemühen, dass von einer *sachlich-inhaltlichen* und *zeitlichen* Abstimmung der konkreten Rahmenvorgaben im Prinzip nicht gesprochen werden kann. Dies gilt verstärkt, wenn die Betrachtungen auf die Vorgaben für die handwerklichen Elektroberufe gerichtet werden. Denn dort ist z. B. das *Beraten von Kunden* oder das *Instandsetzen von Geräten* bereits Inhalt der betrieblichen Grundbildung, wobei derartige Inhalte selbst in den Lerngebieten der schulischen Fachbildung fast nicht zu finden sind.

Des Weiteren sind die schulischen, wie betrieblichen Rahmenpläne einer veralteten Vorstellung zur Dualität von *Theorie und Praxis* verhaftet, wie der Vergleich der Lerngebietsinhalte der Rahmenlehrpläne, mit denen der Teilgegenstände der Ausbildungsrahmenpläne unmittelbar zeigt. Sind die Inhaltsstrukturen der Ausbildungsrahmenpläne vorwiegend an Teiltätigkeiten und einer pragmatischen Sachsystematik der Arbeit orientiert, so folgen die Inhalte der Lerngebiete den Strukturen und der Fachsystematik der Elektrotechnik. Auch herrscht das alte duale Abstimmungsverständnis, hier Techniktheorie dort Arbeitspraxis, heute noch vor, obwohl es z. B. besonders in den Bereichen der neuen *C-* bzw. *Hard- und Software-Technologien* immer schwieriger wird Theorie und Praxis zu trennen. Dies gilt, wenngleich gemessen am *theoretischen Abstimmungsziel* das systembedingte *duale Verhältnis* der Lernorte ja nicht heißen soll, „daß der Berufsschule ausschließlich die kognitiven (‘Kenntnisse’) und dem Betrieb ausschließlich die psychomotorischen (‘Fertigkeiten’) Lernziele zuzuordnen sind, denn grundsätzlich sollten die anzustrebenden Ausbildungsziele ganzheitlich vermittelt werden mit ihren kognitiven, affektiven und psychomotorischen Komponenten“ (Benner/Püttmann 1992, S. 15).

Entgegen diesem Abstimmungsziel sind nach den Rahmenlehrplänen die Lernziele zum berufsbezogenen Unterricht vorwiegend nur der kognitiven Ebene der Kenntnisse zuzuordnen, wobei der Schwerpunkt taxonomisch noch auf den eher unteren Lernzielebenen liegt. So soll der Schüler fast ausschließlich beschreiben, erläutern, aufzählen, darstellen, lesen, erkennen, beachten, anwenden, ermitteln; erstellen usw. Fähigkeiten, wie z. B. selbständiges Planen, Handeln und Kontrollieren, Lernen lernen, in einer Gruppe zusammenarbeiten, Zusammenhänge analysieren, reflektieren und bewerten oder, wie im Bildungsauftrag nach der neuen KMK-Rahmenvereinbarung vorgegeben, Arbeit und Gesellschaft verantwortlich mitgestalten, werden dagegen in den konkreten Zielen und Inhalten der Rahmenlehrpläne im Prinzip nicht berücksichtigt. Wie in den Ausbildungsrahmenplänen bleiben sie den allgemeinen Zielsetzungen und Vorbemerkungen zur Berufsausbildung vorbehalten.

Zusammenfassend sind damit die Berufsschulen bis heute mit der Umsetzung von Rahmenlehrplänen konfrontiert, die diese auf der Grundlage der 1987 neu formulierten Ziele und Ansprüche selbst wenig unterstützen. Aufgrund der weitgehend beibehaltenen alten didaktischen Orientierungen und curricularen Inhaltsstrukturen haben die Rahmenlehrpläne dem berufsbezogenen Unterricht keine neuen und innovativen Impulse gegeben. Im Gegenteil, die Umsetzungsprobleme und Diskussionen in und zu den Berufsschulen zeigen, dass die Vorgaben und Konzepte zum berufsbezogenen Unterricht einer dringenden didaktischen Um- und Neuorientierung bedürfen. Eine wichtige Voraussetzung hierzu ist die Weiterentwicklung der geltenden Rahmenlehrpläne im Sinne einer grundlegenden curricularen Reform der Berufsausbildung. In die Weiterentwicklung einzubeziehen ist zugleich eine verbesserte curriculare und didaktische Abstimmung der Rahmenvorgaben, wobei diese allerdings nur in der engen Verbindung einer im Prinzip gemeinsamen und parallelen Weiterentwicklung der schulischen und betrieblichen Rahmenvorgaben gelingen kann. Implizit angesprochen sind hiermit die Ideen zu einem *gemeinsamen Curriculum,* welches sich im Ansatz und Konzept konsequent an der Theorie und Praxis der elektrotechnischen Berufsarbeit orientiert und vom übergreifenden Ziel der Handlungs- und Gestaltungskompetenz ausgeht. Zu leisten wäre damit auch ein Beitrag zur Innovation der dualen Organisation der Berufsausbildung.

4 Die Weiterentwicklung und eine moderne curriculare Gestaltung der Rahmenpläne auf der Grundlage und den Leitideen einer „Arbeitsorientierten Berufsbildung“

Vor dem Hintergrund des Wandels und der Entwicklungen der Rahmenlehrpläne für die Ausbildung im Berufsfeld Elektrotechnik hat deren Weiterentwicklung und curriculare Neugestaltung konsequenter als bisher auszugehen vom Bildungsauftrag der Berufsschule. Dieser ist im Zusammenhang der Zielsetzungen und der Ausbildung im „Dualen System“ auf die Vermittlung von Fähigkeiten zur Erfüllung der jeweiligen Aufgaben im Beruf sowie zur Mitgestaltung der Arbeitswelt und Gesellschaft gerichtet. Die gegenwärtige und zukünftige berufliche Arbeit im betrieblichen und gesellschaftlichen Lebenszusammenhang hat damit im Mittelpunkt der Berufsausbildung zu stehen, und zwar umfassend und prospektiv an den Lernorten Schule und Betrieb, wenn auch curricular und didaktisch unter den je verschiedenen Ziel- und Inhaltsaspekten der Arbeit.

Hinsichtlich der Vorgaben für die Berufsschule und der Fragen einer neuen Lehrplangestaltung für die Elektroberufe stellen insofern die jeweiligen Inhalte und Inhaltsstrukturen der Arbeit mit ihren betrieblichen, gesellschaftlichen und individuellen Implikationen eine im Prinzip zwingende curriculare und didaktische Orientierung dar. Hierzu ist allerdings, auch unter Berücksichtigung der aufgezeigten Entwicklungen und Defizite der geltenden Rahmenlehrpläne, neu zu klären, mit welchen grundlegenden Inhalten und Inhaltsstrukturen sich die Arbeit curricular umfassend für die Rahmenlehrpläne bestimmen lässt. Ebenso ist didaktisch neu zu klären, wie und welche der an der Arbeit orientierten Inhalte und Inhaltsstrukturen heute eine moderne didaktisch-methodische Makrostruktur in den Vorgaben der Rahmenlehrpläne begründen können, so dass die Pläne auf der Grundlage der Zielsetzungen der Berufsbildung die Vermittlung von beruflicher Handlungs- und Gestaltungskompetenz auch optimal unterstützen. Dabei gilt es im Sinne einer Weiterentwicklung und der angestrebten didaktischen Um- und Neuorientierung folgende Problembereiche der geltenden Rahmenlehrpläne besonders zu beachten:

- Dominanz und Einseitigkeit des Fach- und Technikbezugs der berufsbezogenen Unterrichtsinhalte;

- Fach- und Lehrgangssystematik der thematischen Lerneinheiten, die zu zergliederten und isolierten Technikthemen führt;
- Inhaltsstrukturen, durch die aufgrund einer *Bauteile-Anlagen-Didaktik* am Ausbildungsanfang vorwiegend die elektrophysikalischen Grundlagen und erst am Ausbildungsende elektrotechnische Anwendungen zum Gegenstand des Unterrichts werden.

Um somit im Sinne der curricularen und didaktischen „Orientierung an der Arbeit" die Inhalte und Inhaltsstrukturen für die Rahmenlehrpläne neu und konkret zu bestimmen, sind diese zunächst für die Arbeit selbst zu klären. Für die Arbeit als Berufsarbeit sind die Inhalte zum einen in ihren Makrostrukturen vorgeprägt durch das Leitbild zur Gesellen- bzw. Facharbeit, welches für die einzelnen Berufe durch die je geltenden Berufsbilder zum Ausdruck kommt. Von Bedeutung sind hierzu die inhaltlichen Berufsvorgaben der Ausbildungsordnungen, zu denen in der Wechselwirkung mit dem Arbeitswandel jedoch auch deren Veränderungen zu berücksichtigen sind. Zum anderen sind im Sinne einer auf die Berufe bezogenen Voranalyse die Arbeitsinhalte mit und in ihren inhaltlichen Makrostrukturen durch die Klärung der je beruflichen Arbeits- und Tätigkeitsbereiche zu bestimmen. In der Summe wird durch die Inhalte und Inhaltsbereiche die gesamte Berufsarbeit im Berufsfeld Elektrotechnik repräsentiert und zugleich hinsichtlich der beruflichen Arbeit in den einzelnen Elektroberufen des Handwerks der Industrie und der Dienstleistung inhaltlich vorstrukturiert.

Nach der auf die Berufe bezogenen Voranalyse und der Klärung der inhaltlichen Makrostrukturen anhand der je beruflichen Arbeits- und Tätigkeitsbereiche sind die Inhalte und Inhaltsstrukturen der Berufsarbeit als curriculare Vorgabe für den berufsbezogenen Unterricht im Einzelnen zu bestimmen. Für diese curriculare und didaktische Bestimmung bedarf es entsprechend der Leitidee der „Arbeitsorientierung" eines neuen Analyse- und Strukturmodells zur Arbeit, mit dem sich die Theorie- und Praxisinhalte gegenwärtiger wie zukünftiger Berufsarbeit möglichst grundlegend und modellhaft wie auch ganzheitlich und konkret erfassen lassen. Nach intensiv geführten Diskussionen und umfassenden berufsdidaktischen Auseinandersetzungen mit den Inhalten der Berufsarbeit (vgl. Petersen/Rauner 1995) lassen sich unter curricularen Aspekten und mit einem Strukturmodell im Ergebnis drei zentrale inhaltliche Arbeitsdimensionen unterscheiden (siehe Abb. 12).

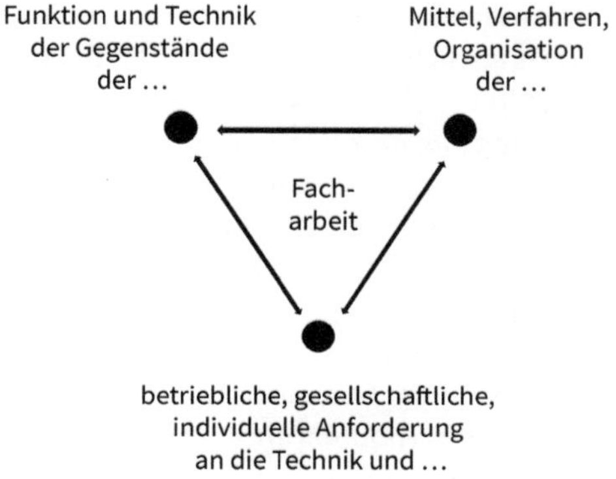

Abbildung 12: Strukturmodell der Arbeits- und Lerndimensionen zur Facharbeit

Diese Dimensionen der Fach- bzw. Berufsarbeit sind curricular und didaktisch zugleich als Lerndimensionen und Dimensionen der Ausbildungsinhalte zu begreifen, da das Strukturmodell im Ansatz berücksichtigt, dass die Arbeit in gestaltungsorientierter Perspektive unmittelbar und ganzheitlich mit ihren verschiedenen Inhaltsbezügen zum Gegenstand der Berufsausbildung wird. Damit sind die einzelnen Inhalte der Rahmenlehrpläne als neue curriculare Vorgabe zum berufsbezogenen Unterricht entsprechend den drei Arbeits- und Lerndimensionen zu bestimmen.

Im Detail werden im Sinne der ersten Inhaltsdimension der Arbeit diejenigen Inhalte der Berufs- bzw. Facharbeit erfasst und strukturiert, die sich auf den *Gebrauchswert und die Funktion und Technik der Gegenstände in der Facharbeit* beziehen. Konkret zur Arbeit in den Elektroberufen nehmen diese Inhalte z. B. unmittelbar Bezug auf die Technik und Gegenstände der verschiedenen elektrotechnischen Anlagen und Maschinen sowie auf die elektrischen bzw. elektronischen Geräte, Bauteile usw. (Technikbezug). In den geltenden curricularen Rahmenvorgaben zur Berufsausbildung hatten diese an der Elektrotechnik orientierten Inhalte und Gegenstände bisher bereits eine dominante Bedeutung. Im Zusammenhang der Inhalte der anderen Arbeits- und Lerndimensionen wird diese Dominanz jedoch relativiert und auch inhaltlich neu ausgerichtet. So werden z. B. die elektrotechnischen Gegenstände und Funktionen weniger in der Fachsystematik und nicht vorwiegend nur in der Perspektive der Entwicklung, Konstruktion und Berechnung zum Gegenstand des Unterrichts und der Ausbildung, sondern deutlicher aus und in der Perspektive der Facharbeit. Diese ist insbesondere durch das Installieren und Montieren oder das Bedienen und Überwachen von elektrotechnischen Anlagen und Maschinen oder auch die Störungssuche und das Instandhalten und Warten gekennzeichnet. Hiermit verknüpft sind die Inhalte der zweiten Arbeitsdimension, mit denen die *Mittel, Verfahren und die Organisation von Facharbeit* berücksichtigt werden und die in der Arbeit und Berufsbildung von ebenso zentraler Bedeutung sind. Denn mit diesen Inhalten wird u. a. auf die Vielfalt der Berufstätigkeiten und der einzelnen Prozesse oder auf die Verfahren und Methoden der Arbeit und die je verwendeten und eingesetzten Arbeitsmittel und -werkzeuge sowie auch auf die Planung und Organisation der Arbeit in Industrie und Handwerk Bezug genommen (Arbeitsbezug). Mit den Inhalten der dritten Arbeitsdimension werden die *Anforderungen an die Technik und Facharbeit* aufgenommen. In ihnen kommt die Technik und Arbeit als soziales Phänomen im Zusammenhang der verschiedenen betrieblichen, gesellschaftlichen und individuellen Ziele und Anforderungen zum Ausdruck (Gesellschafts- und Subjektbezug). Im Wirkungszusammenhang der drei Arbeits- und Lerndimensionen nehmen damit besonders die Anforderungen inhaltlich Bezug auf eine auch „wünschbare" Gestaltung der Arbeit und Technik. Unter prospektiven Aspekten weisen sie zudem über die je gegebene und gegenwärtig vorhandene Arbeits- und Technikgestaltung hinaus.

Die auf der Basis der drei Arbeits- und Lerndimensionen curricular zu bestimmenden Ausbildungsinhalten sind des Weiteren unter integrativen und didaktisch ganzheitlichen Aspekten nach thematischen Einheiten zusammenzufassen und zu strukturieren. Hierfür wird als methodische Makrostruktur der Rahmenlehrplaninhalte die Bildung von Themenfeldern vorgeschlagen, die durch und mit der Ergänzung von Leitlernzielen und gegebenenfalls von Lern- und Arbeitsaufgaben in die didaktisch-methodische Struktur von Lernfeldern überführt werden (siehe Abb. 13).

Im Sinne der Arbeitsorientierung soll sich diese neue Makrostruktur der Themen- bzw. Lernfelder für den berufsbezogenen Unterricht einerseits inhaltlich an der Struktur originärer beruflicher Arbeits- und Handlungs- bzw. Tätigkeitsbereiche orientieren. Insofern wäre die Bildung der thematischen Einheit eines jeden Themen- bzw. Lernfeldes prinzipiell über einen ganzheitlichen Arbeitszusammenhang zu begründen, der wiederum ein Teil der gesamten beruflichen Arbeitsprozesse ist. Andererseits soll die Makrostruktur der Themen- bzw. Lernfelder auch der didaktischen Vorgabe und Ausbildungsstruktur von berufsfeldbreiter Grund- und beruflicher Fachbildung folgen. Hierzu ist jedoch im Gegensatz zur gegenwärtigen „Bauteile-Anlagen-Didaktik" der Inhaltsstrukturen ein neuer arbeitsorientierter Aufbau der Grund- und Fachbildungsinhalte zu begründen und didaktisch-methodisch zu gestalten.

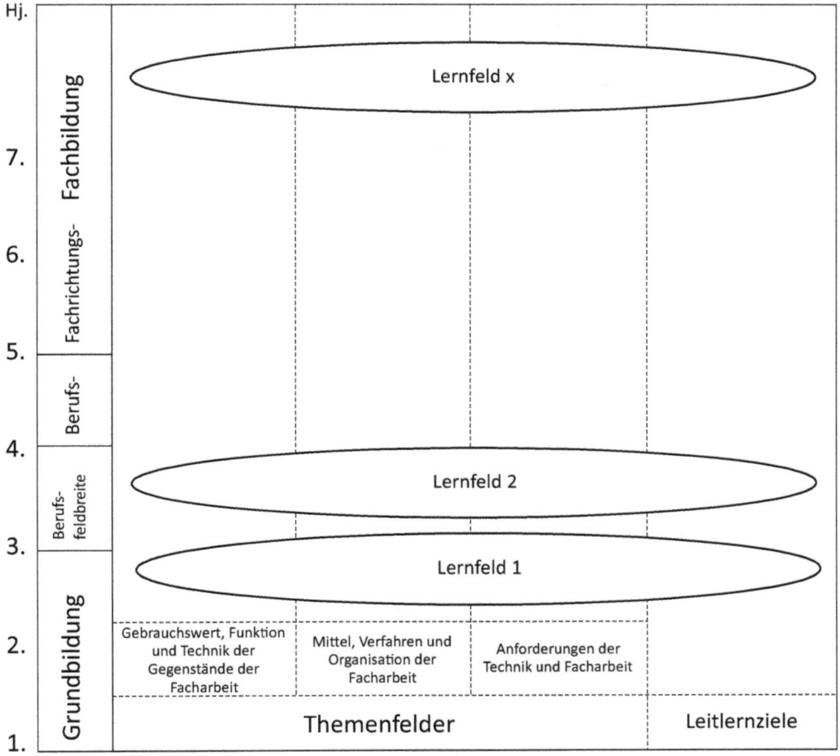

Abbildung 13: Arbeitsorientierte Gestaltung der Rahmenlehrpläne für die Elektroberufe

Das heißt, ausgehend von einem neuen arbeitsorientierten Grund- und Fachbildungsverständnis (vgl. Rauner 1996; Petersen 1996) sollen in den Lernfeldern mit Beginn der Grundbildung wirklich diejenigen Ausbildungsinhalte im Mittelpunkt stehen, die sich „grundlegend" und „grundbildend" an der Arbeit in der Breite des Berufsfeldes Elektrotechnik orientieren. Dies sind dann nicht mehr zwingend nur die bekannten Grundfertigkeiten der Metallbearbeitung oder die klassischen physikalisch-technischen Grundlagen der Elektrotechnik. Als grundlegend in der Berufsausbildung sollen vielmehr solche Lernfelder und Inhalte gelten, mit denen zunächst ein umfassendes „Orientierungs- und Überblickswissen" und ein „Zusammenhangswissen" zur Arbeit im Berufsfeld Elektrotechnik vermittelt werden kann (siehe Abb. 14).

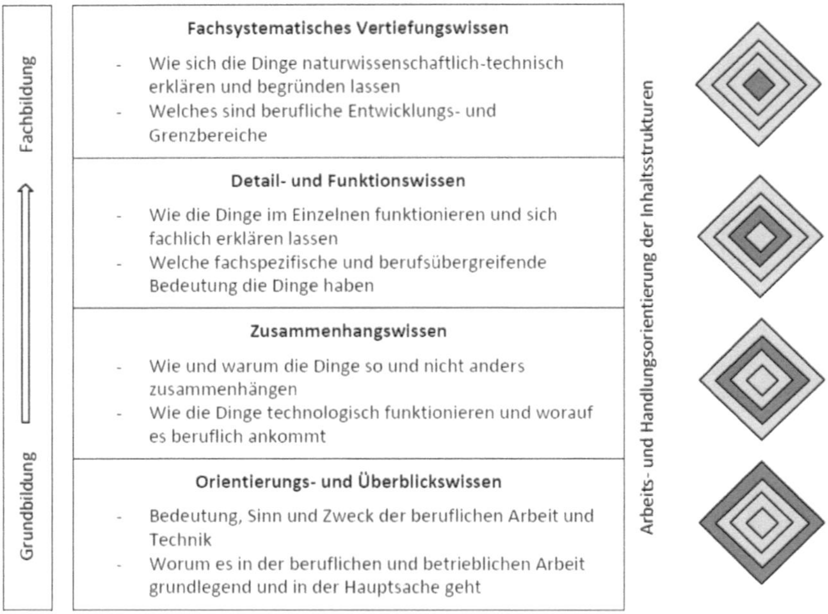

Abbildung 14: Vier Wissensebenen als neue Didaktikstruktur der Grund- und Fachbildungsinhalte

Entsprechend den drei Arbeits- und Lerndimensionen soll sich dieses grundbildende Wissen auf die Gegenstände der Arbeit, die Mittel, Verfahren und Organisation der Arbeit und die Anforderungen der Technik und Arbeit im Berufsfeld Elektrotechnik beziehen. Von daher ist in den Lernfeldern der Grundbildung auch bereits auszugehen von der Arbeit und Technik in den verschiedenen Systemen und Anlagen im Berufsfeld Elektrotechnik, um grundlegend und berufsfeldbreit „zu wissen“, worum es im Beruf überhaupt geht und wie die Dinge im Berufsfeld zusammenhängen. Unter Berücksichtigung der verschiedenen beruflichen Arbeitsschwerpunkte in den Elektroberufen des Berufsfeldes Elektrotechnik sind für die berufsfeldbreite Grundbildung insbesondere folgende Themen- bzw. Lernfelder vorzuschlagen:

- Arbeit und Technik im Berufsfeld Elektrotechnik
- Energieverteilungsanlagen
- Energieversorgungsanlagen
- Produktions- und Prozessanlagen

- Kommunikationsanlagen
- Energienutzungsanlagen.

Bei der konkret inhaltlichen Ausgestaltung dieser Themenfelder ist unter dem Aspekt, dass die Rahmenpläne nur einen curricularen „Rahmen“ für den berufsbezogenen Unterricht vorgeben sollen, eine curriculare Offenheit insoweit zu berücksichtigen, dass eine flexible und durch verschiedene Lern- und Arbeitsaufgaben methodisch ergänzte variantenreiche Umsetzung der Themen- und Lernfelder in der Unterrichts- und Ausbildungspraxis möglich wird.

Die damit auch methodisch bereits in der Grundbildung angelegte arbeitsorientierte Makrostruktur der Lernfelder, die sich ganz offensichtlich und deutlich von der bisherigen Struktur der zergliederten technikorientierten Lerngebiete unterscheidet, soll sich in der Struktur integrierter Themen- bzw. Lernfelder für die Fachbildung fortsetzen. Dazu sind die an der berufsfeldbreiten Arbeit orientierten Themenfelder der Grundbildung zunächst unter den Arbeitsaspekten der einzelnen Elektroberufe inhaltlich einzuschränken, um diese dann mit und in den Themen- und Lernfeldern der Fachbildung jeweils berufs- und fachrichtungsspezifisch zu vertiefen. Das heißt, im Sinne eines Spiralcurriculums sind die Themenfelder der Grundbildung inhaltlich auch teils erneut aufzunehmen und für die Fachbildung unter Berücksichtigung der je spezifischen Inhalte der Berufsarbeit weiter auszudifferenzieren. Bei der konkreten curricularen Ausgestaltung der Themen- und Lernfelder der Fachbildung soll hierdurch zugleich das berufliche „Detail- und Funktionswissen“ sowie das „fachsystematische Vertiefungswissen“ eine zunehmende Bedeutung erhalten (siehe Abb. 14). Methodisch korrespondiert dieses Wissen stärker als in der Grundbildung mit den Arbeits- und Technikinhalten auf der Baugruppen- und der Elementenebene, wobei generell anzumerken ist, dass die hier didaktisch-methodisch hergestellten Verbindungen zwischen den Wissens- und Gegenstandsebenen und den Grund- und Fachbildungsinhalten keine rigide Vorgabe darstellen. Sie geben nur zeitlich-inhaltliche Schwerpunktsetzungen für die Verortung und Umsetzung der Lernfelder in deren didaktisch-methodischer Makrostruktur der Rahmenlehrpläne an. Dennoch ist durchaus beabsichtigt, die Inhaltsstrukturen der Rahmenvorgaben in ihrer bisherigen „Bauteile-Anlagen-Didaktik“ zum Teil „vom Kopf auf die Füße“ zu stellen.

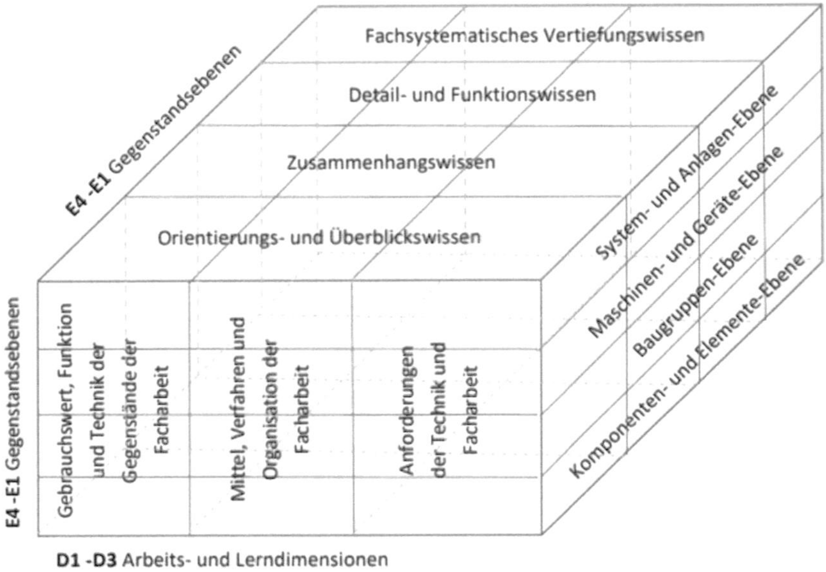

Abbildung 15: Curricularer Analyse- und Inhaltsraum zur Arbeits- und Ausbildungsgestaltung

Mit den damit vorgestellten Leitideen für ein arbeitsorientiertes Gesamtkonzept der Rahmenlehrpläne sind die Grund- und Fachbildungsinhalte für die Elektroberufe teils völlig neu zu bestimmen. Entsprechend wird ihnen für den berufsbezogenen Unterricht eine grundsätzlich neue didaktisch-methodische Struktur von Lernfeldern hinterlegt. Zusammengefasst kann als Grundlage und Orientierung für die im Einzelnen noch zu leistende konkrete Gestaltung der Lernfelder der im Konzept implizit angelegte mehrdimensionale „Analyse- und Inhaltsraum“ gelten (siehe Abb. 15), der zugleich hilfreich für die notwendige curriculare Arbeitsanalyse wie für die Evaluation der Ausbildungsgestaltung ist.

Da die weitere Gestaltung der Rahmenlehrpläne für die Elektroberufe, hier und heute nicht zu konkretisieren ist, sei abschließend in Form einer tabellarischen Übersicht noch beispielhaft angegeben, welche Inhalts- und Lernzielbereiche entsprechend den Leitideen und neuen Inhaltsstrukturen zur Lernfeldgestaltung für die Elektroberufe von berufsfeldbreiter Bedeutung sind (siehe Abb. 16). Die Ziel- und Inhaltsbereiche stellen insbesondere auf der Ebene des Orientierungs- und Überblickswissens sowie des Zusammenhangswissens bereits eine relativ konkrete inhaltliche Grundlage für die oben vorgeschlagenen und benannten Lernfelder der Grundbildung im Berufsfeld Elektrotechnik dar.

Gebrauchswert, Funktion und Technik der Gegenstände der Facharbeit	**Mittel, Verfahren und Organisation der Facharbeit**	**Anforderungen der Technik und Facharbeit**	**Leitlernziele zum Berufsfeld Elektrotechnik**
Haus- und Betriebsanlagen • .Energieverteilungsanlagen - Häuser, Gebäude und Betriebe - Außenanlagen • Energieversorgungsanlagen - Zentrale und dezentrale Energieerzeugungsanlagen - Batterien, Akkumulatoren, Netzgeräte • Produktions- und Prozessanlagen - Automatisierungssysteme - Leitsysteme • Kommunikationsanlagen - Telekommunikations-, Melde- und Signalanlagen - Informations- und EDV-Anlagen - Sende- und Empfangsanlagen • Energienutzungsanlagen - Beleuchtung, Heizung usw. **Maschinen, Geräte und Produkte** • Produktions- und Werkzeugmaschinen, Arbeits- und Haushaltsgeräte • Automatisierungs- und Steuergeräte • Kommunikations- und Informationsgeräte **Baugruppen und Komponenten** • Elektrische und elektronische Baugruppen und Komponenten **Bauteile und Materialien** • Elektrische und elektronische Bauteile • Werk-, Betriebs- und Hilfsstoffe	**Arbeitsmittel und -werkzeuge** • Auftrags- und Planungsunterlagen - Vorschriften und Bestimmungen • Herstellungs- und Installationsunterlagen - Zeichnungen, Schaltpläne • Inbetriebnahme- und Bedienungsunterlagen - Anweisungen und Handbücher • Wartungs- und Serviceunterlagen - Wartungs- und Schaltpläne - Reparaturanweisungen • Mess- und Prüfgeräte - für elektrische Größen - für "nichtelektrische" Größen • Installations- und Montagewerkzeuge • Werkzeuge der Metallbearbeitung **Organisation der Arbeit** • Arbeitsteilung - Produktions-, Gewerbe und Dienstleistungsbetriebe - Handwerks- und Industrieberufe • . Betriebsorganisation - Aufbau- und Ablauforganisation - Produktionskonzepte und Auftragsbearbeitung • Arbeitsorganisation - Arbeitsteilung und -formen, Gruppenarbeit **Arbeitsverfahren und -methoden** • Produktions-, Arbeits- und Geschäftsprozesse • Planung, Durchführung und Kontrolle der Arbeit	**Betriebs- und Kundenanforderungen** • Sicherheits- und umweltgerechte sowie wartungsfreundliche und störungssichere Anlagen, Maschinen und Geräte • fach- und sachgerechte sowie kostengünstige Arbeit • selbständige und kooperative sowie verantwortungs- und qualitätsbewusste Arbeit • Beteiligung an betrieblichen Innovations- und Gestaltungsprozessen zur Arbeit und Technik • Anlagen- und Produktberatung **Gesellschaftliche Anforderungen** • Normen, Gesetze und Vorschriften für die Errichtung und den Betrieb von elektrischen Anlagen, Maschinen und Geräten • Umweltverträgliche Produktion und Produkte • rationelle Energie- und Materialverwendung **Individuelle Anforderungen** • Verstehen, Bewerten und Mitgestalten der Technik und Arbeit • gesundheits- und sozialverträgliche sowie humane und sichere Arbeit • interessante, lukrative und abwechslungsreiche Arbeit	• Kenntnisse zu den Gegenständen, Anforderungen, Zusammenhängen und Organisationsformen der elektrotechnischen Facharbeit • Fähigkeiten zur Analyse, Bewertung und Gestaltung der Arbeit und Technik im Berufsfeld • Kenntnisse zu den Aufgaben, zum Aufbau und den Funktionen der Anlagen, Maschinen und Geräte • Kenntnisse und Anwendung der Bestimmungen und Vorschriften für die sicherheits- und umweltgerechte Errichtung, Instandhaltung und den Betrieb von Anlagen und Geräten • Kenntnisse zu den elektrophysikalischen und -technischen Größen und Zusammenhängen • Kenntnisse zu den Arbeitsmitteln und -werkzeugen sowie den Verfahren und Methoden in der elektrotechnischen Facharbeit • Werkstoff- und metalltechnische Kenntnisse und Kompetenzen • Kompetenzen der selbständigen und kooperativen Planung, Durchführung und Kontrolle der Arbeits- und Lernprozesse • Kenntnisse und Bewertung der historischen Gewordenheit der Arbeit und Technik • Befähigung zur Mitgestaltung von Arbeit und Technik und Prozessen der Organisationsentwicklung

Abbildung 16: Übersicht über Inhalts- und Lernzielbereiche für die Lernfeldgestaltung

Literatur

BBiG: Berufsbildungsgesetz vom 14. August 1969 (BGBI. I S. 1112), zuletzt geändert durch

Artikel 55 des Pflegeversicherungsgesetzes vom 26. Mai 1994 (BGBI. I S. 1014)

Benner, Hermann/Püttmann, Friedhelm: 20 Jahre gemeinsames Ergebnisprotokoll. Eine kritische Darstellung des Verfahrens zur Abstimmung von Ausbildungsordnungen und Rahmenlehrplänen für die Berufsausbildung in anerkannten Ausbildungsberufen aus Bundes- und Ländersicht. Bonn: November 1992. (Herausgegeben vom Bundesminister für Bildung und Wissenschaft)

BMWi: Der Bundesminister für Wirtschaft (Hrsg.): Verordnung über die Berufsausbildung in den industriellen Elektroberufen und zum Kommunikationselektroniker/zur Kommunikationselektronikerin im Bereich der Bundespost vom 15. Januar 1987; verkündet im Bundesgesetzblatt, Teil I, S. 199 ff. Bonn: 22. Januar 1987.

Dehnbostel, Peter/Holz, Heinz/Novak, Hermann (Hrsg.): Lernen für die Zukunft durch verstärktes Lernen am Arbeitsplatz. Dezentrale Aus- und Weiterbildungskonzepte in der Praxis. Berlin; Bonn: IF A-Verlag GmbH, 1992. (Berichte zur beruflichen Bildung; Heft 149)

Drescher, E./ Müller, W. / Petersen, W./Rauner, F./Schmidt, D.: Evaluation der industriellen Elektroberufe. Neuordnung oder Weiterentwicklung. Abschlussbericht, Bremen 1995

Gagel, G.: Der Lehrplan der Fachkunde (1929). In: Grüner, Gustav (Hrsg.): Curriculumproblematik der Berufsschule. Zur Entwicklungsgeschichte der Lehrpläne gewerblicher Berufsschulen. Stuttgart: Holland & Josenhans, 1975 (beiträge zur pädagogik; Band 6), S. 76–85.

Georg, Walter/Kunze, Andreas: Sozialgeschichte der Berufserziehung. Eine Einführung. München: Juventa, 1981 (Studientexte Fernuniversität).

Gössler, Heinrich: Entwicklung des Elektroinstallationsgewerbes; seine Stellung und Bedeutung im heutigen Wirtschaftsleben. Hamburg: 1925. (Dissertation)

Gringel, K.: Die Elektrotechnik in der kleinen Berufsschule. In: Die kleine Berufsschule. Zeitschrift für praktische Unterrichtsgestaltung. Leipzig; Berlin: Teubner, 4 (1928–29) 1, S. 338–343

HM EVB Hessischer Minister für Erziehung und Volksbildung: Bildungspläne für die berufbildenden Schulen im Lande Hessen. Gruppe: Berufsschulen. Heft I/1 Grundsatzheft. Wiesbaden: August 1962. (Amtsblatt, Sondernummer, Jahrgang 15)

KM NW Der Kultusminister des Landes Nordrhein-Westfalen (Hrsg.): Lehrpläne für gewerblich-technische Berufsschule, Elektrotechnische Berufe. Ratingen bei Düsseldorf: Henn, 1965. (Die Schule in Nordrhein-Westfalen. Eine Schriftenreihe des Kultusministers; Heft 16 Lehrpläne für gewerblich-technische Berufsschulen, Teil b Elektrotechnische Berufe)

KMK Sekretariat der Ständigen Konferenz der Kultusminister der Länder in der Bundesrepublik Deutschland (Hrsg.): Rahmenlehrpläne über die Berufsausbildung in den industriellen Elektroberufen. Beschluß der Kultusministerkonferenz vom 7. Januar 1987.

Kocka, Jürgen: Sozialgeschichte. Begriff, Entwicklung, Probleme. Göttingen: 1977.

Petersen, Willi: Die Gestaltung einer arbeitsorientierten Fachbildung im Berufsfeld Elektrotechnik aus curricularer Sicht. In: Lipsmeier, A./Rauner, F. (Hrsg.): Beiträge zur Fachdidaktik Elektrotechnik. Stuttgart 1996 (bzp beiträge zur pädagogik für Schule und Betrieb; Band 16), S. 277–306

Petersen, Willi; Rauner, Felix: Evaluation und Weiterentwicklung der Rahmenlehrpläne des Landes Hessen der Berufsfelder Metall- und Elektrotechnik. Gutachten im Auftrag des Hessischen Kultusministeriums. Bremen: Universität Bremen, ITB, 1995

Pukas, Dietrich: Die "Frankfurter Methodik" – Ein Meilenstein der Berufsschulgeschichte und Berufsschuldidaktik. Zum Gedenken an Prof. Dr. Jürgen Wissing 1897–1988. In: Zeitschrift für Berufs- und Wirtschaftspädagogik. Stuttgart: Steiner 85 (1989) 3 S. 230–243.

Rauner, Felix.: Elektrotechnik-Grundbildung. Zu einer arbeitsorientierten Gestaltung von Lehrplänen im Berufsfeld Elektrotechnik. In: Lipsmeier, A./ Rawter, F. (Hrsg.): Beiträge zur Fachdidaktik Elektrotechnik. Stuttgart 1996 (bzp beiträge zur pädagogik für Schule und Betrieb; Band 16), S. 86–102

Schilling, Ernst-Günter: Von der Fachkunde zur Technologie. Umbenennung oder notwendige innere Wandlung eines Unterrichtsfaches? In: Die Deutsche Berufs- und Fachschule. Stuttgart: Steiner, 71 (1975) 2, S. 118–137.

Spranger, Eduard: Die drei Kreise: Berufs-, Bürger- und Lebenskunde (1922). In: Grüner, Gustav (Hrsg.): Curriculumproblematik der Berufsschule. zur Entwicklungsgeschichte der Lehrpläne gewerblicher Berufsschulen. Stuttgart: Holland & Josenhans, 1975 (beiträge zur pädagogik; Band 6), S. 65–68.

Wessel, Horst A.: Der Elektroinstallateur und Elektromonteur. Ein Berufsbild im Wandel seiner Ausbildung. In: Geschichte der Elektrotechnik. Band 12. Berlin; Offenbach: 1993, S. 201–247

Wissing, Jürgen/Lowitsch, Johann/Bürgener, Walter: Methodik des werkkundlichen Unterrichts für Maschinenbauer. Teil 1. Weinheim 1960 (2. Aufl. Neuauflage).

Beitrag 6 aus dem Jahr *2000*: Leitideen für die Entwicklung und Gestaltung arbeitsorientierter und lernfeldbasierter Rahmenlehrpläne

In: Bader, R.; Sloane, P. (Hrsg.): Lernen in Lernfeldern – Theoretische Analysen und Gestaltungsansätze zum Lernfeldkonzept. Beiträge aus den Modellversuchsverbünden NELE & SELUBA. Markt Schwaben, S. 217–237.

Mit dem Beitrag „Leitideen für die Entwicklung und Gestaltung arbeitsorientierter und lernfeldbasierter Rahmenlehrpläne" aus dem Jahr 2000 im von Reinhard Bader und Peter F. E. Sloane herausgegebenen Werk „Lernen in Lernfeldern" gelang es Willi Petersen (erstmals) seine Lernfeld-Gestaltungsvorstellungen, die ja bereits auf die Jahre 1993/94 zurückzuführen sind[26], in den Lernfelddiskurs innerhalb der Berufs- und Wirtschaftspädagogik einzubringen. So unterstreicht er sein „Vordenken" indirekt und behutsam durch den Verweis, dass er die im Beitrag vorgestellten Lernfeldtypen „bereits Petersen 1994, S. 184 f." vor der Implementierung durch die KMK erstmals veröffentlicht hat.

Petersen unterstreicht die Relevanz des Lernfeldkonzeptes für den Lernort Berufsschule, da sich die Rahmenlehrpläne grundlegend verändert haben und verweist auf die teils heftige Diskussion und Verunsicherung bei der schulischen Umsetzung. Er konstatiert, dass die bedeutenden curricularen und didaktischen Fragen zum Lernfeldkonzept auf Grund der unmittelbaren Einführung durch die KMK wissenschaftlich bisher kaum bzw. nur im Ansatz thematisiert wurden. Das Lernfeldkonzept selbst gibt nur unzureichende Antworten und

---

26 Siehe Beitrag „Evaluation und Revision der Rahmenlehrpläne des Landes Hessen Berufsfelder Metall- und Elektrotechnik" in diesem Buch.

sich teils widersprechende Aussagen. Petersen formuliert fünf Kernfragen zum Lernfeldkonzept, die er im Beitrag beantwortet.

Ausgehend von einer Darstellung und Kritik der „alten“ fachsystematischen und durch die Wirtschaft kritisierten Curricula, beschreibt Petersen zunächst das neue Konstrukt der Lernfelder und nimmt dazu kritisch Stellung. Er vermisst in den KMK-Vorgaben Konzeptkriterien für die Gestaltung der Lernfelder. Bereits in der Umsetzung erkennt er erhebliche Unterschiede: so sind Lernfelder teilweise nach Themen strukturiert und in anderen Rahmenlehrplänen bereits nach Arbeitsbereichen bzw. beruflichen Handlungsfeldern. Er bemängelt, dass viele Begriffe ohne hinreichende inhaltliche Klärung in die „Handlungsempfehlung“ aufgenommen wurden, so dass zu viele Fragen offenbleiben.

Mit der arbeitsorientierten Lernfeldgestaltung möchte Petersen einen Beitrag zur Weiterentwicklung der Rahmenlehrplangestaltung und damit der Unterrichtsgestaltung vorstellen. Zunächst werden die Begriffe Geschäfts- und Arbeitsprozess erläutert und gegeneinander abgegrenzt. Unter Berücksichtigung des Berufskonzeptes geschieht eine weitere Ausdifferenzierung in Arbeitsaufgaben und Tätigkeits- und Handlungsfelder, die dann wiederum konstituierend für ein Berufsbild sind. Für die Entwicklung und Gestaltung von Lernfeldern sind nach Petersen die Berufsbildvorgaben von entscheidender Bedeutung. Diese können somit eine curriculare Orientierungsgrundlage darstellen.

Berufstypische Geschäfts- und Arbeitsprozesse bilden nach Petersen zunächst die Grundlage des Modells. Für die „exemplarischen“ Geschäfts- und Arbeitsprozessen werden dann berufliche Tätigkeits- und Handlungsfelder sowie Arbeitsaufgaben identifiziert. Aber auch ausgehend von den beruflichen Tätigkeits- und Handlungsfeldern kann konzeptionell vorgegangen werden. Somit schlägt Petersen zwei Umsetzungsmodelle vor, die jeweils für sich den Anspruch haben, dass die gestalteten Lernfelder in der Summe alle für den Beruf relevanten Kompetenzen, Inhalte und Arbeitsaufgaben berücksichtigen. Mischkonzept aus den beiden Konzeptvarianten wären ebenfalls möglich. Bspw. indem die Lernfelder einerseits sowohl einen berufstypischen Geschäfts- und Arbeitsprozess und andererseits einzelne berufliche Tätigkeits- und Handlungsfelder zum Gegenstand und Thema haben.

Ein drittes Konzept nimmt die Struktur der Fachsystematik mit auf und schafft zwei im Prinzip unterschiedliche Lernfeldtypen. Die Lernfelder der bereits beschriebenen Variante werden um „Querschnitts-Arbeitsinhalte und Querschnitts-Technikinhalte“ ergänzt. Dies geschieht, um berufliche

Inhaltsbereiche, die quer zu den betrieblichen Arbeits- und Geschäftsprozessen liegen curricular einbinden zu können.

Aus der schulischen Praxis heraus werden drei vorgefundene Umsetzungsvarianten zum Lernfeldkonzept vorgestellt, die alle das Risiko in sich tragen, dass die Unterrichtsgestaltung nicht den Intentionen des Lernfeldkonzeptes folgt, sondern weitgehend in den alten Fachstrukturen verhaftet bleibt.

Leitideen für die Entwicklung und Gestaltung arbeitsorientierter und lernfeldbasierter Rahmenlehrpläne

1 Einleitung

Für die Berufsausbildung im „Dualen System" sind als curriculare und didaktische Vorgabe und Grundlage die Ausbildungsrahmenpläne für die Betriebe und die Rahmenlehrpläne für die Berufsschulen faktisch und praktisch von zentraler Bedeutung. Dies gilt unabhängig von den Fragen nach der Einhaltung und Reichweite oder einer individuellen Ein- und Abschätzung der Bedeutung dieser Vorgaben für die konkrete Ausbildungs- und Unterrichtsgestaltung in den Betrieben und Berufsschulen im Einzelfall. „Gute" Rahmenvorgaben gelten insofern als eine wichtige Voraussetzung für eine innovative Ausbildung und einen „guten" Unterricht, wenngleich für eine hohe Ausbildungs- und Unterrichtsqualität ein solcher Zusammenhang nicht immer zwingend ist. Von Bedeutung ist hier ebenso die curriculare und didaktisch-methodische Abstimmung der betrieblichen und schulischen Rahmenvorgaben. Denn die Art und Weise der Vorgabenabstimmung kann insbesondere eine dual-kooperative Zusammenarbeit von Betrieb und Berufsschule in der Ausbildung befördern oder behindern und damit die Qualität der gesamten Berufsausbildung durchaus entscheidend beeinflussen.

Wird nun, wie mit dem neuen KMK-Lernfeldkonzept von 1996 erfolgt, das Konzept und die Gestaltung der Rahmenlehrpläne für den Lernort Berufsschule grundlegend verändert, so ist von weitreichenden Veränderungen in der Unterrichtsgestaltung wie insgesamt in der Berufsausbildung auszugehen. Die Relevanz des neuen Lehrplankonzeptes wird aktuell insbesondere daran deutlich, dass zu den neuen Lernfeldvorgaben und deren schulischen Umsetzung teils heftige Diskussionen und eine Verunsicherung entstanden sind. Aus sehr unterschiedlichen Perspektiven sind so derzeit zum neuen Lernfeldkonzept curriculare und didaktische Fragen virulent, die sich im Kern wie folgt zusammenfassen lassen:

- Welche Begründungen und Zielsetzungen waren und sind mit dem Neuansatz für die Rahmenlehrplangestaltung nach dem KMK-Lernfeldkonzept verbunden?

- Wodurch ist das Lernfeldkonzept curricular und didaktisch-methodisch gekennzeichnet und welche Ziele werden mit den Lernfeldern in den Rahmenlehrplänen verfolgt?
- Nach welchen Kriterien und auf welcher Grundlage werden bzw. sollten Lernfelder für die Rahmenlehrpläne konkret bestimmt und inhaltlich ausgestaltet werden?
- Wie bestimmend soll und kann das Lernfeldkonzept unter curricularen und didaktisch-methodischen Aspekten auf die konkrete Unterrichtsgestaltung wirken?
- Welche Möglichkeiten und Perspektiven beinhaltet ein nach dem Lernfeldkonzept gestalteter Rahmenlehrplan zur Verbesserung der Unterrichts- und Ausbildungsgestaltung im Rahmen der dual organisierten Berufsausbildung?

Da das neue Lernfeldkonzept unmittelbar aus und für die Entwicklungspraxis der KMK-Rahmenlehrpläne entstanden ist, wurden diese weitreichenden Fragen unter wissenschaftlichen Aspekten bisher kaum bzw. nur im Ansatz und unzureichend thematisiert. Das KMK-Lernfeldkonzept selbst gibt ebenso nur unzureichende Antworten und enthält zudem teils sich widersprechende Aussagen. Dies zeigt sich im Ergebnis an den neuen KMK-Rahmenlehrplänen, die bisher nach dem Lernfeldkonzept erarbeitet und ausgestaltet wurden und heute dem Berufsschulunterricht bereits für etliche Berufe neu vorgegeben sind.

Vor dem Hintergrund der fünf Kernfragen soll mit den nachfolgenden Ausführungen der Versuch unternommen werden, auch anhand von Leitideen zu einer arbeitsorientierten Berufsausbildung einen Beitrag zur Konzeptklärung wie zur Gestaltung neuer lernfeldbasierter Rahmenlehrpläne zu leisten.

2 Begründungen und Zielsetzungen für einen Neuansatz in der Rahmenlehrplangestaltung

Die historische und auch die jüngere Geschichte der Rahmenlehrpläne für die Berufsschule zeigt, dass sich deren Ansätze und Entwicklungskonzepte vielfältig gewandelt haben. Sie standen und stehen bis heute in einem engen Wirkungszusammenhang mit der sogenannten Berufsschuldidaktik, die sich über die Didaktik der Gewerbeschulen um 1900 und seit etwa 1920 als Didaktik zum Berufsschulunterricht herausgebildet und die sich im Konzept und in der Praxis seitdem ebenso gewandelt und verändert hat (vgl. insb. Grüner 1975; Petersen 1993; Petersen/Rauner 1995). Andere Einflüsse, wie z. B. die breite Diskussion der neuen Theorieansätze zur Curriculumentwicklung gegen Ende der 1960er

Jahre und auch zum wissenschaftsorientierten Unterricht der 1970er Jahre im Kontext der allgemeinen Bildungsreform, wirkten und wirken sich aber ebenso und mehr oder weniger eindeutig auf die Gestaltung der Rahmenlehrpläne und die Didaktik der Berufsschule aus. Veränderungen und Neuorientierungen in der Rahmenlehrplangestaltung sind somit historisch betrachtet grundsätzlich nicht ungewöhnlich. So können die einzelnen Ergebnisse und Vorgaben insbesondere hinsichtlich der Fachstrukturen oder Unterrichtsfächer und der Bildung thematischer Einheiten wie der Stoffgebiete, Lehrgänge oder Lerngebiete wie aber auch der inhaltlichen Ausrichtung der Ziele oder Lernziele und der Stoffe oder Lerninhalte als die jeweilige curriculare Antwort betrachtet werden, die vor dem Hintergrund der Wandlungsprozesse und der historisch je neuen curricularen und didaktischen Erkenntnisse bzw. Erkenntnisinteressen ihre spezifische Begründung hat. Insofern stellt das neue Lernfeldkonzept der KMK auch aktuell eine Weiterentwicklung in der curricularen Gestaltung der Rahmenlehrpläne dar, mit dem wiederum die bisher bestehenden Konzepte und Vorgaben aufgehoben werden.

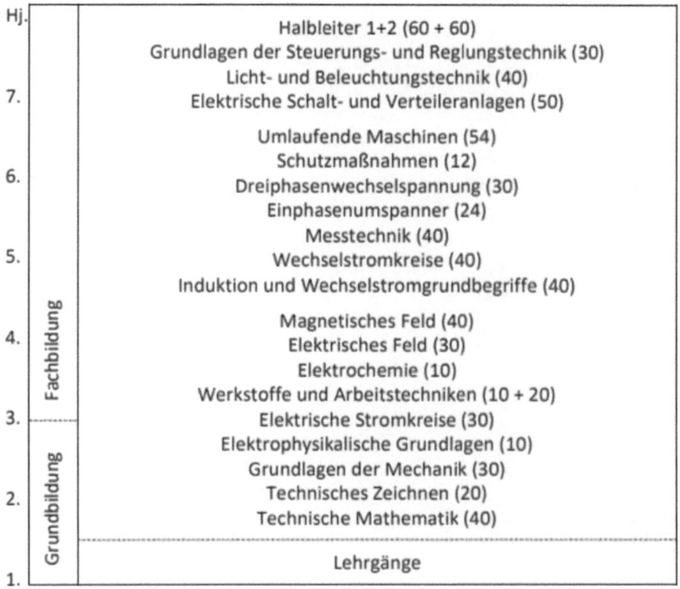

Abbildung 1: Lehrgänge als "Thematische Einheiten" zum berufsbezogenen Unterricht (HKM 1976)

Zur Frage, welche Erkenntnisse und Zielsetzungen sich zur Begründung für eine neue Rahmenlehrplangestaltung und damit das neue Lernfeldkonzept angeben lassen, kann zunächst eine zunehmende Kritik an den bestehenden Rahmenlehrplänen festgestellt werden, die auch in den Wandlungsprozessen und neueren Herausforderungen und Erkenntnissen ihre Ursache hat. So ist das neue KMK-Lernfeldkonzept auch als ein Reflex und eine Konsequenz der Kritik an den noch vielfach bis heute geltenden Rahmenlehrplänen aus der Sicht der Unterrichtsgestaltung an den Berufsschulen zu betrachten.

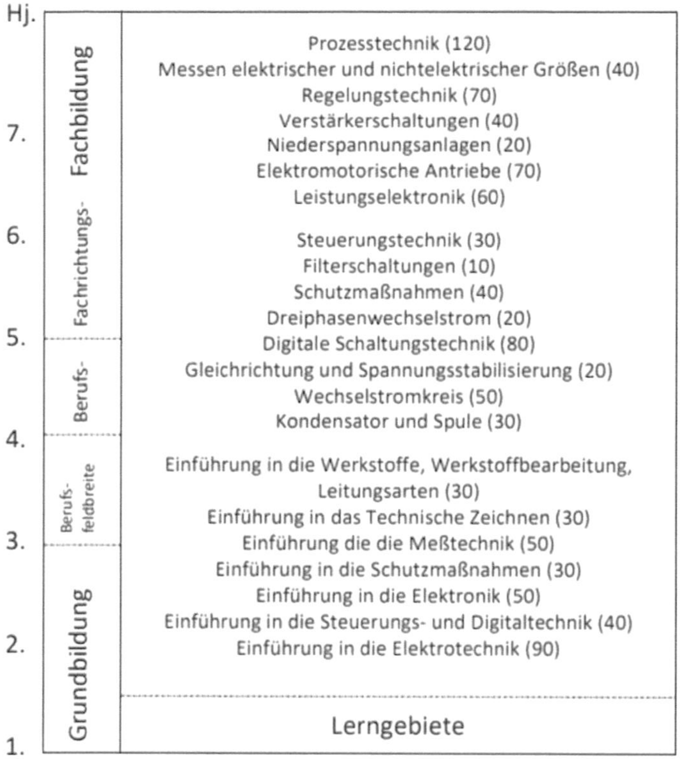

Abbildung 2: Lerngebiete als "Thematische Einheiten" zum berufsbezogenen Unterricht (KMK 1987)

Ausgehend von diesen Rahmenlehrplänen, und hier insbesondere von denen, die im Zusammenhang der Neuordnung der Metall- und Elektroberufe in 1987 neu entwickelt wurden, sollte bereits ab der Mitte der 1980er Jahren unter Berücksichtigung der neuen Ausbildungsziele wie der Befähigung zur selbstständigen Planung, Durchführung und Kontrolle der Arbeit auf deren Basis eine Um- und Neuorientierung in der Unterrichtsgestaltung erreicht werden. Das heißt, die vor dem Hintergrund eines auch neuen Leitbildes zur Facharbeit neu entwickelten Rahmenlehrpläne sollten z. B. die für die Elektroberufe aus den 1970er Jahren ablösen (siehe Abb. 1) und so gestaltet werden, dass sie entsprechend den neuen Ausbildungszielen nun verstärkt die Vermittlung der inzwischen breit diskutierten neuen beruflichen Handlungskompetenz unterstützen und fördern. Wie jedoch die Rahmenlehrpläne im Ergebnis zeigen, wurden zwar die neuen Zielsetzungen in die Rahmenlehrpläne aufgenommen, doch finden sich diese in den inhaltlichen Vorgaben und Strukturen, hier deutlich auch im Vergleich zu den „alten“ zu erkennen, nur im Ansatz in der Umbenennung der fachsystematischen Lehrgänge in Lerngebiete und im Austausch der alten gegen neue Technikinhalte wieder (siehe Abb. 1 und Abb. 2).

Die Kritik an den „neuen“ Rahmenlehrplänen war und ist insofern weniger auf die neuen Zielsetzungen gerichtet, die weithin Akzeptanz und Zustimmung finden, sondern mehr auf die nach wie vor fachsystematischen Inhalte und Strukturen der Lerngebiete. Denn auf deren Grundlage lassen sich die neu geforderten beruflichen Handlungskompetenzen nicht umfassend erreichen und in den Berufsschulen wird die didaktisch-methodische Umorientierung kaum unterstützt. Durch die noch weithin übliche Umsetzung der KMK-Rahmenlehrpläne in die Rahmenlehrpläne der Länder wurden zudem vielfach die Lerngebietsinhalte unter Beibehaltung der alten Unterrichtsfächer noch weiter zergliedert, wodurch sich die auf der Zielebene vorgenommene Neuorientierung auf der konkreten Unterrichtsebene noch weniger hat durchsetzen können. Dies gilt insbesondere auch unter Berücksichtigung der Erkenntnis und Zielsetzung, den Berufsschulunterricht weitgehend an vollständigen Arbeitshandlungen auszurichten und damit als „Handlungsorientierten Unterricht“ zu gestalten, um so das berufliche Lernen verstärkt durch Handlungslernen zu fördern.

In die Kritik an den bestehenden Rahmenlehrplänen ist aus der Sicht der Lernortkooperation des Weiteren die curriculare und didaktisch-methodische Abstimmung mit den Ausbildungsrahmenplänen einbezogen. Denn durch die fast völlig unterschiedlichen Entwicklungskonzepte der Pläne, die einerseits durch den Ansatz der Abbilddidaktik und andererseits durch den der Arbeitsanpassung gekennzeichnet sind, ist diese im Prinzip kaum feststellbar. Aus verschiedenen Perspektiven waren so insgesamt entscheidende Beweggründe vorhanden, in den Ländern bereits Anfang der 1990er Jahre über eine veränderte und z. B. das Konzept der Handlungsorientierung innovativ unterstützende wie auch stärker arbeitsorientierte Rahmenlehrplangestaltung neu nachzudenken (vgl. Petersen 1993; Petersen/Rauner 1995).

Lässt sich somit aufgrund der Kritik an den bestehenden KMK-Rahmenlehrplänen eine darauf begründete Notwendigkeit zu deren Veränderung feststellen, so gelten die neueren Wandlungsprozesse in der Arbeits- und Berufswelt als weitere Begründungsaspekte und Zielsetzungen für eine neue Rahmenlehrplangestaltung. Das heißt, mit einem Neuansatz für die Rahmenlehrpläne sollte nicht mehr nur den je neuen technischen Herausforderungen, sondern auch den Kompetenzanforderungen entsprochen werden, die insbesondere aus den neuen und „grundlegenden sozialen und ökonomischen Veränderungen“ resultieren. „Hierzu zählen insbesondere der Abbau von Hierarchien in Unternehmen, die Orientierung der Arbeitsaufgaben an Dienstleistungsfunktionen, Vernetzung von Kommunikation und Information“ (KMK 1999, S. 3). Entsprechend sollen die „beruflichen Tätigkeitsfelder eine wesentliche Bezugsebene für den Berufsschulunterricht“ sein, so dass auch die Rahmenlehrpläne curricular so zu gestalten sind, dass der Unterricht pädagogisch und didaktisch „stärker an den Prozessen beruflicher Tätigkeiten“ zu orientieren ist (vgl. ebd., S. 4). In der Abkehr von einer Abbilddidaktik sollen sich damit die Rahmenlehrpläne der KMK zukünftig an den Arbeitsprozessen ausrichten und als neue curriculare Ausgangsbasis Lernfelder vorgeben. Mit diesem Ziel und „pragmatischen Ansatz“ hat sich im Ergebnis auch der „Unterricht an einer auf die Aufgaben der Berufsschule zugeschnittenen Pädagogik auszurichten, die Handlungsorientierung betont und junge Menschen zu selbständigem Planen, Durchführen und Beurteilen von Arbeitsaufgaben im Rahmen ihrer Berufstätigkeit befähigt“ (ebd., S. 10). Ein weiteres Ziel der neuen Rahmenlehrpläne ist eine verbesserte Abstimmung von betrieblicher und schulischer Ausbildung, so dass bereits zu Beginn der Lehrplan-Arbeit eine Abstimmung über die Lernfelder und Tätigkeitsfelder im Zusammenhang der Erarbeitung der Ausbildungsordnungen erfolgen soll (vgl. ebd., S. 15).

3 Ansatz und Konzept der KMK-Lernfelder für die Rahmenlehrpläne

Das wesentliche Merkmal der neuen KMK-Rahmenlehrpläne ist die curriculare Vorgabe und didaktisch-methodische Bildung der thematischen Einheiten in der neuen Form der Lernfelder. Deren Ansatz und Konzept soll und kann im Prinzip nur auf der unmittelbaren Grundlage der „Handreichungen für die Erarbeitung von Rahmenlehrplänen der KMK“ erfasst werden, da alle weiteren Veröffentlichungen im Vor- und Umfeld des Lernfeldkonzeptes letztlich bereits Interpretationen oder Abwandlungen sind. Ein Problem besteht dabei allerdings darin, dass in den KMK-Handreichungen unter curricularen und didaktisch-methodischen Aspekten insgesamt keine klaren Konzeptkriterien für die Gestaltung der Lernfelder der Rahmenlehrpläne angegeben werden. Außerdem gibt es erste Handreichungen aus dem Jahre 1996 und die leicht modifizierten von 1999. Insofern wird ein Entwicklungsprozess in der eigenen Interpretation und Umsetzung der Handreichungen erkennbar, was auch an den teils erheblichen Unterschieden der Lernfelder in den ersten vorliegenden und neu entwickelten KMK-Rahmenlehrplänen zu verschiedenen Berufen deutlich wird (siehe Abb. 3 und Abb. 4). Weisen die Lernfelder einerseits eine Struktur von Themen auf, die „nur" in ihrer inhaltlichen Gesamtheit dem neuen arbeitsorientierten Anspruch gerecht werden, so werden andererseits unmittelbar einzelne Arbeitsbereiche bzw. berufliche Handlungsfelder zum Gegenstand der Lernfelder.

1. bis 3. Ausbildungsjahr	11.	Rechnungswesen und Controlling (40)
	10.	Betreuung von IT-Systemen (120)
	9.	Öffentliche Netze, Dienste (40)
	8.	Markt- und Kundenorientierung (60)
	7.	Vernetzte IT-Systeme (180)
	6.	Entwicklung und Bereitstellen von Anwendungssystemen (160)
	5.	Fachliches Englisch (60)
	4.	Einfache IT-Systeme (120)
	3.	Informationsquellen und Arbeitsmethoden
	2.	Geschäftsprozesse und betriebliche Organisation (40)
	1.	Der Betrieb und sein Umfeld (20)
		Lernfelder

Abbildung 3: Lernfelder der Rahmenlehrpläne für den Beruf IT-Systemelektroniker/-in (KMK 1997)

In der Ausarbeitung und Beschreibung des Lernfeldkonzeptes in den Handreichungen ist so auch insgesamt zunächst auffällig, dass eine Einführung und Verwendung alter und neuer Begriffe wie „Arbeits- und Geschäftsprozess",

„Handlungs- und Tätigkeitsfeld", „Bezugs- und Fachwissenschaft" oder „Lernfeld und thematische Einheit" erfolgt, und zwar ohne dass unter curricularen und didaktischen Aspekten und im Hinblick auf das „neue" Konzept die Begriffe selbst und auch ihre Beziehungen untereinander vorab hinreichend geklärt wurden. Wesentliche Konzeptmerkmale lassen sich damit nur auf einer Ebene angeben, die insbesondere auch im Hinblick auf deren Umsetzung bei der Entwicklung der Rahmenlehrpläne noch viele Fragen offenlässt. So heißt es zum einen, dass Lernfelder „thematische Einheiten" sind, „die an (konkreten) beruflichen Aufgabenstellungen und Handlungsabläufen orientiert sind". Und zum anderen, und hier unter Hinweis auf die „unbedingte" Beachtung des Bildungsauftrags der Berufsschule: „In den Lernfeldern sind die beruflichen Tätigkeitsfelder didaktisch aufzubereiten" (KMK 1996, S. 22; KMK 1999, S. 14). Was aber berufliche Aufgabenstellungen, berufliche Handlungsabläufe und berufliche Tätigkeitsfelder sind und worin die Unterschiede bestehen und ob diese „Arbeitsorientierungen" alternativ gelten, bleibt offen. Des Weiteren wird eine Möglichkeit der „Lernfeldentwicklung" eröffnet, für die Folgendes gilt: „In besonderen Fällen können innerhalb von Lernfeldern thematische Einheiten unter fachwissenschaftlichen Gesichtspunkten vorgesehen werden. In jedem Fall ist auch für solche Einheiten der Zusammenhang mit dem Arbeitsprozess deutlich zu machen" (ebd.). Hier ist nicht nur klärungsbedürftig, ob diese „Einheiten" überhaupt als Lernfelder gelten sollen, sondern auch, ob und wie sich diese im Zusammenhang der „normalen" Lernfelder in ein curriculares und didaktisch stimmiges Gesamtkonzept der Rahmenlehrpläne einfügen lassen. Zumal ebenso ungeklärt ist, was ein Sonderfall ist, für den „solche Einheiten" vorzusehen wären.

1. bis 4. Ausbildungsjahr	13.	Übergabe von mechatronischen Systemen an den Kunden (60)
	12.	Vorbeugende Instandhaltung (80)
	11.	Inbetriebnahme, Fehlersuche und Instandsetzung (160)
	10.	Planen der Montage und Demontage (40)
	9.	Untersuchen des Informationsflusses in komplexen mechatronischen Systemen (80)
	8.	Design und Erstellen mechatronischer Systeme (140)
	7.	Realisierung mechatronischer Teilsysteme (100)
	6.	Planen und Organisieren von Arbeitsabläufen (40)
	5.	Kommunizieren mit Hilfe von Datenverarbeitungssystemen (40)
	4.	Untersuchen der Energie- und Informationsflüsse in elektrischen, pneumatischen und hydraulischen Baugruppen (60)
	3.	Installieren elektrischer Betriebsmittel unter Beachtung sicherheitstechnischer Aspekte (100)
	2.	Herstellen mechanischer Teilsysteme (80)
	1.	Analysieren von Funktionszusammenhängen in mechatronischen Systemen (40)
		Lernfelder

Abbildung 4: Lernfelder der Rahmenlehrpläne für den Beruf Mechatroniker/-in (KMK 1997)

Des Weiteren wird bei den Intentionen und Begründungen der „Lernfeldstrukturierung" noch ausgeführt, dass die „Lehrpläne nach dem Konzept der Handlungsorientierung auszurichten" sind und es „unverzichtbar" ist, „die jeweiligen Arbeits- und Geschäftsprozesse in den Erklärungszusammenhang zugehöriger Fachwissenschaften zu stellen" (ebd.). Zugleich soll sich aber auch die „Struktur von Rahmenlehrplänen an den Arbeitsprozessen" orientieren, wobei ebenso das „Ausbildungsberufsbild, sofern dies die Tätigkeitsfelder nach den betrieblichen Arbeits- und Geschäftsprozessen wiedergibt, die Grundlage für die Struktur der Lernfelder in den Rahmenlehrplänen sein kann" (vgl. ebd., S. 14 f.).

Fasst man diese Merkmale zum Lernfeldkonzept zusammen, so wird besonders gegenüber den Merkmalen der „alten" Lerngebiete im Ansatz eine neue curriculare und didaktisch-methodische Orientierung und Ausrichtung an den Arbeits- und Geschäftsprozessen deutlich. Allerdings ist wegen der – möglicherweise auch beabsichtigten – Offenheit der Merkmale noch kein klares

Konzept für die Entwicklung und Gestaltung der Lernfelder zu erkennen, so dass dieses im Sinne der Handreichung die Erarbeitung von Rahmenlehrplänen curricular und didaktisch-methodisch kaum stimmig anleiten kann. Bestätigt sich dies im Ergebnis der bereits vorliegenden Rahmenlehrpläne, so gilt Vergleichbares folglich für die Umsetzung der entwickelten Lernfelder im berufsbezogenen Unterricht. Denn wenn die Lernfelder keine klaren und in sich schlüssigen Konzeptmerkmale aufweisen, führt dies in den Schulen nicht nur zu Unsicherheiten und Fehlinterpretationen des neuen Lernfeldkonzeptes, sondern die beabsichtigte und notwendige Innovation in der Ausbildungs- und Unterrichtsgestaltung bleibt möglicherweise aus oder wird nur im Ansatz umgesetzt.

4 Leitideen und Kriterien für die Entwicklung und Gestaltung von Lernfeldern

Vor dem Hintergrund der Gesamtentwicklungen erscheint mit dem Ansatz und der Leitidee einer arbeitsorientierten Lernfeldgestaltung grundsätzlich ein Beitrag zur Weiterentwicklung in der Rahmenlehrplangestaltung und damit in der Unterrichtsgestaltung leistbar, so dass in den Berufsschulen zukünftig den neuen beruflichen Herausforderungen besser entsprochen werden kann. Mit dem nachfolgenden Versuch sollen daher auf der Basis des KMK-Lernfeldkonzeptes zunächst einige erforderliche Klärungen und curriculare Konkretisierungen vorgenommen werden, die sich konzeptionell und inhaltlich auf die zentrale Orientierung und Ausrichtung der Lernfelder an den Arbeits- und Geschäftsprozessen beziehen. Danach werden sie abschließend anhand von drei zur Diskussion gestellten Konzeptvarianten mit der Frage zur konkreten Entwicklung und Gestaltung der Lernfelder verknüpft.

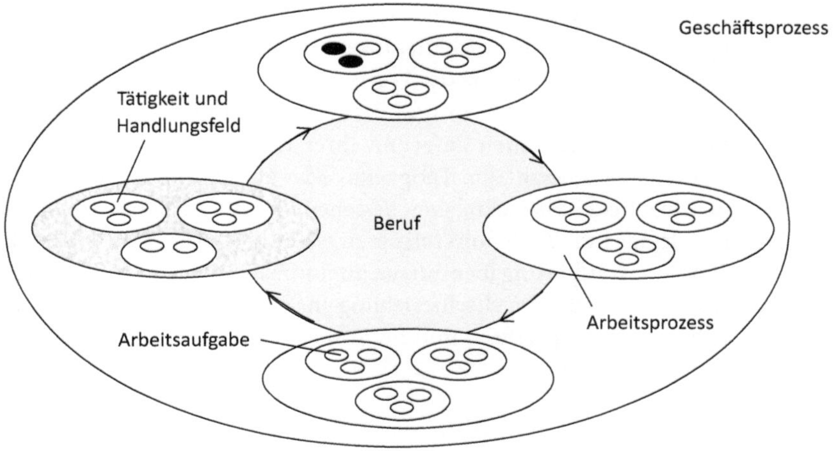

Abbildung 5: Berufsarbeit in Geschäfts- und Arbeitsprozessen

Wenn es zum Lernfeldkonzept heißt, die Struktur der Rahmenlehrpläne wie der Lernfelder soll sich an den Arbeits- und Geschäftsprozessen bzw. an konkreten beruflichen Aufgabenstellungen und Handlungsabläufen orientieren, so kommen damit die Lernfeldinhalte wirklich nur im Sinne einer ersten Orientierung zum Ausdruck. Da z. B. weder der Inhaltskomplex „Geschäftsprozess" noch der der „beruflichen Aufgabenstellungen" für sich und in den inhaltlichen Beziehungen curricular und didaktisch geklärt ist, sind so auch die Lernfeldinhalte auf der Konzeptgrundlage kaum eindeutig zu bestimmen.

Hilfreich und notwendig für eine differenzierte Klärung ist ein einfaches Betriebs- und Arbeitsmodell, mit dem „überbetrieblich" die verschiedenen Inhaltskomplexe der Arbeitsorientierung je für sich wie in den Beziehungen untereinander erfasst werden (siehe Abb. 5). Vor dem Hintergrund betrieblicher Analysen kann vom „Geschäftsprozess" als dem übergreifenden Inhaltskomplex ausgegangen werden, denn Geschäftsprozesse werden allgemein definiert als die Menge aller betriebswirtschaftlichen Prozesse und Arbeitsaktivitäten, die in der Wertschöpfungskette den Kundenwunsch oder -auftrag als Eingangsgröße haben und damit ein Ergebnis erzielen, welches für den Kunden einen Wert besitzt (vgl. u. a. Hammer/Champy 1993). Hierbei wird am Beispiel eines Automobilunternehmens und dem eines Bäckerladens unmittelbar einsichtig, dass Geschäftsprozesse eine sehr unterschiedliche Komplexität besitzen und sich bezogen auf einzelne Unternehmens- und Betriebsbereiche auch in weitere eigenständige Geschäftsprozesse gliedern können. Wiederum modellhaft und allgemein beinhalten Geschäftsprozesse in der Regel eine Vielzahl von Arbeitsprozessen, in denen entlang der Wertschöpfungskette Teilbereiche zum Geschäftsprozess bearbeitet werden und die inhaltlich mit diesem verknüpft sind. Arbeitsprozesse beinhalten aufgrund ihrer Komplexität ebenso wiederum in der Regel eine Vielzahl von Tätigkeits- oder Handlungsfeldern, die des Weiteren aus einzelnen Arbeitsaufgaben bestehen und die Arbeitsprozesse wie die Handlungsfelder inhaltlich konkretisieren (siehe z. B. Abb. 6). Da sich alle Arbeits-, Handlungs- und Aufgabeninhalte am umfassenden Geschäftsprozess orientieren, sind sie in der Wechselbeziehung insgesamt inhaltlich verknüpft und tragen ihren Anteil spezifisch und im Sinne einer Gesamtverantwortung zum Geschäftsprozess bei.

Abbildung 6: Berufliche Handlungs- und Tätigkeitsfelder in betrieblichen Arbeitsprozessen am Beispiel der Produktionsfacharbeit der Industriemechaniker in der Automobilindustrie

Bezogen auf die Personen und Mitarbeiter, die am Geschäftsprozess beteiligt sind und diesen in der Regel zwar in der Zusammenarbeit, aber dennoch „nur" in Teilbereichen begleiten und bearbeiten, ist unter Berücksichtigung des Berufskonzeptes und der Berufsausbildung von Bedeutung, welche der Teilarbeitsbereiche beruflich im Sinne der Berufsbilder für die Arbeit in einem Beruf festgelegt und definiert sind. Denn der Beruf gibt im Prinzip eine Arbeitsschablone vor, nach der ein Mitarbeiter im Rahmen seiner Berufsarbeit in bestimmten Arbeitsprozessen und Tätigkeits- bzw. Handlungsfeldern „berufliche" Arbeitsaufgaben übernimmt und am Geschäftsprozess beteiligt ist (siehe Abb. 5). Es sei denn, die Beruflichkeit der Arbeit hat für den Mitarbeiter und Betrieb im Rahmen der Geschäftsprozesse kaum eine Bedeutung oder der Beruf ist „veraltet". Letzteres müsste wie bei der Neuentwicklung von Berufen dazu führen, dass über die Analyse und Reflexion der Arbeitsprozesse und Tätigkeits- bzw. Handlungsfelder einschließlich der Arbeitsaufgaben das Berufsbild „beruflich" neu zusammengestellt und bestimmt wird.

Zur Frage der konkreten Entwicklung und Gestaltung der Lernfelder, die sich beruflich an den Arbeits- und Geschäftsprozessen orientieren sollen, ist nun unter Berücksichtigung und auf der Grundlage dieser Klärungen erkennbar, dass hierbei zunächst den Berufsbildvorgaben eine entscheidende Bedeutung zukommt. Sie stellen angesichts der Vielfalt und der im Prinzip täglich neuen und ist, welche der Arbeitsprozesse, Tätigkeits- oder Handlungsfelder und Arbeitsaufgaben bei der Lernfeldentwicklung beruflich zu berücksichtigen sind. Ob die Berufsbildvorgaben hierbei zugleich eine positive Strukturierungshilfe für die Lernfelder darstellen, ist von deren Qualität abhängig und steht mit der Frage nach dem den Berufsbildern zugrundeliegenden Berufskonzept bzw. der Offenheit und Dynamik der Vorgaben im Zusammenhang.

Die Strukturierung und konkrete Gestaltung der Lernfelder im Zusammenhang der Bildung von thematischen Einheiten für die Rahmenlehrpläne bedarf letztlich aber ein eigenständiges didaktisch-methodisches Konzept, für das die Berufsbildvorgaben auch nur eine Hilfe und die curriculare Orientierungsgrundlage sein können. Vor dem Hintergrund obigen Modells sind zu diesem Konzept verschiedene Varianten denkbar, da didaktisch-methodisch zu entscheiden ist, welcher Inhaltskomplex immer unter Berücksichtigung der Geschäfts- und Arbeitsprozesse konkret zum Gegenstand eines Lernfeldes bestimmt werden soll. Als strukturelle Vorgabe wird hierbei entsprechend der KMK von etwa 10 bis maximal 20 Lernfeldern in einem Rahmenlehrplan ausgegangen. Mit der Entscheidung, als Gegenstand und Thema eines Lernfeldes jeweils einen mehr oder weniger vollständigen Geschäfts- und Arbeitsprozess zu bestimmen und vorzugeben, soll hier eine erste Konzept-Variante vorgestellt werden. Das Ziel der Lernfeldgestaltung ist damit, etwa 10 bis 15 Lernfelder mit je unterschiedlichen Geschäfts- und Arbeitsprozessen so zu entwickeln, dass mit diesen Lernfeldern in der Summe alle für den Beruf relevanten Kompetenzen, Inhalte und Arbeitsaufgaben berücksichtigt sind. Dies setzt im Kern und Ergebnis die berufswissenschaftliche und überbetriebliche Identifikation und Beschreibung berufstypischer Geschäfts- und Arbeitsprozesse voraus. Da in der Arbeitswelt und durch die betriebliche Vielfalt von einer Fülle und Vielzahl solcher Geschäfts- und Arbeitsprozesse auszugehen ist, muss hierbei zugleich mit dem unter verschiedenen Arbeits-, Technik- und Anforderungsaspekten auszulegenden Kriterium „berufstypisch“ eine exemplarische Auswahl getroffen werden (siehe Abb. 7).

Bei dieser exemplarischen Auswahl können möglicherweise die Berufsbildvorgaben weitere Anhaltspunkte und Hilfen geben.

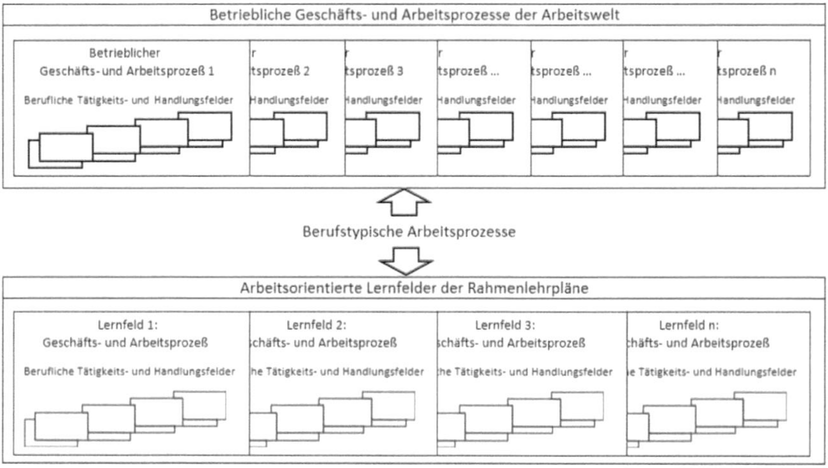

Abbildung 7: Berufstypische Geschäfts- und Arbeitsprozesse als Gegenstand und Thema der Lernfelder der Rahmenlehrpläne

Auf der Grundlage der berufstypischen Geschäfts- und Arbeitsprozesse sind auch die zu den Prozessen je gehörenden beruflichen Tätigkeits- und Handlungsfelder und Arbeitsaufgaben zu identifizieren und zu beschreiben. Insgesamt sind diese unter berufstheoretischen Aspekten zu durchdringen und als thematische Einheiten im Sinne einer arbeitsorientierten Lernfeldgestaltung curricular und didaktisch aufzubereiten. Die Herausforderung bei diesem Konzept der Lernfeldgestaltung besteht im Wesentlichen in der exemplarischen Auswahl wie der didaktischen Aufbereitung der Geschäfts- und Arbeitsprozesse und in dem Anspruch, die Berufsarbeit dabei konkret und zugleich in der überbetrieblichen Abstraktion in einer überschaubaren Anzahl von Lernfeldern so zum Gegenstand zu machen, dass diese nicht nur mit ihren aktuellen Anforderungen in den Rahmenlehrplänen zur Geltung kommt, sondern ebenso prospektiv hinsichtlich des Wandels und unter den Aspekten des Bildungsauftrags[27].

In einer zweiten Konzeptvariante soll nicht mehr ein vollständiger Geschäfts- und Arbeitsprozess Gegenstand und Thema eines Lernfeldes sein, sondern ausgehend von diesen Prozessen einzelne berufliche Tätigkeits- und Handlungsfelder.

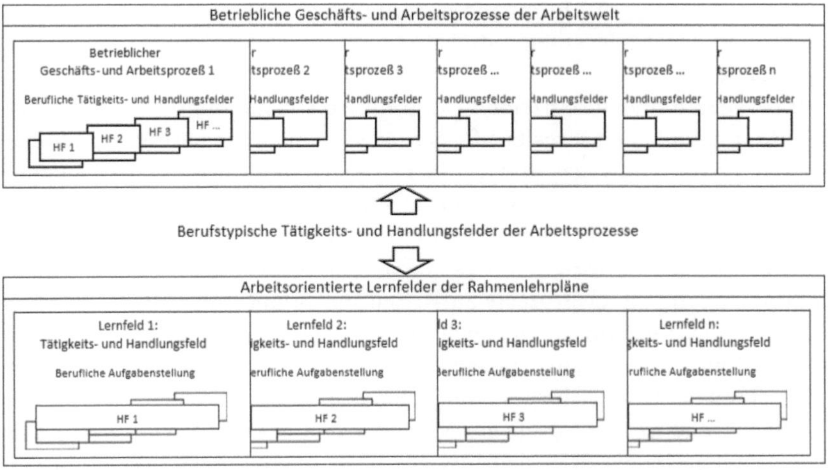

Abbildung 8: Berufstypische Tätigkeits- und Handlungsfelder als Gegenstand und Thema der Lernfelder der Rahmenlehrpläne

Das Ziel der Lernfeldgestaltung ist dabei wieder, etwa 10 bis 15 Lernfelder mit je unterschiedlichen Tätigkeits- und Handlungsfeldern so zu entwickeln, dass mit diesen Lernfeldern wiederum in der Summe alle für den Beruf relevanten Kompetenzen, Inhalte und Arbeitsaufgaben berücksichtigt sind. Dazu wird zunächst ebenso von der Fülle und Vielzahl der Geschäfts- und

27 An dieser Stelle nicht vertiefend und nur als Hinweis: Nicht nur die Entwicklung solcher Lernfelder setzt profunde Kenntnisse der Geschäfts- und Arbeitsprozesse voraus, sondern auch deren Umsetzung. Dies hat u. a. Konsequenzen für die Qualifikationen und die Ausbildung der Berufsschullehrer. Zur Umsetzung der Lernfelder wird durch diese selbst die Gestaltung komplexer Lehr- Lernarrangements vorgegeben bzw. nahegelegt, was allerdings den Intentionen einer handlungs- wie projektorientierten Unterrichtsgestaltung weitgehend entspricht.

Arbeitsprozesse in der Arbeitswelt ausgegangen, wobei dann auf der Grundlage dieser Prozesse und in der „beruflichen" Sicht die strukturell vergleichbaren und berufstypischen Tätigkeits- und Handlungsfelder zu identifizieren und zu beschreiben sind (siehe Abb. 8). Sowohl berufswissenschaftliche Analysen wie im Prinzip auch die Positionen der neueren Berufsbildvorgaben zeigen, dass sich hier in der Regel eine überschaubare Anzahl von berufstypischen Tätigkeits- und Handlungsfeldern bestimmen lässt und diese unter verschiedenen Arbeits-, Technik- und Anforderungsaspekten in der Summe auch die für den Beruf relevanten Tätigkeits- und Arbeitsbereiche überbetrieblich repräsentieren.

Im Weiteren sind die einzelnen Tätigkeits- und Handlungsfelder einschließlich ihrer beruflichen Arbeitsaufgaben wiederum unter berufstheoretischen Aspekten zu durchdringen und für die Lernfeldgestaltung didaktisch aufzubereiten. Wegen der Abstraktion der Lernfeldinhalte von den konkreten betrieblichen Geschäfts- und Arbeitsprozessen ist hierbei insbesondere darauf zu achten, dass die einzelnen Lernfelder inhaltlich stets Bezüge im ganzheitlichen Zusammenhang dieser Prozesse aufweisen und somit hinsichtlich der unterrichtlichen Lernfeldumsetzung auch die Möglichkeit eröffnet wird, ein Lernfeld im Sinne eines einzelnen Geschäfts- und Arbeitsprozesses prospektiv zum Gegenstand der Unterrichtsgestaltung zu machen.

Naheliegend ist hier bereits ein Mischkonzept aus den beiden ersten Konzeptvarianten, indem die Lernfelder einerseits sowohl einen berufstypischen Geschäfts- und Arbeitsprozess und andererseits einzelne berufliche Tätigkeits- und Handlungsfelder zum Gegenstand und Thema haben. Das Ziel der Lernfeldgestaltung könnte damit sein, etwa 5 Lernfelder nach der ersten und die anderen Lernfelder nach der zweiten Konzeptvariante zu entwickeln.

Mit der abschließenden dritten Konzeptvariante wird zwar ein vergleichbares Mischkonzept vorgestellt, jedoch sollen in diesem Konzept zusätzliche und in gewisser Weise auch „alte" didaktisch-methodische Orientierungen und Kriterien zur Anwendung kommen. So soll in diesem Konzept auch der bisher wenig thematisierte Übergang von einer eher an der Fachsystematik und Technikwissenschaft orientierten Rahmenlehrplangestaltung (siehe Abb. 1 und Abb. 2) zu der heute mehr arbeits- und handlungsorientierten Rahmenlehrplan- und Unterrichtsgestaltung Berücksichtigung finden. Insofern zielt die Lernfeldgestaltung, und zwar nicht als „fauler" Kompromiss, in diesem Konzept unter Beibehaltung der zentralen Orientierung an den berufstypischen Geschäfts- und Arbeitsprozessen auf die Entwicklung von zwei in ihrem Ansatz im Prinzip unterschiedlichen „Lernfeldtypen" (vgl. bereits Petersen 1994, S. 184 f.).

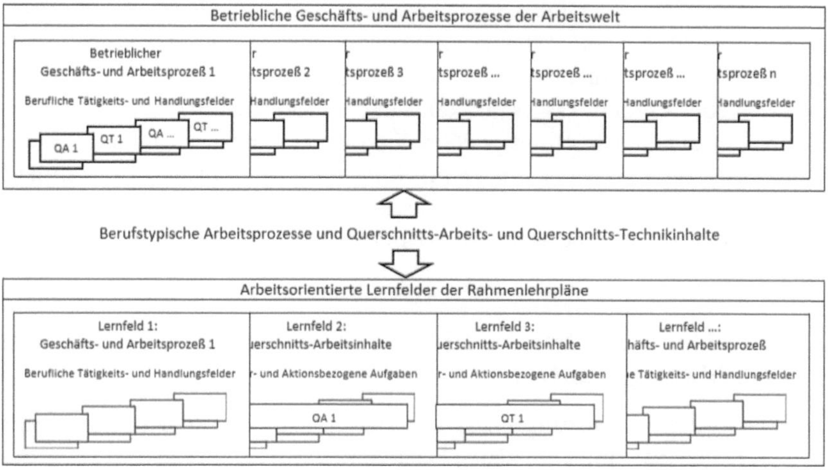

Abbildung 9: Berufstypische Geschäfts- sowie Arbeitsprozesse und Querschnitts-Arbeitsinhalte und Querschnitts-Technikinhalte als Gegenstand und Thema der Lernfelder der Rahmenlehrpläne

Einerseits sollen nach diesem „Mischkonzept" wiederum Lernfelder entsprechend der ersten Konzept Variante entwickelt werden, so dass in einer bestimmten Anzahl die Lernfelder dieses Typs jeweils einen mehr oder weniger vollständigen Geschäfts- und Arbeitsprozess zum Gegenstand und Thema haben (siehe Abb. 7). Die Lernfelder des zweiten Typs sollen nun andererseits in der Struktur und Systematik sogenannter „Querschnitts-Arbeitsinhalte und Querschnitts-Technikinhalte" entwickelt werden. Für diese Lernfelder soll die Vielfalt der Geschäfts- und Arbeitsprozesse zunächst unter arbeits- und techniksystematischen Aspekten analysiert werden, um dann die Prozessinhalte in einer prozessübergreifenden Struktur von Arbeits- und Technikinhalten systematisch zu bestimmen (siehe Abb. 9). Mit der berufs- und fachwissenschaftlichen Reflexion und Durchdringung dieser Inhalte entsteht somit eine Grundlage für die Lernfeldgestaltung, so dass in diesen als thematische Einheiten berufliche Inhaltsbereiche zum Gegenstand werden, die im Prinzip quer zu den betrieblichen Arbeits- und Geschäftsprozessen wie auch den beruflichen Handlungsfeldern liegen. Den Inhaltsbereichen dieses Lernfeldtyps kommt damit weniger eine exemplarische, sondern eine mehr Struktur- und funktionsbezogene Bedeutung für die Gesamtinhalte der Berufsarbeit zu. Insofern unterscheiden und ergänzen sich auch die beiden „Lernfeldtypen", da einerseits im Zusammenhang mehr die exemplarischen Berufsinhalte der berufstypischen Geschäfts- und Arbeitsprozesse und andererseits die Berufsinhalte mehr systematisch unter Struktur- und Funktionsaspekten zum Gegenstand der Lernfelder werden. Insgesamt kann und soll so auch bei der Lernfeldumsetzung ein didaktisch stimmiges Gesamtkonzept entstehen, da insbesondere im Wechsel der Lernfelder die Vermittlung und Reflexion der Berufsinhalte sowohl auf den Ebenen des Orientierungs- und Zusammenhangswissens wie auch des Funktions- und fachsystematischen Vertiefungswissens vorgegeben und ermöglicht wird.

5 Lernfelder und Chancen für eine innovative Unterrichts- und Ausbildungsgestaltung

Erste vorliegende Erfahrungen zur Umsetzung der Lernfelder in den Berufsschulen zeigen, dass mit dem neuen Lernfeldkonzept Chancen für eine innovative Unterrichts- und Ausbildungsgestaltung gegeben sind und genutzt werden. Auch die Möglichkeiten der Lernortkooperation haben sich im Ansatz verbessert, da durch das Lernfeldkonzept die Rahmenlehrpläne heute eine deutlich bessere Abstimmung mit den Ausbildungsrahmenplänen aufweisen. Insgesamt ist die Lernfeldumsetzung und Kooperation allerdings entscheidend von der Qualität der Lernfeldvorgaben der neuen Rahmenlehrpläne wie auch von den in den Ländern teils sehr unterschiedlichen Vorgaben und Organisationsformen für den berufsbezogenen Unterricht abhängig.

Zur Lernfeldumsetzung und der Unterrichtsgestaltung auf der Grundlage der Lernfelder zeichnen sich in den Ländern im Prinzip drei Umsetzungsmodelle ab. Allen Modellen ist gemeinsam, dass dem berufsbezogenen Unterricht eine zum Teil neue Struktur von „Fächern“ oder „Kompetenzbereichen“ hinterlegt wird. Im Vergleich der alten und vielfach noch bestehenden Fächer wie z. B. Technologie, Technische Mathematik, Schaltungs- und Funktionsanalyse oder Buchführung und Rechnungswesen heißen die neuen Fächer z. B. für die neuen IT-Berufe u. a. Anwendungsentwicklung, Betriebswirtschaftliche Prozesse, Informations- und Telekommunikations-Systeme, Technisches Englisch oder Projektarbeit und Arbeiten im Team.

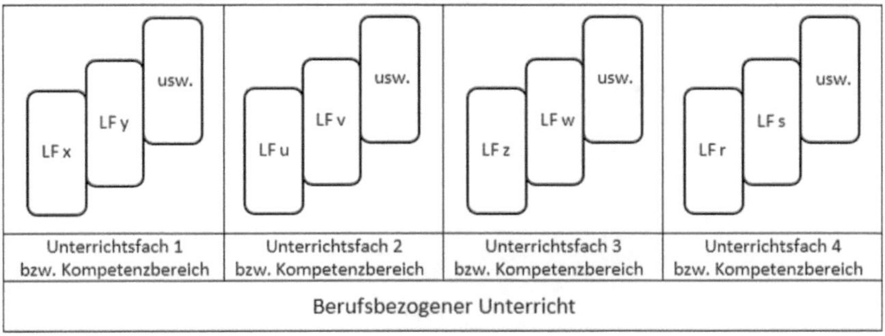

Abbildung 10: Umsetzung einzelner Lernfelder in neuen „Unterrichtsfächern" (Modell I)

In einem ersten Modell werden innerhalb der neuen Fachstrukturen die Lernfelder je nach thematischem Inhalt den einzelnen Unterrichtsfächern zugeordnet und mehr oder weniger „isoliert" oder „teilintegriert" zum Gegenstand des Unterrichts im Fach (siehe Abb. 10). Hierbei ist nicht unbedeutend, dass einzelne Lehrer für die Lernfelder bzw. Unterrichtsfächer zuständig sind und eine Zusammenarbeit nicht immer gewährleistet ist.

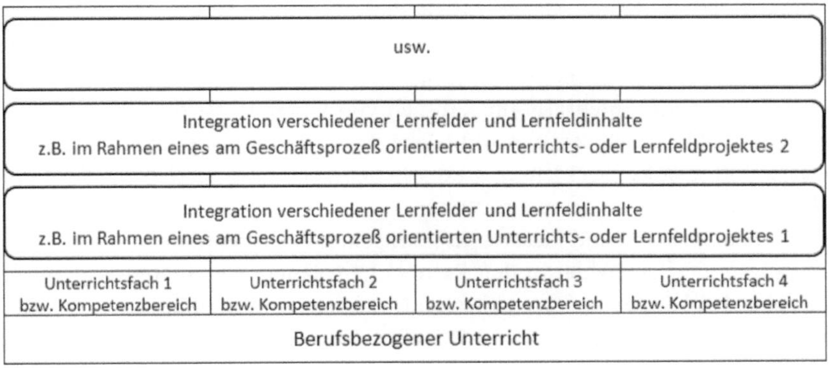

Abbildung 11: Ausschließlich integrative Umsetzung der Lernfelder im Rahmen von Unterrichts- oder Lernfeldprojekten (Modell II)

Für die Unterrichtsgestaltung keine Bedeutung haben die dem berufsbezogenen Unterricht hinterlegten Strukturen von Kompetenzbereichen in einem zweiten Modell, sie sind nur hinsichtlich der Leistungsbewertung relevant. In diesem Modell werden die Lernfelder ausschließlich integrativ im Rahmen von Unterrichts- oder Lernfeldprojekten zum Unterrichtsgegenstand (siehe Abb. 11). Die beteiligten Lehrer der Klasse arbeiten eng zusammen und betreuen die Unterrichts- oder Lernfeldprojekte im Team.

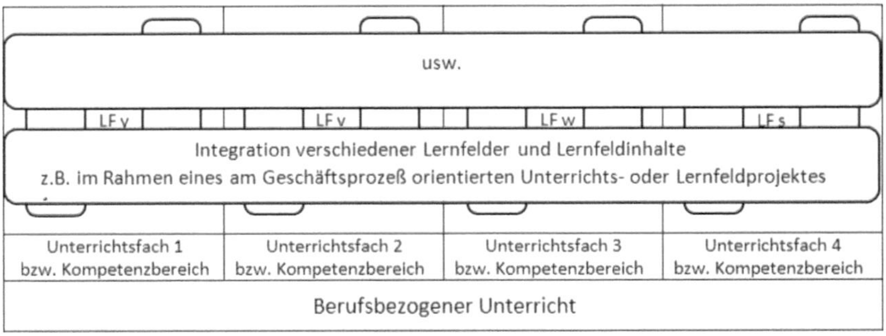

Abbildung 12: Umsetzung der Lernfelder sowohl in Unterrichtsfächern wie auch in Unterricht oder Lernfeldprojekten (Modell III)

In einem dritten Modell werden einerseits die Lernfelder wie im ersten Modell je nach thematischem Inhalt den einzelnen Unterrichtsfächern zu geordnet und mehr oder weniger „isoliert“ oder „integriert“ zum Gegenstand des Unterrichts im Fach. Andererseits werden im Wechsel wie im zweiten Modell Lernfelder integrativ im Rahmen von Unterrichts- oder Lernfeldprojekten zum Unterrichtsgegenstand (siehe Abb. 12). Die beteiligten Lehrer der Klasse sind sowohl „Fachlehrer“ und arbeiten bei den Unterrichts- oder Lernfeldprojekten auch im Team zusammen.

Vor dem Hintergrund dieser Umsetzungsmodelle ist einsichtig, dass sich die Gestaltung der Lernfelder in den Rahmenlehrplänen, wie die teils spezifische Vorgabe der Länder zu den Unterrichtsfächern, unmittelbar auf die Unterrichtsgestaltung auswirkt. Das heißt, selbst wenn es in Anlehnung an die drei vorgestellten Konzeptvarianten zur Entwicklung der Lernfelder gelingt, dass die Geschäfts- und Arbeitsprozesse und/oder die beruflichen Tätigkeits- und Handlungsfelder curricular und didaktisch eindeutig zum Gegenstand der Lernfelder werden, entspricht deren Umsetzung im berufsbezogenen Unterricht nicht zwangsläufig den neuen Intentionen des Lernfeldkonzeptes. Die Unterrichtsgestaltung kann weitgehend in den alten Fachstrukturen verhaftet bleiben. Umgekehrt gilt aber ebenso, dass auch ohne eine entsprechende

Lernfeldgestaltung die neuen Intentionen des Lernfeldkonzeptes in der Unterrichtsgestaltung zur Geltung kommt können.

Literatur

Grüner, G. (1975) (Hrsg.): Curriculumproblematik der Berufsschule. Zur Entwicklungsgeschichte der Lehrpläne gewerblicher Berufsschulen. Stuttgart: Holland & Josenhans, 1975 (Beiträge zur Pädagogik; Band 6).

Hammer, M.; Champy, J. (1993): Reengineering the Cooperation – A Manifest © for Business Revolution. London.

HKM Der Hessische Kultusminister (1976) (Hrsg.): Rahmenlehrpläne für die beruflichen Schulen des Landes Hessen, Berufsschule, Berufsfeld: 02 Elektrotechnische Berufe, Grundstufe. (Ausgabe 1976) Wiesbaden.

KMK Sekretariat der Ständigen Konferenz der Kultusminister der Länder in der Bundesrepublik Deutschland (1987) (Hrsg.): Rahmenlehrpläne über die Berufsausbildung in den industriellen Elektroberufen. Bonn: Beschluss der Kultusministerkonferenz vom 7. Januar 1987.

KMK Sekretariat der Ständigen Konferenz der Kultusminister der Länder in der Bundesrepublik Deutschland (1991) (Hrsg.): Rahmenvereinbarung über die Berufsschule. Bonn: Beschluss der Kultusministerkonferenz vom 14./15.03.1991.

KMK Sekretariat der Ständigen Konferenz der Kultusminister der Länder in der Bundesrepublik Deutschland (1996) (Hrsg.): Handreichungen für die Erarbeitung von Rahmenlehrplänen der Kultusministerkonferenz für den berufsbezogenen Unterricht in der Berufsschule und ihre Abstimmung mit Ausbildungsordnungen des Bundes für anerkannte Ausbildungsberufe. Bonn: 09.05.1996.

KMK Sekretariat der Ständigen Konferenz der Kultusminister der Länder in der Bundesrepublik Deutschland (1997) (Hrsg.): Rahmenlehrplan für den Ausbildungsberuf Informations- und Telekommunikationssystem-Elektroniker / Informations- und Telekommunikationssystem-Elektronikerin. Bonn: Beschluss der Kultusministerkonferenz vom 25. April 1997.

KMK Sekretariat der Ständigen Konferenz der Kultusminister der Länder in der Bundesrepublik Deutschland (1999) (Hrsg.): Rahmenlehrplan für den Ausbildungsberuf Mechatroniker / Mechatronikerin. Bonn: Beschluss der Kultusministerkonferenz vom 30. Januar 1998.

KMK Sekretariat der Ständigen Konferenz der Kultusminister der Länder in der Bundesrepublik Deutschland (1999) (Hrsg.): Handreichungen für die Erarbeitung von Rahmenlehrplänen der Kultusministerkonferenz für den berufsbezogenen Unterricht in der Berufsschule und ihre Abstimmung mit

Ausbildungsordnungen des Bundes für anerkannte Ausbildungsberufe. Bonn: 05.02.1999.

Petersen, W. (1993): Evaluation und Revision der Rahmenlehrpläne des Landes Hessen – Berufsfelder Metall- und Elektrotechnik. Zwischenbericht. Bremen: Universität Bremen, ITB, Oktober 1993.

Petersen, W. (1994): Evaluation und Revision der Rahmenlehrpläne des Landes Hessen – Berufsfelder Metall- und Elektrotechnik. Abschlußbericht. Bremen: Universität Bremen, ITB, August 1994.

Petersen, W.; Rauner, F. (1995): Evaluation und Weiterentwicklung der Rahmenlehrpläne des Landes Hessen der Berufsfelder Metall- und Elektrotechnik. Gutachten im Auftrag des Hessischen Kultusministeriums. Bremen: Universität Bremen, ITB, 1995.

Beitrag 7 aus dem Jahr *2000*: Arbeitsprozesswissen, Arbeitsaufgaben und Curriculum

In: Jörg-Peter Pahl/Felix Rauner/Georg Spöttl (Hrsg.): Berufliches Arbeitsprozesswissen – Ein Forschungsgegenstand der Berufsfeldwissenschaften. Nomos Verlagsgesellschaft, Baden-Baden, 1. Auflage 2000, S. 377–406

Das Herausgeberband „Berufliches Arbeitsprozesswissen – Ein Forschungsgegenstand der Berufsfeldwissenschaften" von Jörg-Peter Pahl, Felix Rauner und Georg Spöttl aus dem Jahre 2000 ist als eine, bereits um ergänzende Betrachtungen erweiterte Dokumentation der Ergebnisse der 10. HGTB-Fachtagung in Flensburg einzuordnen. Willi Petersens Beitrag „Arbeitsprozesswissen, Arbeitsaufgaben und Curriculum" gibt Ergebnisse des Projektes „ARBI – Ausbildungs- und Organisationsentwicklung bei arbeitsplatzbezogenem Lernen" wieder. Das Projekt wurde vom 01.12.1995 bis zum 31.03.1999 als Wirtschafts-Modellversuch mit der Firma VW durchgeführt. Ausgehend von dem Wandel in der Produktionsarbeit – mit einer Abkehr von der hochgradig organisierten Arbeitsteilung und der damit verbundenen Ablösung der tayloristischen Formen der un- und angelernten Produktionsarbeit hin zu einer Form berufsübergreifender Gruppen- und Teamarbeit sowie den technologischen Veränderungen mit rechnerintegrierten und rechnergesteuerten Produktions- und Fertigungssystemen – und den damit veränderten Anforderungen an die Facharbeit – hier beschrieben als eine umfassende und übergreifende berufliche Handlungs- und Gestaltungskompetenz – wurden neue Zielsetzungen zur Ausbildung der Industrieelektroniker/-innen und Industriemechaniker/-innen der Fachrichtung Produktionstechnik erarbeitet, die sich im Sinne einer Weiterentwicklung auf die Erarbeitung und Erprobung neuer schulischer Lösungsansätze und arbeitsorientierter Lernkonzepte ausrichten sollten. Die Leitidee einer „Arbeitsorientierten Berufsbildung" bildete für den Beitrag die inhaltliche Klammer und sollte in den Ergebnissen mit ihren wesentlichen Konzeptmerkmalen zum Ausdruck kommen.

Petersen gestaltete als Gegenstand und Ausgangspunkt der Analysen weder allein die Berufs- bzw. Fachwissenschaften (Abbilddidaktik) noch ausschließlich die gegenwärtigen Aufgaben und Tätigkeiten in der Produktionsfacharbeit (Anpassungsansatz). Es wurden entsprechend dem Ansatz im Wirkungs- und Gestaltungszusammenhang zukunftsorientierter Arbeits- und Berufsausbildungskonzepte auch die wechselseitigen Entwicklungs- und Gestaltungspotentiale in der Arbeitswelt und der Berufsbildung prospektiv berücksichtigt. Dazu wurden berufs- und arbeitswissenschaftliche Primär- und Sekundäranalysen relevanter Arbeitsprozesse und -inhalte zur Facharbeit in der modernen industriellen Produktion durchgeführt. Auf der Grundlage der Analysen wurden dann die seit 1987 geltenden Rahmenvorgaben für Industriemechaniker/-innen und Industrieelektroniker/-innen der Fachrichtung Produktionstechnik evaluiert und inhaltlich aktualisiert. Die Analysen bezogen sich im Schwerpunkt konkret auf die Produktionsfacharbeit im VW-Werk Kassel, wobei im Evaluationszusammenhang die bestehenden Berufsbildvorgaben für Industriemechaniker/-innen und Industrieelektroniker/-innen den inhaltlichen Referenzrahmen bildeten. Im zweiten Untersuchungsbereich wurden unter Berücksichtigung der ersten Analyseergebnisse die Rahmenbedingungen und Probleme der schulischen und betrieblichen Berufsausbildung in den Produktionsberufen zum Forschungsgegenstand. In die Untersuchungen einbezogen wurde konkret die Ausbildung an den am Projekt beteiligten Berufsschulen in Kassel und Wolfhagen sowie an den verschiedenen betrieblichen Lernorten im VW-Werk Kassel bzw. der VW Coaching GmbH Kassel.

Auf der Basis der Analysen zur Facharbeit wurde empfohlen in die Berufsbilder der beiden Berufe einen relativ hohen Anteil an berufsübergreifenden Ausbildungsinhalten und Kompetenzen aufzunehmen. Die Arbeitskonzepte zur Gruppenarbeit wie die Arbeitsprozesse und Arbeitsaufgaben zu der im Mittelpunkt stehenden gemeinsamen industriellen Produktherstellung waren hier die Begründung. Für beide Berufe sind von daher die Makrostrukturen der „metall- und elektrotechnischen“ Berufsbildinhalte auch weitgehend identisch geblieben.

Für die Analyse der gegenwärtigen Ausbildungspraxis in Schule und Betrieb wurde festgestellt, dass die Arbeitsprozesse der modernen Produktionsfacharbeit mit ihren verschiedenen Handlungs- und Tätigkeitsfeldern bisher nur ansatzweise zum Unterrichts- und Ausbildungsgegenstand wurden. Der analysierte berufsbezogene Unterricht hatte eine didaktische Orientierung vorrangig an der Fach- und Techniksystematik (Abbilddidaktik). Das berufliche

Arbeitsprozesswissen und die konkrete Produktionsfacharbeit kamen in den schulischen Rahmenvorgaben und somit im Unterricht der Berufsschule überwiegend nur abstrakt und in reduzierter Form als fach- und techniksystematische Lehrgänge bzw. Lehrgangseinheiten vor. Weiterhin konnte festgestellt werden, dass in den Berufsschulen der Unterricht durch eine Dominanz der Technikinhalte und Fachstrukturen geprägt war und eine Vernachlässigung der arbeitsprozessbezogenen wie handlungsrelevanten Berufsinhalte vorhanden war. Dadurch wurde ein Lernen anhand ganzheitlicher Arbeitsaufgaben methodisch eher verhindert.

Vergleichbar zur schulischen Unterrichtspraxis wurden auch für die betriebliche Ausbildungspraxis Defizite und Probleme festgestellt. Die betriebliche Ausbildung fand noch weitgehend im „Schonraum" der Lehrwerkstätten und deutlich nach Berufen getrennt statt. Vielfach wurden fach- und techniksystematische Lehrgänge durchgeführt. Die betrieblichen Lehrgänge waren zudem oft identisch mit den schulischen Lehrgängen und eine ausbildungsdidaktische Abstimmung fehlte im Prinzip völlig.

Die Untersuchungsergebnisse zur Ausbildung der Industriemechaniker/-innen und Industrieelektroniker/-innen der Fachrichtung Produktionstechnik verdeutlichten, dass ein Entwicklungs- und Innovationsbedarf, der eine grundlegende curriculare und didaktische Weiterentwicklung in der schulischen wie in der betrieblichen Ausbildung erforderte, nach Petersen nötig war. Dafür wurden im Modellversuch Qualifizierungsstützpunkte in der Produktion für die betriebliche Ausbildung entwickelt und in der Ausbildungspraxis umgesetzt. Für die schulische Ausbildung wurden neue arbeitsorientierte Lernfelder entwickelt und in der Unterrichtspraxis erprobt. Konzepte und Formen der schulischen und betrieblichen Lernortkooperation wurden neu ausgestaltet und umgesetzt.

Die Ausführungen zum Modellversuch enden in einem Entwurf eines arbeitsorientierten Gesamtcurriculums zur Ausbildung der Industrieelektroniker/-innen der Fachrichtung Produktionstechnik nach dem Lernfeld-Ansatz. Sehr konkret wurden dafür Lernfelder gestaltet und in ein Curriculum verankert.

Arbeitsprozesswissen, Arbeitsaufgaben und Curriculum

1 Einleitung

Innovative Unternehmensphilosophien und neue Produktionskonzepte haben in den vergangenen Jahren zu einem tiefgreifenden Wandel in der Produktionsarbeit der Industriebetriebe geführt. In der modernen Produktion sind statt der lange Zeit vorherrschenden hochgradigen Arbeitsteilung heute die Arbeitsprozesse zunehmend in der Form berufsübergreifender Gruppen- und Teamarbeit organisiert. Hintergrund ist die Einführung neuer ganzheitlicher Formen der Arbeitsorganisation, die eine Ablösung der tayloristischen Formen der un- und angelernten Produktionsarbeit zugunsten einer hochqualifizierten Produktionsfacharbeit bewirkt haben. Ebenso waren und sind die technologischen Veränderungen und die Weiterentwicklungen in der Produktionsautomatisierung eine Ursache und vielfach eine Voraussetzung für den Wandel in der Produktionsarbeit. Im Prinzip erfordern die Arbeitsprozesse in den modernen rechnerintegrierten und rechnergesteuerten Produktions- und Fertigungssystemen heute eine entsprechende Neugestaltung und Reorganisation der industriellen Produktionsarbeit. Die technologischen und arbeitsorganisatorischen Veränderungen haben somit – auch historisch betrachtet – dazu geführt, dass die bisherige und stark arbeitsteilige industrielle Produktionsarbeit wieder als eine anspruchsvolle ganzheitliche Facharbeit aufgewertet wurde.

Mit dem Wandel in der Produktionsarbeit ging und geht trotz teils enormer Produktivitätssteigerungen zum einen – quantitativ betrachtet – vielfach ein Verlust von Arbeitsplätzen einher. Als sogenannte „Rationalisierungsverlierer" waren und sind hiervon vor allem die un- und angelernten Mitarbeiter in der Produktion betroffen. Zum anderen erfordert die neue Produktionsfacharbeit unter qualitativen Aspekten von den vorhandenen wie zukünftigen Mitarbeitern – den sogenannten Rationalisierungsgewinnern – neue umfassende und übergreifende berufliche Handlungs- und Gestaltungskompetenzen. In der Konsequenz haben diese neuen Anforderungen und Kompetenzen zunächst zu Anstrengungen und neuen Maßnahmen in der betrieblichen Weiterbildung geführt. Aber auch in der beruflichen Erstausbildung müssen sie unmittelbar und heute verstärkt eine entsprechende Berücksichtigung finden.

Aufgrund des sich in der Industrie abzeichnenden Arbeits-, Technologie- und Anforderungswandels wurden speziell zur neuen Produktionsfacharbeit bereits mit der Neuordnung der Metall- und Elektroberufe von 1987 auch erstmals zwei neue Berufe, der Industriemechaniker und Industrieelektroniker je mit der Fachrichtung Produktionstechnik, geschaffen. Für diese neuen „Produktionsberufe" wurden wie insgesamt mit der Neuordnung von 1987 entsprechend neue curriculare Ausbildungsvorgaben für die Betriebe und Schulen entwickelt. Diese Vorgaben beinhalten seitdem insbesondere ein verändertes und an der selbstständigen Planung, Durchführung und Kontrolle der Facharbeit ausgerichtetes Leitbild als neue didaktische Ausbildungsgrundlage. Doch trotz der beruflichen wie didaktischen Neuorientierung der Rahmenvorgaben zeigen diese aufgrund der eher klassischen Kenntnisse und Fertigkeiten, dass die neuen Berufe und Ausbildungsinhalte im Prinzip nur kurzfristig an die Entwicklungen in der Produktionsarbeit angepasst wurden. Entsprechendes gilt bis heute weithin für deren Umsetzung in der betrieblichen und schulischen Ausbildungspraxis, da sich diese auf der Basis der Rahmenvorgaben ausbildungsdidaktisch noch vielfach an den alten Ausbildungs- und Lernkonzepten orientiert.

In der Wechselwirkung der industriellen Arbeitsveränderungen und der zunehmenden Probleme in der Ausbildung hat sich seit etwa Mitte der 1990er-Jahre verstärkt gezeigt, dass die in der Produktionsfacharbeit geforderten beruflichen Handlungs- und Gestaltungskompetenzen in der Ausbildung nur unzureichend erreicht werden und somit die „neue" Ausbildung in den Produktionsberufen bereits der Weiterentwicklung bedarf. Die Notwendigkeit dieser Weiterentwicklung steht zwangsläufig und unmittelbar mit den veränderten Produktions- und Arbeitskonzepten der letzten Jahre und den entsprechend neuen Qualifikationsanforderungen im Zusammenhang. Sie ist aber ebenso aufgrund der curricularen Defizite in den seit 1987 geltenden „alten" Ausbildungsvorgaben und der in Schule und Betrieb noch entsprechend vorherrschenden „alten" didaktischen Ausbildungskonzepte erforderlich. Eine didaktische Um- und Neuorientierung war und ist daher umfassend und lernortübergreifend für die Ausbildungsvorgaben und die Ausbildung in den „neuen" Produktionsberufen gefordert. Für diese Neuorientierung und Forderung stellt u. a. eine ständige Neuentwicklung von Berufen, wie z. B. den Mechatroniker, letztlich allein keine zukunftsorientierte Lösung dar. Insofern wurden im Rahmen des seit 1995 durchgeführten Modellversuchs „Arbeitsorientierte Berufsbildung" (ARBI) neue Zielsetzungen zur Ausbildung der Industrieelektroniker und Industriemechaniker der Fachrichtung Produktionstechnik formuliert, die sich im Sinne einer Weiterentwicklung auf die Erarbeitung und Erprobung neuer schulischer Lösungsansätze und arbeitsorientierter Lernkonzepte richteten. Diese neuen Entwicklungen und Erprobungen sollten konkret und modellhaft in ausgewählten „Industrie-Klassen" an den Berufsschulen in Kassel und Wolfhagen sowie in neuen Formen der Lernortkooperation in Verbindung mit der betrieblichen Ausbildung im Volkswagen-Werk Kassel bzw. in der Volkswagen Coaching GmbH Kassel durchgeführt werden.

Hinsichtlich der notwendigen Ausbildungsveränderungen wurden im Zusammenhang und doch eigenständig ebenso neue Zielsetzungen für die betriebliche Ausbildung bei VW formuliert. Diese waren und sind Gegenstand im parallel und zeitgleich zum Modellversuch „ARBI" bei VW durchgeführten Wirtschafts-Modellversuch „Ausbildungs- und Organisationsentwicklung bei arbeitsplatzbezogenem Lernen". Sie richten sich insbesondere auf die betriebliche Erarbeitung neuer produktionsnaher Ausbildungskonzepte in der Form sogenannter Qualifizierungsstützpunkte. Im Rahmen der Kooperation und Zusammenarbeit der beiden Modellversuche sollten und konnten zugleich auch Fragen und Probleme der bisher unbefriedigenden Lernortkooperation zum gemeinsamen Entwicklungs- und Erprobungsgegenstand einer neuen „dualen" Ausbildungsgestaltung betrachtet werden.

Im Beitrag werden zur Thematik „Arbeitsprozesswissen, Arbeitsaufgaben und Curriculum" vor allem auf der Grundlage der Arbeiten im schulischen Modellversuch „ARBI" Ergebnisse entsprechender Untersuchungen und Erprobungen vorgestellt. Die Leitidee einer „Arbeitsorientierten Berufsbildung" bildet hierbei die Klammer und soll in den Ergebnissen mit ihren wesentlichen Konzeptmerkmalen zum Ausdruck kommen. Ausgehend von der Ausgangssituation, den Rahmenbedingungen und den Chancen einer Weiterentwicklung der Berufsbildung soll mit den Ergebnissen exemplarisch die Entwicklung und schulische Umsetzung arbeitsorientierter Lernfelder an der Berufsschule in Kassel und Wolfhagen aufgezeigt werden. Ein Ergebnis ist ebenso deren Abstimmung mit der betrieblichen Ausbildung im Volkswagen-Werk Kassel bzw. der Volkswagen Coaching GmbH Kassel im Rahmen neu erarbeiteter Formen der Lernortkooperation. Insgesamt nehmen die Ergebnisse Bezug auf neu erarbeitete Rahmenvorgaben für die Industriemechaniker und Industrieelektroniker der Fachrichtung Produktionstechnik. Auf deren Basis wird auch ein Einblick in den teils schwierigen Entwicklungsprozess einer neuen arbeitsorientierten Gesamtkonzeption für die Ausbildung in den Produktionsberufen gegeben.

2 Arbeitswandel in der Industrieproduktion – Implikationen für die Ausbildung in den „neuen" Produktionsberufen

Zur Evaluation der Berufsausbildung in den beiden „neuen" Produktionsberufen wie zu deren Weiterentwicklung und Veränderung bildete im

Untersuchungsansatz die Leitidee einer arbeitsorientierten Rahmenplangestaltung die Grundlage. Hiermit sollte zugleich die Entwicklungsperspektive für ein „gemeinsames" Curriculum aufgenommen werden. Gegenstand und Ausgangspunkt der Analysen sollten damit weder allein die Berufs- bzw. Fachwissenschaften (Abbilddidaktik) noch ausschließlich die gegenwärtigen Aufgaben und Tätigkeiten in der Produktionsfacharbeit (Anpassungsansatz) sein. Vielmehr sollten entsprechend dem Ansatz im Wirkungs- und Gestaltungszusammenhang zukunftsorientierter Arbeits- und Berufsausbildungskonzepte auch die wechselseitigen Entwicklungs- und Gestaltungspotentiale in der Arbeitswelt und der Berufsbildung prospektiv berücksichtigt werden (siehe Abb. 1).

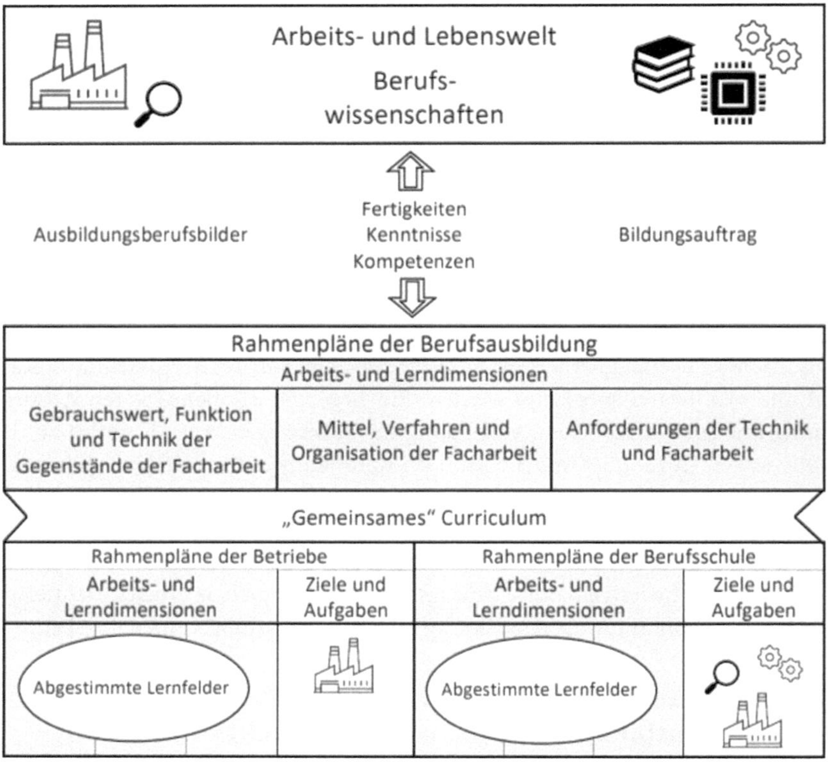

Abbildung 1: Arbeitsorientierte Rahmenplangestaltung

Entsprechend dem Untersuchungsansatz wurden zu Beginn der Evaluation zwei Untersuchungsbereiche in den Mittelpunkt der Analysen gerückt. Im ersten Untersuchungsbereich sollten durch berufs- und arbeitswissenschaftliche Primär- und Sekundäranalysen die Arbeitsprozesse und -inhalte zur Facharbeit in der modernen industriellen Produktion untersucht werden. Auf der Grundlage dieser Analysen sollten sodann die seit 1987 geltenden Rahmenvorgaben für den Industriemechaniker und Industrieelektroniker der Fachrichtung Produktionstechnik evaluiert und gegebenenfalls inhaltlich modifiziert und neu bestimmt werden. Die Analysen bezogen sich im Schwerpunkt konkret auf die Produktionsfacharbeit im VW-Werk Kassel, wobei im Evaluationszusammenhang die bestehenden Berufsbildvorgaben für die Industriemechaniker und Industrieelektroniker den inhaltlichen Referenzrahmen bildeten, um damit wie bisher den überbetrieblichen Ausbildungsanspruch in den Berufen zu gewährleisten. Im zweiten Untersuchungsbereich sollten unter Berücksichtigung der ersten Analyseergebnisse die Rahmenbedingungen und Probleme der schulischen und betrieblichen Berufsausbildung in den Produktionsberufen zum Gegenstand werden. In die Untersuchungen einbezogen wurde konkret die Ausbildung an den beteiligten Berufsschulen in Kassel und Wolfhagen sowie an den verschiedenen betrieblichen Lernorten im VW-Werk Kassel bzw. der VW Coaching GmbH Kassel. Insgesamt wurden somit in die Analysen zur Ausgangssituation sowohl exemplarische Praxisfelder der Produktionsfacharbeit in der Industrie wie der entsprechenden Berufsausbildung in Schule und Betrieb einbezogen, und zwar in ihrer Wechselwirkung und hinsichtlich gegenwärtiger wie zukünftiger Gestaltungsanforderungen.

Neue Produktionsfacharbeit und neue Berufsbildinhalte für die Industriemechaniker und Industrieelektroniker

Im ersten Untersuchungsbereich wurden neben Studien und eigenen Expertengesprächen zur Produktionsfacharbeit insbesondere die im Rahmen des betrieblichen Modellversuchs umfangreich durchgeführten Arbeitsuntersuchungen in den Produktionsabteilungen des VW-Werks Kassel (vgl. Sonntag u. a. 1997) ausgewertet. Die Analyseergebnisse zeigen zusammengefasst (vgl. Petersen u. a. 1997, S. 34 ff.), dass die Arbeitsprozesse in den verschiedenen Anlagen der industriellen Produktion heute übergreifend nach ganzheitlichen Handlungs- und Tätigkeitsfeldern organisiert und strukturiert sind. Statt der lange Zeit vorherrschenden hochgradigen Arbeitsteilung sind die Arbeitsprozesse durch Um- und Neuorganisation überwiegend in der Form berufsübergreifender Gruppen- und Teamarbeit gestaltet. In der modernen Produktion gehören heute Aufgaben der Produktionsplanung und der Überwachung, Optimierung und Bedienung der Produktionsanlagen ebenso zu den gemeinsamen Arbeiten der Industriemechaniker und Industrieelektroniker wie die der Qualitätssicherung oder der Wartung und Instandhaltung. Ebenso sind die Bereiche und Aufgaben zur Arbeitssicherheit oder zum Umweltschutz und der rationellen Energie- und Ressourcenverwendung ein integraler Arbeitsbestandteil und von berufsübergreifender Bedeutung. Die Arbeiten sind aufgrund der neuen Produktions- und Arbeitskonzepte von ihrem Ansatz her insgesamt zugleich stärker als in der Vergangenheit als ein „Kontinuierlicher-Verbesserungs-Prozess" (KVP) angelegt, für den das Team und jeder Mitarbeiter und nicht mehr allein die klassische Arbeitsvorbereitung zuständig ist.

In der Wechselwirkung der neuen Arbeitskonzepte sind für die Arbeitsprozesse in den direkten Produktionsbereichen heute ebenso die technologischen Veränderungen und die zunehmende Produktionsautomatisierung kennzeichnend. Von den Mitarbeitern sind hier umfassende berufsfachliche Handlungs- und Gestaltungskompetenzen aufgrund der notwendigen und auch berufsspezifischen Beherrschung eines breiten Spektrums von neuen technologischen Verfahren. Steuerungskonzepten, Arbeitsmitteln, Werkzeugen usw. gefordert. Für die Arbeit von Bedeutung ist des Weiteren Erfahrungswissen und eine oft anlagenspezifische Fachkompetenz, da z. B. hinsichtlich der Anlagenoptimierung oder Instandhaltung in den Produktionsanlagen u. a. oft neben neuen vielfach noch „alte" technologische Verfahren und Konzepte existieren und zur Anwendung kommen. Zum je hergestellten Produkt sind heute zudem in den Anlagen und Arbeitsprozessen spezifische und wegen des schnellen Produktwandels immer häufiger neue Produktkenntnisse erforderlich, insbesondere auch hinsichtlich der Anforderungen und Aufgaben zur Sicherung der Produktqualität (Qualitätsmanagement).

Die systemische Vernetzung der bislang relativ eigenständigen Bereiche in der Produktion und Verwaltung ist des Weiteren heute für die Tätigkeiten und Anforderungen in der Produktionsfacharbeit von berufsinhaltlicher Bedeutung. Da die einzelnen Arbeitsprozesse nur noch als Bestandteil eines komplexen und oft schwer durchschaubaren Arbeitssystems zu begreifen sind, ist von den Mitarbeitern verstärkt betriebliches wie arbeitsplatzbezogenes Überblicks-, Orientierungs- und Zusammenhangswissen gefordert, also im Prinzip ein Verständnis über den gesamten betrieblichen Geschäfts- und Arbeitsprozess, an dem die jeweilige Arbeitsgruppe bzw. das Team wie der einzelne Mitarbeiter spezifisch beteiligt ist. In der konkreten Arbeit in den Produktionsanlagen sind die Industriemechaniker und Industrieelektroniker insofern sehr weitreichend und umfassend als hochqualifizierte Produktionsfacharbeiter gefordert, die als selbstständige und teamfähige Mitarbeiter in den Betrieben heute zugleich auch Mitdenker und Mitgestalter sein müssen.

In der Wechselwirkung der Untersuchungen und Analyseergebnisse zur Produktionsfacharbeit wurden im Weiteren, die für die Produktionsberufe seit der Neuordnung von 1987 geltenden Berufsbilder und Rahmenvorgaben evaluiert. Gegenüber der in der Produktionsfacharbeit heute insgesamt geforderten beruflichen Handlungs- und Gestaltungskompetenz war und ist bei diesen zunächst auffällig, dass sich die „alten" Vorgaben für die Industriemechaniker und Industrieelektroniker der Fachrichtung Produktionstechnik vorrangig auch nur an den unmittelbaren Arbeitsaufgaben und der „Produktionstechnik" orientieren. Wenig und unzureichend sind in den Ausbildungsvorgaben bisher die Arbeitsprozesse und veränderten Arbeitskonzepte in der Produktionsfacharbeit berücksichtigt. Ebenso weisen die Vorgaben in Form der Kenntnisse und Fertigkeiten für die Grund- und Fachbildung didaktisch veraltete Inhaltsstrukturen auf, da die im Jahre 1987 vorgenommene Anpassung der Ordnungsmittel und Berufsinhalte im Wesentlichen nur zu einer funktions- und technikorientierten Berufsdifferenzierung und Inhaltsveränderung geführt hat. Aus heutiger Sicht ist es von daher für die seinerzeit neuen Produktionsberufe auch nicht gelungen, den sich in der Industrie bereits abzeichnenden arbeitspolitischen Paradigmenwechsel curricular und prospektiv in die 1987er-Ausbildungsordnungen und -vorgaben umzusetzen. Bei einer weiterhin allein auf den „alten" Vorgaben basierenden Ausbildungspraxis würden so aufgrund einer curricular und didaktisch defizitären Berufsausbildung u. a. traditionelle Arbeitskonzepte in der Industrie auch eher zementiert bzw. eine an den neuen Produktionskonzepten orientierte Arbeitsgestaltung erschwert.

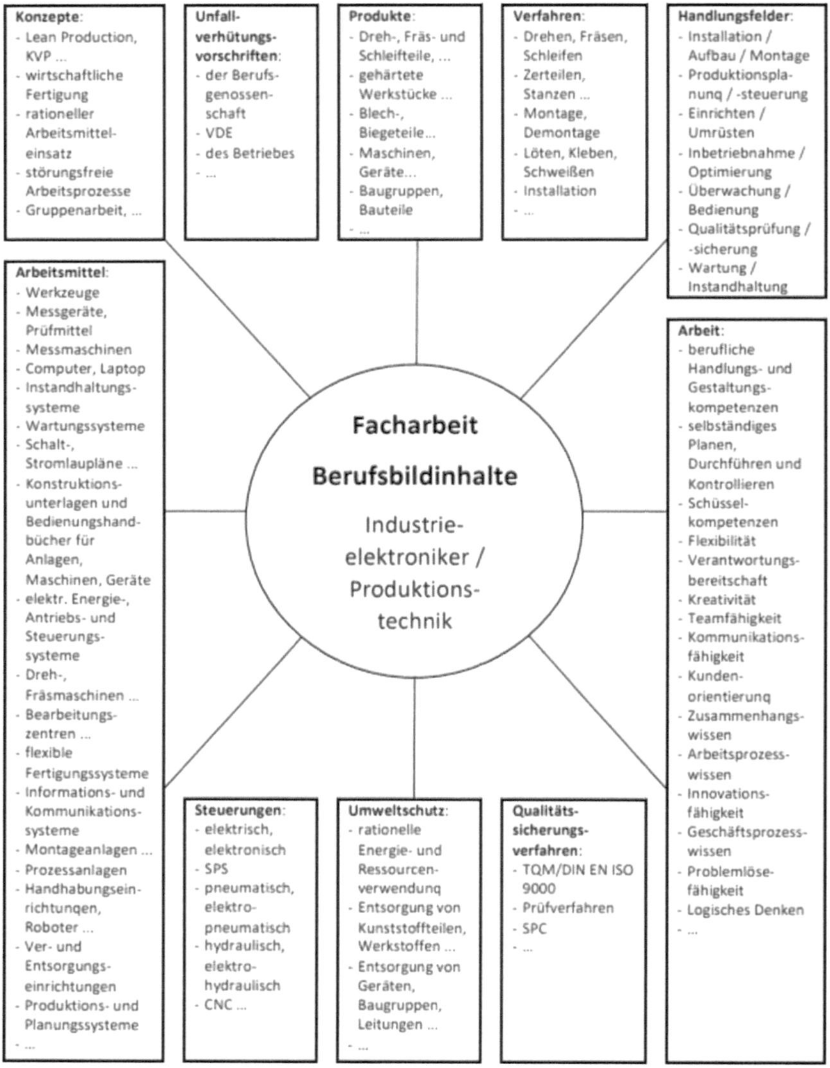

Abbildung 2: Neue Berufsbildinhalte zur Facharbeit der Industrieelektroniker, Fachrichtung Produktionstechnik

Die erforderliche Modifikation der Ausbildungsvorgaben hatte und sollte im Sinne einer Weiterentwicklung unter prinzipieller Berücksichtigung und Beibehaltung der alten Berufs- und Fachrichtungsstrukturen von 1987 erfolgen. Sie wurde entsprechend den Analyseergebnissen zur Produktionsfacharbeit in der Weise vorgenommen, dass die alten Berufsbilder für die Industriemechaniker und Industrieelektroniker der Fachrichtung Produktionstechnik inhaltlich modifiziert und ergänzt und damit letztlich doch fast neue Berufsbildinhalte bestimmt wurden (siehe als Beispiel für den Industrieelektroniker Abb. 2). In ihrer Makrostruktur entsprechen diese berufsübergreifend einem neuen Leitbild zur Produktionsfacharbeit, wobei die verschiedenen Inhaltsbereiche den Anspruch einer umfassenden beruflichen Handlungs- und Gestaltungskompetenz auf einer ersten Ebene curricular konkretisieren. Das heißt, die neuen Berufsbilder berücksichtigen nun insbesondere diejenigen Inhalte, Strukturen und Kompetenzen, mit denen die in den vergangenen Jahren vollzogenen arbeitsorganisatorischen Veränderungen in der industriellen Produktion zum Ausdruck kommen. Im Einzelnen wurde in die Berufsbilder für beide Berufe auch ein relativ hoher Anteil berufsübergreifender Ausbildungsinhalte und Kompetenzen aufgenommen. Die Arbeitskonzepte zur Gruppenarbeit wie die Arbeitsprozesse und Arbeitsaufgaben zu der im Mittelpunkt stehenden gemeinsamen industriellen Produktherstellung sind hier die Begründung. Für beide Berufe sind von daher die Makrostrukturen der „metall- und elektrotechnischen“ Berufsbildinhalte auch weitgehend identisch. Die weiterhin notwendigen beruflich-inhaltlichen Differenzierungen in den Berufsbildern sollen im Wesentlichen erst im Zusammenhang der konkreten Weiterentwicklung der Rahmenpläne sowie in der Unterrichts- und Ausbildungspraxis selbst vorgenommen werden. Dies trifft vor allem auf die Inhaltsbereiche der „Arbeitsmittel“, der „Steuerungen“ sowie der „Handlungsfelder“ zu, da insbesondere in diesen unter den je berufsspezifischen Aspekten der Produktionsfacharbeit eine berufsinhaltliche Differenzierung vorzunehmen ist.

Ausgangssituation und Rahmenbedingungen zur Ausbildung in den Produktionsberufen in Schule und Betrieb

Im zeitlichen Zusammenhang der Analysen zur Produktionsfacharbeit und den Berufsbildinhalten stand im zweiten Untersuchungsbereich die gegenwärtige Ausbildungspraxis in Schule und Betrieb im Mittelpunkt. Konkret bezogen sich die vorgenommenen Analysen auf die Ausbildung der Industriemechaniker und Industrieelektroniker der Fachrichtung Produktionstechnik, die noch weitgehend auf den 1987er-Ausbildungsvorgaben basierte.

Zur Unterrichts- und Ausbildungspraxis in Schule und Betrieb wurde in den Analysen deutlich, dass vorhandene Probleme und Defizite insbesondere in einem engen Zusammenhang mit den „alten" Berufsbildinhalten und curricularen Rahmenvorgaben für die Berufsausbildung in den Produktionsberufen stehen. So wird die Unterrichts- wie Ausbildungspraxis auch überwiegend entsprechend den Inhalten und Inhaltsstrukturen dieser Rahmenvorgaben gestaltet. Die Arbeitsprozesse in der modernen Produktionsfacharbeit mit ihren verschiedenen Handlungs- und Tätigkeitsfeldern werden dadurch didaktisch-methodisch bisher jedoch nur ansatzweise zum Unterrichts- und Ausbildungsgegenstand.

Für den berufsbezogenen Unterricht sind als Rahmenvorgaben die schulischen Rahmenlehrpläne entscheidend, deren Grundlage die „alten" Berufsbildinhalte sind und die eine didaktische Orientierung vorrangig an der Fach- und Techniksystematik aufweisen (Abbilddidaktik). Das berufliche Arbeitsprozesswissen und die konkrete Produktionsfacharbeit kommen in diesen schulischen Rahmenvorgaben und somit im Unterricht der Berufsschule überwiegend nur abstrakt und in reduzierter Form fach- und techniksystematischer Lehrgänge bzw. Lehrgangseinheiten vor (siehe Abb. 3). Wesentliche Inhaltsbereiche zur Berufsarbeit in der Produktionspraxis bleiben curricular und didaktisch ausgeblendet und werden nicht berücksichtigt.

Halbjahre	Lehrgänge der Berufsschule			
7. (140)	Lehrgang: Regelungstechnik (20)	Lehrgang: Schalter und Leitungen (20)	Lehrgang: Verstärkertechnik (40)	Lehrgang: Prozesstechnik 3 (60)
6. (140)	Lehrgang: Regelungstechnik (40)	Lehrgang: Antriebe 2 (40)	Lehrgang: Prozesstechnik 2 (60)	
5. (140)	Lehrgang: Leistungselektronik (60)	Lehrgang: Antriebe 1 (40)	Lehrgang: Prozesstechnik 1 (40)	
4. (140)	Lehrgang: Steuerungs- und Informationstechnik (80)	Lehrgang: Dreiphasenwechselstrom und Drehfeldmaschinen (40)	Lehrgang: Schutzmaßnahmen (20)	
3. (140)	Lehrgang: Elektrotechnik 3 (80)	Lehrgang: Grundschaltungen und Bauelemente der Halbleitertechnik (60)		
2. (160)	Lehrgang: Elektrotechnik 2 (100)	Lehrgang: Einführung in die Steuerungs- und Informationstechnik (60)		
1. (160)	Lehrgang: Elektrotechnik 1 (120)	Lehrgang: Einführung in das Technische Zeichnen (20)	Lehrgang: Werkstoffe, Werkstoffbearbeitung, Leitungsarten (20)	

Abbildung 3: Schulischer Rahmenlehrplan für den Industrieelektroniker, Fachrichtung Produktionstechnik (1996)

Die Analysen zeigen von Ausnahmen abgesehen auch, dass die schulische Umsetzung der Rahmenlehrpläne und die Gestaltung der einzelnen Lern- und Unterrichtseinheiten selbst noch vorwiegend nach Konzepten erfolgt, deren didaktisch-methodische Begründung ebenso einseitig in den Systematiken und der Spezifik der metall- und elektrotechnischen Fach- und Technikinhalte zu finden ist. In den Berufsschulen wird der Unterricht insgesamt durch eine Dominanz der Technikinhalte und Fachstrukturen geprägt, die eine Vernachlässigung der arbeitsprozessbezogenen wie handlungsrelevanten Berufsinhalte impliziert und z. B. ein Lernen anhand ganzheitlicher Arbeitsaufgaben methodisch eher verhindert. Erschwerend kommt hinzu, dass den Lehrern in den Berufsschulen – mehr oder weniger zwangsläufig – neue Erkenntnisse und eigene Erfahrungen zur modernen Produktionsfacharbeit und in den Produktionsberufen fehlen. Diese sind ja bisher in den „Fach-“ und Schulbüchern auch fast nicht enthalten.

Vergleichbar zur schulischen Unterrichtspraxis wurden im Ergebnis auch für die betriebliche Ausbildungspraxis, hier insbesondere in einem Großunternehmen, Defizite und Probleme festgestellt. Bedingt durch die lange Zeit vorherrschende Taylorisierung und der wenig Lernchancen bietenden Produktionsarbeit zeigt sich, dass die betriebliche Ausbildung bis heute noch weitgehend im „Schonraum“ der Lehrwerkstätten und deutlich nach Berufen getrennt organisiert ist. Sie ist ausbildungsdidaktisch in einzelne Ausbildungsbereiche strukturiert (siehe Abb. 4), die noch vielfach in der Form fach- und techniksystematischer Lehrgänge durchgeführt werden. Die betrieblichen Lehrgänge sind zudem oft fast identisch mit den schulischen Lehrgängen, wobei eine ausbildungsdidaktische Abstimmung im Prinzip völlig fehlt. In vielen Ausbildungsbereichen kommt daher für die Produktionsberufe bisher die neue betriebliche Produktions- und Arbeitspraxis so gut wie nicht vor. Eine auf die Arbeitsprozesse und die Formen der Gruppenarbeit bezogene produktionsnahe Ausbildung wird verhindert oder zumindest erschwert. Im Ansatz ist eine derartige Ausbildung nur in den konkret betrieblichen Ausbildungsabschnitten und an den neueren arbeitsplatzverbundenen Lernorten (z. B. im Technikzentrum) erkennbar. Insgesamt sind die beruflichen wie berufsübergreifenden Handlungs- und Gestaltungskompetenzen für eine qualifizierte Produktionsfacharbeit heute in einer betrieblichen Ausbildung, die überwiegend durch eine klassisch-systematische Lehrwerkstatt-Ausbildung und eine Ausbildung in eher produktionsfernen Betriebsabteilungen geprägt ist, nur bedingt zu erreichen.

Die Untersuchungsergebnisse zur Ausbildung der Industriemechaniker und Industrieelektroniker der Fachrichtung Produktionstechnik verdeutlichen zusammengefasst einen Entwicklungs- und Innovationsbedarf, der eine grundlegende curriculare und didaktische Weiterentwicklung in der schulischen wie in der betrieblichen Ausbildung erfordert. Hierbei ist die curriculare Weiterentwicklung perspektivisch auch möglichst in Richtung gemeinsamer neuer Rahmenvorgaben zu leisten, da diese als eine Voraussetzung für eine neue Ausbildungsgestaltung und verbesserte Abstimmung und Kooperation von Schule und Betrieb zu betrachten sind. Auch ist davon auszugehen, dass nur punktuelle und partielle inhaltliche wie methodische Ausbildungsinnovationen, wie z. B. einzelne neue Unterrichtsprojekte oder arbeitsorientierte Ausbildungsabschnitte, meist nur eine geringe Wirkung haben und zudem oft nur von begrenzter Dauer sind. Ein umfassender und auf die gesamte Ausbildung bezogener Reformansatz setzt allerdings die Mitwirkung und den Willen zur Veränderung aller an der Berufsausbildung Beteiligten voraus.

Halb-jahre	Lehrgänge und Ausbildungsbereiche des Betriebes				
7. (24 W)	Betrieb: Elektrische Instandhaltung Halle 2 (4 – 5 W)	Betrieb: Informations-systeme (4 – 5 W)	Betrieb: Fertigungs-bereich Wellenfertigung (4 – 5 W)	Technik-zentrum: Halle 4 (4 – 5 W)	Prüfungs-vorbereitung (4 – 5 W)
6. (24 W)	Lehrgang: Antriebs-technik (4 – 5 W)	Lehrgang: SPS B (4 – 5 W)	Betrieb: Elektrische Meß- und Regelungs-technik (4 – 5 W)	Prüfungs-vorbereitung (4 – 5 W)	Betrieb: Fertigungs-bereich Leichtmetalle (4 – 5 W)
5. (24 W)	Betrieb: Elektrische Instandhaltung Halle 1 (4 – 5 W)	Betrieb: Rechner-Reparatur (4 – 5 W)	Betrieb: Informations-verarbeitungs-zentrum (4 – 5 W)	Lehrgang: Messen und Elektronik 3 (4 – 5 W)	Lehrgang: Regelungs-technik (4 – 5 W)
4. (24 W)	Betrieb: Kraftwerk Elektro (4 – 5 W)	Prüfungs-vorbereitung (4 – 5 W)	Betrieb: Schweiß-technisches Labor (4 – 5 W)	Lehrgang: Messen und Elektronik 2B (4 – 5 W)	Lehrgang: Mikro-computer (4 – 5 W)
3. (24 W)	Lehrgang: Elektrische Maschinen 1 (4 – 5 W)	Betrieb: Elektrische Kräne, Aufzüge, Förderanlagen (4 – 5 W)	Betrieb: KFZ-Werkstatt Elektro-fahrzeuge (4 – 5 W)	Lehrgang: SPS A (4 – 5 W)	Betrieb: Elektro-planung (4 – 5 W)
2. (24 W)	Lehrgang: Steuerungs-technik 1 (4 – 5 W)	Lehrgang: Steuerungs-technik 2 / Pneumatik (4 – 5 W)	Lehrgang: Elektrische Motor-Reparatur (4 – 5 W)	Lehrgang: Messen und Elektronik 1 (4 – 5 W)	Lehrgang: Messen und Elektronik 2A (4 – 5 W)
1. (24 W)	Lehrgang: Grund-lehrgang Metall (4 – 5 W)	Lehrgang: Installations-technik A (4 – 5 W)	Lehrgang: Grund-lehrgang Metall (4 – 5 W)	Lehrgang: Installations-technik B (4 – 5 W)	Lehrgang: Kraftanlagen (4 – 5 W)

Abbildung 4: Betrieblicher Ausbildungsplan für den Industrieelektroniker, Fachrichtung Produktionstechnik (1996)

3 Ausbildungs- und Lernfeldgestaltung auf der Grundlage arbeitsorientierter Rahmenpläne für die Produktionsberufe

Nach den Untersuchungsergebnissen hatte die Weiterentwicklung und erforderliche Um- und Neuorientierung in der Ausbildung der Produktionsberufe umfassend auf den verschiedenen curricularen und didaktisch-methodischen Ebenen der schulischen und betrieblichen Ausbildung in den Produktionsberufen anzusetzen. Hierzu bildeten die bereits neu bestimmten bzw. modifizierten Berufsbildinhalte für den Industriemechaniker und Industrieelektroniker der Fachrichtung Produktionstechnik die wesentliche Grundlage und curriculare Ausgangsbasis (siehe als Beispiel für den Industrieelektroniker Abb. 2). Als Orientierung für die konkret angestrebten Entwicklungen und Erprobungen dienten des Weiteren die bereits im Vorfeld aufeinander abgestimmten Zielsetzungen der beiden Modellversuche, sodass in einem gemeinsamen Prozess – sich wechselseitig bedingender Weiterentwicklungen – für die schulische und für die betriebliche Ausbildung fast zeitgleich neue Konzepte erarbeitet in der Ausbildungspraxis umgesetzt werden konnten. Im Überblick und Ergebnis wurden so:

- neue Qualifizierungsstützpunkte in der Produktion für die betriebliche Ausbildung entwickelt und in der Ausbildungspraxis umgesetzt,
- neue arbeitsorientierte Lernfelder für die schulische Ausbildung entwickelt und in der Unterrichtspraxis erprobt,
- Konzepte und Formen der schulischen und betrieblichen Lernortkooperation neu ausgestaltet und umgesetzt und
- Grundlagen für eine neue arbeitsorientierte Rahmenplangestaltung entwickelt und ein Entwurf für ein Gesamtcurriculum zur Ausbildung in den Produktionsberufen erarbeitet.

Entsprechend den Zielsetzungen konzentrierten sich die Entwicklungen und Erprobungen zunächst nur auf die Fachbildung in den beiden Produktionsberufen, wobei deren curriculare und ausbildungsdidaktische Ausweitung auf die gesamte Ausbildung auch unter Transferaspekten stets mitgedacht und letztlich auch in einem Entwurf für eine arbeitsorientierte Gesamtkonzeption berücksichtigt wurden.

Arbeitsplatzbezogenes Lernen in Qualifizierungsstützpunkten als Beitrag zur Weiterentwicklung in der betrieblichen Ausbildung

Mit der Erkenntnis und dem Ziel, die betriebliche Ausbildung im VW-Werk zu verbessern und diese stärker an den Arbeitsprozessen in der

Produktionsfacharbeit auszurichten, wurden die vorhandenen Konzepte für die verschiedenen innerbetrieblichen Lernorte der Ausbildung um das Konzept „Arbeitsplatzbezogenes Lernen“ für einen neuen Lernort, den sogenannten Qualifizierungsstützpunkten, erweitert. Dem Ansatz entsprechend wurde hiermit nicht die gesamte betriebliche Ausbildung zum Gegenstand der Weiterentwicklung, sondern zunächst nur einzelne Ausbildungsabschnitte der Fachbildung (siehe Abb. 5). Mit den Entwicklungen sollte das Konzept „Ausbildungs- und Organisationsentwicklung bei arbeitsplatzbezogenem Lernen“ einschließlich der Chancen und Probleme des konkreten Arbeits- und Lernorts „Arbeitsplatz“ in den Produktionsabteilungen untersucht und umgesetzt werden (vgl. Sonntag u. a. 1997).

Halbjahre	Lehrgänge und Ausbildungsbereiche des Betriebes				
7. (24 W)	Betrieb: Elektrische Instandhaltung Halle 2 (4 – 5 W)	Betrieb: Informations-systeme (4 – 5 W)	Betrieb: Fertigungs-bereich Wellenfertigung (4 – 5 W)	Technik-zentrum: Halle 4 (4 – 5 W)	Prüfungs-vorbereitung (4 – 5 W)
6. (24 W)	Lehrgang: Antriebs-technik (4 – 5 W)	Qualifizierungsstützpunkt: MQ350 Wellenfertigung (8 W)		Prüfungs-vorbereitung (4 – 5 W)	Lehrgang: SPS B (4 – 5 W)
5. (24 W)	Betrieb: Informations verarbeitungs-zentrum (4 – 5 W)	Qualifizierungsstützpunkt: B80 Gehäusefertigung (8 W)		Lehrgang: Messen und Elektronik 3 (4 – 5 W)	Lehrgang: Regelungs-technik (4 – 5 W)
4. (24 W)	Prüfungs-vorbereitung (4 – 5 W)	Qualifizierungsstützpunkt: M300 Räderfertigung (8 W)		Lehrgang: Messen und Elektronik 2B (4 – 5 W)	Lehrgang: Mikro-computer (4 – 5 W)
3. (24 W)	Lehrgang: Elektrische Maschinen 1 (4 – 5 W)	Qualifizierungsstützpunkt: CVT Getriebefertigung (8 W)		Lehrgang: SPS A (4 – 5 W)	Betrieb: Elektro-planung (4 – 5 W)
2. (24 W)	Lehrgang: Steuerungs-technik 1 (4 – 5 W)	Lehrgang: Steuerungs-technik 2 / Pneumatik (4 – 5 W)	Lehrgang: Elektrische Motor-Reparatur (4 – 5 W)	Lehrgang: Messen und Elektronik 1 (4 – 5 W)	Lehrgang: Messen und Elektronik 2A (4 – 5 W)
1. (24 W)	Lehrgang: Grund-lehrgang Metall (4 – 5 W)	Lehrgang: Installations-technik A (4 – 5 W)	Lehrgang: Grund-lehrgang Metall (4 – 5 W)	Lehrgang: Installations-technik B (4 – 5 W)	Lehrgang: Kraftanlagen (4 – 5 W)

Abbildung 5: Betrieblicher Ausbildungsplan für den Industrieelektroniker, Fachrichtung Produktionstechnik (1998/99)

Die eingerichteten dezentralen Qualifizierungsstützpunkte in der Produktion stellen dem Konzept nach für die Ausbildung eine Erweiterung des bestehenden innerbetrieblichen Lernortsystems um einen weiteren Lernort dar. Das heißt, in die konzeptionell nach verschiedenen Ausbildungsbereichen organisierte und inhaltlich strukturierte betriebliche Ausbildung wurden neue unmittelbar arbeitsplatzbezogene Ausbildungsabschnitte integriert (siehe z. B. für den Industrieelektroniker Abb. 5). Sie haben einen zeitlichen Umfang von ca. acht Wochen und umfassen zwei der sonst üblichen Ausbildungsabschnitte. Für die nun auch erstmals gemeinsame Ausbildung der Industriemechaniker und Industrieelektroniker wurden als Qualifizierungsstützpunkte z. B. eingerichtet bzw. geplant: MQ 350 Wellenfertigung, B 80 Gehäusefertigung, M 300 Räderfertigung und CVT Getriebefertigung.

In diesen Qualifizierungsstützpunkten findet die Ausbildung im unmittelbaren Zusammenhang von Arbeiten und Lernen in einer realen Produktionsanlage statt, z. B. in einer Bearbeitungsanlage mit mehreren verketteten Maschinen. Unter Anleitung eines Ausbildungsbeauftragten, der zugleich Produktionsfacharbeiter ist, werden reale Produkte, wie z. B. Gehäuse oder Wellen, hergestellt und bearbeitet. Die Qualifizierungsstützpunkte sind dabei im Sinne eines innerbetrieblichen „Kunden-Lieferantenverhältnisses" voll in die Gesamtproduktion des Betriebes integriert. Sie sind damit keine „Lerninseln", in denen mehr oder weniger isoliert von den betrieblichen Arbeits- und Geschäftsprozessen gearbeitet und gelernt wird. Die Produktionsfacharbeit in den Qualifizierungsstützpunkten ist vielmehr mit den Arbeitsaufgaben und Handlungsfeldern in den anderen Produktionsbereichen identisch. Der Unterschied ist nur, dass die Produktion in den Qualifizierungsstützpunkten nicht unter einer bestimmten Mengen- und Zeit-Vorgabe erfolgt. Insofern orientiert sich das Ausbildungskonzept mit seinen Zielen und Inhalten an den heutigen Anforderungen in der Produktionsfacharbeit, in dem z. B. in den Qualifizierungsstützpunkten

- entsprechend der Gruppenarbeit die Ausbildung der Industriemechaniker und Industrieelektroniker auch berufsübergreifend in einer Arbeits- und Lerngruppe von vier bis sechs Auszubildenden gemeinsam erfolgt;
- die Produktion weitgehend selbstständig und eigenverantwortlich von den Auszubildenden z. B. hinsichtlich Personaleinsatz, Pausenzeiten, Vertretungsregelung, Maschinenbedienung, Umrüstarbeiten. Werkzeugwechsel usw. geplant und durchgeführt wird;
- die Aufgaben der Qualitätssicherung eigenverantwortlich wahrgenommen werden;

- der Material- und Informationsfluss organisiert und übernommen wird;
- die Arbeiten zur Wartung und Instandsetzung selbstständig geplant, durchgeführt und kontrolliert werden;
- die Schichtübergabe der Produktionsanlage im 3-Schichtbetrieb (die Ausbildung erfolgt in der Normalschicht) mit dem vor- bzw. nachfolgenden Werker-Team eingeübt und durchgeführt wird.

Wie beschrieben, ist für die Ausbildung mittels der hier nur im Ausschnitt und Überblick dargestellten Arbeits- und Lernaufgaben im Wesentlichen ein Produktionsfacharbeiter der entsprechenden Produktionsabteilung als Ausbildungsbeauftragter verantwortlich. Dieser wurde für die Ausbildungstätigkeit besonders geschult, er hat Zeit für Erklärungen und Erläuterungen, gibt seine Erfahrungen in bewusst herbeigeführten Arbeitssituationen an die Auszubildenden weiter, oder er nutzt für die Ausbildung die Möglichkeit der Simulation von Fehlern an den Maschinen. Des Weiteren werden durch einen zeitlich versetzten Wechsel von nur jeweils der Hälfte der Lerngruppe nach vier Wochen auch die je „neuen" Auszubildenden von den zunächst verbleibenden „alten erfahrenen" Auszubildenden in die Arbeiten und Aufgaben der Qualifizierungsstützpunkte eingeführt und eingearbeitet. Das Arbeiten und Lernen in den Produktionsanlagen ist damit insgesamt von hoher Selbstständigkeit geprägt und hat einen hohen „Ernstcharakter". Gegenüber der normalen Produktion werden so auch in den Qualifizierungsstützpunkten z. B. etwa 50 % bis 60 % der Sollvorgaben produziert. Faktisch bedeutet dies u. a., dass die Finanzierung der Ausbildungsbeauftragten wie der Ausbildung damit teilweise auch über die wertschöpfende Tätigkeit der Auszubildenden erfolgt.

Da die Ausbildung in den Qualifizierungsstützpunkten anhand je unterschiedlicher Produktionsanlagen und -aufträge (z. B. Wellenfertigung, Getriebemontage und -reparatur usw.) erfolgt, werden die Handlungs- und Tätigkeitsfelder in der Produktionsfacharbeit je exemplarisch zum Ausbildungsgegenstand. Der Auswahl und Einrichtung der Qualifizierungsstützpunkte kommt insofern für die gesamte Ausbildungsgestaltung eine Bedeutung zu, da die jeweiligen Lernpotenziale sowie das curriculare Spektrum der möglichen Ausbildungsinhalte in den Qualifizierungsstützpunkten auch im Zusammenhang der anderen Ausbildungsbereiche ausbildungsdidaktisch zu beachten ist. Bei der Auswahl der Qualifizierungsstützpunkte, so zeigt sich praktisch, ist neben diesen Aspekten aus betrieblicher Sicht aber nicht unbedeutend, dass die Produktionsanlagen teuer und für die Übernahme konkreter Produktionsaufgaben beschafft worden sind und demzufolge immer erst unter Kapazitäts- und Kostenaspekten zu klären ist, ob und für welche Zeiträume diese Anlagen zugleich als Qualifizierungsstützpunkte genutzt werden können. Die Auswahl und Einrichtung von Qualifizierungsstützpunkten unterliegt somit immer auch den betrieblichen Produktionsbedingungen, sodass selbst einmal eingerichtete Qualifizierungsstützpunkte z. B. aufgrund von Kapazitätsengpässen, einer erhöhten Kundennachfrage oder einem Modellwechsel „von heute auf morgen" nicht mehr für die Ausbildung zur Verfügung stehen.

Aus dem dargestellten Ausbildungsplan ist exemplarisch zu ersehen (siehe Abb. 5), dass die Ausbildung in den zurzeit vorhandenen Qualifizierungsstützpunkten in Relation zur Gesamtausbildung noch eher gering und bescheiden ist, zumal – was der Plan nicht unmittelbar zeigt – ein Auszubildender im Rahmen seiner Ausbildung nicht in jedem der im Plan dargestellten Qualifizierungsstützpunkte ausgebildet wird. Auch ist gegenwärtig insgesamt noch nicht sichergestellt, dass jeder Auszubildende in seiner Ausbildung überhaupt einmal die Chance hat, in einem der vorhandenen Qualifizierungsstützpunkte produktionsnah ausgebildet zu werden. Hintergrund sind die in den Qualifizierungsstützpunkten eingesetzten und didaktisch sinnvollen kleinen Lerngruppen sowie die bisher noch zu geringe Anzahl von eingerichteten Qualifizierungsstützpunkten gegenüber der vorhandenen Anzahl der Auszubildenden. Die bereits vorliegenden positiven Erfahrungen und Aussagen der Auszubildenden lassen jedoch erwarten, dass das Konzept „Arbeitsplatzbezogenes Lernen" zukünftig zu einem festen und integralen Bestandteil der betrieblichen Ausbildung wird. Was ebenso zu erwarten und in der weiteren Entwicklung noch zu leisten ist, ist die ausbildungsdidaktische Klärung der Wirkungen des neuen Ausbildungskonzeptes auf die anderen innerbetrieblichen Lernorte und Ausbildungsbereiche in der gesamten betrieblichen Ausbildung; und zwar insbesondere auch unter Einbeziehung der noch weitgehend nach Lehrgängen organisierten Grundbildung. Hierbei müssen neben den Ausbildungsbeauftragten im Betrieb auch stärker als bisher die betrieblichen Ausbilder, die z. B. für die Durchführung der Lehrgänge zuständig sind, einbezogen werden, was aufgrund der vorliegenden Erfahrungen zugleich eine Voraussetzung für eine noch zu verbessernde Abstimmung und Kooperation mit der Ausbildung in den Berufsschulen ist.

Entwicklung und Umsetzung neuer arbeitsorientierter Lernfelder in der schulischen Ausbildung

Die Weiterentwicklung der schulischen Ausbildung für die Produktionsberufe setzte im Zusammenhang der Veränderungen in der betrieblichen Ausbildung bei der Begründung eines Lernfeld-Konzeptes und der zunächst schrittweisen Ausgestaltung einzelner arbeitsorientierter Lernfelder für die Fachbildung an. Entsprechend den Leitideen der „Arbeitsorientierung" (vgl. Petersen/Rauner

1996) sollten die schulischen Ausbildungsinhalte – auch in einer Art Rückbesinnung – curricular und didaktisch-methodisch so bestimmt werden, dass sich diese in den Lernfeldern konsequenter als bisher an dem neuen Leitbild und den Inhalten der Arbeitsprozesse in der Produktionsfacharbeit orientieren. In der Perspektive „arbeitsorientierte Lernfelder" statt „fachsystematische Lehrgänge" sollte die bestehende Lehrgangs-Dominanz sowie die Einseitigkeit der Fachsystematik und des Technikbezugs in den Inhalten und Inhaltsstrukturen der gegenwärtigen Unterrichtsgestaltung schrittweise überwunden werden.

Auf der Grundlage der neu bestimmten Berufsbildinhalte für die Produktionsberufe (siehe als Beispiel für den Industrieelektroniker Abb. 2) wurde zunächst eine curriculare und didaktische Makrostruktur für die Lernfelder der Fachbildung entwickelt, die ihre Begründung in den berufstypischen Arbeitsprozessen bzw. dem Arbeitskonzept der übergreifenden Handlungs- und Tätigkeitsfelder in der Produktionsfacharbeit hat. Im Gegensatz zu einer reduzierten „Inhaltsabbildung" allein aus den Fachstrukturen und Technikinhalten, sollen damit in den schulischen Lernfeldern die Berufsinhalte nach den Kriterien der Ganzheitlichkeit, Anforderungsvielfalt und Vollständigkeit der Arbeitsaufgaben in der Produktionsfacharbeit zum Gegenstand des Lernens werden. Denn ob es in der modernen Produktion z. B. um die einfache Herstellung eines Drehteils in der Einzelfertigung, die Herstellung von Zahnrädern in der Massenfertigung oder um die automatisierte Montage von Getrieben, Telefonen oder Kühlschränken in der Serienfertigung geht – von grundlegender curricularer Bedeutung sind die übergreifenden Arbeits- und Inhaltsstrukturen, die die Geschäfts- und Arbeitsprozesse im Zusammenhang der Arbeitsaufgaben in der Produktionsfacharbeit ganzheitlich kennzeichnen.

Abbildung 6: Inhaltsstrukturen der Lernfelder zur Produktionsfacharbeit

Für die Inhalte und Inhaltsstrukturen der Lernfelder lassen sich nach den Analysen zur Produktionsfacharbeit auf einer ersten Ebene sechs Handlungs- und Tätigkeitsfelder unterscheiden (siehe Abb. 6). Diese sechs Handlungs- und Tätigkeitsfelder kennzeichnen in ihrer Vollständigkeit allgemein einen Arbeits- und Handlungszusammenhang bzw. einen ganzheitlichen Arbeitsprozess in der Produktion, bei dem jeweils die industrielle Herstellung eines Produktes im Mittelpunkt steht. Auf einer zweiten Ebene lassen sich des Weiteren als Inhaltsstrukturen zur Produktionsfacharbeit einerseits die Inhalte der „Planung", „Durchführung" und „Kontrolle" der Arbeit und andererseits die der „Verfahren" (Herstellungs- und Arbeitsverfahren), der „Arbeitsmittel" (Maschinen, Anlagen, Werkzeuge usw.) und der „Produkte" bzw. der Produktkenntnisse unterscheiden. Unter Arbeits- wie Lernaspekten kommt diesen Inhalten – auch in Abhängigkeit vom jeweiligen Produktions- und Arbeitskonzept (Lean-Production, Gruppenarbeit usw.) – in jedem der sechs Handlungs- und Tätigkeitsfelder eine je unterschiedliche inhaltliche Bedeutung zu. So haben z. B. im Handlungsfeld „Einrichten und Umrüsten" oder „Wartung und Instandhaltung" die Inhalte der Planung, Durchführung und Kontrolle ihre je spezifische Arbeits- und Tätigkeitsbedeutung, da ja die Einrichtungs- wie die Instandhaltungsarbeit jeweils arbeits- und aufgabenbezogen geplant und kontrolliert werden muss. Vergleichbar gilt dies für die Inhalte der Verfahren, Arbeitsmittel und Produkte, die ebenso in jedem einzelnen Handlungs- und Tätigkeitsfeld unter Arbeits- wie Lernaspekten ihre je spezifische Inhaltsbedeutung haben. So müssen z. B. die Arbeitsmittel unter „Planungsaspekten" ausgewählt, im Rahmen der „Überwachung" optimiert oder bei Störungen „instandgehalten und repariert" werden. Die Arbeitsmittel werden damit aus je unterschiedlicher Perspektive zum Arbeits- und Lerngegenstand. Von übergreifender Bedeutung für die Lernfeldinhalte zur Produktionsfacharbeit ist die jeweilige „Fertigungsart", da die Arbeitsprozessgestaltung in der Produktion in ihrer Gesamtheit entscheidend auch von der Anzahl der je herzustellenden Produkte bestimmt wird. Inhaltlich und vom Arbeitskonzept her unterscheiden sich z. B. Einzel-, Klein- und Groß-Serienfertigung oder Massenfertigung.

Auf der Grundlage der Inhaltsstrukturen der Lernfelder zur Produktionsfacharbeit wurde unter curricularen und didaktischen Aspekten ein erster Entwurf für ein arbeitsorientiertes Lernfeld-Konzept der Fachbildung erarbeitet (siehe Abb. 7). Die einzelnen Lernfelder wurden so strukturiert, dass mit der Gesamtheit der Fachbildungs-Lernfelder die in den industriellen Arbeitsprozessen vorkommenden Fertigungsarten, Fertigungsverfahren, Arbeitsmittel, Produkte usw. inhaltlich sowie didaktisch-methodisch gestuft und strukturiert je exemplarisch Berücksichtigung finden. Konkret inhaltlich steht damit in jedem Lernfeld ein berufstypischer Arbeitsprozess im Mittelpunkt, dessen curriculare und didaktische Ausgestaltung und Konkretisierung im Einzelnen entsprechend den obigen Inhaltsstrukturen zur Produktionsfacharbeit erfolgt. In und mit den Lernfeldern der Fachbildung wird durch deren zeitliche und thematische Abfolge und didaktische Struktur somit sichergestellt, dass die Berufsbildinhalte, die die Arbeitsprozesse und Inhaltsbereiche der industriellen Produktionsfacharbeit betriebsübergreifend repräsentieren (siehe Abb. 2), exemplarisch und umfassend zum Gegenstand einer arbeitsorientierten Ausbildung werden. Der skizzierte Entwurf für ein Lernfeld-Konzept der Fachbildung sollte und konnte für die konkret durchgeführten Entwicklungen sowie insbesondere für die Erprobungen in den Berufsschulen zunächst nur eine perspektivische Bedeutung haben. Denn im Rahmen der angestrebten Weiterentwicklungen musste ja berücksichtigt werden, dass die aktuelle Ausbildungsgestaltung und Unterrichtsdurchführung noch nach den „alten" Rahmenvorgaben erfolgte (siehe Abb. 3). Die Neuentwicklungen setzten dementsprechend bei der Gestaltung und Umsetzung einzelner Lernfelder an, die dann schrittweise in die noch bestehende schulische Lehrgangs-Ausbildung für die Industriemechaniker und Industrieelektroniker integriert wurden (siehe z. B. Abb. 9).

Halb- jahre	Lernfelder der Berufsschule		
7. (140)	Lernfeld: Montieren Flexibles Montagesystem Baugruppe Massenfertigung (30-50)	Lernfeld: Drehen / Fräsen Flexibles Fertigungssystem „kompliziertes" Werkstück Serien- / Einzelfertigung (30-50)	Lernfeld: Mehrfach- bearbeitung „kompliziertes" Werkstück Massenfertigung (30-50)
6. (140)	Lernfeld: Brennschneiden CNC-Maschine „komplizierte" Formplatte Serienfertigung (30-50)	Lernfeld: Biegen CNC-Biegmaschine Biegteil Serienfertigung (30-50)	Lernfeld: Einsatzhärten Härteanlage „einfache" Werkstücke Serienfertigung (30-50)
5. (140)	Lernfeld: Drehen Drehzentrum „kompliziertes" Drehteil Serienfertigung (30-50)	Lernfeld: Schleifen CNC-Schleifmaschine gehärtete Drehteile Serienfertigung (30-50)	Lernfeld: Nibbeln CNC-Maschine „kompliziertes" Blechteil Serienfertigung (30-50)
4. (140)	Lernfeld: Montage Montageanlage „einfache" Montage Serienfertigung (30-50)	Lernfeld: Bohren / Fräsen Bearbeitungszentrum Dreh- / Frästeil Serienfertigung (30-50)	Lernfeld: Drehen CNC-Maschine „einfaches" Drehteil Serienfertigung (30-50)
3. (140)	Lernfeld: Drehen Drehmaschine „einfaches" Drehteil Enzelfertigung (30-50)	Lernfeld: Fräsen CNC-Maschine „einfaches" Frästeil Serienfertigung (30-50)	Lernfeld: Umformen Einzel-Werkzeugmaschine Blechschneidteil Serienfertigung (30-50)
2. (160)			
1. (160)			

Abbildung 7: Entwurf eines arbeitsorientierten Lernfeld-Konzeptes zur Fachbildung für die Produktionsberufe

Die Entwicklung der neuen arbeitsorientierten Lernfelder wurde vorrangig und zugleich mit dem Ziel der Verbesserung der Lernortkooperation unter Bezug auf die Veränderungen in der betrieblichen Ausbildung vorgenommen. Insofern erfolgte die konkrete Entwicklung und die erste schulische Umsetzung und Erprobung von neuen Lernfeldern vor allem in der Wechselwirkung mit den gestalteten Qualifizierungsstützpunkten in der betrieblichen Ausbildung bei VW. So entstanden zunächst Lernfelder, die sich im Ansatz inhaltlich auf die jeweiligen Arbeitsprozesse in den Qualifizierungsstützpunkten bezogen und diese aus schulischer Sicht exemplarisch zum Gegenstand hatten (siehe die Beispiele in der Abbildung 8).

Qualifizierungsstützpunkte	Lernfelder	Ausbildungsberufe
M300-Räderfertigung	Zahnradfertigung Mehrfachbearbeitung „kompliziertes" Werkstück Massenfertigung	Industriemechaniker/ -elektroniker, Fachrichtung Produktionstechnik
B80-Gehäusefertigung	Getriebegehäusefertigung Bearbeitungszentrum Bohr-Frästeil Serienfertigung	Industriemechaniker/ -elektroniker, Fachrichtung Produktionstechnik
CVT-Getriebefertigung	Automatisierte Montage Montage mit Montageanlage Getriebemontage Serienfertigung	Industriemechaniker/ - elektroniker, Fachrichtung Produktionstechnik

Abbildung 8: Beispiele für Lernfelder bezogen auf Qualifizierungsstützpunkte

Durch die mit den Modellversuchen geschaffenen und günstig zu nennenden Rahmenbedingungen erfolgte die Entwicklung und Umsetzung der einzelnen Lernfelder unter besonderer Berücksichtigung curricularer und didaktischer Abstimmungs- und Kooperationsaspekte. An dem Beispiel zum Lernfeld Zahnradfertigung kann und soll so nachfolgend gezeigt werden, dass die Entwicklungen zum einen schul- und damit berufsübergreifend und zum anderen lernortübergreifend erfolgt sind und die lernorganisatorischen und inhaltlichen Abstimmungen auch zu übertragbaren neuen Erkenntnissen für die Ausbildungsgestaltung geführt haben. Im Ergebnis konnte u. a. die schulische und betriebliche Zusammenarbeit befördert und z. B. auch eine produktionsnahe gemeinsame Fortbildung der Lehrer und Ausbilder initiiert werden. Mit den Entwicklungen zum Lernfeld „Zahnradfertigung" wurde, wie auch bei den anderen Lernfeldentwicklungen, für die Industriemechaniker und Industrieelektroniker der Fachrichtung Produktionstechnik ein vergleichbarer Arbeitsprozess zum gemeinsamen Ausbildungsgegenstand in Schule und Betrieb. Aufgrund dieser einheitlich arbeitsorientierten Ausbildungsausrichtung – ein ausbildungsdidaktisches Novum mit vielfältigen neuen Anforderungen – sollten die curricularen Abstimmungen gemeinsam zwischen den beteiligten Schulen sowie zwischen den Schulen und dem Betrieb erfolgen und bei der didaktischen Ausgestaltung der Lernfelder inhaltlich umgesetzt werden (siehe Abb. 10). Hierbei war die gemeinsame Arbeit und Ausbildung der Industriemechaniker und Industrieelektroniker in kleinen Lerngruppen im Betrieb ebenso zu beachten wie die bisher noch weitgehend nach den beiden Berufen getrennte Ausbildung in den Klassen der beteiligten Berufsschulen. Für die Abstimmungen stellte sich insofern als Ergebnis und Erkenntnis auch schnell heraus, dass die inhaltliche und zeitliche Ausbildungsgestaltung insgesamt nur als Vor-, Parallel- wie auch Nachlauf von schulischer und betrieblicher Ausbildung zu begreifen ist.

Halbjahre	Lehrgänge und Lernfelder der Berufsschule			
7. (140)	Lehrgang: Regelungstechnik (20)	Lehrgang: Schalter und Leitungen (20)	Lehrgang: Verstärkertechnik (40)	Lehrgang: Prozeßtechnik 3 (60)
6. (140)	Lehrgang: Regelungstechnik ( )	Lehrgang: Antriebe 2 ( )	**Lernfeld: Automatisierte Montage (40)**	Lehrgang: Prozeßtechnik 2 ( )
5. (140)	Lehrgang: Leistungselektronik ( )	**Lernfeld: Getriebegehäusefertigung (40)**	Lehrgang: Antriebe 1 ( )	Lehrgang: Prozeßtechnik 1 ( )
4. (140)	Lehrgang: Steuerungs- und Informationstechnik ( )	**Lernfeld: Zahnradfertigung (40)**	Lehrgang: Dreiphasenwechselstrom und Drehfeldmaschinen ( )	Lehrgang: Schutzmaßnahmen ( )
3. (140)	Lehrgang: Elektrotechnik 3 (80)	Lehrgang: Grundschaltungen und Bauelemente der Halbleitertechnik (60)		
2. (160)	Lehrgang: Elektrotechnik 2 (100)	Lehrgang: Einführung in die Steuerungs- und Informationstechnik (60)		
1. (160)	Lehrgang: Elektrotechnik 1 (120)	Lehrgang: Einführung in das Technische Zeichnen (20)	Lehrgang: Werkstoffe, Werkstoffbearbeitung, Leitungsarten (20)	

Abbildung 9: Schulischer Rahmenlehrplan für den Industrieelektroniker, Fachrichtung Produktionstechnik (1998)

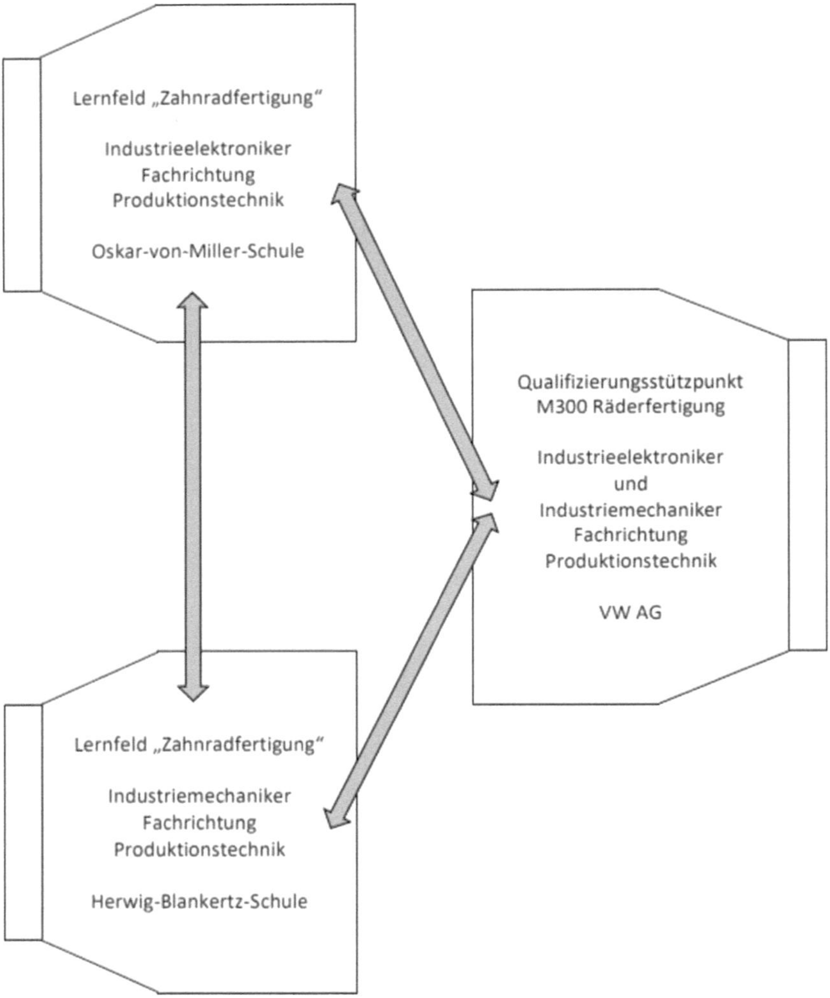

Abbildung 10: Lernfeld- und Ausbildungsgestaltung am Beispiel des Lernfeldes „Zahnradfertigung“

Die Lernfeldentwicklung „Zahnradfertigung" konnte und sollte dementsprechend curricular und didaktisch insbesondere nicht in der bei reinen Betriebsklassen oft verbreiteten Vorstellung eines „Parallellaufs" der Ausbildung erfolgen, denn ein solcher „Parallellauf" ist aufgrund der je konkreten Ausbildungsorganisation und bezogen auf die einzelnen Lerngruppen eher ein Sonderfall. Vielmehr ist selbst bei Betriebsklassen und auch bei einem in Schule und Betrieb einheitlichen und vergleichbaren Ausbildungsgegenstand der Vor- oder Nachlauf die Regel, sodass Lernfelder letztlich immer im Sinne einer inhaltlichen Vor- oder Nachbereitung zur betrieblichen Ausbildung zu gestalten sind. Zudem sollte die Entwicklung schulischer Lernfelder generell so erfolgen, dass diese auch unabhängig vom Einzelbetrieb ihre Bedeutung in der Ausbildung haben und behalten, was hier u. a. konkret bereits mit den Lernfeldbezeichnungen zum Ausdruck kommt. Dass hier keine zu enge Lernfeldausrichtung, an der ja auch eher temporären und wechselnden Existenz der Qualifizierungsstützpunkte erfolgen kann, hat seine Begründung nicht zuletzt ebenso im schulischen Bildungsauftrag. Die konkreten betrieblichen Arbeitsprozesse sind daher in den Lernfeldern auch unter beruflich allgemeinen und überbetrieblichen Ausbildungsaspekten zu transzendieren, weshalb die Lernfelder im Ergebnis durchaus gewisse Züge von Autonomie beinhalten sollen.

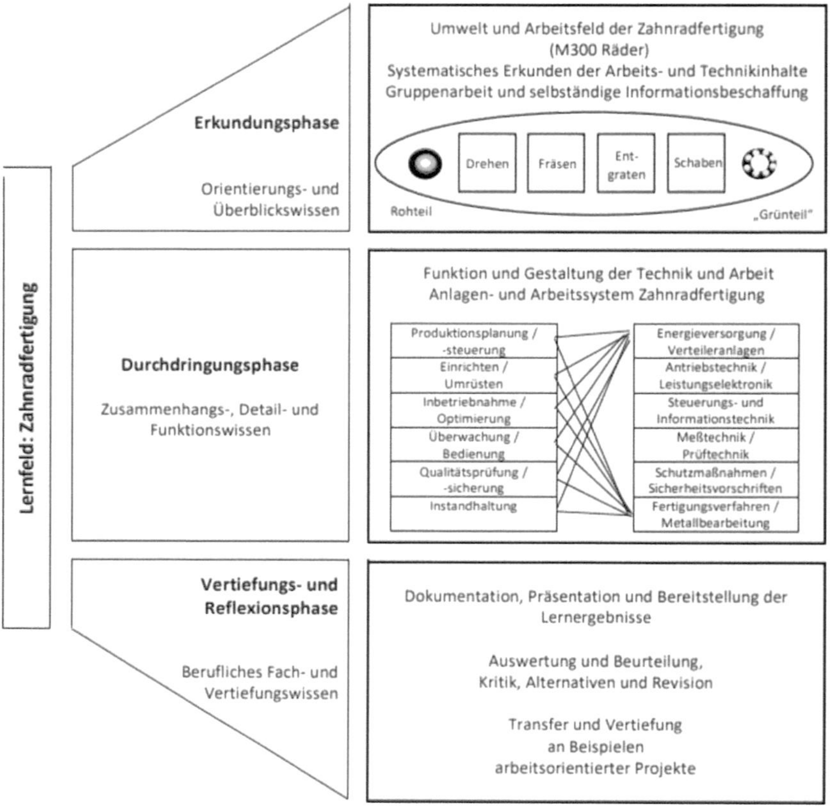

Abbildung 11: Entwicklung und Umsetzung des Lernfeldes „Zahnradfertigung" für Industrieelektroniker

Vor diesem Hintergrund erfolgte die Entwicklung und inhaltliche Konkretisierung der Lernfelder „Zahnradfertigung" für beide Berufe prinzipiell einheitlich und nach einem gemeinsamen Konzept. Die Ausgestaltungen und Abstimmungen wurden dabei hauptsächlich auf der Basis durchgeführter betrieblicher Analysen und Erkundungen zu den Arbeitsprozessen im Qualifizierungsstützpunkt „M300-Räderfertigung" vorgenommen. In die curriculare Lernfeldgestaltung wurden damit alle die Inhalte einbezogen, die das Um- und Arbeitsfeld der Fertigung von Zahnrädern – vom Rohteil zum Grünteil – auf vier unverketteten Zerspanungsmaschinen ganzheitlich betreffen.

Entsprechend obigem Lernfeld-Konzept waren zu diesen Inhalten zunächst die der „Arbeit" festzulegen, also die Inhalte der in Gruppen- und Teamarbeit geplanten, durchgeführten und kontrollierten Arbeiten in den sechs Handlungs- und Tätigkeitsfeldern der Produktionsfacharbeit, die die Aufgaben von der Produktionsplanung bis zur Instandhaltung umfassen. Des Weiteren mussten im Einzelnen die Inhalte zum „Produkt": Zahnräder, die Inhalte zu den „Verfahren": Drehen, Fräsen, Entgraten und Schaben sowie die Inhalte zu den „Arbeitsmitteln": Produktionsanlage, Bearbeitungsmaschinen, Werkzeuge usw. bestimmt werden. Diese Inhalte wurden wiederum entsprechend den je verfahrensspezifischen Arbeitsprozessen und – aufgaben an den vier verketteten einzelnen Bearbeitungsmaschinen weiter konkretisiert und differenziert. Hierbei und insbesondere hinsichtlich der beruflichen Differenzierung der Lernfeldinhalte war der betriebliche Zugang für die Analyse der Arbeitsprozesse sowie die Möglichkeit der Nutzung von betrieblichen Arbeitsunterlagen und -materialen wie auch von Unterlagen, Zeichnungen, Betriebs- und Wartungsanleitungen usw. zu den Anlagen und Maschinen eine wichtige Voraussetzung. Nach der Entwicklung der für die Industriemechaniker und Industrieelektroniker vergleichbaren und doch berufsspezifisch ausgerichteten Lernfelder „Zahnradfertigung" erfolgte die schulische Umsetzung ebenso nach einem abgestimmten und gemeinsamen Unterrichtskonzept (siehe Abb. 11). Dieses schulische Konzept zur didaktisch-methodischen Lernfeldumsetzung sieht in der einheitlichen Makrostruktur für beide Berufe drei Unterrichtsphasen vor: die Erkundungs-, die Durchdringungs- sowie die Vertiefungs- und Reflexionsphase. Mit diesen Phasen erfolgt eine Orientierung an der Didaktikstruktur von gestuften und entwicklungslogischen Wissensebenen (vgl. Petersen/Rauner 1996), die die Lernprozesse im Lernfeldunterricht strukturieren. In einer ersten Phase des Unterrichts steht im Rahmen der „Erkundung" zum Um- und Arbeitsfeld der Zahnradfertigung zunächst eine Erarbeitung und Vermittlung von Orientierungs- und Überblickswissen zu den Arbeitsprozessen im Mittelpunkt. Eine enge und kooperative Zusammenarbeit mit dem Betrieb ist in dieser Phase, die u. U. auch ganz in der betrieblichen Ausbildung verankert sein kann, unabdingbar. In der „Durchdringungsphase", als zweiter Unterrichtsphase, liegt der Schwerpunkt auf der Ebene des Zusammenhangs-, Detail- und Funktionswissens; und zwar bezogen auf die Inhaltserarbeitung zur Funktion und Gestaltung der Arbeit und Technik im Produktions- und Arbeitssystem „Zahnradfertigung". In der dritten unterrichtlichen „Vertiefungs- und Reflexionsphase" soll und kann z. B. unter Auswertungs- und Transferaspekten eine Vertiefung zu einzelnen arbeits- oder technikorientierten Themen- und Inhaltsbereichen erfolgen. In dieser Phase soll es letztlich auch um die Dokumentation, Präsentation und Reflexion, der im Lernfeld insgesamt erarbeiteten Lernergebnisse und Kompetenzen, gehen.

Im skizzierten Rahmen dieses berufsübergreifenden Unterrichtskonzeptes war eine variantenreiche und kooperative Lernfeldumsetzung in den Schulen möglich. Für die Lehrer wie Schüler stellte der arbeitsorientierte Lernfeldunterricht eine große Umstellung und Herausforderung dar, insbesondere gegenüber dem sonst üblichen eher fachsystematischen Unterricht in der Form der Lehrgänge. Mit der schrittweisen Weiterentwicklung der Ausbildung in den Produktionsberufen war und ist bisher insofern verbunden, dass für die konkrete Lernprozessgestaltung immer auch eine inhaltliche wie didaktisch-methodische Verknüpfung des Unterrichts von den vorhandenen Lehrgängen mit den neu entwickelten arbeitsorientierten Lernfeldern angestrebt und vorgenommen wurde (siehe Abb. 9). Hierbei stellte sich heraus, dass sich diese Verknüpfungen und die in den Lehrgängen vorher oder nachher erarbeiteten Kenntnisse, z. B. in der „Maschinen- und Gerätetechnik“ oder der „Steuerungs- und Informationstechnik“, im Sinne von beruflichem Querschnittswissen auch durchaus positiv auf das Lernen in den arbeitsorientierten Lernfeldern auswirkten. Insgesamt muss die begonnene Entwicklung und Umsetzung der noch zu wenigen arbeitsorientierten Lernfelder fortgesetzt werden, was letztlich aber eine auf den vorliegenden Entwürfen und Erfahrungen basierende neue Gesamtkonzeption erfordert und dann somit auch die Grundbildung in den Produktionsberufen einzuschließen hat.

4 Entwurf und Gestaltung eines arbeitsorientierten Gesamtcurriculums zur Ausbildung der Industrieelektroniker der Fachrichtung Produktionstechnik

Die vorgenommenen Entwicklungen und Erprobungen hin zu einer an der Leitidee der Arbeitsorientierung ausgerichteten Ausbildung in den Produktionsberufen sind bisher im Ansatz von einer schrittweisen Weiterentwicklung der bestehenden Vorgaben und Konzepte für die Fachbildung ausgegangen. Die Erfahrungen und Erkenntnisse sowie erreichten Ergebnisse in der Form der arbeitsorientierten Lernfelder sollen nun nachfolgend als eine begründete Basis für eine neue arbeitsorientierte Gesamtkonzeption zur Ausbildung in den Produktionsberufen genutzt werden. Entwickelt und vorgestellt wird ein Entwurf für ein neues Gesamtcurriculum, welches für die Ausbildung der Industrieelektroniker und Industriemechaniker der Fachrichtung Produktionstechnik erarbeitet wurde und in seinem Ansatz für beide Berufe identisch ist. Der Entwurf – hier nachfolgend exemplarisch nur für den Industrieelektroniker ausgeführt – wird zur Diskussion gestellt und auch als ein Beitrag zur anstehenden Neuordnung der Metall- und Elektroberufe verstanden, für die die Rahmenvorgaben zukünftig auf der Basis des KMK-Lernfeld-Konzeptes zu entwickeln sind.

Die Grundüberlegungen zu dem bereits vorgestellten ersten Entwurf für ein arbeitsorientiertes Lernfeld-Konzept der Fachbildung (siehe Abb. 7) hier aufnehmend, wird im Ansatz für die Gestaltung des neuen Gesamtcurriculums bzw. schulischen Rahmenplans für die Produktionsberufe wieder von den Ergebnissen der durchgeführten Analysen zur Produktionsfacharbeit ausgegangen. Als curriculare Ausgangsbasis dienen demzufolge wiederum die neu bestimmten Berufsbildinhalte, wie sie in der Struktur der verschiedenen Inhalts- und Themenbereiche dargestellt und begründet sind (siehe Abb. 2). Diese Berufsbildinhalte, so der arbeitsorientierte Ansatz, stellen auch die Basis für das im Prinzip anzustrebende gemeinsame Curriculum als Voraussetzung für eine verbesserte dual-abgestimmte schulische und betriebliche Ausbildung dar. Insofern kann und soll die Gestaltung des neuen Gesamtcurriculums zugleich auch als Entwurfsgrundlage für ein solches gemeinsames Curriculum bzw. für einen gemeinsamen Berufsbildungsplan zur Ausbildung in den Produktionsberufen begriffen werden.

Für das Gesamtcurriculum zur Grund- und Fachbildung bildet wie für die bereits erfolgten Weiterentwicklungen das arbeitsorientierte Lernfeld-Konzept die Basis. Hierbei wird unter Bezugnahme auf das Lernfeld-Konzept der KMK von 1996 zunächst eine zeitliche Makrostruktur für die Lernfelder festgelegt, sodass für diese prinzipiell Zeitrichtwerte im Umfang von 20, 40 oder 60 Stunden möglich sind. Aufgrund der für die Grund- und Fachbildung je zur Verfügung stehenden Gesamtzeit ergeben sich somit hinsichtlich der Anzahl der Lernfelder für die einzelnen Ausbildungshalbjahre wie für die gesamte Ausbildung ebenso bestimmte Richtwerte, wobei die KMK selbst von etwa 10 bis 20 Lernfeldern für die gesamte Ausbildung ausgeht (vgl. KMK 1996, S. 20 ff.). Neben diesen mehr formalen Struktur- und Richtwerten ist im Einzelnen

- die inhaltliche und thematische Ausgestaltung der Lernfelder und
- die didaktisch-methodische Struktur der Lernfelder in der Grund- und Fachbildung

für die Entwicklung des Gesamtcurriculums von entscheidender Bedeutung. Zur Ausgestaltung und Struktur der einzelnen Lernfelder können – auch historisch betrachtet – prinzipiell sehr verschiedene Ansätze und Entwicklungskonzepte zur Anwendung kommen (vgl. u. a. Petersen 1998). Hier sollen unter Berücksichtigung der bisherigen Entwicklungen und Diskussionen zu einem arbeitsorientierten Lernfeld-Konzept zunächst nur zur inhaltlichen Lernfeldgestaltung zwei Ansätze skizziert werden. Beiden Ansätzen gemeinsam ist, dass die Lernfelder konkrete berufliche Aufgaben und Handlungsabläufe beinhalten und damit ganzheitliches Lernen anregen und fördern sollen. Zur inhaltlichen Lernfeldgestaltung wird somit nicht vorrangig von den Fachwissenschaften ausgegangen, sondern von der Berufsarbeit bzw. den beruflichen Aufgaben und Handlungen.

Halbjahre	Lernfelder der Berufsschule			
7. (140)	Lernfeld: Planung, Betrieb und Instandhaltung von Netzen und Systemen in rechnergestützten Produktionsanlagen (60)	Lernfeld: Aufbau, Funktion und Störungsanalyse in Produktions- und Prozessleitwarten (40)	Lernfeld: Betrieb und Überwachung von Informations- und Kommunikationssystemen in der Produktion (40)	
6. (140)	Lernfeld: Netzwerke und Bussysteme in der Produktion (20)	Lernfeld: Aufbau und Betrieb von Montageanlagen und Handhabungssystemen (40)	Lernfeld: Inbetriebnahme, Optimierung und Instandhaltung von Produktionsanlagen mit verketteten Maschinen (60)	Lernfeld: Software-Programmierung und -Optimierung (20)
5. (140)	Lernfeld: Arbeit und Technik in Anlagen und Systemen kontinuierlicher Produktionsprozesse (60)	Lernfeld: Werkstoffe und Fertigungsverfahren (20)	Lernfeld: Elektrotechnische Energieverorgungsanalgen (20)	Lernfeld: Planung, Auswahl und Aufbau von elektrotechnischen Antriebssystemen (40)
4. (140)	Lernfeld: CNC-Fertigung und Programmierung (20)	Lernfeld: Planung, Installation und Aufbau von Anlagen und Elektrosystemen in der Industrieproduktion (60)	Lernfeld: Instandhaltung von Anlagen, Maschinen und Geräten in der Fertigung und Montage (40)	Lernfeld: Meßmittel und -verfahren der Qualitätssicherung (20)
3. (140)	Lernfeld: Planung, Installation und Prüfung von Schutzmaßnahmen u. Sicherungssystemen (40)	Lernfeld: SPS-Programme und Optimierung (20)	Lernfeld: Aufbau, Betrieb und Überwachung und Optimierung von Produktionsanlagen mit unverketteten Maschinen (60)	Lernfeld: Computereinsatz in der Fertigung (20)
2. (160)	Lernfeld: Messen elektrischer und nichtelektrischer Größen (20)	Lernfeld: Prozesse und Montage „Einfacher Baugruppen" – Systeme und Anlagen der Steuerungstechnik (60)	Lernfeld: Technische Kommunikation im Berufsfeld (20)	Lernfeld: Werkstückbearbeitung in der Serienfertigung – Informations- und Kommunikationssysteme (60)
1. (160)	Lernfeld: Arbeitsauftrag und -prozeß einer einfachen Werkstückbearbeitung – Elektrotechnische Systeme (60)	Lernfeld: Werkstoffe und Fertigungsverfahren (20)	Lernfeld: Arbeit und Technik in Anlagen elektrischer Energieerzeugung und -verteilung (60)	Lernfeld: Elektrotechn. Bauelemente und Grundschaltungen (20)

Abbildung 12: Entwurf eines arbeitsorientierten Gesamtcurriculums für den Industrieelektroniker, Fachrichtung Produktionstechnik

Nach dem ersten Ansatz erfolgt die curriculare Umsetzung der beruflichen Arbeits- und Aufgabeninhalte in der Form, dass mit dem Kriterium der Exemplarität aus der grundsätzlichen Vielfalt der einzelnen betrieblichen Geschäfts- und Arbeitsprozesse eine bestimmte Anzahl mit zusammenhängenden beruflichen Aufgaben und Handlungen ausgewählt wird und diese inhaltlich in Lernfelder umgesetzt werden. Das heißt, nach diesem Ansatz wird in jedem einzelnen Lernfeld ganzheitlich ein berufstypischer Arbeitsprozess berücksichtigt, sodass mit der Gestaltung der Lernfelder in der Summe ein für die Ausbildung exemplarisch begründeter Ausschnitt der Berufsarbeit zum Ausbildungsgegenstand wird. Dieser Ansatz wurde im Prinzip im bereits vorgestellten ersten Entwurf für ein arbeitsorientiertes Lernfeld-Konzept der Fachbildung umgesetzt und realisiert (siehe Abb. 7).

Der zweite Ansatz nimmt grundsätzlich diese Vorgehensweise auf. sodass zum einen ebenso einzelne Lernfelder gestaltet werden, die exemplarisch einen je ganzheitlichen berufstypischen Arbeitsprozess beinhalten. Zum anderen werden jedoch in Ergänzung dieser eher arbeits- und handlungsbezogenen Lernfelder auch Lernfelder gestaltet, die thematisch sogenannte „Querschnittsinhalte" der Berufsarbeit berücksichtigen. Dies sind also Inhalte, die im Prinzip in jedem der vielfältigen betrieblichen und berufstypischen Geschäfts- und Arbeitsprozesse vorkommen und denen in der Berufsarbeit eine Struktur- oder funktionsbezogene Bedeutung zukommt. Curricular und didaktisch sind nach diesem Ansatz damit zwei mehr oder weniger unterschiedliche arbeitsorientierte Lernfeldtypen zu gestalten. Ihre Begründung liegt zum einen inhaltlich in der berufstypischen Arbeits- und Handlungssystematik wie auch der Struktur- und Funktionssystematik in der Berufsarbeit, und sie ist zum anderen auch didaktisch-methodisch gegeben, da die berufsbezogene Gestaltung der Lern- und Unterrichtsprozesse neben dem Anspruch der ganzheitlichen Arbeitsprozessorientierung ebenso den der thematischen Strukturierung der Arbeitsinhalte unter funktionssystematischen Aspekten einlösen muss.

Die Gestaltung des neuen Gesamtcurriculums bzw. Rahmenplans für die Grund- und Fachbildung der Produktionsberufe wurde – auch auf der Grundlage der vorliegenden Erfahrungen und Ergebnisse aus den bereits erfolgten Weiterentwicklungen – entsprechend dem zweiten Ansatz vorgenommen. Ausgehend von den Analysen und Berufsbildinhalten zur Produktionsfacharbeit wurden damit für die inhaltliche Lernfeldgestaltung Arbeitsprozesse sowie Themen- und Inhaltsbereiche identifiziert, sodass gemäß dem Ansatz zum einen die eher arbeits- und handlungssystematischen Lernfelder und zum anderen die eher Struktur- oder funktionsbezogenen Lernfelder mit den sogenannten „Querschnittsinhalten" entwickelt wurden. Unter Berücksichtigung obiger Zeitrichtwerte für die Lernfelder wurden so pro Ausbildungshalbjahr vier Lernfelder mit unterschiedlichem Zeitumfang und Inhalt erarbeitet, die hier im Entwurf für das Gesamtcurriculum der Industrieelektroniker exemplarisch dargestellt sind (siehe Abb. 12). In diesem Entwurf wurde als Konzept für die didaktisch-methodische Strukturierung der Ausbildungsinhalte den Lernfeldern in der Grund- und Fachbildung eine Didaktikstruktur hinterlegt, die sich in Anlehnung an den obigen ersten Entwurf zur Fachbildung wiederum an den gestuften und entwicklungslogischen Wissensebenen orientiert (vgl. Petersen/Rauner 1996). In der Makrostruktur der Lernfelder ist somit berücksichtigt, dass am Anfang der Ausbildung zunächst mehr das berufliche Überblicks- und Zusammenhangswissen im Mittelpunkt der Ausbildung steht und über die Fachbildung bis zum Ende der Ausbildung das beruflich-fachliche Vertiefungswissen eine zunehmende Bedeutung erhält.

Literatur

BMWi: Der Bundesminister für Wirtschaft: Verordnung über die Berufsausbildung in den industriellen Elektroberufen und zum Kommunikationselektroniker/zur Kommunikationselektronikerin im Bereich der Bundespost vom 15. Januar 1987; verkündet im Bundesgesetzblatt, Teil I, S. 199 ff., Bonn, 22. Januar 1987

BMWi: Der Bundesminister für Wirtschaft: Verordnung über die Berufsausbildung in den industriellen Metallberufen vom 15. Januar 1987; verkündet im Bundesgesetzblatt, Teil I, S. 274 ff. Bonn, 15. Januar 1987

KMK: Sekretariat der Ständigen Konferenz der Kultusminister der Länder in der Bundesrepublik Deutschland (Hrsg.): Handreichungen für die Erarbeitung von Rahmenlehrplänen der Kultusministerkonferenz für den berufsbezogenen Unterricht in der Berufsschule und ihre Abstimmung mit Ausbildungsordnungen des Bundes für anerkannte Ausbildungsberufe. Bonn, 09.05.1996

Petersen, W.: Arbeitsorientierte Berufsbildung – Gestaltung und Erprobung von Lernprozessen in neuen kooperativen Ausbildungs- und Organisationsformen für die Berufsausbildung in Berufsschule und Ausbildungsbetrieb. In: bbt Berufsbildungstage Nordhessen 20.-23. November 1996 – Rückblick, Bilanz, Perspektiven. Dokumentation, Kassel 1996

Petersen, W.: Moderne Formen der Gestaltung beruflicher Curricula. In: Lübben, B./Möller, W. (Koordination): Fachtagung Elektrotechnik. Neusäß 1998, S. 167–201

Petersen, W./Rauner, F.: Evaluation und Weiterentwicklung der Rahmenlehrpläne des Landes Hessen. Berufsfelder Metall- und Elektrotechnik. ITB Bremen, Februar 1996

Petersen, W. u. a.: Modellversuch ARBI: Arbeitsorientierte Berufsbildung. Gestaltung und Erprobung von Lernprozessen in neuen kooperativen Ausbildungs- und Organisationsformen für die Berufsbildung in Berufsschule und Ausbildungsbetrieb. 1. Zwischenbericht, Baunatal/Kassel/Wiesbaden/Wolfhagen 1997

Petersen, W. u. a.: Modellversuch ARBI: Arbeitsorientierte Berufsbildung. Gestaltung und Erprobung von Lernprozessen in neuen kooperativen Ausbildungs- und Organisationsformen für die Berufsbildung in Berufsschule und Ausbildungsbetrieb. 2. Zwischenbericht, Baunatal/Kassel/Wiesbaden/Wolfhagen 1998

Sonntag, K./Stegmaier, R./Schaupeter, H.: Ausbildungs- und Organisationsentwicklung bei arbeitsplatzbezogenem Lernen. Einsatzorientierte Qualifizierung – Qualifikationsgerechter Einsatz, 1. Zwischenbericht, Kassel/Heidelberg 1997

Beitrag 8 aus dem Jahr *2002*: Neue Lernfeld- und Unterrichtsgestaltung in den IT-Berufen Ergebnisse und Erkenntnisse aus dem Modellversuch und Verbundprojekt SEDIKO

In „lernen & lehren“, Heft 68, Schwerpunktthema: Berufsbildung für den informatisierten Arbeitsprozess“, (2002), S. 161–167

Im Jahr 2002 wird aufbauend auf dem Modellversuch und Verbundprojekt SEDIKO (Lernfeld- und Lernraumgestaltung zur Förderung der Service- und Dienstleistungskompetenzen in den neuen IT-Berufen) der nun folgende Beitrag „Neue Lernfeld- und Unterrichtsgestaltung in den IT-Berufen Ergebnisse und Erkenntnisse aus dem Modellversuch und Verbundprojekt SEDIKO“ im Jahr 2002 von Willi Petersen in „lernen & lehren“ der Fachzeitschrift der Bundesarbeitsgemeinschaft (BAG) Elektrotechnik und Metalltechnik veröffentlicht. In einem Verbundprojekt der Länder Bremen, Hessen, Schleswig-Holstein und Thüringen ist im Zeitraum von 1998 bis 2001 dieser Modellversuch durchgeführt worden. Sechs Modellversuchsschulen haben daran teilgenommen. Die wissenschaftliche Begleitung des Modellversuchs wurde durch das biat und Willi Petersen durchgeführt.

Die Entwicklungen im Feld der Informations- und Telekommunikationstechnologien und die Einführung der IT-Ausbildungsberufe im Jahr 1997 werden hier als Ausgangslage für den Beitrag eingeführt. Die neuen Berufsprofile sowie Ausbildungsordnungen und Rahmenlehrplänen werden als „Neuland“ beschrieben, da einerseits technische und kaufmännische Berufe eine Berufsgruppe bildeten und andererseits die Ordnungsmittel nach dem von der KMK 1996 eingeführten Lernfeldkonzept neugeordnet wurden. Dazu kamen Neuerungen im Prüfungswesen. Hierbei wird von der These ausgegangen, dass die IT-Berufe eine gewisse Muster- und Vorbildfunktion übernommen haben, insbesondere auch für die bevorstehende „große Neuordnung der Elektro- und Metallberufe".

Im folgenden Kapitel werden die Beschulungsmodelle und die Wirkungen der Lernfeldgestaltung kritisch betrachtet. Als eine Herausforderung wird die Nichtzuordnung der IT-Berufe zu einem der nach Technik und Wirtschaft strukturierten und abgegrenzten Berufsfelder angeführt. Somit kam es bundesweit zu sehr unterschiedlichen Beschulungsmodellen, deren Bestandaufnahme im Beitrag vorgenommen wird. Es wird festgestellt, dass die unterschiedlichen Konzepte bei den IT-Klassen die Grundfragen der Lernfeldumsetzung und damit die Ansätze und Konzepte in der IT-Unterrichtsgestaltung ganz wesentlich beeinflussen. Eine besondere Rolle für eine Lernfeldumsetzung wird weiterhin bei der Kompetenz der Lehrkräfte und bei der Ausstattung der Lernräume ausgemacht. Dem Lernfeldkonzept der IT-Berufe wird ein Mangel bescheinigt, da alle Lernfelder für alle vier Ausbildungsberufe gleich lauten und dadurch die unterschiedlichen Berufsprofile nicht zur Geltung kommen können. Eine erste übergreifende Empfehlung des Modellversuchs SEDIKO war es daher, die Lernfelder in den Rahmenlehrplänen bereits in ihrer Struktur und Bezeichnung klarer und deutlicher an den für jeden Beruf originären Aufgabenstellungen und Arbeitsprozessen auszurichten.

Die Frage, ob und wie die einzelnen Lernfelder für eine sowohl geschäfts- und arbeitsprozessorientierte wie auch handlungsorientierte Umsetzung geeignet sind, wird im folgenden Kapitel erörtert. Auf Grund der Projektergebnisse wurde festgestellt, dass die 1997er LF-Struktur nur bedingt dazu geeignet ist, da jedes einzelne Lernfeld durch seine Struktur nur einen Teilbereich eines IT-Geschäftsprozesses und nicht den ganzheitlichen Gesamtprozess repräsentiert und alle Lernfelder von 1 bis 11 durch ihre inhaltliche Struktur erst in ihrer Gesamtheit einen ganzheitlichen Geschäftsprozess abbilden können. So werden aufbauend auf den Ergebnissen des Modellversuchs die Empfehlungen ausgesprochen, dass die einzelnen Lernfelder keinesfalls als isolierte Unterrichtsfächer oder Unterrichtseinheiten zu verstehen sind und für eine geschäftsprozessorientierte Unterrichtsgestaltung die Ziele und Inhalte im Prinzip aller Lernfelder zu integrieren sind sowie die Trennung der Lernfelder oder Lernfeldinhalte gemäß dem Konzept der Kern- und Fachqualifikationen in einem geschäftsprozessorientierten Unterricht nicht realisierbar und sinnvoll ist. Zwei praxiserprobte Modelle für eine lernfeldorientierte Umsetzung werden vorgestellt und diskutiert.

Der Beitrag endet mit Empfehlungen für eine lernfeldübergreifende und geschäfts- und arbeitsprozessorientierte Unterrichtsgestaltung. So können beispielsweise reale Kundenaufträge, die als typische Geschäfts- und

Arbeitsprozesse („Kernarbeitsprozesse“) zu identifizieren sind und möglichst das regionale Arbeits-, Lebens- und Schulumfeld berücksichtigen, als eine Grundlage der curricularen und gestalterischen Lernfeldumsetzung eingesetzt werden. Wird ein Geschäftsprozess zum Unterrichtsgegenstand, so erfordert dessen Durchdringung bei den Lernenden Selbstorganisation, Förderung der Teamfähigkeit, Methodenvielfalt, Verantwortung für den eigenen Lernprozess und eine „Geschäftsprozessverantwortung“ aller Beteiligten. Der Beitrag schließt mit einer Einordnung verschiedener weiterer Projektergebnisse. So wird das Prüfungswesen thematisiert und die dadurch größere Bedeutung von „Betrieblichen Projektarbeiten“.

Neue Lernfeld- und Unterrichtsgestaltung in den IT-Berufen Ergebnisse und Erkenntnisse aus dem Modellversuch und Verbundprojekt SEDIKO

Gegenstand und Ziel des Modellversuchs SEDIKO war die „Lernfeld- und Lernraumgestaltung zur Förderung der Service- und Dienstleistungskompetenzen in den neuen IT-Berufen". Als Element im BLK-Programm „Neue Lernkonzepte in der dualen Berufsausbildung" wurde der Modellversuch in einem Verbundprojekt der Länder Bremen, Hessen, Schleswig-Holstein und Thüringen im Zeitraum von 1998 bis 2001 durchgeführt. Die gewonnenen Erkenntnisse aus diesem Verbundprojekt sind das Ergebnis innovativer Entwicklungen und unterrichtspraktischer Erprobungen an den sechs beteiligten Modellversuchsschulen. Aus der Sicht der wissenschaftlichen Begleitung werden sie im Beitrag vor allem auf die Fragen der Lernfeldgestaltung und der darauf bezogenen Umsetzungsmodelle für eine an den IT-Geschäftsprozessen orientierten neuen Unterrichtsgestaltung konzentriert.

1 Ausgangssituation

Durch den Arbeitswandel und die Entwicklungsdynamik im Bereich der Informations- und Telekommunikationstechnologien (IT) kommt der Ausbildung in den vier neuen IT-Berufen seit deren Entwicklung und Einführung im Jahr 1997 ohne Zweifel eine besondere Rolle und Bedeutung zu. Dies gilt zum einen mit Blick auf den Arbeitsmarkt, da der veränderte quantitative wie qualitative IT-Fachkräftebedarf ab Mitte der 1990er-Jahre weder allein von den Hochschulen noch durch die „alten" IT-Berufe der dualen Berufsausbildung abgedeckt werden konnte. So haben zum damals „plötzlichen" und Ende der 1990er-Jahre auch durch die Debatte um die Greencard veröffentlichten IT-Arbeitskräfteproblem die neuen IT-Berufe inzwischen einen allseits beachteten und deutlichen Beitrag zur Entspannung geleistet. Allein für diese vier Berufe gibt es heute ein Potenzial von fast 50.000 Ausbildungsplätzen und damit zukünftig pro Jahr etwa gut 15.000 neu ausgebildete IT-Fachkräfte (vgl. Petersen/Wehmeyer 2001). Zum anderen kommt den IT-Berufen unter verschiedenen beruflichen Gestaltungs- und Ausbildungsaspekten eine hier hervorzuhebende neue Rolle und weitreichende innovative Bedeutung zu. Denn mit ihrer Einführung im Jahr 1997 wurde mit der veränderten Struktur und Gestaltung der Berufe und Ausbildungsvorgaben vielfach curriculares und didaktisch-methodisches „Neuland" betreten. Im Ergebnis und Überblick ist dies vor allem an den neuen Berufsprofilen sowie Ausbildungsordnungen und Rahmenlehrplänen zu erkennen. Sie unterscheiden sich von den alten und die heutige Praxis noch überwiegend bestimmenden Berufs- und Curriculumkonzepten durchaus grundlegend. Zu nennen ist im Einzelnen das neue Berufs- und arbeitsorientierte Qualifikationskonzept, welches sich durch ein „Marktmodell" und die – wie in den beruflichen IT-Arbeitsprozessen gefordert – Integration technischer, informatischer und wirtschaftlicher Kompetenzen auszeichnet. Auch weist es, statt einer berufsfeldbreiten Grundbildung mit Fachbildungsstruktur, nun eine neue Struktur von Kern- und Fachqualifikationen auf. Bedingt hierdurch wurden die neuen IT-Berufe nicht wie ihre „Vorgänger" einem der traditionell nach Technik und Wirtschaft strukturierten Berufsfelder zugeordnet, was besonders für die überwiegend an den Berufsfeldern orientierten und entsprechend gegliederten und ausgestatteten Berufsschulen letztlich bis heute noch eine Herausforderung ist. In vergleichbarer Weise trifft dies bis dato auf die an den Berufsfeldern orientierte Ausbildung der Berufsschullehrkräfte zu, weshalb sich wegen der verschiedenen „Bindungen" heute die dringende Frage einer neuen Berufsfeldschneidung bzw. Ordnung der Berufsgruppen stellt. Ebenso neu bei den IT-Berufen ist das Prüfungskonzept, welches heute eine der Berufspraxis entnommene „Betriebliche Projektarbeit" sowie „Ganzheitliche Aufgaben" als neue Inhalte der Prüfung vorgibt. Mit Blick auf die Berufsschule sind als Innovation vor allem die Rahmenlehrpläne zu nennen, bei denen für die neuen IT-Berufe erstmalig das neue Lernfeldkonzept der KMK von 1996 umgesetzt wurde und im Ansatz statt der Fachsystematik nun neu eine Geschäfts- und Arbeitsprozessorientierung die curriculare und didaktisch-methodische Unterrichtsgrundlage bildet. Die Gesamtheit dieser Berufs- und Ausbildungsinnovationen hat seit 1997 die Betriebe wie Berufsschulen in ihrer bisherigen Ausbildungs- und Unterrichtspraxis neu und umfassend herausgefordert und diese im IT-Bereich inzwischen sehr weitreichend verändert.

Die eingeleiteten Berufsbildungsinnovationen wurden mit dem Modellversuch SEDIKO aus der Sicht der Berufsschulen Ende 1998 konstruktiv-kritisch aufgenommen. Die besondere Bedeutung der jetzt vorliegenden neuen Umsetzungs- und Lösungsergebnisse wie auch generell der Ergebnisse zur Evaluation und den Umsetzungserfahrungen bei den neuen IT-Berufen wird heute nochmals dadurch unterstrichen, dass die 1997 eingeführten Berufs- und Ausbildungsinnovationen inzwischen nicht mehr nur für diese Berufe relevant sind, sondern sie in ihrer Essenz und im Transfer bereits die wesentlichen „Eckdaten und Entwicklungsvorlagen“ für weitere neue Berufe waren und sind; wie z. B. seit 2000 in der Vorbereitung auf die bevorstehende große Neuordnung der Elektro- und Metallberufe. Der neuen IT-Berufs- und Ausbildungsgestaltung kommt damit im Sinne einer „best practice“ und modernen Beruflichkeit und Ausbildung schon seit geraumer Zeit eine gewisse Muster- und Vorbildfunktion zu, ohne dass allerdings zu dieser bzw. zum 1997 umfassend betretenen curricularen und didaktisch-methodischen „Neuland“ die vorliegenden Evaluations- und Erfahrungsergebnisse als bislang hinreichende berücksichtigt gelten können.

2 Beschulungsmodelle und Wirkungen der Lernfeldgestaltung auf den berufsbezogenen Unterricht in den IT-Klassen

Insbesondere für die bisher stark „berufsfeldorientierten“ Berufsschulen war mit der Einführung der vier neuen IT-Berufe im Jahr 1997 plötzlich das Problem der Nichtzuordnung dieser Berufe zu einem der nach Technik und Wirtschaft strukturierten und abgegrenzten Berufsfelder gegeben. Die Begründung liegt in den neuen Berufsbildern und -profilen, die der Ausbildung in allen vier IT-Berufen eine – wenn auch nach Ausrichtung und Intensität unterschiedliche – integrative Berücksichtigung technischer, informatischer und wirtschaftlicher Kompetenzen vorgeben. Mit Orientierung an den Berufsbildern weisen ebenso die Rahmenlehrpläne der KMK für die IT-Berufe, die für diese Berufe erstmalig nach dem neuen KMK-Lernfeldkonzept von 1996 entwickelt wurden (vgl. KMK 1996 und 2000), entsprechende Lernfelder unter Berücksichtigung der drei unterschiedlichen Kompetenzausrichtungen aus (siehe Tabelle der Lernfelder).

KMK Rahmenlehrpläne 1997 **Lernfelder der vier neuen IT-Berufe**
Lernfeld 1: Der Betrieb und sein Umfeld
Lernfeld 2: Geschäftsprozess und betriebliche Organisation
Lernfeld 3: Informationsquellen und Arbeitsmethoden
Lernfeld 4: Einfache IT-Systeme
Lernfeld 5: Fachliches Englisch
Lernfeld 6: Entwickeln und Bereitstellen von Anwendungssystemen
Lernfeld 7: Vernetzte IT-Systeme
Lernfeld 8: Markt- und Kundenbeziehungen
Lernfeld 9: Öffentliche Netze, Dienste
Lernfeld 10: Betreuen von IT-Systemen
Lernfeld 11: Rechnungswesen und Controlling

Abbildung 1: Lernfelder der KMK Rahmenlehrpläne für die neuen IT-Berufe

Zum Problem der Nichtzuordnung der IT-Berufe zu einem Berufsfeld blieb so, auch auf Grund der schulischen Rahmenlehrpläne, zunächst offen, an welcher der Berufsschulen die IT-Klassen sinnvoll für die neuen Berufe eingerichtet werden sollten. Da die elf Lernfelder für jeden der vier neuen IT-Berufe zudem auf der Ebene der Struktur und thematischen Bezeichnung noch völlig identisch sind, waren im Grundsatz viele Lösungen denkbar.

Die bundesweit zwangsläufig herbeigeführten Lösungen und gefundenen „Beschulungsmodelle" waren und sind vielfältig und meist pragmatisch. Sie weisen Abhängigkeiten vom Schulstandort und Einzugsgebiet, den Auszubildendenzahlen oder von der vorhandenen wie neu eingeworbenen Lehrkompetenz und Ausstattung der Berufsschule auf und wurden nicht selten mit Prestigefragen oder dem Anspruch auf „eigene" IT-Klassen der Region verbunden. Mit Orientierung an den „Vorgängerberufen", wie z. B. dem Beruf Kommunikationselektroniker/-in oder Datenverarbeitungskaufmann/-frau, wurden jedoch vorwiegend IT-Klassen für die eher technischen IT-Berufe an den gewerblich-technischen Berufsschulen und IT-Klassen für die eher kaufmännischen IT-Berufe an den kaufmännisch-wirtschaftlichen Berufsschulen eingerichtet. Dabei war für den IT-Beruf Fachinformatiker/-in mit im Prinzip wirklich neuer beruflicher Ausrichtung die Entscheidung oft am schwierigsten, sodass deren Beschulung heute sehr unterschiedlich und sowohl an der einen wie an der anderen Berufsschule stattfindet. In der mehr inhaltlichen Betrachtung der neuen IT-Berufe als einer neuen und zusammengehörenden Berufsfamilie sind daneben auch Lösungen umgesetzt worden, nach denen Klassen für jeden der vier IT-Berufe sehr vorteilhaft nur an einer Berufsschule eingerichtet wurden, und zwar entweder an einer gewerblich-technischen oder an einer kaufmännisch-wirtschaftlichen Berufsschule. Allerdings sind ebenso Lösungen bekannt, die nicht inhaltlich und mit spezifischen „Berufsklassen“ ihre Begründung finden, sondern durch die geringe Zahl der IT-Auszubildenden. So wurden je nach der Auszubildendenzahl an den Berufsschulen teils nur ein oder zwei IT-Klassen eingerichtet und in diesen die Auszubildenden aller vier IT-Berufe gemeinsam unterrichtet. War diese Lösung häufig nur mit der Einführung der neuen IT-Berufe und den anfänglich noch niedrigen Auszubildendenzahlen verbunden, die mit der rasanten Zunahme der IT-Auszubildenden dann wieder aufgegeben wurde, so ist die Bildung solcher „Mischklassen“ heute noch bei Schulen verbreitet, die wegen der zunehmenden beruflichen Umorientierung der regionalen Ausbildungsbetriebe und nicht selten auch wegen dem Zugewinn an Schulprestige erst später mit der IT-Ausbildung begonnen haben. Darüber hinaus kennzeichnen Beschulungsmodelle die gegenwärtige IT-Ausbildungspraxis, nach denen sich je nach Standort die am Ort vorhandene gewerblich-technische und kaufmännisch-wirtschaftliche Berufsschule die IT-Ausbildung „teilen“ bzw. den Unterricht in den IT-Klassen für jeden der vier IT-Berufe gemeinsam abdecken. Und zwar in der Weise, dass sich die Schulen entsprechend ihrer Ausrichtung und vorhandenen Lehrkompetenz die elf Lernfelder der IT-Rahmenlehrpläne untereinander inhaltlich aufteilen und die IT-Auszubildenden – meist im Block – somit mal eher technisch an der einen und mal eher kaufmännisch an der anderen Berufsschule unterrichtet werden. Schließlich sind teils durch die besonderen Ausstattungs- und Lehranforderungen in der IT-Ausbildung wie ebenso bedingt durch die mittlerweile hohen Auszubildendenzahlen inzwischen auch mehr oder weniger eigenständige Berufsschulen für die IT-Berufe entstanden. Häufig zum Leidwesen der „alten“ Berufsschulen bilden sie oft moderne Schulungszentren, an denen heute zentriert und spezialisiert in allen IT-nahen Berufen und meist zugleich gemeinsam in einigen der Medienberufe ausgebildet wird.

Angesichts der verschiedenen „Beschulungsmodelle“ ist naheliegend, und dies hat sich länderübergreifend auch im Modellversuch und Verbundprojekt SEDIKO gezeigt, dass die jeweilige Bildung der IT-Klassen die Grundfragen der Lernfeldumsetzung und damit die Ansätze und Konzepte in der

IT-Unterrichtsgestaltung ganz wesentlich beeinflusst. So wurden an den sechs beteiligten Modellversuchsschulen die IT-Klassen nicht nur im Prinzip nach sechs verschiedenen Beschulungsmodellen unterrichtet. Vielmehr waren die Möglichkeiten und die jeweiligen Ansätze, die Vorgaben der IT-Rahmenlehrpläne in Form der elf Lernfelder im berufsbezogenen Unterricht umzusetzen, zunächst auch unterschiedlich und vielfältig. Ganz offensichtlich ist heute, dass die in dieser Sicht bisher wenig beachteten Fragen und Formen der Lernfeldumsetzung eine große Abhängigkeit von den Bedingungen an den Berufsschulen und der Bildung der IT-Klassen aufweisen. Für die Unterrichtsgestaltung auf der Basis der neuen IT-Lernfelder ist daher von nicht unerheblicher Bedeutung, ob in den IT-Klassen z. B. die Auszubildenden nur eines Berufes oder gemeinsam von zwei oder allen vier IT-Berufen unterrichtet werden. Und ob dies nur für ein bzw. das erste Ausbildungsjahr oder die gesamte Ausbildungszeit gilt. Oder ob die IT-Klassen als spezifische Berufsklassen für jeden der vier IT-Berufe z. B. nur an einer gewerblich-technischen Berufsschule beheimatet sind. Neben den realen Möglichkeiten der beruflichen Differenzierung und Ausrichtung der Unterrichtsgestaltung, je nach Bildung der IT-Klassen, spielt hierbei auch die Frage des Einsatzes und der Kompetenz der Lehrkräfte sowie der Chancen zur Ausstattung der Lernräume mit geeigneten modernen IT-Medien an den Berufsschulen eine besondere Rolle. Ein klares Ergebnis des Modellversuchs ist hier beispielsweise, bezogen auf die Bildung von einer IT-Klasse mit allen vier IT-Berufen, „dass Schüler wie Lehrer insbesondere mit der beruflichen Differenzierung überfordert sind und der Unterricht nur unter großen Schwierigkeiten aufrecht erhalten werden“ kann (Petersen u. a., 2001, S. 47).

Die vielfältigen Möglichkeiten der „Beschulung“ und somit der Umsetzung der Lernfelder sind in der Wechselwirkung auch selbst das Ergebnis der für alle vier IT-Berufe identischen Struktur und Bezeichnung der elf Lernfelder. Da in den Rahmenlehrplänen aus ihnen das jeweilige Berufsprofil nicht unmittelbar erkennbar ist (siehe Tabelle der Lernfelder), sind sie in gewisser Weise zugleich deren Ursache und legen je nach Sicht der Schule und Unterrichtsorganisation nicht nur die fast „beliebige“ Zusammenlegung der IT-Berufe in Klassen nahe, sondern auch die scheinbar leistbare berufliche Binnendifferenzierung im IT-Unterricht. Besonders trifft dies z. B. auf die vielfach erfolgte Zusammenlegung der beiden IT-Berufe IT-System-Kaufmann/-frau und Informatikkaufmann/-frau zu, obwohl sich deren Berufsprofile entgegen den Berufsbezeichnungen sehr deutlich unterscheiden. Allerdings wird auch erst heute auf Grund von Evaluationsergebnissen und der Ausbildungserfahrung zum Beruf Informatikkaufmann/-frau eingestanden, dass „die bessere

Berufsbezeichnung deshalb Betriebsinformatiker/-in gewesen (wäre)" (Borch/Weißmann 2002, S. 90). Dass grundsätzlich die Zusammenlegung mehrerer IT-Berufe in einer Klasse einer originär „beruflichen" Ausbildung widerspricht und die entwickelten IT-Lernfelder, die ja vom generellen Anspruch her eigentlich „an beruflichen Aufgabenstellungen und Handlungsabläufen orientiert" sein sollten (vgl. KMK 2000, S. 14), keine direkt beruflich ausgerichtete Unterrichtsgestaltung fördern, ist evident auf die identische Lernfeldstruktur für alle vier IT-Berufe zurückführbar. Eine erste übergreifende Empfehlung des Modellversuchs SEDIKO war und ist daher, die Lernfelder in den Rahmenlehrplänen bereits in ihrer Struktur und Bezeichnung zukünftig klarer und deutlicher an den für jeden Beruf originären Aufgabenstellungen und Arbeitsprozessen auszurichten. Die bei den IT-Lernfeldern erst auf der Ebene der einzelnen Lernfeldinhalte und über die Zeitrichtwerte vorgenommene curriculare Berufsdifferenzierung ist schlicht unzureichend. Unzweifelhaft besser wäre die curriculare Übernahme der ja konkret vorhandenen Lernfeldprinzipien gewesen, zu denen es in der KMK-Handreichung u. a. heißt: „Soweit das Ausbildungsberufsbild in Ausbildungsordnungen die Tätigkeitsfelder der ausgebildeten Fachkraft nach den betrieblichen Arbeits- und Geschäftsprozessen wiedergibt, kann es die Grundlage für die Struktur der Lernfelder in Rahmenlehrplänen sein" (KMK 2000, S. 14).

Unterrichtsfächer	Lernfelder
Anwendungsentwicklung	LF 3 (Informationsquellen und Arbeitsmethoden), LF 6 (Entwickeln und Bereitstellen von Anwendungssystemen)
Betriebswirtschaftliche Prozesse	LF 1 (Der Betrieb und sein Umfeld), LF 2 (Geschäftsprozesse und betriebliche Organisation), LF 8 (Markt- und Kundenbeziehungen), LF 11 (Rechnungswesen und Controlling)
IT-Systeme	LF 4 (Einfache IT-Systeme), LF 7 (Vernetzte IT-Systeme), LF 9 (Öffentliche Netze, Dienste), LF 10 (Betreuen von IT-Systemen)
Fremdsprache	LF 5 (Fachliches Englisch)

Abbildung 2: Lernfeldzuordnung zu Unterrichtsfächern

3 Bewertung und Umsetzung der IT-Lernfelder in neuen Fach- und Unterrichtskonzepten

Ausgehend von den elf Lernfeldern für jeden der vier neuen IT-Berufe war zu deren Umsetzung im berufsbezogenen Unterricht zunächst auf der Strukturebene die inhaltliche Ausrichtung der einzelnen Lernfelder entscheidend. Die konkrete Frage mit Blick auf die Unterrichtsgestaltung war, ob und wie die einzelnen Lernfelder für eine sowohl geschäfts- und arbeitsprozessorientierte wie auch handlungsorientierte Umsetzung geeignet sind und inwieweit diese eine didaktisch-methodische Konzeptgrundlage für die Unterrichtsdurchführung sein können. Nach der Analyse der Lernfelder und ersten Erprobungen der Lernfeldumsetzung ist der Modellversuch SEDIKO zu dem Ergebnis gekommen, dass der eigene Anspruch der Rahmenlehrpläne, die Pläne am Konzept der Handlungsorientierung auszurichten und die Lernfelder an den beruflichen Aufgabenstellungen und Handlungsabläufen der Arbeits- und Geschäftsprozesse zu orientieren, von diesen nur sehr bedingt bzw. nach folgendem Verständnis eingelöst wurde:

- Jedes einzelne Lernfeld repräsentiert durch seine Struktur nur einen Teilbereich eines IT-Geschäftsprozesses und nicht den ganzheitlichen Gesamtprozess,
- alle Lernfelder von 1 bis 11 repräsentieren durch ihre inhaltliche Struktur erst in ihrer Gesamtheit einen, und zwar von vielen konkreten Geschäftsprozessen abstrahierten, ganzheitlichen Geschäftsprozess.

Zu dieser Bewertung sind hier beispielsweise nur die Lernfelder 3: „Informationsquellen und Arbeitsmethoden" und 5: „Fachliches Englisch" zu nennen, die inhaltlich zwar im Rahmen betrieblicher IT-Geschäftsprozesse von Bedeutung sind, jedoch nur im Gesamtzusammenhang aller Lernfelder dem Anspruch der Geschäfts- und Arbeitsprozessorientierung gerecht werden. Zur Lernfeldstruktur ist insofern allerdings der in den Vorbemerkungen der IT-Rahmenlehrpläne aufgenommene und zu einer handlungs- und geschäftsprozessorientierten Unterrichtsgestaltung gegebene „Soll-Hinweis" konsequent: „Die Vermittlung der Qualifikations- und Bildungsziele soll an exemplarischen berufsorientierten Aufgabenstellungen **lernfeldübergreifend** handlungs- und projektorientiert erfolgen" (KMK 1997; Hervorhebung nicht im Original). Betrachtet man zur Lernfeldstruktur jedoch die weiteren Vorgaben, so ist dagegen weniger konsequent, wie die IT-Lernfelder in ihrer Struktur auf die drei Ausbildungsjahre verteilt sind und diese für den Unterricht die IT-Geschäfts- und Arbeitsprozesse sachlich und zeitlich zergliedern. Denn nach den zeitlichen

Lernfeldvorgaben wäre z. B. entsprechend Lernfeld 10 betriebs- und praxisfern die „Betreuung von IT-Systemen“ erst im 3. Ausbildungsjahr Unterrichtsgegenstand. Eine weitere Empfehlung des Modellversuchs zur Struktur und den Vorgaben der Lernfelder ist daher:

- Die einzelnen Lernfelder sind keinesfalls als isolierte Unterrichtsfächer oder Unterrichtseinheiten zu verstehen.
- Für eine geschäftsprozessorientierte Unterrichtsgestaltung sind die Ziele und Inhalte im Prinzip aller Lernfelder zu integrieren; die Freiräume durch den Ansatz einer lernfeldübergreifenden Unterrichtsgestaltung sind in entsprechender Weise durch Aufhebung der Lernfeldzuordnung zu den Ausbildungsjahren zu nutzen.
- Auch die Trennung der Lernfelder oder Lernfeldinhalte gemäß dem Konzept der Kern- und Fachqualifikationen ist in einem geschäftsprozessorientierten Unterricht nicht realisierbar und sinnvoll.

Unter Berücksichtigung der vorgenommenen Lernfeldbewertungen und der damit verbundenen Empfehlungen wurden im Modellversuch zur Lernfeldumsetzung und Unterrichtsgestaltung im Wesentlichen zwei Konzepte entwickelt und erprobt, bei denen die Freiräume und je vorhandenen Schulbedingungen bestmöglich genutzt wurden. Eine in der Tradition der Fächerstruktur zum berufsbezogenen Unterricht stehende Vorgabe schränkte dabei die Gestaltungsmöglichkeiten jedoch insofern besonders ein, da zum Teil länderspezifisch und ganz konkret auf dem Verordnungswege dem berufsbezogenen Unterricht eine neue Fachstruktur mit z. B. drei oder vier Fächern vorgegeben wurde. Das heißt, trotz der neuen Lernfeldvorgaben war je nach Schulsituation neben dem Lernfeld- zusätzlich noch ein Fachkonzept zu berücksichtigen, welches zwangsläufig die didaktisch-methodischen Möglichkeiten und Konzepte der Unterrichtsgestaltung beeinflusst hat. Durch die inhaltliche Struktur der Lernfelder „sperren“ sich die Lernfeldvorgaben aber auch nicht grundsätzlich gegen eine Fächerstruktur, sie ermöglichen vielmehr diese bzw. „verführen“ direkt dazu. So wurden auch im Vergleich bundesweit und in breiter Vielfalt sach- und inhaltsverwandte Lernfelder zu Lernfeldgruppen zusammengefasst und diese Fächern zugeordnet, die zwar der Anzahl und Fachbezeichnung nach Unterschiede aufweisen, die in ihrer Grundstruktur meist jedoch eine technische, informatische und kaufmännisch-wirtschaftliche Ausrichtung haben, wie das nachfolgende Beispiel zeigt: Im Modellversuch SEDIKO hat die den Fächern entsprechende „fachbezogene“ Umsetzung der Lernfelder zu einem ersten Modell als Empfehlung für die Unterrichtsgestaltung in den IT-Klassen geführt. Nach dem Konzept findet der Unterricht zum einen im Rahmen solcher Fächer und damit einer Teilintegration der jeweils sach- und inhaltsverwandten Lernfelder statt. Zum anderen werden, im zeitlichen Wechsel über die gesamte Ausbildungszeit verteilt, zusätzlich aber auch Unterrichts- oder Lernfeldprojekte gestaltet, die einen eher ganzheitlichen Geschäftsprozess zum Inhalt haben und somit die Inhalte von mehr oder weniger allen Lernfeldern des Rahmenlehrplans integrieren (siehe Abb. 3).

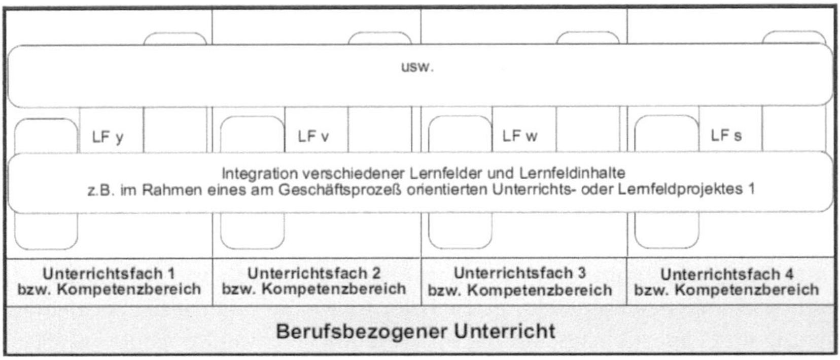

Abbildung 3: Umsetzung der Lernfelder und Lernfeldinhalte im Wechsel von Fächer- und Projektunterricht im berufsbezogenen Unterricht

Lernfeldübergreifender Unterricht findet so sowohl innerhalb wie losgelöst von der Fächerstruktur statt.

Nach einem zweiten Modell und Konzept werden für den berufsbezogenen Unterricht ausschließlich Unterrichts- oder Lernfeldprojekte festgelegt, die nach einer didaktisch-methodisch begründeten Grobstruktur über die gesamte Ausbildungszeit verteilt sind. Diese „Projekte" repräsentieren je für sich einen ganzheitlichen Geschäftsprozess und integrieren damit die Inhalte von mehr oder weniger allen Lernfeldern des Rahmenlehrplans (siehe Abb. 4).

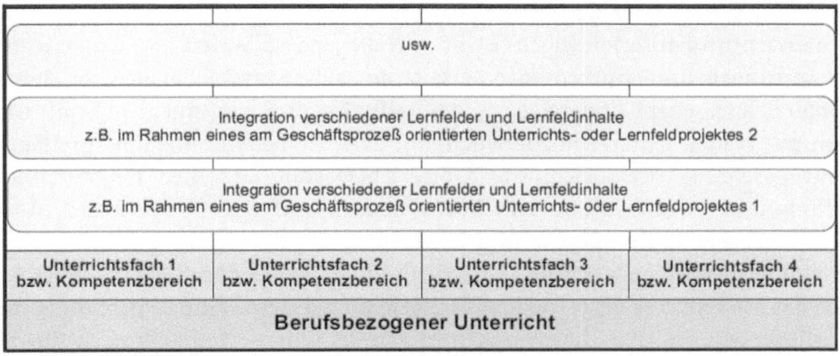

Abbildung 4: Integrative Umsetzung von Lernfeldern und Lernfeldinhalten im Rahmen von Unterrichts- oder Lernfeldprojekten im berufsbezogenen Unterricht

Die Unterrichtsgestaltung nach diesem zweiten Konzept erfolgt gemeinsam in einem Team von Lehrern, die ihre jeweiligen Kompetenzen in die Planung und Durchführung des Unterrichts einbringen. Im Sinne einer Orientierungsfunktion wird dem berufsbezogenen Unterricht - durchaus vergleichbar der Fachstruktur - eine „Kompetenzstruktur“ hinterlegt, die ihre Bedeutung z. B. für die Beurteilung (Selbst- und Gruppenbewertung) der Projekt- und Schülerarbeiten wie aber auch für den Lehrereinsatz im Team hat. Neben einem wiederum eher technischen, informatischen und kaufmännisch-wirtschaftlichen Kompetenzbereich ist hier z. B. noch die „Projektarbeit und Arbeit im Team“ relevant.

4 Erfahrungen und Empfehlungen zur Unterrichtsgestaltung in den neuen IT-Berufen

Nach den vorliegenden Erfahrungen zur Unterrichtsgestaltung und -durchführung auf der Grundlage der beiden skizzierten Konzeptmodelle stellten diese für den Unterricht selbst, die Schüler, die Lehrer und die Schulleitung und -organisation eine neue Herausforderung dar. Dabei hat sich im Einzelnen gezeigt, dass, vor dem Hintergrund der neuen Lernfeldvorgaben und didaktisch-methodischen Umorientierungen, die Unterrichtsgestaltung nach dem ersten Konzept (siehe Abb. 3) durch die im Ansatz beibehaltene Fachstruktur als eine Art Übergangsmodell zu betrachten ist. Offensichtlich und nicht zu verheimlichen ist, dass die überwiegend „fachbezogene“ Lernfeldumsetzung sowohl mehr den bisherigen Schüler- und Lehrererfahrungen entsprach bzw.

diese im Wechsel der Unterrichtsprojekte aufnimmt wie auch die Schul- und Unterrichtsorganisation (noch) nicht grundlegend verändert hat. Unterrichtsbewertungen unterstützen so einerseits aus sehr verschiedener Sicht dieses Unterrichtskonzept und zeigen andererseits im Einklang mit den Erfahrungen aus beiden Unterrichtsmodellen auf, dass die neue lernfeldübergreifende und geschäftsprozessorientierte Unterrichtsgestaltung einer tiefgreifenden Schul- und Organisationsentwicklung bedarf. Auf Grund der bisher stark „fachbezogenen" Kompetenz und Ausbildung der Lehrkräfte gilt dieser Entwicklungsbedarf auch für die Lehrerfortbildung, wobei durch die in die Arbeiten des Modellversuchs erweiterte Einbeziehung der Referendarausbildung mit vorliegenden positiven Erfahrungen hierzu detaillierte Empfehlungen für die Lehrerbildung von der 1. bis zur 3. Phase ausgearbeitet wurden (vgl. Petersen u. a. 2001, S. 158 ff.).

Auf der Basis der Konzeptumsetzungen und Unterrichtserprobungen an den sechs Modellversuchsschulen lassen sich zur Unterrichtsgestaltung, vor allem in der Form der lernfeldübergreifenden und geschäfts- und arbeitsprozessorientierten Unterrichts- und Lernfeldprojekte, die folgenden didaktisch-methodischen Hinweise und Voraussetzungen zusammenfassen:

- Die Geschäftsprozesse der Projekte können, im Sinne der Handlungs- und Auftragsorientierung, reale Kundenaufträge sein, die als typische Geschäfts- und Arbeitsprozesse („Kernarbeitsprozesse") zu identifizieren sind und möglichst das regionale Arbeits-, Lebens- und Schulumfeld berücksichtigen sollen.
- Als Grundlage und Gegenstand des Unterrichts ist der Geschäftsprozess ein „didaktisch aufbereiteter" Geschäftsprozess, der sich auch bei Projekten im 1. Ausbildungsjahr bereits an den „beruflichen" Inhalten des jeweiligen Ausbildungsberufes zu orientieren hat („beruflicher" Kernarbeitsprozess).
- Durch den Geschäftsprozess als Unterrichtsgegenstand wird der Unterricht „prozessgeleitet und ganzheitlich" und erfordert Selbstorganisation, Förderung der Teamfähigkeit, Methodenvielfalt, Verantwortung für den eigenen Lernprozess und eine „Geschäftsprozessverantwortung" aller Beteiligten.
- Die am Geschäftsprozess orientierte Unterrichtsgestaltung fordert von den Lehrern Teambildung für die gesamte Zeit, eine verstärkte Unterrichtsmoderation und Kompetenzen zum Konfliktmanagement (u. a. durch Fortbildung). Von der Schulorganisation und Stundenplangestaltung ist eine entsprechende Planung von Stundenkontingenten einschließlich einer veränderten Raumausstattungs- und Raumbelegungsplanung gefordert und

damit insgesamt eine Organisations- und Personalentwicklung, die diese Unterrichtsgestaltung stützt und fördert.

Entsprechend diesen Eckpunkten liegen zu den Grundfragen der Lernfeldumsetzung und einer neuen Unterrichtsgestaltung eine Vielzahl konkret-praktischer Unterrichtsbeispiele für die neuen IT-Berufe als Ergebnisse des Modellversuchs SEDIKO vor. Diese Ergebnisse sind jedoch nicht isoliert von den weiteren Ergebnissen und Empfehlungen des Modellversuchs zu betrachten, die insbesondere im Zusammenhang mit den Entwicklungen und Erprobungen zum Einsatz multimedialer Lernsysteme und einer neuen Gestaltung von IT-Lernräumen, neuen Formen der Lernortkooperation zur Zusammenarbeit der Berufsschulen und Betriebe in der IT-Ausbildung oder den Fragen im Kontext der neuen IT-Prüfungskonzepte und deren Weiterentwicklung stehen. Sie haben in ihrer didaktisch-methodischen Interdependenz gezeigt, dass die Lernfeldumsetzung und neue Unterrichtsgestaltung z. B. nicht nur weitgehend von einer neuen Lernraumgestaltung abhängen, sondern diese eine wichtige Voraussetzung ist und sich mit alten Klassen und Fachraumkonzepten wie einfachen PC-Räumen nur bedingt arbeits- und projektorientierte Unterrichtskonzepte umsetzen lassen. Vergleichbar gilt dies bei den Fragen und neuen Formen der Lernortkooperation sowie auch mit Blick auf die neuen IT-Prüfungskonzepte. Diese haben nach den Erkenntnissen des Modellversuchs ebenso Einfluss auf die Unterrichtsgestaltung. In ihren Mittelpunkt sind gemeinsame und oft zugleich prüfungsrelevante „Betriebliche Projektarbeiten" gerückt. Ausgehend von den Ausbildungszielen war hier neben den Fragen der inhaltlichen und an den betrieblichen Prozessen und Arbeiten orientierten Abstimmung von Bedeutung, dass es im Modellversuch im Ansatz gelungen ist, auch eine gemeinsame Verständigung mit den örtlichen Prüfungsausschüssen über die Inhalte und Kriterien der Bewertung von „Betrieblichen Projektarbeiten" zu erreichen. Deren Anwendung im Rahmen der Ausbildung und des Unterrichts sowie der IT-Prüfung hat insgesamt zur Qualitätsverbesserung der Ausbildung wie zu einer klaren Orientierung für die Auszubildenden durch eine einheitliche Ziel- und Bewertungsausrichtung bei den Dokumentationen und Präsentationen von Projektarbeiten beigetragen.

Literatur

Borch, Hans/Weißmann, Hans (Hrsg.): IT-Berufe machen Karriere: Zur Evaluation der neuen Berufe im Bereich Information und Telekommunikation. Bielefeld: Bertelsmann, 2002 (Hrsg.: Bundesinstitut für Berufsbildung, Der Generalsekretär, Bonn).

KMK Sekretariat der Ständigen Konferenz der Kultusminister der Länder in der Bundesrepublik Deutschland (Hrsg.): Handreichungen für die Erarbeitung von Rahmenlehrplänen der Kultusministerkonferenz für den berufsbezogenen Unterricht in der Berufsschule und ihre Abstimmung mit Ausbildungsordnungen des Bundes für anerkannte Ausbildungsberufe. Bonn: 09.05.1996 (Stand: 15.09.2000).

KMK Sekretariat der Ständigen Konferenz der Kultusminister der Länder in der Bundesrepublik Deutschland (Hrsg.): Rahmenlehrpläne für die Ausbildungsberufe IT-System-Elektroniker/-in, Fachinformatiker/-in, IT-System-Kaufmann/- frau, Informatikkaufmann/-frau. Bonn: Beschluss der Kultusministerkonferenz vom 25. April 1997.

Petersen, A. Willi/Wehmeyer, Carsten: Die neuen IT-Berufe auf dem Prüfstand – Eine bundesweite Studie im Auftrag des Bundesinstituts für Berufsbildung BiBB. Evaluation der neuen IT-Berufe Teilprojekt 1: Abschlussbericht (Vorabdruck). Flensburg: biat Universität Flensburg, 2001.

Petersen, A. Willi/Wehmeyer, Carsten: Bestand sowie Bedarf und Angebot an IT-Fachkräften – Teilbericht der BiBB-IT-Studie: Analysen und Ergebnisse zum IT-Fachkräftebedarf und den IT-Ausbildungs- und Studienplätzen. Flensburg 2001.

Petersen, A. Willi/Behnemann, Knut/Kapelle, Norbert u. a.: Lernfeld- und Lernraumgestaltung zur Förderung der Service- und Dienstleistungskompetenzen in den neuen IT-Berufen. Modellversuch SEDIKO, 1. Zwischenbericht. Flensburg, Bremen, Erfurt, Kiel, Wiesbaden 1999.

Petersen, A. Willi/Behnemann, Knut/Kapelle, Norbert u. a.: Lernfeld- und Lernraumgestaltung zur Förderung der Service- und Dienstleistungskompetenzen in den neuen IT-Berufen. Modellversuch SEDIKO, 2. Zwischenbericht. Flensburg, Bremen, Erfurt, Kiel, Wiesbaden 2000.

Petersen, A. Willi/Behnemann, Knut/Kapelle, Norbert u. a.: Modellversuch SEDIKO: Lernfeld- und Lernraumgestaltung zur Förderung der Service- und Dienstleistungskompetenzen in den neuen IT-Berufen, Abschlussbericht. Flensburg, Bremen, Erfurt, Kiel, Wiesbaden 2001.

Anmerkung:

Auf zwei Fotos, die in der Originalfassung vorhanden sind, wurde hier aus datenschutzrechtlichen Gründen verzichtet.

Beitrag 9 aus dem Jahr *2002*: Curriculumforschung im Kontext der industriellen und handwerklichen Elektro- und IT-Berufe

In: Gerds, Peter u. a. (Hrsg.): Was leistet die Berufsbildungsforschung für die Entwicklung neuer Lernkonzepte? Bielefeld: Bertelsmann, 2002 (Schriftenreihe: Berufsbildung, Arbeit und Innovation; Bd. 13), S. 140–184

Der im Jahr 2002 veröffentlichte Beitrag „Curriculumforschung im Kontext der industriellen und handwerklichen Elektro- und IT-Berufe“ diskutiert den Zusammenhang von Veränderungen in der Berufsarbeit und den damit verbundenen Fragen zur Entwicklung beruflicher Curricula. Daraus abgeleitet wird die Frage nach den Verfahren der Entwicklung sogenannter arbeitsprozessorientierter Curricula gestellt, da zunächst die Berufs- und Qualifikationsanforderungen ermittelt und mit Transformationskonzepten in curriculare Inhalte und Strukturen übersetzt werden müssen. Zielstellung sollte es dabei auch sein, die Abstimmung zwischen den Lernorten inhaltlich und lernorganisatorisch verbessern, da bisher die curricularen Rahmenvorgaben für jeden Lernort getrennt entwickelt werden. Die curriculare Abstimmung schätzt Petersen aber als Notwendigkeit ein, da der Beruf als didaktischer Grundgedanke und curriculares und didaktisches Strukturelement für die duale Berufsausbildung gilt. Ausgehend von diesem Grundproblem der dualen Berufsausbildung werden im Beitrag die wesentlichen curricularen Veränderungen in den Strukturen der Berufe und exemplarisch in den der Ausbildungsvorgaben für die Betriebe und Schulen am Beispiel der Elektroberufe zusammengestellt.

Beginnend mit der Vorphase der ersten geordneten Berufe im Berufsfeld Elektrotechnik, die von 1850 bis 1930 datiert wird, werden die zunächst noch unstrukturierten, zumeist aus den Erfahrungen erster Kurs- und Schulungsangebote heraus entstandenen, Berufsentwicklungen eingeordnet. Mit der

Gründung des „Deutschen Ausschuß für Technisches Schulwesen“ (DATSCH) entwickelte sich ein erster systematischer Ansatz für überregionale Ordnungsarbeiten. In den 1920er Jahren führte dies zunächst zu einem Konzept und System von Facharbeiter-Grundberufen für die Industrie. In den 1930er Jahren und noch bis Anfang der 1940er Jahre wurden die Berufsbilder zu den Elektroberufen für die Industrie und das Handwerk neu abgestimmt. So entstanden die ersten neun Handwerksberufe und 17 Industrieberufe im Berufsbereich der Elektrotechnik. Petersen bewertet den Stand der Berufs- und Curriculumforschung bezüglich der Entstehung dieser ersten Ordnungsmittel nicht, sondern würdigte die Vorarbeiten und zielgerichteten Ordnungsprozesse, da durch sie curriculare Strukturen zu den Berufen und Ausbildungsvorgaben entstanden. Anhand von exemplarischen Beispielen werden Ausbildungsinhalte vorgestellt und das Problem der Systematik der Inhalte kommentiert. Hierbei fällt bereits eine Orientierung der schulischen Inhalte an einer Fachsystematik zur Elektrotechnik auf.

Die Weiterentwicklung der Handwerksberufe bis in die Mitte der 1960er Jahre und die umfassende Neuordnung der industriellen Elektroberufe 1972 kennzeichnen die zweite Ordnungsphase. Mit der Gründung neuer „Arbeitsstellen für Berufserziehung“ Ende der 1940er Jahre und nach deren Zusammenfassung und Umbenennung in „Arbeitsstelle für betriebliche Berufsausbildung“ (ABB) wurden Anfang der 1950er Jahre in Abgrenzung zu den alten Grundsätzen, neue Grundsätze zur Ordnung der Berufe und der Entwicklung von Ordnungs- und Ausbildungsmitteln festgelegt. Um Erkenntnisse zum Ist-Zustand und zur Zukunft der Arbeit zu erhalten, entwickelte sich eine mehr empirisch ausgerichtete Berufs- und Berufsbildungsforschung, die Daten nicht nur durch einfache Gespräche, sondern verstärkt durch wissenschaftlich geleitete Arbeits- und Arbeitsplatzanalysen erhob. In der zweiten Ordnungsphase wurden zunächst einige Handwerksberufe aufgehoben. In der Mitte der 1960er Jahre wurden durch die Ordnungsarbeiten schließlich alle Elektroberufe des Handwerks weiterentwickelt bzw. teils neugeordnet. Auf der Grundlage des Berufsbildungsgesetzes von 1969 wurden dann 1972 die Elektroberufe der Industrie neu und nach dem Konzept der Stufenausbildung geordnet. Danach gab es acht Handwerksberufe und 17 Industrieberufe. Neu waren die Strukturmerkmale Grundfertigkeiten und Spezialfertigkeiten und -kenntnisse. Damit wurde die Anzahl von Monoberufen begrenzt und eine Differenzierung ermöglicht.

Insbesondere durch die Kritik an der im Jahr 1972 eingeführten Stufenausbildung, die fortan zwei Facharbeitertypen adressierte, kam es bereits 1987 zu einer weiteren Neuordnung. Die durch das Bundesinstitut für Berufsbildung (BiBB) initiierten Untersuchungs- und Ordnungsarbeiten zeigten, dass die Berufsanforderungen sich verändert hatten und nun das Ausbildungsziel „selbstständiges Handeln“ in den Mittelpunkt gerückt wurde. Die berufsfeldbreite Grundbildung für fast alle Handwerks- und Industrieberufe im Berufsbereich Elektrotechnik war ein weiteres wesentliches Kennzeichen der Neuordnung von 1987.

Der Beitrag geht auch auf die curricularen Weiterentwicklungen durch die Einführung der IT-Berufe im Jahr 1997 ein, einerseits aus Gründen der Berufsgenese, so sind zumindest zwei der vier IT-Ausbildungsberufe Weiterentwicklungen ehemaliger elektrotechnischer Ausbildungsberufe und andererseits da bei diesen das Lernfeldkonzept der KMK zum ersten Mal zum Tragen kam und durch die Handlungsempfehlungen der KMK von 1996 ein neuer Rahmen für Neuordnungsverfahren verfasst wurde. Aus den verschiedenen Forschungsprojekten von A. Willi Petersen wird hier zum Zweck der methodischen und didaktischen Sichtbarmachung berufsdidaktischer und berufswissenschaftlicher Ansätze berichtet. Deren Übertragbarkeit auf eine bevorstehende Evaluation und Neuordnung der Ausbildungsberufe im Berufsbereich der Elektrotechnik wird diskutiert.

Petersen resümiert abschließend, dass Konzepte zur Gestaltung von Berufen und Ausbildungsvorgaben Veränderungen unterliegen, die durch einen Wirkungszusammenhang des Arbeits- und Technikwandels und der je vorherrschenden arbeits- und berufsbildungspolitischen Meinungen und Vorstellungen bestimmt ist und dass dies in Grenzen durch den wissenschaftlichen Stand in der Curriculumentwicklung und Didaktik beeinflusst wird. Er empfiehlt für die bevorstehende 2003er Neuordnung im Bereich der Elektroberufe, dass bereits vom Ansatz her auf eine umfassende und empirisch angelegte Berufs- und Berufsfeldforschung gesetzt werden sollte, da er die erlebte Praxis von Evaluationen nach einer Neuordnung kritisch einordnet.

Curriculumforschung im Kontext der industriellen und handwerklichen Elektro- und IT-Berufe

1 Einführung

In der dualen Berufsausbildung steht die Curriculumforschung nicht erst seit heute vor neuen Fragen. Fast immer dann, wenn im Prozess der Arbeitsveränderung die Ausbildung zunehmend weniger mit den Berufsanforderungen übereinstimmt, erhalten die Fragen zur Entwicklung beruflicher Curricula eine neue Aktualität. Historisch kennzeichnend sind dafür besonders die Reform- und Neuordnungsphasen, mit denen durch neue Berufs- und Ausbildungskonzepte auf die Veränderungen meist reagiert wird. Das Thema Curriculumforschung steht heute auch in immer kürzeren Abständen an, wie die Neuorientierungen in der Berufs- und Ausbildungsgestaltung der vergangenen Jahre und aktuell zeigen. Als Beispiel sind die neuen IT-Berufe von 1997 zu nennen, mit denen weitreichende und auch lernortübergreifend neue Fragen der Curriculumforschung aufgeworfen wurden. Zum Ergebnis gehört ein neues Berufskonzept mit Kern- und Fachqualifikationen, bei dem sich die Curriculumfragen auch quer zu den traditionellen Berufsfeldern stellten. In Frage gestellt und aufgegeben wurde dabei die berufsfeldbreite Grundbildung. Des Weiteren ist hier das für die Entwicklung der KMK-Rahmenlehrpläne seit 1996 geltende neue Lernfeldkonzept anzuführen, mit dem auch für die Berufsschule das Ziel verbunden ist, den beruflichen Veränderungen und Herausforderungen curricular neu und besser gerecht zu werden.

Zur Neugestaltung der Berufe und beruflichen Curricula ist in den vergangenen Jahren vor allem die Frage nach den Verfahren der Entwicklung sogenannter arbeitsprozessorientierter Curricula in den Mittelpunkt gerückt. Die Berufe bzw. beruflichen Handlungskompetenzen und damit die Ausbildungsvorgaben sollen sich stärker als bisher an den betrieblichen Arbeits- und Geschäftsprozessen orientieren. Eine der Fragen ist, wie die Berufs- und Qualifikationsanforderungen entsprechend zu ermitteln sind und mit welchen Transformationskonzepten sich diese in curriculare Inhalte und Strukturen umsetzten lassen? Als Herausforderung gilt ebenso die Frage, wie und welche Inhalte jeweils für den Lernort Betrieb und den der Berufsschule curricular zu begründen sind und wie sich gleichzeitig die Abstimmung zwischen den Lernorten inhaltlich und lernorganisatorisch verbessern lässt. Hierbei ist evident, dass sich die Forschungsfragen zur Entwicklung „beruflicher" Curricula immer auch auf die Lernprozesse an den beiden Lernorten zu beziehen haben. Bisher sieht dies in der Praxis allerdings anders aus, da nach den geltenden Regelungen meist separat „geforscht" und die curricularen Rahmenvorgaben für jeden Lernort getrennt entwickelt werden. Zwar gibt es seit 1972 ein „Abstimmungsprotokoll", mit dem die curriculare Abstimmung formal geregelt ist, geblieben ist aber prinzipiell die Frage, ob und wie aufgrund der getrennten Zuständigkeiten eine inhaltliche Abstimmung überhaupt gelingen kann.

Für Innovationen in der Berufsausbildung ist die Gestaltung neuer „beruflicher" Curricula zentral, sie ist aber nur eine Voraussetzung. Erst deren didaktisch-methodische Umsetzung in der Ausbildungs- und Unterrichtspraxis stellt die eigentliche Innovation auf der Ebene der konkreten beruflichen Lernprozesse dar. Somit ist weitergehend zu fragen, welche Bedeutung und Wirkung die Gestaltung „beruflicher" Curricula für und auf die Gestaltung der Ausbildungs- und Unterrichtspraxis hat. Davon auszugehen ist, dass eine „gute" Curriculumgestaltung in der Regel eine „gute" Gestaltung der Ausbildungspraxis bewirkt bzw. hierfür eine wichtige Voraussetzung ist. Klärungsbedürftig ist so die Frage, wie und mit welchen curricularen Strukturen und Inhalten die Berufe und Ausbildungsvorgaben zu gestalten sind, damit sie zieladäquat und didaktisch-methodisch eine „gute" und optimale Gestaltung der Ausbildungs- und Unterrichtspraxis nahelegen und fördern bzw. eine solche zumindest nicht be- oder gar verhindern. Ansätze in Richtung einer auch makromethodisch sehr „ausbildungsnahen" Curriculumgestaltung unterliegen jedoch der Gefahr, mit den Vorgaben die Gestaltung der Ausbildungs- und Unterrichtspraxis didaktisch-methodisch sehr weit vorwegzunehmen und somit auf der Ebene der konkreten beruflichen Lernprozesse Innovationen und Gestaltungsfreiheiten einzuengen.

Die skizzierten Fragen zur Entwicklung und Gestaltung „beruflicher" Curricula sind teils die, zu denen im Rahmen des BLK-Programms „Neue Lernkonzepte in der dualen Berufsausbildung" neue Antworten gesucht werden und wie sie sich im Modellversuch SEDIKO und teils umfassender im Rahmen der Evaluation der neuen IT-Berufe zu den Berufen und Ausbildungsvorgaben gestellt haben. Nachfolgend sollen diese vor dem Hintergrund der historischen Entwicklung und zum aktuellen Stand der Berufe und „beruflichen" Curricula aufgenommen und mit Blick auf die Weiterentwicklungen bzw. bevorstehenden Neuordnungen thematisiert werden. Im Rahmen des Beitrags ist dies nur begrenzt möglich, weshalb mit den Entwicklungen und vorgestellten Evaluationsergebnissen keine fertigen oder vollständig neue Lösungskonzepte zu erwarten sind. Anspruch und Ziel des Beitrags ist aber, zu den aktuellen

Curriculumfragen einige Ergebnisse und Überlegungen aufzuzeigen, die sich als Beitrag zur Curriculumforschung und zugleich als Unterstützung der anstehenden Ordnungsarbeiten im Berufsfeld Elektrotechnik / Informatik verstehen.

2 Ansatz- und Konzeptwandel „beruflicher“ Curricula im Berufsfeld Elektrotechnik

In der Tradition der Curriculumforschung und -entwicklung für die duale Berufsausbildung kamen bisher verschiedene Ansätze und Konzepte zur Anwendung. Zur Rahmenlehrplanforschung und bezogen auf die „Entwicklungsgeschichte der Lehrpläne gewerblicher Berufsschulen“ hat vor allem Grüner bereits 1975 zu deren Transparenz und Kenntnis beigetragen (vgl. Grüner 1975). Nach Grüner kennzeichnete diese Entwicklung die „Curriculumproblematik der Berufsschule“ seit es diese Schule gibt, weshalb er sich auch seinerzeit mit ihr historisch auseinandersetzte und angesichts der „Grundprobleme der Berufsschulcurricula … zur dringend notwendigen Diskussion und Theoriebildung anregen“ wollte (ebenda, S. 3). Zur Berufsentwicklung und Gestaltung der betrieblichen Ausbildungsvorgaben steht bis heute eine entsprechende Aufarbeitung aus historischer Sicht im Prinzip noch aus. Bezogen auf die Elektroberufe ist im Überblick ab der Zeit der Industrialisierung bekannt, dass die Entwicklungs- und Gestaltungsansätze historisch in der Tradition der Ausbildungsordnungsforschung des DATSCH und DINTA, der ABB sowie ab 1970 zunächst des BBF und danach des BIBB stehen. Diese Ausschüsse, Arbeitsstellen und Institute haben sich in der Vergangenheit mit den Fragen der Strukturen und der Schneidung der Berufe sowie der curricularen Ausgestaltung der Berufsbilder und Ausbildungsvorgaben auseinandergesetzt. Die Ausgangs- und Bezugspunkte hierzu waren stets der Arbeits- und Technologiewandel in den Betrieben, der in seiner Komplexität mit den einhergehenden Qualifikations- und Anforderungsveränderungen und auf der Grundlage verschiedener und mehr oder weniger wissenschaftlicher Methoden und Verfahren im Prinzip bis heute diagnostisch und teils prognostisch Gegenstand entsprechender Untersuchungen und Analysen ist.

In der dualen Berufsausbildung ist zu den Entwicklungen in der Curriculumforschung noch von Bedeutung, dass sich für die beiden Lernorte die curricularen Ansätze und Konzepte unterscheiden. Die Begründungen für die Unterschiede sind in den Lernorten selbst und im vorhandenen Rechtsrahmen auch in den getrennten Zuständigkeiten zu finden. Zur Gestaltung der „beruflichen“ Curricula kommt in der dualen Berufsausbildung insofern der Umstand hinzu, dass diese für die Lernorte in der Regel getrennt und nach unterschiedlichen Konzepten entwickelt werden und sich damit die zusätzliche Frage der curricularen Abstimmung stellt. Auch hierzu zeigt sich in der historischen Entwicklung, dass es verschiedene Abstimmungskonzepte gegeben hat und in der Vergangenheit Curricula entstanden sind, die im Ergebnis in der Bandbreite von einem mehr oder weniger autonomen Curriculum für jeden Lernort über „ergänzende" Parallel- und Gleichlaufcurricula bis hin zu abgestimmten oder einem für beide Lernorte im Prinzip identischen Curriculum zu verorten sind.

Dabei war und ist die Notwendigkeit einer curricularen Abstimmung zumindest aus berufsschulischer Sicht immer gegeben, da der mit der Wende von den gewerblichen Fortbildungsschulen zur „Berufs"schule verbundene didaktische Grundgedanke, den „Beruf" zum didaktischen Zentrum des Schulunterrichts zu machen, nicht mehr hintergehbar und heute ein zentrales curriculares wie didaktisches Strukturelement der dualen Berufsausbildung ist.

Konkret zum Berufsfeld Elektrotechnik lassen sich zu den Entwicklungen nachfolgend einige grundlegende Veränderungen zum Ansatz- und Konzeptwandel in der Gestaltung der Berufe und „beruflichen" Curricula für die beiden Lernorte aufzeigen. Im Prinzip seit Beginn dieses Berufsfeldes soll dies im Beitrag nur bezogen auf die wesentlichen curricularen Veränderungen in den Strukturen der Berufe und exemplarisch in den der Ausbildungsvorgaben für die Betriebe und Schulen versucht werden.

Vorphase der ersten geordneten Berufe im Berufsfeld Elektrotechnik

In der Berufsfeldvorphase und bis zu den ersten überbetrieblich geordneten und staatlich anerkannten Elektroberufen, also die Zeit vor und nach der Jahrhundertwende von etwa 1850 bis 1930 und damit eine Zeit die gut 80 Jahre umfasst, ist sicher noch nicht von curricularen „Forschungen" zur Berufsausbildung zu sprechen. Während dieser Zeit haben sich einzelne Personen und Betriebe, die Kammern, einzelne Schulen oder die sich zur neuen Elektrotechnik gegründeten Vereine, Gesellschaften, Ausschüsse und Verbände je nach Bedarf und Interesse um die Fragen der Berufs- und Ausbildungsgestaltung bzw. zunächst der Fort- und Weiterbildung gekümmert. Das curriculare Vorgehen bestand hierbei überwiegend darin, aus den Erfahrungen mit den ersten Kurs- und Schulungsangeboten und den Ausbildungs- und Qualifizierungsergebnissen zu lernen und diese Erfahrungen für entsprechende Weiterentwicklungen der Schulungsangebote sowie die spätere Berufsgestaltung zu nutzen. Dies belegen einschlägige Veröffentlichungen jener Zeit, in denen sich anfangs die Erfahrungsberichte vor allem auf die Fort- und Weiterbildungen wie z. B.

„Wochen- und Vierteljahreskurse“ oder „Handwerkerschnellkurse“ bezogen (vgl. z.B. Feldmann 1902, Dettmar 1905 und 1909, Lippmann 1907, Franz 1909, Scheibe 1912).

Erste große Ordnungsphase der Berufe im Berufsfeld Elektrotechnik

Im Ansatz systematischer und durchaus empirisch geprägt begannen die ersten überregionalen Ordnungsarbeiten zu den Elektroberufen durch den 1908 gegründeten „Deutschen Ausschuß für Technisches Schulwesen“ (DATSCH). Diese Arbeiten, unterbrochen durch den 1. Weltkrieg, führten in den 1920er Jahren zunächst zu einem Konzept und System von Facharbeiter-Grundberufen für die Industrie (vgl. u. a. Howe 1996, S. 116). In der Zusammenarbeit mit dem „Arbeitsausschuß für Berufsausbildung“, in dem die Körperschaften wie DATSCH, Deutscher Industrie- und Handelstag, Reichsverband des Deutschen Handwerks usw. zusammenwirkten, wurden daraufhin in den 1930er Jahren und noch bis Anfang der 1940er Jahre erste Berufsbilder zu den Elektroberufen für die Industrie und das Handwerk neu abgestimmt und durch „Erlaß des Reichswirtschaftsministers“ staatlich anerkannt. Im Rahmen dieser ersten großen Ordnungsphase sind im Sinne von Anlernberufen und Lehrberufen 9 Handwerksberufe und 17 Industrieberufe entstanden, die zusammen erstmals als ein „geordnetes“ Berufsfeld Elektrotechnik betrachtet werden können.

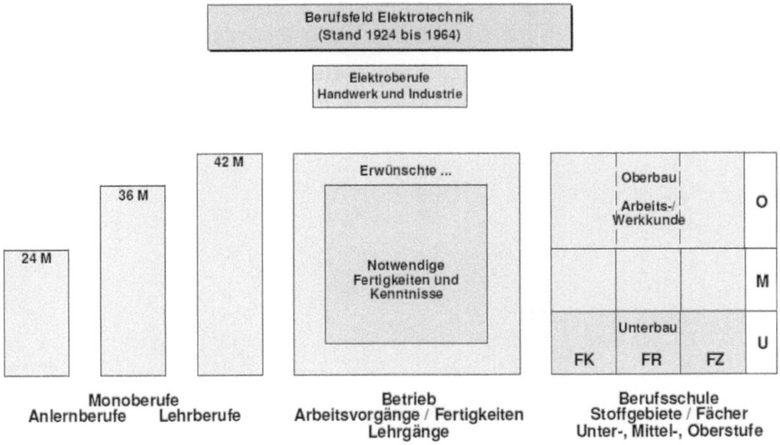

Abbildung 1: Strukturen der Berufe und „beruflichen“ Curricula in der ersten Ordnungsphase zum Berufsfeld Elektrotechnik

Ob bei den Entwicklungen dieser Zeit immer von einem Prozess und Stand der „Berufs- und Curriculumforschung“ gesprochen werden kann, soll hier nicht explizit thematisiert werden. Klar ist nur, ob mit oder ohne Forschung im heutigen Sinne, dass durch die frühen Vorarbeiten und zielgerichteten Ordnungsprozesse letztlich curriculare Strukturen zu den Berufen und Ausbildungsvorgaben entstanden sind und diese für eine beachtliche Zeit die Grundlage der Berufsausbildung im neuen Berufsfeld Elektrotechnik gebildet haben (siehe Abb. 1).

In der ersten Ordnungsphase lagen den curricularen Ansätzen für die Gestaltung der Berufe und betrieblichen Ausbildungsvorgaben vor allem die „Leitsätze zur Erziehung und Ausbildung des Nachwuchses der Facharbeiterschaft“ des DATSCH zu Grunde. Ebenso fanden die Berufs- und Inhaltsstrukturen der alten Handwerksberufe bei Gestaltung der Berufe und Berufsbilder teils Berücksichtigung. Nach der curricularen Struktur können die ab den 1920er Jahren entwickelten Elektroberufe als „Monoberufe“ bezeichnet werden, wobei sich im Ergebnis die Berufe der Industrie insbesondere noch nach „Anlernberufen“ mit 24 Monaten Lehrzeit und nach „Lehrberufen“ mit 36 oder 42 Monaten Lehrzeit unterscheiden lassen. Ebenso ist von curricularer Bedeutung, dass die Umsetzung der Berufe in die „Fachlichen Vorschriften“ für die Ausbildung mit Orientierung an den beruflichen „Arbeitsvorgängen“ erfolgte. Zum Berufsbild wurden jeweils das „Arbeitsgebiet“ und die „Fertigkeiten“ ausgewiesen, zu denen „Notwendige“ und oft noch „Erwünschte“ gehörten. Exemplarisch für den Elektroinstallateur der Industrie gibt das nachfolgende Berufsbild von 1938, mit dem das Berufsbild des DATSCH von 1926 mit einer Lehrzeit von 4 Jahren aufgehoben wurde, einen konkreten und auch für den späteren Vergleich interessanten Einblick in die curricularen Vorgaben.

Berufsbild des Elektroinstallateurs
(für die praktische Ausbildung)
Lehrzeit: auf 3 Jahre herabgesetzt
durch Erlaß des Reichswirtschaftsministers – III SW 18213/33 – v. 22. 10. 1938

Arbeitsgebiet des Elektroinstallateurs:
Errichten, Prüfen, Inbetrieb- und Instandsetzen von Starkstromanlagen für Licht, Kraft und Wärme.
Aufstellen, Anschließen, Inbetrieb- und Instandsetzen von Motoren, Stromerzeugern, Umformen, Umspannern, von Schalt- und Verteilungsanlagen, Stromverbrauchs-, Meß- und Schaltgeräten.
Errichten und Instandsetzen einfacher Fernmeldeanlagen (Rufanlagen).

Fertigkeiten, die der Lehrling in der Lehrzeit erwerben soll:

Notwendige:
Grundfertigkeiten der Metall- und Isolierstoffbearbeitung:
Grundlegende Arbeiten aus den Gebieten Messen, Anreißen, Feilen, Meißeln, Sägen, Schaben, Passen, Bohren, Reiben, Senken, Gewindeschneiden von Hand, Richten, Biegen, Hämmern, Nieten, Stempeln, Weich- und Hartlöten, Schneiden mit Schere, Schmieden einfacher Teile, Härten Scharfschleifen.

Die nachstehenden Fertigkeiten beziehen sich auf Arbeiten für Starkstromanlagen mit Betriebsspannungen bis 250 V gegen Erde, wobei die Vorschriften nebst Ausführungsregeln des Verbandes Deutscher Elektrotechniker für die Errichtung von Starkstromanlagen unter 1000 V (VDE 0100) zu berücksichtigen sind.

Zurichten und Bearbeiten von blanken, umhüllten und isolierten Leitern, von Falzrohren, Stahlrohren, Rohrdrähten, kabelähnlichen Leitungen sowie den Blei kabeln.
Vorzeichnen und Verlegen von isolierten Leitungen in Falz- und Stahlrohren auf und unter Putz, von Rohrdrähten, kabelähnlichen Leitungen, von blanken, umhüllten und isolierten Leitungen auf Isolatoren in Gebäuden und im Freien.
Anbringen und Anschließen von Leuchten; Anschließen, Inbetrieb- und Instandsetzen von Motoren, Elektrowärmegeräten sowie sonstigen Stromverbrauchs-, Meß- und Schaltgeräten.

Messen elektrischer Größen.
Arbeiten nach Leitungs- und Schaltplänen; Anfertigen einfacher Leitungspläne.
(Pflegen und Instandhalten der Arbeitsgeräte, Maschinen und Einrichtungen.)

Erwünschte:
Einfache Dreh- und Schleifarbeiten; Hartlöten und einfache Schweißarbeiten.

Für diese Berufe weisen die curricularen Vorgaben der Berufsschule je nach Region unterschiedliche Ansätze und Strukturen auf. Übergreifende Merkmale der Vorgaben sind die Inhaltsangaben in der Form von Stoffgebieten, deren Trennung nach den Fächern Fachkunde, Fachrechnen, Fachzeichnen und die zeitliche Gliederung der Inhalte in die der Unter-, Mittel- und Oberstufe. Die Inhalte selbst orientieren sich im Prinzip an einer ersten Fachsystematik zur Elektrotechnik, wie das nachfolgende Lehrplanbeispiel zeigt.

Elektroberufe
(Lehrplan-Beispiel der „Elektrotechnik in der kleinen Berufsschule" von 1928/29)

Es ist „wünschenswert, folgendes Lehrziel in drei Jahren zu erreichen:
1. Wirkungen des elektrischen Stromes.
2. Ohmsches Gesetz bis zur Erläuterung der Formel: $E = 2*J*l/q*k$ (Erklärung: ein Volt, ein Ampere und ein Ohm).
3. Stromverzweigung. Anwendung: Das Ortsnetz, Motore, Meßinstrumente.
4. Begriff: Pferdestärke, Watt und Kilowatt, Kilowatt-Stunde.
5. Elektromagnetismus: 1. Allgemeines, 2. der Elektromagnetismus als Ursache der Induktion (Dynamomaschine), 3. als Ursache der Bewegung (Motor).
6. Erklärung des Wechselstromes und Grundgesetze.
7. Anwendung des Wechselstromes: a) Transformator – Telephon, b) der Drehstrommotor, erläutert am Grammschen Ring." (Gringel 1928/29, S. 338 f). Dazu wird ausgeführt:

„Bei der Mannigfaltigkeit der Berufsgruppen ist es nicht möglich, die Fachkunde jedes Berufs ausführlich zu behandeln. Es können nur die wichtigsten Gebiete herausgegriffen und diese zum klaren Verständnis des Schülers gebracht werden. Der Lehrer muß sich ganz besonders bei diesem Stoff von dem Grundsatz leiten lassen: 'Anschauung ist das Fundament aller Erkenntnis'" (ebenda, S. 339).

Andere Lehrpläne für die Elektroberufe dieser Zeit orientierten sich am curricularen Ansatz und Entwicklungskonzept der „Frankfurter Methodik", wodurch sich die Stoffgebiete und Inhalte der Fächer nach der Methodik des Unterbaus und Oberbaus gliederten. Kennzeichen für die Inhalte des Unterbaus war im Wesentlichen dessen Ausrichtung an den naturwissenschaftlichen Grundlagen. Die Stoffgebiete des Oberbaus orientierten sich dagegen im Sinne der Arbeits- und Werkkunde didaktisch unmittelbar an den Inhalten der betrieblichen Arbeitsvorgänge. Mit der Entwicklung der sogenannten „Reichslehrpläne" zeichnete sich später ein weiterer Lehrplanansatz ab, der allerdings in den Lehrplänen für die Elektroberufe kaum mehr realisiert wurde. Danach sollten sich die Lehrpläne der Berufsschulen im Sinne eines rigiden Ergänzungs- und Gleichlaufcurriculums im Prinzip nur noch an den Berufsbildern und der betrieblichen Ausbildung ausrichten. Ansatzgrundlage war der „Runderlaß vom 6. Aug. 1937 des Reichsministers für Wissenschaft, Erziehung und Volksbildung, betr. Lehrpläne für die berufskundlichen Fächer der gewerblichen… Berufsschulen", in dem es heißt:

> „Stoffe, die sich vom Berufsbild des Schülers aus nicht rechtfertigen lassen, sind nicht aufzunehmen. … die praktische Ausbildung und die Berufsschule sind so aufeinander abzustimmen, daß sie zur höchstmöglichen Wirkungseinheit werden. In engster Zusammenarbeit von Wirtschaft und Schule ist darum festzulegen, wie die Bildungsstoffe der praktischen Ausbildung sach- und sinngemäß von der Berufsschule gedanklich zu untermauern sind. Als Hilfsmittel sind heranzuziehen: die Berufsbilder, Lehrgänge, Prüfungs- und Bildungspläne, wie sie der Deutsche Ausschuß für Technisches Schulwesen und die Organisation der gewerblichen Wirtschaft für die Lehrberufe herausgegeben haben … " (zit. nach Stratmann; Schlösser 1990, S. 49).

Zweite Ordnungsphase der Berufe im Berufsfeld Elektrotechnik

In der Nachkriegszeit und bis zur zweiten großen Ordnungsphase, die mit der Weiterentwicklung der Handwerksberufe Mitte der 1960er Jahre beginnt und der umfassenden Neuordnung der industriellen Elektroberufe 1972 endet, blieben die curricularen Strukturen der Berufe und Ausbildungsvorgaben zunächst weitgehend erhalten. Mit der Gründung neuer „Arbeitsstellen für Berufserziehung" Ende der 1940er Jahre und nach deren Zusammenfassung und Umbenennung in „Arbeitsstelle für betriebliche Berufsausbildung" (ABB) wurden Anfang der 1950er Jahre in Abgrenzung zu den alten Grundsätzen, neue Grundsätze zur Ordnung der Berufe und der Entwicklung von Ordnungs- und Ausbildungsmitteln festgelegt. Diese können gleichsam als neue Ansätze und Konzepte für die Curriculumentwicklung betrachtet werden, zu denen u. a. auch eine veränderte und mehr empirisch ausgerichtete Berufs- und

Berufsbildungsforschung gehörte. So sollten zum Ist-Zustand und in Grenzen zur Zukunft der Arbeit insbesondere nicht nur einfache Gespräche, sondern verstärkt wissenschaftlich geleitete Arbeits- und Arbeitsplatzanalysen durchgeführt werden (vgl. u.a. Krause 1955 und 1969). Die beruflichen Ordnungs- und Gestaltungsansätze der ABB erhielten dann in den Folgejahren eine grundlegende Neuausrichtung auf der Basis des neuen Berufsbildungsgesetzes von 1969, durch welches zugleich die Grundlage für die Gründung des neuen „Bundesinstituts für Berufsbildungsforschung“ (BBF) geschaffen und letztlich die ABB aufgelöst bzw. in dieses neue Institut übergeleitet wurde.

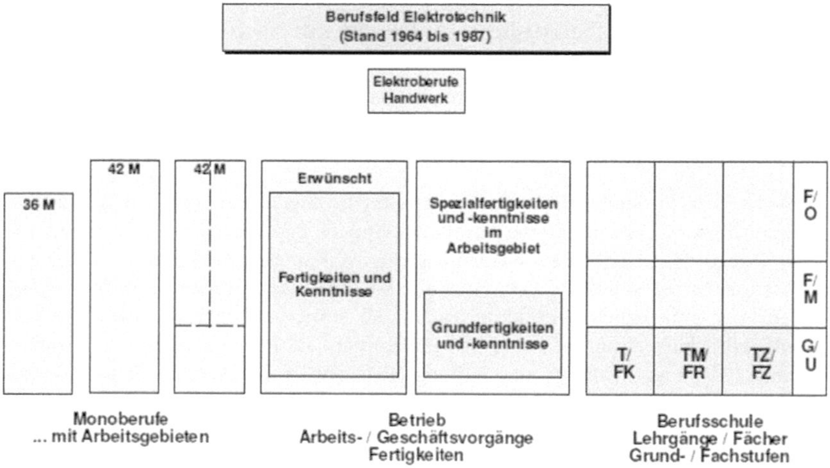

Abbildung 2: Strukturen der Berufe und „beruflichen“ Curricula zu den Handwerksberufen in der zweiten Ordnungsphase zum Berufsfeld Elektrotechnik

Vor dem Hintergrund der Neuausrichtungen und des Wandels in den Grundsätzen der Berufsbildungsforschung wurden im Berufsfeld Elektrotechnik mit Beginn der zweiten Ordnungsphase zunächst einige Handwerksberufe ganz aufgehoben. In der Mitte der 1960er Jahre wurden durch die Ordnungsarbeiten schließlich alle Elektroberufe des Handwerks weiterentwickelt bzw. teils neugeordnet. Erstmals auf der Grundlage des Berufsbildungsgesetzes von 1969 und der darin enthaltenen neuen Ordnungs- und Gestaltungsansätze wurden dann 1972 unter der Federführung des neuen BBF die Elektroberufe der Industrie völlig neu und nach dem Konzept der Stufenausbildung geordnet. Im Rahmen dieser Weiterentwicklungen und Neuordnungen sind im Berufsfeld

Elektrotechnik insgesamt 8 statt vorher 9 Handwerksberufe und 15 statt vorher 17 Industrieberufe verblieben bzw. neu entstanden. Kennzeichen dieser Berufe ist, dass sich die curricularen Strukturen der Berufe und Ausbildungsvorgaben gegenüber den Mono- und Anlernberufen in der ersten Ordnungsphase verändert haben und insbesondere die Handwerks- und Industrieberufe nun deutliche Unterschiede in den Strukturen und Vorgaben aufweisen.

Die Veränderungen in den curricularen Strukturen der Berufe und Ausbildungsvorgaben bei den Handwerksberufen sind weniger grundlegend (siehe Abb. 1 und 2). Beibehalten wird im Prinzip das Konzept der Monoberufe, das sich curricular jedoch jetzt noch umfassender an den „Arbeits- und Geschäftsvorgängen" orientiert. Daneben beziehen sich die Veränderungen auf ein neues und für die weitere Berufsentwicklung generell nicht unbedeutendes Strukturmerkmal, welches in der inneren Berufsdifferenzierung nach zwei „Arbeitsgebieten" besteht. Für diese Gebiete werden im Berufsbild neben den beruflichen Grundfertigkeiten jeweils Spezialfertigkeiten und -kenntnisse ausgewiesen. Mit Hilfe dieses neuen Strukturelements wird praktisch erstmalig die Entwicklung zweier sonst eigenständiger Monoberufe vermieden.

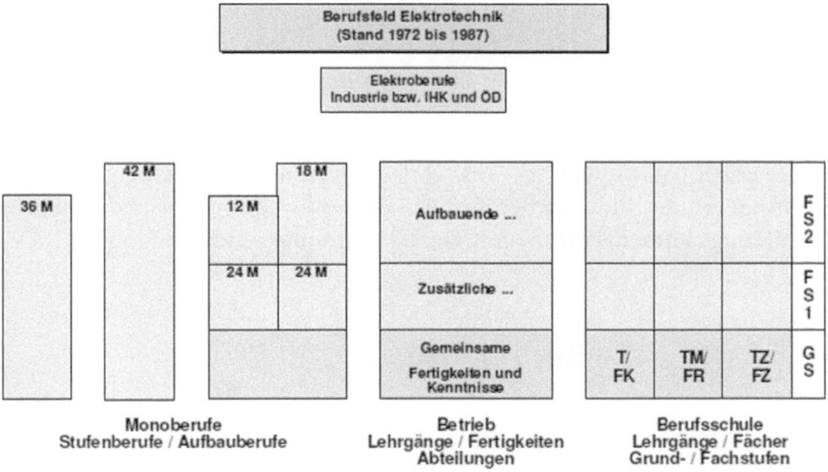

Abbildung 3: Strukturen der Berufe und „beruflichen" Curricula zu den Industrieberufen in der zweiten Ordnungsphase zum Berufsfeld Elektrotechnik

Die curricularen Strukturen der Berufe und Ausbildungsvorgaben bei den industriellen Elektroberufen haben sich nicht nur auf den ersten Blick grundlegender verändert. Zwar ist in gewisser Weise das Konzept der Stufen- und Aufbauberufe auch ein Ersatz für die alte Berufsdifferenzierung nach „Anlernberufen" und „Lehrberufen", doch wurde durch die Struktur von „Gemeinsamen", „Zusätzlichen" und „Aufbauenden" Berufsinhalten den Industrieberufen eine im Ansatz neue, aber curricular stark taylorisierte Inhaltsstruktur hinterlegt. Diese basiert ganz wesentlich auf den zur Neuordnung seinerzeit umfassend und mit bestimmten Erkenntnisinteressen wissenschaftlich durchgeführten Untersuchungen zum Wandel der Arbeits- und Berufsinhalte (vgl. Pfeuffer 1972). Nicht unwichtig ist allerdings, dass das Berufsbildungsgesetz von 1969 vom Ansatz her auch die Möglichkeit der Stufenausbildung beinhaltet (vgl. BBiG § 26). Im Ergebnis wurden dadurch die curricularen Voraussetzungen und Berufe zur Ausbildung von Facharbeitern 1. und 2. Klasse geschaffen. In der weiteren Entwicklung konnte aber die berufliche Stufenform nicht aufrecht gehalten werden und wurde schließlich wieder aufgegeben.

Zum Unterschied zwischen den Ausbildungsvorgaben für die neuen Industrieberufe und denen für die neuen Handwerksberufe ist von Bedeutung, dass die curricularen Entwicklungen vom Ansatz her nun neu die im Berufsbildungsgesetz von 1969 enthaltenen Mindestvorgaben für die Erstellung der entsprechenden Ausbildungsordnungen zu berücksichtigen hatten. Insbesondere musste neben den bekannten Ausbildungsvorgaben erstmals „eine Anleitung zur sachlichen und zeitlichen Gliederung der Fertigkeiten und Kenntnisse" im Sinne eines Ausbildungsrahmenplans für die betriebliche Ausbildung entwickelt werden (vgl. BBiG § 25, Abs. 2). Der nachfolgende Auszug gibt zu den Berufsbildern der Industrieberufe von 1972 und wegen der sehr detaillierten Ausbildungsrahmenpläne in diese einen etwas umfassenderen Einblick.

§ 1

Staatliche Anerkennung der Ausbildungsberufe im Rahmen einer Stufenausbildung

...

§ 3

Gemeinsamer Teil der Ausbildungsberufsbilder

Gegenstand der Berufsausbildung für die Ausbildungsberufe Elektromaschinenwickler, Elektroanlageninstallateur, Elektrogerätemechaniker, Nachrichtengerätemechaniker und Fernmeldeinstallateur sind mindestens die folgenden gemeinsamen Kenntnisse und Fertigkeiten:

1. Allgemeine Kenntnisse:
   a) Werk- und Hilfsstoffe;
   b) Lesen von technischen Zeichnungen;
   c) Umgang mit Tabellen- und Handbüchern.
2. Fertigkeiten und Kenntnisse der Werkstoffbearbeitung:
   a) Messen und Prüfen;
   b) Anreißen, Körnen, Kennzeichnen;
   c) Feilen;
   d) Sägen;
   e) Bohren, Senken, Reiben;
   f) Gewindeschneiden;
   g) Scharfschleifen;
   h) Trennen, Scheren, Lochen;
   i) Richten;
   k) Biegen;
   l) Drehen.
3. Fertigkeiten und Kenntnisse der Verbindungstechniken:
   a) Weichlöten;
   b) Kleben;
   c) Nieten;
   d) Schrauben.
4. Kenntnisse der Elektrotechnik:
   a) Leitende und nichtleitende Werkstoffe;
   b) Lesen von Schaltplänen;
   c) Einführung in die Elektrizitätslehre;
   d) Elektrische und elektromechanische Bauteile.

e) Elektrotechnische Fertigkeiten und Kenntnisse:
f) Bearbeiten und Zurichten von Leitungen;
g) Herstellen einfacher Wicklungen;
h) Vorbereiten elektrischer Bauteile zum Einbau.
5. Fertigkeiten und Kenntnisse des Zusammenbauens, Verdrahtens und Verbindens:
a) Zusammenbauen von Bauteilen;
b) Verdrahten und Verbinden.
6. Fertigkeiten und Kenntnisse des Messens und Prüfens:
a) Messen elektrischer Größen;
b) Prüfen von Stromwegen und Leitungen auf Durchgang.
7. Kenntnisse des Arbeitsschutzes und der Unfallverhütung.
c) …

Besonderer Teil des Ausbildungsberufsbildes für den Elektroanlageninstallateur

Zusätzlich zu den unter § 3 genannten Kenntnissen und Fertigkeiten sind mindestens die folgenden zu vermitteln:

1. Erweiterung der Kenntnisse der Elektrotechnik und ihrer Anwendung im Elektroanlagenbau:
a) Lesen von Schaltplänen;
b) Weiterführung in der Elektrizitätslehre;
c) Elektrische und elektromechanische Bauteile;
d) Arbeitsschutz und Unfallverhütung
2. Erweiterung der Fertigkeiten und Kenntnisse der Verbindungstechniken:
a) Hartlöten;
b) Schweißen.
3. Fertigkeiten und Kenntnisse des Zusammenbauens, Aufstellens und Anbringens:
a) Zusammenbauen von elektrischen Betriebsmitteln;
b) Aufstellen und Anbringen von elektrischen Betriebsmitteln der Energietechnik.
4. Fertigkeiten und Kenntnisse des Verlegens, Verdrahtens und Verbindens:
a) Bearbeiten und Zurichten von Leitungen und Kabeln der Energietechnik bis 1 Kilovolt (kV);
b) Verlegen von Leitungen und Kabeln;
c) Herstellen von leitenden Verbindungen.

5. Fertigkeiten und Kenntnisse des Messens und Prüfens:
   a) Messen elektrischer Größen;
   b) Prüfen der elektrischen Funktion;
   c) Messen nichtelektrischer Größen.
6. Fertigkeiten und Kenntnisse des Instandsetzens und Wartens von elektrischen Anlagen
   a) Instandsetzen von elektrischen Anlagen;
   b) Warten von elektrischen Anlagen.

…

2. Abschnitt
Ausbildungsrahmenpläne

Gemeinsamer Teil der Ausbildungsrahmenpläne

(1) Die Vermittlung der gemeinsamen Kenntnisse und Fertigkeiten nach § 3 soll nach folgender Anleitung sachlich gegliedert werden:

1. Allgemeine Kenntnisse:

Diese Kenntnisse, die auch zum wesentlichen Lehrstoff der Berufsschule gehören, sollen fachpraktisch orientiert werden:

a) Werk- und Hilfsstoffe:
   aa) Arten, Eigenschaften, Verwendung und Normung der wichtigsten in der Elektrotechnik üblichen Werkstoffe;
   bb) Arten und Anwendung betriebsüblicher Hilfsstoffe.

b) Lesen von technischen Zeichnungen:
   aa) Grundbegriffe, insbesondere Linienarten, Ansichten, Bemaßung, Toleranzen, Schnitte, Oberflächengütezeichen, Maßstäbe;
   bb) Einzelteil-, Gesamtzeichnungen, Stücklisten;

cc) Darstellung durch Sinnbilder;

…

2. Fertigkeiten und Kenntnisse der Werkstoffbearbeitung:

a) Messen und Prüfen:
   aa) Fertigkeiten:
      aaa) Messen und Prüfen von Längen mit Strichmeßzeugen, Meßschieber außen und innen und Meßschrauben außen;
      bbb) Messen und Prüfen von Winkeln mit Winkelmesser und Winkellehren bis zu …

…

bb) Kenntnisse:
aaa) Einheiten des metrischen Maßsystems;
bbb) Umwandlung von Teilen und Vielfachen der Einheiten;
...
eee) Winkel und Winkeleinheiten;
fff) Lichtspaltprüfverfahren.
b) Anreißen, Körnen, Kennzeichnen:
aa) Fertigkeiten:
aaa) Anreißen von Bezugslinien, Bohrungsmitten ...
...
(2) Die Vermittlung der gemeinsamen Kenntnisse und Fertigkeiten nach Absatz 1 soll im ersten Ausbildungsjahr erfolgen und nach folgender Anleitung zeitlich gegliedert werden:
1. Die unter Nummer 1, 4 und 8 genannten Kenntnisse sollen während des gesamten ersten Ausbildungsjahres vermittelt werden. Dabei sollen die unter Nummer 8 genannten Kenntnisse insbesondere bei Einführung in die unter Nummer 5, 6 und 7 aufgeführten Kenntnisse und Fertigkeiten vermittelt werden.
2. Die folgenden Kenntnisse und Fertigkeiten sollen unter Beachtung nachstehender zeitlicher Richtwerte vermittelt werden:
a) Die unter Nummer 2 Buchstabe a bis k genannten in zwölf Wochen;
b) die unter Nummer 2 Buchstabe l genannten in zwei Wochen;
c) die unter Nummer 3 genannten in drei Wochen;
...

Die curricularen Veränderungen in den Ausbildungsvorgaben sind nicht so sehr in den Inhalten der Berufsbilder zu sehen, sondern mehr in der ausgeprägten inhaltlichen Differenzierung und Detaillierung, die eine Fortsetzung der gestuften Berufsstruktur auf der Ebene der Kenntnisse und Fertigkeiten mit tayloristischen Inhaltsstrukturen darstellt. Diese kommt in der äußerst detaillierten „sachlichen und zeitlichen Gliederung“ der Ausbildungsrahmenpläne zum Ausdruck, durch die auch die Ausbildungsvorgaben von ursprünglich ein oder zwei Seiten fast auf den Umfang eines kleinen Buches angestiegen sind. Naheliegend waren die didaktisch-methodischen Auswirkungen auf die betriebliche Ausbildung, in der die detaillierten Einzelfertigkeiten, wie z. B. aaa) Anreißen von Bezugslinien, Bohrungsmitten ..., nicht selten in der Form der alten DATSCH-Lehrgänge zum Ausbildungsgegenstand in den Lehrwerkstätten wurden.

Orientiert an den neuen Berufs- und Ausbildungsstrukturen der Stufenausbildung erfolgte ebenso die Entwicklung der Rahmenlehrpläne für die Berufsschulen. Statt für die Unter-, Mittel- und Oberstufe wurden die Lehrpläne nun für die Grundstufe und Fachstufe 1 und 2 entwickelt, und zwar mit einem neuen curricularen Konzept im Sinne eines „Baukastensystems“. Im Einzelnen wurden als thematische Einheiten „Lehrgänge“ entwickelt, die in der neuen Berufsstruktur den gestuften Berufen teils gemeinsam und berufsspezifisch zugeordnet wurden. Die Systematik und Inhalte dieser Lehrgänge sind sehr deutlich an den Strukturen und Inhalten der Fachwissenschaft Elektrotechnik ausgerichtet, wie das nachfolgende Lehrplanbeispiel zeigt.

Industrielle Elektroberufe 1972
Lehrgänge im Lehrplan: Elektroanlageninstallateur, Energieanlagenelektroniker

Grundstufe:
- Technische Mathematik (40)
- Technisches Zeichnen (20)
- Grundlagen der Mechanik (30)
- Elektrophysikalische Grundlagen (10)
- Elektrische Stromkreise (30)
- Werkstoffe und Arbeitstechniken (10 + 20)
- Elektrochemie (10)
- Elektrisches Feld (30)
- Magnetisches Feld (40)

Fachstufe 1:
- Induktion und Wechselstromgrundbegriffe (40)
- Wechselstromkreise (40)
- Meßtechnik (40)
- Einphasenumspanner (24)
- Dreiphasenwechselspannung (30)
- Schutzmaßnahmen (12)
- Umlaufende Maschinen (54)

Fachstufe 2:
- Elektrische Schalt- und Verteileranlagen (50)
- Licht- und Beleuchtungstechnik (40)
- Grundlagen der Steuerungs- und Regelungstechnik (30)
- Halbleiter 1 + 2 (60 + 60)

Die Entwicklung dieser Berufsschullehrpläne Anfang der 1970er Jahre wurde zu dieser Zeit didaktisch nicht unwesentlich von den allgemeinen Diskussionen zur Curriculumreform als Bildungsreform und denen zum wissenschaftsorientierten Unterricht beeinflusst. Die Rahmenlehrpläne orientieren sich daher im Sinne einer Abbilddidaktik auch deutlich an der Fachwissenschaft Elektrotechnik. Die Arbeitsvorgänge der Elektrofacharbeit spielten curricular somit kaum eine Rolle. Auswirkungen auf die Curriculumentwicklung hatte zu jener Zeit ebenso die große „Lernzieldiskussion" einschließlich der zur Taxonomie, so dass statt der Stoffkataloge in den Lehrgängen der Lehrpläne anfangs auch nur Lernziele ausgewiesen waren. Später allerdings wurden die Lernzielvorgaben durch die Angabe von Lerninhalten ergänzt.

Anfangs war mit den neuen Lehrgängen als „thematische Einheiten" auch die didaktisch- methodische Absicht verbunden, die alte inhaltliche Fächertrennung der Lerninhalte nach Fachkunde, Fachrechnen, Fachzeichnen aufzuheben und die Inhalte integrativ zum Unterrichtsgegenstand zu machen. Durch die Tradition der Fächer und Fachnoten stellte sich jedoch die neue Unterrichtsgestaltung wie auch die Einzelbewertung der Lehrgänge als ein unterschätztes Problem heraus. Die in den Ausbildungsordnungen beibehaltene alte Struktur der Prüfungsfächer, die immer schon mit den Unterrichtsfächern in enger Wechselbeziehung standen, verstärkte das Problem noch. Weil der Unterricht in den alten Fachstrukturen zudem „einfacher" erschien, wurde aus verschiedenen Gründen alsbald die Fächertrennung wieder eingeführt. Zugleich neu durchgesetzt haben sich dabei die in den 60er Jahren diskutierten neuen Fachbezeichnungen „Technologie, Technische Mathematik und Technisches Zeichnen", die auch begrifflich nun mehr dem neuen Anspruch der Wissenschaftsorientierung entsprachen (siehe Abb. 3).

Dritte Ordnungsphase der Berufe im Berufsfeld Elektrotechnik

Die Neuordnung der industriellen Elektroberufe von 1972, die mit der Stufenausbildung auch als Modellprojekt für die Metallberufe gedacht war, stand mehr und mehr in der Kritik. Aufgrund des Arbeits- und Technologiewandels und im Zusammenhang, der noch ausstehenden und Ende der 1970er Jahre eingeleiteten Neuordnung der Metallberufe, wurde Anfang der 1980er Jahre eine gleichzeitige Weiterentwicklung bzw. erneute Neuordnung der gesamten Elektroberufe abgestimmt und vorbereitet. Die umfangreichen und fast 10 Jahre dauernden langwierigen Untersuchungs- und Ordnungsarbeiten erfolgten unter der Federführung des in der Nachfolge des BBF 1976 neu gegründeten Bundesinstituts für Berufsbildung (BiBB). Im Ergebnis wurde 1987 die

Neuordnung der industriellen Metall- und Elektroberufe sowie auch die der Elektroberufe des Handwerks abgeschlossen. Dies bedeutete zugleich die rechtliche – praktisch bereits vorher erfolgte – Aufhebung der Stufenausbildung. Im Berufsfeld Elektrotechnik verblieben, wie vor 8 Handwerksberufe und statt 15 entstanden 6 neue Industrieberufe, für die nun insgesamt eine neue einheitliche Berufsstruktur galt.

Ein übergreifendes Kennzeichen der Neuordnung von 1987 war die Verständigung auf ein neues Ausbildungsziel, welches entsprechend den veränderten Berufsanforderungen mehr selbständiges Handeln statt der Arbeit nach Anweisung forderte. Danach sollen, und dies gilt für fast alle Berufe bis heute, „die Fertigkeiten und Kenntnisse so vermittelt werden, daß der Auszubildende … zur Ausübung einer qualifizierten beruflichen Tätigkeit befähigt wird, die insbesondere selbständiges Planen, Durchführen und Kontrollieren einschließt“ (vgl. u. a. BMWi 1987, § 3, Abs. 4). Des Weiteren ist die Verständigung auf das Konzept der berufsfeldbreiten Grundbildung für fast alle Handwerks- und Industrieberufe im Berufsfeld Elektrotechnik ein wesentliches Kennzeichen der Neuordnung von 1987.

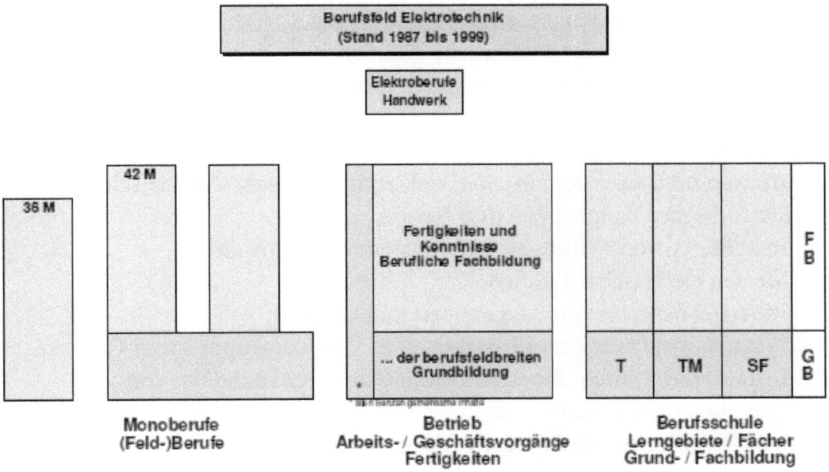

Abbildung 4: Strukturen der Berufe und „beruflichen“ Curricula zu den Handwerksberufen in der dritten Ordnungsphase zum Berufsfeld Elektrotechnik

Statt der bisherigen Monoberufe sind bei den Handwerksberufen die wesentlichen Veränderungen in den curricularen Strukturen der Berufe und Ausbildungsvorgaben durch die zunächst nicht einfache Verständigung zum neuen Ausbildungsziel und durch die Konzeptübernahme der berufsfeldbreiten Grundbildung entstanden. Für den Handwerksberuf Elektroinstallateur/-in nach der Ausbildungsordnung von 1987 zeigt das nachfolgende Ausbildungsberufsbild exemplarisch die curriculare Struktur der Fertigkeiten und Kenntnisse.

§ 4
Ausbildungsberufsbild für den Elektroinstallateur / die Elektroinstallateurin

(1) Gegenstand der Berufsausbildung sind mindestens die folgenden Fertigkeiten und Kenntnisse:

1. Berufsbildung,
2. Aufbau und Organisation des Ausbildungsbetriebes,
3. Arbeits- und Tarifrecht, Arbeitsschutz,
4. Arbeitssicherheit, Umweltschutz, Datenschutz und rationelle Energieverwendung,
5. Lesen und Anwenden technischer Unterlagen,
6. Umgang mit Kunden, Beraten von Kunden,
7. Planen des Arbeitsablaufs, Disponieren von Werkzeugen, Materialien und Ersatzteilen,
8. Bearbeiten von Werkstoffen,
9. Zusammenbauen mechanischer, elektromechanischer, elektrischer und elektronischer Baugruppen und Geräte,
10. Installieren von Leitungen und sonstigen Betriebsmitteln,
11. Messen elektrischer Größen,
12. Inbetriebnehmen von Baugruppen und Geräten,
13. Warten, Inspizieren und Instandsetzen von Baugruppen und Geräten,
14. Installieren, Prüfen, Inbetriebnehmen und Instandhalten von Energieverteilungsanlagen,
15. Installieren, Prüfen, Inbetriebnehmen und Instandhalten von Melde- und Signalanlagen sowie von Fernwirkanlagen,
16. Installieren, Prüfen, Inbetriebnehmen und Instandhalten von Antennen- und Breitbandkommunikationsanlagen,

17. Installieren, Prüfen, Inbetriebnehmen und Instandhalten von Erdungs- und Blitzschutzanlagen sowie von Potentialausgleichsanlagen,
18. Installieren, Prüfen, Inbetriebnehmen und Instandhalten von Meß-, Steuer- und Regelungsanlagen,
19. Anschließen, Prüfen, Inbetriebnehmen und Instandsetzen von elektrischen Geräten,
20. Installieren, Prüfen, Inbetriebnehmen und Instandhalten von Beleuchtungsanlagen,
21. Installieren, Prüfen, Inbetriebnehmen und Instandhalten von Ersatzversorgungsanlagen,
22. Installieren, Prüfen, Inbetriebnehmen und Instandhalten von Kompensationsanlagen,
23. Installieren von Anlagen der Prozeßleittechnik sowie Analysieren und Beheben von Störungen,
24. Anschließen, Prüfen und Inbetriebnehmen von Be- und Verarbeitungsmaschinen sowie Be- und Verarbeitungsanlagen.

Die Positionen 1. bis 13. gehören für alle Handwerksberufe zur berufsfeldbreiten Grundbildung. Die Fertigkeiten und Kenntnisse sind damit im 1. Ausbildungsjahr auch z. B. für den Beruf Elektromaschinenbauer/-in und den Beruf Radio- und Fernsehtechniker/-in theoretisch völlig identisch. Die in der Praxis aber „ausbildungsfremde“ Grundbildungsstruktur ist als curriculare Vereinfachung vergleichbar den industriellen Elektroberufen vorgegeben.

Kennzeichnend für die beruflichen und curricularen Veränderungen bei den industriellen Elektroberufen ist besonders der Wegfall der Stufenausbildung und die deutliche Reduzierung der Anzahl der Berufe. Die verringerte Berufsanzahl hat bei den Berufen aber zur Einführung von Fachrichtungen – wie schon früher beim Konzept der „Arbeitsgebiete“ bei den Handwerksberufen (siehe Abb. 2) – als eine Art „Berufsersatz“ geführt (siehe Abb. 3 und 5).

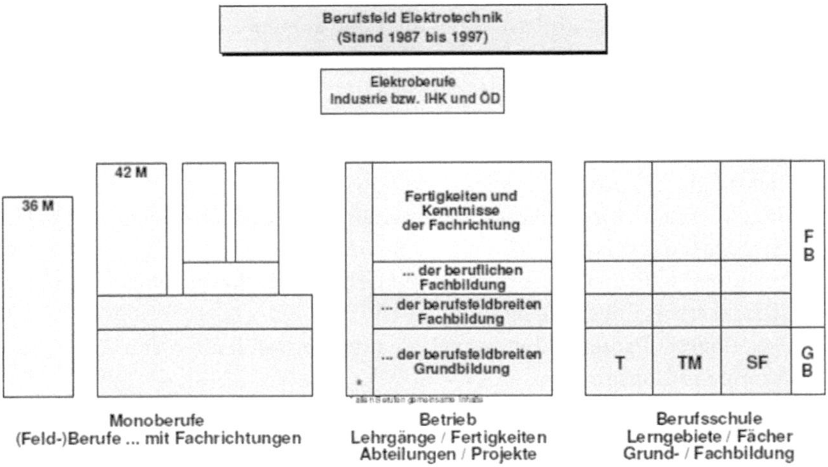

Abbildung 5: Strukturen der Berufe und „beruflichen" Curricula zu den Industrieberufen in der dritten Ordnungsphase zum Berufsfeld Elektrotechnik

Die curriculare Struktur der Ausbildungsvorgaben zeigt, dass bei den industriellen Elektroberufen der Anteil der berufsfeldbreiten Ausbildungsinhalte noch über das 1. Ausbildungsjahr hinausgeht und insgesamt 3 Ausbildungshalbjahre bzw. 18 Monate umfasst. Zu den umfangreichen gemeinsamen Fertigkeiten und Kenntnissen werden entsprechend der neuen Berufsstruktur die weiteren in die der beruflichen Fachbildung und die der Fachrichtungen differenziert. Einen Einblick in die Ausbildungsvorgaben dieser Berufe und auch im Vergleich zu denen der Handwerksberufe vermittelt das folgende Berufsbild zum Beruf Energieelektroniker/-in.

§ 5

Ausbildungsberufsbild für den Energieelektroniker/ für die Energieelektronikerin

(1) Gegenstand der Berufsausbildung sind mindestens die folgenden Fertigkeiten und Kenntnisse:

1. Berufsbildung,
2. Aufbau und Organisation des Ausbildungsbetriebes,
3. Arbeits- und Tarifrecht, Arbeitsschutz,
4. Arbeitssicherheit, Umweltschutz, Datenschutz und rationelle Energieverwendung,

5. Anfertigen von mechanischen Teilen,
6. Herstellen von mechanischen Verbindungen,
7. Zusammenbauen und Verdrahten von mechanischen, elektromechanischen und elektrischen Bauteilen zu Baugruppen,
8. Zurichten, Verlegen und Anschließen von Leitungen,
9. Messen von Gleich- und Wechselgrößen sowie Prüfen von Bauteilen und Baugruppen,
10. Zusammenbauen und Verdrahten von mechanischen, elektromechanischen und elektrischen Baugruppen und Geräten,
11. Montieren und Installieren funktional abgegrenzter Anlagenteile,
12. Prüfen, Messen und Einstellen von Baugruppen und Geräten,
13. Inbetriebnehmen von Baugruppen, Geräten und funktional abgegrenzten Anlagenteilen,
14. Zusammenbauen und Verdrahten sowie Montieren und Installieren von Baugruppen und Anlagenteilen der Energietechnik.

(2) Gegenstand der Berufsausbildung in den Fachrichtungen sind mindestens die folgenden Fertigkeiten und Kenntnisse:

1. in der Fachrichtung Anlagentechnik:

a) Zusammenbauen und Verdrahten von Baugruppen und Geräten der Schalt-, Steuerungs- und Verteilungstechnik,
b) Vorbereiten und Abschließen von Montagearbeiten,
c) Montieren von Leitungen, Kabeln und Installationssystemen,
d) Montieren und Installieren von Anlagen der Energieverteilung, Steuerungs-, Melde- und Beleuchtungstechnik sowie von elektrischen Maschinen und Stelleinrichtungen,
e) Messen nichtelektrischer Größen und Prüfen der Funktion speicherprogrammierbarer Steuergeräte,
f) Inbetriebnehmen von Anlagen der Energieverteilung, Steuerungs-, Melde- und Beleuchtungstechnik sowie von elektrischen Maschinen und Stelleinrichtungen,
g) Instandhalten von Anlagen der Energietechnik.

Die Positionen 1. bis 9. gehören wie bei den Handwerksberufen zur berufsfeldbreiten Grundbildung; allerdings sind diese inhaltlich nicht ganz identisch. Der berufsfeldbreiten Fachbildung sind die Positionen 10. bis 13. zugeordnet und die Fertigkeiten und Kenntnisse ab Position 14 gehören zur „beruflichen“ und „fachrichtungsspezifischen“ Fachbildung. Der auf den Berufsbildpositionen basierende Ausbildungsrahmenplan enthält wie bereits bei den Berufen von 1972 eine nach dem BBiG vorgegebene „sachliche und zeitliche Gliederung der Fertigkeiten und Kenntnisse“ als Anleitung für die betriebliche Ausbildung. Diese Gliederung ist im Unterschied zu der in den Ausbildungsrahmenplänen der Berufe von 1972 nicht ganz so detailliert. Sie differenziert die Inhalte der Berufsbildvorgaben nur noch auf einer weiteren Inhaltsebene. Zur Vermittlung der Inhalte wird in den Plänen jeweils explizit auf das Ausbildungsziel zum „selbständigen Planen, Durchführen und Kontrollieren“ verwiesen.

Orientiert an den veränderten Berufs- und Ausbildungsstrukturen erfolgte die Entwicklung der schulischen Rahmenlehrpläne für die Berufe von 1987. Dabei wurde das Konzept der berufsfeldbreiten Grundbildung und der Fachrichtungen curricular aufgenommen und versucht, das neue Ausbildungsziel in Richtung mehr Selbständigkeit in der Arbeit zu berücksichtigen. Als „thematische Einheiten“ der Pläne wurden die „Lehrgänge“ aufgegeben und dafür „Lerngebiete“ eingeführt. Diese Lerngebiete der KMK-Rahmenlehrpläne wurden in den Rahmenlehrplänen der Länder wiederum meist in entsprechende Inhalte nach der alten Struktur der drei Unterrichtsfächer zergliedert. Zu den Lerngebieten der KMK-Rahmenlehrpläne zeigt sich deren curriculare Struktur und inhaltliche Systematik nachfolgend beispielhaft an den Vorgaben für den Beruf Kommunikationselektroniker/-in.

Industrielle Elektroberufe 1987
Lerngebiete im Lehrplan: Kommunikationselektroniker/-in
Informationstechnik

Grundbildung:

1.1 Einführung in die Elektrotechnik (90)
1.2 Einführung in die Steuerungs- und Digitaltechnik (40)
1.3 Einführung in die Elektronik (50)
1.4 Einführung in Schutzmaßnahmen (30)
1.5 Einführung in die Messtechnik (50)
1.6 Einführung in das Technische Zeichnen (30)
1.7 Einführung in die Werkstoffe, Werkstoffbearbeitung und Leitungsarten (30)

Fachbildung:
2.1 Kondensator und Spule (30)
2.2 Wechselstromkreis (50)
2.3 Gleichrichtung und Spannungsstabilisierung (20)
2.4 Digitale Schaltungstechnik (40)
2.5 Verstärkertechnik (90)
2.6 Grundlagen der digitalen Informationsverarbeitung (50)
Fachrichtung Informationstechnik:
3.1 Grundlagen der Programmierung (60)
3.2 Grundlagen der Mikrocomputertechnik (90)
3.3 Grundlagen der Regelungstechnik (50)
3.4 Stromversorgung (30)
3.5 Erfassung und Übertragung von Daten (90)
3.6 Prozesstechnik (100)

Die inhaltliche Struktur der neuen Lerngebiete von 1987 zeigt gegenüber den Lehrgängen in den Rahmenlehrplänen für die Elektroberufe von 1972 keine wirklich grundlegenden curricularen Veränderungen. Die Lerngebiete sind vergleichbar fast ausschließlich an den technischen Strukturen und Inhalten der Fachwissenschaft Elektrotechnik ausgerichtet. In der curricularen Breite kommen die beruflichen Arbeitsinhalte nur unzureichend zur Geltung. Damit ist auch eine Abstimmung zwischen den Ausbildungsrahmenplänen und den Rahmenlehrplänen inhaltlich kaum zu erkennen. Des Weiteren findet in den Plänen das neue Ausbildungsziel von 1987 fast nur in den Vorbemerkungen eine Berücksichtigung. Es kommt in den konkreten Inhalten der Lehrplanvorgaben kaum zum Ausdruck, weshalb sich vielfach Probleme einer zieladäquaten Umsetzung einstellten. So hat es Anfang der 1990er Jahre auch erste Versuche gegeben, in den Rahmenlehrplänen der Länder das Konzept der Handlungsorientierung und die entwickelte Leitidee der Arbeitsorientierung in Verbindung mit einer neuen Lernfeldgestaltung curricular stärker zu berücksichtigen (vgl. Petersen 1993; Petersen/Rauner 1995). Die diskutierten Ansätze konnten sich in den Lehrplänen für die Berufe von 1987 faktisch aber noch nicht durchsetzen.

3 Neue Ansätze der Berufs- und Curriculumforschung am Beispiel der neuen IT-Berufe

Nach der im Berufsfeld Elektrotechnik 1987 durchgeführten Neuordnung kommt in der Folgezeit der Entwicklung und Ordnung der neuen IT-Berufe in 1997 unter curricularen Berufs- und Ausbildungsaspekten eine wichtige und innovative Bedeutung zu. Die IT-Neuordnung kann in ihrer beruflichen Verbindung im Berufsfeld Elektrotechnik bereits als der Übergang von der dritten in die vierte Ordnungsphase mit einem erweiterten Berufsfeld Elektrotechnik / Informatik betrachtet werden.

IT-Arbeits- und Berufswandel: Notwendige berufliche Anpassungen oder curriculare „Fehlentwicklungen" der Elektro- und alten IT-Berufe

Zur 1987er Neuordnung und den beruflichen Entwicklungen ist kaum bekannt, dass unmittelbar nach der Einführung der neuen Elektroberufe Befragungen zu deren Akzeptanz und der Ausbildung stattgefunden haben. In der Folgezeit wurde Anfang der 1990er Jahre auch eine umfassende Studie zur „Evaluation der industriellen Elektroberufe" vom BiBB in Auftrag gegeben und vom ITB der Uni Bremen durchgeführt. Hintergrund war, dass sich nach der Umstellung von der 1972er Stufenausbildung und durch die neuen Herausforderungen der 1987er Neuordnung als Problem der neuen Elektroberufe nicht nur ein Absinken der Auszubildendenzahlen abzeichnete. In Verbindung mit der Frage nach den richtigen Eingangs- und Ausbildungsqualifikationen waren ebenso die höheren Ausbildungsanforderungen an die Betriebe wie an die Auszubildenden nicht ganz unproblematisch. Auch der weitere Arbeits- und Technologiewandel warf nach der Neuordnung relativ schnell und erneut die Frage nach deren adäquaten Berücksichtigung in den Strukturen und Inhalten der gerade neu geordneten Berufe und den Ausbildungsvorgaben auf. So wurde im Kontext der sich abzeichnenden Probleme und dieser Fragen die angesprochene Evaluationsstudie zu den industriellen Elektroberufen in Auftrag gegeben und Mitte der 1990er Jahre abgeschlossen. Die breit und bundesweit angelegten Untersuchungen haben nach den Ergebnissen der Studie zur Akzeptanz und Qualität der Berufe und Fachrichtungen, dem Qualifikations- und Prüfungskonzept wie auch der betrieblichen und schulischen Ausbildung zu vielfältigen Erkenntnissen und Schlussfolgerungen geführt (vgl. Drescher u. a. 1995). In der Konsequenz der Ergebnisse haben die gegebenen Empfehlungen bis heute zwar nicht direkt die Berufe und Ausbildung nach dem Stand von 1987 verändert, doch stellt die Studie eine wichtige Basis und Orientierung für die anstehenden Weiterentwicklungen bzw. die Neuordnung der Berufe und Ausbildung im Berufsfeld Elektrotechnik dar.

Mit Blick auf die neuen IT-Berufe von 1997 ist festzustellen, dass diese letztlich neben und in Erweiterung der 1987er und bis heute bestehenden Elektroberufe eingeführt wurden. In der 1987er Neuordnung wurde damit der sich seit Anfang der 1990er Jahre verstärkende Arbeits- und Technologiewandel im Bereich der Informations- und Telekommunikationstechnik im Prinzip zu wenig prospektiv berücksichtigt. Selbstkritisch wurde auch in der durchgeführten Evaluationsstudie zu den Elektroberufen die berufliche Bedeutung dieses Wandels noch nicht gesehen und unterschätzt. Dies heißt nicht, dass die Arbeit und Technik im IT-Bereich in den 1987er Berufen keine Bedeutung hat und die entsprechenden Inhalte nicht schon seit längerem in den Elektroberufen Ausbildungsgegenstand waren. Zu verweisen ist insbesondere auf die lange Tradition der Telegrafen-, Fernmelde- und Informationsberufe und konkret auf den noch geltenden 1987er Beruf Kommunikationselektroniker/-in. Dieser berücksichtigt mit seinen drei Fachrichtungen explizit die „Informationstechnik" und „Telekommunikationstechnik" sowie die „Funktechnik". Dennoch wurde dieser relativ neue Kommunikationsberuf schon nach kurzer Zeit den veränderten Herausforderungen im IT-Bereich nicht mehr gerecht und zunehmend ungeeigneter, IT-Fachkräfte für den sich vollziehenden betrieblichen Arbeits- und Technologiewandel entsprechend zu qualifizieren. Der IT-Wandel, der sich in den Betrieben insbesondere von der Hardware-Produktion hin zu einer primär softwarebezogenen IT-Dienstleistung vollzog, ist von daher in dem Berufsbild wie in den betrieblichen und schulischen Ausbildungsvorgaben bis heute nur unzureichend berücksichtigt. Der Beruf Kommunikationselektroniker/-in weist curricular vor allem eine zu einseitige Kompetenz- und Inhaltsorientierung an der Technik und Elektronik auf (siehe die Lerngebiete im obigen Rahmenlehrplan). Aufgrund der Notwendigkeit der Weiterentwicklung des noch relativ neuen Berufs ging die berufliche Akzeptanz in den Betrieben mit um die 30.000 Auszubildenden von Anfang der 1990er Jahre auf unter 15.000 1996 dramatisch zurück. Statt der Weiterentwicklung wurden diesem „alten IT-Beruf" dann 1997 mit den neuen Berufen IT-System-Elektroniker/-in und Fachinformatiker/-in zwei im Prinzip völlig neu ausgerichtete Berufe zur Seite gestellt. Da in diesen neuen IT-Berufen nun die betrieblichen Veränderungen hin zu einer primär softwarebezogenen IT-Dienstleistung eine entsprechende Berücksichtigung gefunden haben, hat naheliegend der alte Beruf Kommunikationselektroniker/-in mit heute weniger als 2.000 Ausbildungsneuabschlüssen pro Jahr weiter an Bedeutung verloren.

Zum IT-Berufswandel gehört in diesem Zusammenhang die in der Tendenz vergleichbare Entwicklung des Berufs Datenverarbeitungskaufmann. Für den Wirtschaftsbereich wurde dieser Beruf zukunftsweisend bereits recht früh 1969 geordnet. Aufgrund des beruflichen Arbeitswandels im IT-Bereich gehen zu dessen Neuordnung erste Überlegungen und Ansätze bis in die 1980er Jahre zurück. Wegen Abstimmungs- und Verständigungsschwierigkeiten und trotz zunehmender Modernisierungsproblematik wurde der Beruf Datenverarbeitungskaufmann aber erst im Rahmen der gemeinsamen IT-Neuordnung 1997 abgelöst. Da mit der Neuordnung dieser alte Beruf aufgehoben wurde, sind zum IT-Neuordnungsverfahren, was die Weiterentwicklung der alten IT-Berufe und Berufsstrukturen betrifft, somit unterschiedliche Vorgehensweisen feststellbar.

Zum IT-Neuordnungsverfahren ist historisch bedeutsam, dass die bisher unterschiedliche Berufsfeldzuordnung der alten IT-Berufe aufgehoben wurde und die neuen IT-Berufe nun zunächst eine neue eigenständige „Berufsfamilie" bilden. Bedingt und befördert wurde dieses Verfahren durch die systemischen Innovationen im IT-Bereich der 1990er Jahre, in deren Folge eine Integration und Neustrukturierung sehr verschiedener Markt- und Arbeitssegmente mit einer Welle von neuen Betriebs- und Unternehmensgründungen und insbesondere entsprechenden Arbeits- und Anforderungsveränderungen stattgefunden hat. Für die hierauf abgestimmte Entwicklung der vier neuen IT-Berufe, die sich mehr in der Dienstleistungsperspektive auch neu an einem „Marktmodell" der IT-Anbieter und IT-Anwender orientierte, bedeutete dies tiefgreifende Veränderungen. Vor allem musste die bisher klassische und teils rigide Trennung von Technik und Wirtschaft, die im Prinzip noch bis heute in den Berufsfeldern und Berufen, den Wissenschaften, bei den Sozialpartnern, in der Organisation der Berufsschulen, der Ausrichtung der Studiengänge usw. zum Ausdruck kommt, im Neuordnungsverfahren erst von allen Beteiligten überwunden werden. Dass dies gelungen ist, weist nicht nur auf den seinerzeit vorhandenen Erfolgsdruck durch den zunehmenden Bedarf an entsprechend neu qualifizierten IT-Fachkräften hin, sondern heißt auch, dass auf den verschiedenen bildungspolitischen Ebenen bis hin zur konkreten betrieblichen und schulischen Ausbildung grundlegende Umorientierungen notwendige waren und bis heute noch sind.

Stellt man die Entwicklungen in den Zusammenhang der ja lang vorbereiteten Neuordnung der Elektroberufe von 1987, so ist unter Aspekten der Berufs- und Curriculumforschung die Frage gestellt, ob und inwieweit der Wandel im IT-Bereich seinerzeit nicht richtig eingeschätzt wurde und ob mit den 1987 festgelegten neuen Strukturen und Berufsprofilen eine zu einfache und nur an der Technik orientierte alte berufliche Fortschreibung stattgefunden hat. Im Detail ist die weitere Frage nach der Bedeutung und Wirkung der umfangreichen berufsfeldbreiten Grundbildung zu stellen, die eine mehr berufliche und offenere Entwicklung der 1987er Berufe möglicherweise verhindert hat. Gleiches gilt für die zu den Berufen 1987 neu eingeführten Fachrichtungen, die z. B. in der Struktur der Informationstechnik und Telekommunikationstechnik letztlich nur zu einer engen technischen Berufsdifferenzierung geführt haben und deren kaum an der Arbeitsentwicklung orientierten Inhalte in der Ausbildung zu spät und erst am Ende zum Ausbildungsgegenstand werden. Ebenso sind Evaluationsfragen auf die Offenheit der curricularen Strukturen und Inhalte der Ausbildungsvorgaben für die Betriebe und Berufsschulen zu beziehen, die ja die inhaltliche Ausgestaltung der Berufe und damit im Ergebnis die Aktualität der beruflichen Handlungskompetenz der Fachkräfte konkret bestimmen. Möglich ist aber auch, dass die Entwicklungen im IT-Bereich zur Zeit des Neuordnungsverfahrens noch nicht absehbar waren und die Arbeitsveränderungen in dem erfolgten Umfang und der Richtung noch gar nicht abgeschätzt werden konnten und sich von daher die relativ schnelle Überalterung der Elektroberufe erklärt. Und dies trotz der – oder gerade wegen der (?) – der Neuordnung von 1987 vorausgegangenen und mehrere Jahre umfassenden Untersuchungen und langwierigen Verfahren. Insofern wäre die Einführung der neuen IT-Berufe eine entwicklungsbedingte notwendige berufliche Anpassung der Berufe im IT-Bereich und als ein eher normaler Vorgang zu bewerten. Beruflich differenziert trifft dies insbesondere auf den Beruf Datenverarbeitungskaufmann/-kauffrau von 1969 zu, da dieser immerhin über einen Zeitraum von fast 30 Jahren Bestand hatte. Angesichts der beschleunigten Entwicklungen und Wandlungsprozesse in der Arbeit ist hier generell die Frage nach der „Lebensdauer" der Berufe gestellt, zu der ein neues Nachdenken über die Strukturen und Konstruktionskriterien möglichst dauerhafter Berufe gehört.

Die aufgeworfenen Fragen sind originäre Aufgaben einer umfassenden Evaluation zur Entwicklung und Gestaltung der Berufe und Berufsstrukturen. Sie sind letztlich untrennbar mit einer curricularen Berufs- und Qualifikationsforschung und der darauf bezogenen Ausbildungsordnungsforschung verbunden. Zu den 1987er Ordnungsverfahren und den möglichen beruflichen Fehlentwicklungen – und damit nur im nach hinein – können und sollen diese nur begrenzt aufgenommen und beantwortet werden. Teilantworten und neue Orientierungen wurden einerseits, wenn auch nicht unter spezifischer Einbeziehung der IT-Entwicklung, bereits mit der Studie zur „Evaluation der industriellen Elektroberufe" gegeben (vgl. Drescher u. a. 1995). Andererseits liegen inzwischen Ergebnisse und Erkenntnisse aus der Studie zur „Evaluation der neuen IT-Berufe" vor (vgl. Petersen/Wehmeyer 2001), mit der gleichzeitig und teils vor dem Hintergrund der aufgeworfenen Fragen auch die neueren Berufsentwicklungen im IT-Arbeitsumfeld untersucht wurden. Insofern soll mehr in der Ausrichtung und mit dem Blick auf die weiteren Entwicklungen erst im Zusammenhang der nachfolgenden Ergebnisse zum Schluss der Frage nachgegangen werden, welche Konsequenzen und Empfehlungen sich aus den bisherigen Entwicklungen ergeben und wie die Ansätze und Konzepte in der Berufs- wie Curriculumforschung weiterzuentwickeln und zu verbessern sind. Dazu sind letztlich insgesamt die oben aufgezeigten Entwicklungen zum Ansatz- und Konzeptwandel „beruflicher" Curricula im Berufsfeld Elektrotechnik nicht ganz unwichtig.

Ergebnisse der aktuellen Berufs- und Curriculumentwicklung zu den neuen IT-Berufen

Ausgehend von den seit 1997 geltenden Strukturen und Ausbildungsvorgaben für die neuen IT-Berufe kennzeichnen diese – ohne den Begriff überzustrapazieren – einen Paradigmenwechsel bei den Ansätzen und Konzepten der Berufs- und Curriculumentwicklung. Unmittelbar deutlich wird dies, wenn zum Stand von 1997 die Strukturen und Ausbildungsvorgaben der alten Berufe und die der neuen IT-Berufe im Zusammenhang betrachtet werden (siehe Abb. 6).

Gegenüber den alten Berufen wurde bei den neuen IT-Berufen von 1997 die weitreichende Entscheidung getroffen, die Berufe nicht mehr einem Berufsfeld zuzuordnen und das Konzept der berufsfeldbreiten Grundbildung aufzugeben. Durch die neue Berufsstruktur wurde auch der Weg frei, bei den Berufsbild- und Ausbildungsinhalten technische, informatische und kaufmännisch-wirtschaftliche Kompetenzen integriert zu berücksichtigen. In ihrer Kompetenzausrichtung sind die Berufe gleichzeitig deutlicher als Dienstleistungsberufe angelegt. Wie bei den alten Berufen weisen die Ausbildungsinhalte bzw. die Fertigkeiten und Kenntnisse im Prinzip dennoch die bekannten Inhaltsstrukturen auf.

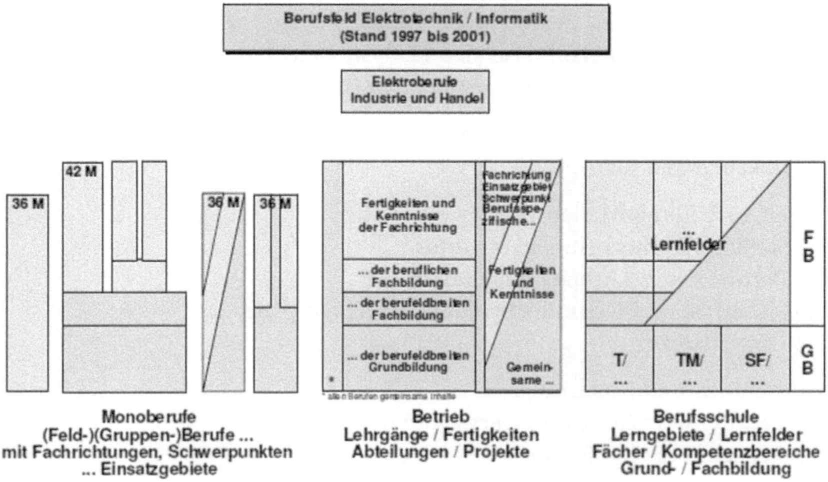

Abbildung 6: Strukturen der Berufe und „beruflichen" Curricula zu den Industrieberufen im Übergang zur vierten Ordnungsphase zum Berufsfeld Elektrotechnik/Informatik

Als „gemeinsame Fertigkeiten und Kenntnisse" wurden statt der berufsfeldbreiten Grundbildungsinhalte neu sogenannte Kernqualifikationen bestimmt, und zwar für die beachtliche Ausbildungszeit von 18 Monaten. Allerdings sind diese der Ausbildung nicht mehr als „Block" in den ersten 1 ½ Jahren vorgegeben, sondern über die gesamte Ausbildungszeit verteilt. Die berufsspezifischen Fertigkeiten und Kenntnisse wurden im Sinne von Fachqualifikationen bestimmt. Diese weisen eine Struktur von profilgebenden Fachbildungsinhalten auf, die je nach Beruf noch weiter nach den Inhalten der Fachrichtungen, der Einsatzgebiete oder der Fachbereiche differenziert sind. Einen konkreten Einblick in die Inhaltsstrukturen der Ausbildungsvorgaben für die neuen IT-Berufe vermittelt z. B. das folgende Berufsbild zum Beruf IT-System-Elektroniker/-in.

§ 4
Ausbildungsberufsbild für den IT-Systemelektroniker / für die IT-Systemelektronikerin

(1) Gegenstand der Berufsausbildung sind mindestens die folgenden Fertigkeiten und Kenntnisse:

1 Der Ausbildungsbetrieb
1.1 Stellung, Rechtsform und Struktur,
1.2 Berufsbildung, Arbeits- und Tarifrecht,
1.3 Sicherheit und Gesundheitsschutz am Arbeitsplatz,
1.4 Umweltschutz;

2 Geschäfts- und Leistungsprozesse
2.1 Leistungserstellung und -verwertung,
2.2 Betriebliche Organisation,
2.3 Beschaffung,
2.4 Markt- und Kundenbeziehungen,
2.5 Kaufmännische Steuerung und Kontrolle;

3 Arbeitsorganisation und Arbeitstechniken
3.1 Informieren und Kommunizieren,
3.2 Planen und Organisieren,
3.3 Teamarbeit;

4 Informations- und telekommunikationstechnische Produkte und Märkte
4.1 Einsatzfelder und Entwicklungstrends,
4.2 Systemarchitektur, Hardware und Betriebssysteme,
4.3 Anwendungssoftware,
4.4 Netze, Dienste;

5 Herstellen und Betreuen von Systemlösungen
5.1 Ist-Analyse und Konzeption,
5.2 Programmiertechniken,
5.3 Installieren und Konfigurieren,
5.4 Datenschutz und Urheberrecht,
5.5 Systempflege;

6 Systemtechnik
6.1 Systemkomponenten,
6.2 Ergonomische Geräteaufstellung;

7 Installation
7.1 Montagetechnik,
7.2 Stromversorgung, Schutzmaßnahmen,
7.3 Datensicherheit, Hard- und Softwaretests,
7.4 Netzwerke;

8 Serviceleistungen

9 Instandhaltung

10 Fachaufgaben im Einsatzgebiet
10.1 Produkte, Prozesse und Verfahren
10.2 Projektplanung,
10.3 Projektdurchführung und Auftragsbearbeitung,
10.4 Projektkontrolle, Qualitätssicherung.

(2) Die Fertigkeiten und Kenntnisse nach Absatz 1 Nr. 10 sind in einem der folgenden Einsatzgebiete anzuwenden und zu vertiefen:
1. Computersysteme,
2. Festnetze,
3. Funknetze,
4. Endgeräte,
5. Sicherheitssysteme.
Das Einsatzgebiet wird vom Ausbildungsbetrieb festgelegt. Es können auch andere Einsatzgebiete zugrunde gelegt werden, wenn die zu vermittelnden Fertigkeiten und Kenntnisse in Breite und Tiefe gleichwertig sind.

Die zu den Positionen 1 bis 5 ausgewiesenen Fertigkeiten und Kenntnisse sind die gemeinsamen Ausbildungsinhalte für alle Berufe im Sinne der Kernqualifikationen. Sie umfassen die Hälfte der gesamten Ausbildungszeit. Ab Pos. 6 beginnen die berufsspezifischen Ausbildungsinhalte bzw. die Fachqualifikationen. Bei dem Beruf IT-Systemelektroniker/-in weisen diese beispielsweise eine weitere Differenzierung nach beruflichen Fachaufgaben in der „offenen" Struktur von Einsatzgebieten auf. Das Konstrukt der Fachaufgaben und Einsatzgebiete ist neu und übernimmt abgeschwächt die Funktion einer Berufsdifferenzierung nach Fachrichtungen. Für alle Berufe ist ebenso neu, dass die gemeinsamen wie die berufsspezifischen Ausbildungsinhalte teils explizit oder integriert technische, informatische, kaufmännisch-wirtschaftliche und arbeitsorganisatorische Kompetenzen berücksichtigen. Für alle IT-Berufe kommt damit eine Ausrichtung und Orientierung an den beruflichen Arbeits- und Geschäftsprozessen zum Ausdruck.

Die mit den neuen Berufs- und Ausbildungsstrukturen abgestimmte Entwicklung der Rahmenlehrpläne für die IT-Berufe hat im Ergebnis ebenso zu völlig anderen Ausbildungsvorgaben für den Unterricht in der Berufsschule geführt. Dies hat zum einen seine Begründung in eben diesen neuen Strukturen, da die Loslösung von den Berufsfeldern, die Aufgabe der berufsfeldbreiten Grundbildung sowie die Integration technischer, informatischer und kaufmännisch-wirtschaftlicher Inhaltsbereiche bei der Entwicklung der Rahmenlehrpläne zu berücksichtigen war. Zum anderen galt ab 1996 gleichzeitig als neue Vorgabe für die Entwicklung dieser Rahmenlehrpläne das neue Lernfeldkonzept der KMK. Für die neuen IT-Berufe wurden von daher auch erstmals Lernfelder statt der alten Lerngebiete als thematische Einheiten der Rahmenlehrpläne entwickelt. Diese hatten sich entsprechend dem neuen Lernfeldkonzept nun curricular und didaktisch stärker „an den beruflichen Aufgabenstellungen und Handlungsabläufen zu orientieren" (vgl. KMK 1996 sowie 2000, S. 26). Im Ergebnis sind für die IT-Berufe Rahmenlehrpläne mit elf Lernfeldern entstanden, deren Strukturen und Themen eine deutliche Übereinstimmung mit den Berufsbildinhalten der betrieblichen Ausbildungsvorgaben aufweisen. Diese geht, wie ein Vergleich und die nachfolgenden Lernfeldthemen zeigen, bis zur vollständigen Übereinstimmung einiger Lernfeldthemen und Berufsbildinhalte.

Neue IT-Berufe 1997
Lernfelder der KMK Rahmenlehrpläne
Lernfeld 1: Der Betrieb und sein Umfeld
Lernfeld 2: Geschäftsprozesse und betriebliche Organisation
Lernfeld 3: Informationsquellen und Arbeitsmethoden
Lernfeld 4: Einfache IT-Systeme
Lernfeld 5: Fachliches Englisch
Lernfeld 6: Entwickeln und Bereitstellen von Anwendungssystemen
Lernfeld 7: Vernetzte IT-Systeme
Lernfeld 8: Markt- und Kundenbeziehungen
Lernfeld 9: Öffentliche Netze, Dienste
Lernfeld 10: Betreuen von IT-Systemen
Lernfeld 11: Rechnungswesen und Controlling

Für alle vier neuen IT-Berufe sind die elf Lernfelder in den Rahmenlehrplänen auf der thematischen Ebene identisch. In Abhängigkeit vom IT-Beruf unterscheiden sich die Lernfelder dann zumeist hinsichtlich der inhaltlichen Tiefe und Breite des Lernfeldthemas und bezogen auf die vorgegebenen Zeitrichtwerte. Einige der Lernfelder, wie z. B. das Lernfeld 1 und 5, sind jedoch auch inhaltlich und in der Zeitvorgabe für alle vier IT-Berufe völlig identisch. Zur Evaluationsfrage, ob die neuen Lernfelder der Rahmenlehrpläne eine Orientierung an den beruflichen Arbeits- und Geschäftsprozessen aufweisen, ist bereits an dieser Stelle nur festzuhalten, dass dies nur für die Gesamtheit und im Zusammenhang aller elf Lernfelder gelten kann. Für die einzelnen Lernfelder gilt wie bei den Berufsbildangaben, dass diese entweder im Schwerpunkt oder integriert technische, informatische, kaufmännisch-wirtschaftliche und arbeitsorganisatorische Inhalte und Kompetenzen berücksichtigen. Im Vergleich der Lernfeldthemen z. B. mit den Themen der Lerngebiete in den Rahmenlehrplänen für die Elektroberufe von 1987 (siehe oben beispielsweise zum Beruf Kommunikationselektroniker/-in) kommt dadurch letztlich auch insgesamt die curriculare Neuausrichtung in der Rahmenlehrplangestaltung und der didaktische Paradigmenwechsel zum Ausdruck. Erkennbar ist vor allem eine deutlich breitere Inhaltsausrichtung mit einer Rücknahme der Technikdominanz, was u. a. auch für den eher technischen IT-Beruf IT-System-Elektroniker/-in gilt.

Evaluation der neuen IT-Berufe und curricularen Ausbildungsvorgaben

Mit den Ergebnissen der IT-Berufe von 1997 ist vielfach die Aussage verbunden, dass auf der Ebene der Berufe und der betrieblichen wie schulischen Ausbildungsvorgaben didaktisches „Neuland" beschritten wurde. Als Begründung für das Neue wird im Wesentlichen auf den Arbeits- und Anforderungswandel im IT-Bereich sowie auf Erfahrungen und vorliegende Erkenntnisse verwiesen. Im Einzelnen und was die Entwicklung der Berufe und betrieblichen Ausbildungsvorgaben betrifft, sind entsprechend den Phasen zum Neuordnungsverfahren (vgl. KMK 2000, S. 29) den Entscheidungen und Ergebnissen spezifische Untersuchungen, Expertengespräche und vielfältige Abstimmungen vorausgegangen. Ob und inwieweit die Untersuchungen dem Anspruch einer umfassenden Berufs- und Curriculumforschung entsprechen, ist bei den neuen IT-Berufen nur insoweit zu beantworten, dass diese im Verfahren ganz wesentlich durch die Sachverständigen der Tarifpartner bestimmt werden und der Neuordnungsprozess insgesamt federführend vom BiBB geleitet wurde. Das Verfahren steht damit prinzipiell in der langen Tradition der Ausbildungsordnungsforschung des DATSCH, wobei dieses heute eine der Berufs- und Ausbildungsbedeutung entsprechende neue Qualität haben sollte. Bezogen auf die Entwicklung der schulischen Rahmenlehrpläne ist zu den Verfahren und Untersuchungen allein aufgrund der vorhandenen personellen, materiellen und zeitlichen Rahmenbedingungen festzustellen, dass von einer speziell auf die schulische Ausbildung in den IT-Berufen ausgerichteten und einer im Vorfeld durchgeführten Curriculumforschung sicher nur sehr eingeschränkt gesprochen werden kann. Wie die Lernfelder für die IT-Berufe im Ergebnis erkennen lassen, hat die curriculare Entwicklung der schulischen Rahmenlehrpläne relativ eindeutig von den betrieblichen Ergebnissen zur Gestaltung der neuen IT-Berufe und der Ausbildungsvorgaben profitiert.

Zur Weiter- oder Neuentwicklung von Berufen sind langwierige und umfassende Voruntersuchungen und Abstimmungen, wie z. B. bei der Neuordnung der Metall- und Elektroberufe von 1987, nicht per se ein Qualitätsmerkmal. Relativ schnell durchgeführte Neuordnungen können durchaus ebenso eine hohe und u. U. gar bessere Qualität haben, besonders dann, wenn die Untersuchungen zeitnaher angelegt sind und die Entwicklungen prospektiv ausgerichtet werden. Die Ergebnisse der neuen IT-Berufe, denen im Vergleich ein eher kurzes Neuordnungsverfahren vorausging, könnten insofern in dieser Hinsicht ein zukunftsweisendes Beispiel unter der Voraussetzung sein, dass sich die IT-Berufe zumindest mittelfristig mit all den Ausbildungsinnovationen in der Praxis bewähren.

Angesprochen ist damit eine umfassende Bewertung zur Akzeptanz und Umsetzung der IT-Berufe in der Praxis. Mit Ziel der „Evaluation der neuen IT-Berufe“ hat das BiBB hierzu 1999 eine entsprechende Studie in Auftrag gegeben. Diese hat unter betrieblichen Akzeptanz- und Umsetzungsaspekten die Berufe und IT-Ausbildung zum Gegenstand und wurde als bundesweite Studie ab 1999 vom biat der Universität Flensburg durchgeführt. Zeitlich fast parallel und ebenso in der Zusammenarbeit mit dem biat erfolgte des Weiteren eine Evaluation zu den schulischen Ausbildungsvorgaben und deren Umsetzung im Rahmen des Modellversuchs „Lernfeld- und Lernraumgestaltung zur Förderung der Service- und Dienstleistungskompetenz in den neuen IT-Berufen (SEDIKO)“. Dieser Modellversuch der BLK wurde als Verbundprojekt mit mehreren Bundesländern durchgeführt, um Erkenntnisse auch zu dem neuen Lernfeldkonzept der Rahmenlehrpläne und deren Umsetzung zu gewinnen sowie entsprechende Empfehlungen zu erarbeiten.

Die vorliegenden Ergebnisse und Erkenntnisse aus der Evaluationsstudie basieren entsprechend dem Untersuchungsansatz auf bundesweit angelegten

Befragungen und Fallstudien zur Arbeit und Ausbildung in Betrieben der IT-Branche und der „nicht IT-Branche“. An der Studie beteiligt haben sich fast 600 Betriebe und weit über 1000 Auszubildende. Die Modellversuchsergebnisse haben demgegenüber ihre Basis in den Entwicklungen und Erfahrungen zum neuen Lernfeld-Unterricht in den IT-Klassen der Berufsschulen, und zwar aus mehreren Bundesländern. Die bundesweiten Untersuchungen und Ergebnisse stellen damit einen Beitrag zur Berufs- und Curriculumforschung im IT-Arbeitsumfeld dar, der nicht nur eine solide Bewertung der Berufe und Ausbildung zulässt, sondern ebenso Erkenntnisse und Empfehlungen zur möglichen Weiterentwicklung beinhaltet. Dabei ist im Kontext der Forschungsfragen nicht unbedeutend, obwohl die Erhebungen und Untersuchungen vorrangig in der Perspektive „Die neuen IT-Berufe auf dem Prüfstand“ und der Ausbildungsumsetzung durchgeführt wurden, dass diese im Ansatz breiter und umfassender angelegt und zwangsläufig deutlich aktueller als die sind, die in 1997 die Entwicklung und Gestaltung der neuen IT-Berufe und Ausbildungsvorgaben begründet haben.

Dem Ansatz und der Breite der Evaluations- und Modellversuchsfragen entsprechend liegt aus den Studien- und Projektarbeiten eine Fülle detaillierter Ergebnisse und Erkenntnisse vor (vgl. Petersen/Wehmeyer 2001). Sie sind an dieser Stelle nur äußerst kurzgefasst und mit Blick auf einige Grundfragen darzustellen. Übergreifend und zur Frage der betrieblichen Akzeptanz der vier neuen IT-Berufe sind die Ergebnisse differenziert unter quantitativen und qualitativen Akzeptanzaspekten zu betrachten. Unter dem quantitativen Aspekt ist zunächst eine sehr hohe Akzeptanz der IT-Berufe bei den Betrieben wie den Auszubildenden festzustellen. Diese war unmittelbar mit der Einführung 1997 gegeben und hat sich in den Folgejahren bis heute zunehmend gesteigert. Im Entwicklungszusammenhang für alle alten und neuen dualen IT-Berufe im IT-Arbeitsumfeld zeigt sich dies sehr deutlich an den Auszubildendenzahlen, die zugleich eine rasche Substitution und Verdrängung der alten IT-Berufe erkennen lassen. Die Entwicklung zeigt außerdem, dass die neuen IT-Berufe dazu beigetragen haben, dass der dramatische Einbruch bei den Auszubildendenzahlen bis Mitte der 1990er Jahre gestoppt wurde und sich rasch umgekehrt hat.

Abbildung 7: Entwicklung der Ausbildungsplätze für die dualen Berufe im IT-Arbeitsumfeld

Neben der hohen quantitativen Akzeptanz der neuen IT-Berufe, mit der auch der aktuell hohe IT-Fachkräftebedarf zum Ausdruck kommt, zeigt sich unter qualitativen Akzeptanzaspekten ein deutlich anderes Bild. Auf einer ersten Ebene war mit der Frage zur Akzeptanz der vier Berufe hinsichtlich ihrer beruflichen Struktur, Stimmigkeit und curricularen Schneidung zu klären, ob und wie die auf der Basis des Neuordnungsverfahrens entwickelten vier Berufe IT-System-Elektroniker/-in, Fachinformatiker/-in, IT-System-Kaufmann/-frau und Informatikkaufmann/-frau nun tatsächlich mit den Arbeits- und Handlungsstrukturen in den Betrieben, und zwar der IT-Branche wie der „nicht IT-Branche", übereinstimmt. Bezogen auf die mit den neuen Berufen festgelegten „inneren" Berufsstrukturen der Fachrichtungen, Einsatzgebiete oder Fachbereiche war die weitergehende Frage, ob hier ein entsprechender Bedarf in den Betrieben besteht bzw. inwieweit sich diese Berufsstrukturen in den betrieblichen Arbeitsbereichen wiederfinden.

Zu diesen Fragen zeigt sich nach dem bundesweiten Bewertungsergebnis, dass aus der Sicht der betrieblichen IT-Arbeitsbereiche die Struktur und Schneidung der Berufe nicht voll akzeptiert wird und die IT-Berufe nicht ganz stimmig und teils unnötig sind. Im Einzelnen sind es auch die inhaltlichen

Überschneidungen zwischen den Berufen, die sich in der IT-Ausbildung konkret an einem sehr hohen – den Anteil der Kernqualifikationen weit überschreitenden – Deckungsgrad der Ausbildungsinhalte zeigen. Dies gilt z. B. für den Beruf IT-System-Elektroniker/-in und Fachinformatiker/-in Systemintegration. In der Folge der beruflichen Unstimmigkeiten treten des Weiteren auch Probleme bei der IT-Prüfung auf, da die realen Ausbildungsinhalte in den Betrieben und die Prüfungsinhalte nach der Vorgabe zu wenig übereinstimmen. Aufgrund der teils zu geringen beruflichen Trennschärfe stellen sich Auszubildende zudem oft die Frage, ob sie die Prüfung nicht zugleich in zwei IT-Berufen ablegen können. In der Konsequenz und der Vorwegnahme der folgenden Ergebnisse zielt eine Empfehlung auf die Weiterentwicklung der Berufe, bei der unter Berücksichtigung der beruflichen Entwicklungszusammenhänge zugleich alle alten und neuen Berufe im IT-Arbeitsumfeld einbezogen wurden (siehe Abb. 8).

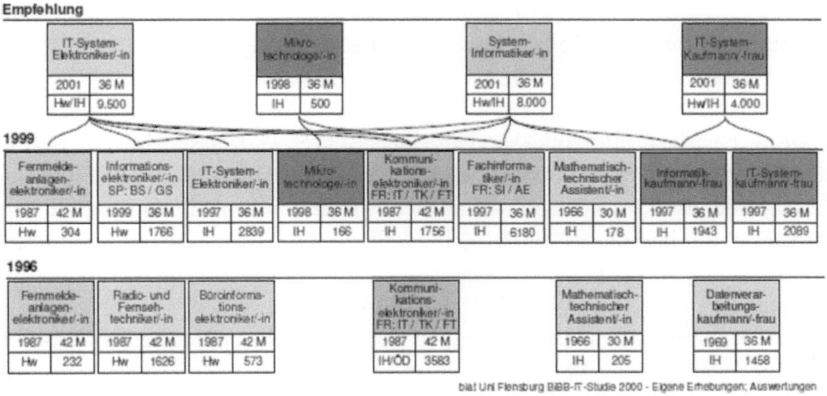

Abbildung 8: Berufsentwicklung im IT-Arbeitsumfeld und Empfehlung für eine künftige Neustruktur der IT-Berufe

Die empfohlene Neustruktur der IT-Berufe findet ihre Begründung im Einzelnen teils insbesondere in den Bewertungsergebnissen der Betriebe zu den „inneren“ IT-Berufsstrukturen der Fachrichtungen, Einsatzgebiete oder Fachbereiche. Die Fachrichtungen Anwendungsentwicklung und Systemintegration des Berufs Fachinformatiker/-in wurden nur von 60 % der Betriebe als sachgerecht bewertet. Sie gehen unter voller Berücksichtigung der weithin akzeptierten „Anwendungsentwicklung“ zum einen in dem nun eigenständigen Beruf System-Informatiker/-in auf. Die Fachrichtung „Systemintegration“ findet zum anderen wegen dem vorhandenen hohen Deckungsgrad im leicht modifizierten Beruf IT-System-Elektroniker/-in Berücksichtigung. Die Einsatzgebiete oder Fachbereiche der anderen IT-Berufe haben nach den Bewertungsergebnissen in den Betrieben praktisch keine hohe Bedeutung, die Betriebe kennen diese überwiegend kaum, sie „stören" die Betriebe aber auch nicht. Beispielsweise wird eine Informatikkauffrau in einer Bank eben „betrieblich ganz klar" im Fachbereich „Banken" ausgebildet, was vergleichbar für einen Fachinformatiker in einer Bank gilt, für den nur etwas allgemeiner ein „Einsatzgebiet" wie „kaufmännische Systeme" vorgegeben ist. Im Ergebniszusammenhang wird insofern die gegebene Empfehlung zur Neustruktur der IT-Berufe durch die Berufsbewertungen zu den Fragen der qualitativen Akzeptanz gestützt.

Die Empfehlung zu den neuen und auch branchenübergreifenden IT-Berufen (Industrie und Handwerk) findet bezogen auf alle IT-Berufe im IT-Arbeitsumfeld ihre Begründung unter Berücksichtigung der Entwicklungen ebenso unter den Aspekten der Struktur, Schneidung und Trennschärfe dieser Berufe sowie im Abgleich und den curricularen Analyseergebnissen der Ausbildungsvorgaben. So ist es heute bereits nicht ungewöhnlich, dass Handwerksbetriebe z. B. im IHK-Beruf IT-System-Elektroniker/-in ausbilden. Eine besondere Bedeutung erhält die Empfehlung zudem unter dem Aspekt der Bildung beruflich sinnvoller und überschaubarer IT-Klassen in den Berufsschulen oder auch einer einsichtigen Berufswahl aus der Sicht der Betriebe und Auszubildenden. Im Übrigen signalisieren erste Rückmeldungen im Zusammenhang durchgeführter betrieblicher Fallstudien zur Arbeit und Ausbildung im IT-Bereich, dass die empfohlene Neustruktur der IT-Berufe Akzeptanz finden wird.

Eine Bestätigung zur Bewertung der Berufsstrukturen der neuen IT-Berufe ergibt sich in gewisser Weise noch aufgrund der Bewertungsergebnisse zu den Ausbildungsvorgaben und der Ausbildung. Diese zeigen einerseits eine große Akzeptanz der Ausbildungsinhalte einschließlich deren technische, informatische und kaufmännisch-wirtschaftliche Ausrichtung. Andererseits haben immerhin 60 % der Betriebe in der Ausbildung das Problem, die „richtige Breite und Tiefe" der Ausbildungsinhalte für den einzelnen IT-Beruf zu bestimmen. Ebenso haben 60 % der Betriebe das Problem, die für die Berufe vorgegebenen Ausbildungsinhalte in der betrieblichen Ausbildung abzudecken. Damit ist ein weiterer Hinweis gegeben, dass in der Praxis zwischen den Strukturen und Inhalten der Berufe und denen der betrieblichen Arbeits- und Berufsanforderungen im IT-Bereich Unstimmigkeiten bestehen. Da dies ebenso für die realen Ausbildungsinhalte gilt, verwundert es mit Blick auf die inzwischen weithin bekannten Probleme in der IT-Prüfung nicht, dass z. B. bezogen auf die Zwischenprüfung über 70 % der Auszubildenden zu dem Ergebnis einer zu geringen Übereinstimmung zwischen den Ausbildungs- und Prüfungsinhalten kommen.

In diesen Kontext gehört unter didaktisch-methodischen Aspekten, dass in über 90 % der Betriebe die Arbeits- und Geschäftsprozesse unmittelbar zum Ausbildungsgegenstand werden und die Vermittlung der Ausbildungsinhalte heute kaum noch separat z. B. in Lehrgängen stattfindet. Damit sind die Ausbildungsinhalte meist authentische Berufsinhalte der betrieblichen Arbeitspraxis, weshalb die Bewertungsergebnisse der Betriebe zum neuen Qualifikationskonzept nach den Ausbildungsvorgaben zeigen, dass dieses mit dem theoretischen Konstrukt von Kern- und Fachqualifikationen in der betrieblichen Ausbildungspraxis im Prinzip keine Bedeutung hat. Die Konzeptumsetzung ist auch nur in 10 % der Betriebe, die zumeist Großbetriebe sind, unproblematisch. Entsprechendes gilt zur sachlichen und zeitlichen Gliederung der Inhalte, die sich in den Ausbildungsvorgaben an den Inhaltsstrukturen des Qualifikationskonzeptes und darüber hinaus der Fachrichtungen, Einsatzgebiete und Fachbereiche orientiert bzw. diese direkt als Grundlage hat. Da die in der Inhaltsgliederung zum Ausdruck kommende Methodik nicht mit der an den Arbeits- und Geschäftsprozessen orientierten Ausbildung im Einklang steht, ist naheliegend, dass viele Betriebe die Ausbildungsinhalte selbst zwar weitgehend akzeptieren, deutlich weniger dagegen aber deren Struktur und sachliche und zeitliche „Zergliederung".

Mit diesen Ergebnissen steht neben der Empfehlung zu einer beruflichen Neustruktur unmittelbar die Frage nach einer zukunftsweisenden Gestaltung der Ausbildungsvorgaben bzw. genauer der betrieblichen Ausbildungsrahmenpläne neu im Raum. Unter curricularen und didaktisch-methodischen Aspekten ist dabei der untrennbare Zusammenhang zwischen den Strukturen der Berufe, den Berufsbildinhalten und den „inneren" Berufs- und Inhaltsstrukturen einzubeziehen. Denn diese haben immer auch eine präjudizierende Wirkung auf die Gestaltung bzw. sachliche und zeitliche Gliederung der Ausbildungsvorgaben. Berufsforschung ist insofern zugleich Curriculumforschung oder Curriculumforschung immer auch ein Stück Berufsforschung. Dies gilt ebenso mit Blick auf die schulischen Rahmenlehrpläne, da diese nicht losgelöst von den Strukturen und Inhalten der Berufe zu entwickeln sind.

Bezieht man daher an dieser Stelle die Ergebnisse zur Ausbildung in den neuen IT-Berufen in den Berufsschulen aus dem Modellversuch SEDIKO mit ein, so lassen sich zur Gestaltung und Umsetzung der schulischen Ausbildungsvorgaben durchaus einige Parallelen erkennen. Sie finden ihre Begründung vor allem in der hohen Übereinstimmung der Struktur und Themen der elf Lernfelder mit denen der Berufsbildinhalte für die IT-Berufe.

Wie bei den betrieblichen Ausbildungsinhalten ist unter curricularen Aspekten zu den Lernfeldern der schulischen Rahmenlehrpläne festzustellen, dass diese in ihrer Gesamtheit geeignet sind, in der Berufsschule für die Arbeit im IT-Bereich berufliche Handlungsfähigkeit und Service- und Dienstleistungskompetenzen zu fördern.

Auch repräsentieren die Themen nach Inhalt und Umfang der 11 Lernfelder einen ganzheitlichen Geschäftsprozess. Die Struktur und zeitliche Gliederung der Lernfelder ist allerdings mit dem Ziel und der methodischen Ausrichtung einer arbeits- bzw. geschäftsprozess- und handlungsorientierten Unterrichtsgestaltung nicht vereinbar. Nach dem Plan soll z. B. das Lernfeldthema 3: „Informationsquellen und Arbeitsmethoden" nur im ersten Ausbildungsjahr zum Unterrichtsgegenstand werden. Auf der Zielgrundlage wurden insofern im Modellversuch SEDIKO zwei Modelle erarbeitet und erprobt, die im Ergebnis eine integrierte Lernfeldumsetzung im Rahmen von Fächern wie in Unterrichtsprojekten (siehe Abb. 9) zum Ziel und Inhalt der Unterrichtsgestaltung haben (vgl. Petersen u. a. 1999, 2001).

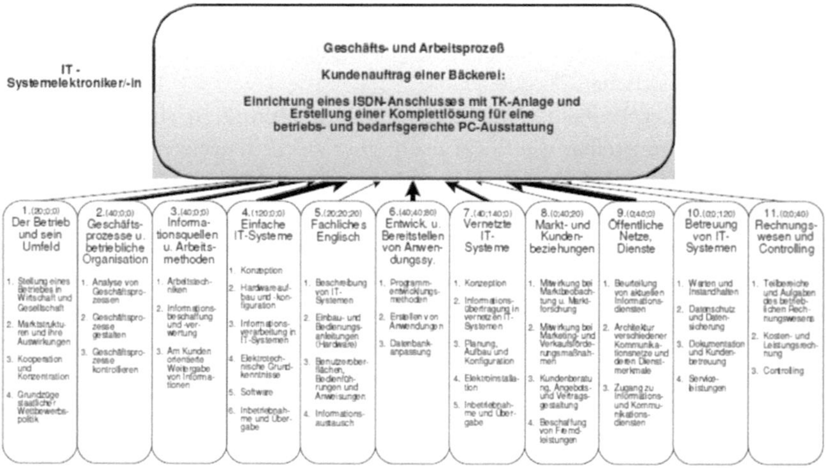

Abbildung 9: Beispiel einer integrierten Lernfeldumsetzung bei den IT-Berufen

Die Struktur und Themen der Lernfelder sind im Unterschied zu denen der betrieblichen Berufsbildinhalte für alle vier IT-Berufe identisch. Das Berufliche kommt in den verschiedenen Inhalten und Zeitwerten der Lernfelder zum Ausdruck. Verbunden ist damit eine je berufsspezifisch differenzierte Lernfeldumsetzung, die im Modellversuch im Zusammenhang der integrierten Lernfeldumsetzung erleichtert und unterstützt wurde. Die gemeinsame und für alle IT-Berufe identische Lernfeldstruktur ist dennoch eine Herausforderung und stellt mit dem Anspruch einer „beruflichen" Unterrichtsgestaltung eine nicht zu unterschätzende Grundproblematik im Hinblick auf die Differenzierung der Lernfeldinhalte dar. Dies gilt auch vor dem Hintergrund der Bildung regional nicht immer „reiner" IT-(Berufs-)Klassen in den Berufsschulen wie insbesondere mit Blick auf die Unstimmigkeiten bzw. die geringe Trennschärfe bei der Struktur und Schneidung der IT-Berufe.

Zur Vorgabe der Lernfelder in den Rahmenlehrplänen wurde aus der Sicht des Modellversuchs in einer Empfehlung im Grundsatz für die Beibehaltung der Lernfelder in ihrer jetzigen Struktur, Anlage und Ausrichtung plädiert. Die Akzeptanz findet ihre Begründung vor allem in der Gesamtheit der Lernfelder, mit der inhaltlich deren Arbeits- und Geschäftsprozessorientierung zum Ausdruck kommt. Da bei den Lernfeldern der Rahmenlehrpläne die gegebene und erhaltene Möglichkeit der isolierten Umsetzung einzelner Lernfelder im Unterricht gesehen wurde, sind mit der Empfehlung Hinweise zur integrierten berufsspezifischen Lernfeldumsetzung verbunden. Diese verstehen sich gleichsam als Auflage und sind verknüpft mit der weiteren Empfehlung, die vorgenommene Zuordnung der einzelnen Lernfelder zu den Ausbildungsjahren in den Rahmenlehrplänen aufzuheben. Insgesamt bildet damit eine neue offenere „Rahmenvorgabe" die Unterrichtsgrundlage, die eine entsprechend flexible und offene wie an exemplarischen Geschäftsprozessen orientierte Umsetzung der Lernfelder zulässt und die angestrebte handlungsorientierte Gestaltung des IT-Unterrichts an den Berufsschulen besser unterstützt.

4 Entwicklungen im Berufsfeld Elektrotechnik/Informatik und die Neugestaltung der Berufe und curricularen Ausbildungsvorgaben

Der nur skizzenhaft aufgezeigte Wandel zu den Entwicklungen im Berufsfeld Elektrotechnik/Informatik hat dennoch deutlich gemacht, dass bisher jede Zeit bestimmte Strukturen und Konzepte zur Gestaltung der Berufe und Ausbildungsvorgaben hervorgebracht hat. Diese wurden jeweils im Wirkungszusammenhang des Arbeits- und Technikwandels und der je vorherrschenden arbeits- und berufsbildungspolitischen Meinungen und Vorstellungen bestimmt und dabei in Grenzen durch den wissenschaftlichen Stand in der

Curriculumentwicklung und Didaktik beeinflusst. Die gegenwärtigen Strukturen der Berufe und „beruflichen“ Curricula beim Übergang von der dritten zur vierten Ordnungsphase zeigen (siehe Abb. 6), dass die heutige Praxis im Berufsfeld Elektrotechnik/Informatik auch durch ein „Nebeneinander“ sehr verschiedener Gestaltungskonzepte für die Berufe und Ausbildungsvorgaben gekennzeichnet ist.

Die aktuell bevorstehende vierte Ordnungsphase für die Elektroberufe wird vermutlich im Jahre 2003 im Ergebnis wieder ein neues Gestaltungskonzept für die Berufe und Ausbildungsvorgaben hervorbringen. Auch dieses wird mit seinen „Eckdaten“ wiederum im Wirkungszusammenhang des Arbeits- und Technikwandels und der heute vorherrschenden arbeits- und berufsbildungspolitischen Meinungen und Vorstellungen wesentlich bestimmt. Der momentane Diskussionsstand zu der auch machtpolitischen Auseinandersetzung der Tarifparteien zeigt, dass mit den neuen Eckdaten Veränderungen z. B. im Hinblick auf die Zahl und Bezeichnung der Berufe, zur Berufsstruktur mit den bisherigen Fachrichtungen, zum Umfang und der Gliederung der gemeinsamen Fertigkeiten und Kenntnisse (Grundbildung bzw. Kernqualifikationen) oder zur Frage der Berufsfeldzuordnung zu erwarten sind. Veränderungen mit Rückwirkungen auf die Ausbildung wird es ebenso zur Struktur, Form und Durchführung der Prüfungen geben.

Mit den „Eckdaten“ der Berufe und zur Ausbildungs- sowie Prüfungsstruktur sind implizit bereits weitreichende curriculare und didaktisch-methodische Entscheidungen verbunden. Ihre Legitimation und Begründung sollten daher im Ansatz auf der Erkenntnisbasis einer umfassenden und empirisch angelegten Berufs- und Berufsfeldforschung erfolgen. Entsprechendes muss natürlich ebenso zu der auf den Eckdaten und beruflichen Entscheidungen basierenden Entwicklung der schulischen Rahmenlehrpläne gelten. Wie die Praxis in der Vergangenheit gezeigt hat, wird die Berufs- und Curriculumforschung auch im gegenwärtigen Verfahren aber im Wesentlichen auf die unter der Federführung des BiBB geleiteten Gespräche der Sachverständigen und Experten und einiger Fallstudien und Betriebsbesichtigungen beschränkt bleiben. Zur separaten Entwicklung der schulischen Rahmenlehrpläne werden diese verfahrensgemäß durch die parallelen Arbeiten im entsprechenden länderübergreifenden Rahmenlehrplanausschuss der KMK ergänzt. Im Rahmen dieser parallelen Arbeiten findet zwar von Zeit zu Zeit ein Ergebnisaustausch mit Abstimmungen statt, doch ist wie bisher nicht von einer der Sache angemessenen gemeinsamen und empirisch breit angelegten Berufs- und Curriculumforschung auszugehen.

Nach den aufgezeigten Entwicklungen ist vielmehr davon auszugehen, dass gemäß dem skizzierten Verfahren demnächst die Entscheidungen zu den

„Eckdaten" der Berufe und der Ausbildungs- sowie Prüfungsstruktur endgültig fallen, daraufhin die Ausbildungsordnungen und curricularen Ausbildungsvorgaben für die neuen Berufe entwickelt und verabschiedet werden und dann die verbindliche Einführung der Berufe erfolgt. Danach und wie zuletzt bei den industriellen Elektroberufen und den neuen IT-Berufen kann es dann wieder sein, dass zu den bereits eingeführten Berufen wiederum eine Studie zur Evaluation der Berufe und Ausbildungsvorgaben, die empirisch umfassender angelegt ist als die zur Entwicklung der Berufe, in Auftrag gegeben wird. Zu dieser Entwicklungs- und Forschungspraxis ist eine Parallele durchaus zur Entwicklung der Rahmenlehrpläne zu erkennen. Beispielsweise wurden für die Elektroberufe nach der Neuordnung von 1987 erst die Rahmenlehrpläne entwickelt und zu denen dann nach der Einführung von Hessen eine Studie zur Evaluation in Auftrag gegeben wurde. Zum neuen Lernfeldkonzept der KMK von 1996 gilt im Prinzip aktuell vergleichbares, da dieses erst eingeführt und umgesetzt wurde und heute u. a. im Rahmen mehrerer Modellversuche evaluiert wird. Die sich zu dieser Praxis insgesamt aufdrängende Frage ist zum einen, warum im Vorfeld zur Neuordnung der Berufe und Entwicklung der Ausbildungsvorgaben die Arbeiten nicht bereits stärker durch entsprechende Studien unterstützt werden. Zum anderen ist die Frage, welche Bedeutung den im Nachhinein durchgeführten Studien zu den Berufen und Ausbildungsvorgaben zukommt und welche Wirkung die Studienergebnisse auf die je aktuelle Berufs- und Ausbildungsentwicklung haben.

Statt einer komplexen Antwort soll letztlich zu beiden Fragen hier nur die berechtigte Hoffnung zum Ausdruck gebracht werden, dass die Ergebnisse und Erkenntnisse aus durchgeführten Evaluationsstudien ihren Sinn nur zum Teil in der direkten Veränderung der Berufe und Ausbildungsstrukturen haben und sie vor allem mittelbar in den je folgenden und neu anstehenden Verfahren Berücksichtigung finden und mehr im Transfer zur Lösung der immer neu anstehenden Fragestellungen beitragen. In diesem Sinne erhalten insbesondere auch die oben aufgezeigten Entwicklungen sowie die dargestellten Evaluationsergebnisse zu den neuen IT-Berufen ihre Bedeutung, die nachfolgend nochmals kurz in einer neuen Perspektive zu den Weiterentwicklungen im Berufsfeld Elektrotechnik / Informatik zusammengefasst werden.

Berufsfeld Elektrotechnik/Informatik

Beginnend mit der Tradition der Bildung von Berufsfeldern bedarf das Berufsfeld Elektrotechnik in seiner alten Struktur dringend der Reform und Ausweitung, so wie es in einem Memorandum bereits im Jahre 2000 dargestellt und begründet ist (vgl. Petersen/Rauner 2000). Zu diesem erweiterten Berufsfeld gehören die sich teils überschneidenden Arbeits- und Tätigkeitsbereiche der Elektroberufe, der IT-Berufe sowie einiger Medienberufe. Durch dieses erweiterte Berufsfeld ist die Berufs- und Curriculumforschung entsprechend auszuweiten, was insbesondere auch bedeutet, dass bei Neuordnungsverfahren die Sachverständigen und Experten der Tarifparteien sowie des BiBB und der KMK über die bisherigen und traditionellen Verbands-, Organisations- und Fachgrenzen hinweg zusammenarbeiten müssen. Dass dies sehr schwierig ist und dabei große Hindernisse zu überwinden sind, hat sich bereits in der Zusammenführung von „Technik und Wirtschaft" bei den Verfahren zu den neuen IT-Berufen gezeigt. Gezeigt hat sich aber auch, dass wie in der Arbeitswelt und im Interesse einer zukunftsorientierten Berufsausbildung ein Zusammenwirken über die traditionellen Fachgrenzen hinweg möglich ist.

Berufs- und Ausbildungsstruktur

Zum Berufsfeld Elektrotechnik/Informatik gehören Berufe, denen zwar bestimmte Fertigkeiten und Kenntnisse gemeinsam sind, für die aber nicht zwingend eine berufsfeldbreite Grundbildung zu bestimmen ist. Um zukünftig das Berufliche stärker zu betonen, wird im Grundsatz eine Berufsstruktur wieder mehr im Sinne der Monoberufe bzw. wie aktuell bei den IT-Berufen empfohlen. Berücksichtigt wird damit, dass die getrennte Bestimmung von Grund- und Fachbildungsinhalten oder Kern- und Fachqualifikationen auch eher theoretisch ist und solchen Inhaltsstrukturen in der Berufs- und Ausbildungspraxis kaum eine Bedeutung zukommt. In der neuen Berufsstruktur sollen gemeinsame und berufsspezifische Fertigkeiten und Kenntnisse während der gesamten Ausbildungszeit zum integrierten Ausbildungsgegenstand werden. Als Voraussetzung wird dazu das Konzept der berufsfeldbreiten Grundbildung aufgegeben. Der Umfang gemeinsamer Fertigkeiten und Kenntnisse (z. B. Kernqualifikationen) soll für alle Berufe des Berufsfeldes prinzipiell nicht statisch und vorab am „Grünen Tisch" festgelegt werden. In der Tendenz und z. B. aus der Sicht der IT-Praxis könnten diese bei 30 % liegen. Gesichert bleiben soll eine deutlich erkennbare berufliche Trennschärfe. Die berufsspezifischen Fertigkeiten und Kenntnisse (z. B. Fachqualifikationen) können in einer offenen Berufsstruktur verschiedene Arbeits- und Geschäftsfelder (berufliche Handlungsfelder) berücksichtigen und Pflicht- und Wahlbereiche beinhalten (siehe Abb. 10).

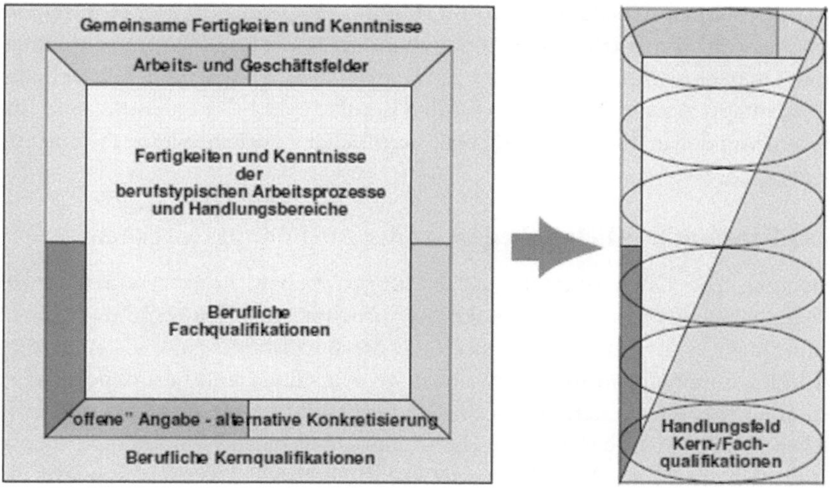

Abbildung 10: Empfehlung zur Berufs- und Ausbildungsstruktur

Berufsbildinhalte

Die Angabe und Struktur der Berufsbildinhalte soll einem ganzheitlichen Berufsbild entsprechend die berufstypischen Arbeitsprozesse und Handlungsbereiche in ihrer Struktur wiedergeben. Damit soll bei der Angabe der Berufsbildinhalte eine theoretische Trennung von gemeinsamen und berufsspezifischen Fertigkeiten und Kenntnissen möglichst vermieden werden. Als curriculare Grundlage für die Gestaltung der betrieblichen und in der Abstimmung auch der schulischen Ausbildungsvorgaben sollen sie bereits weitgehend in der Form einzelner beruflicher Teil-Arbeitsprozesse bzw. Handlungsfelder angegeben werden. Dabei kann die inhaltliche Struktur der „beruflichen" Handlungsfelder im Prinzip zwei Kriterien, die sich didaktisch aus einer Längs- und Querschnittsbetrachtung der Arbeitsprozesse ergeben, folgen: Handlungsfelder, in denen sich die Berufsinhalte mehr ganzheitlich an berufstypischen Arbeitsprozessen orientieren, oder Handlungsfelder, in denen die Berufsinhalte mehr systematisch und unter Struktur- und Funktionsaspekten der Arbeitsprozesse zum Gegenstand werden.

Die Erhebung und Bestimmung der Berufsbildinhalte in der Form und Struktur der „beruflichen" Handlungsfelder erfordert im Kern den eigentlichen und zudem sehr hohen Forschungsaufwand. Denn zu diesen sind die berufstypischen Arbeitsprozesse und Handlungsbereiche in einer repräsentativen Auswahl von Betrieben nicht nur zu untersuchen und im Sinne der Längs- und Querschnittsbetrachtung zu analysieren. Sie sind in den betrieblichen Geschäftsprozessen auch erst als für den Beruf „typische" zu identifizieren und zudem von denen anderer Berufe bzw. beruflicher Arbeitsprozesse ab- und einzugrenzen.

Sachliche und zeitliche Gliederung der Ausbildungsvorgaben

Die sachliche Gliederung der Ausbildungsvorgaben, konkret zunächst der Fertigkeiten und Kenntnisse in den betrieblichen Ausbildungsrahmenplänen, vereinfacht sich zum einen insofern, da die Berufsbildinhalte als Ausgangsgrundlage weitgehend nicht mehr nach gemeinsamen und berufsspezifischen Inhalten theoretisch getrennt sind. Die Berufsbildinhalte in der Form beruflicher Teil-Arbeitsprozesse oder Handlungsfelder sollen zum anderen thematisch nicht mehr so stark differenziert und zergliedert werden, sondern nur noch in Fertigkeiten und Kenntnisse auf der Ebene von Arbeitsaufgaben. Die zeitliche Gliederung der Fertigkeiten und Kenntnisse soll im Wesentlichen der Struktur der berufstypischen Arbeitsprozesse und Handlungsbereiche folgen, wobei diese Struktur als didaktisch-methodische Verlaufsstruktur einer idealtypischen Ausbildung zu reflektieren und zu begründen ist.

Vergleichbar gilt dies in der Übertragung für die curriculare Entwicklung und Gestaltung der schulischen Rahmenlehrpläne, die seit dem neuen Lernfeldkonzept der KMK bereits bisher oft eine hohe Übereinstimmung zwischen den Themen der Lernfelder und denen der Berufsbildinhalte aufweisen. Neu und der Unterschied ist allerdings, dass es durch die veränderte Struktur der Berufsbildinhalte im Prinzip zukünftig keine Berufsbildinhalte wie z. B. nur „Arbeitsorganisation und Arbeitstechniken" und damit ebenso keine Lernfelder wie nur „Informationsquellen und Arbeitsmethoden" mehr geben soll. Mit dem Anspruch, dass nicht allein die Struktur und Inhalte des Berufsbildes die curriculare Entwicklungsgrundlage bildet, muss sich die Rahmenlehrplangestaltung mit didaktischem Erkenntnisinteresse zugleich selbst als Berufs- und Curriculumforschung begreifen und sich permanent an der Bestimmung und Entwicklung der Berufe und Berufsbilder aktiv beteiligen. Dies setzt insbesondere auf der Seite der länderübergreifenden Rahmenlehrplanausschüsse der KMK aber andere personelle und materielle Rahmenbedingungen voraus.

Literatur

BMWi Der Bundesminister für Wirtschaft (Hrsg.): Verordnung über die Berufsausbildung in den industriellen El ektroberufen und zum Kommunikationselektroniker/zur Kommunikationselektronikerin im Bereich der Bundespost vom 15. Januar 1987; verkündet im Bundesgesetzblatt, Teil I, S. 199 ff. Bonn: 22. Januar 1987

Dettmar, Georg: Die Beziehung der Elektrotechnik zu anderen Zweigen der Technik. Vortrag in der Sitzung des Elektrotechnischen Vereins am 28. Februar 1905. In: ETZ Elektrotechnische Zeitschrift 1905, Heft 14, S. 334–336

Dettmar, Georg: Die Fortbildung von Monteuren und Wärtern elektrischer Anlagen. In: ETZ Elektrotechnische Zeitschrift 1909, Heft 29, S. 678–682

Drescher, Ewald; Müller, Wolfgang; Petersen, A. Willi; Rauner, Felix; Schmidt, Dorothea: Evaluation der industriellen Elektroberufe. Neuordnung oder Weiterentwicklung. Abschlußbericht 1995. Bremen: Universität Bremen, ITB, 1995

Gringel, Karl: Die Elektrotechnik in der kleinen Berufsschule. In: Die kleine Berufsschule. Zeitschrift für praktische Unterrichtsgestaltung. Leipzig; Berlin: Teubner, 4 (1928–29) 1, S. 338–343

Grüner, Gustav (Hrsg.): Curriculumproblematik der Berufsschule. Zur Entwicklungsgeschichte der Lehrpläne gewerblicher Berufsschulen. Stuttgart: Holland & Josenhans, 1975 (bzp beiträge zur pädagogik für Schule und Betrieb; Band 6)

Feldmann, Clarence: Über die Anforderungen der Heutigen Praxis an die Ausbildung des Elektrotechnikers. (Probevorlesung an der technischen Hochschule in Darmstadt) In: ETZ Elektrotechnische Zeitschrift 1902, Heft 49, S. 1064

Howe, Falk: Die Entwicklung der Elektroberufe – Eine vollständige Genealogie des Berufsfeldes. Bremen: Universität Bremen, 1996 (Diplomarbeit)

Franz, Richard: Erfahrungen zu einem "Vierteljahreskurses" aus der Monteurschulpraxis in Köln. In: ETZ Elektrotechnische Zeitschrift 1909, Heft 16, S. 369–370

KMK Sekretariat der Ständigen Konferenz der Kultusminister der Länder in der Bundesrepublik

Deutschland (Hrsg.): Handreichungen für die Erarbeitung von Rahmenlehrplänen der Kultusministerkonferenz für den berufsbezogenen Unterricht in der Berufsschule und ihre Abstimmung mit Ausbildungsordnungen des Bundes für anerkannte Ausbildungsberufe. Bonn: 1996 und 2000

Krause, Erwin: Grundlagen der betrieblichen Berufsausbildung und Berufserziehung des Facharbeiter-Nachwuchses der Industrie. Stuttgart: 1955

Krause, Erwin: Neustrukturierung der Berufsbildung. In: Die berufsbildende Schule. Wolfenbüttel: Heckners, 21 (1969) 4, S. 240–246

Lippmann, Adolf: Meister- und Monteurkurse für Installateure elektrischer Anlagen an den Königlichen vereinigten Maschinenbauschulen zu Köln. In: ETZ Elektrotechnische Zeitschrift 1907, Heft 49, S. 1171–1173

Petersen, A. Willi: Evaluation und Revision der Rahmenlehrpläne des Landes Hessen – Berufsfelder Metall- und Elektrotechnik. Zwischenbericht. Bremen: Universität Bremen, ITB, Oktober 1993

Petersen, A. Willi; Rauner, Felix: Evaluation und Weiterentwicklung der Rahmenlehrpläne des Landes Hessen der Berufsfelder Metall- und Elektrotechnik. Gutachten im Auftrag des Hessischen Kultusministeriums. Bremen: Universität Bremen, ITB, 1995

Petersen, A. Willi; Behnemann, Knut; Kapelle, Norbert u.a.: Lernfeld- und Lernraumgestaltung zur Förderung der Service- und Dienstleistungskompetenzen in den neuen IT-Berufen. Modellversuch SEDIKO, 1. Zwischenbericht. Flensburg, Bremen, Erfurt, Kiel, Wiesbaden: biat – Universität Flensburg, 1999

Petersen, A. Willi; Rauner, Felix: Memorandum: Neuordnung der Berufe in einem Berufsfeld Elektrotechnik-Informatik. Bremen, Flensburg: August 2000

Petersen, A. Willi; Behnemann, Knut; Kapelle, Norbert u.a.: Lernfeld- und Lernraumgestaltung zur Förderung der Service- und Dienstleistungskompetenzen in den neuen IT-Berufen. Modellversuch SEDIKO, 2. Zwischenbericht. Flensburg, Bremen, Erfurt, Kiel, Wiesbaden: biat – Universität Flensburg, 2001

Petersen, A. Willi; Wehmeyer, Carsten: Die neuen IT-Berufe auf dem Prüfstand – Eine bundesweite Studie im Auftrag des Bundesinstituts für Berufsbildung BiBB. Evaluation der neuen IT-Berufe Teilprojekt 1: Abschlussbericht (Vorabdruck). Flensburg: biat Universität Flensburg, 2001

Pfeuffer, H.: Untersuchungen über den Wandel von Berufsinhalten und die Notwendigkeit neuer Ausbildungsformen, dargestellt am Beispiel der elektrotechnischen Ausbildungsberufe Aachen: RWTH Aachen, 1972 (Dissertation)

Scheibe, Karl: Schwachstrommonteure. In: ETZ Elektrotechnische Zeitschrift 1912, Heft 49, S. 1268–1269

Stratmann, Karlwilhelm; Schlösser, Manfred: Das Duale System der Berufsbildung. Eine historische Analyse seiner Reformdebatten. Gutachten für die Enquete-Kommission "Zukünftige Bildungspolitik – Bildung 2000" des Deutschen Bundestages. Frankfurt a.M.: Gesellschaft zur Förderung arbeitsorientierter Forschung und Bildung, 1990

Beitrag 10 aus dem Jahr *2004*: Elektro- und IT-Fachkräfte in und für Europa – Neue Rahmenwerke als Grundlage aktueller europäischer Zielsetzungen

In „lernen & lehren", Sonderheft 1, „Elektroberufe nach Einführung der Neuordnung", (2004).

Der im Jahr 2004 veröffentlichte Beitrag „Elektro- und IT-Fachkräfte in und für Europa" thematisiert ausgehend vom „Brügge-Kopenhagen-Prozess" dessen Reichweite für die berufliche Bildung. Noch erkennt Petersen keine Integration von europäischen Zielsetzungen allenfalls in europäischen Projekten. Er verdeutlicht die Parallelen zwischen dem „Bologna-Prozess" zur Modernisierung der europäischen Hochschulbildung und dem „Brügge-Kopenhagen-Prozess", der sich speziell auf die allgemeine und berufliche Bildung konzentriert, mit dem ehrgeizigen Ziel, das im Ergebnis bis zum Jahr 2010 die allgemeine und berufliche Bildung in Europa zu einer weltweiten Qualitätsreferenz werden soll. Im November 2002 hatten sich die EU-Mitgliedstaaten in der „Kopenhagen Deklaration" darauf verständigt, auch in der beruflichen Bildung die Zusammenarbeit deutlich zu verstärken und diese – im Rahmen der nationalen Traditionen – grundsätzlich umzugestalten.

Als Europäische Zielsetzungen galten zu dem damaligen Zeitpunkt, dass ein einheitlicher Rahmen für die Transparenz bei Kompetenzen und Qualifikationen geschaffen, ein Anrechnungs- und Übertragungssystem für die berufliche Bildung gestaltet, gemeinsame Kriterien und Grundsätze für die Qualität in der beruflichen Bildung geschaffen und gemeinsame Grundsätze für die Validierung von nichtformalem und informellem Lernen entwickelt werden sollten. Petersen bewertete bereits damals den abgesteckten Zeitraum bis 2010 als äußerst knapp. Die Schaffung eines einheitlichen europäischen Rahmens für Qualifikationen sind eine wichtige Voraussetzung für die Klärung der Vielfalt von Fragen zur Transparenz, zum geplanten Anrechnungs- und Übertragungssystem für die berufliche Bildung, zur Validierung nichtformaler beruflicher Lernprozesse oder zu den Kriterien, Standards und Grundsätzen für die Berufsbildungsqualität.

Petersen thematisiert die Probleme und Herausforderungen von Qualifikationsrahmen. So existieren europaweit Systemunterschiede zur Berufsbildung. Von einem einheitlichen Rahmen sind aber zentrale nationale Systemfragen zur Berufsbildung betroffen, die auch auf die bildungspolitische Brisanz eines europäischen Rahmens hinweisen. Die Schwierigkeiten beginnen europäisch bereits bei einem einheitlichen Verständnis von Kompetenzen und Qualifikationen. Ganz wesentlich seien auch Missverständnisse, die ihre Begründung in der besonderen Interdependenz des Berufsbildungs- und Beschäftigungssystems haben.

Als Referenz für einen europäischen Qualifikationsrahmen wird die „International Standard Classification of Education (ISCED)“ von 1997 vorgestellt. Diese Bildungsklassifikation ist ein „Education and Qualifications Framework“ vorwiegend für statistische Zwecke. Dort wird die allgemeine und berufliche Bildung von der Vorschule über die Primar- und Sekundar- bis zur Hochschulbildung klassifiziert.

Petersen problematisiert auch die so genannten „reglementierten“ Berufe, bei denen berufsbezogene Anerkennungsregeln gelten. Da bei diesen Berufen zur Berufsausübung oder zur Leitung eines Betriebes und teils auch zum Tragen eines Berufstitels je nach Land bestimmte Nachweise bzw. amtliche Anerkennungen der beruflichen Befähigung erforderlich sind, sind Reglements zu treffen, damit ein Höchstmaß an Freizügigkeit sowie Dienstleistungs- und Niederlassungsfreiheit in Europa gewährleistet werden kann.

An Beispielen verdeutlicht Petersen, dass mit dem Ziel das europäische Anerkennungssystem für Berufsqualifikationen zu vereinfachen, die Verständigungsprozesse wie bei den alten Richtlinien vergleichbar langwierig, komplex und teils noch schwieriger sind. Auf europäischer Ebene erkennt er die Eingruppierung der deutschen dualen Berufsausbildung als eine der Diskussionspunkte. Gleichzeitig stellt es aber fest, dass es neben der bislang kaum geführten Level-Diskussion in Deutschland im Prinzip weder zur Bildung und Ausbildung noch zur Beschäftigung und Arbeit nationale Qualifikations-Rahmenwerke oder Qualifikations-Level gibt.

Sehr aktuell geht Petersen damals auf die neueren Entwicklungen ein, bei denen die „Technical Working Group – Credit Transfer in VET“ mit der Unterstützung von CEDEFOP einen konkreten Vorschlag erarbeitet hatte, der in seiner Struktur Qualifikationsstufen und Qualifikationsinhalte vorsah. Zur

Diskussion standen 8 European Reference Level mit jeweils 3 Sub-Level (Partial, Modal, Exceeds) und den Dimensionen A „Qualification" und B „Experience of work".

Weiterhin wird thematisiert, dass ein „European credit system for VET" (ECVET) als europäisches Anrechnungs- und Übertragungssystems in der Berufsbildung eingeführt werden soll. Durch die Anrechnung und Übertragung von Qualifikationen soll vor allem die Flexibilität in der Ausbildung gefördert sowie die Mobilität auf dem Arbeitsmarkt in der Europäischen Union verbessert werden. Im Sinne der einheitlichen Standards problematisiert Petersen deren Qualität und befürchtet, dass in der Berufsbildung z. B. Akkreditierungsfragen zu Ausbildungsgängen und -institutionen zukünftig erwartbar sein können. Die Vergabe, Anrechnung und Übertragung von VET „Credit Points" soll auch für „nicht berufliche" Qualifikationen bzw. zu definierende „Teilqualifikationen" erfolgen. Unklar verbleibt, ob und wie solche „Teilqualifikationen" zu zertifizieren sind und auch in welchem Zusammenhang diese mit den Dokumenten wie dem so genannten „Certificate Supplement" (CS) im Portfolio des zukünftigen EUROPASS Berufsbildung stehen.

Im Weiteren thematisiert der Beitrag die Modularisierung der Berufsausbildung, die auf Grund der europäischen Initiativen nun auch wieder stärker auf nationaler Ebene diskutiert wurde. Für die Strukturmerkmale der IT-Ausbildungsberufe wird festgestellt, dass europäisch gedacht durch die Qualifizierungseinheiten z. B. die Voraussetzungen in Richtung einer ECVET Modul-Komponente erfüllbar sind, da diese ja grundsätzlich je für sich – oder auch in Kombination mit einem der Lernfeld(module) der Berufsschule – bewertbar und zertifizierbar wären. Auch die neue „gestreckte" Abschlussprüfung mit einem bewerteten Teil 1 und Teil 2 wird von Petersen als ein realisierter Zwischenschritt eingeschätzt, da europäisch der Prüfungsteil 1 kreditiert werden und ohne den Prüfungsteil 2 im EUROPASS Berufsbildung Berücksichtigung finden könnte.

Klare ergebnisorientierte Anrechnungs- und Qualitätsstandards bieten nach Petersen für Deutschland die Chance, die vielfach unklaren, offenen oder nur für bestimmte Ausbildungsberufe und -bereiche geltenden Regelungen auf eine neue europäisch einheitliche Grundlage zu stellen. Insbesondere für die berufliche Fort- und Weiterbildung bieten diese Anrechnungsmöglichkeiten Formen der Durchlässigkeit und Äquivalenz.

Am Beispiel des Leonardo-da-Vinci Projektes „European Qualification Strategies in Information and Communications Technology (ICT)" (EUQuaSIT), das im Zeitraum 2001–2004 Untersuchungen zur Arbeit und Ausbildung von IT-Fachkräften in fünf europäischen Ländern durchgeführt hat, wird aufgezeigt, wie eine Basis und Transparenz für die europäischen Fragen einer Anerkennung und Anrechnung von Ausbildung oder die Vergabe von ECVET Punkten gestaltet werden konnte.

Abschließend wird ein Ausblick auf einen Transfer auf die handwerklichen und industriellen Elektroberufe geleistet. Hierbei sollte die Einbindung der beruflichen Ausbildung in durch europäische Entwicklungen beeinflusste Qualifikations-Rahmenwerke unter Anwendung von ECVET-basierten Credit-Systemen ebenso bearbeitet werden müssen wie die Frage der Bezugsebenen („skills" und „qualification levels") im Zusammenhang eines Europäischen Qualifikationsrahmen (EQF).

Elektro- und IT-Fachkräfte in und für Europa – Neue Rahmenwerke als Grundlage aktueller europäischer Zielsetzungen

1 Entwicklungen und Zielsetzungen zum „Brügge-Kopenhagen-Prozess“

Die Frage, in welchem Zusammenhang die Neuordnung und Ausbildung in den Elektro- und IT-Berufen mit den aktuellen europäischen Entwicklungen und Zielsetzungen zur Berufsbildung steht bzw. stehen sollte, ist vielfältig und nicht einfach zu beantworten. Zum einen ist der so genannte. „Brügge-Kopenhagen-Prozess“[28] mit seinen weitreichenden Zielsetzungen bei vielen Akteuren in der Berufsbildung noch unbekannt. Auch sind die Herausforderungen durch neue Berufs- und Ausbildungskonzepte selbst gegenwärtig sehr umfassend, sodass europäische Zielsetzungen oft zweitrangig sind und weitgehend der „hohen“ Politik überlassen werden. Wenn überhaupt, erhalten sie marginal in der Mitwirkung bei europäischen Projekten eine Bedeutung. Aber auch bei den Tarifparteien und auf den konkreten Ebenen der beruflichen Ausbildungsgestaltung scheint Europa – nimmt man die verstärkte Aufnahme von englischen Sprachkenntnissen hier einmal aus – noch weit entfernt.

Zum anderen zeigt sich jedoch am vergleichbaren „Bologna-Prozess“ (The Bologna Declaration 2000) und den Zielsetzungen zur Schaffung eines europäischen Hochschulraumes, dass in den Ländern Europas auch relativ schnell abgestimmte Veränderungen zu den nationalen Bildungssystemen eingeleitet wurden. Dies machen umfassende Aktivitäten zur Einführung von insbesondere Bachelor/Master-Konzepten und dem „European Credit Transfer System“ (ECTS) auch an den Fachhochschulen und Universitäten in Deutschland deutlich. Davon betroffen ist insofern auch bereits die deutsche Berufsausbildung, da die klassische universitäre Berufsschullehrerausbildung demnächst weitgehend auf einer neuen „europäisch geprägten“ Grundlage erfolgt. Ganz konkret werden wohl zukünftig in der Ausbildung der Elektro- und IT-Berufe Master- und Bachelor-Absolventen tätig sein. So sind in Anbetracht dessen, dass europäische Elemente in der Neuordnung und Ausbildung der Elektro- und IT-Berufe bisher kaum erkennbar sind, die europäischen Entwicklungen in

---

28 Vgl. http://europa.eu.int/comm/education/copenhagen/index_en.html

ihrer Reichweite und möglichen Bedeutung auch für diese Berufsbildung nicht zu unterschätzen. Dabei sollte zudem, werden die Entwicklungen nicht einfach unter Hinweis auf das in Artikel 149 und 150 des EG-Vertrags festgelegte Subsidiaritätsprinzip ignoriert oder schlicht verdrängt, die Ausbildungsgestaltung deutlich intensiver als bisher in den Zusammenhang der europäischen Zielsetzungen gestellt werden, und dies vor allem auch in der Berufsfeldsicht. Zwar gibt es besonders vor dem Hintergrund der deutschen Berufsbildungstradition vielerlei grundsätzliche Bedenken und bereits kritische Einwände, doch völlig offen ist noch, welche Chancen sich auch für die Modernisierung der deutschen Berufsausbildung ergeben können und was dies vor allem für die Elektro- und IT-Fachkräfte in einer globaleren Wirtschafts- und Arbeitswelt bedeutet. Die aktuelle europäische Berufsbildungsdiskussion sollte insofern aktiver und mit mehr Mitwirkung und Einmischung als bisher aufgenommen und nicht in abwartender oder gar resignierender Haltung der „Kopf in den Sand" gesteckt werden.

Grundlage der bisher geführten Berufsbildungsdiskussion ist das bereits im Jahr 2000 vom Europäischen Rat in Lissabon festgelegte strategische Ziel, „die Europäische Union zum wettbewerbsfähigsten und dynamischsten wissensbasierten Wirtschaftsraum der Welt zu machen". Um dieses ehrgeizige Ziel zu erreichen, haben die Staats- und Regierungschefs nicht nur einen tiefgreifenden Umbau der europäischen Wirtschaft, sondern auch ein umfassendes Programm zur Modernisierung des Wohlfahrtsstaates und der Bildungssysteme vorgegeben. So wurde neben und parallel zum „Bologna-Prozess" zur Modernisierung der europäischen Hochschulbildung als weiterer Bestandteil der Strategie der „Brügge-Kopenhagen-Prozess" eingeleitet, der sich speziell auf die allgemeine und berufliche Bildung konzentriert. Gemäß dem nicht weniger ehrgeizigen Ziel soll danach im Ergebnis bis 2010 die allgemeine und berufliche Bildung in Europa zu einer weltweiten Qualitätsreferenz werden. Zur Unterstützung hierzu ist die im März 2002 vom Europäischen Rat erneut bekräftigte „Methode der offenen Koordinierung"[29] nicht unbedeutend, die im Prinzip trotz Subsidiarität zur Verwirklichung gemeinsamer Ziele und einer nationalen Annäherung der Bildungssysteme beitragen soll. Betrachtet man beispielsweise die Ergebnisse und Konsequenzen aus der PISA-Studie, so erscheint dieser Ansatz gerade auch aus deutscher Sicht sinnvoll, da im Bildungsbereich, wo in Europa ja bisher fast jede „gemeinsame Politik" ausgeschlossen war, zumindest ein Erfahrungsaustausch stattfinden und man von dem, was woanders gut

29 vgl. http://www.europa.eu.int/comm/education/policies/pol/policy_de.html

funktioniert lernen sollte. Da dies ebenso für die Berufsbildung gilt, haben sich die Bildungsminister der nunmehr 25 EU-Mitgliedstaaten und 6 weiterer Länder im November 2002 in der „Kopenhagen Deklaration" nochmals explizit darauf verständigt, auch in der beruflichen Bildung die Zusammenarbeit deutlich zu verstärken und diese – im Rahmen der nationalen Traditionen – grundsätzlich umzugestalten. Auf der Grundlage der bereits begonnenen Arbeiten wurden dazu die europäischen Zielsetzungen präzisiert und im Einzelnen auf folgende „konkrete Ergebnisse konzentriert:

- Ein einheitlicher Rahmen für die Transparenz bei Kompetenzen und Qualifikationen…
- Anrechnungs- und Übertragungssystem für die berufliche Bildung…
- Gemeinsame Kriterien und Grundsätze für die Qualität in der beruflichen Bildung…
- Gemeinsame Grundsätze für die Validierung von nichtformalem und informellem Lernen …
- Lebenslange Orientierung"[30].

Angesichts der hiermit verbundenen und nur im Ansatz erkennbaren komplexen Veränderungsdimensionen zur Berufsbildung in Europa ist nicht nur der vorgesehene und abgesteckte Zeitraum bis 2010 äußerst knapp bemessen. Die Frage ist vor allem, ob und wie auf Basis der gemeinsamen Zielsetzungen die Länder an den Ergebnissen tatsächlich konkret mitwirken. Und noch spannender ist, welche Wirkungen die Ergebnisse jeweils national entfalten und was dies in der Konsequenz z. B. konkret für die Ausbildung in den Elektro- und IT-Berufen demnächst bedeuten kann. Betrachtet man allein Deutschland und die bisherigen Entwicklungen und Wirkungen seit nunmehr 2000, so verwundert es nicht, dass nach den ersten vorliegenden europäischen Arbeits- und Fortschrittsberichten Ende 2003 und Anfang 2004 auch bereits „beschleunigte Reformen" angemahnt wurden. Im Sinne, dem „europäischen Arbeitsprogramm mehr Beachtung" zu verschaffen, erging daher auch insgesamt an die Länder die Aufforderung: „Damit die allgemeine und berufliche Bildung wirklich zu einer der treibenden Kräfte der Lissabon-Strategie werden kann, sollte ‚allgemeine und berufliche Bildung 2010' bei der Festlegung nationaler politischer Strategien in gebührender Weise berücksichtigt werden. Künftig sollten die Mitgliedstaaten ihre Kräfte besser einsetzen und die gegenwärtigen Defizite ausräumen, die im Hinblick auf die Einbeziehung sämtlicher betroffener

30 vgl. http://europa.eu.int/comm/education/copenhagen/index_en.html

Akteure und der Zivilgesellschaft in ihrer Gesamtheit bestehen“ (EU-Rat 2004, S. 31).

2 Ein einheitlicher Qualifikationsrahmen als Grundlage der europäischen Entwicklungen

Zu den europäischen Entwicklungen und fast allen Zielsetzungen zur Berufsbildung wird nicht ganz unberechtigt vielfach die grundlegende Bedeutung eines einheitlichen Rahmens für Qualifikationen betont. Denn dieser ist letztlich eine wichtige Voraussetzung für die Klärung der Vielfalt von Fragen zur Transparenz, zum geplanten Anrechnungs- und Übertragungssystem für die berufliche Bildung, zur Validierung nichtformaler beruflicher Lernprozesse oder zu den Kriterien, Standards und Grundsätzen für die Berufsbildungsqualität. Von einem einheitlichen Rahmen sind damit aber zugleich grundlegende Eckdaten und zentrale nationale Systemfragen zur Berufsbildung betroffen, die auch auf die bildungspolitische Brisanz eines europäischen Rahmens hinweisen. Ganz praktisch und inhaltlich ist jedoch ebenso evident, dass es neben der komplexen Entwicklung selbst auch äußerst schwierig ist, sich z. B. national und erst recht europäisch oder gar international auf einen von möglichst allen Interessengruppen breit anerkannten Qualifikations-Rahmen zu verständigen.

Wie vergleichbare Rahmenwerke und die Entwicklungen zeigen, beginnen die Schwierigkeiten europäisch bereits bei einem einheitlichen Verständnis von Kompetenzen und Qualifikationen. Hinzu kommen oft schlicht Übersetzungsprobleme, die ihre Ursachen z. B. auch in den bekannten Systemunterschieden zur Berufsbildung haben. Zu einem Qualifikations-Rahmen scheinen aber ganz wesentlich auch Missverständnisse zu sein, die ihre Begründung in der besonderen Interdependenz des Berufsbildungs- und Beschäftigungssystems haben. Denn eine Grund- und Kernfrage ist, ob mit den Kompetenzen und Qualifikationen bzw. dem Qualifikations-Rahmen die durch Bildung und Ausbildung erworbenen beruflichen „Ausbildungsqualifikationen“ (Qualifications) beschrieben, strukturiert und bewertet werden, oder ob es die sind, die konkret zur Arbeit im Beschäftigungssystem als berufliche „Arbeitsqualifikationen“ (Occupational Skills) vorhanden oder gefordert sind. Dabei ist zunächst klar, dass sich die Ausbildung in der Regel an der beruflichen Beschäftigung orientiert bzw. meist im Hinblick auf die Arbeitsqualifikationen ausgebildet wird und von daher zwischen den Qualifikationen zumeist ein enger struktureller und inhaltlicher Zusammenhang besteht. Doch ebenso klar ist auch, dass trotz dieses Zusammenhangs praktisch ein Unterschied besteht und inhaltlich zwischen

- „Ausbildungsqualifikationen“ (Qualifications) und
- „Arbeitsqualifikationen“ (Skills)

zu differenzieren ist. Dieser Unterschied hat bisher nicht nur in verschiedenen internationalen Rahmenwerken und Klassifikationen zur Bildung und Beschäftigung seinen Niederschlag gefunden. Auch sind vorwiegend unterschiedliche Institutionen, Organisationen und Ministerien damit befasst, für verschiedene Zwecke und Funktionen entweder aus der Sicht der Bildung und Ausbildung oder der Beschäftigung und Arbeit entsprechende Rahmenwerke zu entwickeln. Und wie folgende Beispiele zeigen, unterscheiden sich diese durch ihre jeweilige Funktion in der Regel nach Struktur und Inhalt.

3 Internationale und europäische Klassifikationen und Rahmenwerke

Weil europäisch wie national als Referenz vielfach genutzt, ist hier zum einen insbesondere die „International Standard Classification of Education“ von 1997 (ISCED-97; vgl. UNESCO 1997) zu nennen. Mit dieser Bildungsklassifikation wird im Prinzip im Sinne eines „Education and Qualifications Framework“ für vorwiegend statistische Zwecke versucht, die allgemeine und berufliche Bildung von der Vorschule über die Primar- und Sekundar- bis zur Hochschulbildung zu klassifizieren. Grundlage entsprechend dieser Bildungssystemstrukturen ist ein einheitliches Rahmenwerk mit 7 „Education Levels“ (Level 0 bis 6; siehe Abb. 1). Inhaltlich werden 10 Bildungsgruppen mit 25 Bildungs- und Ausbildungsfeldern definiert. Zum anderen ist hier die „International Standard Classification of Occupations“ (ISCO-88 – vgl. ILO 1990) zu nennen, zu der es mit der ISCO-88 (COM) (vgl. Elias/Birch 1994) auch eine europäische Variante gibt. Diese Klassifikation bezieht sich auf die berufliche Beschäftigung und klassifiziert die Arbeitsqualifikationen auf der Grundlage eines Rahmenwerks mit einer 5-stufigen Level-Struktur (Skill Level 1 bis 4 und ein „Manager“ Skill Level; siehe Abb. 1), denen inhaltsbezogen 10 Berufs-Hauptgruppen mit weiteren Untergruppen zugeordnet werden.

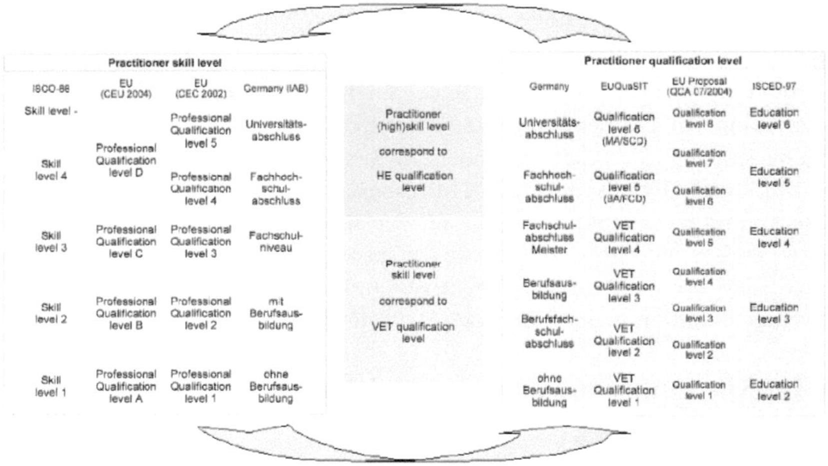

Abbildung 1: Internationale und nationale Level der „Arbeitsqualifikationen" (Skills) der Fachkräfte in Korrespondenz der Level der „Ausbildungsqualifikationen" (Qualifications)

Betrachtet man allein die ungleiche Level-Anzahl, so geben die Klassifikationen selbst Hinweise auf die genannten Funktions- und Ansatzunterschiede. Zwar gibt es über die Skill-Definition mit Bezug auf die Education Level hier auch eine Korrespondenz, doch geht es einerseits um die Strukturen und Inhalte der Bildung und Ausbildung und andererseits um die Qualifikationsstrukturen der Beschäftigung und Berufsarbeit. Von daher werden beispielsweise auch die „Qualifications" und „Skills" der Elektro- und IT-Berufe unterschiedlich bewertet und „eingestuft". Dies ist naheliegend, wenn zwischen den Oualifikationen der Ausbildungs- und der Erwerbsberufe differenziert wird. So befinden sich die Qualifikationen der Ausbildungsberufe in der 7-stufigen Bildungsstruktur nach ISCED-97 auf dem Education Level 3. Dagegen wird die berufliche Arbeitsqualifikation in den Elektro- und IT-Berufen entsprechend der 5 Stufen der ISCO-88 dem Skill Level 2 zugeordnet, und dies zunächst weitgehend unabhängig von der formalen Ausbildungsqualifikation. Das heißt, z. B. eine IT-Fachkraft mit dem Skill Level 2 kann – wie dies die betriebliche Praxis real zeigt – eine IT-Ausbildung haben oder auch formal u. a. Agraringenieur, Bäcker oder „beruflich" ungelernt sein.

Verständlich ist, dass zur Levelfrage und mit solchen „Einstufungen" besonders auch Berufs- und Ausbildungsbewertungen einhergehen und somit je nach

„Wertung" nationale Befindlichkeiten teils tiefgreifend betroffen sind. Dies ist vor allem dann der Fall, wenn es auch um relevante Fragen zum Arbeitsmarkt in Europa und die „Anerkennung von Berufsqualifikationen" geht. Weitgehend unabhängig von obigen internationalen Klassifikationen gibt es nun zu dieser Anerkennung ein weiteres europäisches Regelungs- und Rahmenwerk mit wiederum ganz eigenen Qualifikations- und auch Level-Definitionen. Im Sinne von Richtlinien beinhaltet dieses Rahmenwerk allgemeine und besonders auf so genannte „reglementierte" Berufe bezogene Anerkennungsregeln, um damit für qualifizierte Fachkräfte ein Höchstmaß an Freizügigkeit sowie Dienstleistungs- und Niederlassungsfreiheit in Europa zu gewährleisten. Das heißt, diese Richtlinien beziehen sich vor allem auf solche berufliche Tätigkeiten und Berufe, deren Aufnahme oder Ausübung in einem Land an bestimmte Qualifikationen gebunden ist und die daher der allgemeinen oder besonderen Anerkennung bedürfen. Zum Beispiel ist dies in Europa für Mediziner, Krankenschwestern, Architekten wie auch für einige Handwerks- und Dienstleistungsberufe besonders relevant, da zur Berufsausübung oder die Führung eines Betriebes und teils auch zum Tragen eines Berufstitels hier je nach Land ein bestimmter Nachweis bzw. eine amtliche Anerkennung der beruflichen Befähigung erforderlich ist. In der gut 40-jährigen europäischen Geschichte wurde hierzu eine Fülle von verschiedenen und teilweise komplizierten beruflichen Regelungen und einzelnen Richtlinien für sektor- und/oder fachspezifische Berufsgruppen erarbeitet und herausgegeben. Zu diesen liegt auch im Kontext der europäischen Lissabon Strategie nun zwecks Konsolidierung und Vereinfachung ganz aktuell ein Vorschlag für ein einheitlicheres, transparenteres und auch flexibleres Anerkennungssystem vor. In diesem 2002 vorgestellten und bis heute mehrfach abgeänderten „Vorschlag für eine Richtlinie des Europäischen Parlaments und des Rates über die Anerkennung von Berufsqualifikationen" (vgl. Kommission der europäischen Gemeinschaften 2002 und 2004) bilden im Kern als Ersatz für die bisherigen Anerkennungsrichtlinien die Kapitel und Artikel zum „Titel II Dienstleistungsfreiheit" und „Titel III Niederlassungsfreiheit" die neue Grundlage. Darin sind die beruflichen „Anforderungen für die Erbringung von Dienstleistungen nunmehr deutlich weniger streng gefasst als die für die Niederlassung" (ebd., S. 12). So sind zur Niederlassung die Anerkennungsrichtlinien nicht nur „strenger", sondern die Anerkennung von Berufsqualifikationen erfolgt zudem differenzierter und auf der Basis von drei ganz unterschiedlichen Regelungsverfahren:

- „Kapitel I allgemeine Regelung für die Anerkennung von Ausbildungsnachweisen

- Kapitel II Anerkennung der Berufserfahrung
- Kapitel III Anerkennung auf der Grundlage der Koordinierung der Mindestanforderungen an die Ausbildung“ (vgl. ebd.).

Entsprechend den Anerkennungsverfahren und den in der Richtlinie auch begrifflich unterschiedlich definierten „Berufsqualifikationen“ sind die beruflichen Anforderungen zur Niederlassungsfreiheit entweder mehr mittels einer formalen Ausbildung und/oder durch Berufserfahrung nachzuweisen. Von bildungspolitischer Bedeutung ist hier insbesondere jene Definition zur Berufsqualifikation, welche in der „allgemeinen Regelung für die Anerkennung von Ausbildungsnachweisen“ (recognition of educational qualifications) zum Ausdruck kommt und mit der im Artikel 11

- eine 5-stufige Niveau-Struktur (Professional Qualification Level 1 bis 5; siehe Abb. 1)

vorwiegend mittels entsprechend „gestufter“ Ausbildungsgänge definiert ist. Zu dieser Niveau-Struktur im Richtlinien-Vorschlag von 2002 gibt es jedoch inzwischen auf Grund eines „Political agreement on the Council’s common position“ vom Mai 2004 einen neuen Vorschlag. Dieser fasst die „höheren“ Qualifikations-Level 4 und 5 bzw. die als Entsprechungen definierte „Hochschul- und Universitätsausbildung“ letztlich aber nur auf einem neuen Qualifikations-Level D zusammen, sodass nunmehr der Artikel 11

- eine 4-stufige Niveau-Struktur (Professional Qualification Level A bis D; siehe Abb. 1; vgl. Council oft he European Union 2004)

ausweist. Der neue Richtlinien-Vorschlag, in dem ebenso zu den anderen Anerkennungsverfahren weitere Regelungen und vielfältige Änderungen dokumentiert sind, zeigt insgesamt, dass mit dem Ziel das europäische Anerkennungssystem für Berufsqualifikationen zu vereinfachen, die Verständigungsprozesse wie bei den alten Richtlinien vergleichbar langwierig, komplex und teils noch schwieriger sind. Von daher haben die Anerkennungsregelungen mit Blick auf die Dienstleistungs- und vor allem Niederlassungsfreiheit nach wie vor eine hohe wirtschaftspolitische Funktion und Brisanz. Dies zeigen auch alle bisherigen Beratungen der neuen Richtlinie, zu denen es vom „Commissioner Bolkestein“ u. a. folgenden eindrucksvollen Kommentar gibt: „Persuading Member States to get rid of barriers within the Internal Market is a bit like pulling teeth – it’s a bloody business and painful“ (Todd/Fabbi/Sandler 2004).

Im Vergleich und Ansatz haben somit auch die Level in obigen internationalen Klassifikationen zur Bildung und Arbeit und die im neuen europäischen

Richtlinien-Vorschlag definierten „Levels of professional qualification" eine je unterschiedliche Funktion. Dessen ungeachtet zeigt sich hierzu dennoch, dass die Level-Strukturen untereinander eine hohe Korrelation aufweisen. Und dies vornehmlich deshalb, weil zur Bildung, Ausbildung oder Arbeit die „Levels of qualifications" im Ergebnis fast immer eine naheliegende Orientierung und Korrespondenz zu den allgemeinen Systemstrukturen der formalen sekundären, postsekundären und tertiären Bildung und Ausbildung aufweisen. Insofern sind die 5 bzw. 4 „Levels of professional qualification" der Anerkennungs-Richtlinie in gewisser Weise einerseits auch der 5-stufigen Skill-Level-Struktur von ISCO-88 vergleichbar. Und wie diese Skill-Level weisen sie andererseits mit den je definierten „Ausbildungs-Entsprechungen" eine Korrespondenz zur Struktur der Education Level von ISCED-97 auf. Beispielsweise wird dementsprechend die Ausbildung in den Elektro- und IT-Berufen auch nach der neuen Anerkennungsregelung zur Niederlassungsfreiheit laut Artikel 11 wie bei der ISCO-88 dem Qualifikations-Level 2 bzw. neu dem Level B oder die entsprechende Meister- und Fachschulausbildung in diesen Berufen dem 3 bzw. neu dem Level C zugeordnet.

Im Hinblick auf diese Qualifikations-Level und der damit einhergehenden nationalen Berufs- und Ausbildungsbewertung hat der neue EU-Richtlinienvorschlag bildungspolitisch nun erneut auch „in der deutschen Berufsbildungslandschaft eine heftige Diskussion ausgelöst" (vgl. u. a. BIBB 2002). Diese Diskussion wird europäisch allerdings mindestens seit 1985 geführt. Denn in einer Ratsentscheidung zu den „Entsprechungen der beruflichen Befähigungsnachweise zwischen Mitgliedstaaten der Europäischen Gemeinschaften" (85/368/EWG), die im Zusammenhang der so genannten „SEDOC-Berufssystematik" damals zunächst „nur" zu mehr Transparenz auf dem Arbeitsmarkt beitragen sollten, wurde bereits schon im Anhang eine im Ansatz vergleichbare Struktur von 5 Ausbildungsstufen definiert. Die hier erfolgte Zuordnung der dualen Ausbildung zur Stufe 2 hat sich somit im Prinzip seither nicht geändert. Da wie gezeigt wohl auch zukünftig keine grundlegenden Änderungen der mit Zahlen oder Buchstaben benannten Level mehr absehbar sind, ist zu vermuten, dass die neu ausgelöste „heftige deutsche Diskussion" zur EU Anerkennungs-Richtlinie wie bisher wahrscheinlich ebenso ohne Wirkung bleibt. Richtet man den Blick allerdings auf Deutschland selbst und stellt die Frage nach Alternativen, so zeigt sich, dass es neben der bislang kaum geführten Level-Diskussion in Deutschland im Prinzip weder zur Bildung und Ausbildung noch zur Beschäftigung und Arbeit nationale Qualifikations-Rahmenwerke oder Qualifikations-Level gibt. International vergleichbar sind lediglich einige im Kontext statistischer Angaben implizit erkennbare

Qualifikationsstrukturen, die wie z. B. im jährlichen Berufsbildungsbericht oder in Veröffentlichungen von der BA bzw. dem IAB auf den Strukturen der formalen Schul- und Ausbildungsabschlüsse basieren. Da auch oft undifferenziert und doppeldeutig nur von Berufen und „Berufsqualifikationen" die Rede ist, gelingt es zudem sprachlich kaum, und dies erst recht bei Übersetzungen, die je gemeinte Ausbildungs- oder Arbeitsqualifikation richtig zum Ausdruck zu bringen. So veröffentlicht z. B. das IAB vielfältige Statistiken zu den „Erwerbstätigen nach Qualifikationsebenen", die jedoch nicht die tatsächliche Qualifikation der Erwerbstätigen angegeben, sondern durch Rückgriff auf die „Level" der formalen Aus- und Hochschulbildung nur deren formale Ausbildungsqualifikation (vgl. u. a. IAB Materialien 2001). Die Struktur dieser Qualifikationsebenen, die mal drei, fünf oder auch sechs Ebenen aufweist (siehe Abb. 1), zeigt meist eine erste Qualifikationsebene „ohne Ausbildung" und eine zweite „mit Ausbildung". Sie ist damit durchaus obigen internationalen und europäischen Level-Strukturen vergleichbar, sodass in Deutschland z. B. die Elektro- und IT-Berufe auch der nicht direkt so genannten „Qualifikationsebene 2" zugeordnet werden.

4 „European reference levels for education and training"

Vor dem Hintergrund der skizzierten Klassifikationen und Rahmenwerke ist offensichtlich, dass der mit den Zielsetzungen der „Kopenhagen Deklaration" europäisch neu angestrebte einheitliche Qualifikations-Rahmen eine große Herausforderung ist Und dazu ist ebenso eindeutig, dass sich dieser auf die Kompetenzen und Qualifikationen der Ausbildung bezieht und im Schwerpunkt das Bildungs- und Ausbildungssystem als Grundlage hat. Auch ist der Qualifikations-Rahmen ein Ziel der europäischen Bildungsminister, sodass dieser zunächst nichts mit den Rahmenwerken für die Beschäftigung und Arbeit oder der „Anerkennung von Berufsqualifikationen" zu tun hat, die ja auch zum Zuständigkeitsbereich der Wirtschafts- und Arbeitsminister gehören.

Europäisch und mit einer synonymen Übersetzung von Kompetenzen und Qualifikationen kann der neu angestrebte Rahmen als ein „Qualifications Framework" bezeichnet werden. In Verbindung mit dem ebenso angestrebten Anrechnungs- und Übertragungssystem für die berufliche Bildung soll dieses „Qualifications Framework" gemäß dem Ziel zudem ein Referenz- oder Meta-Rahmen sein, der europäisch alle Qualifikationen der beruflichen Bildung und der Hochschulbildung umfasst. So sind der „Bologna-Prozess" und der „Brügge-Kopenhagen-Prozess", die ja zunächst einzeln und parallel eingeleitet wurden, im Ergebnis auch zusammenzuführen. Dementsprechend heißt es im Zwischenbericht des EU-Rats: „Außerdem gilt für alle am Prozess „allgemeine und berufliche Bildung 2010“ beteiligten 31 Länder, dass eine engere Abstimmung mit dem Bologna-Prozess erfolgen sollte. Parallele Einzelaktionen – ob im Hochschulwesen oder in der beruflichen Bildung – werden zunehmend ihre Daseinsberechtigung verlieren“ (EU-Rat 2004, S. 32). Damit ist der Referenz- und Metarahmen in gewisser Weise auch der umfassenden internationalen Bildungsklassifikation der ISCED-97 vergleichbar, wobei das europäische „Qualifications Framework“ nicht bei der Vorschule, sondern „erst“ mit den Bildungsbereichen „Vocational Education and Training“ (VET) beginnt und für diese und der „Higher Education“ (HE) auch weitergehende Ziele wie zum Anrechnungs- und Übertragungssystem beinhaltet.

Zur Entwicklung des europäischen Qualifikations-Rahmens liegt eingeleitet durch die „Technical Working Group – Credit Transfer in VET“ (EC 2003) und mit der Unterstützung von CEDEFOP nach ersten Vorentwürfen in 2003 inzwischen ein konkreter Vorschlag vor. Dieser bezieht sich, geht man zur Struktur des Rahmenwerks von einer vertikalen und horizontalen Qualifikationsdimension bzw. den Kategorien

- Qualifikationsstufe und
- Qualifikationsinhalt

aus, zunächst allerdings nur auf die Bestimmung der Qualifikationsstufen. Der aktuelle Vorschlag, der im Auftrag von einer Projektgruppe unter der englischen Federführung von QCA entwickelt wurde, beinhaltet daher vorerst ausschließlich ein Modell mit „European reference levels for education and training“ (CEDEFOP 2004). Zu diesem „Model of the proposed reference level framework“ wird insgesamt eine Struktur von

- 8 European Reference Level (siehe Abb. 1)

mit jeweils

- 3 Sub-Level (Partial, Modal, Exceeds) und den Dimensionen A „Qualification“ und B „Experience of work“

definiert und beschrieben. Grundlage dieser Level ist eine allgemeine Qualifikationsbeschreibung, die unter Beachtung der Ziele zum europäischen Anrechnungs- und Übertragungssystem versucht, Qualifikationen ergebnisorientiert und unabhängig vom Lernort zu erfassen. Hinsichtlich „knowledge, skills, competence and experience“ finden dabei auf jeder Qualifikationsstufe sowohl allgemeine Strukturaspekte der Bildungssysteme wie abstrahierte

Qualifikationsaspekte bestimmter Arbeitssituationen und -aufgaben Berücksichtigung. Bei den Qualifikationsstufen werden so zum einen auch strukturelle Verbindungen zur „compulsory education, upper secondary education, tertiary and higher education" deutlich. Beispielsweise beinhalten die oberen Stufen direkte Äquivalenzangaben zum „First, Second and Third Bologna cycle of higher education". Zum anderen ist bei den Qualifikationsstufen das Bemühen erkennbar, sich im Sinne der Qualifikationsdimensionen A und B auch von den formalen Bildungsstrukturen zu lösen bzw. diese auszudifferenzieren und die Qualifikationen z. B. ebenso unter Bezugnahme auf Arbeitserfahrungen zu beschreiben. So heißt es u. a. zum Level 3: „... Qualification at this level indicates a person can perform basic tasks and exercise repetitive skills in a controlled environment. All action appears to be governed by defining allowable routines and strategies" (ebd., S. 15). Und z. B. zum Level 4: „People qualified at this level are able to work independently on tasks and have the capacity to apply specialist knowledge, skills and competences. They will have extensive experience and practice in both common and exceptional situations and be able to solve problems independently using this experience" (ebd., S. 16).

Ohne tiefgehende Bewertung bedarf das vorgeschlagene Modell der 8-stufigen Level-Struktur mit den zusätzlichen Sub-Levels und Dimensionen wie selbst vorgesehen noch der weiteren Diskussion. Dies betrifft vor allem die relativ hohe Anzahl der Level, die sich im Vergleich mit bisher bekannten Level-Strukturen eher an den Obergrenzen orientiert. So kommt z. B. ISCED-97 für den VET und HE Bereich mit nur 4 Level aus. Nimmt man hier wieder die Ausbildung in den Elektro- und IT-Berufen als Beispiel, so müsste diese – möglicherweise hat der BiBB Vertreter in der Projektgruppe darauf geachtet – zwar nun auf dem oben angedeuteten Level 4 und damit im Vergleich höher eingestuft werden. Doch ist dies ja relativ und nur der hohen Levelanzahl von insgesamt 8 Qualifikationsstufen zu „verdanken". Zu fragen ist des Weiteren auch, welche deutsche Ausbildung hier nun aber dem VET Level 1 und welche dem VET Level 2 und 3, die zudem noch jeweils drei Sub-Level haben, zuzuordnen ist. Könnte es daher etwa sein, dass z. B. die neuen „Ausbildungsgänge" mit den so genannten Qualifizierungsbausteinen oder der Einstiegsqualifizierung (siehe weiter unten) bei diesen 3 bzw. 7 VET Levels unterhalb der dualen Ausbildung bereits mitgedacht wurden?

Das vorgeschlagene „Level Framework" verweist mit dem Ergebnis nochmals auf die Grundproblematik, die verschiedenen Qualifikationsdimensionen allgemein zu beschreiben und Qualifikationen in einer abgestimmten Struktur von Stufen konkret zu definieren. Dabei wurde die Frage und Kategorie der Qualifikationsinhalte, also die berufliche, fachliche oder sektorspezifische

Inhaltsbestimmung wie z. B. zu den Qualifikationen in den Elektro- und IT-Berufen auf jedem Level, zum Qualifikations-Rahmen ja bisher noch gar nicht aufgenommen und thematisiert. Diese konkret-inhaltliche Kategorie ist neben den Stufen aber eine weitere ganz wichtige Voraussetzung und Referenz für ein Anrechnungs- und Übertragungssystem. Des Weiteren erscheint ebenso problematisch, dass im Zusammenhang mit den zur Bildung und Beschäftigung bestehenden anderen Rahmenwerken und Klassifikationen es bisher europäisch nicht gelungen ist, hier eine auf einer abgestimmten Qualifikationstypologie basierende level- und inhaltsbezogene Korrespondenz und Entsprechung herbeizuführen. Zwar bilden internationale, europäische und vor allem auch nationale Rahmenwerke vielfach die Ausgangs- und Entwicklungsgrundlage, doch wird in deren Referenz und Vielfalt gerade die Notwendigkeit hinsichtlich eines abgestimmten und möglichst einfachen Rahmenwerks als Grundlage einer breiten europäischen Akzeptanz zu wenig beachtet.

5 Das „European credit system for VET“ (ECVET)

Zum Qualifikations-Rahmen gehört in der Verbindung mit dem europäischen Anrechnungs- und Übertragungssystem als Kernelement das „European credit system for VET“ (ECVET). Hierzu gilt gemäß der Kopenhagen Deklaration als Ziel: „Nach dem Vorbild des erfolgreichen Europäischen Systems für die Anrechnung von Studienleistungen in der Hochschulbildung soll ein ähnliches System für die Berufsbildung entwickelt werden.“ Wie zur Hochschulbildung soll damit in der beruflichen Bildung über eine auf „Kreditpunkten“ basierende Anrechnung und Übertragung von Qualifikationen vor allem die Flexibilität in der Ausbildung gefördert sowie die Mobilität auf dem Arbeitsmarkt in der Europäischen Union verbessert werden: „Relating to the objective of promoting mobility and making a reality of the right to free movement in the European Union, transfer refers to the portability of qualifications and/or competences between learning contexts (formal, nonformal etc.), levels of education and training (initial, continuing, higher etc.), and settings (national, sectoral, regional, local)“ (EC 2003, S. 4).

Eine wichtige Voraussetzung und Grundlage zur Anrechnung wie der Vergabe von „Punkten“ in einem Gesamtsystem ECVET und ECTS ist zum einen der obige einheitliche Qualifikations-Rahmen. Dies gilt nicht zuletzt zur Zielsetzung der Validierung und levelbezogenen Anrechnung von nichtformaler Ausbildung und informellem Lernen. Zum anderen sind hier gemeinsame Kriterien und Grundsätze für die Standards und Qualität in der beruflichen Bildung eine genauso wichtige Grundlage. Und dies insbesondere im Hinblick auf den Vergleich und die Bewertung beruflicher Bildungsergebnisse wie auch insgesamt der Bildungsanbieter. Zum Bereich „Quality in VET“ gibt es daher speziell eine weitere europäische „Technical Working Group“ (TWG), die in ihrem Bericht Ende 2003 einen ersten Ansatz und Entwurf für ein „European common quality assurance framework“ (CQAF – EC 2003a) vorgestellt hat. Dieser Entwurf beinhaltet für die Bereiche wie Qualitätssicherung, Qualitätsindikatoren, Standards und Normen oder Selbstevaluation erste konkrete Vorschläge und bereits Empfehlungen zur Umsetzung und Erprobung in den Ländern. Da aber Fragen wie zu den Standards oder der Qualitätssicherung in der beruflichen Aus- und Weiterbildung in Europa bisher kaum national geregelt sind, man denke nur an die Aus- und Weiterbildung in den Elektro- und IT-Berufen in Deutschland, kommt hier vergleichbar wie von PISA I und II ausgelöst auf die Länder eine weitere Mammut-Aufgabe zu. Wie im Hochschulbereich bereits eingeleitet bedeutet dies, dass auch in der Berufsbildung z. B. Akkreditierungsfragen zu Ausbildungsgängen und -institutionen zukünftig zu klären sind.

6 Units, modules and curricula

Mit dem „European Credit Transfer System“ (ECTS) für die Hochschulbildung als „Vorbild“ und dem angestrebten einheitlichen Qualifikations-Rahmen liegen zwangläufig bereits einige Eckdaten zu einem ECVET Konzept fest. Die Ausrichtung dieses Konzeptes umfasst allgemein: “Central elements for the development of ECVET, therefore, are mutual trust, flexibility in accepting different methods and pathways of learning, and a clear definition of (outcome-based) knowledge, skills and competences” (EC 2003, S. 8). Eine Konzeptgrundlage sind damit vor allem standardisierte Qualifikationsergebnisse, die nach Definition auch weitgehend unabhängig vom Lernweg oder dem Lernort und der Ausbildungszeit bewertbar sind. Allerdings wird mit Orientierung am Bewertungskonzept in der Hochschulbildung noch diskutiert, ob nicht die „Lernarbeit“ (workload) zudem ebenso ein VET Bewertungsfaktor ist und sein soll (vgl. ebd., S. 12).

Zum ECVET ist mit Orientierung am Konzept der Studienmodule des Weiteren bestimmt, auf welchen „Qualifikationsumfang“ sich das System im Einzelnen bezieht bzw. beziehen kann: „Within VET, the key components of a credit transfer system have been identified as units, modules and curricula“ (ebd., S. 9). Zu diesen Komponenten wurden auch die Vor- und Nachteile diskutiert und obwohl z. B. die Modularisierung keine Vorbedingung für das ECVET sein soll, liegt fest, dass – in einer deutschen Perspektive gedacht – es dennoch nicht allein um die Bewertung und Anrechnung einer z. B. dreijährigen Ausbildung geht. Vielmehr ist dies neben der

- Qualifikation auf Basis eines Ausbildungsberufs europäisch auch für
- Qualifikations- bzw. Ausbildungselemente und
- Qualifikations- bzw. Ausbildungsmodule

vorgesehen, sodass eine Vergabe, Anrechnung und Übertragung von VET „Credit Points" auch für „nicht berufliche" Qualifikationen bzw. zu definierende „Teilqualifikationen" erfolgt. Hierzu ist jedoch insgesamt noch unklar, ob und wie solche „Teilqualifikationen" zu zertifizieren sind und auch in welchem Zusammenhang diese mit den Dokumenten wie dem so genannten „Certificate Supplement" (CS) im Portfolio des zukünftigen EUROPASS Berufsbildung stehen. Denn zum neuen EUROPASS, zu dem es inzwischen einen Entwurf für eine Parlamentsentscheidung (CEC 2003) mit konkreten Vorstellungen zur Einführung 2005 gibt, gehören z. B. neben dem Curriculum vitae (CV) ebenfalls solche CS-Dokumente: „The Certificate Supplement (CS) is a document attached to a vocational certificate, in order to make it easier for third persons – particularly persons in another country – to understand what the certificate means in terms of competences acquired by its holder" (ebd., S. 37). Die Frage ist daher, ob CS-Dokumente auch zu jedem Qualifikationselement und -modul auszustellen sind. Und darüber hinaus, in welchem Informationszusammenhang hier generell die VET Qualifikationen und CS Angaben sowohl mit den CV Angaben wie mit dem ECVET Konzept und dem einheitlichen Qualifikations-Rahmen stehen. So sind nach den Vorlagen zum EUROPASS bei den CV Angaben, beispielsweise VET Daten zum Qualifikations-Titel oder zum „Level in national classification (if appropriate)" (!) und ebenso z. B. „for each relevant course", anzugeben (ebd., S. 26). Somit ist insgesamt bei den Angaben, bisher weder eine Verbindung zum ECVET Konzept erkennbar noch wird auf den europäisch einheitlichen Qualifikations-Rahmen Bezug genommen oder zumindest nur betreffs der Level ein Zusammenhang zu den neuen „European reference levels for education and training" (siehe oben) hergestellt. Insofern scheint mit dem EUROPASS Berufsbildung im Hinblick auf dessen baldige Einführung besonders das Ziel einer hohen europäischen Transparenz und übersichtlichen Präsentation aller von einer Person erworbenen Qualifikationen noch kaum erreicht.

7 Ausbildungsberufe und modularisierte Ausbildung

Zum ECVET stellt sich unabhängig von den noch vielfältig offenen Fragen auf der Konzeptbasis der drei „key components" insbesondere für die deutsche Berufsbildung die Frage nach der Akzeptanz und Wertigkeit einer modularisierten Ausbildung. Eine Modularisierung ist nach dem ECVET Konzept zwar nicht zwingend und keine Vorbedingung, doch deuten im Prinzip nicht nur die europäischen Entwicklungen auf das Gebot hin, sich dieser Frage erneut zu stellen und die Positionen im Umgang und der Nutzung von Ausbildungsmodulen und -elementen wiederholt zu klären. Relativ klar und in Deutschland fast durchgängig von allen Interessengruppen getragen war bisher die vielfach diskutierte und alle Vor- und Nachteile abwägende Position, die Beruflichkeit bzw. die am Berufskonzept orientierte Ausbildung zu erhalten und gegenüber jeglichen Tendenzen einer Modularisierung zu „verteidigen". Dennoch ist gerade in den letzten Jahren eine zunehmende Diskussion festzustellen, die diese Position aufgeweicht hat, und so ist heute in der Praxis bereits der Versuch und Spagat erkennbar, sowohl am Berufskonzept in der Ausbildung festzuhalten und gleichzeitig die Vorteile einer modularisierten Aus- und Weiterbildung zu nutzen. Ohne umfassende Aufarbeitung und Darstellung dieser Diskussion soll zum Hintergrund nur an die Kritik in den 1990er-Jahren an den zu „starren" Ausbildungsberufen erinnert worden. Denn die „alten" und wenig flexiblen Berufsbilder der Ausbildung entsprachen nicht mehr der beruflichen Dynamik und den betrieblichen Organisationsveränderungen in der Arbeitswelt. Durch „falsche" Ausbildungsberufe schien sogar die internationale Wettbewerbs- und Innovationsfähigkeit bedroht. Als Konsequenz wurden vor allem neue offenere Ausbildungsberufsbilder entwickelt, wozu hier beispielhaft die neuen und zugleich aus dem Korsett der berufsfeldbreiten Grundbildung befreiten IT-Berufe von 1997 genannt werden können. Diese weisen durch das neue „Ausbildungs-Berufskonzept" auch bereits Qualifizierungseinheiten „nach dem Modulsystem" auf, wobei dies offen bisher meist nur in europäischen Veröffentlichungen wie z. B. in der CEDEFOP INFO (BIBB 2000) von 2000 auch direkt so bezeichnet wurde.

Zum Hintergrund dieser Veränderungen gehört des Weiteren die seit langem europäisch geführte Berufsbildungsdiskussion, die ebenso zu einer Neuorientierung in der beruflichen Ausbildung beigetragen hat. So hat Pütz als Generalsekretär des BiBB bereits 1999 zu den „entscheidenden Faktoren der Erneuerung … (auch) die Vorschläge der Europäischen Kommission zur Flexibilisierung, Modularisierung und Akkreditierung von Teilkompetenzen" (Pütz 1999, S. 48) gezählt. Von daher gibt es inzwischen nicht nur viele weitere Ausbildungsberufe mit Modulansatz, wie z. B. der Ausbildungsberuf „Mediengestalter/-in für Digital- und Printmedien" mit einem neuen System von Pflicht- und Wahlmodulen bzw. Qualifikationseinheiten ausgeprägt zeigt. Deutlich weitgehender sind aber die Veränderungen, die heute grundlegend auch die „Beruflichkeit" in der Ausbildung betreffen und deren Zielrichtung in folgenden Aussagen deutlich wird. So führt Pütz auf der Fachtagung „Die neuen Elektroberufe 2003“ in Bonn aus: „Aber in allen Lernorten wollen wir auch ein-, zweijährige und bis zu dreieinhalbjährige Ausbildungsgänge in einem gestuften System und in Verbindung mit Qualifizierungsbausteinen/Modulen sowie Zusatzqualifikationen einrichten. Das starre Festhalten an einer mindestens dreijährigen Ausbildungszeit entspricht längst nicht mehr den Anforderungen einer modernen Berufsausbildung und Wirtschaftstätigkeit“ (Pütz 2003, S. 4). Und im Ziel vergleichbar heißt es von der Bundesministerin für Bildung und Forschung in einer Pressemitteilung vom Juli 2003: „Die berufliche Bildung braucht neue Konzepte. Wir brauchen modulare Ausbildungsgänge, die Abschlüsse unterhalb der traditionellen 3-jährigen Ausbildung ermöglichen“ (BMBF-Pressemitteilung Nr. 120/03. Berlin: 02.07.2003). Wohl sehr bewusst wird im Kontext dieser Modularisierungsaussagen nunmehr statt von Ausbildungsberufen nur noch von Ausbildungsgängen gesprochen. Damit ist unübersehbar, welcher Wandel sich zu der ausschließlich am Berufskonzept orientierten Ausbildung inzwischen vollzogen hat und auf welch wackeliger Grundlage diese Ausbildungsform auch heute bereits steht. Entsprechende und solcherart grundlegende Ausbildungsveränderungen sind bei den neugeordneten Elektroberufen von 2003 zumindest direkt noch nicht erkennbar. Zwar wurde das neu entwickelte IT-Berufs- und Ausbildungskonzept für diese Berufe übernommen, sodass auch die Ausbildung vergleichbar durch Qualifizierungseinheiten „nach dem Modulsystem“ geprägt ist, doch bilden diese wie bisher die Grundlage einer dreieinhalbjährigen Ausbildung. Allerdings kommt jetzt deutlicher der Ansatz der einzelnen Qualifizierungseinheiten in der Struktur von 11 „Zeitrahmen“ zum Ausdruck. Und wie bei den IT-Berufen ist das Berufsbild inhaltlich dadurch offen, dass hier über verschiedene „Einsatzgebiete“ auch Wahlmöglichkeiten bestehen. Europäisch gedacht sind durch die Qualifizierungseinheiten z. B. nicht nur theoretisch die Voraussetzungen in Richtung einer ECVET Modul-Komponente erfüllbar, da diese ja grundsätzlich je für sich – oder auch in Kombination mit einem der Lernfeld(module) der Berufsschule – bewertbar und zertifizierbar wären. In diesem Sinne kann ebenso die neue „gestreckte“ Abschlussprüfung mit einem bewerteten Teil 1 (ehemalige „nicht bewertete“ Zwischenprüfung) und Teil 2 bereits als ein realisierter Zwischenschritt betrachtet werden. Europäisch könnte und müsste so zum Prüfungsteil 1 ein „VET Credit“ faktisch auch allein und z. B. ohne den Prüfungsteil 2 im EUROPASS Berufsbildung Berücksichtigung finden. Bei aller neuen Ausbildungsoffenheit ist und bleibt jedoch als deutsche Ausbildungspraxis, dass über das didaktische Konstrukt der Ausbildungsberufsbilder und das Ziel der „beruflichen“ Handlungskompetenz die in der Regel dreieinhalbjährige Ausbildung auf der formalen Basis der „Beruflichkeit" noch zusammengehalten wird.

8 Qualifizierungsbausteine der Aus- und Weiterbildung

Zur Ausbildung in den Elektro- und IT-Berufen zeigen die jüngsten Entwicklungen gleichwohl, dass nicht nur theoretisch, sondern heute auch ganz praktisch in der Struktur von einzelnen Qualifizierungseinheiten bzw. -bausteinen mit modularem Charakter ausgebildet wird. Und wie vom BiBB angelegte Datenbanken im Internet mit Hunderten von „Lernmodulen beruflicher Bildung" und „Qualifizierungsbausteinen (BBiG)"[31] belegen, gilt dies für viele weitere Ausbildungsberufe. Ein entscheidender Grund ist zwar die neue Aufnahme der Berufsausbildungsvorbereitung" in das BBiG (§§ 50 bis 52) und das Hauptziel hierzu ist auch die „Förderung von Benachteiligten in der Berufsbildung", doch scheint in Anbetracht der Entwicklungen wie Ausweitungen z. B. auf die „berufliche Nachqualifizierung" vorprogrammiert, dass Ausbildung nicht wie bisher nur noch im ganzheitlichen Rahmen von Ausbildungsberufen stattfindet. So ist im BBiG für „inhaltlich und zeitlich abgegrenzte" Qualifizierungsbausteine insbesondere deren Entwicklung „aus den Inhalten anerkannter Ausbildungsberufe" vorgegeben. Insofern können heute in speziellen „Ausbildungsgängen" auch nur einzelne berufliche „Teilqualifikationen" erworben, bescheinigt und kumuliert werden. Einen Einblick zu den auf der Ausbildungsbasis der Elektro- und IT-Berufe bereits entwickelten Qualifizierungsbausteinen geben nachfolgende Beispiele:

- „Installation und Schaltung von Beleuchtungsanlagen …
- Installation und Inbetriebnahme von Informations- und Kommunikationssystemen …
- Installation und Inbetriebnahme von Antennen- und Breitbandkommunikationsanlaqen" (vgL ZDH 2003)
- „Einfache IT-Systeme: Datengewinnung und -dokumentation …
- Einfache IT-Systeme: Auswahl und Installation von Anwendersoftware …
- Marketing und Vertrieb: Angebotserstellung" (vgl. BiBB 2004, S. 82 ff.).

Zur erreichten Teilqualifikation mit diesen Qualifizierungsbausteinen ist noch offen, obwohl nach einer speziellen „Bescheinigungsverordnung" (vgl. BMBF 2003) vieles geregelt ist, ob, wie und wo die auf Basis der qualifizierten

31 http://www.good-practice.de/bausteine/

Leistungsfeststellung bescheinigte „berufliche" Teilqualifikation eigentlich Anerkennung findet bzw. ob und welche konkreten Möglichkeiten der Qualifikationsanrechnung bezogen auf die entsprechenden Ausbildungsberufe bestehen. Neben der neuen Berufsausbildungsvorbereitung gibt es des Weiteren das als „Sonderprogramm" (vgl. BMWA 2004) deklarierte neue Konzept der „Einstiegsqualifizierung". Bei dieser Qualifizierung findet Ausbildung ebenso nicht mehr im ganzheitlichen Rahmen von Ausbildungsberufen statt. Mit dem Ziel der Förderung von Jugendlichen wird sie als „Brücke in die Berufsausbildung" verstanden und ist im Ansatz teils der Berufsausbildungsvorbereitung vergleichbar. Die Ausbildung ist dementsprechend auch auf der Basis anerkannter Ausbildungsberufe angelegt bzw. inhaltlich auf diese ausgerichtet. Beispiele für die als Einstiegsqualifizierung entwickelte Ausbildung mit bis zu einem Jahr Ausbildungsdauer sind:

- „Elektro-Kabel- und Leitungsverlegung …
- IT-Installation und Konfiguration" (vgl. DIHK 2004).

Die in der Einstiegsqualifizierung erreichte „berufliche" Teilqualifikation soll z. B. durch ein IHK-Zertifikat bestätigt werden. Und insbesondere hinsichtlich einer Qualifikationsanrechnung heißt es: „Die Tätigkeiten der Einstiegsqualifizierung entsprechen Teilen der Berufsausbildung in den … Berufen. Bei einer anschließenden Ausbildung in einem dieser Berufe ist eine Anrechnung von bis zu sechs Monaten möglich" (ebd.). Gegenüber der Berufsausbildungsvorbereitung ist damit zwar eine Anrechnung vorgesehen und zumindest möglich, doch gibt es letztlich auch hier keine verbindliche Regelung. So ist der „Wert" bzw. die Qualität des IHK-Zertifikats insgesamt zweifelhaft, da die Anrechnung ja offenbar nicht von der zertifizierten und bescheinigten Qualifikation abhängt, sondern im Prinzip von anderen „möglichen" Faktoren. Ein Qualitätsstandard mit verbindlicher Regelung wie z. B. bei der BGJ-Anrechnungs-Verordnung oder wie mit dem ECVET europäisch vorgesehen könnte und sollte daher die neuen „Ausbildungsgänge" auf eine verbesserte Grundlage stellen.

9 „Vom IT-Azubi zum IT-Master"

Die Ausbildungsveränderungen in den Elektro- und IT-Berufen zeigen, dass im Zusammenhang der europäischen Entwicklungen einige Anknüpfungspunkte zu den Fragen der Anrechnung und Übertragung wie dem ECVET oder dem neuen EUROPASS wie auch zur Qualität und dem „Qualifications Framework" für die Berufsbildung bestehen. Die europäischen Entwicklungen könnten daher durchaus auch national zu mehr Transparenz oder einer höheren Qualität in der Berufsbildung beitragen. Beispielsweise könnten klare ergebnisorientierte Anrechnungs- und Qualitätsstandards die in Deutschland vielfach unklaren, offenen oder nur für bestimmte Ausbildungsberufe und -bereiche geltenden Regelungen auf eine neue europäisch einheitliche Grundlage gestellt werden. Dass dies nicht nur für die neue „Einstiegsqualifizierung" oder z. B. die „alte" auf immer weniger Ausbildungsberufe zutreffende BFS/BGJ-Anrechnung gilt, sondern ebenso für Bereiche der beruflichen Fort- und Weiterbildung, zeigt insbesondere die „neue IT-Weiterbildung". Zu dieser Weiterbildung, die nicht mehr im alten Sinne vom „Lehrling zum Meister" sondern „Vom Azubi zum Master" (BMBF 2002; hier heißt es u. a. im Vorwort von der Bundesministerin Frau Bulmahn: „Gemeinsam mit den Sozialpartnern setze ich mich für die Zuordnung und Anerkennung von hochschulkompatiblen Leistungspunkten für diese anspruchsvollen Abschlüsse ein.") angelegt ist und damit bereits Anrechnungs- und Übertragungselemente wie im ECVET im Hinblick auf Hochschulabschlüsse beinhalten soll (vgl. Mucke/Grunwald 2003), wurden entsprechende Zertifizierungs-, Akkreditierungs- und Anrechnungsfragen völlig neu aufgenommen. Doch beschränkt sich die hier begonnene Klärung eben nur auf die „neue IT-Weiterbildung". Die vergleichbare berufliche IT-Fortbildung z. B. an den Fachschulen oder in der Meisterausbildung, wo allerdings die neuen Entwicklungen bisher auch kaum eine Rolle spielen, bleibt daneben ausgeklammert bzw. bei solchen Zertifizierungs- und Anrechnungsfragen völlig unberücksichtigt. Andererseits wird, da in Deutschland weder für Arbeits- noch für Ausbildungsqualifikationen ein einheitliches Rahmenwerk existiert, von der Bundesagentur für Arbeit die „neue IT-Weiterbildung" wie die „IT-Fachschulausbildung" unter Berufs- und Ausbildungsaspekten gemeinsam der Gruppe bzw. Qualifikationsebene „Fachschulniveau" zugeordnet[32]. Und unabhängig hiervon und von der Frage der „Zuordnung und Anerkennung von hochschulkompatiblen Leistungspunkten" wird im Rahmen der „neuen IT-Weiterbildung" z. B. von den IHK's demnächst als neuer Abschluss der Bachelor CCI (Chamber of Commerce and Industrie) und Master CCI vergeben. Diese Abschlüsse bleiben und werden aber wiederum innerhalb der eigenen IHK-Weiterbildungsebenen der Qualifikation zum Fachwirt (2. Ebene) bzw. der zum Betriebswirt (3. Ebene) gleichgesetzt (vgl. u. a. IHK Dortmund 2004).

32 http://berufenet.arbeitsamt.de/dkz/index.html, z.B. Suchwort „IT-Entwickler"

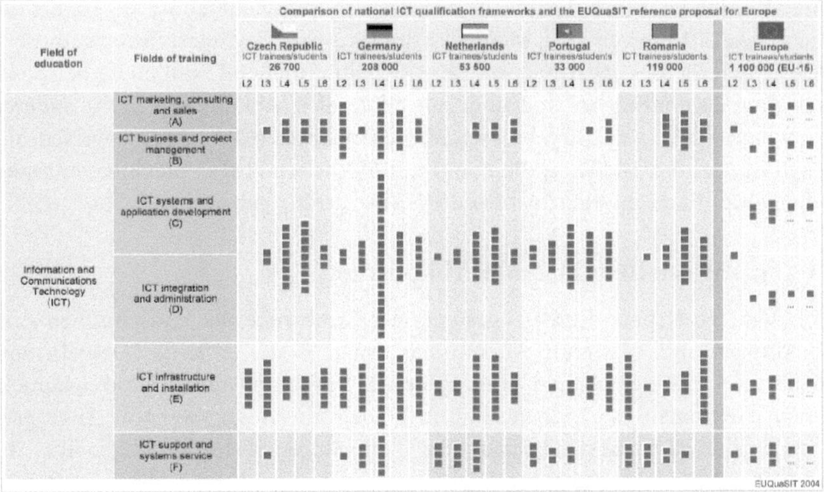

Abbildung 2: Vergleich nationaler Qualifikations-Rahmenwerke mit IT-Ausbildungs- und Studienprogrammen in der Struktur von fünf IT-Qualifikations-Level (siehe Abbildung1) und sechs arbeitsorientierten IT-Ausbildungsfeldern und ein „ICT qualifications framework“ als Empfehlung und Vorschlag für Europa. Die blauen Quadrate symbolisieren z. B. die Anzahl der IT-Ausbildungsberufe je Level.

10 Vergleichbarkeit, Standards und Äquivalenz in der Berufsausbildung

Ob und wie sich die erkennbaren europäischen und aktuellen deutschen Entwicklungen in der Berufsbildung „harmonisieren“ bzw. „offen koordinieren“ lassen, konnte im Ansatz nur an einigen Ergebnissen der verschiedenen europäischen „Frameworks“ verdeutlicht werden. Zur eingangs aufgeworfenen Frage nach dessen Zusammenhang mit der Neuordnung und Ausbildung in den Elektro- und IT-Berufen konnten zudem Abstimmungs- und Problembereiche und mögliche Veränderungen relativ konkret aufgezeigt werden. Danach besteht zumindest kein Zweifel, dass sich die aktuellen europäischen Zielsetzungen und Entwicklungen zur Berufsbildung zukünftig auch auf die deutsche „berufliche“ Aus- und Weiterbildung auswirken werden und die Fragen zur Vergleichbarkeit und Äquivalenz oder zur Qualität und den Standards auf der Grundlage einheitlicher Rahmenwerke zu den europäischen „Qualifications“ noch an Bedeutung zunehmen. Nimmt man daher die Entwicklungen in ihrer Komplexität und Reichweite zur Berufsbildung auf, so ist angesichts der Zielmarke 2010 soweit noch möglich Mitwirkung und Mitgestaltung gefordert. Wie schwierig dies allerdings ist, zeigt sich abschließend zum einen beispielsweise am Festhalten an traditionellen bilateralen Abkommen. Zum anderen wird zum Schluss auf Ergebnisse eines europäischen Projekts verwiesen, die einen Ein- und Ausblick in die konkret inhaltlichen Fragen zu einem europäischen Qualifikations-Rahmen für die IT-Fachkräfte geben.

11 Traditionelle bilaterale Abkommen

Vor dem Hintergrund und angesichts der Reichweite der europäischen Entwicklungen sind bilaterale Abkommen wie z. B. die aktuelle „Gemeinsame Erklärung“ zur beruflichen Bildung von Deutschland und Frankreich nicht nur unzureichend, sie sollten zukünftig auch überflüssig werden. Angesprochen ist die „Gemeinsame Erklärung ... im Rahmen des Vertrages über die deutsch-französische Zusammenarbeit ... auf dem Gebiet der beruflichen Bildung über die generelle Vergleichbarkeit von französischen Abschlusszeugnissen in der Berufsausbildung und deutschen Abschlusszeugnissen in der Berufsausbildung“, die erst am 26. Oktober 2004 in Berlin unterzeichnet wurde (BMBF 2004). Die Zielsetzungen dieser Erklärung decken sich zwar zum Teil mit den europäisch vereinbarten Zielen zur Berufsbildung, doch sind diese dagegen bescheiden und vor allem ohne europäischen Anspruch. So wird insbesondere die „Vergleichbarkeit“ in der Berufsbildung pragmatisch auf der Grundlage „... der Erfahrungen der Regierungen aus der Zusammenarbeit und dem daraus gewonnenen Vertrauen in die Qualität, der im Bildungswesen des Partnerlands erlangten beruflichen Abschlüsse“ (ebd., S. 2) geregelt. Kern und Basis der Regelung sind damit „Erfahrung und Vertrauen“ und nicht wie europäisch vorgesehen einheitlich definierte Qualitäts-Standards. Regelungskriterium sind so auch weniger die Inhalte, sondern ganz schlicht die Ausbildungszeiten, wodurch „das französische certificat d’aptitude professionelle (CAP) als Abschlusszeugnis einer französischen Berufsfachschule vergleichbar sei mit einem in der dualen Berufsausbildung mit einer Regelausbildungsdauer von zwei Jahren ... erhaltenen deutschen Abschlusszeugnis“ und „das französische Brevet professionnel sowie das französische Baccalaureat professionnel vergleichbar seien mit einem in der dualen Berufsausbildung mit einer Regelausbildungsdauer von drei bis dreieinhalb Jahren ... erhaltenen deutschen Abschlusszeugnis in der Berufsausbildung sowie einem gleichwertigen Abschlusszeugnis in der Berufsausbildung nach dem Schulrecht der Länder der Bundesrepublik Deutschland“ (ebd., S. 3). In dieser ganz aktuellen Regelung werden somit bilateral zugleich auch zwei auf der Ausbildungszeit basierende VET Qualifikations-Level definiert, bei denen aber die europäischen Ansätze und Entwicklungen z. B. im Hinblick auf den Qualifikations- und Qualitäts-Rahmen oder das ECVET System letztlich insgesamt völlig unberücksichtigt bleiben. Dies kommt ebenso dadurch zum Ausdruck, dass entsprechend dem letzten Absatz in der Erklärung lediglich „beide Seiten beabsichtigen … auf diese Gemeinsame Erklärung in Diskussionen in der Europäischen Union, die sich mit Fragen der Transparenz und Vergleichbarkeit von Abschlusszeugnissen in der Berufsbildung befassen, aufmerksam zu machen“ (ebd., S. 3).

12 Vorschlag für ein European „ICT qualifications framework“

Im Leonardo-da-Vinci Projekt „European Qualification Strategies in Information and Communications Technology (ICT)“ (EUQuaSIT) wurden im Zeitraum 2001–2004 Untersuchungen zur Arbeit und Ausbildung von IT-Fachkräften in fünf europäischen Ländern durchgeführt[33]. Für die teils vergleichenden Untersuchungen lagen zu Projektbeginn weder zur IT-Arbeit noch zur IT-Ausbildung europäische Rahmenwerke vor. Ein Projektziel bestand von daher auch darin, hierzu entsprechende Ergebnisse und Empfehlungen zu erarbeiten. Im Kontext der heute deutlicher erkennbaren und oben dargestellten europäischen Entwicklungen zur Berufsbildung können und sollen diese Ergebnisse insbesondere einen konkret inhaltlichen Beitrag zu einem europäischen Qualifikations-Rahmen für IT-Fachkräfte leisten.

Nach den inzwischen vorliegenden Ergebnissen wurden für IT-Fachkräfte zum einen fünf europäische „ICT skills level“ und in deren Korrespondenz fünf „ICT qualifications level“ (Level 2 bis 6; siehe Abb. 1) bestimmt. Basis für diese Level-Struktur waren internationale wie nationale Rahmenwerke und eine intensive Diskussion mit den im Projekt beteiligten Ländern. Zum anderen wurden für IT-Fachkräfte die Geschäfts- und Arbeitsfelder und in deren Korrespondenz sechs Ausbildungsfelder (siehe Abb. 2) bestimmt. Die Basis hierzu waren zunächst Klärungen zu dem was IT-Fachkräfte sind und wiederum internationale wie nationale Rahmenwerke bzw. Klassifikationen, in denen heute auf sehr unterschiedliche Weise und vorwiegend fachsystematisch die Arbeit und Ausbildung von IT-Fachkräften in Gruppen und Feldern definiert bzw. klassifiziert wird. Zum Endergebnis und der Struktur der sechs generischen IT-Arbeits- und Ausbildungsfelder bilden aber vor allem die im

33 vgl. http://www.euquasit.net

Projekt EUQuaSIT umfangreich durchgeführten Untersuchungen zu den IT-Geschäfts- und Arbeitsprozessen in Betrieben Europas die Grundlage. Insofern liegen auch Empfehlungen vor, z: B. die „ICT occupation groups" in der ISCO-88 oder die „ICT education groups and fields" nach der ISCED-97 oder die „ICT fields of training" gemäß dem europäischen Handbuch mit insgesamt 65 „Fields of Training" (vgl. CEDEFOP 1999) entsprechend zu ändern. Das durch die Level und Ausbildungsfelder europäisch bestimmte „ICT qualifications framework" war und ist eine wichtige Voraussetzung und Grundlage für die z. B. vergleichenden Arbeiten und Ergebnisse oder die Schaffung von Transparenz zur IT-Arbeit und IT-Ausbildung in Europa. So geben die EUQuaSIT Projektergebnisse beispielsweise unter quantitativen Aspekten relativ detailliert Auskunft über den Bestand und Bedarf an IT-Fachkräften, ebenso zu den Auszubildenden und Studierenden im IT-Bereich (siehe Abb. 2), und dies insgesamt jeweils bezogen auf die Skill- bzw. Qualifikations-Level. Des Weiteren zeigen die Projektergebnisse, wie viele und welche IT-Ausbildungs- und IT-Studienangebote auf jedem Qualifikations-Level in den Ländern bestehen (siehe Abb. 2, hier nur symbolisiert durch Quadrate) und welche curricularen Unterschiede und Gemeinsamkeiten diese im Vergleich aufweisen. Sie liefern damit auch erst eine Basis und die Transparenz für z. B. die europäischen Fragen einer Anerkennung und Anrechnung von Ausbildung oder die Vergabe von ECVET Punkten.

13 Perspektiven der neuen Elektroberufe

Der mit diesen Entwicklungen aufgezeigte Rahmen skizziert auch die im europäischen Kontext bestehenden Perspektiven für die neu geordneten handwerklichen und industriellen Elektroberufe. Wie bei den IT-Berufen wird die Einbindung der beruflichen Ausbildung in durch europäische Entwicklungen beeinflusste Qualifikations-Rahmenwerke unter Anwendung von ECVET-basierten Credit-Systemen ebenso bearbeitet werden müssen wie die Frage der Bezugsebenen („skills" und „qualification levels") im Zusammenhang eines Europäischen Qualifikationsrahmen (EQF). Anstehen wird auch die Frage der Einbeziehung informell erworbener Kompetenzen in nationale und europäische Zertifizierungssysteme. In diesem Kontext hängt für die Zukunft der neugeordneten Elektroberufe viel davon ab, inwieweit die Ausbildungspartner bereit und in der Lage sind, sich für europäische Entwicklungen zu öffnen und zu einer kontinuierlichen Weiterentwicklung der Ausbildungsfelder und Ausbildungsberufsbilder beizutragen. Für ein modernes Berufsbildungskonzept wird in den kommenden Jahren mehr denn je die Frage von Bedeutung sein, ob es in der Lage ist, auf die Herausforderungen eines zunehmend globaleren Arbeitsmarktes angemessen einzugehen und den in einem solchen Arbeitsmarkt tätigen Fachkräften eine – im Rahmen einer modernen Beruflichkeit – angemessene Position auf dem Arbeitsmarkt zu erschließen.

In diesem Sinne fangen durch die europäischen Entwicklungen und neuen Qualitätsstandards in der Berufsbildung bedingten Herausforderungen an die Ausbildungspartner gerade erst an. Dabei ist und bleibt der Zeitrahmen für eine aktive Mitwirkung und Mitgestaltung eng, wenn man bedenkt, dass im Prozess bis 2010 bereits in den kommenden Jahren wichtige Meilensteine wie z. B. die Annahme des Europäischen Qualifikationsrahmenwerks durch den europäischen Bildungsrat im Frühjahr 2006 geplant sind (vgl. EC 2004, S. 6)

Literatur

85/368/EWG: Entscheidung des Rates vom 16. Juli 1985 über die Entsprechungen der beruflichen Befähigungsnachweise zwischen Mitgliedstaaten der Europaeischen Gemeinschaften, Amtsblatt nr. L 199 vom 31/07/1985 S. 0056–0059

BBiG Berufsbildungsgesetz vom 14. August 1969 (BGBl. I S. 1112), zuletzt geändert durch Artikel 40 des Gesetzes vom 24. Dezember 2003 (BGBl. I S. 2954)

BiBB: Deutschland. Neue IT-Berufe als Vorreiter gestaltungsoffener Ausbildungsgänge. In: CEDEFOP Europäisches Zentrum für die Förderung der Berufsbildung (Hrsg.): CEDEFOP INFO zur beruflichen Bildung in der Europäischen Union. Nr. 1/2000. Thessaloniki: April, 2000, S. 13

BiBB Bundesinstitut für Berufsbildung (Hrsg.): BiBB neues aus europa. Ausgabe 6. Bonn: Dezember 2002

BiBB Bundesinstitut für Berufsbildung, Autorenteam (Hrsg.): Entwicklung von Qualifizierungsbausteinen. Berufsausbildungsvorbereitung. Beispiele für die Praxis. Bonn: März 2004

BMBF Bundesministerium für Bildung und Forschung (Hrsg.): Vom Azubi zum Master- IT-Fortbildungskonzept eröffnet neue berufliche Perspektiven. Bonn: BMBF Publik, Juli 2002

BMBF Bundesministerium für Bildung und Forschung (Hrsg.): Verordnung über die Bescheinigung von Grundlagen beruflicher Handlungsfähigkeit im Rahmen der Berufsausbildungsvorbereitung (Berufsausbildungsvorbereitungs- Bescheinigungsverordnung – BAVBVO). Bonn: 16. Juli 2003 In: Bundesgesetzblatt Jahrgang 2003 Teil I Nr. 36, ausgegeben zu Bonn am 21. Juli 2003, S. 1472–1476

BMBF Die Bundesministerin für Bildung und Forschung der Bundesrepublik Deutschland: Gemeinsame Erklärung des Bevollmächtigten der Bundesrepublik Deutschland für kulturelle Angelegenheiten im Rahmen des Vertrages über die deutsch-französische Zusammenarbeit, der Bundesministerin für Bildung und Forschung der Bundesrepublik Deutschland und des Ministers für Bildung, Hochschulwesen und Forschung der Französischen Republik auf dem Gebiet der beruflichen Bildung über die generelle Vergleichbarkeit von französischen Abschlusszeugnissen in der Berufsausbildung und deutschen Abschlusszeugnissen in der Berufsausbildung nach Berufsbildungsgesetz, Handwerksordnung sowie Schulrecht der Länder. Berlin: 26. Oktober 2004

BMWA Bundesministerium für Wirtschaft und Arbeit (Hrsg.): Richtlinie zur Durchführung des Sonderprogramms Einstiegsqualifizierung Jugendlicher (EQJ-Programm-Richtlinie – EQJR) vom 28. Juli 2004. In: Bundesanzeiger Nr. 145 vom 5. August 2004 S. 17 385

CEC – Commission of the European Communities: Proposal for a Decision of the European Parliament and the of the Council on a single framework for the transparency of qualifications and competences (Europass). COM (2003)796 final, 2003/0307 (COD). Brussels: 17.12.2003

CEDEFOP – European Centre for the Development of Vocational Training; Eurostat – Statistical Office of the European Communities (Hrsg.): Fields of Training. Manual. Luxembourg: Office for Official Publications of the European Communities, 1999 (CEDEFOP panorama)

CEDEFOP Study undertaken by Mike Coles and Tim Oates QCA London: CEDEFOP Zones of Mutual Trust. Study commissioned to the Qualifications and Curriculum Authority, England. European reference levels for education and training. An important parameter for promoting credit transfer and mutual trust. Final Report – Provisional version July 2004. CEDEFOP: July 2004

Council of the European Union: Subject: Proposal for a Directive of the European Parliament and of the Council on the recognition of professional qualifications – Political agreement on the Council's common position. Interinstitutional File: 2002/0061 (COD); ETS 42 CODEC 753. Brussels: 27 May 2004

DIHK Deutscher Industrie- und Handelskammertag: Sonderprogramm: Einstiegsqualifizierung Jugendlicher (EQJProgramm). Berlin: 2004 URL: http://www.pakt-sucht-partner.de (24.10.2004)

EC European Commission, Directorate- General for Education and Culture; Edited by Jones, S.; Mouillour le, I.; Sellin, B.: Enhanced

European Cooperation in Vocational Education and Training. The Copenhagen Process. First report of the Technical Working Group Credit Transfer in VET. November 2002 – October 2003. Brussels: October 2003

EC European Commission, Directorate-General for Education and Culture: "Copenhagen Process" First Report of the Technical Working Group on Quality in VET. January 2003 – September 2003. Brussels: 7. November 2003 (a)

EC European Commission, Directorate-General for Education and Culture – Vocational training. Development of vocational training policy: "Developing common reference levels to underpin a european qualifications framework". Brussels: 24. September 2004

Elias, Peter; Birch, Margaret: Establishment of Community-Wide Occupational Statistics. ISCO 88 (COM) A Guide for Users. Warwick: University of Warwick, February 1994

EU Rat der europäischen Union: "Allgemeine und Berufliche Bildung 2010" – Die Dringlichkeit von Reformen für den Erfolg der Lissabon-Strategie. Gemeinsamer Zwischenbericht des Rates und der Kommission über die Maßnahmen im Rahmen des detaillierten Arbeitsprogramms zur Umsetzung der Ziele der Systeme der allgemeinen und beruflichen Bildung in Europa. Brüssel: 3. März 2004

IHK Industrie- und Handelskammer zu Dortmund: Informationsunterlagen FKPOE-2: Geprüfter IT-Entwickler (Certified IT Systems Manager). Dortmund: 2004 URL: http://www.dortmund.ihk.de/ (22.10.2004)

ILO International Labour Office: International Standard Classification of Occupations (ISCO-88). Geneva: 1990

Kommission der Europäischen Gemeinschaften: Vorschlag für eine Richtlinie des Europäischen Parlaments und des Rates über die Anerkennung von Berufsqualifikationen (von der Kommission vorgelegt). KOM (2002)119 endgültig; 2002/0061 (COD). Brüssel: 07.03.2002; Amtsblatt Nr. C 181 E vom 30/07/2002 S. 0183–0257;

Kommission der Europäischen Gemeinschaften: Geänderter Vorschlag für eine Richtlinie des Europäischen Parlaments und des Rates über die Anerkennung von Berufsqualifikationen (gemäss Artikel 250, Absatz 2 des EG-Vertrages von der Kommission vorgelegt). KOM(2004) 317 endgültig; 2002/0061 (COD). Brüssel: 20.4.2004

Mucke, K.; Grunwald, St.: Übertragung von hochschulischen Credit-Punkte-Systemen auf die IT-Weiterbildung. In: Mattauch, W.; Caumanns, J. (Hrsg.): Innovationen der IT-Weiterbildung. Bielefeld: W. Bertelsmann, 2003

Pütz, Helmut: Berufsbildung im Wandel – die Bedeutung des Berufskonzepts. In: Klinkhammer, Heinz et al.: Berufsbildung im Wandel – die Bedeutung des Berufskonzepts. Köln: Deutscher Instituts-Verlag, 1999 (Beiträge zur Gesellschafts- und Bildungspolitik; 236 = 1999, 7; Herausgegeben vom Institut der deutschen Wirtschaft Köln)

Pütz, Helmut: Die Berufsbildung vor grundlegenden Weichenstellungen. Referat anlässlich der Fachtagung: Die neuen Elektroberufe 2003 – Technik und Geschäftsprozess. Erste Konzepte zur Umsetzung der neuen Elektroberufe. Bonn, 17. Juni 2003

The Bologna Declaration on the European space for higher education: an explanation. CRE Confederation of EU Rectors' Conferences and the Association of European Universities. Bologna: 29.02.2000; http://europa.eu.int/comm/education/policies/educ/bologna/bologna_en.html

Todd, Jonathan; Fabbi, Fabio; Sandler, Peter: Results of Competitiveness Council, MEMO/04/117. Brussels: 17–18 May 2004

UNESCO United Nations Educational, Scientific and Cultural Organization: International Standard Classification of Education. ISCED 1997. Paris: November 1997

IAB Materialien: Informationsdienst des Instituts für Arbeitsmarkt- und Berufsforschung der Bundesanstalt für Arbeit. Nürnberg: IAB, Ausgabe Nr. 1/2001; http://www.abis.iab.de/bisds/data

ZDH Zentralverband des Deutschen Handwerks; ZWH Zentralstelle für die Weiterbildung im Handwerk (Hrsg.): Bundeseinheitliche Qualifizierungsbausteine aus dem Ausbildungsberuf Elektroniker/Elektronikerin für die Ausbildungsvorbereitung und die berufliche Nachqualifizierung. Berlin: 2003

Beitrag 11 aus dem Jahr *2005*: Geschäfts- und Arbeitsprozesse als Grundlage beruflicher Ausbildungs- und Lernprozesse

In: lernen & lehren, Schwerpunktthema Geschäftsprozessorientierung
Heft 80, 20. Jahrgang, Heckner Verlag, S. 163–174

Im Jahr 2005 – also kurz nach der Neuordnung der industriellen Elektroberufe und der Einführung des Lernfeldkonzeptes – wird von A. Willi Petersen mit dem Beitrag „Geschäfts- und Arbeitsprozesse als Grundlage beruflicher Ausbildungs- und Lernprozesse" ein Desiderat der Rahmenlehrplan- bzw. Lernfeldumsetzung diskutiert: Obwohl die betriebliche Geschäfts- und Arbeitsprozessorientierung in den neuen Ordnungsmitteln festgeschrieben wurde, fehlt sowohl eine praktische wie auch theoretische Fundierung dieses Begriffspaares. Der Aufsatz klärt diese Begriffe in Bezug auf deren Einsatz- und Verwertbarkeit in der beruflichen Bildung und hier speziell für die elektrotechnischen und informationstechnischen Ausbildungsberufe.

In der Praxis haben sich – auch auf Grund des Theoriedefizites – eine didaktische Vielgestaltigkeit in Theorie und Praxis etabliert, die Petersen nicht als problematisch ansieht, gleichzeitig aber auch einschätzt, dass diese zu Unsicherheiten und der Frage führen, ob und wie die neuen Ziele und erwarteten Ergebnisse einer arbeits- und prozessorientierten Ausbildung auch praktisch eingelöst und zu verbessern sind.

Petersen bemängelt, dass die neuen Ordnungsmittel nur bedingt Antworten geben. So wird lediglich sehr allgemein von einer „prozessbezogenen Qualifikationsvermittlung" gesprochen und auch nur bei den industriellen Elektroberufen in der Berufsbildposition 17 von „Geschäftsprozessen und Qualitätsmanagement im Einsatzgebiet". Anhand der Berufsbildposition 17 ist nach Petersen erkenn- und erklärbar, wie Geschäftsprozesse curricular verstanden werden: Mit Geschäftsprozess ist kein „betrieblicher" gemeint, sondern vielmehr „berufliche“ Teil-Arbeiten bzw. Teil-Qualifikationen, die sich der Struktur nach an einem „betrieblichen“ Gesamtprozess orientieren. Im curricularen Kern orientieren sich Geschäftsprozesse somit an einer vollständigen „betrieblich-beruflichen“ Auftragsbearbeitung.

Um die Strukturen und Inhalte der Geschäfts- und Arbeitsprozesse möglichst zu allgemeinen wie konkreten Ergebnissen zu führen, stellt Petersen sein entwickeltes „GAHPA-Modell“ (Geschäftsprozesse in der Struktur von Arbeitsprozessen, Handlungsphasen und Arbeitsaufgaben) vor. Geschäftsprozesse sind hier allgemein als ein betriebliches „Geschäft“ und dem Prozess der Geschäftserfüllung zu verstehen. Dies baut auf einem (Markt-)Angebot oder der betrieblichen Befriedigung einer Nachfrage zu beliebigen Produkten oder Dienstleistungen auf, bei denen Abnehmer oder Auftraggeber diese nachfragen. Im Erkenntniszusammenhang von Berufsarbeit und Berufsbildung ist bei Geschäftsprozessen der Einsatz und besonders die Arbeit und Qualifikation aller beteiligten Fachkräfte von Bedeutung. Petersen veranschaulicht durch mehrere Abbildungen diese Zusammenhänge und gibt konkrete Beispiele an.

Das GAHPA-Modell beschreibt methodisch auf drei Ebenen mit prozess- und arbeitsbezogenen Strukturelementen Geschäftsprozesse. Auf einer ersten Ebene werden strukturgebend betriebliche Arbeitsprozesse verwendet, zu denen auf der zweiten Ebene dann jeweils Handlungsphasen und auf der dritten Ebene die Arbeitsaufgaben der einzelnen Fachkräfte zugeordnet werden. Das visualisierte Beispiel „Verkauf und Austausch eines Elektroherdes“ verdeutlicht die Systematik.

Mit dem sogenannten „GAHFA-Modell“ werden auf der Basis und unter Beibehaltung der Prozessstrukturen die Strukturelemente Geschäftsfeld, Arbeitsfelder, Handlungsfelder und Arbeitsaufgaben zu einem Geschäftsfeld generiert und bestimmbar. In diesen Feldern sind wiederum Fachkräfte tätig, sodass sich wie zum gesamten „betrieblichen“ Geschäftsfeld auch für jede Fachkraft die je „beruflichen“ Arbeits- und Handlungsfelder sowie Arbeitsaufgaben bestimmen lassen.

Verdeutlicht werden die Prozess- und Feldklärungen durch die beiden Modelle – GAHPA und GAHFA – exemplarisch für den Ausbildungsberufe Elektroniker/-in für Automatisierungstechnik. Wiederum gut visualisiert verdeutlichen die Abbildung 4 die Einsatzgebiete bzw. Geschäftsfelder und die betrieblichen Arbeitsfelder, die nach Struktur und Inhalt auf Basis real möglicher Geschäftsprozesse generiert wurden. Die Berufsbildpositionen sind überwiegend an betrieblichen Prozessen ausgerichtet und auch die Lernfelder weisen inhaltlich wie strukturell eine hohe Affinität mit den Positionen bzw. Handlungsfeldern der Berufsbilder auf. Dies wird hier konkret verdeutlicht am

Beispiel der Berufsbildposition 15 „Prüfen und Inbetriebnehmen von Automatisierungssystemen“ und dem Lernfeld 10 „Automatisierungssysteme in Betrieb nehmen und übergeben“. Erkennbar ist hier ebenso, dass sich die Berufsbildpositionen überwiegend an einzelnen Arbeitsprozessen bzw. beruflichen „Teilprozessen“ ausrichten und sich nun dementsprechend auch die Lernfelder in ihrer Inhaltsstruktur überwiegend auf einzelne Teilprozesse beziehen.

Für die Lernfeldumsetzung weitet Petersen den praktizierten Ansatz der Umsetzung in der vorgegebenen didaktisch-methodischen Struktur und schlägt eine alternative Umsetzung vor, die die einzelnen Ausbildungs- und Lerneinheiten inhaltlich ganzheitlicher und somit teilprozessübergreifender an den Geschäfts- und Arbeitsprozessen bzw. Aufträgen ausrichtet. Er schlägt dafür prozessübergreifende Lernfeldprojekte vor, die die konkrete Unterrichts- und Lernprozessgestaltung didaktisch eng an den entsprechenden Arbeitsprozessen, Handlungsphasen und Arbeitsaufgaben orientieren.

Geschäfts- und Arbeitsprozesse als Grundlage beruflicher Ausbildungs- und Lernprozesse

1 Einleitung

Geschäfts- und Arbeitsprozesse bestimmen Berufsprofile, Ausbildungsberufe und Ausbildungsinhalte. So oder so ähnlich lautet seit etwa Mitte der 1990er-Jahre die neue curriculare und didaktische Ausrichtung zur dualen Berufsausbildung. Die vier IT-Berufe von 1997 hatten hierbei eine gewisse „Vorreiterrolle". Seit 2003 gilt die Neuausrichtung für die Elektroberufe wie aktuell auch für die Metallberufe. Eingeleitet und teils umgesetzt ist damit ein grundlegender Perspektivwechsel in der Gestaltung der Ausbildungsberufe und folglich in den Curricula wie der Ausbildung in Betrieb und Schule selbst. Im Kern verändert haben sich nicht nur die Berufsprofile und Ausbildungsinhalte, sondern ebenso die Methoden und Medien wie auch die Konzepte einer neuen „gestreckten" Abschlussprüfung.

Mit welcher Intensität und wie erfolgreich die neuen Berufs- und Ausbildungskonzepte heute in den Betrieben und Schulen umgesetzt sind, kann zu den Elektro- und Metallberufen noch mangels ausreichender Erfahrung und fehlender Untersuchungen nicht umfassend beantwortet werden. Vorliegende Ergebnisse zur „älteren" Ausbildung in den IT-Berufen zeigen aber, dass sich bei hoher quantitativer Akzeptanz auch ein qualitativer Erfolg und grundlegender Wandel in der Ausbildung konstatieren lässt (vgl. u. a. Petersen u. a. 2001, Petersen/Wehmeyer 2001, 2003). Die Fortführung und Übertragung der neuen Berufs- und Ausbildungskonzepte auf die Neuordnung der Elektro- und Metallberufe beruht ja nicht zuletzt auch auf den eher positiven Erfahrungen bei den IT-Berufen. Gleichwohl ist noch festzustellen, dass die an Geschäfts- und Arbeitsprozessen neu ausgerichtete Berufsausbildung sowie auch das Konzept der Kern- und Fachqualifikationen zu vielfältigen Umstellungsproblemen in den Betrieben wie Berufsschulen geführt hat. Dies ist angesichts der weit reichenden Veränderungen nicht ungewöhnlich und zeigt zunächst nur, dass gegenüber der bisherigen Praxis auf allen Ebenen der Berufsbildung neue curriculare und didaktische Herausforderungen bestehen. Diese beginnen mit den neuen Berufsprofilen und der Entwicklung entsprechender Ausbildungsordnungen und Rahmenlehrpläne, zu denen die Ergebnisse erkennen lassen, dass die Geschäfts- und Arbeitsprozessorientierung vielfältige berufliche sowie curriculare und didaktische Interpretationen zu und offen lässt. Zwar gibt es eine

Reihe veröffentlichter Konzepte und Theorien und speziell für die Rahmenlehrplanentwicklung eine KMK-Handreichung (KMK 1996, 2000), doch zeigt sich besonders an den je nach Berufsfeld entwickelten Curricula, dass die Konzepte immer wieder neu interpretiert und unterschiedlich ausgestaltet werden.

Fast zwangsläufig und vergleichbar gilt dies für die didaktisch-methodischen Umsetzungen in der Ausbildungspraxis, wo teils durch mangelnde bundesweite Information und Kommunikation die neuen Ausbildungsordnungen und Rahmenlehrpläne auch mal so oder so interpretiert und umgesetzt werden. Von daher gibt es zu den praxisrelevanten Elementen der neuen Ausbildung wie insbesondere Zeitrahmen-Methode und Lernfeldkonzept auch vielfältige Umsetzungsvarianten.

Die didaktische Vielgestaltigkeit in Theorie und Praxis ist nun im Grundsatz nicht problematisch, führt aber dennoch zu Unsicherheiten und der Frage, ob und wie die neuen Ziele und erwarteten Ergebnisse einer arbeits- und prozessorientierten Ausbildung auch praktisch eingelöst und zu verbessern sind. Insofern gibt es zum Gesamtkomplex der Neuausrichtung sowohl unter Berücksichtigung der Verordnungen und Lehrpläne wie der Umsetzungen in Betrieb und Schule noch Klärungsbedarf, der hier vorrangig auf die Elektroberufe bezogen und thematisch auf die „Geschäfts- und Arbeitsprozesse als Grundlage beruflicher Ausbildungs- und Lernprozesse" konzentriert werden soll.

2 „Berufsprofile – ausgerichtet an betrieblichen Arbeits- und Geschäftsprozessen"[34]

Wie aus der Überschrift, nach BiBB wörtlich zitiert, deutlich wird, war ein bedeutender Kernpunkt zur Neuordnung der Elektroberufe, dass sich die Berufsprofile neu an betrieblichen Geschäfts- und Arbeitsprozessen ausrichten. Dieser auch didaktische Kernpunkt war und ist für alle Entwicklungs- und Ausbildungsfragen von großer Bedeutung. Er bleibt jedoch insgesamt vage, da im Kontext der curricularen Fragen nicht hinreichend geklärt ist, was eigentlich betriebliche Geschäfts- und Arbeitsprozesse sind und woran sich die Berufsprofile und Ausbildung konkret „ausrichten". Da noch ergänzend Begriffe wie „Berufstypischer Arbeitsprozess", „Teilprozess" oder „Arbeitsteilprozess" eingeführt (vgl. BiBB 2003) und ebenso nicht hinreichend geklärt sind, bleibt

34 BIBB Bundesinstitut für Berufsbildung: Aus der Neuordnungsarbeit des BIBB 2003. Industrielle Elektroberufe – zum Ausbildungsstart 2003. Bonn 2003, S. 3.

zudem offen, welcher Zusammenhang eigentlich zwischen den „betrieblichen" Geschäftsprozessen und den je „beruflichen" Arbeitsprozessen besteht.

Die entwickelten Berufsbilder und Verordnungen für die Elektroberufe geben auf diese Fragen nur bedingt Antwort. In diesen wird lediglich sehr allgemein von einer „prozessbezogenen Qualifikationsvermittlung" gesprochen und auch nur bei den industriellen Elektroberufen einzig bei der letzten Berufsbildposition 17 von „Geschäftsprozessen und Qualitätsmanagement im Einsatzgebiet" (vgl. BMWA 2003). So werden auch „berufstypische Arbeits- oder Teilprozesse" explizit nicht genannt. Sie bleiben in den Berufsbildern wie zur Ausbildung für Interpretationen offen. Demzufolge wird in den Verordnungen nur mittels der „Fachqualifikationen" der einen Berufsbildposition 17 erkenn- und erklärbar, wie Geschäftsprozesse curricular verstanden werden. So kommt zum einen zum Ausdruck, dass hier mit Geschäftsprozess kein insgesamt „betrieblicher" gemeint sein kann. Festgelegt werden vielmehr „berufliche" Teil-Arbeiten bzw. Teil-Qualifikationen, die sich der Struktur nach an einem „betrieblichen" Gesamtprozess orientieren.

Im Prinzip wird ein „beruflicher" Geschäftsprozess definiert, der zum „betrieblichen" Geschäftsprozess einen „berufsspezifischen" Beitrag leistet. Zum anderen werden mit der Berufsbildposition 17 einzelne Arbeits- und Qualifikationsinhalte bestimmt, die wesentliche Elemente einer Auftragsbearbeitung von der Annahme bis zum Abschluss repräsentieren. Aus den Verordnungen ergibt sich damit für die Industrieberufe ein Verständnis von Geschäftsprozessen, welches sich im curricularen Kern an einer relativ vollständigen „betrieblich-beruflichen" Auftragsbearbeitung orientiert. Für die neuen Handwerksberufe weisen die Verordnungen neben dem allgemeinen Prozessbezug explizit keine vergleichbare Berufsbildposition zu Geschäftsprozessen aus. Dennoch kann für alle Elektroberufe ein eher „auftragsorientiertes" Verständnis zu Geschäftsprozessen angenommen werden, wobei im Handwerk Geschäftsprozesse noch deutlicher als Kundenaufträge zu verstehen sind. Auf dieser Basis können für die neuen Elektroberufe auch die Berufsbildpositionen und Qualifikationen insgesamt so interpretiert werden, dass deren Ausrichtung an Geschäftsprozessen bzw. Aufträgen erkennbar wird. Danach weisen einige Berufsbildpositionen und zugeordnete Qualifikationen wie z. B. „Umweltschutz (4)" oder „Betriebliche und technische Kommunikation (5)" aber keine direkte oder eine nur übergreifende Prozessausrichtung auf. Dagegen sind Berufsbildpositionen wie z. B. „Beraten und Betreuen von Kunden, Erbringen von Serviceleistungen (11)" oder „Konfigurieren und Programmieren von Steuerungen (14)" deutlicher prozessbezogen und mit ihren Qualifikationen relativ konkret an „Teilprozessen" von Geschäftsprozessen ausgerichtet.

Im Interpretationsrahmen der Verordnungen kann somit zusammengefasst bei den neuen Berufsprofilen von einer Ausrichtung an Geschäftsprozessen gesprochen werden, die „beruflich" jedoch nur sehr diffus zum Ausdruck kommt und insbesondere im Zusammenhang „betrieblicher" Geschäftsprozesse die Fragen zu Struktur und Inhalt „beruflicher" Arbeitsprozesse curricular und didaktisch völlig offenlässt.

3 Geschäftsprozesse und neue Ausbildungsdidaktik

Mit der Neuausrichtung der Berufe und Ausbildung an Geschäfts- und Arbeitsprozessen sind die bisherigen Curriculum- und Didaktikkonzepte deutlich in den Hintergrund getreten. Diese bestanden, zumindest bezogen auf die gewerblich-technische Berufsbildung, vornehmlich in einer Ausrichtung und Orientierung der Berufe und Ausbildung an der Inhalts- und Fachsystematik der Technikwissenschaften. Wie die Praxis und umfangreiche Literatur belegen, war so in der Berufsbildung lange Zeit z. B. statt von einer Berufsdidaktik fast nur von einer Technik- oder Fachdidaktik die Rede. Auch mussten die entsprechenden Kompetenzen aller an der Berufsausbildung beteiligten vorwiegend nur im Kontext der Technik- und Fachwissenschaften erworben und nachgewiesen werden, was im Prinzip bis heute gilt. Als Beispiel ist insbesondere die Ausbildung der Berufsschullehrkräfte wie auch der Einsatz vieler Ingenieure in der betrieblichen Ausbildung zu nennen. Dies erklärt nochmals Umstellungsprobleme, wenn es um die Einlösung des Anspruchs geht, die Berufe und Ausbildung heute curricular und didaktisch an Geschäfts- und Arbeitsprozessen auszurichten. Schlicht und unmittelbar ist so auch einsichtig, dass hier als Voraussetzung entsprechende Kompetenzen und Kenntnisse über Strukturen und Inhalte „betrieblicher" und „beruflicher" Geschäfts- und Arbeitsprozesse vorhanden sein müssen. Allerdings gilt ebenso, da betriebliche Geschäfts- und Arbeitsprozesse ja ganz wesentlich auf Erkenntnissen der Wirtschafts-, Technik- und allgemein der Fachwissenschaften basieren bzw. durch diese mitbestimmt und mitgestaltet werden, dass zur Ausbildung die bisher geforderten Kompetenzen nach wie vor ihre Bedeutung haben. Dennoch besteht kein Zweifel, wenn zur Berufsausbildung Geschäfts- und Arbeitsprozesse die neue curriculare und didaktische Grundlage sind, dass von allen Beteiligten heute auch erweiterte neue Kompetenzen[35] und ein elaboriertes Verständnis zu den

---

35 Dies betrifft insbesondere auch betriebswirtschaftliche Kompetenzen, da eine Ausbildungspraxis, wie z. B. in der IT-Ausbildung anzutreffen und wo sich Technik-,

Strukturen und Inhalten der „betrieblichen“ und „beruflichen“ Geschäfts- und Arbeitsprozesse gefordert sind.

4 Geschäftsprozesse in der Struktur von Arbeitsprozessen, Handlungsphasen und Arbeitsaufgaben (GAHPA)

Was Geschäfts- und Arbeitsprozesse sind, ist wegen ihrer curricularen und didaktischen Bedeutung im Zusammenhang der neuen Berufe und Ausbildung grundlegender zu klären. Grundlegender heißt insbesondere, die Klärung auch in der Perspektive „betrieblicher“ und „beruflicher“ Prozesse vorzunehmen. Dabei sollte bezogen auf die Strukturen und Inhalte der Geschäfts- und Arbeitsprozesse die Klärung möglichst zu allgemeinen wie konkreten Ergebnissen führen. Dies kann nur sehr bedingt durch Literaturstudien gelingen, sodass hierzu ein entwickeltes „GAHPA-Modell“ vorgestellt wird (siehe Abb. 1), welches seine Begründung vorrangig in empirischen Ergebnissen hat und zur Klärung wie auch Analyse und Darstellung von Geschäfts- und Arbeitsprozessen beitragen kann. In der Referenz gilt dies besonders im Erkenntniszusammenhang der Berufsarbeit, da das Modell empirisch auf entsprechenden Ergebnissen und vor allem betrieblichen Arbeitsstudien basiert. Beispielsweise lagen mit den Studien zu den älteren Elektroberufen in Industriebetrieben (vgl. u. a. Drescher u. a. 1995, Petersen u. a. 1999, Bremer/Jagla 2000) und auch in Handwerksbetrieben (vgl. u. a. Hägele 2002) erste wertvolle Hinweise auf modellhafte Strukturen „betrieblich-beruflicher“ Geschäfts- und Arbeitsprozesse vor. Insbesondere hat das Modell aber seine Basis in zahlreichen deutschen und europäischen Arbeits- und Fallstudien zu den IT-Berufen, in denen betriebliche IT-Geschäfts- und Arbeitsprozesse „aufgedeckt“ und zur IT-Arbeit und -Ausbildung beruflich und didaktisch ausgewertet wurden (vgl. Petersen/Wehmeyer 2003, EUQuaSIT Leonardo da Vinci II project 2001–2004[36]).

Informatik- und Wirtschafts- und auch Englisch-Lehrkräfte oft noch die Ausbildung „teilen“, auf Dauer keine Lösung ist.

36 Siehe http://www.euquasit.net.

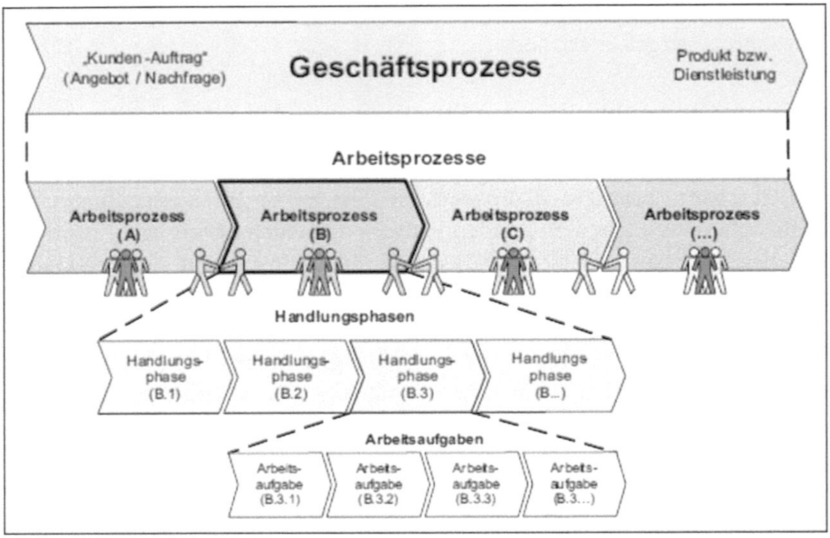

Abbildung 1: GAHPA-Modell: Der **G**eschäftsprozess in der Struktur von **A**rbeitsprozessen, **H**andlungs**p**hasen und **A**rbeitsaufgaben einschließlich aller am Geschäftsprozess beteiligten Personen (Fachkräfte/Berufe)

5 Geschäftsprozesse

Zunächst haben Geschäftsprozesse ganz allgemein immer etwas mit einem betrieblichen „Geschäft" und dem Prozess der Geschäftserfüllung zu tun. Im Prinzip geht es um ein (Markt-)Angebot oder die betriebliche Befriedigung einer Nachfrage zu beliebigen Produkten oder Dienstleistungen. Abnehmer oder Auftraggeber ist im weitesten Sinne immer ein „Kunde", der die von Betrieben[37] angebotenen oder in Auftrag gegebenen Produkte oder Dienstleistungen nachfragt. In Unternehmensformen wie z. B. der „Betrieb im Betrieb" gibt es entsprechend „innerbetriebliche Kunden", sodass „betriebliche" wie auch „innerbetriebliche" Geschäftsprozesse definierbar sind. So wird heute z. B. selbst die Ausbildung eines Auszubildenden zu einem „innerbetrieblichen" Geschäftsprozess, wenn diese von einer Betriebsabteilung in Auftrag

37 Als „Betrieb" werden hier umfassend sowohl private wie staatliche Betriebe, Unternehmen, Institutionen, Organisationen usw. jeglicher Größe und Branche verstanden.

gegeben und finanziert wird. Geschäftsprozesse haben dementsprechend Produkte oder Dienstleistungen jeglicher Art und Branche zum Gegenstand. Beispiele für sowohl komplexe wie einfache Geschäftsprozesse sind:

- die Produktion von Kraftfahrzeugen als Angebot oder auf „Nachfrage" z. B. bei VW oder BMW,
- die Erstellung eines Kraftwerkes im „Kunden-Auftrag" z. B. von Siemens oder die einer Software z. B. von SAP,
- die Dienstleistung einer Bank, eines Krankenhauses oder einer Bildungseinrichtung oder auch die des Kraftfahrtbundesamtes,
- die Brot- und Backwarenherstellung für den „Angebotsmarkt" einer Bäckerei,
- die Installation von Elektro- oder Heizungsanlagen im „Kunden-Auftrag" durch Handwerksbetriebe.

Bei Geschäftsprozessen werden die Produkte oder Dienstleistungen vom Kunden finanziert und haben für diesen folglich einen Wert. Geschäftsprozesse werden daher betriebswirtschaftlich oft als „Wertschöpfungskette" betrachtet, in der die Wertschöpfung durch den Einsatz und die Nutzung verschiedenster Ressourcen erfolgt. Neben z. B. Material- oder Maschinen-Ressourcen sind dies ganz wesentlich die Personal-Ressourcen, also alle am Geschäftsprozess und der Wertschöpfung beteiligten Fachkräfte, vom Manager oder Meister bis zur Hilfskraft.

Im Erkenntniszusammenhang von Berufsarbeit und Berufsbildung rückt damit auch bei Geschäftsprozessen der Einsatz und besonders die Arbeit und Qualifikation aller beteiligten Fachkräfte ins Zentrum. Hierbei ist einerseits nicht unbedeutend, dass der „richtige" Personaleinsatz oft eine Kernfunktion in der Geschäftsprozessstrategie ist. Sie ist mitentscheidend, welches „berufliche" Personal wie und wo mit welcher Qualifikation im betrieblichen Geschäftsprozess eingesetzt wird. Obige Beispielprozesse könnten zeigen, dass dies für die komplexe Autoproduktion mit tausenden von unterschiedlich qualifizierten Fachkräften (siehe als Beispiel Abb. 2) oder für eine Softwareentwicklung wie ebenso für die Installation einer Elektroanlage mit nur wenigen Fachkräften gilt.

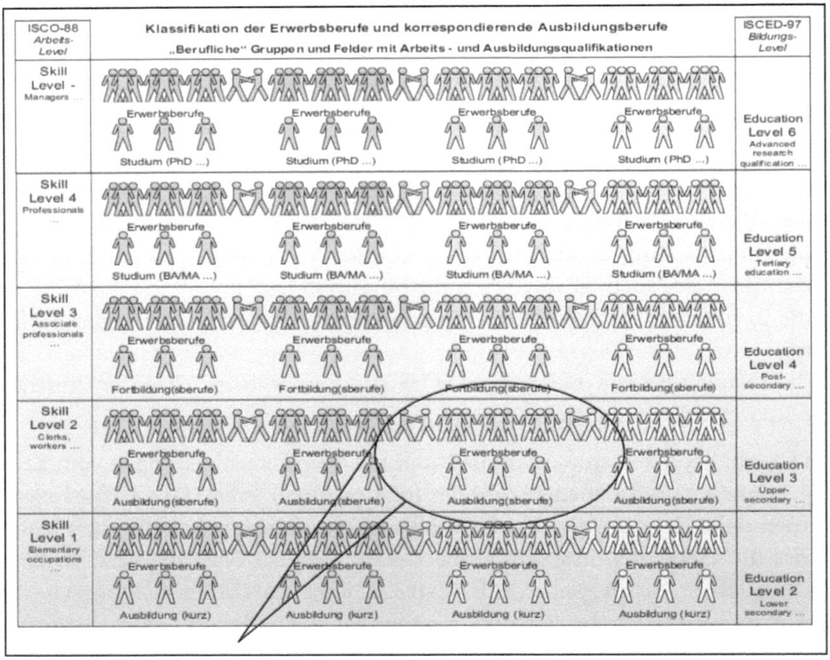

Abbildung 2: Beispiel zur Darstellung der an einem komplexen betrieblichen Geschäftsprozess beteiligten Fachkräfte unterschiedlicher beruflicher Arbeits- und Ausbildungsqualifikationen mit dem Fokus auf eine Berufsgruppe

Andererseits ist im Erkenntniszusammenhang von Arbeit und Berufsbildung die Sicht auf die Geschäftsprozesse eher umgekehrt, da ja zu klären ist, wie und wo in den Prozessen welche Fachkräfte mit welchen auch neuen oder veränderten Qualifikationen betrieblich tätig sind. So kann bei Geschäftsprozessen mit komplexen Produkten oder Dienstleistungen und vielen Fachkräften die scheinbar „einfache" Frage nach der einzelnen Berufsarbeit schnell ebenso zu einer komplexen Untersuchung werden. Bei einfachen Geschäftsprozessen mit nur wenigen Fachkräften ist sie dagegen eher überschaubar. Unterschiede gibt es so besonders zwischen industriellen und handwerklichen Geschäftsprozessen.

Bei Geschäftsprozessen ist aber immer von der betrieblichen Zusammenarbeit einer mehr oder weniger großen Anzahl von beruflich unterschiedlich qualifizierten Fachkräften auszugehen. In Arbeitsstudien ist so z. B. auch immer zu klären, wie und in welchen Formen die berufliche Zusammenarbeit in den Geschäftsprozessen jeweils organisiert und gestaltet ist. Der Frage nach der „horizontalen und vertikalen“ Schneidung und Abgrenzung der Berufsarbeit kommt dabei curricular eine besondere Bedeutung zu. Sie stellt sich heute zunehmend z. B. in und zwischen den Wirtschafts-, Metall- und Elektro- sowie IT- Berufen.

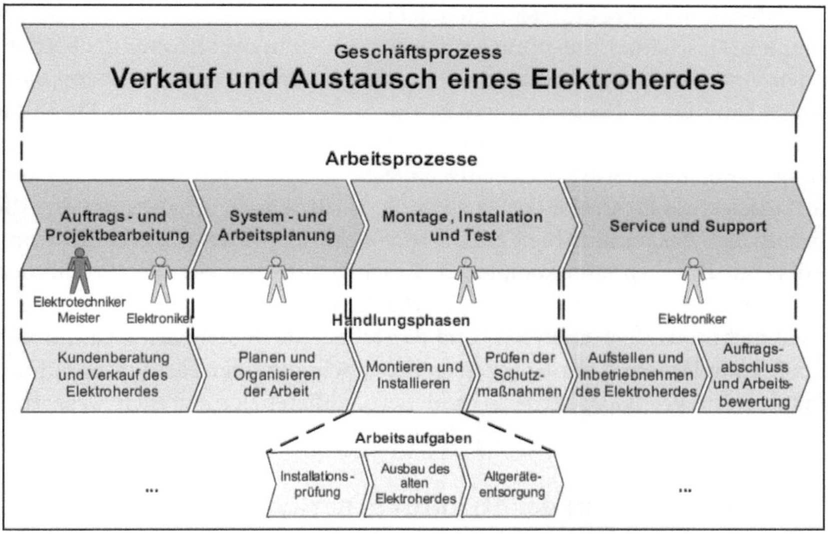

Abbildung 3: Beispiel eines konkreten Geschäftsprozesses in der Struktur von Arbeitsprozessen, Handlungsphasen und Arbeitsaufgaben einschließlich der am Geschäftsprozess beteiligten Fachkräfte

6 Das GAHPA-Modell

Zu Geschäftsprozessen sind die möglichen Analysen und Darstellungsformen vielfältig. Entscheidend ist das Erkenntnisinteresse, wobei der Umfang und Inhalt der Produkt- oder Dienstleistungserstellung sowie auch die Betriebsgröße die Komplexität und den Analyseaufwand bestimmt. Komplexe Geschäftsprozesse werden so z. B. oft in einer Funktions-, Daten- und Organisationssicht oder Leistungssicht analysiert und modellhaft dargestellt. Diese Sichtweisen auf Geschäftsprozesse haben vorwiegend ökonomische Interessen und dienen z. B. der Prozesssteuerung und -kontrolle. Sie werden heute verstärkt durch Ansätze in der Wirtschaftsinformatik unterstützt. Modelle und spezifische Ansätze mit beruflicher Sicht auf die Arbeit in den Geschäftsprozessen, mit denen die Berufsarbeit der Fachkräfte auch prozessbezogen bis auf die Ebene der Arbeitsaufgaben erfassbar wird, sind dagegen bisher wenig entwickelt. Wie einleitend angesprochen, wird daher auf der Erkenntnisbasis entsprechender Arbeitsstudien hier das GAHPA-Modell eingeführt (siehe Abb. 1), welches zu Geschäftsprozessen methodisch drei Ebenen mit prozess- und arbeitsbezogenen Strukturelementen definiert. Damit lassen sich einfache, wie komplexe Geschäftsprozesse auf einer ersten Ebene in der Struktur der betrieblichen Arbeitsprozesse beschreiben, zu denen auf der zweiten Ebene dann jeweils Handlungsphasen und wiederum zu diesen auf der dritten Ebene die Arbeitsaufgaben der einzelnen Fachkräfte analysiert und dargestellt werden können. Ein Beispiel ist der relativ einfache Geschäftsprozess „Verkauf und Austausch eines Elektroherdes" (siehe Abb. 3), zu dem die Analyse zugleich die „berufliche" Zusammenarbeit eines Elektrotechniker-Meisters und Elektronikers zeigt. Dagegen sind komplexere Geschäftsprozesse wie die „Produktion von Kraftfahrzeugen" oder die der „Bierherstellung" zur vergleichbaren Berufsarbeit nicht so einfach analysier- und darstellbar, da in den nach Struktur und Inhalt komplexeren Arbeitsprozessen die Beteiligung der Fachkräfte in horizontaler, wie vertikaler Arbeits- und Berufsdifferenzierung auch wesentlich vielfältiger ist.

7 Geschäftsfelder in der Struktur generierter Arbeitsfelder, Handlungsfelder und Arbeitsaufgaben

Zur Klärung, was Geschäfts- und Arbeitsprozesse sind, gehört eigentlich ebenso die Frage nach Geschäfts- und Arbeitsfeldern sowie nach Handlungsfeldern. Nicht nur dass die Begriffe weithin bekannt und in Verwendung sind, vielmehr sind diese „Felder" zur Wirtschaft und Arbeit wie im didaktisch-curricularen Zusammenhang auch übergreifend von Bedeutung. Dennoch sind die Begriffe und besonders die Beziehung und der Zusammenhang zwischen Prozessen und Feldern z. B. unter Arbeits- und Ausbildungsaspekten kaum hinreichend geklärt. Obwohl zur Ausbildung heute viel von Prozessen gesprochen wird, werden diesen aber weder mit den Verordnungen noch den Rahmenlehrplänen konkrete Geschäftsprozesse vorgegeben. Wenn überhaupt könnten diese auch wegen der „unendlichen" Vielfalt immer nur einen exemplarischen Charakter wie das Beispiel in Abb. 3 haben. Insofern ergibt sich unter verschiedenen Aspekten die Notwendigkeit, zur Vielfalt der Geschäftsprozesse eine Verallgemeinerung bzw. Generierung vorzunehmen, die im Ergebnis zu

Angaben mit dem auch eher statischen Feld-Begriff führt. So ist ein Geschäftsfeld wirtschaftlich zunächst allgemein „festgelegt durch:

- abgrenzbare Zielgruppen (Marktsegmente)
- homogene Produkte oder Dienstleistungen (Produkt-Segmente)
- spezifische Absatzbereiche“ (vgl. Bleicher 1999, S. 265–268).

Das heißt, ein Geschäftsfeld kennzeichnet damit im Wesentlichen alle betrieblichen Geschäfts- und Arbeitsprozesse mit z. B. einem homogenen Produkt. Oder anders, gegenüber einzelnen Geschäftsprozessen kommt in der Geschäftsfeldangabe die generische Vielzahl homogener markt-, produkt- oder absatzbezogener Geschäftsprozesse zum Ausdruck. Große Unternehmen mit diversifizierten Geschäftsprozessen können zudem neben ihrem „Kern-Geschäftsfeld“ auch weitere Geschäftsfelder haben. So heißt es z. B. bei der Deutschen Bahn: „Die Geschäftsfelder werden seit April 2005 in den Ressorts „Personenverkehr“, „Transport und Logistik“ sowie „Infrastruktur und Dienstleistungen“ gebündelt.“ Weitere Geschäftsfeld-Beispiele sind:

- PKW-Herstellung,
- Informations- und Telekommunikationstechnik (IT),
- Elektrotechniker-Handwerk,
- Windenergie.

Zum Geschäftsfeld „Elektrotechniker-Handwerk“, ist der Geschäftsprozess „Verkauf und Austausch eines Elektroherdes“ somit auch nur ein Beispiel aus einer Vielzahl möglicher Geschäftsprozesse.

8 Das GAHFA-Modell

Wenn Geschäftsfelder auf der Basis homogener Geschäftsprozesse generiert und inhaltlich benannt werden, dann kann dies methodisch ebenso auf Arbeitsprozesse, Handlungsphasen und Arbeitsaufgaben und damit vergleichbar auf das gesamte GAHPA-Modell übertragen werden. Hierdurch entsteht das „GAHFA-Modell“, mit dem auf der Basis und unter Beibehaltung der Prozessstrukturen die entsprechenden Strukturelemente zu einem Geschäftsfeld generiert und bestimmbar werden:

- **G**eschäftsfeld
- **A**rbeitsfelder,
- **H**andlungsfelder und
- **A**rbeitsaufgaben.

In diesen Feldern sind wiederum Fachkräfte tätig, sodass sich wie zum gesamten „betrieblichen" Geschäftsfeld auch für jede Fachkraft die je „beruflichen" Arbeits- und Handlungsfelder sowie Arbeitsaufgaben bestimmen lassen. Entsprechend dem Modell und Ansatz sind dies prozessbezogene „Arbeits- und Berufsangaben", die denen von Arbeitsgebieten in modernen Berufsbild- und Tätigkeitsbeschreibungen vergleichbar sind.

9 Geschäfts- und Arbeitsprozesse als Grundlage der betrieblichen Ausbildung

Zur Ausbildungspraxis der Elektroberufe kann die neue Anforderung einer „prozessbezogenen Qualifikationsvermittlung" mithilfe der erfolgten Prozess- und Feld-Klärungen nun curricular klarer und didaktisch weiter konkretisiert werden. Zunächst und auch mit Blick auf viele Diskussionen und Beiträge ist nochmals herauszustellen, dass sich die Ausbildungsordnungen wie Rahmenlehrpläne nur auf Prozesse „beziehen" bzw. an diesen „ausrichten" und damit selbst keine Geschäfts- und Arbeitsprozesse beinhalten. Sie geben curricular im Prinzip „berufliche" Arbeits- und Handlungsfelder bzw. Lernfelder vor, die, wenn der neue Anspruch didaktisch eingelöst ist, aber als Voraussetzung für eine „prozessbezogene Qualifikationsvermittlung" auch Prozessstrukturen aufweisen sollten. Die konkrete Grundlage zur betrieblichen Ausbildung sind die Ausbildungsrahmenpläne mit der sachlichen und zeitlichen Gliederung der neuen „Kern- und Fachqualifikationen". Curricular und inhaltlich basieren diese Qualifikationen auf den „Berufsbildpositionen" (vgl. BMWA 2003). Exemplarisch zum industriellen Ausbildungsberuf „Elektroniker/-in für Automatisierungstechnik" sind nachfolgend die Berufsbildpositionen und beruflichen „Einsatzgebiete" dargestellt, und zwar nach obigen „GAHFA-Modell" (siehe Abb. 4). Dazu wird zunächst anhand der als Geschäftsfelder dargestellten Einsatzgebiete erkennbar, in welchen möglichen industriellen Geschäftsfeldern der Beruf ausgebildet und damit auch ausgeübt werden kann. Wie die Abbildung des Weiteren zeigt, sind zu den Einsatzgebieten bzw. Geschäftsfeldern „alle" betrieblichen Arbeitsfelder dargestellt, die nach Struktur und Inhalt auf Basis real möglicher Geschäftsprozesse generiert wurden.

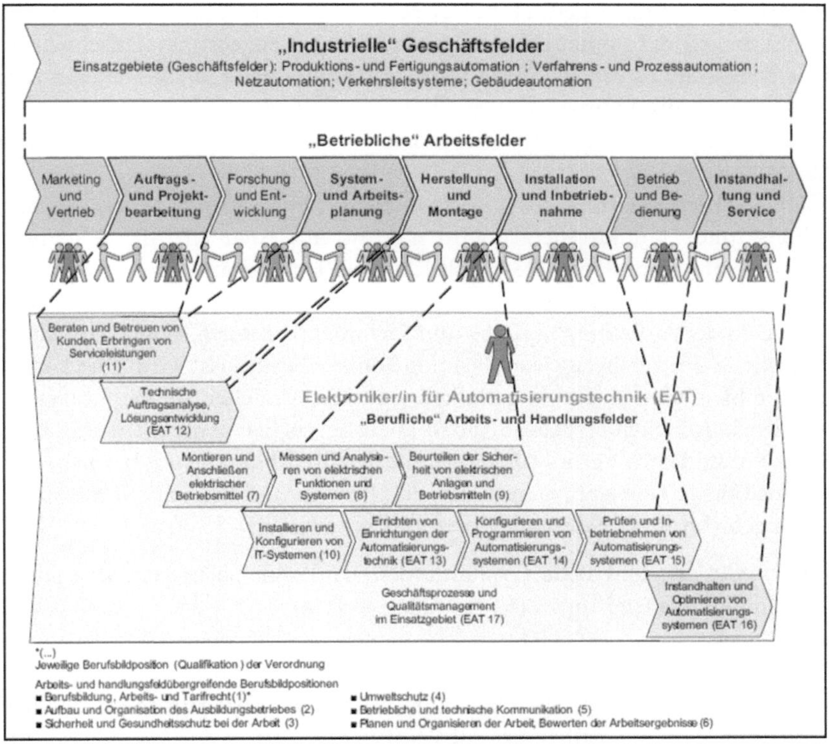

Abbildung 4: Berufsbild-Beispiel „Elektroniker/-in für Automatisierungstechnik“ (EAT): Interpretation und Darstellung der Einsatzgebiete als Geschäftsfelder sowie der Berufsbildpositionen als prozessbezogene berufliche Arbeits- und Handlungsfelder nach dem „GAHFA-Modell“

In den betrieblichen Arbeitsfeldern wie z. B. der Produktions- und Fertigungsautomation arbeitet in aller Regel eine Vielzahl von Fachkräften unterschiedlicher Berufe und Qualifikationen zusammen. Generell stellt sich damit unter Arbeits- und Berufsaspekten auch die Frage zum je „beruflichen“ Beitrag im Geschäftsfeld und den Arbeitsfeldern. Konkret ist dies die Frage nach den Arbeits- und Berufsgrenzen bzw. den je „beruflichen“ Arbeits- und Handlungsfeldern und Arbeitsaufgaben, die im Beispiel für und zugleich mit dem neuen Ausbildungsberuf „Elektroniker/-in für Automatisierungstechnik“ durch 17 Berufsbildpositionen beantwortet wurde. Die 17 Berufsbildpositionen sind in der Darstellung nach dem „GAHFA-Modell“ den entsprechenden betrieblichen Arbeitsfeldern inhaltlich und prozessbezogen zugeordnet. Dabei wurden die ersten sechs als arbeits- und handlungsfeldübergreifend, die weiteren zehn Positionen als direkt prozessbezogene Handlungsfelder und die Position 17 als ein diese Felder umfassendes „berufliches“ Geschäftsfeld interpretiert (siehe Abb. 4).

Hinsichtlich des Prozessbezugs der einzelnen Positionen bzw. „beruflichen“ Arbeits- und Handlungsfelder wird hiermit curricular ein Mix erkennbar, wobei als Hauptmerkmal die inhaltliche Ausrichtung an einzelnen Arbeits- oder Teilprozessen gelten kann. Nicht unbedeutend ist hierzu das theoretische Konstrukt der Aufteilung in Kern- und Fachqualifikationen, wodurch auch der „berufliche“ Prozessbezug jeder Position konkret beeinflusst wird. Dies kommt auf der hier nicht mehr dargestellten weiteren Modellebene der prozessbezogenen beruflichen Arbeitsaufgaben noch deutlicher zum Ausdruck. Diese Aufgaben sind nach Verordnung im Sinne der Qualifikationen z. B. zur Berufsbildposition 11 bzw. dem Handlungsfeld „Beraten und Betreuen von Kunden, Erbringen von Serviceleistungen“ wie folgt vorgegeben:

- Vorstellungen und Bedarf von Kunden ermitteln, Lösungsansätze entwickeln und Realisierungsvarianten anbieten (11a)
- ...
- Störungsmeldungen aufnehmen (11c)
- Einzelheiten der Auftragsabwicklung vereinbaren, bei Störungen der Auftragsabwicklung Lösungsvarianten aufzeigen (11d)
- ...
- Informationsaustausch zu den Kunden organisieren (11g) (vgl. BMWA 2003).

Mit der „Zeitlichen Gliederung“ dieser sachlich-inhaltlichen Qualifikationsvorgaben ist die betriebliche Ausbildung nach den Ausbildungsrahmenplänen didaktisch-methodisch neu in insgesamt 11 Zeitrahmen strukturiert (s. Abb. 5). Diese Zeitrahmen sollen die „prozessbezogene Qualifikationsvermittlung“ unterstützen, was sich didaktisch an der Ausgestaltung und Stufung der Zeitrahmen auch hinsichtlich Umfang und Anforderungen zeigt. So werden die Zeitrahmen 1 bis 10 im Ansatz aus je verschiedenen Kombinationen einzelner Aufgaben bzw. Qualifikationen der obigen Berufsbildpositionen 1 bis 16 gebildet. Damit wird erreicht, dass die Zeitrahmen nicht nur die Qualifikationen einer Berufsbildposition wie z. B. „Prüfen und Inbetriebnehmen von Automatisierungssystemen“ beinhalten und sich folglich nicht nur auf einzelne, sondern mehrere Arbeits- oder Teilprozesse beziehen. Die Ausnahme ist der Zeitrahmen 11, der nur die Berufsbildposition 17 (siehe Abb. 4) beinhaltet. Diese

Position ist selbst aber eine Ausnahme, da sich deren Inhalte allein auf einen relativ komplexen und vollständigen „beruflichen" Geschäftsprozess beziehen. Mit den Zeitrahmen 1 bis 11 wird von daher ein Konzept verfolgt, nach dem insgesamt am Anfang eher einfache und gegen Ende anspruchsvollere prozessübergreifende Arbeiten im Sinne von beruflichen Aufträgen und Geschäftsprozessen zum Ausbildungsgegenstand werden sollen.

Zum neuen Konzept der Ausbildung hat auch das BiBB mit einer veröffentlichten Darstellung versucht, die wesentlichen neuen Gestaltungselemente in den Zusammenhang von Geschäfts- und Arbeitsprozessen zu stellen und für die Umsetzung zu erläutern (siehe Abb. 5).

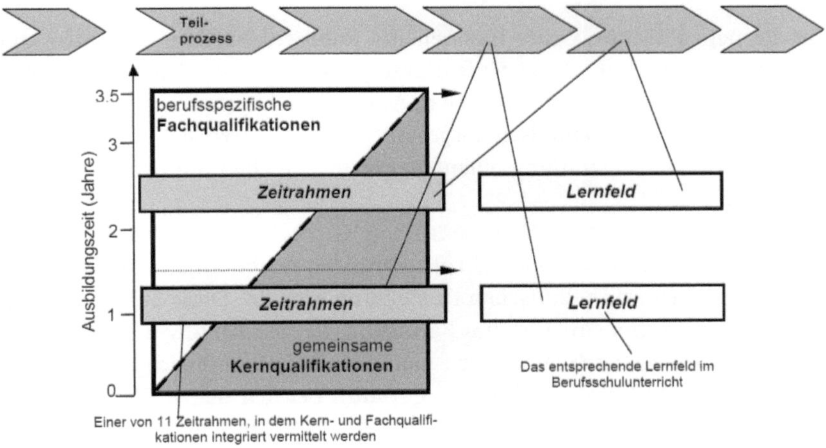

Abbildung 5: Absicht oder Missverständnis: Ein „Geschäftsprozess" wird in Arbeits- bzw. „Teilprozesse" gegliedert und entsprechend den 11 Zeitrahmen oder 13 Lernfeldern „Teilprozess für Teilprozess" über die gesamte Ausbildungszeit zum Ausbildungsgegenstand (Abbildung aus BiBB 2003, S. 6)

Die hierin vermittelte Aussage und didaktische Botschaft ist allerdings missverständlich und zumindest für die Zeitrahmen im Prinzip falsch. So werden die Zeitrahmen hier so dargestellt, als ob in jedem der 11 Zeitrahmen immer nur die Kern- und Fachqualifikationen zu einem „Teilprozess" Inhalt der Ausbildung sind. Danach wären die Qualifikationen zu einem relativ vollständigen beruflichen Geschäftsprozess oder Auftrag aber zeitlich zergliedert und würden insgesamt erst über die gesamte Ausbildung verteilt zum Ausbildungsgegenstand. Für die Ausbildung kommt dies didaktisch einem „prozessbezogenen

Taylorismus“ gleich, der nicht nur praktisch problematisch und didaktisch-methodisch unsinnig ist. Wie oben erläutert, entspricht die „Didaktik“ dieser Darstellung vielmehr auch nicht den methodischen Intentionen und tatsächlichen Inhalten der Zeitrahmen 1 bis 11. Insofern ist die Darstellung äußerst missverständlich und unterstützt keineswegs den Ansatz der Zeitrahmen, mit dem für die Ausbildungspraxis ja eher deutlich das Signal gegeben ist, didaktisch (wieder) verstärkt auf der Basis der betrieblichen Geschäfts- und Arbeitsprozesse bzw. Aufträge auszubilden.

10 Geschäfts- und Arbeitsprozesse als Grundlage der schulischen Ausbildung

Für die neuen Elektroberufe basieren die Rahmenlehrpläne curricular und didaktisch neu auch auf dem Lernfeldkonzept der KMK (vgl. KMK 1996, 2000). Dementsprechend sind der schulischen Ausbildung Lernfelder vorgegeben, die heute weniger fachsystematisch ausgestaltet sind, sondern sich weitgehend an „Arbeitsprozessen, Handlungsabläufen und beruflichen Aufgabenstellungen orientieren“.

Mit dieser didaktischen Neuorientierung ist zugleich eine deutlich verbesserte Abstimmung der Rahmenlehrpläne mit den Ausbildungsordnungen bzw. der betrieblichen und schulischen Ausbildung erreicht. Diese bezieht sich vor allem auf die Positionsinhalte zum Berufsbild der Verordnung und die Inhalte der Lernfelder, die auch didaktisch-methodisch eine vergleichbare Struktur aufweisen. Die Lernfeldgestaltung folgt damit bei den neuen Elektroberufen sehr konsequent dem neuen KMK-Lernfeldkonzept, zu dem es heißt: „soweit das Ausbildungsberufsbild in Ausbildungsordnungen die Tätigkeitsfelder der ausgebildeten Fachkraft nach den betrieblichen Arbeits- und Geschäftsprozessen wiedergibt, kann es die Grundlage für die Struktur der Lernfelder in Rahmenlehrplänen sein“ (KMK 2000, S. 14). Da sich wie exemplarisch zum Ausbildungsberuf „Elektroniker/-in für Automatisierungstechnik“ oben gezeigt, die Berufsbildpositionen tatsächlich überwiegend an betrieblichen Prozessen ausrichten, weisen insofern auch die Lernfelder – wie von der KMK „gefordert“ – inhaltlich wie strukturell eine hohe Identität mit den Positionen bzw. Handlungsfeldern der Berufsbilder auf (siehe Abb. 4 und 6). Konkret deutlich wird dieses beispielsweise an der Berufsbildposition 15 „Prüfen und Inbetriebnehmen von Automatisierungssystemen“ und dem Lernfeld 10 „Automatisierungssysteme in Betrieb nehmen und übergeben“. Gleichzeitig wird hier erkennbar, dass, wie bereits festgestellt, sich die Berufsbildpositionen überwiegend „nur“ an einzelnen Arbeitsprozessen bzw. beruflichen „Teilprozessen“

ausrichten und sich nun dementsprechend auch die Lernfelder in ihrer Inhaltsstruktur überwiegend „nur“ auf einzelne Teilprozesse beziehen (siehe Abb. 6).

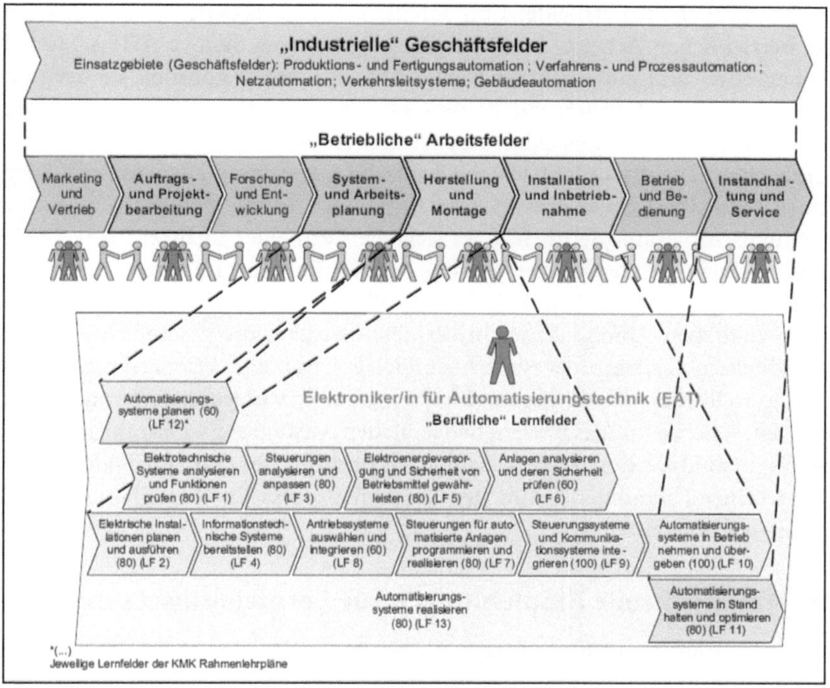

Abbildung 6: KMK-Rahmenlehrplan „Elektroniker/-in für Automatisierungstechnik“ (KMK 2003): Interpretation und Darstellung der Einsatzgebiete als Geschäftsfelder sowie der Handlungsfelder als prozessbezogene „berufliche“ Lernfelder, „die an beruflichen Aufgabenstellungen und Handlungsabläufen orientiert sind“ (KMK 2000, S. 14)

Von daher ist zumindest zum Prozessbezug der Lernfelder die vom BiBB veröffentlichte Darstellung zutreffend (siehe Abb. 5). Folgt man zur Umsetzung der insgesamt 13 Lernfelder dem Ansatz der Rahmenlehrpläne, so nehmen zum berufsbezogenen Unterricht die Lernfelder 1 bis 4 eine Sonderrolle ein. Diese sind nach Struktur und Inhalt prinzipiell für alle neuen Elektroberufe identisch und didaktisch noch dem alten Konzept der „berufsfeldbreiten“ Grundbildung geschuldet. Inhaltlich und entsprechend dem neuen Berufskonzept beziehen sie sich daher auch nur auf die allen Elektroberufen gemeinsamen

„Kernqualifikationen". Die Umsetzung der ersten vier Lernfelder sollte und kann nun aber trotzdem und wenn im 1. Ausbildungsjahr immer möglich bereits mehr auf die konkreten Berufsinhalte bezogen erfolgen. Hilfreich kann dazu sein, auch die Lernfelder 1 bis 4 in der prozessbezogenen Gesamtstruktur der betrieblichen Arbeits- und Handlungsfelder nach dem „GAHFA-Modell" zu begreifen und aufzunehmen (siehe Abb. 6). Damit könnten sie beruflich deutlicher auf die Einsatzgebiete bzw. Geschäftsfelder ausgerichtet und als prozessbezogene Handlungsfelder umgesetzt werden. Im Prinzip gilt dies auch vergleichbar für die didaktisch-methodische Umsetzung aller anderen Lernfelder. Dazu wird entsprechend dem Ansatz der Rahmenlehrpläne allerdings nochmals insgesamt deutlich, dass sich die Lernfelder in ihrer Struktur der Inhaltsschwerpunkte vorrangig immer nur auf einen „Teilprozess" beziehen (siehe wiederum Abb. 5 und 6). Die Lernfeldumsetzung hat unabhängig von deren zeitlichen Abfolge daher im Prinzip erst über die gesamte Ausbildung verteilt einen Gesamtprozess als Ausbildungsgrundlage. Wiederum eine Ausnahme stellt hier jedoch das Lernfeld 13 „Automatisierungssysteme realisieren" dar, welches im Ansatz dem betrieblichen Ausbildungs-Zeitrahmen 11 mit der Berufsbildposition 17 vergleichbar ist und mit dem am Ausbildungsende ebenso ein vollständiger beruflicher Geschäftsprozess zur Grundlage der Lernfeldumsetzung wird.

11 Weitergehende Empfehlungen zur Lernfeldumsetzung

Angesichts der Herausforderungen zur neuen arbeits- und prozessorientierten Ausbildung ist naheliegend und in der Unterrichtspraxis weit verbreitet, die Lernfelder weitgehend in der vorgegebenen didaktisch-methodischen Struktur der Rahmenlehrpläne umzusetzen. Eine solche „eins zu eins" Lernfeldumsetzung ist aber nur eine, wenn auch zunächst „sichere" Variante und Möglichkeit. Bezogen auf die oben bereits geäußerte Kritik zu einem „prozessbezogenen Taylorismus" in der Ausbildung, sollte die Gestaltung und Umsetzung der Lernfelder mit ihrer überwiegenden Orientierung an einzelnen „Teilprozessen" jedoch überdacht werden. Bezieht man die Ausbildungspraxis, zumal die im Handwerk, und die Forderung einer mehr arbeits- und prozessbezogenen Qualifikationsvermittlung daher umfassender in die didaktischen Überlegungen ein, so sollten sich bereits die einzelnen Ausbildungs- und Lerneinheiten inhaltlich ganzheitlicher und somit hier „teilprozessübergreifender" an den Geschäfts- und Arbeitsprozessen bzw. Aufträgen ausrichten. Didaktisch ist dies für die Ausbildung im Handwerks- und Dienstleistungsbereich im Prinzip die gängige

Praxis und für die in den Industrieberufen entspricht dies nach Konzept und Inhalt weitgehend der Grundidee der Zeitrahmen-Methode.

Für die Empfehlung zu einer entsprechenden Lernfeld- und Unterrichtsgestaltung bedeutet dies, in Abweichung von der vorgegebenen Lernfeldstruktur, die Lernfeldinhalte integrierter und im Sinne so genannter prozessübergreifender Lernfeldprojekte umzusetzen. Die bisherige Ausnahme wie z. B. das oben genannte Lernfeld 13 für die „Elektroniker/-in für Automatisierungstechnik" gegen Ende der Ausbildung würde somit im Ansatz für alle Lernfelder der Ausbildung gelten. Die neue Ausgestaltung und Umsetzung der einzelnen Lernfelder sollte dabei allerdings eine didaktisch-methodische Stufung wie die der Zeitrahmen hinsichtlich der prozessbezogenen Komplexität und Anforderungen aufweisen. Damit wäre zudem, folgt man hier der Intention in obiger BiBB-Darstellung (siehe Abb. 5), nun auch tatsächlich eine didaktisch-methodische Abstimmung zwischen den ja „teilprozessübergreifenden" Zeitrahmen und neuen „Lernfeldprojekten" erreicht.

Wie generell zum neuen Lernfeldkonzept haben erste Erfahrungen besonders zur zweiten Variante der Lernfeldumsetzung zu der Erkenntnis geführt, dass neben z. B. dem Fachbuch heute vor allem mehr und umfassende Kenntnisse über die jeweiligen beruflichen Geschäfts- und Arbeitsprozesse gefordert sind. Sie sind eine zentrale Voraussetzung wie schwierige Anforderung, ohne die aber letztlich die neuen Ausbildungs- und Lernfeldkonzepte nur schwer umgesetzt werden können. Wie eingangs angesprochen, erscheint die Durchführung und Verbreitung betrieblicher Arbeits- und Fallstudien zur je beruflichen Arbeit in Geschäftsprozessen daher zunehmend notwendiger. Auch vor diesem Hintergrund soll so zur Lernfeldumsetzung als abschließendes Beispiel nochmals der oben dargestellte und bereits analysierte betriebliche Geschäftsprozess „Verkauf und Austausch eines Elektroherdes" aufgenommen werden (siehe Abb. 3). Dieser reale und relativ einfache Prozess kann im Abgleich mit den Lernfeldinhalten z. B. für die „Elektroniker/-in" bereits im 1. Ausbildungsjahr zum Gegenstand der Ausbildung und des Unterrichts werden. Wie immer wenn Geschäfts- und Arbeitsprozesse die Grundlage der Unterrichtsgestaltung sind, ist dazu vorab der reale Prozess mittels einer nicht zu unterschätzenden detaillierten Arbeits- und Prozessanalyse (früher hieß dies Sachanalyse) didaktisch aufzubereiten. Auf dieser Basis hat die Lernfeldumsetzung zwar einen relativ einfachen aber beruflich ganzheitlichen Geschäftsprozess als Grundlage. Im Weiteren und mit Blick auf die konkrete Unterrichts- und Lernprozessgestaltung sollte sich diese didaktisch, so die Empfehlung, eng an den entsprechenden Arbeitsprozessen, Handlungsphasen und Arbeitsaufgaben orientieren. Das heißt, zum Konzept der Lernfeldumsetzung gehört, den

Unterricht didaktisch-methodisch mit den arbeits- und prozessbezogenen Elementen abzustimmen und so zu gestalten, dass dieser in seiner Struktur je korrespondierende

- Lernprozesse,
- Lernphasen und
- Lernaufgaben

aufweist. Didaktisch orientiert sich damit die Unterrichts- und Lernprozessgestaltung an den Prozessstrukturen und erhält vor allem eine den beruflichen Handlungsphasen und Arbeitsaufgaben entsprechende Struktur von Lernphasen und Lernaufgaben. Der Lernprozess würde so beispielsweise (siehe entsprechend Abb. 3) mit der Lernphase und den beruflichen Lernaufgaben „Kundenberatung und Verkauf des Elektroherdes“ beginnen und mit der Lernphase und den Lernaufgaben „Auftragsabschluss und Arbeitsbewertung“ abschließen.

Zum Ansatz und den Beispielen der hier nur skizzierten Lernfeldumsetzungen sind weitere Konzeptdetails und Hinweise bis zur Ebene einer Rahmenplanung für den Unterricht ausgearbeitet. Diese sind gemeinsam mit auch komplexeren Beispielen der Lernfeldumsetzung in der Zusammenarbeit mit Kollegen der Berufsschulen auch veröffentlicht und zugänglich (siehe http://www.elektroberufe-online.de). Wie mit diesem Beitrag ist und wird aufgezeigt, wie „Geschäfts- und Arbeitsprozesse als Grundlage beruflicher Ausbildungs- und Lernprozesse“ für die neuen Elektroberufe didaktisch mit dem GAHPA-GAHFA-Modell besser verstanden und für eine Lernfeldumsetzung mit arbeits- und prozessbezogenen Lernphasen und Lernaufgaben genutzt werden können.

Literatur

BIBB Bundesinstitut für Berufsbildung: Aus der Neuordnungsarbeit des BIBB 2003. Industrielle Elektroberufe – zum Ausbildungsstart 2003. Bonn 2003.

BiBB Bundesinstitut für Berufsbildung: Deutschland. Neue IT-Berufe als Vorreiter gestaltungsoffener Ausbildungsgänge. In: CEDEFOP Europäisches Zentrum für die Förderung der Berufsbildung. (Hrsg.): CEDEFOP INFO zur beruflichen Bildung in der Europäischen Union. Nr. 1/2000. Thessaloniki 2000, S. 13.

BMWA Der Bundesminister für Wirtschaft und Arbeit (Hrsg.): Verordnung über die Berufsausbildung in den industriellen Elektroberufen vom 3. Juli

2003; verkündet im Bundesgesetzblatt Teil I Nr. 31 vom 11. Juli 2003, Seite 1144. Berlin 2003.

Bleicher, K.: Das Konzept integriertes Management: Visionen – Missionen – Programme. Frankfurt/M. et al 1999, 5. rev. und erw. Aufl.

Bremer, R./Jagla, H.-H. (Hrsg.): Berufsbildung in Geschäfts- und Arbeitsprozessen: Dokumentation und Ergebnisse der Fachtagung vom 14. und 15. Juni 1999 in Hannover. Bremen 2000.

Drescher, E./Müller, W./Petersen, A. W./Rauner, F./Schmidt, D.: Evaluation der industriellen Elektroberufe. Neuordnung oder Weiterentwicklung. Abschlussbericht 1995. Bremen 1995.

Hägele, T.: Modernisierung handwerklicher Facharbeit am Beispiel des Elektroinstallateurs. Hamburg 2002 (Dissertation)

Petersen, A. W./Behnemann, K./Kapelle, N. u. a.: Modellversuch SEDIKO: Lernfeld und Lernraumgestaltung zur Förderung der Service- und Dienstleistungskompetenzen in den neuen IT-Berufen, Abschlussbericht. Flensburg, Bremen, Erfurt, Kiel, Wiesbaden 2001.

Petersen, A. W. u. a.: Arbeitsorientierte Berufsbildung – Gestaltung und Erprobung von Lernprozessen in neuen kooperativen Ausbildungs- und Organisationsformen für die Berufsbildung in Berufsschule und Ausbildungsbetrieb. Modellversuch ARBI Abschlussbericht. Baunatal, Flensburg, Kassel, Wiesbaden, Wolfhagen 1999.

Petersen, A. W./Wehmeyer, C.: Die neuen IT-Berufe auf dem Prüfstand – Eine bundesweite Studie im Auftrag des Bundesinstituts für Berufsbildung BiBB. Evaluation der neuen IT-Berufe Teilprojekt 1: Abschlussbericht. Flensburg 2001.

Petersen, A. W./Wehmeyer, C.: Aufgedeckt: IT-Arbeitsprozesse und Ausbildung in der Betriebspraxis. Betriebliche Fallstudien: Dokumentation und Auswertung der Fallstudien zur Arbeit und Ausbildung in den IT-Berufen – Eine bundesweite Studie im Auftrag des Bundesinstituts für Berufsbildung BiBB. Evaluation der neuen IT-Berufe Teilprojekt 2: Abschlussbericht. Flensburg 2003.

KMK Sekretariat der Ständigen Konferenz der Kultusminister der Länder in der Bundesrepublik Deutschland (Hrsg.): Handreichungen für die Erarbeitung von Rahmenlehrplänen der Kultusministerkonferenz (KMK) für den berufsbezogenen Unterricht in der Berufsschule und ihre Abstimmung mit Ausbildungsordnungen des Bundes für anerkannte Ausbildungsberufe. Bonn 1996, 2000.

KMK Sekretariat der Ständigen Konferenz der Kultusminister der Länder in der Bundesrepublik Deutschland (Hrsg.): Rahmenlehrplan für den Ausbildungsberuf Elektroniker für Automatisierungstechnik/ Elektronikerin für Automatisierungstechnik. Bonn: Beschluss der Kultusministerkonferenz vom 16.05.2003

Beitrag 12 aus dem Jahr *2014*: Einsatz von Lernplattformen zur Förderung berufsbezogener Team- und Selbstlernkompetenzen

lernen & lehren, 2/2014, Heft 114,
Schwerpunktthema Digitales Lernen, S. 74–78, Heckner Verlag

Im *lernen & lehren* Heftschwerpunktthema „Digitales Lernen" aus dem Jahr 2014 wurde von A. Willi Petersen der Beitrag „Einsatz von Lernplattformen zur Förderung berufsbezogener Team- und Selbstlernkompetenzen" veröffentlicht. Ausgehend von dem durch ihn festgestellten Mangel an Einsatzformen von digitalen Lernplattformen an berufsbildenden Schulen, wird hier ein projekterprobtes Umsetzungsbeispiel unter besonderer Berücksichtigung einer arbeitsorientierten Lernfeldumsetzung vorgestellt.

Ist didaktisch – z. B. auf Grund der Möglichkeiten zum selbstgesteuerten und kooperativen Lernen oder der verbesserten Lernortkooperation – die Entscheidung für eine möglichst schulweite Einführung einer Lernplattform getroffen, so sollte nach Petersen die Auswahl zu einer für den Berufsschulunterricht optimalen und servicefreundlichen sowie kostengünstigen Software getroffen werden. Im hier konkret geschilderten Falle wurde „moodle", als eine freie „Open Source Software", ausgewählt. Am Beispiel einer Ausbildungsklasse und Lerngruppe der IT-System-Elektroniker/-innen im zweiten Ausbildungsjahr wird im Beitrag exemplarisch der didaktische Mehrwert der Lernplattform dargestellt.

Aufbauend auf einem möglichst realen Geschäftsprozess, der im konkreten Fall der didaktisch aufbereitete Kundenauftrag „Erweiterung und Umstrukturierung des LAN und der ISDN-TK-Anlage in einer Werbeagentur" war, wurde der Lernprozess gestaltet. Da der Kundenauftrag als Geschäftsprozess Ziele und Inhalte mehrerer IT-Lernfelder umfasst, bildet dieser ausbildungsdidaktisch als ein lernfeldübergreifendes „Lernfeldprojekt" somit auf der moodle-Lernplattform auch zugleich die Ausgangsbasis der Lernfeldumsetzung. Hierbei ist der Lernprozess in „Lernphasen" strukturiert, die sich wiederum ganzheitlich am Kundenauftrag als Geschäftsprozess mit seinen in der Arbeitspraxis generisch möglichen Arbeits- und Handlungsfeldern orientieren. Konkret wurden hier fünf generisch relevante Arbeitsfelder analysiert und entsprechend für den Lernprozess fünf Lernphasen festgelegt.

Eine Vielfalt von verschiedenen Arbeits- und Lernmaterialien – u. a. der Zugang zu den Lernmodulen von CISCO oder das IT-Grundschutzhandbuch vom BSI – stehen digital zur Verfügung. Diese „digitalen" Arbeits- und Lernmaterialien in der allgemeinen Form von pdf-Dateien, Links auf ausgewählte Internetseiten, erstellte eigene (html-)Internetseiten usw. sollen didaktisch gezielt das sowohl selbstständige wie kooperative Bearbeiten der Lernaufgaben unterstützen.

Zum Ende des Beitrages wird eine Bewertung des Ansatzes vorgenommen. Petersen kommt in Abwägung des Aufwandes durch Einführung, Installation und permanenter Administration und des erzielten didaktischen Mehrwertes zur einer Empfehlung für deren Einführung an berufsbildenden Schulen. Im Projektzusammenhang haben sich – empirisch nachgewiesen – die Team- und Selbstlernkompetenzen mittels der Nutzung der Lernplattform verbessern und erhöhen lassen. Anhand von je acht definierten Beschreibungs- und Beurteilungskategorien konnte dies nachgewiesen werden.

Einsatz von Lernplattformen

Das Spektrum der in den Berufsschulen heute eingesetzten digitalen Medien ist zwar beachtlich, doch der Einsatz von Lernplattformen ist bislang wenig bis kaum verbreitet. Die Ursachen hierzu sind vielfältig. So muss bei deren Einführung der nicht zu unterschätzende komplexe soziotechnische IT-System-Aufwand gegenüber dem didaktischen Mehrwert und „Lern-Nutzen“ gut abgewogen werden. Im Beitrag wird daher über eine didaktisch eher erfolgreiche Einführung und Nutzung der „Open Source Lernplattform moodle“ in Berufsschulen berichtet, und zwar mit dem besonderen Fokus auf die meist schwierige unterrichtliche Förderung berufsbezogener Team- und Selbstlernkompetenzen. Exemplarisch wird dies an einer explizit arbeitsorientierten Lernfeldumsetzung für den berufsbezogenen Unterricht aufgezeigt, wie es erstmalig bei den IT-Berufen im Rahmen des Projekts TUSKO[38] erprobt wurde.

1 Entscheidungs- und Auswahlkriterien für eine Lernplattform

Für die Einführung und erstmalige Nutzung einer Lernplattform im Berufsschulunterricht war entsprechend dem Projektansatz didaktisch vor allem die mediale Ausweitung der Möglichkeiten zu einem mehr selbst gesteuerten und kooperativen Lernen der Grund (vgl. Petersen/Reiner 2008). Der kooperative und selbst bestimmte sowie auch zeit- und ortsunabhängige Zugriff auf digitale Lernmedien und deren Austausch über das Internet eröffnet für Lerngruppen im Unterricht völlig neue Möglichkeiten. Besonders im Gegensatz zum nach wie vor vorherrschenden Frontalunterricht im ¾-Stunden-Takt lassen sich so Team- und Selbstlernkompetenzen bereits im Ansatz besser im Berufsschulunterricht unterstützen und optimal fördern. Mittels der Lernplattform könnte im Weiteren beispielsweise ebenso die Zusammenarbeit und inhaltliche Lernortkooperation zwischen der Berufsschule und den Betrieben didaktisch sehr anspruchsvoll ausgebaut und gefördert werden. Indem Betrieben zum Beispiel

38 TUSKO steht für „Team- und Selbstlernkompetenzen in arbeitsorientierten Lernphasen mit neuen Medien- und Lernraumkonzepten in der Berufsausbildung“ und war ein Verbundprojekt und Modellversuch an Berufsschulen der Länder Bremen und Thüringen. Dort werden Lernplattformen im Sinne der Nachhaltigkeit noch bis heute entsprechend eingesetzt und genutzt.

über das Internet von außen der Einblick in den Berufsschulunterricht gezielt eröffnet und eventuell mit direkten Kooperationsmöglichkeiten über die Lernplattform deutlich erweitert wird, ergeben sich z. B. durch digital eingebrachte betriebliche Hinweise oder reale „Medien“ aus der Arbeitspraxis schon von selbst neue Perspektiven einer wirklich arbeitsorientierten Unterrichts- und gemeinsamen Lernprozessgestaltung. Ist didaktisch gut begründet die Entscheidung für eine möglichst schulweite Einführung einer Lernplattform getroffen, steht die Auswahl zu einer für den Berufsschulunterricht optimalen und servicefreundlichen sowie kostengünstigen Software an.

Diese Auswahl erfolgt unter Berücksichtigung verschiedener Kriterien sowie auch auf der Basis vorhandener Erfahrungen mit Lernplattformen und hatte das „Learning Content Management System (LCMS)“ bzw. kurz „moodle“, eine freie „Open Source Software“, zum Ergebnis. Nachfolgend sollen vor allem die Möglichkeiten der didaktischen Nutzung dieser moodle-Lernplattform zu einer arbeitsorientierten Lernfeldumsetzung für eine Ausbildungsklasse und Lerngruppe der IT-System-Elektroniker/-innen im zweiten Ausbildungsjahr exemplarisch dargestellt werden.

2 Arbeitsorientierte IT-Lernfeldumsetzung mit der Lernplattform „moodle“

Ausgangspunkt der Unterrichts- und Lernprozessgestaltung im Sinne einer arbeitsorientierten Lernfeldumsetzung nach GAHPA (vgl. u. a. Petersen 2005) ist zunächst generell ein möglichst realer IT-Geschäftsprozess.

Dieser könnte und soll hier exemplarisch ein didaktisch aufbereiteter Kundenauftrag wie der folgende sein: „Erweiterung und Umstrukturierung des LAN und der ISDN-TK-Anlage in einer Werbeagentur“. Da der Kundenauftrag als Geschäftsprozess Ziele und Inhalte mehrerer IT-Lernfelder umfasst, bildet dieser ausbildungsdidaktisch als ein lernfeldübergreifendes „Lernfeldprojekt“ somit auf der moodle-Lernplattform auch zugleich die Ausgangsbasis der Lernfeldumsetzung (siehe Abb. 1). Eine Ausbildungsklasse der IT-System-Elektroniker/-innen, die als „angemeldete Teilnehmer/-innen“ jederzeit über das Internet Zugang zu den „Themen dieses Kurses“ (leider unveränderbare moodle-Terminologie!) hat, kann sich daher individuell oder als Lerngruppe mit dem inhaltlich zu den Lernfeldern verorteten Kundenauftrag unter Ausbildungs- und Lernaspekten auseinandersetzen. Wie bei einer klassischen Unterrichtsplanung wird der auf den Kundenauftrag bezogene und zu gestaltende Lernprozess auch auf der Lernplattform „moodle“ in seiner Grobstruktur didaktisch-methodisch vorgeplant. Durch den arbeits- und prozessorientierten

Lernansatz werden hierzu keine didaktisch meist zergliederten und taylorisierten „Lernsituationen“ konstruiert und strukturiert, sondern der Lernprozess soll sich vielmehr in der Struktur von „Lernphasen“ ganzheitlich am Kundenauftrag als Geschäftsprozess mit seinen in der Arbeitspraxis generisch möglichen Arbeits- und Handlungsfeldern orientieren. Auf der Lernplattform „moodle“ wird von daher eine dort bei „Einstellungen“ für die Grobstruktur zum Lernprozess entsprechend mögliche thematische (und somit nicht zeitlich gegliederte) „Themenstruktur“ gewählt und in der Form und Anzahl der am Geschäftsprozess orientierten Lernphasen konkret eingerichtet. Die Anzahl der prozesshaft zusammenhängenden Lernphasen wird hier in der Vorplanung durch die noch zu analysierende Anzahl der relevanten Arbeitsfelder bzw. Arbeitsprozesse zum Kundenauftrag festgelegt.

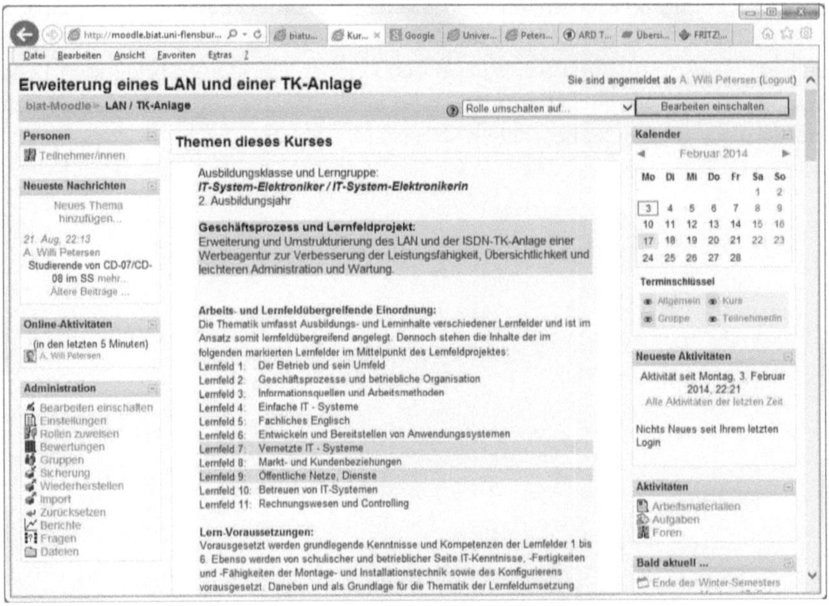

Abbildung 1: Kundenauftrag bzw. Geschäftsprozess als Ausgangsbasis für die didaktische Lernfeldumsetzung und Lernprozessgestaltung auf der Lernplattform „moodle“

3 Vorplanung und digitale Ausgestaltung einzelner Lernphasen auf „moodle“

Zum vorgegebenen Kundenauftrag können auf der Grundlage des verallgemeinerten IT-Geschäftsfeldes insgesamt fünf generisch relevante Arbeitsfelder analysiert und entsprechend für den Lernprozess fünf Lernphasen festgelegt und vorgeplant werden (siehe Abb. 2). Die „Lernphase 1“ bezieht sich hierbei praktisch immer und allgemein auf die am Anfang zu jedem Kundenauftrag erforderliche „Auftrags- und Geschäftsprozessanalyse mit Arbeitsplanung“. Mit dem didaktischen Konstrukt von „Lernaufgaben“ sollen dementsprechend zum IT-Kundenauftrag auch zunächst der Auftrag selbst und der dazugehörige betriebliche Geschäftsprozess zum Lerngegenstand der ersten Lernphase werden. Auf der moodle-Lernplattform werden speziell dazu didaktisch – wie im Folgenden zu allen Lernphasen – die digitalen Möglichkeiten „Aktivität anlegen …“ und „Arbeitsmaterial anlegen …“ genutzt. Für die „Lernphase 1“ wurden hier als Aktivität konkret drei Lernaufgaben formuliert und digital angelegt. Diese Aufgaben sollten von den Lernenden oder zu bildenden Lerngruppen ebenso möglichst „digital“ und selbstständig und zudem noch zeit- und ortsunabhängig zu bearbeiten sein (siehe Abb. 2).

Abbildung 2: Lernphase 1 mit den in „moodle" angelegten Lernaufgaben zur „IT-Geschäftsprozessanalyse mit Arbeitsplanung"

Wie didaktisch im Prinzip generell soll mit den Lernaufgaben zur Lernphase 1 zunächst der Kundenauftrag und dessen Bearbeitung im Rahmen eines betrieblichen Geschäftsprozesses durch die Lernenden analysiert und inhaltlich verstanden sowie beschrieben werden. Die vorab real und vor allem auf der moodle-Lernplattform zur Verfügung gestellten Daten und Unterlagen zu dem Kundenauftrag bilden hierzu die Grundlage. Didaktisch ist dabei die

Annahme, dass die Lernenden als Auszubildende im zweiten Ausbildungsjahr eine Auftragsanalyse und Projekt- und Arbeitsplanung auf der Basis ihrer ersten Betriebs- und Arbeitserfahrungen weitgehend selbstständig oder zumindest in kooperativen Lerngruppen durchführen können. Unterstützung bietet hier zudem das auf der moodle-Lernplattform dargestellte verallgemeinerte IT-Geschäftsfeld sowie die als Referenz angelegte „Lernphasen-Übersicht" mit möglichen Arbeits- und Lernergebnissen. Da diese im Ansatz und inhaltlich zugleich eine am betrieblich-generischen Geschäftsprozess orientierte komplette Lernprozessgestaltung darstellen, sollten allerdings idealerweise die Ergebnisse und Lernphasen von den Lernenden im Rahmen der IT-Geschäftsprozessanalyse auch relativ eigenständig oder im Team oder auch mit realer Hilfe der Ausbildungsbetriebe erarbeitet werden.

Die Lernaufgabe 1.3 hat zur ersten Lernphase mit der je individuellen „Lernprozessplanung und Kompetenzanalyse" noch eine Besonderheit. Nachdem zum Kundenauftrag die durchzuführenden Arbeitsprozesse, Handlungsphasen und Arbeitsaufgaben analysiert und von den Lernenden auch teils geplant wurden, stellt sich letztlich zu diesen insgesamt die Aufgabe und Frage, wo hier für jeden Lernenden im Einzelnen bereits Erkenntnisse und Kompetenzen vorliegen und wo und was zu den geplanten Arbeiten des Kundenauftrags in den entsprechenden weiteren Lernphasen noch je gelernt werden muss. So kann zur Lernphase 3 auf Basis der je individuellen Kompetenzanalyse beispielsweise ein Ergebnis sein, dass sich bei den Lernenden die je vorhandenen Qualifikations- und Kompetenzstärken und -schwächen zur Analyse und Konfiguration von Netzwerken und ISDN-TK-Anlagen stark unterscheiden. Didaktisch könnte dies vor allem beim kooperativen Lernen in Lerngruppen durch die Lernplattform sehr vielseitig berücksichtigt und unterstützt werden. Betrachtet man zur didaktischen Vorplanung und digitalen Lernphasen-Ausgestaltung im Weiteren noch exemplarisch die Lernphase 3 (siehe Abb. 3), so wurde zu den angelegten Lernaufgaben hier auf „moodle" insbesondere noch eine Vielfalt von verschiedenen Arbeits- und Lernmaterialien wie u. a. der Zugang zu den Lernmodulen von CISCO oder das IT-Grundschutzhandbuch vom BSI digital zur Verfügung gestellt.

Diese „digitalen" Arbeits- und Lernmaterialien in der allgemeinen Form von pdf-Dateien, Links auf ausgewählte Internetseiten, erstellte eigene (html-)Internetseiten usw. sollen didaktisch gezielt das sowohl selbstständige wie kooperative Bearbeiten der Lernaufgaben unterstützen. Zur Lernaufgabe 3.1 „Analyse der Netzwerkstruktur und -komponenten" kann so z. B. je nach Voraussetzungen der Lernenden ein dazu passendes und über einen Link online gestelltes „Grundlagen-Lernmodul" z. B. der Fa. CISCO genutzt werden. Die

Schülerinnen und Schüler bzw. Auszubildenden lernen dabei zugleich eine im Aufbau völlig andere Lernplattform kennen und verbessern zudem insgesamt ihre Kompetenzen im Umgang und in der Nutzung von digitalen Medien. Des Weiteren gilt für alle Lernaufgaben, dass deren Ergebnisse und Lösungen in der Regel digital erstellt und teils nach Vorgabe je festgelegter Termine auch auf der moodle-Lernplattform „abgelegt" werden können und so z. B. zur Einsicht oder Bewertung für die Lehrkraft zur Verfügung stehen.

4 Zusammenfassung und Bewertung zur Nutzung der Lernplattform „moodle"

Die bislang in der Berufsschulpraxis generell schwierige Lernfeldumsetzung wurde wohl erstmalig im TUSKO-Projekt als besondere Herausforderung im Zusammenhang der Nutzung einer Lernplattform aufgenommen (vgl. Dähnhardt u. a. 2008). Da dies im Sinne der Erprobung inzwischen auch in vielen anderen Kontexten erfolgt ist und entsprechend didaktisch übertragen wurde, lassen sich einige Vor- und Nachteile zu der auch speziellen Nutzung der Lernplattform „moodle" benennen.

Zur Einführung, Installation und permanenten Administration einer Lernplattform wie „moodle" ist der soziotechnische IT-System-Aufwand relativ komplex und hoch und als Daueraufgabe für eine Berufsschule nicht zu unterschätzen. In Abwägung mit dem didaktischen Mehrwert kann heute einer Berufsschule aber dennoch nur zugeraten werden, sich der Herausforderung durch dieses neue Lernmedium zu stellen und das Kollegium für den Einsatz und die Nutzung einer Lernplattform zu begeistern. Aber auch im Weiteren ist der je individuelle didaktisch-methodische Aufwand beim Einsatz und bei der unmittelbaren Nutzung einer Lernplattform durch die Lehrkräfte nicht zu unterschätzen. Wie allein am Screenshot mit den Details zur moodle-Lernplattform zu erkennen ist (siehe Abb. 1), ist die Einrichtung und Neuanlage eines „moodle-Kurses", einschließlich deren gesamte passende Webgestaltung und Administration sowie der Klärung und Festlegung der Bearbeitungs-, Nutzungs- und Teilnehmerrechte, ein lange vor Unterrichtsbeginn zu leistender systemtechnischer und pädagogisch-didaktischer Arbeitsaufwand. Auch im Vergleich mit einer klassischen Unterrichtsvorbereitung ist dieser Arbeitsaufwand zunächst relativ hoch, obwohl er je nach Perspektive und Anspruch und über die gesamte Unterrichtszeit betrachtet sogar geringer sein bzw. werden kann. Zudem bedarf es ebenso einiges an Erfahrung zur „richtigen" und umfassenden didaktisch-methodischen Nutzung aller digitalen Möglichkeiten der moodle-Lernplattform, die aber im Prinzip erst über die Jahre von den

Lehrkräften wie letztlich ebenso von den Lernenden gesammelt werden müssen. Beispielsweise lassen sich auf „moodle“ u. a. noch die „Aktivitäten“ wie Chat, Wiki, Glossar oder Test und Umfrage einrichten und nutzen, die allerdings mangels Erfahrung bei dem hier nur skizzierten Beispiel der Lernfeldumsetzung auch noch nicht zum Einsatz kamen.

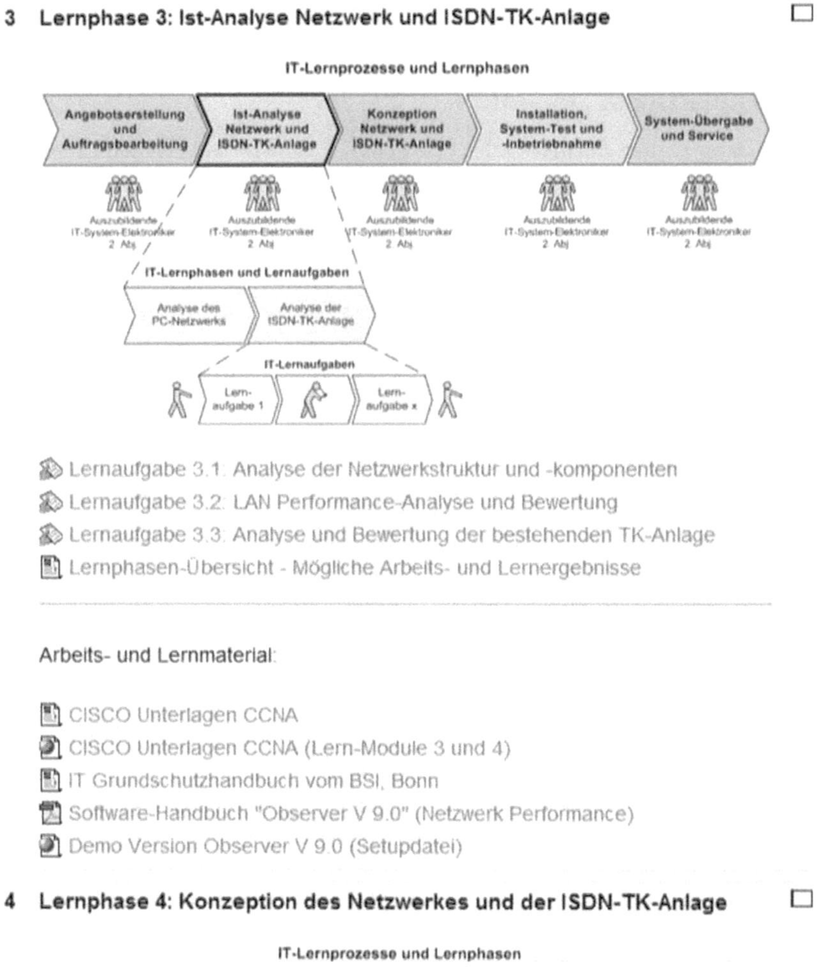

Abbildung 3: Lernphase 3 mit Lernaufgaben und Arbeits- und Lernmaterialien zur „Ist-Analyse Netzwerk und ISDN-TK-Anlage“

Mit Blick auf die ursprüngliche Projektfrage, ob und wie sich Team- und Selbstlernkompetenzen mittels der Nutzung von Lernplattformen verbessern und erhöhen lassen, ist die Antwort zunächst schlicht: ja. Im Detail und anhand von je acht definierten Beschreibungs- und Beurteilungskategorien hat sich dies auch relativ eindeutig aus einer empirischen Erhebung zu den Team- und Selbstlernkompetenzen ergeben (vgl. Petersen/Reiner 2008). Aber ebenso aus der Sicht der Schülerinnen und Schüler bzw. Auszubildenden sind die direkten Bewertungen zum Lernen mit der moodle-Lernplattform fast durchweg positiv. So wurde zum einen besonders die Mitwirkung bei der Lernprozessgestaltung mit den Lernphasen und jeweiligen Lernaufgaben entlang der Logik des Geschäftsprozesses und der Arbeitsprozesse im Ver-Querschnittsgleich zum „Normalunterricht" als deutlich arbeits- und handlungsorientierter bewertet. Zum anderen beziehen sich die sehr positiven Bewertungen mehr generell auf das Was und Wie der in den individuellen wie kooperativen Lernprozessen erarbeiteten Ergebnisse und Lösungen. So wurden die von der moodle-Lernplattform und speziell durch die digital angelegten Lernaufgaben mit den entsprechenden Arbeits- und Lernmaterialien unterstützten Lernprozesse – auch wieder im Vergleich zum „Normalunterricht" – als deutlich motivierender und zugleich erfolgreicher charakterisiert. Ebenso empfanden sich die Lernenden nicht nur durch die stärkere Individualisierung der Lernwege besser unterstützt, sondern auch das nicht immer einfache Lernen im Team erscheint für sie erfolgreicher.

Insofern können die Bewertungen und Erfahrungen mit der Lernplattform „moodle" insgesamt zu einem medialen Plädoyer für die didaktische Einrichtung und Nutzung von Lernplattformen an Berufsschulen verdichtet werden. Zu beachten ist jedoch, dass die dazu hier nur angedeuteten notwendigen schulischen sowie ebenso die bei den Lernern bzw. Auszubildenden im häuslichen wie betrieblichen Umfeld benötigten Voraussetzungen geklärt und geschaffen werden.

Literatur

Dänhardt, K.; Eblinger, K.; Petersen, A. W.; Reiner, B. (2008): Abschlussbericht Modellversuch TUSKO: Team- und Selbstlernkompetenzen in arbeitsorientierten Lernphasen mit neuen Medien- und Lernraumkonzepten in der Berufsausbildung. Bremen/Erfurt/Flensburg: biat, Universität Flensburg.

Petersen, A. W. (2005): Geschäfts- und Arbeitsprozesse als Grundlage beruflicher Ausbildungs- und Lernprozesse. In: lernen & lehren, 20. Jg., Heft 80, S. 163–174.

Petersen, A. W.; Reiner, Bodo (2008): Förderung von Team- und Selbstlernkompetenzen durch e-Learning und die Gestaltung arbeitsorientierter Lernphasen in den Elektro- und IT-Berufen. In: SKOLA Good-Practice-Band 2008, S. 177–186.

Beitrag 13 aus dem Jahr *2014*: Struktur- und Profilwandel der Elektro- und IT-Ausbildungsberufe als systemischer Gegenstand der Berufs- und Berufsbildungsforschung

In: Severing, Eckart; Weiß, Reinhold (Hrsg.): Weiterentwicklung von Berufen – Herausforderungen für die Berufsbildungsforschung. Bielefeld 2014, S. 79–97

Der Beitrag „Struktur- und Profilwandel der Elektro- und IT-Ausbildungsberufe als systemischer Gegenstand der Berufs- und Berufsbildungsforschung“ setzt sich mit einem der Kernelemente des wissenschaftlichen Wirkens des Berufswissenschaftlers A. Willi Petersen auseinander: der Interdependenz des Beschäftigungs- und des Berufsbildungssystems. Am Beispiel der Elektroberufe wird verdeutlicht, dass eine möglichst geringe Anzahl an Ausbildungsberufen auf eine hohe Anzahl an Erwerbsberufen vorbereiten soll. Welche Strukturen und Profile bei den Ausbildungsberufen dabei Anwendung finden, wird von Petersen als große didaktische Herausforderung, zentraler Kern und systemischer Gegenstand der Berufs- und Berufsbildungsforschung eingeschätzt. Die Vielfalt der Elektro-Erwerbsberufe wird dargestellt und darauf verwiesen, dass auf Grund von unterschiedlichen Arbeitsprofilierungen, verschiedener Einsatzgebiete, Kunden, Spezialisierungen, Produkt- oder Gerätetypen usw. eine Klassifizierung in generische Berufsgruppen und Berufsuntergruppen schwierig sei.

Im historischen Verlauf werden Stationen der Entwicklungen des Elektroarbeitsmarktes und der Berufsbildung zusammengestellt. So ist die Aussage von Werner Siemens aus dem Jahre 1885 doch sehr erstaunlich, der für sein Unternehmen nicht auf eine eigene Lehrlingsausbildung setzt, sondern auf ausgebildete Fachkräfte aus dem Handwerk. Da die Arbeitsanforderungen in der Industrie zunehmend sich von denen im Handwerk stärker unterschieden, wurden eigene Ausbildungen gestaltet, um den neuen industrietypischen Fachkräftebedarf abzudecken. Diese Berufsbildung war zunächst nur auf die eigenen betrieblichen Berufe ausgerichtet, so dass viele neue, rein betriebliche „Industrie-Lehrberufe", entstanden. Die Gründung des DATSCH im Jahre 1908 wird von Petersen gewürdigt, da dieser eine branchenübergreifende Bedeutung zukam. Dieser Ausschuss nahm sich der Industrieausbildung an und mit seinem Ansatz und den Arbeiten wurde die Berufsausbildung der Industrie bis heute maßgeblich geprägt. So erfolgte eine inhaltliche Festlegung und Ordnung neuer Lehr- und Anlernberufe mit einheitlichen Berufsbildern, Berufsbezeichnungen und Ausbildungszeiten, die im Ansatz und Ergebnis als „DATSCH-Grundberufe" von Petersen bezeichnet werden. Erste Hinweise auf eine Berufsforschung des DATSCH werden von Petersen bereits im Jahr 1909 erkannt.

Die Phasen und Ansätze der Berufs- und Berufsbildungsforschung zu den Elektro- und IT-Berufen sind nach Petersen einerseits bestimmt von einem permanenten Arbeits- und Berufswandel und andererseits von den Ordnungsphasen, für die teils im Sinne einer kombinierten Berufs- und Berufsbildungsforschung Untersuchungen bzw. Evaluationen durchgeführt wurden. Die vorhandenen Ordnungsphasen werden von Petersen zusammengestellt und deren wissenschaftliche Fundierung dargestellt. Er stellt fest, dass die durchgeführten Untersuchungen und Evaluationsstudien sich meistens auf die Elektro- und IT-Ausbildungsberufe der Industrie beziehen und folgert, dass Unterschiede in der Berufsbildungsforschung für die Industrie und das Handwerk existieren.

Abschließend wird für eine erneute Evaluation und Neuordnung der Elektro- und IT-Berufe plädiert, da es zeitlich sinnvoll wäre und in den Betrieben inzwischen Technologie- und Arbeitsveränderungen stattgefunden haben, die Berücksichtigung finden sollten. Strukturell legt sich Petersen nicht fest, ob von einem oder zwei Berufsfeldern oder neuen Berufsgruppen gesprochen werden sollte. Die bisherigen Entwicklungen im Zusammenhang mit den Neuordnungsverfahren und Evaluationsprojekten hätten gezeigt, dass die Berufsfeld-Frage bei den Elektro- und den IT-Ausbildungsberufen auch didaktisch von berufsstruktureller Bedeutung ist. Er empfiehlt weitgehend auf alte Strukturen und Klassifikationen zu verzichten und möglichst umgehend die Definitionen und Klassifikationen der KldB 2010 als neue tragfähige Referenz-Basis zu nutzen und erläutert dies am Beispiel des Ausbildungsberufes „Elektroniker/-in für Automatisierungstechnik".

Struktur- und Profilwandel der Elektro- und IT-Ausbildungsberufe als systemischer Gegenstand der Berufs- und Berufsbildungsforschung

Die Erwerbsberufe zur Elektro- und IT[39]-Facharbeit sind seit ihrer Herausbildung in Industrie und Handwerk vor gut 150 Jahren bis heute durch einen beständigen Arbeits- und Technikwandel gekennzeichnet. Mit dem Berufswandel hat in den Betrieben gleichzeitig die Vielfalt und Anzahl dieser Berufe zugenommen, die heute laut Statistik allein für die Elektroberufe etwa 750 beträgt und in denen aktuell insgesamt etwa 800.000 Erwerbstätige beschäftigt sind. Der ständige Berufswandel hat zur Konsequenz, dass die entsprechende Berufsausbildung stets mit neuen Strukturen und Profilen von Elektro- und IT-Ausbildungsberufen reagieren musste. Dabei war und ist evident, dass zur betrieblichen Vielzahl und Vielfalt z. B. der Elektro-Erwerbsberufe nicht einfach identisch viele Elektro-Ausbildungsberufe festzulegen sind. Vielmehr sind seit der ersten Ordnung der Lehr- und Anlernberufe im Sinne von „Grundberufen" immer betriebsübergreifende Ausbildungsberufe von möglichst geringer Anzahl zu entwickeln. Deshalb kann jede Entwicklung der Strukturen und Profile der Elektro- und IT-Ausbildungsberufe als große didaktische Herausforderung, zentraler Kern und systemischer Gegenstand der Berufs- und Berufsbildungsforschung betrachtet werden. Im vorliegenden Beitrag wird ein Ansatz zur Weiterentwicklung von Ausbildungsberufen dargestellt, der die Bedürfnisse des Arbeitsmarktes berücksichtigt.

1 Einleitung und Problemstellung

Zwischen dem Beschäftigungssystem und dem dualen Berufsbildungssystem besteht in Deutschland eine Wechselwirkung. Die Berufsausbildung ist gefordert, auf den Arbeits- und Technikwandel in der Erwerbstätigkeit zu reagieren.

---

39 IT steht hier wie bei den neuen Ausbildungsberufen seit 1997 nicht nur für Informationstechnik, sondern für Informations- und Telekommunikationstechnik. Deshalb können bereits die ersten „Telegrafenarbeiter und -beamte", die „Fernmeldehandwerker" und die „Informations- und Kommunikationselektroniker" der IT-Berufsgruppe zugerechnet werden.

Dies zeigt sich vor allem am vielfachen Struktur- und Profilwandel der Elektro- und IT-Ausbildungsberufe, die seit der Herausbildung der Elektro- und IT-Facharbeit vor gut 150 Jahren weitgehend eine Anpassung an die Arbeitsveränderungen waren. Fast allen Veränderungen ist gemeinsam, dass zu einer großen Vielfalt und Vielzahl „betrieblicher“ Elektro-Erwerbsberufe immer nur eine eher geringe Anzahl „überbetrieblicher“ Elektro-Ausbildungsberufe entwickelt wurden. Ausgenommen sind hier die Berufe des Handwerks, da es für ein Handwerk zumindest lange Zeit nur einen Ausbildungsberuf gab und so z. B. zum alten Elektroinstallateur-Handwerk auch der „Elektroinstallateur“ der einzige Erwerbs- und Ausbildungsberuf war. Heutzutage stehen beispielsweise den etwa 20 Elektro-Ausbildungsberufen mit knapp 120.000 Auszubildenden insgesamt gut 750 verschiedene Elektro-Erwerbsberufe mit etwa 800.000 Erwerbstätigen gegenüber (vgl. Abb. 1).

Über 750 Elektroberufe der Berufsgruppe 31.. BA/IAB Berufe 26..2/1 KldB 2010			Elektro-Ausbildungsberufe	
Elektro-Erwerbsberufe Deutschland 2010/11			Deutschland 2008/09	
Erwerbstätige:	768.000		Summe Azubis	118.247
soz.vers. Beschäftigte:	648.786		ca. 20 Ausbildungsberufe	
Erwerbslose:	36.000		Elektroniker/-in (Hw)	35.244
Summe „Elektriker"	804.000		Systemelektroniker/-in (Hw)	484
			Informationselektroniker/-in (Hw)	3.286
			Hörgeräteakustiker/-in (Hw)	31.840
			Summe Hw	42.063
311 Elektroinstallateure ...	444.365		Elektroniker/-in für Maschinen und Antriebstechnik (Hw/IHK)	1,209 485
312 Fernmeldemonteure ...	36.467		Summe	1.694
313 Elektromotorenbauer ...	25.923	Qualifikationen und Skills der Arbeit (KldB/ESCO/ISCO)	Elektroanlagenmonteur/-in (IHK)	772
314 Elektrogerätebauer ...	122.146	in Korrespondenz zu	Elektroniker/-in für Automatisierungstechnik (IHK)	6.074
315 Funkgerätemechaniker ...	19.885	Qualifikationen und Kompetenzen der Ausbildung (DQR/EQF/ISCED)	Elektroniker/-in für Gebäude- und Infrastruktursysteme (IHK)	354
Summe	648.786		Elektroniker/-in für Betriebstechnik (IHK)	21.585
Vgl. Statistiken BA 2011			Mechatroniker/-in (IHK)	26,234
			Mikrotechnologe/-in (IHK)	578
			Elektroniker/-in für Geräte und Systeme (IHK)	9.232
			Elektroniker/-in für luftfahrttechnische Systeme (IHK)	416
			Systeminformatiker/-in (IHK)	650
			IT-System-Elektroniker/-in (IHK)	6.417
			Fachkraft für Veranstaltungstechnik (IHK)	3.071
			Summe IHK	76.184
			Ausbildung gem. § 66 BBiG/§ 42m HwO z.B.: Summe	316
Über 750 Elektroberufe der Berufsgruppe 31.. BA/IAB Berufe 26..2/1 KldB 2010			Quote AB/E.B ca. 14o/o (ges. 4o/o)	
			Vgl. Statistiken BIBB 2010	

Abbildung 1: Elektro-Erwerbstätige in „beruflicher" Korrespondenz zu Elektro-Auszubildenden

Ganz unabhängig von den exakten Zahlen und beruflichen Zuordnungen der Erwerbstätigen ist hier festzuhalten, dass es eine große Vielfalt und Anzahl von betrieblichen Elektro- und IT-Erwerbsberufen gibt. Im Detail unterscheiden sich diese Berufe in den Arbeits- und Aufgabeninhalten, selbst bei gleicher Berufsbezeichnung. So kann z. B. ein „Betriebselektriker" je nach Größe und Branche des Betriebes verschiedene betriebliche Arbeiten und Aufgaben haben. Besonders in Großbetrieben gibt es vielfältige berufliche Arbeitsprofilierungen aufgrund verschiedener Einsatzgebiete, Kunden, Spezialisierungen,

Produkt- oder Gerätetypen usw. Insofern verwundert es nicht, dass es nach den inzwischen mehrfach geänderten Berufs-Klassifikationen schon immer eine große Herausforderung war, die große betriebliche Berufsvielfalt der Elektro- und IT-Erwerbsberufe inhaltlich z. B. in „geeignete" generische Berufsgruppen und Berufsuntergruppen zu klassifizieren (siehe aktuell Abb. 2).

26	**Mechatronik-, Energie- und Elektroberufe** (Berufshauptgruppe)
261	**Mechatronik und Automatisierungstechnik** (Berufsgruppe)
2611	Berufe in der Mechatronik (Berufsuntergruppe)
2612	Berufe in der Automatisierungstechnik
2619	Aufsichtskräfte – Mechatronik und Automatisierungstechnik
262	Energietechnik
2621	Berufe in der Bauelektrik
2622	Berufe in der Elektromaschinentechnik
2623	Berufe in der Energie- und Kraftwerkstechnik
2624	Berufe in der regenerativen Energietechnik
2625	Berufe in der elektrischen Betriebstechnik
2626	Berufe in der Leitungsinstallation und -wartung
2629	Aufsichtskräfte – Energietechnik
263	Elektrotechnik
2630	Berufe in der Elektrotechnik (ohne Spezialisierung)
2631	Berufe in der Informations- und Telekommunikationstechnik
2632	Berufe in der Mikrosystemtechnik
2633	Berufe in der Luftverkehrs-, Schiffs- und Fahrzeugelektronik
2638	Berufe in der Elektrotechnik (sonstige spezifische Tätigkeitsangabe)
2639	Aufsichtskräfte – Elektrotechnik

Quelle: BA 2011a

Abbildung 2: Klassifizierung der aktuellen Mechatronik-, Energie- und Elektroberufe in der Klassifikation der Berufe

Eine weitere didaktische Herausforderung besteht darin, zur Vielzahl der Betriebs- bzw. Erwerbsberufe eine möglichst geringe Anzahl von Ausbildungsberufen zu bestimmen und zu entwickeln. Hierbei kommt die Berufs- und Ausbildungsdidaktik aber in einen bildungspolitischen und bildungsökonomischen Interessenkonflikt, da Betriebe und Branchen möglichst passgenaue Ausbildungsberufe wünschen. Dieser Ansatz und Interessenkonflikt führte bereits im „Deutschen Ausschuß für Technisches Schulwesen" (DATSCH), der 1908 gegründet wurde, zum Ursprung und Ordnungsgedanken der „DATSCH-Grundberufe", wonach erstmals für eine Vielzahl vergleichbarer industrieller

Betriebsberufe jeweils ein „Grundberuf" als Lehr- und Anlernberuf bzw. Ausbildungsberuf entwickelt wurde. Da dieses Entwicklungsprinzip gewissermaßen heute noch für jegliche Ausbildungsberufe gilt, können in diesem Sinne auch alle Ausbildungsberufe als „Grundberufe", „Basisberufe" oder „Kernberufe" bezeichnet werden.

2 Beginn der Berufs- und Berufsbildungsforschung zu den Elektro- und IT-Berufen mit einem Rückblick zum DATSCH

Es ist nur schwer auszumachen, ab wann sich die Berufs- und Berufsbildungsforschung mit den Elektro- und IT-Berufen wissenschaftlich beschäftigt hat. Vermutlich wurden die Berufe mit zunehmender Anzahl und Größe von „Elektro-Betrieben" der Industrie und des Handwerks zum Gegenstand der Forschung. Denn durch die sich ausbreitende „Schwach- und Starkstromtechnik" wurde vor allem in den neuen Industrie-, Staats- und Handwerksbetrieben auch die unmittelbare Nachfrage nach entsprechend neu und gut ausgebildeten Fachkräften immer größer. Konnte beispielsweise der Staat oder das Handwerk bei den ersten Telegrafenarbeitern und -beamten auf traditionelle Ausbildungskonzepte zurückgreifen, so konnte dies die Industrie nicht. Denn zu einer der „Handwerkslehre" entsprechenden „Industrielehre" gab es kaum Erfahrungen, so dass auch keine neu ausgebildeten Industrie-Facharbeiterinnen und -arbeiter zur Verfügung standen. Quasi im Übergang nutzten die Industriebetriebe lange Zeit die Erfahrungen zur traditionellen Lehrlingsausbildung des Handwerks; nicht selten wurde auch das Handwerk als „Lehrwerkstatt" der Industrie betrachtet und intensiv genutzt. So heißt es vom damals schon namhaften Werner Siemens in einem Vortrag auf einer Sitzung des Vereins zur Förderung des Gewerbefleißes 1885:

> „Ich halte es nicht für zweckmäßig, daß große Fabriken sich mit der eigentlichen Lehrlingsausbildung prinzipiell beschäftigen, ich halte dies für f a l s c h und habe es daher in meiner Fabrik v e r b o t e n. […] Wohl aber gebe ich tüchtigen jungen Leuten, von denen ich weiß, daß sie gute Anlagen haben und für die ich irgendein besonderes Interesse habe, einen Zuschuß, damit sie bei einem tüchtigen Handwerksmeister in die Lehre gehen und demselben Lehrgeld zahlen können." (Werner Siemens 1885; zitiert nach Behr 1981, S. 181)

Weiter und über die Firma Siemens hinaus bekannt setzte sich wenig später die Erkenntnis durch, dass die „Handwerkslehre" auf Dauer den spezifischen Arbeits- und Qualifikationsanforderungen der Industriebetriebe nicht gerecht wurde. Die Betriebe begannen daher, durch eigene Ausbildungen den neuen industrietypischen Fachkräftebedarf abzudecken. Dabei wurde die

„Fabriklehre“ anfangs durch die heute nur noch selten bestehenden „Werkberufsschulen“ didaktisch „dual“ unterstützt (vgl. Braune/Lammers 1996). Die Berufsbildung war zunächst nur auf die eigenen betrieblichen Berufe ausgerichtet. Viele neue und entsprechend rein betriebliche „Industrie-Lehrberufe“ entstanden.

Auf Branchenebene wurden jedoch erste Fragen zur Industriearbeit aufgeworfen, da es u. a. für die Berufe noch keine überbetriebliche Anerkennung der „Industrie-Ausbildung“ gab und z. B. die Prüfungen noch als Gesellenprüfungen durch die Handwerkskammern für die Industrie durchgeführt wurden. Insofern gab es für die neuen Industrie-Branchen inzwischen Gründe genug, über die neue „Fabriklehre“ und vor allem über eigene betriebsübergreifende „Industrie-Ausbildungsberufe“ nachzudenken. Wie bereits erwähnt, kommt hierbei der Gründung des DATSCH im Jahre 1908 eine branchenübergreifende Bedeutung zu, da sich dieser Ausschuss der gewerblich-technischen „Schulungen“ und der „Fabriklehre“ besonders annahm und mit seinem Ansatz und den Arbeiten die Berufsausbildung der Industrie bis heute maßgeblich geprägt hat (vgl. Greinert u. a. 1987; Herkner 2003). So sind vor allem die zur „Fabrikarbeit und Fabriklehre“ begonnenen „Ordnungsarbeiten“ zu nennen, die ab 1925 durch den gegründeten „Arbeitsausschuss für Berufsausbildung“ (AfB) unterstützt wurden. Im Rahmen der „Ordnung“ der Industriearbeit wurde „mit der definitorischen Unterscheidung von Facharbeitern, angelernten und ungelernten Arbeitern“ begonnen; vom AfB wurde im Jahr 1926 die erste „Berufsabgrenzung in Metallindustrie, Schiffbau und Chemischer Industrie vorgenommen“ (Heilandt 1926; zitiert nach Greinert 2005, S. 110). Des Weiteren erfolgte eine inhaltliche Festlegung und Ordnung neuer Lehr- und Anlernberufe mit einheitlichen Berufsbildern, Berufsbezeichnungen und Ausbildungszeiten, die im Ansatz und Ergebnis als „DATSCH-Grundberufe“ die Entwicklungen entscheidend geprägt haben. Die auf die betriebliche Berufsarbeit und Berufsausbildung bezogenen Ordnungsarbeiten des DATSCH und AfB können somit als Beginn einer kombinierten Berufs- und Berufsbildungsforschung gesehen werden. Zugleich wird die eingangs erwähnte didaktische Wechselwirkung zwischen dem Beschäftigungs- und Bildungssystem im Konstrukt der „DATSCH-Grundberufe“ als systemischer Ansatz erkennbar.

Laut 1. Sitzungsprotokoll des DATSCH von 1909 bestanden die ersten „Forschungsarbeiten“ bereits darin, „die Anforderungen und Bedürfnisse der Industrie durch eine sorgfältig vorbereitete Umfrage festzustellen und daher im Unterausschuss einen Entwurf eines an die Industrie gerichteten Fragebogens zu verfassen“ (Herkner 2003, S. 58). Diese frühe berufswissenschaftliche Methodik zur Erhebung betrieblicher Anforderungen mittels Befragung wurde ab 1910 insoweit ergänzt, dass vom DATSCH mit den Kenntnissen der „Bedürfnisse und Anforderungen der Praxis in Industrie und Gewerbe [...] Lehrziele, Umfang des Lehrstoffes, gegenseitige Abgrenzung [...] ihrer Aufgaben“ didaktisch bestimmt werden sollten (Schumacher 1938, S. 312; zitiert nach Herkner 2003, S. 65). Durch die Betriebsbefragungen und die daraus resultierenden didaktischen Entscheidungen wurden somit die Kernaufgaben der „Berufs- und Ausbildungsordnungsarbeit“ in zweifacher Weise aufgenommen: Einerseits waren mittels der Betriebsumfragen die berufsspezifisch bezeichneten Facharbeiten und die angelernten und ungelernten Arbeiten nicht nur in einer übergreifenden Berufsordnung zu erfassen, zu identifizieren und insbesondere – teils vergleichbar der heutigen KldB 2010 (siehe u. a. Abb. 2) – nach Inhalt und Niveau beruflich abzugrenzen- und einzuordnen. Andererseits mussten aufgrund der betrieblichen Vielfalt der Berufsarbeiten und Aufgaben die betriebsübergreifenden Lehr- und Anlernberufe im Sinne der „DATSCH-Grundberufe“ didaktisch „geordnet“ und neu entwickelt werden. Zu einer erkennbaren kombinierten Berufs- und Berufsbildungsforschung kam somit eine zentrale berufsdidaktische Herausforderung hinzu. Diese bestand gleich zu Anfang für den DATSCH darin, der betrieblichen Berufsvielfalt und -anzahl die wenigen „Grundberufe“ als Lehr- und Anlernberufe didaktisch zuzuordnen und sie weiterzuentwickeln. So weist Herkner (2003, S. 105 und 184) in seinen Analysen darauf hin, dass z. B. nach Benner (1987) ca. 3.000, nach Hoffmann (1962) ca. 5.000 bis 20.000 oder nach Schlieper u. a. (1964) ca. 18.000 betriebliche Erwerbsberufe bzw. Erwachsenentätigkeiten existierten.

Gab es bei den ersten Elektro- und IT-Erwerbsberufen der Industrie die didaktische Herausforderung der beruflichen Ordnung und Entwicklung erster Lehr- und Anlernberufe im Sinne der „DATSCH-Grundberufe“, so war dies für das sich parallel herausbildende Elektro-Handwerk weniger aufwendig und schwierig. Denn gegenüber den Industriebetrieben konnte das Elektro-Handwerk zur Entwicklung entsprechender Lehrlingsberufe an die alten Handwerkstraditionen mit dem Konzept „Lehrling, Geselle und Meister“ anknüpfen. Hatte sich so z. B. das Elektroinstallateur- oder Elektromechanikerhandwerk als eigenständiges Handwerk erst einmal etabliert, so stand im Prinzip der handwerkliche Lehrberuf „Elektroinstallateur/-in“ oder „Elektromechaniker/-in“ fest. Diese sehr enge Kopplung zwischen Ausbildungs- und Erwerbsberuf ist aber nur dem Handwerk eigen. Vergleichbare Verbindungen sind hier ebenso zwischen dem Handwerksberuf „Rundfunkmechaniker/-in“ bzw. „Radio- und Fernsehtechniker/-in“ und dem Ausbildungsberuf „Rundfunkmechaniker/-in“ bzw. „Radio- und Fernsehtechniker/- in“ zu finden.

3 Phasen und Ansätze der Berufs- und Berufsbildungsforschung zu den Elektro- und IT-Berufen

Durch den beständigen Technik- und Arbeitswandel und die daraus folgenden Änderungen der Berufsprofile (Abb. 3) bestand insbesondere für die Elektro- und IT-Ausbildungsberufe die berufsdidaktische Herausforderung einer „Anpassung an die technischen, wirtschaftlichen und gesellschaftlichen Erfordernisse und Entwicklungen“ (BBiG 1998, § 25 Abs. 1). Nach dem Berufsbildungsgesetz (BBiG) war dieser Ansatz bis 2005 die didaktische „Grundlage für eine geordnete und einheitliche Berufsausbildung“. Seit der BBiG-Reform geht es nicht nur um eine „Anpassung“ der Berufsausbildung an den Wandel der Arbeitswelt, sondern auch darum, „die für die Ausübung einer qualifizierten beruflichen Tätigkeit in einer sich wandelnden Arbeitswelt notwendigen beruflichen Fertigkeiten, Kenntnisse und Fähigkeiten (berufliche Handlungsfähigkeit) in einem geordneten Ausbildungsgang zu vermitteln“ (BerBiRefG 2005, § 1 Abs. 3). Damit besteht die berufsdidaktische Herausforderung aufs Neue darin, die Ausbildung nicht nur an den bereits erfolgten Wandel anzupassen, sondern in den Ausbildungsgängen die für den Arbeitswandel notwendigen Berufsfähigkeiten zu berücksichtigen oder prospektiv zu bestimmen. Sollte es vor dem Hintergrund des ständigen Wandels in naher Zukunft zu einer Weiterentwicklung oder Neuordnung der teils seit 1997 vorhandenen Elektro- und IT-Ausbildungsberufe (Abbildung 4) kommen, so müssten die Zielsetzungen und Inhalte entsprechend dem neuen BBiG-Ansatz auch unter Forschungs- und Didaktikaspekten verändert und verbessert werden.

Wie und welche Ansätze der Berufs- und Berufsbildungsforschung bei der jeweiligen Ordnung der Elektro- und IT-Ausbildungsberufe seit den ersten DATSCH-Arbeiten zur Anwendung kamen, kann an den Entwicklungen und der Reflexion der Erfahrungen von inzwischen gut hundert Jahren aufgezeigt werden. Die Entwicklungen zeigen zunächst, dass die „Anpassungen“ der Elektro- und IT-Ausbildungsberufe an den Arbeits- und Berufswandel nicht ständig stattgefunden haben, sondern im Prinzip seit den 1930er Jahren jeweils im Rahmen sogenannter „Ordnungsphasen“ (vgl. Petersen 2000; Howe 2004). Daher wurden meist vor und/oder nach diesen „Ordnungsphasen“ und teils im Sinne einer kombinierten Berufs- und Berufsbildungsforschung Untersuchungen bzw. Evaluationen durchgeführt, deren Ziele und Bewertungen im Wesentlichen eine Anpassung der Elektro- und IT-Ausbildungsberufe an den Berufswandel zum Gegenstand hatte.

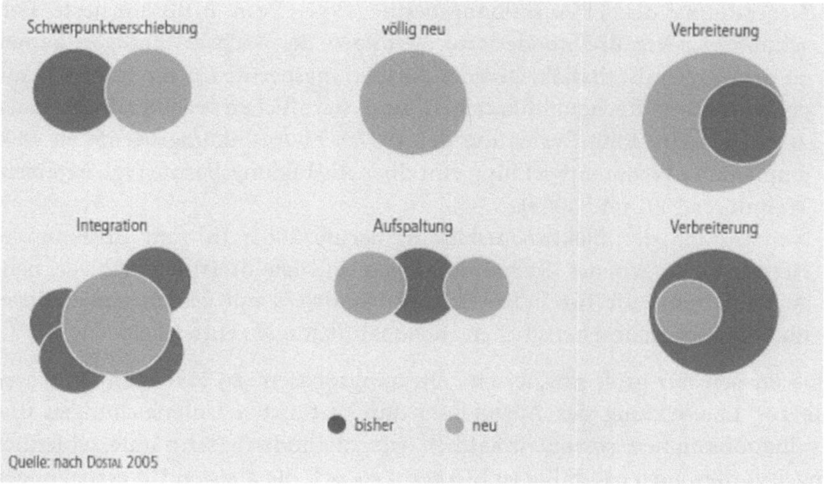

Abbildung 3: Typen der Genese betrieblicher Erwerbsberufe

Die Hauptstrukturen und -merkmale der „Ordnungsphasen" lassen sich im Überblick mit den dazu je durchgeführten Untersuchungen, Entwicklungen und Evaluationen wie folgt angeben:

- Ordnung der ersten Elektro- und IT-Ausbildungsberufe vor und um 1930: Es entstehen neue Lehrlingsberufe im Handwerk und neue Lehr- und Anlernberufe als „DATSCH-Grundberufe" in der Industrie.
- Neuordnung der Elektro- und IT-Ausbildungsberufe in den 1960er Jahren im Handwerk und 1972 in der Industrie: Die Handwerkskammern entwickelten dreieinhalbjährige neue Ausbildungsberufe für das Handwerk. Für die Industrie wurden nach umfangreichen Studien durch die Arbeitsstelle für betriebliche Berufsausbildung (ABB) mit 1.400 Arbeitsplatz- und Tätigkeitsanalysen zu 58 Aufgaben- und Tätigkeitsbereichen neue zwei- und dreieinhalbjährige Stufenausbildungsberufe entwickelt (vgl. Pfeuffer 1972).
- Neuordnung der Elektro- und IT-Ausbildungsberufe 1987: Im Rahmen der vom BIBB moderierten Sitzungen der Sachverständigen wurden dreieinhalbjährige Ausbildungsberufe für Industrie und Handwerk mit gemeinsamer berufsfeldbreiter Grundbildung und beruflicher, wie fachrichtungsspezifischer Fachbildung entwickelt. Eine Evaluation der Ausbildungsberufe der Industrie ab 1991 empfahl die Ausbildungsberufe neu- bzw. weiterzuentwickeln (vgl. Müller/Petersen 1993; Drescher u. a. 1995).

- Neuordnung der IT-Ausbildungsberufe 1997: Vom BIBB initiierte Forschungsprojekte und moderierte Sitzungen der Sachverständigen kamen zu dem Ergebnis, dreijährige neue Ausbildungsberufe für die Industrie mit gemeinsamen Kernqualifikationen und beruflichen Fachqualifikationen zu entwickeln. Eine Evaluation der 1997er IT-Ausbildungsberufe ab 1999 empfahl die Weiterentwicklung einzelner Ausbildungsberufe (vgl. Petersen/Wehmeyer 2001 und 2003).
- Neuordnung der Elektro-Ausbildungsberufe 2003: In vom BIBB moderierten Sitzungen der Sachverständigen wurden dreieinhalbjährige neue Ausbildungsberufe für Industrie und Handwerk mit gemeinsamen Kernqualifikationen und beruflichen Fachqualifikationen entwickelt.

Wie an den nur grob skizzierten „Ordnungsphasen" zu erkennen ist, waren die zur Entwicklung der Ausbildung durchgeführten Untersuchungen und Evaluationsstudien sowohl inhaltlich wie methodisch sehr unterschiedlich angelegt. Besonders auffällig ist hierbei, dass sich die meisten Untersuchungen und Studien auf die Elektro- und IT-Ausbildungsberufe der Industrie beziehen und hieran bereits einige Unterschiede in der Berufsbildungsforschung für die Industrie und das Handwerk zu erkennen sind.

So sind Besonderheiten im Handwerk vor allem mit den traditionellen Ordnungsstrukturen zu begründen, die u. a. in der bereits angesprochenen Inhalts- und Benennungs-Identität von Handwerk, Erwerbs- und Ausbildungsberuf zum Ausdruck kommen. Eine Berufs- und Berufsbildungsforschung findet im Prinzip nur innerhalb der Handwerke bzw. Gewerbe statt, so dass sich z. B. ein Wandel der Ausbildungsberufe immer in enger Kopplung mit dem Wandel der Handwerksarbeit vollzieht. Als Beispiel ist hier die Veränderung hin zum Handwerk „Informationstechniker/-in" zu nennen, zu dem es 1998 im „Zweiten Gesetz zur Änderung der Handwerksordnung" heißt:

> „Die Gewerbe Nummer 25 Büroinformationselektroniker und Nummer 39 Radio- und Fernsehtechniker werden unter der Nummer 22 zu einem Gewerbe mit der Bezeichnung ‚Informationstechniker' zusammengefasst." (BMW 1998, Artikel 1, Abs. 32 f.)

Damit wurden nicht nur die alten Ausbildungsberufe „Büroinformationselektroniker/-in" und „Radio- und Fernsehtechniker/-in" aufgehoben, sondern es musste zudem ein neuer Ausbildungsberuf entwickelt werden (vgl. BMWT 1999). Die hier exemplarisch genannte und ohne große Untersuchungen erfolgte Ausbildungsneuordnung im Handwerk wurde so kaum zum Gegenstand der Berufsbildungsforschung, wenn man z. B. von einer Hausarbeit zu einer regionalen Evaluation der neuen Ausbildung 2005 einmal absieht (vgl.

Mester 2005). Demgegenüber war beispielsweise bei der Neuordnung der IT-Ausbildungsberufe für die Industrie 1997 die Berufs- und Berufsbildungsforschung völlig anders angelegt und einbezogen. Denn wie sich nachfolgend zeigt, haben vor allem vom BIBB initiierte und teils vom Institut für Arbeitsmarkt- und Berufsforschung (IAB)unterstützte Projekte und Untersuchungen bereits lange im Vorfeld der IT-Neuordnung zur entsprechenden Berufsforschung stattgefunden.

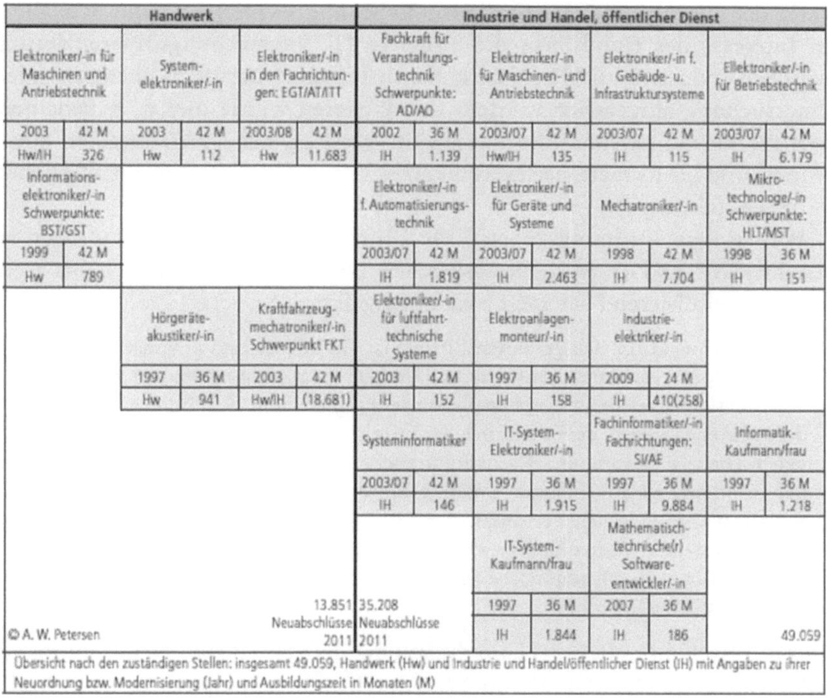

Abbildung 4: Stand der Neuabschlüsse 2011 in den Elektro- und IT-Ausbildungsberufen

Die Ergebnisse dieser IT-Berufsforschung, die im Kern die verschiedenen Typen der Berufsgenese (Abb. 3) zum Untersuchungsgegenstand hatten, haben zum einen in enger Kooperation mit der Berufsbildungsforschung und den Sitzungen der Sachverständigen im Jahr 1995/96 zu ersten Vorschlägen der 1997 neu entwickelten IT-Ausbildungsberufe für die Industrie geführt (vgl. Schwarz

1997). Zum anderen wurden nach deren Einführung zur „Evaluation der neuen IT-Berufe“ ab 1999 in drei Teilprojekten des BIBB umfangreiche betriebliche Berufs- und Ausbildungs-Untersuchungen durchgeführt (vgl. Petersen/Wehmeyer 2001 und 2003).

Gegenüber einer Neuordnung im Handwerk unterscheiden sich diese industriellen Vor- und Nachuntersuchungen sowohl in ihrem grundsätzlichen Forschungs- und Entwicklungskonzept wie auch in Umfang und Inhalt. Sollten daher zukünftig die IT-Arbeits- und Ausbildungsbereiche erneut zum Gegenstand der Berufs- und Berufsbildungsforschung werden, so sollte vor allem im Interesse des Handwerks die bisherige IT-Untersuchungsdifferenzierung zwischen Industrie und Handwerk zugunsten einer beruflich übergreifenden Untersuchung aufgegeben werden. Des Weiteren würde dies u. a. bedeuten, dass die Berufe „Systeminformatiker/-in“ (bislang den Elektroberufen zugeordnet) und „Informationselektroniker/-in“ noch als IT-Berufe einzubeziehen wären (Abbildung 4).

Was in den „Ordnungsphasen“ die Untersuchungen und Evaluationen zu den Elektro- und IT-Ausbildungsberufen insgesamt kennzeichnet, hat u. a. Sauter generalisierend wie folgt zusammengefasst:

> „Kennzeichnend für den gesamten Prozess ist ein offener und pragmatischer Forschungsansatz: Aufwand, Methodik und Verlauf der Forschung können von Fall zu Fall differieren, sie sind u. a. abhängig von der Fragestellung, dem Informationsstand der Sachverständigen, dem Zeitdruck des Projekts und nicht zuletzt von den vorhandenen Dialogstrukturen im Beschäftigungsfeld des geplanten Berufs. [...] Die Rolle der Forschung wird insbesondere dann gefährdet, wenn der Dialog der Beteiligten, vor allem z. B. zwischen Vertretern von Arbeitgebern und Arbeitnehmern zur reinen Interessendurchsetzung degeneriert, die an einer wissenschaftlichen Aufklärung ihrer Positionen durch empirische Forschungsergebnisse nicht mehr interessiert ist.“ (Sauter 2005, S. 64)

Als ein zutreffendes Beispiel kann hierzu die im Vorfeld zur „Neuordnung der industriellen Elektroberufe“ von 1972 durchgeführte empirische ABB-Studie von Pfeuffer gelten. Diese bislang wohl umfangreichste Studie zur Vorbereitung einer Neuordnung beinhaltet insgesamt 1.400 Arbeitsplatz- und Tätigkeitsanalysen und differenziert die Arbeit in den Elektroberufen in 58 Aufgaben- und Tätigkeitsbereichen (vgl. Pfeuffer 1972). Doch trotz der wissenschaftlichen Aus- und Bewertung dieser Untersuchung wurde mit dem Ergebnis der gestuften Ausbildungsberufe (2 und 3½ Jahre) im Prinzip das alte DATSCH-Konzept der Anlern- und Lehrberufe (2 und 3½ Jahre) neu fortgeschrieben. Bereits Ende der 1970er Jahre wurde den Tarifparteien auch ohne Evaluation deutlich, dass die Stufenausbildung für die industriellen Elektroberufe eine Neuordnung erfordert.

Im Duktus teils vergleichbar sind als abschließendes Beispiel die Untersuchungen zur Entwicklung des 2009 neu eingeführten zweijährigen Ausbildungsberufs „Industrieelektriker/-in" zu nennen. Sie belegen, dass die Entwicklung von Ausbildungsberufen auf einer reinen „Interessendurchsetzung" oder auf wissenschaftlich begründeten Anforderungen an die Ausbildung basieren kann. Da in Industriebetrieben zwar Arbeiten der „Facharbeit zugeordnet werden, wenn auch nicht auf einem Niveau, welches eine drei- oder dreieinhalbjährige Ausbildung erfordern würde" (Krenn/Stumpf 2012, S. 17), scheint der zweijährige Ausbildungsberuf – wie zu DATSCH-Zeiten – den alten „Anlernberufen" vergleichbar zu sein. Der zweijährige Ausbildungsberuf wurde in der Evaluation zwar als „Moderne Berufsstruktur in der Elektroindustrie" gekennzeichnet und betitelt, allerdings qualifiziert die „moderne" zweijährige Ausbildung „Industrieelektriker/-in" nur für die „anspruchsvolle Einfacharbeit" (vgl. ebd., S. 21 ff.).

4 Zur Notwendigkeit einer Evaluation und Neuordnung der Elektro- und IT-Ausbildungsberufe

Berücksichtigt man bei den Elektro- und IT-Ausbildungsberufen die bisherigen Zeitabstände zwischen den Entwicklungs- und Ordnungsphasen, so wäre allein aus zeitlichen Gründen eine erneute Evaluation und Neuordnung sinnvoll. Aber auch mit Blick auf die Elektro- und IT-Erwerbsberufe haben in den Betrieben inzwischen Technologie- und Arbeitsveränderungen stattgefunden, die bei den jeweiligen Neuordnungen der Ausbildungsberufe noch nicht beachtet wurden. Des Weiteren gilt es zu berücksichtigen, dass das jeweilige „Alter" bzw. das „Ordnungsjahr" der einzelnen Ausbildungsberufe variiert, da sie u. a. nicht mehr eindeutig einem Berufsfeld oder einer Berufsgruppe angehören. So wurden die Ausbildungsberufe 1997, 1998, 1999, 2002, 2003, 2007, 2008, 2009 oder erst 2011 neu geordnet (siehe Abbildung). Insofern hat es 1987 ein ein- wie letztmaliges einheitliches Berufsfeld „Elektrotechnik" und der Elektro-Ausbildungsberufe gemeinsam für Industrie und Handwerk gegeben. Bezogen auf die Grundbildung stellt sich didaktisch die Frage nach einer Evaluation und Neuordnung der Elektro- und IT-Ausbildungsberufe. Ob heute in irgendeiner Form von einem oder zwei Berufsfeldern oder neuen Berufsgruppen gesprochen werden kann, ist dabei noch zu klären. Denn wie alle bisherigen Entwicklungen im Zusammenhang mit den Neuordnungsverfahren und Evaluationsprojekten gezeigt haben, ist die alte Berufsfeld-Frage bei den

Elektro- und den IT-Ausbildungsberufen auch didaktisch von berufsstruktureller Bedeutung.

Dass heute speziell hierzu viele Unsicherheiten bestehen und keine klaren Orientierungen der Bündelungen und Berufszuordnungen mehr gegeben sind, hängt zum einen mit dem Wandel der Arbeit und der Auflösung traditioneller Berufsgrenzen zusammen. Zum anderen haben sich bei den Berufsfeldern der Kultusministerkonferenz (KMK), den Berufsfachschul- und Berufsgrundbildungsjahr-Anrechnungsverordnungen, den Berufsklassifikationen des Statistischen Bundesamtes (StBA) und der Bundesagentur für Arbeit (BA) sowie den Berufsfeldern des IAB oder den Berufsfeld-Definitionen des BIBB (Tiemann u. a. 2008) in den letzten Jahren vielfältige Veränderungen und eher wenig abgestimmte Entwicklungen vollzogen. Dies betrifft insbesondere die verschiedenen beruflichen Klassifikationen, Strukturen und Bezeichnungen, so dass zum Beispiel heute vom BIBB[40] zum Ausbildungsberuf „Systeminformatiker/-in" noch die folgende und selbst für Insider kaum nachvollziehbare Vielfalt an Zuordnungen vorgenommen wird:

„Systeminformatiker":	Berufsfeld	03
„Systeminformatiker":	Berufsklasse StBA	3171 (z. B. Fachinformatiker 7742)
„Systeminformatiker":	Berufsklasse BA-1988	3146 (z. B. Fachinformatiker 7748)
„Systeminformatiker":	Berufsklasse BA-2010	26312

Offen bleibt u. a., welches „Berufsfeld 03" zu welcher Klassifikation gehört und warum z. B. für „Systeminformatiker/-innen" und „Fachinformatiker/-innen" unterschiedliche Berufsklassen gewählt bzw. warum sie nach den „alten" Klassifikationen zugeordnet wurden. Zudem gibt es nach der neuen KldB 2010 keine Berufsklassen. Der Beruf „Systeminformatiker/-in" sollte nach der neuen KldB 2010 der Berufsgruppe[41] der „Berufe der Elektrotechnik 263" und der Berufsuntergruppe der „Berufe in der Informations- und Telekommunikationstechnik 2631" und dann der neuen Kategorie „Berufsgattung" der „Fachlich ausgerichteten Tätigkeiten in der Informations- und Telekommunikationstechnik 26312" zugeordnet werden (vgl. BA 2011b, S. 16; und siehe Abbildung

40 Vgl. www2.bibb.de/tools/aab/aab_info.php?key = hjkh9988 (Stand: 26.06.2012)

41 Auf der BIBB-Website wird die Berufsgruppe noch falsch mit den „Mechatronik-, Energie- und Elektroberufen"angegeben, die nach der KldB 2010 aber die „Berufshauptgruppe 26" bildet und eine von den insgesamt 37 Berufshauptgruppen ist (vgl. www2.bibb.de/tools/aab/aab_info.php?key = hjkh9988; Stand: 26.06.2012).

2). Allerdings sind richtige Benennungen durch fehlerhafte „Umstellungsschlüssel" hier oft generell schwierig, so dass auch vom BIBB heute für die IT-Ausbildungsberufe der „Berufshauptgruppe 43" teils die Klassifizierungen der Mechatronik-, Energie- und Elektroberufe der „Berufshauptgruppe 26" nach der KldB 2010 berücksichtigt werden. Dennoch bleibt mit Blick auf die Zukunft und trotz der beruflichen Zuordnungsvielfalt die Grundsatzfrage offen, ob es zur neuen KldB 2010 weiterhin z. B. die Berufsfeld-Definitionen der KMK oder des BIBB (Tiemann u. a. 2008) geben wird oder gar weitere neue Definitionen von Berufsgruppen oder -familien hinzugefügt werden.

Eine Evaluation und Neuordnung der Elektro- und IT-Ausbildungsberufe sollte die Empfehlung geben, in Zukunft weitgehend auf alte Strukturen und Klassifikationen zu verzichten und möglichst umgehend die Definitionen und Klassifikationen der KldB 2010 als neue tragfähige Referenz-Basis zu nutzen. Dies bedeutet, dass auch z. B. bei vorbereitenden Arbeiten und Untersuchungen die Strukturen und Klassifikationen der Mechatronik-, Energie- und Elektroberufe der „Berufshauptgruppe 26" die Referenz-Basis für den Arbeitsmarkt bilden (Abbildung 2 und Abbildung 1). Die später neu entwickelten Ausbildungsberufe würden vom BIBB nicht nur im Nachhinein eine Berufsgruppen- und Berufsgattungs-Nummer der KldB 2010 erhalten, sondern die Berufsgruppe wäre für den Arbeitsmarkt und für eine mögliche Neuordnung von Bedeutung. Zudem könnten auch die Berufsbeschreibungen zu den in der Übersicht in Abbildung 2 dargestellten Mechatronik-, Energie- und Elektroberufen der „Berufshauptgruppe 26" genutzt werden, da diese in der Klassifikation umfassend und teils detailliert auf gut 50 Seiten mit Tätigkeiten, Aufgaben, Fertigkeiten und Kenntnissen usw. beschrieben sind (vgl. BA 2011c, S. 338 bis 387). Wie inhaltlich zutreffend diese Berufs- und Tätigkeitsbeschreibungen sind, müsste z. B. durch einen Kreis von Sachverständigen auf Basis entsprechender Fallstudien überprüft und ergänzt werden. Geht man zudem vom Anspruch der KldB 2010 aus, mit den Klassifikations- und Berufsbeschreibungen die Strukturen und Berufe des Arbeitsmarktes und der Betriebe weitgehend realitätsnah zu erfassen, so sollten diese auch für die Mechatronik-, Energie- und Elektroberufe eine gute Orientierung bilden. Da hier ein berufswissenschaftliches Untersuchungskonzept zur eventuell anstehenden Evaluation und Neuordnung der Elektro- und IT-Ausbildungsberufe nicht vollständig darzustellen ist, soll dieses an einem Beispiel abschließend vertieft werden. Stellt sich beispielsweise zum Ausbildungsberuf „Elektroniker/-in für Automatisierungstechnik" die Evaluationsfrage, ob und wie das 2003 festgelegte Ausbildungsberufsbild verändert oder neu geordnet werden muss, so wären die 17 Berufsbildpositionen bzw. „prozessorientierten" beruflichen Arbeits- und Handlungsfelder (Abbildung

5) mit den aktuellen betrieblichen Arbeiten und Anforderungen der entsprechenden Erwerbsberufe zu vergleichen und zu bewerten. Die entsprechenden Erwerbsberufe sind nach der neuen KldB 2010 als „Berufsgattung 26122“ der „Berufe in der Automatisierungstechnik – fachlich ausgerichtete Tätigkeiten“ klassifiziert und inhaltlich beschrieben[42] und könnten in einem ersten Zugang zur betrieblichen Vielfalt der Berufe in der Automatisierung eine Ausgangs- und Referenz-Basis für alle weiteren Untersuchungen bilden.

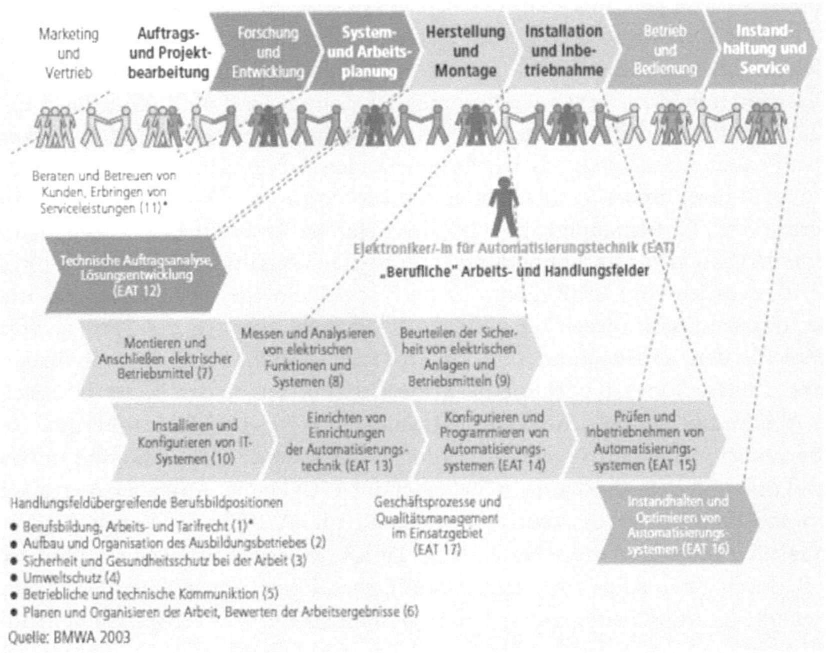

Abbildung 5: Berufsbildpositionen zum/zur „Elektroniker/-in für Automatisierungstechnik“

42 Nach den alten Klassifikationen wären hier die Berufsklassen zu nennen, z. B. „Energieelektroniker/-innen (Anlagentechnik) 3111“, „Industrieelektroniker/-innen (Produktionstechnik) 3162“, „Prozeßleitelektroniker/- innen 3165“ usw.

Rein quantitativ ist zum einen von aktuell etwa 6.000 Auszubildenden im Ausbildungsberuf „Elektroniker/-in für Automatisierungstechnik“ in bis zu 3.000 Betrieben auszugehen, die später überwiegend in betrieblich meist sehr unterschiedlich bezeichneten „Automatisierungsberufen“ tätig sein werden. Zum anderen ist die aktuelle Zahl der Erwerbstätigen in diesen Berufen der Automatisierung nicht einfach anzugeben, da auch die Statistiken noch auf den alten Berufsklassifizierungen basieren. Erst in Zukunft sind neue Beschäftigtenzahlen zu den „Berufen in der Automatisierungstechnik“ zu erwarten. Bisher sind diese Erwerbstätigen und Beschäftigten nach der Klassifizierung der Berufe von 1988 bei der Berufsordnung 311 „Elektroinstallateure, -monteure“ statistisch miterfasst. Auf dieser Basis und nach einer mit Vergleichsdaten[43] gut begründeten Schätzung kann heute davon ausgegangen werden, dass etwa um die 120.000 Erwerbstätige in den verschiedenen „Berufen der Automatisierungstechnik“ beschäftigt sein müssten.

Somit müsste die „Automatisierungsfacharbeit“ von etwa 120.000 Erwerbstätigen in geschätzten 12.000 Betrieben untersucht werden, um die jeweiligen betrieblichen Arbeits- und Handlungsfelder mit ihren beruflichen Qualifikationsanforderungen prospektiv und generisch bestimmen zu können. Auf dieser Basis könnte nach einem Abgleich eine begründete Bewertung der aktuellen Berufsbild- und Qualifikationsinhalte zum Ausbildungsberuf „Elektroniker/-in für Automatisierungstechnik“ (siehe Abbildung 5) vorgenommen werden.

Allerdings ist zu bedenken, dass eine empirische Vollerhebung zur „Automatisierungsfacharbeit“ unrealistisch ist und auch die in der neuen Klassifikation teils detailliert vorhandenen Berufs- und Tätigkeitsbeschreibungen (vgl. BA 2011c, S. 343 f.) ohne Bearbeitung als Vergleichs- und Bewertungsbasis genommen werden kann. Eine „Vollerhebung“ wäre im Ansatz allenfalls auf der Grundlage einer betrieblichen Online-Befragung denkbar, die aber durch berufswissenschaftliche Arbeits- bzw. Fallstudien dennoch in ausbildenden wie nicht ausbildenden Betrieben ergänzt werden müsste. In Verbindung mit betrieblichen Expertinnen und Experten könnte man sich auf eine realistisch definierte Stichprobe von ausgewählten Betrieben verschiedener Größe und Branchen stützen, in denen die Durchführung von berufswissenschaftlichen Arbeits- bzw. Fallstudien zur „Automatisierungsfacharbeit mehr oder weniger

43 Zur Berufsordnung 311 werden hierzu als eine Basis die „Sozialversicherungspflichtig Beschäftigten“ laut der BA Statistik vom Juni 2011 mit insgesamt 445.553 angegeben. Zu einigen weiteren hier relevanten Berufsklassen gibt es nur wenige, meist veraltete Daten.

repräsentativ erfolgt". Zur Festlegung der Stichprobe könnten die Daten der BA- bzw. IAB-Statistik hilfreich sein, so dass beispielsweise die Verteilung der „Automatisierungsfachkräfte" in den Sektoren berücksichtigt wird. So sind ca. 75 Prozent der Fachkräfte im „Produzierenden Gewerbe" und ca. 25 Prozent im Dienstleistungssektor beschäftigt.

5 Zusammenfassung und Ausblick

Eine zentrale Aufgabe in der Berufs- und Berufsbildungsforschung ist, dass trotz der Vielfalt betrieblicher Elektro- und IT-Erwerbsberufe optimale Strukturen und Profilierungen für entsprechende Ausbildungsberufe zu bestimmen und zu entwickeln sind. Die Entwicklung der Elektro- und IT-Ausbildungsberufe liegt im Spannungsfeld verschiedener Interessen: Der Wunsch einer großen Anzahl weitgehend betriebsspezifischer Ausbildungsberufe steht dem einer möglichst geringen Anzahl betriebsübergreifender Ausbildungsberufe gegenüber. Historisch betrachtet gab es einen ersten Lösungsansatz im Sinne der „DATSCH-Grundberufe", die als monostrukturierte betriebsübergreifende Lehr- und Anlernberufe in übersichtlicher Anzahl erstmals die didaktische Reaktion auf bis zu 20.000 betriebliche Erwerbsberufe darstellten. Dieser Ansatz prägt die Berufsausbildung im Prinzip bis heute, so dass z. B. den derzeit „nur" ca. 20 Elektro-Ausbildungsberufen gut 750 Elektro-Erwerbsberufe gegenüberstehen. Hierbei stimmt das Zahlenverhältnis nur bedingt, da die Ausbildungsberufe nicht mehr wie zu DATSCH-Zeiten nur monostrukturierte „Lehrberufe" sind, sondern verschiedene berufliche Ausdifferenzierungen mit Fachrichtungen, Schwerpunkten oder Einsatzgebieten aufweisen. Insofern sind statt einem Ausbildungsberuf mehrere „Ausbildungsfachrichtungsberufe"[44] zu berücksichtigen, so dass eine Vielfalt an didaktischen Möglichkeiten der beruflichen Ausbildungsdifferenzierung vorhanden ist.

Geht es mit Blick auf eine mögliche Neuordnung der Elektro- und IT-Ausbildungsberufe um eine optimale Lösung von Struktur und Anzahl der Ausbildungsberufe, so kann eine an den Geschäfts- und Arbeitsprozessen orientierte und kombinierte Berufs- und Berufsbildungsforschung hilfreich sein. Denn wie bereits bei den „alten" IT-Ausbildungsberufen von 1997 deutet inzwischen alles darauf hin, dass die heute mehr an den Arbeitsprozessen

---

44 Die Statistik erfasst bei den dualen Ausbildungsberufen daher auch zum Teil sogenannte „Erhebungsberufe" und weist z. B. für 2004 gut über 900 solcher „Berufe" aus (vgl. www.bibb.de/.../xls/naa309_2005_Erhebungsberufe_ 2005_10_06.xls, Stand: 20.08.2013).

orientierten Ausbildungsberufsbilder auch dem betrieblichen Arbeitswandel besser und langfristiger gerecht werden. Neue empirische Untersuchungen zu den Elektro- und IT-Erwerbsberufen in Betrieben unterschiedlicher Größe und Branche könnten z. B. nach dem GAPHA-GAHFA-Modell (vgl. Petersen/Wehmeyer 2003; Petersen 2005) so angelegt werden, dass eine Übersicht und Systematik betrieblich-beruflicher Arbeitsprozesse mit den jeweiligen Berufs- und Arbeitsinhalten entstehen. Auf einer solch systematisierten Ergebnisbasis mit teils generischen Berufsprofilen könnten die jeweils bestehenden Ausbildungsberufe didaktisch formativ evaluiert und gegebenenfalls weiterentwickelt oder neu geordnet werden. Zugleich wären die Ansätze und Ergebnisse der neuen KldB 2010 mit der entsprechenden Berufshauptgruppe 26 „Mechatronik-, Energie- und Elektroberufe“ einzubeziehen, so dass auch aktuelle Arbeitsmarktdaten berücksichtigt und die Ausbildungsberufe besser auf das Beschäftigungssystem abgestimmt werden.

Literatur

Behr, M. v.: Die Entstehung der industriellen Lehrwerkstatt. Materialien und Analysen zur beruflichen Bildung im 19. Jahrhundert. Frankfurt/M., New York 1981

Berufsbildungsgesetz (BBiG) vom 14. August 1969 (BGBl. I S. 1112), zuletzt geändert durch Artikel 6 des Zweiten Gesetzes zur Änderung der Handwerksordnung und anderer handwerksrechtlicher Vorschriften vom 25. März 1998 (BGBl. I S. 596)

Berufsbildungsreformgesetz (BerBiRefG): Gesetz zur Reform der beruflichen Bildung (Berufsbildungsreformgesetz – BerBiRefG) vom 23. März 2005. In: Bundesgesetzblatt Jahrgang 2005 Teil I Nr. 20, ausgegeben zu Bonn am 31. März 2005, S. 931–968

Braune, M.; Lammers, W. (Hrsg.): Siemens. 90 Jahre Werner-von-Siemens-Werkberufsschule. Berlin 1996

Bundesagentur für Arbeit (BA) (Hrsg.): Klassifikation der Berufe 2010 – alphabetisches Verzeichnis der Berufsbenennungen (KldB). Nürnberg 2011a

Bundesagentur für Arbeit (BA) (Hrsg.): Klassifikation der Berufe 2010 – KLDB 2010. Band 1: Systematischer und alphabetischer Teil mit Erläuterungen. Nürnberg 2011b Bundesagentur für Arbeit (BA) (Hrsg.): Klassifikation der Berufe 2010 – KLDB 2010. Band 2: Definitorischer und beschreibender Teil. Nürnberg 2011c

Der Bundesminister für Wirtschaft (BMW): Zweites Gesetz zur Änderung der Handwerksordnung und anderer handwerksrechtlicher Vorschriften vom

25. März 1998. In: Bundesgesetzblatt Jahrgang 1998 Teil I Nr. 19, ausgegeben zu Bonn am 31. März 1998, S. 596–606

Der Bundesminister für Wirtschaft und Arbeit (BMWA) (Hrsg.): Verordnung über die Berufsausbildung in den industriellen Elektroberufen vom 3. Juli 2003. In: Bundesgesetzblatt Jahrgang 2003 Teil I Nr. 31, ausgegeben zu Bonn am 11. Juli 2003, S. 1144–1225

Der Bundesminister für Wirtschaft und Technologie (BMWT): Verordnung über die Berufsausbildung zum Informationselektroniker/zur Informationselektronikerin vom 12. Juli 1999. In: Bundesgesetzblatt Jahrgang 1999 Teil I Nr. 36, ausgegeben zu Bonn am 16. Juli 1999, S. 1542–1553

Dostal, W.: Berufsgeneseforschung. Vortrag auf dem Kontaktseminar deutschsprachiger Institute für Berufsbildungsforschung am 10. März 2005 in Nürnberg. Nürnberg 2005

Drescher, E.; Müller, W.; Petersen, A. W.; Rauner, F.; Schmidt, D.: Evaluation der industriellen Elektroberufe. Neuordnung oder Weiterentwicklung. Abschlußbericht 1995. Bremen 1995

Greinert, W.-D.: Berufliche Breitenausbildung in Europa. Die geschichtliche Entwicklung der klassischen Ausbildungsmodelle im 19. Jahrhundert und ihre Vorbildfunktion. Mit einer Fortsetzung der Berufsbildungsgeschichte der Länder England, Frankreich und Deutschland in der ersten Hälfte des 20. Jahrhunderts. Luxemburg 2005

Greinert, W.-D.; Hanf, G.; Schmidt, H.; Stratmann, K. (Hrsg.): Berufsausbildung und Industrie. Zur Herausbildung industrietypischer Lehrlingsausbildung. Kongreßbericht. Berlin 1987

Herkner, V.: Deutscher Ausschuß für das Technische Schulwesen. Untersuchungen unter besonderer Berücksichtigung metalltechnischer Berufe. Hamburg 2003

Howe, F.: Elektroberufe im Wandel. Ein Berufsfeld zwischen Tradition und Innovation. Hamburg 2004

Krenn, S.; Stumpf, F.: Moderne Berufsstrukturen in der Elektroindustrie. Der zweijährige Ausbildungsberuf Industrieelektriker/-in. Bielefeld 2012

Mester, F.: Evaluation der Ausbildungssituation zum Beruf Informationselektroniker/ Informationselektronikerin vor dem Hintergrund dramatisch sinkender Ausbildungszahlen. Flensburg 2005

Petersen, A. W.: Herausbildung und Genese der Berufe und Ausbildung im Berufsfeld Elektrotechnik/Informationstechnik. Flensburg 2000. – URL: www.e-berufe.de (Stand: 20.08.2013)

Petersen, A. W.: Geschäfts- und Arbeitsprozesse als Grundlage beruflicher Ausbildungs- und Lernprozesse. In: lernen & lehren Elektrotechnik-Informatik und Metalltechnik. Schwerpunktthema Geschäftsprozessorientierung 20 (2005) 80, S. 163–174

Petersen, A. W.; Müller, W.: Evaluation der neugeordneten industriellen Elektroberufe. Ein Forschungsprojekt im Auftrag des Bundesinstituts für Berufsbildung. Kenn-Nr. 3.601 – Durchgeführt am Institut Technik und Bildung der Universität Bremen. 1. Zwischenbericht Dezember 1993. Bremen 1993

Petersen, A. W.; Wehmeyer, C.: Die neuen IT-Berufe auf dem Prüfstand – Eine bundesweite Studie im Auftrag des Bundesinstituts für Berufsbildung (BIBB). Evaluation der neuen IT-Berufe Teilprojekt 1: Abschlussbericht. Flensburg 2001

Petersen, A. W.; Wehmeyer, C.: Aufgedeckt: IT-Arbeitsprozesse und Ausbildung in der Betriebspraxis. Betriebliche Fallstudien: Dokumentation und Auswertung der Fallstudien zur Arbeit und Ausbildung in den IT-Berufen – Eine bundesweite Studie im Auftrag des Bundesinstituts für Berufsbildung (BIBB). Evaluation der neuen IT-Berufe Teilprojekt 2: Abschlussbericht. Flensburg 2003

Pfeuffer, H.: Untersuchungen über den Wandel von Berufsinhalten und die Notwendigkeit neuer Ausbildungsformen, dargestellt am Beispiel der elektrotechnischen Ausbildungsberufe. Aachen 1972

Sauter, E.: Berufsbildungsforschung und Berufsbildungsdialog. In: Rauner, Felix (Hrsg.): Handbuch Berufsbildungsforschung. Bielefeld 2005, S. 61–67

Schumacher, W.: Die neueren Aufgaben des Datsch. In: Die Deutsche Berufserziehung 53 (1938) 35/36, S. 311–315

Schwarz, H.: Die Entwicklung neuer Ausbildungsberufe am Beispiel der IT-Berufe. Berlin 1997

Tiemann, M.; Schade, H.-J.; Helmrich, R.; Hall, A.; Braun, U.; Bott, P.: Berufsfeld-Definitionen des BIBB auf Basis der KldB 1992. Zweite Fassung, Stand: 29. Mai 2008. Bonn 2008. – URN: urn: nbn:de:0035-0238-3 (Stand: 20.08.2013)

Beitrag 14 aus dem Jahr *2015*: Berufsgruppen und Berufsfelder als Konstrukte beruflicher Systematisierungen zum Beschäftigungs- und Bildungssystem

In: lernen & lehren, Schwerpunktthema „Berufsgruppenspezifische Ausbildungskonzepte“ Heft 120, 30. Jahrgang, 4/2015, Heckner Verlag, S. 136–142

Als Mitheftbetreuer des lernen & lehren Schwerpunktthemas „Berufsspezifische Ausbildungskonzepte“ veröffentlichte A. Willi Petersen den Beitrag „Berufsgruppen und Berufsfelder als Konstrukte beruflicher Systematisierungen zum Beschäftigungs- und Bildungssystem“ im Jahr 2015. Der Beitrag und das gewählte Schwerpunktthema verdeutlichen die wissenschaftstheoretische Heimat von Willi Petersen, der sich selbst als Berufswissenschaftler verortet hat.

Zunächst wird der Begriff „Berufsgruppe“ kontextualisiert, da weit geläufiger der Begriff des „Berufsfeldes“ genutzt wird. Berufsgruppen und Berufsfelder werden in Deutschland sowohl zu den Erwerbsberufen im Beschäftigungssystem wie auch zu den Ausbildungs-, Weiterbildungs- und Studienberufen im Bildungssystem gebildet. Petersen unterstreicht die Wechselwirkung bzw. Interdependenz zwischen den Erwerbsberufen im Beschäftigungs- und den Bildungsberufen im Bildungssystem.

Die Strukturierung und Gruppierung von Erwerbsberufen in Berufsgruppen oder Berufsfelder erfolgt bis heute vorwiegend auf der Basis einer amtlichen „Klassifikation der Berufe“ (KldB) wie aktuell der KldB von 2010. Das hier vorgestellte Beispiel einer Klassifikation aus dem Bereich der Elektroberufe verdeutlicht die Systematik. Die Genese dieser Klassifizierungen wird von dem „Handbuch der Berufe“ aus den Jahren 1927 bis 1933 nachgezeichnet und deren wissenschaftliche Verortung als Berufskunde bzw. Berufswissenschaft dargelegt. Weitere nationale Gruppierungen der Erwerbsberufe in Berufsfelder nach IAB, BIBB und BA werden dargelegt. Parallelen zu internationalen

Klassifizierungen (ISCO, ILO) werden vorgestellt. In Referenz zu den internationalen wie europäischen Bildungsklassifikationen wird der „Deutsche Qualifikationsrahmen“ (DQR) und das verbliebene Klassifikationskriterium „Qualifikationsniveau“ diskutiert. Petersen stellt fest, dass in Deutschland auf der Basis des DQR nun eine – dem EQF und der ISCED-11 auch international vergleichbare – Klassifizierung und Gruppierung aller Bildungsgänge nach dem Qualifikationsniveau möglich ist. Er stellt fest, dass ein übergreifender berufsfachlicher Gruppierungsansatz für alle beruflichen Bildungsgänge in Deutschland u. a. mit Blick auf berufliche Transparenz oder Durchlässigkeit zwar wünschenswert, kurzfristig aber nicht in Sicht sei. Er regt an, dass das für die Erwerbsberufe genutzte KldB-Kriterium der „Berufsfachlichkeit“ zugleich ebenso für die berufsfachliche Gruppierung aller Bildungsberufe verwendet werden könnte. Vom BIBB wird dieser berufsdidaktische Bezug bereits hergestellt und hier dargelegt.

Berufsgruppen von Ausbildungsberufen haben nach Petersen bisher kaum eine didaktische Bedeutung. Er verdeutlicht, dass bei diesen gebündelten Ausbildungsberufen somit auch berufsgruppenspezifische Ausbildungs- und Unterrichtskonzepte zum Tragen kommen können. Im historischen Rückgriff wird verdeutlicht, dass die Berufsfelder eben diesen Zweck hatten und insbesondere für eine Anrechnung eines schulischen Berufsgrundbildungsjahres entwickelt wurden.

Nachfolgend wird auf Gruppierungskriterien eingegangen. So sind bei den Elektroausbildungsberufen beispielsweise die Lernfelder des ersten Ausbildungsjahres identisch. Bei der Berufsfamilie der IT-Ausbildungsberufe sind es die Kernqualifikationen im Umfang von 18 Monaten. Es wird verdeutlicht, dass die Gruppierungskriterien fast nur fachlich identische oder wesentliche gemeinsame Ausbildungsinhalte bereits geordneter vorhandener Ausbildungsberufe aufgreifen. Petersen kritisiert, dass der von ihm aufgezeigte berufsfachliche Zusammenhang zwischen den Ausbildungs- und Erwerbsberufen hier auch berufsdidaktisch bei der Bündelung der Ausbildungsberufe in Gruppen eine deutlich stärkere Rolle spielen sollte.

Berufsgruppen und Berufsfelder als Konstrukte beruflicher Systematisierungen zum Beschäftigungs- und Bildungssystem

Einleitend wird das Thema „Berufsgruppen" im übergreifenden Zusammenhang der beruflichen Interdependenzen zwischen Beschäftigungs- und Bildungssystem aufgenommen. Hierbei ist die berufsdidaktische Differenzierung zwischen Erwerbsberufen und (Aus-)Bildungsberufen zentral, da sich auch beruflich die je klassifizierten und gebildeten Berufsgruppen und Berufsfelder unterscheiden. Auch wegen der Vielfalt und dem Wirrwarr bei den nationalen wie internationalen beruflichen Gruppierungen sind spezielle Aspekte zu den „neuen" Berufsgruppen bei dualen Ausbildungsberufen stets in übergreifende Zusammenhänge eingebettet.

1 Einleitung und Problemaufriss

Zum Thema „Berufsgruppenspezifische Ausbildungskonzepte" ist eine didaktische Klärung zum für die Ausbildungsberufe noch recht neuen Konstrukt der Berufsgruppe sinnvoll. Berufsgruppen sind eigentlich alte und bislang fast nur für die Klassifizierung und Gruppierung der Erwerbsberufe genutzte Konstrukte. Dagegen wurde für die Gruppierung von Ausbildungsberufen bisher meist nur das didaktische Konstrukt „Berufsfeld" genutzt. Wird heute von Berufsgruppen oder Berufsfeldern gesprochen, so bedarf es somit der besonderen Klarstellung und Klärung, ob und wie es sich um die Gruppierung von Erwerbsberufen oder Ausbildungsberufen handelt und welche didaktischen Zusammenhänge und beruflichen Interdependenzen bei diesen Gruppierungen bestehen.

Vorab ist festzustellen, dass Berufsgruppen und Berufsfelder in Deutschland sowohl zu den Erwerbsberufen im Beschäftigungssystem wie auch zu den Ausbildungs-, Weiterbildungs- und Studienberufen im Bildungssystem gebildet werden. Wegen dieser diversen Berufe ist folgende Differenzierung von grundlegender Bedeutung: „Ausbildungsberufe [und hier allgemein „Bildungsberufe"/d. A.] sind die Berufe, die man erlernen kann, wenn man eine Berufstätigkeit ausüben will. Übt man eine Berufstätigkeit aus, so arbeitet man in einem Erwerbsberuf." (Tiemann u. a. 2008, S. 2) Berufsdidaktisch übergreifend ist somit von einer Wechselwirkung bzw. Interdependenz zwischen den Erwerbsberufen im Beschäftigungs- und den Bildungsberufen im Bildungssystem auszugehen (vgl. u. a. Petersen 2005 u. 2014; siehe Abb. 1). Diese Interdependenz muss im Prinzip auch zu den jeweiligen Berufsgruppen und Berufsfeldern für die Erwerbs- und Bildungsberufe gelten.

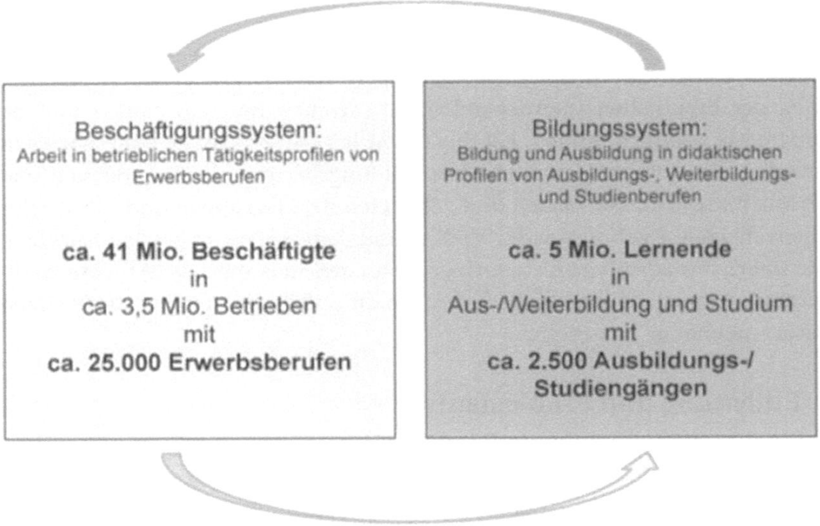

Abbildung 1: Berufsdidaktische Interdependenz zwischen Beschäftigungs- und Bildungssystem

2 Gruppen und Felder zu den Erwerbsberufen im Beschäftigungssystem

Zum Beschäftigungssystem in Deutschland, in dem heute ca. 41 Mio. Beschäftigte in 2,5 Mio. Betrieben erwerbstätig sind, gibt es aktuell etwa 25.000 Erwerbsberufe bzw. verschiedene Berufsbenennungen (vgl. BA 2011a; siehe Abb. 1). Die Strukturierung und Gruppierung dieser relativ großen Anzahl von Erwerbsberufen in Berufsgruppen oder Berufsfelder war und ist je nach Ziel und Zweck immer eine Herausforderung. Sie erfolgt bis heute vorwiegend auf der Basis einer amtlichen „Klassifikation der Berufe" (KldB) wie aktuell der KldB von 2010. Diese neue KldB baut direkt auf den Berufsklassifikationen aus den Jahren 1988 und 1992 auf (vgl. BA 1988, STBA 1992) und stellt doch eine grundlegende Weiterentwicklung der „ersten alten" Klassifikationsgrundlagen nach dem „Handbuch der Berufe" aus den Jahren 1927 bis 1933 dar.

Die ersten Grundlagen einer Klassifizierung und Gruppierung der Erwerbsberufe kommen letztlich aus der Zeit der ersten Gewerbe-, Berufs- und Betriebszählungen vor und um die letzte Jahrhundertwende. Mit zunehmender Industrialisierung und im Zuge der Forderung nach einer besseren „Inventarisierung der Berufe" wurden sie durch eine sich zu Beginn des 19. Jahrhunderts entwickelnde „Berufskunde" dann verfeinert. Fritz Molle führte hierzu u. a. aus: „Der Bedarf an genauem (…) berufskundlichem Unterlagenmaterial (…), d. h. Darstellungen über Wesen und Aufgaben der Berufe, ihre Tätigkeiten und Anforderungen (…), war groß, wurde immer größer und vielschichtiger, der Ruf danach schwoll an. Sein Echo war die Geburt der Berufskunde als Beginn und Vorläufer einer – damals wie heute leider erst in Anfängen vorhandenen – Berufswissenschaft. (…) an einen Lehrstuhl für Berufskunde oder gar -wissenschaft dachte jedoch niemand, es gibt ihn heute noch nicht (…)." (Molle 1967, S. 151 f.)

Das Hauptergebnis der neuen berufskundlichen und -wissenschaftlichen Arbeiten war das besagte „Handbuch der Berufe" aus den Jahren 1927 bis 1933, das damals schon den hohen Anspruch einer umfassenden Beschreibung und Gruppierung aller Berufe hatte. Im Einzelnen besteht das Handbuch aus einem umfangreichen Teil I mit den Bänden 1 bis 3 und einem Teil II, der in nur einem Band einzig die Berufsgruppe „Akademische Berufe" beinhaltet und allein 616 Seiten umfasst (vgl. HDB 1927). Anhand der Gliederung dieser Bände wird zugleich der genutzte Klassifizierungs- und Gruppierungsansatz für die Erwerbsberufe deutlich, der im Kern noch bis 2010 Bestand hatte. Nach diesem Ansatz wurden alle Erwerbsberufe auf der ersten Aggregationsebene in 12 „Berufsgruppen" (eigentlich Berufshauptgruppen) klassifiziert und gruppiert. Dabei kamen die bis heute fast noch weltweit vergleichbaren zwei Hauptkriterien „Anforderungsniveau (skill level)" und „Berufsfachlichkeit (skill specialization)" zur Anwendung. Wie das Beispiel der Berufsgruppen I bis IV „Berufe mit Volks-, Mittel- oder höherer Schulbildung" mit u. a. dem „Elektroinstallateur" und die Berufsgruppe XII „Akademische Berufe" mit u. a. dem „Elektroingenieur" konkret zeigt, wurden diese beiden Kriterien in einer „gemischten" Form – wie dies bis heute sogar noch bei der aktuellen „International Standard Classification of Occupations" von 2008 erfolgt (ISCO-08; vgl. ILO 2012) – angewendet. So kommt zur Bildung der Berufsgruppen zuerst das Kriterium „Anforderungsniveau" zur Anwendung, bevor jede weitere „Gruppeneinteilung" einem berufsfachlichen Kriterium folgt: „Vorliegende Einteilung stellt einen Versuch der systematischen Gruppierung der Berufe nach der Verwandtschaft der Berufsarbeit (…) dar." (HDB 1927, S. XV)

Klassifizierung und Gruppierung der Erwerbsberufe nach der KldB 2010

Durch die Neu- und Weiterentwicklung der KldB 2010 haben sich die zwei zentralen Kriterien der Klassifikation im Prinzip kaum geändert. Das heißt, auch nach dem neuen KldB-Ansatz basiert die Klassifizierung und Gruppierung aller Erwerbsberufe wie bisher auf den beiden Hauptkriterien „Anforderungs- bzw. Qualifikationsniveau" und „Berufsfachlichkeit bzw. Verwandtschaft der Berufsarbeit". Das wirklich Neue der KldB 2010 besteht im Kern in einem veränderten Konzept der Anwendung dieser beiden Klassifikationskriterien. So erfolgt die Klassifizierung und Gruppierung aller aktuell ca. 25.000 Erwerbsberufe heute neu zunächst ausschließlich nach dem Kriterium der „Berufsfachlichkeit". Dies ist direkt an den Gruppierungsergebnissen der nur berufsfachlich klassifizierten zehn Berufsbereiche (siehe Tab. 1) auf der obersten ersten wie auch an den Gruppen bis auf der vierten Aggregationsebene zu erkennen.

Tabelle 1: Berufsbereiche der KldB 2010 (vgl. BA 2011b)

Berufsbereiche	Anforderungsniveau
1. Land-, Forst- u. Tierwirtschaft u. Gartenbau	1 bis 4
2. Rohstoffgewinnung, Produktion u. Fertigung	1 bis 4
3. Bau, Architektur, Vermessung u. Gebäudetechnik	1 bis 4
4. Naturwissenschaft, Geografie u. Informatik	1 bis 4
5. Verkehr, Logistik, Schutz und Sicherheit	1 bis 4
6. Kaufmännische Dienstleistungen, Warenhandel, Vertrieb, Hotel und Tourismus	1 bis 4
7. Unternehmensorganisation, Buchhaltung, Recht und Verwaltung	1 bis 4
8. Gesundheit, Soziales, Lehre und Erziehung	1 bis 4
9. Sprach-, Literatur-, Geistes-, Gesellschafts- und Wirtschaftswissenschaften, Medien, Kunst, Kultur und Gestaltung	1 bis 4
10. Militär	1 bis 4

Wie ursprünglich noch im „Handbuch der Berufe" oder noch heute bei der ISCO-08 gibt es hier z. B. keine „Major group" der (nur „akademischen") „Professionals" mehr, sodass z. B. auch die Elektroberufe „Elektroinstallateur" und „Elektroingenieur" gemeinsam und unabhängig vom Anforderungsniveau zum zweiten Berufsbereich gehören. Dies gilt zu den weiteren drei Aggregationsebenen entsprechend, auf denen nach der KldB 2010 rein „berufsfachlich" noch

37 Berufshauptgruppen,

144 Berufsgruppen und

700 Berufsuntergruppen

gebildet wurden. Zum „Berufsbereich 2" wurden beispielsweise die „Elektroberufe" aller Erwerbsberufe weiter in eine Berufshauptgruppe „26 Mechatronik-, Energie- und Elektroberufe" und dann u. a. in die Berufsgruppe „262 Energietechnik" und schließlich z. B. in die Berufsuntergruppe „2621 Berufe in der Bauelektrik" gruppiert (siehe Tab. 2).

Tabelle 2: Berufshauptgruppe 26 der KldB 2010 (vgl. BA 2011b)

26	Mechatronik-, Energie- und Elektroberufe (Berufshauptgruppe)
261	Mechatronik und Automatisierungstechnik (Berufsgruppe)
2611	Berufe in der Mechatronik (Berufsuntergruppe)
2612	Berufe in der Automatisierungstechnik
2619	Aufsichtskräfte – Mechatronik und Automatisierungstechnik
262	Energietechnik
2621	Berufe in der Bauelektrik
2622	Berufe in der Elektromaschinentechnik
2623	Berufe in der Energie- und Kraftwerkstechnik
2624	Berufe in der regenerativen Energietechnik
2625	Berufe in der elektrischen Betriebstechnik
2626	Berufe in der Leitungsinstallation und -wartung
2629	Aufsichtskräfte – Energietechnik
263	Elektrotechnik
2630	Berufe in der Elektrotechnik (ohne Spezialisierung)
2631	Berufe in der Informations- und Telekommunikationstechnik
2632	Berufe in der Mikrosystemtechnik
2633	Berufe in der Luftverkehrs-, Schiffs- und Fahrzeugelektronik
2638	Berufe in der Elektrotechnik (sonstige spezifische Tätigkeitsangabe)
2639	Aufsichtskräfte – Elektrotechnik

Nach der Ebene der 700 Berufsuntergruppen erfolgt die weitere und letzte Klassifizierung und Gruppierung sodann in 1.286 Berufsgattungen, die nach der KldB 2010 folglich nur noch nach dem Kriterium „Anforderungsniveau“ gebildet werden. Zu diesem Anforderungsniveau wurden in der KldB neu vier „Qualifikationsstufen“ (1 bis 4) definiert. Wiederum als Beispiel sind so alle Erwerbsberufe der Berufsuntergruppe „2621 Berufe in der Bauelektrik“ weiter in die entsprechenden Berufsgattungen

„26211 Berufe in der Bauelektrik“ (Helfer)

„26212 Berufe in der Bauelektrik (Fachkraft/u. a. Facharbeiter)

„26213 Berufe in der Bauelektrik“ (Spezialist/u. a. Meister)

„26214 Berufe in der Bauelektrik“ (Experte/u. a. Ingenieur)

klassifiziert und gruppiert (vgl. BA 2011c, S. 349 f.).

Gruppierung der Erwerbsberufe in Berufsfelder nach IAB, BIBB und BA

Da Berufsklassifikationen generell nicht immer jegliche Zwecke und Anforderungen z. B. der Berufsforschung erfüllen können, gab und gibt es neben der KldB immer noch weitere spezielle Ansätze zur Gruppierung der Erwerbsberufe, wie besonders in Berufsfelder.

Drei Beispiele sollen und können hier nur kurz aufgezeigt werden. Da wären zuerst die vor geraumer Zeit vom Institut für Arbeitsmarkt- und Berufsforschung (IAB) für die Erwerbsberufe entwickelten „20 IAB-Berufsfelder“, zu denen das Kriterium wie folgt definiert war: „Diese umfassen Berufe (i. d. R. Berufsgruppen), die Gemeinsamkeiten aufweisen im Hinblick auf die Arbeitsaufgabe bzw. die Tätigkeit, die Art des verwendeten Materials, das Berufsmilieu oder die allgemeine Arbeitsanforderung.“ (IAB 2000, S. 8)

Die hierauf basierenden 20 Berufsfelder werden auf den IAB-Web-Seiten noch bis heute genutzt (vgl. http://bisds.infosys.iab.de; 27.07.2015) und weisen in der Struktur z. B. ein Berufsfeld „Elektroberufe“ auf, das insbesondere nur die Berufe zum Niveau „Fachkräfte“ berücksichtigt.

Das zweite Beispiel sind die vom Bundesinstitut für Berufsbildung (BIBB) im Jahr 2008 nach einem teils vergleichbaren Ansatz entwickelten „54 BIBB-Berufsfelder“ (vgl. Tiemann u. a. 2008). Wie zunächst naheliegend, beziehen sich diese 54 Berufsfelder nicht auf die Ausbildungsberufe, sondern ebenso auf die Erwerbsberufe.

Neben der längst ausreichenden Vielfalt an Berufsgruppen und Berufsfeldern zeigt das dritte Beispiel wiederum noch eine weitere neue Struktur mit 16 Berufsfeldern. Diese 16 BA-Berufsfelder werden von der „Bundesagentur für Arbeit" (BA) aktuell auf ihren Web-Seiten genutzt und orientieren sich auch im Gegensatz zu den IAB- und BIBB-Berufsfeldern an den neuen nur berufsfachlich strukturierten zehn Berufsbereichen der KldB 2010 (vgl. http://berufenet.arbeitsagentur.de/berufe/).

Gruppen und Felder zu den Bildungs- und Ausbildungsberufen im Bildungssystem

Wie ausgeführt, gibt es zwischen dem Beschäftigungs- und Bildungssystem berufliche Interdependenzen, die sich auf die Strukturen und Inhalte sowohl aller Berufe wie der Berufsgruppen und Berufsfelder berufsdidaktisch auswirken. Gibt es somit derzeit etwa 25.000 Erwerbsberufe im Beschäftigungssystem, die besonders in KldB-Berufsgruppen klassifiziert und gruppiert sind, so gibt es im Bildungssystem auf der Grundlage diverser Quellen und in grober Näherung derzeit etwa 2.500 berufliche Ausbildungs-, Weiterbildungs- und Studiengänge bzw. Bildungsberufe, wozu u. a. die ca. 325 dualen Ausbildungsberufe gehören (siehe Abb. 1). Aufgrund der Interdependenz sollten hier einerseits die Erwerbs- und Bildungsberufe berufsdidaktisch und curricular dementsprechend gut abgestimmt sein. Andererseits stellt sich wie zur Klassifizierung aller Erwerbsberufe noch zunächst die übergreifende Frage nach einer entsprechenden Klassifizierung und Gruppierung aller Bildungsberufe im Bildungssystem. Mit dieser Frage wäre auch die in 2007 durch den „Innovationskreis berufliche Bildung" (IKBB) angeregte Entwicklung von neuen Berufsgruppen nur für die Ausbildungsberufe in die übergreifende Klassifizierung für alle Bildungsberufe berufsdidaktisch eingebettet.

Eine der KldB vergleichbare umfassende Klassifikation für alle beruflichen Bildungsgänge im Bildungssystem gibt es derzeit in Deutschland nicht. Sie ist im Ansatz bislang nur bei der „International Standard Classification of Education" (ISCED) erkennbar, die u. a. durch die internationalen PISA-Studien der OECD besonders bekannt geworden ist und sich auch insgesamt auf jegliche allgemeine und berufliche Bildung bezieht. Vergleichbar den Berufsklassifikationen für die Erwerbsberufe nutzt ISCED zur Klassifizierung und Gruppierung aller Bildungsgänge die zwei zentralen Kriterien „education level" und „education field". In der aktuellen ISCED von 2011 (ISCED-11) sind heute relativ neu acht statt bisher sechs „education level" definiert, die ebenso neu zugleich als „qualification level" verstanden werden (vgl. UNESCO 2011, pp. 22 ff.).

So können nach ISCED alle allgemeinen und beruflichen Bildungsgänge mit ihren (Abschluss-)Qualifikationen zum einen entsprechend den definierten und von 1 bis 8 gestuften education und qualification levels in acht verschiedene Bildungs- oder „Bildungsberufsgruppen“ klassifiziert und gruppiert werden. International bilden z. B. die deutschen dualen Ausbildungsberufe mit ihrer Abschlussqualifikation eine auf dem „qualification level 4“ klassifizierte berufliche Bildungsgruppe. Zum anderen gilt für die weitere Klassifizierung und Gruppierung aller Bildungsgänge nach dem ISCED Kriterium „education field“, dass diese fields „often referred to as a subject or discipline” (ebd., p. 85). Im Ergebnis der hiernach vorrangig fachsystematisch gebildeten 10 „broad groups“ und 26 „fields of education“ (vgl. ebd., pp. 73 ff.) sind so auch mehr allgemein- und fachbildende und leider kaum berufliche und berufsfachliche Strukturen zu erkennen.

DQR und weitere Gruppierungsansätze als Teile einer deutschen Bildungsklassifikation

In Referenz zu den internationalen wie europäischen Bildungsklassifikationen ist aufgrund der Ergebnisse für Deutschland von den zwei relevanten Klassifikationskriterien im Prinzip nur das Kriterium „qualification level“ bzw. „Qualifikationsniveau“ von Bedeutung. Dieses Kriterium steht auch bereits im Mittelpunkt des neuen „Deutschen Qualifikationsrahmens“ (DQR), der erst jüngst in direkter Referenz zum „European Qualifications Framework“ (EQF) von 2008 (vgl. EK 2008) entwickelt wurde. Im Ergebnis sind im Jahr 2013 beschlossenen DQR acht Qualifikationsniveaus definiert (vgl. DQR 2013), die zuvor Gegenstand teils heftiger Diskussionen waren, auch weil sich der DQR auf alle Qualifikationen aller allgemeinen und beruflichen Bildungsgänge bezieht. Durch die Referenz weisen die acht DQR-Qualifikationsniveaus eine nach Struktur und Inhalt hohe Vergleichbarkeit mit den acht „qualification levels“ des EQF wie mit den acht „education levels“ bzw. „qualification levels“ der ISCED-11 auf.

In Deutschland ist auf der Basis des neuen DQR daher (erst) seit 2013 eine – dem EQF und der ISCED-11 auch international vergleichbare – Klassifizierung und Gruppierung aller Bildungsgänge nach dem Qualifikationsniveau möglich. Heute können so relativ transparent die etwa 2.500 beruflichen Ausbildungs-, Weiterbildungs- und Studiengänge zumindest nach den acht DQR-Qualifikationsniveaus klassifiziert und gruppiert werden. Insbesondere können z. B. für die dualen Ausbildungsberufe jetzt auch die beiden unterscheidbaren beruflichen Gruppen auf dem Qualifikationsniveau 3 und 4 gebildet werden.

Hinsichtlich der weiteren „offiziellen" Klassifizierung und Gruppierung aller Bildungsgänge nach dem Kriterium „Berufsfachlichkeit" gibt es noch keinen dem DQR vergleichbaren Ansatz. Dies bedeutet, dass eine entsprechend berufsfachliche Gruppierung der ca. 2.500 beruflichen Ausbildungs-, Weiterbildungs- und Studienprogramme heute noch nach den meist eigenen und kaum abgestimmten Ansätzen und Kriterien der verschiedenen Bildungsinstitutionen erfolgt. So gibt es beispielsweise die eher fach- und wissenschaftssystematischen Gruppierungen nach den Fachbereichen und Fachrichtungen der Hochschulen oder einfach nach den Wissenschaftsdisziplinen. Ebenso gibt es die eher fachsystematischen Gruppierungen z. B. entsprechend der Fachbereiche oder Fachrichtungen der Fachschulen. Hier insbesondere – zu den dualen Ausbildungsberufen – gibt es auch noch die frühen Gruppierungen in die inzwischen nicht mehr aktuellen Berufsfelder oder daneben die erst begonnene und noch neue Bündelung der Ausbildungsberufe in Berufsgruppen.

Insofern ist ein übergreifender berufsfachlicher Gruppierungsansatz für alle beruflichen Bildungsgänge in Deutschland u. a. mit Blick auf berufliche Transparenz oder Durchlässigkeit zwar wünschenswert, kurzfristig aber nicht in Sicht. Wie oben angedeutet, ist so eigentlich naheliegend, das für die Erwerbsberufe genutzte KldB-Kriterium der „Berufsfachlichkeit" zugleich ebenso für die berufsfachliche Gruppierung aller Bildungsberufe zu verwenden.

Aufgrund der Interdependenzen zwischen dem Beschäftigungs- und Bildungssystem bedeutet dies entsprechend, dass im Ergebnis die Berufsgruppen für die Erwerbs- und Bildungsberufe nach Struktur und Inhalt im Prinzip identisch sein müssen. Dies gilt somit auch für die ca. 325 Ausbildungsberufe, die berufsdidaktisch auf alle Erwerbsberufe (nach KldB vom Juli 2015 genau 10.141) in den Berufsgruppen auf dem Fachkräfteniveau Bezug nehmen. Dieser berufsdidaktische Bezug wird auch bereits vom BIBB hergestellt und genutzt, wie die BIBB-Jahresberichte mit dem Titel „Duale Ausbildungsberufe (BBiG/HwO) gruppiert nach KldB 2010 mit ausgewählten Indikatoren zur dualen Berufsausbildung" zeigen (vgl. BIBB 2015). Gibt es insgesamt 700 KldB-Berufsuntergruppen, so werden hiernach die etwa 325 Ausbildungsberufe 256 Berufsuntergruppen zugeordnet. Berufsdidaktisch bedeutet dies einerseits, dass einigen KldB-Berufsuntergruppen mehrere Ausbildungsberufe zugeordnet sind. Andererseits bedeutet dies aber ebenso, dass es für jede der 700 KldB-Berufsuntergruppen der Erwerbsberufe nicht zumindest einen Ausbildungsberuf gibt. Im Übrigen ist dies eine hier nicht weiter zu untersuchende Feststellung zu einem möglichen „Mismatch" der Berufe.

Die berufliche Interdependenz dieser Gruppen kann am besten wieder an einem Beispiel wie der KldB-Berufsuntergruppe „2621 Berufe in der

Bauelektrik" gezeigt werden (siehe Tab. 2). Dieser Gruppe von Erwerbsberufen sind konkret die beiden Ausbildungsberufe „Elektroniker/-in für Gebäude- und Infrastruktursysteme" und „Elektroniker/-in mit der Fachrichtung Energie- und Gebäudetechnik" zugeordnet. Berufsdidaktisch betrachtet, bilden diese Ausbildungsberufe somit zusammen eine entsprechend berufsfachlich gebildete Berufsgruppe. Desgleichen gilt z. B. für die KldB-Berufsgruppe „261 Mechatronik und Automatisierungstechnik" (siehe Tab. 2), zu der die Ausbildungsberufe „Mechatroniker/-in" und „Elektroniker/-in für Automatisierungstechnik" gehören und die didaktisch ebenso eine berufsfachliche Berufsgruppe bilden. Für diese Art Berufsgruppen, die bisher kaum eine didaktische Bedeutung haben, können für die gebündelten Ausbildungsberufe somit auch berufsgruppenspezifische Ausbildungs- und Unterrichtskonzepte berufsdidaktisch gut begründet und berufsfachlich sehr arbeitsorientiert umgesetzt werden.

Nach einem berufsdidaktisch anderen Ansatz sollen – wie bereits angesprochen – seit etwa 2007 für die Ausbildungsberufe neue Berufsgruppen gebildet werden, die zunächst durch den „Innovationskreis berufliche Bildung" (IKBB) in einer Leitlinie angeregt (vgl. BMBF 2007) und dann von der Politik im Kontext der „Qualifizierungsinitiative für Deutschland" als neues Ziel auch weiterverfolgt wurde. Insbesondere sollten „die ca. 350 Ausbildungsberufe in Berufsgruppen gebündelt, gemeinsame Kernqualifikationen identifiziert und darauf aufbauende Spezialisierungsmöglichkeiten und -wege eröffnet" werden (Bundesregierung 2008, S. 29). Die auch als „Innovation" verstandenen neuen Berufsgruppen wurden im Ansatz didaktisch wie berufsbildungspolitisch fast völlig losgelöst von den im Prinzip noch bis heute irgendwie parallel vorhandenen und zum Berufsschulunterricht noch teils relevanten „alten" Berufsfeldern thematisiert. Diese „alten" aus den 1970er Jahren stammenden Berufsfelder sind jedoch als berufsdidaktisches Konstrukt partiell mit den neuen Berufsgruppen vergleichbar. Ein Hauptzweck der Berufsfelder war so auch die offizielle Regelung der Anrechnung eines schulischen Berufsgrundbildungsjahres (BGJ) oder des Berufsfachschulabschlusses auf die „gemeinsame" Ausbildung in den zu einem Berufsfeld gehörenden Ausbildungsberufen (vgl. u. a. BGJAVO 1972). Diese „Berufsgrundbildungsjahr-Anrechnungs-Verordnung" (BGJAnrV), die nach jeder Neuordnung sogar stets durch einen Bundesrats-Beschluss zu erneuern war, wurde inzwischen zum 30. Juli 2006 auf der Grundlage des Berufsbildungsreformgesetzes vom 23. März 2005 (vgl. BERBIREFG 2005) offiziell aufgehoben. Seitdem sind die „alten" Berufsfelder wie „Wirtschaft und Verwaltung", „Metalltechnik", „Elektrotechnik", „Bautechnik" usw. nicht mehr mit den inzwischen auch neugeordneten Ausbildungsberufen aktualisiert worden. Von daher spielen Berufsfelder auch zum „neuen" Thema der Berufsgruppen kaum mehr eine Rolle.

Das hier vor allem vom BIBB neu aufgenommene Berufsgruppen-Thema wurde seither relativ breit diskutiert und aufgrund der Problematik von entscheidender Stelle wie ein „Stich ins Wespennest" empfunden (vgl. WEISS 2010). So wurden dann auch die Probleme mit neuen Fragestellungen zur beruflichen Gruppierung von Ausbildungsberufen in spezifischen BIBB-Projekten wie z. B. „Entwicklung eines möglichen Strukturkonzepts für die Bildung von Berufsgruppen" (vgl. u. a. Bretschneider u. a. 2010) vertieft. Dennoch stehen überzeugende und gute beispielhafte Ergebnisse fast noch bis heute aus, obwohl seitens der Politik schon recht früh und forsch das „Endergebnis" von „50 bis maximal 100 Berufsgruppen" oder plötzlich auch „Berufsfamilien" vorgegeben wurde (vgl. Schavan 2012).

Zu Gruppierungskriterien

Wie schwierig es ist, die Vielfalt der ca. 350 Ausbildungsberufe berufsdidaktisch gut begründet zu gruppieren, zeigt sich vor allem mit Blick auf die im BIBB heute immer noch breit diskutierten und in Forschungsprojekten auch untersuchten Gruppierungskriterien. Hierzu nur exemplarisch bilden Ausbildungsberufe beispielsweise immer dann eine Berufsgruppe, „wenn

- die Ausbildungsinhalte fachlich identisch oder entsprechend sowie für alle betroffenen Berufe wesentlich und typisch sind,
- die Gemeinsamkeiten mindestens 12 Monate umfassen (wobei dies unabhängig vom jeweiligen Ausbildungsjahr gilt),
- die Berufsausbildung um mindestens ein Jahr verkürzt werden kann, und/oder
- eine gemeinsame Beschulung möglich sein sollte" (Grunwald 2012, S. 24).

Nach solchen Gruppierungskriterien können zum einen zu einer Vielzahl bestehender Ausbildungsberufe noch „nachträglich" Berufsgruppen definiert werden. Allerdings werden diese in der Praxis oft bisher schon als entsprechende Berufsfelder oder Berufsfamilien wahrgenommen. So bilden z. B. die in der „Verordnung über die Berufsausbildung in den industriellen Elektroberufen" vom 3. Juli 2003 genannten sechs Ausbildungsberufe nach den Kriterien bereits eine Berufsgruppe. Für diese Ausbildungsberufe sind u. a. die schulischen Lernfelder zum ersten Ausbildungsjahr identisch, sodass auch eine entsprechend gruppenspezifische gemeinsame Beschulung möglich ist. Die weitere Frage, ob und welche Ausbildungsberufe eventuell ebenso dieser

Berufsgruppe zugeordnet werden können, bedarf der weiteren Klärung, die im Ansatz bereits im BIBB-Entwicklungsprojekt „Berufsfeldanalyse zu industriellen Elektroberufen als Voruntersuchung zur Bildung einer möglichen Berufsgruppe“ versucht wurde (vgl. Zinke u. a. 2014). Ein weiteres Beispiel sind die vier IT-Ausbildungsberufe laut „Verordnung über die Berufsausbildung im Bereich der Informations- und Telekommunikationstechnik“ vom 10. Juli 1997, die im Sinne der Kriterien bereits ebenso als eine Berufsgruppe begriffen werden können. Jene Ausbildungsberufe haben Gemeinsamkeiten insbesondere in der Form von Kernqualifikationen im Umfang von 18 Monaten. Diese „alte“ IT-Berufsgruppe wurde zudem bislang oft als Berufsfamilie bezeichnet.

Wie auch die Beispiele verdeutlichen, geht es nach den Gruppierungskriterien fast nur um fachlich identische oder wesentliche gemeinsame Ausbildungsinhalte bereits geordneter vorhandener Ausbildungsberufe.

Dies entspricht berufsdidaktisch aber einer „Nabelschau“, da der Blick von den Ausbildungsberufen auf die Erwerbsberufe, für die in der Ausbildung in der entsprechenden beruflichen Breite vorbereitet werden soll, völlig fehlt. Insofern sollte der aufgezeigte berufsfachliche Zusammenhang zwischen den Ausbildungs- und Erwerbsberufen hier auch berufsdidaktisch bei der Bündelung der Ausbildungsberufe in Gruppen eine deutlich stärkere Rolle spielen. Wie bereits vorgeschlagen, könnten die für die Erwerbsberufe nach der KldB berufsfachlich gebildeten 144 Berufsgruppen und 700 Berufsuntergruppen dabei zumindest eine weitere didaktische Orientierung oder direkte Grundlage zu den „neuen“ Berufsgruppen für die ca. 325 Ausbildungsberufe sein.

3 Ausblick

Zu den „neuen“ Berufsgruppen für die dualen Ausbildungsberufe sind die Gruppierungskriterien wie auch Ergebnisse noch in der Diskussion und nur im Ansatz erkennbar. Aktuell spielen bei den Gruppierungen fast nur Gemeinsamkeiten der Ausbildungsinhalte eine Rolle, sodass insbesondere die berufsfachlichen Gemeinsamkeiten derjenigen Erwerbsberufe, für die die Ausbildungsberufe vorbereiten sollen, bislang didaktisch leider kaum von Bedeutung sind. Ungeachtet dessen sollte somit dennoch bei allen berufsgruppenspezifischen Ausbildungs- und Unterrichtskonzepten auch unter dem Aspekt der Arbeitsorientierung stets ein berufsdidaktischer Bezug zu den jeweiligen Erwerbsberufen und entsprechenden KldB-Berufsgruppen hergestellt werden.

Literatur

BA (1988): Bundesanstalt für Arbeit (Hrsg.): Klassifizierung der Berufe. Systematisches und alphabetisches Verzeichnis der Berufsbenennungen. Gliederung nach Berufsklassen für die Statistik der Bundesanstalt für Arbeit. Nürnberg.

BA (2011a): Bundesagentur für Arbeit (Hrsg.): Klassifikation der Berufe 2010 – alphabetisches Verzeichnis der Berufsbenennungen (KldB). Nürnberg: 27.06.2011.

BA (2011b): Bundesagentur für Arbeit (Hrsg.): Klassifikation der Berufe 2010 – KldB 2010 Band 1: Systematischer und alphabetischer Teil mit Erläuterungen. Nürnberg: März 2011.

BA (2011c): Bundesagentur für Arbeit (Hrsg.): Klassifikation der Berufe 2010 – KldB 2010. Band 2: Definitorischer und beschreibender Teil. Nürnberg: Mai 2011.

BERBIREFG (2005): Berufsbildungsreformgesetz: Gesetz zur Reform der beruflichen Bildung (Berufsbildungsreformgesetz– BerBiRefG) vom 23. März 2005. In: Bundesgesetzblatt, Jahrgang 2005, Teil I, Nr. 20, ausgegeben zu Bonn am 31. März 2005, S. 931–968.

BGJAVO (1972): Verordnung über die Anrechnung auf die Ausbildungszeit in Ausbildungsberufen – Anrechnung des Besuchs eines schulischen Berufsgrundbildungsjahres und einer einjährigen Berufsfachschule (Berufsgrundbildungsjahr-Anrechnungs-Verordnung) vom 4. Juli 1972 (BGBl. I S. 1151), geändert durch Verordnung vom 22. Juni 1973 (BGBl. I S. 665).

BIBB (2015): Bundesinstitut für Berufsbildung (Hrsg.): Duale Ausbildungsberufe (BBiG/HwO) gruppiert nach KldB 2010 mit ausgewählten Indikatoren zur dualen Berufsausbildung. Deutschland 2013. Bonn: BIBB, Veröffentlichung im Internet: 25.03.2015.

BMBF (2007): Bundesministerium für Bildung und Forschung (Hrsg.): 10 Leitlinien zur Modernisierung der beruflichen Bildung – Ergebnisse des Innovationskreises berufliche Bildung. Bonn/Berlin.

Bretschneider, M./Grundwald, J.-G./Zinke, G. (2010): Entwicklung eines möglichen Strukturkonzepts für die Bildung von Berufsgruppen. Abschlussbericht des Entwicklungsprojektes 4.0.895. Heft 113 der Wissenschaftlichen Diskussionspapiere des Bundesinstituts für Berufsbildung, Bonn, 31. März 2010.

Bundesregierung (2008): Aufstieg durch Bildung. Qualifizierungsoffensive der Bundesregierung. Bonn/Berlin.

DQR (2013): Gemeinsamer Beschluss der Ständigen Konferenz der Kultusminister der Länder in der Bundesrepublik Deutschland, des Bundesministeriums für Bildung und Forschung, der Wirtschaftsministerkonferenz und des Bundesministeriums für Wirtschaft und Technologie zum Deutschen Qualifikationsrahmen für lebenslanges Lernen (DQR): Der Gemeinsame Beschluss tritt zum 01.05.2013 in Kraft.

EK (2008): Europäische Kommission – GD Bildung und Kultur: Der Europäische Qualifikationsrahmen für lebenslanges Lernen (EQR). Luxemburg.

Grundwald, Jorg-Günther (2012): Die Problematik einer systematischen Gestaltung von Berufsgruppen. In: Berufsbildung in Wissenschaft und Praxis, 41. Jg., Heft 4, S. 24–27.

HDB (1927): Landesarbeitsamt Sachsen-Anhalt (Hrsg.): Handbuch der Berufe. Teil II. Akademische Berufe. (im Einvernehmen mit der Reichsarbeitsverwaltung herausgegeben) Magdeburg.

IAB (2000): Institut für Arbeitsmarkt- und Berufsforschung der Bundesanstalt für Arbeit (Hrsg.): Berufe im Spiegel der Statistik. Beschäftigung und Arbeitslosigkeit 1993–1999. Beiträge zur Arbeitsmarkt- und Berufsforschung (BeitrAB 60). Nürnberg.

ILO (2012): International Labour Office (Hrsg.): International Standard Classification of Occupations (ISCO-08). Volume 1: Structure, group definitions and correspondence tables. Geneva.

Molle, Fritz (1967): Berufsanalyse und Berufsprognostik in der Berufsberatung. In: Westdeutscher Verlag (Hrsg.): Wissenschaft und Praxis. Festschrift zum zwanzigjährigen Bestehen des Westdeutschen Verlages 1967. Wiesbaden, S. 149–163.

Petersen, A. Willi (2005): Berufe und Berufsfelder: Systematisierungen aus internationaler und nationaler Sicht. In: Rauner, F. (Hrsg.): Handbuch Berufsbildungsforschung. Bielefeld, S. 68–76.

Petersen, A. Willi (2014): Struktur- und Profilwandel der Elektro- und IT-Ausbildungsberufe als systemischer Gegenstand der Berufs- und Berufsbildungsforschung. In: Severing, E./Weiss, R. (Hrsg.): Weiterentwicklung von Berufen – Herausforderungen für die Berufsbildungsforschung. Bielefeld, S. 79–98.

Schavan, A. (2012): Rede der Bundesministerin für Bildung und Forschung, Prof. Dr. Annette Schavan, MdB, anlässlich der Debatte zum Berufsbildungsbericht 2012 am 18. Oktober 2012 im Deutschen Bundestag.

STBA (1992): Statistisches Bundesamt (Hrsg.): Personensystematik. Klassifizierung der Berufe – Systematisches und alphabetisches Verzeichnis der Berufsbenennungen. Ausgabe 1992, Stuttgart.

Tiemann, M. u. a. (2008): Berufsfelder im Vergleich. Die Wichtigkeit von analytischen Tätigkeiten und überfachlichen Qualifikationen. Bonn.

UNESCO (2011): United Nations Educational, Scientific and Cultural Organization: Revision of the International Standard Classification of Education (ISCED). Annex International Standard Classification of Education 2011. Paris: September 2011.

Weiss, R. (2010): Stich ins Wespennest. In: Berufsbildung in Wissenschaft und Praxis, 39. Jg., Heft 4, S. 3.

Zinke, G./Schenk, H./Wasiljew, E. (2014): Berufsfeldanalyse zu industriellen Elektroberufen als Voruntersuchung zur Bildung einer möglichen Berufsgruppe. Abschlussbericht. Heft 155 der Wissenschaftlichen Diskussionspapiere. Bonn.

Beitrag 15 aus dem Jahr *2018*: Berufswissenschaften als Ansatz und Inhalt beruflicher Fachrichtungen

In: Flensburger Perspektiven zur Lehre und Forschung für die Berufsbildung, 20 Jahre biat, Hrsg. von Matthias Becker, Axel Grimm, Volkmar Herkner, Reiner Schlausch, Peter Lang Verlag, S. 255–292

Der Beitrag „Berufswissenschaften als Ansatz und Inhalt beruflicher Fachrichtungen" aus dem Jahr 2018 wurde durch A. Willi Petersen kurz vor seinem viel zu frühen Tode im gleichen Jahr für den Jubiläumsband „20 Jahre biat" verfasst. Bereits der Name des ersten Kapitels „Zu viele Gesichter der Berufswissenschaften" offenbart, worum es im Kern des Beitrages gehen soll. Zunächst war dieser Beitrag in der Planung des Jubiläumbandes nicht vorgesehen. Matthias Becker sollte einen Beitrag zum berufswissenschaftlichen Ansatz des Berufsbildungsinstituts Arbeit und Technik (biat) verfassen. Dadurch entwickelte sich aber dann im Folgenden ein Diskurs, der zum Ergebnis hatte, dass die zwei im biat beheimateten berufswissenschaftlichen Ansätze vorgestellt wurden.

Wissenschaftstheoretisch brachte der Richtungsstreit allerdings den nun zu besprechenden Beitrag hervor, der eine kritische Reflektion der Berufswissenschaften und eine theoretische Einordnung gestaltet. Ausgehend von einer Problematisierung, in der verdeutlicht wird, dass Berufswissenschaften in Forschung und Lehre sehr verschiedene Richtungen und Ansätze verfolgen sowie einer historischen Einordnung und Gegenüberstellung, möchte Petersen zur verwirrenden „Berufswissenschafts-Vielfalt" eine inhaltliche Klarstellung, die aus seiner Sicht längst überfällig sei, leisten.

Ausgehend von der These, dass Wissenschaften bzw. Berufswissenschaften die wesentliche Grundlage der Arbeit nahezu aller Berufe sind, wird festgestellt, dass bei den akademischen Berufen, bspw. bei den Ingenieurinnen und Ingenieuren dies schon immer durch die Nutzung der jeweiligen Ingenieurwissenschaften so nachvollziehbar war; die Berufswissenschaften für die nicht-akademischen Berufe werden jedoch oft kaum verstanden, da sie als „unwissenschaftlich" gelten und keine universitäre Disziplin darstellen. Eben diese werden aber für eine Gewerbe- und Berufsschullehrerausbildung zum wissenschaftlichen Gegenstand, da die korrespondierende Ingenieurwissenschaft nicht vollumfänglich als Fach- und Berufswissenschaft einer beruflichen Fachrichtung ausreicht. Zur Berufsschullehrerausbildung gab es daher ab den 1990er Jahren Diskussionen, die zu den beruflichen Fachrichtungen neue „Gewerblich-Technische Wissenschaften" an den Universitäten als eigenständige Berufswissenschaften zu etablieren versuchten.

Die Entwicklungen der „Gewerblich-Technischen Wissenschaften" spielen dabei eine wichtige Rolle und werden hier nachgezeichnet. Die Bedeutung der Wissenschaften für die Berufsausbildung wurde demnach bereits früh erkannt, trotzdem hat sich eine wissenschaftliche Berufsschullehrerausbildung in der Breite aber erst in der Nachkriegszeit im Zuge der bundesweiten Akademisierung durchgesetzt.

Obwohl die duale Berufsausbildung ordnungspolitisch eine arbeitsorientierte Entwicklung vornahm, kann dies für die Rahmenvereinbarungen der Lehrkräftebildung für berufsbildende Schulen nicht festgestellt werden. Petersen nimmt dahingehend zwei besonders relevante „KMK-Entwicklungen" beispielhaft auf. Zur Problematisierung werden erstens die Entwicklungen zu den neuen arbeits- und lernfeldorientierten KMK-Rahmenlehrplänen thematisiert und in den curricularen Zusammenhang der beruflichen Fachrichtungen gestellt und zweitens werden die aktuell neu entwickelten KMK-Fachrichtungsstandards diskutiert. Resümierend stellt er in Frage, dass die zukünftig nach den neuen KMK-Standards ausgebildeten Berufsschullehrkräfte für die Herausforderungen der Entwicklung wie Umsetzung der neuen arbeitsorientierten KMK-Rahmenlehrpläne ausreichend qualifiziert sind.

Die im April 1990 gegründete „Arbeitsgemeinschaft der Hochschulinstitute für gewerblich-technische Berufsbildung" (HGTB) hat sich vor allem mit der Problematik der Studieninhalte für die beruflichen Fachrichtungen auseinandergesetzt und hierzu statt der Fach- und Ingenieurwissenschaften die „Gewerblich-Technischen Wissenschaften" entwickelt. Die durch die HGTB erarbeiteten Empfehlungen zu einem gewerblich-technischen Fachrichtungsstudium sind nach Auffassung von Petersen bis heute wegweisend, auch wenn sie im Ergebnis zu allgemein und unvollständig verblieben.

Kritisch wird insbesondere die Weiterentwicklung der Berufswissenschaft von einer arbeitsaufgabenorientierten Berufswissenschaft zu einer bildungs- und arbeitsprozessorientierten Berufswissenschaft diskutiert. Die Ausweitung um Gegenstandsbereiche der Berufsbildung hätte nach Petersen dann treffender zu einer Berufsbildungswissenschaft führen sollen. Die Uneinigkeiten zum Wissenschafts- und Fachrichtungsverständnis führten zur Auflösung der HGTB im Jahr 2000. Gleichzeitig kam es zur Neugründung der „Gewerblich-Technische Wissenschaften und ihre Didaktiken" (gtw) als eine Arbeitsgemeinschaft innerhalb der „Gesellschaft für Arbeitswissenschaft" (GfA).

Für das biat stellt Petersen fest, dass die Problematik darin besteht, dass für zwei verschiedene wissenschaftliche Gegenstandsbereiche die identischen Begriffe genutzt wurden. Er erläutert deren unterschiedliche Ansätze die im Kern einerseits die Entwicklungsstufe einer arbeitsaufgabenorientierten Berufswissenschaft (Ansatz Petersen) und andererseits einer bildungs- und arbeitsprozessorientierten Berufswissenschaft (Spöttl/Becker) widerspiegeln.

Berufswissenschaften als Ansatz und Inhalt beruflicher Fachrichtungen

1 Zu viele „Gesichter" der Berufswissenschaften

Neben den „Gewerblich-Technischen Wissenschaften" für die Gewerbeberufe sind gleichsam als „Verallgemeinerung" seit etwa Anfang der 1990er Jahre zunehmend „Berufswissenschaften" in der Diskussion. Rauner stellt 1998 explizit fest: „Die gewerblich-technischen Wissenschaften stellen eine Untermenge der Berufswissenschaften dar (...)" (Rauner 1998, S. 14). Seither haben sich zu den „Berufswissenschaften" in der Forschung und Lehre sehr verschiedene Richtungen und Ansätze entwickelt. Zum Begriff und Inhalt haben sich daher auch in der erweiterten Scientific Community der Berufs- und Berufsbildungsforschung leider sehr vielfältige Formen und Ausprägungen herausgebildet. So gibt es zu dem, was „Berufswissenschaften" eigentlich sind oder sein sollen, heute teils je nach Position oder Institution sehr unterschiedliche wissenschaftliche wie pragmatische Interpretationen und Auslegungen. Zudem ist die einschlägige Literatur der letzten Jahre, einschließlich der fraglich immer „dicker" werdenden Handbücher zur Berufsbildung, entsprechend voll mit den verschiedensten Begriffen, Inhalten und Ergebnissen zum Gegenstandsbereich der „Berufswissenschaften"[45].

Zu den „Berufswissenschaften" wurde der Forschungs- und Gegenstandsbereich anfangs wie der zu den „Gewerblich-Technischen Wissenschaften" begriffen (vgl. insbes. Bannwitz/Rauner 1993). Heute gibt es dagegen „Berufswissenschaften" in den verschiedensten Varianten, wie dies die zu den „Beruflichen Fachrichtungen" der KMK eigens zeigen (vgl. u. a. Pahl/Herkner 2010, S. 373 ff.). Durch den Bezug dieser Fachrichtungen auf das KMK-Konstrukt der Berufsfelder wurden neben den Berufswissenschaften zudem noch spezielle „Berufsfeldwissenschaften" eingeführt (vgl. insbes. Pahl/Rauner 1998, Herkner/Vermehr 2004). Im Zuge der Entwicklungen wurden diese inhaltlich nochmals erweitert und sogar wie eine Berufspädagogik angelegt. Grottker stellte u. a. dazu 1998 fest: „Berufsfeldwissenschaft also muß gar nicht umständlich von allgemeiner Berufspädagogik abgegrenzt werden – sie ist allgemeine Berufspädagogik"

45 Vgl. insbes. Bannwitz/Rauner (1993), Pahl/Rauner (1998), Pahl/Rauner/Spöttl (2000), Herkner/Vermehr (2004), Rauner (2005), Becker/Spöttl (2008), Pahl/Herkner (2010), Pahl/Herkner (2013).

(Grottker 1998, S. 39). In Perspektiven der „berufswissenschaftlichen Forschung“ werden die Berufswissenschaften schließlich noch extensiver ausgelegt und umfassend sogar als Berufs- und Berufsbildungsforschung begriffen (vgl. insbes. Becker/Spöttl 2008). Eine frühe Berufswissenschafts-Variante stellt im Prinzip die ältere „Berufskunde“ dar, die innerhalb der neueren Berufsforschung oft selbst als die ureigene „Berufswissenschaft“ verstanden wird (vgl. u. a. Dostal 2005). Im Sinne einer wissenschaftlichen Berufskunde geht die Berufswissenschaft u. a. auch auf Molle 1967 zurück, der aufgrund von Fragen wie zum „Wesen und Aufgaben der Berufe, ihrer Tätigkeiten und Anforderungen (…) die Geburt der Berufskunde als Beginn und Vorläufer einer (…) Berufswissenschaft“ beschrieb und hierbei bereits an einen „Lehrstuhl für Berufskunde oder gar Berufswissenschaft“ dachte (Molle 1967, S. 151). Im Weiteren wäre z. B. ebenso noch Abel (1963) und Krause (1969) oder auch Schlieper und Stratmann zu nennen, die „arbeits- und berufswissenschaftliche Untersuchungen und Befunde“ (Schlieper 1963, S. 15 f.; Stratmann 1975, S. 339) als eine wichtige Grundlage für die Berufspädagogik gesehen haben.

Zu den vielfältigen „Berufswissenschaften“ hat sich geradezu inflationär eine entsprechend große Begriffsvielfalt mit dem Adjektiv „berufswissenschaftlich“ verbreitet. So gibt es inzwischen eine Fülle sehr verschiedener „berufswissenschaftlicher“ Forschungen, Arbeitsstudien usw. Auch gibt es fast nur noch „berufswissenschaftlich“ angelegte Qualifikations- und Curriculumforschungen. Nicht zuletzt gibt es heute sogar eine „berufswissenschaftlich ausgerichtete Unterrichts- und Schulforschung“ (vgl. Becker/Spöttl 2008, S. 213 ff.). Man/frau staunt somit, wie und was zu den Berufen und der Berufsbildung heute alles „berufswissenschaftlich“ geforscht und untersucht wird oder was an den Hochschulen zu den Berufswissenschaften alles gelehrt und studiert werden kann.

So verwundert es nicht, wenn erst kürzlich Lipsmeier in einem bemerkenswerten Forums-Beitrag die „Berufswissenschaften“ als ein „fragwürdiges deutsches Konstrukt“ gegeißelt hat (vgl. Lipsmeier 2014). Ein Grund hierzu ist, dass heute selbst in der Scientific Community keine wissenschaftliche Klarheit mehr zu den Begriffen, Inhalten und Ergebnissen der „Berufswissenschaften“ besteht. Dies gilt ebenso im „Kleinen“ wie z. B. für das Berufsbildungsinstitut Arbeit und Technik (biat) der Universität Flensburg, wo sich nach der Instituts-Gründung zwei im Grundsatz verschiedene „Berufswissenschafts-Ansätze“ herausgebildet haben. Hinzu kommt, dass der Ursprungsgedanke, die Fach- und Ingenieurwissenschaften zum beruflichen Fachrichtungsstudium durch originäre Berufswissenschaften zu ersetzen, leider bundesweit zunehmend aus dem Blick geraten ist. Zu den „Berufswissenschaften“ ist der heutige Stand in der Lehre und Forschung entsprechend immer noch desolat und ernüchternd. Dennoch sind entgegen vieler Ansichten die Berufswissenschaften zum beruflichen Fachrichtungsstudium im Grunde heute keineswegs ein „fragwürdiges“, sondern ein für die Berufsbildung zudem international erforderliches und gut begründbares „Konstrukt“. Zur inzwischen verwirrenden „Berufswissenschafts-Vielfalt“ ist eine inhaltliche Klarstellung so auch heute längst überfällig. Die nachfolgenden Ausführungen können hierzu sicher nur einen kleinen Beitrag leisten, da angesichts der komplexen Wissenschaftsthematik mit Grottker teils heute noch gilt: *„Die Wissenschaftslandschaft im Bereich Berufsbildung ist ein Chaos akademischen Tuns, gekennzeichnet durch Planlosigkeit, durch Zersplitterung der Ressourcen, Aufreibung der Kräfte, Kampf um Pfründe“* (Grottker 1998, S. 36).

2 Berufswissenschaften als wissenschaftliche Basis der Berufsarbeit

Die Berufswissenschaften werden seit Langem nicht mehr einheitlich so wie die vergleichbaren „Gewerblich-Technischen Wissenschaften“ verstanden. Diese Wissenschaften galten relativ eindeutig als die wissenschaftliche Basis der Gewerbeberufe bzw. der beruflichen Gewerbearbeit. Entsprechend wurden die Gewerblich-Technischen Wissenschaften und z. B. nicht die Ingenieurwissenschaften als die originären beruflichen Wissenschaften also als die „Berufswissenschaften“ der Gewerbeberufe begriffen. Da nun zu diesen Berufswissenschaften heute vielerlei Missverständnisse bestehen, soll zu dem Grundansatz hier nochmal eine neue Herleitung versucht werden. Historisch ist zunächst schnell einsichtig, dass mit der zunehmenden Herausbildung der Wissenschaften zugleich deren berufliche Nutzung in der Arbeit stets zugenommen hat. So wurde auch die Anzahl derjenigen Berufe ständig größer, bei denen die Arbeit mehr und mehr bis fast ausschließlich auf Wissenschaften basierte. Allgemein lässt sich so auch heute sagen, dass es bei den etwa 25.000 verschiedenen Erwerbsberufen (Berufsbenennungen laut KldB 2010; siehe BA 2011) aktuell kaum noch Berufe gibt, bei denen Wissenschaften bzw. Berufswissenschaften nicht auch die wesentliche Grundlage der Arbeit sind[46].

Bei den sogenannten akademischen Berufen war dies schon immer der Fall, da deren Arbeit quasi per „Berufs-Definition“ auf den je „eigenen“

46 Im Wissenschaftszusammenhang ist hier relevant, dass selbst die allgemeine Schulbildung seit mindestens den 1960er Jahren fast vollständig auf Wissenschaften basiert. Seinerzeit hatte zur Schul-Reform vor allem Robinsohn einen „Vorrang der Fachwissenschaften“ gefordert (vgl. Robinsohn 1973), der curricular zur Durchsetzung des „wissenschaftsorientierten“ Unterrichts führte.

Berufswissenschaften basiert. Erfordert z. B. die Berufsarbeit der Ingenieure vornehmlich die Nutzung der Ingenieurwissenschaften, so können diese auch als die Berufswissenschaften der Ingenieure bezeichnet werden. Ebenso wären beispielsweise die Musikwissenschaften oder Kunstwissenschaften die Berufswissenschaften der Musiker oder Künstler. An letzteren Berufsbeispielen wird zugleich erkennbar, dass die Berufsarbeit wohl generell nicht nur auf Wissenschaften basiert. Vielmehr kommen daneben berufsbedingt stets Intuitionen, Erfahrungen, Emotionen usw. hinzu. Dies gilt z. B. genauso für Lehrkräfte, für die dennoch Berufswissenschaften als Arbeitsbasis zentral sind. So gehören zu diesen für die akademischen Lehrkräfte meist die Erziehungswissenschaften und Didaktik plus zwei gewählte Fachwissenschaften.

Sind zur Berufsarbeit somit stets bestimmte Berufswissenschaften gefordert, so ist mit Blick auf das hier zur Arbeit erforderliche Studium schnell evident, dass dieses mindestens ebenso die jeweiligen Berufswissenschaften zum Gegenstand haben muss. So beinhaltet beispielsweise das Studium für die Ingenieure in der Regel genau die zur Berufs- bzw. Ingenieurarbeit auch geforderten Berufs- bzw. Ingenieurwissenschaften. Dieser curriculare Wechselwirkungs-Zusammenhang gilt hier nach dem Ansatz, der auch für die Hochschulcurricula die Interdependenz des Bildungs- und Beschäftigungssystems im Sinne einer arbeitsorientierten Didaktik als Basis hat.[47]

Was für die akademischen Berufe zu den Berufswissenschaften gilt, sollte für die nicht-akademischen Berufe vergleichbar gelten. Das offensichtliche Problem ist nur, dass nicht-akademische Berufe wiederum per „Berufs-Definition" eigentlich „unwissenschaftliche" Berufe sind und meist als einfache „praktische" Berufe gelten. Damit werden aber nicht nur die heutigen Berufs-Anforderungen völlig verkannt, sondern die heute allseits geforderte zumindest „wissenschaftsorientierte" Ausbildung kommt ebenso nicht in den Blick. Auch gibt es leider den Sachverhalt, dass es im Unterschied zu den akademischen Berufen für die nicht-akademischen Berufe an den Universitäten eigentlich keine originären Berufswissenschaften gibt.[48] Für diese Berufe lassen sich

---

47 Dieser Curriculum-Ansatz, der hier als Ansatz eher aus der arbeitsorientierten Didaktik zur Berufsbildung kommt (vgl. u. a. Petersen 1996a, 1996b, 2005a, 2005b, 2014), gilt heute seit der Einführung der BA /MA Studiengänge fast genauso zum Studium für die akademischen Berufe.

48 Es kommt jedoch auch zur Etablierung ganz neuer Wissenschaften wie z. B. der Pflegewissenschaft. Diese hat sich auch als eine eigene Berufswissenschaft für die Pflegeberufe in den 1990er Jahren an den Hochschulen entwickelt und konnte z. B. 1999 in Berlin ihren ersten Promovenden vorweisen.

Berufswissenschaften so auch grundsätzlich nicht einfach angeben; erst recht nicht als eigenständige Disziplinen im Kanon der klassisch-universitären Wissenschaften. Die Berufswissenschaften für die nicht-akademischen Berufe werden daher oft kaum verstanden. Nicht selten gibt es ganz grundsätzliche Zweifel an deren Existenz, sodass nach den Regeln der Wissenschaft eigentlich noch bis heute die einfache These im Raum steht:

Für die nicht-akademischen Berufe gibt es zur Berufsarbeit je erforderliche und genutzte Wissenschaften, die sich für einen Beruf oder eine Berufsgruppe als originäre Berufswissenschaften wissenschaftlich bestimmen und curricular beschreiben lassen.

Diese „Arbeitshypothese" macht zugleich das Problem wie Dilemma zu den Berufswissenschaften insofern deutlich, weil es zu diesen zumindest in der beruflichen Breite bislang kaum ernsthafte Forschungen und Ergebnisse gibt. Fast einzig zur Gruppe der Gewerbeberufe sind Ergebnisse zu den Berufswissenschaften in Form der „Gewerblich-Technischen Wissenschaften" bekannt. Diese wurden besonders im Nachgang der generell nicht reibungslosen Akademisierung der Gewerbe- und Berufsschullehrerausbildung zum wissenschaftlichen Gegenstand. Hintergrund waren vor allem die in den 1980er Jahren stark zunehmenden Qualitätsprobleme[49] in der Ausbildung der Berufsschullehrkräfte und in deren Folge in der Ausbildung und Arbeit der Gewerbeberufe. Als Problem-Ursache hierzu galt insbesondere das berufliche Fachrichtungsstudium für die Berufsschullehrkräfte, da in diesem fast nur die korrespondierenden Ingenieurwissenschaften[50] statt der Berufswissenschaften studiert werden konnten.

Zur Berufsschullehrerausbildung verstärkten sich ab den 1990er Jahren daraufhin diejenigen Diskussionen, die zu den beruflichen Fachrichtungen neue „Gewerblich-Technische Wissenschaften" an den Universitäten als eigenständige Berufswissenschaften zu etablieren versuchten (vgl. v. a. Bannwitz/Rauner 1993). Wegweisende Ergebnisse wurden hierzu vor allem von den seinerzeit neugegründeten Arbeitsgemeinschaften der Hochschulen erarbeitet (vgl. insbes. Martin/Pangalos 1993, S. 84). Jedoch ist heute u. a. anhand der

49 Die teils noch heute bestehenden Qualitätsprobleme wurden in der Scientific Community trotz etlicher und oft heftiger Dispute nie wirklich ernsthaft bestritten (vgl. u. a. Lipsmeier 1992, 2014, Jenewein 1992, Nickolaus 2010).

50 Zum Fachrichtungsstudium werden diese Ingenieurwissenschaften immer nur als eine zudem curricular schwer bestimmbare „Teilmenge" angeboten. Das Studium ist so auch unter dem Namen „Steinbruchstudium" mit problematischer „Bezugs- oder Mutterwissenschaften" bekannt.

noch zu thematisierenden KMK-Fachrichtungsstandards zu konstatieren, dass es über die frühen Ergebnisse hinaus nur wenig „Neues" zu den „Gewerblich-Technischen Wissenschaften" gibt. Auszunehmen sind einige Ergebnisse und Erfahrungen aus den in der Praxis heute aber fast nicht mehr existenten Ansätzen wie z. B. in Dresden, Hamburg oder auch Flensburg (vgl. u. a. Martin u. a. 1993; Petersen/Spöttl 1999; Knutzen 2010).

3 Gewerblich-Technische Wissenschaften als Berufswissenschaften der Gewerbeberufe

Die „Gewerblich-Technischen Wissenschaften" als Berufswissenschaften können nachfolgend historisch etwas grundlegender aufgezeigt werden, weil diese Wissenschaften in ihrer Bedeutung für die Arbeit und Ausbildung in den Gewerbeberufen schon früh erkannt und begründet wurden. Dabei lassen sich die Gewerblich-Technischen Wissenschaften mit Blick auf die beginnende Gewerbe- und Berufsschullehrerausbildung bereits ebenso in ihrer curricularen Bedeutung als Fach- und Berufswissenschaften für das Fachrichtungsstudium thematisieren.

Zur historischen Herausbildung der Wissenschaften zeigt sich, dass viele dieser neuen Wissenschaften zunehmend auch im Gewerbe genutzt wurden. Daneben kamen stets selbst viele wissenschaftliche Erkenntnisse aus der Arbeit im Gewerbe und Handwerk. So gehen etliche Wissenschaftsinhalte auf tradierte Berufserfahrungen zurück, wobei z. B. viele „Künste" des Handwerks auch stets eine „Wissenschaft für sich" bleiben. Für die Gewerbearbeit wurde aber generell ein auf Wissenschaften basiertes Berufswissen immer bedeutender. Entsprechende Wirkungen blieben dabei auf die traditionelle Lehrlings-Ausbildung nicht aus, sodass eine neue „wissenschaftliche" Berufstheorie neben der Berufspraxis zunehmend wichtiger wurde. Ein Gutachten von Nebenius lieferte hierzu bereits um 1800 die empirische Begründung mit der Erkenntnis, dass *„eine gewisse curriculare Verschränkung von Gewerbe und Wissenschaft (…) vollzogen war."* In dessen Folge etablierte sich u. a. an der „Gewerbeschule … zu Carlsruhe" daher ein neuer gewerblich-technischer Unterricht (vgl. Brechmacher/Gerds 1997, S. 225). In seiner Denkschrift von 1833 stellte wiederum Nebenius noch dazu explizit fest, *„es seien nur noch wenige Handwerke so geartet, dass ein besonderer technischer Unterricht zu ihrem ‚tüchtigen Betrieb' nicht notwendig oder zumindest nützlich wäre"* (zitiert nach Rothe 2011, S. 105). Demgemäß bedurfte es für den neuen „gewerblich-technischen" Unterricht neuer Lehrkräfte, deren Ausbildung z. B. nach dem badischen Gewerbeschul-Erlass von 1834 wohl auch erstmalig auf „Gewerblich-Technischen Wissenschaften“ basierte.

Um 1920 haben sich nach den Gewerbe- und Fortbildungsschulen verstärkt die heutigen Berufsschulen herausgebildet. An diesen „beruflichen“ Schulen rückte didaktisch und curricular vor allem der Beruf mehr ins Unterrichtszentrum. So hat sich dieser begrifflich-inhaltlich u. a. über die Gewerbekunde und die Arbeits-, Berufs- und Fachkunde[51] bis hin zum heute noch sogenannten „berufsbezogenen Unterricht“[52] gewandelt. Entsprechend änderten sich die Curricula zum Unterricht, die von Plänen mit allgemeinen Gewerbe-Inhalten über die beruflichen „Stoffkataloge“ und die lernziel- und wissenschaftsorientierten Rahmenpläne bis hin zu den neuen Rahmenlehrplänen mit Lernfeldern reichen. Die je neu geforderten Berufsschullehrkräfte mussten dementsprechend eine zunehmend „beruflichere und wissenschaftlichere“ Ausbildung haben. Zu erinnern ist hierzu an die schon für die Gewerbeschullehrer genannte, die nach dem badischen Gewerbeschul-Erlass von 1834 bereits auf „Gewerblich-Technischen Wissenschaften“ basierte (vgl. Brechmacher/Gerds 1997). Vergleichbar früh wurde z. B. von Gössler 1925 auch für die Lehrkräfte der ersten neuen Elektroinstallationsberufe eine wissenschaftliche Ausbildung an Universitäten gefordert (vgl. Gössler 1925, S. 21 ff.).

Wurde somit die Bedeutung der Wissenschaften für die Berufsausbildung bereits früh erkannt, so hat sich eine wissenschaftliche Berufsschullehrerausbildung in der Breite aber erst in der Nachkriegszeit im Zuge der bundesweiten Akademisierung durchgesetzt. Da diese insgesamt an den Universitäten sehr unterschiedlich realisiert wurde, erfolgte schließlich eine länderübergreifende Vereinheitlichung auf Basis der ersten „Rahmenvereinbarung der Kultusministerkonferenz zur Ausbildung der Lehrer für das berufliche Schulwesen vom 5. Oktober 1973“ (vgl. KMK 1973). Zugleich wurde hiermit für die Berufsschullehrkräfte erstmals bundesweit verbindlich ein Studium an „Wissenschaftlichen

---

51 Der Berufsschulunterricht hat sich historisch insgesamt etwa wie folgt gewandelt: Gewerbekunde, Berufskunde, Arbeitskunde, Stoffkunde, Werkkunde, Fertigkeitslehre, Fachtheorie, Facharbeitskunde, Fachkunde, Fachrechnen, Fachzeichnen, Technik, Lehrgänge, Technologie, Technische Mathematik, Technisches Zeichnen, berufstheoretischer Unterricht, berufsbezogener Unterricht usw. (vgl. Grüner 1981, S. 70 f.; Petersen 1993).

52 Dieser „berufsbezogene Unterricht“ basierte somit curricular auch immer schon auf dem Berufswissen bzw. „berufstheoretischen“ und/oder „(berufs-)wissenschaftlichen“ Inhalten. Man könnte diesen Unterricht heute auch richtiger als „berufswissenschaftlichen Unterricht“ bezeichnen.

Hochschulen" mit „erziehungswissenschaftlichen und fachwissenschaftlichen Studien" vorgegeben. Das Studium lehnte sich damit aber einfach an die vorhandene fächerstrukturierte Gymnasiallehrerausbildung an. Von daher waren der Berufsschullehrerausbildung von Beginn an explizit nur „fachwissenschaftliche Studien" statt der curricular auf die Berufe bezogenen „berufswissenschaftlichen Studien" vorgegeben. Als schlechter Kompromiss wurde seitens der KMK lediglich noch das „vertiefte Studium einer Fachrichtung des beruflichen Schulwesens" mit der Angabe vorgegeben: *„Die Fachrichtungen des beruflichen Schulwesens orientieren sich an Berufsfeldern"* (ebd.).

4 Berufswissenschaften und Gewerblich-Technische Wissenschaften als Berufliche Fachrichtungen

Das nur leicht umbenannte alte 1973er KMK-Konstrukt der „Beruflichen Fachrichtung" bildet auch für die aktuell neu entwickelten KMK-Fachrichtungsstandards (vgl. KMK 2017) die Grundlage. Zu dieser heißt es selbst in der neuesten KMK-Rahmenvereinbarung von 2016 noch fast wie 1973: „Das Studium umfasst (...) Fachwissenschaften innerhalb der beruflichen Fachrichtung (erstes Fach) (...)" (KMK 2016, S. 2 f.). Dem Studium wie den neu zu entwickelnden KMK-Fachrichtungsstandards wird damit curricular außer einer Liste mit zuletzt 16 Fachrichtungsnamen nichts vorgegeben. Auch die bis 2007 noch vorgegebene berufliche Fachrichtungs-Orientierung an den KMK-Berufsfeldern fehlt bislang ersatzlos (vgl. ebd., S. 2).[53] Insofern gibt es zum

53 Die Orientierung der KMK-Fachrichtungen an Berufsfeldern nur mit Ausbildungsberufen war eigentlich seit 1973er KMK-Rahmenvereinbarung problematisch. Sie ist mitverantwortlich für das noch bis heute stark fach-, technik- und ingenieurwissenschaftlich angelegte berufliche Fachrichtungsstudium. Die „Beruflichkeit" der Fachrichtungen bedarf daher seit langem einer neuen Bezugs-Grundlage. So gab es z. B. weit vor 1973 für die Gewerbelehrerausbildung nach der Preußischen Erlass-Vorgabe von 1930 noch eine ganz andere Fachrichtungs-Orientierung, die speziell das jeweilige Gewerbe wie z. B. das Metall- oder Baugewerbe oder die Hauswirtschaft als Grundlage hatte. Hiermit war zugleich eine Orientierung an den Erwerbs- und nicht nur Ausbildungsberufen verbunden, die zudem eine klar bessere arbeitsorientierte Berufsschullehrerausbildung ermöglichte. Insofern wären als generelle Fachrichtungs-Orientierung auch heute vor allem die Berufsgruppen der offiziellen Klassifikation der Berufe (KldB) gut geeignet, so dass sich z. B. die berufliche Fachrichtung Elektrotechnik an der „Berufshauptgruppe 26" mit den klassifizierten „Mechatronik-, Energie- und Elektroberufen" (vgl. BA 2011) zu orientieren hätte. Dies wäre insbesondere auch für eine arbeitsorientierte Forschung und Lehre in den

Fachrichtungsstudium seitens der KMK faktisch bis heute keine weiteren curricular detaillierteren Vorgaben oder Hinweise. So heißt es selbst zu den 2016 nochmals neu modifizierten Studiengangs-Grundsätzen z. B. nur allgemein, dass das Studium „den wissenschaftlichen Erkenntnissen sowie der beruflichen Praxis Rechnung tragen“ soll (ebd., S. 1).

Wie diese berufliche Praxis im beruflichen Fachrichtungsstudium aber Berücksichtigung finden soll, ist bisher hochschulcurricular weitgehend ungeklärt. Dieses Desiderat hat in der Vergangenheit letztlich auch zu den seit Jahren gut bekannten und weithin meist unbestrittenen Problemen in der Berufsschullehrerausbildung geführt (vgl. u. a. Jenewein 1992, Petersen/Rauner 1995, Petersen 1996a, Pahl/Rauner/Spöttl 2000, Nickolaus 2010, Lipsmeier 1992, 2014). Im Wirkungszusammenhang haben sich die Probleme dementsprechend ebenso in der Berufsbildung gezeigt, auf die jedoch seitens der KMK inzwischen curricular mit neuen „arbeitsorientierten“ Rahmenlehrplänen reagiert wurde. Demgegenüber sind hochschulcurriculare Änderungen zum beruflichen Fachrichtungsstudium, die z. B. der oben genannten „beruflichen Praxis“ besser mit Berufswissenschaften Rechnung tragen, seitens der KMK bislang ausgeblieben.

Um hier den curricularen Wirkungszusammenhang zu vertiefen, sollen nachfolgend zwei diesbezüglich besonders relevante „KMK-Entwicklungen“ beispielhaft aufgenommen und expliziert werden. Im ersten Beispiel sollen die Entwicklungen zu den neuen arbeits- und lernfeldorientierten KMK-Rahmenlehrplänen kurz thematisiert und in den curricularen Zusammenhang der beruflichen Fachrichtungen gestellt werden. Das zweite Beispiel nimmt die aktuell neu entwickelten KMK-Fachrichtungsstandards auf, um wie auch insgesamt zum Beitragsthema zum beruflichen Fachrichtungsstudium die evtl. möglichen und absehbaren curricularen Veränderungen aufzuzeigen.

5 Berufswissenschaften als Grundlage zum Lernfeldkonzept der neuen KMK-Rahmenlehrpläne

Die Problematik, dass für die Berufsschullehrkräfte das berufliche Fachrichtungsstudium fast nur mit fach- und ingenieurwissenschaftlichen Inhalten angeboten wird, zeigt sich auch an der Entwicklung und Umsetzung der Rahmenlehrpläne für den berufsbezogenen Unterricht. Rückblickend wird dies

---

beruflichen Fachrichtungen relevant, weil dadurch wissenschaftlich stets der Stand und die Entwicklungen der Erwerbsberufe im Beschäftigungssystem zum Gegenstand werden.

direkt an den 1972er und 1987er Rahmenlehrplänen zum Berufsfeld Elektrotechnik und Metalltechnik deutlich, da deren Entwicklung weitgehend auf den zur Fachrichtung je studierten Fach- und Ingenieurswissenschaften basiert. In den Berufsschulen gibt es mit solchen Plänen zunächst deshalb kaum Probleme, weil die Entwickler wie Umsetzer der Lehrpläne ja zumeist ein vergleichbares Fachrichtungsstudium haben. Ernsthafte Probleme gibt es oft erst dann, wenn der curriculare „Zirkel" durchbrochen wird oder Unterrichts-Bewertungen von „extern" erfolgen. Dies war nun real bei den 1987er Rahmenlehrplänen der Fall, wo sich unmittelbar nach deren Einführung zeigte, dass vor allem die neuen 1987er Ausbildungsziele kaum erreicht wurden. Da die Berufsschulen damit auch bundesweit die Ausbildungsqualität nicht mehr gewährleisten konnten, musste nach tragfähigen „Lösungen" zur Ausbildungs- und Qualifikations-Verbesserung der Fachkräfte gesucht werden. Vor diesem Hintergrund wurde Anfang der 1990er Jahre ein entsprechendes Gutachten[54] in Auftrag gegeben, welches die externe „Evaluation und Weiterentwicklung der Rahmenlehrpläne zum Berufsfeld Elektrotechnik und Metalltechnik" zum Ziel und Gegenstand hatte (vgl. Petersen 1993, Petersen/Rauner 1995).

Im Gutachten wurde relativ schnell festgestellt, dass die 1987er Rahmenlehrpläne für beide Berufsfelder curricular fast nur fach- und technikwissenschaftliche Vorgaben beinhalten. Naheliegend war damit besonders die neue 1987er Zielsetzung zum „selbstständigen Planen, Durchführen und Kontrollieren der Facharbeit" kaum umfassend zu erreichen. Ein vorgenommener Vergleich der 1987er Pläne mit den 1972er Vorgänger-Plänen offenbarte zudem, dass die 1987er Pläne trotz der neuen Zielsetzung mit den alten Plänen curricular nahezu identisch sind. Die 1987er Pläne wiesen so auch außer „Neuen Technologien" kaum eine wirkliche Weiterentwicklung auf, was sich speziell an den fast nur umbenannten alten Lehrgängen in neue Lerngebiete zeigte. Gibt es für die Elektroberufe in den 1972er Plänen beispielsweise die wissenschaftsorientierten Lehrgänge „Elektrisches Feld" und „Magnetisches Feld", so gibt es diese in den neuen 1987er Plänen inhaltlich vergleichbar als „Lerngebiet Kondensator und Spule" (vgl. Petersen/Rauner 1995, S. 29 ff.).

54 Da die KMK-Entwicklung der 1987er Rahmenlehrpläne seinerzeit unter der Federführung von Hessen erfolgte, wurde von der KMK auch wieder Hessen mit der Vergabe des Gutachtens beauftragt. Im Ergebnis wurde das Gutachten am ITB der Universität Bremen mit einem Zwischen- und Abschlussbericht erstellt (vgl. Petersen 1993, Petersen/Rauner 1995).

Die Kritik an den 1987er Rahmenlehrplänen richtete sich generell nun nicht auf die fach- und technikwissenschaftlichen Inhalte an sich, da diese Inhalte natürlich für die Facharbeit relevant und eigentlich zentral sind. Sie werden curricular dennoch teils hinsichtlich der erfolgten Auswahl und Strukturierung kritisiert. Dies gilt z. B. insbesondere zu der eher fachwissenschaftlichen Inhalts- und Lerngebietsstruktur vom „Bauteil zur Baugruppe und vom Gerät zum System“[55] (vgl. ebd., S. 38). Die Lehrplankritik zielt aber im Kern auf den mangelnden Arbeits- und Berufsbezug, da die curricularen Defizite vor allem mit dem Ziel der selbstständigen Planung, Durchführung und Kontrolle der Facharbeit im Zusammenhang stehen. Diese Defizite erklären so rückblickend auch die bundesweit beklagten Qualifikationsdefizite, weil nur mit den Technikinhalten der Pläne das arbeitsorientierte Ziel nicht zu erreichen ist (vgl. ebd., S. 88).

Dementsprechend lautete ein curriculares Bewertungsergebnis im ersten Zwischenbericht zum Gutachten, dass die 1987er KMK-Rahmenlehrpläne bestenfalls für einen Elektro- bzw. Metalltechnik-Unterricht und weniger für den „berufsbezogenen Unterricht“ geeignet sind (vgl. Petersen 1993, S. 53 f.). Damit lag zugleich die notwendige Weiterentwicklung der noch fast neuen Lehrpläne auf der Hand, zu der es die erste Empfehlung gab, die identifizierten Defizite durch eine neue „arbeitsorientierte“ Curriculumgestaltung auszugleichen und so curricular den mangelnden Arbeits- und Berufsbezug zu stärken. Hierzu wurde noch bereits im Detail empfohlen, in den Rahmenlehrplänen die alten Lerngebiete durch neue „aufgaben- und arbeitsorientierte Lernfelder“ zu ersetzen (vgl. ebd., S. 67 ff.). Gemäß dem 1987er Ausbildungsziel sollte durch die neuen Lernfelder didaktisch besonders die Berufsarbeit in ihrer Ganzheitlichkeit wieder mehr im Zentrum des berufsbezogenen Unterrichts stehen. Für die neuen Pläne bedeutete dies vor allem, dass der in den alten Plänen eingeschränkt bestehende „Technikbezug um den Arbeitsbezug, Gesellschaftsbezug und Subjektbezug“ curricular erweitert werden musste (vgl. Petersen/Rauner 1995, S. 74 ff.).

---

55 Hier steht speziell der Ansatz der Abbild-Didaktik in der Kritik, nach dem für den Unterricht eine Fachwissenschaft nach Struktur und Inhalt didaktisch einfach reduziert und abgebildet wird. Laut Gutachten sollten daher didaktisch neu u. a. die alten Pläne vom „Kopf auf die Füße“ gestellt werden, so dass z. B. an der „ganzheitlich-analytischen“ Methodik orientiert das „Überblickswissen“ zum Arbeitssystem am Ausbildungsanfang steht (vgl. Petersen/Rauner 1995, S. 144 f., Abb. 2–19).

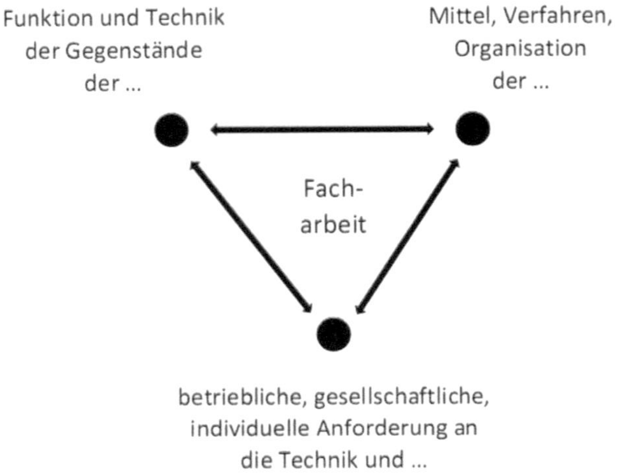

Abbildung 1: Drei Arbeits-Dimensionen zur Strukturierung der Lernfeldinhalte (Petersen/Rauner 1995, S. 133)

Die Empfehlung zur Entwicklung neuer arbeitsorientierter Rahmenlehrpläne mit Lernfeldern rückte vor allem die Frage nach den curricularen Inhaltsstrukturen der beruflichen Facharbeit in den Mittelpunkt. Zu dieser „einfachen" Frage offenbarten eingehende Recherchen jedoch schnell ein Desiderat, sodass ein geeigneter Strukturierungs- und Analyseansatz zur Arbeit selbst entwickelt werden musste. Im Ergebnis wurde vornehmlich unter Bezug auf Ropohl (1975), Nölker (1980) und Engeström (1987) ein berufsdidaktisch neues Strukturmodell mit „Drei Arbeits- und Lern- Dimensionen" erarbeitet (siehe Abb. 1). Mit diesem Modell sollten curricular vor allem die beruflichen Arbeitsinhalte in ihrer Technik übergreifenden Ganzheitlichkeit für die neuen arbeitsorientierten Rahmenlehrpläne bestimmbar werden. Durch erste Lernfeld-Beispiele wurde allerdings rasch klar, dass zwar die Inhalte zur Dimension „Funktion und Technik ..." wie bisher fach- und technikwissenschaftlich meist gut bestimmbar sind, nicht jedoch die Inhalte der beiden anderen Arbeits-Dimensionen. Die Bestimmung speziell dieser Arbeits-Inhalte gab es bislang wissenschaftlich auch eher nicht, wenn man hier von den rudimentären und bisher mehr theoretischen Ansätzen wie z. B. der „Wissenschafts-Komposition"[56] oder den „Gewerblich-Technischen Wissenschaften" zunächst mal absieht.

56 Auch Grüner hatte zum Metalltechnik-Unterricht bereits früh Inhaltsdefizite erkannt. Curricular neu wollte er daher die „Arbeitswissenschaft, Arbeitspsychologie,

Auch wegen der heute noch bestehenden Erhebungsprobleme zu den wissenschaftlichen Berufs- und Arbeitsinhalten konnten zum Gutachten selbst nur wenige Lernfeld-Beispiele neu und arbeitsorientiert entwickelt werden. Hierzu ergaben sich dennoch erste wichtige Erkenntnisse, die seinerzeit in der Zusammenarbeit mit der gerade neu gegründeten *„Arbeitsgemeinschaft der Hochschulinstitute für gewerblich-technische Berufsbildung"* (HGTB) noch besonders erweitert werden konnten. Die neuen HGTB-Aktivitäten konzentrierten sich seit Anfang der 1990er Jahre curricular jedoch mehr auf die „Gewerblich-Technischen Wissenschaften" als einen Neuansatz zum beruflichen Fachrichtungsstudium für Berufsschullehrkräfte (vgl. insb. Martin/Pangalos 1993; Bannwitz/Rauner 1993). So waren die wissenschaftlichen Erkenntnisse aus der HGTB-Zusammenarbeit noch entsprechend bescheiden, sodass sich seinerzeit für die neue arbeitsorientierte Curriculumgestaltung mit Lernfeldern auch hieraus kaum verwertbare Ergebnisse ergaben. Insgesamt konnte daher auch im Abschlussbericht die noch heute zutreffende Feststellung leider nur wie folgt als Hinweis gegeben werden: *„Gäbe es z. B. eine Berufsfeldwissenschaft bzw. eine Berufswissenschaft Elektro- und Metalltechnik, so würde auch die an einer solchen ‚beruflichen Wissenschaft' curricular und didaktisch orientierte Rahmenplan- und Unterrichtsgestaltung und damit die Wissenschaftsorientierung zugleich eine neue berufsdidaktische Bedeutung und Qualität erhalten"* (Petersen/Rauner 1995, S. 88). Trotzdem wurde natürlich die Empfehlung zur arbeitsorientierten Rahmenlehrplangestaltung im Grundsatz beibehalten und im Abschlussbericht noch dahingehend erweitert, dass eine *„Partizipative Entwicklung und Erprobung von berufsbezogenen Lernfeldern und Lernaufgaben im Kontext einer schulnahen und arbeitsorientierten Rahmenplanentwicklung"* z. B. durch einen BLK-Modellversuch unterstützt werden sollte (vgl. Petersen/Rauner 1995, S. 182).

Diese Empfehlungen zur arbeitsorientierten Weiterentwicklung der 1987er Rahmenlehrpläne fanden direkt bei diesen keine Berücksichtigung. Sie waren allerdings die wissenschaftliche Grundlage für die von der KMK mit Stand 09.05.1996 neu erarbeiteten „Handreichungen für die Erarbeitung von Rahmenlehrplänen der Kultusministerkonferenz (KMK) für den berufsbezogenen Unterricht in der Berufsschule und ihre Abstimmung mit Ausbildungsordnungen des Bundes für anerkannte Ausbildungsberufe." Seither wird allen

---

Arbeits- und Industriesoziologie, Netzplantechnik, Refa-Kunde, betriebliche Organisationslehre usw. und die Natur- und Ingenieurwissenschaften zu einem neuen Aussagenbündel ‚Fachtheorie' komponieren" (vgl. Grüner 1981, S. 81).

Rahmenlehrplänen insbesondere die Entwicklung von Lernfeldern vorgegeben, zu denen es in der Handreichung explizit heißt: „Lernfelder sind durch Zielformulierung, Inhalte und Zeitrichtwerte beschriebene thematische Einheiten, die an beruflichen Aufgabenstellungen und Handlungsabläufen orientiert sind. Aus der Gesamtheit aller Lernfelder ergibt sich der Beitrag der Berufsschule zur Berufsqualifikation" (KMK 1996, S. 33). Durch die neuen arbeits- und lernfeldorientierten KMK-Rahmenlehrpläne rückt so auch didaktisch und curricular vor allem die Berufsarbeit wieder neu ins Zentrum des Berufsschul-Unterrichts. Dies zeigen z. B. die bis heute noch geltenden 1997er Rahmenlehrpläne zu den neuen IT-Berufen, die nach Struktur und Inhalt ihrer Lernfelder zudem eine erste „vorsichtige" didaktische Orientierung an den betrieblichen Geschäfts- und Arbeitsprozessen aufweisen (vgl. u. a. Petersen u. a. 2001).

Die Entwicklung wie Umsetzung der neuen KMK-Rahmenlehrpläne stellt bundesweit bis heute noch eine große didaktische und curriculare Herausforderung und teils Überforderung dar. Hier bezogen auf die Rolle der Berufsschullehrkräfte lassen sich zwei zentral zusammenhängende Ursachen benennen. So haben die Lehrkräfte zunächst nach wie vor eine zumeist stark fach- und ingenieurwissenschaftlich geprägte Ausbildung, die zum einen eher kaum für eine qualifizierte Beteiligung an der Entwicklung neuer lernfeldorientierter Rahmenlehrpläne geeignet ist. Wie nachfolgend am Beispiel gezeigt, haben so vor allem die Lernfelder der neuen Rahmenlehrpläne bislang noch keine hohe curriculare Qualität. Zum anderen sind Berufsschullehrkräfte durch ihr Fachrichtungsstudium heute oft ebenso wenig für eine anspruchsvolle arbeitsbezogene Umsetzung der lernfeldorientierten Rahmenlehrpläne qualifiziert und vorbereitet. So „zehren" zudem viele Berufsschullehrkräfte zum berufsbezogenen Unterricht seit Langem von einer jedoch nicht allseits vorhandenen Berufsausbildung und Arbeitserfahrung. Angesichts des didaktischen und curricularen Paradigmenwechsels hat es daher zuerst die KMK seit 1996 versäumt, entsprechend den neuen arbeits- und lernfeldorientierten Rahmenlehrplänen auch die KMK-Vorgaben zum beruflichen Fachrichtungsstudium für die Lehrkräfte zu ändern (siehe u. a. KMK 2016).

Die besonderen Herausforderungen zur Entwicklung wie Umsetzung der neuen Rahmenlehrpläne lassen sich exemplarisch an einem neueren Lernfeld-Beispiel aufzeigen. An diesem Lernfeld ist direkt an der „Zielformulierung" die neue Arbeitsorientierung curricular gut zu erkennen (siehe Abb. 2). Im

Detail betrachtet enthalten die Einzel-Ziele aber eigentlich nur berufliche Beschreibungen zu den Tätigkeiten und Aufgaben der Facharbeit in Automatisierungssystemen. So sollen die Auszubildenden quasi als Lern- und Qualifikationsergebnis z. B. „Störungen beseitigen" oder „Steuerprogramme zur Optimierung von Regelungsprozessen ändern und überprüfen" können.[57] Diesen Zielen folgen in den Lernfeldern die „Inhalte" wie z. B. „Regeln für die Analyse technischer Störungen" oder einfach nur „Reglereinstellungen" (siehe Abb. 2). Mit Blick auf die Lernfeld-Umsetzung im Unterricht kommen zu den eher spärlichen groben Inhalten aber große Zweifel auf, ob dies tatsächlich diejenigen fach- und berufswissenschaftlichen Inhalte sind, mit denen z. B. das Ziel „Steuerprogramme zur Optimierung von Regelungsprozessen ändern und überprüfen" optimal erreichbar ist. Die Kritik an dieser Lernfeld-Entwicklung setzt aber zunächst bei der „Zielformulierung" an, die letztlich nur berufliche Tätigkeits- und Aufgaben-Beschreibungen beinhaltet und die zudem aus den Berufsbildpositionen der zugehörigen „Verordnung über die Berufsausbildung" (vgl. BMWT 2007) nur einfach übernommen bzw. „abgeschrieben" wurden.

57 Die Ziele als Tätigkeits- und Aufgaben- Beschreibungen können hier bereits im neuen Sinn der Lernergebnisse bzw. Outcomes begriffen werden.

Lernfeld 11: Automatisierungssysteme in Stand halten und optimieren	**3. Ausbildungsjahr Zeitrichtwert: 80 Stunden**

Zielformulierung:

Die Schülerinnen und Schüler planen Maßnahmen zur Instandhaltung von Automatisierungssystemen. Sie analysieren und beurteilen Umgebungseinflüsse auf die Betriebssicherheit.
Die Schülerinnen und Schüler führen Maßnahmen zur vorbeugenden Instandhaltung durch und benutzen dazu anlagen- und maschinenspezifische Inspektions- und Wartungspläne sowie Instandhaltungsprogramme.
Die Schülerinnen und Schüler benutzen Diagnosesysteme und grenzen Fehler systematisch ein. Zur Ferndiagnose und Fernwartung bedienen sie sich informationstechnischer Systeme. Sie beseitigen Störungen und berücksichtigen dabei Möglichkeiten der internen und externen Leistungserbringung.
Die Schülerinnen und Schüler justieren Sensoren und Aktoren, überprüfen und ändern Systemparameter und Steuerprogramme zur Optimierung und Selbstüberwachung von Steuerungs- und Regelungsprozessen.
Die Schülerinnen und Schüler erstellen Fehler- und Schwachstellenanalysen mit Hilfe von Werkzeugen der Qualitätssicherung und bereiten die Ergebnisse statistisch auf. Sie werten die Analysenergebnisse aus, leiten daraus Vorschläge für Inspektions- und Wartungsarbeiten ab und führen dafür eine Vorabschätzung der Kosten durch. Dazu nutzen sie Methoden aus dem Kommunikations- und Analysebereich.

Inhalte:

Anlagenverfügbarkeit
Abnutzungsvorrat
Ersatzteile und Ersatzteilbeschaffung
Selbstdiagnose
Regeln für die Analyse technischer Störungen
Kreativitätstechniken
Reglereinstellungen
Prozessvisualisierung
Simulationsprogramme
Zertifizierung

Abbildung 2: Lernfeld-Beispiel „Elektroniker für Automatisierungstechnik" (KMK 2003)

Zunächst positiv im Sinne der curricularen Abstimmung weisen die Rahmenlehrpläne damit heute insgesamt auch eine hohe Übereinstimmung mit den betrieblichen Ausbildungsrahmenplänen auf. Heißt es hier im Beispiel zum „Lernfeld 11: Automatisierungssysteme in Stand halten und optimieren" (siehe Abb. 2), so entspricht dies inhaltlich fast genau der betrieblichen

Ausbildungsposition „16. Instandhalten und Optimieren von Automatisierungssystemen“ (vgl. ebenda). Die Abstimmung der Pläne in dieser Form ist aber für den Lernort Schule eine curricular wenig weiter reflektierte einfache Übernahme der Qualifizierungsinhalte zum Lernort Betrieb. Damit werden nicht nur die curricularen Mängel der Lernfelder für den Lernort Schule erklärbar und deutlich, sondern ebenso wird offensichtlich, dass es eine fach- und berufswissenschaftlich angelegte „schuleigene“ Curriculumforschung bisher kaum gibt. Eine solche Forschung wäre in erster Linie in der Verantwortung der KMK zu leisten, da es sonst den Berufsschullehrkräften allein überlassen bleibt, sich die schuleigenen Curriculum-Inhalte zu den im Prinzip nur als Lernergebnis vorgegebenen Berufsqualifikationen selbst zu bestimmen.

Die angesprochenen curricularen Mängel werden u. a. durch die in den Präambeln der Rahmenlehrpläne vorangestellten Umsetzungs-Hinweise auch keinesfalls kompensiert. Sie werden zumindest aber teils gesehen, wobei es zunächst z. B. nur heißt: „Ausgangspunkt des lernfeldbezogenen Unterrichts ist nicht mehr die fachwissenschaftliche Theorie“. Gleichzeitig ist aber von den Lehrkräften stets „das für die berufliche Handlungsfähigkeit erforderliche Wissen zu generieren“, wozu dann die Integration „fachwissenschaftlicher Systematiken in eine übergreifende Handlungssystematik“ ebenso gehört wie im Weiteren die „Fachbezüge, die für die Bewältigung beruflicher Tätigkeiten erforderlich sind“ (vgl. KMK 2011, S. 10 f.). Somit werden zwar die fach- und berufswissenschaftlichen Inhalte zur Arbeit auch hier als Grundlage für den berufsbezogenen Unterricht in den Blick genommen, doch da sie in den Lernfeldern weitgehend fehlen, werden die Berufsschullehrkräfte mit deren curricularen Bestimmung prinzipiell allein gelassen. Ob und wie hierzu eine übergreifende Unterstützung zukünftig zu erwarten ist, wird sicher insgesamt auch von der curricularen Struktur der Wissenschaftsinhalte der noch zu thematisierenden neuen KMK-Fachrichtungsstandards mitbestimmt.

6 Berufswissenschaften als Ansatz und Inhalt der neuen KMK-Fachrichtungs-Standards

Die Berufswissenschaften haben wie die „Gewerblich-Technischen Wissenschaften“ ihren Ursprung in der alten Kritik am beruflichen Fachrichtungsstudium. Diese Kritik besteht weitgehend heute noch, da zu den beruflichen Fachrichtungen wie zu den allgemeinbildenden Unterrichtsfächern vor allem von der KMK bisher immer nur von Fachwissenschaften die Rede ist. Berufe sind nun aber keine Fächer, sodass dieses Faktum zumindest auf der Begriffsebene mit „Berufswissenschaften“ schon längst seinen Niederschlag hätte finden müssen. Aber auch nach Ansatz und Inhalt prägen fast nur Fachwissenschaften die Theorie und Praxis der beruflichen Fachrichtungen, wie dies insbesondere z. B. das „Handbuch Berufliche Fachrichtungen“ beeindruckend zeigt (vgl. Pahl/Herkner 2010). So sucht man auch ein mit z. B. „Gewerblich-Technischen Wissenschaften“ oder Berufswissenschaften gestaltetes Fachrichtungsstudium dagegen vergebens. Ob sich daher durch die nachfolgend beispielhaft vorgestellten neuen KMK-Fachrichtungs-Standards etwas zur Theorie und Praxis der Fachrichtungen verändert, wird sich an deren Curriculum-Qualität wie der zukünftigen universitären Umsetzung[58] zeigen.

Im Kontext der Einführung der neuen Bachelor- und Master-Studiengänge hat die KMK zur Lehrerbildung in 2008 damit begonnen, „Ländergemeinsame inhaltliche Anforderungen für die Fachwissenschaften und Fachdidaktiken in der Lehrerbildung“ (KMK 2017) als Standards zu entwickeln. Zur Lehrerbildung gehört auch das „Lehramt an berufsbildenden Schulen“, sodass hier speziell zum beruflichen Fachrichtungsstudium ebenso KMK-Standards entwickelt werden müssen.

Zu dieser Entwicklung werden zunächst die „ländergemeinsamen inhaltlichen Anforderungen“ sehr allgemein zur Lehrerbildung wie z. B. mit Kompetenz-Definitionen erläutert. Sie werden dann u. a. speziell zum „Lehramt an berufsbildenden Schulen“ und den einzelnen „Fachprofilen“ weiter ausdifferenziert. Insbesondere wird z. B. ausgeführt: *„Charakteristisch für die Bildungswissenschaften sowie die Didaktik der beruflichen Fachrichtungen sind (…) ein doppelter Gegenstandsbezug, d. h. ein Bezug sowohl auf die korrespondierenden wissenschaftlichen Disziplinen als auch auf die zielgruppenadäquate berufliche Praxis.“* (ebd., S. 6). Hierzu bleibt allerdings zur Entwicklung der Standards unklar, ob die zu den Fachrichtungen genannten *Bildungswissenschaften* hier nicht bessere und richtiger als Berufswissenschaften[59] zu bezeichnen wären. Vor allem deshalb, weil zu den Fachrichtungen hier ja berufs- und nicht bildungswissenschaftliche Inhalte zu bestimmen sind und auch nur so der Verweis auf den curricular relevanten „doppelten Gegenstandsbezug“

---

58 Inzwischen sind alle Studienangebote auf Basis der KMK-Standards zu akkreditieren, so dass sich auch dadurch neue Chancen zur Verbesserung des beruflichen Fachrichtungsstudiums ergeben.

59 Mit dem „doppelten Gegenstandsbezug“ sind zugleich die „Wirkungszusammenhänge und Aufgaben der Berufs- und Fachdidaktik“ angesprochen (vgl. Petersen 1996a, S. 130 f.), womit zum inhaltlichen Ansatz auch die „Berufswissenschaften“ gehören.

wirklich Sinn macht. Zudem passt dann didaktisch die noch explizit genannte „Anforderung" besser, dass in den Berufsschulen *„an Geschäftsprozessen orientierte Lernfelder und keine Fächer mehr unterrichtet"* werden (ebd.).

Seitens der KMK liegen aktuell für acht der insgesamt sechzehn beruflichen Fachrichtungen entwickelte Standards vor (vgl. KMK 2017, S. 73 ff.). Bei den nachfolgend dazu vorgestellten Beispielen soll nur der jeweilige curriculare Ansatz der Studieninhalte der Fachrichtungen im Mittelpunkt stehen. Zu diesen zeigt sich im Überblick, dass die Studieninhalte meist eine Struktur haben, nach der erst „Fachwissenschaftliche Inhalte" und dann die Studieninhalte zur „Didaktik der beruflichen Fachrichtung" ausgewiesen werden. Abweichungen mit z. B. „Fach- und berufswissenschaftliche Inhalte" (siehe Abb. 4) sind in den neuen Fachrichtungsstandards die Ausnahme, wobei die konsequentere Bezeichnung „Berufswissenschaftliche Inhalte" bisher nicht vorkommt. Zudem scheinen zu den Inhalten der Fachrichtungs-Didaktik Bezeichnungen wie z. B. „Technikdidaktik" oder „Fachdidaktik" in den Standards positiv überwunden. Am ersten Beispiel zeigt sich zu den neuen KMK-Standards der beiden beruflichen Fachrichtungen Metalltechnik und Fahrzeugtechnik, dass die Studieninhalte hier identisch als „Fachwissenschaftliche Inhalte" bezeichnet werden (siehe z. B. Abb. 3).

Fachwissenschaftliche Inhalte

Fach- und berufswissenschaftliche* Inhalte bezogen auf Prozesse, Systeme sowie Organisationskonzepte beruflicher Facharbeit und deren Systematik

- Betriebs-, Arbeits- und Ausbildungsstrukturen im Berufsfeld Fahrzeugtechnik und deren Dienstleistungsfunktion
- Mathematische und naturwissenschaftliche Grundlagen mit Anwendungsbezug zur Fahrzeugtechnik und unter Berücksichtigung der studiengangspezifischen Erfordernisse
- Berufsfeldrelevante Mess-, Steuer- und Regelungstechnik
- Pneumatik und Hydraulik an Systemen der Fahrzeugtechnik
- Fahrzeugspezifische Elektrotechnik, Elektronik und Mechatronik
- Thermodynamik der motorischen Prozesse
- Verbrennungskraftmaschinen (Motoren- und Triebwerkstechnik)
- Multiple Antriebs- und Rekuperationssysteme im Fahrzeug
- Getriebetechnik und Fahrantriebe
- Karosserietechnik/Fahrzeugaufbauten
- Fahrmechanik und Fahrwerkstechnik
- Land- und Baumaschinentechnik
- Fahrdynamiksysteme einschließlich zugehöriger Bremssysteme
- Komfort-, Sicherheits-, Fahrassistenzsysteme
- Fahrzeugvernetzung und Diagnosetechnik
- Service-, Wartungs-, Diagnose- und Instandsetzungsstrategien (auch unter wirtschaftlichen Gesichtspunkten), Arbeitsplanung
- Qualitäts-, Sozial- und Umweltmanagement, Arbeitssicherheit
- Arbeits- und Berufswissenschaft*
- Berufsspezifische Dokumentation und Wissensmanagement.

Bei einer gewählten Vertiefungsrichtung sind Anwendungen und Vertiefungen in einem der Bereiche möglich:

- Fahrzeugmechatronik einschließlich Diagnoseverfahren und Servicemanagement in Fahrzeugbetrieben
- Schadensanalyse, -kalkulation und -abwicklung an Unfallfahrzeugen und deren Instandsetzung einschließlich Vermessungs-, Richt-, Karosserie- und Lackierarbeiten sowie Fahrzeugaufbauten
- Service, Diagnose und Reparaturverfahren an Land- und Baumaschinenmechatronik
- Service, Diagnose und Reparaturverfahren an Zweiradmechatronik
- Service, Diagnose und Reparaturverfahren an Schienenfahrzeugen

Abbildung 3: KMK- Studieninhalte zur „Beruflichen Fachrichtung Fahrzeugtechnik" (KMK 2017, S. 92 f.)

So zeigen die Studieninhalte der beruflichen Fachrichtung Metalltechnik zunächst überwiegend auch eine der Überschrift entsprechende fachwissenschaftliche Struktur. Im curricularen Detail ist explizit z. B. noch vom „alten" Anwendungsbezug zur Ingenieurwissenschaft die Rede, wobei es demgegenüber auch den inhaltlichen Bezug auf die berufliche Facharbeit gibt (vgl. KMK 2017, S. 77). Bei der Fachrichtung Fahrzeugtechnik wird dagegen den „Fachwissenschaftlichen Inhalten" gleich zu Beginn und übergreifend ein Bezug auf „Fach- und berufswissenschaftliche Inhalte" der beruflichen Facharbeit vorgegeben. In der Liste der folgenden „Fachwissenschaftlichen Inhalte" wird dann allerdings neben den dazu passenden Studieninhalten quasi gleichbedeutend mit der Arbeitswissenschaft plötzlich noch eine „Berufswissenschaft“ wie eine Fachwissenschaft aufgeführt (siehe Abb. 3; vgl. ebd., S. 92). Wie insgesamt zu den „berufswissenschaftlichen Inhalten“ wird hier zudem noch explizit per * darauf verwiesen, dass „Berufswissenschaft an einigen Hochschulstandorten als eigenständiger Bereich angesehen wird und dort entsprechend in die Lehre einfließen kann“ (ebd., S. 93). Nicht nur für Außenstehende ist damit aber eine „berufswissenschaftliche“ Verwirrung perfekt, die auch im direkten Vergleich der neuen Standards für die beiden Fachrichtungen Metall- und Fahrzeugtechnik große Fragen zum Verständnis und Ansatz der Fach- und Berufswissenschaften aufwirft.

Diese Fragen treffen wegen der sehr unterschiedlichen Ansätze eigentlich auf alle neuen Fachrichtungsstandards zu, wie sich an den Studieninhalten auch der zwei nachfolgenden Beispiele zeigt. Bei den beiden beruflichen Fachrichtungen Elektrotechnik und Druck- und Medientechnik werden diese im Prinzip ganz neu als „Fach- und berufswissenschaftliche Inhalte“ bezeichnet (siehe Abb. 4; vgl. ebd., S. 89). Eigentlich sind diese Inhalte aber immer auch nur „Berufswissenschaftliche Inhalte“, da wie z. B. bei den „Gewerblich-Technischen Wissenschaften“ diese Inhalte immer zugleich auch interdisziplinäre „Fachwissenschaftliche Inhalte“ beinhalten. Dies erklärt sich ebenso aus dem Verständnis der Berufswissenschaften als Basis der Berufsarbeit, da zu dieser selbstverständlich immer auch Fachwissenschaften erforderlich sind bzw. genutzt werden. Von daher ist am neuen Ansatz der „Fach- und berufswissenschaftlichen Inhalte“ dieser beiden Fachrichtungsstandards auch curricular das Bemühen zu erkennen, die Inhalte hier insgesamt auf die zur Berufsarbeit je erforderlichen und genutzten Berufswissenschaften zu beziehen (siehe z. B. Abb. 4).

Fach- und berufswissenschaftliche Inhalte

- Mathematische und naturwissenschaftliche Grundlagen möglichst mit Anwendungsbezug zur Elektrotechnik
- Grundlagen der Elektrotechnik
- Informationstechnische Grundlagen
- Sicherheitstechnik und -vorschriften
- Gebäude- und Infrastruktursysteme
- Grundlagen der Automatisierungstechnik
- Berufliche Arbeit und die berufs- und fachwissenschaftliche Analyse ihrer Entwicklungen*
- Ausgewählte Grundlagen und Anwendungen zum Projekt-, Qualitäts- und Umweltmanagement*

Vertiefung in mindestens einem der folgenden Bereiche:

  - Technologie, Funktion und Betrieb von Anlagen der Energietechnik**
  - Prozesse, Technologien und Systeme der Informations- und Kommunikationstechnik**
  - Aufbau, Funktion und Betrieb von Anlagen der Automatisierungstechnik**

Weitere Vertiefungsbereiche sind möglich.

Didaktik der beruflichen Fachrichtung Elektrotechnik

- Berufs- und fachdidaktische Konzepte und ihre Begründungszusammenhänge
- Planung, Durchführung, Reflexion sowie Analyse und Evaluation beruflicher Lehr- und Lernprozesse
- Didaktische Analyse, Gestaltung und Evaluation beruflicher Bildungs- und Qualifizierungsprozesse
- Diagnoseverfahren und Konzepte zur individuellen Förderung und Leistungsbeurteilung, unter anderem zum Umgang mit Heterogenität und Inklusion
- Berufsbildungsforschung und fachrichtungsspezifische Lehr-Lernforschung, einschließlich diagnostischer Verfahren
- Berufliche Arbeit und die berufs- und fachwissenschaftliche Analyse ihrer Entwicklungen*

Abbildung 4: KMK- Studieninhalte zur „Beruflichen Fachrichtung Elektrotechnik" (KMK 2017, S. 79 f.)

An den vorliegenden neuen KMK- Fachrichtungsstandards ist übergreifend zu erkennen, dass diese in der KMK- Zusammenarbeit von sehr verschiedenen Vertretern der Wissenschaft und Praxis nach sehr unterschiedlichen Fachrichtungs-Ansätzen entwickelt wurden. Dabei überwiegt eindeutig der Ansatz der Fachwissenschaften, sodass sich die Hoffnung, dass wie bei den neuen KMK-Rahmenlehrplänen nun desgleichen bei den „Beruflichen Fachrichtungen" eine Art „arbeitsorientierte Wende" erkennbar wird, zerschlagen hat.[60]

60 Bereits 2010 stellten Herkner und Pahl im Vorwort ihres „Handbuchs Berufliche Fachrichtungen" fest, dass sich „bei den Beruflichen Fachrichtungen (…) ein Wildwuchs entwickelt hat" und ein „Mangel an Homogenität" besteht (Pahl/Herkner 2010, S. 11 f.). In dem immerhin 1001 Seiten umfassenden Werk wird jedoch leider an keiner Stelle der wissenschaftliche Anspruch erhoben oder gar eingelöst, zum sperrigen Konstrukt der „Beruflichen Fachrichtungen als Wissenschaft oder universitäre

Die neuen Fachrichtungsstandards weisen hochschulcurricular zwar neben den fach- verschiedene berufswissenschaftliche Ansatzelemente neu aus, doch basieren diese fast durchgängig auf sehr unterschiedlichen berufswissenschaftlichen Konzepten und Ansätzen.[61] Dennoch tragen diese in den neuen Fachrichtungsstandards teils erkämpften „berufswissenschaftlichen Erweiterungen" insgesamt sicher mit dazu bei, dass ein berufliches Fachrichtungsstudium an den Universitäten wie z. B. nur auf Basis der „Ingenieurwissenschaften" heute bundesweit, so die Hoffnung, keine zertifizierte Akzeptanz mehr findet. Ob allerdings die zukünftig nach den neuen KMK-Standards ausgebildeten Berufsschullehrkräfte vor allem für die obigen Herausforderungen der Entwicklung wie Umsetzung der neuen arbeitsorientierten KMK-Rahmenlehrpläne ausreichend qualifiziert sind, darf hier begründet bezweifelt werden.

7 Berufswissenschaften – Missverständnisse und Versäumnisse der Scientific Community

An den neuen KMK-Fachrichtungsstandards sind aktuell nochmals mindestens zwei unterschiedliche Ansätze zu den Berufswissenschaften deutlich gewordenen. Da diese im „Vorläufer" der „Gewerblich-Technischen Wissenschaften" gemeinsame Wurzeln haben, soll nachfolgend versucht werden, den inzwischen zum Gegenstandsbereich der „Berufswissenschaften" immer deutlicher gewordenen Unterschieden, Missverständnissen wie aber auch Versäumnissen in groben Linien nachzugehen.

Zu den „Gewerblich-Technischen Wissenschaften" gibt es einen engen Zusammenhang zu der im April 1990 neu gegründeten „Arbeitsgemeinschaft der Hochschulinstitute für gewerblich-technische Berufsbildung" (HGTB)[62].

Fächer" einen notwendig einheitlichen Ansatz im Sinne einer eigenständigen Wissenschaftsdisziplin zu beschreiben.

61 Zum vielfältigen Verständnis der Berufswissenschaften führt u. a. Pahl im „Handbuch der Berufsforschung" aus: *„Aufgrund der Multidimensionalität der Forschungsaufgaben (…) erscheint die Generierung einer Berufswissenschaft und mehr noch im Idealfall von spezifischen berufsbezogenen Berufswissenschaften als wissenschaftstheoretisches Fundament der Berufsforschung(en) durchaus sinnvoll, wenn nicht sogar notwendig"* (Pahl 2013, S. 19). Ein noch anderes Verständnis kommt u. a. von Storz im selben Handbuch zum Ausdruck, der noch aus der Forschungssicht der DDR hier wiederum von „Problemlösungen in den Berufsbildungswissenschaften" spricht (Storz 2013, S. 107).

62 Der Autor war der letzte Vorsitzende der HGTB bis zu deren Auflösung im Jahr 2000.

Wie schon angedeutet, hat sich die HGTB vor allem mit der Problematik der Studieninhalte für die beruflichen Fachrichtungen auseinandergesetzt und hierzu curricular neu statt der Fach- und Ingenieurwissenschaften die „Gewerblich-Technischen Wissenschaften" zu begründen versucht. Wie sich heute auch an den neuen KMK-Fachrichtungsstandards aber nach fast 30 Jahren zeigt, war dies für die HGTB ein Mammutprojekt mit kaum lösbarer Aufgabe.

Dennoch sind die erarbeiteten HGTB-Empfehlungen zu einem gewerblich-technischen Fachrichtungsstudium bis heute wegweisend. Insgesamt blieben sie jedoch im Ergebnis zu allgemein und unvollständig (vgl. insbes. Bannwitz/Rauner 1993). Beispielsweise haben die HGTB-Empfehlungen auch für das neue berufliche Fachrichtungsstudium am biat der Universität Flensburg 1997 Pate gestanden, doch musste die hochschulcurriculare Bestimmung der gewerblich-technischen bzw. berufswissenschaftlichen Studieninhalte für die Fachrichtungen Elektrotechnik und Metalltechnik erst noch in harter Kernerarbeit konkret geleistet werden (vgl. Petersen/Spöttl 1999).

Das Grundverständnis und die Diskussionen zu den originären „Wissenschaften" der beruflichen Fachrichtungen haben sich aber nicht nur im Zusammenhang der „Gewerblich-Technischen Wissenschaften" verändert. Bereits vor wie auch nach den ersten HGTB-Empfehlungen zu den Fachrichtungen hat es immer wieder Diskussionen und Entwicklungen zu diesen „Wissenschaften" gegeben, die wie folgt in der Struktur von „Vier Phasen" beschrieben werden können:

> „(1) reduzierte Ingenieurwissenschaft
> (2) lehrorientierte Fachwissenschaft
> (3) arbeitsaufgabenorientierte Berufswissenschaft
> (4) bildungs- und arbeitsprozessorientierte Berufswissenschaft" (Martin/Pangalos/Rauner 2000, S. 14).

In den beiden ersten Phasen wird prinzipiell noch am curricularen Grundgedanken der Fachrichtungen mit „Fachwissenschaften" festgehalten. Die grundlegende Ansatz-Veränderung erfolgt begrifflich wie inhaltlich mit der „Berufswissenschaft" in der 3. Phase. In dieser Phase wurden gleichbedeutend von der HGTB die „Gewerblich-Technischen Wissenschaften" als Ansatz und Inhalt der beruflichen Fachrichtungen aufgenommen und diskutiert. Im Übergang von der 3. auf die 4. Phase erfolgte dann ein curricular fundamentaler Ansatzwandel durch eine nicht mehr nur auf die Arbeit bezogene „Berufswissenschaft". So orientierte sich die identisch bezeichnete „neue" Berufswissenschaft der 4. Phase plötzlich curricular an der „Verbindung" von Arbeits- und Bildungsinhalten (vgl. ebd., S. 22). Im Prinzip heißt es dazu bis heute: *„Arbeit,*

Technik und Bildung werden in ihrer Wechselwirkung zum Gegenstand berufswissenschaftlicher Forschung und der theoretischen Reflexion in den Gewerblich-Technischen Wissenschaften" (ebd., S. 23). Das „Neue" der 4. Phase bestand hiermit vor allem in der inhaltlichen Ausweitung des „alten" Gegenstandsbereichs der Berufswissenschaft um den der Berufsbildung[63], wodurch diese aber begrifflich z. B. besser mit „Berufsbildungswissenschaft" hätte neu bezeichnet werden müssen.[64]

Die Berufswissenschaften in dieser neuen Form sind als eine inhaltlich sehr ausgeweitete „bildungs- und arbeitsprozessorientierte" Wissenschaft inzwischen quasi wie ein Axiom Basis vielfältiger „berufswissenschaftlicher" Forschungs-, Lehr- und Publikationsaktivitäten (siehe insbes. Literatur Fußnote 1). Im Ergebnis ist so aber weithin festzustellen, dass im Sinne der HGTB die „Gewerblich-Technischen Wissenschaften" wie die nur „arbeitsorientierten Berufswissenschaften" kaum noch Gegenstand der „berufswissenschaftlichen" Forschungen sind. Diese werden meist ausgeblendet oder heute gar nicht mehr in diesem Sinne gesehen oder sie nehmen, wie es z. B. bei Spöttl explizit zu den „Gewerblich-Technischen Wissenschaften" als universitäre Fächer nur noch heißt: „*… unterdessen eine Mittlerfunktion zwischen Ingenieur-, Arbeits-, Erziehungs- und Sozialwissenschaften ein*" (Spöttl 2010, S. 113).

Durch die im Übergang von der 3. auf die 4. Phase grundlegenden Veränderungen zum Wissenschaftsverständnis der Berufswissenschaften wird teils nachvollziehbar, dass es innerhalb der HGTB auch zum gewerblich-technischen Wissenschafts- und Fachrichtungsverständnis zu entsprechenden Grundsatzdebatten kam. Hinzu kamen erneut Diskussionen zu den die HGTB als Arbeitsgemeinschaft noch leitenden fachrichtungsübergreifenden Ziel-, Inhalts- und Methodenfragen wie aber auch bezüglich der „richtigen" wissenschaftlichen Ausrichtung und regionalen Verteilung der beruflichen Fachrichtungsvertreter. Die dabei eher zunehmenden Uneinigkeiten zum Wissenschafts- und Fachrichtungsverständnis führten so letztlich im Ergebnis zur Auflösung der HGTB. Diese wurde Anfang 2000 offiziell vollzogen, wobei gleichzeitig eine Neugründung als

63 Hiermit wurde die 4. Phase zugleich die bislang letzte Entwicklungs-Phase, da es auch bis heute zu den „Gewerblich-Technischen Wissenschaften" keine relevante Weiterentwicklung mehr gab.

64 Insofern geht es auch weniger um den eigentlich nicht neuen Ansatz der Wechselwirkung von Arbeit und Berufsbildung als solchen, der als ein in der Scientific Community stets mitgetragener und mitbegründeter Berufsbildungsansatz (vgl. u. a. Petersen 1993) hier grundsätzlich nicht in Frage steht.

„Gewerblich-Technische Wissenschaften und ihre Didaktiken" (gtw) als eine Arbeitsgemeinschaft innerhalb der „Gesellschaft für Arbeitswissenschaft" (GfA) stattfand. Hier nur anzumerken ist, dass nicht alle ehemaligen HGTB-Mitglieder zugleich Mitglied[65] der neuen gtw wurden.

Wie bei der HGTB sollten bei der gtw entsprechend dem neuen Namen die „Gewerblich-Technische Wissenschaften und ihre Didaktiken" im Mittelpunkt stehen. Laut Internet-Auftritt[66] ist anhand der gtw Ziele, „Dienstleistungen", Tagungen, Veröffentlichungen usw. heute jedoch festzustellen, dass nicht mehr die Gewerblich-Technischen Wissenschaften, sondern fast nur die Forschung und Lehre der Didaktik den Schwerpunkt der gtw Aktivitäten bilden. So zeigen auch die gtw-Veröffentlichungen und -Tagungen, dass das gtw Grundverständnis weitgehend auf den „neuen" erweiterten „Berufswissenschaften" der obigen „4. Entwicklungs-Phase" basiert. Entsprechend gab es beispielsweise 2016 zur gtw-Tagung in Hannover die eigentlich im Ansatz schon „falsche" Thematik als Frage: „Berufspädagogik, Fachdidaktiken und Fachwissenschaften – Einheit oder Differenz in den gewerblich-technischen Wissenschaften."[67] Im altem HGTB-Verständnis hätte es eine solche „Wissenschaftsfrage" nicht gegeben, da wissenschaftstheoretisch die „Berufspädagogik, Fachdidaktiken, Fachwissenschaften" hier weder zu einer „Berufswissenschaft" noch sonstigen „Super-, Multi- oder Mittler-Wissenschaft" vereint werden können. Eigentlich wird dies in den eigenen Widersprüchen der „Hannoveraner Erklärung der gtw"[68] zur Tagung deutlich, da es hierin z. B. die im Prinzip alten HGTB-Forderungen gibt, „die beruflichen Fachrichtungen als eigenständige gewerblich-technische Wissenschaften bzw. Berufswissenschaften in den Hochschulen" zu etablieren und zu diesen die „Fachdidaktiken als forschungsfähige Einheiten" zu bilden. Von daher arbeitet die eigene gtw-Philosophie dem aber eigentlich genau entgegen und trägt somit, wie auch obige KMK-Fachrichtungsstandards gezeigt haben (siehe insbes. Abb. 3), noch eher zur Verwirrung und bundesweiten „Schwächung" der prinzipiell voll zu unterstützenden beiden gtw-Forderungen der Tagung bei.

Die Verwirrung und „Schwächung" der „Berufswissenschaften" kommt auch in den originären gtw-Arbeiten wie den spezifischen „Empfehlungen zur Ausgestaltung (…) gewerblich-technischer Fachrichtungen" zum Ausdruck

---

65 Der Autor als letzter Vorsitzende der HGTB hat in der gtw nie eine Mitgliedschaft begründet.

66 Vgl. gtw Internet-Auftritt: http://www.gtw-ag.de (15.04.2017).

67 Vgl. http://www.gtw-ag.de/?p=911# (20.04.2017).

68 Vgl. http://www.gtw-ag.de/?p=911# (20.04.2017).

(gtw 2010). In diesen gtw-Empfehlungen werden beispielsweise der beruflichen Fachrichtung Fahrzeugtechnik als Studieninhalte der „fachwissenschaftlichen Schwerpunkte" folgende „wissenschaftliche Inhalte" vorgegeben: „... Modifikation von Fahrzeugen nach Kundenwunsch ... Pflege und Wartung von Kraftfahrzeugen ... Störungsdiagnose von Fahrzeugmotoren ..." (ebd., S. 20). Diese Studieninhalte sind faktisch aber keine „wissenschaftlichen Inhalte", sondern zunächst nur berufliche Arbeiten und Anforderungen. Sie sind zudem fast identisch und vergleichbar mit den inhaltlichen Vorgaben der entsprechenden KMK-Rahmenlehrpläne und Lernfelder sowie Ausbildungsordnungen. Was diesen Vorgaben curricular also gemeinsam fehlt sind die eigentlichen „Wissenschafts-Inhalte", die dem ursprünglichen Anspruch nach auch nicht nur die der Fachwissenschaften sind, sondern insbesondere die der „Gewerblich-technischen Wissenschaften" bzw. der Berufswissenschaften. Insofern ist es in den gtw-Empfehlungen auch nicht gelungen, die angegebenen beruflichen Arbeiten und Anforderungen für das Fachrichtungs-Curriculum berufswissenschaftlich zu curricularisieren.[69] Sie sind in dieser Hinsicht somit als besondere Empfehlungen weder mit Blick auf die KMK-Fachrichtungsstandards[70] noch direkt zur „Lehrerbildung in Gewerblich-Technischen Fachrichtungen" (vgl. z. B. Becker/Spöttl/Vollmer 2012) kaum hinreichend geeignet.

---

69 Zu dieser berufswissenschaftlichen Kernaufgabe stellt bereits 1975 Stratmann fest: „Die Schwierigkeiten des Modells liegen fraglos in der Curricularisierung von Qualifikationsanalysen" (Stratmann 1975, S. 339). Als große Herausforderung mit real kaum brauch- und vorzeigbaren Ergebnissen zu den Berufswissenschaften war diese Aufgabe stets ein schwieriger Forschungsgegenstand mit z. B. der seit langem und oft vielversprechend gestellten Frage: „Wie lässt sich das in Domänen verborgene „Facharbeiterwissen" erschließen?" (Becker 2010).

70 Die geringe Akzeptanz der gtw-Empfehlungen ist sogar bei den neuen gewerblich-technischen KMK-Fachrichtungsstandards als ihre eigentlichen „Highlights" deutlich geworden (siehe z. B. Abb. 3). Auch dies könnte und sollte die gtw evtl. zum Anlass nehmen, das gegenüber der HGTB stark veränderte Wissenschaftsverständnis zu den Gewerblich-Technischen wie den Beruflichen Wissenschaften gründlich zu überdenken. Einzubeziehen wäre dabei zugleich die seinerzeit „neue" Anbindung der gtw an die GfA, da die hierdurch erhofften wissenschaftlichen Vorteile nie wirklich erkennbar wurden. Steht daneben seit langem die Idee einer Neu-Gründung der HGTB/gtw mit auch wirklich bundesweiten Mitgliedern im Raum, so wird hiermit quasi die Rückkehr zu einer zudem wieder eigenständigen neuen „Hochschul-Arbeitsgemeinschaft der Berufswissenschaften" (HABW) empfohlen. Da der Begriff der Berufswissenschaften aber inzwischen eigentlich „verbrannt" ist, müsste evtl. über einen neuen wie z. B. den der „Berufsarbeitswissenschaften" nachgedacht werden.

In kritischer Würdigung all der ohne Zweifel sehr verdienstvollen gtw-Arbeiten ist zu diesen zum einen ein deutliches Übergewicht bei den „Dienstleistungen“ wie z. B. „Bildungsprozesse in gewerblich-technischen Fachrichtungen analysieren, gestalten und evaluieren“ oder „Entwicklung beruflicher Aus- und Weiterbildungskonzepte“ festzustellen.[71] Zum anderen gibt es bedingt durch die neue gtw-Philosophie bei den mindestens ebenso relevanten Aktivitäten zur Erforschung der Gewerblich-Technischen Wissenschaften eher ein Mangel und eine wie leider auch bundesweit zu konstatierende inhaltliche und methodische Forschungsschwäche. Fast in diesem Sinne haben in der alten HGTB-Tradition Hamburgs insbesondere nochmal Hägele und Pangalos explizit darauf verwiesen: *„Das Spezifische der Gewerblich-Technischen Wissenschaften war der gewerblich-technische ‚Aktionsradius‘ der Beruflichen Fachrichtungen. D. h., die Analyse von Arbeits- und Geschäftsprozessen erfolgte immer mit einer großen Nähe und Konkretisierung der Forschungsfrage, -methoden und -ergebnisse am gewerblich-technischen Untersuchungsgegenstand. Mit der synonymen Verwendung des Begriffes Berufswissenschaft müsste folglich der Beruf der ‚Aktionsradius‘ sein“* (Hägele/Pangalos 2012, S. 87).

8 Berufswissenschaftliche Forschung – Zwei biat Ansätze

Im Klärungs- und Bedeutungszusammenhang der „Berufswissenschaften“ sind entsprechend der 3. und 4. gtw-Entwicklungsphase vor allem zwei „Gesichter“ deutlich geworden. Die besondere Problematik besteht seither vor allem darin, dass für zwei verschiedene wissenschaftliche Gegenstandsbereiche identische Begriffe benutzt werden. Dies führte zwangsläufig zu vielen wissenschaftlichen Missverständnissen bis hin zum handfesten Disput, weil sich bei den vielerlei „berufswissenschaftlichen“ Studien z. B. der Berufs-, Qualifikations- und Curriculumforschung heute meist weder der Ansatz und Inhalt noch die Qualität der Ergebnisse erschließt. All dies trifft auch in etwa auf die am biat seit Jahren unterschiedlich vertretenen zwei berufswissenschaftlichen Lehr- und Forschungsansätze zu. Von daher soll nachfolgend zum Kern der zwei biat-Ansätze versucht werden, die im berufswissenschaftlichen Zusammenhang stehenden inhaltlichen und methodischen Unterschiede und Probleme aufzuzeigen.

71 Vgl. gtw Internet-Auftritt unter: http://www.gtw-ag.de (15.04.2017)

Berufswissenschaften als Ansatz zur Berufs- und Berufsbildungsforschung

Ein erster am biat vertretener Ansatz wird im Kern auf Basis des entsprechenden Buches „Berufswissenschaftliche Forschung. Ein Arbeitsbuch für Studium und Praxis“ (Becker/Spöttl 2008) deutlich. Dank der Abbildung im Buch „Forschungsfelder und Forschungsschwerpunkte der Berufswissenschaften“ (siehe Abb. 5) können sich so auch die nachfolgenden Ausführungen auf wenige Ansatzmerkmale beschränken.

Anhand der abgebildeten Breite und Vielfalt der Forschungsfelder und Forschungsschwerpunkte kommt der berufswissenschaftliche Ansatz sogleich in seiner „Mächtigkeit“ zum Ausdruck (siehe Abb. 5). Damit lässt sich der Ansatz dieser Berufswissenschaften aber eher als einen klassischen Lehr- und Forschungsansatz zur Berufsbildungsforschung und Berufspädagogik kennzeichnen. Dies auch deshalb, weil der Ansatz mit dem institutsübergreifenden biat-Ansatz fast voll identisch ist und einfach mit nur leicht abgeänderter Überschrift[72] vom biat übernommen wurde. Hiernach „vereinnahmen“ die Berufswissenschaften u. a. neben der Berufsbildungsforschung die Berufspädagogik auch nicht nur, sondern es gibt noch „vielfältige“ Erweiterungen:

„Die Berufswissenschaft verfolgt einen Ansatz zur Berufs- und Berufsbildungsforschung, der die Berufspädagogik um vielfältige empirische, theoretische und praktische wissenschaftliche Bezüge erweitert“ (Becker/Spöttl 2008, S. 54). Zumindest in der Theorie geht so der Ansatz dieser Berufswissenschaften quasi mit dem Anspruch von „Superwissenschaften“ auch weit über den biat- Ansatz hinaus. Der Grundansatz dieser Berufswissenschaften stützt sich zentral auf das Verständnis zu den Berufswissenschaften der 4. gtw- Entwicklungsphase und somit auch auf den gtw- Ansatz zu den „Gewerblich- Technischen Wissenschaften und ihre Didaktiken“ (vgl. u. a. Becker/Spöttl 2008, S. 24 ff.). Danach haben hier die Berufswissenschaften nur noch sehr eingeschränkt etwas mit dem alten HGTB- Ansatz der „Gewerblich- Technischen Wissenschaften“ zu tun. Indirekt kommt dies auch mit folgender Aussage zum Ausdruck: „Der Terminus ‚Gewerblich- Technische Wissenschaften‘ (GTW), so wie er von den Berufswissenschaftlern heute benutzt wird, stellt eine Präzisierung der Forschungsdisziplin innerhalb der Berufswissenschaften dar“ (ebd., S. 17 f.). Nun gibt es aber in der Scientific Community solche und solche

---

72 So heißt es in der Abbildung zum biat-Ansatz: „Forschungsfelder und Forschungsschwerpunkte des Berufsbildungsinstituts Arbeit und Technik“ (vgl. http://www.uni-flensburg.de/biat/forschung/forschungsgebiete/ (01.05.2017)).

„Berufswissenschaftler", sodass hier nicht nur die Allgemeingültigkeit dieser „Präzisierung" infrage steht.

Abbildung 5: Forschungsfelder und Forschungsschwerpunkte der Berufswissenschaften (Becker/Spöttl 2008, S. 25, Abbildung 1.2)

Vielmehr haben gerade zu den „Gewerblich-Technischen Wissenschaften" viele Berufswissenschaftler auch noch ein völlig anderes Verständnis wie z. B. im Sinne bzw. als Ersatz der Fach- und Ingenieurwissenschaften. Durch die hier vorgenommene „Präzisierung" wird somit nochmal eher die wissenschaftstheoretische Problematik und berufswissenschaftliche „Verwirrung" deutlich. Dies zeigt sich auch sehr anschaulich, wenn man zu diesem Ansatz in obiger Abbildung nur in der Überschrift die „Berufswissenschaften" gegen die „Gewerblich-Technischen Wissenschaften" austauscht. Inhaltlich wird anhand der so „präzisierten" Forschungsdisziplin schnell deutlich, dass beispielsweise „Lernkulturen" oder „Arbeitsmarktentwicklung" oder auch „Weiterbildung" plötzlich zum Gegenstand und Inhalt der Gewerblich-Technischen Wissenschaften werden (siehe Abb. 5). Nicht nur wissenschaftstheoretisch gibt es von daher zu diesem berufswissenschaftlichen Forschungsansatz ganz offensichtlich einige Bedenken. Naheliegend ist vielmehr auch, dass vor allem die originären Gewerblich-Technischen Wissenschaften kaum noch im Zentrum dieses Ansatzes und damit der Forschungen stehen. Zudem gibt es gerade wegen der

„Mächtigkeit“ dieses Ansatzes auch die Befürchtung, dass besonders die eigenständige Begründung und Etablierung dieser Wissenschaften an den Universitäten hier nur noch marginal im Blick ist.

Der breit angelegte Berufswissenschafts-Ansatz zeigt sich methodisch entsprechend an der Vielfalt der „berufswissenschaftlichen Forschungsinstrumenten“ (vgl. Becker/Spöttl 2008, S. 69 ff.). So kommen z. B. zur Ermittlung von „Qualifikationsbedarf“ und „Kompetenzen“ u. a. berufswissenschaftliche „Arbeitsprozessstudien“ oder „Arbeitsprozessanalysen“ zum Einsatz. Hier bedingt durch den berufswissenschaftlichen Ansatz zielt dabei die Forschung immer zugleich auf die Gestaltung von „Lehr-Lernarrangements für Schule und Betrieb“ (vgl. ebd., S. 71). Zu den Arbeitsprozessanalysen wird daher auch stets die „Vermischung“ von Arbeits-, Technik- und Bildungsaspekten betont. Die Arbeitsanalysen sollen somit im Ergebnis auch Erkenntnisse „zur Gestaltung beruflicher Bildungsprozesse“ und sogar „zur lernförderlichen Gestaltung von Arbeitsprozessen“ liefern (ebd., S. 106). Bei der Durchführung der Arbeitsprozessanalysen geht es so entsprechend erstens um „die Fragen nach der Kompetenz: Was muss ein Facharbeiter wissen und können, um seinen Beruf auszuüben? (Kompetenz)“. Zweitens geht es um die Fragen „der Kompetenzentwicklung: Wie erwerben Facharbeiter ihre berufsbezogenen Kompetenzen und welche Entwicklungsprozesse finden statt?“ Die dritte und letzte Frage gilt den „curricularen Aspekten: Welche Rahmenbedingungen, Einflüsse und Abhängigkeiten des Arbeitsprozesses führen zur Unterstützung der Entwicklung einer Person vom Anfänger zum Experten der Facharbeit?“ (ebd., S. 109).

Das Beispiel dieser „berufswissenschaftlichen Arbeitsprozessanalysen“ zeigt vor allem eins, dass hier auch methodisch durchgängig die berufsbildungsdidaktische Leitidee von der „Wechselwirkung von Arbeit, Technik und Bildung“ verfolgt wird. Dies ist vom gewählten Berufswissenschafts-Ansatz her konsequent, wobei sich bezogen auf den Ansatz der Arbeitsanalysen aber auch einige kritische wissenschaftstheoretische Fragen wie z. B. hinsichtlich Erkenntnisinteresse und Objektivität stellen. Geht es beispielsweise um die obige hochrelevante Frage: „Was muss ein Facharbeiter wissen und können, um seinen Beruf auszuüben?“, so scheint das Erkenntnisinteresse speziell zum „Wissen“ durch die stetige berufswissenschaftliche „Vermischung“ von Arbeits-, Technik- und Bildungsfragen nicht nur wenig ausdifferenziert und in den Hintergrund gedrängt, sondern auch die Objektivität der Ergebnisse ist ein Problem. Zudem steht mindestens seit der Promotionsarbeit von Drescher im Jahr 1994 bei solchen Arbeitsanalysen stets die Frage nach der „richtigen“ Fach- und Berufskompetenz der Forscher z. B. hinsichtlich fachlicher Nähe und Distanz unter dem Stichwort „Doppelqualifikation“ im Raum (vgl. Drescher 1994, Rauner 1998).

Zwar gibt es hier zum Berufswissenschafts-Ansatz auch eine umfangreiche Theorien- und Methoden-Ansammlung, doch stellt sich indessen die generelle Frage, welche Personen mit welchen Qualifikationen die komplexen und multidisziplinär angelegten Arbeitsprozessanalysen überhaupt berufswissenschaftlich durchführen können. Bei kritischer Würdigung des insgesamt „mächtigen" Ansatzes (siehe Abb. 5) ist aber abschließend dennoch festzuhalten, dass dieser inhaltlich und methodisch vor allem der Berufsbildungsforschung einen aktuellen Schub versetzt und zugleich vielfältige „berufswissenschaftliche" Diskussionen in der Scientific Community angeregt hat.

Berufswissenschaften als Basis der Berufsarbeit

Der zweite am biat vertretene Berufswissenschafts-Ansatz ist im Prinzip auf der Ebene der „3. gtw-Entwicklungsphase" bzw. der „arbeitsaufgabenorientierten Berufswissenschaft" stehen geblieben. Er versteht sich so auch nur als ein (Teil-) Ansatz der Arbeits- und Berufsforschung, der jedoch in und aus der Perspektive der Berufsbildungsforschung sowie speziell der berufswissenschaftlichen Qualifikations- und Curriculumforschung entwickelt und angelegt wurde. Der Ansatz rückt damit konsequent die Erforschung der Berufswissenschaften als Basis der Berufsarbeit in den Mittelpunkt. Die Berufswissenschaften werden hierbei auch zunächst teils im Sinne von Berufswissen, Berufstheorie, Berufskönnen und Berufserfahrung verstanden. Zum Gegenstandsbereich dieser Berufswissenschaften ist das wissenschaftliche Erkenntnis- und Forschungsdefizit noch immens, wie sowohl insbesondere die Curricula und neuen Standards zum beruflichen Fachrichtungsstudium wie auch die neuen arbeitsorientierten Rahmenlehrpläne mit Lernfeldern zeigen. Zwar gibt es oft Beiträge korrespondierender Forschungen und Studien wie z. B. der Arbeitsmarkt- und Berufsforschung, der Sozialforschung und Industriesoziologie oder auch der Ausbildungsordnungsforschung, doch sind diese für die hier benannten Zwecke kaum hin- und ausreichend. Insofern waren auch speziell zum wissenschaftsbasierten „Arbeits- und Berufswissen" schon immer eigene Forschungen mit eigenen Erhebungs- und Analysemethoden erforderlich (vgl. u. a. Petersen 1990). Zu diesen hat vor allem auch Rauner in seinem Beitrag „Zur methodischen Einordnung berufswissenschaftlicher Arbeitsstudien" (Rauner 1998) bis heute wegweisende methodische Grundlagen gelegt.

Der dementsprechende Forschungsansatz ist somit unmittelbar auf die Erforschung der Berufswissenschaften gerichtet, wobei diese hier klar als die zur Berufsarbeit auch prospektiv erforderlichen und genutzten Wissenschaften verstanden werden. Im Detail zielt diese Forschung zunächst etwas „vereinfacht" auf das wissenschaftliche Wissen und Handeln im Sinne von Berufswissen,

Berufstheorie und Berufskönnen und aber auch vertiefend u. a. auf das zur Berufsarbeit je genutzte „objektive und subjektive Wissen“ (vgl. u. a. Böhle/ Rose 1992). Hierbei kommt zudem ebenso das zur Berufsarbeit bedeutsame Erfahrungswissen in den Blick, wobei sich zu diesem dann z. B. auch die Frage nach einer „Berufs-Erfahrungswissenschaft“ oder einer empirisch begründeten Berufstheorie stellt (vgl. u. a. Kelle 1997, Fischer 2000). Zum berufswissenschaftlichen Forschungsansatz wird damit aber zugleich für alle Studien und Analysen zur Arbeit offensichtlich, dass allein in Anbetracht der inzwischen vorhandenen Fülle der verschiedensten „Wissenskategorien“ wie Berufsarbeitswissen, Arbeitsprozesswissen (z. B. nach Kruse 1986), theoretisches Wissen, praktisches Wissen, inkorporiertes Wissen,[73] Erfahrungswissen, Systemwissen, implizites und explizites Wissen, objektives und subjektives Wissen und vieles mehr, es hier unbedingt auch einer ganz „eigenen“ berufswissenschaftlichen Ansatzgrundlage bedarf. Zu dieser „eigenen“ Ansatzgrundlage sollen daher zwei in Theorie wie Praxis bereits gut abgesicherte curriculare Strukturmodelle zu den arbeits- und qualifikationsbezogenen Wissenskategorien der Berufswissenschaften aufgenommen und nachfolgend skizziert werden.

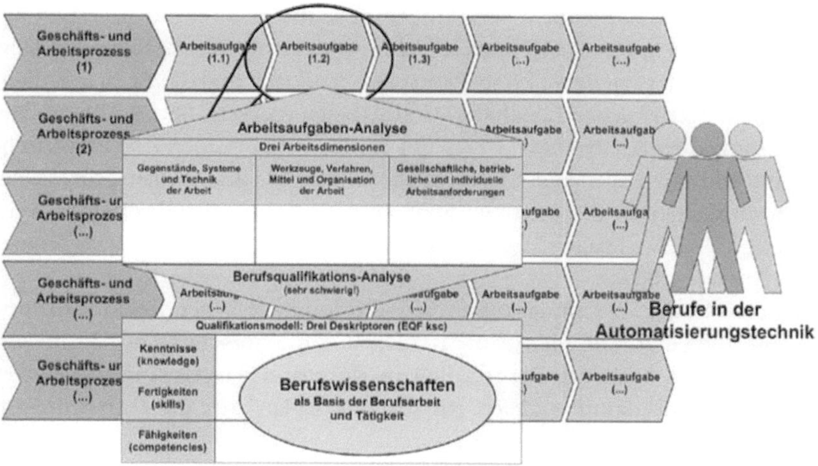

Abbildung 6: Berufswissenschaftliche Forschung zur Bestimmung der Berufswissenschaften beispielsweise in der Arbeit der Berufe in der Automatisierungstechnik

73 Zu diesem Wissen ist der kleine Hinweis zu geben, dass in vielen Studien z. B. den Methoden der Mäeutik oder des „lauten Denkens“ in der Regel eine zu geringe Bedeutung zukommt.

Unter Berücksichtigung aller Gegenstands- und Zielaspekte und vom Ergebnis der Berufswissenschaften her gedacht, ist da zunächst die zur gegenwärtigen wie zukünftiger Berufsarbeit erforderliche Berufsqualifikation zu analysieren und curricular zu bestimmen. Da die Qualifikationen wie auch Kompetenzen vor allem in der Wissenschaft auf die unterschiedlichste Weise beschrieben und definiert werden, kommt hier zu den Berufsqualifikationen das inzwischen weithin akzeptierte internationale wie europäische Qualifikationsmodell zur Anwendung.[74] Nach diesem Modell gibt es zu den Berufs- Qualifikationen im Kern drei Deskriptoren: „Kenntnisse (knowledge), Fertigkeiten (skills) und Fähigkeiten (competencies)“ (siehe Abb..6). Die zur Berufsarbeit erforderlichen Berufsqualifikationen sollen somit nach diesen drei Modell- Deskriptoren in den drei entsprechenden Inhaltskategorien der Berufswissenschaften analysier- und beschreibbar werden. Für diese Berufsqualifikations-Analyse sind wiederum die Ergebnisse der Arbeitsaufgaben-Analyse die empirische Ausgangsbasis. Für die Analyse der einzelnen Tätigkeiten und Arbeitsaufgaben kommt hier insbesondere das früh entwickelte Struktur-Modell der „Drei Arbeitsdimensionen“ zur Anwendung (siehe Abb. 1 und 6; vgl. Petersen/Rauner 1995, S. 133). Dabei ist vor allem auch mit curricularem Blick auf das Arbeitsprozesswissen zudem von großer Bedeutung, dass die Analysen zur Berufsarbeit nicht nur isoliert auf einzelne Arbeitsaufgaben bezogen erfolgen, sondern auch stets zu deren „Arbeitsprozess-Struktur“ und damit zu den übergreifenden betrieblichen Geschäfts- und Arbeitsprozessen (siehe Abb. 6). Der Arbeitsaufgaben-Analyse muss insofern in der Regel immer eine empirische und im Bild nur angedeutete betriebliche Geschäfts- und Arbeitsprozessanalyse vorausgehen, zu der an dieser Stelle nur auf das speziell dazu entwickelte „GAHPA-GAHFA-Modell“ zu verweisen ist (vgl. u. a. Petersen/Wehmeyer 2001, Petersen 2005b).

Hiermit ist der Forschungsansatz auf der Grundlage seiner drei Modelle und mit einzelnen methodischen „Versatzstücken“ zur Erforschung der Berufswissenschaften als Basis der Berufsarbeit in Kurzform dargelegt und erläutert. Nebenbei wurde damit zugleich ein „Kurz-Konzept“ für die Durchführung

74 Hierzu sind insgesamt zu nennen: „International Standard Classification of Occupations“ (ISCO-08), die deutsche „Klassifikation der Berufe“ (KldB 2010); „International Standard Classification of Education“ (ISCED-11), der „Europäische Qualifikationsrahmen (EQF 2008), der „Deutsche Qualifikationsrahmen“ (DQR 2012). Der Vorteil aller Qualifikationsmodelle ist deren inzwischen gute weltweite Vergleichbarkeit, die u. a. auch zu einer deutlichen Vereinfachung der länderübergreifenden Berufsanerkennung geführt hat.

„berufswissenschaftlicher Arbeitsstudien“ zur betrieblichen Facharbeit skizziert, wie es z. B. auch im Rahmen des beruflichen Fachrichtungsstudiums am biat zum Einsatz kommt. Auf Basis solcher Fall- und Arbeitsstudien, die aber vor allem im Rahmen vieler bundesweiter, europäischer und auch internationaler Projekte durchgeführt wurden, konnten bisher etliche Beiträge zur schwierigen inhaltlichen Klärung der Berufswissenschaften in der Berufsarbeit wie u. a. der Elektro- und IT-Berufe geleistet werden.

9 „Berufswissenschaften der Zukunft“ – Abschlussbemerkung

Der Gegenstandsbereich der Berufswissenschaften ist hauptsächlich Basis beruflicher Fachrichtungsstandards wie arbeitsorientierter Rahmenlehrpläne mit Lernfeldern und bleibt eine große Herausforderung für die Forschung und Lehre. Ob die Forschung jedoch zu speziell diesen Berufswissenschaften, die eigentlich schon über Jahrzehnte gefordert wird, überhaupt eine Zukunft hat, ist weitgehend offen. Unter Qualitätsaspekten betrachtet ist sie nicht ganz unabhängig davon, ob und wie es in Zukunft gelingt, den heute fast international unwidersprochenen Anspruch nach einer didaktisch und curricular „arbeitsorientierten“ Berufsbildung in Schule und Betrieb weithin optimal einzulösen.

Arbeitsorientierung – Didaktische und curriculare Missverständnisse

Zu dieser „Arbeitsorientierung“, die insbesondere als didaktische und curriculare „Überwindung der reinen Technikorientierung“ in der Berufsbildung ab Anfang der 1990er Jahre begründet wurde, gibt es seither eine Fülle berufsdidaktischer „Fallstricke“. Diese betreffen unmittelbar auch die berufswissenschaftliche Forschung und Lehre sowie generell die Begründung und Etablierung der Berufswissenschaften. Beginnt man mit dem vermeintlichen berufsdidaktischen Widerspruch „Arbeitsorientierung“ versus „Gestaltungsorientierung“, so wurde diese anfangs nicht selten gern berufspädagogisch als „Anpassungsqualifizierung“ missverstanden. Dem steht didaktisch entgegen, wer Arbeit mitgestalten soll und will, muss diese in den Betrieben mit ihren arbeits- und berufswissenschaftlichen Grundlagen gut und bestens kennen. Zur Arbeitsorientierung gehört so auch untrennbar der didaktisch und curricular begründete Interdependenz-Ansatz zum Beschäftigungs- und Bildungssystem (vgl. Petersen 1996b, S. 214). Zum Unterricht wird „Arbeitsorientierung“ daneben didaktisch oft einfach als die altbekannte „Praxis- oder Anwendungsorientierung“ interpretiert. Diese „Orientierung“ meint ausgehend von der Technik aber zumeist nur deren Anwendung und Nutzung in der Praxis. Grundlage für den berufsbezogenen Unterricht sind so nur die „Technikwissenschaften", womit die umfassend zur Arbeit erforderlichen „Berufswissenschaften" nicht in den Blick kommen. Vergleichbares gilt zum vielfachen Missverständnis der „Arbeitsorientierung" als „Handlungsorientierung". Ein guter handlungsorientierter Unterricht muss aber nicht zwangsläufig Arbeitsinhalte ganzheitlich zum Gegenstand haben, dies können auch nur Technikinhalte sein. Ein handlungsorientierter Unterricht selbst im Sinne der „vollständigen Handlung" gestaltet ist daher auch nicht immer per se ein arbeitsorientierter Unterricht. Kommt in den letzten Jahren noch meist hinzu, dass statt der Lernfelder oft neu konstruierte Lernsituationen die Unterrichtsgrundlage bilden, so werden heute zunehmend weniger Arbeitsprozesse zum Lerngegenstand. Im Sinne der „Arbeitsorientierung" müssten aber anstatt der Lernsituationen verstärkt die betrieblichen Geschäfts- und beruflichen Arbeitsprozesse für den Lernfeld-Unterricht didaktisch aufbereitet werden. Allerdings ist curricular hier erneut festzuhalten, dass z. B. das Arbeitsprozesswissen wie die dazu insgesamt erforderlichen Berufswissenschafts-Inhalte in der Regel kein Bestandteil der neuen Rahmenlehrpläne sind (siehe z. B. Abb. 2).

Für eine hochwertige Forschung und Lehre zu den Berufswissenschaften sind damit abschließend nochmal einige Gründe und gute Argumente deutlich geworden. Dies war auch mit dem thematisch mehr in die Zukunft gerichteten Anspruch des gesamten Beitrags „Berufswissenschaften als Ansatz und Inhalt beruflicher Fachrichtungen" beabsichtigt. Wie aufgezeigt, war und ist dieser hohe Anspruch aber generell schwer einzulösen, da eigens für eine „professionelle Fachrichtungs-Diskussion" heute noch die erforderlichen „richtigen Diskutanten" fehlen. So in etwa hat es auch schon Rauner bereits 1993 festgestellt und formuliert (vgl. Rauner 1993, S. 13), sodass in Zukunft trotz inzwischen neuer KMK-Fachrichtungsstandards eine umfassende Begründung und Etablierung der Berufswissenschaften als berufliche Fachrichtungen kaum zu erwarten ist. Insofern wird wohl auch Lipsmeier die „Berufswissenschaften" noch lange als ein „fragwürdiges deutsches Konstrukt" bezeichnen können.

Literatur

Abel, H. (1963): Das Berufsproblem im gewerblichen Ausbildungs- und Schulwesen Deutschlands. Braunschweig.

BA (2011): Bundesagentur für Arbeit (Hrsg.): Klassifikation der Berufe 2010 – KLDB 2010. Band 2: Definitorischer und beschreibender Teil. Nürnberg, Mai 2011.

Bannwitz, A.; Rauner, F. (Hrsg.) (1993): Wissenschaft und Beruf. Berufliche Fachrichtungen im Studium von Berufspädagogen des gewerblich-technischen Bereichs. Bremen.

Becker, M. (2010): Wie lässt sich das in Domänen verborgene „Facharbeiterwissen“ erschließen? In: Becker, M.; Fischer, M.; Spöttl, G. (Hrsg.): Von der Arbeitsanalyse zur Diagnose beruflicher Kompetenzen. Methoden und methodologische Beiträge aus der Berufsbildungsforschung. Frankfurt a. M./Berlin, S. 54–65.

Becker, M.; Spöttl, G. (2008): Berufswissenschaftliche Forschung. Ein Arbeitsbuch für Studium und Praxis. Frankfurt a. M./Berlin (2. Auflage 2015).

Becker, M.; Spöttl, G.; Vollmer, Th. (Hrsg.) (2012): Lehrerbildung in Gewerblich-Technischen Fachrichtungen. Bielefeld.

BMWT (2007): Der Bundesminister für Wirtschaft und Technologie (Hrsg.): Verordnung über die Berufsausbildung in den industriellen Elektroberufen. Vom 24. Juli 2007. In: Bundesgesetzblatt Jahrgang 2007 Teil I Nr. 36, ausgegeben zu Bonn am 30. Juli 2007, S. 1678–1760.

Böhle, F.; Rose, H. (1992): Technik und Erfahrung. Arbeit in hochautomatisierten Systemen. Frankfurt a. M./New York (Veröffentlichung aus dem Institut für Sozialwissenschaftliche Forschung e. V., ISF München).

Brechmacher, R.; Gerds, P. (1997): Grundmodelle der Gewerbelehrerbildung im historischen Wandel – Ein Beitrag zur Geschichte gewerblich-technischer Fachrichtungen. In: Bremer, R. (Hrsg.): Schritte auf dem Weg zu einer gestaltungsorientierten Berufsbildung – Ein Portrait des ITB Bremen. Bremen, S. 218–233.

Dostal, W. (2005): Berufsforschung. Beruf als Forschungsgebiet des Instituts für Arbeitsmarkt- und Berufsforschung (IAB) von 1967 bis 2003. Nürnberg (BeitrAB 296).

Drescher, E. (1994): Elektrofacharbeit in der Instandhaltung rechnergestützter, vernetzter Produktionssysteme. Bremen: Universität Bremen (Dissertation).

Engeström, Y. (1987): Learning by Expanding. Geneva.

Fischer, M. (2000): Von der Arbeitserfahrung zum Arbeitsprozesswissen. Rechnergestützte Facharbeit im Kontext beruflichen Lernens. Opladen (Habilitationsschrift).

Gössler, H. (1925): Entwicklung des Elektroinstallationsgewerbes; seine Stellung und Bedeutung im heutigen Wirtschaftsleben. Hamburg (Dissertation).

Grottker, D. (1998): Berufsfelder – Wissenschaftsfelder – Spannungsfelder. Probleme der Gegenstands- und Methodenbestimmung von Berufsfeldwissenschaft und Berufspädagogik. In: Pahl, J.-P.; Rauner,

F. (Hrsg.): Betrifft: Berufsfeldwissenschaften. Beiträge zur Forschung und Lehre in den gewerblich-technischen Fachrichtungen. Bremen, S. 31–50.

Grüner, G. (1981): Gewerbekunde – Fachkunde – Technologie – Fachtheorie – Berufstheorie. In: Bonz, B.; Lipsmeier, A. (Hrsg.): Beiträge zur Fachdidaktik Maschinenbau. beiträge zur pädagogik, Band 9, Stuttgart, S. 70–84.

gtw (2010): Arbeitsgemeinschaft Gewerblich-technische Wissenschaften und ihre Didaktiken (Hrsg.): Empfehlungen zur Ausgestaltung von Studienordnungen für Bachelor- und Masterstudiengänge gewerblich-technischer Fachrichtungen. Berufliche Fachrichtung Fahrzeugtechnik. Januar 2010.

Hägele, Th.; Pangalos J. (2012): Entwicklung der Gewerblich-Technischen Wissenschaften im Zeitraum von 1998 bis 2009. In: Becker, M.; Spöttl, G.; Vollmer, T. (Hrsg.): Lehrerbildung in Gewerblich-Technischen Fachrichtungen. Bielefeld, S. 65–97.

Herkner, V.; Vermehr, B. (Hrsg.) (2004): Berufsfeldwissenschaften, Berufsfelddidaktik, Lehrerbildung. Beiträge zur Didaktik gewerblich-technischer Berufsbildung. Bremen.

ISCO-08 (2012): ILO International Labour Office: International Standard Classification of Occupations – ISCO-08. Structure, group definitions and correspondence tables.

ISCED-11 (2011): UNESCO United Nations Educational, Scientific and Cultural Organization: REVISION OF THE INTERNATIONAL STANDARD CLASSIFICATION OF EDUCATION (ISCED). Annex: International Standard Classification of Education 2011. Paris: 5 September 2011.

Jenewein, K. (1992): Betriebliche Praxiserfahrung als Voraussetzung für Lehrerarbeit an berufsbildenden Schulen. Duisburg: Universität-GH-Duisburg (Dissertation).

Kelle, U. (1997): Empirisch begründete Theoriebildung. Weinheim.

KMK (1973): Rahmenvereinbarung der Kultusministerkonferenz zur Ausbildung der Lehrer für das berufliche Schulwesen vom 5. Oktober 1973 (KMK-Rahmenvereinbarung).

KMK (1996): Sekretariat der Ständigen Konferenz der Kultusminister der Länder in der Bundesrepublik Deutschland (Hrsg.): Handreichungen für die Erarbeitung von Rahmenlehrplänen der Kultusministerkonferenz (KMK) für den berufsbezogenen Unterricht in der Berufsschule und ihre Abstimmung mit Ausbildungsordnungen des Bundes für anerkannte Ausbildungsberufe (Stand: 09.05.1996).

KMK (2003): Sekretariat der Ständigen Konferenz der Kultusminister der Länder in der Bundesrepublik Deutschland (Hrsg.): Rahmenlehrplan für den Ausbildungsberuf Elektroniker für Automatisierungstechnik/

Elektronikerin für Automatisierungstechnik. Beschluss der Kultusministerkonferenz vom 16.05.2003.

KMK (2011): Sekretariat der Kultusministerkonferenz, Referat Berufliche Bildung und Weiterbildung (Hrsg.): Handreichungen für die Erarbeitung von Rahmenlehrplänen der Kultusministerkonferenz (KMK) für den berufsbezogenen Unterricht in der Berufsschule und ihre Abstimmung mit Ausbildungsordnungen des Bundes für anerkannte Ausbildungsberufe. Berlin: 23. September 2011.

KMK (2016): Sekretariat der Ständigen Konferenz der Kultusminister der Länder in der Bundesrepublik Deutschland (Hrsg.): Rahmenvereinbarung über die Ausbildung und Prüfung für ein Lehramt der Sekundarstufe II (berufliche Fächer) oder für die beruflichen Schulen (Lehramtstyp 5). Beschluss der Kultusministerkonferenz vom 12.05.1995 i. d. F. vom 06.10.2016.

KMK (2017): Kultusministerkonferenz (Hrsg.): Ländergemeinsame inhaltliche Anforderungen für die Fachwissenschaften und Fachdidaktiken in der Lehrerbildung. (Beschluss der Kultusministerkonferenz vom 16.10.2008 i. d. F. vom 16.03.2017).

Krause, E. (1969): Neustrukturierung der beruflichen Bildung. Köln.

Knutzen, S. (2010): Berufliche Fachrichtung Medientechnik. In: Pahl, J.-P.; Herkner, V. (Hrsg.): Handbuch Berufliche Fachrichtungen. Bielefeld, S. 509–521.

Lipsmeier, A. (1992): Berufsschullehrer-Studiengänge im Kontext von Bedarfsdeckung und Professionalisierung. In: Zeitschrift für Berufs- und Wirtschaftspädagogik, Band 88, Heft 4, S. 358–378.

Lipsmeier, A. (2014): Berufliche Fachrichtung als Wissenschaft (Berufswissenschaft) – Über den Export eines fragwürdigen deutschen Konstrukts in asiatische Länder. In: Zeitschrift für Berufs- und Wirtschaftspädagogik, Band 110, Heft 3, S. 449–461.

Martin, W.; Pangalos, J. (1993): Gewerblich-technische Wissenschaften. Zur Begründung einer jungen Wissenschaftstradition. In: Bannwitz, A.; Rauner, F. (Hrsg.): Wissenschaft und Beruf. Berufliche Fachrichtungen im Studium von Berufspädagogen des gewerblich-technischen Bereichs. Bremen, S. 75–85.

Martin, W. u. a. (1993): Die Entwicklung des Gewerbelehramtsstudiums in Hamburg. In: Bannwitz, A.; Rauner, F. (Hrsg.): Wissenschaft und Beruf. Berufliche Fachrichtungen im Studium von Berufspädagogen des gewerblich-technischen Bereichs. Bremen, S. 88–108.

Martin, W.; Pangalos, J.; Rauner, F. (2000): Die Entwicklung der Gewerblich-Technischen Wissenschaften im Spannungsverhältnis von Technozentrik und Arbeitsprozeßorientierung. In: Pahl, J.-P.; Rauner, F.; Spöttl,

G. (Hrsg.): Berufliches Arbeitsprozeßwissen. Ein Forschungsgegenstand der Berufsfeldwissenschaften. Baden-Baden, S. 13–30.

Molle, F. (1967): Berufsanalyse und Berufsprognostik in der Berufsberatung. In: Westdeutscher Verlag (Hrsg.): Wissenschaft und Praxis. Festschrift zum zwanzigjährigen Bestehen des Westdeutschen Verlages 1967. Wiesbaden, S. 149–163.

Nickolaus, R. (2010): Berufliche Fachrichtungen und Bezugswissenschaftsprobleme. In: Pahl, J.-P.; Herkner, V. (Hrsg.): Handbuch Berufliche Fachrichtungen. Bielefeld, S. 123–133.

Nölker, H. (1980): Technik und Bildung – Überlegungen zur Problematik und Begründung einer allgemeinen Didaktik der Technologie. In: Bonz, B.; Lipsmeier, A. (Hrsg.): Allgemeine Technikdidaktik – Bedingungen und Ansätze des Technikunterrichts. beiträge zur pädagogik, Band 8, Stuttgart, S. 18–31.

Pahl, J.-P. (2013): Berufsforschung und Berufswissenschaft – Eine Einführung zu Ausformungen, Aufgaben und Perspektiven. In: Pahl, J.-P.; Herkner, V. (Hrsg.): Handbuch Berufsforschung. Bielefeld, S. 17–37.

Pahl, J.-P.; Herkner, V. (Hrsg.) (2010): Handbuch Berufliche Fachrichtungen. Bielefeld.

Pahl, J.-P.; Herkner, V. (Hrsg.) (2013): Handbuch Berufsforschung. Bielefeld.

Pahl, J.-P.; Rauner, F. (Hrsg.): Betrifft: Berufsfeldwissenschaften. Beiträge zur Forschung und Lehre in den gewerblich-technischen Fachrichtungen. Bremen.

Pahl, J.-P.; Rauner, F.; Spöttl, G. (Hrsg.) (2000): Berufliches Arbeitsprozeßwissen. Ein Forschungsgegenstand der Berufsfeldwissenschaften. Baden-Baden.

Petersen, A. W. (1990): Betriebliche Fortbildung im Kontext neuer Produktionstechnologien als berufspädagogisches und didaktisches Problem. Untersuchungen unter Berücksichtigung un- und angelernter Produktionsarbeiter und ein Ansatz zu einem praxisnahen Curriculumentwicklungskonzept. Kassel: Universität Gesamthochschule Kassel, Fachbereich 2, Berufs- und Wirtschaftspädagogik (Dissertation).

Petersen, A. W. (1993): Evaluation und Revision der Rahmenlehrpläne des Landes Hessen – Berufsfelder Metall- und Elektrotechnik. Zwischenbericht. Bremen: Universität Bremen, ITB, Oktober 1993.

Petersen, A. W. (1996a): Berufs- und Fachdidaktik Elektrotechnik im Studium von Berufspädagogen. In: Lipsmeier, A.; Rauner, F. (Hrsg.): Beiträge zur Fachdidaktik Elektrotechnik. beiträge zur pädagogik, Band 16, Stuttgart, S. 103–141.

Petersen, A. W. (1996b): Berufs- und fachdidaktische Aspekte einer arbeitsorientierten Erstausbildung im Berufsfeld Elektrotechnik. In: Pahl, J.-P.

(Hrsg.): Perspektiven gewerblich-technischer Erstausbildung. Ansichten – Bedingungen – Probleme. Seelze-Velber, S. 199–224.

Petersen, A. W. (2005a): Berufe und Berufsfelder: Systematisierungen aus internationaler und nationaler Sicht. In: Rauner, F. (Hrsg.): Handbuch Berufsbildungsforschung. Bielefeld, S. 68–76.

Petersen, A. W. (2005b): Geschäfts- und Arbeitsprozesse als Grundlage beruflicher Ausbildungs- und Lernprozesse. In: lernen & lehren, 20. Jg., Heft 80, S. 163–174.

Petersen, A. W. (2014): Struktur- und Profilwandel der Elektro- und IT-Ausbildungsberufe als systemischer Gegenstand der Berufs- und Berufsbildungsforschung. In: Severing, E.; Weiß, R. (Hrsg.): Weiterentwicklung von Berufen – Herausforderungen für die Berufsbildungsforschung. Bielefeld, S. 79–98.

Petersen, A. W.; Behnemann, K.; Kapelle, N. u. a. (2001): Modellversuch SEDIKO: Lernfeld- und Lernraumgestaltung zur Förderung der Service- und Dienstleistungskompetenzen in den neuen IT-Berufen, Abschlussbericht. Flensburg, Bremen, Erfurt, Kiel, Wiesbaden: biat – Universität Flensburg.

Petersen, A. W.; Rauner, F. (1995): Evaluation und Weiterentwicklung der Rahmenlehrpläne des Landes Hessen der Berufsfelder Metall- und Elektrotechnik. Abschlußbericht. Gutachten im Auftrag des Hessischen Kultusministeriums. Bremen: Universität Bremen, ITB.

Petersen, A. W.; Spöttl, G. (1999): Der berufsfeldwissenschaftliche Ansatz für die Ausbildung von Lehrern für berufliche Schulen an der Universität Flensburg. In: berufsbildung, 53. Jg., Heft 58, S. 8–11.

Petersen, A. W.; Wehmeyer, C. (2001): Evaluation der neuen IT-Berufe – Feldbericht der betrieblichen Fallstudien. Flensburg: biat Universität Flensburg.

Rauner, F. (1993): Zur Begründung und Struktur Gewerblich-Technischer Fachrichtungen als universitäre Fächer. In: Bannwitz, A.; Rauner, F. (Hrsg.): Wissenschaft und Beruf. Berufliche Fachrichtungen im Studium von Berufspädagogen des gewerblich-technischen Bereichs. Bremen, S. 10–37.

Rauner, F. (1998): Zur methodischen Einordnung berufswissenschaftlicher Arbeitsstudien. In: Pahl, J.-P.; Rauner, F. (Hrsg.): Betrifft: Berufsfeldwissenschaften. Beiträge zur Forschung und Lehre in den gewerblich-technischen Fachrichtungen. Bremen, S. 13–30.

Rauner, F. (Hrsg.) (2005): Handbuch Berufsbildungsforschung. Bielefeld.

Robinsohn, S. B. (1973): Bildungsreform als Revision des Curriculum. Ein Strukturkonzept für Curriculumentwicklung. Neuwied am Rhein/Berlin (4. unveränderte Auflage).

Ropohl, G. (1975): Systemtechnik – Grundlagen und Anwendung. München/ Wien.

Rothe, G. (2011): Die Gewerbeschule des Großherzogtums Baden als frühes Modell einer Teilzeitschule im dual-alternierenden System. Karlsruhe: KIT.

Schlieper, F. (1963): Allgemeine Berufspädagogik. Wirtschaftspädagogische Schriften, Band 6, Freiburg/Brsg.

Spöttl, G. (2010): Berufliche Fachrichtung als universitäre Fächer und deren wissenschaftliche Begründung. In: Pahl, J.-P.; Herkner, V. (Hrsg.): Handbuch Berufliche Fachrichtungen. Bielefeld, S. 106–123.

Storz, P. (2013): Berufsforschung in der DDR: Entwicklungsdarstellung und Forschungsansätze. In: Pahl, J.-P./Herkner, V. (Hrsg.): Handbuch Berufsforschung. Bielefeld, S. 106–119.

Stratmann, K. (1975): Curriculum und Curriculumprojekte im Bereich der beruflichen Aus- und Fortbildung. In: Frey, K. (Hrsg.): Curriculum-Handbuch, Band II. München, S. 335–349.

2003–2010er Jahre: elektroberufe-online.de: Neue Lehr- und Lernwege für die neuen Elektroberufe 2003

Willi Petersen hat sehr früh bereits auf freie virtuelle Wissensdarbietungen im Internet gesetzt. Was heute unter Open Educational Resources (OER) diskutiert und propagiert wird, nämlich, dass Bildungsmaterialien jeglicher Art frei zur Verfügung stehen, wurde bereits ab dem Jahr 2003 durch den Internetauftritt „www.elektroberufe-online.de“ realisiert.

Das Internet-Portal entstand im Rahmen des Modellversuchs „Netzbasierte Lehr- und Lernkonzepte“ (NEBAL) – ein Verbundprojekt der Länder Rheinland-Pfalz und Thüringen im Rahmen des BLK-Programms „Innovative Fortbildung der Lehrerinnen und Lehrer an beruflichen Schulen“ (vgl. Beitrag A. Willi Petersen – Projektarbeiter, Abb. 1).

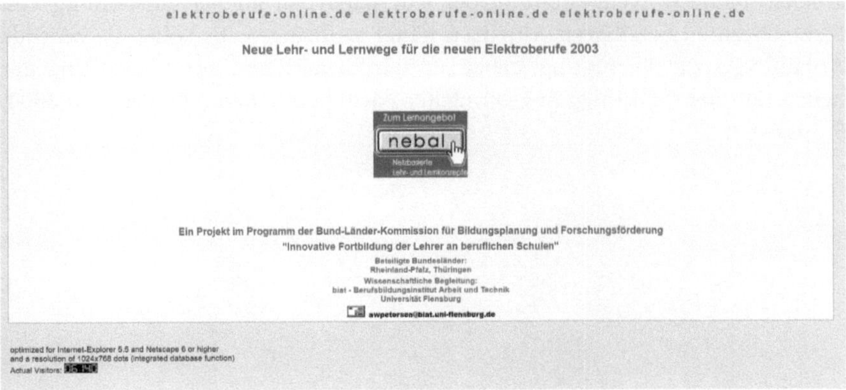

Abbildung 1: Einstiegsseite der Webpräsenz „elektroberufe-online.de“

Unter der Leitung von Willi Petersen übernahm das biat die wissenschaftliche Begleitung des NEBAL-Fort- und Weiterbildungsangebots. Das Konzept der Geschäfts- und Arbeitsprozessorientierung liefert die Begründung für die inhaltliche Festlegung der einzelnen thematischen Einheiten, deren Abstimmung untereinander sowie deren methodische Ausgestaltung. Die

Lerneinheiten werden als „Module" – in Anlehnung an internationale Konzepte zur Modularisierung – konzipiert (vgl. Petersen 2004, S. 47 ff.). Das NEBAL-Modulkonzept unterscheidet drei Gruppen von Lernmodulen (vgl. ebenda, S. 49). Auf der oberen Ebene befinden sich Lernmodule, die einen typischen Geschäftsprozess aus einer ganzheitlichen Sicht thematisieren und entsprechend auf Überblicks- und Zusammenhangswissen abzielen. Die Projekt- und Managementperspektive wird zugunsten der weiteren Spezialisierung in einzelne berufliche Arbeitsprozesse auf der darunterliegenden Ebene verlassen. Die berufliche Arbeitsteilung begründet diese Fortbildungsmodule, die sich einzelnen oder mehreren Berufsbildern zuordnen lassen. Das didaktische Konzept mündet in einer weiteren vertikalen Ausdifferenzierung. Auf der untersten Ebene weisen die Modulinhalte einerseits einen Bezug zu Geschäfts- und Arbeitsprozessen auf und andererseits sind sie durch eine fachsystematische Vertiefung gekennzeichnet (vgl. ebenda).

Petersen sah im Zusammenhang mit der Neuordnung der Elektroberufe im Jahre 2003 einen erheblichen Qualifizierungsbedarf sowohl auf der betrieblichen als auch der schulischen Seite. Mit Hilfe des Portals beabsichtigte er, die arbeitsorientierte Neugestaltung der Curricula den an der Ausbildung von Elektroberufen beteiligten Akteuren näher zu bringen. Es sollte als zentrale Anlaufstelle zur Verfügung stehen und Informationen zur Umsetzung der neuen Rahmenrichtlinien in gebündelter Form beinhalten (vgl. Petersen 2004, S. 104)

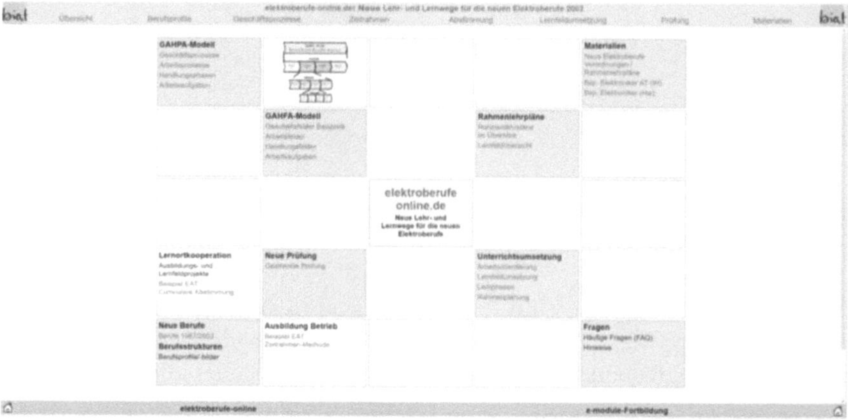

Abbildung 2: Übersichtsseite „elektroberufe-online"

Eine Übersichtsseite gliedert verschiedene Aspekte des didaktischen Konzepts mit Hilfe einzelner Kacheln, deren Inhalte gleichzeitig über die Kopfzeile verlinkt sind (siehe Abb. 2). Hinter „Neue Berufe" werden die Eckdaten zur Neuordnung der Elektroberufe im Jahre 2003 im Zusammenhang mit den vorherigen Verordnungen aus dem Jahre 1987 zusammengefasst. Neben der Überleitung einzelner Berufsprofile steht die neue Gliederungsstruktur in Form von Kern- und Fachqualifikationen mit Einsatzgebieten, die das Konzept der berufsfeldbreiten Grundbildung ablöst, im Vordergrund.

Die Kacheln GAHPA/GAHFA-Modell führen zu einer Seite, auf der Petersen seine Sichtweise auf die didaktische Neuorientierung der Curricula an betrieblichen Arbeits- und Geschäftsprozessen erläutert. Die Seite ist eine von wenigen Beiträgen, die Petersen zu diesem Ansatz veröffentlicht und kann daher als Grundlagenbeitrag verstanden werden.

Im Problemaufriss weist Petersen darauf hin, dass die Abkehr von einer reinen Fach- und Techniksystematik zugunsten der Arbeitsprozessorientierung noch erheblicher Klärung bedarf. Dies gilt sowohl für eine Neuausrichtung der Berufs- und Ausbildungsordnungsforschung sowie der Umsetzung in die Ausbildungs- und Unterrichtspraxis. Er bemängelt die gegenwärtige Begriffs- und Ansatzvielfältigkeit, die zu Verunsicherung und Verwirrung in dem ohnehin schwierigen Umbruch führt. Mit der nachfolgenden Klärung beabsichtigt Petersen daher, einen Beitrag zu einem didaktischen Verständnis von „Geschäfts- und Arbeitsprozessen" zu leisten und aufzuzeigen, wie ihre Analyse aus einer Arbeits- und Berufsbildungsperspektive erfolgen kann.

Im Zentrum steht die von Petersen entwickelte Beschreibung eines **G**eschäftsprozesses in der Struktur von **A**rbeitsprozessen, **H**andlungs**p**hasen und **A**rbeitsaufgaben, dem „GAHPA-Modell". Das allgemein begründete und an Beispielen visualisierte Konzept findet ihre Abstraktion im abstrahierten „GAHFA-Modell", welches ein **G**eschäftsfeld in der Struktur von **A**rbeitsfeldern, **H**andlungs**f**eldern und **A**rbeitsaufgaben allgemein zu beschreiben und zu begründen, beansprucht. Petersen nutzt verschiedene visuelle Elemente, um die Zusammenhänge zu verdeutlichen.

In den Ausbildungsordnungen können zur zeitlichen Gliederung Ausbildungsjahre mit Zeitrichtwerten sowie so genannten Zeitrahmen angewendet werden (vgl. BIBB 1990). Die Zeitrahmen-Methode wird bei den neu geordneten Elektroberufen erstmals genutzt, um die sachliche und zeitliche Gliederung der Berufsbildpositionen vorzunehmen. Petersen erläutert das Konzept und modelliert beispielhaft die Berufsbildpositionen des Ausbildungsberufs „Elektroniker/-in für Automatisierungstechnik" nach dem GAHFA-Modell. Im Ergebnis wird deutlich, dass die Berufsbildpositionen unter Prozessaspekten mehrfach in verschiedenen „Geschäftsprozessen" im Rahmen der gesamten Ausbildungszeit durchlaufen werden. In einem weiteren Abschnitt zeigt Petersen, wie mit Hilfe des Modells die schulischen Ausbildungsvorgaben auf der Grundlage von Lernfeldern und den betrieblichen Zeitrahmen gegenübergestellt werden können. Die Vorgehensweise ist als methodisch wichtiger Beitrag zu bewerten, der es ermöglicht, Aussagen über den Grad der curricularen Abstimmung zu erhalten. An dem Beispiel des Berufs „Elektroniker/in für Automatisierungstechnik" wird deutlich, dass die Abstimmung nur bedingt gelungen ist.

Besonders Lehrkräfte berufsbildender Schulen können von dem Abschnitt „Lernfeldumsetzung" profitieren. Petersen erläutert zunächst die neue didaktische Struktur und schildert anschließend zwei mögliche Varianten, um Lernfelder unterrichtlich umzusetzen. Anstelle der zwei grundlegenden Alternativen zur Lernfeldumsetzung ist ebenso ein Mischkonzept denkbar. Die erste Umsetzungsvariante erfolgt nach dem „1 zu 1" Prinzip, bei dem alle Lernfelder nach ihren inhaltlichen und zeitlichen Vorgaben im Unterricht umgesetzt werden. Der Anspruch einer Geschäfts- und Arbeitsprozessorientierung wird durch die Gesamtheit der Lernfelder im Rahmen der gesamten Ausbildungszeit eingelöst. Petersen bemängelt jedoch, dass die vorgegebene Reihenfolge der Lernfelder für die Prozessorientierung nicht immer dienlich ist und ggf. überdacht werden sollte.

Der zweite Ansatz ist direkter mit dem didaktischen Anspruch der Geschäfts- und Arbeitsprozessorientierung verknüpft. Einzelne, konkrete Geschäftsprozesse bilden die Ausgangsbasis für die Lernfeldumsetzung. Unter Berücksichtigung des jeweiligen Lernstandes sollen Geschäftsprozesse nach einem gestuften Konzept von einfach bis komplex ausgewählt werden. Die Grundlage des Ansatzes ist weitgehend identisch mit dem Konzept der Zeitrahmen-Methode der Ausbildungsordnungen. Petersen weist jedoch ausdrücklich darauf hin, dass „zu entsprechenden Unterrichtseinheiten auch Lernphasen gebildet werden können, in denen Lerninhalte z. B. unter fachlich vertiefenden oder systematisch vergleichenden Aspekten vermittelt und zum Lerngegenstand werden". Petersen erläutert konkrete Planungsschritte, um zunächst exemplarische Geschäftsprozesse zu identifizieren und – darauf aufbauend – sie didaktisch zu analysieren und für den Unterricht aufzubereiten. Anders als der in den KMK-Rahmenvorgaben vorrangig verwendete Begriff der „Lernsituation" empfiehlt Petersen arbeits- und handlungsorientierte „Lernphasen" mit „Lernaufgaben" zu gestalten. Lernphasen gliedern den Lernprozess als Elemente einer übergeordneten Rahmenplanung in Unterrichtseinheiten.

Petersen legt Wert auf diesen Begriff, um den Bezug zu Handlungsphasen innerhalb des Geschäftsprozesses zu wahren.

Der zweite Webbereich „e-Module-Fortbildung“ bietet Raum, um konkrete Lernfeldumsetzungen zu teilen. Die nach Lernfeldern nummerierten Kacheln führen auf neue Seiten, auf denen die theoretischen Planungsaspekte konkretisiert werden. Anhand von sieben Umsetzungsbeispielen für Lernfelder im Ausbildungsberuf „Elektroniker/-in“ im Handwerk kann das Konzept nachvollzogen werden. Hierzu gehören z. B. „Verkauf, Austausch und Reparatur eines Elektroherdes“ sowie die elektrotechnische Planung einer Küche und eines Aufenthaltsraums. Die Beispiele stammen z. T. von Schulen im Rahmen des NEBAL-Projekts.

Petersen hatte die Absicht, mit „e-Module Fortbildung“ einen breiten Nutzerkreis anzusprechen und zu motivieren, eigene Umsetzungsbeiträge zu teilen. Leider bleibt die Anzahl der Umsetzungsbeispiele gering. Für die angehenden Lehrkräfte bilden sie dennoch einen wertvollen Beitrag, um erste, eigene Unterrichtsumsetzungen zu planen.

Petersen lieferte nicht nur Inhalte, er selbst gestaltete auch die Webseiten. Ihn interessierten die dahinterliegenden neuen Technologien der Webserver und deren Programmierung. Im Selbststudium erlernte er den Umgang mit Webseiteneditoren und Datenbanken. Er nutze insbesondere neue Möglichkeiten zur Visualisierung, um seine didaktischen Ansätze zu verdeutlichen. Seine hinzugewonnene Expertise diente ebenso weiteren Aktivitäten. So entwickelte Petersen eine eigene, webbasierte Literaturdatenbank sowie die „biatumgebung“ – ein institutsinternes Informationssystem mit Adressen, Terminen und Lehrveranstaltungsübersichten.

BIBB (1990) – Bundesinstitut für Berufsbildung: Beschluß des Hauptausschusses des Bundesinstituts für Berufsbildung zur zeitlichen Gliederung in Ausbildungsordnungen vom 16. Mai 1990.

Petersen, A. Willi et al. (2004): Modellversuch „Netzbasierte Lehr- und Lernkonzepte“ (NEBAL). Abschlussbericht 2004. Entwurf. Erfurt, Flensburg, Kaiserslautern, Speyer: biat Universität Flensburg, 2004.

Beitrag 16 - *2003–2010er Jahre*: Betriebliche Geschäfts- und Arbeitsprozesse als Grundlage und neue didaktische Orientierung der Berufsbildung

www.elektroberufe-online.de

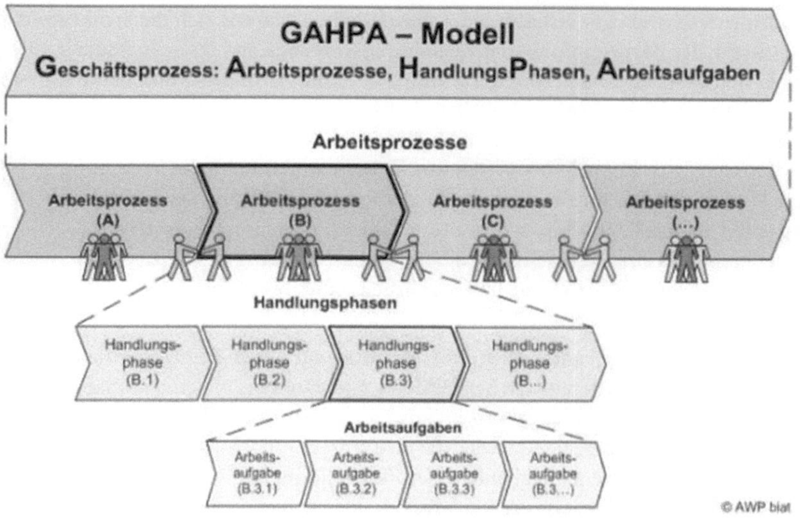

GAHPA-Modell: Der Geschäftsprozess in der Struktur von Arbeitsprozessen, Handlungsphasen und Arbeitsaufgaben einschließlich der insgesamt erforderlichen Personalressourcen (Fachkräfte/Berufe)

Neue Berufs- und Ausbildungsansätze
Die Berufe und Konzepte der Berufsausbildung orientieren sich heute didaktisch und curricular weniger an den Inhalten einer Fach- und Techniksystematik, sondern an den Strukturen und Inhalten betrieblicher Geschäfts- und Arbeitsprozesse. Dies zeigen bereits die vier IT-Berufe von 1997 und heute verstärkt die neu entwickelten Berufs- und Ausbildungskonzepte für die Elektroberufe von 2003. Für diese neue Orientierung ist eine Grundvoraussetzung, dass ein elaboriertes Verständnis zu den Strukturen und Inhalten von Geschäfts- und Arbeitsprozessen vorliegt und hierzu didaktisch aufbereitete Erkenntnisse vorhanden sind. Zudem bedarf es der Klärung, in welchem Zusammenhang Geschäfts- und Arbeitsprozesse mit der Gestaltung der Berufe stehen und wie sich die Strukturen und Inhalte der Berufsbildung und Ausbildungsvorgaben auf deren Grundlage bestimmen und begründen lassen. Da Geschäfts- und Arbeitsprozesse heute nach wie vor auf Erkenntnisse der Wirtschafts-, Technik- und allgemein der Fachwissenschaften basieren bzw. durch diese mitbestimmt und mitgestaltet werden, ist ebenso klärungsbedürftig, welche Rolle und inhaltliche Bedeutung diese Wissenschaften im Zusammenspiel der neuen Arbeitsprozessorientierung bei der Berufs- und Ausbildungsgestaltung haben. Angesprochen ist damit im weiteren Sinn eine Neubegründung und Neuausrichtung der Berufs- und Ausbildungsordnungsforschung bzw. der arbeits- und berufsbezogenen Curriculumforschung. So sollte und müsste beispielsweise zur Gestaltung der neuen Elektroberufe und Ausbildungsvorgaben bereits ein begründetes und neues berufswissenschaftliches Forschungs- und Entwicklungskonzept konkret vorhanden sein. Denn unmittelbar einsichtig ist, dass sich generell weder die Strukturen und Profile der Berufe noch die Inhalte einer entsprechenden Berufsausbildung quasi wie von allein aus den Geschäfts- und Arbeitsprozessen ergeben oder sich einfach ableiten lassen. Vergleichbares gilt ebenso für alle curricularen und berufsbildungsdidaktischen Ansätze zur neuen Ausbildungs- und Unterrichtspraxis, die heute (zumindest) vorgeben, sich bei den Entwicklungen und Umsetzungen an den Geschäfts- und Arbeitsprozessen zu orientieren bzw. an diesen ausrichten oder sich didaktisch auf diese beziehen. Zu nennen ist hier z. B. sowohl die neue „Zeitrahmen-Methode“ für die betriebliche Ausbildung wie insbesondere auch das neue Lernfeldkonzept der KMK, nach denen mittlerweile seit 1996 versucht wird, für alle neuen Ausbildungsberufe entsprechende Ausbildungsrahmenpläne und Rahmenlehrpläne auf der neuen didaktischen Grundlage der Arbeitsorientierung zu entwickeln.

Jedoch allein die verwendete Begriffsvielfalt in den gegenwärtig vorliegenden Ansätzen wie Diskussionen bestätigt, dass eine Vielzahl von sich teils widersprechender Ansätze parallel und nebeneinander besteht. Die Entwicklungen und neuen Orientierungen befinden sich noch überwiegend im Prozess der Klärung. Dies gilt für die Ablösung der klassischen durch neuere Ansätze der Qualifikations- und Curriculumforschung sowie für praktische Ausbildungs- und Unterrichtsansätze. Natürlich kann eine Vielfalt von Ansätzen und Ideen auch Ausdruck von Offenheit, Flexibilität und erfolgreicher Pluralität sein. Die Praxis zeigt aber, dass gerade die Begriffs- und Ansatzvielfalt eher zu Verunsicherungen und Verwirrung führt und sich der ohnehin schwierige Umbruch von den traditionellen fachsystematischen zu den neuen arbeitsorientierten Ansätzen noch immer als problematisch und als eine große Herausforderung darstellt.

Was sind „Geschäfts- und Arbeitsprozesse"?

Die nachfolgende Klärung zum Fragenkomplex „Betriebliche Geschäfts- und Arbeitsprozesse als Grundlage und neue Orientierung der Berufsbildung" ist daher ein übergreifender Versuch mit dem Anspruch, einen Beitrag zu einem auch didaktischen Verständnis von „Geschäfts- und Arbeitsprozessen" zu leisten und dabei aufzuzeigen, wie diese in einer beruflichen Arbeits- und Berufsbildungsperspektive dargestellt und untersucht werden können. Gleichzeitig gilt es damit die Transparenz der Ansätze und vorliegenden Ergebnisse der neuen arbeitsprozessorientierten Elektroberufe und Ausbildungsvorgaben zu erhöhen. Dies ist auch eine Grundlage und Voraussetzung für die im Weiteren aufzuzeigenden Möglichkeiten einer neuen didaktischen Umsetzung der curricularen Vorgaben für Betrieb und Schule (siehe hierzu im Web-Bereich u. a. unter „Zeitrahmen" und „Lernfeldumsetzung").

Der folgende Beitrag mit seinen Ausführungen versteht sich eher als Grundlagenbeitrag, der die Darstellungs- und Analysemöglichkeiten von betrieblichen Geschäfts- und Arbeitsprozessen in einer beruflichen Perspektive in den Mittelpunkt stellt. Er könnte somit durchaus auch „überlesen" werden. Die gegenwärtige Umbruchsituation vor allem mit der Abkehr von einer reinen Fachorientierung zeigt allerdings die Notwendigkeit auf, dass einer geschäfts- und arbeitsprozessorientierten Berufs- und Ausbildungsgestaltung auch generelle Klärungen vorausgehen müssen. Von daher haben die Darstellungen überwiegend Modellcharakter. Im Ergebnis können die relativ einfachen und „leicht" handhabbaren Modelle einer prozessbezogenen Berufsarbeitsanalyse jedoch auch als Unterstützungs- und Entwicklungsbeitrag für die z. B. im Vorfeld jeder betrieblichen wie schulischen Ausbildungs- und Unterrichtseinheit durchzuführende Analyse und Planung betrachtet werden. Im Hinblick auf die mehr praktischen Umsetzungsfragen können dabei zudem weitere vorliegende Erfahrungen und Ergebnisse z. B. aus dem Modellversuch SEDIKO, aus durchgeführten Evaluationsstudien und aus betrieblichen Fallstudien zu Geschäfts- und Arbeitsprozessen konstruktiv aufgenommen werden und als Anregung dienen.

Geschäftsprozesse und der Ansatz einer arbeitsorientierten Prozessmodellierung
Die Beschreibung und Klärung der Geschäfts- und Arbeitsprozesse als Grundlage und Orientierung der Berufsbildung setzt an bei der grundsätzlichen Frage nach dem was ein Geschäftsprozess ist. Sie lässt sich aus der Perspektive der Wissenschaft sehr unterschiedlich beantworten, da ein Geschäftsprozess immer durch das Erkenntnisinteresse und den Sinn- und Zweckzusammenhang bestimmt, beschrieben und definiert wird. So soll hier gar nicht erst versucht werden, die verschiedenen Perspektiven der unterschiedlichen Wissenschaften, wie insbesondere die der Wirtschaftswissenschaften oder auch neu der Wirtschaftsinformatik, sehr ausführlich darzustellen und aufzuarbeiten. Vielmehr soll das eigene Erkenntnisinteresse zu dem was ein Geschäftsprozess ist im Sinne der Berufsbildungsforschung, nämlich betriebliche Geschäfts- und damit letztlich auch die Arbeitsprozesse mit ihren Strukturen und Inhalten in den Erkenntniszusammenhang zur Berufsarbeit und Berufsbildung zu stellen, von vornherein das entscheidende Kriterium für alle Fragen und Beschreibungen sein. Dennoch haben Geschäftsprozesse grundsätzlich und ganz allgemein etwas mit einem „Geschäft" und dem Prozess der Geschäftserfüllung zu tun, bei dem es letztlich immer um ein (Markt-) Angebot und die Befriedigung einer Nachfrage zu beliebigen Produkten, Dienstleistungen usw. geht. Abnehmer oder Auftraggeber ist dabei im weitesten Sinne immer ein „Kunde", der die von Betrieben, Unternehmen, Institutionen, Organisationen usw. angebotenen oder bei diesen in Auftrag gegebenen Produkte oder Dienstleistungen nachfragt. In der betrieblichen Philosophie und Organisation wie z. B. der „Betrieb im Betrieb" gibt es im weiteren Sinn auch den sogenannten „innerbetrieblichen Kunden", so dass es zudem vielfältige „innerbetriebliche" Geschäftsprozesse geben kann. Heute kann so z. B. selbst die Ausbildung eines Auszubildenden zu einem Geschäftsprozess werden, die von einer Betriebsabteilung beim innerbetrieblichen Ausbildungsbetrieb in Auftrag gegeben und von dieser auch finanziert wird. Generell sind Ergebnisse von Geschäftsprozessen aber Produkte oder Dienstleistungen jeglicher Art, Größe und Branche, die der Kunde finanziert und die folglich für diesen einen Wert haben. Ein Geschäftsprozess wie z. B. eine Produktherstellung für den Markt oder die Ausführung einer Dienstleistung nach Kundenauftrag, wird ökonomisch daher oft als „Wertschöpfungskette", die also den Prozess zu einem „Geschäft" kennzeichnet, bezeichnet. In und mit dem Geschäftsprozess erfolgt diese Wertschöpfung durch die Nutzung verschiedenster Ressourcen und ganz wesentlich durch die Arbeitsleistung qualifizierter Fachkräfte, auf die sich nach obigem Erkenntnisinteresse hier das Hauptinteresse zu einem Geschäftsprozess richtet. Allgemein können Geschäftsprozesse noch zunächst z. B. wie folgt definiert werden:

<table>
<tr><td colspan="2">„Geschäftsprozesse werden definiert als eine Menge von Aktivitäten, die eine oder mehrere Eingangsgrößen haben und ein Ergebnis erzielen, welches für Kunden des Unternehmens einen Wert besitzt“ (Hammer, Michael; Champy, James: Reenginiering the Cooperation – A Manifesto for Business Revolution. London: 1993).

Hiernach lassen sich Geschäftsprozesse im Prinzip für alle Branchen von Industrie, Handel, Handwerk, Verwaltung und dem Dienstleistungsgewerbe sowie allen Betrieben und Institutionen jeglicher Größe und Art in sehr allgemeiner Form erfassen und beschreiben (siehe Beispiele).</td></tr>
<tr><td>

Allgemeiner Geschäftsprozess</td>
<td>Allgemein und branchenübergreifend erfass- und beschreibbar sind sowohl komplexe wie einfache Geschäftsprozesse wie z. B.:
• die Produktion von Kraftfahrzeugen für den „Angebotsmarkt“ z. B. bei VW, BMW oder Mercedes,
• die Erstellung eines Kraftwerkes im „Kunden-Auftrag“ z. B. von Siemens oder einer Software z.B. von SAP oder
• die Dienstleistung einer Bank, eines Krankenhauses, eines Kraftfahrtbundesamtes, einer Ausbildungseinrichtung oder
• die Herstellung von Brot- und Backwaren für den „Angebotsmarkt“ einer Bäckerei, der Groß- und Kleinhandel oder der Verkauf von Waren oder
• die Installation von Elektro- oder Heizungsanlagen im „Kunden-Auftrag“ durch Handwerksbetriebe.</td></tr>
</table>

Bei allen Geschäftsprozessen ist grundsätzlich von wirtschaftlicher Bedeutung, dass die Erstellung und Erbringung der jeweiligen Produkte und Dienstleistungen unter Wirtschafts- und Ertragsaspekten erfolgreich ist. Das heißt, die Angebote müssen vom Kunden angenommen bzw. nachgefragt werden, was insbesondere von der Innovation und Qualität der Produkte oder Dienstleistungen wie von der Leistungs- und Wettbewerbsfähigkeit der Betriebe abhängt. In betriebswirtschaftlicher Perspektive bedarf es hierzu einer am Markt und Kunden orientierten Geschäftsprozessstrategie, die besonders in größeren Betrieben vom sogenannten Geschäftsprozessmanagement unterstützt wird und im Wesentlichen Aufgaben der Gestaltung, Steuerung und Überwachung der Geschäftsprozesse umfasst. Geschäftsprozesse in dieser Sichtweise werden z. B. wie folgt definiert:

„Als Geschäftsprozesse werden die erfolgsrelevanten grundlegenden Unternehmenstätigkeiten, die zur Umsetzung der Unternehmensziele und Sicherung des Unternehmenserfolgs dienen, definiert. Sie beschreiben die wesentlichen Aufgaben, die das Geschäft eines Unternehmens charakterisieren" (Rohloff, M.: Integrierte Informationssysteme durch Modellierung von Geschäftsprozessen. In: Wirtschaftsinformatik `95. Wettbewerbsfähigkeit, Innovation, Wirtschaftlichkeit. Hrsg.: W. König. Heidelberg: 1995, S. 83–97).

Für und in allen Geschäftsprozessen haben aber die betrieblichen Fachkräfte, die z. B. die Produkte entwickeln, herstellen und vermarkten oder die Dienstleistungen erbringen, eine grundlegende Bedeutung, da mit und durch diese jeder Geschäftsprozess auch erst wirtschaftlich seinen Sinn erhält. So gelten gerade heute auch die jeweiligen Fähigkeiten und Kompetenzen der Fachkräfte als eine der wichtigsten Voraussetzungen für jeglichen Geschäftsprozess- und Wettbewerbserfolg.

Geschäftsprozesse können somit generell in sehr verschiedenen Perspektiven beschrieben und betrachtet werden und werfen im Weiteren die Frage auf, wie sich Geschäftsprozesse nach bestimmten Zielsetzungen und für die jeweiligen Untersuchungs- und Gestaltungszwecke im Detail und auch zugleich modellhaft darstellen lassen. Ausgehend von den allgemeineren Geschäftsprozessbeschreibungen und auch entsprechend bekannter Modell-Ansätze zufolge ist zunächst festzustellen, dass wie bisher eindeutig solche Ansätze überwiegen, deren Erkenntnisinteresse und Zielsetzung fast ausschließlich ökonomisch geprägt ist. So sucht heute insbesondere die Wirtschaftsinformatik Geschäftsprozesse im Detail z. B. im Sinne von „Ablaufmodellen, Organisationsmodellen und Objektmodellen" zu modellieren oder in einer „Funktionssicht, Datensicht, Organisationssicht und Leistungssicht", kombiniert in einer sogenannten „Steuerungssicht", zu objektivieren und darzustellen (vgl. u. a. Scheer, A.-W.: ARIS – Vom Geschäftsprozeß zum Anwendungssystem. Berlin u. a.: Springer, 2001; PROMATIS: Knowledge Powered Business Processes. URL: http://www.get-income.com (20.09.2003)).

Unterstützt durch die IT-Entwicklungen der letzten Jahre führen solche Modelle und Sichtweisen einerseits zu teils sehr komplexen und detaillierten Beschreibungen betrieblich vorhandener Geschäftsprozesse. Andererseits bleiben sie bedingt durch ihre Zielsetzungen jedoch zwangsläufig in der vorwiegend wirtschaftlichen Perspektive verhaftet. Zielsetzungen, wie z. B. Geschäftsprozesse unter den spezifischen Aspekten und Fragen der Strukturen und Inhalte der Arbeit und Berufsbildung zu beschreiben und auch modellhaft darzustellen, finden nur marginal Berücksichtigung. Zwar werden beispielsweise die „Mengen der Aktivitäten und Tätigkeiten" und auch im Ansatz die im Geschäftsprozess eingesetzten Fachkräfte als Personal-Ressourcen erfasst, doch sind diese nur ein Faktor unter vielen anderen und spielen in den Modellen häufig nur unter den Aspekten der Geschäftsprozessoptimierung eine Rolle. Aber auch andere Ansätze wiederum, wie z. B. die der Arbeits- oder Sozialwissenschaft oder direkt der Qualifikationsforschung, konzentrieren sich häufig nur auf einzelne Arbeitsprozesse und -bereiche und berücksichtigen damit weniger deren komplexe Zusammenhänge in und mit den Geschäftsprozessen. Insofern sind den obigen Untersuchungs- und Gestaltungszwecken folgend entsprechend eigene Beschreibungen und Modellbildungen zu Geschäftsprozessen, die in gewisser Weise verschiedene Ansätze kombinieren, erforderlich.

Bei diesen Beschreibungen und Modellbildungen treten nachfolgend insbesondere Fragen wie zur Geschäftsprozessstrategie, dem Geschäftsprozessmanagement oder der Geschäftsprozessoptimierung mehr in den Hintergrund, obwohl diese natürlich auch z. B. unter Arbeitsorganisationsaspekten hier von Bedeutung sind, wenngleich vorrangig im Zusammenhang der Fragen zu den Strukturen und Inhalten der Arbeit und Aufgaben zur Geschäftsprozessdurchführung. In Ergänzung und obige Ausführungen aufnehmend in einer mehr arbeitsorientierten Perspektive lassen sich Geschäftsprozesse im Weiteren wie folgt definieren:

„Geschäftsprozesse sind durch die Arbeit zur Wertschöpfung in der Form jeglicher Produkte oder Dienstleistungen definiert, die sich als Gesamtheit der Geschäftsprozessarbeit mit ihren Inhalten und Anforderungen in den Strukturen von betrieblichen Arbeitsprozessen, Handlungsphasen und Arbeitsaufgaben beschreiben lässt und die in der Regel in der Zusammenarbeit von einer Vielzahl von Personen und Fachkräften mit unterschiedlichen Fähigkeiten und Kompetenzen zum Ziel der jeweiligen Geschäftserfüllung ausgeführt wird."

Auf dieser arbeitsorientierten Grundlage ist eine konzentrierte und bis ins Detail gehende Betrachtung und Analyse der den Geschäftsprozess im einzelnen beschreibenden Arbeiten und Anforderungen möglich. Sie beinhaltet auch im Sinne einer modellhaften Beschreibung Kriterien und Vorgaben der Prozessmodellierung, die unter Untersuchungs- und Gestaltungsaspekten zugleich als Ansatz einer allgemeinen Modellbildung zur Vielfalt der Geschäftsprozesse in einem Einzelbetrieb, einer Branche oder insgesamt verstanden werden. Im Überblick lässt sich danach zunächst ein Geschäftsprozess in der modellhaften Struktur von **A**rbeitsprozessen, **H**andlungs**p**hasen und **A**rbeitsaufgaben als sogenanntes „GAHPA-Modell" allgemein darstellen und beschreiben (siehe obiges Modellbild).

Für das im Vergleich einfache Prozessmodell stellen sich vor dem Hintergrund der skizzierten Vielfalt und Unterschiedlichkeit der betrieblichen Geschäftsprozesse im einzelnen Fragen nach dem Anspruch und der Reichweite sowie nach der Begründung und den Kriterien der allgemeinen Modellbildung. Zuvor soll nachfolgend jedoch ein schlichtes Beispiel das GAHPA-Modell illustrieren, in dem der konkrete Geschäftsprozess zum „Verkauf und Austausch eines Elektroherdes" in einem Handwerksbetrieb in der exemplarischen Kurzform mit seinen Arbeitsprozessen und Handlungsphasen dargestellt ist.

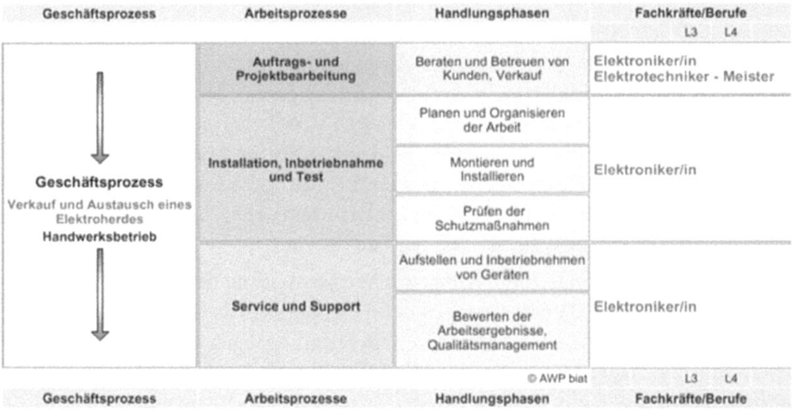

Beispiel: Geschäftsprozess „Verkauf und Austausch eines Elektroherdes" in der Prozessstruktur der Arbeitsprozesse und Handlungsphasen und der beteiligten Fachkräfte

Allgemein und dem Anspruch nach soll das entwickelte GAHPA-Modell ein adäquates, teils idealisierendes und hier deskriptiv vereinfachendes Abbild der Arbeitsrealität in einem Geschäftsprozess sein. Es soll entsprechend den Zielen und Zwecken zur Erklärung der in der Regel komplexen und komplizierten Arbeitszusammenhänge und Phänomene in Geschäftsprozessen beitragen und zugleich offen für Optionen zur (Um-) Gestaltung der Realwelt sein und somit in gewisser Weise auch einen konstruktiven Charakter zur Organisation und Gestaltung der Arbeit haben. Von daher ist die Modellbildung zu den Arbeitszusammenhängen in einem Geschäftsprozess nachfolgend konkretisiert in der Struktur und Stufung der

- Arbeitsprozesse,
- Handlungsphasen und
- Arbeitsaufgaben

zu beschreiben und zu begründen. Sie erfolgt unter den speziellen Darstellungs- und Untersuchungsaspekten zunächst bezogen und in der Wechselwirkung zu einem einzelnen, d. h. konkreten, Geschäftsprozess. Als Modell eines Geschäftsprozesses ist und bleibt dieses aber immer ein abstraktes, immaterielles Abbild der realen Strukturen bzw. des realen Verhaltens, was insbesondere auch im Übergang zum erweiterten und hier sogenannten „GAHFA-Modell" gilt, welches für eine Vielzahl konkreter Geschäftsprozesse eines Betriebes oder einer ganzen Branche gebildet wird. In diesem erweiterten Modell werden in der Abstraktion von (vielen) „Geschäftsprozessen" diese zum sogenannten „Geschäftsfeld" generiert, mit dem sich der konkrete (und je einzelne) Prozesscharakter zugleich mehr und mehr nur noch in eine abstrahierende Prozessstruktur auflöst. Durch entsprechende Abstraktion und Generierung auch der je konkreten Arbeitsprozesse, Handlungsphasen und Arbeitsaufgaben ergibt sich so zum Geschäftsfeld eine Struktur von Arbeitsfeldern, Handlungsfeldern und Arbeitsaufgaben, die in einer erweiterten allgemeinen Modellbildung somit als „GAHFA-Modell" dann in der Struktur und Stufung von

- Arbeitsfeldern,
- Handlungsfeldern und
- Arbeitsaufgaben

beschrieben und begründet werden soll. Die Reichweite dieser Modellbildung ergibt sich immer aus der je erfassten „Breite" und Basis der Realwelt bzw. der Art und Anzahl der Geschäftsprozesse eines Betriebes oder einer ganzen Branche.

Der Geschäftsprozess in seiner Struktur von Arbeitsprozessen

Wie obige Beispiele zur Vielfalt der betrieblichen Geschäftsprozesse zeigen, sind einzelne Geschäftsprozesse meist komplexe Gebilde. Unter Arbeitsaspekten weisen sie jedoch Prozessstrukturen auf, so dass sich Geschäftsprozesse in der Regel mit Hilfe bestimmter Kriterien in unterscheid- und abgrenzbare Arbeitsprozesse zerlegen und gliedern lassen. Übergreifend finden die Kriterien ihre Begründung zumeist konkret in der sachlogischen und zeitlichen Abfolge der Arbeiten im Geschäftsprozess, wonach sich dann auch sachlich-zeitlich zusammenhängende Arbeiten als einzelne Arbeitsprozesse abgrenzen und beschreiben lassen. Diese sind immer betriebs- und geschäftsprozessspezifisch und folglich immer für einen konkreten betrieblichen Geschäftsprozess zu bestimmen. Die jeweilige Struktur und Anzahl der Arbeitsprozesse wird generell ganz wesentlich von der Komplexität des Geschäftsprozesses und dem jeweiligen Umfang der sachlich-zeitlich zusammenhängenden Arbeiten determiniert und ist damit im Einzelnen vom Inhalt und Gegenstand des Geschäftsprozesses sowie im allgemeinen von der Branche, der Betriebsgröße und der Betriebs-, Ablauf- und Arbeitsorganisation abhängig.

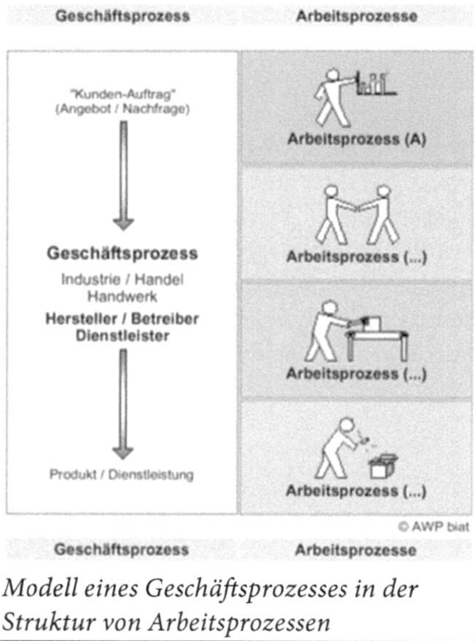

Modell eines Geschäftsprozesses in der Struktur von Arbeitsprozessen

Die Struktur und Anzahl der Arbeitsprozesse sind insbesondere abhängig:

- vom Inhalt und Gegenstand des Geschäftsprozesses,
- von der Branche (z. B. Industrie, Handel, Handwerk, Dienstleister, Verwaltung usw.),
- von der jeweiligen Betriebsgröße (Klein-, Mittel, Großbetrieb) und
- von der Betriebs-, Ablauf- und Arbeitsorganisation.

Strukturkriterien und Anzahl der Arbeitsprozesse
Für einen konkreten Geschäftsprozess bilden die einzelnen Arbeitsprozesse in ihrer Struktur im Sinne einer Prozess- oder Arbeitsvorgangskette auch den wesentlichen zeitlichen Ablauf der Arbeiten modellhaft ab. Mit „wesentlich" soll hier zum Ausdruck kommen, dass es bei diesem Modell insbesondere nicht um die Darstellung des exakten und detaillierten zeitlichen Arbeitsablaufs geht, sondern sich die Darstellung und Beschreibung wegen des Erhalts des Prozessüberblicks bewusst auf den „groben" sequenziellen Prozessablauf beschränkt. Einzelne Arbeiten in den Arbeitsprozessen, die z. B. zeitlich parallel, wiederkehrend, rotierend oder in sich verschachtelt ausgeführt werden, werden damit dennoch erfasst, sie sind und bleiben hier jedoch lediglich einem der (Haupt-) Arbeitsprozesse zugeordnet. So ist zum Beispiel im obigen Geschäftsprozess „Verkauf und Austausch eines Elektroherdes" die Rechnungsstellung und Abrechnung dem Arbeitsprozess der Auftragsbearbeitung zugeordnet und wird nicht separat als ein abschließender Arbeitsprozess aufgeführt. Wie hier in der allgemeinen Abbildung dargestellt, ergibt sich zu einem einzelnen Geschäftsprozess das leicht illustrierte Modell mit der beispielhaften Struktur von vier unterscheidbaren Arbeitsprozessen.
Der Geschäftsprozess in seiner Struktur von Arbeitsprozessen und Handlungsphasen
Ausgehend von der Struktur der Arbeitsprozesse für einen konkreten betrieblichen Geschäftsprozess lassen sich die einzelnen und in der Regel noch komplexen Arbeitsprozesse des Weiteren in mehrere unterscheid- und abgrenzbare Handlungsphasen gliedern. In einer Struktur von Handlungsphasen werden somit die zusammenhängenden Arbeiten der Arbeitsprozesse weiter zerlegt, wobei die Kriterien zumeist ihre Begründung wiederum übergreifend in der sachlogischen und zeitlichen Abfolge der Arbeiten im Geschäftsprozess finden. Die sachlich-zeitliche Struktur und jeweilige Anzahl der Handlungsphasen ergibt sich hauptsächlich und meist direkt aus der Struktur, dem Umfang und Inhalt der Arbeitsprozesse und hängt allgemein – wie die Arbeitsprozesse – natürlich vom Inhalt und Gegenstand des Geschäftsprozesses sowie von der Branche, der Betriebsgröße und insbesondere der Betriebs-, Ablauf- und Arbeitsorganisation ab. Die Struktur der Handlungsphasen ist damit auch immer konkret arbeits- und geschäftsprozessspezifisch geprägt.

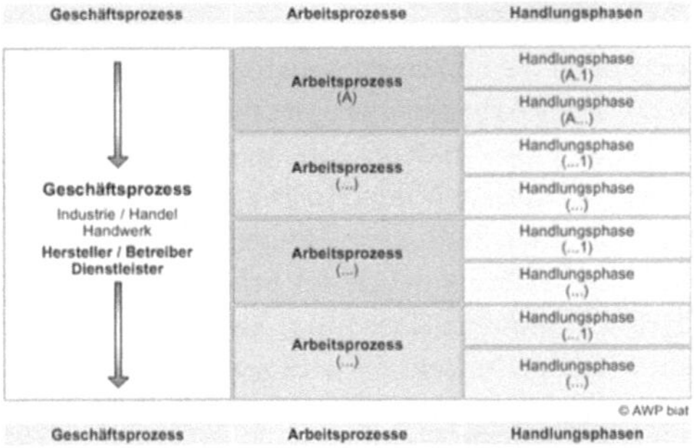

Modell eines Geschäftsprozesses in der Struktur von Arbeitsprozessen und Handlungsphasen

Die Struktur und Anzahl der Handlungsphasen einzelner Arbeitsprozesse ist insbesondere abhängig von:

- dem Inhalt und Gegenstand des Geschäftsprozesses,
- der Struktur, dem Umfang und Inhalt der Arbeitsprozesse und
- der Betriebs-, Ablauf- und Arbeitsorganisation.

Strukturkriterien und Anzahl der Handlungsphasen
Wie die Struktur der Arbeitsprozesse zum Geschäftsprozess bildet auch die Struktur der einzelnen Handlungsphasen den „wesentlichen“ zeitlichen Ablauf der Arbeiten in den Arbeitsprozessen modellhaft ab. Das heißt, nach den oben bereits genannten Einschränkungen sind und bleiben einzelne Arbeiten, die z. B. zeitlich parallel, wiederkehrend, rotierend oder in sich verschachtelt ausgeführt werden, immer einer (Haupt-) Handlungsphase zugeordnet.

Der Geschäftsprozess in seiner Struktur von Arbeitsprozessen, Handlungsphasen und Arbeitsaufgaben

Auf einer im Prinzip abschließenden Struktur- und Gliederungsebene zum Geschäftsprozess lassen sich entsprechend der Struktur der Handlungsphasen für die Arbeitsprozesse zu jeder Handlungsphase einzelne Arbeitsaufgaben konkret bestimmen. Diese Arbeitsaufgaben konkretisieren letztlich die Arbeit und Tätigkeit, die in der Regel inhaltlich auch nicht weiter sinnvoll zerlegt werden kann. Die Inhalte der Arbeitsaufgaben sind im Detail in einer Struktur von drei Arbeitsdimensionen zu beschreiben (vgl. Petersen, Rauner 1995), die in mehrfacher Hinsicht und insbesondere auch unter Berufsbildungsaspekten geeignet ist, die Arbeit in ihrer Komplexität umfassend zu erfassen.

Arbeitsaufgabe in der Inhaltsstruktur von drei Arbeitsdimensionen		
Funktion und Technik der Gegenstände und Systeme der Arbeit	Mittel, Verfahren und Organisation der Arbeit	Betriebliche, gesellschaftliche und individuelle Anforderungen der Arbeit

Zum Prozess ergibt sich die sachlich-zeitliche Struktur und jeweilige Anzahl der Arbeitsaufgaben wieder zum einen direkt aus der Struktur, dem Umfang und Inhalt der Handlungsphasen und hängt zum anderen ebenso – wie die Arbeitsprozesse und Handlungsphasen – natürlich vom Inhalt und Gegenstand des Geschäftsprozesses sowie von der Branche, der Betriebsgröße und insbesondere der Betriebs-, Ablauf- und Arbeitsorganisation ab. Somit sind die Strukturen und Inhalte der Arbeitsaufgaben immer auch konkret arbeits- und geschäftsprozessspezifisch bestimmt.

Obwohl mit den Strukturen und Inhalten der Arbeitsprozesse und Handlungsphasen bereits erfassbar, lassen sich auf der Ebene der Arbeitsaufgaben des Weiteren konkret diejenigen Fachkräfte bestimmen, die jeweils die einzelnen Arbeitsaufgaben allein oder im Team ausführen. Da die Arbeitsaufgaben in der Regel unterschiedliche berufliche und fachliche Fähigkeiten und Kompetenzen voraussetzen und diese auch unter Arbeits- und Anforderungsaspekten von Bedeutung sind, ist gleichzeitig zwischen diesen ein aufgaben- und qualifikationsbezogener Zusammenhang zu den verschiedenen Qualifikationen und Berufen der Fachkräfte herstellbar. In Ergänzung zu den Arbeitsstrukturen der Geschäftsprozesse ist daher im Modell eine hier nicht näher ausgeführte und definierte „Levelstruktur" (L1 bis L5) angedeutet und vorgesehen, mit der „taxonomisch" sowohl unter Anforderungs- wie Berufsaspekten die Ausführung der Arbeitsaufgaben unter Angabe der jeweiligen Fachkräfte bestimmbar wird. Eine besondere Bedeutung erhalten diese Detailangaben nicht nur im Zusammenhang der Fragen, wer mit welchen Kompetenzen und Berufen welche Arbeitsaufgaben auf welchem „Level" ausführt oder wer mit welchen Fachkräften (im Team) wann, wie und wo in einem Geschäftsprozess zusammenarbeitet. Vielmehr sind sie als konkret arbeits- und aufgabenbezogene Angaben auch als eine wichtige Erkenntnisgrundlage zu den Fragen nach den Strukturen und Inhalten der Berufe und Ausbildungsvorgaben wie deren curriculare Abgrenzung untereinander zu betrachten. Da sie mit den Aufgabeninhalten in der Struktur von drei Arbeitsdimensionen letztlich im Detail Auskunft über die „Berufsarbeit" in Geschäftsprozessen geben, können sie in einer erweiterten Perspektive zudem die Grundlage zu einer „wirklich" geschäfts- und arbeitsprozessorientierten Entwicklung und Gestaltung der Berufsbildung sein.

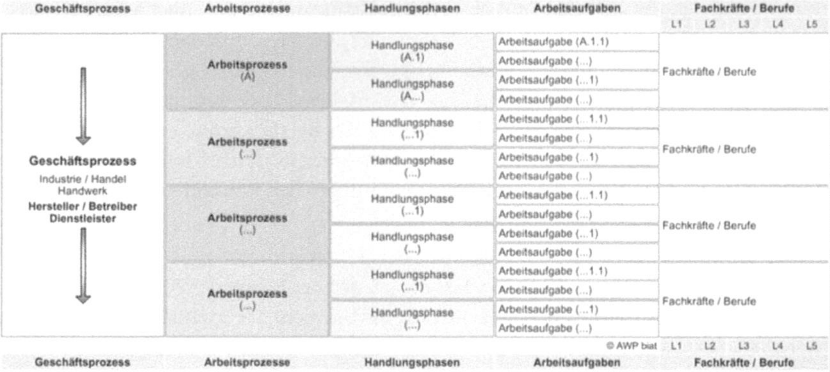

*GAHPA-Modell: Der **G**eschäftsprozess in der Struktur von **A**rbeitsprozessen, **H**andlungs**p**hasen und **A**rbeitsaufgaben*

Zusammengefasst ist im Sinne der Prozessmodellierung der Anspruch zur Modellbildung für einen einzelnen Geschäftsprozess mit Kriterien formuliert, welche ganz wesentlich durch die Strukturvorgabe **G**eschäftsprozess, **A**rbeitsprozesse, **H**andlungs**p**hasen und **A**rbeitsaufgaben bestimmt und beschrieben ist. Als Ansatz und „GAHPA-Modell" wird dieses insgesamt entsprechend der Zielsetzung als eine handhabbare Grundlage zur geschäfts- und arbeitsprozessorientierten Untersuchung und modellhaften Darstellung eines einzelnen Geschäftsprozesses in einem Betrieb oder einer Branche verstanden. Integraler Bestanteil des Modells ist die konkrete aufgaben- und qualifikationsbezogene Bestimmung der Arbeitsinhalte und Fachkräfte im jeweiligen Geschäftsprozess.

Geschäftsprozesse in der Abstraktion generierter Geschäftsfelder, Arbeitsfelder, Handlungsfelder und Arbeitsaufgaben

Sollen die Geschäftsprozesse eines Betriebes oder einer ganzen Branche in ihrer Vielfalt als typische Geschäftsprozesse in einem Modell abgebildet werden, so ist in und mit diesem Modell eine Abstraktion von den (in der Regel sehr vielen) konkreten „Geschäftsprozessen" erforderlich. Mit diesem erweiterten Modell löst sich der konkrete (und je einzelne) Prozesscharakter der Geschäftsprozesse zugleich im Prinzip auf, weshalb hier für den „Prozess" der weithin bekannte und geläufige Begriff des eher „statisch" gedachten „Feldes" bzw. konkret des „Geschäftsfeldes" eingeführt wird. Das Modell als sogenanntes Referenzmodell kennzeichnet somit durch die Benennung „Geschäftsfeld" mit diesem z. B. das „Geschäft" aller Geschäftsprozesse eines Betriebes oder einer ganzen Branche. In seiner Referenzfunktion wird mit dem Modell insbesondere losgelöst von einer jeden Prozess bzw. Prozessablauf kennzeichnenden zeitlichen Dimension daher weitgehend nur noch die verallgemeinerte Struktur bzw. der Inhalt und Gegenstand der Geschäftsprozesse deutlich.

Der Feld-Begriff wird im Weiteren auch generell in klarer Abgrenzung zum Begriff „Prozess“ bzw. „Geschäfts- und Arbeitsprozess“ wie zum Begriff „Phase“ bzw. „Handlungsphase“, die jeweils in ihrer „Dynamik“ z. B. eine konkrete zeitliche und zumeist sachlogische Arbeitsabfolge einschließen, eingesetzt.
Im Überblick und in entsprechender Abstraktion von den je konkreten Arbeitsprozessen, Handlungsphasen und Arbeitsaufgaben ergibt sich in der erweiterten Modellbildung als sogenanntes „GAHFA-Modell“ nachfolgend zum **G**eschäftsfeld die generierte allgemeine Struktur von **A**rbeitsfeldern, **H**andlungsfeldern und **A**rbeitsaufgaben.

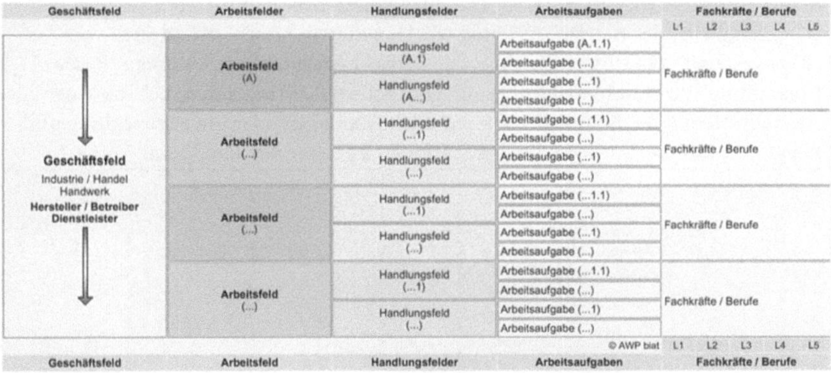

*Das GAHFA-Modell: Das Geschäftsfeld in der Struktur von **A**rbeitsfeldern, **H**andlungsFeldern und **A**rbeitsaufgaben*

Die Reichweite dieser Modellbildung ergibt sich immer aus der je erfassten „Breite“ und Basis der Realwelt bzw. der Art und Anzahl der Geschäftsprozesse, so dass als Modellvarianten sogenannte

- „unternehmens- bzw. betriebsspezifische Modelle“,
- „branchenspezifische Modelle“ und
- „Mastermodelle (allgemeine branchenübergreifende Modelle)“

beschrieben und begründet werden können.

Wird als Modellgrundlage beispielsweise „nur" die mögliche Vielfalt der Geschäftsprozesse in einem Einzelbetrieb oder Unternehmen erfasst und untersucht und bilden diese die Basis für das die betriebliche Realität abstrahierende Modell, so ist das Modell ein „unternehmensspezifisches Modell". Es vereinigt somit alle einzelnen betrieblichen Geschäftsprozesse, die je nach Betrieb und z. B. als „Kunden-Auftrag" zeitlich parallel oder nacheinander oder als Standard- oder Individual-Prozess mehrfach oder einmalig und in unterschiedlicher Anzahl durchgeführt werden. In der Abstraktion von allen einzelnen Geschäftsprozessen generiert bzw. kennzeichnet ein solches „Unternehmens- oder Betriebs-Modell" in seiner Referenzfunktion als sogenanntes Referenzmodell zugleich das „Geschäftsfeld" des Betriebes. Häufig wird bei diesem Geschäftsfeld auch vom „Kerngeschäft" des Unternehmens oder Betriebes gesprochen, welches z. B. die Herstellung von Automatisierungsanlagen, Autos, Elektrogeräten, Lebens- oder Arzneimitteln oder die Installation von Elektroanlagen oder die Entwicklung und Pflege von Internetlösungen für Institutionen jeglicher Art sein kann.

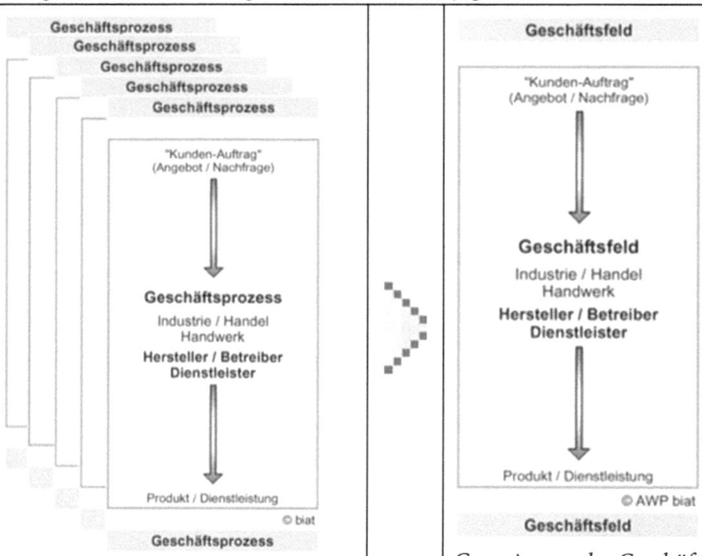

Geschäftsprozesse in ihrer Vielfalt in einem Einzelbetrieb, einer Branche oder insgesamt	*Generierung der Geschäftsprozesse zu einem Geschäftsfeld*

Vergleichbares gilt wenn die Basis durch die Vielfalt typischer Geschäftsprozesse einer gesamten Branche gebildet wird. Mit sogenannten "branchenspezifischen Modellen" wird deren Reichweite durch ihre betriebsübergreifende Referenzfunktion erheblich ausgeweitet. So lassen sich z.B. für vergleichbare Geschäftsprozesse in der Automobilindustrie, der IT-Branche, den Krankenhäusern oder Banken oder auch für die Geschäftsprozesse in den Handwerksbetrieben und bei Rechtsanwälten Branchenreferenzmodelle entwickeln, deren allgemeines Kennzeichen das jeweils gemeinsame Geschäftsfeld ist. Das Geschäftsfeld, welches hier im Prinzip bereits durch die Branche gekennzeichnet ist, erfasst somit modellhaft die in allen Betrieben der Branche vorhandenen oder durchzuführenden Geschäftsprozesse.

Ganz allgemeine Modelle entstehen letztlich als sogenannte „Mastermodelle" durch Vereinigung (Komposition) mehrerer unternehmens- und branchenspezifischer Modelle (vgl. u.a. Rosemann, M.: Komplexitätsmanagement in Prozeßmodellen. Wiesbaden: Gabler, 1996). Solche Mastermodelle haben demzufolge eine sehr hohe Allgemeingültigkeit und große Reichweite, da sie letztlich die Geschäftsprozesse ganz allgemein und branchen- und betriebsübergreifend zu erfassen suchen. Damit einher geht zwangsläufig ein hoher Abstraktionsgrad von den Prozessen, was allerdings die Aussagekraft solcher Modelle auch wiederum einschränkt. Dass solche „Mastermodelle" nach obigen Zielsetzungen und Untersuchungszwecken dennoch notwendig sind, ergibt sich u. a. aus der Breite der Berufsarbeit in vielen Berufen, da sich wie z. B. in den Elektro- oder IT-Berufen die Arbeit ja nicht auf eine Branche beschränkt, sondern diese in vielen Geschäftsprozessen verschiedener Branchen und Betriebe vorkommt und von Bedeutung ist.

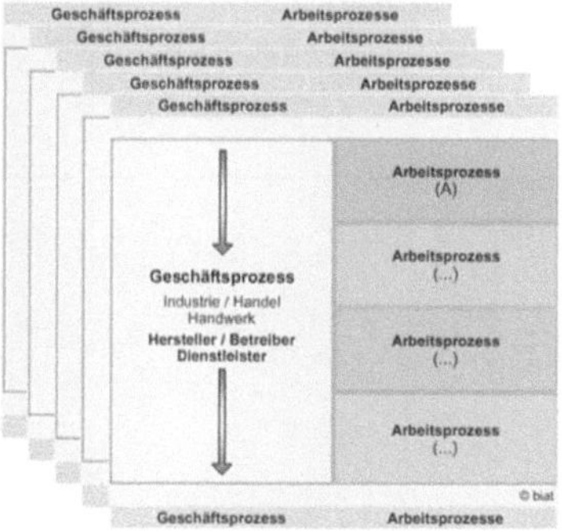

Geschäfts- und Arbeitsprozesse in ihrer Vielfalt in einem Einzelbetrieb, einer Branche oder insgesamt

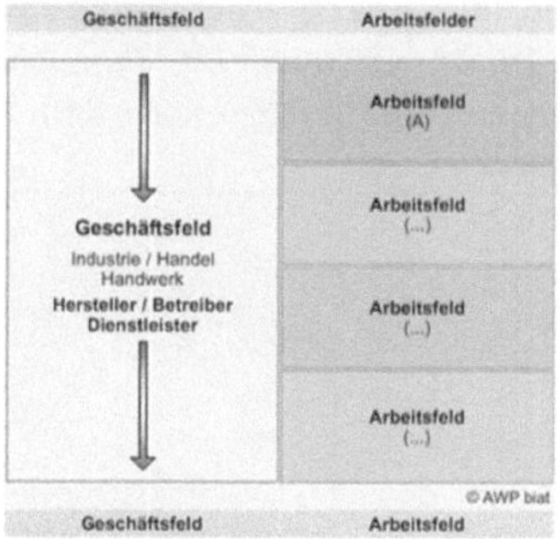

Generierung der Geschäfts- und Arbeitsprozesse zu einem Geschäftsfeld in der Struktur von Arbeitsfeldern

Was für den Übergang von den Geschäftsprozessen zum Geschäftsfeld ausgeführt und beschrieben wurde gilt im Detail natürlich auch entsprechend für die Geschäftsprozesse in der Struktur ihrer Arbeitsprozesse, Handlungsphasen und Arbeitsaufgaben. Das heißt, die Arbeitsprozesse, Handlungsphasen und Arbeitsaufgaben werden in der Abstraktion aller einzelnen Geschäftsprozesse ebenso zu generierten Arbeitsfeldern, Handlungsfeldern und Arbeitsaufgaben. Diese stellen in ihrer Referenzfunktion somit erst zusammen das sogenannte Referenzmodell zu den Geschäftsprozessen in ihrer jeweiligen Vielfalt in einem Einzelbetrieb, einer Branche oder insgesamt dar. Im Einzelnen stehen dabei die Strukturen und Inhalte der Arbeitsfelder für die verschiedenen Strukturen und Inhalte der Arbeitsprozesse auf der Basis einer jeweiligen Vielfalt von Geschäftsprozessen z. B. in einem Einzelbetrieb oder einer Branche. Nach dem „GAHFA-Modell" gilt dies vergleichbar für die Handlungsfelder und Arbeitsaufgaben, die somit die verschiedenen Strukturen und Inhalte der Handlungsphasen und Arbeitsaufgaben auf der Grundlage einer Vielfalt von Geschäftsprozessen repräsentieren.

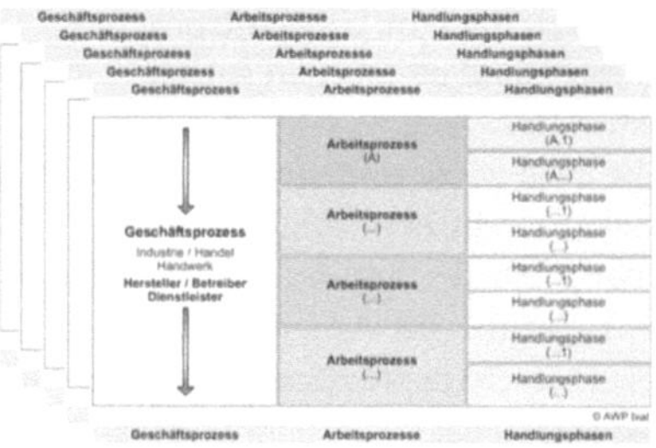

Geschäftsprozesse in der Struktur von Arbeitsprozessen und Handlungsphasen in einem Einzelbetrieb, einer Branche oder insgesamt

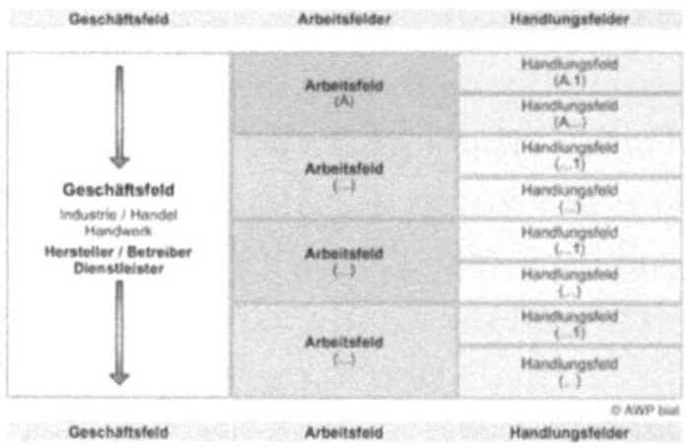

Generierung der Geschäfts- und Arbeitsprozesse zu einem Geschäftsfeld in der Struktur von Arbeits- und Handlungsfeldern

Wie insgesamt zum „GAHFA-Modell" angegeben, lassen sich mit diesem auch all diejenigen Fachkräfte mit ihren Berufen allgemein und „modellhaft" erfassen, die in den Arbeits- und Handlungsfeldern arbeiten und die Arbeitsaufgaben ausführen. So sind Fachkräfte wie der Elektro- und IT-Berufe beispielsweise durch ihre Berufsprofile vorwiegend branchen- und betriebsübergreifend qualifiziert und können dementsprechend in einer Vielfalt von betrieblichen Geschäfts- und Arbeitsprozessen arbeiten. Im Modell kommt dies z. B. dann dadurch zum Ausdruck, dass diese Fachkräfte bestimmten Arbeits- und Handlungsfeldern, in denen sie konkret Arbeitsaufgaben übernehmen und ausführen, zugeordnet sind. Gleichzeitig wird deutlich, wie dies nachfolgend auch einige Beispiele zeigen, dass Fachkräfte in den Arbeits- und Handlungsfeldern in der Regel immer im Team zusammenarbeiten und wie und wo sie im Einzelnen typischerweise in die Arbeitszusammenhänge der Geschäfts- und Arbeitsprozesse eingebunden sind.
Beispiele: Das Geschäftsfeld von Industrie- und Handwerksbetrieben und die Struktur seiner Arbeits- und Handlungsfelder
Geschäftsprozesse in Industrie- und Handwerksbetrieben weisen in der Praxis eine große Vielfalt auf. Sie werden in den Betrieben oft zeitlich parallel oder nacheinander durchgeführt und abgeschlossen. Die Struktur der einzelnen Arbeitsprozesse zu und in den verschiedenen Geschäftsprozessen unterscheidet sich dabei meist im Detail und hinsichtlich der konkreten Inhalte und ist vorrangig abhängig vom jeweiligen „Kerngeschäft" bzw. Handwerk. Dennoch lässt sich ausgehend von einem allgemeinen Geschäftsfeld vieler Industrie- und Handwerksbetriebe diese Struktur nach dem „GAHFA-Modell" auch zu einer generischen Struktur von Arbeitsprozessen verallgemeinern. In einem ersten Beispiel kann für Industriebetriebe mit inhaltlich sehr unterschiedlichen Geschäftsfeldern nach vorliegenden Erfahrungen, die durch weitere empirische Untersuchungen noch breiter abzusichern wären, modellhaft die nachfolgende allgemeine Struktur von „typischen" Arbeitsfeldern bestimmt und angegeben werden.

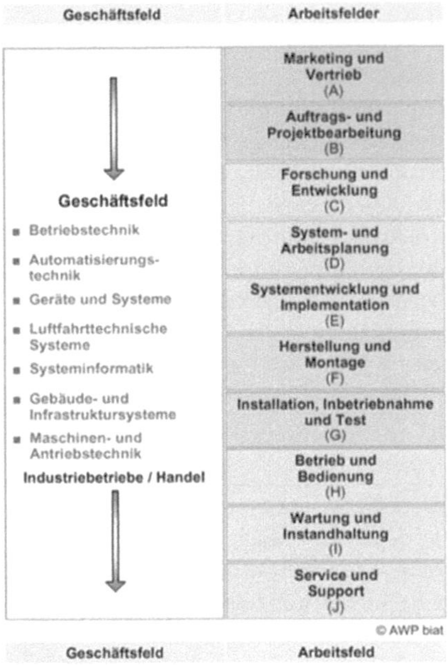

Beispiel: Geschäftsfeld(er) von Industriebetrieben in der Struktur von Arbeitsfeldern

Im zweiten Beispiel kann für das Geschäftsfeld zum „Elektrotechniker Handwerk" nach vorliegenden Erfahrungen, die durch weitere Untersuchungen ebenso noch abzusichern wären, modellhaft die nachfolgende Struktur von „typischen" Arbeitsfeldern bestimmt und angegeben werden.

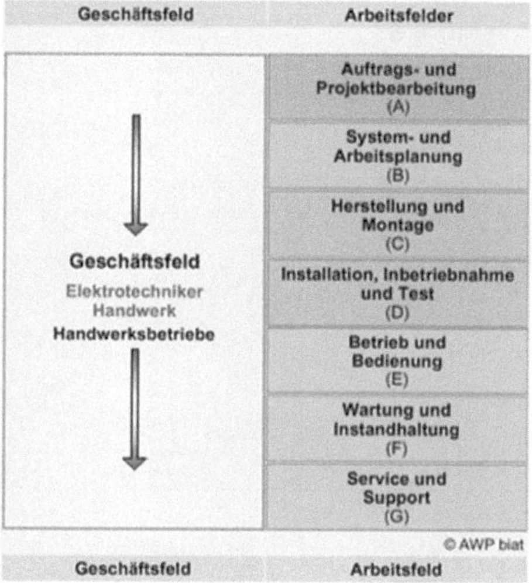

Beispiel: Geschäftsfeld(er) „Elektrotechniker Handwerk" in der Struktur von Arbeitsfeldern

In einem dritten Beispiel wird für das komplexe IT-Geschäftsfeld nach vorliegenden Untersuchungen und auf der Grundlage einer Vielzahl von – auch europäischen (siehe http://www.euquasit.net) Geschäftsprozessen in Betrieben unterschiedlicher Größe und Branche die nachfolgende Struktur der generischen Arbeits- und Handlungsfelder modellhaft angegeben.

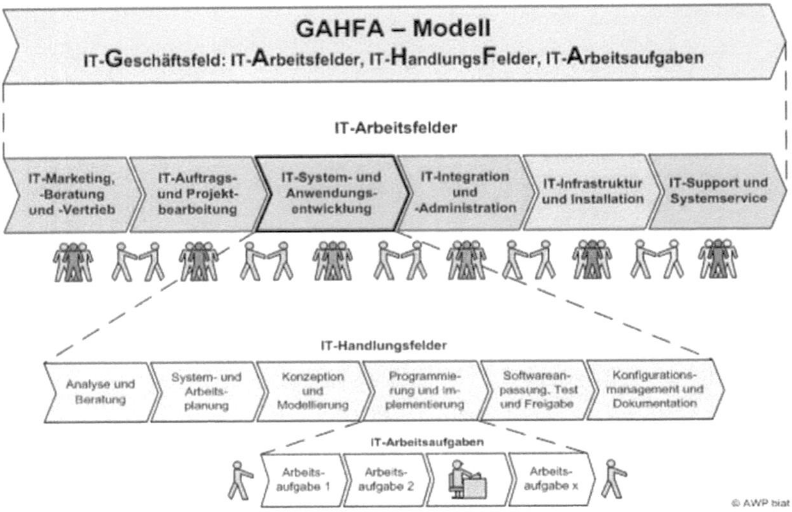

Zu den nachfolgenden Arbeits- und Handlungsfeldern sind gleichzeitig beispielhaft diejenigen Fachkräfte bestimmt, die mit ihren unterschiedlichen beruflichen Kompetenzen (im europäischen Vergleich von Level 2 bis 5 mit Master Abschluss) die jeweiligen Arbeitsaufgaben in diesen Feldern ausführen.

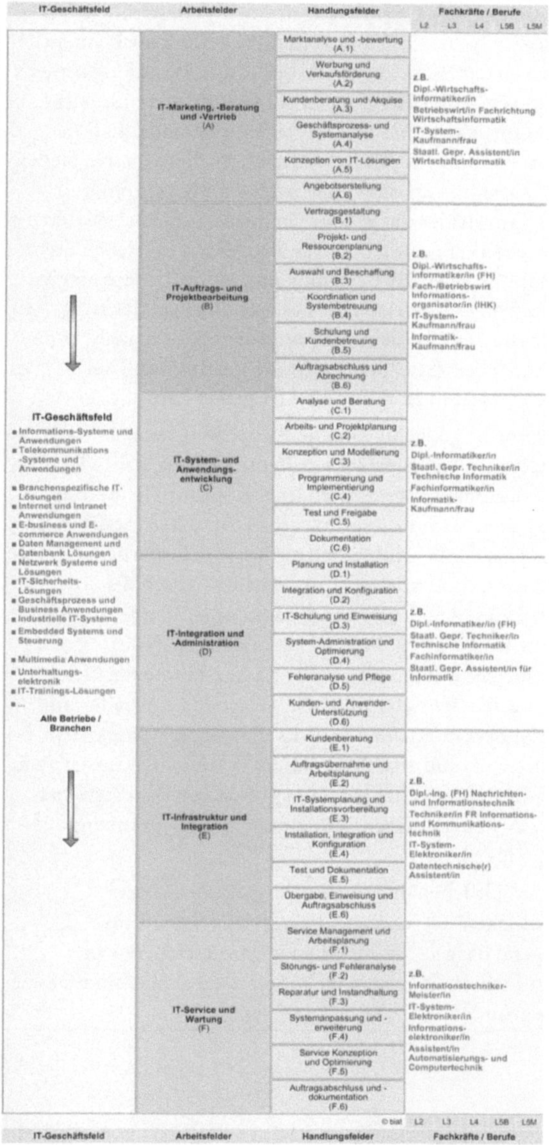

Beispiel: IT-Geschäftsfeld(er) in der Struktur von Arbeits- und Handlungsfeldern

Die drei Beispiele zeigen, wie sich auf der Grundlage und Vielfalt betrieblicher Geschäfts- und Arbeitsprozesse in Industrie, Handel und Handwerk nach einem Modellkonzept Geschäftsfelder in der Struktur von Arbeits- und Handlungsfeldern darstellen und konstituieren lassen. Voraussetzung ist ein Grundverständnis zu dem was Geschäfts- und Arbeitsprozesse sind und wie sich diese modellhaft in entsprechende Geschäfts-, Arbeits- und Handlungsfelder überführen lassen. Neben diesem Grundverständnis ist allerdings für das Generieren der Strukturen und Inhalte der Arbeits- und Handlungsfelder die genaue Kenntnis und Analyse der Geschäftsprozesse in den Betrieben erforderlich. Ob es also in den Betrieben mehr um die Herstellung und Produktion oder das Betreiben und Nutzen von Anlagen, Systemen und Geräten geht oder ob der Betrieb eine bestimmte Dienstleistung anbietet, notwendig ist immer eine jeweils mehr oder weniger große Anzahl von Geschäftsprozessen, die dann als Basis (Stichprobe) für die Bestimmung der Strukturen und Inhalte der Arbeits- und Handlungsfelder gelten kann.

In der Perspektive der Berufsbildung gedacht, sind die Beispiele als eine Voraussetzung für eine geschäfts- und arbeitsprozessorientierte Berufsentwicklung wie Ausbildung zu betrachten. Da Berufe bundesweit und somit für alle Betriebe (oft für bestimmte Branchen) gelten, ist für diese eine curriculare Berücksichtigung vielfältiger und vergleichbarer Geschäfts- und Arbeitsprozesse erforderlich. Inhaltlich kommen diese implizit in und mit den „generischen" Geschäfts-, Arbeits- und Handlungsfeldern zum Ausdruck und müssen unter den je speziellen Berufsaspekten generiert werden. Insofern sollten mit dem Anspruch der Geschäfts- und Arbeitsprozessorientierung entwickelte und gestaltete Berufe und Ausbildungsvorgaben letztlich genau jene „beruflichen" Geschäfts-, Arbeits- und Handlungsfelder repräsentieren bzw. curricular berücksichtigen, für die sie dem Berufsbild nach ja auch qualifizieren und ausbilden sollen. In diesem Sinne ist auch von einem (Berufs-) Geschäftsfeld zu sprechen, da dieses nicht von den Betrieben, sondern durch den Beruf in seiner curricularen Schneidung und Abgrenzung bestimmt ist.

Der Zusammenhang und die inhaltliche Differenzierung zwischen einem „betrieblichen" und den „beruflichen" Geschäftsfeldern ist beispielhaft für vier neuen IT-Berufe nachfolgend dargestellt. Deutlich wird zugleich, wie in Geschäftsprozessen die Zusammenarbeit „beruflich" organisiert sein kann und wie sich „Berufsschneidungen" begründen.

Ohne weiteren Kommentar zeigt exemplarisch das abschließende Beispiel das erreichte Ergebnis zum neuen Elektroberuf „Elektroniker/-in für Automatisierungstechnik“, der nach dem Ansatz der Geschäfts- und Arbeitsprozessorientierung entwickelt wurde. Die dem Beruf vorgegebenen Berufsbildpositionen sind hier auf der Basis des GAHFA-Modells interpretiert und in ihrer Prozessstruktur dargestellt.

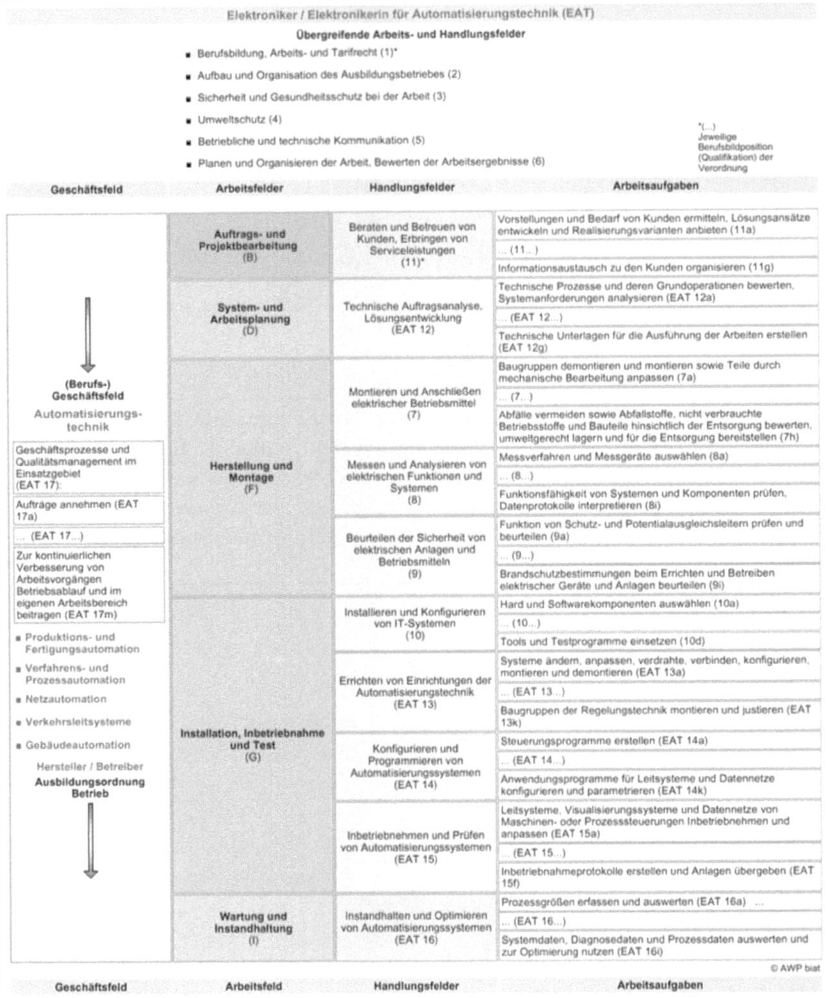

Beispiel: Geschäftsfeld(er) zum Beruf „Elektroniker/-in für Automatisierungstechnik" in der Prozessstruktur der beruflichen Arbeitsfelder, Handlungsfelder und Arbeitsaufgaben

Die in der Darstellung aufgenommenen Berufsbildpositionen 1 bis 6 sind im Prinzip von arbeits- und handlungsfeldübergreifender Bedeutung und in gewisser Weise integraler Bestandteil der Arbeitsaufgaben aller Arbeits- und Handlungsfelder.

Beitrag 17 - *2003–2010er Jahre*: Skizze einer arbeits- und handlungsorientierten Lernfeldumsetzung auf der Grundlage didaktisch aufbereiteter Geschäftsprozesse

www.elektroberufe-online.de

Geschäftsprozess	Arbeitsprozesse	Handlungsphasen		Lernprozess
Geschäftsprozess Industrie / Handel Handwerk **Hersteller / Betreiber Dienstleister**	**Arbeitsprozess** (A)	Handlungsphase (A.1)		**Geschäftsprozess Industrie / Handel Handwerk Berufsschule**
		Handlungsphase (A…)		
	Arbeitsprozess (…)	Handlungsphase (…1)		
		Handlungsphase (…)		
	Arbeitsprozess (…)	Handlungsphase (…1)		
		Handlungsphase (…)		
	Arbeitsprozess (…)	Handlungsphase (…1)		
		Handlungsphase (…)		

Geschäftsprozess Arbeitsprozesse Handlungsphasen Lernprozess

Der Geschäftsprozess als Grundlage der Lernfelder und für den Lernprozess in der Struktur arbeits- und handlungsorientierter Lernphasen

Struktur und Inhalte der Lernfelder für die neuen Elektroberufe

Gegenüber der bisher an den Inhalten einer Fach- und Techniksystematik ausgerichteten Gestaltung der Lerngebiete in den Lehrplänen orientieren sich heute die Lernfelder für die neuen Elektroberufe nach dem curricularen und didaktischen Ansatz verstärkt an betrieblichen Geschäfts- und Arbeitsprozessen. So heißt es in den neu entwickelten Rahmenlehrplänen der KMK:

„Die Lernfelder des Rahmenlehrplans orientieren sich an den beruflichen Arbeits- und betrieblichen Geschäftsprozessen. Deshalb erhalten das kundenorientierte Berufshandeln und die Auftragsabwicklung einen besonderen Stellenwert und sind bei der Umsetzung der Lernfelder in Lernsituationen besonders zu berücksichtigen“ (KMK 2003).

Im Überblick und an einem Beispiel wird nochmals die didaktische Neuorientierung durch die Gegenüberstellung der Lerngebiete und Lernfelder der alten und neuen Rahmenlehrpläne deutlich.

alt 1987		**neu 2003**	
Energieelektroniker/in Fachrichtung Anlagentechnik		**Elektroniker/in für Automatisierungstechnik (EAT)**	
Rahmenlehrplan / Lerngebiete		**Rahmenlehrplan / Lernfelder**	
Lerngebiete sind thematische Einheiten, die unter fachlichen und didaktischen Gesichtspunkten gebildet werden; sie können in Abschnitte gegliedert sein		Die Lernfelder des Rahmenlehrplans orientieren sich an den beruflichen Arbeits- und betrieblichen Geschäftsprozessen.	
Lerngebiet	**1. Abj.**	**Lernfeld**	**1. Abj.**
1.1	Einführung in die Elektrotechnik (90)	**1**	Elektrotechnische Systeme analysieren und Funktionen prüfen (80)
1.2	Einführung in die Steuerungs- und Digitaltechnik (40)	**2**	Elektrische Installationen planen und ausführen (80)
1.3	Einführung in die Elektronik (50)	**3**	Steuerungen analysieren und anpassen (80)
1.4	Einführung in Schutzmaßnahmen (30)	**4**	Informationstechnische Systeme bereitstellen (80)
1.5	Einführung in die Messtechnik (50)		
1.6	Einführung in das Technische Zeichnen (30)		
1.7	Einführung in die Werkstoffe, Werkstoffbearbeitung und Leitungsarten (30)		

	2. Abj.		**2. Abj.**
2.1	Kondensator und Spule (30)	**5**	Elektroenergieversorgung und Sicherheit von Betriebsmitteln gewährleisten (80)
2.2	Wechselstromkreis (50)	**6**	Anlagen analysieren und deren Sicherheit prüfen (60)
2.3	Gleichrichtung und Spannungsstabilisierung (20)	**7**	Steuerungen für automatisierte Anlagen programmieren und realisieren (80)
2.4	Digitale Schaltungstechnik (40)	**8**	Antriebssysteme auswählen und integrieren (60)
2.5	Dreiphasenwechselstrom (20)		
2.6	Drehfeldmaschinen (40)		
2.7	Steuerungstechnik (80)		
	3./4. Abj.		**3. Abj.**
3.1	Transformatoren (30)	**9**	Steuerungssysteme und Kommunikationssysteme integrieren (100)
3.2	Gleichstrommaschinen (40)	**10**	Automatisierungssysteme in Betrieb nehmen und übergeben (100)
3.3	Leistungselektronik (100)	**11**	Automatisierungssysteme in Stand halten und optimieren (80)
3.4	Elektrische Anlagen und Schutzmaßnahmen (110)		**4. Abj.**
3.5	Automatisierungstechnik (140)	**12**	Automatisierungssysteme planen (60)
		13	Automatisierungssysteme realisieren (80)
© AWP biat			

Waren die ehemaligen Lerngebiete des 1. und teils auch des 2. Ausbildungsjahres (Lerngebiete 1.1 bis 2.3, 2.4) im Sinne einer berufsfeldbreiten Grund- und teils Fachbildung ausgelegt und somit für alle Elektroberufe identisch, so gilt dies heute für die Lernfelder 1 bis 4 nur bedingt. Diese sind zwar mit Orientierung an den sogenannten neuen Kernqualifikationen auch heute für alle Elektroberufe ebenfalls identisch ausgelegt, sie sollten aber – wenn und wo immer möglich – bereits berufsbezogen und teils integriert mit den sogenannten Fachqualifikationen umgesetzt werden.
Die didaktische Struktur der Lernfelder und ihre Orientierung an betrieblichen Geschäfts- und Arbeitsprozessen
Ob und in welcher Form sich die neuen Lernfelder an betrieblichen Geschäfts- und Arbeitsprozessen orientieren, kann nur auf der Grundlage solcher und in den Betrieben analysierter Prozesse geklärt werden. Voraussetzung zur Entwicklung und Gestaltung der Lernfelder war und ist somit eine breite und profunde Kenntnis zu entsprechenden betrieblichen Geschäfts- und Arbeitsprozessen und zwar konkret solcher, in denen heute und in Zukunft Fachkräfte wie z.B. im Beruf "Elektroniker/in für Automatisierungstechnik" arbeiten. Dies gilt entsprechend für jeden Beruf und natürlich in gleicher Weise für die schulische Umsetzung der Lernfelder. Zu den Lernfeldern zeigt sich vom Ergebnis her betrachtet die neue Orientierung an den betrieblichen Geschäfts- und Arbeitsprozessen vor allem durch und in deren Abstimmung mit den jeweiligen Berufsbildern und betrieblichen Ausbildungsvorgaben. Wie schon die neuen IT-Berufe wurden ja auch die neuen Elektroberufe mit dem Anspruch der Orientierung an den betrieblichen Geschäfts- und Arbeitsprozessen entwickelt und gestaltet. Die Frage, ob und wie die neue Lernfeldorientierung jeweils gelungen ist, ist von daher ebenso unmittelbar mit dem Ergebnis und der Frage nach der Prozessorientierung der neuen Elektroberufe und deren Berufsbilder und Ausbildungsvorgaben verbunden. Geht man somit von den Strukturen und Inhalten der neuen Berufsbilder aus und setzt zu deren Prozessorientierung zunächst die Entwicklung und Gestaltung auf der Untersuchungsbasis und Praxis realer betrieblicher Geschäfts- und Arbeitsprozesse voraus, so lassen sich im Zusammenhang der curricularen Abstimmung die Lernfelder in ihrer inhaltlichen Struktur und neuen Orientierung exemplarisch wie folgt zum obigen Beruf „Elektroniker/-in für Automatisierungstechnik (EAT)“ darstellen:

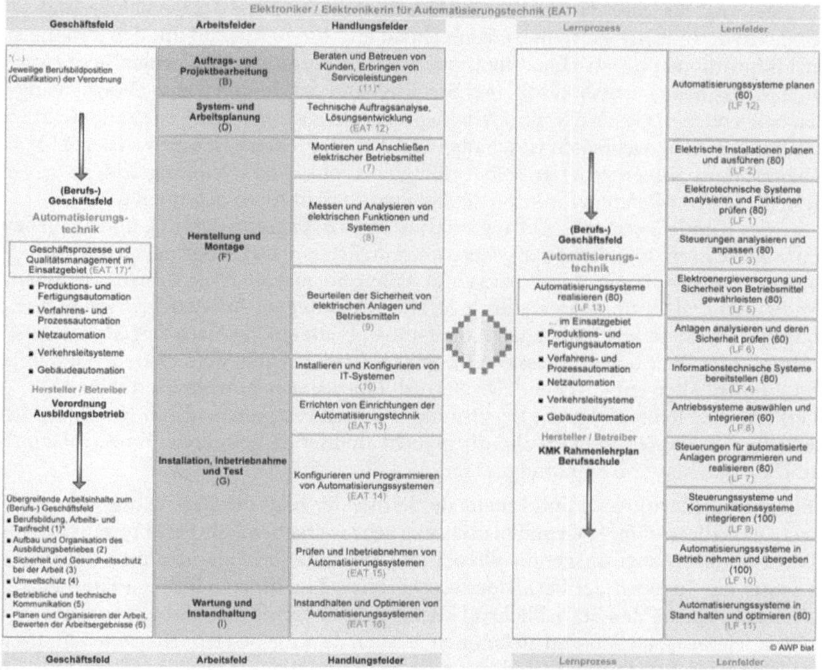

Das Geschäftsfeld zum Beruf „Elektroniker/-in für Automatisierungstechnik" in der Prozessstruktur der beruflichen Arbeits- und Handlungsfelder im Zusammenhang der abgestimmten Lernfelder nach KMK

Die Darstellung, die links das auf der GAHFA-Modellgrundlage der Geschäfts- und Arbeitsfelder in Industriebetrieben entsprechend erstellte Berufsbild mit den jeweiligen Berufsbildpositionen (*) bzw. Qualifikationen der Verordnung zeigt, verdeutlicht zum einen, dass das neue Berufsbild in seiner Struktur und den Inhalten eine Orientierung an den betrieblichen Geschäfts- und Arbeitsprozessen aufweist. Die Vielfalt der letztlich immer konkreten betrieblichen Geschäfts- und Arbeitsprozesse ist hier als (Berufs-) Geschäftsfeld mit seinen generierten beruflichen Arbeits- und Handlungsfeldern dargestellt. In ihrer Referenzfunktion zu den Prozessstrukturen beginnen diese z. B. mit der Kundenberatung, Auftragsanalyse und Lösungsentwicklung und schließen über das Montieren, Installieren, Errichten, Konfigurieren und Programmieren von Automatisierungssystemen den Prozess und Arbeitsablauf mit deren Inbetriebnehmen, Instandhalten und Optimieren ab (die je farblich hinterlegten Arbeitsfelder sollen hier den Prozessablauf und unterschiedlichen Arbeitsinhalt betonen). Insofern zeigt das Berufsbild mit seinen Qualifikationen insgesamt eine Prozessorientierung, die sich in den jeweiligen Ausbildungsinhalten entsprechend den Berufsbildpositionen konkretisiert. Nur als Anmerkung: Die Reihenfolge der Berufsbildpositionen entsprechend den Nummern in der Verordnung (VO) orientiert sich allerdings nicht am hier dargestellten "Prozessablauf" der beruflichen Arbeits- und Handlungsfelder.

Mit Blick auf die Strukturen und Inhalte der Lernfelder zeigt die Darstellung zum anderen, dass diese in ihrer Grundausrichtung sehr weitgehend die Strukturen und Inhalte der Berufsbildpositionen aufnehmen bzw. diese curricular miteinander abgestimmt sind. So gilt zur Struktur der Lernfelder vergleichbar, dass diese in ihrer Gesamtheit eine Orientierung an den betrieblichen Geschäfts- und beruflichen Arbeitsprozessen aufweisen. Herauszustellen und zu betonen ist aber, dass die betrieblichen wie schulischen Ausbildungsvorgaben hinsichtlich des curricularen und didaktischen Ansatzes "nur" in der Gesamtheit der Vorgaben eine Orientierung am (gesamten) Geschäftsprozess bzw. Geschäftsfeld aufweisen und somit die einzelnen Berufsbildpositionen wie die einzelnen Lernfelder jeweils auch nur entsprechende (Teil) Arbeits- und Handlungsfelder eines Gesamtprozesses berücksichtigen.

Varianten zur schulischen Umsetzung der Strukturen und Inhalte der Lernfelder

Wie zur Struktur und den Inhalten der Lernfelder am obigen Beispiel gezeigt, kann zur Umsetzung der Lernfelder grundsätzlich von deren Orientierung an den betrieblichen Geschäfts- und Arbeitsprozessen ausgegangen werden. Diese kommt allerdings nur in der Gesamtheit aller Lernfelder zum Ausdruck, so dass folglich jedes einzelne Lernfeld mehr oder weniger nur ein Handlungsfeld bzw. einen Teilbereich zu einem Gesamtprozess repräsentiert.

Die Frage zur Umsetzung der Lernfelder setzt nachfolgend bei der Struktur und dem Ansatz der Lernfelder in ihrer Gesamtheit an, nach der sich im Prinzip zwei grundlegende Konzeptalternativen als Umsetzungsvarianten anbieten. Darüber hinaus sind natürlich Mischkonzepte der beiden Varianten denkbar.

1. Umsetzungsvariante
Die Lernfelder werden wie im Rahmenlehrplan ausgewiesen in der vorgegebenen inhaltlichen und zeitlichen Struktur im Unterricht im Prinzip „1 zu 1" umgesetzt. Der didaktische Anspruch der Geschäfts- und Arbeitsprozessorientierung wird hierbei im Wesentlichen dadurch eingelöst, dass alle relevanten beruflichen Arbeits- und Handlungsfelder zu einem vollständigen Geschäftsprozess in der Gesamtheit aller Lernfelder und über die gesamte Ausbildungszeit hinweg inhaltlich thematisiert und bearbeitet werden. Mit der Umsetzung jedes einzelnen Lernfeldes wird somit ein bestimmtes Arbeits- oder Handlungsfeld als Teilbereich des Gesamtprozesses wie z.B. Planen, Installieren, Programmieren, Inbetriebnehmen oder Instandhalten umfassend und vertiefend behandelt, so dass am Ende der Ausbildung alle Inhalte zum gesamten (Berufs-) Geschäftsfeld abgedeckt sind. Natürlich kann in einer entsprechend didaktischen Lernfeldumsetzung hier und da und in beschränktem Umfang auch bereits der Gesamtprozess zur Sprache kommen, der Hauptinhalt bleibt jedoch nach der Vorgabe und Struktur der Lernfelder, die nach dieser Umsetzungsvariante ja vorrangig die Orientierung ist, der jeweilige Lernfeldinhalt. Wie das nachfolgende Beispiel der Lernfeldumsetzung zeigt, ist dies z. B. im 3. Ausbildungsjahr beim Lernfeld 11 mit 80 Stunden „Automatisierungssysteme in Stand halten und optimieren".

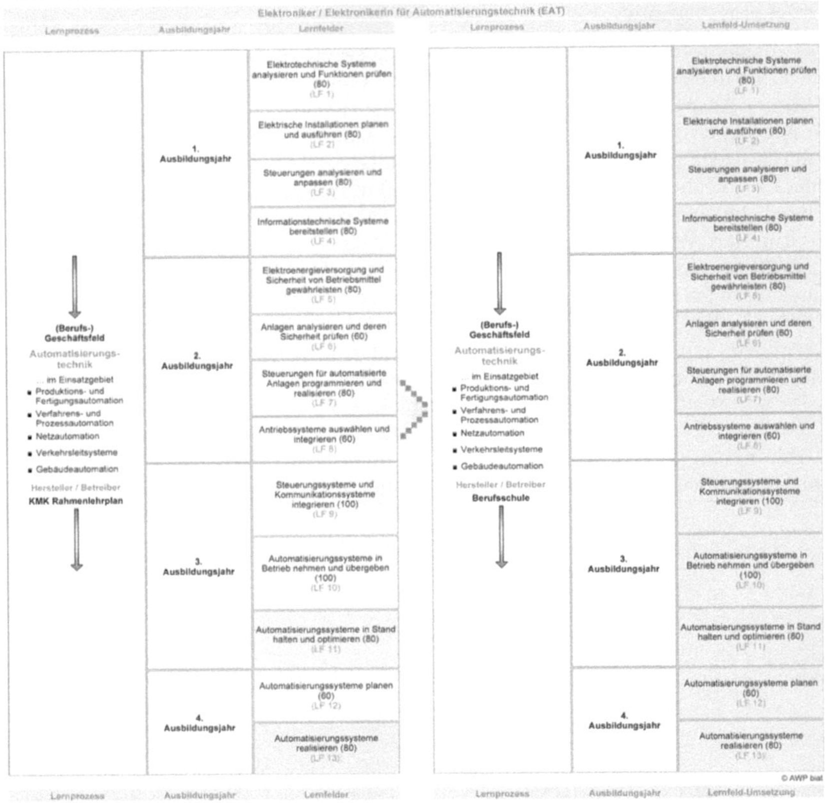

Weitgehende „1 zu 1" Umsetzung der Struktur der Lernfelder nach KMK in der Berufsschule zum Beruf „Elektroniker/-in für Automatisierungstechnik"

Für den gesamten Lernprozess geht nach dieser Variante allerdings mit der Umsetzung einher, dass mit den Lernfeldern zwar der Gesamtprozess prinzipiell abgedeckt wird, sich durch die zeitliche Struktur der Lernfelder der Lernprozess über die gesamte Ausbildungszeit aber z. B. nicht immer bzw. eher unstrukturiert am Ablauf der Prozesse oder eines Auftrags orientiert. Eine solche Ablauforientierung ist sicher grundsätzlich für die Lernprozessgestaltung didaktisch zu reflektieren und zu begründen. Gleichwohl muss auch innerhalb dieser Umsetzungsvariante die vorgegebene zeitliche Reihenfolge der jeweiligen Lernfelder überdacht und gegebenenfalls geändert werden. Wie wieder das obige Beispiel zeigt, folgt so z.B. nach dem Lernfeld 11 mit den Inhalten „Automatisierungssysteme in Stand halten und optimieren“ das Lernfeld 12 mit „Automatisierungssysteme planen“, womit durch die Reihenfolge der Lernfelder didaktisch weder eine Orientierung am Prozessablauf noch eine überaus sinnvolle Lernprozessgestaltung in einer Gesamtsicht vorgegeben ist.

Nach dieser Variante der strengen inhaltlichen und zeitlichen Ausrichtung und Orientierung der Umsetzung an den Strukturvorgaben der Lernfelder ist der didaktische Anspruch der Geschäfts- und Arbeitsprozessorientierung besser einlösbar, wenn wie bereits angedeutet versucht wird, jedem Lernfeld möglichst vollständige oder zumindest übergreifende Geschäfts- und Arbeitsprozesse zu hinterlegen und dazu Lernphasen zu bilden, die dann "nur" im Schwerpunkt die jeweils spezifischen Ziele und Inhalte der Lernfelder berücksichtigen. Dies setzt didaktisch reflektierte und gestufte Prozessbereiche der Geschäftsprozesse für den Unterricht voraus, zu denen es dann in der Regel unvermeidbar ist, teilweise Lernfeldinhalte auch anderer Lernfelder zugleich integriert mit einzubeziehen. Eine Lernfeldumsetzung mehr in dieser Weise liegt allerdings didaktisch bereits dicht an der folgenden zweiten Umsetzungsvariante. Nach dieser zweiten Variante werden übergreifende Hinweise zur didaktisch-methodischen Unterrichts-Rahmenplanung mit einer allgemeinen Strukturvorgabe für eine arbeits- und handlungsorientierte Lernfeldumsetzung gegeben.

2. Umsetzungsvariante
Die Lernfelder nach dieser Variante werden direkter und unmittelbarer mit dem didaktischen Anspruch der Geschäfts- und Arbeitsprozessorientierung verknüpft und entsprechend umgesetzt. Mit der Kenntnis, dass die Lernfelder in ihrer Struktur überwiegend jeweils nur einzelne (Teil) Arbeits- und Handlungsfelder eines möglichen Gesamtprozesses berücksichtigen, heißt dies, dass die Lernfeldstruktur auch nur die grobe inhaltliche und zeitliche Ausrichtung und Orientierung für die Lernfeldumsetzung vorgeben soll. Insbesondere findet damit in der Regel eine mehr lernfeldübergreifende Berücksichtigung der Ziele und Inhalte der einzelnen Lernfelder statt, so dass die Lernfeldumsetzung auch mehr im Sinne sogenannter Lernfeldprojekte erfolgt, in denen z. B. Lernfeldinhalte mehrerer Lernfelder zugleich und integriert vermittelt werden. Grundlage und Ausgangsbasis der Lernfeldumsetzung sollen danach einzelne konkrete Geschäftsprozesse sein, die mit dem Fokus der jeweiligen Berufsarbeit aus der betrieblichen Geschäftsprozessvielfalt exemplarisch zu bestimmen und z. B. nach dem „GAHPA-Modell“ didaktisch aufzubereiten sind. Da Geschäftsprozesse meist sehr komplexe Gebilde sind, ist zu deren Bestimmung eine die Lernprozessgestaltung in der Gesamtsicht berücksichtigende Auswahl und Stufung erforderlich. Dabei geben zum einen die Lernfeldinhalte der Lernfelder vom 1. bis zum letzten Ausbildungsjahr durchaus eine Grundorientierung vor, so dass z.B. mit den Lerninhalten entsprechender Geschäftsprozesse im 1. Ausbildungsjahr auch die Lernfeldinhalte der Lernfelder 1 bis 4 weitgehend abgedeckt werden. Zum anderen sind die Geschäftsprozesse in ihrer Auswahl und Stufung unter Lern- und Arbeitsaspekten so zu bestimmen, dass der Kenntnis- und Lernstand der Auszubildenden wie die möglichen Arbeitszusammenhänge, in denen sich die Auszubildenden in den Betrieben überwiegend befinden und lernen, dabei curricular und didaktisch eine Berücksichtigung finden. Insgesamt soll daher zur Umsetzung der Lernfelder eine Grundlage entstehen, die nach einem gestuften Konzept aus einfachen bis komplexen Geschäftsprozessen gebildet wird und mit der diese in ihrer exemplarischen Gesamtheit in der Regel für die gesamte Ausbildungszeit in einer Gesamtsicht der Lernprozessgestaltung strukturiert und geplant werden. Nicht ausgeschlossen ist mit der vorrangigen Lernorientierung an Geschäftsprozessen, dass zu entsprechenden Unterrichtseinheiten auch Lernphasen gebildet werden, in denen Lernfeldinhalte z. B. unter fachlich vertiefenden oder systematisch vergleichenden Aspekten vermittelt und zum Lerngegenstand werden. Im Sinne einer schulnahen Curriculumentwicklung werden hiernach die Vorgaben der Rahmenlehrpläne über die didaktisch unmittelbare und je berufs- und regionalbezogene „Geschäfts- und Arbeitsprozessorientierung“ grundsätzlich auch teils schul- und/oder klassenspezifisch umgesetzt. Das nachfolgende Beispiel einer solchen Lernfeldumsetzung stellt somit nur exemplarisch eine mögliche Umsetzungsgrundlage dar.

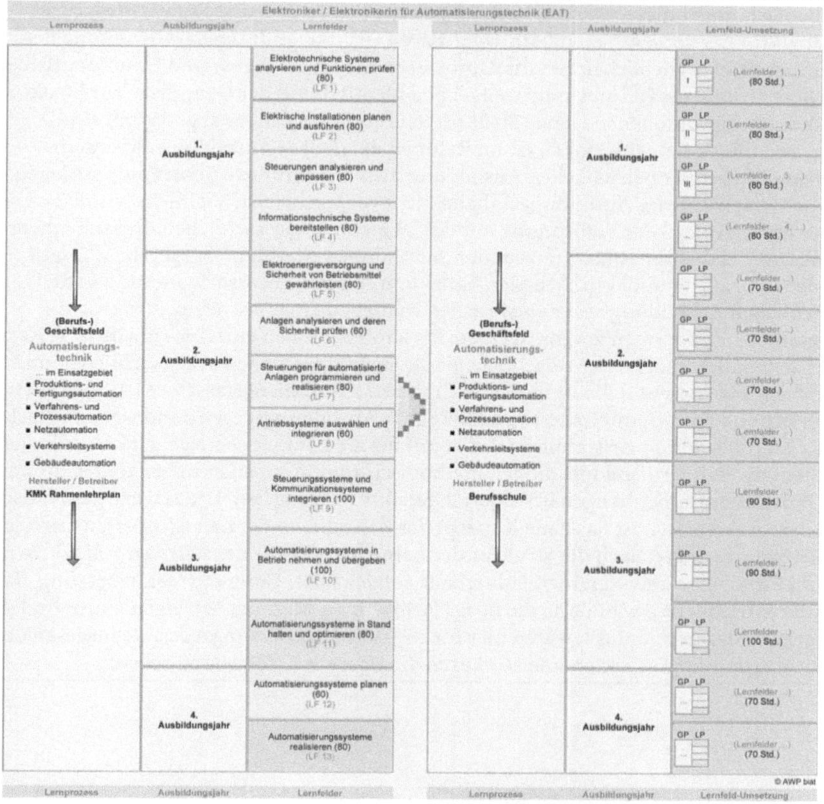

„Geschäfts- und arbeitsprozessorientierte" Umsetzung der Struktur der Lernfelder nach KMK in der Berufsschule zum Beruf „Elektroniker/-in für Automatisierungstechnik"

Methodisch findet diese zweite Umsetzungsvariante ihre Begründung vorwiegend in der Struktur der vorgegebenen Lernfelder, deren Grundlage die (Zer-) Gliederung der Berufsarbeit in betrieblichen Geschäftsprozessen in (Teil) Arbeits- und Handlungsfelder ist. Diese Grundlage ist im Ansatz weitgehend identisch mit der Grundlage zur Struktur der Berufsbildpositionen, da beide Strukturen ja eng aufeinander abgestimmt sind. Aufgrund dieser Gemeinsamkeit ist im Rahmen der dualen Ausbildung daher nun interessant, dass der betrieblichen Ausbildung diese Struktur der Berufsbildpositionen für die Umsetzung der Ausbildungsinhalte nicht vorgegeben ist. Vielmehr wurde dieser in der Anlage der Verordnung mit der „Anleitung zur sachlichen und zeitlichen Gliederung" das sogenannte Konzept der „Zeitrahmen-Methode" vorgegeben. Damit soll dem Ansatz der didaktischen Geschäfts- und Arbeitsprozessorientierung in der betrieblichen Ausbildung mehr entsprochen werden, da in einer neuen Struktur von insgesamt 11 Zeitrahmen jeweils in einem dieser Zeitrahmen einzelne Inhalte bzw. Kern- und Fachqualifikationen der verschiedenen Berufsbildpositionen unter sachlichen und zeitlichen Aspekten und damit methodisch neu so zusammengefasst werden, dass diese integriert und am Gesamtprozess orientiert zum Ausbildungsgegenstand werden. Nach dieser Methode der 11 Zeitrahmen wird somit für die konkrete betriebliche Ausbildung die Struktur der Berufsbildpositionen methodisch zugunsten einer neuen und mehr an den Prozesszusammenhängen orientierten Struktur aufgegeben. Didaktisch-methodisch und dem Ansatz nach ist das neue Konzept der Zeitrahmen der hier skizzierten zweiten Umsetzungsvariante, nach die Struktur der Lernfelder in eine neue Struktur didaktischer Geschäftsprozesse umgesetzt wird, durchaus vergleichbar. Unter der Voraussetzung, dass sich die betriebliche Ausbildung die neue „Zeitrahmen-Methode" zu eigen macht und sich weitgehend daran orientiert, wären hier für die zweite Umsetzungsvariante insgesamt auch unter Abstimmungsaspekten und zur Lernortkooperation Vorteile zu sehen.

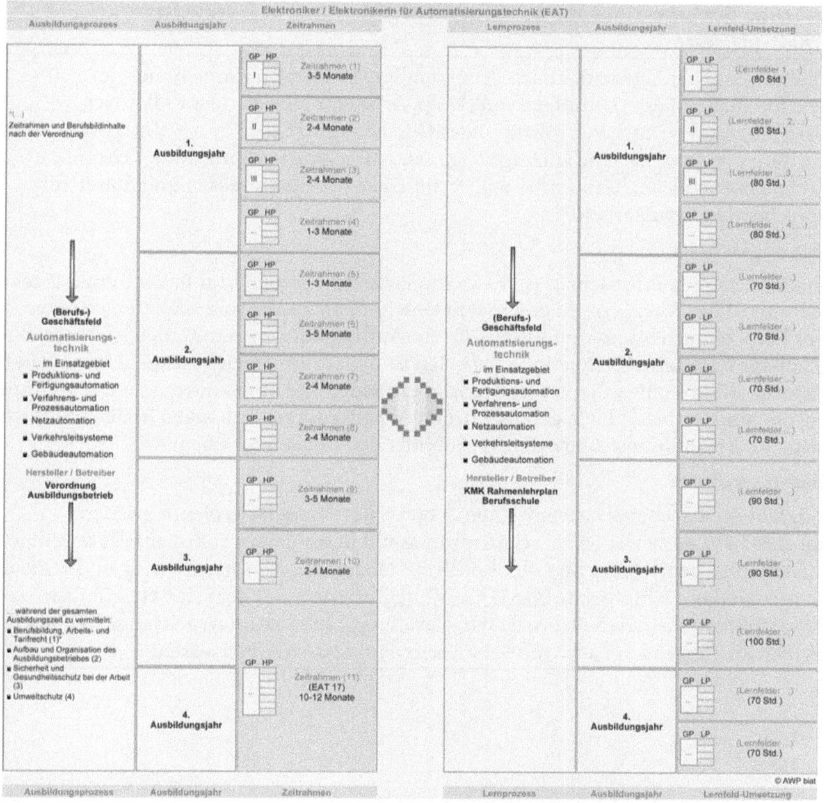

„Geschäfts- und arbeitsprozessorientierte" Umsetzung der Ausbildungsvorgaben nach Ausbildungsrahmenplan und KMK Rahmenlehrplan in Betrieb und Berufsschule zum Beruf „Elektroniker/-in für Automatisierungstechnik"

Umsetzung der Lernfelder auf der Grundlage didaktisch aufbereiteter Geschäftsprozesse
Die Umsetzung der Lernfelder nach der ersten und zweiten Variante basiert je unterschiedlich auf der Grundlage von (Teil-) Arbeitsprozessen oder didaktisch aufbereiteter und weitgehend vollständiger Geschäftsprozesse. Für die Unterrichtsplanung gelten daher generell als eine wichtige Voraussetzung gute und profunde Kenntnisse sowohl zu betrieblichen Geschäfts- wie beruflichen Arbeitsprozessen und damit zur entsprechenden Berufsarbeit. **1. Planungsschritt** In einem ersten Planungsschritt ist die exemplarische Auswahl und Bestimmung eines für den Beruf und Lernprozess geeigneten Geschäftsprozesses vorzunehmen werden. Dieser kann einfach bis komplex und z. B. ein Auftrag oder auch innerbetrieblicher Geschäftsprozess sein. Nach obigen Kriterien ist dabei zum einen auszugehen von den Strukturen und Inhalten der vorgegebenen Lernfelder und zum anderen vom jeweiligen Kenntnis- und Lernstand wie den möglichen Arbeitszusammenhängen in den beruflichen Arbeits- und Handlungsfeldern der Auszubildenden in den Betrieben. **2. Planungsschritt** Wie in früheren Sachanalysen zur Unterrichtsvorbereitung ist in einem zweiten Planungsschritt der jeweilige Geschäftsprozess mit besonderem Fokus auf die jeweilige Berufsarbeit zu analysieren und didaktisch aufzubereiten. Als Orientierung und Hilfsmittel kann hierbei das nachfolgende „GAHPA-Modell“ dienen, mit dem sich Geschäftsprozesse in den Strukturen von Arbeitsprozessen, Handlungsphasen und Arbeitsaufgaben sowie der die Arbeit ausführenden Fachkräfte analysieren und beschreiben lassen.

Geschäftsprozess	**Arbeitsprozesse**	**Handlungsphasen**	**Arbeitsaufgaben**	**Fachkräfte / Berufe** L1 L2 L3 L4 L5
Geschäftsprozess Industrie / Handel Handwerk **Hersteller / Betreiber Dienstleister**	**Arbeitsprozess** (A)	Handlungsphase (A.1)	Arbeitsaufgabe (A.1.1)	Fachkräfte / Berufe
			Arbeitsaufgabe (…)	
		Handlungsphase (A…)	Arbeitsaufgabe (…1)	
			Arbeitsaufgabe (…)	
	Arbeitsprozess (…)	Handlungsphase (…1)	Arbeitsaufgabe (…1.1)	Fachkräfte / Berufe
			Arbeitsaufgabe (…)	
		Handlungsphase (…)	Arbeitsaufgabe (…1)	
			Arbeitsaufgabe (…)	
	Arbeitsprozess (…)	Handlungsphase (…1)	Arbeitsaufgabe (…1.1)	Fachkräfte / Berufe
			Arbeitsaufgabe (…)	
		Handlungsphase (…)	Arbeitsaufgabe (…1)	
			Arbeitsaufgabe (…)	
	Arbeitsprozess (…)	Handlungsphase (…1)	Arbeitsaufgabe (…1.1)	Fachkräfte / Berufe
			Arbeitsaufgabe (…)	
		Handlungsphase (…)	Arbeitsaufgabe (…1)	
			Arbeitsaufgabe (…)	
			© AWP biat	L1 L2 L3 L4 L5
Geschäftsprozess	**Arbeitsprozesse**	**Handlungsphasen**	**Arbeitsaufgaben**	**Fachkräfte / Berufe**

Das GAHPA-Modell: Der Geschäftsprozess in der Struktur von Arbeitsprozessen, Handlungsphasen und Arbeitsaufgaben

Die Analyse hängt im Ergebnis von der gewählten Komplexität des konkreten betrieblichen Geschäftsprozesses in Industrie, Handel, Handwerk oder dem Dienstleistungsgewerbe ab und wird im Detail bestimmt durch die je vorhandenen bzw. zugänglichen Informationen zum jeweiligen Prozess oder Auftrag. Grundlage der Analyse können natürlich nicht immer betriebliche Fallstudien sein, die zwar sehr hilfreich, aber zugleich sehr aufwendig sind. Dies zeigen Beispiele die als Grundstrukturen im Sinne von Mastermodellen zu Geschäftsfeldern mit ihren Arbeitsfeldern in der Industrie, dem Handwerk und der IT-Branche vorliegen und die im weiteren als Basis für konkrete Geschäftsprozesse genutzt werden können.

Bilden im Sinne von Lernfeldprojekten exemplarisch "ausgedacht" Geschäftsprozesse die Analysegrundlage, sollten diese nach Struktur und Inhalt immer eine hohe Realitätsnähe haben und können daher ebenso nach dem GAHPA-Modell analysiert und geplant werden. Inhaltliche Orientierungen hierfür bieten zudem die Berufsbildbeschreibungen und betrieblichen Ausbildungsvorgaben und nicht zuletzt die Ziele und Inhalte der Lernfelder, die ja grundsätzlich eine Grundlage für die didaktische Reflexion, der mit den Geschäftsprozessen curricular zu berücksichtigenden Ausbildungsinhalte sind. Zur Bestimmung und Analyse von Geschäftsprozessen bietet sich des Weiteren immer auch die Lernortkooperation an und zugleich ebenso die frühe Einbeziehung der Auszubildenden selbst, die, abhängig vom Ausbildungsstand, aus ihren betrieblichen Erfahrungen oft vielfältige Details zu den Inhalten und dem Ablauf von Geschäftsprozessen beitragen können.

3. Planungsschritt

Liegen nach der Analyse die Ergebnisse zum Geschäftsprozess vor, so erfolgt in einem dritten Planungsschritt deren didaktische Aufbereitung für die Unterrichts- und Lernprozessgestaltung.

Vom Geschäftsprozess in seiner Struktur der beruflichen Arbeitsprozesse, Handlungsphasen und Arbeitsaufgaben ausgehend wird deren didaktische Umsetzung für den Unterricht in einzelne arbeits- und handlungsorientierte Lernphasen (LP) empfohlen. Durch die Struktur dieser Lernphasen wird der Lernprozess für den Unterricht im Sinne einer Rahmenplanung in Unterrichtseinheiten (UE) gegliedert. Didaktisch bietet sich mit der Arbeits- und Handlungsorientierung für die Struktur bzw. Gliederung der Lernphasen auch lernpsychologisch eine weitgehende Orientierung an den Strukturen und Inhalten der Analyseergebnisse zum Geschäftsprozess an. Konkret ergibt sich somit die Struktur der Lernphasen im Prinzip aus der zum Geschäftsprozess analysierten Struktur der Handlungsphasen. Dies kann z.B. bedeuten, dass entsprechend dem Geschäftsprozess und der beruflichen Handlungsphasen der Lernprozess in den Lernphasen mit der Auftragsannahme beginnt und über dessen Ausführung mit dem Auftragsabschluss und dem Bewerten der Arbeits- und Lernergebnisse auch abschließt.

Neben dieser eng an den Prozessstrukturen der Handlungsphasen orientierten Unterrichts- und Lernprozessgestaltung in Lernphasen sind natürlich grundsätzlich auch andere Strukturen der Lernphasen und Umsetzungen didaktisch denkbar. Die Frage ist aber immer, ob und inwieweit sich diese gegenüber dem Auszubildenden nachvollziehbar begründen lässt, ob sich der Lernerfolg zum Unterricht dadurch verbessert oder wie dabei der arbeitsbezogene Zusammenhang zum jeweiligen Geschäftsprozess erhalten bzw. hergestellt werden kann.

Im Überblick und Zusammenhang der Geschäftsprozessorientierung lässt sich die an den Handlungsphasen orientierte Unterrichts- und Lernprozessgestaltung nach Lernphasen als Umsetzungsgrundlage für die Rahmenplanung mit Unterrichtseinheiten (UE ...) wie in der nachfolgenden Abbildung gezeigt in einer allgemeinen Form darstellen.

<table>
<tr><th>Geschäftsprozess</th><th>Arbeitsprozesse</th><th>Handlungsphasen</th></tr>
<tr><td rowspan="8">Geschäftsprozess Industrie / Handel Handwerk Hersteller / Betreiber Dienstleister</td><td rowspan="2">Arbeitsprozess (A)</td><td>Handlungsphase (A.1)</td></tr>
<tr><td>Handlungsphase (A…)</td></tr>
<tr><td rowspan="2">Arbeitsprozess (…)</td><td>Handlungsphase (…1)</td></tr>
<tr><td>Handlungsphase (…)</td></tr>
<tr><td rowspan="2">Arbeitsprozess (…)</td><td>Handlungsphase (…1)</td></tr>
<tr><td>Handlungsphase (…)</td></tr>
<tr><td rowspan="2">Arbeitsprozess (…)</td><td>Handlungsphase (…1)</td></tr>
<tr><td>Handlungsphase (…)</td></tr>
<tr><th>Geschäftsprozess</th><th>Arbeitsprozesse</th><th>Handlungsphasen</th></tr>
</table>

<table>
<tr><th>Lernprozess</th><th>Lernphasen</th></tr>
<tr><td rowspan="8">Geschäfts-prozess Industrie / Handel Handwerk Berufsschule</td><td>Lernphase (UE 1)</td></tr>
<tr><td>Lernphase (UE …)</td></tr>
<tr><td>Lernphase (UE …)</td></tr>
<tr><td>Lernphase (UE …)</td></tr>
<tr><td>Lernphase (UE …)</td></tr>
<tr><td>Lernphase (UE …)</td></tr>
<tr><td>Lernphase (UE …)</td></tr>
<tr><td>Lernphase (UE …)</td></tr>
<tr><th>Lernprozess</th><th>Lernphasen</th></tr>
</table>

Der Geschäftsprozess als Grundlage für den Lernprozess in der Struktur arbeits- und handlungsorientierter Lernphasen

Mit der Umsetzung der Strukturen und Inhalte der Handlungsphasen in entsprechende arbeits- und handlungsorientierte Lernphasen ist didaktisch des Weiteren deren Ausgestaltung mit Lernaufgaben (LA) verbunden. Diese Lernaufgaben orientieren sich vergleichbar im Wesentlichen an den nach dem GAHPA-Modell analysierten Arbeitsaufgaben der jeweiligen Handlungsphase, da mit diesen über den konkreten Arbeitsinhalt in den entsprechenden drei Arbeitsdimensionen auch die Lerninhalte und -anforderungen deutlich werden. Im Einzelnen müssen die Lernaufgaben für den Unterricht gezielt didaktisch reflektiert und aufbereitet werden, so dass bezogen auf die Ausführung und das umfassende Verstehen der Arbeitsaufgaben und zugleich auf der Grundlage der Lernfelder entsprechende Ziele und Inhalte zum Unterrichtsgegenstand werden. Insofern setzt hier zur Unterrichtsplanung die didaktische Detailarbeit an, zu der im Sinne einer Rahmenplanung an dieser Stelle die nachfolgende didaktische Strukturvorgabe wiederum nur in allgemeiner Form eine Grundlage zu einem arbeits- und handlungsorientierten Unterricht sein kann.

Unterrichts-Rahmenplanung			
Die Rahmenplanung zum Unterricht erfolgt auf der Ergebnisgrundlage der drei Planungsschritte und wird in der nachfolgenden didaktischen Strukturvorgabe konkretisiert. Ausgehend von der Struktur der Lernphasen (LP) mit Lernaufgaben (LA) wird der Lernprozess für den Unterricht in einzelne Unterrichtseinheiten (UE) gegliedert. Zu jeder Unterrichtseinheit bzw. arbeits- und handlungsorientierten Lernphase sollen neben einem zeitlichen Richtwert und den Lernaufgaben mit Inhalten didaktisch-methodische Hinweise für die Unterrichtsgestaltung einschließlich Angaben zu vorhandenen Materialien oder z. B. zu Links im Internet gegeben werden. Des Weiteren sind zu jeder Lernphase entsprechende Bezüge zur Berufsarbeit und den Vorgaben der Rahmenlehrpläne (RLP) und Lernfelder sowie den Verordnungen (VO) aufzuzeigen.			
1. UE	**Lernphase:** **???**	**Didaktisch-methodische Hinweise**	**Berufs- / Lehrplanbezug**
… h	**Lernaufgabe:** … Angaben zu den wesentlichen Inhalten der Lernphase und der einzelnen Lernaufgaben der Unterrichtseinheit. Die Lernphasen und Lernaufgaben weisen eine enge didaktische Orientierung an den Handlungsphasen und Arbeitsaufgaben der Arbeitsprozesse zum Geschäftsprozess auf.	Hinweise zur Didaktik und Methodik des Unterrichts **Medien:** Medieneinsatz sowie Angaben zu vorhandenen Materialien oder z.B. von Links im Internet.	Inhaltliche Bezüge zur Berufsarbeit und den Vorgaben der Rahmenlehrpläne, Lernfeldern sowie den Verordnungen.
… h	**Lernaufgabe:** …	… **Medien:** …	… **Lernfeld** … …
… UE	**Lernphase:** **???**	**Didaktisch-methodische Hinweise**	**Berufs- / Lehrplanbezug**
… h	**Lernaufgabe:** …	… **Medien:** …	… **Lernfeld** … …
… h	**Lernaufgabe:** …	… **Medien:** …	… **Lernfeld** … …
1. KA	**Test / Klassenarbeit:** **???**	**Didaktisch-methodische Hinweise**	**Berufs- / Lehrplanbezug**
… h	Aufgaben, Dokumentation, Präsentation …	…	…

<table>
<tr><th>… KA</th><th>Test / Klassenarbeit:
???</th><th>Didaktisch-methodische Hinweise</th><th>Berufs- / Lehrplanbezug</th></tr>
<tr><td>… h</td><td>Aufgaben, Dokumentation, Präsentation
…</td><td>…</td><td>…</td></tr>
<tr><td colspan="4">Erste Beispiele zur Lernfeldumsetzung und Unterrichts-Rahmenplanung nach diesen Konzeptunterlagen sind in Vorbereitung und im web-Bereich “e-module-Fortbildung” zu finden.</td></tr>
<tr><td colspan="4">© Prof. Dr. A. Willi Petersen; biat – Berufsbildungsinstitut Arbeit und Technik, Universität Flensburg</td></tr>
</table>

Perspektiven auf Berufsbildung, Arbeit und Technik

Herausgegeben von Axel Grimm, Volkmar Herkner und Reiner Schlausch

Band	1	Axel Grimm: Didaktik der beruflichen Fachrichtung Informationstechnik/ Informatik. Band 1: Theoriebildung. 2021
Band	2	Marco Hjelm-Madsen: Raum als berufspädagogische Dimension. Empirische Befunde und theoretische Überlegungen zu Interdependenzen zwischen Orten und Berufsbildungssystemen. 2022
Band	3	Paul Kühl: Konzeption und Evaluation handlungsorientierter Fachschulausbildung im maritimen Notfallmanagement. 2021
Band	4	Alexander Maschmann: Freiheit der Ausübung erwerbsberuflicher Tätigkeiten. Ein emanzipatorischer Ansatz zur Ausgestaltung qualifikationsfordernder Reglementierungen von Berufsausübung im Kontext der europäischen Integration. 2021
Band	5	Fred Rasch: Facharbeit und duale Berufsausbildung unter den Neuerungen von Voice over Internet Protocol. Eine Untersuchung der gewerblich-technischen Facharbeit zum Übergang von der Festnetz-Telefonie zur Internet Protocol-Telefonie. 2022
Band	6	Maik Jepsen: Arbeitsmarkt- und Berufsinformationen als Datenbasis für eine verbesserte Abstimmung zwischen Bildung und Beschäftigung. Ein Verfahren zur Entwicklung beruflicher Curricula am Beispiel des Bereichs der Informations- und Kommunikationstechnologien. 2022
Band	7	Axel Grimm / Maik Jepsen / Carsten Wehmeyer (Hrsg.): Didaktik der beruflichen Fachrichtung Elektrotechnik. Band 1: A. Willi Petersen – Kommentierte Schriften aus seiner Lehr- und Forschungstätigkeit. 2022

www.peterlang.com

www.ingramcontent.com/pod-product-compliance
Ingram Content Group UK Ltd.
Pitfield, Milton Keynes, MK11 3LW, UK
UKHW041828290926
8980IPUK00002B/142

9 783631 877968